Thieme

Tierproduktion

Nutztiere züchten, halten und ernähren

Herausgegeben von
Gerhard Bellof, Susanne Granz

Unter Mitarbeit von
Georg Dusel, Marco König, Hans-Jürgen Kunz,
Katrin Mahlkow-Nerge, Johann Marx,
Wilhelm Pabst, Ralf Waßmuth, Manfred Weber,
Jürgen Weiß

15., überarbeitete und erweiterte Auflage

200 Abbildungen

Georg Thieme Verlag
Stuttgart • New York

Bibliografische Information der Deutschen Nationalbibliothek
Die Deutsche Nationalbibliothek verzeichnet diese Publikation in der Deutschen Nationalbibliografie; detaillierte bibliografische Daten sind im Internet über http://dnb.d-nb.de abrufbar.

Ihre Meinung ist uns wichtig! Bitte schreiben Sie uns unter:
www.thieme.de/service/feedback.html

Rüdigerstr. 14
70469 Stuttgart
Deutschland
www.thieme.de

Printed in Germany
Die 1.–6. Auflage erschien unter dem Titel:
Wacker „Bäuerliche Viehwirtschaft“, 1939, 1963,
Paul Parey Verlag, Berlin
7. Auflage (Wacker, Granz) 1971, Paul Parey Verlag, Berlin
8.–10. Auflage (Granz) 1978, 1982, 1985, Paul Parey Verlag, Berlin
11. Auflage (Granz, Weiß, Pabst, Strack) 1990, Paul Parey Verlag, Berlin
12. Auflage (Weiß, Pabst, Strack, Granz) 2000, Blackwell Wissenschafts-Verlag, Berlin/Wien
13. Auflage (Weiß, Pabst, Strack, Granz) 2005, Parey Verlag in MVS Medizinverlage Stuttgart GmbH & Co. KG
14. Auflage (Weiß, Pabst, Granz) 2011, Enke Verlag in MVS Medizinverlage Stuttgart GmbH & Co. KG

Redaktion: Katharina Schmalz, Wenzenbach b. Regensburg
neue Zeichnungen dieser Auflage:
Roland Geyer, Weilerswist
Umschlaggestaltung: Thieme Gruppe
Coverfoto: Katrin Mahlkow-Nerge, Ostenfeld
Satz: Druckhaus Götz GmbH, Ludwigsburg
gesetzt in 3B2, Version 9.1, Unicode
Druck: Grafisches Centrum Cuno, Calbe

DOI 10.1055/b-006-161626

ISBN 978-3-13-241808-0 1 2 3 4 5 6

Auch erhältlich als E-Book:
eISBN (PDF) 978-3-13-241809-7
eISBN (epub) 978-3-13-241810-3

Abkürzungen

ADF_{OM}	*saure (acid) Detergenzienfaser*
ADP	*Adenosindiphosphat*
AF	*Alleinfutter*
AHAW	*EFSA-Ausschuss Tiergesundheit und Tierschutz (Animal Health and Animal Welfare)*
AIDS	*Acquired Immune Deficiency Syndrome, erworbenes Immunschwächesyndrom*
AK	*Antikörper*
AK	*Arbeitskraft*
ALA	*α-Linolensäure*
AMEN	*scheinbar umsetzbare, N-korrigierte Energie (Geflügel)*
AMP	*Adenosinmonophosphat*
AMS	*Automatisches Melksystem*
Arg/R	*Arginin*
Art.	*Artikel*
As	*Angler Sattelschwein*
ATM	*atomare Masseneinheit*
ATP	*Adenosintriphosphat*
AUTOFOM	*automatisches Fat-O-Meater*
BB	*buntes Bentheimer Schwein*
BCS	*Body condition scoring, Körperkonditionsbeurteilung*
BHV-1	*Bovines Herpes-Virus Typ 1*
BLAD	*Bovine-Leukozyten-Adhäsions-Defizienz (englisch Bovine Leucocyte Adhesion Deficiency)*
BLUP	*beste lineare unverzerrte Schätzung (englisch best linear unbiased prediction)*
BMEL	*Bundesministerium für Ernährung und Landwirtschaft*
BRS	*Bundesverband Rind und Schwein e. V.*
BSE	*Bovine Spongiforme Enzephalopathie*
BT	*Bluetongue, Blauzungenkrankheit*
BVD/MD	*Bovine Virusdiarrhoe/Mucosal Disease*
BTV	*Bluetongue Virus*
bXS	*beständige Stärke*
C	*Kohlenstoff*
C 18:1, C 18:2 …	*ungesättigte Fettsäure, 1 = einfach ungesättigt*
C 2, C 3 …	*C 2-Körper, Kohlenstoffmolekül mit 2 C-Atomen*
Ca	*Calcium*
cAMP	*zyklisches Adenosinmonophosphat*
CCM	*Corn-Cob-Mix (Korn-Spindel-Gemisch)*
CD4, CD8	*cluster of differentiation 4, 8*
CH_4	*Methan*
Cl	*Chlor*
cm	*Zentimeter*
CMT	*California-Mastitis-Test*
Co	*Kobalt*
CO_2	*Kohlendioxid*
CoA	*Co-Enzym A*
COOH	*Carboxygruppe*
Cr	*Chrom*
Cu	*Kupfer*
Cys/C	*Cystein*
DCAB	*Dietary Cation-Anion Balance; Kationen-Anionen-Bilanz*
DDGS	*Dried Distillers Grains with Solubles (Getreideschlempe)*
DE	*Deutsches Edelschwein*
DE	*verdauliche (digestible) Energie*
DHA	*Docosahexaensäure*
DIN	*Deutsche Industrienorm*
DKfL	*Direktkostenfreie Leistungen*
DL	*Deutsche Landrasse*
DLG	*Deutsche Landwirtschafts-Gesellschaft e. V.*
DNA/DNS	*Desoxyribonukleinsäure (A für englisch Acid = Säure)*
DON	*Deoxynivalenol*
DU	*Duroc*
DUMPS	*Uridin-Monophosphat-Synthetase-Defizienz (englisch Deficiency of Uridine Monophosphate Synthase)*
E 3	*Energiestufe 3*
E. coli	*Escherichia coli*
E. d. Teigr.	*Ende der Teigreife*
E_2	*Östradiol*
ECM	*energiekorrigierte Milch*
EE	*Energieeinheit*
EFSA	*European Food Safety Authority*
EG	*Europäische Gemeinschaft*
ELISA	*Enzyme Linked Immunosorbent Assay, enzymgekoppelter Immunabsorptionstest*
ELOS	*enzymlösliche organische Substanz*

ELP *Eigenleistungsprüfung*
EPA *Eicosapentaensäure*
ER *Endoplasmatisches Retikulum*
EST. *Energiestufe*
ET *Embryotransfer*
ETEC *enterotoxische Escherichia Coli*
EU *Europäische Union*
EULOS *enzymunlösliche organische Substanz*
EWG *Europäische Wirtschaftsgemeinschaft*
F *Fluor*
F_1 *1. Filial-Generation, Nachkommen aus der ersten Anpaarungsstufe*
F_2 *2. Filial-Generation*
FAD *Flavinadenindinucleotid*
FAO *Food and Agriculture Organisation of the United Nations, Ernährungs- und Landwirtschaftsorganisation der Vereinten Nationen*
Fe *Eisen*
FE *Fetteinheit*
FEQ *Fett-Eiweiß-Quotient*
FIL *Feedback inhibitor of lactation*
FLI *Friedrich-Loeffler-Institut*
FM *Frischmasse*
FOM *Fat-O-Meater*
FSH *follikelstimulierendes Hormon, Follitropin*
FVW *Futterverwertung*
GATT *Welthandelsabkommen (General Agreement on Traffic and Trade)*
g *Gramm*
GAP *Gemeinsame Agrarpolitik*
Gb *Gasbildung*
GDP *Guanosindiphosphat*
GE *Brutto(Groß)-Energie*
GF *Grundfutter*
GFK *Glasfaserverstärkter Kunststoff*
GFS *Genossenschaft zur Förderung der Schweinehaltung e. G.*
GG *Grundgesetz*
GGD *Geflügelgesundheitsdienst*
GMO *Verordnung einheitliche, gemeinsame Marktorganisation (Eier)*
GnRH *Gonadotropin-releasing hormone, Gonadoliberin*
GPS *Ganzpflanzensilage*
GTP *Guanosintriphosphat*
GV *Großvieheinheit*
h *Stunde*
H *Wasserstoff*
h^2 *Heritabilität*
H_2O *Wasser*
Ha *Hampshire*
ha *Hektar*
HACCP *Gefahrenanalyse kritischer Lenkungspunkte*
HCl *Salzsäure*
HFT *Hohenheimer-Futterwert-Test*
His/H *Histidin*
HI-Tier *Herkunftssicherungs- und Informationssystem für Tiere*
HPAI *Hochpathogene Aviäre Influenza*
I.E. *Internationale Einheiten*
IBR *Infektiöse Bovine Rhinotracheitis*
Ig A, D, E, G, M *Immunglobulin A, D, E, G, M*
IGF-1 *Insulin like growth factor-1*
Ile/I *Isoleucin*
IPV *Infektiöse Pustuläre Vulvovaginitis*
IVP *In-vitro-Produktion*
J *Jod*
K *Kalium*
KA *Kolbenanteil*
KB *künstliche Besamung*
kg *Kilogramm*
KOM *Kommission der Europäischen Union*
kW *Kilowatt*
L *groß*
l *Liter*
LB *Belgische Landrasse*
LC *Leicoma*
LEH *Lebensmitteleinzelhandel*
Leu/L *Leucin*
LH *Legehenne*
LH *luteinisierendes Hormon, Lutropin*
LHRH *Luteinizing hormone-releasing hormone*
LKS *Lieschenkolbenschrotsilage*
LKV *Landeskuratorium der Erzeugerringe für tierische Veredelung in Bayern e. V.*
LM *Lebendmasse*
LSD *Lumpy Skin Disease*
LT *Lebenstag*
LW *Lebenswoche*
Lys/K *Lysin*
m *Meter*
M *mittel*
MAP *Mycobacterium Aviuum Subspecies Paratuberculosis*

MAS *markergestützte Selektion (englisch Marker assisted selection)*
MAT *Milchaustauscher*
ME *metabolisierbare (umsetzbare) Energie*
ME_G *umsetzbare Energie Geflügel*
Meq *Milligrammäquivalent*
ME_S *umsetzbare Energie Schwein*
Met/M *Methionin*
ME_W *umsetzbare Energie Wiederkäuer*
MEW *Milcherzeugungswert*
MFA *Muskelfleischanteil oder synonym Magerfleischanteil*
Mg *Magnesium*
mg *Milligramm*
MHC *Major Histocompatibility Complex, Haupt-Gewebeverträglichkeits-Komplex*
MHS *Malignes Hyperthermie-Syndrom*
Mio. *Millionen*
MJ *Megajoule*
MKS *Maul- und Klauenseuche*
ml *Milliliter*
MLF *Milchleistungsfutter*
MLP *Milchleistungsprüfung*
mm *Millimeter*
MMA *Mastitis-Metritis-Agalaktie*
mmol *Millimol*
Mn *Mangan*
Mo *Molybdän*
Mol *relative Molekularmasse in Gramm*
MP *Mikrobenprotein*
MPA *Mastprüfanstalt*
m-RNA *Boten-RNA (m für englisch messenger = Bote)*
MSB *Milchsäurebildner*
MSZV *Mitteldeutscher Schweinezuchtverband*
MwSt. *Mehrwertsteuer*
N *Stickstoff*
Na *Natrium*
NAD(H) *Niacinadenindinucleotid (reduzierte Form)*
NDF (NDF_{OM}) *neutrale Detergenzienfaser*
NE *Nettoenergie*
NEL *Nettoenergie-Laktation*
NE_S *Netto-Energie Schwein*
NH_2 *Aminogruppe*
NH_3 *Ammoniak*
NK *Natürliche Killerzellen*
NKP *Nachkommenprüfung*
NPN *Nicht-Protein-Nitrogenium*
NSP *Nicht-Stärke-Polysaccharide*
nXP *nutzbares Rohprotein*
NZW *Naturalzuchtwert*
O *Sauerstoff*
OH *Hydroxygruppe*
OIE *Weltorganisation für Tiergesundheit*
OM *Organische Masse*
OPU *Ovum-pick-up*
OT *Oxytocin*
OVG *Oberverwaltungsgericht*
P *Phosphor*
P4 *Progesteron*
pc verd./ pcv *praecaecal verdaulich(e) (Aminosäuren)*
PCR *Polymerase chain reaction, Polymerase-Kettenreaktion*
PCV 2 *Porcines Circovirus Typ 2*
peNDF *physikalisch effektive neutrale Detergenzienfaser*
PGF2α *Prostaglandin F2α*
Phe/F *Phenylalanin*
Pi *Pietrain*
PK *Pufferkapazität*
PMSG *Pregnant Mare Serum Gonadotropin*
PRL *Prolaktin*
PTZ *Prüftagszunahme*
QS *Qualität und Sicherheit*
QTL *Quantitative Trait Locus*
RES *Rapsextraktionsschrot*
RNA/RNS *Ribonukleinsäure (A für englisch Acid = Säure)*
RNB *Ruminale Stickstoff(N)-Bilanz*
RP *Rohprotein*
r-RNA *ribosomale RNA*
S *klein*
S *Schwefel*
S *Silicium*
SBV *Schmallenberg-Virus*
SchHaltHygV *Schweinehaltungshygieneverordnung*
Se *Selen*
SES *Sojaextraktionsschrot*
SGW *Schlachtgewicht*
SH *Schwäbisch-Hällisches Schwein*
Sn *Zinn*
SNP *Einzelnukleotid-Polymorphismus (englisch Single Nucleotide Polymorphism)*

SPS-Abkommen *Abkommen über Gesundheits- und Pflanzengesundheitsmaßnahmen (SPS = sanitary and phytosanitary measures)*
StE *Stärkeeinheiten-System*
STH *Somatotropes Hormon, Wachstumshormon*
Str. XF *Strukturierte bzw. strukturwirksame Rohfaser*
SW *Strukturwert*
T *Testosteron*
T *Tonnen*
Thr/T *Threonin*
TierGesG *Tiergesundheitsgesetz*
TierSchG *Tierschutzgesetz*
TierSchNutztV *Tierschutz-Nutztierhaltungsverordnung*
TM *Trockenmasse*
TMR *total mixed ration, Totale Mischration, Gesamtmischration*
TRH *Thyrotropin-releasing hormone*
t-RNA *Transport- oder Transfer-RNA*
Trp/W *Tryptophan*
TS *Trockensubstanz*
TSK *Tierseuchenkasse*
TV *Tropfsaftverlust*
Tyr/Y *Tyrosin*
TZ *Tageszunahme*
UDP *undegraded dietary protein, im Pansen unabbaubares Protein*
V *Vanadium*
Val/V *Valin*
ViehVerkVV, VVVO *Viehverkehrsverordnung*
Vit. *Vitamin*
VK *Vergärbarkeitskoeffizient*
VO *Verordnung*
vP *verdaulicher Phosphor (verd. P)*
WHO *Weltgesundheitsorganisation (World Health Organisation)*
WTO *Welthandelsorganisation (World Trade Organisation)*
X(R)A *Rohasche*
X(R)F *Rohfaser*
X(R)L *Rohfett*
X(R)P *Rohprotein*
XL *sehr groß*
XS *Stärke*
XX (NfE) *N-freie Extraktstoffe*
XZ *Gesamt-Zucker*
Z/PK *Zucker-Puffer-Quotient*
ZEA *Zearalenon (ZON)*
Zn *Zink*
ZWS *Zuchtwertschätzung*

Vorwort zur 15. Auflage

Die 15. Auflage der „Tierproduktion" ist durch einen Wechsel in der Herausgeberschaft gekennzeichnet. Die langjährigen Mitherausgeber, Dr. Jürgen Weiß und Dr. Wilhelm Pabst, haben sich aus Altersgründen zurückgezogen. Als Herausgeber fungieren nunmehr Prof. Dr. Gerhard Bellof und Dr. Susanne Granz. An dieser Stelle gebührt den bisherigen Herausgebern großer Dank für die langjährige Gestaltung dieses traditionsreichen Werkes. Insbesondere Dr. Jürgen Weiß hatte über viele Jahre die Koordination des Autorenteams und die Endredaktion des Buches übernommen – angesichts der zunehmenden Stofffülle und der ansteigenden Seitenzahl eine überaus verantwortungsvolle und zeitintensive Aufgabe.

Auch in der vorliegenden Ausgabe wird am bewährten Grundkonzept dieses erfolgreichen Buches festgehalten. Tierproduktion ist ein Zusammenwirken von Züchtung, Ernährung und Haltung landwirtschaftlicher Nutztiere auf der Grundlage der anatomischen und physiologischen Gegebenheiten und unter Beachtung der ökonomischen Rahmenbedingungen. Die Autoren der 15. Auflage sind bestrebt, diesen weiten Bogen zu spannen und die einzelnen Faktoren mit angemessener Gewichtung zu behandeln. Dies wird umso schwieriger, als der Wissenszuwachs und die Spezialisierung in allen Sparten ständig zunehmen. Zusätzlich sind gesellschaftliche Forderungen wie Verbraucherschutz, Nahrungsmittelsicherheit, Umweltverträglichkeit der Produktion, Wertschätzung tierischer Erzeugnisse und die genetische Vielfalt sowie gesetzliche Vorgaben zu berücksichtigen. Die Autoren haben auch in dieser Auflage neue Erkenntnisse auf allen Spezialgebieten eingearbeitet und neue gesetzliche Regelungen berücksichtigt. Die Thematik „Tierwohl und Tiergesundheit" wird dabei erstmals in einem eigenen, zusätzlichen Kapitel abgehandelt. Die verschiedenen Programme zur Qualitätssicherung werden ausführlicher als bislang in den jeweiligen produktspezifischen Spezialkapiteln erörtert. Um der zunehmenden Bedeutung der Ziegenmilchproduktion in Teilen Deutschlands gerecht zu werden, ist das Kapitel „Schafproduktion" um die Ziegen erweitert worden.

Uns Autoren ist es nach wie vor ein besonderes Anliegen, komplexe Zusammenhänge klar gegliedert und in deutlicher, gut zu verstehender Sprache darzustellen. Hierbei können wir auf unsere langjährigen Erfahrungen in Unterricht, Erwachsenenbildung, Vortragstätigkeit, Beratung und Mitarbeit in Fachgremien zurückgreifen. Am Kapitelende aufgeführte Fragen und Aufgaben sollen die Leser zur aktiven Mitarbeit sowie zur selbstständigen Beurteilung und Auswertung von Tabellen und grafischen Darstellungen anregen. Das neue und ansprechende Layout unterstützt dieses Vorhaben in besonderer Weise. Für das angesprochene neue Kapitel wurden zwei neue Autoren gewonnen: Dr. Marco König, Tierarzt und Tierschutzbeauftragter im Ministerium für Umwelt, Landwirtschaft und Energie, Sachsen-Anhalt, Magdeburg, und Dr. Johann Marx, Tierarzt und Leiter des Veterinäramtes für den Landkreis München.

Unser Dank gilt dem Verlag und hier besonders unseren Ansprechpartnerinnen vom Thieme-Verlag: Frau Carolin Frotscher und Frau Dr. Maren Warhonowicz. Durch den Wechsel in der Herausgeberschaft wurden Fragen neu aufgeworfen, die stets mit viel Umsicht und Geduld zu unserer vollen Zufriedenheit beantwortet wurden.

Auch dieser Auflage wünschen wir eine freundliche Aufnahme und hoffen, dass sie zu einer umfassenden Wissensvermittlung und einem tieferen Verständnis auf dem Gebiet der Tierproduktion beitragen wird.

Hohenkammer und Glinde, im Herbst 2018

Prof. Dr. Gerhard Bellof

Dr. Susanne Granz

Inhaltsverzeichnis

Teil 1

Grundlagen der Anatomie, Physiologie und Vererbung

Teil 2

Einführung in Zucht, Ernährung, Tierwohl und Tiergesundheit

Teil 3

Zucht, Haltung und Ernährung landwirtschaftlicher Nutztiere

Teil 4
Anhang

Anschriften

Herausgeber

Prof. Dr. habil. Gerhard **Bellof**
Römerweg 6
85411 Hohenkammer

Dr. Susanne **Granz**
Rödenbrooksweg 2b
21509 Glinde

Ko-Autoren

Prof. Dr. Georg **Dusel**
Technische Hochschule Bingen
University of Applied Sciences
Fachbereich 1 – Life Sciences
Berlinstraße 109
55411 Bingen am Rhein

Dr. med. vet. Marco **König**
Ministerium für Umwelt,
Landwirtschaft und Energie
Leipziger Straße 58
39112 Magdeburg

Dr. Hans-Jürgen **Kunz**
Faulstraße 22
24229 Schwedeneck

Prof. Dr. Katrin **Mahlkow-Nerge**
Fachhochschule Kiel
Fachbereich Agrarwirtschaft
Grüner Kamp 11
24783 Osterrönfeld

Dr. med. vet. Johann **Marx**
Landratsamt München
Veterinäramt
Mariahilfplatz 17
81541 München

Dr. Wilhelm **Pabst**
Am Schildchen 8
36329 Romrod-Zell

Prof. Dr. habil. Ralf **Waßmuth**
Tütingstraße 17
49088 Osnabrück

Dr. Manfred **Weber**
Dorfstraße 37
39579 Rochau OT Klein Schwechten

Dr. Jürgen **Weiß**
Schlossäckerstraße 33
34130 Kassel

Vorstellung der Herausgeber

Prof. Dr. Gerhard Bellof

wurde 1958 in Gießen geboren. Als Landwirtssohn studierte er in Witzenhausen „Landwirtschaft" und „Agrarwissenschaften" mit Schwerpunkt „Tierproduktion" an der Universität Gießen. Er startete seine berufliche Laufbahn mit dem Vorbereitungsdienst für die hessische Agrarverwaltung. Seine beruflichen Stationen waren hier eine Tätigkeit am damaligen Amt für Landwirtschaft in Eschwege sowie an der Landwirtschaftlichen Lehr- und Versuchsanstalt „Eichhof" in Bad Hersfeld. Daneben promovierte er an der Universität Kassel-Witzenhausen im Fachgebiet Tierernährung. Im Jahr 1992 erhielt er einen Ruf als Professor für Tierernährung an die Fachhochschule Weihenstephan. Mit einem Thema zur Ernährung wachsender Schafe habilitierte er sich 2010 an der Universität Gießen für das Fachgebiet Tierernährung. Prof. Bellof beschäftigt sich in der Forschung schwerpunktmäßig mit der Ernährung von kleinen Wiederkäuern und Geflügel. Auch zum Einsatz heimischer Eiweißfuttermittel (Körnerleguminosen, Grünleguminosen, Rapsprodukte) wurden unter seiner wissenschaftlichen Leitung mehrere Forschungsprojekte durchgeführt. Prof. Bellof ist Mitglied der Gesellschaft für Ernährungsphysiologie und arbeitet seit vielen Jahren in der UFOP-Fachkommission Tierernährung mit. Für diese hat er 2015 den Vorsitz übernommen. Er ist als Autor und Mitherausgeber an verschiedenen Fachbüchern beteiligt.

Dr. Susanne Granz

1959 in Eschwege geboren, wuchs sie als Tochter von Prof. Ernst Granz, dem Begründer der modernen Fassung des vorliegenden Fachbuches „Tierproduktion", in Witzenhausen auf. Sie studierte in Göttingen Agrarwissenschaften mit Schwerpunkt Tierproduktion. Die ersten beruflichen Schritte führten für einige Jahre ins wissenschaftliche Verlagswesen bei Paul Parey in Berlin, dem langjährigen Herausgeber der „Tierproduktion". Danach arbeitete sie als wissenschaftliche Mitarbeiterin am Institut für Tierzucht und Tierverhalten, Bundesforschungsanstalt für Landwirtschaft in Mariensee, und promovierte 1994 mit einem Thema zur fötalen Entwicklung von Reproduktions- und Wachstumshormonen. Daran schlossen sich Lehraufträge und Werkverträge an den Fachhochschulen Triesdorf und Soest an. 1998 wechselte Frau Dr. Granz zur vor- und nachgelagerten Industrie der Landwirtschaft. Seit 2000 ist sie bei DeLaval in Schweden und Deutschland in unterschiedlichen Positionen der Produktentwicklung im Bereich Sensortechnik für Reproduktion und Tiergesundheit tätig. Frau Dr. Granz ist seit 2000 Autorin und nun auch Mitherausgeberin des vorliegenden Fachbuches.

Teil 1
Grundlagen der Anatomie, Physiologie und Vererbung

1 Tierproduktion im Spannungsfeld von Ökonomie und Verbrauchererwartung

Susanne Granz und Jürgen Weiß

Zur Erzeugung von Nahrungsmitteln tierischer Herkunft oder von deren Vorstufen werden Tiere gezüchtet, gehalten und gefüttert. Dieser Prozess wird heute allgemein unter dem Begriff „Tierproduktion" zusammengefasst. Häufig fallen dabei Nebenprodukte an, die zu Gebrauchsgegenständen verarbeitet werden können (Wolle, Häute, Borsten, Federn, Knochen, Hörner usw.). Ein Nebenziel können auch Leistungen anderer Art sein wie z. B. Landschaftspflege durch Schafe und Rinder, Blütenbestäubung durch Bienen. Tierproduktion erfordert neben- oder nacheinander verschiedene Tätigkeiten, die von der Landwirtschaft oder mithilfe ihr verbundener Gewerbezweige, Organisationen und Institutionen auch arbeitsteilig ausgeübt werden können; die wichtigsten sind das Züchten (**Tierzucht**), das Füttern (**Tierernährung**) sowie die Unterbringung, die Pflege und die Betreuung der Tiere (**Tierhaltung**). Kam der Tierproduktion in der Vergangenheit in erster Linie die Aufgabe der Ernährungssicherung zu, steht in der jüngeren Vergangenheit, der Gegenwart und auch in der Zukunft die Verbesserung des Angebotes und der Produktqualität im Vordergrund, soweit dies über Zucht, Haltung und Ernährung möglich ist. Viele Faktoren, die die Angebotspalette und die Produktqualität beeinflussen, liegen allerdings nicht im Produktions-, sondern im Verarbeitungsbereich (bei Fleisch z. B. vom Tiertransport bis hin zur Fleischtheke im Supermarkt oder beim Metzger). Gegenwärtig und in Zukunft gewinnen jedoch Kriterien, wie das **Tierwohl**, die **Umweltverträglichkeit der Produktion**, der **Erhalt der Wertschätzung tierischer Produkte** und **der genetischen Vielfalt** sowie **der Nahrungsmittelsicherheit** an Bedeutung. Tierproduktion hat mit Tieren zu tun und unterscheidet sich deshalb grundlegend von anderen Produktionsbereichen. Tiere sind Lebewesen in der Obhut des Menschen, für die er verantwortlich ist. Wichtige Regeln – Gebote und Verbote – stehen im Tierschutzgesetz und in Tierhaltungsverordnungen, die jeder Tierhalter kennen und beachten muss. Wer Tierproduktion betreibt, sollte Freude am Umgang mit Tieren haben. Er muss sich für ihre Lebensbedingungen interessieren und ihr Verhalten beobachten; und er muss seine Einsichten in tiergerechtes Handeln umsetzen.

Gesichtspunkte einer umweltschonenden Tierproduktion betreffen die Verringerung der Veredlungsverluste, das heißt der nicht im Tierkörper bzw. in Milch und Eiern angesetzten Nährstoffe. Diese werden über den Kot und Harn der Tiere (insbesondere Stickstoff, Phosphor, Kalium) ausgeschieden. Ziel ist es, die Nährstoffe wieder in den Stoffkreislauf einzubringen, was bei entsprechender Flächenausstattung möglich ist. Die Düngeverordnung greift hier reglementierend ein. Durch Maßnahmen der Zucht, Haltung und insbesondere der Fütterung wird eine Verringerung der Nährstoffausscheidungen angestrebt. Die im zurückliegenden Jahr verabschiedete Düngegesetzgebung setzt den Tierhaltungsbetrieben in Deutschland entsprechende Vorgaben. Auch die Methanausscheidungen der Wiederkäuer werden im Hinblick auf die Treibhausgasemissionen und den ökologischen Fußabdruck inzwischen in der Gesellschaft diskutiert.

Die Wertschätzung der tierischen Produkte ist für das Verbraucherverhalten von großer Bedeutung. Dies geht auch aus dem Ernährungsbericht 2018 des Bundeslandwirtschaftsministeriums hervor [34]. Hier wurde nach Einstellungen und Einschätzungen der Interviewteilnehmer zu ihrem Essverhalten und ihren Erwartungen an die Landwirtschaft gefragt. Zwei Drittel der Befragten konsumieren täglich Milch und Milchprodukte, ein Drittel Wurst und Fleisch. Das Essen soll vor allem gut schmecken, aber bei der Kaufentscheidung wünschen sich viele Teilnehmer auch mehr Information über die Tierhaltungsbedingungen und ob die Produkte „fair", umweltverträglich und gentechnikfrei erzeugt wurden. Bei 40 % der Befragten stehen höhere Standards in der Tierhaltung an erster Stelle, 80 % befürworten ein staatliches Tierwohllabel und die Hälfte wäre – zumindest theoretisch – auch bereit, für das verbesserte Tierwohl mehr zu bezahlen.

Andererseits führt die zunehmende Entfremdung des „Durchschnittsverbrauchers" von der landwirtschaftlichen Urproduktion zu Erwartungen, die den tatsächlichen Verfahrensabläufen und Bestandsgrößen (Stichwort „Massentierhaltung") in der „bäuerlichen" Tierhaltung nicht mehr entsprechen. Die auch in der Tierhaltung notwendigen Entwicklungsprozesse in Richtung Spezialisierung und die damit verbundene Bestandsaufstockung stoßen auf Unverständnis, obwohl diese in anderen Wirtschaftszweigen durchaus akzeptiert werden. Diese Diskrepanz lässt sich am besten durch offenen Dialog und Transparenz ändern. Inzwischen veranstalten Landwirte sehr erfolgreich Tage der ‚Offenen Stalltür', um im Gespräch mit den Verbrauchern vor Ort zu informieren und um Verständnis für die heutige Landwirtschaft zu werben.

„Gammelfleisch", mit Salmonellen behaftete Eier oder Tiertransportskandale haben dem Image von tierischen Produkten sehr geschadet. Es liegt deshalb unbedingt im Interesse der Tierhalter und der gesamten Branche, verloren gegangenes Vertrauen bei den Verbrauchern zurückzugewinnen und zu festigen.

Zur Qualitätssicherung der Produkte sind in den letzten Jahren verschiedene **Qualitätsmanagementsysteme** (**QS Schwein**, **QM-Milch**) entstanden, in denen die gesamte Produktionskette – Landwirtschaft, Futtermittelwirtschaft, Schlachtunternehmen, Molkereien, Verarbeiter und Handel – eingebunden ist. Die Einhaltung der vereinbarten Kriterien wird in Eigenkontrollen und regelmäßigen Audits kontrolliert. Diese werden detailliert im Kap. Rinder (S. 310) und im Kap. Schweine (S. 474) beschrieben.

Merke

In Deutschland stammen rund 57 % der landwirtschaftlichen Verkaufserlöse aus der Tierproduktion, 43 % aus der Pflanzenproduktion. Den größten Anteil bei den pflanzlichen Erzeugnissen hat Getreide (17,7 %), während bei den tierischen Produkten Milch (21,9 %) mit Abstand vor allen anderen Produkten liegt, gefolgt von Schwein (16,4 %) und Rind (9,6 %), wie ▸ Abb. 1.1 veranschaulicht.

Im Jahr 2015 hielten etwa 3/4 aller landwirtschaftlichen Betriebe über 5 ha Nutzfläche Nutztiere. Diese starke Stellung verdankt die Tierhaltung einer tief greifenden Veränderung der Verzehrsgewohnheiten der deutschen Verbraucher. Die folgenden Daten zeigen die langfristige Entwicklung des Pro-Kopf-Verbrauches an Getreide und Fleisch (▸ Tab. 1.1).

In den 1980er Jahren erreichte der Fleischverbrauch mit über 100 kg pro Kopf ein Maximum. Parallel dazu sank der Verzehr von Getreideerzeugnissen. Seither ist eine Trendwende eingetreten: Der Fleischverbrauch ist zurückgegangen, der Verbrauch von Getreideerzeugnissen hat wieder zugenommen, mit einem stabilen Gleichgewicht in den letzten Jahren. Die Größenordnung des Fleischverzehrs wird allerdings dadurch verfälscht, dass der Verbrauch aus statistischen Gründen Knochen, Futter (für Heimtiere), industrielle Verwertung und Verluste mit enthält. Der Bundesverband für Vieh und Fleisch schätzt seit Ende der 1980er Jahre den menschlichen Verzehr, der etwa bei nur 2/3 des Fleischverbrauches liegt. Im Jahr 2015 waren die drei wichtigsten und z. T. miteinander konkurrierenden Fleischarten wie folgt am Gesamtverbrauch beteiligt: Rind- und Kalbfleisch 16 %, Schweinefleisch 62 % und Geflügelfleisch 20 %. Insgesamt schwanken die Anteile von Jahr zu Jahr nur in engen Grenzen.

Wie in anderen Wirtschaftszweigen stehen auch die Tierhalter unter wirtschaftlichen Zwängen. Der Selbstversorgungsgrad mit den wichtigsten tierischen Erzeugnissen in Deutschland übersteigt schon immer bei Rindfleisch und inzwischen auch bei Schweine- und Geflügelfleisch den inländi-

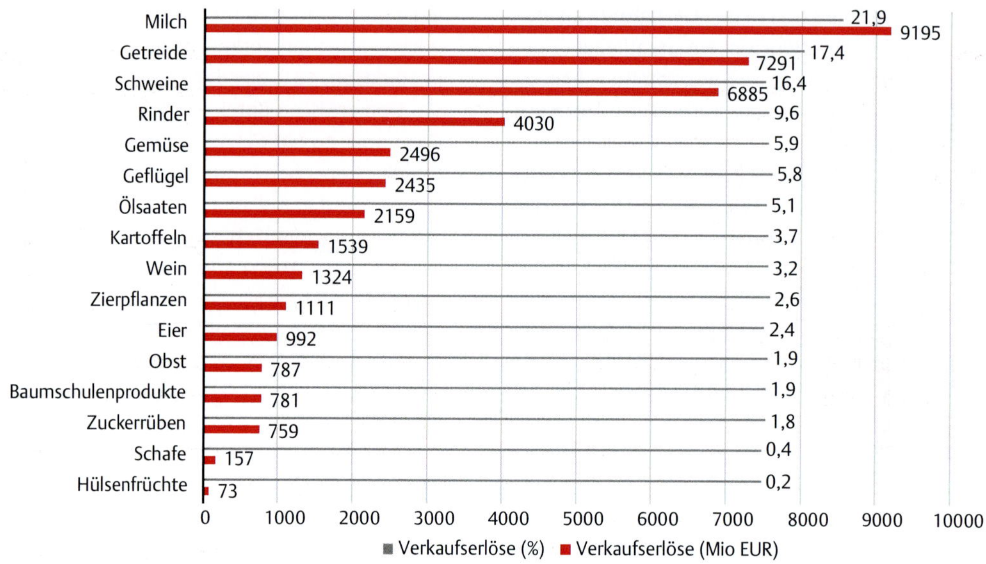

▶ **Abb. 1.1** Verkaufserlöse der Landwirtschaft in Deutschland nach Erzeugnissen im Jahr 2015 (Abb. basiert auf Daten aus [218]).

▶ **Tab. 1.1** Entwicklung des Verbrauchs an Getreideerzeugnissen und Fleisch (pro Kopf und Jahr) [149]·[146]·[219].

	Getreide kg	Fleisch kg
1816	ca. 250	ca. 14
1907	ca. 160	ca. 46
1935/38	110,5	55,6
1960/61	79,8	59,7
1970/71	66,0	79,0
1980/81	67,8	100,5
1990	72,9	100,3 (66,0)[1]
1997	74,6	89,5 (62,7)[1]
2007	88,6	88,4 (60,4)[1]
2010	76,0	89,5/(61,3)[1]
2016 vorläufig	80,4	88,0/(60,2)[1]

[1] Menschlicher Verzehr nach Schätzung des Bundesverbandes für Vieh und Fleisch: ohne Knochen, Futter, industrielle Verwertung und Verluste.

schen Verbrauch, während auf dem heimischen Eiermarkt noch Luft nach oben ist (▶ **Abb. 1.2**). Die EU hat in allen Sparten die Selbstversorgung erreicht bzw. überschritten und ist daher auf Exporte angewiesen. Allerdings ist die Situation zwischen einzelnen EU-Ländern sehr unterschiedlich. Insbesondere die Benelux-Länder und Dänemark produzieren große Mengen an Schweinefleisch, Irland und Polen an Rindfleisch, die auch auf den deutschen Markt drängen und die Erzeugerpreise beeinflussen. Es besteht also eine EU-weite Konkurrenz, im Grunde genommen jedoch sogar eine weltweite. So werden z. B. große Mengen an preiswerten Geflügelprodukten aus Asien (besonders Thailand) und Brasilien importiert, die über einen längeren Zeitraum zu einer Stagnation der hiesigen Erzeugerpreise führen können.

Auf der anderen Seite schlagen sich Änderungen der Erzeugerpreise nur bedingt in den Verbraucherpreisen nieder. Der Anteil, den der Tierhalter daran hat, betrug 2016 bei Fleisch- und Fleischwaren 22 %, bei Milch und Milchprodukten 33 % und bei Eiern 41 %. Bezogen auf alle Nahrungsmittel lag der Anteil der Erzeugerpreise an den Verbraucherausgaben bei ca. 21 %, Anfang der 1970er Jahre betrug er noch 47 % [186]! Stark vereinfacht – je größer der Verarbeitungs- bzw. Veredelungsgrad, desto geringer der Anteil dessen, was vom

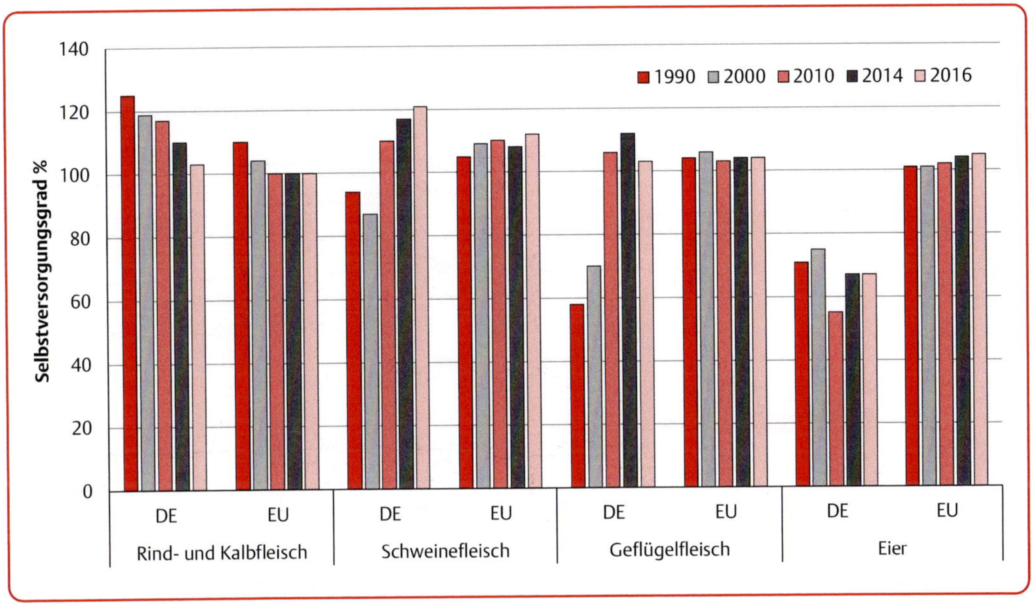

▶ **Abb. 1.2** Selbstversorgungsgrad der Bundesrepublik Deutschland und der EU mit wichtigen Veredlungsprodukten (Abb. basiert auf Daten aus [149]).

Verbraucherpreis letztendlich bei den Landwirten verbleibt.

Dennoch ist die Kaufkraft der Verbraucher für tierische Erzeugnisse und Nahrungsmittel insgesamt seit 1960 ständig gestiegen. Darüber hinaus hat sich auch das Ausgabeverhalten der Verbraucher stark verändert. Wie aus ▶ **Abb. 1.3** hervorgeht, musste ein 4-Personen-Arbeitnehmerhaushalt 1960 noch 45 % seiner Lebenshaltungskosten für Nahrungsmittel aufwenden, während es seit 2000 nur noch 15 % sind. Der Rest steht für Wohnen (33 %), Verkehr (15 %) und zu kleineren Anteilen u. a. für Bekleidung, Innenausstattung, Gesundheit, Telekommunikation, Freizeit/Unterhaltung zur Verfügung, deren Gewichtung in Zukunft noch weiter ansteigen dürfte.

Tierproduktion wird im Rahmen wirtschaftlicher Bedingungen ausgeübt, die die Landwirte zum Teil hinnehmen müssen und zum Teil selbst beeinflussen können. Die Betriebsleiter müssen fähig sein, Kosten und Leistungen des Betriebes und der tierischen Veredelungszweige richtig zu erfassen und in den Produktionsabschnitten kritisch zu überprüfen. Es gilt, die auf den Markt einwirkenden Kräfte zu verstehen sowie die jeweilige Marktlage und die des eigenen Betriebes richtig einzuschätzen. Nur so können Maßnahmen ergriffen werden, um sich den Veränderungen am Markt elastisch und möglichst vorausschauend anzupassen. Dies ist jedoch nicht immer leicht umzusetzen. Der Wegfall der Milchquotenregelung 2015 mit ihren einschneidenden Änderungen auf Milchangebot, Erzeugerpreisverfall, Milchviehbestandsverschiebungen mit Auswirkungen auf Rindfleischpreise zeigt beispielhaft, welche großen Anpassungen der gesamte Milchmarkt zu bewältigen hat.

Die ökonomischen Bedingungen definieren auch die notwendigen Bestandsgrößen, um kostensparende Investitionen tätigen und mit größeren Partien gleicher Qualität als kompetente Marktpartner auftreten zu können.

Die in Deutschland vorherrschende Betriebsgrößenstruktur der einzelnen Nutztierzweige ist in ▶ **Tab. 1.2** dargestellt. Nach der Wiedervereinigung, aber auch im Zuge der aktuellen ökonomischen Veränderungen hat sich die Betriebsgrößenstruktur stark verändert. In der Milchviehhaltung sind 80 % der Kühe in Beständen mit mehr als 50 Tieren zu finden, gut 25 % stehen in Beständen mit

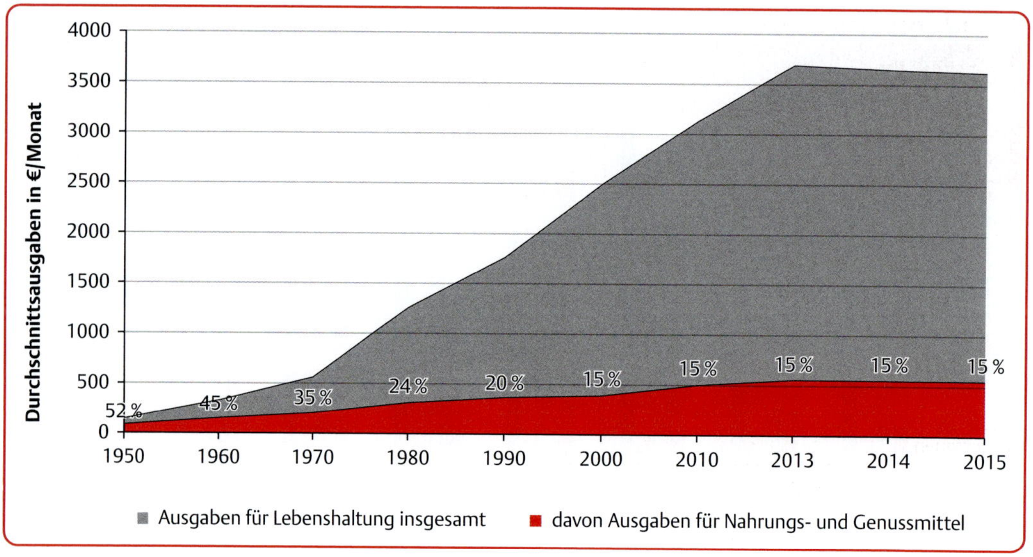

▸ **Abb. 1.3** Lebenshaltungsausgaben für Nahrungsmittel im Vier-Personen-Arbeitnehmerhaushalt (Abb. basiert auf Daten aus [146]).

- 4-Personen-Haushalt von Angestellten und Arbeitern mit mittleren Einkommen (Bruttoeinkommen aus unselbstständiger Arbeit beider Ehepartner zwischen 3850 und 5859 DM (1997) je Monat), ab 2000: 4-Personen-Haushalt
- Definition: Nahrungsmittel: inkl. alkoholfreier Getränke und fertiger Mahlzeiten; Genussmittel: Kaffee, Tee, alkoholische Getränke und Tabakwaren
- 1950–1970: Verzehr in Kantinen und Gaststätten in Ausgaben für Nahrungsmittel enthalten
- ab 1980: Nahrungsmittel ohne Verzehr in Kantinen und Gaststätten

mehr als 200 Kühen. Von den Zuchtsauen werden inzwischen gut 40 % in Beständen mit über 500 Plätzen gehalten. 86 % der Mastschweine werden in Betrieben mit mehr als 400 Plätzen gehalten, allein 50 % in Beständen mit mehr als 1000. Bei den Legehennen ist die Situation anders. Hier gibt es einerseits noch eine große Zahl von Kleinsthaltungen, die vorwiegend für den Eigenverbrauch produzieren. 87 % aller Betriebe mit Legehennenhaltung in Beständen unter 99 Tieren vereinigen lediglich 1,4 % der gesamten Legehennen auf sich. Bei der auf den Markt ausgerichteten Erzeugung ist dagegen der Konzentrationsprozess weit fortgeschritten. Nur 13 % der Betriebe halten 98,6 % aller Legehennen. Hier wird die Produktion überwiegend in steuerrechtlich gewerblicher Form durchgeführt. In der Masthühnerhaltung ist die Tendenz ähnlich. Ca. 62 % der Betriebe mit Hähnchenmast halten weniger als 0,1 % aller Tiere. 77 % aller Masthähnchen werden in Beständen mit über 50 000 Tieren gehalten.

Ökologische Tierhaltung In der ökologischen Landwirtschaft stellt die Tierhaltung ein wichtiges Glied eines weitgehend geschlossenen Betriebskreislaufs dar. Deshalb sind Flächenbindung und eingeschränkter Einsatz außerbetrieblicher Produktionsmittel (z. B. Futtermittelzukauf) ein wesentliches Kennzeichen der ökologischen Tierhaltung.

Seit 2009 gilt die Verordnung (EG) Nr. 834/2007 (EU-Öko-Verordnung) über die ökologische Produktion und die Kennzeichnung von ökologischen Erzeugnissen, in der auch die ökologische Tierhaltung einheitlich und eindeutig gesetzlich definiert ist. Des Weiteren werden mit den Durchführungsvorschriften für die tierische Erzeugung ((EG) Nr. 889/2008) die Herkunft von Tieren, die Unterbringung von Nutztieren und Haltungspraktiken, Futtermittel und tierärztliche Behandlung geregelt. (EG) Nr. 1235/2008 definiert die Einfuhr von ökologischen Erzeugnissen aus Drittländern. Diese Verordnungen soll nun komplett reformiert wer-

► **Tab. 1.2** Bestandsgrößenstruktur in den verschiedenen Tierhaltungszweigen in Deutschland (2017) [33], [222].

Haltungszweig	Tierbestand von–bis	% Anteil am Gesamtbestand		Ø Tiere je Betrieb	
		2010	Mai 2017, 2016 Legehennen, 2013 Masthühner	2010	Mai 2017, 2016 Legehennen, 2013 Masthühner
Milchkühe	1–19	7,3	4,1	46	63
	20–49	27	16,1		
	50–99	32,4	28,2		
	100–199	16,1	25,3		
	200–499	9,5	16,0		
	500 und mehr	7,8	10,3		
Zuchtsauen	1–49	6,3	2,2	114	227
	50–99	9,9	5,4		
	100–199	22,3	25,3		
	200–499	30,9	25,4		
	500 und mehr	30,5	41,7		
Mastschweine	1–399	16,5	13,6	294	597
	400–999	32,7	35,7		
	1000–1999	30,2	29,7		
	2000–4999	13	14,3		
	5000 und mehr	7,6	6,7		
Legehennen	1–999	4,9	3,1	528	1310
	1000–9999	12	8,3		
	10 000–49 999	31,4	32,7		
	50 000 und mehr	51,7	56		
Masthühner	1–9999	0,6	0	14 901	21 588
	10 000–49 999	27,7	22,8		
	50 000 und mehr	71,6	76,6		

den, um den aktuellen Anforderungen gerecht zu werden. Ein von der EU-Kommission 2014 vorgelegter Entwurf wird in den EU-Gremien beraten, der Prozess ist allerdings noch nicht abgeschlossen [26]. Es wird derzeit davon ausgegangen, dass eine neugefasste EU-Öko-Verordnung erst im Jahr 2021 in Kraft treten wird.

Werden Tiere zugekauft, sollen diese in erster Linie aus ökologisch wirtschaftenden Betrieben stammen und Rassen bzw. Herkünften angehören, die sich für die jeweiligen Umweltbedingungen möglichst gut eignen. Bei begrenzter Verfügbarkeit sind jedoch auch Ausnahmeregelungen möglich. Die Forderung nach umfangreicher Herkunftssicherung entspricht auch der Situation in der konventionellen Tierhaltung. Ein erheblich eingeschränkter Tierverkehr zwischen Betrieben wird angestrebt, der potenzielle Nachteil z. B. hinsichtlich eines geringeren Zuchtfortschrittes wird hierbei in Kauf genommen. Dieser orientiert sich an einem Erzeugungsniveau, bei dem weitgehend auf Futtermittelzukauf verzichtet werden kann. Wichtige Zuchtziele sind Tiergesundheit und Langlebigkeit.

Die eingesetzten Futtermittel müssen aus ökologischer Erzeugung und vorzugsweise aus dem eigenen Betrieb stammen. Es wird ausdrücklich hervorgehoben, dass das Futter eher den qualitativen Vorstellungen und Zielsetzungen der Verordnung als der Maximierung der Erzeugung dienen soll. Die Palette der erlaubten Futtermittel ist relativ stark eingegrenzt, insbesondere bezüglich der Eiweiß liefernden Komponenten. So sind die in der konventionellen Tierhaltung bedeutendsten Proteinquellen Soja- und Rapsextraktionsschrot sowie die reinen Aminosäuren wie insbesondere Lysin und Methionin nicht erlaubt. Die bedarfsgerechte Eiweißversorgung ist deshalb besonders problematisch. Ein begrenzter Zukauf von Futtermitteln konventioneller Herkunft ist derzeit noch übergangsweise (bis 2021) zugelassen. Damit können insbesondere konventionell erzeugte, hochwertige Eiweißfuttermittel (z. B. Kartoffeleiweiß) vorwiegend für die Schweine- und Geflügelhaltung zugekauft werden. Auch andere Restriktionen können in verschiedenen Betrieben zu einer unausgewogenen Nährstoffversorgung der Nutztiere führen. In der jetzt gültigen Verordnung gibt es allerdings eine Ausnahmeregelung, nach der gentechnisch veränderte Zusatzstoffe (Enzyme und Vitamine) zugelassen werden können, wenn sie mithilfe von gentechnisch veränderten Organismen hergestellt wurden, aber nicht aus solchen bestehen. Grundsätzlich muss die Tagesration für Schweine und Geflügel frisches, getrocknetes oder siliertes Grobfutter enthalten. Kälber, Ferkel und Lämmer sind über einen festgesetzten Mindestzeitraum auf der Grundlage natürlicher Milch zu ernähren.

Bei notwendigen tierärztlichen Behandlungen sollten vorzugsweise phytotherapeutische und homöopathische Methoden verwendet werden. Hinsichtlich des Einsatzes chemisch-synthetischer Arzneimittel oder Antibiotika sind strenge Restriktionen vorgesehen, die unter Umständen auch den Ausschluss einzelner so behandelter Tiere von der Vermarktung unter dem „Biolabel“ vorsehen.

Die Vorgaben bezüglich der Tierhaltung haben besonders tiergerechte Haltungsverfahren zum Ziel, die dem arteigenen Verhalten der Tiere Rechnung tragen. Allen Nutztieren muss ein Zugang zu einem Auslauf und/oder Weidegang ermöglicht werden. Schweine sind in Gruppen zu halten, Zuchtsauen dürfen auch in der Säugezeit nicht dauerhaft fixiert werden. Die Liegeflächen müssen eingestreut sein. Für Geflügel ist Bodenhaltung mit erhöhten Sitzstangen und einem begrünten Auslauf vorgeschrieben. Die Haltungsvorschriften garantieren jedoch allein noch nicht die geforderte Tiergerechtigkeit der Nutztierhaltung. Wie auch im konventionellen Bereich sind in der ökologischen Tierhaltung die vielfältigen Anforderungen an Management, Stallklima, Fütterung unter anderem ausschlaggebend für die Realisierung der hohen Ansprüche an den Tierschutz, die sie für sich anstreben.

Wenn hier auch nur einige Grundzüge der ökologischen Tierhaltung aufgezeigt werden konnten, wird doch deutlich, dass nicht die Maximierung der Erzeugung im Vordergrund steht, sondern vielmehr der Qualitätsproduktion – so wie sie aus dem Selbstverständnis dieser Wirtschaftsweise heraus definiert ist – Vorrang eingeräumt wird. Die Verteuerung der Produktion wird hierbei bewusst in Kauf genommen in der Erwartung, dass die Mehraufwendungen von den Verbrauchern in Form höherer Produktpreise honoriert werden.

Es wird davon ausgegangen, dass in der ökologischen Tierhaltung die gleichen Grundsätze der Versorgungsempfehlungen und die gleichen Methoden der Futtermittelbewertung gelten. Somit sind hinsichtlich der fachlichen Grundlagen keine Unterschiede zwischen ökologischer und konventioneller Tierproduktion zu unterstellen.

2 Aufbau und Arbeitsweise tierischer Organe

Susanne Granz

2.1 Bauelemente des Tierkörpers

Als **Organ** bezeichnet man einen Körperteil mit ganz bestimmten Aufgaben.

Wenn man ein solches Organ, beispielsweise einen Röhrenknochen, genau betrachtet, stellt man fest, dass es nicht vollständig aus dem gleichen Material besteht, hier also **Knochengewebe**, sondern dass sich an den Enden des Knochens eine Auflage aus **Knorpelgewebe** findet. Der Schaft des Knochens ist von der Beinhaut überzogen, die sich aus dem sogenannten Bindegewebe bildet. Das **Bindegewebe** ist im Körper weit verbreitet. Es verbindet, wie der Name andeutet, unterschiedliche Körperteile miteinander, beispielsweise in Form des straffen Sehnengewebes die Muskeln mit den Knochen oder in Form von Bindegewebshüllen die einzelnen, aus **Muskelgewebe** bestehenden Fasern eines Muskels zu Faserbündeln. Eine andere Form des Bindegewebes, das lockere Bindegewebe, dient als Bett für die Blut- und Nervenbahnen und begleitet sie vom Herzen bzw. vom Rückenmark bis in die kleinsten Verästelungen. Auch in der erwähnten Beinhaut des Knochens verlaufen Blutgefäße und Nerven, wie bei einem Stoß gegen das Schienbein zu spüren ist. Im Bindegewebe unter der Schwarte oder zwischen den Därmen wird Fett eingelagert und für die Zeiten knapper Futterversorgung gespeichert. Das Bindegewebe füllt also nicht nur die Räume zwischen anderen Gewebearten aus, sondern dient gleichzeitig verschiedenen Zwecken im Interesse des gesamten Organismus.

Die äußere Haut und die Schleimhäute im Verdauungskanal, in der Gebärmutter, im Naseninnern und in allen anderen Körperhöhlen bestehen aus **Deckgewebe**, zuweilen unterbrochen durch die Ausführungsgänge von Drüsen, etwa in der äußeren Haut durch Talgdrüsen. Am Aufbau der Drüsen beteiligt sich neben dem eigentlichen Drüsengewebe auch das Bindegewebe.

Fazit

Es ist also zu erkennen, dass die Organe des Körpers aus **Geweben** aufgebaut sind, und zwar meistens aus mehreren **Gewebearten**. Die Gewebe ihrerseits bestehen aus kleineren, meistens nur unter dem Mikroskop sichtbaren Bauelementen, aus **Zellen**. Zwischen den Zellen befindet sich von den Zellen abgesonderte, sozusagen „ausgeschwitzte" **Zwischenzellsubstanz**, und zwar wenig, die Zellen miteinander verbindend, beim Deckgewebe, dagegen viel beim Bindegewebe sowie beim Knorpel und Knochengewebe.

Die Zellen treten in unterschiedlichen Formen auf: als Zylinder (z. B. in der Haut der Därme), als Würfel (im Deckgewebe der Drüsen und ihrer Ausführungsgänge) oder plattenförmig (im Epithel der äußeren Haut). Andere Zellarten sind spindelförmig, wie im Muskelgewebe (▶ Abb. 2.1). Oder sie haben kürzere und längere Ausläufer, wie die Nervenzellen. Auch die Knochenzellen (▶ Abb. 2.2) verfügen über Ausläufer, durch die sie mit den Nachbarzellen verbunden sind und über die ein Austausch von Nahrungs- und Abfallstoffen erfolgt.

Der Nahrung bedürfen die Zellen zur Erfüllung verschiedener Aufgaben (Wachstum, Zellteilung,

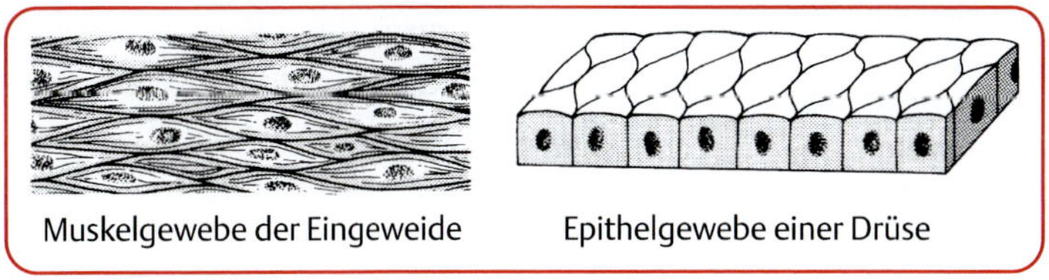

▶ **Abb. 2.1** Beispiele für Gewebeformen.

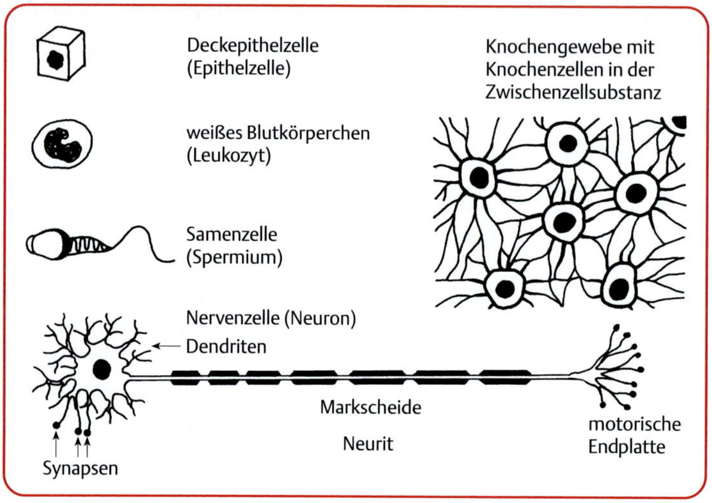

▶ **Abb. 2.2** Beispiele für Zellformen.

▶ **Tab. 2.1** Größenvergleich einiger Körperbauelemente.

Körperbauelement	Größe	Masse (Gewicht) in Gramm
Knochenwürfel	1 cm Kantenlänge	ca. 1,7
mittelgroße Körperzelle (z. B. weißes Blutkörperchen)	ca. 0,001 cm Durchmesser	ca. 0,0 000 000 008
mittelgroßes Eiweißmolekül (z. B. Hämoglobin im roten Blutkörperchen)	ca. 0,00 000 055 cm Durchmesser	ca. 0,00 000 000 000 000 000 011

Vermehrung, Reizaufnahme, teilweise auch Reizleitung oder Bewegung). Aus der unterschiedlichen Aufgabenstellung ergibt sich auch die Vielfalt der Zellformen.

Der Aufbau des komplexen Zellinneren mit seinen verschiedenen Zellorganellen wird am Anfang des Kapitels Organisation der Zelle (S. 107) beschrieben, weil die Zellen im Rahmen des Verbungsgeschehens eine wesentliche Rolle spielen (s. a. ▶ **Abb. 3.4**).

Diese **Organellen** werden aus **Molekülen** aufgebaut, das heißt aus einfachen oder komplizierten Verbindungen von Atomen. Die in ▶ **Tab. 2.1** aufgeführten Größen- und Gewichtsangaben vermitteln einen Eindruck davon, wie winzig trotz ihrer Kompliziertheit die kleinsten Bauelemente des Tierkörpers sind.

Deren Einheiten „absolutes Atomgewicht" und „absolutes Molekülgewicht" werden selten benutzt. Üblich ist stattdessen das relative Molekulargewicht oder genauer gesagt die **„relative Molekülmasse"**.

Definition

Die „relative Molekülmasse" drückt das Verhältnis der Molekülmasse einer bestimmten chemischen Verbindung zur atomaren Masseneinheit (ATM) aus. Diese Masseneinheit war früher das Atom Wasserstoff mit der Atommasse 1, bis man eine kleine Ungenauigkeit entdeckte. Heute ist die atomare Masseneinheit definiert als 1/12 der Masse eines Kohlenstoffatoms mit der Atommasse 12.

Wenn also von der relativen Molekülmasse 180 des Traubenzuckers (Glukose), einer in allen tierischen und pflanzlichen Zellen vorkommenden wichtigen Verbindung, gesprochen wird, bedeutet dies, dass dieses Molekül ungefähr 180-mal so schwer ist wie ein Atom Wasserstoff. Genauer: 180 × Atommasse $^{12}C/12$.

Die relative Molekülmasse der Glukose errechnet sich aus den Atommassen der am Aufbau dieses Moleküls beteiligten Atome, wie aus ▶ **Tab. 2.2** ersichtlich.

▶ **Tab. 2.2** Atomzusammensetzung des Moleküls Glukose.

Molekül	Atome	Atommassen
Glukose $C_6H_{12}O_6$	6 C	6 × 12 = 72
	12 H	12 × 1 = 12
	6 O	6 × 16 = 96
relative Molekülmasse der Glukose		180

In vielen Berechnungen wird ferner der Begriff **„Mol"** verwendet, die Einheit der Stoffmenge. Die Menge eines Stoffes entspricht der relativen Molekularmasse dieses Stoffes in Gramm. 1 Mol Glukose ist also eine Menge von 180 Gramm Glukose.

2.2 Der Stoffwechsel als Grundlage tierischer Lebensäußerungen

Merke

- **In Heu, Gras und anderen Futtermitteln ist Energie gespeichert.**
- **Zur Umwandlung der gespeicherten Energie in andere Energieformen (z. B. in Wärmeenergie) ist im Regelfalle die Anwesenheit eines bestimmten Luftbestandteils, des Sauerstoffs, notwendig.**
- **Das Tempo der Energieumwandlung lässt sich durch Verstärkung der Sauerstoffzufuhr beschleunigen, durch Drosselung der Sauerstoffzufuhr verlangsamen.**
- **Außer dem Sauerstoff können an der Energieumwandlung weitere Faktoren beteiligt sein, beispielsweise Wasser.**

Auch im Tierkörper, der zur Aufrechterhaltung der Lebensvorgänge und zum Vollbringen seiner Leistungen Energie braucht, spielen sich Stoffwechselprozesse ab. Die in den Futtermittel enthaltenen Nährstoffe – mögliche Energiequellen für das Tier – werden zunächst im Verdauungstrakt so weit zerkleinert und aufgeschlossen, dass die entstehenden Moleküle durch die feinen Poren der Darmwand hindurchbefördert und im Kapillarsystem von **Blut** und **Lymphe** weitertransportiert werden. Unbrauchbare oder dem Angriff der Verdauungsenzyme widerstehende – also unverdauliche – Futterbestandteile bleiben im Darm und werden als Kot ausgeschieden.

Das Blut sorgt über den Kreislauf für die Verteilung der Nährstoffe im Körper. Über diesen Kreislauf gelangt das Blut auch in die Lungen, wo es den eingeatmeten Sauerstoff übernimmt und zusammen mit den Nährstoffen in alle Körperorgane befördert. In den Zellen der Muskeln, der Knochen, der Haut usw. wird ein Teil der Nährstoffe mithilfe des Sauerstoffs langsam verbrannt. Die dabei frei werdende Energie wird für die Lebensvorgänge des Tierkörpers und seine Leistungen verwandt, beispielsweise um aus einem anderen Teil der Nährstoffe neue Zellen aufzubauen oder verbrauchte zu erneuern, um mit den Muskeln Arbeit zu leisten, um die Körpertemperatur immer auf gleicher Höhe zu halten.

Merke

Die Nährstoffe sind also zum Teil Baustoffe, zum Teil Brennstoffe (Betriebsstoffe), vielfach für beides geeignet.

Die bei der Verbrennung in den Zellen oder die beim Abbau verbrauchter Zellen entstehenden Abfallstoffe werden durch das Blut den Nieren und Lungen zugeführt und über den Harn bzw. über die Ausatmungsluft ausgeschieden.

Atmung und Ausscheidung sind wichtige Vorgänge im gesamten Stoffwechselgeschehen des Tierkörpers. Wenn einer dieser Vorgänge unterbunden oder der Blutkreislauf als Vermittler der am Stoffwechsel beteiligten Faktoren unterbrochen wird, geht das Tier zugrunde. Wird einer dieser Vorgänge in geringem Grade beeinträchtigt, etwa das Atmen durch schlechte Stallluft, dann leiden auch die anderen Stoffwechselvorgänge. Das Tier lebt zwar weiter, aber seine Leistungsfähigkeit sinkt.

Viele Stoffwechselvorgänge vollziehen sich nur in Anwesenheit von ganz bestimmten **Wirkstoffen**. Die meisten dieser Wirkstoffe, nämlich die sogenannten **Enzyme** (ursprünglich und oft noch heute als **Fermente** bezeichnet), werden vom Tierkörper selbst erzeugt, beispielsweise in der Bauchspeicheldrüse oder in der Leber. Zum Teil werden die Wirkstoffe in Form von **Vitaminen** mit dem Futter aufgenommen.

2.3

Wichtige chemische Verbindungen in Tier und Pflanze

Stoffe mit Kohlenstoff nennt man in der Chemie **organische Substanzen**, weil sie hauptsächlich in den Organen von Pflanzen und Tieren vorkommen. Sie sind brennbar, wie das Beispiel des sich selbst erhitzenden und evtl. abbrennenden Heustapels deutlich gemacht hat. Die beim Verbrennungsprozess übrig bleibende Asche, also die nicht brennbare Substanz, wird auch als **anorganische Substanz** bezeichnet. Sie setzt sich vorwiegend aus Mineralstoffen zusammen.

Die brennbaren Substanzen in Tier und Pflanze enthalten außer dem Kohlenstoff immer Sauerstoff und Wasserstoff. Je nach dem Anteil dieser Elemente unterscheiden wir u. a. Kohlenhydrate und Fette. Bei den **Kohlenhydraten** (Zucker, Stärke, Zellulose usw.) kommt – wie beim Wasser H_2O – auf zwei Teile Wasserstoff ein Teil Sauerstoff (siehe dazu das Beispiel der Glukose in ▶ **Tab. 2.2**). Bei den **Fetten** ist das Verhältnis zwischen Wasserstoff und Sauerstoff weiter als 2 : 1. Sie enthalten relativ weniger Sauerstoff als Kohlenhydrate.

Während Kohlenhydrate und Fette dem Tier vorwiegend als Energiequelle dienen, werden **Eiweißverbindungen** (**Proteine**) hauptsächlich als Baustoffe für die tierischen Organe und für die tierischen Leistungen (Milch, Wolle usw.) benötigt. Die überwiegend wasserunlöslichen Eiweißverbindungen werden aus den wasserlöslichen und damit transportfähigen **Aminosäuren** aufgebaut, die ihrerseits aus den Grundelementen C, H, O und einem bestimmten Anteil N (Nitrogenium = Stickstoff) bestehen.

Als Zwischenprodukte beim Aufbau oder Umbau von Kohlenhydraten, Fetten und Proteinen sind beispielsweise Alkohole, Aldehyde und Carbonsäuren zu nennen, als Endprodukte des Kohlenhydrat- oder Fettstoffwechsels Methan (CH_4) und Kohlendioxid (CO_2), als Endprodukte des Proteinstoffwechsels Harnstoff, Harnsäure, Hippursäure, Allantoin usw. Die chemischen Formeln und Besonderheiten der einen oder anderen dieser Verbindungen werden an anderer Stelle im Text ergänzt, sobald das als notwendig erscheint.

2.3.1 Kohlenhydrate (Saccharide)

Die Pflanzen fangen in den grünen Blättern mithilfe der Sonnenenergie den Kohlenstoff aus dem Kohlendioxid der Luft ein und bauen daraus und aus dem aus den Wurzeln aufgenommenen Wasser **Zucker** auf. Zucker ist löslich und lässt sich deshalb mit dem Säftestrom gut transportieren. Der wichtigste dieser Zucker ist der **Traubenzucker** (**Glukose**). Er hat in jedem Molekül 6 Kohlenstoffatome und gehört deshalb zur Untergruppe der **Hexosen** (nach dem griechischen Wort „hexa" für sechs). Es gibt mehrere Schreibweisen für Glukose (▶ **Abb. 2.3**).

Nur wenige Pflanzen, wie die Zuckerrübe, verwenden die Zucker selbst als ihre Nahrungsreserve. Die meisten anderen Pflanzen fügen für diesen Zweck viele Zuckermoleküle zusammen, unter Abspaltung von je einem Molekül Wasser an den Verbindungsstellen. So wird **Stärke** gebildet. Nach einem anderen Verknüpfungsverfahren werden Zuckermoleküle zu Zellulosemolekülen verbunden. Aus **Zellulose** baut die Pflanze anstatt eines Skeletts ihr Gerüst auf. Nach ihrer Molekülgröße lassen sich Kohlenhydrate (Saccharide) wie in ▶ **Tab. 2.3** gezeigt einteilen.

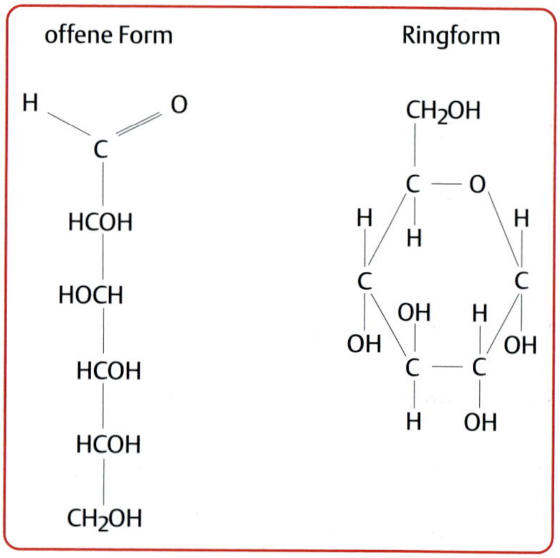

▶ **Abb. 2.3** Glukose – verschiedene Strukturformeldarstellungen.

▶ **Tab. 2.3** Saccharide – vergleichende Übersicht.

Saccharid	chemische Summenformel	relative Molekülmasse
Einfachzucker (Monosaccharide)	$C_2H_4O_2$ bis $C_6H_{12}O_6$	60 – 180
Zweifachzucker (Disaccharide)	$C_{12}H_{22}O_{11}$	342
Mehrfachzucker (Oligosaccharide)	bis $(C_6H_{10}O_5)_{10}$	~ bis 3000
Vielfachzucker (Polysaccharide)	$(C_6H_{10}O_5)_n$	~ 10 000 bis 4 Millionen

Einfachzucker (Monosaccharide)

Neben den **Hexosen** ($C_6H_{12}O_6$) mit 6 C-Atomen kommen im Tier und in Futtermitteln auch **Pentosen** ($C_5H_{10}O_5$) mit 5 C-Atomen vor. Ein Beispiel dafür ist die **Ribose**, die einer der Bausteine der Nukleinsäuren in den Zellkernen und im Zytoplasma ist, s. Kap. Chemische Grundlagen (S. 104).

Der **Traubenzucker** (**Glukose**) ist nicht nur bei den Pflanzen, sondern auch bei den Tieren die wichtigste Transportform der Kohlenhydrate.

In den Früchten findet sich ein weiterer Einfachzucker aus der Gruppe der Hexosen, der **Fruchtzucker** (**Fruktose**). Er ist ebenso wie eine weitere Hexose, die **Galaktose**, Bestandteil von Disacchariden. Außerdem ist der Fruchtzucker Baustein für die Fruktosane, die in jungen Gräsern einen wesentlichen (und beispielsweise für die Silierfähigkeit bedeutsamen) Anteil der Kohlenhydrate darstellen.

Zweifachzucker (Disaccharide)

In der Regel bestehen sie aus 2 Hexosen. Wichtige Vertreter dieser Gruppe sind in der ▶ **Tab. 2.4** aufgeführt.

▶ **Tab. 2.4** Zusammensetzung von Disacchariden.

Zucker	Zusammensetzung
Rohrzucker	(Saccharose) aus einem Molekül Glukose und einem Molekül Fruktose
Milchzucker	(Laktose) aus einem Molekül Glukose und einem Molekül Galaktose
Malzzucker	(Maltose) aus 2 Molekülen Glukose

Der **Rohrzucker** (**Saccharose**) wird in großen Mengen aus der Zuckerrübe oder aus dem Zuckerrohr gewonnen und wird wegen seiner starken Süßkraft im Haushalt, in den Schokoladefabriken und für andere Süßwaren verwendet. Ein Teil des Zuckers bleibt in den Nebenprodukten der Zuckerherstellung (Schnitzel, Melasse) zurück.

Der **Milchzucker** (**Laktose**) ist einer der Hauptbestandteile der Milch aller Tierarten. Der **Malzzucker** (**Maltose**) entsteht im keimenden Getreidekorn durch Abbau von Stärke. Alle 3 Zweifachzucker lassen sich leicht vergären. Rohrzucker und Malzzucker spielen bei Hefezusatz eine bedeutsame Rolle in der Alkoholgewinnung. Der Milchzucker vergärt rasch unter dem Einfluss von **Milchsäurebakterien** und anderer Mikroorganismen.

Vielfachzucker (Polysaccharide)

Sie sind neben dem Wasser der Hauptbestandteil der meisten Futterpflanzen, und zwar die **Stärke** als Speicherstoff und die **Zellulose** als Gerüstsubstanz. Sie entstehen aus dem Zusammenbau vieler Glukosemoleküle zu langen Ketten. Diese sind bei der Stärke zusammengefaltet und zusammengerollt, sodass die Stärkekörner unter dem Mikroskop rund oder oval erscheinen. Chemisch ähnlich zusammengesetzt wie die Stärke der Pflanzen ist auch das **Glykogen** in der Leber und in den Muskeln der Tiere, das man auch als tierische Stärke bezeichnet. Bei der **Zellulose** sind lange Glukoseketten zu Bündeln vereinigt, die Fibrillen genannt werden. Diese Fibrillen werden durch **Lignin** und „inkrustierende Stoffe“ zusammengekittet, wodurch die aus dieser Kombination aufgebauten Pflanzenzellwände fest und zäh werden. Die Festigkeit und der Verholzungsgrad von Pflanzenstängeln und anderen Gerüstelementen nehmen mit steigendem Anteil von Lignin zu. Gleichzeitig sinkt die Verwertbarkeit als Futtermittel, da nur „frei vorliegende“ Zellulose durch Pansenbakterien nutzbar gemacht werden kann.

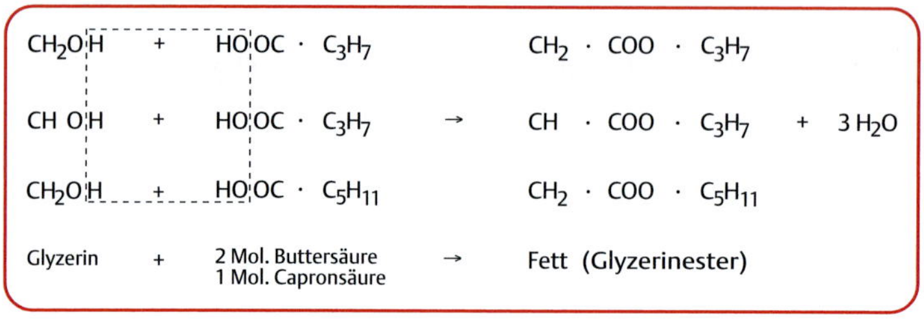

► **Abb. 2.4** Zusammensetzung von Fetten.

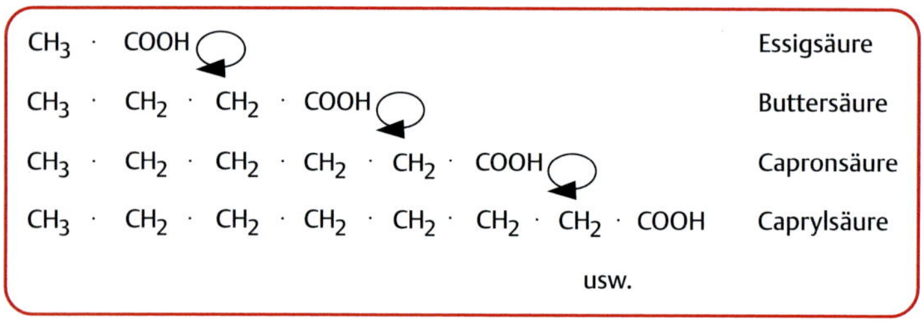

► **Abb. 2.5** Entstehung kurz- und mittelkettiger Fettsäuren durch Kettenverlängerung.

2.3.2 Fette

Die Fette setzen sich zusammen aus dem dreiwertigen Alkohol **Glyzerin** und aus **Fettsäuren** (► **Abb. 2.4**). Die chemischen Formeln der Alkohole sind charakterisiert durch die sogenannte Hydroxygruppe (OH). Die Fettsäuren sind eine Untergruppe der Carbonsäuren, ihre Formeln lassen sich an der sogenannten Carboxygruppe (COOH) erkennen. Die einfachsten Carbonsäuren sind die **Essigsäure** CH_2-COOH (C 2) und **Propionsäure** CH_3-CH_2-COOH (C 3), die sowohl bei der Gärung des Futters im Pansen als auch während der Futtersilierung gebildet werden. Diese **niedrigmolekularen Fettsäuren** werden auch als **flüchtige Fettsäuren** bezeichnet. Weitere Beispiele sind die auch im Pansen und in minderwertigen Silagen vorkommende Buttersäure und die Capronsäure (► **Abb. 2.4**). Die Fettsäuren werden in kurzkettige (bis C 5), mittelkettige (C 6–C 12) sowie langkettige (mehr als C 12) Fettsäuren eingeteilt.

Je nachdem, wie viele Fettsäuren an ein Glyzerinmolekül gebunden sind, spricht man von **Mono-, Di- oder Triglyzerid**. An ein Glyzerinmolekül können 3 gleichartige Fettsäuren, aber auch verschiedene Fettsäuren gebunden werden. Dadurch gibt es eine große Zahl von Kombinationsmöglichkeiten. Am Aufbau einer Untersuchungsprobe **Milchfett** waren beispielsweise die in ► **Tab. 2.5** gezeigten Fettsäuren beteiligt.

Das Butterfett ist also ein sehr vielseitig zusammengesetztes Fettgemisch. Rund ⅔ der beteiligten Fettsäuren gehören zu den sogenannten **gesättigten Fettsäuren** mit einem beachtlichen Anteil an kurz- und mittelkettigen Fettsäuren (bis C 12). Diese entstehen beim Wiederkäuer überwiegend durch Kettenverlängerung aus der Essigsäure, dem wichtigsten Stoffwechselprodukt der Pansenbakterien, und zwar in den in ► **Abb. 2.5** aufgeführten Doppelschritten.

Die langkettigen (> C 12) Fettsäuren des Butterfetts entstammen dem körpereigenen Depotfett oder dem Nahrungsfett.

Die Ölsäure unterscheidet sich von der Stearinsäure dadurch, dass sie 2 Wasserstoffatome weniger enthält. Das bedeutet, dass 2 Kohlenstoffatome durch eine Doppelbindung miteinander verbunden sind. Deshalb bezeichnet man die Ölsäure als einfach ungesättigte Fettsäure. Es gibt auch ungesättigte Fettsäuren mit mehreren Doppelbindungen. Von diesen **mehrfach ungesättigten Fettsäuren** (auch Polyensäuren genannt) sind die in ► **Tab. 2.6** genannten besonders wichtig.

Weil die physiologischen Eigenschaften der ungesättigten Fettsäuren von der relativen Position der ersten Doppelbindung zum Molekülende abhängen, ist dies in ihrer Nomenklatur zusätzlich definiert und sie werden als Omega-n-Fettsäuren bezeichnet. In der öffentlichen Diskussion hat sich

▶ **Tab. 2.5** Fettsäurenmuster im Milchfett von Kuhmilch.

Fettsäure	Summenformel	Name	Kurzbezeichnung	Omega-n	Anteil in %
gesättigte Fettsäuren	C_3H_7COOH	Buttersäure	C_4	–	4
	$C_5H_{11}COOH$	Capronsäure	C_6	–	2
	$C_7H_{15}COOH$	Caprylsäure	C_8	–	1
	$C_9H_{19}COOH$	Caprinsäure	C_{10}	–	3
	$C_{11}H_{23}COOH$	Laurinsäure	C_{12}	–	3
	$C_{13}H_{27}COOH$	Myristinsäure	C_{14}	–	12
	$C_{15}H_{31}COOH$	Palmitinsäure	C_{16}	–	26
	$C_{17}H_{35}COOH$	Stearinsäure	C_{18}	–	11
ungesättigte Fettsäuren	$C_{17}H_{33}COOH$	Ölsäure	C 18 : 1	ω–9	25
	$C_{17}H_{31}COOH$	Linolsäure	C 18 : 2	ω–6	2
	$C_{17}H_{29}COOH$	Linolensäure	C 18 : 3	ω–3	2
	weitere Fettsäuren (darunter gesättigte und ungesättigte)			–	9

▶ **Tab. 2.6** Physiologisch bedeutende, mehrfach ungesättigte Fettsäuren.

Bezeichnung	Strukturformel	Kurzform	Omega-n
Linolsäure	$C_{17}H_{31}COOH$	C 18:2	ω–6
Arachidonsäure	$C_{19}H_{31}COOH$	C 20:4	ω–6
α-Linolensäure (ALA)	$C_{17}H_{29}COOH$	C 18:3	ω–3
Eicosapentaensäure (EPA)	$C_{19}H_{39}COOH$	C 20:5	ω–3
Docosahexaensäure (DHA)	$C_{21}H_{31}COOH$	C 20:6	ω–3

dazu der Begriff **Omega-3-Fettsäuren** etabliert (▶ **Abb. 2.6**).

Omega (ω) ist der letzte Buchstabe des griechischen Alphabets und bezeichnet das – von der Carboxygruppe aus gesehen – entfernteste Ende der Kohlenstoffkette.

Die Name „Omega-3-Fettsäuren“ steht dabei für Verbindungen, bei denen die erste Doppelbindung an der **dritten** Position vom Omega-Ende aus lokalisiert ist. Die „Omega-6-Fettsäuren“ sind Verbindungen, bei denen die erste Doppelbindung an der **sechsten** Position vom Omega-Ende aus lokalisiert ist. Bei Omega-9-Fettsäuren ist es entsprechend die **neunte** Position.

Erwachsene Tiere, von denen keine Leistung erwartet wird, können fast ohne Futterfett auskommen. Bei wachsenden sowie bei trächtigen oder milchgebenden Tieren wird dagegen die Leistung durch eine fettfreie Ernährung beeinträchtigt. Erstens hat sich gezeigt, dass die Aufnahme fettlöslicher Vitamine (A, D, E, K) im Darm besser vonstatten geht, wenn das Futter etwas Fett enthält. Vor allem aber wurde festgestellt, dass die Tiere nicht in der Lage sind, die zweifach ungesättigte Linolsäure $C_{17}H_{31}COOH$ selbst aufzubauen, etwa aus vorhandener Ölsäure.

Merke

Die Linolsäure ist also lebensnotwendig (= essenziell) und muss in einer bestimmten Menge im Futter wachsender, milchgebender und trächtiger Tiere enthalten sein.

Linolsäure ist im Leinsamen reichlich enthalten, aber auch im Öl der meisten Ölpflanzen. Wenn Linolsäure im Futter vorhanden ist, kann sich der Tierkörper daraus die vierfach ungesättigte Arachidonsäure $C_{19}H_{31}COOH$ und die γ-Form der dreifach ungesättigten Linolensäure selbst herstellen.

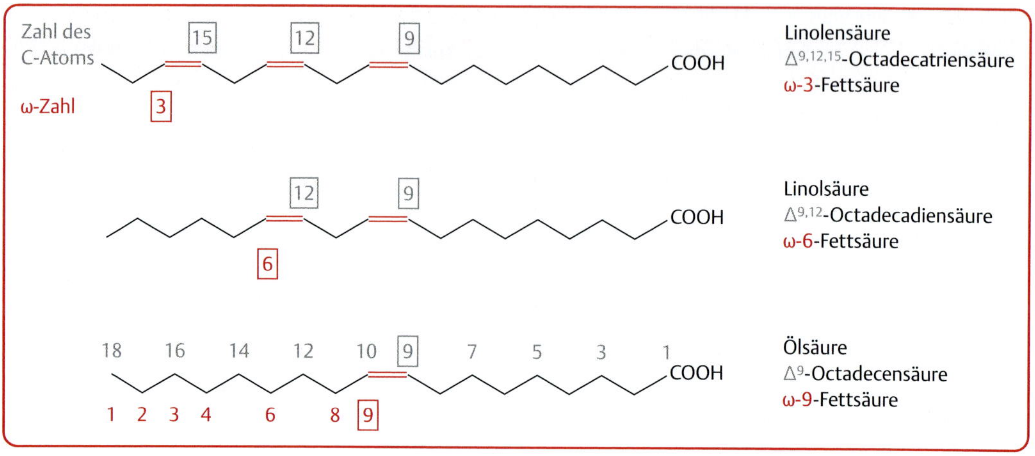

▶ **Abb. 2.6** Mehrfach ungesättigte Fettsäuren – Omega-n-Definition.

Zusatzinfo

Die mehrfach ungesättigten Fettsäuren (Polyensäuren), insbesondere die genannten Omega-3-Fettsäuren ALA, EPA und DHA, sind am Aufbau der äußeren **Zellmembran**, aber auch der Organellmembranen des Zellinneren (Mitochondrien usw.) beteiligt. Ihnen wird beispielsweise eine positive Auswirkung auf die Ausbildung und Funktion der menschlichen Herzkranzgefäße zugewiesen. Aus Arachidonsäure werden **Prostaglandine** gebildet, die an vielen Reaktionen im Tierkörper vermittelnd, regulierend und kontrollierend beteiligt sind. Mehr darüber im Kap. Steuerung der Geschlechtstätigkeit durch Hormone (S. 78) und im Kap. Rohfett (S. 180).

Die Zusammensetzung der Fettgemische in tierischen Organen oder Futtermitteln wirkt sich auf deren **Beschaffenheit** aus. **Fette** mit einem hohen Anteil an mittel- und langkettigen Fettsäuren sind fest, wie beispielsweise der Rindertalg, der zur Hälfte aus Palmitinsäure und Stearinsäure besteht. Das gilt auch für das Fett der Kokos- oder Palmkernkuchen mit überwiegenden Anteilen an Laurin- und Myristinsäuren. Fettgemische mit einem hohen Anteil an kurzkettigen Fettsäuren, wie das Butterfett, sind relativ weich. Fettgemische mit einem großen Anteil an ungesättigten Fettsäuren sind flüssig, beispielsweise Olivenöl, Leinöl und andere Pflanzenöle, aber auch der Lebertran.

Merke

Sowohl das Milchfett als auch das Reservefett im Unterhautbindegewebe werden in ihrer Zusammensetzung durch das Futterfett beeinflusst.

2.3.3 Eiweißverbindungen (Proteine)

Während die Pflanzen für Eiweiß Selbstversorger sind, ist das Tier auf die Proteinzufuhr aus den Pflanzen angewiesen. Wenn man das Wasser unberücksichtigt lässt, bestehen die meisten tierischen Zellen überwiegend aus Proteinen. Das gilt auch für die Enzyme und für einen Teil der Hormone. Wachstum bedeutet Vermehrung der Eiweißsubstanz. Milch und Eier als Nahrungsquelle für das Wachstum der Nachkommen enthalten einen erheblichen Anteil an Eiweiß. Dieser Nährstoff ist also von sehr großer Bedeutung für die Tiere.

Die Aminosäuren als Eiweißbausteine

Die Proteine sind aus Aminosäuren aufgebaut und werden während der Verdauung wieder in diese Bauelemente zerlegt. An der **Proteinsynthese** sind bis zu 20 verschiedene Aminosäuren beteiligt, deren wechselnde Kombination die Vielfalt der Proteine ausmacht. Sie sind durch eine oder mehrere **Aminogruppen** (NH_2) charakterisiert und unterscheiden sich dadurch von anderen organischen

COOH
|
H_2N-CH_2

Glykokoll (auch Glycin oder Aminoessigsäure genannt)

Häufig wird eine Schreibweise benutzt, welche die elektrischen Ladungen berücksichtigt, also beispielsweise für Glycin in wässriger Lösung

$COO^{\ominus}$
|
$H_3N^{\oplus}-CH_2$

▶ **Abb. 2.7** Glykokoll (Synonym: Glycin oder Aminoessigsäure).

▶ **Tab. 2.7** Essenzielle Aminosäuren mit Abkürzung.

Aminosäure	Abkürzung
Valin	Val/V
Leucin	Leu/L
Isoleucin	Ile/I
Threonin	Thr/T
Tryptophan	Trp/W
Methionin	Met/M
Phenylalanin	Phe/F
Lysin	Lys/K
Arginin	Arg/R
Histidin	His/H

Säuren. Wenn bei der aus der Pansengärung bekannten Essigsäure CH_3COOH ein Wasserstoffatom gegen eine Aminogruppe ausgetauscht wird, ergibt sich die einfachste Aminosäure (▶ **Abb. 2.7**).

Hier soll jedoch der Gesichtspunkt der elektrischen Ladung vernachlässigt werden, um die Vorgänge im Eiweißstoffwechsel nicht zusätzlich zu komplizieren. Die Umwandlung von Essigsäure in Glycin kann auch im Tierkörper durchgeführt werden, wenn genügend Essigsäure und andere Aminosäuren (zur Lieferung von NH_2-Gruppen) vorhanden sind. Die Aminosäure Glycin muss also nicht unbedingt im Futter enthalten sein.

Merke

Auch Alanin, Asparaginsäure und einige weitere Aminosäuren können vom Tier durch die Umformung anderer Aminosäuren selbst gebildet werden. Aber bei den übrigen 10 Aminosäuren ist das nicht möglich, weil der Tierkörper die zugehörigen Vorstufen (Ketosäuren) nicht oder nicht rasch genug bereitstellen kann. Diese 10 Aminosäuren (▶ Tab. 2.7) müssen also täglich in ausreichender Menge über das Futter zugeführt werden. Sie sind lebensnotwendig (essenziell).

Methionin enthält Schwefel, ebenso wie die nicht essenzielle Aminosäure Cystein (Cys/C) (bzw. das aus zwei Molekülen Cystein gebildete Cystin). Bei der Bewertung der Eiweißversorgung von Schweinen werden die schwefelhaltigen Aminosäuren oft zusammengefasst, weil aus Methionin-Überschüssen des Futters unzureichend vorhandenes Cystein gebildet wird. Umgekehrt allerdings kann Cystein nicht in Methionin verwandelt werden. Eine ausreichende Cystein/Cystin-Versorgung schont also den Methionin-Vorrat.

Merke

Futtermittel, deren Eiweiß einen ausreichenden Anteil an sämtlichen essenziellen Aminosäuren enthält, werden als biologisch vollwertig bezeichnet. Dazu gehören beispielsweise Milch und Fischmehl. Dagegen ist das Protein der Bohnen und Erbsen von geringerer Wertigkeit, vor allem, weil es zu wenig schwefelhaltige Aminosäuren (Methionin und Cystin) liefert. Beim Getreideeiweiß wirkt der Mangel an Lysin begrenzend (= limitierend).

Für die **Wiederkäuer** ist die Frage der **Aminosäurezusammensetzung** des Futtereiweißes **weniger dringlich**, weil die Pansenbakterien die angebotenen Aminosäuren des Futters in essenzielle Aminosäuren umbauen können und diese dem Wirt zufließen, sobald er im Dünndarm die abgestorbenen Bakterien und anderen Mikroben verdaut. Aber auch in der Fütterung hochleistender Milchkühe nimmt der Einsatz von sog. geschützten Eiweißen oder Aminosäuren (S. 179) zu.

Eiweißarten

Das mit dem Futter aufgenommene Eiweiß kann im Verdauungssystem der Tiere bis zur Stufe der Aminosäuren abgebaut werden. Das Aminosäurengemisch gelangt durch die Darmwand in das Blut- und Lymphsystem und in die Zellen. Dort, vor allem in der Leber, werden die Aminosäuren neu kombiniert und aus ihnen körpereigene Eiweißverbindungen aufgebaut.

Der erste Syntheseschritt beim Aufbau neuer Eiweißverbindungen, die Peptidbindung, erfolgt jeweils – unter Abspaltung eines Wassermoleküls – zwischen der Carboxygruppe einer Aminosäure mit der Aminogruppe der nächsten Aminosäure zunächst zu einem **Dipeptid**. Sind weitere Aminosäuren beteiligt, ergeben sich Peptidketten wie die in ▶ **Abb. 2.8** dargestellte, sehr kurze, noch zu den **Oligopeptiden** gehörende (die an die C- und N-Atome gebundenen H-Atome wurden der besseren Übersicht halber weggelassen).

Längere Peptidketten werden als **Polypeptide** bezeichnet (bis etwa 100 Aminosäuren); die Proteine selbst bestehen aus einer noch größeren Anzahl an Aminosäuren. Sie lassen sich nach chemischen und physikalischen Gesichtspunkten in bestimmte Gruppen einteilen. Man unterscheidet: einfache Eiweißkörper (**Proteine**) und zusammengesetzte Eiweißkörper (**Proteide**).

Proteine Zu den einfachen Eiweißkörpern gehören:

1. **Gerüsteiweiße** (auch Faserproteine oder fibrilläre Proteine genannt) mit paralleler Anordnung der Peptidketten, wasserunlöslich und sehr widerstandsfähig gegenüber der Einwirkung von Enzymen, also schwer verdaulich.
   - Beispiele: **Keratin** (in Haaren, Horn, Wolle, Federn, Zitzenkanal), **Kollagen** (in Knochen und anderen Bereichen des Bindegewebes)
2. **globuläre Eiweiße** (Sphäroproteine) – durch Zusammenrollen von Peptidketten in Knäuelstruktur, im Allgemeinen leicht verdaulich:
   - **Albumine**, wasserlöslich (z. B. in Milch, im Eiklar, in Blutserum und Getreidekörnern), **Globuline**, in verdünnten Salzlösungen auflösbar (z. B. **Myosin** des Muskels, **Fibrinogen** im Blut, **Legumin** der Erbsen und Bohnen), **Gluteline** und Gliadine (im Klebereiweiß der Getreidekörner)

Proteide Die zusammengesetzten Eiweißkörper enthalten außer Aminosäuren auch andere, und zwar leicht abspaltbare Bestandteile (die sogenannten prosthetischen Gruppen), z. B.:

1. **Nukleoproteide** (Verbindungen aus Eiweiß und Nukleinsäuren, z. B. Ribosomen, Nukleosomen). Diese Stoffe, insbesondere die **Nukleinsäuren** (**Desoxyribonukleinsäure**, **DNS**, und **Ribonukleinsäure**, **RNS**), sind ebenso wie die Adenosinphosphorsäureester (**Adenosindiphosphat**, **ADP**, **Adenosintriphosphat**, **ATP**, **zyklisches Adenosinmonophosphat**, **cAMP**) an wichtigen Lebensvorgängen beteiligt, die später im Text noch ausführlich beschrieben werden; s. Kap. Chemische Grundlagen (S. 104), Eiweißsynthese (S. 108) und Energieumwandlung in der Zelle (S. 201).
2. **Chromoproteide** (Verbindung aus Eiweiß und Farbstoffen, z. B. Hämoglobin, Chlorophyll)
3. **Glykoproteide** (Verbindungen aus Eiweiß und Kohlenhydraten, z. B. in Schleimstoffen, die aus besonderen Drüsen zum Schutz der inneren Schleimhäute abgesondert werden)

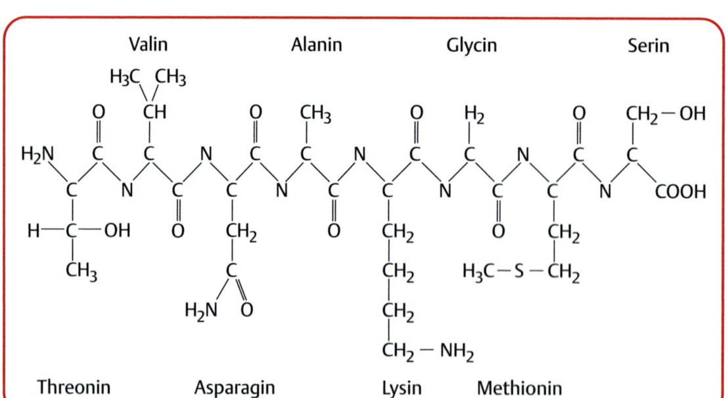

▶ **Abb. 2.8** Oligopeptid.

2.3.4 Mineralstoffe

Mit jedem Liter Milch gibt die Kuh 7 g Mineralstoffe ab. Das sind bei einer frischmelkenden Kuh gut 250 g täglich. Dazu kommen die Mengen an Mineralstoffen, die nach ihrem Einsatz im Stoffwechsel über Kot und Harn ausgeschieden werden. Aber auch wachsende Tiere setzen erhebliche Mineralstoffmengen im Skelett an. Bei den hohen Leistungen, die von unseren Nutztieren erwartet werden, darf ihr Mineralstoffbedarf nicht außer Acht gelassen werden. Man unterscheidet bei den Mineralstoffen die in ▸ **Tab. 2.8** aufgeführten **Mengenelemente und Spurenelemente**.

Von den **Spurenelementen** werden die meisten nur in sehr kleinen Mengen gebraucht. Auch Eisen (Fe) wird zu dieser zweiten Gruppe gerechnet, obwohl von ihm ein größerer Anteil benötigt wird.

Fazit

Man kann die Aufgaben der Mineralstoffe im Tierkörper wie folgt zusammenfassen:

- Baustoff für das Skelett bzw. für die Eischale beim Geflügel (vor allem Ca, P, Mg) und wichtiger Bestandteil weiterer Körpergewebe (z. B. P und S im Muskeleiweiß)
- Regulierung des **osmotischen Drucks** in den Geweben und Körperflüssigkeiten und damit Erleichterung des Stoffaustauschs zwischen den Zellen und Körperflüssigkeiten
- Einstellung konstanter pH-Werte im Blut, in den Verdauungssäften und anderen Körperflüssigkeiten (**Säure-Basen-Gleichgewicht**)
- Aufbau **elektrischer Ladungen** an den **Zellwänden** der Nerven und Muskelfasern als Voraussetzung für das Funktionieren dieser Organe (Na, K)
- aktiver Bestandteil von Enzymen, Vitaminen und Hormonen

Alle hier aufgezählten Mineralstoffe sind essenziell.

Welcher Anteil der mit dem Futter verzehrten Mineralstoffe im Darm der Tiere aufgenommen wird (Absorptionsrate), ist von mehreren Faktoren abhängig. Laktierende Tiere absorbieren mehr Mineralstoffe als nicht laktierende, wachsende Tiere mehr als ausgewachsene. Bei reichlicher Mineralstoffversorgung sinkt in der Regel die Absorptionsrate (▸ **Abb. 2.9**).

Im Skelett befinden sich 99 % des im Körper vorhandenen Calciums, 80 % des Phosphors, 65 % des Magnesiums und 40 % des Natriums. Kalium ist hauptsächlich in den Zellen von Muskeln und anderen weichen Geweben enthalten. In den extra-

▸ **Tab. 2.8** Wichtige Mengen- und Spurenelemente für Nutztiere.

Mengenelement	Abkürzung	Spurenelement	Abkürzung
> 50 mg/kg LM		**≤ 50 mg/kg LM**	
Calcium	Ca	Eisen	Fe
Phosphor	P	Jod	J
Magnesium	Mg	Kupfer	Cu
Natrium	Na	Mangan	Mn
Kalium	K	Zink	Zn
Chlor	Cl	Kobalt	Co
Schwefel	S	Molybdän	Mo
		Selen	Se
		Chrom	Cr
		Zinn	Sn
		Vanadium	V
		Fluor	F
		Silicium	Si

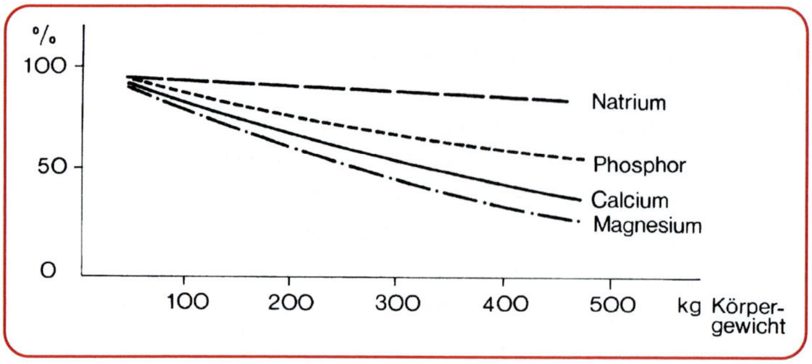

► **Abb. 2.9** Durchschnittliche Absorptionsrate (%) in Abhängigkeit vom Lebendgewicht (Alter) der Rinder bei einigen Mineralstoffen.

zellulären Körperflüssigkeiten (Blut, Lymphe) und im Schweiß finden sich relativ hohe Na-Konzentrationen, ebenso in der Milch.

Die Mineralstoffeinlagerung und -ausscheidung wird von bestimmten Hormonen und/oder Vitaminen gesteuert. Dabei ist der tierische Organismus bestrebt, im Blut einen möglichst gleichbleibenden Spiegel an den verschiedenen Mineralstoffen aufrechtzuerhalten (**Homöostase**). Dieses Regulationsvermögen ist zwar relativ belastbar; bei ständig unzureichender oder unharmonischer Mineralstoffversorgung können jedoch Gesundheits- und Fruchtbarkeitsstörungen auftreten.

2.3.5 Enzyme (Fermente) und Hormone

Definition

Die Enzyme sind in den Pflanzen und Tieren als **biologische Katalysatoren** wirksam, das heißt, sie beschleunigen chemische Reaktionen, die sonst bei den gegebenen Druck- und Temperaturbedingungen sehr langsam ablaufen würden.

Nach ihrer chemischen Natur gehören die Enzyme zu den Proteinen oder Proteiden, werden also in den Zellen der Lebewesen fast ausschließlich oder überwiegend aus Aminosäuren (unter Peptidkettenbildung und komplizierter Zusammenfaltung) synthetisiert. Während der katalytische Effekt bei den Proteinen mit Enzymwirksamkeit von bestimmten aktiven Zentren in den Peptidketten ausgeht, wird er bei den Proteiden von der leicht abspaltbaren prosthetischen Gruppe, also von dem aus Mineralien oder Vitaminen gebildeten Coenzym erzeugt. Die Eiweißgrundlage wird als Apoenzym bezeichnet.

Man unterscheidet Enzyme nach dem Stoff, auf den sie spezialisiert sind. **Proteasen** beispielsweise spalten Eiweißverbindungen, **Amylasen** Stärke, **Lipasen** Fette. Außerdem teilt man sie nach ihrer Wirkung in bestimmte Gruppen ein: Die oben genannten Enzyme beispielsweise gehören zu der Gruppe der **Hydrolasen**, die C-O- und C-N-Bindungen unter Einlagerung von Wasser spalten.

Definition

Hormone sind Wirkstoffe, die von der **Hirnanhangdrüse** (**Hypophyse**) und von anderen Hormondrüsen des Tierkörpers gebildet und mit dem Blut transportiert werden. Sie entfalten ihre regulierende oder bremsende Tätigkeit schon in sehr kleinen Mengen. Die übergeordneten Hormone des Hirnanhangs kontrollieren die Tätigkeit anderer Hormondrüsen. Über die Hypophyse erfolgt auch eine Abstimmung mit dem zweiten Steuerungssystem des Tierkörpers, mit dem Nervensystem.

Die Arbeitsweise der Hormone wird am Beispiel der Geschlechtshormone (S. 78) erläutert.

2.3.6 Vitamine

Im Gegensatz zu den Enzymen und Hormonen werden die auch zur Gruppe der Wirkstoffe gehörenden Vitamine nicht in den Geweben des inneren Stoffwechsels vom Tier selbst gebildet, sondern, von wenigen Ausnahmen abgesehen, aus dem Verdauungskanal aufgenommen.

Man unterscheidet wasserlösliche und fettlösliche Vitamine (► **Tab. 2.9**). Gemeinsam ist allen, dass ihr Fehlen schwere Mangelkrankheiten ver-

► **Tab. 2.9** Einteilung der Vitamine.

Fettlösliche Vitamine	Wasserlösliche Vitamine
Vitamin A	Vitamine der B-Gruppe: • B_1, B_2, B_3, B_5, B_6, B_{12} • Biotin • Folsäure
Vitamin D	Vitamin C*
Vitamin E	–
Vitamin K*	–

* Die Vitamine K und C sind für gesunde Nutztiere in der Regel nicht zulagebedürftig, da sie in ausreichender Menge im Verdauungstrakt (K) bzw. Stoffwechsel (C) gebildet werden, s. Kap. Vitamine (S. 191).

ursacht und schon die Unterversorgung zu Gesundheitsstörungen führen kann. Ausführliches dazu im Kap. Vitamine (S. 191).

Merke

Die Aufnahme der Vitamine aus dem Verdauungskanal kann auf zweierlei Art stattfinden: Bei den Tieren ohne Vormägen und mit nur geringer Bakterientätigkeit im Dickdarm, also bei Schweinen und Geflügel, muss die Vitaminzufuhr fast ausschließlich über das Futter erfolgen. Dagegen werden bei den Wiederkäuern die wasserlöslichen Vitamine von den Bakterien im Verdauungskanal erzeugt und stehen dem Wirt nach der Verdauung der abgestorbenen Bakterien zur Verfügung.

Die fettlöslichen Vitamine dagegen werden (mit Ausnahme des Vitamins K) von Bakterien und anderen einfach organisierten Lebewesen nicht benötigt und deshalb nicht synthetisiert. Diese Vitamine oder ihre Vorstufen stammen also auch beim Wiederkäuer in der Regel aus dem Futter.

Den Unterschieden im Vorkommen und im Löslichkeitsverhalten entsprechen Unterschiede in der Funktion: Die wasserlöslichen Vitamine wirken überwiegend als Coenzym von Enzymen, während die fettlöslichen Vitamine mehr an der Ausbildung und Aufrechterhaltung bestimmter Gewebestrukturen beteiligt sind.

2.4

Das Skelett

Körperorgane mit gemeinsamer Aufgabenstellung vereinigen sich zu **Organsystemen**. Ein solches Organsystem liegt beim Skelett vor. In ihm wirken alle Knochen zusammen, um durch geeignete Konstruktionen, beispielsweise durch Säulen und Brücken, dem Körper Halt zu geben. Ohne dieses Knochengerüst wären die Fleischmassen eines 1000 kg schweren Charolaisbullen nicht vorstellbar.

Praxistipp

Das Skelett steckt auch die Grenzen für das Wachstum ab. Wenn ein Tier ausgewachsen ist, lässt sich an seinem **Knochengerüst** nichts mehr verbessern. Wer Nutztiere züchtet und beurteilt, muss sich bemühen, eine Art Röntgenblick zu entwickeln, um durch die Haut, durch Muskelpakete und Fettschichten hindurch das Skelett zu erkennen.

Manche Knochen des Skeletts sind zu Gewölben oder Kapseln zusammengewachsen, in denen empfindliche Organe Schutz finden, etwa das Gehirn in der Schädelhöhle.

Die meisten Knochen sind aber beweglich miteinander verbunden, manchmal durch **Knorpel-** oder **Bindegewebe**, meistens durch **Gelenke** (► **Abb. 2.10**). Eine mit der Beinhaut der Knochen verflochtene Schicht straffen Bindegewebes hüllt die beteiligten Knochenenden rundum ein und bildet dadurch die **Gelenkkapsel**. Bei vielen Gelenken werden außerdem die Knochen durch die vom einen zum anderen verlaufenden Gelenkbänder zusammengehalten.

Im Inneren der Gelenke sind die Berührungsflächen der Knochen mit einer dünnen Schicht glasig durchscheinenden (= hyalinen) Knorpelgewebes versehen. Dadurch werden Stöße abgefedert. Eine von der Innenhaut der Gelenkkapsel abgesonderte Flüssigkeit, die **Gelenkschmiere**, schränkt die Reibung zwischen den Gleitflächen ein und ernährt außerdem die Knorpelauflage.

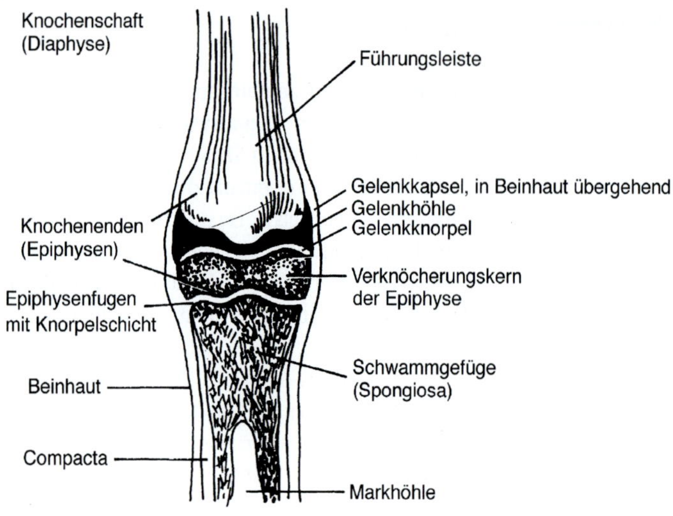

► **Abb. 2.10** Schema eines sogenannten Wechselgelenkes, bei dem eine Bewegung nur um eine Achse möglich ist – unterer Knochen aufgeschnitten.

Merke

Die Gelenke des Skeletts liefern die Drehpunkte, und die Knochen stellen die Hebel, an denen die Muskeln ansetzen, um für die Bewegung der Tiere zu sorgen.

2.4.1 Knochenbildung und Knochenwachstum

Merke

Während ihrer Entwicklung im Mutterleib erhalten die künftigen Kälber und Ferkel zunächst ein Skelett aus weichem und biegsamem Knorpelgewebe. Dieses Knorpelskelett wird teilweise nach der Geburt durch das knöcherne Skelett abgelöst. Diese Verknöcherung ist ein komplizierter und langwieriger Prozess, zumal die einzelnen Skelettteile gleichzeitig länger und dicker werden.

Die wichtigsten Impulse für Wachstum und **Verknöcherung** gehen vom blutreichen Bindegewebe an der Oberfläche des Schaftes der platzhaltenden Knorpelknochen aus. Die in dieser Zone vorhandenen **Knochenbildungszellen** (**Osteoblasten**) bilden zunächst die aus Eiweißverbindungen, vor allem aus Kollagenfasern bestehende Grundsubstanz (Zwischenzellmasse) für neues Knochengewebe aus. Später werden in diese Grundsubstanz Mineralstoffverbindungen eingebaut, vorwiegend Calciumphosphat (**Mineralisation**). Während dieser Vorgänge entfernen sich die Osteoblasten von den Nachbarzellen und wandeln sich in die endgültigen **Knochenzellen** (Osteozyten) um, die durch Ausläufer miteinander verbunden bleiben.

Die Verknöcherung der **Knochenendstücke** (**Epiphysen**) erfolgt später als am **Knochenschaft** (**Diaphyse**) und geht von bestimmten **Verknöcherungskernen** aus (► **Abb. 2.10**). Eine querlaufende Knorpelschicht in den Knochenenden, der sogenannte **Epiphysenfugenknorpel**, bleibt bis zum Abschluss des Längenwachstums erhalten. Erst bei älteren Tieren ist die Wachstumszone nicht mehr zu erkennen.

Während des Wachstums in den äußeren Zonen der Knorpelknochen werden in ihrem Inneren durch Abbau von Knorpel- und Knochengewebe kleinere und größere Hohlräume geschaffen, die durch stehenbleibende Knochenblättchen und -bälkchen zu einem Gefüge verbunden sind, das wegen seiner Ähnlichkeit mit der Struktur von Schwämmen als **Spongiosa** bezeichnet wird. Dadurch werden die Knochen leichter. Sie können aber trotzdem wegen der kunstvollen Anordnung der Knochenbälkchen auch hohen Zug- und Druckkräften standhalten (► **Abb. 2.11**, ► **Abb. 2.12**). Ein wichtiges Element für die Statik

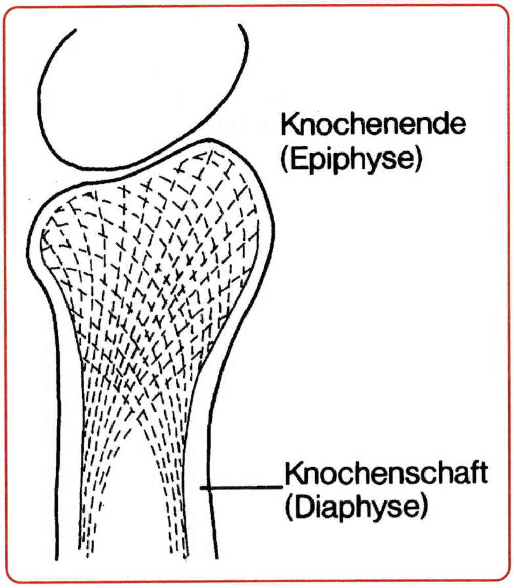

▶ **Abb. 2.11** Längsschnitt des Unterschenkelkopfes beim Rind mit Knochenbälkchen in Richtung der Zug- und Drucklinien.

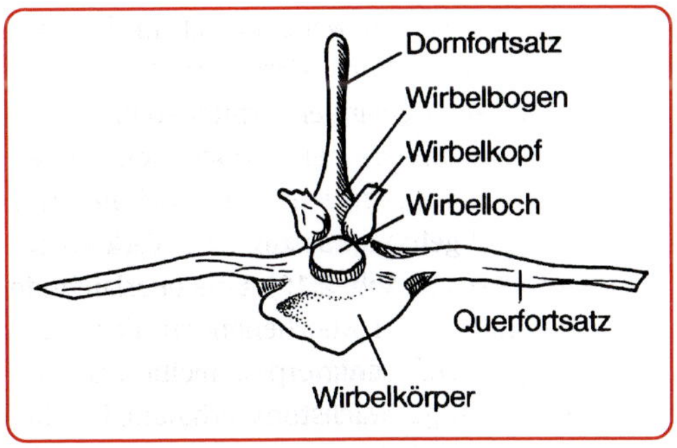

▶ **Abb. 2.12** Lendenwirbel.

der Knochen bilden die sogenannten Speziallamellen. Das sind schraubenförmig gedrehte Fasern in der harten äußeren Schale der Knochen, in der **Compacta**. Sie lassen sich mit der Bewehrung im Stahlbeton vergleichen und sie verleihen dem Knochen neben Festigkeit auch Elastizität.

Bei erwachsenen Tieren spielen sich im Knochen weiterhin Aufbau-, Abbau- und Umbauprozesse ab, die durch äußere Faktoren beeinflusst werden können. Zu Beginn der Laktation steigt der Calcium-Bedarf der Hochleistungskühe, der zu dieser Zeit nicht mehr allein aus dem Futter gedeckt werden kann, sprunghaft an und muss durch die **Mobilisierung** von Calcium aus den Knochen ausgeglichen werden. Ist das den Mineralhaushalt regulierende Hormon- und Vitaminsystem gestört, kann es zum gefürchteten Festliegen der Kühe kommen, auch Milchfieber oder Gebärparese (S. 185) genannt.

Die kleinen und größeren Hohlräume innerhalb der Knochen sind mit Knochenmark gefüllt. In der Jugend ist das **Knochenmark** bei den meisten Knochen rot; es liefert wichtige Blutbestandteile (S. 49), die **roten Blutkörperchen** und auch die **Blutplättchen**. Beim erwachsenen Tier, bei dem lediglich die verbrauchten Blutzellen ersetzt zu werden brauchen, wird nur ein Teil der Knochen für diese Aufgabe benötigt. In den übrigen Knochen füllen sich die Hohlräume mit gelbem Knochenmark, das vorwiegend aus Fett besteht.

Fazit

Die ständige Erneuerung der Knochensubstanz, der An- und Abtransport von Kalksalzen, der Aufbau der roten Blutkörperchen sowie die Einlagerung und Mobilisierung von Fettreserven im Knochenmark erfordern eine gute Blutversorgung der Knochen durch ein weit verzweigtes Kanalsystem. Durch diese Verbindungen und durch seine Leistungen ist das Skelett in das gesamte vielfältige Stoffwechselgeschehen eines Tierkörpers eingegliedert. Das Skelett ist mehr als nur ein Knochengerüst.

2.4.2 Bestandteile des Knochengerüsts

Aus rund 200 Knochen setzt sich das Skelett der Kuh zusammen. Die meisten dieser Knochen sowie die wichtigsten Gelenke sind in der ▶ **Abb. 2.13** aufgeführt. Man muss ihre Namen kennen, um sich beim Beurteilen von Tieren verständlich machen zu können.

Die Mehrzahl der abgebildeten Knochen gehört zum gemeinsamen Besitz aller Haussäugetiere. Unterschiede zwischen den verschiedenen Arten bestehen bei folgenden Merkmalen: Schweine haben einige Brustwirbel und Rippen mehr als Rinder und Schafe. Die Kreuzwirbel sind bei ausgewachsenen Rindern in stärkerem Maße zum

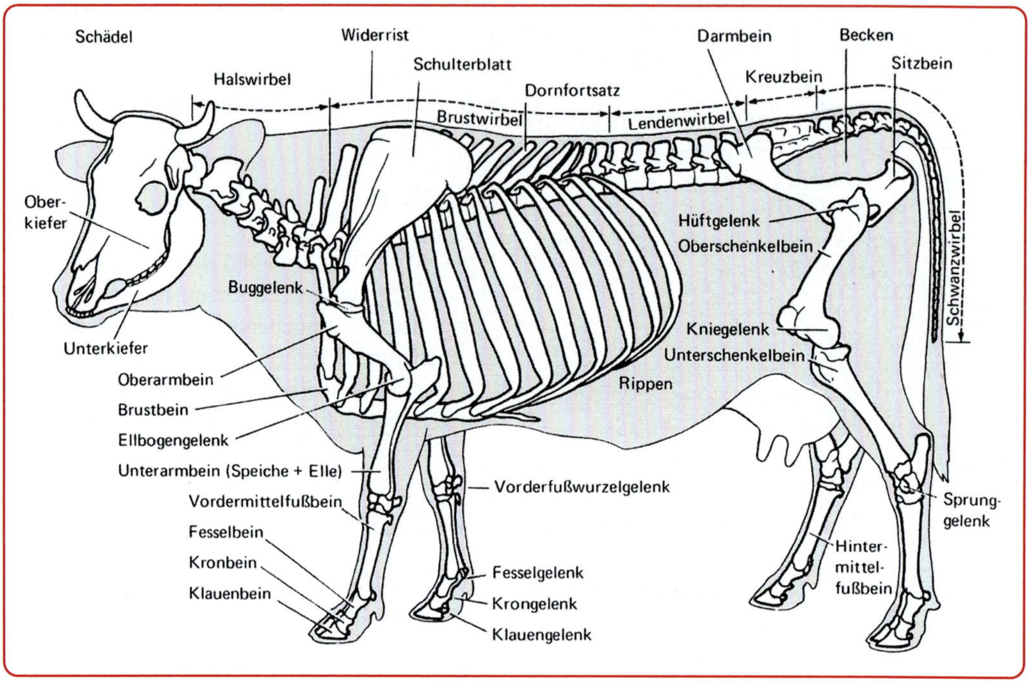

▶ **Abb. 2.13** Skelett des Rindes.

Kreuzbein zusammengewachsen als beim Schwein. Die größten Unterschiede zwischen Wiederkäuern und Schweinen gibt es bei den Knochen des Fußes.

Merke

Aus den Unterschieden in der Zweckbestimmung unserer Nutztiere – zur Zucht, zum Schlachten oder zur Milchgewinnung – ergeben sich gewisse Unterschiede in den Anforderungen an das Skelett. Umfangreicher aber ist der Katalog der gemeinsamen und für alle Leistungen geltenden Ansprüche, z. B.:

- **gut ausgeprägte, schräge Dornfortsätze (▶ Abb. 2.12) der Brustwirbel in der Widerristregion zum Anheften kräftiger Rücken- und Schultermuskeln**
- **ein gut gewölbter, tiefer Brustkorb zur Unterbringung leistungsfähiger Kreislauf- und Atmungsorgane**
- **ein langes und breites Becken als Ansatzpunkt für eine gute Bemuskelung der Hinterhand, die für die Fortbewegung des lebenden Tieres und für eine volle Fleischausbeute des Schlachttieres in gleichem Maß wichtig ist**
- **ein langes und breites Becken als Voraussetzung für eine große Euteransatzfläche bei der Milchkuh**
- **ein langes, breites Becken mit geräumigem Beckeneingang und Beckenausgang zur Gewährleistung eines normalen Geburtsablaufs (▶ Abb. 2.14) ein solides „Fundament", wie die Tierzüchter sagen, aus korrekten Gliedmaßen einschließlich der Klauen (S. 68) mit weder zu stark noch zu wenig abgewinkelten, ausdrucksfähigen Gelenken und straffen, nicht erlahmenden Sehnen und Bändern (▶ Abb. 4.4)**

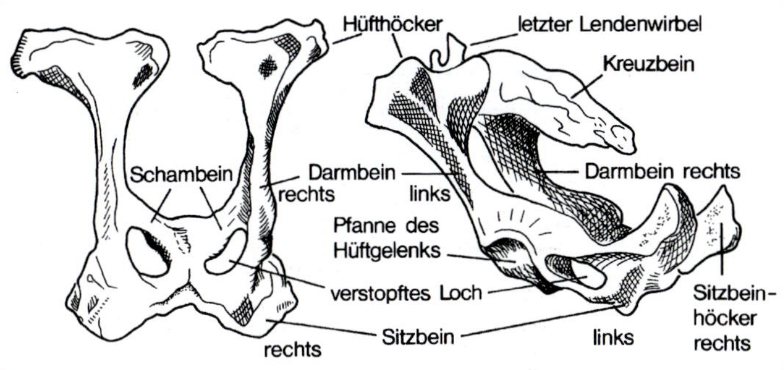

▸ **Abb. 2.14** Becken des Rindes; links: von oben (ohne Kreuzbein), rechts: seitliche, leicht nach oben verkantete Ansicht (nach Nickel et al. 2003 [178]).

2.5 Muskeln, Sehnen und Bänder

Muskeltypen Was wir am geschlachteten Tier als Fleisch bezeichnen, waren vorher seine Muskeln, mit deren Hilfe es sich bewegte. Bei Bewegungen sind meistens mehrere Muskeln beteiligt. Jeder Muskel kann nur dadurch Arbeit leisten, indem er sich zusammenzieht. Das geschieht immer dann, wenn er von einem Nerv erregt wird. Die Erregung veranlasst eine Muskelzuckung. Wenn sich ein Muskel längere Zeit verkürzen soll, müssen ihn rasch aufeinanderfolgende **Erregungsimpulse** erreichen.

Die vom **zentralen Nervensystem** (Gehirn, Rückenmark) ausgesandten Impulse werden über **Nervenzellen** mit langen Fortsätzen (wie in ▸ Abb. 2.2 skizziert) bis zur Muskelfaser geleitet, allerdings meistens nicht in einem Stück, sondern nach dem Prinzip des Staffellaufs. Der Impuls wird, wie die Staffel, am Ende des ersten langen Fortsatzes (**Neuriten**) über Schaltelemente, die als **Synapsen** bezeichnet werden, an die kurzen Fortsätze (**Dendriten**) der nächsten Nervenzelle übergeben, durchläuft deren Neuriten, bis er auf die Dendriten der dritten Nervenzelle trifft und so fort, bis der letzte an dieser Nervenleitung beteiligte Dendrit sich zur **motorischen Endplatte** an der Muskelzelle auffächert (▸ Abb. 2.2).

Definition

Nur die **Skelettmuskeln**, die für die Körperbewegung verantwortlich sind, gehorchen dem Willen, dem Gehirn. Man bezeichnet sie als **willkürliche Muskeln**. Dagegen handelt es sich bei den **Muskeln in den Eingeweiden,** beispielsweise in den Wänden der Därme und Blutgefäße, um **unwillkürliche Muskeln**.

An der Steuerung und Reizung der unwillkürlichen Muskeln sind zunächst ebenfalls Gehirn und Rückenmark beteiligt. Die Reizweiterleitung in die Körperperipherie erfolgt jedoch durch das vegetative Nervensystem, das vor allem für die Arbeit der Stoffwechselvorgänge zuständig ist und manchmal vereinfachend als Eingeweidenervensystem bezeichnet wird. Es besteht aus zwei anatomisch und funktionell weitgehend getrennten Teilen, dem **Sympathikus** und dem **Parasympathikus**. Die Reize des sympathischen Systems befähigen den Organismus im Allgemeinen zu aktiver Arbeit, während das parasympathische System den Körper in Zuständen der Wiederherstellung, der Ruhe und des Schlafes beeinflusst. Beide Systeme zusammen sorgen dafür, dass die **Homöostase**, das dynamische Gleichgewicht des Organismus, aufrechterhalten bleibt und die einzelnen Organsysteme gleichmäßig und reibungslos arbeiten können.

Aufbau der Muskeln Die beiden Typen von Muskeln unterscheiden sich auch in ihrem Aufbau. Das Gewebe der **unwillkürlichen Muskulatur** besteht aus langgestreckten, spindelförmigen Zellen (Muskelfasern) mit je einem Zellkern (▶ **Abb. 2.1**). In jeder Zelle verlaufen in der Längsrichtungzahlreiche Muskelfibrillen, die dicker werden, sobald sie gereizt werden und sich zusammenziehen.

Im Gegensatz zur **glatten Muskulatur** jeweils mehrere Zellkerne und wiederum zahlreiche Fibrillen. Diese Myofibrillen erscheinen unter dem Mikroskop abwechselnd hell und dunkel. Man bezeichnet deshalb das willkürliche Muskelgewebe auch als **quergestreift**, im Unterschied zum glatten Muskelgewebe der unwillkürlichen Muskulatur. Das Herz bildet eine Ausnahme, da sein Muskelgewebe quergestreift ist, seine Steuerung jedoch unwillkürlich erfolgt. Die Zellen der glatten Muskeln werden selten länger als 0,2 mm, während die quergestreiften Muskelfasern eine Länge von einigen Zentimetern erreichen können.

Zahlreiche quergestreifte Myofibrillen sind also jeweils in einer Muskelfaser zusammengefasst, diese vereinigen sich zu größeren Faserbündeln, um schließlich den ganzen Muskel zu bilden. Die einzelnen Fasern wie auch die Bündel und der gesamte Muskel sind von Hüllen aus Bindegewebe umgeben, in denen die Blutgefäße zur Ernährung der Muskelfasern verlaufen (▶ **Abb. 2.15**).

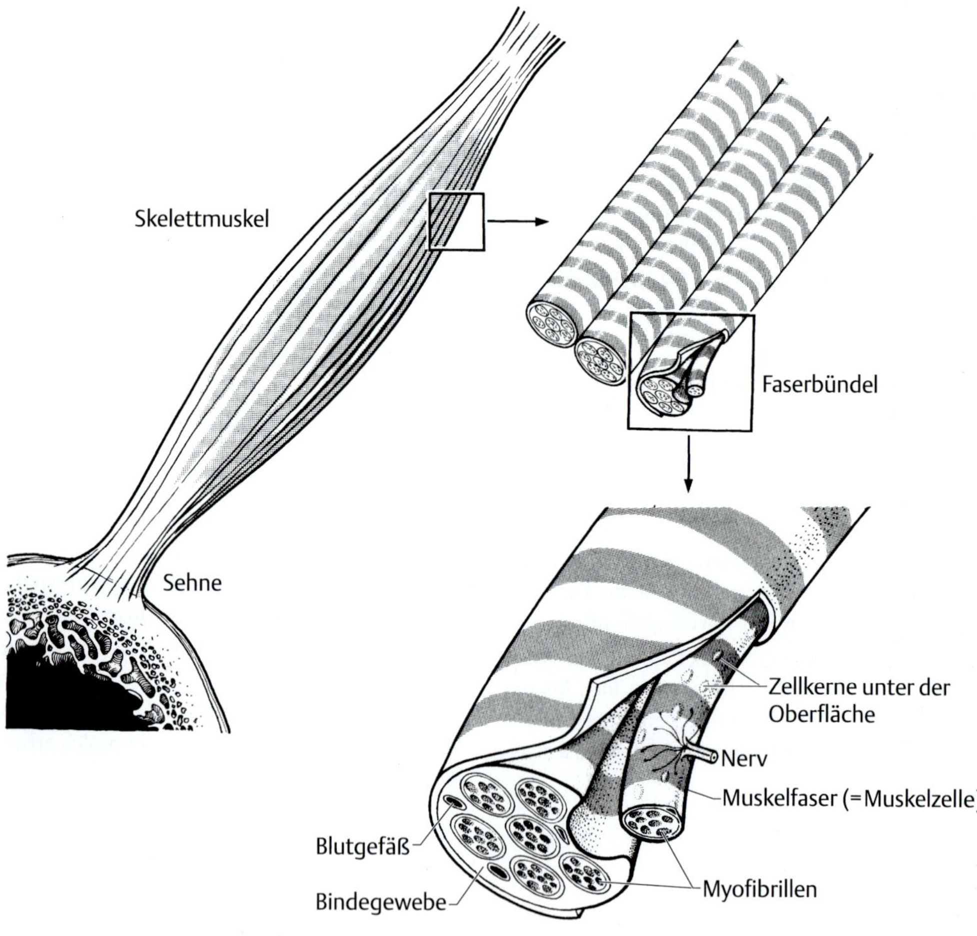

▶ **Abb. 2.15** Aufbau eines Skelettmuskels (schematisch) in Ausschnitten unterschiedlicher Vergrößerung.

Sehnen und Bänder zwischen Knochen und Muskeln Die einzelnen Muskelfasern und die Bindegewebshüllen gehen an den Enden in Sehnenfasern über, die sich zur **Sehne** vereinigen. Diese befestigt den Muskel am Knochen. **Bänder** verbinden die knorpeligen Knochenenden an den Gelenken und geben ihnen die Führung. Sie finden sich sowohl innerhalb als auch außerhalb der **Gelenkkapseln**. Je nachdem, an welchen Stellen der an einem **Gelenk** beteiligten Knochen die Sehnen bzw. Bänder ansetzen, führt die Zusammenziehung der beteiligten Muskeln zu unterschiedlichen Ergebnissen für die Bewegung des Gelenkes. Muskeln, die eine starke Winkelung des Gelenkes bewirken, heißen Beuger. Diese Abwinkelung wird durch das Zusammenziehen der Gegenmuskeln, der sogenannten Strecker, rückgängig gemacht. Auf ähnliche Weise ergänzen sich Auswärtsdreher und Einwärtsdreher, Öffner und Schließer usw.

Der Sehnenanteil im Muskel richtet sich nach der Beanspruchung: Skelettmuskeln, die sich nur wenig zusammenzuziehen brauchen, die dafür aber Lasten zu tragen haben, enthalten viel Sehnengewebe. Das gilt beispielsweise für die Muskeln, welche die Verbindung zwischen Schulterblatt und Brustkorb herstellen und die beim stehenden und laufenden Tier den Vorderteil des Rumpfes tragen müssen.

In manchen Körperteilen wird das Gewicht von einem besonders belastbaren, elastischen Bindegewebe getragen, beispielsweise der Kopf durch das **Nackenband** oder die Verdauungsorgane mitsamt dem darin enthaltenen Futter durch die **gelbe Bauchhaut**, die als große Plane von den letzten Rippen bis zum Becken reicht. An der gelben Bauchhaut erkennt man am deutlichsten, dass die Bänder, Sehnen und der sehnige Anteil im Muskel keine aktive Arbeit wie die Muskelfasern leisten; vielmehr ist das Sehnengewebe aufgrund seiner Struktur und Zähigkeit zum passiven, unermüdlichen Widerstand gegenüber anhaltenden Zug- und Druckbeanspruchungen befähigt. Die Sehnen erzeugen keine eigenen Kräfte, sondern dulden die Übertragung der im Muskelgewebe entwickelten Kräfte. Sehnengewebe enthält nur wenige Blutgefäße. Dagegen wird Muskelgewebe gut mit Blut versorgt.

2.6 Atmungsorgane

Die Atemluft gelangt zuerst in die **Nase**. Deren Innenraum wird durch eine Längsscheidewand in zwei Nasenhöhlen aufgeteilt, jede Nasenhöhle zusätzlich durch je zwei Nasenmuscheln in eine Anzahl enger Gänge. Durch diese Aufteilung entsteht eine große innere, gut durchblutete Oberfläche, an der sich die vorbei streichende Atemluft erwärmt. Die Flächen der Nasengänge sind mit einer Schleimhaut bedeckt, die Schleim absondert und damit die Atemluft anfeuchtet. **Flimmerhärchen** auf der Schleimhaut halten einen Teil der in der Atemluft mitgeführten Staubteilchen zurück. Im oberen Bereich der Nasenhöhlen liegen die Riechzellen, mit denen viele schädliche Beimengungen der Luft, z. B. Ammoniak, wahrgenommen werden. Sie spielen aber auch eine wichtige Rolle im Brunstgeschehen, mit ihrer Hilfe spüren Bullen und Eber paarungsbereite weibliche Tiere auf. Von den Nasenhöhlen strömt die Atemluft durch die **Rachenhöhle** in die **Luftröhre**. Der Eingang zur Luftröhre kann durch den aus mehreren Knorpelstücken bestehenden Kehlkopf verschlossen werden. Das geschieht immer dann, wenn ein Futterbissen den Atemweg kreuzt, um aus der Mundhöhle in die über der Luftröhre liegende Speiseröhre geschoben zu werden. Gleichzeitig wird dabei für kurze Zeit mithilfe des Gaumensegels die Verbindung zwischen Nasenhöhle und Rachenhöhle für die Atemluft gesperrt (▶ **Abb. 2.16**).

Der Luftröhrenkanal ist durch hufeisenförmige Knorpelspangen versteift, sodass er nicht durch den Druck der benachbarten Gewebe zugeschnürt werden kann. Am unteren Ende gabelt sich die Luftröhre in zwei Äste, die sich wie ein Baum mehr und mehr in immer kleinere Äste und Zweige aufteilen. Diese Verzweigungen bezeichnet man als **Bronchien** (▶ **Abb. 2.17**). Sie enden in Bläschen (Lungenalveolen) von 0,25 – 0,50 mm Durchmesser, die in Bindegewebe eingebettet und von zahlreichen feinen Blutgefäßen umsponnen sind. Diese Blutgefäße sind die letzten und zartesten Verzweigungen (**Kapillaren**) der von der rechten Herzkammer kommenden Lungenarterie. Nach erfolgtem Gasaustausch vereinigen sie sich wieder zu erst feinen und dann dickeren Venen und münden

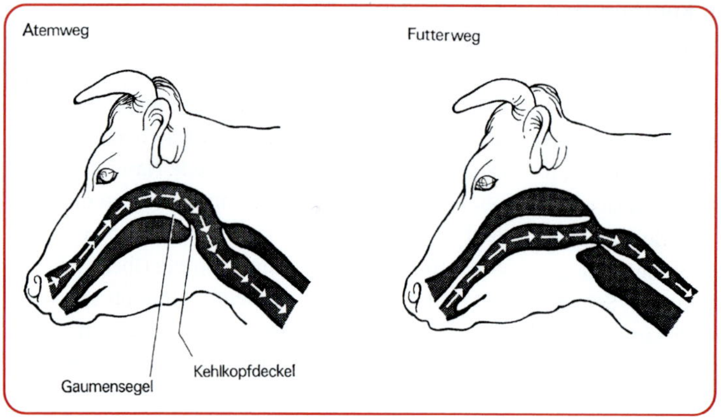

▶ **Abb. 2.16** Kreuzung des Atem- und Speiseweges.

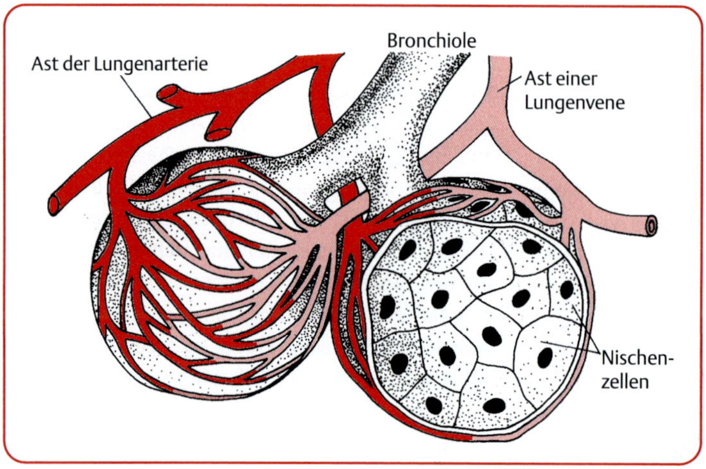

▶ **Abb. 2.17** Lungenalveolen: geöffnet (rechts) bzw. von Haargefäßen (Kapillaren) umsponnen (links).

schließlich als fingerstarke Lungenvene in die linke Herzvorkammer (▶ Abb. 2.21).

Die Wände der **Lungenbläschen** (**Lungenalveolen**) dienen also als Treffpunkt von Blut und der eingeatmeten Luft (▶ **Abb. 2.18**). Derartige sehr dünne und dennoch nur für sehr kleine Moleküle durchlässige Häutchen nennt man **Membranen**. In den Alveolen ermöglichen sie den Durchtritt von Gasen oder Gasgemischen (z. B. Sauerstoff und Kohlendioxid). Dabei hält das hinter der Membran vorbeisickernde Blut einen Teil des Luftsauerstoffs fest und gibt einen Teil des bei der Verbrennung im Körper entstandenen Kohlendioxids an das Innere der Alveolen ab.

Der Umfang dieses Gasaustausches wird durch die in ▶ **Tab. 2.10** aufgeführten Untersuchungsergebnisse charakterisiert

▶ **Tab. 2.10** Zusammensetzung der Ein- und Ausatmungsluft.

Gas	Einatmungsluft	Ausatmungsluft
Sauerstoff (O_2)	21,0 %	16,5 %
Kohlendioxid (CO_2)	0,03 %	4,0 %

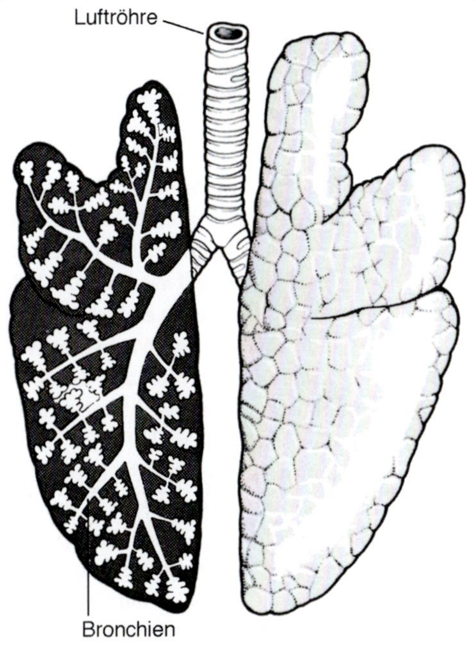

▶ **Abb. 2.18** Lunge des Schweins (links Schema des Inneren).

2.6.1 Atembewegungen

Jeder Lungenflügel besteht aus mehreren hundert Millionen Lungenbläschen, den zugehörigen Bronchien und dem alle Teile einhüllenden Bindegewebe. Aus der Addition der vielen winzigen Innenflächen der Alveolen entsteht eine große Atemfläche von mehreren hundert m^2 bei unseren größeren Haustieren.

Die Lungenflügel werden von einer dünnen Haut (Serosa), dem Lungenfell, überzogen, das die Brusthöhle rippenseitig als Rippenfell überzieht. Zwischen beiden Häuten befindet sich ein wenig Flüssigkeit, die eine leichte Verschiebung zwischen den Häuten während der Atembewegungen erlaubt. Das Einatmen wird in der Ruhe vorwiegend vom **Zwerchfell** bewirkt, einer sehnigmuskulösen Scheidewand zwischen Brusthöhle und Bauchhöhle (▶ **Abb. 2.19**). Das Zwerchfell ist durch den Unterdruck im Brustkorb kuppelförmig zur Lunge vorgewölbt. Ziehen sich die Muskelfasern am Rande der Kuppel zusammen, flacht sich das Zwerchfell ab und die dahinter liegenden Verdauungsorgane werden etwas zurückgedrängt. Dadurch

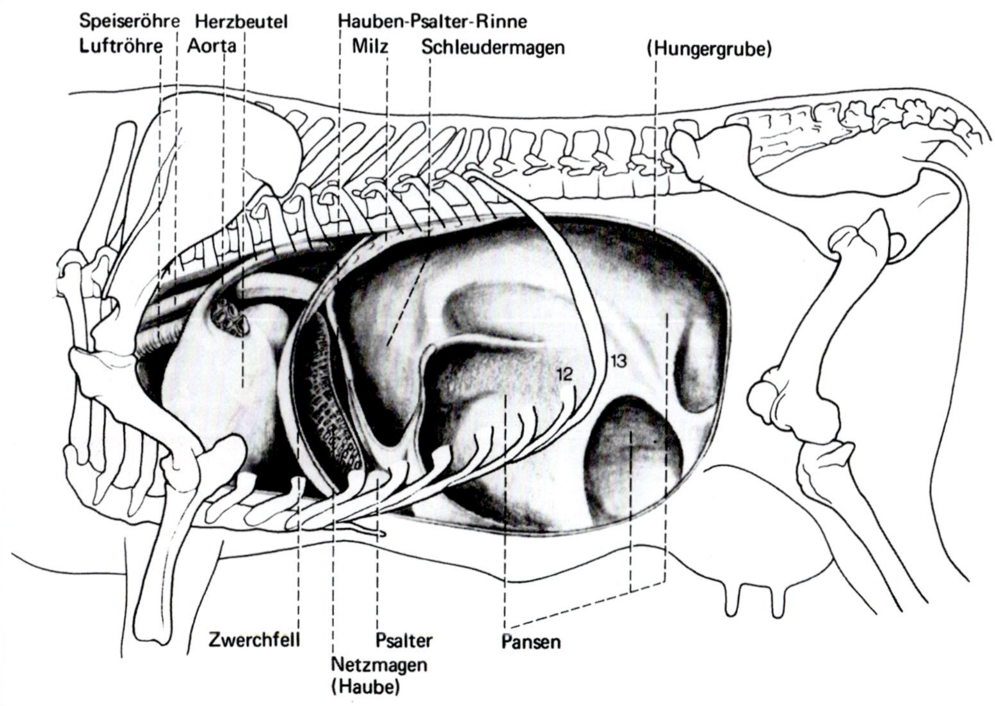

▶ **Abb. 2.19** Brust- und Bauchorgane des Rindes (nach Entfernung der Mehrzahl der Rippen und der Lunge).

erweitert sich die Brusthöhle und die elastischen Lungenalveolen, die ja mit der Außenluft in Verbindung stehen, können dem äußeren Luftdruck nachgeben und sich ausdehnen. Die Luft strömt ein.

Wenn sich anschließend die Zwerchfellmuskeln entspannen, drücken die Eingeweide die Zwerchfellkuppel wieder nach vorn. Dadurch verkleinern sich der Brustraum und infolgedessen auch der Raum jedes einzelnen Lungenbläschens. Ein Teil der Luft wird ins Freie getrieben.

Je mehr sich ein Tier bewegt und anstrengt, umso mehr beteiligen sich die Zwischenrippenmuskeln und andere Muskeln der Brustregion an der Ausdehnung des Brustkorbs und der Einatmung sowie die Bauchmuskeln an der Ausatmung. Durch die Mithilfe der **Brustatmung** und die raschere Folge der Atemzüge kann beispielsweise ein Pferd die eingeatmete Luftmenge von 40 – 50 Litern je Minute in der Ruhe bis auf 400 Liter bei schwerer Arbeit steigern.

Auch bei tiefem Ausatmen bleibt ein Rest der Luft in der Lunge in den Lungenbläschen zurück. Diese **Restluft** sorgt dafür, dass in den Wänden der Alveolen der Gasaustausch ununterbrochen stattfinden kann. Außerdem vermischt sie sich mit der einströmenden, von den Atemwegen zwar schon vorgewärmten, aber teilweise immer noch kühlen Frischluft und erwärmt diese weiter.

2.6.2 Gasaustausch ohne Lunge

Während der Embryonalentwicklung findet der Gasaustausch ohne Lunge durch die verschiedenen fötalen und maternalen Plazentamembranen statt; siehe hierzu die ausführlichere Beschreibung in Kap. Eymbryonalentwickung (S. 81).

2.6.3 Beispiele für Erkrankungen der Atmungsorgane

Die Atemwege sind eine relativ bequeme Eingangspforte für die Erreger bestimmter Infektionskrankheiten. Bevor dafür Beispiele genannt werden, soll zunächst etwas Allgemeines über einige wichtige Gruppen von Krankheitserregern aufgeführt werden, über Bakterien, Mykoplasmen und Viren.

Merke

Bei den Bakterien handelt es sich um meist einzellige Kleinlebewesen, die sich – bei einem Durchmesser von 1/1000 mm und weniger – gerade noch im Lichtmikroskop beobachten lassen. Neben den krank machenden gibt es zahlreiche harmlose oder für den Stoffkreislauf der Natur unentbehrliche Bakterien, von denen in späteren Buchabschnitten noch einige vorgestellt werden. Die Bakterien vermehren sich durch einfache Teilung. Manche bilden am Ende des Wachstums widerstandsfähige Dauerformen aus, die Sporen, die ungünstige Lebensverhältnisse lange Zeit ruhend überstehen und bei einer Verbesserung der Umweltbedingungen, beispielsweise nach der Aufnahme durch ein Tier, aktiv werden. Die giftigen Ausscheidungen (Toxine) der krank machenden Bakterien führen im befallenen Gewebe zu Entzündungen, Vernarbungen und anderen Reaktionen, manchmal zur Zerstörung.

Mykoplasmen sind die kleinsten, selbstständig vermehrungsfähigen Bakterien und verursachen eine Reihe Krankheiten bei unseren Haustieren. Sie besitzen keine Zellwände und deshalb keine bestimmte äußere Form. Übliche Antibiotika, die an der Zellwand angreifen, sind daher praktische unwirksam, was die Behandlungsmöglichkeiten deutlich einschränkt. Anstelle der üblichen Anzüchtung von Bakterienkulturen muß bei ihnen der Nachweis mithilfe der PCR-Technik erfolgen.

Klinischer Bezug

Den **Viren** fehlen die meisten Elemente und Aufgaben von Zellen und sie sind sehr viel kleiner als die Bakterien, deshalb nur mithilfe des Elektronenmikroskops wahrnehmbar. Sie können sich im Gegensatz zu den Bakterien nur in lebenden Zellen vermehren. Sobald sie in eine geeignete Wirtszelle gelangt sind, veranlassen sie diese, ihren Proteinsyntheseapparat auf das genetische Programm der Eindringlinge umzustellen, was zur Virusmehrung führt. Als Folge können die Zellen und – je nach dem Ausmaß der Infektion – ganze Zellverbände zugrunde gehen. Andere Viren bewirken das Gegenteil, nämlich eine für den tierischen Organismus unkontrollierbar werdende Zellvermehrung (Krebstumor).

Es sind vor allem Jungtiere, die von Atemwegserkrankungen betroffen sind.

Die durch Mykoplasmen hervorgerufene, weitverbreitete **enzootische Ferkelpneumonie** (Ferkelgrippe) ist eine typische Erkrankung der Atemwege, die seit Jahrzehnten zu großen wirtschaftlichen Verlusten in der Schweinehaltung führen. Obwohl durch gezielten Antibiotikaeinsatz in Kombination mit Sauenschutzimpfung heute gute Behandlungsmöglichkeiten bestehen, flackern doch immer wieder klinische Symptome auf, wenn das Abwehrsystem der Tiere aufgrund anderer Faktoren, z. B. durch Circovirus-Infektionen (PCV 2) oder Mykotoxin-Belastungen, geschwächt ist; s. Kap. Schweinekrankheiten (S. 527).

Am Beispiel der **Rindergrippe**, einer Faktorenerkrankung der Atemwege der Kälber (S. 430), wird das Zusammenwirken von Viren und Bakterien deutlich, das auch für viele andere Infektionskrankheiten charakteristisch ist.

Die **Rindertuberkulose** ist eine anzeigepflichtige, von Mykobakterien hervorgerufene Krankheit der Atmungsorgane, die sich bei geschwächter Abwehr der Tiere auch auf weitere Körperorgane, u. a. das Euter, ausdehnt und damit die Erreger dann auch in die Milch gelangen. Wegen der wirtschaftlichen Verluste, vor allem aber wegen der Ansteckungsgefahr für den Menschen – Tuberkulose ist eine **Zoonose** – wurden in den vergangenen Jahrzehnten alle auf eine Tuberkulinprobe reagierenden Rinder ausgemerzt, sodass Deutschland seit 1997 anerkannt frei von Rindertuberkulose ist. In den letzten Jahren stützt sich die Kontrolle im Wesentlichen auf die amtliche Fleischuntersuchung und die diagnostische Abklärung von Verdachtsfällen. Diese beinhaltet die Untersuchung aller Rinder des Bestandes sowie die Tötung der erkrankten Tiere; s. Kap. Zucht des Rindes (S. 312).

2.7 Blut und Blutkreislauf

2.7.1 Blutbestandteile

Das Blut besteht aus einer flüssigen Grundsubstanz, dem **Blutplasma**, und aus blutspezifischen Zellen, den **Blutkörperchen**, von denen drei Arten unterschieden werden. Diese haben ganz unterschiedliche Funktionen im Körper, gemeinsam ist ihnen jedoch der Ursprung. Die Urstammzellen des Knochenmarks besitzen die Fähigkeit, sich in alle Blutzelllinien zu entwickeln. Ist die Richtung dieser Zelllinien festgelegt, findet in unterschiedlichen Organen die weitere Teilung und endgültige Ausreifung zu den einzelnen Blutkörperchen statt. Eine Übersicht gibt ▸ **Abb. 2.43**, Erklärungen finden sich hier und im Kap. Abwehr von Infektionskrankheiten (S. 93).

Rote Blutkörperchen (Erythrozyten)

Sie verleihen dem Blut die Farbe und sind am zahlreichsten vorhanden (bei den Haustieren 5 – 15 Millionen je mm^3 Blut). Es handelt sich um Scheibchen mit einer Delle in der Mitte, ohne Kern, die sich wegen ihrer Biegsamkeit noch durch sehr enge Blutkapillaren hindurch schieben lassen (▸ **Abb. 2.20**). Ihr Durchmesser beträgt 0,004 – 0,008 mm.

Ein wichtiger Bestandteil der roten Blutkörperchen ist das **Hämoglobin**. Dieses Enzym besteht, wie alle Enzyme, im Wesentlichen aus Eiweiß (Protein) und enthält als zusätzliche funktionelle Komponente den eisenhaltigen Farbstoff Hämoglobin. Durch dieses Enzym wird der Sauerstoff aus den Lungenalveolen locker gebunden, mit den Erythrozyten in die sauerstoffbedürftigen Gewebe des Tierkörpers transportiert und wieder abgegeben. Von dort übernehmen die roten Blutkörperchen Kohlendioxid zum Abtransport in die Lunge. Die Erythrozyten werden im roten Knochenmark (S. 40) gebildet, ihre Lebensdauer beträgt 1 – 5 Monate. Danach werden sie in der Milz oder Leber abgebaut. Als Ersatz muss ein Haustier in jeder Sekunde einige Millionen rote Blutkörperchen neu bilden.

Weiße Blutkörperchen (Leukozyten)

Sie befinden sich im Blut in geringerer Anzahl als die roten. Bei gesunden Tieren beträgt das Verhältnis zwischen beiden 1 : 1000. Aber ihre Zahl kann sich rasch vermehren, innerhalb von Sekunden verdoppeln, in wenigen Stunden vervielfachen. Normalerweise halten sich nur 5 % der insgesamt vorhandenen Leukozyten im Blut auf. Der Rest wacht entweder in Leber, Lunge, Darmwänden und anderen Geweben oder steht in den Bildungsstätten (Knochenmark, Milz, Lymphknoten) als Reserve bereit. Sie werden rasch mobilisiert, sobald Krankheitserreger und andere Fremdstoffe in den Körper eindringen oder Körpergewebe verletzt worden ist. Somit stellen die Leukozyten also einen wichtigen Teil des **körpereigenen Abwehrsystems** dar.

Sie sind auch beim normalen Abbau verbrauchter Körperzellen beteiligt (sie treten beispielsweise vermehrt in der Milch altmelkender Kühe auf, wenn das Eutergewebe zurückgebildet wird).

Ihren verschiedenen Aufgaben entsprechend, gliedern sich die weißen Blutkörperchen in mehrere, nach Größe, Feinbau und Arbeitsweise zu unterscheidende Arten: **Granulozyten**, **Lymphozyten** und **Monozyten**. Auf die Arbeitsweise dieser Zellen und ihre Kooperation im Abwehrsystem des Körpers wird im Kap. Abwehr von Infektionskrankheiten (S. 93) näher eingegangen. Gemeinsam ist allen Leukozyten, dass sie einen Kern besitzen und aktiv zum Einsatzort gelangen. Sie lassen sich also nicht wie die roten Blutkörperchen nur vom Blut treiben und sie können im Gegensatz zu jenen die Wände der Blutkapillaren passieren und zum Infektionsort im Gewebe wandern (▶ **Abb. 2.20**).

Blutplättchen (Thrombozyten)

Sie sind die kleinsten der geformten Blutbestandteile (Durchmesser 0,0005 – 0,004 mm).

Geraten sie an eine raue Oberfläche, wie sie bei der Verletzung eines Blutgefäßes entsteht, dann verändert sich ihre Plättchenform zu kugeligen Gebilden mit Ausläufern, die sich an die Wundränder anheften. Bei dieser Metamorphose werden Enzyme freigesetzt, die sich zusammen mit anderen Wirkstoffen aus dem Plasma an der Blutgerinnung beteiligen. Am Ende einer Kaskade von enzymatischen Reaktionen wird der im Plasma gelöste Eiweißstoff **Fibrinogen** in eine faserige, nicht mehr lösliche Substanz umgewandelt, das **Fibrin**. Dieses Fibrin dichtet das Blutgefäß dann mit einem faserigen Geflecht endgültig ab. Das Blut in der Wundöffnung ist geronnen. Die **Blutgerinnung** ist ein

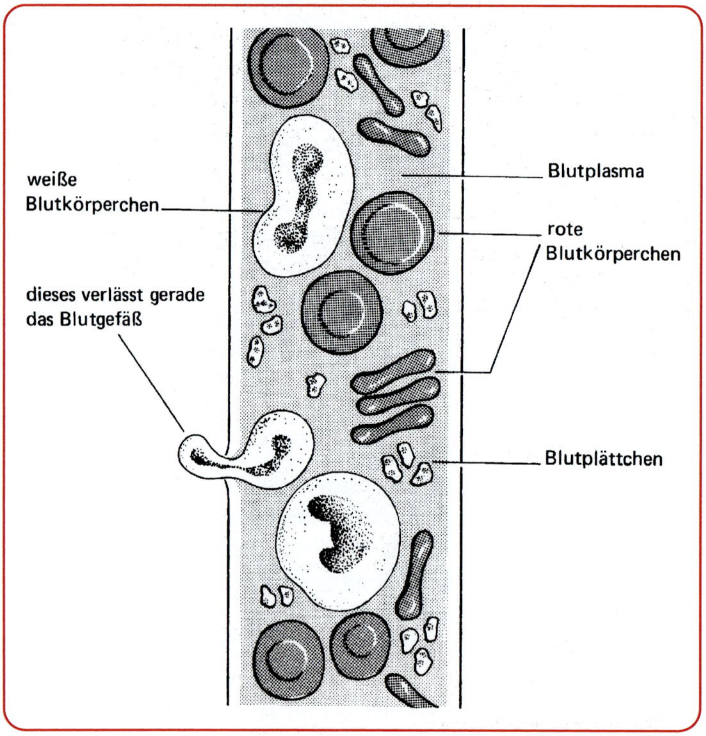

▶ **Abb. 2.20** Schnitt durch ein Blutgefäß (schematisch).

sehr komplizierter Vorgang. Einerseits müssen verschiedene Sicherungen eingebaut sein, damit nicht das in den Gefäßen fließende Blut zur Unzeit gerinnt und verschleppte Blutgerinnsel zu einer Gefahr für einzelne Körperteile oder den Gesamtorganismus werden. Andererseits müssen bei der Verletzung eines Blutgefäßes die Enzym-Schlüssel die verschiedenen Sicherungsschlösser so rasch aufschließen, dass nicht inzwischen zu viel Blut austritt.

Wenn man Blut gerinnen und stehen lässt, sammelt sich nach einiger Zeit über dem Blutkuchen, in dem die Blutkörperchen im Fasernetz des Fibrins gefangen sind, eine gelbliche Flüssigkeit, das **Blutserum**. Man kann sich also merken: **Blutserum = Blutplasma minus Fibrin**. Im Blutserum sind die zahlreichen Nähr- und Wirkstoffe gelöst, die vom Blut im Körper befördert werden, aber auch die nicht mehr benötigten Stoffwechselprodukte, die vom Blut zu den Ausscheidungsorganen transportiert werden.

2.7.2 Herztätigkeit und Blutkreislauf

Die Verteilung des Blutes im Körper erfolgt über ein weit verzweigtes Röhrensystem mithilfe einer Pumpe, dem Herzen. Das Herz ist mittels einer durchgehenden Scheidewand in eine kräftigere linke und eine schwächere rechte Hälfte geteilt. Jede Hälfte gliedert sich in einen kleineren vorderen Abschnitt, die **Vorkammer** (Vorhof), und eine größere Abteilung, die **Herzkammer** (▶ Abb. 2.21).

Vorkammer und Herzkammer sind jeweils durch einen verschließbaren Durchlass miteinander verbunden. Als Ventile wirken im Durchlass zähe Sehnenhäute, die **Segelklappen**, die sich öffnen, wenn Blut aus der Vorkammer in die Hauptkammer gedrückt wird, und sich schließen, wenn die Kammer voll ist. Dadurch wird erreicht, dass das Blut immer in der gleichen Richtung durch das Herz hindurch strömt.

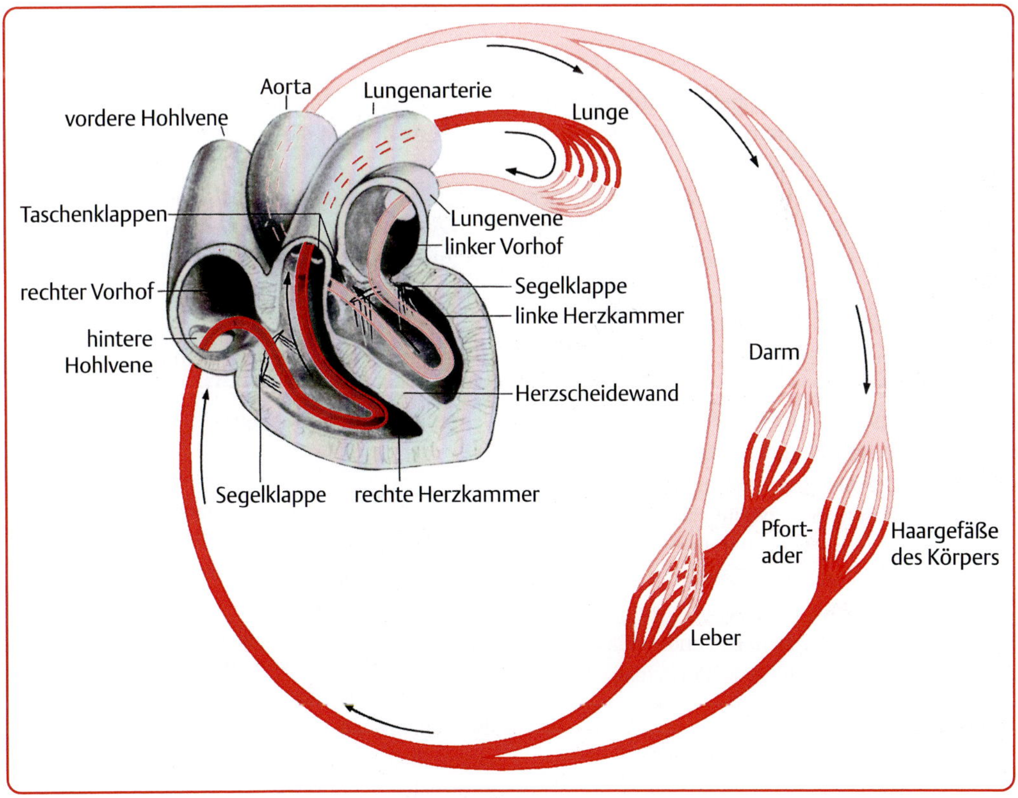

▶ **Abb. 2.21** Schema des Blutkreislaufs bei geöffnetem Herzen.

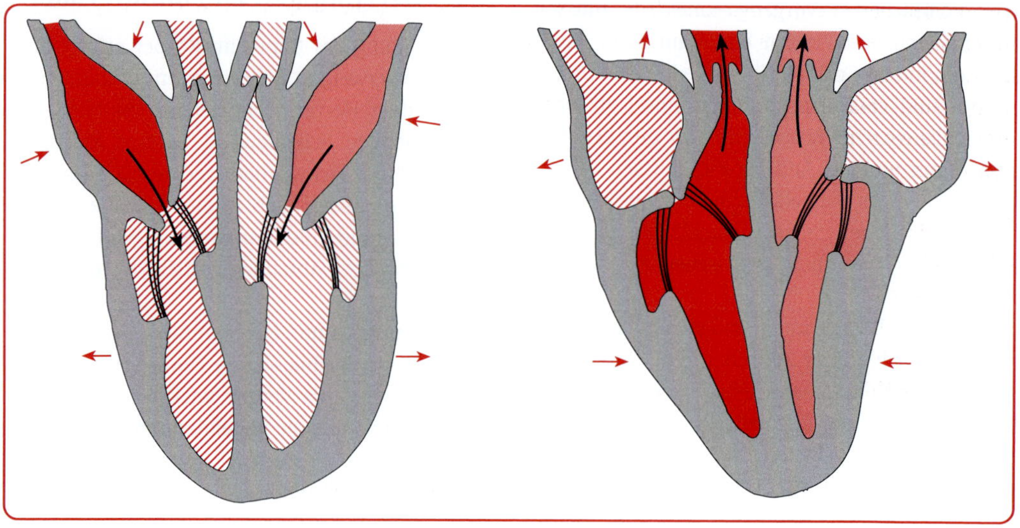

▸ **Abb. 2.22** Pumpmechanismus des Herzens (schematisch).

- **Links:** Zusammenziehen der Vorhofmuskulatur bei Erschlaffung der Kammermuskulatur – Segelklappen geöffnet, Taschenklappen geschlossen.
- **Rechts:** Kontraktion der Kammermuskulatur bei Erschlaffung der Vorhofmuskulatur – Segelklappen geschlossen, Taschenklappen geöffnet.
- Jeweils links im Bild die rechte Herzhälfte, die sauerstoffarmes Blut in die Lunge pumpt.

Ähnliche Ventile wie an den Eingängen der Herzkammer befinden sich auch an ihren Ausgängen, die sogenannten **Taschenklappen**. Sie öffnen sich nur zu den wegführenden Blutgefäßen hin. Wenn sich die quergestreiften Muskelfasern der Kammerwände zusammenziehen und damit den Innenraum der Kammern verkleinern, wird das darin enthaltene Blut in die Abflussrohre, die **Arterien**, geschleudert. Dabei sorgen die sich schließenden Taschenklappen dafür, dass kein Blut zurückebbt (▸ Abb. 2.22).

Die Ventile sind auch für die **Herztöne** verantwortlich: Der erste dumpfe Ton ist zu hören, sobald sich nach Füllen der Herzkammern die Segelklappen schießen, der zweite, helle Ton, wenn nach der Entleerung der Herzkammern die Taschenklappen zugeschlagen werden.

Das Herz einer Kuh, die – wenn es gut gegangen ist – nach 10 Jahren den Bestand verlässt, hat dann ca. eine halbe Milliarde Pulsschläge hinter sich.

Merke

Nach kurzer Zeit der Erholung in der Herzpause beginnt die Arbeit des Pumpwerks von Neuem:
Zusammenziehen der Muskulatur der Vorhöfe mit Füllung der Kammern (Diastole) → Zusammenziehen der Kammermuskulatur und Entleerung der Kammern (Systole) bei gleichzeitiger Erschlaffung der Vorhofmuskulatur → Erschlaffung der Kammermuskulatur und Herzpause → neuer Herztakt – und unermüdlich immer so weiter.

Aus der rechten Herzkammer strömt das Blut in die **Lungenarterie**. Nach dem Lungenkreislauf gelangt es, mit Sauerstoff angereichert, über die beiden **Lungenvenen** in die linke Vorkammer, dann in die linke Herzkammer und von hier in die dickste Arterie des Körpers, in die **Körperschlagader** (**Aorta**; ▸ Abb. 2.21). Von ihr zweigen sofort hinter dem Herzen die Herzkranzgefäße zur Versorgung des Herzens ab. Dann wendet sich die Aorta in einem Bogen, in dem die Schlagadern für die Blutansprüche des Kopfes, des Halses und der vorderen Gliedmaßen entspringen, nach hinten, gibt unterwegs Arterien für die Verdauungsorgane und die Rumpfmuskulatur ab und gabelt sich am Ende in die Hüftschlagadern und Beckenschlagadern, die sich jeweils zur Versorgung der Hintergliedmaßen weiter aufteilen.

Definition

Die Arterien (Schlagadern), im Buch generell mit hellroter Farbe dargestellt, führen das sauerstoffreiche Blut vom Herzen weg, während die Venen, im Buch generell mit dunkelroter Farbe dargestellt, das „verbrauchte" sauerstoffarme Blut wieder zum Herzen zurückführen. Nur bei der Lungenarterie und -vene verhält es sich umgekehrt. Die Erklärung hierfür ist in ▶ **Abb. 2.21** zu erkennen.

Das venöse Blut sammelt sich in der **Vorderen** und **Hinteren Hohlvene**, die beide in die rechte Vorkammer münden.

Wenn das Blut im Rhythmus des Herztaktes stoßweise aus der linken Kammer in die Aorta geworfen wird, fängt diese mit ihrer dicken, aber elastischen Wandung den Druck soweit auf, dass sich der Stoß in eine Welle umwandelt. Diese Pulswelle ist in den weiter entfernten Arterien, beispielsweise am Unterkiefer oder unter der Schweifrübe, noch zu spüren. In dem Maße, wie sich die Arterien immer stärker verzweigen und sich damit der Gesamtquerschnitt des Blutgefäßsystems erweitert, nehmen Blutdruck und Strömungsgeschwindigkeit immer mehr ab. Anfangs durcheilt das Blut in 1 Sekunde 50 cm. In den allerletzten Verzweigungen der **Haargefäße** (**Kapillaren**) durchsickert es in der gleichen Zeit noch nicht einmal 1 mm. Das ist notwendig, damit über das **Haargefäßnetz**, das alle Teile des Körpers durchzieht, die umliegenden Gewebe mit Sauerstoff und Nährstoffen versorgt und von den Abfallstoffen befreit werden können.

Pfortaderkreislauf Das Blut, das sich in den Haargefäßnetzen des Magens und der Därme mit Nährstoffen beladen hat, fließt nicht sofort zum Herzen zurück, sondern sammelt sich zunächst in einer größeren Vene, der Pfortader, die zur Leber führt und sich dort erneut zu einem Haargefäßnetz auflöst. Die Leber ist der große Umschlagplatz und Speicher für Nähr- und Wirkstoffe. Außerdem ist sie neben den Kapillarnetzen der Haut und der Lungen ein Blutspeicher. Von der Leber bringen die Lebervenen wechselnde Blutmengen – je nach den Anforderungen des übrigen Körpers – in die Hintere Hohlvene und damit in den großen Körperkreislauf zurück.

2.7.3 Lymphsystem

Wer sich bei ungewohnter Arbeit Blasen an den Händen zugezogen hat und sie öffnet, findet darin eine farblose bis gelblich weiße Flüssigkeit, die Gewebeflüssigkeit oder **Lymphe**. Sie unterscheidet sich vom Blut vor allem durch die Abwesenheit roter Blutkörperchen. Sie umspült die nicht unmittelbar an den Blutkapillaren liegenden Zellen und füllt Gewebelücken aus.

Merke

Nach dem Stoffaustausch in den Geweben wird die Lymphe von besonderen Kapillaren aufgenommen, die sich zu immer größeren Lymphbahnen vereinigen und schließlich in den Hauptlymphgang münden. Dieser wird auch Milchbrustgang genannt, weil er durch die vom Darm kommenden Lymphgefäße, die nach der Nahrungsaufnahme Fett transportieren, ein milchiges Aussehen erhält. Er ergießt sich in der Nähe der Wirbelsäule in die Vordere Hohlvene. Damit wird die Lymphe dem Blutkreislauf wieder angeschlossen.

Wie die Venen sind die Lymphgefäße Teil eines Rückflusssystems. Sie sind ebenso aufgebaut wie die Venen. Obwohl in den Lymphgefäßen und den Venen die Strömungsgeschwindigkeit wieder größer als im Kapillarbereich ist, sind die Wände wesentlich dünner als die gleichrangiger Arterien, die einem hohen Blutdruck ausgesetzt sind. Die Lymphe und das in den Venen zum Herzen zurückkehrende Blut werden vorwärts geschoben durch glatte Muskelfasern in den Gefäßwänden und vor allem durch den Druck der benachbarten Skelettmuskulatur. Damit bei schwacher Muskeltätigkeit vor den Einmündungen in die Sammelröhren kein Rückstau entsteht, sind sowohl die Lymphgefäße wie die Venen mit Klappen ausgestattet, die sich nur herzwärts öffnen. **Körperliche Bewegung ist also für einen geregelten Blutkreislauf sehr wichtig**.

An bestimmten Sammelpunkten der Lymphwege – beispielsweise in der Nähe der Ohrspeicheldrüsen, am Bug oder in der Kniefalte – finden sich im Bindegewebe rundliche, meist graugelblich gefärbte Kapseln, die **Lymphknoten**. Im Inneren dieser Kapseln muss die Lymphe durch ein engmaschiges Netz von Bindegewebszellen hindurchsickern. Dabei werden schädliche Bestandteile herausgefiltert und abgebaut (Bakterien, abgestorbene Lymphozyten, Gewebereste, Staubteilchen usw.) Bei Infektionen im Körper werden die Lymphozyten zur Zellteilung und zur Produktion von **Antikörpern** für die **spezifische Immunantwort** (S. 94) angeregt, dabei schwellen die Lymphknoten an. Auf dem Weg von den Lymphkapillaren bis zum Milchbrustgang durchläuft jeder Tropfen Lymphe mindestens einen Lymphknoten.

Als übergroßen Lymphknoten kann man die **Milz** ansehen. Allerdings ist sie im Gegensatz zu den übrigen Lymphknoten direkt in den Blutkreislauf eingeschaltet. Ihre Aufgabe ist die gleiche: Abfilterung von schädlichen Stoffen, Aktivierung der Immunantwort sowie Abbau verbrauchter roter Blutkörperchen.

2.7.4 Blutkrankheiten

Die enzootische **Leukose** der Rinder ist eine anzeigenpflichtige, durch Viren hervorgerufene Tierseuche mit einem schleichenden Verlauf. Es kommt zu verändertem Blutbild (Lymphozytenanstieg), nach einigen Jahren können sich leukotische Tumoren (Lunge, Herz, Niere, Darm, Milz) ausbilden (bei ca. 10 % der infizierten Tiere). Seit 1999 ist Deutschland amtlich anerkannt frei von Leukose. Die bisherigen Vorbeugungsmaßnahmen – regelmäßige serologische Analysen der Gesamtbestände – können in Zukunft auf Stichprobenuntersuchungen von 1 % der Bestände jährlich reduziert werden. Es werden sowohl Erreger- als auch Antikörpertests vorgenommen (PCR bzw. Immundiffusion, ELISA); s. a. Kap. Tiergesundheit (S. 299).

Bei der Blutarmut (**Anämie**) hat sich der Anteil des Hämoglobins in den roten Blutkörperchen, häufig zugleich auch deren Zahl, vermindert. Oft treten gleichzeitig oder als Folge der Blutarmut noch andere Krankheitssymptome auf. Die Ursachen können verschieden sein, beispielsweise Ektoparasitenbefall, Eisenmangel der von Ferkeln und Kälbern aufgenommenen Milch, chronische Kupfer- und Bleivergiftungen.

Vor einigen Jahren sorgte eine „neue" Krankheit, das **Blutschwitzen** der Kälber, für großes Aufsehen, das sich in den ersten Lebensmonaten durch eine gestörte Blutgerinnung mit Schädigung des Knochenmarks äußerte und zum Verenden der Kälber führte. Die Ursache war ein BVD-Impfstoff, der im Kolostrum der geimpften Muttertiere Antikörper gegen spezifische Antigene (sog. MHC-I) hinterließ, die unter ungünstigen Bedingungen – das Kalb hat zufälligerweise das gleiche MHC-I-Muster – an dessen weiße Blutkörperchen banden und es dadurch zur Zerstörung der blutbildenden Zellen kam, s. a. Kap. Unspezifische Sofortabwehr und antigespezifische Immunantwort (S. 94). Der Impfstoff ist 2010 vom Markt genommen worden, jedoch gibt es immer noch ungeklärte Entschädigungsfälle.

2.8 Das Verdauungssystem

Definition

Der Verdauungstrakt setzt sich aus verschiedenen Organen zusammen, deren Funktionen eng ineinandergreifen. Das Ziel der Verdauung besteht darin, die mit dem Futter aufgenommenen Nährstoffe so weit zu zerkleinern und aufzubereiten, dass sie sich für den Transport durch die Darmwand sowie für die Weiterbeförderung in Blut und Lymphe eignen.

Im Folgenden wird auf die Verdauungsvorgänge beim Wiederkäuer und Schwein ausführlich eingegangen. Die Verdauung beim Geflügel wird im Kap. Fütterung der Legehennen (S. 571) abgehandelt.

2.8.1 Die Mundhöhle und ihre Organe

Die erste Station der Futtermittel im **Verdauungskanal** ist das Maul. An der Futteraufnahme sind Lippen, Zähne und Zunge beteiligt, und zwar beim Rind die Zunge mehr als die Lippen, während es bei den kleinen Wiederkäuern umgekehrt ist. Das bedeutet in der Weidepraxis, dass die Weidepflanzen von Rindern weniger tief abgerissen werden als von Schafen und sich somit schneller erholen können.

Die Futterbissen werden von den Wiederkäuern ohne gründliches **Kauen** rasch abgeschluckt, erst beim **Wiederkauen** wird das Futter konsequent zerkleinert. Wenn sich Schweine hingegen nicht durch Futterneid am Trog gehetzt fühlen, also bei Transponder- oder Drippelfütterung, kauen sie das Futter gut durch.

Merke

Das Kauen erfüllt mehrere Aufgaben:

- **Zerkleinern grober Futterteile.**
- **Aufreißen fester Zellwände, wodurch das Zellinnere für den späteren Angriff der Verdauungssäfte aufgeschlossen wird.**
- **Herauslösen von Geschmacksstoffen aus dem Futter. Die Sinneszellen der Zunge geben entsprechende Informationen an das Zentrale Nervensystem weiter, das die Drüsen im Verdauungstrakt stimuliert, die für dieses Futter benötigten Enzyme bereitzustellen.**
- **Einweichen des Futters durch Speichel.**

Der **Speichel** wird bei Wiederkäuern ständig, bei Schweinen vorwiegend während der Futteraufnahme aus mehreren Speicheldrüsen der Maulhöhle abgesondert. Er soll das Futter u. a. gleitfähig und schlüpfrig machen. Der Speichelfluss ist von der Struktur des Futters abhängig: Bei sperrigem Langheu liefern die Speicheldrüsen der Kühe täglich bis zu 150 Liter Speichel, der allerdings zu einem großen Teil im Darm wieder resorbiert wird und in den Säftekreislauf des Körpers zurückkehrt. Bei den Wiederkäuern enthält der Speichel **Bikarbonate** (vor allem Natriumbikarbonat $NaHCO_3$), die einem Absinken des **pH-Wertes**, also der Gefahr einer Übersäuerung des Panseninhaltes, entgegenwirken. Enzyme sind im Speichel unserer Haustiere nicht enthalten, mit Ausnahme von etwas Ptyalin für die Stärkeverdauung beim Schwein.

2.8.2 Das Gebiss

Jeder Zahn steckt mit seinen Wurzeln – bei den Backenzähnen bis zu 3 – im Zahnfach des Kiefers. Die Krone ist der sichtbare Teil des Zahnes. Im Innern jeder Zahnwurzel befindet sich eine mit Bindegewebe ausgefüllte Höhle, die Blut- und Nervenbahnen für die Versorgung des Zahnes enthält. Der größte Teil des Zahnes besteht aus dem festen, knochenähnlichen **Zahnbein** (**Dentin**). Die Wurzel ist mit echter Knochenmasse, dem sogenannten **Zahnzement**, überzogen, die Krone mit dem glasartigen, spröden **Schmelz** (▶ **Abb. 2.23**).

Die Oberfläche der Krone ist bei den Schweinen höckerig. In den Oberflächen der Backenzähne bei Wiederkäuern erkennt man faltige Vertiefungen, die aus Zahnbein bestehen (▶ **Abb. 2.23**). Dagegen sind die **Leisten**, die herausragen und sich beim Kauen weniger abnutzen, aus dem härteren Zahnschmelz aufgebaut. Diese Oberflächengestaltung der Zahnkrone verbessert ihre mahlende Wirkung.

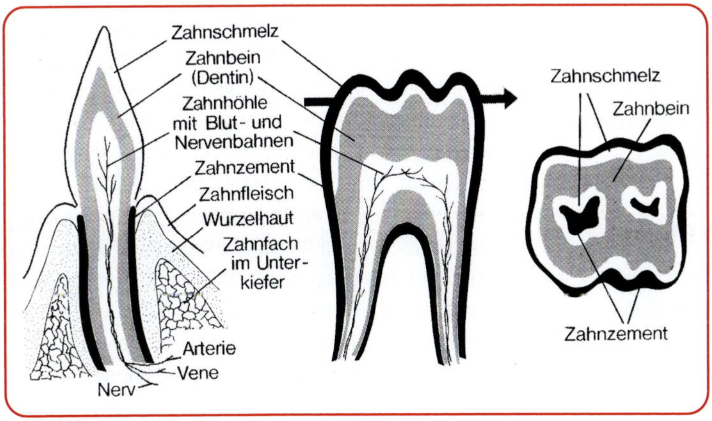

▶ **Abb. 2.23** Aufbau von Rinderzähnen (schematisch).

▶ **Tab. 2.11** Zahnformeln von Schwein und Wiederkäuer.

Tierart	Backen-	Ha-ken-	Schneide-		Haken-	Backenzähne	
Schwein	6 – 7	1	3	3	1	6 – 7	Oberkiefer
	6 – 7	1	3	3	1	6 – 7	Unterkiefer
Wiederkäuer	6	–	–	–	–	6	Oberkiefer
	6	1	3	3	1	6	Unterkiefer

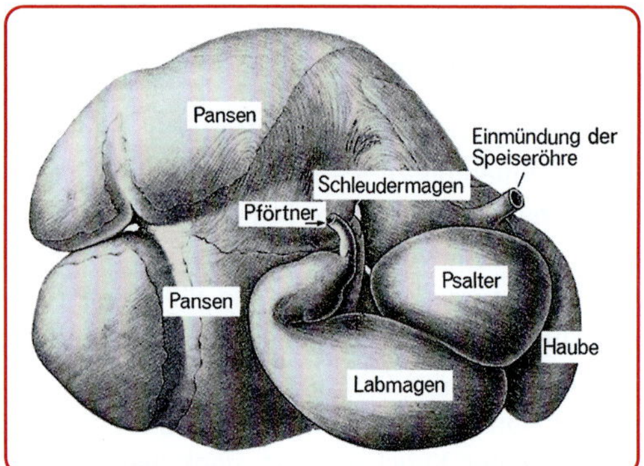

▶ **Abb. 2.24** Magensystem des Rindes von rechts (nach Nickel et al. 2004 [179]).

Die Zähne werden nach Form und Funktion in **Schneidezähne**, **Eck-** oder **Hakenzähne** und **Backenzähne** unterteilt. Bei den Wiederkäuern haben die unteren Hakenzähne die gleiche Form wie die Schneidezähne. Bei wachsenden Tieren bis zu 5 Jahren lässt sich das Alter daran erkennen, wie weit das **Milchgebiss** durch bleibende Zähne ersetzt worden ist.

Schweine beider Geschlechter verfügen zwischen den Schneide- und Backenzähnen über Hakenzähne, die bei den Ebern zu Hauern ausgewachsen sind. Die meisten Schweine haben im Oberkiefer, viele auch im Unterkiefer 7 statt 6 Backenzähne je Kieferhälfte. Daraus ergeben sich die in ▶ **Tab. 2.11** dargestellten Zahnformeln.

2.8.3 Speiseröhre und Vormägen

Nach dem Kauen und Einspeicheln werden die Futterbissen abgeschluckt. Der **Schluckakt** ist ein komplizierter Vorgang, an dem zahlreiche Muskeln beteiligt sind, die durch ein besonderes **Schluckzentrum** im Hirnstamm so gesteuert werden, dass die Bissen nicht irrtümlich in die **Luftröhre** geraten (s. a. ▶ **Abb. 2.16**) und dass sie auch gegen die Schwerkraft bis zum Magen weitergeschoben werden (bei gesenktem Kopf verläuft ja die Speiseröhre bergan).

Definition

Die drüsenlose Schleimhaut der **Speiseröhre** setzt sich bei den Schweinen bis in den **Magen** hinein fort. Bei den **mehrhöhligen** Mägen der Wiederkäuern hat sich dieser Abschnitt zu großen Säcken ausgestülpt, zu den **Vormägen**. Hier unterscheidet man (▶ **Abb. 2.24**):

- den großräumigen, in zwei Säcke unterteilten **Pansen** mit **Pansenzotten**, zapfenförmigen Ausstülpungen des Pansenepithels, die die Oberfläche der inneren Pansenschleimhaut bis zum Siebenfachen vergrößern
- die **Haube**, nach ihrer netzförmigen Oberflächenstruktur auch **Netzmagen** genannt
- den **Blättermagen**, auch **Buchmagen** oder **Psalter** genannt; diese Bezeichnungen orientieren sich alle an dem inneren, aus dichtgedrängten, rauen Blättern bestehenden Aufbau dieses Vormagens

Im Anschluss an den Blättermagen, lateral zur rechten Körperseite hin gelegen, findet sich der eigentliche **Labmagen** der Wiederkäuer, der dem einhöhligen Magen der Schweine entspricht.

Das abgeschluckte, grob gekaute Futter gelangt bei den Wiederkäuern zuerst in den gemeinsamen Vorhof von Pansen und Haube, auch Schleudermagen genannt, und wird dann durch die regelmäßigen Hauben- und Pansenbewegungen dem vorhandenen Inhalt zugemischt. Es ziehen sich nacheinander die Haube zweimal, dann der Schleudermagen und die beiden Säcke des Pansens zusammen und entspannen sich wieder. Durch diese Kontraktionen (**Pansenmotorik**), ca. 2- bis 3-mal in 2 Minuten, werden die Futtermassen innerhalb des Pansen-Hauben-Raumes hin- und hergeschwenkt, kleinere Portionen auch „geschleudert".

Dadurch wird das Flüssige vom Faserigen abgeschieden und es bildet sich im Pansen eine gewisse Schichtung heraus: unten Flüssigkeit, darüber die Faserschicht und oben Gas.

Eine halbe bis eine ganze Stunde nach der Futteraufnahme beginnt das **Wiederkauen**: Kleine Futterportionen (beim Rind je 80 – 120 g) werden in das Maul zurückbefördert, jetzt gründlich gekaut und nach einer halben bis dreiviertel Minute wieder abgeschluckt. Ab und zu wird eine Pause eingelegt. In insgesamt 5 – 9 Stunden kauen Kühe 40 – 60 kg pro Tag wieder. Dazu legen sie sich am liebsten nieder. Die Wiederkäuaktivität hängt von Futterzusammensetzung und -aufnahme ab, aber auch vom Alter der Tiere. Und es gibt erhebliche tierindividuelle Unterschiede, wie neuere Untersuchungen mit Wiederkäusensoren zeigen [159].

Der Wiederkauakt wird durch eine Einatmung bei geschlossener Stimmritze eingeleitet. Dadurch entsteht in der benachbarten Speiseröhre ein Unterdruck. Gleichzeitig öffnet sich der Vormageneingang und es ergießt sich ein Teil des Schleudermageninhalts in die Speiseröhre. Durch rückwärts gerichtete peristaltische Wellen der glatten Muskulatur der Speiseröhre wird diese Futterportion, unterstützt durch eine Ausatmungsbewegung, in die Mundhöhle befördert (Rejektion).

Das wiedergekaute Futter wird in den Pansen-Hauben-Raum zurückbefördert. Es kann deshalb noch öfter wiedergekaut werden – so lange, bis der Inhalt so weit zerkleinert ist, dass er in kleinen Schüben durch die **Hauben-Psalter-Öffnung** in den Blättermagen entleert werden kann. Diese Öffnung ist eng und verschließt sich selbsttätig, wenn grobes Futter passieren will. In den Blättern des Psalters wird der hereinkommenden Futtersuppe vor allem Wasser entzogen und ohne langen Aufenthalt gelangt der verbleibende Futterbrei (Chymus) in den Labmagen.

Das Tränkwasser wird überwiegend von Pansen und Haube festgehalten, je nach den Feuchtigkeitsbedürfnissen in diesen Kammern. Überschüssiges Wasser läuft in der sogenannten **Schlundrinne** durch die Haube gleich in den Psalter. Hier setzt sich diese Rinne als Psalterrinne bis zum Labmagen hin fort. Beim Kalb faltet sich die Rinne während des Schluckaktes zu einer geschlossenen Röhre zusammen, sodass die Milch unmittelbar in den Labmagen gelangt.

Die Entwicklung der **Vormägen beim Kalb** hängt stark von seiner Ernährung ab. Nach der Geburt nimmt der Labmagen etwa 60 % des Volumens des gesamten Magensystems ein, beim erwachsenen Rind nur noch 7 – 8 %. Umgekehrt ist der Pansen anfangs sehr klein. Später beansprucht er rund 80 % des Rauminhalts des Magensystems. Die Kälber beginnen mit dem Wiederkauen, sobald sie – am besten schon wenige Tage nach der Geburt – Gelegenheit zur frühzeitigen Beifutteraufnahme (Kraftfutter und Grobfutter) haben. Durch die einsetzenden Gärvorgänge und die dabei entstehenden kurzkettigen Fettsäuren, insbesondere auch Buttersäure, wird das Wachstum der Pansenschleimhaut und der Pansenzotten gefördert. Bei reiner Milchernährung hingegen verzögern sich die Entwicklung des Pansenumfangs und seiner Muskulatur sowie die Ausbildung der für die Resorption der Nährstoffe wichtigen Pansenzotten.

2.8.4 Die Verdauung in den Vormägen

Was geschieht während des viele Stunden, oft Tage dauernden Aufenthaltes im Pansen und in der Haube mit dem Futter? Es kommt zu einer **Gärung**, ähnlich wie in Fahrsilo oder Biogasanlage, die ausgelöst wird durch die im Pansen bzw. im Futter vorhandenen Bakterien. Diese finden in Pansen und Haube gute Bedingungen für eine rasche Vermehrung vor: genügend Flüssigkeit mit pH 6 – 7,5, eine Temperatur von 39 – 40 °C und ständige Nahrungszufuhr. Zur Pansenflora und -fauna gehören außerdem Protozoen (Einzeller) und Pilze. Die erste Besiedlung des Pansens mit Mikroorganismen erfolgt beim Kalb vor allem über Kontakt mit älteren Tieren.

Praxistipp

Durch die Bakterientätigkeit entstehen als **Gärungsprodukte** kurzkettige, vor allem **Essigsäure**, **Propionsäure** und **Buttersäure**, die im Gegensatz zu hochmolekularen Fettsäuren (wie z. B. die in ► **Tab. 2.5** erwähnte Stearinsäure) wasserlöslich sind.

Welche der verschiedenen Bakterienarten und welche Gärungsprodukte überwiegen, hängt von der Art der Fütterung ab: Eine hauptsächlich aus grob strukturiertem, das heißt stängeligem, **zellulosereichem** Futter (Gras, Heu) bestehende Ration erfordert eine stärkere Einspeichelung als eine **kraftfutterreiche** Ration. Je mehr Speichel und mit ihm Bikarbonate abgesondert werden, umso höher wird der pH-Wert in den Vormägen. Dabei fühlen sich die **Zellulose** spaltenden Bakterien wohl. Es entsteht als Gärungsprodukt vorwiegend **Essigsäure** (CH_3COOH; C_2).

Bei stärke- oder zuckerreichen Rationen (aus Getreide und Melasseschnitzeln) bleibt der Speichelfluss schwächer und der pH-Wert in den Vormägen niedriger. Dabei erhöht sich der Anteil der Bakterien, die vorwiegend **Propionsäure** (C_2H_5COOH; C_3) erzeugen.

Der Anteil der Essigsäure erzeugenden Bakterien vermindert sich und die in den übrigen Rationsbestandteilen enthaltenen Nährstoffe werden schlechter ausgenutzt. Wird durch sehr stärke- oder zuckerreiches Futter der pH-Wert des Panseninhalts unter pH 5,5 gesenkt, verändert sich die Bakterienflora weiter. Es entwickelt sich eine starke **Milchsäuregärung** ($CH_3 \cdot CHOH \cdot COOH$), die den pH-Wert in den krankhaften Bereich (unter pH 5) drückt. Diese auch unter dem Namen **Azidose** (S. 334) bekannte Pansenübersäuerung schädigt die Pansenschleimhaut, lähmt die Pansenbewegungen und kann zu Leber- und Kreislaufschäden führen.

Zur Aufrechterhaltung des Wohlbefindens der Kühe und ihrer Leistungen kommt es also auf die richtige, ausgewogene Futterzusammensetzung mit einem Mindestanteil an grob strukturiertem Futter an.

Durch die Pansenzotten werden die Gärungsprodukte der Pansenbakterien absorbiert und vom Blut zur Leber und zum Euter transportiert. Sie tragen wesentlich zur Energieversorgung des Wiederkäuers bei. Aus täglich 4 – 6 Liter dieser kurzkettigen Fettsäuren stammen 60 – 75 % der im Stoffwechsel einer Kuh benötigten Energie.

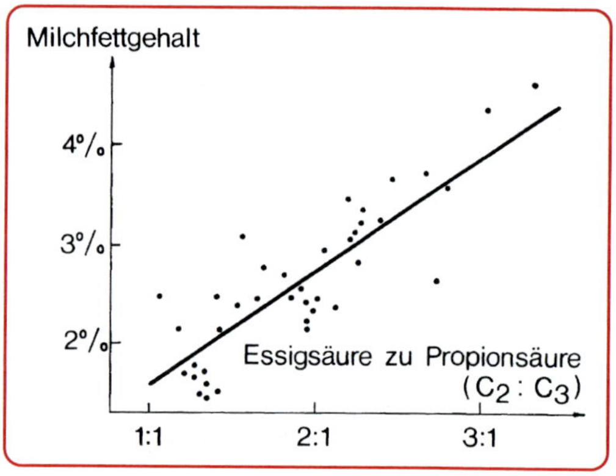

► **Abb. 2.25** Abhängigkeit des Milchfettgehaltes vom $C_2 : C_3$-Verhältnis im Pansen.

Eine besondere Bedeutung hat die Essigsäure als Ausgangspunkt für die **Milchfettsynthese**, wie aus ► **Abb. 2.25** erkennbar wird.

Fazit

Die Leistungen der Pansenbakterien im Überblick:

- Aufschließung der sonst unverwertbaren Zellulose und anderer Zellwandbestandteile. Die entstehenden kurzkettigen Fettsäuren sind die Hauptenergiequelle für die Wiederkäuer.
- Beginn der Fettverdauung durch Spaltung der Futterfette in Glyzerin und Fettsäuren: Glyzerin wird von den Bakterien für ihren Stoffwechsel verwendet, die kurzkettigen Fettsäuren werden durch die Pansenzotten absorbiert (s. o.), die langkettigen Fettsäuren und unverdauten Fette werden in den Dünndarm weitertransportiert.
- Aufbau von Bakterieneiweiß: Bakterien bauen ihren Zellleib aus Aminosäuren auf, die sie u. a. den Eiweißverbindungen des Futters entnehmen. Außerdem verwenden sie aber auch andere stickstoffhaltige Verbindungen, die sogenannten **NPN-Verbindungen** (**Nicht-Protein-Nitrogenium**), die unsere Haussäugetiere nicht direkt für die eigene Proteinsynthese verwerten können. Diese NPN-Verbindungen, zu denen Säureamide wie Asparagin und Glutamin aus jungen, wachsenden Pflanzen sowie Harnstoff, Nitrat und Betain gehören, werden von Bakterien in **Bakterieneiweiß** umgewandelt. Dabei entsteht auch überschüssiges Ammoniak (NH_3), auf dessen besondere Verstoffwechselung (ruminohepatischer Kreislauf) im Kap. Proteinstoff-

wechsel beim Wiederkäuer (S. 175) eingegangen wird. Wenn die Bakterien und die von ihnen lebenden Protozoen mit der Futtersuppe durch den Psalter in den Labmagen gelangen, werden sie dort selbst verdaut.

- Bessere Qualität als Pflanzeneiweiß: Das Mikrobenprotein ist in seiner Aminosäurezusammensetzung für die Wiederkäuer besser verwertbar als Pflanzeneiweiß, sodass dieses durch die Pansenumsetzung gewissermaßen „veredelt" wird. Mehr dazu im Kap. Proteinstoffwechsel beim Wiederkäuer (S. 175).
- Aufbau von wasserlöslichen Vitaminen: Werden die Bakterien verdaut, kommen die genannten Vitamine dem Wirtstier zugute, während sie den Nichtwiederkäuern mit dem Futter zugeführt werden müssen.

Wie bei jeder Gärung entstehen auch bei der Gärung im Pansen-Hauben-Raum Gase, vor allem Kohlendioxid (CO_2) und Methan (CH_4). Diese werden im Rhythmus der Pansenbewegungen über die Speiseröhre (CO_2, CH_4) und über die Atemluft (CO_2) abgegeben (Ruktus). Das entweichende Methangas enthält noch beträchtliche Mengen Energie, die dem Stoffwechsel der Wiederkäuer also verloren gehen. Darüber hinaus ist es als eines der Treibhausgase an der heute zunehmend diskutierten Klimaerwärmung beteiligt, sodass untersucht wird, wie sich der Methanausstoß verringern lässt, ohne große Leistungseinbußen hinnehmen zu müssen. Als eine Möglichkeit sei hier die Reduzierung der Methan bildenden Pansenprotozoen erwähnt, die als nicht absolut notwendig für die Vormagenaktivität angesehen werden.

2.8.5 Speicherung und Vorverdauung im Magen

Der Magen hat einerseits Speicherfunktion, andererseits beginnen hier die enzymatische Vorverdauung der Kohlenhydrate beim Monogastrier sowie die ersten Schritte der Eiweißverdauung bei Schwein und Wiederkäuern.

Der einhöhlige Magen des Schweins stapelt das aus der Speiseröhre kommende Futter und gibt es portionsweise in regelmäßigen Zeitabständen am Magenausgang durch den sogenannten **Magenpförtner** an den **Dünndarm** weiter. Die Muskelfasern in den Magenwänden verursachen nur geringe Magenbewegungen, sodass der Inhalt des Magens nur wenig gemischt wird.

Der Eingangsbereich des Schweinemagens in Nähe der Speiseröhre ist mit drüsenloser Schleimhaut, der überwiegende Teil ist jedoch mit einer echten Drüsenschleimhaut auskleidet, deren Drüsenzellen einerseits körpereigene Enzyme, andererseits Salzsäure bilden. Die Epithelzellen der Schleimhaut produzieren Schleim, der die innere Oberfläche des Magens überzieht und damit die Selbstverdauung des Magens verhindert.

Beim Schwein – anders als beim Wiederkäuer – wird mit der chemischen Spaltung leicht verdaulicher **Kohlenhydrate**, besonders der **Stärke**, schon im Eingangsbereich des Magens begonnen. Dies geschieht vorwiegend mithilfe von Enzymen, die im Futter selbst enthalten sind, beispielsweise der **Diastase** aus Getreidekörnern, die Stärke in Zucker umwandelt, zusätzlich unterstützt durch das im Speichel enthaltene Enzym **Ptyalin**.

Sobald das Futter in den Drüsenbereich des Magens gelangt, wird die Kohlenhydratverdauung jedoch unterbrochen. Dieser Abschnitt unterliegt den Einwirkungen des sauren **Magensaftes**, der die **Eiweißverdauung** in Gang setzt. Die aus den Fundusdrüsen sezernierte **Salzsäure** sorgt für niedrige pH-Werte, welche die Voraussetzung für die Aktivierung von **Pepsin** aus einer unwirksamen Vorstufe, dem Pepsinogen, sind (► **Abb. 2.26**). Pepsin, eine Endopeptidase, beginnt mit der Spaltung der komplexen Eiweißverbindungen zu geringer molekularen Polypeptiden (beste Wirkung bei etwa pH 2).

Beim **Labmagen** der Wiederkäuer ist die Speicherfunktion des Magens weniger ausgeprägt, da schon von der Hauben-Psalter-Öffnung her für eine geregelte Weiterbeförderung des Futters gesorgt wird. Deshalb ist das Fassungsvermögen des Labmagens im Verhältnis zu den Vormägen bescheiden. Seine gesamte Innenfläche ist mit einer echten Drüsenschleimhaut ausgestattet, die wie beim Schwein Salzsäure und körpereigenes Pepsin bereitstellt und die Proteinverdauung – hier aus Bakterien- sowie Futtereiweiß – einleitet. Aber bei erwachsenen Wiederkäuern ist die Reaktion im Labmagen nicht ganz so sauer wie bei den Schweinen oder gar bei den Fleischfressern. Trotzdem reicht ein pH-Wert von 2 – 4 aus, um den größten Teil der Pansenbakterien abzutöten und die Gä-

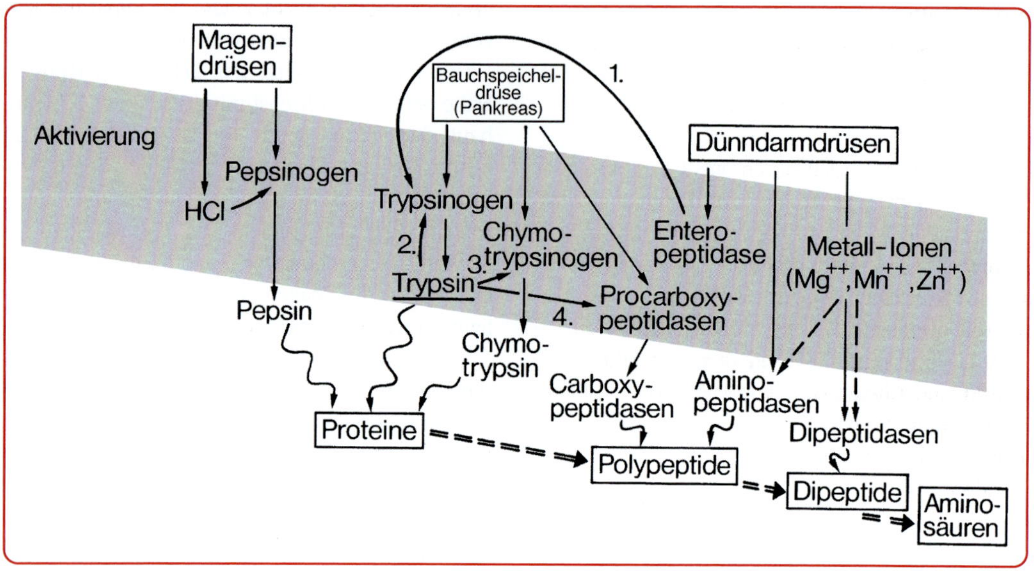

▸ **Abb. 2.26** Übersicht über die Stufen der Eiweißverdauung.

rungsvorgänge zu stoppen. Durch die Magensäure werden im Übrigen auch viele krank machende Bakterien unschädlich gemacht.

Der Magensaft von Kälbern und anderen Neugeborenen enthält vorzugsweise das **Labferment** (Chymosin), welches den Hauptbestandteil des **Milcheiweißes**, das **Kasein**, zum Gerinnen bringt. Dieses Enzym benötigt nicht so niedrige pH-Werte wie das Pepsin und ist am wirkungsvollsten im schwach sauren Bereich (bei pH 4 – 5).

2.8.6 Verdauung im Dünndarm

An den Magen schließt sich als erster Abschnitt des Dünndarms der **Zwölffingerdarm** an, gefolgt von **Leerdarm** und **Hüftdarm**. Die einzelnen Darmabschnitte hängen beweglich an einer Fortsetzung des Bauchfells, am Gekröse, über das die Därme mit Blut- und Lymphgefäßen sowie Nervenbahnen versorgt werden. Der Dünndarm hat einen engeren Durchmesser als der dann folgende Dickdarm, aber seine Oberfläche ist durch Darmzotten stark vergrößert.

! Merke

Die Dünndarmschleimhaut ist mit zahlreichen Drüsen besetzt, die den Darmsaft absondern. Dieser enthält neben verschiedenen Enzymen auch Bikarbonate, welche die vom Magen mitgebrachte Säure neutralisieren. Dadurch wird – bei den Wiederkäuern langsamer, bei den Tieren mit einhöhligem Magen rasch – der pH-Wert des Futterbreis auf über 6 erhöht. In neutralem oder leicht alkalischem Milieu funktionieren die im weiteren Verlauf der Verdauung erforderlichen enzymatischen Reaktionen am besten.
Außer den Darmdrüsen entleeren auch die beiden größten Drüsen des Körpers, die Leber und die Bauchspeicheldrüse (Pankreas), ihre Sekrete, die Galle und den Pankreassaft, in den Dünndarm. Deren wesentliche Bestandteile sind Gallensäuren einerseits und ein vielseitiges Gemisch aus Enzymen und Bikarbonaten. Die Menge und Art dieser verschiedenen Komponenten hängt von der Futterzusammensetzung ab, alle wirken nach dem Prinzip der Arbeitsteilung zusammen.

Fettverdauung Die **Gallensäuren** sorgen für eine stabile **Emulsion** der **Futterfette**. Im Allgemeinen haben Gemische aus Fett und Wasser das Bestreben, sich wieder zu entmischen, wie das bei unbehandelter, nicht fetthomogenisierter Milch zu beobachten ist, die bekanntlich aufrahmt. Die Galle unterdrückt diesen Vorgang und bewirkt so eine gleichmäßige Verteilung des Fettes in allerfeinste Tröpfchen. Die Fett spaltenden Enzyme (**Lipasen**) aus der Bauchspeicheldrüse können die Fette nun so weit abbauen, dass deren Spaltprodukte (sowohl **Di-** und **Monoglyzeride** als auch **freie Fettsäuren** und **Glyzerin**) von der Darmwand resorbiert werden können. Das gilt auch für die bei den Wiederkäuern aus der Pansenverdauung stammenden langkettigen Fettsäuren. Sehr kleine Fetttröpfchen gelangen teilweise auch ungespalten durch die Darmwand.

Eiweißverdauung Im Magen wurden die großen Eiweißmoleküle durch Pepsin schon in kleinere Polypeptide gespalten. Im Dünndarm wird die **Eiweißspaltung** nun mithilfe weiterer Enzyme stufenweise über weitere, kleinere Polypeptide, Dipeptide, bis zu den Aminosäuren als Endprodukten weitergeführt.

Die zuständigen Drüsen aus dem vorderen Verdauungstrakt, z. B. Magendrüsen, Bauchspeicheldrüse, geben zunächst unwirksame Vorstufen der Enzyme, sogenannte Proenzyme, ab, die von anderen Enzymen aktiviert werden und im Darm erst ihre spaltende Tätigkeit ausüben können. Die Aktivierung kann auch durch bestimmte Ionen erfolgen (beispielsweise bei **Pepsinogen** durch H^+ und Cl^-). ▸ **Abb. 2.26** zeigt in vereinfachter Darstellung die Zusammenhänge. Sobald unter der Einwirkung der aus den Dünndarmdrüsen stammenden **Enteropeptidase** (▸ **Abb. 2.26**, Nr. 1) genügend **Trypsinogen** in **Trypsin** verwandelt worden ist, wirkt dieses Enzym selbstaktivierend auf seine eigene Vorstufe (▸ **Abb. 2.26**, Nr. 2) sowie auf **Chymotrypsinogen** (▸ **Abb. 2.26**, Nr. 3) und auf die **Procarboxypeptidasen** (▸ **Abb. 2.26**, Nr. 4). Diese proteolytischen Enzyme werden in verschiedene Klassen eingeteilt, die die Proteinmoleküle entweder von innen spalten (Endopeptidasen, z. B. Pepsin, Enteropeptidase) oder von den Enden her Aminosäuren ablösen (Exopeptidasen, z. B. Aminopeptidase, Carboxypeptidase).

Kohlenhydratverdauung Die Kohlenhydratverdauung wurde im sauren Milieu des Schweinemagens gestoppt. Im Dünndarm herrscht ein für **Diastasen** freundlicheres Milieu und der Stärkeabbau kann, kräftig unterstützt durch die **Amylasen** aus der Bauchspeicheldrüse, fortgesetzt werden bis zur **Maltose**.

Diese wird, wie die anderen noch in der Nahrung enthaltenen **Disaccharide**, bis zum Einfachzucker weiterzerlegt (▸ **Tab. 2.4**). Diese Spaltung bewirken teilweise **Carbohydrasen** aus der Bauchspeicheldrüse, überwiegend aber Enzyme aus den Epithelzellen der Darmwand, die spezifisch auf die jeweiligen Zuckerarten eingestellt sind. Als Endprodukte entstehen dabei z. B. **Glukose**, Fruktose, Galaktose. Der **Intermediärstoffwechsel**in der Leber, in den Muskelzellen usw. ist auf diese Monosaccharide eingestellt, wobei Glukose mengenmäßig die wichtigste Rolle spielt.

Der beschriebene Weg der Kohlenhydratverdauung ist für die Monogastrier vorherrschend, während bei den Wiederkäuern der größte Anteil der Kohlenhydrate schon im Pansen (S. 57) durch Mikroorganismen zerlegt wird. Hierbei werden die Kohlenhydrate über die Stufe der Einfachzucker hinaus zu den kurzkettigen Fettsäuren abgebaut. Wird im Intermediärstoffwechsel der Wiederkäuer Glukose benötigt, muss diese zunächst wieder neu synthetisiert werden (Glukoneogenese), wozu u. a. die Propionsäure der Grundstoff ist. Allerdings sind die Wiederkäuer auch in der Lage, die durch Mikrobentätigkeit im Pansen entstandenen kurzkettigen Fettsäuren (Essigsäure, Buttersäure) für den Energiebedarf im Intermediärstoffwechsel einzusetzen, s. a. Kap. Energieumwandlung in der Zelle (S. 201).

Fazit

Zusammenfassend lässt sich feststellen, dass nach einer gewissen Vorverdauung im Magen die wichtigsten Spaltungsvorgänge im Dünndarm von Enzymen aus dem Dünndarmsekret und der Bauchspeicheldrüse bewirkt werden. Sie spalten die von den anderen Enzymen hinterlassenen Zwischenstufen zu absorbierbaren Endprodukten aus den ursprünglichen Futternährstoffen.

2.8.7 Absorption der Nährstoffe im Dünndarm

Um möglichst viele der durch die Verdauungsvorgänge aufgeschlossenen Nährstoffe aufnehmen zu können, ist die Oberfläche der **Darmschleimhaut**, die die Nährstoffe **absorbiert**, stark vergrößert.

Diesem Zweck dienen die Falten des Darms, vor allem deren zahlreiche, zapfenförmige Ausstülpungen, die **Darmzotten** (▶ **Abb. 2.27**). Mithilfe ihrer glatten Muskelfasern tauchen sie abwechselnd in den Speisebrei ein und ziehen sich mit Nahrungsbestandteilen wieder zurück. Man spricht vom **Zottenpumpwerk**. Die obere Zellschicht der Zotten besteht aus allerfeinsten **Mikrozotten**, die zusammen einen **Bürstensaum** bilden, an dem die Nahrungsteilchen festgehalten werden. In jeder Darmzotte befindet sich ein feines Netz aus **Lymph-** und **Kapillargefäßen**, das in die Oberflächenzellen hineinreicht, begleitet von Endigungen des unwillkürlichen Nervensystems.

Langkettige Fettsäuren und **Monoglyzeride** werden nach Absorption durch die Mikrozotten in deren Wandzellen direkt wieder zu Fetten resynthetisiert. Sie werden nach Einschluss in größere Lipoproteine (sogenannte Chylomikronen) durch die Lymphgefäße der Darmwände abtransportiert.

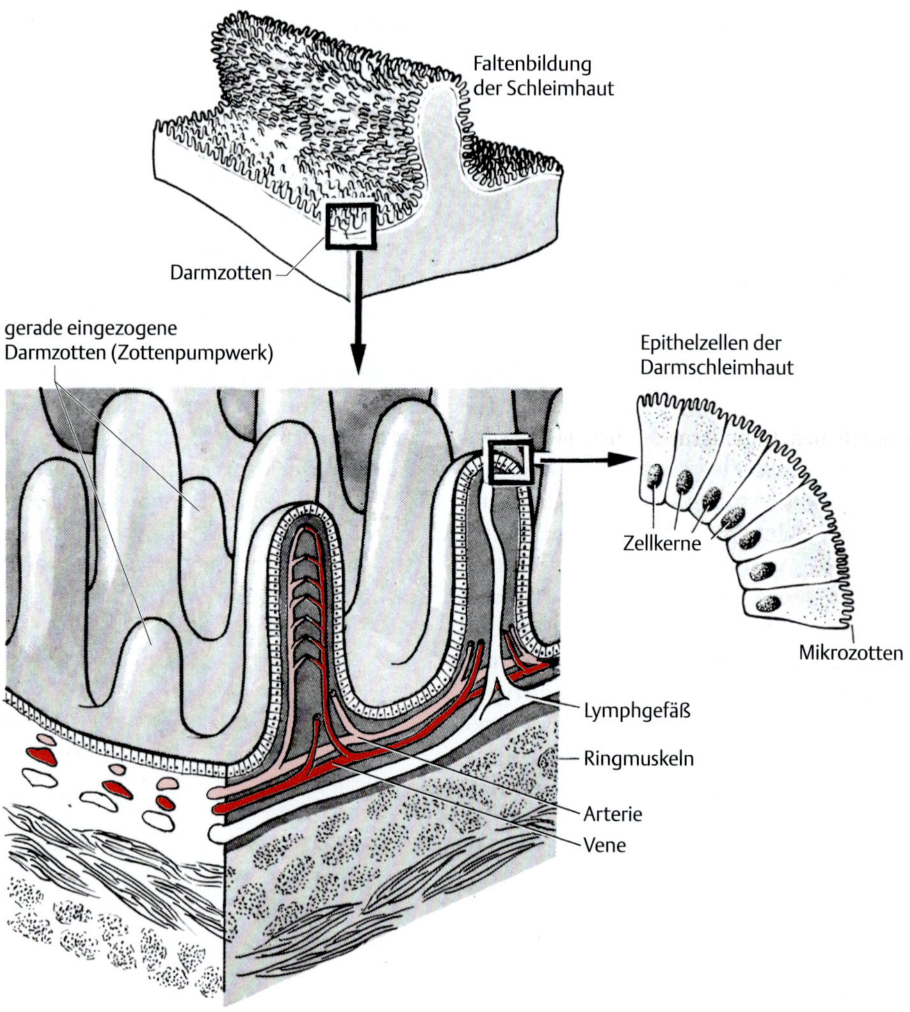

▶ **Abb. 2.27** Dünndarmschleimhaut in Ausschnitten unterschiedlicher Vergrößerung.

Diese vereinigen sich im Milchbrustgang und über ihn gelangt das Fett über die Vordere Hohlvene in den Blutkreislauf, s. a. Kap. Lymphsystem (S. 53). Auf diese Weise wird das Fett zu Organen mit ständigem Energieanspruch (Herz, Niere usw.) oder zum Fett speichernden Gewebe, teilweise auch in die Leber gebracht.

Aminosäuren, **Monosaccharide** und **niedrigmolekulare Fettsäuren** (bis C_{10}) sammeln sich in den Kapillaren der Zottenvenen, die sich schließlich zur Pfortader vereinigen. Dadurch gelangen diese Nährstoffe zusammen mit wasserlöslichen Vitaminen und Mineralstoffen zunächst in die Leber (▸ **Abb. 2.28**).

Auf die Besonderheit bei Jungtieren, bei denen aber auch großmolekulare Proteine (Antikörper) unter bestimmten Voraussetzungen unverändert durch die Darmwand aufgenommen werden können, wird im Kap. Immunologisches Gedächtnis und Immunisierung (S. 100) eingegangen.

2.8.8 Verdauung und Gärung im Dickdarm

Was vom Futter noch nicht in eine absorbierbare Form überführt wurde oder den Zotten entwischte, wird zum **Dickdarm** weitergeschoben. Dieser besteht aus **Blinddarm**, **Grimmdarm** und **Mastdarm**. Während der Futterbrei verhältnismäßig rasch durch den Dünndarm gelangt, geht es im Dickdarm nur langsam weiter. Die Futterteile, die in die sackartige Ausstülpung des Blinddarms geschoben werden, müssen durch den Eingang auch wieder heraus. Der nachfolgende Grimmdarm ist durch taschenartige Ausstülpungen (**Poschen**) stark gegliedert. Er ist der längste Abschnitt des Dickdarms und bei Wiederkäuern und Schweinen spiralig zusammengerollt.

! Merke
Die in diesem Darmabschnitt vorhandenen Bakterien setzen bei den Wiederkäuern erneut Gärungsprozesse in Gang, in schwächerem Umfang auch im Dickdarm der Schweine.

Die hier bei der Vergärung von Zellulose entstehenden Stoffwechselprodukte der Bakterien (flüchtige Fettsäuren) werden vorzugsweise im Grimmdarm absorbiert; ebenfalls die Nährstoffe aus abgestorbenen Mikroben, sofern sie von den aus dem Dünndarm mitgebrachten oder von Bakterien ausgeschiedenen Enzymen noch verdaut werden können. Von der Dickdarmschleimhaut werden jedenfalls keine Enzyme beigesteuert. Deshalb sind die Verdauungsprozesse hier auch nicht so ergiebig wie in den Vormägen der Wiederkäuer und ein beträchtlicher Anteil der abgestorbenen Bakterien samt der in ihnen enthaltenen Nährstoffen und Vitamine wird mit dem **Kot** ausgeschieden und geht somit dem Wirtstier verloren.

Die Schleimhautzellen des Dickdarms verfügen zwar auch über einen Saum von Mikrozotten, aber die großen zapfenförmigen Zotten und das Zottenpumpwerk fehlen. Auch aus diesem Grunde ist die absorbierende Wirkung des Dickdarms geringer als die des Dünndarms.

Wichtig ist der Dickdarm bei allen Tieren für die **Rückgewinnung** von **Wasser** und der darin gelösten Mineralstoffe. Die eingedickten, unverdaulichen Reste des Futterbreies werden durch eine beträchtliche Schleimabsonderung aus den Becherzellen der Dickdarmschleimhaut gleitfähig erhalten und zusammen mit Enzymen, Bakterien sowie Gärungs- und Fäulnisprodukten über den kurzen Mastdarm ausgeschieden. Die Abgabe des Kotes erfolgt als **Willensakt** über den **After**, der mit einem Schließmuskel aus quergestreifter Muskulatur umgeben ist.

! Merke
In den Gärkammern der Wiederkäuer (Vormägen und Dickdarm) schließen Mikroben die Futterzellulose und Futterfette auf, die in Form der kurzkettigen Fettsäuren und Glyzerin für das Wirtstier energetisch nutzbar gemacht werden. Die Bakterien nutzen auch einfache stickstoffhaltige Verbindungen, die für Schweine unverwertbar sind, zum Aufbau eigenen Proteins, das im weiteren Verlauf der Verdauung den Wiederkäuern als veredelte Eiweißquelle zur Verfügung steht. Die Energie für ihre Tätigkeit entnehmen die Bakterien zu einem erheblichen Teil den im Futter enthaltenen leicht verdaulichen Kohlenhydraten (Stärke, Zucker). Allerdings geht durch entweichende Gärungsgase ein nicht unerheblicher Teil der Energie verloren.

▶ **Tab. 2.12** Verdauungsvorgänge bei Wiederkäuer und Schwein im Vergleich.

<table>
<tr><th rowspan="2">Abschnitt im Verdauungstrakt</th><th rowspan="2">spez. Charakteristika</th><th>Wiederkäuer</th><th>Schwein</th></tr>
<tr><th>Aktion/Funktion</th><th>Aktion/Funktion</th></tr>
<tr><td rowspan="2">Maul</td><td>–</td><td colspan="2">Futteraufnahme/Zerkleinern</td></tr>
<tr><td>–</td><td>Wiederkauen</td><td>–</td></tr>
<tr><td rowspan="5">Vormägen (Pansen, Haube, Blättermagen)</td><td rowspan="5">Bakterien/Protozoen, Futtermittelgärung, pH 6 – 7,5</td><td>Kohlenhydrate (Zellulose/Hemizellulose/Stärke) zu flüchtigen Fettsäuren, Absorption</td><td>–</td></tr>
<tr><td>Futterfette zu Glyzerin und Fettsäuren; kurzkettige Fettsäuren (Absorption); langkettige Fettsäuren zum Dünndarm</td><td>–</td></tr>
<tr><td>Aufbau Bakterienprotein aus Futterprotein und NPN-Verbindungen, NH_3 als Nebenprodukt</td><td>–</td></tr>
<tr><td>Aufbau wasserlöslicher Vitamine</td><td>–</td></tr>
<tr><td>Abfallprodukt Methan, CO_2</td><td>–</td></tr>
<tr><td rowspan="3">Drüsenmagen (Labmagen, Wiederkäuer)</td><td>–</td><td>–</td><td>Futterspeicher</td></tr>
<tr><td>Drüsenschleimhaut, Pepsin, HCL → pH ↓ (2 – 4)</td><td>enzymatische Eiweißverdauung (Bakterienprotein, Futterprotein)</td><td>Beginn Eiweißverdauung</td></tr>
<tr><td>drüsenloser Teil, Futterenzyme</td><td>–</td><td>Beginn Stärkeverdauung</td></tr>
<tr><td rowspan="4">Dünndarm</td><td>Enzyme aus Dünndarm, Leber/Galle, Bauchspeicheldrüse; Bikarbonate → pH ↑ (6)</td><td>Fortsetzung Fettverdauung</td><td>Fettverdauung</td></tr>
<tr><td>–</td><td colspan="2">Fortsetzung Eiweißverdauung</td></tr>
<tr><td>–</td><td>restliche Kohlenhydratverdauung</td><td>Kohlenhydratverdauung</td></tr>
<tr><td>–</td><td>weitere Absorption der Nährstoffe</td><td>Absorption von Nährstoffen</td></tr>
<tr><td rowspan="3">Dickdarm</td><td>Bakterien, Futterenzyme</td><td colspan="2">geringe mikrobiologische Abbauvorgänge</td></tr>
<tr><td>-</td><td colspan="2">geringe Absorption von Nährstoffen</td></tr>
<tr><td>-</td><td colspan="2">Rückgewinnung von Wasser und darin gelösten Mineralstoffen</td></tr>
<tr><td>Mastdarm/After</td><td>–</td><td colspan="2">Ausscheidung unverdaulicher Reste mit dem Kot</td></tr>
</table>

Beim Schwein nehmen die Gärungsvorgänge im Dickdarm nur einen bescheidenen Umfang ein, daher können sie rohfaserreiche Futtermittel schlecht verwerten. Hingegen werden Stärke und Zucker von ihnen mithilfe ihres tiereigenen enzymatischen Verdauungsweges besser ausgenutzt als von den Wiederkäuern über den mikrobiellen Abbau.
Eiweiß wird von allen Haustieren in der gleichen Form verdaut, das heißt im Magen bzw. Labmagen beginnend, und im Dünndarm bis zu den Aminosäuren zerlegt. Fette werden dort bis zu Fettsäuren und Monoglyzeriden abgebaut. Diese Endstufen werden hauptsächlich im Dünndarm absorbiert (▶ Tab. 2.12).

2.8.9 Die Leber als chemische Zentrale des Körpers

Die **Leber** ist die größte Drüse des Körpers. Sie besteht aus einer Vielzahl von kleineren Einheiten, den **Leberläppchen**, die durch Bindegewebe voneinander abgegrenzt sind. Innerhalb der Leberläppchen sind die Leberzellen in strahlenförmig von innen nach außen gerichteten Strängen aus mehreren Zellreihen angeordnet, den sogenannten **Leberzellbälkchen** (▶ Abb. 2.28).

Das Blut der **Pfortader**, aus Magen, Darm, Milz kommend, wird in ein stark verzweigtes System von Kapillaren geleitet, welche die Leberzellbälkchen umspinnen und am Ende in die **Zentralvenen** münden, die in der Mitte der säulenförmigen Leberläppchen zu sehen sind. Parallel zum Kapillarsystem der Pfortader verlaufen die feinsten Verzweigungen der **Leberarterien**, über welche die Sauerstoffversorgung der Leberzellen erfolgt; denn die Pfortader stellt ja eine der letzten Stationen im Körperkreislauf dar und enthält nur noch relativ wenig Sauerstoff. In entgegengesetzter Richtung sickert aus feinsten Anfängen die **Galle** in besonderen Kapillaren, die von jeweils 2 Leberzellbälkchen eingeschlossen werden, zur Peripherie der Leberläppchen und sammelt sich in den abführenden **Gallengängen** des Bindegewebes (▶ Abb. 2.28). Die **Galle** wird bei Wiederkäuern und Schweinen vorübergehend in der **Gallenblase** gespeichert, eingedickt und bei Bedarf in den Zwölffingerdarm abgegeben.

Die Leber ist eines der unentbehrlichsten Körperorgane und hat viele Aufgaben.

Synthesefunktion Die Leber übernimmt die Synthese verschiedenster Stoffe und Verbindungen:

- Bildungsstätte der **Galle**, diese enthält die für die Fettverdauung bedeutsamen **Gallensäuren** und darüber hinaus neben Wasser, **Schleim**, Salzen und **Cholesterin** auch **Gallenfarbstoffe**. Die Gallensäuren werden größtenteils, nachdem sie den Transport der Fettspaltungsprodukte durch die Darmwand erleichtert haben, zur erneuten Verwendung über die Pfortader in die Leber gebracht.
- Die über die Pfortader herangeführten Aminosäuren werden zum Teil von der Leber über das Blut in die Muskeln und anderen Bedarfsorte weitergeleitet. Zum größten Teil werden sie aber schon in der Leber zu **körpereigenen Proteinverbindungen** zusammengesetzt.
- Synthese von Bluteiweißen, z. B. **Globulin**, **Fibrinogen** und **Albumine**
- Glukoneogenese aus z. B. Glyzerin, Lactat/Pyruvat und einigen Aminosäuren
- Ketonkörpersynthese

Speicherfunktion Die Leber speichert Blut, Nährstoffe und Vitamine. Die Speicherfunktion der Leber ist besonders augenfällig beim Zucker, der über die Pfortader von den Darmwänden herangeführt wird. Die Leberzellen fügen zahlreiche Glukose-Moleküle zu Stärke-Molekülen zusammen und lagern diese ein. Diese tierische Stärke nennt man **Glykogen**. Bei Bedarf wird das Glykogen der Leber wieder zu Glukose abgebaut und diese dann zu den Muskelzellen und anderen Verbrauchsorten transportiert. Wenn die Glykogenspeicher der Leber voll sind und weiterhin überschüssige Zuckermengen vom Darm ankommen, sorgt die Leber für eine Umwandlung des Zuckers in Fett, das in den **Fettdepots** unter der Haut, zwischen den Eingeweiden und zwischen den Muskeln eingelagert wird. Die Speichermöglichkeiten für Eiweißverbindungen und Aminosäuren in der Leber sind hingegen bescheiden.

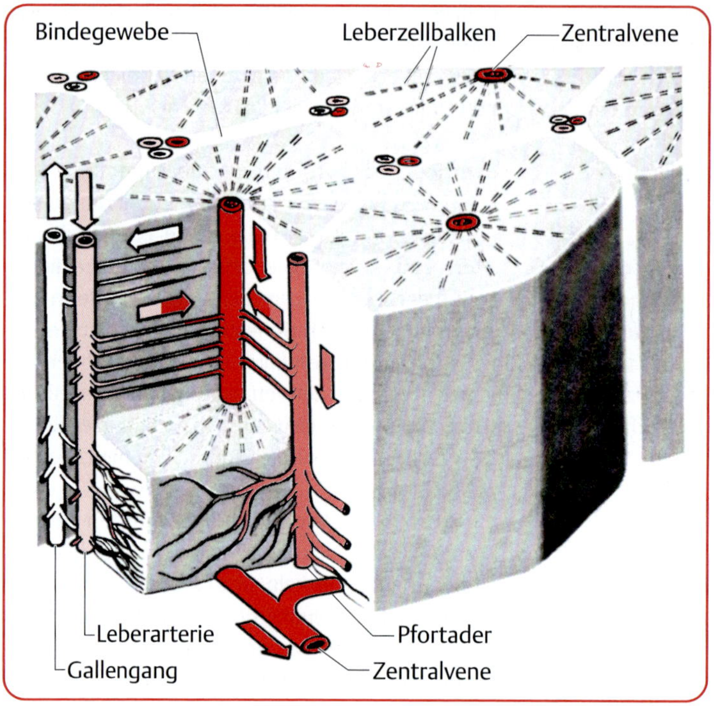

▶ **Abb. 2.28** Leberläppchen (schematisch) – links aufgeschnitten.

Konstanthaltung des Blutzuckerspiegels Durch das Wechselspiel von Speicherung und Mobilisierung bleibt der Gehalt an Zucker im Blut, der sogenannte **Blutzuckerspiegel**, ziemlich gleich, bei den Wiederkäuern beispielsweise bei 0,05 %. Dieses Wechselspiel wird von **Hormonen** gesteuert, deren Wirkung eng aufeinander abgestimmt ist. Sie werden von bestimmten **Hormondrüsen** gebildet und über das Blut zum jeweiligen Zielorgan gebracht. Bei der Einstellung des Blutzuckerspiegels sind vor allem 2 Hormone aus den **Inselzellen der Bauchspeicheldrüse** beteiligt, das **Insulin** und das **Glukagon**, außerdem noch Hormone aus der Schilddrüse, aus der Nebennierenrinde und aus dem Hirnanhang. Das Insulin sorgt für die Speicherung von überschüssigem Zucker als **Glykogen**. Glukagon sorgt für die Umwandlung von Glykogen zu Glukose, wenn der Blutzuckerspiegel zu sinken droht. Die Leber ist auch an der Regulierung anderer Hormone mitbeteiligt. Von zahlreichen Hormonen werden Überschüsse in der Leber abgebaut.

Abbau – Entgiftung Eine weitere Funktion der Leber ist der Abbau/die Entgiftung:

- Abbau verbrauchter roter Blutkörperchen
- Die Gallenfarbstoffe (**Bilirubin** und **Biliverdin**), Abbauprodukte des Hämoglobins aus verbrauchten Erythrozyten, werden mit dem Kot ausgeschieden, der dadurch seine charakteristische Farbe erhält.
- Ammoniak zu Harnstoff

Beim Abbau von Eiweißverbindungen in der Leber entsteht als stickstoffhaltiger Rest **Ammoniak** NH_3. Eine weitere Quelle ist der überschüssige Ammoniak aus der Pansengärung. Kohlendioxid und Ammoniak werden in der Leber zu **Harnstoff** oder **Harnsäure** zusammengebaut und an die Niere zum Ausfiltern weitergeleitet oder teilweise über den Speichel wieder zurückgeführt.

Auch bei der Entgiftung anderer schädlicher Zwischen- und Abbauprodukte des Stoffwechsels sowie von körperfremden Substanzen (z. B. **Arzneimittelrückständen**) wirken Leber und Niere zusammen.

Fazit

Die Leber ist maßgeblich an der Steuerung des Glukose-, Fett- und Proteinstoffwechsels beteiligt und sorgt für einen Ausgleich zwischen Stoffwechselbedarf und Anflutung der verschiedenen Nährstoffe.

2.8.10 Erkrankungen der Verdauungsorgane

Um der Rentabilität willen werden von allen Haustieren hohe Leistungen gefordert, die sie nur vollbringen können, wenn sie gesund sind. Für die Verdauungsorgane bedeutet das ein störungsfreies Ineinandergreifen der biochemischen und biophysikalischen Vorgänge, die in den vorausgegangenen Kapiteln beschrieben wurden.

Auf Störungen im Verdauungssystem lassen folgende Beobachtungen schließen:

- Appetitlosigkeit und „Abgeschlagenheit“
- Abmagerung und struppiges Fell bei guter Fresslust
- Erbrechen bei Schweinen, Geflügel oder Saugkälbern
- ungewöhnlicher Speichelfluss
- Aussetzen des Wiederkauens, Fehlen von Pansenbewegungen, Aufblähen des Bauches bei Wiederkäuern, verringerte Milchleistung ohne offensichtliche Ursache
- Verstopfung oder Durchfall bei allen Tieren

Welche Ursachen diese Erscheinungen ausgelöst haben, muss von Fall zu Fall ergründet werden. **Durchfälle** beispielsweise können die Folge sein von Fütterungsfehlern (übermäßige Aufnahme von Kraftfutter bei z. B. defektem Futterautomat), von Vergiftungen (durch Hahnenfuß, Düngemittel, unsachgemäß verabreichte Medikamente, Rattenbekämpfungsmittel), von tierischen Endoparasiten (Leberegel, Magen- und Darmwürmer usw.). Insbesondere die Jungtiere sind empfänglich für unterschiedlichste, mikrobiell verursachte Durchfälle, s. Kap. Schweinekrankheiten (S. 527).

Im Zweifelsfall muss abgeklärt werden, ob nicht noch andere Krankheitszeichen auftreten (z. B. Fieber, Krämpfe, Zittern), da verschiedene **anzeigepflichtige Tierseuchen** ebenfalls mit Symptomen an den Verdauungsorganen einhergehen (Schweinepest, Milzbrand, Salmonellose der Rinder), s. Kap. Zucht des Rindes (S. 312).

In den letzten Jahren nehmen in der Milchviehhaltung mit steigender Herdenmilchleistung die **Stoffwechselkrankheiten** zu. Gerade zu Beginn der Laktation ist es oft schwierig, die Kühe bedarfsgerecht zu füttern. Die hohe Einstiegsleistung erfordert Energie und Nährstoffe, die durch die Futteraufnahme allein nicht gedeckt werden können, welches der Organismus durch Einschmelzen körpereigener Fettreserven auszugleichen versucht. Diese **negative Energiebilanz** ist nur bis zu

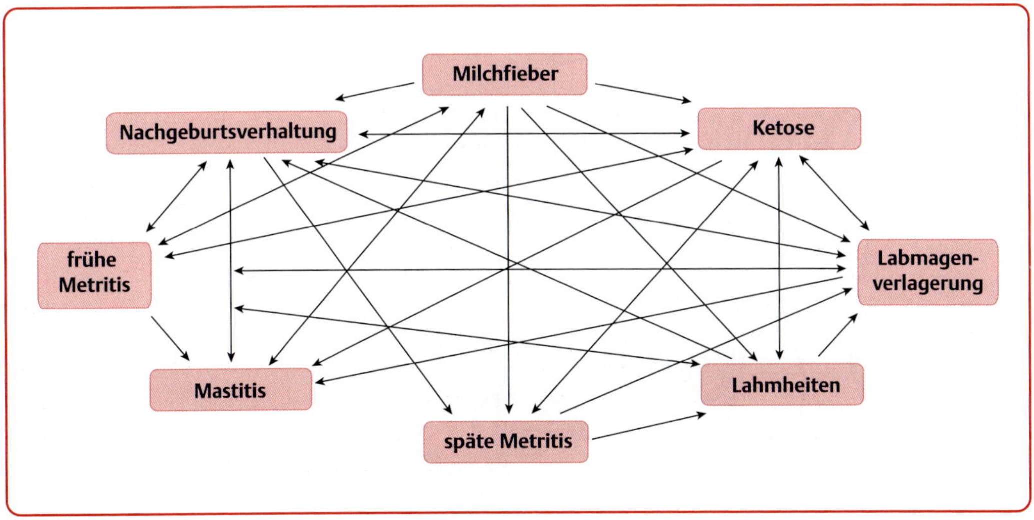

▸ **Abb. 2.29** Wechselwirkungen zwischen verschiedenen Krankheiten beim Rind in der Frühlaktation.

einem gewissen Grad tolerierbar, darüber hinaus reagiert der Stoffwechsel der Tiere mit **Ketose**, häufig gefolgt von **Labmagenverlagerungen**. Besonders schwerwiegend, wenn die Kühe während der Trockenstehphase durch falsche Fütterungsstrategie zu stark verfetten und mit **Fettlebersymptomen** in die neue Laktation gehen. Wird dann versucht, mit stärkehaltiger, rohfaserarmer Ration dagegenzuhalten, droht zusätzlich die Pansenübersäuerung **Azidose**. Häufiger kommt es jedoch noch nicht zu **akuten** Fällen, bei denen die Tiere deutlich krank und in ihrem Allgemeinbefinden gestört sind, sondern „nur" zu **subklinischen Störungen**. Bleiben diese unerkannt und unbehandelt, kann es schon zu deutlichen Milcheinbußen kommen. Darüber hinaus ist dann auch die allgemeine Abwehrkraft der Tiere geschwächt, sodass Infektionserreger leichteres Spiel haben. Dies kann zu gehäuftem Auftreten von Mastitiden, Reproduktionsstörungen und Lahmheiten führen, die wiederum weitere, erhebliche Leistungseinbußen und Behandlungskosten nach sich ziehen können. Es ist wichtig, sich diese Zusammenhänge vor Augen zu halten (▸ **Abb. 2.29**), um den Teufelskreis durch geeignete Fütterungs- und Haltungsbedingungen zu durchbrechen. Weiteres dazu findet sich in späteren Abschnitten des Buches wie im Kap. Milchproduktion (S. 318).

2.9 Die Haut

2.9.1 Aufbau und Aufgaben der Haut

Die Haut baut sich aus 3 Schichten auf: aus **Oberhaut**, **Lederhaut** und **Unterhautbindegewebe** (▸ **Abb. 2.30**) Die Oberhaut ist zweigeteilt. Die oberste Lage, die **Hornhaut**, besteht aus verhornten, abgestorbenen Zellen, die als Schüppchen abgerieben und abgestoßen werden. Diese Zellen werden laufend durch Nachbildung neuer Zellen und durch Zellteilung aus der darunterliegenden **Keimschicht** ersetzt. Diese Schicht wird über zapfenförmige und mit Blutkapillaren gut ausgestattete **Lederhautpapillen** der **Lederhaut** ernährt. Das Kapillarsystem der Lederhaut versorgt auch die aus dieser Schicht sprossenden **Fell-** und **Wollhaare** und die sich hier ebenfalls befindlichen **Schweiß-** und **Talgdrüsen**.

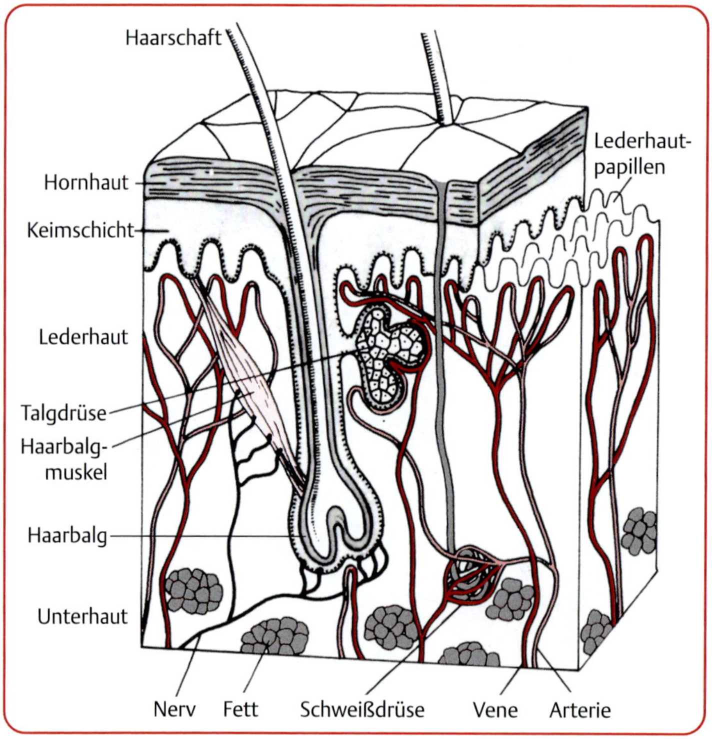

▸ **Abb. 2.30** Aufbau der Haut – rechts Hornhaut und Keimschicht abgetragen.

Die Aufgabe der Oberhaut liegt zum einen in der **Wärmeregulierung**. Durch Erweitern oder Zusammenziehen der Blutkapillaren wird entweder überschüssige Wärme abgeleitet oder die Wärmeableitung, z. B. an kalten Tagen, verringert. Eine andere Form ist das Schwitzen, dabei verdunstet die von den **Schweißdrüsen** abgesonderte Flüssigkeit und entzieht der Haut Wärme. Zum dritten wirkt die zwischen den Haaren eingeschlossene Luft als Isolierschicht.

Weiterhin fungiert die Haut als wasser- und bakterienabweisender **Schutzfilm**, bewerkstelligt durch das Sekret der **Talgdrüsen**, mit dem Haut und Haare eingefettet werden. Außerdem bewahrt der Talg die Haut vor Austrocknung und erhält sie geschmeidig.

Das lockere Bindegewebe der **Unterhaut** dient zur Einlagerung von Fettreserven und ebenfalls als Wärmeregulativ. Die Unterhaut bildet außerdem ein elastisches Polster zum Schutz der tiefer liegenden Muskeln, Sehnen und Knochen vor Stößen und anderen mechanischen Einwirkungen.

Die äußere Haut geht an den Körperöffnungen in die inneren Schleimhäute über. An einigen Stellen des Körpers endigt die Haut in auffallenden Gebilden, an den Gliedmaßen in den Hufen oder Klauen, am Kopf der Wiederkäuer in den Hörnern.

2.9.2 Aufbau der Klauenhaut

Die Besonderheiten der Klauenhaut werden am Beispiel der Rinderklaue stellvertretend für die anderen Tierarten beschrieben.

Grundsätzlich finden sich die oben genannten Hautschichten im Aufbau der Klauenhaut wieder. Bei diesem Organ ist die äußere Hornschicht (Oberhaut, das Klauenhorn oder der Hornschuh) jedoch sehr dick und hart. Sie gliedert sich in Saumhorn, Kronhorn, Wandhorn sowie in die Hornhaut des Ballens, Sohlenhorn und Ballenhorn (▶ **Abb. 2.31**). Die Grenzschicht zwischen Wand und Sohle ist die „Weiße Linie".

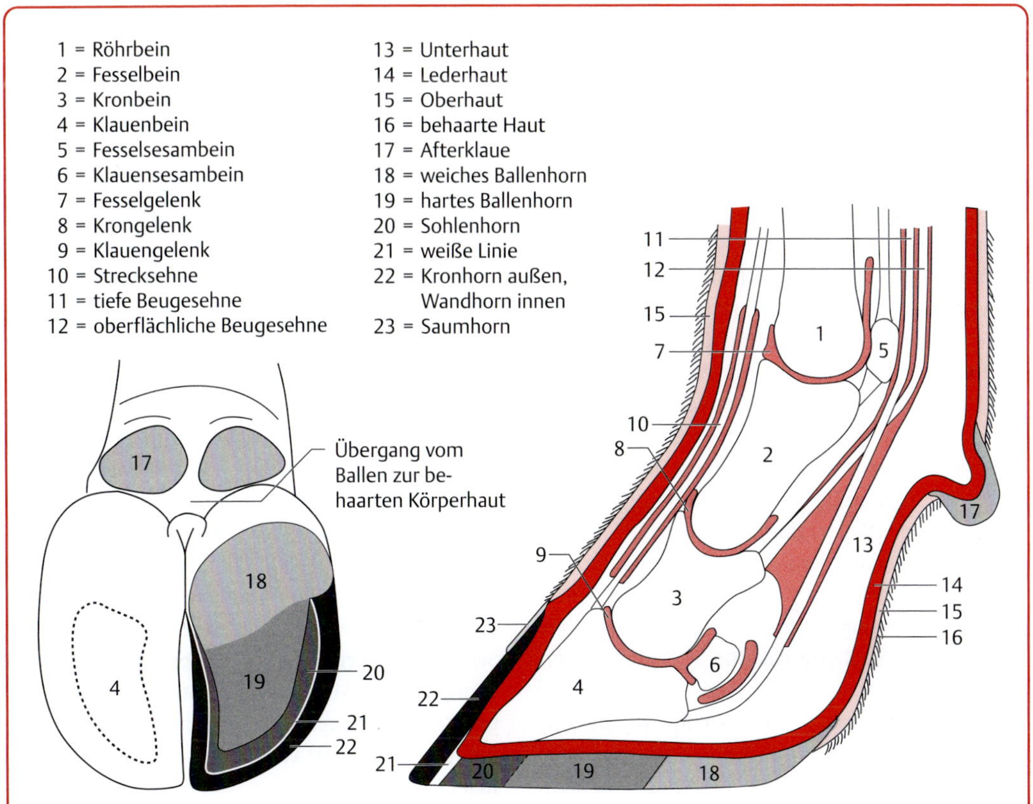

▶ **Abb. 2.31** Rinderklaue; links in der Aufsicht; rechts im Querschnitt.

Die Klauenlederhaut ist mit Zotten oder – im Klauenwandbereich – stark „gefältelten“ Lamellen ausgestattet, durch die sich die Oberfläche exponentiell vergrößert. Sie stellen die innige Verbindung zur hornproduzierenden Schicht her und sind besonders gut durchblutet und mit Nerven versehen, um die Ernährung der Oberhaut zu gewährleisten. Dadurch ist die Lederhaut jedoch auch besonders schmerzempfindlich, worauf auch bei der Klauenpflege (S. 377) Rücksicht zu nehmen ist. Dies gilt im Übrigen auch, wenn Kälber enthornt werden. Bei Störungen in der Lederhaut kommt es schnell zu verminderter Hornproduktion und -qualität.

Die Unterhaut mit seinem Binde- und Fettgewebe bildet die stoßbrechende Polsterung und Verschiebeschicht nach innen zu den Zehenknochen (Klauenbein, Kronbein, Fesselbein).

2.9.3 Beispiele für Erkrankungen der Haut

Bei der Tierbeurteilung wird auf eine elastische, gut verschiebbare, gut durchblutete Haut sowie auf ein (vom Talg) glänzendes, dichtes Haarkleid besonders geachtet. Verschmutzte Hautpartien mit verstopften Drüsenöffnungen und entzündete Haut können ihren Beitrag zur Erhaltung der Produktionsfähigkeit der Tiere nicht leisten. Zumindest Kühe und Schweine im Laufstall sollten durch Bürstmaschinen die Möglichkeit erhalten, ihr **Bedürfnis nach Scheuern**, auch oben auf dem Rücken und am Schwanzansatz, zu befriedigen.

Die **Kälber-** oder **Glatzflechte** (**Trichophytie**) wird durch **Pilze** (Trichophyton-Arten) verursacht. Die Haut reagiert mit entzündlichen Prozessen, gefolgt von starker Schuppen- und Krustenbildung, besonders im Kopf- und Halsbereich junger Kälber und Rinder. Da die Pilzerkrankung auch auf den Menschen übertragbar ist, sollte in Beständen mit starkem Befall trotz möglicher Spontanheilung eine Therapie der Tiere – Antimykotika zur äußerlichen Anwendung und/oder Impfung der Tiere mit einer **Trichophytie-Vakzine** – erwogen werden.

Die durch **Milben** hervorgerufene **Räude** tritt bei allen Haustieren auf, insbesondere aber beim Schwein. Das Saugen und die Bohrgänge der Parasiten sowie die Krusten- und Borkenbildung rufen bei den Tieren einen starken Juckreiz hervorrufen. Die ständige Unruhe führt zu Gewichtsabnahme, Leistungsabfall, in einzelnen Fällen zum Tode. Die Krankheit wird mit zugelassenen Räudemitteln (Insektiziden) bekämpft. Hierbei muss die entsprechende – oft lange – **Wartezeit** für Fleisch bzw. Milch eingehalten werden, um Rückstände auszuschließen.

Andere **Ektoparasiten**, wie Zecken, Fliegen und Bremsen, wirken sich nachteilig auf Wohlbefinden, Futteraufnahme und Leistungen der Tiere aus. Darüber hinaus können sie Krankheitserreger übertragen.

Ein Beispiel ist die seit 2006 auch in Deutschland aufgetretene, **anzeigepflichtige Blauzungenkrankheit** (BT – Bluetongue) der Wiederkäuer. Es handelt sich hierbei um eine viral bedingte, nicht kontagiöse Infektionskrankheit, die insbesondere durch Mücken (**Gnitzen**) übertragen wird; sie ist somit eine sogenannte **Vektorkrankheit**. Es sind bisher 24 Serotypen bekannt, einige davon auch in Europa. Es kommt, insbesondere beim Schaf, zu einer teilweise schwerwiegend verlaufenden Allgemeinerkrankung. Symptome sind u. a. die den Namen gebende Zyanose in Maulbereich und Zunge, Flotzmaulläsionen, Kronsaumschwellungen, Zitzennekrosen, Fruchtbarkeitsstörungen und Aborte. Seit 2012 ist Deutschland anerkannt frei von Blauzungenkrankheit. Allerdings ist die Gefahr nicht gebannt, da es in den letzten Jahren sowohl in Frankreich, Italien, Österreich, Griechenland und einigen Balkanstaaten zu vermehrten Ausbrüchen von BT-Krankheit gekommen ist. Das **Bundesforschungsinstitut für Tiergesundheit Friedrich Loeffler (FLI)** schätzte Ende 2015 das Risiko hoch ein, dass lebende, infizierte Vektoren mit dem Wind oder durch Handel und Verkehr nach Deutschland eingeschleppt werden und somit die Viren verbreiten könnten. Derzeit wird eine vorbeugende Impfung gegen die Blauzungenkrankheit in den angrenzenden Bundesländern empfohlen (Ständige Impfkommission Veterinärmedizin, 2016 [216]). Diese Impfungen gewähren einerseits Schutz vor dem Ausbruch der Krankheit und geimpfte Tiere könnten im Ernstfall aus sogenannten Restriktionsgebieten im Umkreis von 150 km heraustransportiert werden; s. a. Kap. Tiergesundheit (S. 299).

Eine weitere **anzeigepflichtige** Viruserkrankung ist die hochinfektiöse **Maul- und Klauenseuche** (MKS), die alle Klauentiere befallen kann und zu großen wirtschaftlichen Verlusten führt. Zunächst treten Blasen an der Zungen- und Maulschleimhaut sowie an den Klauen auf. Euterentzündungen, Entartung des Herzmuskels und **Fruchtbarkeitsstörungen** können dem akuten Krankheitsgeschehen folgen. Es gibt verschiedene Erregertypen in Mitteleuropa, Asien und Afrika. Die häufigste Übertragungsart ist Kontakt mit erkrankten Tieren, aber auch indirekt über kontaminiertes Futter, Milch, Gegenstände, Fahrzeuge und Personen.

In Deutschland gilt die „Verordnung zum Schutz gegen die Maul- und Klauenseuche", in der u. a. festgelegt ist, dass schon bei MKS-Seuchenverdacht der Personen-, Tier- und Fahrzeugverkehr auf den und vom Hof gestoppt werden muss. Ist in einem Betrieb auch nur ein Tier erkrankt, müssen dort und in u. U. zahlreichen Kontaktbetrieben alle Klauentiere getötet und fachgerecht entsorgt werden, um die Seuche zu stoppen. In der Europäischen Union ist die MKS-Impfung normalerweise verboten; im Seuchenfall ist bei Vorliegen bestimmter Voraussetzungen eine Notimpfung möglich. Die aktuelle Änderung dieser Verordnung vom 18.07.2017 sieht weitere Schutzmaßnahmen vor, wenn ein Ausbruch auf Schlachthöfen, auf dem Transport an Grenzkontrollstellen festgestellt wird. Ein zukünftiges Frühwarnsystem soll die Tierhalter verpflichten, schon bei bestimmten Umständen, wie hohem Fieber oder erheblicher Verminderung der Milchleistung in einem gewissen Zeitfenster, eine Untersuchung zum Ausschluss einer MKS-Infektion zu veranlassen, s. Kap. Tiergesundheit (S. 299).

2.9.4 Beispiele für Erkrankungen der Klaue

Die Funktionsfähigkeit und Gesunderhaltung der Klauen sind das Fundament für die Leistungsfähigkeit unserer Haustiere. Klauenkrankheiten können zu erheblichen Lahmheiten führen, die durch die Bewegungseinschränkung mit verminderter Futter- und Wasseraufnahme und nachlassender Milchleistung einhergehen. In schwerwiegenden Fallen verursachen sie den vorzeitigen Abgang des Tieres und in jedem Fall erhebliche wirtschaftliche Verluste. Wichtige Prophylaxe ist die – insbesondere bei Milchvieh – regelmäßige Klauenpflege (S. 377) und hygienische Stallhaltung. Für die frühzeitige Erkennung in größeren Beständen eignet sich die visuelle Lahmheitsbeurteilung mittels „Locomotion Score", dabei werden Lahmheitsnoten von 1–5 (1: frei, 5: hochgradig lahm) vergeben.

Die Klauenkrankheiten beim Rind lassen sich grob in nichtinfektiöse und infektiöse Erkrankungen einteilen. Das Grundproblem ist zumeist die chronischen **Klauenrehe**, eine nichtbakterielle Entzündung der empfindlichen Lederhaut mit Durchblutungsstörungen, die wiederum die Hornbildung beeinträchtigt und damit letztendlich das Eindringen von Bakterien begünstigt. Daraus können in der Folge verschiedene oberflächliche und tiefe Geschwüre der Sohlenlederhaut entstehen, z. B. **Weiße-Linie-Defekt**, **Sohlenwandgeschwür**, **Doppelte Sohle**.

Die infektiösen Klauenerkrankungen beginnen in aller Regel an den empfindlichen Hautpartien im Zwischenzehen- und Ballenbereich und beeinflussen dann die angrenzende Hornbildungsschicht. Es handelt es sich zumeist um sogenannte Faktorenkrankheiten, verursacht durch das gleichzeitige Einwirken von Bakterien, ungünstige Haltungsbedingungen und tierbedingte Faktoren (Zustand der Klauen, Immunsuppression, andere Mangelsituationen). Typische Vertreter sind die Ballenhornfäule, **Klauenhornfäule** (Dermatitis interdigitalis), das **Zwischenzehenpanaritium** (Phlegmona interdigitalis) und die **Mortellaro'sche Krankheit** (Dermatitis digitalis), Letztere vermutlich weltweit inzwischen die bedeutendste Klauenkrankheit.

2.10 Harn- und Geschlechtsorgane

Die Harn- und Geschlechtsorgane entwickeln sich in enger Nachbarschaft aus dem mittleren Keimblatt, die Endabschnitte ihres jeweiligen Gangsystems auch aus dem äußeren Keimblatt. Während die Harnorgane für exkretorische (harnbeseitigende) Aufgaben zuständig sind, dienen die nach Geschlechtern unterschiedlich aufgebauten Geschlechtsorgane der Fortpflanzung.

2.10.1 Nieren, Harnbildung und Harnausscheidung

Aufgabe der **Nieren** sind die Beseitigung körpereigener harnpflichtiger Stoffe und körperfremder Substanzen aus dem Blut sowie die Regulation des Wasser- und Elektrolythaushaltes des Körpers.

Die beiden Nieren liegen, im Fettgewebe eingebettet, zwischen Zwerchfell und Lendenwirbelsäule in unmittelbarer Nähe der zentralen Blutgefäße des Körpers, der Aorta und der Hinteren Hohlvene. Dadurch wird ein ständiger großer Blutzufluss zu den Nieren gewährleistet. Die von der Aorta abzweigenden **Nierenarterien** dringen an der eingebuchteten Innenseite der Nieren ein. An der gleichen Stelle kommt die **Nierenvene** mit dem von den verschiedenen Stoffwechselendprodukten befreiten Blut heraus, ferner der **Harnleiter**, der die aus dem Blut herausgefilterten Stoffe abführt. Im Inneren der Niere lassen sich drei Bereiche unterscheiden: hinter der Ein- und Ausmündung der erwähnten Kanäle das **Nierenbecken**, ein Hohlraum, in dem sich der Harn aus den einzelnen Nierenabteilungen sammelt, dahinter die graubraune, gestreifte **Markschicht** und außen die braunrote **Rindenschicht** von meistens körniger Struktur (► **Abb. 2.32**).

In der Rindenschicht enden die letzten und feinsten Verzweigungen der Nierenarterien in Blutgefäßknäueln, um die sich kapselartig die Anfänge der Harnknäuel herumstülpen. Die Kapseln nennt man **Nierenkörperchen** (**Nephron**), von denen das Schwein z. B. etwa zwei Millionen besitzt.

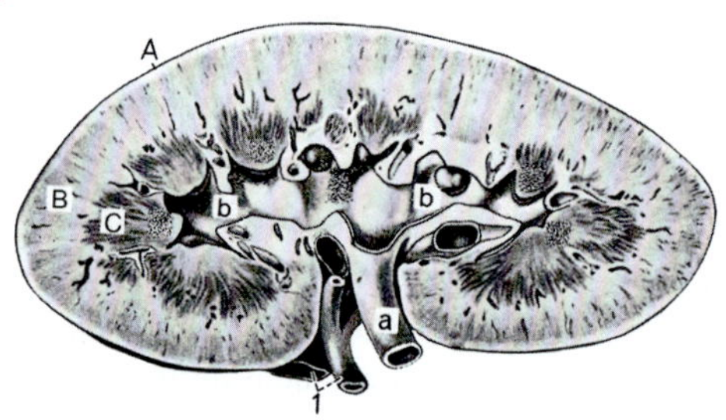

► **Abb. 2.32** Flächenschnitt durch die Nierenmitte beim Schwein (nach Nickel et al. 2004 [179]). A = Bindegewebskapsel; B = Rindenschicht; C = Markschicht; a = Harnleiter; b = Nierenbecken; 1 = Nierenarterie und Nierenvene.

In ihnen wird das Blut zu **Primärharn** gefiltert. Diese Flüssigkeit entspricht dem Blutplasma ohne Eiweißverbindungen und Zellen (die Serumproteine und auch die Blutkörperchen sind zu groß für die winzigen Poren der Blutgefäßknäuel).

Die abführenden Harn- oder **Nierenkanälchen** haben zahlreiche Windungen und anschließend eine lange Haarnadelkurve, die sogenannte **Henle-Schleife**, die ins Nierenmark hinein- und wieder herausführt (► **Abb. 2.33**). Um die Nierenkanälchen schlängeln sich die aus den Nierenkörperchen heraustretenden Blutkapillaren herum und entziehen dem in den Kanälchen vorbeisickernden Primärharn wieder den größten Teil des Wassers, außerdem Zucker, Aminosäuren und andere brauchbare Stoffe. So kommt es, dass nur 1 – 2 % des Primärharns (bei reichlicher Wasserzufuhr bis 5 %) schließlich die Niere als endgültigen **Harn** verlassen. Für diese Rückgewinnung wird viel Energie gebraucht (während die Nieren nur etwa 1/200 des Körpergewichts einnehmen, verbrauchen sie doch 1/12 der gesamten Energie).

Im endgültigen Harn der Säugetiere sind als wichtigste **Stoffwechselprodukte Harnstoff** $(NH_2)_2CO$, **Hippursäure** und **Allantoin** enthalten, bei den Vögeln die **Harnsäure**. Außerdem geben die Nieren über den Harn wechselnde Mengen von Mineralstoffen ab. Dadurch tragen sie dazu bei, dass sich im Blut das Gleichgewicht zwischen Säuren und Basen nicht verschiebt und ständig ein pH-Wert von 7,4 aufrechterhalten wird. Da die Nieren auch körperfremde Substanzen aus dem Blut filtern, werden Schlachtproben dieses Organs zum Nachweis von z. B. Arzneimittelrückständen verwendet.

Nach dem Rückgewinnungsabschnitt vereinigen sich die Nierenkanälchen zu Sammelröhren und münden in das Nierenbecken. Von hier gelangt der Harn über den zu jeder Niere gehörenden **Harnleiter** in die gemeinsame **Harnblase**.

Hier wird der Harn gesammelt und von Zeit zu Zeit über die Harnröhre, die mit den Geschlechtsorganen verbunden ist, ausgeschieden. Dies geschieht willentlich. Bei den Vögeln wird der Harn in den Mastdarm entleert und mit dem Kot gemeinsam durch die Kloake hinausbefördert.

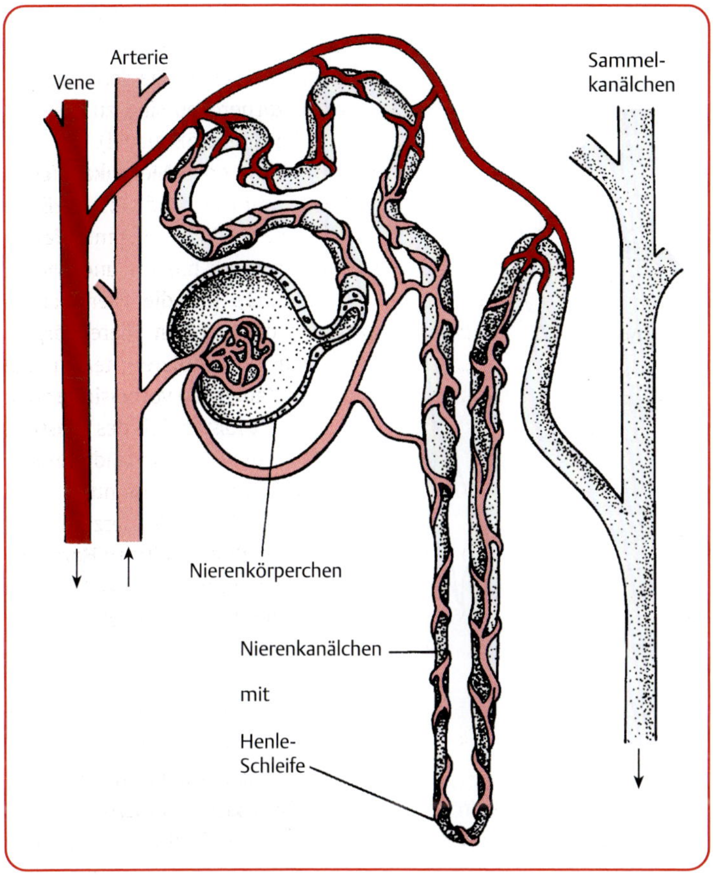

► **Abb. 2.33** Schema einer Ausscheidungseinheit.

2.10.2 Männliche Geschlechtsorgane

Zu den **männlichen Geschlechtsorganen** (► Abb. 2.34) gehören die beiden **Keimdrüsen** (**Hoden**, **Testes**) mit den ableitenden Samenwegen und Anhangsdrüsen sowie das **Paarungsorgan** (**Glied**, **Rute** oder **Penis**). Die Hoden wandern mit ihren Versorgungsleitungen bei männlichen Kälbern noch vor der Geburt, bei Ferkeln oft erst nach der Geburt in eine Ausstülpung der Bauchwand, in den **Hodensack**. Bei den Binnenebern ist ein Hoden unterwegs (manchmal auch beide) stecken geblieben. Derartige Tiere dürfen nicht für Zuchtzwecke aufgezogen werden, da es sich bei diesem Mangel vermutlich um einen erblichen Defekt handelt.

Das Innere der **Hoden** ist in zahlreiche Läppchen aufgeteilt, in denen die **Hodenkanälchen** liegen (► **Abb. 2.34**) Mit beginnender Geschlechtsreife – und ab dann kontinuierlich – verwandeln sich hier die **Ursamenzellen** in mehreren Schritten in die charakteristischen **Samenzellen** (**Spermien**), die aus Kopf, Mittelstück und Schwanz bestehen (► **Abb. 2.2**). Diese gelangen dann in einen (je nach Tierart) 20 – 90 m langen gewundenen Kanal, in den **Nebenhoden** (**Epididymis**). Hier erwerben die Spermien die **Befruchtungsfähigkeit** und werden bis zum Deckakt gespeichert. Während der Paarung werden die Samenzellen durch die Aktivität der glatten Muskelfasern in der Wand des Nebenhodens und des nachfolgenden Samenleiters bis in die Harnröhre und in den anschließenden Penis befördert. Auf diesem Wege wird ihnen das Sekret der **Prostata** und der anderen **Anhangsdrüsen** (**Ampullendrüsen**, **Samenblase** und **Bulbourethraldrüse**) beigemischt. Dieses Sekret besteht aus Wasser, Schleim, Eiweißverbindungen, Fetten, Zucker und Mineralstoffen und verbessert die Be-

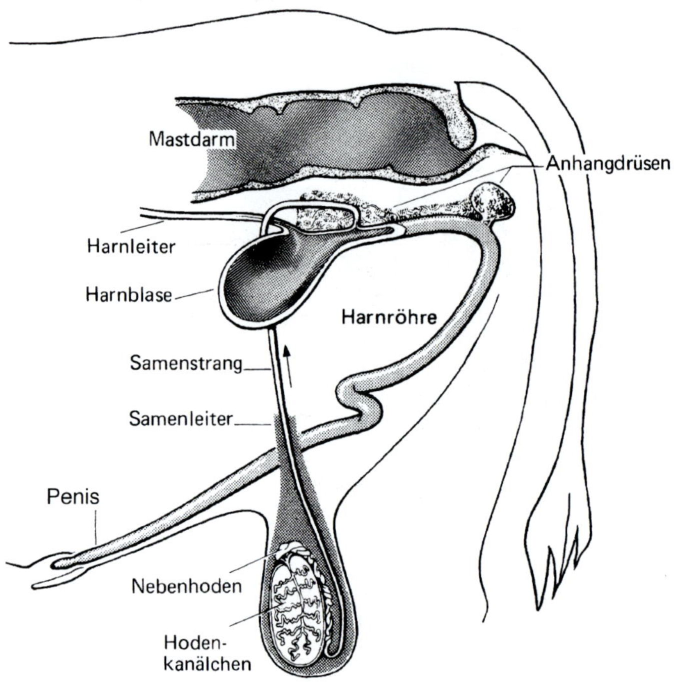

▶ **Abb. 2.34** Schema der männlichen Geschlechtsorgane beim Rind.

weglichkeit der Spermien. Diese Mischung aus Drüsensekret und Samenzellen bezeichnet man als **Ejakulat**. Bei Bullen und Schafböcken, bei denen der Begattungsvorgang weniger als eine Minute dauert, wird wenig Sekret beigemischt und ein Ejakulat liefert nur wenige ml Samen (Bulle: 2 – 8 ml, Schafbock 0,7 – 2 ml). Die Eber mit ihrem länger andauernden Begattungsakt liefern ein wasserreiches Ejakulat (150 – 400 ml, je nach Alter der Tiere und Häufigkeit des Deckaktes). Bei allen Haustierarten werden jeweils mehrere Milliarden Spermien bei der Paarung ausgeschieden.

Die **Harnröhre**, der gemeinsame Ausführungsgang für Urin und Samen, wird von den **Schwellkörpern** umgeben. Das sind Kammern, in denen bei geschlechtlicher Erregung Blut gestaut wird. Dadurch streckt sich der Penis, der bei Bullen, Böcken und Ebern in der Ruhestellung S-förmig gekrümmt ist, und kann dann den Samen in die Scheide oder Gebärmuter der weiblichen Tiere befördern.

2.10.3 Weibliche Geschlechtsorgane

In der Nähe der Nieren liegen die weiblichen Keimdrüsen, die beiden **Eierstöcke** (**Ovarien**). Ihnen schmiegen sich die Öffnungstrichter der zugehörigen **Eileiter** an, die zur **Gebärmutter** (Uterus) führen. Diese Organe werden zusammengehalten durch das breite Mutterband, das von der Wirbelsäule herunterreicht. Die Gebärmutter ist über die **Scheide** (Vagina) mit der Außenwelt verbunden. Man unterscheidet bei der Gebärmutter zwei **Gebärmutterhörner**, den paarig angelegten Eileitern entsprechend, und den **Gebärmutterkörper**. Dieser verengt sich dann zu einem von kräftigen Muskeln umgebenen Kanal, dem **Gebärmutterhals** (Zervix), der durch den **Gebärmuttermund** abgeschlossen wird. Dieser öffnet sich nur während der Paarung und zur Geburt. Hinter dem Gebärmuttermund beginnt die **Scheide** (bis zur Einmündung der Harnröhre). Dann folgt der Scheidenvorhof und außen die **Scham** (Vulva; ▶ **Abb. 2.35**).

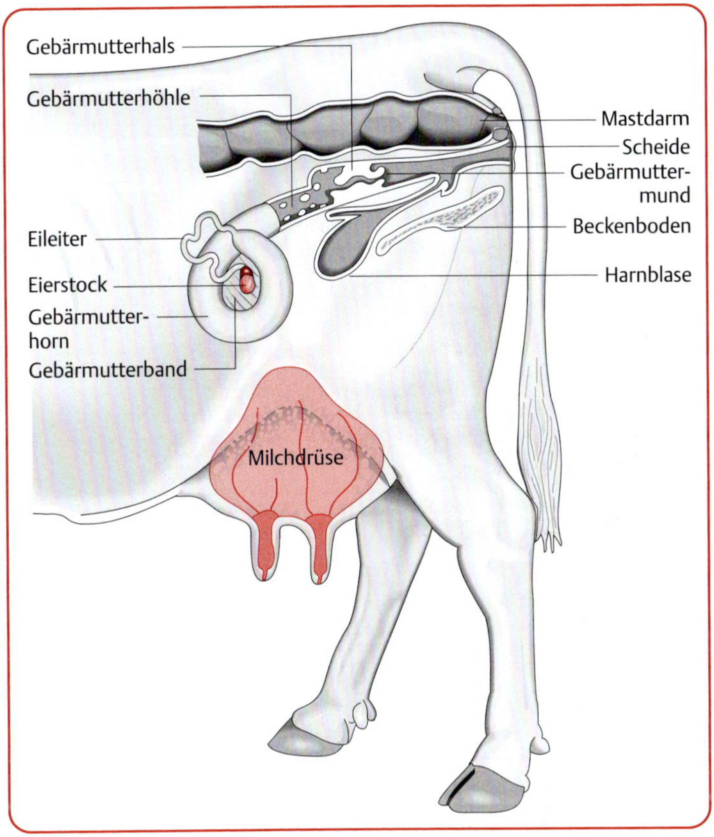

▶ **Abb. 2.35** Schema der weiblichen Geschlechtsorgane und des Euters beim Rind

Follikelreifung, Ovulation und Befruchtung Von den ca. 150 000 schon im weiblichen Fötus angelegten **Ureizellen** eines Eierstocks gelangen nur wenige zur vollen Reife. Für diesen Zweck bilden sich mit jedem Zyklus im Inneren des Eierstocks Hohlräume aus, die mit einer gelblichen Flüssigkeit gefüllt sind. Das sind die **Follikel**. An ihrer Innenseite entwickelt sich jeweils eine **Ureizelle** zu einem **reifen Ei**. Während dieser Phase beult der von innen drückende Follikel die Oberfläche des Eierstockes auf. Sobald sich in seinem Inneren das Ei von seiner Basis gelöst hat, platzt die Follikelwand und das Ei wird in den Trichter des **Eileiters** gespült. Diesen Vorgang nennt man **Follikelsprung** (**Ovulation**; ▶ **Abb. 2.37a**, ▶ **Abb. 2.37b**).

Wird dieses Ei nicht befruchtet, entwickeln sich nach einer Ruhepause andere Follikel weiter und nach 3 – 4 Wochen – je nach Tierart – platzt der nächste. Beim Rind bilden sich während eines Zyklus 2 – 3 sogenannte **Follikelwellen** (▶ **Abb. 2.37b**), aus denen aber nur ein dominanter Follikel das Rennen bis zur Ovulation macht. Bei Sauen und anderen mehrgebärenden Tieren verlassen während der Ovulation gleichzeitig mehrere reife Eier die Eierstöcke. In der leer gewordenen Follikelhöhle entwickelt sich nach der Ovulation eine hormonproduzierende Drüse, der sogenannte **Gelbkörper** (Corpus luteum), der beim Rind Walnussgröße erreicht. Bei mehrgebärenden Tierarten sind es jeweils mehrere Gelbkörper. Diese Gelbkörper sorgen unter anderem dafür, dass während der Trächtigkeit keine weiteren Follikel reif werden. Wird die Eizelle nicht befruchtet, bilden sich die Gelbkörper innerhalb von 2 Wochen zurück und gleichzeitig wird die Follikelreifung für die nächste Ovulation vorangetrieben. Eine Übersicht über die beteiligten Follikel und Gelbkörper im Eierstock gibt ▶ **Abb. 2.38**.

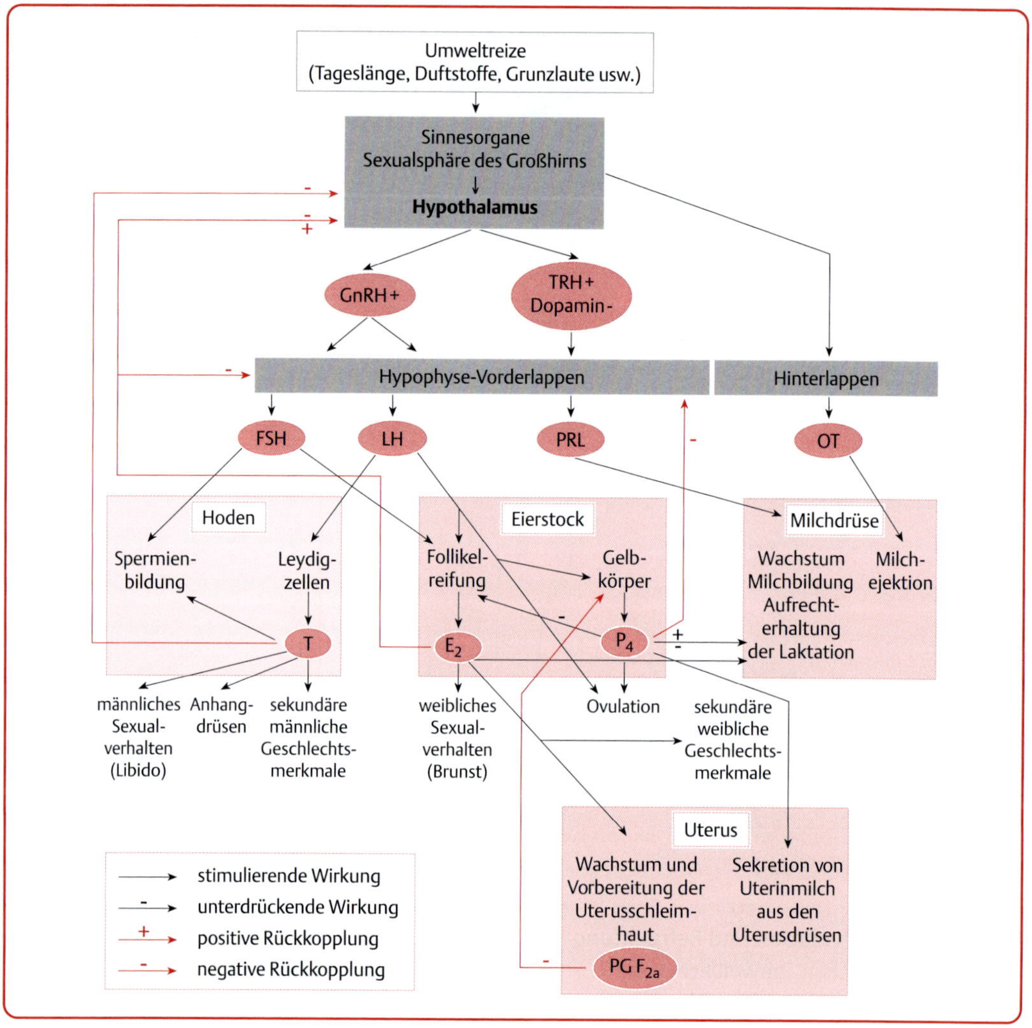

▸ **Abb. 2.36** Hormonelles Steuerungssystem der Geschlechtstätigkeit. Nähere Erläuterungen dazu unter Einbeziehung weiterer Hormone anderer Hormondrüsen im Text in den Kap. Steuerung der Geschlechtstätigkeit durch Hormone (S. 78), Entwicklung und Funktion der Milchdrüse (S. 84), Milchbildung und Aufrechterhaltung der Laktation (S. 86) und Milchejektion und Milchentleerung (S. 87). GnRH = Gonadotropin-releasing hormone; TRH = Thyrotropin-releasing hormone, wirkt stimulierend auf PRL; Dopamin, wirkt unterdrückend (inhibierend) auf PRL; FSH = follikelstimulierendes Hormon; LH = luteinisierendes Hormon; PRL = Prolaktin; OT = Oxytocin, im Hypothalamus gebildet, im Hypophysenhinterlappen gespeichert; T = Testosteron; E_2 = Östradiol; P_4 = Progesteron; PGF2α = Prostaglandin F2α.

Das in den Eileiter gelangte Ei wird dort durch Zusammenziehen (Kontraktionen) der Eileitermuskulatur langsam weiterbefördert. Wenn es hier nicht innerhalb von 10 – 20 Stunden befruchtet wird, geht es zugrunde. Die Spermien müssen also rechtzeitig durch die Gebärmutter bis in den Eileiter kommen, da auch sie nur 12–24 Stunden fruchtbar sind. Dieser Vorgang wird vorwiegend durch Kontraktionen der Gebärmuttermuskulatur während der Paarung bewirkt. Sobald ein Spermium in die Eizelle eingedrungen ist, handelt es sich um ein **befruchtetes Ei**. Die Vorgänge, die während und nach der Ovulation im Zellinneren stattfinden (meiotische Teilung der Chromosomen),

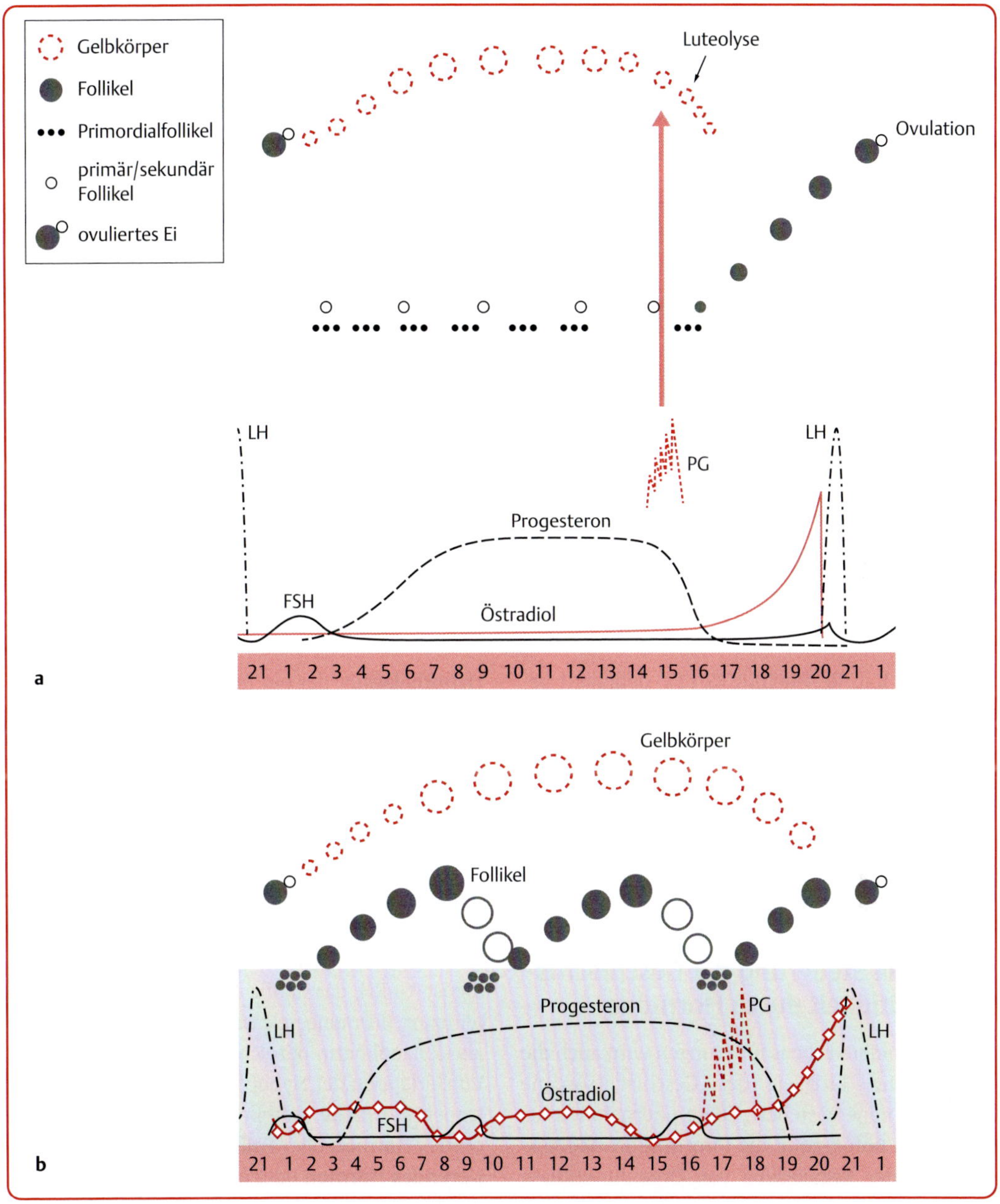

▶ **Abb. 2.37** Schematische Übersicht über den Eierstockzyklus – ohne Befruchtung. FSH = follikelstimulierendes Hormon; LH = luteinisierendes Hormon; PG = Prostaglandin.

a Zyklus beim Schwein.

b Zyklus beim Rind.

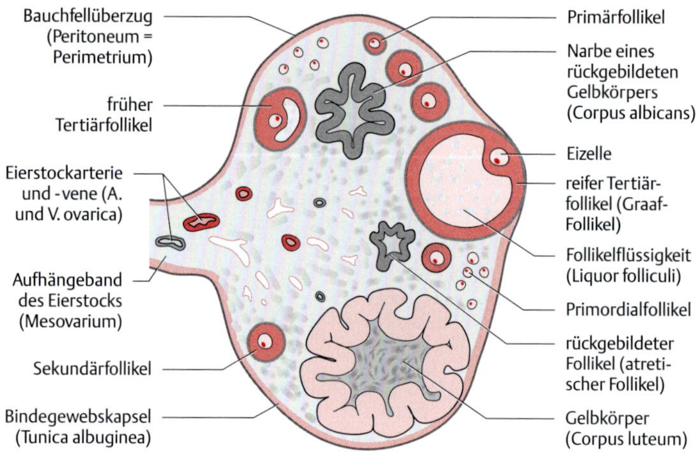

▸ **Abb. 2.38** Eierstock des Rindes – schematische Darstellung von Follikeln und Gelbkörper. (Quelle: Schünke M, Faller A, Der Körper des Menschen, 17. Auflage, Stuttgart: Thieme: 2016)

werden im Kap. Reifeteilung (S. 112) detailliert beschrieben.

Das im Eileiter befruchtete Ei erreicht, unter mehrfachen Zellteilungen, seinen künftigen Einbettungsplatz in einem der Uterushörner, bei der Kuh nach 3 – 5 Tagen. Bei der Sau sind natürlich mehrere Eier beteiligt, die sich meistens in beiden Uterushörnern einrichten.

2.10.4 Die Steuerung der Geschlechtstätigkeit durch Hormone

Wie viele andere Lebensäußerungen wird auch die Reifung und Tätigkeit der Geschlechtsorgane durch Hormone gesteuert. Diese übernehmen als **chemische Botenstoffe** die **Informationsübertragung** bei der Regulierung von Organfunktionen und Stoffwechselvorgängen. Sie werden in bestimmten **Hormondrüsen** (**endokrinen Drüsen**) gebildet und bei Bedarf ins Blut sezerniert, um so ihr **Zielorgan**, entweder eine andere Hormondrüse oder ein nicht endokrines Gewebe, z. B. Leber, Muskulatur, zu erreichen. Die Hormondrüsen ihrerseits werden von einem übergeordneten Zentrum gesteuert, von der **Hypophyse**, die eng mit einer benachbarten Verbindungsstelle zum zentralen Nervensystem zusammenarbeitet, mit dem **Hypothalamus**, der ein Teil des Zwischenhirns ist. Dieser empfängt auf Nervenbahnen Informationen von den Verarbeitungsbezirken des Gehirns für Sinnesreize. Beispielsweise wird die Paarungsbereitschaft bei Mutterschafen durch die abnehmende Tageslänge im Spätsommer angeregt.

Im Hypothalamus werden sogenannte Releaser (Freisetzungshormone) gebildet, von denen das **GnRH** (Gonadotropin-releasing hormone) für das Sexualgeschehen in beiden Geschlechtern zuständig ist. GnRH, das häufig auch noch als **LHRH** (Luteinizing hormone-releasing hormone) oder aber als Gonadoliberin bezeichnet wird, veranlasst den **Vorderlappen** der **Hypophyse**, die beiden gonadotropen Hormone, nämlich **FSH** (**follikelstimulierendes Hormon** oder **Follitropin**) und **LH** (**luteinisierendes Hormon** oder **Lutropin**) zu produzieren und ins Blut abzugeben (▸ **Abb. 2.36**, ▸ **Abb. 2.37**).

Das geregelte Ineinandergreifen der Aktionen der verschiedenen Hormone ist ein sehr komplexer Vorgang, bei dem es zu **negativem** und **positivem Feedback** im Rahmen eines **Regelkreises** kommt (▸ **Abb. 2.36**), wie am Beispiel des Brunstzyklus noch genauer erläutert wird.

Fazit

FSH und LH leiten die Fortpflanzungsperiode ein. Sie geben in den männlichen und weiblichen Keimdrüsen (**Gonaden**) den Anstoß zur Vergrößerung dieser Organe und zur Ausbildung von reifen Keimzellen. Außerdem regen sie in bestimmten Bezirken der Keimdrüsen die Bildung der eigentlichen **Geschlechtshormone** an, die dann die weitere Entwicklung in den Geschlechtsorganen steuern.

Funktion im männlichen Tier Die Hoden produzieren hauptsächlich große Mengen **männlicher Sexualhormone** (**Androgene**), jedoch auch kleine Mengen **weiblicher Geschlechtshormone** (**Östrogene**). Umgekehrt bilden die Eierstöcke außer Östrogenen auch kleine Mengen von Androgenen.

Androgene, von denen das wichtigste das **Testosteron** ist, und Östrogene, von denen das **Östradiol** die Hauptrolle spielt, sind chemisch nahe miteinander verwandt. Sie gehören wie das **Progesteron** zur Gruppe der Steroide und werden im Körper aus der Vorstufe **Cholesterin** gebildet. Wenn wegen krankhafter Störungen des Hormonsystems weder Testosteron noch Östradiol überwiegen, bedeutet das für das betreffende Individuum meistens **Zwitterbildung** und Unfruchtbarkeit.

Merke

Von den Aktivitäten des Testosterons sind zu nennen:

- **vor der Geschlechtsreife Wachstum und mit zunehmender Geschlechtsreife endgültige Ausprägung primärer Geschlechtsmerkmale (Penis und Anhangdrüsen)**
- **Entwicklung der sekundären Geschlechtsmerkmale (z. B. Stiernacken und kurze, dicke Hörner der Bullen im Gegensatz zu den schlanken, geschwungenen Hörnern der Kühe)**
- **Einwirkung auf den Stoffwechsel (z. B. verstärkter Eiweißansatz bei Bullen und Ebern im Vergleich zu den entsprechenden Kastraten)**
- **neben FSH Mitwirkung bei der Spermienreifung**
- **Aufrechterhaltung des Geschlechtstriebes (Libido)**

Nach der operativen Entfernung der Hoden (**Kastration**) ändern sich durch die hormonellen Veränderungen das Verhalten und Wachstum der Tiere. Bei der in Deutschland üblichen Mast kastrierter Eberferkel lässt sich dadurch auch der durch **Androstenon** verursachte typische **Ebergeruch** im Fleisch vermeiden. Dieser entsteht während der Pubertät intakter männlicher Schweine. Wird bei der Ebermast hingegen der richtige Schlachtzeitpunkt verpasst, ist das Fleisch genussuntauglich und lässt sich nicht vermarkten (S. 554). Mehr zur aktuellen Diskussion über Kastrationsmethoden und Impfung gegen Ebergeruch im Kap. Ferkelbehandlung (S. 524).

Der auffallendste Unterschied der Geschlechtstätigkeit zeigt sich im **Sexualverhalten**: Männliche Tiere sind in der Regel nach der **Reifezeit** (**Pubertät**) ständig paarungsbereit, von leichten umweltbedingten Schwankungen abgesehen (Jahreszeit, Fütterung, Beanspruchung). Weibliche Tiere unterliegen **einem zyklischen Geschehen** mit regelmäßigen Brunstpausen zwischen den Ovulationszeitpunkten.

Brunstzyklus des weiblichen Tieres Der Beginn eines neuen Brunstzyklus nach der vorhergehenden Ovulation ist gekennzeichnet durch niedrige Östradiol- sowie Gonadotropinkonzentrationen (▶ **Abb. 2.37a**, ▶ **Abb. 2.37b**). In der nun leeren Follikelhülle entwickelt sich der Gelbkörper und produziert über 14 Tage hohe Konzentrationen von Progesteron. Dieses Hormon bewirkt eine negative Rückkopplung im Hypothalamus, es wird weniger GnRH ausgeschüttet und damit auch weniger FSH, welches zur Entwicklung neuer Follikel vom **Primär**- zum reifen **Tertiärfollikel** notwendig ist.

Kam es zu keiner erfolgreichen Befruchtung, sendet die Gebärmutter etwa vom 15.–18. Zyklustag ein hormonelles Signal. Prostaglandin PGF2α, vermutlich auch Oxytocin, aus den Uterusepithelzellen wird freigesetzt und leitet damit die Rückbildung des zyklischen Gelbkörpers ein (**Luteolyse**).

Damit entfällt die hemmende Wirkung von Progesteron. Unter FSH-Einwirkung wird aus dem Pool der vorhandenen Primärfollikel derjenige selektiert, der am schnellsten auf das nun zirkulierende LH anspricht. Der Follikel wächst, bildet und sezerniert zunehmend Östrogen, wodurch mittels positivem Feedback über die Achse Hypothalamus/Hypophyse eine zunehmende LH-Freisetzung induziert wird. Diese führt zum **LH-Peak** und damit zur **Ovulation** des nun reifen Tertiärfollikels (Graaf'scher Follikel).

Im Falle der Befruchtung verhindert Progesteron aus dem Gelbkörper weitere Ovulationen (▸ Abb. 2.36) und unterbindet die Kontraktionen der Gebärmuttermuskulatur, damit die Frucht nicht vorzeitig abgestoßen wird. Bei vielen Tierarten – jedoch nicht beim Schwein – übernimmt später die Plazenta die Produktion von Progesteron. Wie oben beschrieben, verhindert die steigende Konzentration von Progesteron die weitere Sekretion von Gonadotropinen aus der Hypophyse, sodass es zu keiner neuen Follikelreifung und Ovulation kommt.

Bei den Wiederkäuern ist bekannt, dass während der Gelbkörperphase des Zyklus das Ovar nicht wirklich „ruht“, sondern sich schon Follikel in sogenannten Follikelwellen heranbilden (▸ Abb. 2.37b). Diese können sich unter dem Einfluss von Progesteron jedoch nicht zum reifen Tertiärfollikel weiterentwickeln und gehen wieder zugrunde (**Atresie**; ▸ Abb. 2.37b, ▸ Abb. 2.38) [80].

Im Gegensatz zum Rind befinden sich Sauen während der Säugeperiode im sogenannten **Laktationsanöstrus** und kommen nicht in Brunst. Ursache dafür ist, dass die Gonadotropine LH und FSH nicht oder nur vermindert sezerniert werden.

Das Saugen der Ferkel stellt den Hauptgrund für die folgende Kettenreaktion dar. Die durch das Saugen ausgelösten Sinnesreize (visuelle, akustische, den Tast- und Geruchssinn betreffende) im Muttertier veranlassen die Freisetzung von Oxytocin, Cortisol und β-Endorphinen. Oxytocin führt zur vermehrten Prolaktinbildung, diese wiederum hemmt die GnRH-Freisetzung und damit FSH, welches zur Follikelbildung notwendig ist.

Sobald die Ferkel abgesetzt werden und der Saugreiz entfällt, steigt die LH-Sekretion an und eine größere Anzahl (15–30 [214]) dominanter Follikel entwickelt sich gleichzeitig zur Ovulationsgröße. Innerhalb von 3–7 Tagen kommt es zu Rausche und Ovulation.

Ob es beim Schwein Follikelwellen wie oben beschrieben gibt, ist noch nicht eindeutig geklärt. Während der Lutealphase wurden kleine Follikel beschrieben, die jedoch nie Ovulationsgröße erreichen (▸ Abb. 2.37). Allerdings lassen Studien (Lucy et al. 2001 [155], Soede et al. 2011 [214]) vermuten, dass es ab der 3. Laktationswoche zumindest in einem Teil der Sauen zu einer ähnlichen Follikeldynamik kommt. Zu dieser Zeit nehmen die Säugefrequenz und Milchproduktion allmählich ab, sodass sich der oben beschriebene inhibitorische Effekt verringert und eine partielle Follikelreifung zulässt.

Nach Befruchtung, Eileiterpassage, Einnistung in die Gebärmutter (Tag 14–17 der Trächtigkeit) gehen bis zum Tag 50 allerdings noch 40 % dieser Embryonen zugrunde, was einer Wurfgröße von ca. 10–14 Ferkeln entspricht.

Fazit

Der **Brunstzyklus** kommt durch das zeitlich aufeinander abgestimmte Zusammenwirken der beiden Hypophysenhormone LH und FSH sowie des **Östradiols** aus dem Follikel und des Progesterons aus dem Gelbkörper zustande.

Merke

Östradiol sorgt ferner

- **für die Entwicklung der sekundären Geschlechtsmerkmale, vor allem zusammen mit Progesteron und mit dem noch zu besprechenden Prolaktin, für Wachstum und Vorbereitung der Milchdrüse,**
- **für eine Vermehrung der Fettdepots im allgemeinen Stoffwechsel,**
- **für die Vorbereitung der Gebärmutter auf die Ernährung und Einbettung des befruchteten Eies (gemeinsam mit Progesteron). Erfolgt keine Befruchtung, bildet sich im Rahmen des Zyklusgeschehens die Uterusschleimhaut wieder zurück.**

Neben den hier vorgestellten wichtigsten Hormonen sind noch eine Reihe weiterer Hormone und Faktoren an der Regulation der Geschlechtstätigkeit beteiligt; die genauen Zusammenhänge müssen teilweise noch erforscht werden. Als Beispiel seien hier aufgezählt: die **Peptidhormone Inhibin** und **Aktivin** aus den Gonaden, welche die Sekretion von FSH beeinflussen, die **Neuropeptide** (z. B. **endogene Opioide**, **Galanin**, **Substanz P**) und die **Neurotransmitter** (z. B. Dopamin) aus dem **Zentralen Nervensystem**.

Prostaglandine wurden zuerst in der Prostata männlicher Tiere entdeckt; sie kommen aber auch in vielen anderen Geweben vor und entfalten ihre Wirkung im engeren Umkreis ihres Bildungsortes. Sie zählen zu den sogenannten **Gewebshormonen**, die lokal entweder auf die Bildungszelle selbst („autokrin") oder auf benachbarte Zellen („parakrin") wirken. Das schon erwähnte **PGF2α** ist nicht nur an der Rückbildung des zyklischen Gelbkörpers beteiligt, sondern bremst auch am Ende der Trächtigkeit die weitere Produktion von Progesteron und ermöglicht, zusammen mit **Oxytocin**, die **Einleitung der Geburtswehen**.

Das Verständnis über die genannten Regelmechanismen hat auch dazu geführt, dass in den letzten Jahren insbesondere GnRH und Prostaglandin zur Behandlung von **Zyklusstörungen** oder für die **hormonell gesteuerte Brunstsynchronisation und Brunstauslösung** genutzt werden.

2.10.5 Embryonalentwicklung

Bis zur endgültigen **Einnistung** (**Implantation**) in der Gebärmutter vergeht noch einige Zeit, bei der Sau 1 – 2, bei der Kuh 3 – 4 Wochen. Bis dahin hat sich die Frucht, ernährt durch die von der Schleimhaut der Gebärmutter abgesonderte **Uterinmilch**, zum **Embryo** vergrößert und entwickelt. Das heißt, im Anschluss an zahlreiche Zellteilungen erfolgte auch eine Differenzierung von Zellgruppen zu Vorstufen der Körperorgane und es entfalteten sich die **Embryonalhüllen** (**Eihäute**): zuerst innen **Amnion** und außen **Chorion**, später die **Allantois** zwischen beiden, die unter Ausbildung von Höhlen mit den beiden anderen Häuten zum **Allantoamnion** und **Allantochorion** verschmilzt. ▶ **Abb. 2.39** zeigt eine Momentaufnahme aus diesem Entwicklungsabschnitt. Die Allantois dehnt sich bei Wiederkäuern und Schweinen nicht vollständig bis zum Rücken des Embryos aus, sodass sich bei diesen Tieren nur ein Hohlraum befindet, die Amnionhöhle (▶ **Abb. 2.40**), von der der Embryo vollständig umschlossen ist.

Während der anschließenden Einnistungsphase spielen die von der äußeren Fruchthülle, vom Allantochorion, herausgestülpten **Chorionzotten** die Hauptrolle. Sie halten sich in Vertiefungen (Krypten) der Gebärmutter fest und stellen einen intensiven Kontakt zur Gebärmutterschleimhaut her, ohne mit ihr zusammenzuwachsen. Diese Begegnungszone heißt **Mutterkuchen** (**Plazenta**) und übernimmt, anstelle der Uterinmilch, in steigendem Maße die Versorgung der Frucht.

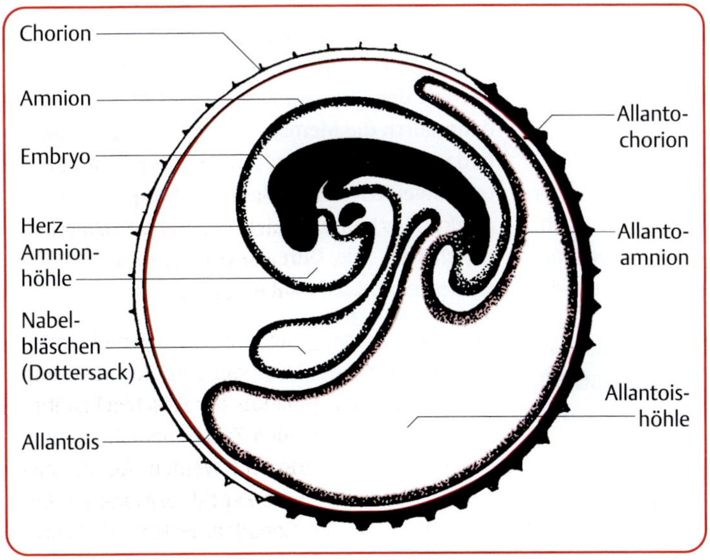

▶ **Abb. 2.39** Schema der Fruchthüllenbildung beim Säuger-Embryo (nach Zietschmann, Krölling 1955 [256]).

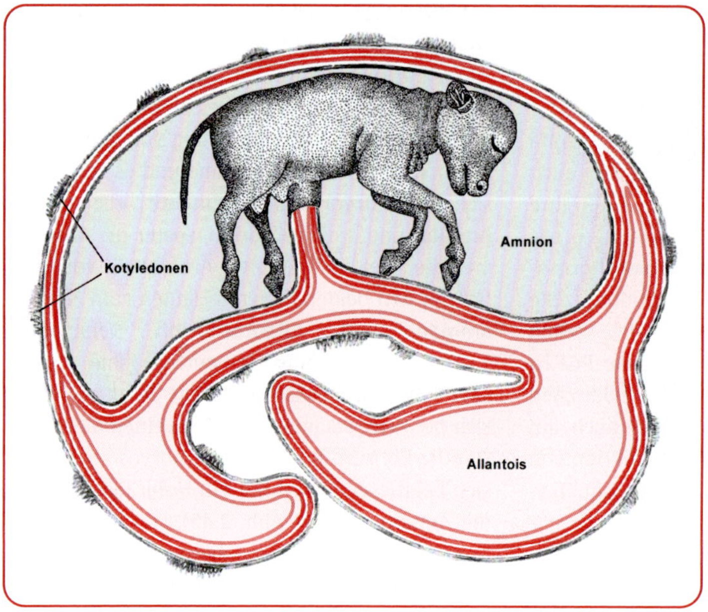

▸ **Abb. 2.40** Schematische Darstellung der Fruchthüllen des Rinderfetus (SSL 270 mm, ca. 4,3 Monate, 1/6 der natürlichen Größe; aus Schnorr und Kressin 2006 [202]).

Wenn alle wichtigen Organsysteme angelegt sind, beim Rind nach ca. 6 Wochen, ist die Embryonalperiode beendet, das entstehende Lebewesen wird nun als **Fötus** bezeichnet. Bei dem 12 Wochen alten Rinderfötus in ▸ **Abb. 2.40** sind die Gliedmaßen schon deutlich zu erkennen. Die Plazenta kann sehr verschiedene Formen annehmen: Bei Schweinen sind zahlreiche kleine Zotten über das ganze Chorion verstreut. Bei Wiederkäuern vereinigen sich die fötalen Zotten (hier Kotyledonen genannt) und die mütterlichen **Karunkeln** gruppenweise in bestimmten Bezirken zu **Plazentomen**, deren charakteristische Form in ▸ **Abb. 2.41** zu erkennen ist.

Gasaustausch ohne Lunge

Wie eigentlich werden die in der Gebärmutter von Kühen, Schafen oder Sauen sich entwickelnden neuen Lebewesen – anfangs als **Embryo**, später als Fötus bezeichnet – mit Sauerstoff versorgt und von CO_2 befreit? Eine Verbindung zur Außenluft haben sie bis zur Geburt nicht. Es gibt auch keine direkte Verbindung zwischen dem **mütterlichen Blutkreislauf** und dem der Jungen im Mutterleib.

In diesem Fall findet der Gasaustausch und auch der Austausch von Nähr- und Abfallstoffen in der Plazenta statt, durch mehrere Membranen hindurch, im Prinzip in etwa vergleichbar mit dem Geschehen in den Membranen der Lungenbläschen; s. Kap. Gasaustausch ohne Lunge (S. 48).

Das im fötalen Teil der Plazenta verzweigte Blutgefäßsystem vereinigt sich schließlich zur Nabelvene, die durch den Nabelstrang in den Fötus und direkt zur Leber geleitet wird. Von dort gelangt das Blut ins Herz des Fötus und wird weiter verteilt (wenig in die Lungen, die ja noch keine Funktion haben).

Das mit CO_2 beladene Blut wird in der Nabelarterie gesammelt und dem Blutgefäßnetz im fötalen Teil der Plazenta übergeben. Das CO_2 gelangt dann durch die Membranen der Plazenta hindurch in das im mütterlichen Teil der Plazenta aufgebaute Blutgefäßsystem. Alles, wie gesagt, ohne eine direkte Verbindung zwischen den beiden Blutkreisläufen. Die Durchlässigkeit der Membranen ist begrenzt. Gase und kleine Moleküle (z. B. Glukose) gehen hindurch, rote Blutkörperchen dagegen nicht.

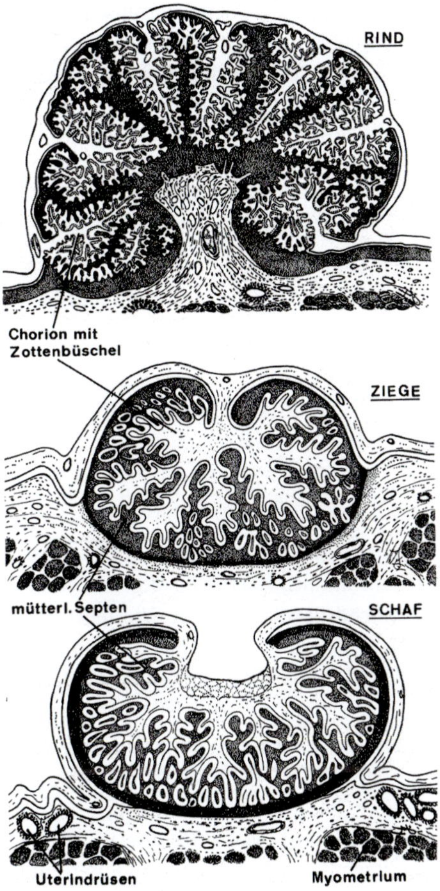

▸ **Abb. 2.41** Schnitte durch Plazentome der Hauswiederkäuer (aus Schnorr und Kressin 2006 [202]).

- **Maternale Karunkel:** dunkle Vertiefungen der Uterusschleimhaut, beim Rind mittig der Karunkelstiel.
- **Fötale Kotyledone:** helle Chorionzottenbüschel.

2.10.6 Fruchtbarkeitsstörungen

Bei den **Störungen** der **Fruchtbarkeit** unterscheidet man zwischen infektiösen und nichtinfektiösen Krankheiten.

Die **nicht ansteckenden Fruchtbarkeitsstörungen** gewinnen immer mehr an Bedeutung. Viele Kühe scheiden vorzeitig aus den Betrieben aus, weil sie nicht wieder trächtig geworden sind. Dafür sind u. a. **Eierstockzysten** verantwortlich.

Fehlsteuerungen und Unstimmigkeiten im Hormonsystem verhindern die „normale“ Ovulation, die Eizelle geht zugrunde und der Follikel entwickelt sich zur Zyste. Je nach Gewebsaufbau und Hormonproduktion lassen sich zwei Arten, **Follikel-Theka-Zysten** und **Follikel-Lutein-Zysten**, unterscheiden. Häufige Symptome sind entweder Dauerbrunst oder Brunstlosigkeit.

Die für eine erfolgversprechende Behandlung notwendige Diagnostik ist schwierig, da die Unterscheidung der beiden Typen mit einer rektalen Untersuchung unsicher ist. Ultraschall und insbesondere ein Milchprogesterontest erlauben eine genauere Diagnostik, da Follikel-Lutein-Zysten zu höheren Progesteronwerten führen. Diese Zystenart spricht daher eher auf eine Prostaglandin-Behandlung an, während ansonsten GnRH das Mittel der Wahl ist. Trotzdem bleibt der gewünschte Erfolg häufig aus.

Neben der erblichen Komponente – unterschiedliche Häufigkeit in bestimmten Kuhfamilien und Bullenlinien – spielen aber auch Körperkondition und Fütterungs- sowie Haltungsfehler eine Rolle, auf die in den Kapiteln Fütterung der Milchkühe (S. 319) sowie Belegung/Besamung/Trächtigkeit (S. 397) eingegangen wird.

Dank intensiver Bekämpfungsmaßnahmen und der künstlichen Besamung sind in den letzten Jahrzehnten die anzeigepflichtigen **seuchenhaften Fruchtbarkeitsstörungen** wie **Trichomonadenseuche** und **Vibrionenseuche** zurückgegangen.

Eine weitere, hierzulande selten gewordene, aber wegen ihrer wirtschaftlichen Schäden und der **Übertragungsgefahr auf den Menschen** weiterhin zu fürchtende und deshalb **anzeigepflichtige Deckseuche** ist die **Brucellose** (**Bang'sche Krankheit**), verursacht durch Bakterien aus der Gattung der Brucellen. Sie betrifft trächtige Kühe, Sauen, Schafe, Ziegen, die in der zweiten Trächtigkeitshälfte verwerfen, häufig gefolgt von Unfruchtbarkeit. Bei männlichen Tieren führt sie zu schmerzhaften Hodenschwellungen sowie zur Unfruchtbarkeit. Sie wird durch den Deckakt, durch Dauerausscheider, sorglosen Umgang mit den vorzeitig abgegangenen Früchten (Föten) und Fruchthüllen oder durch Tierkontakte auf benachbarten Weiden weiterverbreitet. Gegenwärtig werden zur Erhalten der Seuchenfreiheit regelmäßige Milch- und Blutproben entnommen und analysiert. Besteht Brucellose-Verdacht, folgen weitere Diagnose- und Bekämpfungsmaßnahmen. Bei Seuchenausbruch werden die Bestände gemerzt. Behandlung und Impfungen sind verboten.

Der **Bläschenausschlag** bei Rindern wird verursacht durch **BHV1** (**Bovines Herpes-Virus** Typ 1). Diese anzeigepflichtige Seuche tritt in mehreren Formen auf: entweder als **IBR** (**Infektiöse Bovine Rhinotracheitis**), das heißt Flotzmaul, Nase und Luftröhre entzünden sich, in schweren Fällen auch die Lunge, oder als **IPV** (**Infektiöse Pustuläre Vulvovaginitis**), hierbei bilden sich an den äußeren Geschlechtsorganen Bläschen und Geschwüre, die auch zu Spätaborten (6.–8. Trächtigkeitsmonat) führen können.

Wegen der erheblichen wirtschaftlichen Verluste, aber auch wegen der auf dem Zucht- und Exportmarkt immer stärker werdenden Nachfrage nach BHV1-freien Tieren hat sich Deutschland dem EU-weiten Bestandssanierungsprogramm angeschlossen (BHV1-Verordnung vom 20.12.2005). Ziel war die Schaffung von erregerfreien und seronegativen Rinderbeständen. In schwach verseuchten Beständen wurde dies durch direkte Merzung der infizierten Rinder (Reagenten) erreicht. Häufiger wurde jedoch die Sanierung durch mehrjährige Impfung mit einem Markerimpfstoff gewählt. Dieser ermöglicht, geimpfte von infizierten bzw. geheilten Tieren zu unterscheiden. Parallel dazu wurden in regelmäßig durchgeführten Blutuntersuchungen nach und nach die seropositiven Tiere ausselektiert.

Die gemeinsame Anstrengung aller Seiten hat sich gelohnt, seit Mitte 2017 sind auch die letzten Bundesländer Schleswig-Holstein, Hamburg und Nordrhein-Westfalen offiziell BHV1-frei. Um den BHV1-freien Status zu bewahren, sind die bisherigen Blut- bzw. Milchuntersuchungen auch weiterhin zwingend erforderlich; s. a. Kap. Tiergesundheit (S. 299).

2.11 Die Milchdrüse

Die Milchdrüse als gemeinsames Merkmal aller Säugetiere dient der Milchbildung für die Ernährung der Jungtiere nach der Geburt.

Im Verlauf der letzten Jahrzehnte haben der steigende Bedarf nach Milch als Lebensmittel und die wirtschaftlichen Erfordernisse für eine gesteigerte Milchleistung je Kuh dazu geführt, dass insbesondere das Rind und dessen Euterausformung und Stoffwechselleistung durch ausgewählte Zuchtverfahren so verändert wurden, wie wir sie von den heutigen Hochleistungskühen der intensiven Milchviehhaltung kennen. Daher wird im folgenden Kapitel das Rindereuter exemplarisch für alle Milchdrüsen dargestellt sowie auf physiologisch relevante Zusammenhänge zur Melktechnik hingewiesen. Zum technischen Teil der Milchgewinnung s. a. das Kap. Milchgewinnung und Milchbehandlung (S. 378).

2.11.1 Entwicklung und Funktion der Milchdrüse

Die grobe Anatomie der Milchdrüse unserer Haussäugetiere variiert beträchtlich, die mikroskopische Struktur der funktionellen Einheiten ist hingegen sehr ähnlich. Das Euter des Rindes besteht aus 4 Milchdrüsenkomplexen (Vierteln) mit je 1 Drüsenkörper und 1 Zitze. Schafe, Ziegen und Pferde besitzen jeweils nur 2 Hälften, die Gesäugeleiste der Sauen weist ca. 10 – 18 Milchdrüsenkomplexe auf (Zuchtselektion: mind. 7 pro Körperseite).

Euterentwicklung (Mammogenese) Bei der Geburt besitzen Kuhkälber bereits ein Euter mit 4 getrennten Drüsenkomplexen und dem Ligament, mit Zitzen und Drüsenzisternen. Aber die milchbildenden und abführenden Teile sind noch wenig entwickelt. Nach dem Eintritt in die Geschlechtsreife, das heißt durch die zyklische Hormonausschüttung der Eierstöcke, beginnt ein rascheres Wachstum des Milchdrüsengewebes, wobei es sich hierbei vorwiegend um die Ausbildung der Milchgänge handelt. Der größte Teil des eigentlichen milchproduzierenden Gewebes wird erst im Verlauf der ersten Trächtigkeit angelegt und weiter differenziert. Während jeder weiteren Trächtigkeit findet ein erneuter intensiver Ab- und Aufbau von Eutergewebe statt.

Außer den Eierstockhormonen (Östrogen und Progesteron) sind auch Prolaktin aus der Hypophyse (▸ **Abb. 2.36**) und verschiedene andere Hormone (plazentäres Laktogen, Wachstumshormon, IGF-1) für den Auf- und Umbau der Milchdrüse verantwortlich.

Aufbau und Funktion Das Euter im Ganzen und die einzelnen Viertel werden von Häuten aus elastischem oder sehnigem Bindegewebe zusammengehalten, die mit der gelben Bauchhaut verbunden sind. Während die beiden Euterhälften durch ein bindegewebiges Aufhängeband (Ligament) völlig voneinander getrennt sind, ist die Trennung zwischen dem seitengleichen Vorder- und Hinterviertel nicht so eindeutig zu erkennen. Jeder der 4 Milchdrüsenkomplexe ist jedoch funktionell eigenständig. Auch im Innern der Drüsenkörper bildet ein Gerüst aus Bindegewebe die Grundstruktur. In ihm verlaufen die versorgenden Blut- und Lymphgefäße sowie die Nervenleitungen. In dem Bindegewebsgerüst der Euterviertel wird mit fortschreitender Trächtigkeit ein ausgedehntes System mit einer Vielzahl an Drüsenbläschen (**Alveolen**) aufgebaut, in deren Epithelzellen die Milchbildung stattfindet (▸ **Abb. 2.42**). Diese Alveolen werden von Blutkapillaren, den letzten Verzweigungen der in das Euter hineinführenden Arterien, umsponnen. Das aus dem Kapillarsystem der Alveolen abgeführte Blut sammelt sich in den Venen, deren Netz außen durch die Euterhaut hindurch schim-

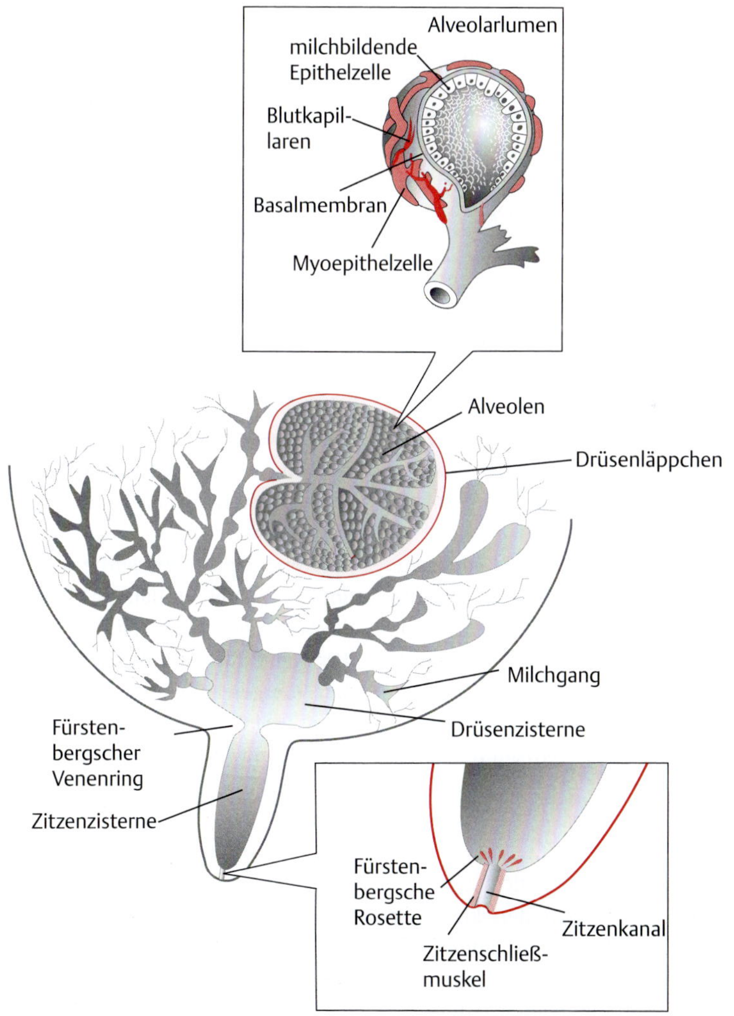

▸ **Abb. 2.42** Schematischer Aufbau des Euters beim Rind (aus Svennersten-Sjauna 2001 [229]; mit freundlicher Genehmigung De Laval International AB, Schweden).

mert und die unter dem Bauch als sogenannte „Milchadern“ deutlich sichtbar und fühlbar sind. Für die Bildung von 1 Liter Milch müssen ca. 500 Liter Blut mit den für die Synthese der Milchbestandteile notwendigen Baustoffen durch das Euter fließen. Nicht nur die absolute Blutmenge spielt dabei eine Rolle, sondern auch die Fließgeschwindigkeit, da für den Nährstoffaustausch in den Kapillaren ausreichende Zeit benötigt wird.

Besonders ausgebildete Korbzellen, sogenannte **Myoepithelzellen**, die die Milchalveolen netzartig umspannen, ziehen sich unter bestimmten Bedingungen zusammen und pressen so die im Hohlraum der Alveolen gespeicherte Milch in das gemeinsame Milchkanälchen einer Gruppe von Alveolen, die zusammen ein Drüsenläppchen bilden. Die Milchkanäle mehrerer Drüsenläppchen vereinigen sich zu größeren Milchgängen, die schließlich in einer Kammer münden, der Milchzisterne, die sich in einen Drüsenteil und einen Zitzenteil gliedert. Die Zitzenzisterne ist über den ca. 8 – 12 mm langen Zitzenkanal mit der Außenwelt verbunden (▶ **Abb. 2.42**).

Die Einschnürung zwischen beiden Zisternenteilen, der Fürstenbergsche Venenring, enthält glatte Muskelfasern, die ebenso wie die glatten Muskelfasern der Milchkanäle und -gänge den Milchfluss regulieren. Die aufgeraute Struktur am Übergang zwischen Zitzenzisterne und Zitzenkanal wird als Fürstenbergsche Rosette bezeichnet, die möglicherweise Bedeutung für die lokale Immunabwehr des Euters hat. Der Zitzenkanal ist mit einem verhornenden Plattenepithel versehen, das zwischen den Melkungen Keratin zum Schutz gegen Bakterien produziert. Die Zitzenkanalmündung wird durch einen Schließmuskel kontrolliert, dessen Widerstand durch den Saug- oder Melkakt überwunden werden muss. Zwischen den Melkungen ist der Zitzenkanal verschlossen und stellt damit eine Barriere gegen das Eindringen von Infektionserregern in das Euter dar.

Die zwischen dem Saugen der Kälber oder den Melkungen fortlaufend gebildete Milch wird zunächst im Alveolarlumen und in den kleinsten Milchkanälchen, mit zunehmendem zeitlichem Abstand zur letzten Melkung dann auch in den größeren Milchgängen und den beiden Zisternenteilen gespeichert. Kurz vor der nächsten Melkung liegen ca. 20 % der vorhandenen Milch im Zisternenbereich und 80 % der Milch im Alveolarbereich vor. Allerdings gibt es hier große spezies- und tierindividuelle Unterschiede und Melkintervall und Laktationsstadium spielen ebenfalls eine Rolle. Dieser Sachverhalt ist wichtig für die Melkroutine und die Milchentleerung (S. 87).

2.11.2 Milchbildung und Aufrechterhaltung der Laktation

Während des Aufbaus der Milchdrüse gegen Ende der Trächtigkeit produzieren die Alveolen schon etwas kolostrumähnliches Sekret; die eigentliche Milchsynthese und -sekretion setzt bei den Wiederkäuern und beim Schwein jedoch erst pünktlich mit der Geburt ein. Für diese Präzisionsleistung ist das Zusammenspiel einer Reihe von Hormonen verantwortlich. Prolaktin (aus der Hypophyse) und Glukokortikoide (aus der Nebennierenrinde) setzen die Milchbildung in den Alveolen in Gang. Diesen Vorgang nennt man **Laktogenese**. Diese Hormone können jedoch erst dann wirksam werden, wenn 2 – 4 Tage vor der Geburt der Trächtigkeitsgelbkörper abgebaut wird (Luteolyse) und damit der Blutspiegel für Progesteron stark absinkt.Davor sorgt Progesteron – zumindest gegen Ende der Trächtigkeit – dafür, dass die Empfindlichkeit der Alveolen für Glukokortikoide herabgesetzt ist; dies verhindert die vorzeitige Milchsekretion.

Für die Aufrechterhaltung der Laktation (**Galaktopoese**) sind vor allem das hypophysäre Wachstumshormon (STH), die Schilddrüsenhormone (Thyroxin und Triiodthyronin) und das Pankreashormon Insulin zu nennen. Sie sind der Motor für die Stoffwechselleistung und sichern die notwendige Nährstoffverteilung zwischen Milchdrüse und den übrigen Geweben. Das „Milchbildungshormon“ Prolaktin spielt hingegen beim Rind für das Aufrechterhalten der Laktation, wenn sie erst einmal in Gang gekommen ist, keine allzu große Rolle mehr.

Der Verlauf der **Laktation** und der Zeitpunkt für das Versiegen der Milch vor der nächsten Kalbung sind ursprünglich an die Nährstoffbedürfnisse des mit Milch zu versorgenden vorherigen Kalbes und an das fötale Wachstum des neuen Kalbes angepasst. Bei erfolgreicher Wiederbelegung geht die Milchleistung mit fortschreitender Trächtigkeit deutlich zurück, während bei Kühen, die nicht wieder trächtig werden, die Laktationskurve langsamer abfällt. Die hormonellen Zusammenhänge hierfür sind noch nicht vollständig geklärt, entgegen früherer Diskussionen ist Progesteron des Trächtigkeitsgelbkörpers jedoch für die Verringerung der Milchmenge nicht direkt verantwortlich. Die züchterischen und fütterungstechnischen Möglichkeiten zur Beeinflussung der Laktationskurve werden in den Kapiteln Züchtung (S. 130) und Milchproduktion (S. 318) ausführlicher dargestellt.

Zusätzlich zu den oben genannten Voraussetzungen muss das Euter **regelmäßig** entleert werden, um die Laktation in Gang zu halten.

Im Laufe eines Tages erfolgt die Milchbildung ständig, wenn auch nicht mit gleicher Stärke. Wenn die Milchzisterne und die Milchgänge nach dem Melken leer sind, geht die Milchsekretion rascher vonstatten als gegen Ende der Zwischenmelkzeit. Denn in dem Maße, in dem sich in den Hohlräumen des Drüsengewebes Milch ansammelt, verstärkt sich der Druck in den Alveolen und Milchgängen. Gleichzeitig wird der Blutfluss zum Drüsengewebe und damit die Nährstoffzufuhr vermindert. Das führt dazu, dass die Milchbildung aufhört. Neuere Forschung vermutet zusätzlich lokale Faktoren (z. B. ein Protein „Feedback inhibitor of lactation", FIL), die von den Alveolarepithelzellen selbst gebildet werden und bei steigender Konzentration hemmend auf die Milchbildung wirken. Wird hingegen durch häufigeres Entleeren des Euters dieser Faktor mit der Milch entfernt, setzt sich die Milchsynthese fort.

Die genannten Zusammenhänge erklären auch, warum durch häufigeres als das übliche 2-mal tägliche Melken mehr Milch pro Zeiteinheit gewonnen werden kann. Große Milchviehbetriebe mit entsprechendem Personalbestand können sich diese Tatsache mit 3 – 4 Melkschichten pro Tag zunutze machen. Eine andere Möglichkeit ist der Einsatz automatischer Melksysteme, bei denen die Kühe im Schnitt 2- bis 4-mal pro Tag gemolken werden – je nach gewähltem Managementverfahren.

Sinkt die tägliche Milchleistung wegen einer Erkrankung oder wegen Fütterungsmängeln ab, dann erreicht sie nach Beseitigung der Ursache für den Milchabfall nicht wieder die alte Höhe; denn ein Teil der „arbeitslos" gewordenen Alveolen wurde inzwischen abgebaut und nicht mehr ersetzt. In der Zeit zwischen Trockenstellen und nächster Kalbung wird wieder neues und vermutlich mehr Drüsengewebe gebildet und das Euter auf die nächste Laktation vorbereitet. Diese beginnt jedenfalls auf einem höheren Niveau und die höchste Milchleistung wird erst bei der 4.–6. Laktation erzielt. Dann fällt sie allmählich wieder ab.

Die oben genannten Auswirkungen des Druckanstiegs und der verminderten Blutzufuhr auf die Milchsekretion helfen auch beim Trockenstellen eutergesunder Kühe, die noch relativ hohe Milchleistungen haben. Man stellt sie mit einem Mal trocken. Die nach dem letzten Melken noch gebildete und nicht mehr entleerte Milch wird vom Euter resorbiert.

2.11.3 Milchejektion und Milchentleerung

Wie im Kap. Entwicklung und Funktion der Milchdrüse (S. 84) genannt, befindet sich die vor dem Melken vorhandene Milch zu einem kleinen Anteil im Zisternenbereich, zum größeren Anteil im Alveolarbereich. Während die Zisternenmilch direkt ermolken werden kann, nachdem der Widerstand des Zitzenschließmuskels überwunden wurde, steht die Alveolarmilch nicht sofort zur Verfügung. Sie muss zunächst in die Zisterne gelangen, um für die Melkmaschine zugänglich zu sein. Dieser Vorgang, der mit einem heftigen Einschießen der Milch in die Zisterne einhergeht, wird **Milchejektion** genannt.

Die Milchejektion wird durch den unbewusst ablaufenden neurohormonalen **Milchejektionsreflex** ausgelöst. Die vorbereitende Massage des Euters und insbesondere der Zitzenspitze durch das Kalb, den Melker („Anrüsten") oder die Melkmaschine stimuliert Nervenrezeptoren in der Zitzenhaut. Der taktile Reiz wird über das Rückenmark an das Gehirn weitergegeben. Das Hormon Oxytocin (OT), im Hypothalamus gebildet und im Hypophysenhinterlappen gespeichert (► **Abb. 2.36**), wird daraufhin freigesetzt und gelangt über den Blutweg zum Euter. Oxytocin, auch als Wehenhormon bekannt (es bewirkt die Kontraktion der Uterusmuskulatur unter der Geburt), sorgt während der Milchejektion dafür, dass sich die Korbzellen der Alveolen und die glatten Muskelfasern der kleinen Milchgänge zusammenziehen. Auf diese Weise wird die Milch in die größeren Gänge und in die Zisterne gedrückt, die Milch

„schießt" ein, was an den deutlich prallen Zitzen zu erkennen ist.

Die Zeit zwischen Stimulationsbeginn und Einschießen der Milch beträgt ca. 60 – 90 Sekunden, kann jedoch auch länger dauern, wenn gegen Ende der Laktation oder bei kurzen Melkintervallen die Alveolen mit weniger Milch gefüllt sind. Oxytocin ist zwar in ausreichender Menge vorhanden, aber die Kontraktion der Myoepithelzellen ist verzögert.

Für die Melkroutine bedeutet eine gute Vorstimulation bessere Melkzeughaftung, höherer Milchfluss mit kürzerer Melkzeit und geringerem Nachgemelk. Ob diese durch die Melkerhand oder durch die Melkmaschine erfolgt, ist von zweitrangiger Bedeutung. Wesentlich ist, dass die Milchejektion stattgefunden hat, ehe die direkt gewinnbare Zisternenmilch abgemolken ist, da es sonst schon zu Melkbeginn zum Blindmelken mit seinen unerwünschten Folgeerscheinungen kommen kann (Zitzenbelastung, verringerter Milchfluss, größerer Restmilchanteil). Andererseits darf nicht zu viel Zeit zwischen Anrüsten und Ansetzen der Melkbecher verstreichen. In diesem Fall ist die erste Milchejektion schon erfolgt, ehe die Zisternenmilch abgemolken wurde und es steht nicht genügend Platz für die nachströmende Alveolarfraktion bereit. Ein Teil der Alveolen verbleibt halbgefüllt, was ihre Kontraktion bei der nächsten Milchejektion erschwert und den Melkprozess verzögert.

Um das Euter vollständig zu entleeren, ist eine kontinuierliche Oxytocinfreisetzung über die **gesamte** Melkdauer notwendig, was durch die fortlaufende Stimulation der rhythmisch pulsierenden Melkzeuge gewährleistet wird. Es gibt also keine zeitliche Begrenzung per se für die Melkbereitschaft der Kuh. Eine gewisse Milchmenge (Residualmilch) verbleibt jedoch immer im Euter. Wenn der Milchfluss beendet ist, sollte das Melkzeug konsequent abgenommen werden.

Werden die Kühe vor und während des Melkens erschreckt oder misshandelt, dann „ziehen sie die Milch auf". Adrenalin bewirkt peripher ein Zusammenziehen der abführenden Milchgänge, sodass der Milchabfluss unterbrochen wird. Wie die Hemmung der Oxytocinfreisetzung im Gehirn und damit das Ausbleiben der Milchejektion beeinflusst wird, ist noch nicht vollständig geklärt. Wesentlich für die praktische Milchviehhaltung ist jedoch, sämtliche Stressmomente während des Melkens zu vermeiden, um einen vollständigen Milchentzug zu gewährleisten.

Fremde Umgebung, Stress durch den Geburtsvorgang oder Rangkämpfe in der Herde können insbesondere bei Färsen zur sogenannten **Milchblockade** führen. Diese lässt sich in einem Teil der Fälle durch eine zeitlich begrenzte Oxytocininjektion vor dem Melken beheben. Da jedoch durch einen längerfristigen Oxytocineinsatz die Empfindlichkeit der Myoepithelzellen auf das tiereigene Oxytocin herabgesetzt wird, kommt es zur „Gewöhnung" des Eutergewebes und nach Absetzen des Präparates ist die spontan gewinnbare Milchmenge deutlich verringert. Deshalb sollte der Einsatz von Oxytocin sorgfältig überdacht und auf Einzelfälle beschränkt bleiben.

2.11.4 Synthese der Milchbestandteile

In der **Zusammensetzung der Milch** gibt es von Tierart zu Tierart erhebliche Unterschiede (► **Tab. 2.13**). Auch beim einzelnen Tier verändert

► **Tab. 2.13** Milchzusammensetzung bei verschiedenen Haussäugetieren in %.

Inhaltsstoff		Rind	Rind, Biestmilch (8 – 10 Std. nach der Geburt)	Ziege	Schaf	Schwein
Wasser		87,1	74,5	88,1	83,5	79 – 81
Fett		4,0	3,6	3,5	6,0	7 – 9
Eiweiß		3,4	17,6	3,2	5,0	6,2
davon	• Kasein • Albumin + Globulin	• 2,7 • 0,7	• 4,0 • 13,6	• 2,6 • 0,6	• 3,7 • 1,3	• 4,7 • 1,5
Milchzucker		4,8	2,7	4,3	4,6	5,0
Mineralstoffe		0,7	1,6	0,9	0,9	0,9

sich der Anteil der verschiedenen Inhaltsstoffe der Milch im Lauf der Laktation, manchmal sogar – mit unerwünschten Auswirkungen auf die Kälber oder Ferkel – im Lauf eines Tages.

Praxistipp

Die **Biestmilch** (**Kolostrum**) ist bei allen Tieren ärmer an Wasser und reicher an Eiweißstoffen, Salzen und Vitaminen. Von den Eiweißverbindungen sind besonders die **Globuline** wichtig, welche Abwehrstoffe (**Antikörper**) gegen die von der Mutter überwundenen Krankheiten enthalten. Diese Globuline können während der ersten Lebensstunden unverdaut durch die Darmwand der Neugeborenen hindurch ins Blut gelangen und bewirken damit eine **passive Immunisierung** des neuen Lebewesens. Jedes Neugeborene hat Anspruch auf diese erste Milch, und zwar so früh wie möglich – spätestens aber nach dem Abgehen der Nachgeburt. 4 – 5 Tage nach der Geburt hat die Milch wieder ihre „normale" tierartspezifische Zusammensetzung. Mehr über die Immunisierung und andere Fragen des Abwehrsystems im Kap. Abwehr von Infektionskrankheiten (S. 93).

Die Zusammensetzung der **reifen Milch** unterscheidet sich erheblich von der des Blutplasmas. Einige Komponenten – wie das Kasein und der Milchzucker – kommen nur in der Milch vor. Sie werden in den Epithelzellen des Milchdrüsengewebes aus geeigneten Vorläuferbausteinen des Blutes synthetisiert, während andere Komponenten, z. B. Immunglobuline, unverändert aus dem Blut in die Milch überführt werden.

Die Milcheiweißfraktion besteht zu 80 % aus verschiedenen **Kaseinen** (α-, β-, κ-, γ-Kasein) und zu 20 % aus **Molkeproteinen**. Die Kaseine werden, wie oben erwähnt, in den Drüsenepithelzellen synthetisiert. Der größte Teil der Kaseine liegt als sogenannte Mizellenform vor, in der Kasein mit verschiedenen Ionen (Calcium, Phosphat, Magnesium, Citrat) kolloidal verbunden ist. Der Anteil der β-Kaseine liegt bei rund 36 %. Unter den β-Kaseinen gibt es wiederum mehrere Varianten, von denen die Gruppen A1, A2 und B die häufigsten sind. Die Variante A1 wie auch B unterscheiden sich geringfügig in ihrer chemischen Zusammensetzung von der Variante A2. A1 und B enthalten in der Aminosäurenkette an einer Stelle die Aminosäure Histidin, bei der Variante A2 sitzt an dieser Stelle die Aminosäure Prolin. Es gibt Rinderrassen, deren Milch überwiegend die Variante A1 enthält, während andere Rassen (z. B. Jersey, Brown Swiss und Guernsey) überwiegend Milch mit der Variante A2 produzieren. Auch der Anteil der Variante B schwankt zwischen den Rinderrassen.

Der Unterschied in der Zusammensetzung der Aminosäurenkette zwischen A1/B und A2 beeinflusst die Verdauung des Kaseins im menschlichen Darm beziehungsweise dessen Abbau während der Fermentation. Aus den Kasein-Varianten A1 und B kann während der Verdauung sowie während der Fermentation zu Joghurt und Käse ein spezielles Peptid (Betacasomorphin-7, kurz BCM7) mit bioaktiver Wirkung entstehen. Bei der Kasein-Variante A2 entsteht dieses Peptid nicht. Die mögliche Bildung von BCM7 aus der β-Kasein-Variante A1 wird seit einigen Jahren mit diversen gesundheitlichen Risiken für die Humanernährung in Verbindung gebracht (z. B. Autismus, Diabetes mellitus Typ 1). Bislang liegen hierzu aber noch keine gesicherten Studien vor.

Von den Molkeproteinen werden **α-Laktalbumin** und **β-Laktoglobulin** im Alveolarepithel selbst aufgebaut, möglicherweise auch Laktoferrin und Transferrin, während die **Immunglobuline** und **Serumalbumin** direkt aus dem Blutplasma übernommen werden. Zur Synthese der milchspezifischen Proteine in den Drüsenepithelzellen müssen die essenziellen Aminosäuren aus dem Blutplasma bereitgestellt werden. Aber auch der Bedarf an den übrigen Aminosäuren wird überwiegend aus dem Blut gedeckt, obwohl eine De-novo-Synthese in den Alveolarepithelzellen möglich ist.

Der **Milchzucker** (**Laktose**) wird im Drüsenepithel aus **Glukose** und **Galaktose** zusammengesetzt. Die Glukose stammt aus dem Blutplasma, Galaktose wird in den Epithelzellen aus Glukose umgebildet. Hierfür und für die Zusammenkopplung der beiden Moleküle zu Laktose werden verschiedene Enzyme und u. a. das oben genannte α-Laktalbumin benötigt.

Das **Milchfett** von Schweinen und Wiederkäuern unterscheidet sich hinsichtlich der **Fettsäurenzusammensetzung**. Das Fett der Sauenmilch besteht überwiegend aus **langkettigen Fettsäu-**

ren, das heißt aus Fettsäuren mit 16 und mehr Kohlenstoff-Atomen. Diese stammen aus dem Dünndarm oder dem körpereigenen Depotfett.

Das Milchfett der Wiederkäuer weist einen vergleichsweise hohen Anteil an **kurz- und mittelkettigen Fettsäuren** (S. 32) auf. Diese werden in der Milchdrüse neu gebildet. Als Bausteine dienen hierfür die im Pansen gebildeten Essig- oder Buttersäuren. Die langkettigen Fettsäuren stammen dagegen – wie bei der Sau – aus dem Dünndarm (S. 62) oder dem Depotfett und werden ohne weiteren Umbau mithilfe der Lipoproteine zur Milchdrüse transportiert.

Die Fettsäuren werden in den Milchbildungszellen (▶ **Abb. 2.42**) der Milchdrüsen mit Glyzerin zu Triglyzeriden verestert. Diese werden mit einer Hüllmembran umgeben und als Fettkügelchen ins Alveolarlumen abgegeben.

Wie auch an anderer Stelle erwähnt, ist die Zusammensetzung des Milchfetts von verschiedenen Faktoren wie z. B. der Fütterung und dem Laktationsstadium abhängig. Bei Störungen der Pansentätigkeit, wie sie beispielsweise im Frühjahr beim Weideauftrieb oder bei anderen Futterumstellungen auftreten, sinkt deshalb der Milchfettgehalt ab. Während der Weideperiode nimmt der Anteil langkettiger, ungesättigter Fettsäuren (Öl-, Linol- und Linolensäure aus Gräserlipiden) zu, was das Butterfett weicher macht. Zu Beginn der Laktation, wenn verstärkt Depotfett abgebaut und zur Energiebereitstellung verwendet wird, kann der Milchfettgehalt vorübergehend deutlich erhöht sein, mit höherem Anteil an langkettigen Fettsäuren.

Mineralstoffe, Salze und Vitamine werden vom Blut via Drüsenepithelzellen ins Alveolarlumen transportiert.

Von den Hauptbestandteilen der Milch variiert der Gehalt an Milchzucker aus physiologischer Sicht am wenigsten. Der Proteingehalt und insbesondere der Fettgehalt in der Milch sind hingegen stärkeren Schwankungen unterworfen, bedingt durch Rasse, Laktationsstadium, Milchleistungsniveau und Fütterung.

2.11.5 Erkrankungen der Milchdrüse

Die **Mastitis** (**Euterentzündung**) wird als die teuerste Krankheit des Betriebszweigs Milchviehhaltung angesehen. Sie vermindert die Milchleistung, erfordert Mehrarbeit und Behandlungskosten, verkürzt die Nutzungsdauer, verursacht Störungen der Käseproduktion und führt bei Überschreitung der in der Milchgüteverordnung festgelegten Grenzen für den Gehalt an Keimen und somatischen Zellen je kg Milch zu einer Senkung des Milchauszahlungspreises; s. a. Kap. Milchqualitätsaspekte (S. 390).

Als Krankheitserreger gelten vor allem **Staphylokokken** und **Streptokokken**, aber auch andere Bakterien oder Mykoplasmen, Viren, Hefen und Pilze. Sie lassen sich u. a. anhand ihres Vorkommens im Tiermilieu in 3 Klassen einteilen, die bei der Auswahl geeigneter Bekämpfungsstrategien verwendet werden: in **kuh- oder euterassoziierte** und **umweltassoziierte Mastitiserreger** sowie in **Hautkeime** (▶ **Tab. 2.14**). In den letzten Jahren hat sich das Keimspektrum von den früher hauptsächlich verantwortlichen euterassoziierten Mastitiserregern etwas mehr zu den umweltassoziierten Erregern verschoben. Das mag auf verbesserter Melktechnik, Zitzendesinfektion nach dem Melken und verbreitetes Trockenstellen mit antibiotischen Präparaten beruhen, die den kuhassoziierten Keimen weniger Raum lassen. Andererseits nehmen Laufstallhaltungen zu, was bei unsachgemäßem Management zu größeren Hygieneproblemen und Zitzenverletzungen führen kann.

Ob es zur Infektion kommt und welchen Verlauf die **Faktorenkrankheit** Mastitis nimmt, hängt von verschiedenen Voraussetzungen ab. Neben dem eigentlichen Erregerdruck spielen auch die genetische Veranlagung der Kühe (Beschaffenheit des Hautgewebes als äußere Schutzbarriere, Euter- und Zitzenform, Länge und Verschluss des Strichkanals usw.) und äußere, die Immunabwehr herabsetzende Bedingungen (z. B. Euterverletzungen, Schwächung durch Durchfälle und Stoffwechselstörungen, Fütterungsfehler, Stress durch sehr hohe Milchleistung) eine wesentliche Rolle; s. a. Kap. Erkrankungen der Verdauungsorgane (S. 67). Besonders nachteilig – wie oben erwähnt – wirkt sich unhygienische oder nachlässige Melkarbeit mit unzureichend gewarteten Melkanlagen aus.

Für die Diagnose der Mastitis eines Euterviertels sind der gleichzeitige Nachweis von Mastitiserregern und das Vorliegen von Entzündungserscheinungen erforderlich. Man unterscheidet

► **Tab. 2.14** Einteilung der häufigsten Mastitiserreger des Rindes (mod. nach Krömker 2006 [127]).

Mastitiserreger		Reservoir, Vorkommen	Übertragung auf die Zitze	vorbeugende Maßnahmen
ansteckend (kontagiös), euterassoziiert	Streptokokken (z. B. Streptococcus agalactiae → Gelber Galt, Streptococcus dysgalactiae) Staphylococcus aureus	infiziertes Milchdrüsengewebe, Zitzenverletzungen	beim Melken (Melkerhände, Zitzengummis, Milch, Fliegen)	• Identifizierung infizierter Tiere durch Kontrolle von Euter und ermolkener Milch • Verbesserung der Melkhygiene, Tragen von Melkhandschuhen • regelmäßige Wartung der Melkanlage und Auswechseln der Zitzengummis • Zwischendesinfektion der Melkzeuge • Zitzendesinfektion (Dippen bzw. Sprayen) nach dem Melken • Trockenstellen mit Antibiotika • wo möglich – separate Haltung und Melken kranker Kühe • Merzen therapieresistenter Tiere
umweltassoziiert	Streptococcus uberis Enterokokken koliforme Keime (E. coli, Klebsiella, Enterobacter) Corynebakterien	Umwelt (Kot, Stroheinstreu, Sägespäne, Futter)	jederzeit im Liegebereich in unhygienischen Melkständen durch Spritzwasser	• Senken des Erregerdrucks (Optimierung der Stall- und Boxenhygiene) • Steigerung der Abwehrkraft (Vermeidung subklinischer Stoffwechselstörungen, regelmäßige Klauenpflege) • Verbesserung der Zitzenreinigung und der Zitzenkondition • tiergerechte, hygienische Aufstallung zur Vermeidung von Zitzenverletzungen
Hautkeime	koagulasenegative Staphylokokken	äußere Haut inkl. Strichkanal	jederzeit im Liegebereich	• Verbesserung der Zitzenkondition • Zitzenpflege (Dippen bzw. Sprayen) nach dem Melken • Optimierung der Zitzengummipassform und der Pulsierungseinstellungen

1. die **klinische** Mastitis, die sich in **akuter**, **subakuter** oder **chronischer** Form äußert, mit äußerlich klar erkennbaren Entzündungserscheinungen und/oder nur Sekretveränderungen,
2. die **subklinische Mastitis** ohne äußere Symptome (keine Entzündung und keine sichtbar veränderte Milch).

Die verschiedenen Ausprägungen (subklinisch/klinisch) und Verlaufsformen (akut/subakut/chronisch) können dabei während einer Erkrankung fließend ineinander übergehen. Aus einer nicht oder erfolglos behandelten akuten Euterentzündung ebenso wie aus einer subklinischen Form der Mastitis kann sich die **chronische Mastitis** entwickeln.

Bei **akuten** Entzündungen kommt es zur Rötung, vermehrter Wärme und schmerzhafter Schwellung einzelner Euterviertel, vielfach verbunden mit Fieber, Schüttelfrost und anderen schweren

Störungen des Allgemeinbefindens. Die Milch des erkrankten Viertels ist stark verändert (wässrig, eitrig, flockig, blutig, teilweise kein Milchcharakter mehr), die Milchmenge geht stark zurück. Teile des oder das gesamte Drüsengewebe eines Viertels werden zerstört, die Kuh wird häufig dreistrichig. Abszesse und Blutvergiftungen können folgen.

Als Beispiel für diese akute Form ist die **Pyogenesmastitis** (auch als Holstein'sche Euterseuche oder Sommermastitis bekannt) zu erwähnen (Erreger: Actinomyces pyogenes). Sie kann in betroffenen Gebieten enzootisch (seuchenhaft) auftreten, vorzugsweise in den Sommermonaten auf der Weide während der Hauptflugzeit der Kopffliege, die als Überträger für den Erreger fungiert. Betroffen sind vorwiegend trockenstehende Kühe und Jungrinder. Eine andere mit teilweise dramatischen Allgemeinstörungen verbundene Euterentzündung wird durch die Umweltkeime **Escherichia coli** und – seit einiger Zeit – **Streptococcus uberis** ausgelöst.

Subakute Mastitiden weisen keine äußeren Entzündungserscheinungen auf, aber die Milch ist flockig, der Zellgehalt erhöht.

Bei **subklinischen** Mastitiden sind keine äußeren Entzündungserscheinungen und keine makroskopischen Veränderungen (z. B. Flocken) in der Milch zu erkennen. Die chemische Zusammensetzung der Milch ist jedoch verändert (z. B. Laktose verringert, pH-Wert und elektrische Leitfähigkeit erhöht), die Zellzahlen sind erhöht, die Milchleistung ist verringert.

Ein typischer Vertreter für diese Verlaufsform ist **Staphylococcus aureus**. Dieser Erreger kapselt sich nach akuter Infektion im Eutergewebe ab und ist damit einer Behandlung kaum zugänglich. Typisch sind die knotigen oder strangartigen Verhärtungen des Drüsengewebes, die lokal oder diffus über das ganze Euterviertel verteilt sind. Tiere mit dieser Mastitisform fallen durch **konstant erhöhte Zellzahlen** auf. Nach einer Zeit der äußerlichen Ruhe werden die Erreger bei Stresssituationen (Klauenschneiden, Weideaustrieb) wieder aktiv und mit der Milch ausgeschieden.

Subklinische Euterentzündungen bilden heute das **Hauptproblem** für die Eutergesundheit. Sie treten viel häufiger auf als akute Krankheitsfälle, sind maßgeblich an der Erregerverschleppung in der Herde beteiligt und tragen zu einem erheblichen Teil zur Milchminderleistung der Herde und damit zum ökonomischen Verlust in der Milchviehhaltung bei.

Wie werden **subklinische Euterentzündungen** erkannt? Während einer bakteriellen Euterentzündung, allerdings auch durch andere (mechanische, thermische oder chemische) Reizungen verursacht, werden im Milchdrüsengewebe verschiedene Prozesse in Gang gesetzt, die u. a. zu einer spezifischen Verschiebung des **Ionenhaushalts** (z. B. Na^+, K^+, Cl^-) führt. Dies lässt sich in der Milch durch erhöhten **pH-Wert** oder erhöhte **elektrische Leitfähigkeit** nachweisen. Die körpereigene Krankheitsabwehr (S. 93) ist u. a. durch eine Zunahme körpereigener (somatischer) Immunzellen gekennzeichnet, die sich ebenfalls in Milch messen lassen. Milch gesunder Euterviertel weist einen Gehalt an somatischen Zellen von deutlich unter 100 000/ml auf, die sich auf Lymphozyten (ca. 10 – 30 %), Makrophagen (ca. 60 – 80 %), neutrophile Granulozyten (ca. 1 – 10 %) und Epithelzellen (ca. 0 – 5 %) verteilen. Bei einer Euterinfektion steigt der **Milchzellgehalt** an, es können mehrere Millionen/ml erreicht werden. Der größte Teil dieses Zuwachses ist auf die explosionsartige Zunahme der neutrophilen Granulozyten zurückzuführen, die eine wichtige Rolle bei der Sofortabwehr gegen Infektionserreger (S. 93) einnehmen. Allerdings können auch andere Situationen (z. B. Stress bei Futterumstellungen, unterschiedliche Melkintervalle) zu erhöhten Milchzellzahlen führen. Die Interpretation der Messwerte ist also nicht immer ganz eindeutig, aber ein guter Ausgangspunkt für weitere Untersuchungen.

Im Verdachtsfall oder durch regelmäßige Stichproben von Viertelgemelksproben kann der Landwirt selbst sogenannte Orientierungstests anwenden, z. B. Indikatorpapier (Messung des Milch-pH-Wertes) oder **California-Mastitis-Test** (CMT, Schalmtest), der eine grobe Aussage über den Milchzellgehalt gibt. Die automatischen Melksysteme verwenden derzeit die bei jeder Melkung gemessene elektrische Leitfähigkeit – oder optional den Zellgehalt der Milch als Parameter, um auf Euterprobleme aufmerksam zu machen. Inzwischen lassen sich auch Enzyme und Hormone online während des Melkens ermitteln, die spezifische Aussagen über das Krankheitsrisiko von Mastitis und Ketose sowie von Brunst und Zysten geben.

Ein weiterer Anhaltspunkt zur Einkreisung der betroffenen Tiere stellen die monatlichen Ergebnisprotokolle der Landeskontrollverbände dar, in denen alle Kühe, die mehr als 200 000 somatische Zellen je ml Milch im Gesamtgemelk aufweisen, extra kenntlich gemacht sind, um die Landwirte auf eventuell vorliegende Bestandsprobleme aufmerksam zu machen. Wird in der Anlieferungsmilch (Tankmilchprobe) einer Herde der von der Milchgüteverordnung festgelegte Grenzwert von 400 000 Zellen je ml überschritten, ist allerdings mit einem beträchtlichen Anteil chronisch oder subklinisch euterkranker Kühe im Bestand zu rechnen und schnelles Handeln geboten. Wird dieser Wert in einem Zeitraum von 3 Monaten nicht verringert, darf diese Milch nicht mehr in den Verkehr gebracht werden; s. a. Kap. Milchqualitätsaspekte (S. 390). Im Übrigen muss beim Anstieg der Zellgehalte – auch ohne Auftreten klinischer Mastitiden – mit deutlichen Milchleistungseinbußen gerechnet werden.

Zur Bestandssanierung sind Einzeluntersuchungen der Kühe erforderlich. Diese werden u. a. von Mitarbeitern des Eutergesundheitsdienstes durchgeführt, die es in allen Bundesländern gibt. Es werden Viertelgemelksproben zur bakteriologischen Untersuchung mit Antibiogramm gezogen, um das Erregerspektrum in der Herde sowie darauf ausgerichtete geeignete Präparate zur Behandlung zu ermitteln. Anhand dieser Untersuchungsergebnisse können die notwendigen Behandlungs- und Vorbeugungsmaßnahmen getroffen werden (▶ **Tab. 2.14**). Es muss u. a. entschieden werden, welche Tiere noch behandlungswürdig sind, welche gemerzt werden sollen, welche Kühe während der Laktation oder während der – möglicherweise vorgezogenen – Trockenstehphase behandelt werden sollen.

Die Milch der akut erkrankten Kühe darf nicht an die Molkerei geliefert oder ab Hof verkauft werden. Das gilt auch für Milch, die während der Behandlung mit Medikamenten ermolken wird sowie für die sich nach der Behandlung anschließenden Wartezeit, die vom Einsatz des jeweils verwendeten Medikaments abhängig ist – und sich für ökologisch wirtschaftende Betriebe verdoppelt. Dieses Verbot soll dafür sorgen, dass keine Antibiotika-Rückstände in die Milch gelangen, die zu erheblichen Produktionsverlusten in der Molkerei führen und überdies die Gesundheit der Verbraucher gefährden können. Werden dennoch mit dem sogenannten „Hemmstofftest“ Antibiotika-Rückstände in der Milch nachgewiesen, werden die Tierhalter mit einem Milchgeldabzug von zurzeit 5 Cent/kg je positivem Ergebnis belegt. Bei zwei positiven Ergebnissen beträgt die Kürzung 10 Cent/kg Milch; zudem ist hemmstoffhaltige Milch nicht verkehrsfähig.

Bei der Bekämpfung der Euterkrankheiten spielen **vorbeugende Maßnahmen** – auf das jeweilige Erregerspektrum ausgerichtet – eine entscheidende Rolle (▶ **Tab. 2.14**).

Wegen der zunehmenden Resistenzentwicklung einiger an der Mastitisentstehung beteiligter Bakterienstämme gegen Penicillin und andere antibiotische Medikamente ist es notwendig, die Mastitis-Problematik als einen ganzheitlichen Komplex zu betrachten. Weitere Optimierung des Herdenmanagements und der Melksysteme sowie die stärkere Berücksichtigung des Einzelzuchtwertes „Eutergesundheit“ für die Zuchttierselektion bei Zuchtprogrammen sind hier vordringlich zu nennen. Und zur Vorbeugung gegen Färsenmastitiden sollte es als selbstverständlich gelten, **keine** „Hemmstoff“-Milch oder Milch von „Zellzahlmillionärinnen“ an Kälber während der Aufzuchtperiode zu verfüttern.

In der Sauenhaltung sind gesundheitliche Störungen, bei denen Bakterien verschiedener Gattungen neben Mastitis auch Gebärmutterentzündungen (Metritis) und Milchmangel (Agalaktie) verursachen, verbreitet. Mehr über diesen sogenannten MMA-Komplex (Mastitis-Metritis-Agalaktie) im Kap. Schweinekrankheiten (S. 527).

2.12 Abwehr von Infektionskrankheiten

Unsere Haustiere verfügen über ein hochentwickeltes, gestaffeltes Abwehrsystem. Seine verschiedenen Stufen werden zwar nacheinander wirksam oder mobilisiert; aber es kommt zwischen ihnen im weiteren Verlauf der Auseinandersetzung mit den Erregern zu einer engen Zusammenarbeit.

2.12.1 Allgemeine Abwehreinrichtungen und Resistenz

Merke

Mit einer Art erster Barriere versucht der Organismus, das Eindringen von Krankheitserregern zu verhindern:

- **Die Schranke der äußeren Haut, die in unverletztem Zustand von den meisten Krankheitserregern nicht überwunden werden kann. Die Milchsäure und andere Fettsäuren aus Talg- und Schweißdrüsen töten Keime ab.**
- **Die Aktivitäten der Schleimhäute der Atemwege und anderer Körperein- und -ausgänge: Schleim, Speichel, Tränen und Urin schwemmen Keime heraus; die Flimmerhärchen auf den Epithelzellen, Husten und Niesen helfen mit.**
- **Sehnenscheiden, Bindegewebshüllen von Muskeln und andere Scheidewände hemmen mechanisch die Fortbewegung der Keime, die dann von Lysozymen und anderen bakterientötenden Enzymen vernichtet werden können.**
- **Die Salzsäure des Magens tötet das Gros der durch die Speiseröhre eindringenden Keime ab.**

Diese wichtigen, im Erbgut verankerten Bestandteile der natürlichen Widerstandskraft der Tiere sind ein Teil der unten noch weiter behandelten **unspezifischen**. Unter **Resistenz** hingegen versteht man heute die ebenfalls genetisch bedingte Unempfindlichkeit von Individuen, Rassen oder Arten gegenüber ganz bestimmten Infektionserregern oder Giften (Toxinen).

Beispiele: Fliegenmaden sind – im Gegensatz zum Menschen – resistent gegen das Gift der Fliegenpilze. Rinder sind unempfindlich gegen die Erreger zahlreicher Schweinekrankheiten (Rotlauf, Dysenterie, Schweinepest usw.), während es eine Reihe anderer Krankheiten gibt (Tollwut, Aujeszky-Krankheit, Maul- und Klauenseuche usw.), mit denen sich sowohl Rinder als auch Schweine (und andere Spezies, einschließlich des Menschen) infizieren können. Zahlreiche Bakterienstämme haben im Laufe der letzten Jahrzehnte eine **vererbbare Resistenz** gegen Penicillin und verschiedene andere Antibiotika entwickelt, teilweise durch Auslese, teilweise durch eine komplizierte Technik der Übertragung von Resistenzfaktoren von einem Bakterium auf andere.

Was geschieht, wenn die allgemeinen Abwehreinrichtungen den Einbruch von Infektionserregern nicht verhindern können, beispielsweise wenn die Haut verletzt ist und tiefere Gewebeschichten zugänglich werden? – Oder wenn die Schleimhaut der Atemwege durch schlechte Stallluft vorgeschädigt und nicht mehr genügend funktionstüchtig ist? Es kommt zu **Entzündungsvorgängen** (Rötung durch stärkere Durchblutung, Schwellung durch erhöhte Durchlässigkeit der Gefäßwände, Schmerz, Temperaturanstieg usw.). Diese Symptome sind die Begleiterscheinungen des Organismus bei der Abwehr von Infektionen oder physikalischen Verletzungen des Gewebes. Der Sinn der Entzündung besteht jedoch darin, die verschiedenen Bestandteile des Immunsystems zu aktivieren bzw. an den Entzündungsort zu transportieren. Es werden, etwa beim Gerinnen des Blutes oder beim programmierten Zelltod körpereigener Zellen (Apoptosis), aber auch durch die eingedrungenen Infektionserreger selbst, chemische Substanzen freigesetzt, welche die gerade vorbeikommenden oder in benachbarten Lymphknoten wartenden Leukozyten alarmieren bzw. anlocken (**Chemotaxis**).

2.12.2 Unspezifische Sofortabwehr und antigenspezifische Immunantwort

Definition

Man unterscheidet die unspezifische Sofortabwehr (**unspezifische**), die gegen alles Fremde oder (z. B. nach dem Zelltod) „Fremdgewordene" gerichtet ist, von der **spezifischen**, **erworbenen (adaptierten) Immunantwort**, die gezielt auf den erkannten Eindringling abgestellt ist, aber eine mehrstündige Anlaufzeit benötigt. Beide Systeme arbeiten eng miteinander. Eine Übersicht über die beteiligten Zelltypen (Untergruppen der Leukozyten) gibt die ▸ Abb. 2.43.

Unspezifische Sofortabwehr Sie wird getragen von großen und kleinen **Fresszellen** (**Phagozyten**), deren Aufgabe es ist, eingedrungene Mikroorganismen (Bakterien, Viren usw.) und körper-

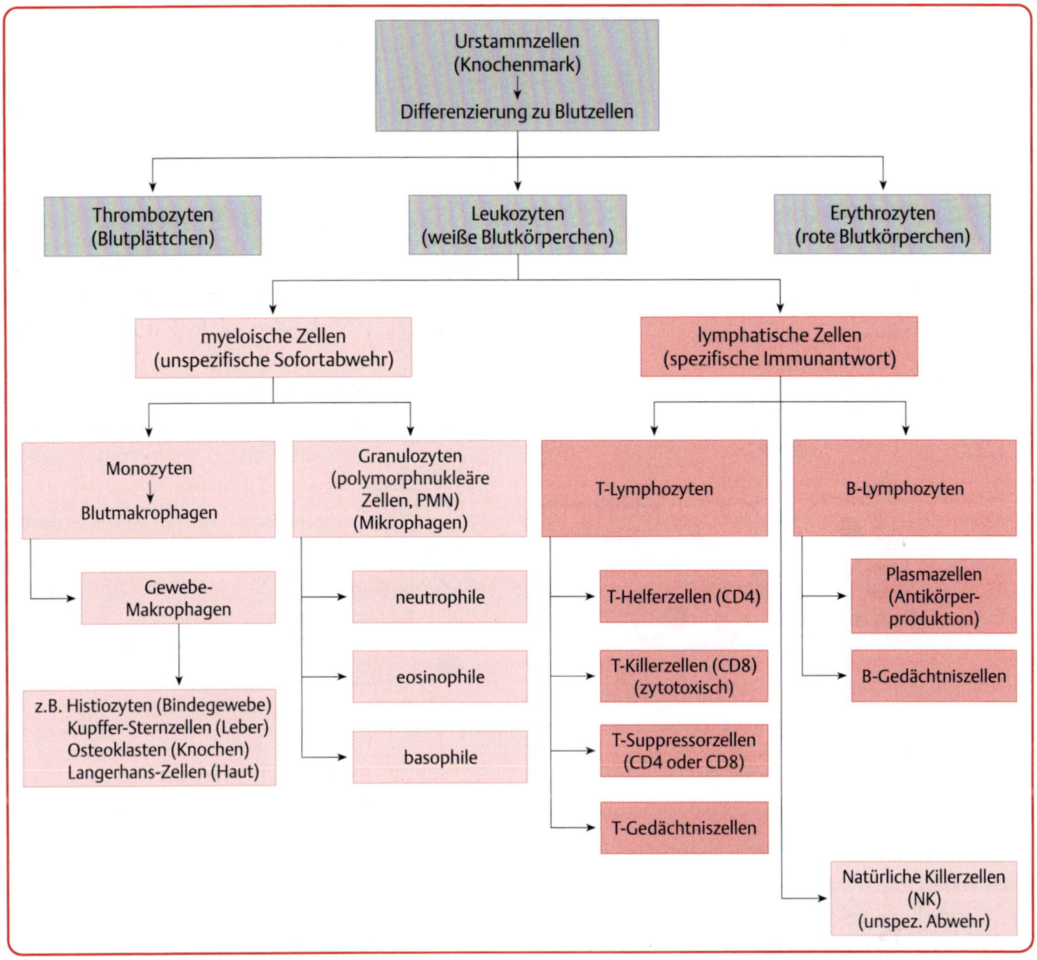

▸ **Abb. 2.43** Einteilung der sich aus den Urstammzellen des Knochenmarks entwickelnden Blutzellarten CD4, CD8: Kurzform für Proteine (cluster of differentiation), welche die T-Lymphozyten an ihrer Oberfläche als Hilfsrezeptoren tragen und die zu ihrer funktionellen Unterscheidung herangezogen werden.

eigene Gewebe- und Zelltrümmer mittels Phagozytose unschädlich zu machen. Sie rekrutieren sich aus 2 Untergruppen der Leukozyten, den Monozyten und den Granulozyten (▸ **Abb. 2.43**):

1. **Monozyten** des Blutes bzw. aus diesen durch Reifungsvorgänge entstehende **Makrophagen**, die mit dem Blut zu ihren Einsatzstellen in den jeweiligen Geweben geführt werden, sowie die in verschiedenen Geweben **sesshaften Makrophagen**, wie z. B. Histiozyten im Bindegewebe oder Kupffer-Sternzellen in den Lebergängen. Die Lebenszeit der Makrophagen kann mehrere Monate bis Jahre betragen.
2. **Neutrophile Granulozyten** des Blutes. Wie die Makrophagen sind auch diese in der Lage, aus den Blutkapillaren in das betroffene Gewebe überzutreten. Sie sind in der Regel die ersten Zellen, die bei der Sofortabwehr in Aktion treten.

Die eosinophilen und basophilen Granulozyten sind an der Immunabwehr von Infektionen mit Würmern und anderen Parasiten bzw. an allergischen Überempfindlichkeitsreaktionen beteiligt.

Was passiert während der **Phagozytose**? Dringen Bakterien in ein Gewebe ein, werden die neu-

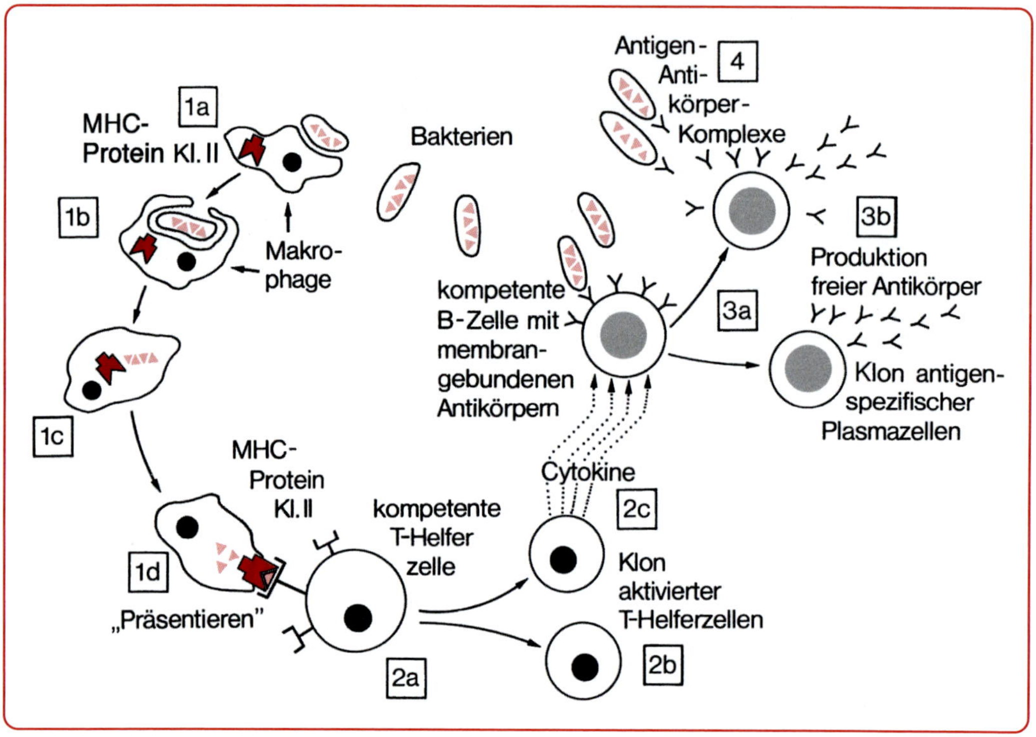

▸ **Abb. 2.44** Zusammenarbeit zwischen Phagozytose und Immunantwort (Erläuterungen im Text).

trophilen Granulozyten durch chemische Fremdstoffe oder durch Komplementfaktoren zum Ort des Geschehens gelockt (**Chemotaxis**). Die Oberfläche der Eindringlinge ist im Optimalfall schon durch körpereigene Proteine (Komplement) markiert worden und stellt damit eine attraktive „Beute“ für die Fresszellen dar, die das Bakterium sodann umschließen und mit zelleigenen Enzymen verdauen. Der gesamte Vorgang geht mit den o. g. typischen Entzündungssymptomen und Eiterbildung (Anhäufung von toten Zellen, auch Granulozyten, verdautem Material und Flüssigkeit) einher. Innerhalb kurzer Zeit kann die Zahl der neutrophilen Granulozyten um ein Vielfaches zunehmen; ihre chemische Abwehrkraft erlahmt jedoch rasch und ihre Lebenszeit ist auf wenige Stunden bis Tage begrenzt. Danach sind es die mobilen und sesshaften Makrophagen, welche die Phagozytosearbeit fortsetzen. Diese Zellen verarbeiten einen Teil des fremden Materials zur **„Präsentation“** für die antigenspezifisch arbeitenden Lymphozyten auf (▸ **Abb. 2.44**; **1a–d**).

Die Wirksamkeit der Sofortabwehr hängt vor allem von der Keimdichte ab, das heißt von der Menge der hereinflutenden Infektionserreger, aber auch von der Art der Erreger. Manche haben Abwehreinrichtungen gegen die Phagozytose entwickelt und widerstehen den Fresszellen. Deshalb alarmieren schon die ersten Granulozyten und Makrophagen, die sich mit den Eindringlingen auseinandergesetzt haben, das Hauptheer der Lymphozyten, die vor allem in den Lymphknoten und in der Milz stationiert sind. Für die Verständigung der einzelnen Immunzellen untereinander spielen verschiedene Signalstoffe (z. B. verschiedene Proteinfraktionen des **Komplementsystems** und die **Cytokine**) eine wichtige Rolle.

Spezifische Immunantwort durch Lymphozyten Sie wird charakterisiert einerseits durch spezifische Antikörper, die zu einer selektiven Immunreaktion mit dem entsprechenden Antigen befähigt sind, sowie andererseits durch die entsprechenden sensibilisierten Zelltypen, die die

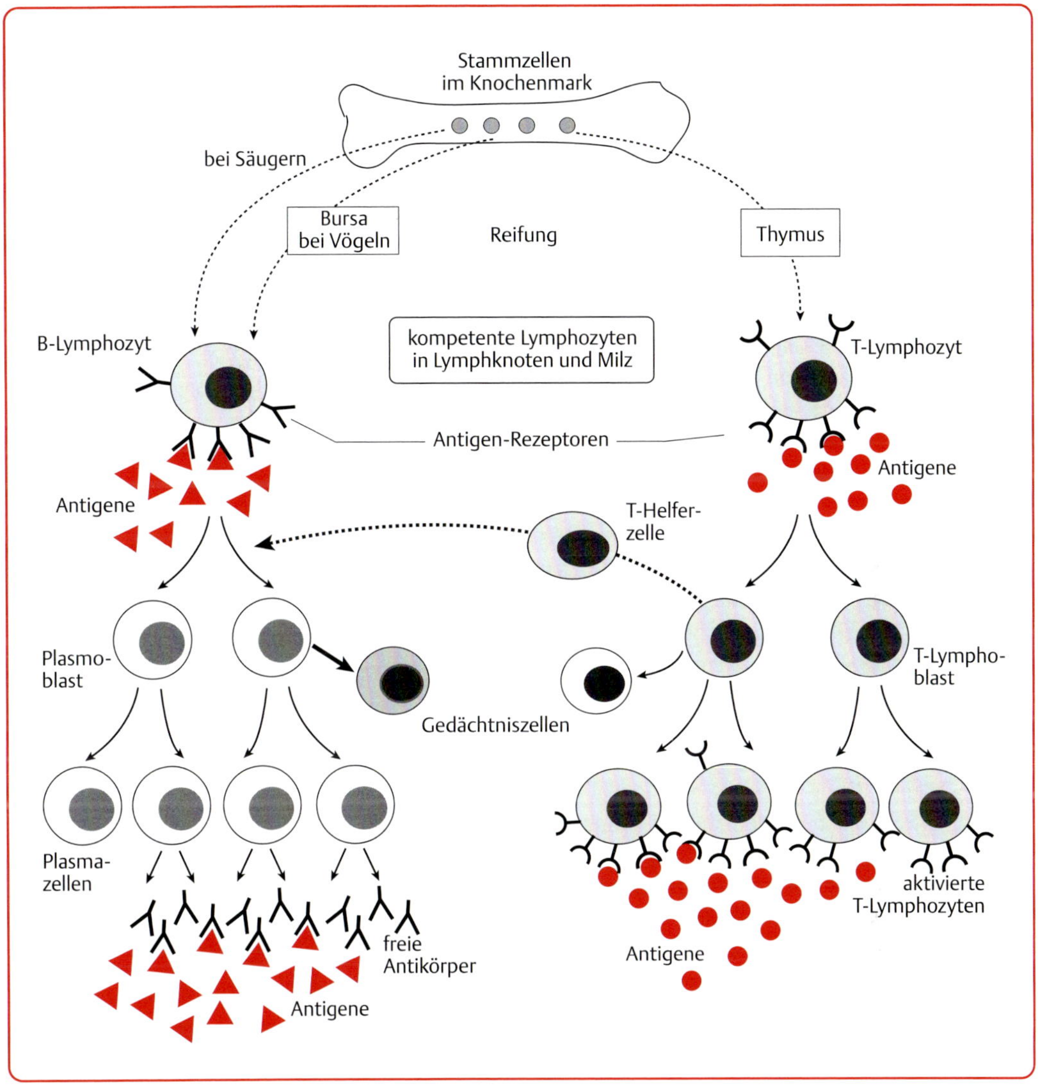

▶ **Abb. 2.45** Lymphozyten vom Knochenmark bis zur Immunantwort.

Antikörper nach Bedarf produzieren (B-Lymphozyten) bzw. die für die Regulation der Immunantwort zuständig sind (T-Lymphozyten). Es gibt unter der Vielzahl wartender Lymphozyten einige „kompetente" Lymphozyten auf der Zelloberfläche der B-Lymphozyten oder liegen als **freie Antikörper** in Blut und Lymphe vor.

Die aus dem Knochenmark stammenden Vorläufer der **T-Lymphozyten** (▶ Abb. 2.43, ▶ Abb. 2.45) reifen in der **Thymus-Drüse**, die sich bei jungen Tieren vor dem Herz befindet und sich im unteren Teil des Halses bis zum Kehlkopf hinzieht. (Später bildet sich diese Drüse zurück und nach der Geschlechtsreife findet man nur noch Reste davon.) Die Vorläufer der **B-Lymphozyten** reifen bei den Vögeln in der Bursa heran, einer nahe der Kloake sitzenden Drüse. Bei Säugetieren erfolgt die Reifung wahrscheinlich schon im Knochenmark (engl. bone marrow) und in der fötalen Leber.

Definition

Als **Antigen-Rezeptoren** der kompetenten B-Lymphozyten betätigen sich Antikörper, die auf der äußeren Zellmembran sitzen und deshalb „membrangebundene Antikörper" genannt werden. Sie können „ihr" Antigen zwar ohne Weiteres erkennen und festhalten, aber vor dem nächsten Schritt müssen sie auf die Botschaft eines T-Helferlymphozyten warten (**T-Helferzellen** sind eine Untergruppe der T-Lymphozyten; ▶ Abb. 2.44 **2c**).

Für die **kompetenten T-Lymphozyten** für die Antigen-Erkennung. Darüber hinaus fungieren sogenannte CD-Proteine als Hilfsrezeptoren, diese werden auch zur funktionellen Unterscheidung der einzelnen T-Lymphozyten herangezogen (▶ Abb. 2.43). Den T-Zellen müssen gleichzeitig mit ihrem Antigen Moleküle einer bestimmte Klasse von körpereigenen Eiweißverbindungen „präsentiert" werden, die für die Prüfung der **Gewebeverträglichkeit** zuständig sind, nämlich die sogenannten **MHC-Proteine** (englisch: **Major Histocompatibility Complex** = Haupt-Gewebeverträglichkeits-Komplex). Diejenigen der **Klasse I** befinden sich auf der Oberfläche fast aller Körperzellen mit Zellkern, die der **Klasse II** vor allem auf der Oberfläche von Makrophagen und B-Lymphozyten.

Wenn sich nun angelockte T-Helferzellen einem Makrophagen nähern, der gerade ein Bakterium verdaut und Bruchstücke davon an seiner Oberfläche abgelegt hat, nehmen ihre **Rezeptoren** sowohl das als Antigen wirksame Bakterienbruchstück als auch MHC-Proteine der **Klasse II** wahr (▶ Abb. 2.44, **2a**). Durch diesen Kontakt werden sie angeregt, sich zu vermehren und einen Klon von völlig identischen Spezialzellen zu bilden (▶ Abb. 2.44, **2b**). Außerdem senden sie Signalstoffe (**Cytokine**) aus, welche die kompetenten B-Lymphozyten, die das gleiche Antigen erkannt haben wie die T-Helferzellen, nunmehr dazu veranlassen, sich ebenfalls zu vermehren. Sie bilden einen Klon identischer, auf dieses eine Antigen spezialisierter **Plasmazellen** (▶ Abb. 2.45, ▶ Abb. 2.44, **3a**). Diese haben ihrerseits die Aufgabe, eine Vielzahl **freier Antikörper** zu produzieren und sie in Blut und Lymphe zu entlassen.

Struktur von Antikörpern Die im Blut zirkulierenden Antikörper gehören zur Eiweißgruppe der **Globuline**. Man nennt sie deshalb auch **Immunglobuline** (▶ Tab. 2.15), abgekürzt **IgA**, **IgD**, **IgE**, **IgG** und **IgM**. Diese Klassen der Immunglobuline unterscheiden sich im Aufbau ihrer Moleküle, durch ihren Anteil im Blut und im Schwerpunkt ihrer Abwehrleistung, siehe ▶ Tab. 2.15 und Erklärungen im weiteren Text.

Das **IgM** ist das größte Molekül (relative Molekülmasse > 900 000) und wird von den Plasmazellen bei einer Neuinfektion zuerst produziert. Im weiteren Verlauf der Infektion gehen die Plasmazellen zur verstärkten Abgabe von **IgG**-Antikörpern über, diese können bei einer neuen Infektion dann direkt in Aktion treten. Beim Rind stellt IgG mit 85 – 90 % den Hauptanteil am Gesamtglobulin, während der Anteil von IgM meistens unter 10 %

▶ **Tab. 2.15** Immunglobuline – Funktion und Halbwertzeit (mod. nach Hoffmann 2007 [106]).

Immunglobuline (Ig)	Halbwertzeit	Funktion
IgM	5	entsteht beim **Erstkontakt**, lähmt eingedrungene Erreger durch Komplexbindung (Antigen-Antikörper-Komplex), Aktivierung des Komplementsystems
IgG	18–25	kommt am häufigsten vor, **Sekundärantwort**, lähmt eingedrungene Erreger durch Komplexbindung (Antigen-Antikörper-Komplex), Aktivierung des Komplementsystems
IgA	6	vor allem in Schleimhäuten, Magen-Darm-Kanal, Atemwegen, Sekreten, Milch
IgE	2	stimuliert Mastzellen zur Freisetzung von Stoffen gegen Substanzen, die Entzündungen und Allergien auslösen (z. B. Histamin)
IgD	3	Oberflächenrezeptor von B-Zellen

bleibt. **IgA** wird vor allem an Gewebeoberflächen, besonders an der Schleimhaut des Darms, gefunden.

In ► **Abb. 2.46** wird ein stark vereinfachtes, schematisches Modell eines IgG-Moleküls wiedergegeben. Es hat die Gestalt eines Y und besteht aus 4 Aminosäureketten, 2 schweren und 2 leichten, die durch Schwefelverbindungen (Disulfidbrücken) zusammengehalten werden. Der größte Teil der Ketten ist bei allen IgG-Molekülen gleich aufgebaut (der konstante Teil), hier finden sich Regionen, die als Bindungsstelle für Makrophagen und Komplementproteine dienen. Die beiden Enden der Arme des Y besitzen variable Abschnitte, die als Bindungsstelle für je 2 identische, spezifische Antigene fungieren. Diese Abschnitte unterscheiden sich also von Immunglobulin zu Immunglobulin in der Aminosäurenstruktur.

Weil es in der Umwelt des Haustieres Tausende verschiedener Arten von Mikroben und anderen Antigenen gibt, werden mithilfe der großen Variabilität der Y-Endabschnitte schon während der Embryonalentwicklung die Vorstufen für Millionen verschiedener Antigen-Rezeptoren bereitgestellt. Dieses ist die wichtigste Voraussetzung für die erregerspezifische Immunantwort.

Funktion der Antikörper Besonders die großen IgM-Moleküle, die 10 **Antigenbindungsstellen** besitzen, verkleben mikrobielle Krankheitserreger und machen sie dadurch unbeweglich. Andere Antikörper binden Antigene von giftigem Charakter, also die von manchen Mikroben ausgeschiedenen **Toxine**, und vermindern deren Schädlichkeit für den Körper.

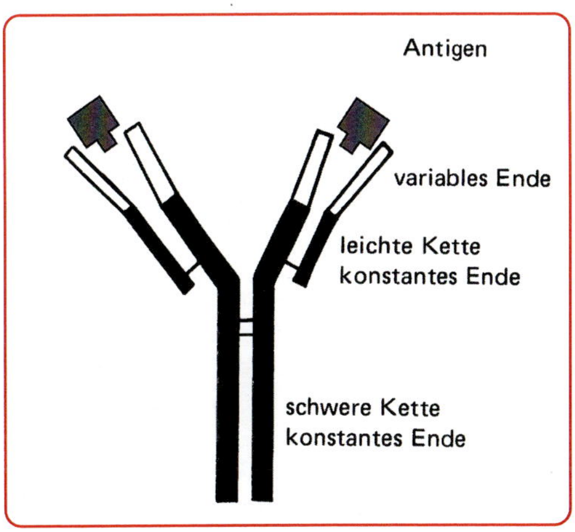

► **Abb. 2.46** Strukturschema eines Antikörpers.

Fazit

Die Vernichtung der Erreger selbst erfolgt hauptsächlich auf anderen Wegen: Durch den Kontakt zwischen Antigen und Antikörper entstehen **Antigen-Antikörper-Komplexe** (► **Abb. 2.44**, 4), für die Makrophagen besondere Rezeptoren besitzen. Sie umschließen die Komplexe und verdauen Freund und Feind gemeinsam. Auf diese Art wird also die Tätigkeit der Makrophagen wirkungsvoller.

Durch Antigen-Antikörper-Komplexe wird außerdem das sogenannte **Komplementsystem** mobilisiert. Dieses besteht aus ca. 20 Eiweißkomponenten (9 Hauptfaktoren und mehrere Unterfaktoren), die aus der Leber stammen und die nach dem Kontakt mit Antigenen nacheinander in der Art einer Kettenreaktion aktiviert werden. Ein Protein aus den letzten Stufen dieser Komplementeiweiße greift die Zellwand der Bakterien an. Durch die dabei entstehenden Löcher läuft Zellinhalt aus, die Bakterien sterben ab. Dieser Vorgang wird als **Lyse** bezeichnet. Eine andere Funktion des Komplementsystems besteht darin, Makrophagen zum Infektions- bzw. Entzündungsort zu locken (**Chemotaxis**). Haben sich Komplementfaktoren an den Erreger angelagert, man spricht hierbei von **Opsonierung**, können die Makrophagen mit ihren Rezeptoren für Teile des Komplementsystems die Eindringlinge besser erkennen. Auch auf diese Weise wird die Arbeit der Phagozyten effektiver gemacht.

Fazit

Es kann zusammengefasst werden: Der von den Lymphozyten gesteuerte Prozess der Immunabwehr mündet also am Ende wieder in eine Phagozytose.

Aufgabe der T-Lymphozyten Die wichtigste Funktion der T-Helferzellen wurde schon erwähnt. Aber was tun die anderen T-Zellgruppen?

Merke

Wenn Viren es geschafft haben, aus der Körperflüssigkeit heraus- und in Körperzellen hineinzuschlüpfen, könne ihnen die von Plasmazellen produzierten Antikörper nichts mehr anhaben. Die virusinfizierten Zellen beginnen nun, statt der körpereigenen Eiweiße Virusproteine zu produzieren. Teile hiervon werden auf der Oberfläche der befallenen Zellen zusammen mit zelleigenen MHC-Strukturen der Klasse I abgelegt. Diese können von T-Killerzellen mit deren spezifischen T-Zellrezeptoren als Virusantigen wahrgenommen werden. Nach Kontakt mit dem MHC-Antigen-Komplex scheiden die T-Killerzellen Zellgifte (Zytotoxine) aus, weshalb sie auch zytotoxische T-Zellen genannt werden. Die Zytotoxine der T-Killerzellen zerstören die infizierten Körperzellen mitsamt den eingedrungenen Viren und verhindern somit deren weitere Vermehrung.

Zytotoxische T-Zellen sollen auch bei der Zerstörung von Krebszellen mitwirken. Außerdem sorgen sie für das Abstoßen körperfremder Gewebe, was Organverpflanzungen bei Menschen erschwert. Die sogenannten Natürlichen Killerzellen (NK-Zellen), eine weitere Art der Lymphozyten, haben ähnliche Funktionen bei der Ausschaltung von virusbefallenen oder Tumorzellen wie die zytotoxischen T-Lymphozyten. Ihre Art der Antigenerkennung ist jedoch noch nicht vollständig geklärt. Sie benötigen, im Gegensatz zu den genannten T-Killerzellen, keinen T-Zell-typischen Rezeptor, scheinen aber Rezeptoren gegen MHC-Proteine zu besitzen, die wiederum im Falle ihrer Zielzellen charakteristisch vermindert sind. Noch werden sie eher der unspezifischen Immunabwehr zugerechnet.

Nebenbei: Die AIDS-Viren, die Erreger der bisher nicht heilbaren Immunschwäche, lähmen gezielt die Aktivität der T-Helferzellen und blockieren dadurch die Produktion von Antikörpern.

Eine ähnliche Blockade der Immunantwort erfolgt auch auf physiologischem Weg. Wahrscheinlich sind nicht spezielle **T-Suppressorzellen** dafür verantwortlich, sondern die schon erwähnten T-Helfer- bzw. T-Killerzellen, die je nach Bedarf unterschiedliche Zytokine ausschütten und damit die Antikörperproduktion der B-Zellen stimulieren oder inhibieren. Dies ist wichtig, um die Immunreaktion nach erfolgreicher Ausschaltung der Erreger zu beenden. Auf diese Weise werden die Instrumente der Immunabwehr vermutlich daran gehindert, im Eifer des Gefechts auch gesunde Körperzellen und -gewebe zu attackieren. Dass das nicht immer gelingt, zeigen Autoimmunkrankheiten wie z. B. der Jugenddiabetes (Typ 1) oder die Multiple Sklerose. Wie die Regulation der Immunantwort im Einzelnen verläuft, wird auch in den kommenden Jahren noch Thema intensiver Forschungsarbeit sein.

2.12.3 Immunologisches Gedächtnis und Immunisierung

Merke

Sobald durch den Kontakt mit Antigenen B- und T-Lymphozyten stimuliert werden, veranlassen sie, außer den schon besprochenen Maßnahmen, auch die Bildung von B- und T-Gedächtniszellen, einer Spezialsorte von Lymphozyten mit langer Lebensdauer (die normalen Lymphozyten leben nur 1 – 5 Tage). Diese Gedächtniszellen sorgen dafür, dass bei einem späteren Einbruch des gleichen Erregers die Immunantwort schneller und intensiver erfolgt, sodass bei dem Tier die Krankheitssymptome in leichterer Form auftreten als beim ersten Mal oder gar nicht mehr. Es ist eine bekannte Erfahrung, dass man manche Infektionskrankheiten (wie die Masern) nur einmal durchstehen muss und dann eine lebenslange Immunität besitzt. Leider hält bei vielen anderen Erregern die Immunität nur einige Jahre, manchmal nur einige Wochen an. Das liegt daran, dass manche Erreger häufig neue Oberflächenstrukturen entwickeln, sodass die Antigen-Rezeptoren der bei früheren Infektionen gebildeten Gedächtniszellen getäuscht werden. Besonders „erfolgreich" in diesem Sinne sind Grippe-Viren.

Immunisierung durch Mutter-Kind-Beziehung und durch Impfung Bei den landwirtschaftlich genutzten Säugetieren können nur kleine Moleküle die Membranen der Plazenta (S.81) durchdringen. Das bedeutet, dass die meisten Krankheitserreger, die im Blut der Mutter transportiert werden, nicht in den Fötus gelangen (Ausnahmen z.B. Brucellen und sehr kleine Viren). Beim Menschen und bei anderen Primaten ist dagegen die Plazenta durchlässiger und sowohl ein Teil der Erreger als auch die von der Mutter gebildeten Antikörper erreichen den Fötus. Während neugeborene Kinder also über einen beachtlichen Vorrat an Antikörpern (IgA) verfügen, den ihnen die Mütter mitgeben, kommen Kälber und Ferkel mit relativ wenigen Antikörpern zur Welt.

Praxistipp

Damit sie nicht sofort den aus der Stallumwelt auf sie eindringenden Krankheitskeimen erliegen, liefern ihnen die Muttertiere die Antikörper gegen die Krankheiten, mit denen sie sich selbst auseinandergesetzt haben, mit der **Biest- oder Kolostralmilch** nach (Kuh: vorwiegend IgG; Sau: neben IgG auch beachtliche Mengen IgA). Es ist also sehr wichtig, dass neugeborene Kälber, Ferkel und Lämmer möglichst **sofort nach der Geburt** die erste Kolostralmilch erhalten und nicht erst 6 – 8 Stunden später. Das Kolostrum muss deshalb so frühzeitig aufgenommen werden, weil einerseits die Immunglobulin-Konzentration in der Kolostralmilch schon wenige Stunden nach der Geburt deutlich abnimmt und andererseits die Durchlässigkeit der Darmschleimhaut der Kälber und Ferkel für die großen Immunglobulinmoleküle spätestens 12 Stunden nach der ersten Nahrungsaufnahme (des Kolostrums) rasch zurückgeht und am zweiten Lebenstag meistens ganz aufhört. Im Übrigen wirkt das Saugen der erstgeborenen Ferkel – bei der Kolostrumaufnahme – stimulierend auf den schnelleren Verlauf der Geburt der nachfolgenden Wurfgeschwister, weil das beim Saugakt von den Sauen sezernierte Hormon Oxytocin ebenfalls für die Wehentätigkeit zuständig ist.

In der Regel enthält die Kolostralmilch älterer Kühe bzw. Sauen ein größeres Sortiment an Antikörpern als die Biestmilch junger Muttertiere. Es kann also sinnvoll sein, Kolostralmilchüberschüsse älterer Kühe einzufrieren und damit die Kälber von sehr jungen oder von Problemkühen zu versorgen.

Es ist ebenfalls möglich, spezifische Antikörper gegen bestimmte Infektionserreger des Verdauungstraktes (E. coli, Rotavirus) oral zu verabreichen, sodass sie ohne weitere Passage direkt am Ort des Krankheitsgeschehens vorliegen und wirken können.

Definition

Diese verschiedenen bisher beschriebenen Wege der sogenannten **Passiven Immunisierung** bieten als Vorteil einen **sofort wirksamen Schutz**. Als Nachteil muss angesehen werden, dass die von der Mutter oder von anderen Spendern übernommenen Antikörper innerhalb weniger Wochen, manchmal Tagen, im Körper der Empfänger abgebaut werden, dass also der Schutz nicht lange vorhält.
Im Gegensatz dazu steht die **Aktive Immunisierung**, die bei den Impflingen den Aufbau der eigenen Immunabwehr fördert. Die zu schützenden Tiere werden mit einer Vakzine geimpft, die abgetötete (Totvakzine) oder geschwächte Bakterien oder Viren bzw. stark verdünnte Erregertoxine (Lebendvakzine) enthält. Dadurch wird die Bildung eigener Antikörper und Gedächtnis-Lymphozyten angeregt. Allerdings wird einige Zeit benötigt (2–3 Wochen), bis der Impfschutz vorliegt. Vielfach wird diese Impfung nach einer gewissen Zeit wiederholt, um die Immunantwort zu verstärken oder zeitlich zu verlängern.

Gegen manche hartnäckige Ferkelleiden (z.B. Coli-Durchfall) gibt es kombinierte Impfprogramme, die beide Wege der Immunisierung nutzen: Impfung der Muttersau während der Trächtigkeit (**Mutterschutzimpfung**) zur Anreicherung des Kolostrums mit Antikörpern und Impfung der Ferkel im Alter von 5 – 10 Tagen zum Aufbau der eigenen Immunabwehr. Mutterschutzimpfungen beim Rind gegen Durchfallerreger (Rota- und Corona-Viren) sind ebenfalls erhältlich.

2.13 Übungsfragen

Zellformen

Frage

Es gibt im Tierreich verschiedentlich auch größere Zellen als die der ▸ **Abb. 2.1** und ▸ **Abb. 2.2**, sogar eine Sorte von Zellen, die man auch ohne Mikroskop sehen kann. Welche?

Antwort

Eier, z. B. vom Geflügel oder von Fischen.

Verdauung in den Vormägen

Frage

Welche Art von Rationen verbessert den **Milchfettgehalt**, welche senkt ihn? Welches Dilemma ergibt sich für die Rationsgestaltung, wenn darüber hinaus auch viel Milch angestrebt wird.

Antwort

Ausführliche Beantwortung im Kap. Fütterung der Milchkühe (S. 319).

Follikelreifung

Frage

Woher „wissen“ die Eierstöcke, wann sie mit der **Follikelreifung** beginnen, sie abstoppen oder mit ihr fortfahren sollten? Wie kommt es, dass die weiblichen Tiere nur zu der Zeit des Follikelsprungs paarungswillig (= **brünstig**) sind?

Antwort

Ausführliche Beantwortung im Kap. Steuerung der Geschlechtstätigkeit durch Hormone (S. 78).

3 Vererbung

Ralf Waßmuth und Wilhelm Pabst

Nachkommen sind den Eltern ähnlich. Das halten wir für selbstverständlich. Erstaunt sind wir nur dann, wenn eine Kuh ein Kalb mit zwei Köpfen zur Welt bringt. Dabei hätten wir eher Grund, über den normalen Ablauf der Vererbung zu staunen und uns darüber zu wundern, dass es nicht häufiger zu Pannen kommt. Da ist z. B. zu bedenken, dass sich die wichtigsten Vorgänge für das Erbgeschehen in einem unvorstellbar kleinen Raum abspielen müssen. Der gesamte, überaus wichtige Beitrag eines Bullen als Vererber ist in einer winzigen Samenzelle enthalten, die so klein ist, dass Milliarden davon in einen Fingerhut passen.

Wenn man einen tieferen Einblick in die Vererbung gewinnen will, muss man sich also um die Vorgänge im Bereich der Geschlechtszellen und anderer Zellen kümmern. Wir beginnen mit dem Verlauf der Befruchtung, die von entscheidender Bedeutung für das Erbgeschehen ist.

3.1 Befruchtung

Die Paarung von männlichen und weiblichen Individuen einer Tierart dient der Vermehrung und damit der Befruchtung der Eizellen durch die männlichen Keimzellen, die Spermien. Damit die Befruchtung erfolgreich sein kann, müssen befruchtungsfähige Spermien im Eileiter zeitlich genau abgestimmt auf befruchtungsfähige Eizellen treffen, wohin diese vom Ort ihrer Entstehung, dem Eierstock gelangt sind.

Dem verhältnismäßig kurzen Weg der Eizellen steht ein längerer Weg der Spermien durch den weiblichen Genitaltrakt gegenüber. Dementsprechend vergehen von der Ejakulation bis zum Eintreffen der Spermien im Eileiter je nach Tierart 1 – 6 Stunden. Die Fortbewegung der Spermien erfolgt dabei überwiegend durch Kontraktionen der Muskulatur der Gebärmutter.

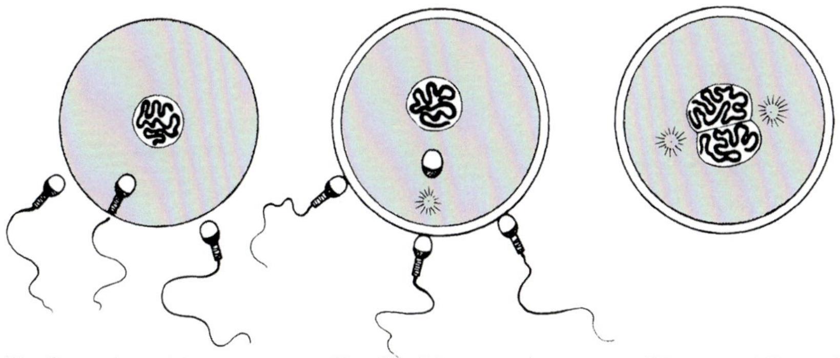

▶ **Abb. 3.1** Schema der Befruchtung.

Erst während der Verweildauer der Spermien im weiblichen Genitaltrakt erlangen die Spermien ihre volle Befruchtungsfähigkeit. Man nennt diesen Reifungsprozess mit vorwiegend biochemischen Vorgängen, z. B. der Auflösung einer aus dem Samenplasma stammenden Schutzschicht, **Kapazitation**. Nach deren Ende verringert sich das Befruchtungsvermögen der Spermien und erlischt bei Schwein, Schaf und Rind nach etwa 24 und beim Pferd nach 144 Stunden.

Zur befruchteten Eizelle oder Zygote wird eine Eizelle, sobald Kopf, Hals und Mittelstück eines Samenfadens in sie eingedrungen, Eizelle und Spermium also miteinander verschmolzen sind. Die Geißel des Spermiums bleibt häufig außen und die väterlichen Mitochondrien und mit ihnen die enthaltene DNA spielen keine große Rolle. Weitere Samenfäden werden nicht mehr hereingelassen. Der Kopf der eingedrungenen Samenzelle, also der Samenkern, und der Eikern nähern sich und verschmelzen miteinander. Das bedeutet, dass die mit den Zellkernen übermittelten Erbinformationen von beiden Eltern zusammenkommen (▶ **Abb. 3.1**).

3.2 Chemische Grundlagen

Aus der befruchteten Eizelle entwickelt sich während der Trächtigkeit ein Zellenstaat mit Billionen von Zellen. Dazu haben sich also viele Male Zellen teilen, vergrößern und wieder teilen müssen. Und immer wieder wurden vor der Zellteilung im Zellkern Duplikate von sämtlichen Erbinformationen – und zwar sowohl der väterlichen als auch der mütterlichen Vorlagen – hergestellt und je ein vollständiger Satz der väterlichen und mütterlichen Erbinformationen an die Tochterzellen weitergegeben.

Merke
Mit Ausnahme der Samenzellen und der unbefruchteten Eizellen besitzen sämtliche Zellen eines Tierkörpers in ihrem Zellkern je einen vollständigen väterlichen und mütterlichen Satz der Erbinformationen.

Bei der Vererbung werden bei allen Tieren **Nukleinsäuren** (Nukleus = Zellkern) verwendet. Dabei handelt es sich um große Moleküle, die aus vielen Bauelementen vom gleichen Typ, den sogenannten Nukleotiden, aufgebaut sind. Jedes **Nukleotid** besteht aus je einem Molekül Phosphorsäure, eines Einfachzuckers und aus einer organischen stickstoffhaltigen Base.

Merke
Die wichtigsten Vertreter der Gruppe der Kern- oder Nukleinsäuren sind die Desoxyribonukleinsäure (abgekürzt DNA [A für englisch: Acid = Säure] oder DNS) und die Ribonukleinsäure (RNA oder RNS). Erstere dient der Originalaufzeichnung der Erbinformationen, die RNA dient deren Weiterleitung.

Die Nukleotide der DNA unterscheiden sich von denen der RNA im Zucker: Die RNA enthält, wie aus dem Namen ersichtlich ist, Ribose ($C_5H_{10}O_5$), während die DNA als Zucker die Desoxyribose ($C_5H_{10}O_4$) aufweist, die ein Sauerstoffatom weniger hat.

Für den Aufbau der DNA stehen als organische Basen für die Nukleotide zur Verfügung (▶ **Tab. 3.1**):

▶ **Tab. 3.1** Darstellung der Nukleotidbasen.

Name	Abkürzung/Symbol
Adenin	A 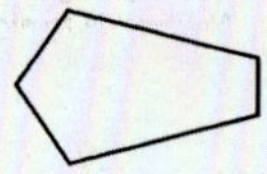
Guanin	G 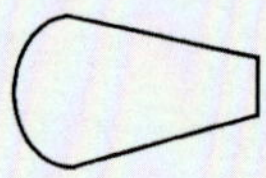
Cytosin	C 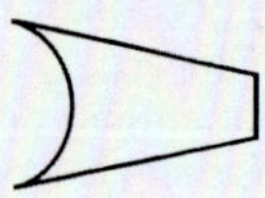
Thymin	T 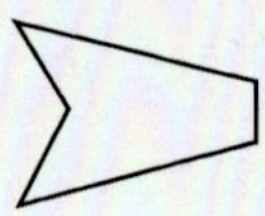

Nach den auf *Watson* und *Crick* zurückgehenden Modellvorstellungen sind jeweils 2 DNA-Moleküle in einem Doppelstrang miteinander verbunden, ähnlich einer Strickleiter. Die Stränge bilden sich aus Tausenden von Nukleotiden, wobei die Zucker benachbarter Nukleotide durch den Phosphatanteil der Nukleotide stabil miteinander verknotet sind. Die Basenanteile der Nukleotide sind über Wasserstoffbrücken mit den Basenanteilen der Nukleotide des Gegenstranges verbunden, so quasi die „Stege“ der Strickleiter bildend. Der Doppelstrang ist außerdem spiralig gedreht. Die Struktur der DNA wird deshalb als Doppelwendel (Doppelhelix) bezeichnet.

In ▸ **Abb. 3.2** werden das Bauprinzip der DNA und ihre Verknüpfungen verdeutlicht. Links ist die „Strickleiter“ ausgebreitet, rechts gewendelt. Bei Letzterer wird zugleich die Symbolik bzw. Kurzschreibweise von Windung zu Windung immer mehr vereinfacht. Denn auf den Strängen bleibt die alternative Folge von Phosphat- und Zuckermolekülen immer gleich, während die Basen der „Stege“ ständig variieren und dadurch die charakteristische Struktur des betreffenden DNA-Abschnittes bestimmen.

Fazit

Das Schema zeigt bestimmte Partnerschaften zwischen den 4 Basen. Wegen ihrer chemischen Struktur verbindet sich die Base Guanin nur mit der Base Cytosin (drei Wasserstoffbrücken) des anderen Holmes, Adenin nur mit Thymin (zwei Wasserstoffbrücken), sie sind also komplementär.

Das hat eine große Bedeutung bei der Verdoppelung der DNA vor der Zellteilung. Dann wird durch die Einwirkung spezieller Enzyme ein bestimmter Abschnitt der Doppelhelix entspiralisiert. Die Wasserstoffbrücken zwischen den komplementären

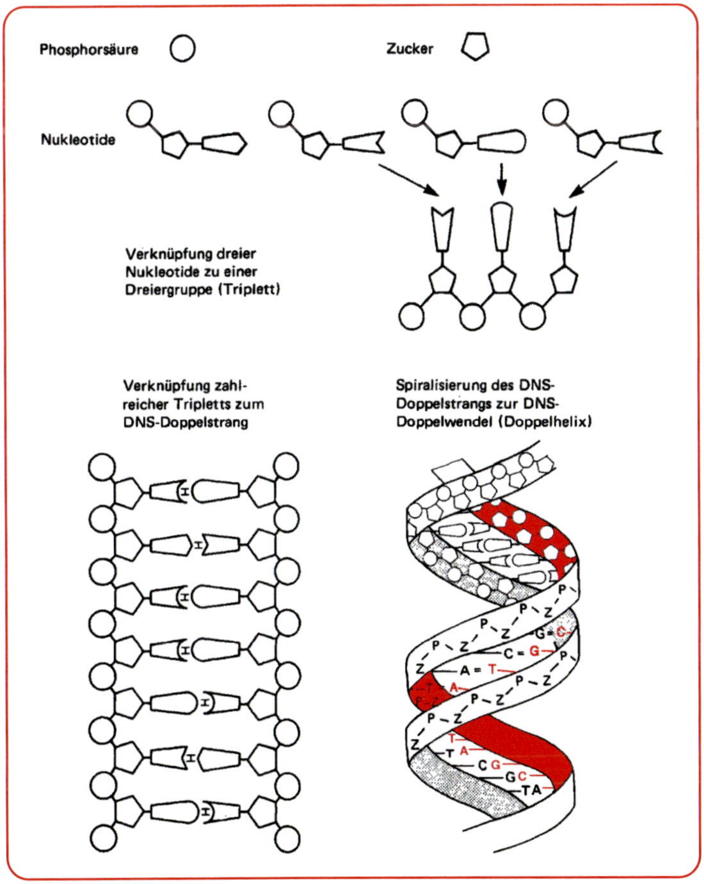

▸ **Abb. 3.2** Molekülaufbau der DNA-Doppelwendel (Doppelhelix).

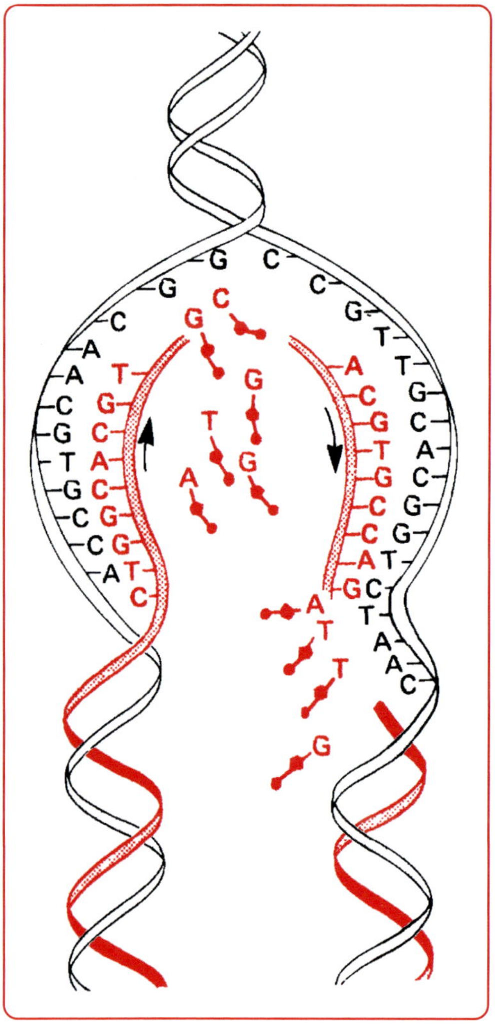

▸ **Abb. 3.3** Herstellung eines Duplikats der DNA-Doppelwendel.

Basen werden aufgelöst und der Doppelstrang beginnt, sich zu öffnen und auseinanderzuspreizen. Die jetzt partnerlos werdenden Basen fangen sich aus den vom Zellstoffwechsel bereitgestellten, ungebundenen Nukleotiden die passenden Partner von Neuem ein. Diese verknüpfen sich über ihre Phosphatmoleküle und es entsteht ein neuer DNA-Strang (▸ **Abb. 3.3**). Am Leitstrang geschieht der Einbau der Nukleotide kontinuierlich und am Folgestrang mithilfe von Primern (Oligonukleotide, die als Startpunkt dienen) und Okazaki-Fragmenten (DNA-Einzelstrangfragmente). Bei der DNA-Verdopplung verkürzen sich die Chromosomenenden (Telomere) im Laufe der Zellteilungen, bis die Zelle nicht mehr teilungsfähig ist. Dies passiert nicht bei allen Zellen, da das Enzym Telomerase die Verkürzung ausgleichen kann. Bei den Zellen, bei denen die Verkürzung eintritt, bedeutet dies Alterung, da unterhalb einer bestimmten Anzahl Basenpaare im Telomer die Teilungsfähigkeit erlischt.

Auf gleiche Weise bildet sich auch am zweiten Strang der DNA ein neuer DNA-Strang. Im Ergebnis sind zwei neue DNA-Stränge vorhanden, die ebenso aufgebaut sind wie vorher der eine. Bei den neu gebildeten Doppelwendeln stammt also jeweils ein Strang von der alten „Strickleiter", der andere wurde neu synthetisiert.

Bei Lebewesen mit sehr langen DNA-Doppelsträngen, also auch bei den Haustieren, öffnen sie sich bei der Verdoppelungsaktion nicht nur an einer Stelle, sondern an vielen gleichzeitig. Dadurch wird dieser Vorgang sehr beschleunigt. Die Verknüpfung der Teilstücke zum kompletten DNA-Doppelstrang erfolgt mithilfe spezieller Enzyme, der Ligasen.

Die beiden Duplikate der DNA-Doppelwendel werden bei der Kern- und Zellteilung auf die beiden Tochterkerne verteilt. Dadurch werden die gesamten Erbinformationen, die in den DNA-Molekülen des Zellkerns gespeichert sind, auf die beiden Tochterkerne übertragen.

Fazit

Jeweils 3 benachbarte Nukleotide der DNA-Stränge bilden eine Untereinheit, ein sogenanntes Triplett, das sich durch seine Basenfolge von anderen Tripletts unterscheidet, z. B. CGA, CGG, GGT. Insgesamt sind aus den 4 Basen A, D, G und T 64 Kombinationen möglich. Sie dienen als Schlüssel (Code) für die 20 Aminosäuren tierischer Zellen sowie für einige spezielle Zwecke, beispielsweise als Startsignal oder Stoppzeichen.

Wie und wo werden mithilfe dieses Codes die in den DNA-Strängen gespeicherten Anweisungen umgesetzt? Dem soll nach Darlegungen zu den Zellen nachgegangen werden.

3.3
Bau und Arbeitsweise der Zellen

3.3.1 Organisation der Zelle

Trotz aller Unterschiede in Größe und Form tierischer Zellen (▶ Abb. 2.2) lassen sich gemeinsame Bauelemente erkennen. Nach außen werden sie durch eine semipermeable, also beschränkt durchlässige Membran abgegrenzt. Im Zellinneren, dem „Protoplasma", spielen Eiweißverbindungen (= Proteine) eine entscheidende Rolle.

Merke

In der aus flüssigen und festen Elementen gemischten Grundsubstanz des Zellplasmas lassen sich neben dem Zellkern weitere eigentümliche Strukturen mit bestimmten Aufgaben unterscheiden, vor allem ein weitverzweigtes Lamellensystem, das durch Röhrchen miteinander verbundene Hohlräume bildet und als Endoplasmatisches Retikulum (ER) bezeichnet wird, sowie räumlich begrenzte, teilweise kompakte Gebilde von charakteristischer Form, die Organellen (▶ Abb. 3.4).

Die wichtigste Aufgabe des ER besteht darin, die Stofftransporte innerhalb der Zellen sowie zu den **Membranen** zu erleichtern, die ihrerseits für eine gezielte und gefilterte Stoffaufnahme und -abgabe zuständig sind. Das Kanalsystem ist veränderlich und kann sich neuen Ansprüchen – besonders während des Wachstums und der Zellteilung – anpassen.

Es gibt zwei Formen des ER, das raue (granuläre) und das glatte. Das **glatte ER** wird reichlich in Leberzellen gefunden und vermehrt sich dort stark bei Belastungen, z. B. bei Entgiftungsaktionen. Auch am Fettstoffwechsel der Zellen ist das glatte ER beteiligt, z. B. in den resorbierenden Epithelzellen des Darms.

Das **granuläre ER** verdankt seine raue Oberflächenstruktur Tausenden, in manchen Zellen auch Millionen von Körnchen mit einem Durchmesser von rund 20 nm (= 0,0002 mm), den **Ribosomen**. Außerdem gibt es mitten im Zellplasma sogenannte „freie" Ribosomen, oft gruppenweise zu **Polysomen** verbunden. Die Ribosomen enthalten als Hauptbestandteil Ribonukleinsäure (RNA) und spielen eine wichtige Rolle bei der Eiweißsynthese. Wie diese Anweisungen vom Zellkern in die Ribosomen gelangen, wird im Kap. Eiweißsynthese (S. 108) erläutert.

Die bohnenförmigen **Mitochondrien**, ebenfalls zu den Organellen gehörend, sind mehr als hundertmal größer als die Ribosomen und verfügen über eine große innere Oberfläche. Sie dienen hauptsächlich der Umwandlung und Bereitstellung von Energie. Sie sind in allen Zellen zu finden, in denen Arbeit geleistet wird, beispielsweise in der Geißel der Spermien, in den Wandzellen der Nierenkanälchen und natürlich in den Muskelzellen. Mit den komplizierten chemischen Reaktionen in diesen „Kraftwerken" der Zellen werden wir uns im Kap. Energieumwandlung in der Zelle (S. 201) befassen.

Bei den **Golgi-Apparaten**, weiteren Organellen, handelt es sich um flache Zisternen, die in Verbindung stehen mit dem ER. Von dort erhalten sie Vorstufen von Sekreten, die sie in den Zisternen synthetisieren und zu den Poren der äußeren Zellmembran transportieren, wo sie ausgeschieden werden. Daher sind besonders Drüsenzellen, wie die des Pankreas, reichlich mit Golgi-Apparaten bestückt. Aber auch an der Synthese von Schleimstoffen, Augenlinsenmaterial, Kollagen im Knorpel usw., vor allem am Aufbau der Zellmembran sind sie beteiligt.

Die **Lysosomen** werden vor allem dann aktiv, wenn die Zelle geschädigt wird oder altert. Dann werden aus den Lysosomen Enzyme entlassen, die nun für den Abbau von zelleigenen Eiweißverbindungen sorgen. Besonders reichlich sind Lysosomen in Leberzellen vertreten, zu deren Aufgaben Abbauvorgänge gehören, beispielsweise der Abbau alt gewordener roter Blutkörperchen.

Die **Zentralkörperchen** (**Zentriolen**) bestehen aus jeweils 9 Dreiergruppen von Röhrchen (Mikrotubuli), die sich zu einem Hohlzylinder formieren. Die meisten Zellen enthalten 2 Zentriolen, deren Achsen senkrecht zueinander stehen. Sie treten während der Zellteilung in Aktion, wovon noch zu sprechen sein wird. Außerdem sind sie am Aufbau von Zilien (Wimpern im Flimmerepithel der Atemwege) und von Geißeln (der Spermien) beteiligt.

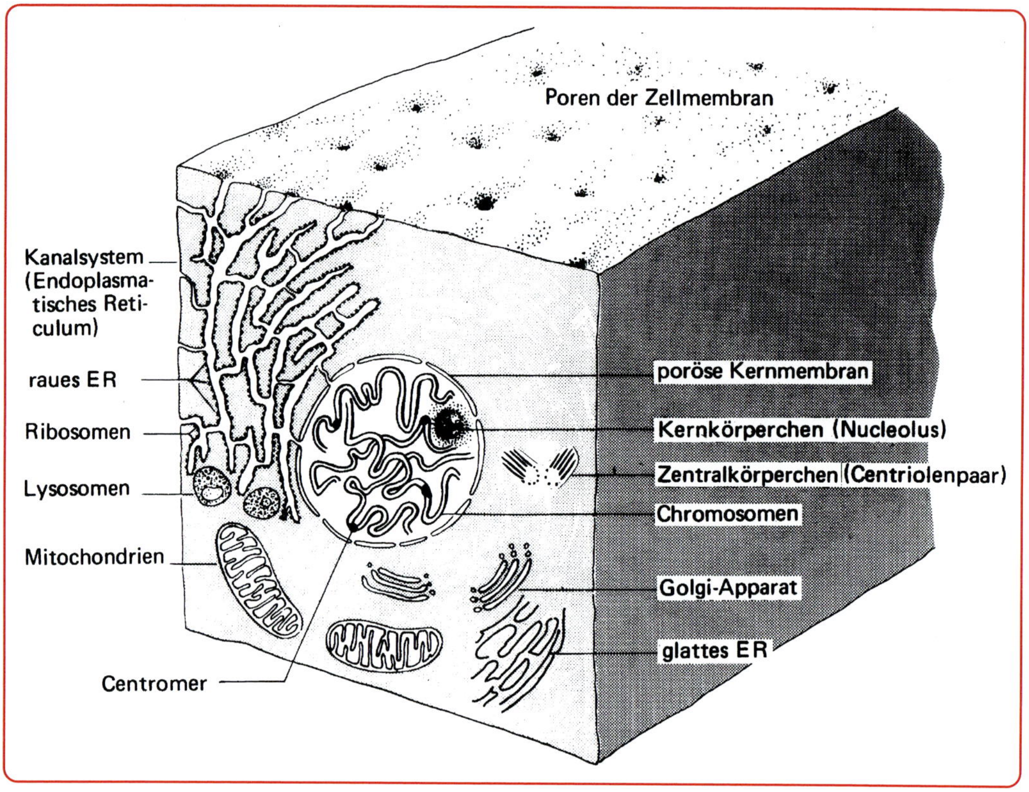

► **Abb. 3.4** Schema einer tierischen Zelle (kurz vor der Zellteilung).

3.3.2 Eiweißsynthese

Im Kap. Chemische Grundlagen (S. 104) wurde der Zellkern während der Verdopplungsphase der DNA-Stränge erläutert, die dazu dient, während einer Kern- und Zellteilung die in der DNA gespeicherten Erbinformationen auf die Tochterkerne zu übertragen. In den Pausen zwischen den Zellteilungen öffnen sich die Doppelwendel abschnittsweise. An den zeitweilig unbesetzten Basen eines der beiden Stränge formiert sich aus ungebundenen Nukleotiden des Kernsaftes ein einfacher Strang der Ribonukleinsäure (RNA). Dessen Basenfolge ist komplementär zu der des betreffenden DNA-Stranges. Das heißt z. B.: einem Triplett CCT auf dem DNA-Strang entspricht ein Triplett GGA auf dem RNA-Strang, das hier **Codon** heißt. Durch diesen Vorgang, die **Transkription** (= Umschreibung), entsteht also praktisch eine Matrize für einen bestimmten Abschnitt des DNA-Originals. Dafür ist die Kurzbezeichnung **m-RNA** üblich, wobei „m" für „messenger" = Bote steht. Man kann die m-RNA also Boten-RNA oder Matrizen-RNA nennen.

An anderen Abschnitten des DNA-Doppelstranges werden zwei weitere Typen von RNA gebildet, die **r-RNA** (ribosomale RNA) und die **t-RNA** (Transfer- oder Transport-RNA). Die t-RNA-Stränge sind mit ca. 80 Nukleotiden am kürzesten. Aus der r-RNA werden nach Anreicherung im Kernkörperchen (Nukleus) mit vorhandenen Proteinen die Vorstufen der Ribosomen aufgebaut. Als kleinere und größere Untereinheit der Ribosomen verlassen sie den Zellkern und vereinigen sich erst am Beginn ihrer Tätigkeit an der m-RNA. Danach trennen sie sich wieder. Die Fäden der m-RNA wandern also auch aus dem Zellkern in das Zellplasma und treffen an den Ribosomen auf Moleküle der t-RNA.

Fazit

Diese **t-RNA**-Mokeküle haben in ihrem Schlepptau jeweils eine von 20 Aminosäuren und suchen auf der Boten-RNA nach dem Codon dafür. Hat die t-RNA diesen Platz mit dem Codewort gefunden, liefert sie ihre Aminosäure ab und sucht sich davon im Aminosäurenvorrat der Zelle ein neues Molekül.
Die abgeladene Aminosäure ist inzwischen am Ribosom mit der schon vorher von einer anderen t-RNA abgelieferten „passenden" Aminosäure und mit der nächsten, von der m-RNA angeforderten Aminosäure über Peptidbindungen verknüpft worden.

So entsteht während der gleitenden Kontakte von Ribosom und m-RNA im gleichen Schritt eine Peptidkette, also der Teil einer Eiweißverbindung. Durch die Vermittlung der Matrize der Boten-RNA reihen sich in der Peptidkette die Aminosäuren in der Kombinationsfolge aneinander, die in der Original-Erbinformation der Kern-DNA aufgeschrieben ist.

Man fasst diese Vorgänge auch unter der Bezeichnung **Translation** (= Übersetzung) zusammen. Denn die t-RNA vermittelt den Übergang von der „Basensprache" in die „Aminosäuresprache". Dazu trägt die t-RNA an der Kontaktstelle zur m-RNA das sogenannte **Anticodon** für ihre Aminosäure, das komplementär zum betreffenden Codon der m-RNA ist. Weil dieses Codon seinerseits komplementär zum Basen-Triplett auf dem abgelesenen Strang der DNA ist, ergibt sich, dass das Anticodon der t-RNA und das entsprechende Basen-Triplett auf dem von der m-RNA abgelesenen Strang der DNA identisch sind, beispielsweise bei der Aminosäure Prolin der ▸ **Abb. 3.5**.

Sie weichen nur insoweit voneinander ab, wie die Base Thymin der DNA beteiligt ist, der auf der RNA die Base Uracil entspricht (Beispiele in ▸ **Abb. 3.5** Valin und die Start-Aminosäure Methionin). Weil der genetische Code für die Aminosäuren zuerst bei der m-RNA entschlüsselt wurde, ist es üblich, deren Code-Katalog zugrunde zu legen. Von ihm kann man auf den DNA-Code zurückschließen.

Da nicht nur ein Ribosom, sondern ein ganzes Polysom, also eine Gruppe von einem Dutzend und mehr Ribosomen, den Kontakt zur selben m-RNA aufnimmt und Peptidketten produziert, wird der Vorgang der Proteinsynthese stark beschleunigt. Man schätzt, dass 12 – 20 Ribosomen 10 – 20 Sekunden benötigen, um 300 – 500 Aminosäuren zu einem Polypeptid mittlerer Größe (rel. Molekülmasse 30 000 – 50 000) aufzubauen.

Die „freien" Ribosomen im Zellplasma synthetisieren vorwiegend Eiweißverbindungen, die in der

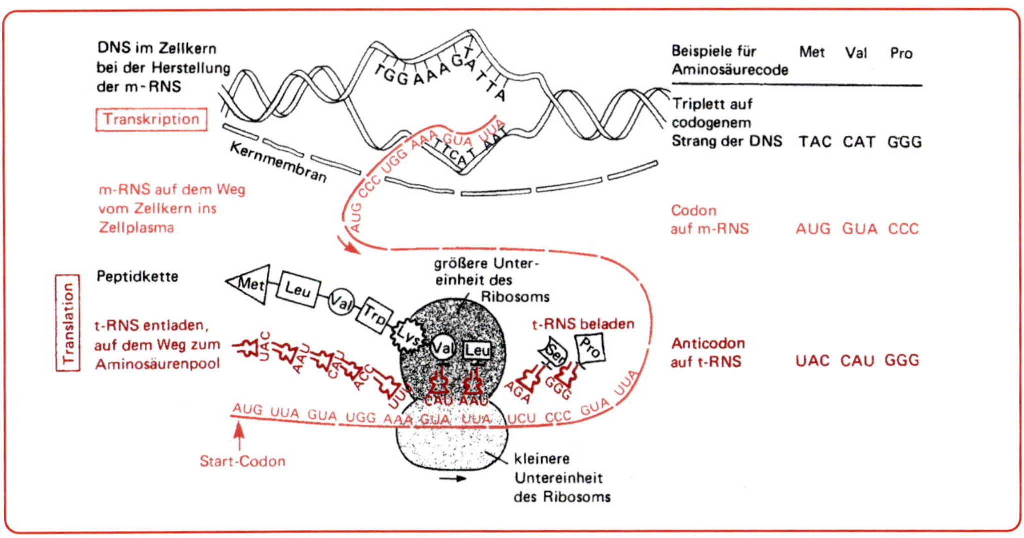

▸ **Abb. 3.5** Synthese des Anfangs einer Peptidkette aus den Aminosäuren Methionin, Leucin, Valin, Tryptophan, Lysin, Valin, Leucin, Serin, Prolin, Valin, Leucin ... (vereinfachte schematische Darstellung).

Zelle selbst gebraucht werden, während die an den Kanälen des ER postierten Ribosomen Exportproteine herstellen, die über das Kanalsystem zur äußeren Zellmembran und nach draußen geleitet werden; s. Kap. Eiweißarten (S. 35).

Fazit

Ein sehr wichtiger Teil der Proteinsynthese an den Ribosomen ist der Aufbau von Enzymen (Fermenten), die jeweils bestimmte Stoffwechselprozesse in Gang setzen oder halten. Viele Fermente bestehen aus der an den Ribosomen zusammengeknüpften Eiweißgrundlage, dem Apoenzym, und der speziellen Wirkgruppe, dem Coenzym. Beim Hämoglobin, das auch als Enzym wirksam ist, stellt das Eisen das Coferment. Bei vielen anderen Fermenten wirken Vitamine als Coenzym. Apoferment und Coferment sind nur gemeinsam wirksam.

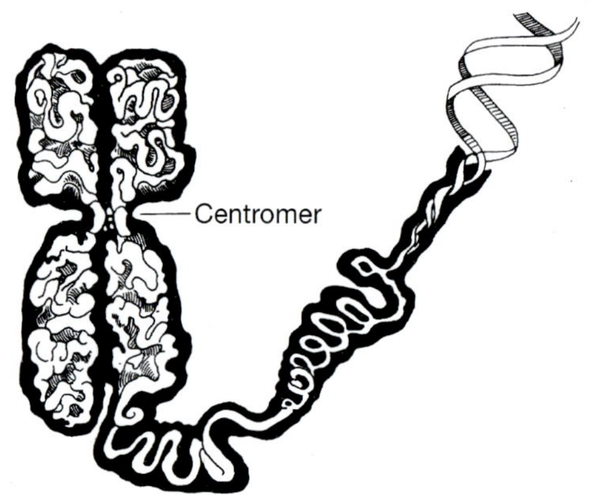

▶ **Abb. 3.6** Chromosom aus 2 Chromatiden, von denen sich die rechte noch zusammendreht und verdichtet, während die linke die maximale Spiralisierung bereits erreicht hat (nach Ude und Koch 1982 [236]).

3.3.3 Chromosomen und Gene

Als Träger des Erbgutes ist uns die Desoxyribonukleinsäure schon vertraut. Bei Viren und Bakterien enthält eine einzige, lange, verdrehte und zusammengefaltete DNA-Strickleiter des Zellkernes die gesamte Erbinformation, das ganze **Genom**. Bei den höheren Organismen mit viel mehr Erbinformationen ist die DNA-Leiter in mehrere Portionen aufgeteilt, von denen jede in einem **Chromosom** untergebracht wird, zusammen mit Histonen und anderen Eiweißverbindungen, die der Stabilisierung der DNA-Struktur dienen und weitere Hilfsfunktionen haben.

Das Gesamtgenom besteht hier nicht nur aus den Chromosomen des Zellkerns, sondern auch aus dem allerdings viel kleineren, für den Energiestoffwechsel aber unverzichtbaren Genom der Mitochondrien. Die Bezeichnung Chromosom rührt daher, dass sich die Nukleinsäuren in den Chromosomen mit Farbstoffen verbinden und sich während der Zellteilung im Lichtmikroskop erkennen lassen. Während dieses Stadiums sind die DNA-Leitern sehr stark zusammengeknäuelt und verdichtet, wie aus der ▶ **Abb. 3.6** ersichtlich ist.

Das bedeutet auch, dass während der Zellteilung keine Erbinformationen abgelesen werden können und die Eiweißsynthese an den Ribosomen unterbrochen wird.

Da sich in jeder Körperzelle ein väterlicher und ein mütterlicher Satz von Erbinformationen befinden, werden auch die Chromosomen, die als homologe Chromosomen bezeichnet werden, nur in gerader Anzahl angetroffen. So hat beispielsweise das Rind insgesamt 60 Chromosomen (= 30 Chromosomenpaare). Das Schwein hat 40 Chromosomen, das Huhn 78, das Pferd 64, die Ziege 60 und das Schaf 54. Jede Tierart hat einen nur für sie charakteristischen Chromosomensatz, der Mensch hat 46.

Der Begriff „Chromosomenpaar" weist darauf hin, dass sich jeweils ein Chromosom vom Vater und das entsprechende (= homologe) Chromosom von der Mutter äußerlich gleichen.

Zusatzinfo

Nur die Chromosomen eines Chromosomenpaares, nämlich die für die Geschlechtsausprägung zuständigen, sehen in den Körperzellen männlicher Haussäugetiere verschieden aus.

Sie haben ein x- und ein y-Chromosom – so bezeichnet nach ihrer Form –, während Kühe, Sauen, Stuten usw. über zwei x-Chromosomen verfügen. Bei Hühnern und anderen Vögeln haben die Hähne in ihren Körperzellen ein zz- und die Hennen das zw-Chromosomenpaar.

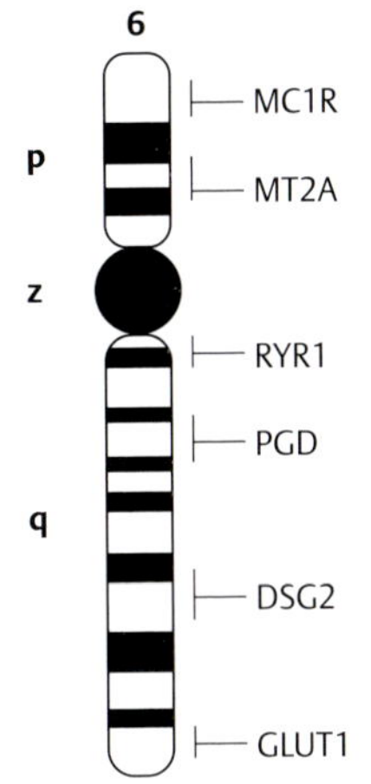

▶ **Abb. 3.7** Zytogenetische Genkarte: Schematische Darstellung des Chromosoms 6 des Schweines mit Lokalisation ausgesuchter proteincodierender Gene. (Zeichnung: Werner Hecht, JLU Gießen)

Während das Genom die Gesamtheit aller im Zellkern und Zellplasma vorhandenen Erbinformationen betrifft, gelangt man über die Beschäftigung mit isolierten Erbanlagen zum einzelnen **Gen**, das die Vererbungsforschung zur Genetik werden ließ.

Definition

Als Gen bezeichnet man allgemein einen bestimmten, durch eine spezifische Basenfolge gekennzeichneten Abschnitt eines Chromosoms, der als zentrales biochemisches Zentrum, das die codierte Information für ein Merkmal beinhaltet, angesehen werden kann und eine Eigenschaft im Organismus beeinflusst. Wo genau die Gene auf den Chromosomen sitzen, man nennt diese Stellen die **Genorte (Loci)**, wird auch bei Haustieren immer weiter aufgeklärt. Gene sind wie Perlen auf einer Kette angeordnet, aneinandergekoppelt und werden von der Forschung in Genkarten dargestellt (▶ Abb. 3.7).

Da die Chromosomen in den Körperzellen jeweils doppelt vorhanden sind, muss dies auch für die Gene zutreffen. Derartig paarig vorhandene (= homologe) Gene nennt man **Allele**. Befinden sich mehrere davon an einem Genort, so heißen sie multiple Allele.

Die Ausprägung von Merkmalen wird von den Genen gesteuert. Sie stehen daher auch im Mittelpunkt weltweiter Forschungsaktivitäten, deren Ergebnisse z. B. in der Gentechnik ihre praktische Anwendung finden; s. a. Kap. Plasmatische Vererbung (S. 127) und Kap. Züchtung (S. 130).

3.4 Vermehrung von Zellen

3.4.1 Normale erbgleiche Zellteilung (Mitose)

Wachstum aller Organismen geschieht durch Vermehrung der Zellen. Sie erfolgt durch Zellteilung. Der in ▶ **Abb. 3.4** dargestellte Zellkern bereitet sich gerade auf eine solche Zellteilung vor, das heißt, die Verdoppelung der DNA-Doppelwendel und damit eine Verdoppelung der Chromosomen haben schon stattgefunden. Die in jeder Beziehung identischen, also auch erbgleichen Tochterchromosomen – die **Chromatiden** – liegen mit den in ihnen enthaltenen Tochter-DNA-Strängen noch nebeneinander (▶ **Abb. 3.8a**), zusammengehalten durch das **Zentromer**.

Inzwischen verdoppeln sich die Zentralkörperchen im Zellplasma; die Tochterzentriolen streben auseinander und zu den Polen der Zelle hin. Dann lösen sich die Kernmembran und das Kernkörperchen auf (▶ **Abb. 3.8b**). Die aus je 2 Chromatiden bestehenden Chromosomen rollen sich schraubenförmig zusammen und werden dadurch kürzer und kompakter (▶ **Abb. 3.6**). Gleichzeitig versammeln sie sich in der Äquatorialebene, die zwischen den beiden Polen liegt, senkrecht zu den von den Polen ausgehenden Fasern (▶ **Abb. 3.8c**). Die Entwicklung dieser Fasern zur Polspindel wird von den Zentralkörperchen veranlasst, die dabei auch die Verbindung zum Zentromer der Chromosomen aufnehmen. Die Spindel teilt sich und die Chromatiden werden getrennt (▶ **Abb. 3.8d**). Dann verkürzen sich die Spindelfasern und die beiden Chromatiden eines Chromosoms werden in entgegengesetzter Richtung auseinandergezogen. Auf diese Art werden auch die anderen Chromosomen geteilt, das heißt ihre Chromatiden verteilt (▶ **Abb. 3.8e**).

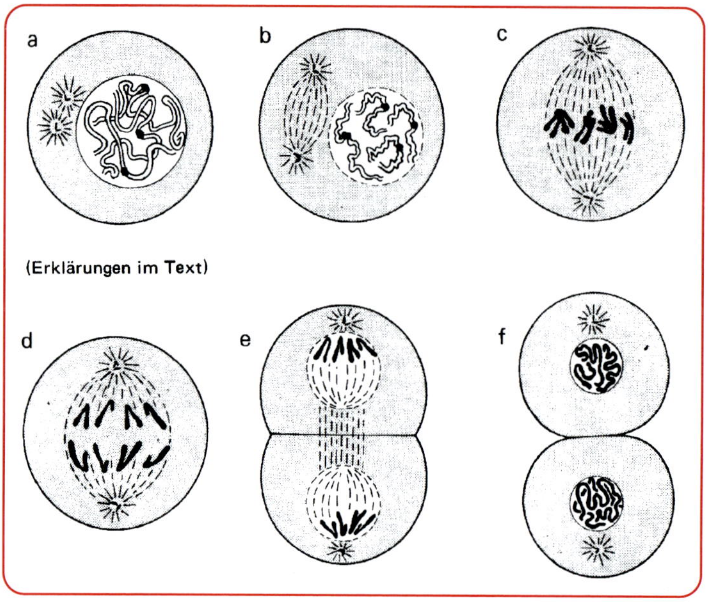

▶ **Abb. 3.8** Schema der normalen Zellteilung (Mitose).

Dann schnürt sich in der Äquatorialebene die Zelle ein. Das Zellplasma wird nach beiden Seiten verteilt. Eine neue Zellmembran wird ausgebildet. Der Spindelapparat schrumpft zum Zentriolenpaar zusammen. Das Kanalsystem des ER wird in den beiden Tochterzellen neu eingerichtet. Auch Kernmembran und Kernkörperchen werden wieder gebildet (▶ **Abb. 3.8f**). Die Chromatiden entknäueln sich und in ihnen nehmen die DNA-Doppelstränge ihre für die in den Pausen zwischen den Zellteilungen übliche Tätigkeit auf, nämlich RNA zu den Ribosomen zu schicken sowie r-RNA und t-RNA bereitzustellen.

Fazit

Die durch die Kernteilungsvorgänge mit den gleichen Erbinformationen ausgestatteten beiden Tochterzellen arbeiten nun nach den gleichen Prinzipien wie die Mutterzelle vor der Teilung.

3.4.2 Reifeteilung (Meiose)

Bei Erlangung der Geschlechtsreife bilden sich in den Keimdrüsen von Jungtieren (im Hoden bzw. Eierstock) aus den Urgeschlechtszellen befruchtungsfähige Samen- bzw. Eizellen. Diesen bedeutsamen Vorgang bezeichnet man als **Reifung**. Die Urgeschlechtszellen haben wie alle Körperzellen den doppelten Chromosomensatz. Samenkern und Eikern bringen aber zu ihrer Vereinigung während der Befruchtung nur einen einfachen Chromosomensatz mit. Sonst würde sich bei jeder neuen Generation der Chromosomensatz verdoppeln und bald keinen Platz mehr in den Kernen finden.

Fazit

Bei der Entwicklung der Urgeschlechtszellen zu den reifen Samen- und Eizellen muss also der doppelte Chromosomensatz halbiert werden. Jede reife Geschlechtszelle hat dann nur einen einfachen Chromosomensatz. Ferner werden bei der Geschlechtszellenreifung die Vorbedingungen für neue Kombinationen der Erbanlagen (Gene) in den Nachkommen und damit für einen der wichtigsten Ansatzpunkte züchterischer Bemühungen geschaffen.

Zur Erläuterung dieser Vorgänge sollen die 4 Chromosomen eines primitiv organisierten Lebewesens, etwa eines Fadenwurms, dienen. Die Körperzellen und die Urgeschlechtszellen des geschlechtsreifen Tieres enthalten einen väterlichen Chromosomensatz von 2 Chromosomen (▶ **Abb. 3.9**; schwarz dargestellt) und einen mütterlichen Chromosomensatz (▶ **Abb. 3.9**; grau dargestellt). Von den beiden Chromosomen eines ein-

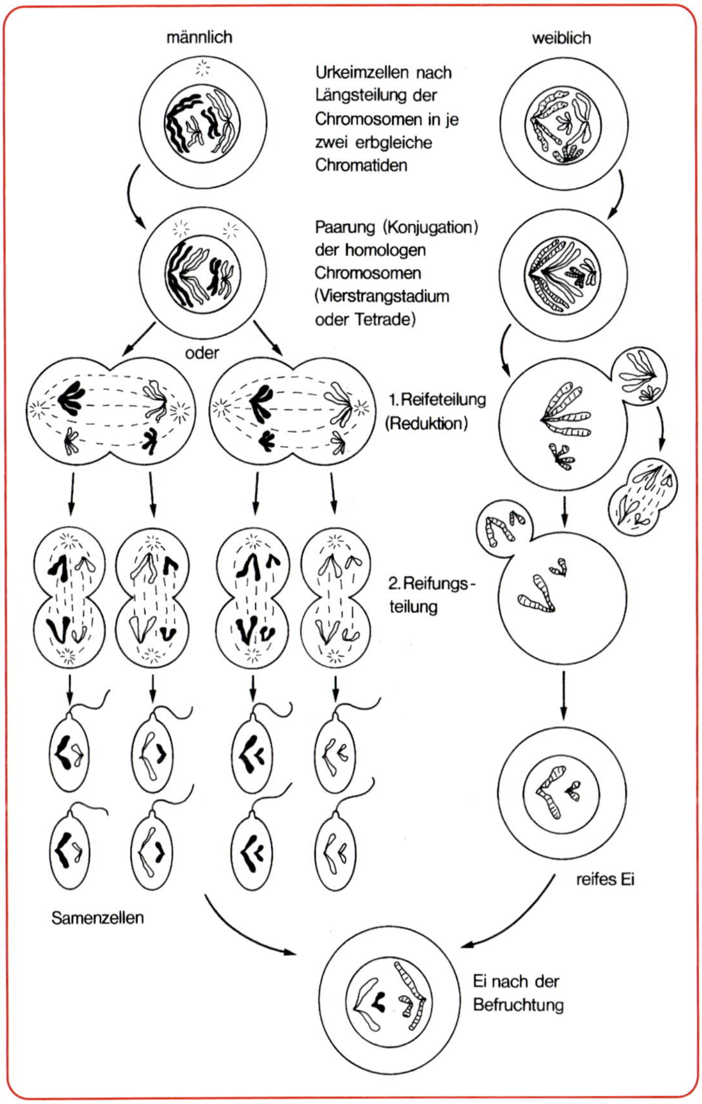

▶ **Abb. 3.9** Reifung der Geschlechtszellen (Meiose).

fachen Chromosomensatzes ist das eine lang, das andere kurz.

Bei der Reifung der Samenzellen wird die Teilung der Ursamenzellen wie bei jeder anderen Zellteilung eingeleitet durch eine Verdoppelung der DNA-Doppelwendel, was im Mikroskop als Längsteilung der Chromosomen in je 2 Chromatiden sichtbar wird. **Der nächste Schritt ist neu:** Die einander entsprechenden (= homologen) Chromosomen, genauer gesagt: Chromatidenpaare, eines vom Vater und eines von der Mutter, streben aufeinander zu und legen sich aneinander (**Konjugation**). Das bedeutet, dass dann 4 Chromatiden zusammen sind. Man spricht von **Vierergruppen** oder **Tetraden**; s. a. Kap. Anlagenkopplung und Anlagenaustausch (S. 120). Dann weichen die homologen Chromatidenpaare wieder auseinander. Sie hatten sich inzwischen wieder verkürzt und lassen sich von den durch die Zentralkörperchen gebildeten Polspindeln zu den Polen der Zelle ziehen.

Das ist die **1. Reifeteilung**, auch **Reduktionsteilung** genannt, weil die Tochterkerne nur die Hälfte der vorhandenen Chromosomen mitbekommen. Zwar erhalten die Tochterkerne von jedem Chromatidenpaar ein Exemplar. Ob dieses aber vom mütterlichen Chromosomensatz stammt oder vom väterlichen, bleibt dem Zufall überlassen. In unserer Abbildung geht das lange Chromosom vom Vater und das kurze von der Mutter zum westlichen Pol, das lange von der Mutter und das kurze vom Vater zum östlichen Pol. In einer benachbarten Ursamenzelle kann die Aufteilung aber auch so erfolgen, dass beide väterlichen Chromosomen zum Westpol gehen und beide mütterlichen zum Ostpol.

Im nächsten Schritt, der **2. Reifeteilung**, werden die Produkte der Längsteilung der Chromosomen, also die Chromatiden, aufgeteilt, sodass nun die Vorsamenzellen entstehen, die tatsächlich nur einen einfachen Chromosomensatz besitzen.

Aus der Vorsamenzelle entwickelt sich durch einige Ergänzungsschritte das Spermium. Bei den verschiedenen Teilungen ist das Plasma der Ursamenzelle größtenteils verbraucht worden. Von den Zentriolen wird eines im Hals (Mittelstück) verstaut, das andere bei der Bildung der Geißel verwendet, der Kopf des Spermiums nimmt den Zellkern auf. Aber die Köpfe der Spermien haben nicht alle den gleichen Kern. Die beiden ersten Spermien in der ▸ **Abb. 3.9** haben sowohl Erbinformationen von der Mutter wie auch vom Vater. Aber der dritte Samenfaden hat nur väterliche Gene, der vierte nur Gene von der Mutter.

Bei einem einfachen Chromosomensatz von nur 2 Chromosomen gibt es also 4 verschiedene Sorten von Spermien, bei den 3 Chromosomen der Heuschrecke $2^3 = 8$ Kombinationsmöglichkeiten, bei den 19 Chromosomen des Schweines 2^{19}, also unvorstellbar viele Kombinationen. Je mehr Chromosomen beteiligt sind, umso seltener wird dabei der Fall, dass die Spermien ausschließlich väterliche oder mütterliche Gene enthalten. Bei 2 Chromosomen waren das 2 von 4 Spermien, also 50 %, bei 4 Chromosomen sind es 2 von 16 Kombinationen, also 13 %, bei 8 Chromosomen weniger als 1 %.

Die Entwicklung von einer Ureizelle bis zum befruchtungsfähigen Ei verläuft im Wesentlichen wie bei der Samenzellenreifung. Nur wird bei der 1. Reifeteilung das gesamte Plasma auf eine Tochterzelle übertragen. Die andere enthält nur Chromosomen und nach der nächsten Teilung gehen ihre beiden kümmerlichen Töchter zugrunde. Auch bei der 2. Reifeteilung stirbt eine Tochter ohne Plasma ab. Die 3 sehr kurzlebigen Zellen werden als Polzellen bezeichnet. Diese Maßnahme erweist sich als recht zweckmäßig, weil sich später das befruchtete Ei auf seinem langen Weg in die Gebärmutter im Wesentlichen selbst ernähren und außerdem noch die Energie für die ersten, unterwegs stattfindenden Zellteilungen aufbringen muss.

Auch bei der 1. Reifeteilung der Ureizellen entscheidet der Zufall, wie väterliche und mütterliche Chromosomen auf die Tochterzellen verteilt werden und welche Kombinationen das Plasma erhält. Nehmen wir an, das überlebende Ei habe nur väterliche Chromosomen erhalten (weil es sich in der Regel um einen anderen Vater handelt als bei den Samenzellen, sind die Chromosomen punktiert gezeichnet). Und nehmen wir weiter an, das Ei werde von dem an zweiter Stelle stehenden Spermium befruchtet; dann würden sich in der befruchteten Eizelle und später in sämtlichen Zellen des daraus hervorgehenden neuen Lebewesens nur Erbinformationen von Großvater und Großmutter väterlicherseits sowie des Großvaters mütterlicherseits befinden, von der Großmutter mütterlicherseits wären keine Gene dabei.

Fazit

Halten wir nochmals fest: Das mit der Befruchtung entstehende neue Lebewesen bekommt einen einfachen Chromosomensatz vom Vater und einen einfachen Chromosomensatz von der Mutter, also jeweils ein homologes Chromosom von beiden Seiten. Aber von welchem Großelternteil dieses Chromosom jeweils stammt, das ist Zufall.

Es ist durchaus möglich, dass ein Großelternteil an die Enkel überhaupt nichts zu vererben hat. Zwar wird dies – wenn man das gesamte Erbgut betrachtet – mit zunehmender Chromosomenzahl immer seltener und ist bei 30 Chromosomenpaaren eines Rindes sehr, sehr selten. Aber für ein einzelnes Chromosom und für die darauf verankerten Gene ist die Chance, bei der Reifeteilung der Eier weitergereicht zu werden, genauso groß wie die, verloren zu gehen, also 50 : 50. Es wäre schade, wenn auf dem unberücksichtigten Chromosom gerade die Erbinformationen für hohen Milcheiweißgehalt niedergelegt waren.

Die Vererbung, das soll hier zusammenfassend festgestellt werden, beruht auf der Weitergabe der genetischen Information von einer Generation zur nächsten durch die Keimzellen. Die genetische Information ist in Form der Nukleinsäuren gespeichert und ermöglicht durch Verdoppelung von DNA-Doppelwendel und Chromosomen die Zellteilung. Ferner wird Zellwachstum ermöglicht, indem den Ribosomen mittels der Boten-RNA Bauanweisungen für Eiweißmoleküle übermittelt werden.

3.5 Mendel'sche Gesetze – Spielregeln des Zufalls

Fast alle in den bisherigen Abschnitten über die Vererbung behandelten Zusammenhänge waren noch nicht bekannt, als der Augustinerpater *Gregor Mendel* (1822 – 1884) in seinem Klostergarten in Brünn verschiedene Erbsenrassen miteinander kreuzte und dabei die nach ihm benannten Erbgesetze fand. Erst am Anfang des 20. Jahrhunderts wurden sie neu entdeckt und durch rege Forschungstätigkeit auch bei Tieren erweitert.

Über die Bedeutung der Nachkommenzahl für Gesetzmäßigkeiten von der Art der 2. *Mendel'schen* Regel kann man sich mithilfe eines Würfels selbst orientieren. Man wird dabei feststellen, dass die Erwartung, jede Ziffer des Würfels in 1/6 aller Fälle zu würfeln, mit steigender Würfelzahl nach den Wahrscheinlichkeitsgesetzen zunehmend erfüllt wird.

3.5.1 Kreuzungsversuche mit einem Merkmalspaar

Erste und zweite Kreuzung

Wenn man schwarze Spanier-Hähne und hellfarbige Spanier-Hennen paart, sehen die als Blaue Andalusier bezeichneten Söhne und Töchter alle gesprenkelt aus (▶ **Abb. 3.10**, oben). Paart man dagegen einen schwarzbunten Bullen mit einer rotbunten Kuh, dann sehen die Angehörigen der 1. Nachkommengeneration (Filialgeneration) alle schwarzbunt aus (▶ **Abb. 3.10**, unten).

Als Gemeinsamkeit lassen beide Versuche folgenden Schluss zu: Werden zwei Lebewesen miteinander gekreuzt, die sich nur in einem bestimmten Merkmal unterscheiden, dann sind die Nachkommen der 1. Filialgeneration (F_1) unter sich gleich. Es gibt aber zwei Möglichkeiten – und darin unterscheiden sich diese beiden Kreuzungen: Im zweiten Fall hat sich im **Erscheinungsbild** – im **Phänotyp** – der eine Elternteil durchgesetzt. Das Schwarz der Schwarzbunten überdeckt das Rot der Rotbunten, es ist dominant über Rot und dieses Rot ist weichend (= rezessiv) gegenüber Schwarz. Man nennt das dominant-rezessive oder einfach **dominante Vererbung**. Dabei ist es seit *Mendel* üblich, die dominanten Anlagen mit großen Buchstaben (z. B. A/AA), die rezessiven mit kleinen zu kennzeichnen (a/aa).

Im Beispiel der Hühner dominiert keine der beiden Farben. Es kommt zu einem Kompromiss. Die Nachkommen bleiben im Erscheinungsbild auf einer mittleren Linie. Man spricht hier von **zwischenelterlicher** (= **intermediärer**) **Vererbung**.

Sind die Blauen Andalusier eine neue Rasse? Die Antwort liefert die Paarung der Angehörigen der F_1. ▶ **Abb. 3.11** zeigt das Ergebnis. Analog dazu gibt ▶ **Abb. 3.12** das Resultat der Anpaarung der Schwarzbunt-/Rotbunt-F_1 untereinander wieder.

Dabei zeigt sich, dass die äußerlich schwarzbunten Tiere der 1. Kreuzungsgeneration zwar genauso aussehen wie ihr Vater; im **Erbgut** (= **Genotyp**) gleichen sie ihm beim Merkmal Haarfarbe aber nicht. Sie haben die Anlage für das rezessive Rot noch in den Erbinformationen aller ihrer Zellen. Der Zufall entscheidet bei der 1. Reifeteilung, ob sie in ihren Keimzellen das Gen für Schwarz (A) oder für Rot (a) weitergeben. Trifft eine Samenzelle mit A auf eine Eizelle mit A oder a, sieht das Paarungsprodukt schwarzbunt aus. Trifft eine Keimzelle mit a auf einen Partner mit a – und das ist im Durchschnitt bei 25 % aller Paarungen der F_1-Generation der Fall –, dann sieht das Kalb rotbunt aus wie die Großmutter.

Die Tiere mit gleicher Erbinformation für die Farbe, also AA (schwarzbunt aussehend) oder aa (rotbunt aussehend) werden als **reinerbig = homozygot** bezeichnet. Die Tiere mit unterschiedlicher Erbinformation für ein Merkmal, also Aa oder aA

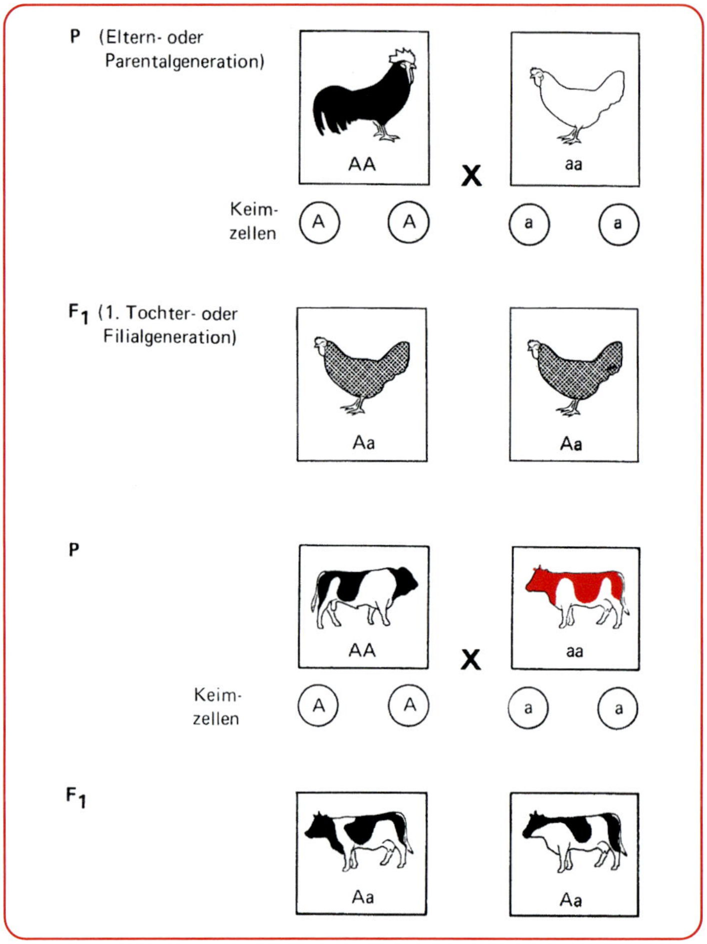

► **Abb. 3.10** Zwischenelterlicher (intermediärer) Erbgang (oben) und dominant-rezessiver Erbgang (unten).

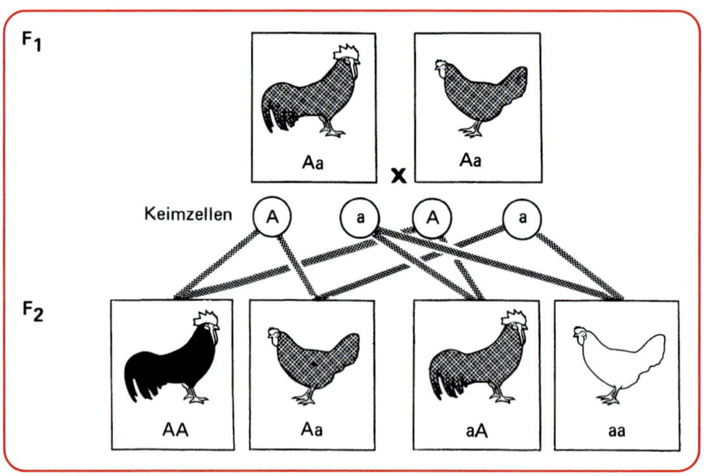

► **Abb. 3.11** Paarung der F_1 bei intermediärem Erbgang.

(schwarzbunt aussehend), werden **mischerbig = heterozygot** genannt. Von den 3 schwarzbunten Kälbern der 2. Nachkommengeneration (der 2. Filialgeneration oder F_2) ist also eines homozygot für Schwarz und 2 sind heterozygot.

Im Genotyp erfolgt hier eine Aufspaltung im Verhältnis von 1 : 2 : 1, wie bei der F_2 der Andalusierhühner, wo die Aufspaltung in diesem Verhältnis auch im Phänotyp sichtbar wird. Die Blauen Andalusier sind keine neue Rasse und können es nie werden, weil bei ihrer Paarung und denen der F_1 immer wieder Aufspaltungen aufträten.

Definition

Als Ergebnis dieser Versuche bleibt festzuhalten: Man muss zwischen Phänotyp und Genotyp unterscheiden. Nur bei Merkmalen, die intermediär vererbt werden, kann vom Phänotyp ohne Weiteres auf den Genotyp geschlossen werden. Dabei muss die nach ▶ **Abb. 3.8** formulierte Regel folgendermaßen eingeschränkt werden:

- Werden zwei Lebewesen miteinander gekreuzt, die sich in einem bestimmten Merkmal unterscheiden und die bei diesem Merkmal reinerbig (homozygot) sind, dann sind alle Angehörigen der 1. Nachkommengeneration unter sich gleich. Das ist die **1. *Mendel'sche* Regel**, das Uniformitätsgesetz.
- Werden Individuen dieser F_1 miteinander gepaart, dann findet in der F_2 eine Aufspaltung statt. Je größer die Zahl der Nachkommen ist, umso näher kommt die Aufspaltung dem Zahlenverhältnis 1/4 : 2/4 : 1/4. Das ist die **2. *Mendel'sche* Regel**, das Spaltungsgesetz.
- Das nach der 2. *Mendel'schen* Regel zu erwartende Aufspaltungsverhältnis von 1 : 2 : 1 gilt gleichermaßen bei intermediärer wie auch bei dominanter Vererbung, bei Letzterer allerdings nur für den Genotyp. Demgegenüber beträgt es beim Phänotyp 3 : 1, wie das Beispiel der ▶ **Abb. 3.12** mit den 3 schwarzbunten (davon eines homozygot und 2 heterozygot) Kälbern und dem einen rotbunten Kalb zeigt.

Rückkreuzung

Um zu erkennen, ob ein dominant vererbtes Merkmal bei einem Kreuzungstier reinerbig oder mischerbig vertreten ist, bedient man sich der Rückkreuzung. Dazu werden die F_2-Kreuzungstiere mit dem Großelternteil gepaart, der das rezessive Merkmal hat und dafür bestimmt reinerbig ist. Wenn die schwarzbunten Tiere der F_2 in ▶ **Abb. 3.12** mit der Großmutter gepaart werden, gibt es die in ▶ **Abb. 3.13** dargestellten Möglichkeiten.

Treten bei der Rückkreuzung nur schwarzbunte Kälber auf, dann ist anzunehmen, dass das schwarzbunte Kreuzungsprodukt reinerbig war (▶ **Abb. 3.13 links**). Treten dagegen schwarzbunte und rotbunte Kälber im Verhältnis 50:50 auf, dann war das schwarzbunte Kreuzungstier mischerbig (▶ **Abb. 3.13 rechts**).

Bei den Schwarzbunten sind tatsächlich für die Farbe mischerbige Tiere vorhanden. Werden sie miteinander gepaart, sind in der Merkmalsausprägung rezessiv veranlagte Individuen zu erwarten.

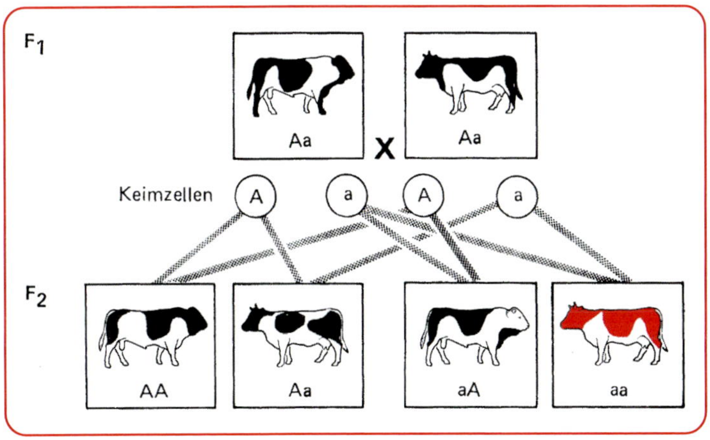

▶ **Abb. 3.12** Dominant-rezessiver Erbgang.

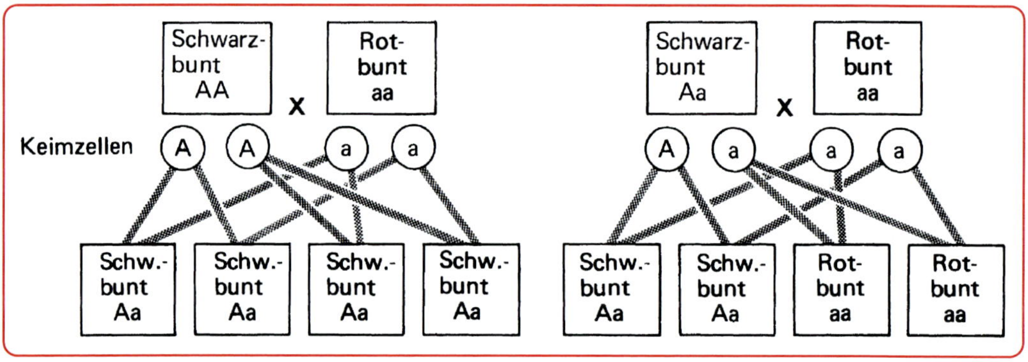

▶ **Abb. 3.13** Rückkreuzung schematisch.

Das ist die genetische Grundlage für Auskreuzung der Red Holsteins aus den schwarzbunten Holstein Friesians. Derartige Rückkreuzungsversuche werden z. B. bei Meerschweinchen, Maus oder Taufliege durchgeführt und haben zu wichtigen Erkenntnissen über die Vererbung beigetragen.

3.5.2 Kreuzungsversuche mit mehreren Merkmalspaaren

Die weiteren Betrachtungen richten sich darauf, dass sich die Ausgangsrassen in zwei Merkmalen unterscheiden, z. B. erstens in der Farbe, bei der Schwarz (A) dominant über Rot (a) sein soll, und zweitens in der Farbverteilung mit einfarbig (B) dominant über gescheckt (b).

Bei zwei dominant-rezessiven Merkmalspaaren spalten die Angehörigen der F_2-Generation beim Phänotyp im Verhältnis 9 : 3 : 3 : 1 auf (▶ **Abb. 3.14**). Betrachten wir den Genotyp für jedes Merkmal für sich, dann erhalten wir für AA : Aa : aa ein Zahlenverhältnis von 4 : 8 : 4 und für bb : Bb : BB ebenfalls 4 : 8 : 4. Das entspricht dem schon bekannten Zahlenverhältnis von 1/4 : 2/4 : 1/4 für Aufspaltungen.

Besonders interessant sind in der Abbildung die Tiere der Diagonale von links oben nach rechts unten: Sie sind homozygot. Davon entsprechen die Enkel in der zweiten und dritten Reihe den reinerbigen Großeltern. Die Tiere in der ersten Reihe AABB und in der letzten Reihe aabb stellen dagegen etwas Neues dar. Eindeutig ist der Fall bei aabb; hier sind nur rezessive Gene zusammengekommen und dieses rotbunte Tier kann ohne Zweifel als Begründer einer neuen Rasse gelten. Bei dem einfarbig schwarzen Tier in der ersten Reihe mit der Erbinformation AABB wird die Aussage dadurch beeinträchtigt, dass ein Phänotyp noch 8-mal, aber heterozygot vertreten ist. Es müsste also erst durch Rückkreuzung herausgefunden werden, welcher der 9 einfarbig schwarzen Enkel nun der reinerbige ist. *Mendel* fand dazu bei den Erbsen seine **3. Regel**, das Unabhängigkeitsgesetz:

Definition

Werden Lebewesen miteinander gekreuzt, die sich in mehreren Merkmalen unterscheiden, dann werden die einzelnen Erbanlagen unabhängig voneinander vererbt.

Diese Regel ist in vereinfachter Form als **„Gesetz von der freien Kombination der Gene“** bekannt. Sie liefert ein Modell dafür, wie neue Rassen und neue Arten entstehen können.

Zusammenfassend wird deutlich, warum die *Mendel'schen* Regeln zu Beginn des Kapitels mit dem Zufall in Verbindung gebracht wurden. Wir wissen jetzt, dass die Gene unterschiedlich veranlagter Vorfahren auf eine zahlreiche Nachkommenschaft nach diesen Regeln vererbt werden, auf einen einzelnen Nachkommen aber nach dem Zufall.

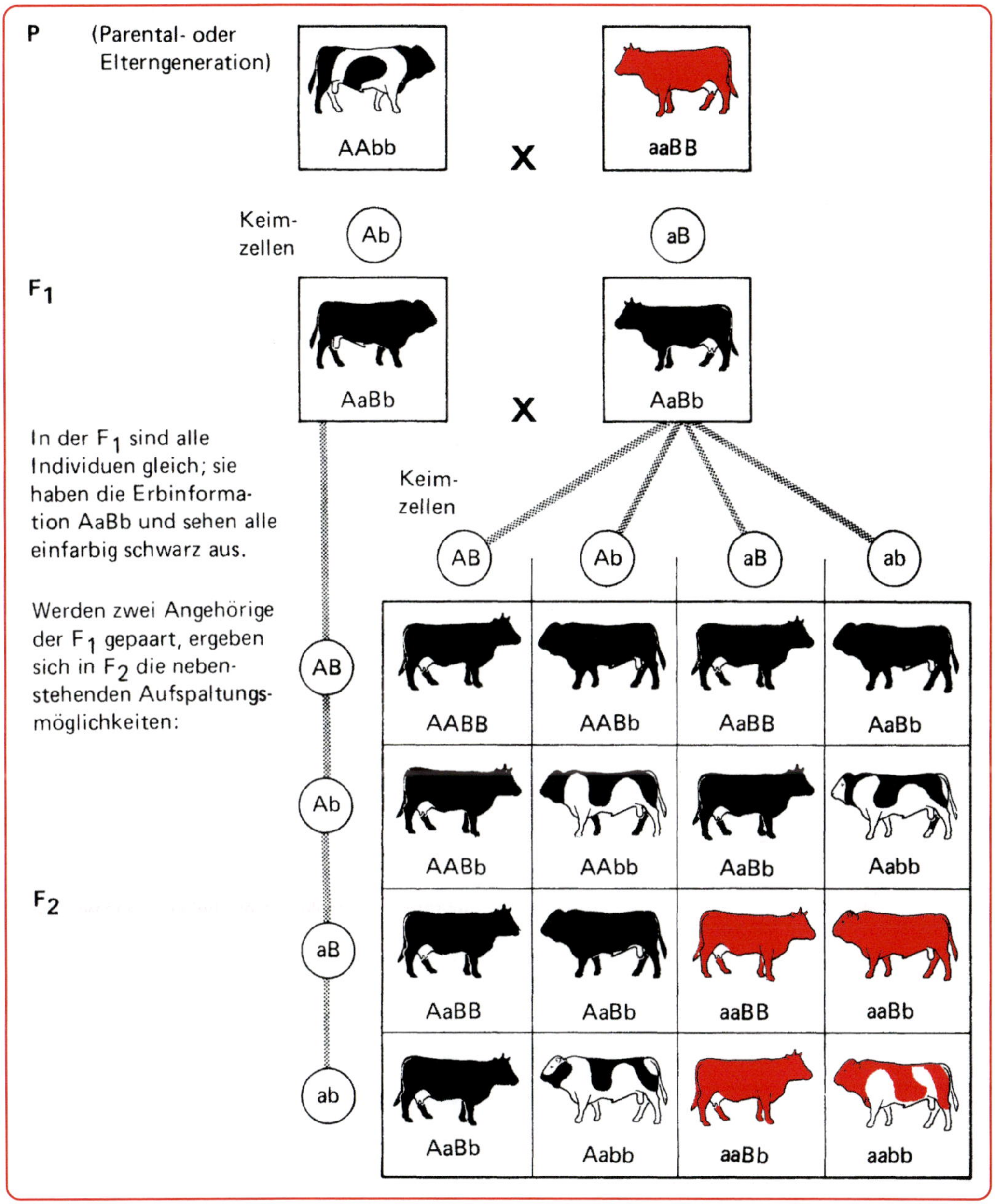

► **Abb. 3.14** Kreuzung mit zwei Merkmalspaaren.

3.6 Besonderheiten bei der Übertragung und Wirkung von Erbanlagen

Spätere Genetiker haben das System von *Mendel* durch viele zusätzliche Erkenntnisse angereichert, erweitert und teilweise auch eingeschränkt. Einige davon werden nachfolgend behandelt.

3.6.1 Anlagenkopplung und Anlagenaustausch

Mendel demonstrierte das Unabhängigkeitsgesetz, ohne dies zu wissen, an Merkmalen, deren entsprechende Gene auf verschiedenen Chromosomen liegen, sonst hätte er die Unabhängigkeitsregel schwer finden und beweisen können, denn:

Merke

Bei der Reifeteilung der Keimzellen werden ganze Chromosomen verteilt und neu kombiniert, nicht einzelne Gene. Die verschiedenen Gene eines Chromosoms bilden also eine Vererbungsgemeinschaft, sie sind aneinander gekoppelt.

Bewiesen wurde die Anlagenkopplung durch den amerikanischen Genetiker *Morgan*, der bei der Taufliege feststellte, dass es 4 Kopplungsgruppen gab, ebenso viele, wie die verwendete Taufliegenart Chromosomen in ihren Keimzellen besitzt. Bei einer anderen Fliegenart mit 6 Chromosomenpaaren fanden sich 6 Kopplungsgruppen.

Auch wenn durch die Anlagenkopplung die Kombinationsmöglichkeiten der Gene beschränkt werden, gibt es deren immer noch genug, vor allem bei größerer Chromosomenzahl. Bei 4 Kopplungsgruppen einer Taufliege können in der F_2-Generation $3^4 = 81$ verschiedene Genotypen auftreten, bei Schweinen mit 3^{19} schon über 1 Milliarde verschiedene Genotypen und bei Rindern eine astronomische Zahl.

Bei den Kreuzungsversuchen im Institut *Morgans* traten öfter Zahlenverhältnisse auf, die weder den Erwartungen aufgrund des Unabhängigkeitsgesetzes entsprachen noch bei vollständiger Kopplung der Gene erwartet werden konnten. *Morgan* stellte dazu die Hypothese vom Anlagentausch auf, die er in Versuchen dazu auch beweisen konnte.

Fazit

Während der sogenannten Tetradenbildung, also beim Aneinanderlegen der homologen Chromosomen vor der 1. Reifeteilung, findet ein Austausch von Teilen der nebeneinanderliegenden Chromatiden statt, etwa nach dem in ▸ **Abb. 3.15** dargestellten Muster.

Durch diesen Anlagenaustausch (= **Crossing over**) werden die auf den abgetrennten Teilstücken der Chromosomen liegenden Gene aus einer Kopplungsgruppe gelöst und in die Kopplungsgruppe des homologen Chromosoms aufgenommen. Auf diese Weise wird die Zahl der durch die Kopplungsgruppen begrenzten Kombinationsmöglichkeiten wieder stark vergrößert. *Morgans* Hypothese lässt auch den Schluss zu, dass 2 auf einem Chromosom sehr dicht nebeneinanderliegende Gene weniger häufig vom Anlagentausch betroffen sind als weiter entfernt voneinander platzierte Gene.

Aus der Häufigkeit der Trennung von 2 Genen kann man also Rückschlüsse ziehen auf den Abstand zwischen ihren Standorten auf dem Chromosom und daraus Chromosomenkarten (Karyogramme) erstellen. Erstmalig gelang das bei der Taufliege, später auch bei Haustierarten; s. a. Kap. Chromosomen und Gene (S. 110).

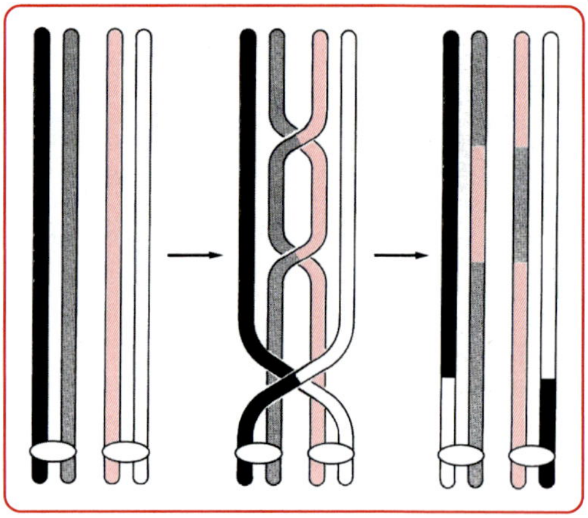

▸ **Abb. 3.15** Beispiel eines Anlagenaustausches (Crossing over).

3.6.2 Geschlechtsbestimmung und geschlechtsgebundene Vererbung

Im Gegensatz zu allen anderen Chromosomenpaaren sind in den Körperzellen männlicher Säugetiere (bzw. weiblicher Vögel) die für die Geschlechtsausprägung zuständigen beiden Chromosomen nicht gleich. Durch diese chromosomengebundene Geschlechtsbestimmung wird also erreicht, dass das Verhältnis von männlichen zu weiblichen Tieren im Durchschnitt bei 50 : 50 liegt.

Zu den geschlechtsgebundenen Erbfaktoren gehören z. B. die Bluterkrankheit beim Menschen und beim Hund sowie die Rotgrünblindheit. Bei einigen Hühnerrassen werden z. B. die Gefiederfarbe und die Befiederungsgeschwindigkeit geschlechtsgebunden vererbt. Hierbei liegen die steuernden Gene auf dem z-Chromosom. Somit können Kennhühner erzeugt werden, bei denen die Hennen von den Hähnen anhand der Gefiederfarbe oder der Befiederungsgeschwindigkeit unterschieden werden können (▶ **Abb. 3.16**).

Fazit

Die Geschlechtschromosomen enthalten neben den für die Geschlechtsausprägung verantwortlichen Anlagen noch weitere Gene. Man bezeichnet diese Erbanlagen, die zusammen mit dem Geschlecht vererbt werden, als geschlechtsgebundene Erbfaktoren.

▶ **Abb. 3.16** Die geschlechtsgebunden vererbte Befiederungsgeschwindigkeit bei Hühnern spart Zeit beim Sortieren der Eintagsküken.

3.6.3 Spezielle Genwirkungen

Nicht bei allen Merkmalen lassen sich die *Mendel'schen* Aufspaltungsverhältnisse von 3 : 1 oder 9 : 3 : 3 : 1 in der F_2-Generation bestätigen. Zu Abweichungen kommt es beispielsweise, wenn Gene mehrerer Genorte gemeinsam auf ein Merkmal wirken. Summiert sich dabei der Beitrag jedes einzelnen Gens – das bei der Vererbung durchaus den *Mendel'schen* Regeln folgt – zur Gesamtwirkung auf oder mischen sich die Einzelwirkungen, spricht man von **additiver Genwirkung** (S. 123). Sie liegt vielen wirtschaftlich wichtigen Merkmalen der Nutztierarten zugrunde, s. Kap. Vererbung tierischer Leistungen (S. 123).

Bei den nicht-additiven Genwirkungen wird zwischen Dominanz und Epistasie unterschieden. Die dominante Vererbung (S. 115) hatten wir bereits als Abweichung vom intermediären Erbgang eines Merkmals kennengelernt. Überträgt man die dort getroffenen Feststellungen auf die Wirkung einzelner Gene, so kann man **Dominanz** als Abweichung der heterozygoten Merkmalsausprägung vom mittleren Wert der homozygoten definieren. Zu den bei den Nutztieren dominanten Genen zählen beim Rind, wie schon dargestellt, die Gene für schwarze Farbe und Einfarbigkeit sowie der weiße Kopf (Hereford, Fleckvieh) und die Hornlosigkeit, beim Schwein die Farbe Weiß.

Bei manchen Kreuzungsversuchen verhielten sich die Angehörigen der F_1 bei bestimmten Merkmalen weder intermediär noch eindeutig dominant, sondern gleichen stärker einem Elternteil. So weisen beispielsweise die F_1-Küken aus der Paarung von weißen und schwarzen Wyandotte-Hühnern im schwarzen Federkleid einzelne weiße Federn auf oder ihr Schwarz hat einen hellen Schimmer. Ein solches Verhalten bezeichnet man als **unvollständige Dominanz**. Das bedeutet u. a., dass sich in der F_2 die Heterozygoten teilweise von den Homozygoten unterscheiden lassen. Wenn die Heterozygoten in bestimmten Merkmalen beide homozygoten Eltern übertreffen, nennt man dies **Überdominanz**.

Wenn sich Gene desselben Chromosomenpaares in ihrer Wirkung gegenseitig beeinflussen, spricht man von **Geninteraktion**. Dabei kann ein Gen auf nur ein einzelnes weiteres Gen ausgerichtet sein – man bezeichnet dies als **Epistasie** – oder mehrere Gene komplementär betreffen. Eine derartige Geninteraktion wurde erstmals bei der Kammvermehrung bestimmter Haushuhnrassen nachgewiesen. Sie tritt aber auch bei der Farbvererbung von Geflügel, Pelztieren und des Schweins auf.

Zu den speziellen Genwirkungen zählen schließlich auch die maternalen Effekte und die Heterosis, die im Kap. Plasmatische Vererbung (S. 127) bzw. im Kap. Systematische Gebrauchskreuzungen (S. 133) näher dargestellt sind.

3.7 Veränderungen im Erbgefüge (Mutationen)

Wenn reinrassige Dackel miteinander gepaart werden, sind ihre Welpen Dackel und deren Nachkommen auch wieder Dackel. Wir gehen also davon aus, dass das Erbgut von einer Generation auf die andere unverändert weitergegeben wird. Andererseits stammen nicht nur die Schäferhunde, sondern auch die Dackel von den Wölfen ab. Im Stammbaum der Dackel müssen also irgendwann Vorfahren auftreten, die nicht dackelbeinig waren.

Aber woher kommt die Dackelbeinigkeit? Etwa durch Mangelernährung? Sicher nicht. Seit vielen Generationen werden den für die Zucht bestimmten Schaflämmern die Schwänze kupiert. Trotzdem werden alle Lämmer immer wieder mit langen Schwänzen geboren.

Merke
Im Laufe des Lebens erworbene Eigenschaften werden nicht vererbt.

Dackelbeinigkeit, Pigmentlosigkeit und andere erbliche Abweichungen von der Norm sind auf sprunghafte (spontane) Veränderungen der Erbanlagen, **Mutationen** genannt, zurückzuführen. Es entsteht eine neue Genvariante. Diese werden als Erbfehler bezeichnet, wenn sie Leiden, Schäden oder Leistungsdepressionen verursachen. Wenn sie zum Tod der Nachkommen vor oder kurz nach der Geburt führen, handelt es sich um Letalfaktoren. Manche Gene mutieren leichter als andere. So stellt sich Albinismus, die erblich verankerte Pigmentlosigkeit in Haar und Haut, bei vielen Säugetierarten – und zwar relativ häufig – ein, die Dackelbeinigkeit ist seltener. **Die meisten Mutationen folgen dem rezessiven Erbgang** und werden deshalb zunächst nicht bemerkt. Sie treten erst dann in Erscheinung, wenn zufällig zwei Partner mit dem gleichen mutierten Gen zusammenkommen und das neue Merkmal nach der Unabhängigkeitsregel herausmendelt.

Viele Mutationen sind für den Träger belanglos, beispielsweise die „Trauerformen" der Bäume. Oft sind die Mutationen nachteilig, die betreffenden Individuen werden in der Natur ausgemerzt, wie z. B. pigmentlose, also weiß aussehende Hasen. Bei den Haustieren entscheidet der Mensch, welche Tiere zur Zucht verwendet werden, sodass Tiere mit mutierten Genen erhalten bleiben und sogar zum Ahnherrn einer neuen Rasse werden können. Manche Mutationen erwiesen sich als nützlich für den Menschen, beispielsweise die Verminderung des Brutinstinktes beim Haushuhn. Für Wildhühner wäre dies verhängnisvoll. In der modernen Tierzucht werden Träger dieser Genvarianten von der Zucht aufgrund ethischer Bedenken und wirtschaftlicher Schäden ausgeschlossen. Dies gilt besonders für Populationen mit künstlicher Besamung, da solche Erbfaktoren sich schnell verbreiten.

Bei manchen Mutationen ist das Schicksal des Trägers davon abhängig, ob er das mutierte Gen von beiden Eltern, also homozygot oder heterozygot, erhalten hat. Bei den Kerries, einer irischen Rinderrasse, treten Tiere mit kurzen Beinen, aber sehr guter Bemuskelung auf, die Dexter-Rinder. Werden sie miteinander gepaart, hat ein Viertel der Kälber normale Beine (Kerry-Typ) und die Hälfte kurze Beine (Dexter-Typ). Das restliche Viertel der Kälber wird vorzeitig geboren und ist nicht lebensfähig. Das sind die sogenannten Bulldogkälber, die auch bei anderen Fleischrindern (Hereford, Angus, Charolais) auftreten. Heterozygot sind die Dexter also lebensfähig und bringen sogar einen wirtschaftlichen Vorteil, homozygot sind sie nicht lebensfähig.

Klinischer Bezug
Gene, die den Tod eines Lebewesens vor der Geschlechtsreife verursachen, werden als **Letalfaktoren** bezeichnet. Man macht sie beim Rind für viele Fälle von embryonalem Fruchttod verantwortlich. Haarlosigkeit bei neugeborenen Kälbern oder Afterverschluss, auch bei Ferkeln auftretend, sind weitere Beispiele für todbringende Erbfaktoren.

Bereits zu Beginn der 40er-Jahre des letzten Jahrhunderts wurde von Rindern mit Doppellender-Charakter berichtet. Solche Tiere sind außergewöhnlich stark bemuskelt und ihre Geburten sind oft ohne Kaiserschnitt nicht möglich. Als Ursache gilt das Myostatin-Gen auf dem bovinen Chromosom 2. Bisher sind neun Mutationsvarianten dieses Gens bekannt. Die ursprüngliche Variante (Wildform) bremst die Muskelbildung auch schon vor der Geburt. Die häufigste Mutationsvariante (nt821), die u. a. bei der Rasse Weißblaue Belgier auftritt, unterscheidet sich von der Wildform durch 11 fehlende Basenpaare (del11). Dadurch entsteht ein inaktives Myostatin-Protein und das Gen verliert seine bremsende Wirkung auf das Muskelwachstum. Bei Doppellendern der Rasse Piemonteser ist nur eine Base verändert (C313Y).

Schließlich sei noch angemerkt, dass unterschiedliche Empfänglichkeiten für die typische Scrapie-Erkrankung bei Schafen von drei Tripletts/Codons (Chromosom 20) gesteuert werden. Diese Erkrankung gehört zu den TSE-Erkrankungen (Transmissible (übertragbare) Spongiforme (schwammartige) Enzephalopathie (krankhafte Veränderung des Gehirns)).

Beim Rind zählen zu den Erbfehlern z. B. das Weaver-Syndrom und die spastische Parese (zu steiles Hinterbein). Binnenhodigkeit sowie Hoden- und Leistenbruch sind Beispiele für Erbfehler bei Schweinen, und bei Schafen kann die Kurzbeinigkeit auftreten.

Zu den Letalfaktoren beim Rind gehören beispielsweise die Spinnengliedrigkeit, das Bulldog-Syndrom, BLAD (Bovine Leukozyten-Adhäsions-Defizienz) und CVM (Complex vertebrale Malformation). Schweine können afterlos oder mit Gaumenspalte geboren werden. Letztere kann auch bei Schafen auftreten.

Außer den beispielhaft skizzierten **Genmutationen**, auch Punktmutationen genannt, gibt es auch Chromosomenmutationen und Genommutationen. **Chromosomenmutationen** betreffen eine größere Anzahl von Genen, die im gleichen Chromosom sitzen, und gehen oft auf Pannen während des Anlagenaustausches vor der Reifeteilung zurück. Das heißt: Während des Crossing over können Chromosomenbruchstücke abhanden kommen oder umgekehrt wieder anwachsen.

Bei **Genommutationen** verändert sich der Gesamtbestand an Chromosomen. Bekannte Beispiele sind Pflanzen, wie Tetraroggen mit 28 Chromosomen statt 14 bei normalem Roggen, bei denen durch Bestrahlung oder Giftwirkung vergrößerte Chromosomensätze (**Polyploidie**) entstehen. Das geschieht, wenn bei der Befruchtung mindestens eine der beiden Keimzellen durch ausgebliebene Reduktionsteilung den doppelten und nicht den normalen einfachen Chromosomensatz aufweist. Die Körperzellen des neuen Lebewesens haben dann den dreifachen (triploid) bzw. vierfachen (tetraploid) Chromosomensatz.

Fazit

Mutationen, das sei hier festgehalten, führen zu neuen Genkonstellationen, die sich von negativ über neutral bis positiv auswirken können. Sie haben immer wieder dazu beigetragen, dass sich Lebewesen an veränderte Umweltbedingungen anpassen und damit durchsetzen konnten. Mutationen sind aber auch Ursache zahlreicher Erkrankungen, für die in der Rinderzucht u. a. die Buchstaben BLAD, DUMPS und in der Schweinzucht MHS stehen.

3.8 Vererbung tierischer Leistungen

3.8.1 Einflussfaktoren und Normalverteilung

Bei den tierischen Leistungen gehören Milchmenge, Milcheiweiß- und -fettgehalt, Tageszunahme und Futterverwertung in der Mast, Eizahl, Eigewicht usw. zu den zähl- und messbaren, also **quantitativen** oder **Mengenmerkmalen**. Im Gegensatz dazu zählen Haarfarbe, Behornung, Blutgruppe und andere alternativ, das heißt nach dem Entweder-oder-Prinzip auftretende Eigenschaften, zu den sogenannten **qualitativen Merkmalen**.

Die tierischen Leistungen basieren auf einer großen Zahl von Genen und sind von zahlreichen Umwelteinflüssen abhängig.

Wie viele Gene sich auf die Milchleistung auswirken, ist unbekannt. Bestimmt sind es etliche. Das bedeutet, dass der Einfluss des einzelnen Gens gegenüber dem Gesamtbeitrag aller an der Milchleistung beteiligten Gene zurücktritt und damit auch die Frage, welchem Erbgang es folgt. Die erfolgreiche Tierzucht des 20. Jahrhunderts unterstellte für die tierischen Leistungen, also auch für die Milchmenge, so lange einen intermediären Erbgang, bis z. B. durch die Genomanalyse Gegenbeweise erbracht wurden. Dem Modell der Normalverteilung liegt ferner die Annahme der **additiven Genwirkung** zugrunde, dass die einzelnen Gene also etwa gleiche Wirkung erzielen und sich in ihrer Gesamtwirkung aufaddieren.

Andere Verteilungsmuster erhält man durch manche Umwelteinflüsse, aber auch durch **nichtadditive Genwirkungen** (S. 121), wie sie beispielsweise durch Dominanzverhältnisse bei einem wesentlichen Teil der Genpaare hervorgerufen werden.

„Umwelt" wird in diesem Zusammenhang sehr weit gefasst. Bei der Milchmenge rechnet man dazu u. a. die Fütterung, die Melktechnik, die Stallverhältnisse, die Pflege, aber auch viele Lebensumstände des Tieres (Alter, Krankheiten, Abkalbemonat usw.). Die aufgezeigten und weiteren Umwelteffekte lassen sich zwei Gruppen zuordnen, den **systematischen** oder den **zufälligen** Einflüssen. Erstere betreffen in gleicher Weise eine Gruppe von Tieren, z. B. eine Population, und werden in der Zuchtwertschätzung durch Korrekturfaktoren ausgeschaltet. Das funktioniert bei zufälligen Effekten nicht, sie wirken modifizierend auf das Einzeltier.

Fazit

In einer Population folgt der Phänotyp (das Erscheinungsbild) in Mengenmerkmalen einer Normalverteilung. Dabei wirken additive und nicht additive Wirkungen vieler Gene sowie systematische und zufällige Umwelteffekte. Umweltbedingungen können Leistungen fördern oder behindern. Die meisten Tiere bringen so mittlere Leistungen zustande und nur wenige Individuen zeigen eine sehr hohe bzw. sehr niedrige Leistung.

Verteilt man die Angehörigen einer **Population**, das heißt alle Tiere der gleichen Haustierart einer Zuchtorganisation, einer Rasse oder einer bestimmten Landschaft, nach ihrer Leistung auf eine Anzahl Leistungsklassen und trägt den Anteil der verschiedenen Leistungsklassen an der Gesamtpopulation in eine grafische Darstellung ein, dann ergibt die Verbindungslinie zwischen den Häufigkeiten der einzelnen Leistungsklassen eine glockenförmige Kurve. Diese bezeichnet man als **Normalverteilung**, manchmal auch – nach dem Mathematiker *Gauß* – als *Gauß'sche* Wahrscheinlichkeitskurve.

Im abgebildeten Beispiel (▶ **Abb. 3.17**) sind die ersten Laktationen von 454 279 schwarzbunten

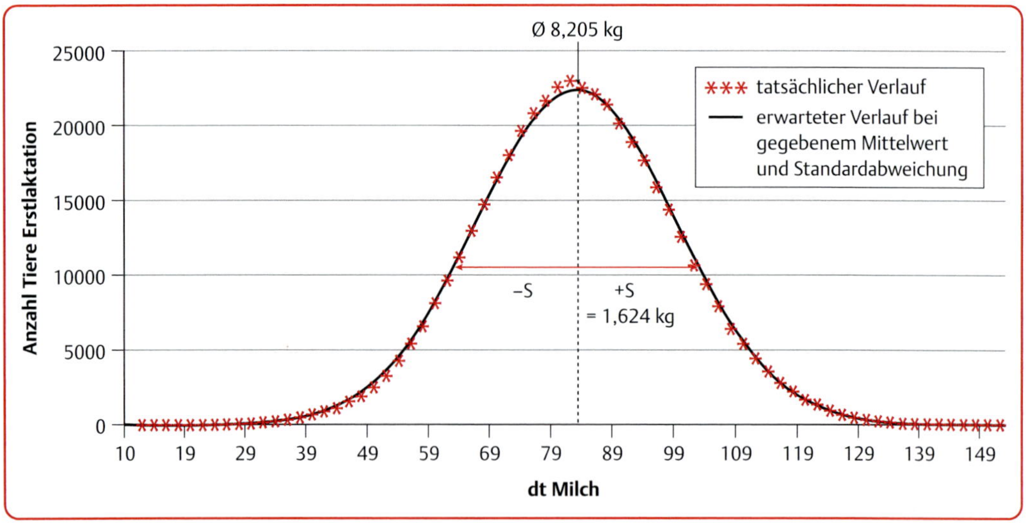

▶ **Abb. 3.17** Häufigkeitsverteilung von 454 279 Erstlaktationen schwarzbunter Jungkühe innerhalb VIT (Dr. Kai Kuwan, vit, 2017).

Färsen nach der Leistungshöhe sortiert. Es handelt sich um die von VIT (Vereinigte Informationssysteme Tierhaltung w. V.) ausgewerteten Daten der 11 dieser Institution angeschlossenen Organisationen für Milchleistungsprüfungen. Die Tiere standen also in Betrieben mit sehr unterschiedlichen äußeren Bedingungen. Die Kurve ist demnach stark geprägt durch den Einfluss von Umweltfaktoren.

3.8.2 Maßstäbe für Variabilität und Erblichkeit

Prüfungsergebnisse über eine Population, z. B. diejenigen eines Milchkontrollverbandes, beruhen auf einer Mischung von Erb- und Umweltwirkungen. Es gilt die Formel:

P (Phänotyp) = **G** (Genotyp) + **U** (Umwelt)

Der für die züchterische Arbeit erforderliche Leistungsvergleich bedingt, dass die Umwelteffekte, wie schon angedeutet, rechnerisch ausgeschaltet werden müssen. Das geschieht im Rahmen der Zuchtwertschätzung (S. 150), bei der auch vor allem der Erblichkeitsanteil eines Leistungsmerkmals eine wesentliche Rolle spielt. Vor den Erläuterungen dazu sollen weitere dabei wichtige Begriffe behandelt werden.

Die zahlenmäßig stärkste Gruppe befindet sich in der Mitte einer Normalverteilung nah am **Mittelwert**. Alle Abweichungen vom Mittelwert bezeichnet man als Varianten (Plus- und Minusvarianten), die Gesamtheit der Unterschiede im Erscheinungsbild (Phänotyp) für ein Merkmal als **Variation**. Ein Teil der Variationen ist umweltbedingt; das sind die sogenannten **Modifikationen**. Den Abstand zwischen den Flügeln einer Variation links außen und rechts außen nennt man Variations- und Schwankungsbreite.

Der Abstand zwischen dem Mittelwert und den Wendepunkten der Kurve heißt **Streuung** mit dem Zeichen σ (Sigma) oder **Standardabweichung** mit dem Zeichen s. Von Streuung spricht man, wenn alle Individuen einer Population erfasst wurden, von Standardabweichung, wenn es sich nur um eine Stichprobe handelte. Bei der Stichprobe der schwarzbunten Kühe (▶ **Abb. 3.17**) war der Mittelwert 8205 kg und die Standardabweichung ± 1624 kg. Die Rückenspeckdicke der Stichprobe nach ▶ **Abb. 3.18** betrug 2,3 cm ± 0,30 cm.

Die Standardabweichung (bzw. Streuung) ist das am meisten verwendete Maß für die Variation. Innerhalb eines Bereiches von ± 1 s befinden sich bei einer Normalverteilung 68,3 % aller Werte (in ▶ **Abb. 3.18** schraffiert) innerhalb von ± 2 s 95,5 % und innerhalb von ± 3 s 99,7 %. Das Quadrat der Standardabweichung (s^2) bezeichnet man als **Varianz**.

Die Isolierung des erblichen Anteils der Variation ist vergleichsweise einfach bei Pflanzen, die Selbstbefruchter sind. Wenn man alle Körner einer Weizenprobe nach dem Gewicht sortiert und zählt, dann die kleinsten und größten in zwei Töpfen mit gleichen Verhältnissen aussät, jede Fremd-

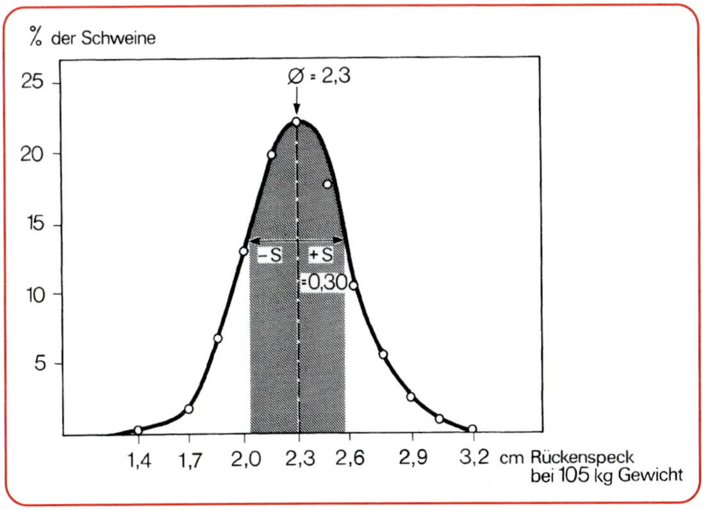

▶ **Abb. 3.18** Streuung der Rückenspeckdicke bei mastgeprüften Schweinen.

bestäubung verhindert und die Körnerernte jedes Topfes für sich sortiert und zählt, bestehen zwei Möglichkeiten: Unterscheiden sich die Ergebnisse der beiden Töpfe, gibt es also in der Nachkommenschaft der kleinen Körner mehr kleine Körner als in der der großen Körner, dann handelte es sich bei der Weizenprobe um ein Sortengemisch. Gleichen sich die Ergebnisse der beiden Töpfe, dann handelte es sich bei der Weizenprobe um eine „reine Linie“, um ein genetisch einheitliches Material. Die Größenunterschiede bei den Körnern sind dann ausschließlich auf Umweltwirkungen (Standort in der Ähre usw.) zurückzuführen und als Modifikationen anzusehen.

Bei Tieren ist es viel schwerer, die Unterschiede zwischen ihren Leistungen in einen erblichen und einen umweltbedingten Anteil zu spalten. Eine nur selten realisierbare Möglichkeit wäre die frühzeitige Trennung eineiiger Zwillinge, die das gleiche Erbgut haben, und ihre Haltung unter verschiedenen Umweltbedingungen für Prüfungstiere (z. B. in Mastprüfungsanstalten), sodass die genetisch bedingten Unterschiede in den tierischen Leistungen deutlicher hervortreten können.

Die wichtigste Methode zur Schätzung des Erblichkeitsanteils stützt sich auf den Leistungsvergleich zwischen nahe verwandten und nicht verwandten Tieren einer Population (Mutter-Tochter-Paare, Nachkommengruppen (z. B. väterliche Halb- oder Vollgeschwister)); denn die phänotypische Ähnlichkeit zwischen Verwandten wird umso geringer, je stärker ein Leistungsmerkmal auf Umweltreize reagiert. Darauf basiert die Schätzung der Erblichkeitsziffer (**Heritabilität**, abgekürzt h^2).

Definition

Die Heritabilität wird berechnet nach der Formel:

$$h^2 = \frac{\sigma_G^2}{\sigma_P^2} = \frac{\sigma_G^2}{\sigma_G^2 + \sigma_U^2}$$

In Worten: Die Heritabilität entspricht dem Anteil der genetischen Varianz an der Gesamtvarianz, die sich aus der genetischen und der umweltbedingten Varianz zusammensetzt. Die Heritabilität kann Werte zwischen 0 (keine genetischen Unterschiede) und 1/oder 100 % (keine umweltbedingten Unterschiede, z. B. Blütenfarbe) einnehmen.

Es ist also folgerichtig, dass die in Prüfungsanstalten mit vereinheitlichten Umweltbedingungen gewonnenen Heritabilitätsziffern höher sind als die aus Praxisuntersuchungen beschafften Werte für das gleiche Leistungsmerkmal. Auch gelten die berechneten Werte immer nur für die dabei zugrunde liegende Population. Heritabilitätsziffern dürfen also nicht als Konstanten missverstanden werden. Trotzdem werden für ähnliche Populationen auch ähnliche Werte gefunden.

Bei Merkmalen mit niedrigem Erblichkeitsanteil (z. B. Fitnesseigenschaften) dauert es lange, in der Zucht voranzukommen, weil man vom Phänotyp der Zuchttiere, also von den bei ihnen beobachteten Merkmalen und Leistungen, nur eine undeutliche Aussage über den Zuchtwert der betreffenden Tiere erwarten kann. Bei Merkmalen mit hohem Erblichkeitsanteil (z. B. Skelettmerkmale) können rasche Zuchtfortschritte erreicht werden (► **Tab. 3.2**).

► **Tab. 3.2** Erblichkeitswerte von Merkmalen.

Heritabilität	Beispiel
niedrig (bis 0,2)	• Zahl der geborenen und aufgezogenen Ferkel • Fruchtbarkeit beim Rind (Zwischenkalbezeit) • Mehrlingsgeburten beim Schaf
mittel (0,2 – 0,4)	• jährliche Milchmenge und Fettmenge der Kuh • Tageszunahmen in der Rinder- und Schweinemast, Futterverwertung der Schweine
hoch (über 0,4)	• Fettgehalt und Eiweißgehalt der Milch • Widerristhöhe beim Rind • Geburtsgewicht des Kalbes • Körperlänge beim Schwein • Rückenspeckdicke und Lendenmuskelfläche • Eigewicht

3.9

Plasmatische Vererbung

Der Genbestand von Nachkommen stammt nach den bisherigen Darlegungen je zur Hälfte von den Eltern, weil die in den Chromosomen des Zellkerns befindlichen Erbfaktoren während der Meiose gleichmäßig auf das befruchtete Ei übertragen werden. Aus den wechselweisen Paarungen reinerbiger Linien sind daher auch gleiche Nachkommen zu erwarten. Dass dies nicht immer zutrifft, zeigen z. B. die reziproken Paarungen zwischen Pferd und Esel. Sowohl das Maultier aus der Paarung von Eselhengst und Pferdestute wie auch der Maulesel (Pferdehengst × Eselstute) steht im Phänotyp der jeweiligen Mutter näher als dem Vater, die Mutter setzt sich also stärker durch.

Mit plasmatischer Vererbung ist die Weitergabe extrachromosomaler Gene gemeint. Dies geschieht meist nur über die mütterliche Seite. Derart beeinflusste Merkmale folgen nicht den *Mendel'schen* Regeln.

Fazit

Verantwortlich für diesen Befund ist die Mitwirkung des Zellplasmas bei der Zellentwicklung und Merkmalsausprägung. Da das Zellplasma der Zygote nahezu ausschließlich über die weibliche Seite und nicht über die Samenfäden beigesteuert wird, kann es zu dem skizzierten Übergewicht der mütterlichen Seite, den sogenannten **maternalen Effekten**, kommen. Sie liegen immer dann vor, wenn Merkmale von Nachkommen nicht nur von den eigenen Erbanlagen, sondern zusätzlich vom Phänotyp der Mutter beeinflusst werden.

In der Rinderzucht genießen Kuhfamilien ein besonderes Ansehen. Darin spiegeln sich die Bemühungen wider, die ausschließlich maternal vererbten, in den Mitochondrien befindlichen Gene zu nutzen.

Geraume Zeit wurde der plasmatischen Vererbung dennoch nur eine untergeordnete Rolle im Gesamtgeschehen der Vererbung beigemessen. Jüngere Forschungsergebnisse stellen diese Einschätzung in Frage. So hat man inzwischen die an der Vererbung der Chromosomen beteiligten Substrate auch im Plasma bzw. in darin enthaltenen Einschlüssen entdeckt. Schon länger ist bekannt, dass die Kraftwerke der Zellen, die Mitochondrien, wie die Zellkerne DNA enthalten und sich teilen können. Neueste Forschungen beweisen, dass im Zellplasma auch RNA enthalten ist, und zwar in Form der „Boten-RNA". Als Produktionsstätte dafür werden ebenfalls die Mitochondrien angesehen.

Man darf gespannt sein, ob weitere Forschungsergebnisse dazu führen, dass die plasmatische Vererbung einen der chromosomalen Vererbung vergleichbaren Stellenwert für die Tierzucht erhält.

3.10

Epigenetik

Die Körper der höher entwickelten Tiere sind aus Hunderten von verschiedenartigen Zellen aufgebaut. Sie sind alle aus einer Zelle, der befruchteten Eizelle, hervorgegangen und enthalten dieselbe genetische Information. Trotzdem fallen ihnen im tierischen Organismus völlig verschiedene Aufgaben zu, wie beispielsweise der Vergleich zwischen einer Gehirnzelle (Neuron) mit einer Darmzelle verdeutlicht. Wie kommt es also zu diesen Differenzierungen, bei denen sich, wie bisher gezeigt wurde, die DNA-Sequenz nicht ändert?

Antworten darauf liefert das noch junge Forschungsgebiet der Epigenetik. Die Vorsilbe „Epi" bedeutet im Griechischen „darüber" oder „daneben" und weist der Epigenetik alle Prozesse in der Zelle zu, die sich neben oder zusätzlich zu denen der Genetik abspielen, das heißt nicht in der DNA-Sequenz kodiert sind und zu Veränderungen in der Genexpression führen.

Der wesentliche epigenetische Mechanismus ist die DNA-Methylierung. Dabei kommt es zur Methylierung sowie Demethylierung des Cytosin-Nukleotids durch DNA-Methyltransferasen. Dies bewirkt eine Stilllegung bzw. Aktivierung von Genen und verläuft nach einem festen Muster. Hiermit greift dieser epigenetische Vorgang in die zeitliche Abfolge der Gewebe- und Organbildung nach der Befruchtung ein. Zu epigenetischen Mechanismen zählen auch Veränderungen der Histonproteine und sog. small RNAs (z. B. miRNA, snRNA, siRNA).

Eine besondere Form der DNA-Methylierung stellt das **Imprinting** dar. Hierbei werden die beiden Allele eines Genortes unterschiedlich exprimiert. Entweder wird das maternale oder das paternale Allel durch Anfügen von Methylgruppen an das Cytosin abgeschaltet. Meist wird nur das nicht-methylierte Allel exprimiert. Das Callipyge-Gen bei Schafen (Chromosom 18) ist hierfür ein gutes Beispiel. Das mutierte Gen führt zu einer muskulären Hypertrophie an den Keulen. Homozygote Mutationsträger und Heterozygote, die das Gen von der Mutter geerbt haben, zeigen den Phänotyp nicht. Lediglich die paternalen Träger haben eine entsprechende Keulenbemuskelung. Da das Gen von der Mutter an ihre Nachkommen weitergegeben wird, aber nur phänotypisch wirksam wird, wenn es vom Vater kommt, wird das Merkmal nicht in jeder Generation beobachtet. Der Phänotyp überspringt eine oder mehrere Generationen.

Allerdings können epigenetische Modifikationen in Folge der Anwendung assistierter Reproduktionstechniken (ARTs: z. B. In-vitro-Fertilisation und -Produktion) Probleme während der Embryonalentwicklung hervorrufen. So kann z. B. das Geburtsgewicht von Kälbern erhöht sein (Large Offspring Syndrom, LOS).

Fazit

Die Genexpression hängt auch von der Steuerung der Gene durch epigenetische Faktoren ab. Sie bewirken, dass Gene besonders während der frühen Embryonalphase selektiv ein- oder ausgeschaltet werden können und stellen somit u. a. eine reibungslose Entwicklung sicher. Solche Veränderungen der Genexpression können durch biochemische Modifikationen der DNA und der Histonproteine hervorgerufen werden. Eine Änderung der Basensequenz tritt dabei nicht auf. Die veränderte Genexpression ist vererbbar. Dabei gilt die DNA-Methylierung als die primäre epigenetische Veränderung.

3.11 Übungsfragen

Eiweißsynthese

Frage

Eine Aufgabe für angehende Code-Knacker: Wie heißen Anticodon und Basen-Triplett auf dem codogenen Strang der DNA für folgende Codons: CAU (Histidin), UUU (Phenylalanin), ACA (Threonin), GGC (Glycin), UGU (Cystein), GCC (Alanin) und AAG (Lysin)?

Antwort (siehe ▸ Tab. 3.3)

Aber hatten wir nicht für Lysin schon ein anderes Codon, nämlich AAA? Richtig. Für Lysin gibt es 2 Codons, für manche Aminosäuren sogar 4 oder 6. Nur Methionin begnügt sich mit 1 Codon. Die anderen haben sich so ausgebreitet, weil bei 3 Basen 64 Kombinationsmöglichkeiten bestehen, die für 20 Aminosäuren mehr als ausreichen.

▸ **Tab. 3.3** Codierung der Aminosäuren durch Basentripletts auf der DNA, m-RNA (Codon) und der t-RNA (Anticodon).

Aminosäure	DNS-Triplett	Codon	Anticodon
His	GTA	CAU	GUA
Phe	AAA	UUU	AAA
Thr	TGT	ACA	UGU
Gly	CCG	GGC	CCG
Cys	ACA	UGU	ACA
–	CGG	GCC	CGG
–	TTC	AAG	UUC

omas Möller

Teil 2
Einführung in Zucht, Ernährung, Tierwohl und Tiergesundheit

4 Züchtung

Ralf Waßmuth

Als Züchten bezeichnet man die planmäßige Auswahl und Paarung von Haustieren, um die nächste Generation zu erzeugen. Dabei wird ein ganz bestimmtes **Zuchtziel** angestrebt. Das Zuchtziel charakterisiert wichtige Merkmale des Phänotyps (z. B. Eiweißmenge, Zellzahl, Futteraufwand, abgesetzte Ferkel) und visiert die erwünschten Leistungen an (z. B. 10 000 kg Milch mit 4 % Fett und 3,5 % Eiweiß pro Jahr bei Kühen). Unter den verfügbaren fortpflanzungsfähigen Tieren werden diejenigen für die Weiterzucht ausgewählt, deren Nachkommen dem Zuchtziel wahrscheinlich besser entsprechen. Für die Auswahl der Zuchttiere werden auch die Begriffe „Zuchtwahl" oder „Selektion" verwandt. Das Zuchtziel wird im Allgemeinen von den Zuchtorganisationen und somit einerseits von den Züchtervereinigungen, den Zusammenschlüssen der Züchter, und andererseits den Zuchtunternehmen aufgestellt. Darüber hinaus kann sich der einzelne Züchter individuelle Ziele für seine Herde setzen.

Definition

Die Züchtervereinigungen betreuen in der Regel eine oder mehrere Rassen der gleichen Tierart in Reinzucht. Paarungen innerhalb der gleichen Rasse bezeichnet man als Reinzucht. Paarungen von Tieren verschiedener Rassen werden Kreuzung genannt. Sie kennzeichnen u. a. die Produkte von Zuchtunternehmen im Bereich der Schweinezucht.

Die Individuen einer **Rasse** haben eine Anzahl wichtiger Merkmale gemeinsam, in denen sie sich von anderen Rassen der gleichen Art unterscheiden. Daneben gibt es den landläufig verwendeten Begriff **Typ**, der Tiere der gleichen Leistungsrichtung auf sich vereinigt, beim Rind beispielsweise den Milch-, Mast- oder Fleischtyp. Das kann innerhalb einer Rasse geschehen, aber auch über die Rassengrenzen hinweg, wie beim Zweinutzungstyp (Milch-Fleisch) der Rinder.

In der Tierzucht wird heute vielfach der Begriff **Population** verwendet. Die Population stellt eine Gemeinschaft von Individuen dar, die in einem mehr oder weniger kontinuierlichen Areal zur gleichen Zeit leben und einen gemeinsamen Genpool bilden. In der Regel handelt es sich also um Tiere einer Rasse, es kann aber auch auf die Tiere im Bereich einer Züchtervereinigung oder eines Zuchtunternehmens beschränkt sein.

4.1 Zuchtmethoden

Traditionell unterscheidet man hierbei zwischen Reinzucht und Kreuzung und meint damit die Zucht innerhalb bzw. zwischen Rassen (► **Tab. 4.1**). Den genetischen Gegebenheiten entsprechen neuere Einteilungen aber besser, die sich am **Zweck** einer Zuchtmethode orientieren. Danach stellt sich die Selektion in einer Population, in der Tiere einer anderen Population eingesetzt werden, eher als eine Form der Reinzucht dar denn als Kreuzung. Wir wollen deshalb nachfolgend auch von Veredelungszucht sprechen und nicht von Veredelungskreuzung sowie von Kombinations- und Verdrängungszucht etc.

Den genannten Zuchtmethoden sind die systematischen Gebrauchskreuzungen entgegenzustellen. Dabei werden Tiere aus verschiedenen Populationen gepaart, um Gebrauchstiere zu erstellen, mit denen nicht weitergezüchtet wird.

4.1.1 Selektion auf Reinzuchtleistung

Reinzucht im engeren Sinn

Die Reinzucht ist die am weitesten verbreitete Zuchtmethode, der die meisten Rassen ihre Entstehung verdanken. Wenn das Zuchtziel einer Rasse für längere Zeit gleich bleibt und die Leistungsanforderungen nicht grundsätzlich verändert, sondern nur aufgestockt werden, dann wird die Population in sich allmählich ausgeglichener – vorausgesetzt, dass alle dem Zuchtziel nicht entsprechenden Individuen von der Zucht ausgeschlossen werden.

▸ **Tab. 4.1** Beispiele für die gebräuchlichsten Zuchtverfahren.

Reinzucht		Kreuzungszuchtverfahren	
Geschlossene Population	**Offene Population**	**Diskontinuierlich**	**Kontinuierlich**
Englische Vollblutpferde	Veredelungszucht: z. B. Deutsche Landrasse	Zweirassenkreuzung (PI x DL, WBB x Braunvieh)	Wechselkreuzung (criss-cross) (DE x DL)
Islandpferde	Verdrängungszucht: z. B. Deutsches Edelschwein	Dreirassenkreuzung PI x (DE x DL)	synthetische Rassen
		Vierrassenkreuzung (PixHA)x (DE x DL)	
		Rückkreuzung (LR x Y) x LR oder Y	

BR = Braunvieh; DE = Deutsches Edelschwein; DL = Deutsche Landrasse; LR = Landrasse; PI = Pietrain; WBB = Weißblaue Belgier; Y = Yorkshire.

Fazit

Die Reinzucht ist unentbehrlich, um den Marktwünschen nach einheitlicher Qualität der Veredelungsprodukte zu entsprechen und um eine rationelle Verarbeitung zu gewährleisten (eine Schlachterei verarbeitet nicht gern Schweine mit 85 – 135 kg Lebendgewicht).

Das Bestreben zu einer größeren Ausgeglichenheit der Tiere einer Rasse und zur Vereinheitlichung ihrer Leistungen kann allerdings in Widerstreit zur Notwendigkeit geraten, innerhalb einer Population eine gewisse Vielfalt der Gene zu erhalten. Nur so ist es möglich, veränderten Verbraucherwünschen oder Produktionstechniken über eine Änderung der Zuchtziele zu entsprechen.

Mit der aufgezeigten Schwierigkeit haben vor allem kleine Populationen zu kämpfen, wenn sie geschlossen gehalten werden. Das bekannteste Beispiel für eine geschlossene Zucht sind die einseitig auf die Anforderungen des Rennsports gezüchteten englischen Vollblüter. Sie bestehen nur aus Nachkommen der Pferde, die bis zur Schließung des Stutbuches im Jahre 1793 eingetragen waren, und für sie gilt heute noch das gleiche Zuchtziel wie damals. Demgegenüber haben sich bei nahezu allen Rinder-, Schweine- und Schafrassen die Zuchtziele wiederholt geändert. **Für das Überleben einer Rasse entscheidende Faktoren sind neben der Populationsgröße die genetische Variabilität.**

Inzucht – ein Exkurs

Wenn ausschließlich Tiere der gleichen Rasse miteinander gepaart werden und die Rasse keiner oder wenig Migration (Zu- bzw. Abwanderung von Tieren) von außen unterliegt, bleibt es nicht aus, dass verwandte Tiere miteinander Nachkommen erzeugen. Man spricht dann von Inzucht. Je kleiner die Population ist, desto größer ist die Wahrscheinlichkeit, dass verwandte Tiere miteinander gepaart werden. Die Paarung der engsten Verwandten (Großeltern und Eltern mit den Söhnen oder Töchtern bzw. diese untereinander) wird als **Inzest** bezeichnet. Besonders in Populationen, die sehr klein und damit vom Aussterben bedroht sind, ist Inzuchtvermeidung das wohl wichtigste züchterische Ziel, um deren genetische Variabilität zu erhalten.

Inzucht kann also als ein auf Reinzuchtleistung ausgerichtetes Paarungsverfahren eingeordnet werden. Zur Inzucht kann es ungewollt kommen. Sie ist aber auch wiederholt bewusst eingesetzt worden, um raschere Züchtungsfortschritte zur Konsolidierung der Rasse zu erreichen.

Fazit

Durch Inzucht können vorteilhafte Erbanlagen zusammengeführt, das heißt homozygot im Erbgut einer Familie befestigt werden. Dies geschieht allerdings auch mit nachteiligen Genen. Die Inzucht erhöht also das Risiko der Verbreitung von Erbkrankheiten – sofern nicht streng selektiert wird. Inzucht und harte Auslese unter den Nachkommen der Inzuchtpaarungen gehören also zusammen.

Leider unterbleibt in vielen Fällen diese scharfe Auslese wegen der damit verbundenen wirtschaftlichen Verluste. Dann folgt einer Inzuchtperiode gewöhnlich eine Welle von Erbkrankheiten, Konstitutionsmängeln und Leistungsdepressionen, wie es teilweise in der Schweinezucht nach der Umzüchtung auf das Fleischschwein zu beobachten war. Das Schwein ist besonders anfällig für **Inzuchtdepressionen**, die als Folge des erhöhten Homozygotiegrades bzw. verminderten Heterozygotiegrades angesehen werden. Inzuchtdepressionen gehen mit einem Verlust der genetischen Variabilität einher und äußern sich hauptsächlich in einer geringeren Fruchtbarkeit der Muttertiere und einer **verminderten Vitalität** (Lebenskraft, Gesundheit) ihrer Nachkommen, der Schlachtwert z. B. von Mastschweinen ist hingegen weniger betroffen.

Veredelungszucht

Wenn Züchter mit dem eigenen Zuchterfolg unzufrieden sind und schnellere Fortschritte oder ein höheres Niveau des Zuchtstandes in verwandten Populationen entdecken, rufen sie nach „Blutauffrischung". Sie meinen damit die dosierte Einfuhr von Genen anderer Populationen in die eigene, verbunden mit der Absicht, die guten Eigenschaften der vorhandenen Population zu erhalten. Veredelungszucht ist ein Kennzeichen für viele Rassen der modernen Pferdezucht. Da die Population gegenüber einer anderen „geöffnet" wird, bezeichnet man dieses Verfahren auch als Reinzucht in offenen Populationen. Bei anderen Tierarten ist die Veredelungszucht in der herdbuchmäßig betreuten Reinzucht heute allerdings vor dem europarechtlich reglementierten Hintergrund nur beschränkt anwendbar. Beispielhaft erwähnt sei dennoch das Vorgehen in der Holsteinzucht, bei der man bemüht war, den traditionellen Typ des Zweinutzungsrindes durch den begrenzten Einsatz von Holstein-Friesian bzw. Red-Holsteins aus den USA zu „veredeln". Heute hat sich daraus über den Weg der Kombinationszucht inzwischen eine reine Verdrängungszucht entwickelt.

Kombinationszucht

Dabei sollen die wertvollen Eigenschaften der vorhandenen Rasse erhalten bleiben und mit nützlichen Merkmalen einer oder mehrerer anderer Rassen kombiniert werden. Somit ist auch bei dieser Zuchtmethode die Population offen für Tiere aus anderen Populationen. Beim deutschen Merinofleischschaf beispielsweise steuerten die Merinos die gute Wollqualität bei, englische und französische Fleischschafe das gute Fleischbildungsvermögen. Überhaupt sind die meisten unserer Haustierrassen durch Kombinationszucht entstanden.

Fazit

Bei dieser Methode kommt es entscheidend darauf an, dass nur die Tiere zur Zucht verwendet werden, die dem angestrebten Kombinationstyp entsprechen. Über diese scharfe Selektion, häufig auch über eine mäßige Inzucht, wird weitergearbeitet, bis alle Nachkommen die gewünschte Anlagenkombination in sich vereinigen und eine neue Rasse vorgestellt werden kann.

Bis dahin muss der Züchter viele Rückschläge einstecken und Schwierigkeiten überwinden. So dauerte es 30 Jahre, bis in Texas aus Shorthorns und indischen Zeburindern das Santa-Gertrudis-Rind gezüchtet wurde, das die Widerstandsfähigkeit der indischen Rinder gegen tropische Krankheiten und Parasiten mit der Fleischwüchsigkeit der Shorthorns vereinte und das heute im Süden der USA sowie in Lateinamerika weitverbreitet ist.

Die bekanntesten Beispiele von Kombinationszuchten sind in Deutschland das Deutsche Angus (aus den englischen Aberdeen Angus und deutschen Zweinutzungsrassen) und die Uckermärker (aus Fleckvieh und Charolais). Auch die Deutschen Holsteins bzw. das Braunvieh moderner Prägung sind hier zu nennen, deren Entwicklung inzwischen jedoch der Verdrängungszucht zugeordnet werden muss.

Verdrängungszucht

Sie wird dann angewandt, wenn eine vorhandene Rasse wegen des Fehlens entsprechender Gene nicht auf ein neues Zuchtziel umgezüchtet werden kann oder wenn bei seltenem Vorkommen der gewünschten Gene in der Population die Umzüchtung zu lange dauern würde. Dabei wird in der Regel so vorgegangen, dass über mehrere Generationen hinweg ausschließlich Vatertiere der fremden Rasse mit dem erwünschten Genbestand verwendet werden. Von den „Kreuzungsprodukten" werden also nur die weiblichen zur Zucht eingesetzt. Nach 6 Generationen sind in der Population nur noch 1,6 % des Genbestandes der ursprünglichen Rasse vorhanden. Sie ist „verdrängt" worden und die Umzüchtung gilt dann im Allgemeinen als abgeschlossen. Da auch hierbei die Population nicht geschlossen, sondern offen für Tiere aus anderen Populationen ist, spricht man von Reinzucht in einer offenen Population.

Auf diese Weise haben aus der Schweiz eingeführte Simmentaler Bullen im vorigen Jahrhundert die Genbestände der vorhandenen Landrassen in Süddeutschland größtenteils verdrängt und reine Fleckviehzuchtgebiete entstehen lassen. Ein weiteres Beispiel: Mithilfe weniger Karakulschafe aus Turkestan wandelten einige Farmer Südwestafrikas ihre einheimischen Landschafe in Karakulschafe um. Heute sind Millionen dieser Schafe die Grundlage für das wichtigste Produktionsgebiet von Persianerpelzen.

Fazit

Mit dieser Zuchtmethode wird das angestrebte Ziel nur dann voll erreicht, wenn die Umweltbedingungen den Ansprüchen der Verdrängungsrasse angepasst sind oder werden. Verlangt die Verdrängungsrasse mehr und besseres Futter, können ihre Leistungen allerdings auch unbefriedigender als die der verdrängten Rasse sein, sofern ihren Bedüfnissen nicht entsprochen wird. Die Umzüchtung kann sogar misslingen, wenn die Verdrängungsrasse anfälliger gegen Krankheiten und Parasiten des neuen Standorts ist.

Alle bisher dargestellten Zuchtmethoden nutzen die additiv-genetische Varianz (S. 123) innerhalb Populationen, weshalb sie der Selektion auf Reinzuchtleistung zugeordnet werden. Sie versprechen gute Selektionserfolge bei Merkmalen, die eine mittlere bis hohe Heritabilität (Erblichkeitsgrad) aufweisen. Dazu gehören Merkmale wie z. B. die Milchleistung und der Fleischanteil. Bei Merkmalen mit geringen Erblichkeitsgraden (Fruchtbarkeit, Fitness etc.) hält sich die Verbesserung der Merkmale von einer Generation zur nächsten in Grenzen. Auf die Verbesserung solcher Merkmale ist die Selektion auf die Kreuzungsleistung ausgerichtet, da nicht-additiv-genetische Effekte die Merkmalsausprägung stärker beeinflussen.

4.1.2 Systematische Gebrauchskreuzungen

Bei den Gebrauchskreuzungen sollen durch Paarung von Angehörigen verschiedener Rassen Endprodukte, z. B. für die Fleischerzeugung, erstellt werden. **Sie gehen nicht in die weitere Zucht ein.** Mithilfe der Gebrauchskreuzungen können nicht nur additive Geneffekte, sondern auch die gelegentlich vorhandenen **Heterosiseffekte** (Hybrid- oder Kreuzungseffekte) genutzt werden. Sie liegen dann vor, wenn in einem Merkmal, z. B. der täglichen Zunahme von Masttieren, die Kreuzungsnachkommen (F_1-Tiere) den Durchschnitt der Leistungen beider Eltern (z. B. Tageszunahme der einen Rasse 900 g, der anderen 1100 g, der F_1 1050 g – nicht 1000 g, wie erwartet) übertreffen. Von besonderer züchterischer Bedeutung sind heterotische Effekte, bei denen die F_1-Tiere die Leistung der besten Elternrasse (also etwa 1100 g im hier benutzten Beispiel) übertreffen. Eine Überlegenheit von F_1-Kreuzungstieren wird nicht-additiven Genwirkungen (Dominanz verschiedenen Grades bis hin zur Überdominanz oder Wechselwirkungen zwischen verschiedenen Genpaaren) zugeschrieben.

Merke

Heterosiseffekte können umso eher erhofft werden, je einheitlicher (homozygoter) die Genstruktur innerhalb der Ausgangspopulationen und je größer zugleich der Unterschied zwischen den beteiligten Populationen ist, sodass ein hohes Maß an Heterozygotie bei der F_1 auftritt.

Deshalb bieten insbesondere Inzuchtlinien gute Voraussetzungen für eine hohe Heterosis. Allerdings können solche Linien in der Tierzucht nur begrenzt eingesetzt werden, da Erbdefekte und Leistungsdepressionen die Folge sind. Die Pflanzenzucht hat hier bessere Möglichkeiten, die auch genutzt werden. Interessant sind Heterosiseffekte besonders bei Merkmalen, die – wie z. B. die Anzahl und Vitalität von Ferkeln – wegen ihrer niedrigen Heritabilität kaum oder nur langsam durch Reinzucht gesteigert werden können. Solche Merkmale sind oft von den bei konsequenter Reinzucht in kleinen Populationen auftretenden Inzuchtdepressionen deutlich betroffen. Aus der Kreuzung genetisch weit auseinander liegender, an Lebensschwäche leidender Inzuchtlinien kann also unter Umständen eine auffallend vitale F_1 entstehen. Bei Kreuzungsmodellen, bei denen die Heterozygotie nicht erst bei der Paarung hergestellt wird, sondern schon bei den Ausgangspopulationen besteht, sind Heterosiseffekte hingegen kaum zu erwarten.

Einfache Formen der Gebrauchskreuzung

Einfachgebrauchskreuzungen finden häufig Anwendung zur Verbesserung der Fleischleistung. Als Beispiel kann die Besamung von Braunviehkühen mit Sperma von Weißblauen Belgierbullen dienen, um den Fleischanteil der Kälber aus Braunviehkühen durch Kreuzung mit einer Fleischrasse zu verbessern. Mittlerweile werden auch Deutsche Holsteinkühe mit Weißblauen Belgierbullen gepaart, um fleischbetontere Kälber für die Fleischerzeugung zu erhalten. Heterosiseffekte können in den Merkmalen der Fleischleistung eintreten, vor allem aber in den Vitalitätseigenschaften der Kreuzungsnachkommen. In der Schweinezucht ist die Kreuzung zwischen fleischreichen Piétrain-Ebern und fruchtbaren Deutsche-Landrasse - oder Deutsche-Edelschwein -Sauen weitverbreitet. Das Ziel dieser Einfachgebrauchskreuzungen besteht in der Erzeugung eines Endproduktes, das zur Schlachtung und nicht zur Weiterzucht vorgesehen ist.

Allerdings existieren auch einfache Formen von Mehrrassenkreuzungen, in denen die Kreuzungstiere als Eltern Verwendung finden. So wurden in der Fleischrinderzucht Angus mit Schwarzbunten gekreuzt, um die entstandenen Kreuzungen mit Charolais zu verpaaren. Die Endprodukte waren Dreirassenkreuzungen, die zur Fleischerzeugung dienten. Anstelle der Charolais wurden auch Gelbvieh- oder Fleckviehbullen eingesetzt. Wegen der größeren Zahl von Rinderrassen, die gleichzeitig gehalten werden müssen, kann diese Form der Gebrauchskreuzung nur in größeren Beständen realisiert werden oder dann, wenn eine Arbeitsteilung erfolgt, wie z. B. in der Schafzucht Großbritanniens. Die Gebirgsfarmer mit großen Grünlandflächen halten die reinen Ausgangsrassen und verkaufen Mutterschafe an Farmer der niedrigeren Mittelgebirge, wo sie mit Böcken fruchtbarer Langwollrassen gekreuzt werden. Die weiblichen F_1-Tiere aus diesen Kreuzungen werden an die Ackerbaubetriebe der Ebenen abgegeben und dort mit Fleischschafböcken zur Erzeugung wüchsiger Mastlämmer gepaart.

Hybridzüchtung

Für Mehrrassenkreuzungen von 3 oder 4 Ausgangsrassen finden sich in der deutschen Schweinezucht mehrere Beispiele. Meistens werden die Endprodukte dieser Kreuzung als Hybridschweine bezeichnet.

Fazit

Der Übergang von einfachen Gebrauchskreuzungsformen zur Hybridzucht erfolgt dann, wenn nicht mehr wie im Anfang beliebige Angehörige der Ausgangsrassen miteinander gepaart werden. Vielmehr werden nun aus den Ausgangsrassen systematisch diejenigen Linien herausgesucht, die in Probepaarungen (sog. Passerpaarungen) über die Leistung der Kreuzungsnachkommen ihre spezielle Kombinationseignung bewiesen haben und diese auch in späteren Testkreuzungen nach dem gleichen Schema bestätigen.

Diese Methode – die **Linienkreuzung** – wurde zuerst in der Hybridhühnerzüchtung entwickelt und löste dort weitgehend die **Hybridzucht mit Inzuchtlinien** ab. Sie ist zwar theoretisch die konsequenteste Methode und hat sich auch bei der Hybridmaiszüchtung gut bewährt. Bei den Hühnern (und erst recht bei den Schweinen) erwies sie sich aber wegen der zum Erreichen hoher Homozygotiegrade benötigten langen Zeit und wegen erheblicher Inzuchtschäden als zu kostspielig.

Auf die Besprechung weiterer Hybridzuchtmethoden (rückgreifende Selektion und reziproke, rückgreifende Selektion), mit deren Hilfe vorwiegend nicht-additive Genwirkungen, auch Überdominanzerscheinungen, systematisch aufgespürt und nutzbar gemacht werden sollen, wird hier verzichtet. Denn der einzelne Landwirt kann ohnehin den hohen Kapitalaufwand aller Hybridmethoden nicht erbringen.

Die Erfolgsaussichten der Suche nach Heterosiseffekten sind ungewiss. Sicherer und für den Gesamtnutzen der Hybridzüchtung (aber auch der einfachen Gebrauchskreuzung) oft wichtiger sind die **Positions- oder Stellungseffekte**, mit deren Hilfe die unterschiedlichen Leistungsschwerpunkte der beteiligten Zuchtlinien ausgenutzt werden. So werden beispielsweise Linien mit mittlerer Schlachtleistung und guter Mastleistung, die sich durch eine hohe Fruchtbarkeit auszeichnen, als Mutterlinien eingesetzt. Auf der Vaterseite stehen Eberlinien im Vordergrund, die eine gute Fleischfülle in das Kreuzungsprogramm einbringen sollen und dann auch aus weniger fruchtbaren Populationen stammen können. Die Aufteilung der Rassen in Vater- und Mutterrassen bezogen auf das Endprodukt resultiert aus den genetischen Antagonismen, die zwischen den wichtigen Merkmalen bestehen. So steht die Verbesserung der Fleischfülle der Verbesserung der Fruchtbarkeit, der Fleischqualität und der Mastleistung im Weg. Das bedeutet, dass man sich bei der Selektion innerhalb der Zuchtlinien, die später miteinander gekreuzt werden, jeweils auf wenige Merkmale konzentrieren kann. Im Gegensatz dazu müssen in der Reinzucht alle wirtschaftlich wichtigen Merkmale gleichzeitig berücksichtigt und verbessert werden. Hierbei werden immer mehr Generationen, also längere Zeiträume gebraucht, wenn die Zahl der Merkmale in den Zuchtprogrammen zunimmt.

Kreuzungsverfahren, bei denen mit den entstehenden Kreuzungstieren nicht weitergezüchtet wird, gelten als diskontinuierliche Verfahren. Das Ziel besteht in der Erzeugung von marktfähigen Schlachttieren. In kontinuierlichen Kreuzungssystemen kommen Kreuzungstiere als Zuchttiere in der nächsten Stufe zum Einsatz. Hierfür ist die **Rotationskreuzung** mit 2 Rassen (Wechselkreuzung, criss-cross) ein Beispiel, das in der Schweinezucht in großen Herden zum Einsatz kommt. Aufgrund der wechselnden Genanteile der beteiligten Rassen von Generation zu Generation kommen einander ähnliche Rassen zum Einsatz. Einen Nachteil der kontinuierlichen Kreuzungsverfahren stellen die Rekombinationsverluste dar. Sie treten immer auf, wenn mit Kreuzungstieren weitergezüchtet wird, da der Heterozygotiegrad sinkt.

4.2 Zuchtwahl (Selektion)

Die wichtigste Voraussetzung für den züchterischen Fortschritt ist die Auswahl der besten Zuchttiere zur Erzeugung der nächsten Generation. Nur wenn dies gelingt, ist in der Population ein Zuchterfolg (auch Zuchtfortschritt bzw. Selektionserfolg) zu verzeichnen. Damit ist die Überlegenheit der Tiere der nächsten Generation gegenüber den Tieren der Ausgangspopulation gemeint. Zur Veranschaulichung kann wieder die Normalverteilung aus dem Kap. Vererbung tierischer Leistungen (S. 123) verwendet werden. Bei vorhandenem Zuchterfolg wird die Verteilung einer Population von Generation zu Generation verschoben. Die Mittelwertsdifferenzen zwischen den Generationen entsprechen dem Zuchterfolg. Dieser hängt von drei Faktoren ab:

1. der Sicherheit (Genauigkeit) der Zuchtwertschätzung,
2. der Selektionsschärfe (Selektionsintensität) und
3. der genetischen Streuung.

Für züchterische Entscheidungen ist es wichtig, den Zuchterfolg auf ein Jahr zu beziehen. Dazu muss er durch das Generationsintervall dividiert werden. Mit Generationsintervall ist das durchschnittliche Alter der Eltern bei Geburt der Nachkommen, die in der Zucht eingesetzt werden, gemeint. Also der zeitliche Abstand zwischen den Generationen.

Daraus ergibt sich folgende Formel zur Berechnung des Zuchterfolges pro Jahr:

$$\text{Zuchterfolg pro Jahr} = \frac{\text{Sicherheit} \times \text{Selektionsintensität} \times \text{genetische Streuung}}{\text{Generationsintervall}}$$

Bei der Auswahl der besten Zuchttiere, mit denen die nächste Generation erzeugt werden soll, können und müssen umso höhere Ansprüche gestellt werden, je weniger Zuchttiere zur Bestandserhaltung benötigt werden und je mehr Nachkommen von einem Zuchttier zu erwarten sind. Bei männlichen Zuchttieren wird deshalb im Allgemeinen stärker selektiert als bei der weiblichen Nachzucht für den eigenen Bedarf. Dies gilt besonders für Populationen mit künstlicher Besamung. Man spricht in diesem Zusammenhang von **Selektionsschärfe** (**Selektionsintensität; i**). Sie ist definiert als die Leistungsdifferenz zwischen dem Mittel der selektierten Tiere und dem Populationsmittel (Selektionsdifferenz, SD) dividiert durch die Standardabweichung des Populationsmittels (Sp), also $i = SD/Sp$.

Wer in der Zucht vorankommen will, muss aber auch die weiblichen Tiere so streng wie möglich auslesen. Diese Forderung ist schwer zu verwirklichen, wenn z. B. die Kühe nach wenigen Kälbern wieder den Stall verlassen und fast jedes Kuhkalb für die Bestandsergänzung (Remontierung) gebraucht wird. Deshalb sollten bei der Zuchtwahl im eigenen Betrieb die Fruchtbarkeit und die Langlebigkeit der Kühe berücksichtigt werden, auch wenn die Heritabilität dieser Merkmale verhältnismäßig niedrig ist. Weiterhin kommt dem Fruchtbarkeitsmanagement und der Nutzung moderner Biotechniken (künstliche Besamung, Embryotransfer) eine große Rolle bei der Verringerung der Remontierungsrate zu. Schließlich dient auch eine tiergerechte Haltung der Verlängerung der Nutzungsdauer der Tiere, sodass weniger Tiere für den Ersatz abgehender Alttiere benötigt werden. Eine höhere Selektionsintensität ist die Folge.

Fazit

Der Zuchterfolg hängt aber nicht nur von der Selektionsintensität ab. Man muss auch sicher sein können, dass die für die Zucht ausgewählten Tiere in ihrem Leistungsvermögen richtig eingeschätzt werden. Grundlage dafür sind heute die Ergebnisse der Zuchtwertschätzungen. Je genauer man diese ermitteln kann, umso sicherer kann die Zuchtwahl erfolgen.
Die **Genauigkeit der Zuchtwertschätzung** ist bei Eigenschaften mit hoher Heritabilität größer als bei solchen mit niedrigem Erblichkeitsgrad. Bei Stationsprüfungen können aufgrund der geringeren Umweltvarianz die Heritabilitäten etwas höher ausfallen als bei Feldprüfungen. Ansonsten ist die Erblichkeit eines Merkmals unter praktischen Bedingungen als gegeben anzusehen. Weiterhin steigt die Sicherheit mit steigender Informationsmenge und damit mit der Prüfkapazität.
Außerdem kann eine Population nur dann züchterisch weiterentwickelt werden, wenn genetische Unterschiede zwischen den Tieren vorhanden sind (genetische Streuung). Ist dies nicht der Fall, so unterscheiden sich die selektierten Tiere, mit denen die nächste Generation erstellt werden soll, nicht von der gesamten Population (Selektionsdifferenz nahe Null) und eine Verschiebung der Normalverteilung findet nicht statt.
Wichtig zu wissen ist auch, dass der Zuchterfolg in einem Merkmal umso geringer ist, je mehr Merkmale bei der Selektion berücksichtigt werden. Selektiert man z. B. in einer Rinderrasse nur auf Milchleistung, so kommt man dabei schneller voran als bei Rassen, die gleichzeitig noch eine Verbesserung der Bemuskelung anstreben. Daraus ergibt sich, dass man bei der Zuchtwahl die wirtschaftlich wichtigsten Merkmale vorrangig berücksichtigen muss.

4.2.1 Auslese nach dem Äußeren – Exterieurbeschreibung

Bei den wichtigsten Haustierarten erfolgt heute die Zuchtwahl vorwiegend nach Leistung, Gesundheit und Langlebigkeit. Die Beurteilung des Äußeren bleibt unentbehrlich, insbesondere bei Merkmalen, die sich durch Leistungsprüfungen schwer oder gar nicht erfassen lassen, diese aber beeinflussen können. Dabei richtet sich das Augenmerk traditionell auf die Bewertung von Typ und Form. Besondere Bedeutung hat diese in der Rinderzucht.

Im **Typ** wird der Gesamteindruck eines Tieres erfasst unter Berücksichtigung der Nutzungsrichtung, des Geschlechts und der Harmonie im Körperbau. Deutlich unterscheiden sich beim Rind der Milchtyp (Stoffumsatztyp) und der Masttyp (Stoffansatztyp) voneinander. Charakteristische Vertreter des muskelarmen Milchtyps sind die Jerseys und die Guernseys mit schmalem, edlem Kopf, langem Hals, langer, flacher Brust und schrägen, weit nach hinten reichenden Rippen (▶ **Abb. 4.1**). Der Masttyp mit ausgeprägter Bemuskelung und z. T. starkem Fettansatz wird u. a. von den Rassen Angus und Hereford verkörpert. Sie haben einen kurzen, teilweise groben Kopf, einen gedrungenen Hals, eine tiefe Brust und steile, fast senkrechte Rippen (▶ **Abb. 4.2**).

▸ **Abb. 4.1** Jersey-Kuh. (Foto: Farina Garlich, Bramsche)

▸ **Abb. 4.2** Anguskuh mit Kalb.

Dazwischen stehen Mischtypen, zu denen die in Deutschland überwiegend verbreiteten Zweinutzungsrassen (S. 316) zählen. Ihre Zuchtziele sind auf hohe Milch- und gute Fleischleistung ausgerichtet.

Die **Formbeurteilung** bezieht sich auf die einzelnen Körperteile, die mit direkten oder indirekten Leistungen zusammenhängen. Dazu zählen beispielsweise Kieferabnormitäten und Mängel an den Gliedmaßen. Erstere behindern die Futteraufnahme, letztere die Fortbewegung. Zu nennen sind z. B. zu stark gespreizte Klauen, die zu Zwischenklauenwülsten (Limax) und zu Entzündungen im Klauenspalt neigen, zu steile Sprunggelenke, die zur spastischen Parese (Krämpfe im Hinterbein) führen können, und weiche („durchtrittige") Fesseln, die eine ungleichmäßige Abnutzung der Klauen bewirken.

Ein spitzer, „grätiger" Rücken, eine eingesunkene Lendenpartie (in der Tierzüchtersprache „Nierendruck"), ein kurzes und/oder stark abgeflachtes Becken usw. liefern Hinweise auf eine schwache Bemuskelung. Dagegen versprechen eine breite Schulter- und Rückenpartie, ein langes und breites Becken sowie eine lange und volle Keule einen guten Fleischansatz (verbunden mit mehr oder weniger Fett). Ein breites, langes Becken ist auch Voraussetzung für ein volumiges, weit nach vorn und hinten reichendes Euter. Wird das **Fundament** gesondert bewertet, gehört ein Teil der eben besprochenen Kriterien hierher.

In der Selektion der Milchrinder kommt schließlich der **Euterbeurteilung** besondere Bedeutung zu, wobei die Gewichtung im Einzelnen vom Zuchtziel der Rassen abhängt, wie wir noch sehen werden.

Die wachsende Verflechtung der Rinderzucht durch internationalen Austausch von Zuchttieren, Samen und Embryonen führte dazu, dass in der Beurteilung der Rinder die Systeme angenähert wurden, um die Ergebnisse besser vergleichen zu können. Dabei gibt es in Einzelheiten Unterschiede zwischen den Rasseblöcken Schwarzbunt/Rotbunt, Braunvieh und Fleckvieh. Dem interessierten Leser wird daher empfohlen, die bei den Züchtervereinigungen erhältlichen Bewertungsbögen anzufordern und im Hinblick auf die Unterschiede zwischen den Rassen zu vergleichen.

Gemeinsam ist allen neuen Systemen die Abkehr von den traditionellen Bewertungen hin zu **„linearen Beschreibungen"** der Merkmale, in der Regel auf einer Skala von 1 bis 9. In ▸ **Abb. 4.4** ist dazu beispielhaft der Inhalt des Bewertungsbogens des Deutschen Holsteinverbandes für Nachzuchten von Schwarzbunt-/Rotbuntbullen wiedergegeben. Daraus wird ersichtlich, dass bei der linearen Beschreibung gleichsam ein Bild des Tieres in den einzelnen Merkmalen gezeichnet wird, und zwar wertfrei, von einem biologischen Extrem zum anderen.

Demzufolge muss die höchste Punktzahl nicht mit der besten Merkmalsausprägung einhergehen. Am Beispiel der Strichlänge des Euters wird dies deutlich: 9 Punkte werden für sehr lange Striche gegeben, die jedoch bekanntlich unerwünscht sind. Anders die Trachten: Sie sollten möglichst

KNS BOSS

262400 ET

Geboren:
17.02.2012

Züchter:
Niermann,
Schiplage

RZFit 132

aAa 432516

Boss-Tochter Kolonia 03.57322275 — Düvel, Schwege

Inhaltsstoffe & Fitness

Bookem 889128
KNS Rendezvous 53764102
1/85-84-86-84/85

2/2 La.	11446	4.84	554	3.60	412
HL 2	12237	4.67	572	3.50	428

Man-O-Man 506148
KNS Riviera 51006597
1/87-87-86-86/86
von **Goldwin 503839**

Zuchtwerte 12/2016 — 892 Tö. / 452 Betr. / 99% Si. — RZG **145** — RZM **135**

Milch kg	Fett %	Fett kg	Eiweiß %	Eiweiß kg
8570	3.95	338	3.45	295
+837	+0.18	+52	+0.20	+48

Geburten - Bulle (KVd)	102	Geburten - Töchter (RZKm)	106
Melkbarkeit (RZD)	95	Zellzahl (RZS)	106
Töchter-Fruchtbarkeit (RZR)	113	Nutzungsdauer (RZN)	114

Exterieur Zuchtwerte — 445 Tö. / 237 Betr. / 96% Si. — RZE **124**

Milchtyp **109** Körper **107** Fundament **130** Euter **112**

Größe	klein	109	groß
Milchcharakter	wenig	106	viel
Körpertiefe	wenig	102	viel
Stärke	schwach	104	stark
Beckenneigung	ansteigend	98	abfallend
Beckenbreite	schmal	98	breit
Hinterbeinwinklung	steil	102	gewinkelt
Klauenwinkel	flach	105	steil
Sprunggelenk	derb	121	trocken
Hinterbeinstellung	nach außen	117	parallel
Bewegung	schlecht	125	gut
Hintereuterhöhe	tief	120	hoch
Zentralband	schwach	107	stark
Strichplatzierung vorne	außen	117	innen
Strichplatzierung hinten	außen	128	innen
Vordereuteraufhängung	lose	105	fest
Eutertiefe	tief	102	hoch
Strichlänge	kurz	104	lang

▶ **Abb. 4.3** Runduminformation zum Bullen Boss: Abstammung, Nachzuchtbewertung und Zuchtwerte (Quelle: Osnabrücker Herdbuch eG [184]).

hoch sein, 9 Punkte entsprechen hier dem Optimum.

Die lineare Beschreibung stellt also zunächst keine Einzelbewertung der Merkmalsausprägung dar. Sie bleibt z. B. dem Züchter vorbehalten, wenn er die Besamungsbullen für seine Herde auswählt und dann das Ergebnis der Nachzuchtbeschreibung mit den Verhältnissen in seiner Herde vergleicht.

Lineare Beschreibungen galten zunächst den Bullennachzuchten (▶ **Abb. 4.3**). Sie werden aber auch bei Einzelkühen (Bullenmütter) angewendet, wobei sich die Rasseblöcke in Einzelheiten unterscheiden. Züchterisch wertvolle Kühe werden aber nicht nur linear beschrieben, sondern auch in Hauptmerkmalen bewertet. Hauptmerkmale sind beim Fleckvieh Rahmen, Bemuskelung, Fundament und Euter. Die Bewertungsskala reicht wieder von 1 – 9, wobei 9 in diesem Fall das Optimum darstellt. Bei den Deutschen Holsteins wird für jede Kuh eine Gesamtnote gebildet. Darin enthalten sind die vier Merkmalskomplexe Milchtyp, Körper, Fundament und Euter, die jeweils auf einer Skala von 65 – 99 Punkten beurteilt und im Verhältnis 10 : 20 : 30 : 40 gewichtet werden.

Im Pedigree einer Kuh finden wir dann z. B. eine Darstellung wie 3/86 – 80 – 90 – 78/83. Die Kuh wurde in der 3. Laktation bewertet, bekam im Milchtyp 86, im Körper 80, im Fundament 90 und im Euter 78 Punkte. Aufgrund ihrer Gesamtnote 83 gilt die Kuh als „gut“ (80 – 84), „sehr gute“ Kühe sind solche mit 85 – 89 Punkten, ab 90 Punkten werden sie mit dem Prädikat „exzellent“ belegt. Kühe mit weniger als 80 Punkten sind „befriedigend“ bis „mangelhaft“.

4.2.2 Leistungsprüfungen

Grundlage für die Auslese nach Leistung sind zuverlässige Leistungsprüfungen. Man unterscheidet nach dem Ort, an dem die Prüfungstiere während der Kontrollperiode gehalten werden, **Stationsprüfungen** (in eigens für diesen Zweck vom Staat oder von Zuchtorganisationen eingerichteten Untersuchungsställen) und **Feldprüfungen** (in den Betrieben der Tierhalter). Ein Beispiel für Stationsprüfungen ist die Ermittlung der Mast- und Schlachtleistung von Schweinen in Mastprüfungsanstalten (MPA). Das bekannteste Beispiel für eine Feldprüfung stellt die Milchleistungskontrolle dar.

Definition

Stationsprüfungen haben gegenüber den Feldprüfungen folgende Vorteile:
Stationsprüfungen vereinheitlichen die Umweltbedingungen, woraus höhere Heritabilitäten resultieren, erlauben die Messung einer größeren Zahl von Merkmalen, auch schwer erfassbarer, und erhöhen die Zuverlässigkeit/Genauigkeit der Prüfungsergebnisse sowie die Sicherheit der darauf aufbauenden Zuchtwertschätzung.

Allerdings verursachen Stationsprüfungen höhere Kosten als Feldprüfungen. Deshalb ist die Prüfungskapazität zumeist begrenzt und die Selektionsschärfe kann leiden. Außerdem weisen die Stationen meist bessere Umweltbedingungen auf als die praktischen Betriebe. Die in Stationen erzielten Ergebnisse lassen sich dann in der Praxis nicht immer wiederholen. Es kann sogar vorkommen, dass sich die Rangfolge von Prüftieren ändert, wenn sie unter verschiedenen Umwelten geprüft werden. Als Ursache dafür kommen **Genotyp-Umwelt-Interaktionen** in Betracht, von denen man dann spricht, wenn Genotypen auf verschiedene Umwelteinflüsse unterschiedlich reagieren.

Durch die Leistungsprüfung wird zunächst die **Eigenleistung** der Prüftiere ermittelt. Oft sind aber die Prüfungstiere nur Mittel zum Zweck: Da man das von einem Bullen vererbte Milchleistungspotenzial nicht an ihm selbst messen kann, werden mithilfe der **Nachkommenprüfung** die Leistungen seiner Töchter festgestellt und daraus sein Zuchtwert abgeleitet. Bei der **Vollgeschwisterprüfung** von Schweinen in der MPA werden die Prüftiere selbst nicht zur Zucht verwendet, sondern zur Feststellung des Schlachtkörperwertes geschlachtet. Die Ergebnisse dienen dann der Schätzung des Zuchtwertes ihres aus dem gleichen Wurf stammenden und zur Zucht vorgesehenen Bruders. Dieser Bruder ist also der eigentliche Prüfungskandidat – die Tierzüchter nennen ihn **„Proband"**. Dagegen müssen sich die lediglich zur Prüfung benutzten Tiere, z. B. Bullentöchter oder die geschlachteten Geschwister des Jungebers mit der Bezeichnung **„Informant"** begnügen.

Wir erkennen, dass das Ergebnis einer Zuchtwertschätzung nicht nur von der Art und Zuverlässigkeit der Leistungsprüfung abhängig ist, sondern auch von den Verwandtschaftsverhältnissen zwischen dem Probanden und den Informanten sowie von deren Zahl.

Milchleistungsprüfung

Definition

Die Milchleistungsprüfung (MLP) wird in allen Bundesländern Deutschlands von den Landeskontrollverbänden nach einheitlichen Grundsätzen durchgeführt. Zuständig sind die Zuchtorganisationen, die die Landeskontrollverbände beauftragen. Die zu erhebenden Merkmale sind in der Verordnung über Leistungsprüfung und Zuchtwertfeststellung beim Rind festgelegt und beruhen auf Vereinbarungen des Internationalen Komitees für Leistungsprüfungen in der Tierzucht (IKLT). Dabei ist vorgeschrieben, dass alle Kühe eines Bestandes, welcher der Kontrolle angeschlossen ist, geprüft werden müssen. Melkverfahren und Melkzeiten dürfen am Prüfungstag nicht anders sein als sonst im Betrieb üblich. Es müssen für jede Kuh mindestens die Milchmenge, der Fettgehalt und der Eiweißgehalt bestimmt und daraus die Fett- und Eiweißmenge errechnet werden. Auch die Zahl der Prüfungen in einem Jahr ist gesetzlich geregelt. Standardmethode ist eine mindestens elfmalige Kontrolle im Abstand von ca. 30 Tagen. Die Ergebnisse der MLP sind durch Überprüfung, wie z. B. durch Bestandsnachkontrollen, abzusichern. Gültig ist bei Abweichungen das Ergebnis der Nachkontrollen.

Am Beispiel der Bullenmutter *Berlind* wollen wir nun verfolgen, was aus den Feststellungen an den Prüfungstagen abzuleiten ist.

Tierbeurteilungsbogen
Deutsche Holsteins

BUNDESVERBAND RIND UND SCHWEIN E.V.

Name ____________ Vorname ____________

Straße ____________ PLZ, Wohnort ____________

Alter ____________ Schule/Mannschaft ____________

Summe der Punktabweichungen ____________

Platzierung ____________

Zuchtziel Deutsche Holsteins

Deutsche Holsteins der Farbrichtung Schwarzbunt und Rotbunt werden auf hohe Lebensleistung gezüchtet. Ziel ist die wirtschaftliche Leistungskuh in milchbetontem Typ, die durch stabile Gesundheit, Robustheit und gute Fruchtbarkeit viele Laktationen nutzbar ist und über ein entsprechendes Entwicklungspotenzial mit hohem Futteraufnahmevermögen und optimaler Futterverwertung verfügt.

Für den Komplex Milchleistung wird ein genetisches Potenzial von 10.000 kg Milch (305 Tage Leistung) mit einem Fettgehalt von 4 % und einem Eiweißgehalt von 3,5 % angestrebt, um Lebensleistungen von über 40.000 kg Milch zu realisieren.

Ausgewachsene Kühe sollten eine Kreuzhöhe von 145 bis 156 cm sowie ein Gewicht von 650 bis 750 kg erreichen. Ihr Körperbau und ihre Bewegungsmechanik, einschließlich eines korrekten und widerstandsfähigen Fundaments, müssen den Anforderungen einer hohen Leistung und langen Nutzungsdauer entsprechen. Verlangt wird außerdem ein gesundes und gut melkbares Euter, das in Qualität und Funktionsfähigkeit hohe Tagesleistungen über viele Laktationen ermöglicht und die Ansprüche moderner Melksysteme erfüllt.

	Kuh 1	Kuh 2	Kuh 3
Ohrmarke/Nr.			
Anzahl Kalbungen/zuletzt gekalbt			

Merkmalskomplex Milchtyp		Kuh 1			Kuh 2			Kuh 3		
		A Vorbeur-teilung	B Eigene Beur-teilung	C Abwei-chung	A Vorbeur-teilung	B Eigene Beur-teilung	C Abwei-chung	A Vorbeur-teilung	B Eigene Beur-teilung	C Abwei-chung
1. Milchcharakter: Bewertet wird die Schärfe im Widerrist. 1 = sehr rund 5 = mittel 9 = sehr scharf	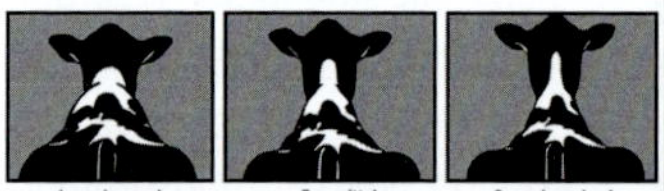 1 = sehr rund; 5 = mittel; 9 = sehr scharf									
Harmonie: Oberlinie, Übergänge, Proportionen 1 = sehr unharmonisch 5 = durchschnittlich 9 = sehr harmonisch	 1 = sehr unharmonisch; 5 = durchschnittlich; 9 = sehr harmonisch									
Rippenausprägung: Abstand, Winkel, Wölbung 1 = wenig, steil, flach 5 = durchschnittlich 9 = offen, schräg, ausgeprägt	 1 = wenig, steil, flach; 5 = durchschnittlich; 9 = offen, schräg, ausgeprägt									
Skelett: Knochenqualität 1 = rund und derb 5 = durchschnittlich 9 = fein und flach	 1 = rund und derb; 5 = durchschnittlich; 9 = fein und flach									
Gesamtnote Milchtyp 10% (65-88 Punkte in der 1. Laktation)	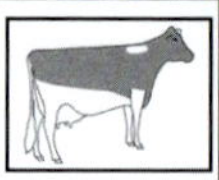									
Zwischensumme		X	X		X	X		X	X	

▸ **Abb. 4.4** Merkmale und Noten im „linearen System" der Deutschen Holsteins (nach Deutscher Holstein Verband e. V. 2017 [46]).
a Merkmalskomplex Milchtyp.

		Kuh 1			Kuh 2			Kuh 3		
Übertrag:										
Merkmalskomplex Körper		A Vorbeurteilung	B Eigene Beurteilung	C Abweichung	A Vorbeurteilung	B Eigene Beurteilung	C Abweichung	A Vorbeurteilung	B Eigene Beurteilung	C Abweichung
2. Größe: Die Größe wird in Zentimetern in der Mitte des Kreuzbeins gemessen. (Angabe in cm)	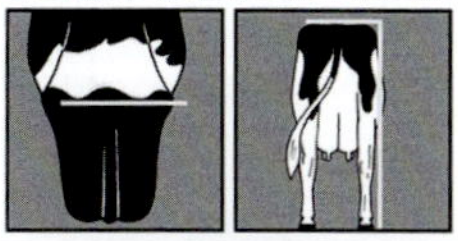									
3. Körpertiefe: Die Körpertiefe wird als Flankentiefe in Höhe der letzten Rippe beschrieben. 1 = sehr aufgezogen 5 = mittlere Tiefe 9 = sehr viel Tiefe	 1 = rank, hochgestellt; 5 = mittlere Tiefe; 9 = sehr viel Tiefe									
4. Stärke: Als Stärke ist die Breite der Vorderhand definiert. Es wird der Abstand zwischen den Vorderbeinen beschrieben. 1 = sehr schwach 5 = mittel 9 = sehr stark	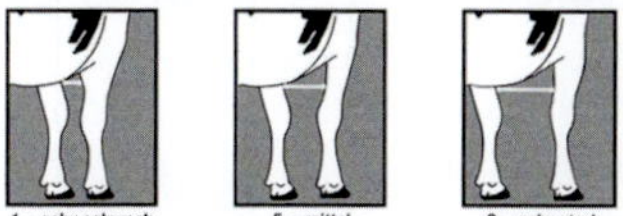 1 = sehr schwach; 5 = mittel; 9 = sehr stark									
5. Beckenneigung: Es wird die Neigung der gedachten Linie zwischen Sitzbein und Hüfthöcker beschrieben. Ein ebenes Becken erhält die Note 3. Die Note 5 wird für ein Becken vergeben, das zwei Finger (3-4 cm) breit geneigt ist. 1 = stark ansteigend 5 = leicht geneigt 9 = stark abfallend	 1 = stark ansteigend; 5 = leicht geneigt; 9 = stark abfallend									
6. Beckenbreite: Als Beckenbreite wird der Abstand der Mittelpunkte der Sitzbeinhöcker beschrieben. 1 = sehr schmal 5 = mittel 9 = sehr breit	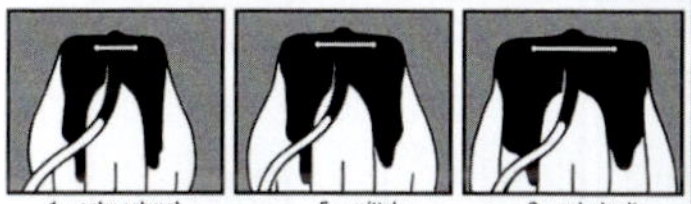 1 = sehr schmal; 5 = mittel; 9 = sehr breit									
7. Body Condition Score (BCS): Es wird die Körperkondition der Kuh beschrieben. Sie wird bestimmt durch die Merkmalsausprägungen im Bereich zwischen Sitzbeinhöckern und der Lendenwirbelsäule. 1 = mager 5 = mittel 9 = dick, rund	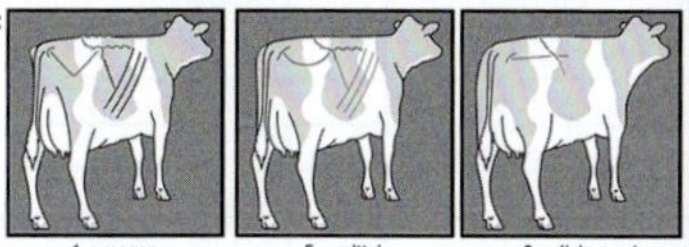 1 = mager; 5 = mittel; 9 = dick, rund									
Mängel Körper	Lose Schulter									
	Wenig Herztiefe									
	Weicher Rücken									
	Weiche Niere									
	Tiefliegender Schwanz									
	Senkscheide									
Gesamtnote Körper 20% (65-88 Punkte in der 1. Laktation)	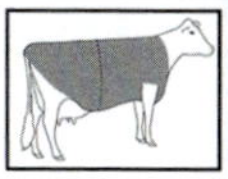									
Zwischensumme										

Klassenrangierung										
Klasse I	1a	1b	1c	1d	1e	1f	1g	1h	1i	1j
Klasse II	1a	1b	1c	1d	1e	1f	1g	1h	1i	1j

▶ **Abb. 4.4 Fortsetzung;** Merkmale und Noten im „linearen System" der Deutschen Holsteins
b Merkmalskomplex Körper.

Übertrag:		Kuh 1 A Vorbeurteilung	Kuh 1 B Eigene Beurteilung	Kuh 1 C Abweichung	Kuh 2 A Vorbeurteilung	Kuh 2 B Eigene Beurteilung	Kuh 2 C Abweichung	Kuh 3 A Vorbeurteilung	Kuh 3 B Eigene Beurteilung	Kuh 3 C Abweichung
Merkmalskomplex Fundament										
8. Hinterbeinwinkelung: Es wird der Winkel des Hinterbeins in Höhe des Sprunggelenkes - von der Seite gesehen - beschrieben. 1 = sehr steil 5 = mittel 9 = sehr gewinkelt	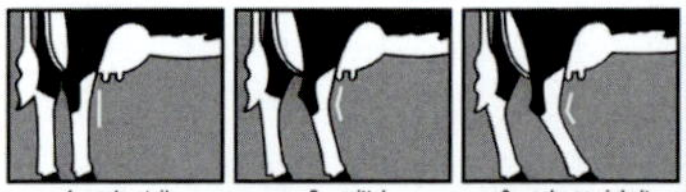									
9. Klauenwinkel: Es wird der Winkel beurteilt, den der vordere Teil der Klaue mit dem Boden bildet. 1 = flach 5 = mittel 9 = steil	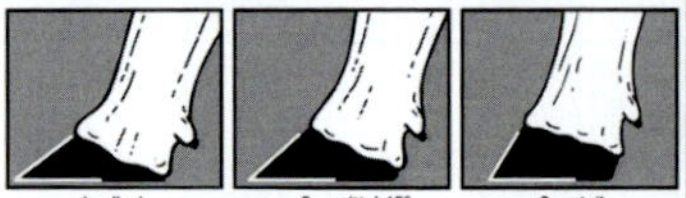									
10. Sprunggelenk: Es wird die Dicke des Sprunggelenkes beschrieben. 1 = gefüllt 5 = mittel 9 = sehr flach, trocken	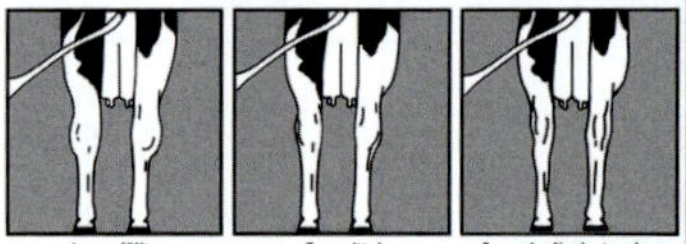									
11. Hinterbeinstellung: Beurteilt wird die Stellung der hinteren Klauen. 1 = stark nach außen 5 = leicht nach außen 9 = parallel	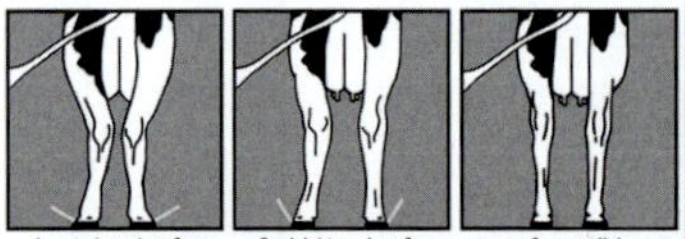									
12. Bewegung: Es wird die Schrittlänge und die Abweichung vom geraden Schritt sowie die Harmonie des Bewegungsablaufes (Körperhaltung, Vorwärtsdrang, Bewegung in den Sprunggelenken) beschrieben. 1 = schlecht 5 = mittel 9 = gut	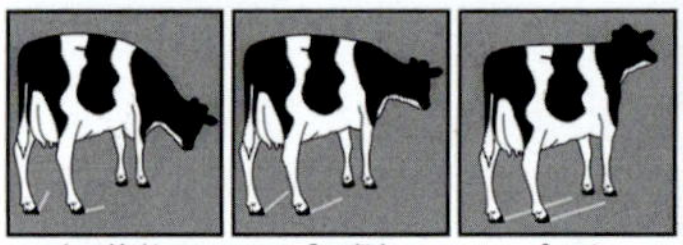									
Mängel Fundament	Verstellte Vorderbeine									
	Umdreherposition									
	Spastische Parese									
	Weiche Fessel									
	Spreizklaue									
	Limax									
	Niedrige Trachtenhöhe									
Gesamtnote Fundament 30% (65-88 Punkte in der 1. Laktation)	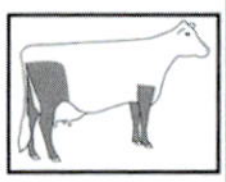									
Zwischensumme										

Punkteskala der Kuheinstufung

Punkteskala für die einzelnen Merkmalskomplexe und die Gesamtnote von 65 bis 99 Punkte. Für die Punkteskala ergibt sich folgende Bewertung:

ab 90	Punkte	exzellent
85-89	Punkte	sehr gut
80-84	Punkte	gut
75-79	Punkte	befriedigend
70-74	Punkte	ausreichend
65-69	Punkte	mangelhaft

1. Laktation max. 88 Punkte
2. Laktation max. 90 Punkte

Die Zusammensetzung der Gesamtpunktzahl läßt sich am besten an einem Beispiel erläutern:

Milchtyp	**84 Punkte x 10 % =**	**8,4 Punkte**
Körper	**80 Punkte x 20 % =**	**16,0 Punkte**
Fundament	**78 Punkte x 30 % =**	**23,4 Punkte**
Euter	**80 Punkte x 40 % =**	**32,0 Punkte**
Gesamtpunktzahl (gerundet)		**80 Punkte**

▶ **Abb. 4.4 Fortsetzung;** Merkmale und Noten im „linearen System" der Deutschen Holsteins. c Merkmalskomplex Fundament.

Übertrag:										
Merkmalskomplex Euter		Kuh 1			Kuh 2			Kuh 3		
		A Vorbeurteilung	B Eigene Beurteilung	C Abweichung	A Vorbeurteilung	B Eigene Beurteilung	C Abweichung	A Vorbeurteilung	B Eigene Beurteilung	C Abweichung
13. Hintereuterhöhe: Es wird der Abstand zwischen dem unteren Scheidenrand und dem Beginn des Drüsengewebes des Euters beschrieben. 1 = sehr tief 5 = mittel 9 = sehr hoch	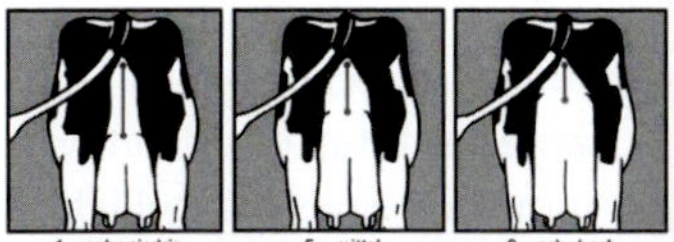 1 = sehr niedrig 5 = mittel 9 = sehr hoch									
14. Zentralband: Es wird die Tiefe des Euterspaltes zwischen den hinteren Zitzen beschrieben. Dabei wird auch die Länge des Euterspaltes nach oben berücksichtigt. 1 = sehr schwach 5 = mittel 9 = sehr stark	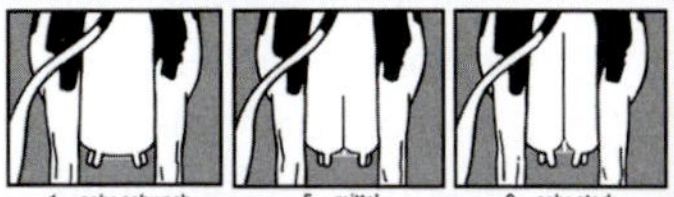 1 = sehr schwach 5 = mittel 9 = sehr stark									
15. Strichplatzierung vorne: Es wird der Ansatz der Vorderstriche unter den Euterviertelln beurteilt. Die Strichplatzierung wird von hinten betrachtet. 1 = sehr weit außen 5 = mittig platziert 9 = sehr weit innen	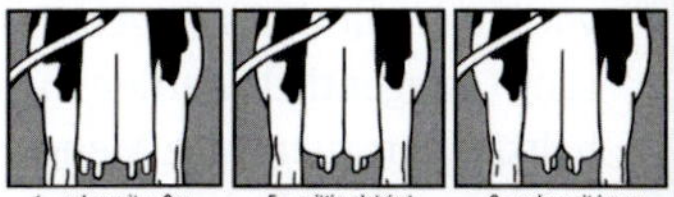 1 = sehr weit außen 5 = mittig platziert 9 = sehr weit innen									
16. Strichplatzierung hinten: Es wird der Ansatz der Hinterstriche unter den Eutervierteln beurteilt. 1 = sehr weit außen 4 = mittig platziert 9 = sehr weit innen	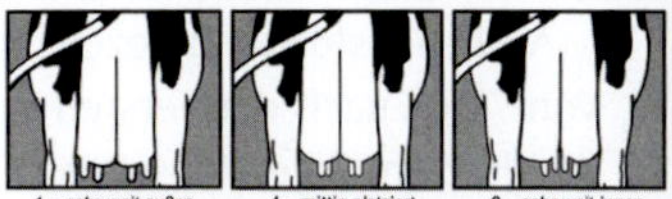 1 = sehr weit außen 4 = mittig platziert 9 = sehr weit innen									
17. Strichlänge: Es wird die Länge der Vorderstriche beschrieben. 1 = sehr kurz 5 = mittel 9 = sehr lang	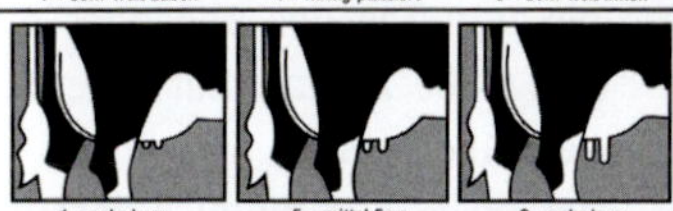 1 = sehr kurz 5 = mittel 5cm 9 = sehr lang									
18. Vordereuteraufhängung: Es wird der Winkel beurteilt, den das Euter mit der Bauchdecke bildet. 1 = sehr schwach 5 = mittel 9 = sehr fest	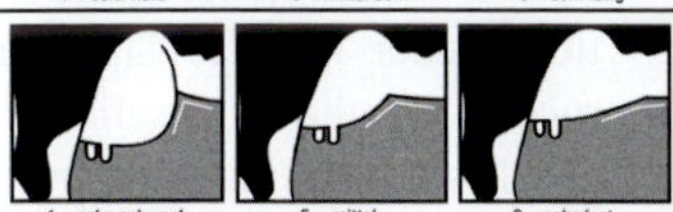 1 = sehr schwach 5 = mittel 9 = sehr fest									
19. Eutertiefe: Es wird der Abstand zwischen der gedachten, waagrechten Linie durch die Hacke und dem Euterboden beschrieben. Die Note 5 wird vergeben, wenn der tiefste Punkt des Euterbodens ca. 8 cm über der Hacke liegt. 1 = sehr tief 5 = mittel 9 = sehr hoch	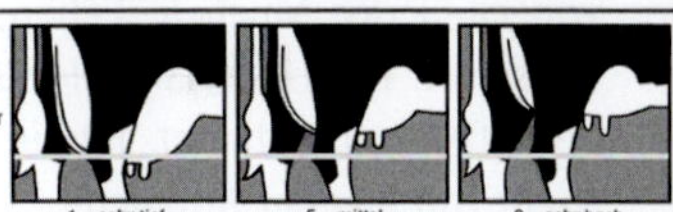 1 = sehr tief 5 = mittel 9 = sehr hoch									
Eutertextur: Drüsigkeit, Beaderung 1 = fleischig, wenig beadert 5 = durchschnittlich 9 = sehr drüsig, sehr beadert	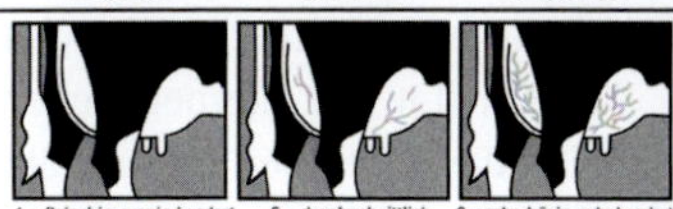 1 = fleischig, wenig beadert 5 = durchschnittlich 9 = sehr drüsig, sehr beadert									
Mängel Euter	Vordereuterlastig									
	Euter gestuft									
	Vordere Striche nicht senkrecht									
	Hintere Striche nicht senkrecht									
	Dünne Striche									
	Strichfistel									
	Hintere Striche zu weit hinten									
	Kurze Striche hinten									
Gesamtnote Euter 40% (65-88 Punkte in der 1. Laktation)	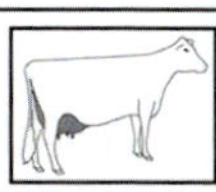									
Summe der Abweichungen										

▸ **Abb. 4.4 Fortsetzung;** Merkmale und Noten im „linearen System“ der Deutschen Holsteins.
d Merkmalskomplex Euter.

Nehmen wir dafür zunächst an, *Berlind* wurde nach ihrer Kalbung (4. Oktober) am 9. Oktober (PM 1), am 12. November (PM 2) sowie am 11. Dezember (PM 3) in der MLP mit folgenden Ergebnissen geprüft:

- 09.10.: 34 kg – 4,3 % – 3,3 %
- 12.11.: 40 kg – 4,2 % – 3,3 %
- 11.12.: 30 kg – 4,3 % – 3,4 %

Nach der in Deutschland hierfür einheitlich angewendeten **Mitteldatumsmethode** errechnen sich aus diesen Feststellungen für die beiden Prüfungsintervalle die nachstehenden Ergebnisse:

- erster Zeitraum:
  22 Tage × 34 kg = 748 kg Milch,
  748 kg Milch × 4,3 % Fett = 32,2 kg Fett;
  748 kg Milch × 3,3 % Eiweiß = 24,7 kg Eiweiß
- zweiter Zeitraum:
  31,5 Tage × 40 kg = 1260 kg Milch,
  1260 kg Milch × 4,2 % Fett = 52,9 kg Fett;
  1260 kg Milch × 3,3 % Eiweiß = 41,6 kg Eiweiß

Die dargestellten Zahlen lassen sich anhand der Grundlagen der Mitteldatumsmethode überprüfen. Dazu muss zunächst für jedes Probemelken (PM) der Prüfungszeitraum (Z) errechnet werden. Er ergibt sich, wenn man zur Hälfte der Melktage zwischen dem vorherigen Probemelken (PM 1 bis PM 2) die Hälfte der Melktage des nachfolgenden Probemelkens (PM 2 bis PM 3) addiert. Die so erhaltene Tagessumme des Prüfungszeitraums wird mit der Leistung am Prüfungstag multipliziert und ergibt so die Leistung im Prüfungszeitraum. Im dargestellten Beispiel muss allerdings beim ersten Prüfungszeitraum (halber Abstand zwischen PM 1 und PM 2 = 17 Tage) auch noch der Kalbetermin mit 5 Tagen bis zum 1. PM berücksichtigt werden.

Die für die einzelnen Prüfungszeiträume ermittelten Leistungen werden mit den Ergebnissen der übrigen Perioden des Kontrolljahres am 30. September (Ende des Kontrolljahres) addiert zu beispielsweise 9175 kg Milch, 386 kg Fett und 307 kg Eiweiß. Daraus errechnen sich durchschnittliche Fett- bzw. Eiweißgehalte der Milch von 4,21 bzw. 3,35 %.

Das Ergebnis 9175 – 4,21 – 386 – 3,35 – 307 stellt die Leistung im Prüfungsjahr und somit die **Jahresleistung** dar.

Berlind befand sich während der gesamten 365 Tage des Kontrolljahres in der Prüfung. Sie zählt somit zur Kategorie der A-Kühe, zu der auch alle Färsen gehören, die in den beiden ersten Monaten des Prüfungsjahres kalbten. Alle anderen teiljährig geprüften Kühe sind B-Kühe.

Da *Berlind* mehr als zweimal kalbte, kann für sie durch Umrechnung auf 365 Tage eine **mittlere Jahresleistung** errechnet werden, allerdings nur zum Ende eines Kontrolljahres oder bei ihrem Abgang. Im Katalog finden wir *Berlind* dann mit folgender Formel wieder: 3/2,6 – 12 240 – 4,09 – 501 – 3,72 – 456. Das bedeutet, dass von ihr drei Kälber geboren wurden und 2,6 Jahresabschlüsse vorliegen mit der angegebenen Durchschnittsleistung (gelegentlich werden in Katalogen bei den Inhaltsstoffen zuerst die Mengen und dann die Prozente angegeben).

Als **Lebensleistung** bezeichnet man die Leistung vom Tage nach dem ersten Kalben bis zum Ende des letzten abgeschlossenen Prüfungsjahres bzw. bis zum Tag des Abganges einer Kuh. Allerdings hängt die Rentabilität einer Kuh nicht allein von der Milchmenge, die sie in ihrem Leben erbracht hat, ab. Es kommt auch darauf an, wie viele Laktationen oder Tage sie dazu benötigt hat. Dies berücksichtigt die Lebenseffektivität, bei der die Lebensleistung auf ihr Alter bezogen wird. Ein Wert von ca. 15 kg Milch je Lebenstag gilt als erstrebenswert. Da diese Zahl die Kälber- und Jungrinderaufzucht beinhaltet, ist sie interessant für Betriebe mit eigener Aufzucht. Bei ausgelagerter Aufzucht bietet sich die Berechnung der Nutzungseffektivität an. Hierbei stellen die Nutzungstage, also das Alter bei Abgang abzüglich des Erstkalbealters, die Bezugsgröße für die Lebensleistung dar.

Vom Landeskontrollverband wird die Jahresleistung der *Berlind* mit den Leistungen der übrigen ganzjährig kontrollierten Kühe des Betriebes – den **Stallgefährtinnen** – zum **Stalldurchschnitt** zusammengezogen. Über weitere Zusammenfassungen gelangt man zu den regionalen und schließlich auf Bundesebene zu den **Rassedurchschnitten** (▸ **Tab. 4.2**).

Aus züchterischer Sicht kommen Einsatzleistung, Laktationsleistung und 305-Tage-Leistung besondere Bedeutung zu. Als **Einsatzleistung** bezeichnen wir bei einer Jungkuh die tägliche Durch-

▶ **Tab. 4.2** Leistungsentwicklung verschiedener Rinderrassen 2016 zu 1993 (alle Kühe aus Herdbuchbetrieben bzw. Herdbuchkühe, A und B; nach ADR 1994 [3], ADR 2017 [7]).

Rasse	Jahr	Anzahl Kühe	Milch (kg)	Fett (%)	Fett (kg)	Eiweiß (%)	Eiweiß (kg)	ZKZ
Deutsche Holstein-Schwarzbunt	1993	1 355 297	6547	4,38	285	3,39	220	397 (W) 386 (O)
	2016	1 724 112	9433	4,03	380	3,39	320	411
Fleckvieh	1993	610 505	5623	4,12	232	3,49	196	388
	2016	739 717	7746	4,19	324	3,52	273	392
Rotbunt	1993	185 219	6473	4,23	274	3,37	218	384
	2016	161 655	8668	4,17	361	3,44	298	408
Braunvieh	1993	168 628	5899	4,14	244	3,52	208	399
	2016	137 520	7695	4,26	328	3,60	277	413
Gelbvieh	1993	13 395	4938	4,13	204	3,53	174	393
	2016	1915	5876	4,27	251	3,55	209	406
Rotvieh	1993	14 613	6009	5,09	306	3,64	219	384
	2016	13 023	7748	4,65	361	3,58	277	394
Vorderwälder	93	5409	4956	4,06	201	3,32	165	390
	2016	6116	5287	4,16	220	3,35	177	389

ZKZ = Zwischenkalbezeit, alle MLP-Kühe. W = West, O = Ost

schnittsleistung, die sich aus ihren ersten drei Kontrollen ergibt. Sie umfasst etwa die ersten 100 Tage einer Laktation und kann daher Grundlage für eine frühzeitige Selektion sein. Die **Laktationsleistung** beinhaltet die Leistung einer Kuh vom ersten Tag nach dem Kalben bis zum Trockenstellen. Da die Zeitpunkte für die Wiederbelegung einer Kuh und das Trockenstellen in starkem Maße vom Betriebsleiter bestimmt sein können, eignet sich die Laktationsleistung in erster Linie für die innerbetriebliche Selektion.

Den Einfluss unterschiedlicher Trockenstellzeitpunkte kann man aber ausschalten, wenn man die Laktationsleistung zeitlich begrenzt. Das ist bei der **305-Tage-Leistung** der Fall. Sie läuft bis zum Ende der Laktation, mindestens bis zum 250., längstens bis zum 305. Laktationstag. Züchterisch hat die 305-Tage-Leistung die größte Aussagefähigkeit. Daher bildet sie auch die Grundlage für die Zuchtwertschätzung der Bullen und Kühe. Dennoch werden auch hierbei Kühe bevorzugt, die später trächtig werden, es sei denn, man berücksichtigt auch die Zwischenkalbezeit. Die 305-Tage-Leistung wird unter Angabe der Ordnungszahl der Laktation auch als **Referenzlaktation** bezeichnet. Sie erhöht sich bis zur dritten Laktation. Nach der fünften Laktation fällt sie wieder ab.

Die bisherigen Darstellungen betreffen die klassischen Merkmale der Milchleistungsprüfung, Milchmenge sowie Fett- und Eiweißgehalt. Der technische Fortschritt ermöglicht darüber hinausgehende Untersuchungen der Milch. Dabei haben die Feststellungen des somatischen Zellgehaltes jeder Kuh und des Milchharnstoffgehaltes besondere Bedeutung erlangt. Hierdurch erwachsen Hinweise auf die Eutergesundheit und die Stoffwechselstabilität, sodass die Milchleistungsprüfung ein wichtiges Controlling-Instrument für die Betriebsleiter geworden ist und einen Gesundheitscheck für die Kühe erlaubt.

In Organisation und Durchführung der Milchleistungsprüfung ist nach jahrzehntelanger Gleichmäßigkeit Bewegung gekommen. Eine weiterentwickelte Technik (automatische Milchmengenmessungen und Melksysteme), bessere Rechenverfahren, aber auch zunehmender Kostendruck und

► **Tab. 4.3** Prüfmethoden der Milchleistungsprüfung in Deutschland im Jahr 2016 (nach ADR 2017 [7]).

A-Verfahren (%)		B-Verfahren (%)		AMV-Verfahren (%)	
Betriebe	Kühe	Betriebe	Kühe	Betriebe	Kühe
56,5	53,7	43,5	46,2	7,4	10,2

A = amtliche Prüfung; B = Prüfung durch den Betriebsleiter; AMV = automatisches Melkverfahren.

wachsende Bestandsgrößen sind dafür verantwortlich. Vor allem Kostengründe führten schon vor Jahrzehnten in Schleswig-Holstein zur **B-Kontrolle.** Dabei nimmt der Tierhalter die Proben selbst und nicht, wie bei der **A-Kontrolle**, der Angestellte des Kontrollverbandes. Neuere Methoden unterscheiden sich im zeitlichen Abstand zwischen den Probemelken (PM), z. B. 3, 4 oder 6 Wochen, in der Häufigkeit der Probenahme je Probemelken (bei jeder oder bei ausgewählten Melkzeiten) und in der Zahl der registrierten Gemelke je Kontrolltag. Im letztgenannten Punkt ist vor allem aus Kostengründen ein Trend zur alternierenden Kontrolle, der sogenannten **T-Kontrolle**, festzustellen. Bei dieser wird am Kontrolltag von jeder Kuh nur noch ein Gemelk erfasst und daraus die Milchprobe gezogen. Um Schwankungen zwischen Abend- und Morgengemelk zu berücksichtigen, wird im monatlichen Wechsel eines der beiden Gemelke beprobt. ► **Tab. 4.3** lässt weitere Einzelheiten erkennen.

Handliche elektronische Geräte zur Datenerfassung (Handhelds) und elektronische Prüfungsgeräte, wie der Lacto-Corder, werden künftig auch die Milchleistungsprüfung mehr und mehr automatisieren und damit die Datenqualität noch weiter erhöhen.

Melkbarkeitsprüfung

Eine gute Milchkuh soll nicht nur viel Milch bilden, sondern sie auch rasch hergeben. Das ist zum einen wegen der relativ kurzen Wirkungsdauer des Melkhormons Oxytocin, zum anderen aber auch zur Rationalisierung der Melkarbeit notwendig. Deshalb werden die Merkmale Strichplatzierung und -länge aus der linearen Exterieurbeschreibung ergänzt durch objektiv feststellbare Messwerte und Bewertungsnoten.

Fazit

Objektiv feststellbare Messwerte und Bewertungsnoten zur Ergänzung der Exterieurbeschreibung:

1. das durchschnittliche Minutengemelk (DMG) in kg/min, mittels der Division der Gemelksmenge durch die Dauer des Milchflusses
2. das korrigierte durchschnittliches Minutengemelk bezogen auf einen einheitlichen Laktationstag und eine einheitliche Melkfrequenz
3. die Melkbarkeitsnote auf einer Skala von 1–5 (langsamer – schneller Milchfluss) einer Kuh in der ersten Laktation
4. das Melkverhalten auf einer Skala von 1–5 (nervös – ruhig) einer Kuh in der ersten Laktation

Die Prüfungen werden nach einer Empfehlung der Arbeitsgemeinschaft Deutscher Rinderzüchter (ADR) im Bundesgebiet einheitlich durchgeführt. In der Zuchtwertschätzung werden die Ergebnisse der ersten Laktation berücksichtigt.

Die Melkbarkeitsprüfung hat eine große Bedeutung und bleibt für Bullenmütter und Bullennachzuchten unverzichtbar, um Minusvarianten auszuschalten. Hierbei eröffnet z. B. der Lacto-Corder (► **Abb. 4.5**) als elektronisches Milchmengenmessgerät die Möglichkeit, Milchflusskurven der Kühe zu erfassen und damit das Milchabgabeverhalten wesentlich genauer zu beurteilen. Auch kann zwischen Vor-, Haupt- und Nachgemelk unterschieden werden. Beim Hauptgemelk sind 3 Phasen zu erkennen: Einem steilen Anstieg zu Beginn folgt die Plateauphase mit dem Milchstrom aus allen Vierteln, an die sich die Abstiegsphase anschließt. Diese Erfassungstechnik schafft zugleich die Möglichkeit dafür, den Lacto-Corder auch einzusetzen, um Faktoren zu kontrollieren, die über die Melkarbeit oder die Melktechnik das Melkverhalten der Kühe beeinflussen.

▶ **Abb. 4.5** Elektronik in der Milchleistungsprüfung; der Lacto-Corder misst Milchfluss und Melkverhalten.

Prüfung auf Mastleistung und Schlachtkörperwert (Fleischleistungsprüfung)

Schweine und Fleischrinder, aber auch Zweinutzungsrinder sollen eine gute Fleischleistung bringen. Sie kann im Feld und in einer Station geprüft werden, in Eigenleistung des Probanden und/oder als Prüfung von Verwandten (Informanten wie Halbgeschwister, Nachkommen). Bei der **Eigenleistungsprüfung im Feld**, die als Mindestvoraussetzung für die Zuchtwertschätzung von Bullen auf Fleischleistung gesetzlich vorgeschrieben ist, wird die tägliche Zunahme erfasst und die Bemuskelung von Keule, Rücken und Schulter bewertet. Umfang und Ergebnisse der Eigenleistungsfeldprüfung für ausgewählte Rassen sind in ▶ **Tab. 4.4** dargestellt. Zur Errechnung der täglichen Zunahmen wird vom Körpergewicht ein rassespezifisches Standardgeburtsgewicht abgezogen. Die Zahlen liefern auch Anhaltspunkte über die Mastleistung einzelner Rassen.

Das Merkmal **„Tageszunahme"** wird unterschiedlich ermittelt:

- bei der Eigenleistungsprüfung im Feld aus der täglichen Gewichtszunahme bis zum Prüfungsende (z. B. Körung) unter Berücksichtigung des Geburtsgewichtes
- bei der Eigenleistungsprüfung auf Station als „tägliche Gewichtszunahme im Prüfungszeitraum" (mindestens 120 Tage bei Fleischrindern, bei Zweinutzungsrindern beginnt die Prüfung spätestens am 112. Lebenstag und endet frühestens am 350. Lebenstag)
- bei der Nachkommenprüfung auf Station als „Nettogewichtszunahme" (Zweihälftengewicht nach dem Schlachten, geteilt durch die Anzahl der Lebenstage)

Auch die Feststellung des Fleischansatzes ist von der Prüfungsart abhängig. Bei allen Eigenleistungsprüfungen sowie bei Geschwister- oder Nachkommenprüfungen im Feld wird die Bemuskelung von Keule, Rücken, Schulter am lebenden Tier bei Prüfungsende bewertet, z. B. anhand einer Punkteskala mit höchstens 9 Punkten. Bei Nachkommenprüfungen auf Station wird die Handelsklasseneinstufung oder der Fleischanteil nach dem Schlachten zugrunde gelegt.

In der Feld- und Stationsprüfung von Fleischrindern aus der Mutterkuhhaltung gelten das Geburtsgewicht, das 200- und 365-Tage-Gewicht sowie die 200- und 365-Tage-Bemuskelung als Informationsmerkmale zur Schätzung des Relativzuchtwertes Fleisch (RZF).

Im Jahr 2016 standen für die Fleischleistungsprüfung in der Bundesrepublik Deutschland **fünf Eigenleistungs-Prüfstationen**, in denen 372 Bullen geprüft wurden, zur Verfügung (ADR 2017 [7]). Sie befinden sich in Thüringen, Mecklenburg-Vorpommern, Brandenburg, Nordrhein-Westfalen und Baden-Württemberg. Im gleichen Jahr umfasste die stationäre Prüfung auf Mast- und Schlachtleistung in Groß Kreutz, Brandenburg, 108 Tiere.

► **Tab. 4.4** Anzahl, Durchschnittsgewichte, Alter und Tageszunahmen von Jungbullen (bei der Körung) nach Rassen 2016 (nach ADR 2017 [7]).

Rasse (Stand.-Geb.-Gew., kg)	Anzahl	Alter (Tage)	Gewicht (kg)	Errechnete tägl. Zunahme (kg)
Zweinutzungsrassen				
Gelbvieh (42)	11	479	637	1262
Fleckvieh	2470	424	587	1313
Holstein-Rbt (38)	69	531	699	1240
Holstein-Sbt (38)	148	438	561	1190
Vorderwälder (35)	46	438	514	1094
Braunvieh (38)	583	450	506	1060
Fleischrassen				
Fleckvieh-Simmental (41)	425	456	695	1532
Charolais (44)	430	449	646	1444
Uckermärker (42)	181	466	660	1421
Blonde d'Aquitaine (46)	87	531	635	1341
Angus (35)	358	471	608	1300
Limousin (39)	545	497	622	1323
Hereford (36)	53	574	584	1303
Galloway (30)	144	854	576	836
Highland (25)	114	865	471	724

Fazit

Diesen Zahlen liegt eine Entwicklung hin zur Eigenleistungsprüfung zugrunde, da der mögliche Nutzen der ELP größer ist, weil

- die Eigenleistungsprüfung eine frühere Aussage über die Mastleistung (Tageszunahme, evtl. auch Futterverwertung) des Probanden zulässt als die NKP,
- die ELP – wegen der einheitlichen Umweltbedingungen – einen besseren Vergleich der für die Zucht vorgesehenen Jungbullen in einem wichtigen Aufzuchtabschnitt erlaubt, als dies in ununterbrochener Einzeltierhaltung in Züchterställen möglich wäre,
- die ELP auch die Möglichkeit eröffnet, die Konstitution der Zuchtbullenanwärter zu testen,
- die Prüfungskapazität der Stationen besser ausgenutzt wird,
- die ELP bei der Fleischleistung der Rinder gleichzeitig kostengünstiger und züchterisch aussagefähiger ist.

Der Schlachtkörperwert allerdings ist in der Nachkommen- oder Geschwisterprüfung durch die anschließende Schlachtung besser zu erfassen.

Zwischen den Prüfstationen gibt es erhebliche Unterschiede in den Durchführungsbestimmungen, wobei die Verordnung über Leistungsprüfung und die Zuchtwertfeststellung bei Rindern die zu erhebenden Mindestkriterien definiert. Die Unterschiede betreffen u. a. das Anlieferungsalter, den Prüfungsabschnitt und die Prüfdauer, aber auch die Fütterung und das Haltungssystem.

Besonders in den süddeutschen Bundesländern hat als Fleischleistungsprüfung die **Nachkommenprüfung** im Feld eine Bedeutung. Bei der ungelenkten Feldprüfung werden die benötigten Daten der Nachkommen der Probanden, soweit sie als Masttiere genutzt werden, bei der Schlachtung erfasst (z. B. Datum der Schlachtung, Schlachtgewicht, Handelsklasse). Die Tiere werden anhand ihrer Ohrmarken identifiziert. Von den Schlachthöfen werden die erhobenen Daten an die Aus-

▸ **Tab. 4.5** Ergebnisse (Mastbullen) der ungelenkten Nachkommenprüfung in Bayern 2016 (nach ADR 2017 [7]).

Rasse	Anzahl	Alter (Monate)	Schlachtgewicht (kg)	Nettozunahme (g)	Handelsklasse (Punkte)	Fettklasse (Punkte)
Fleckvieh	181 114	19,1	416	720	3,65	2,51
Braunvieh	11 445	20,3	400	650	2,73	2,78
Dt. Holsteins	3314	20,3	364	592	2,18	2,52
Gelbvieh	432	18,9	409	718	3,56	2,18
WBB x BRV	1986	19,3	418	717	3,71	2,44
BLA x BRV	316	19,4	421	717	3,53	2,56

BLA = Blonde d'Aquitaine; BRV = Braunvieh; WBB = Weißblaue Belgier

wertungsstelle übermittelt. ▸ **Tab. 4.5** zeigt Umfang und Ergebnisse dieser Prüfung im Jahr 2016 in Bayern.

Als weitere Prüfungsform gilt die **gelenkte Feldprüfung**, bei der die Prüfungstiere zur Mast in ausgewählte Betriebe, die der Rindermastkontrolle angeschlossen sind, überstellt werden. Hier werden die benötigten Daten ermittelt und festgehalten, wobei auch Zwischenwiegungen möglich sind. Voraussetzung für diese Methode sind u. a. gut entwickelte Kälbermärkte.

Fortpflanzungsleistung

Für den Erfolg der Tierhaltung ist die Fortpflanzungsleistung von ausschlaggebender Bedeutung. Ob ein Kalb ohne Hilfe oder mit Kaiserschnitt geboren wird, ob es überlebt oder kurz nach der Geburt verendet, ist für die Wirtschaftlichkeit der Rinderproduktion ebenso bedeutsam wie die Befruchtungsfähigkeit eines Bullen, die regelmäßige jährliche Kalbung einer Kuh und die Dauer ihrer Nutzung. Alle genannten Merkmale sind der Reproduktionsleistung zuzuordnen, die in die Bereiche Geburtsverlauf und Kalbevorgang sowie Fruchtbarkeit und Langlebigkeit zusammengefasst werden können. Dabei lässt sich in Abhängigkeit vom Bezugstier auch zwischen männlicher und weiblicher Fruchtbarkeit unterscheiden.

Tierzuchtrechtlich schreibt die Verordnung über Leistungsprüfungen und Zuchtwertfeststellung beim Rind vor, dass der Komplex Zuchtleistung über die Non-Return-Rate (z. B. NRR-56), bei Mutterkuhherden über das Erstkalbealter, die Zwischenkalbezeit und die Zahl geborener Kälber zu ermitteln ist. Die NRR bezeichnet den Anteil von Kühen, der innerhalb einer Frist (hier 56 Tage) nach der Erstbesamung nicht wieder zur Besamung angemeldet worden ist. Die NRR wird für die männliche Fruchtbarkeit über den Befruchtungserfolg bei den weiblichen Nachkommen des Bullen festgestellt.

Die Erfassung dieser Kriterien erfolgt bei den Bullen z. T. indirekt, indem die Besamungsstationen das Deckverhalten der Bullen und die Spermaqualität prüfen. Die Daten für die Non-Return-Rate der Kühe liefern die Organisationen für Milchleistungsprüfungen zusammen mit den Meldungen über Geburtsverlauf und Verbleib der Kälber. Der Verlauf der Kalbungen wird in vier Klassen erfasst: leicht, normal, schwer, tierärztliche Hilfe und Operation.

Weitere Merkmale

In der Nutztierzucht spielen traditionell die auf Ertrag ausgerichteten Merkmale aufgrund ihres ökonomischen Gewichts eine große Rolle. Das gilt für die Milchleistung der Wiederkäuer ebenso wie für die Fleischleistung bei diesen und anderen Nutztierarten, aber auch für die Legeleistung des Geflügels sowie die Wollleistung der Schafe.

In den letzten Jahren haben die eher auf Steigerung der Nutzungsdauer und Verbesserung der Gesundheit und damit auf Kostensenkung abzielenden Kriterien an Bedeutung gewonnen. Dort rangiert inzwischen nach genauen Berechnungen z. B. die Nutzungsdauer in ihrem wirtschaftlichen Wert an zweiter Stelle hinter der Milchleistung. Die Nutzungsdauer zählt zusammen mit vielen weiteren Kriterien zur Gruppe der **funktionalen Merkmale**, die beim Rind folgenden Bereichen zugeordnet werden können: Zellzahl, Fruchtbarkeit, Kalbeverlauf und Melkbarkeit. Außerdem zählen die Totgeburtenrate und die Persistenz (Durchhaltevermögen Milchleistung) dazu. Häufig können die funktionalen Merkmale nicht direkt erfasst werden. Man muss dann einen Umweg über leichter zu ermittelnde Hilfskriterien wählen. Beispiele dafür haben wir schon kennen gelernt. So sind einige Merkmale aus der Exterieurbeurteilung (S. 136) geeignet, als Hilfsmerkmal für Krankheiten zu dienen. Über die Non-Return-Rate lassen sich Aussagen zur Fruchtbarkeit ebenso ableiten wie über bestimmte Exterieurmerkmale Aussagen zur Nutzungsdauer (s. a. ▸ **Tab. 4.6**).

Eine weitere Besonderheit funktionaler Merkmale besteht darin, dass viele von ihnen in einem ungünstigen Zusammenhang (Korrelation) zu den Leistungsmerkmalen stehen. Durch alleinige Selektion auf die Milchleistungseigenschaften können daher keine Verbesserungen in den ökonomisch bedeutsamen funktionalen Merkmalen erzielt werden. An dieser Stelle setzen daher auch Leistungsprüfungen und Zuchtwertschätzungen moderner Zuchtprogramme an.

Vom Kalb zum Vererber

Zuchttiere sollen sich vom Durchschnitt der Rasse durch überlegene Leistungen abheben. Das gilt besonders für Vatertiere, die über die künstliche Besamung viele Nachkommen erzeugen, aber auch für weibliche Tiere, die früh genomisch selektiert werden und z. B. über Embryotransfer vermehrt werden.

In einem modernen Milchrinderzuchtprogramm stellt die Typisierung möglichst vieler Bullenkälber den Einstieg in die Selektion dar. Daran schließt sich die Schätzung genomischer Zuchtwerte, die mit dem Pedigree-Zuchtwert kombiniert werden, an; s. Kap. Gentechnik (S. 164). Diese Zuchtwerte weisen Sicherheiten zwischen 50 und 70 % auf und bilden eine gute Basis für die Selektion. Es muss nur noch gewartet werden, bis das Bullenkalb die Zuchtreife erreicht hat und schon kann der Jungbulle zur Erzeugung der nächsten Generation eingesetzt werden. Damit entfällt die frühere Test- bzw. Wartebullenphase, die das Generationsintervall verlängert und hohe Kosten verursacht hat. Mittlerweile erfolgen 70–90 % aller Besamungen mit genomisch selektierten Jungbullen. Die nach der Anpaarung anfallenden Töchterleistungen fließen in die Zuchtwertschätzung ein und tragen zur Sicherheit der Zuchtwerte bei. Hiervon profitiert auch die Lernstichprobe, sodass die SNP-Effekte auf dem neuesten Stand sind.

4.3 Zuchtwertschätzung

Der Zuchtwert gibt also den erblichen Einfluss eines Tieres wieder. Ihn zu ermitteln ist Ziel der Zuchtwertschätzung. Dazu müssen genetische und umweltbedingte Einflüsse voneinander getrennt werden. Bei dem genetischen Anteil geht es im einfachen Fall um die additiv-genetischen Effekte, die im Mittel an die Nachkommen weitergegeben werden.

4.3.1 Begriffe

Definition

Allgemein stellt der Zuchtwert einen Schätzwert für den erblichen Einfluss eines Tieres auf seine Nachkommen dar. Er entspricht der doppelten Leistungsabweichung der Nachkommen eines Tieres vom Populationsdurchschnitt.

Zuchtwerte wurden früher mit dem Selektionsindexverfahren geschätzt. Dabei ergab sich der Zuchtwert aus der Multiplikation der **Abweichung** der Leistung des Probanden oder der Informanten von einem Vergleichswert mit einem **genetischen Gewichtungsfaktor**. Folgende Formel stellt die Zusammenhänge dar:

$$ZW = b \times (E - VG)$$

Dabei sind:

- ZW = der geschätzte Zuchtwert
- b = der Regressionskoeffizient des Zuchtwertes auf die Information (E–VG)
- E = die Leistung des Probanden oder der Informanten
- VG = der Vergleichswert

Dabei stellt b den Gewichtungsfaktor dar und (E–VG) die Abweichung, hier also die Differenz zwischen der Leistung des zuchtwertgeschätzten Tieres und dem **Vergleichswert**. Den Vergleichswert bilden hier die korrigierten Leistungen der gleichzeitig geprüften Tiere.

Der Zuchtwert kann in absoluten Zahlen angegeben sein, als Abweichung vom Durchschnitt vergleichbarer Tiere oder als Relativzahl mit einem Mittelwert von z. B. 100. In diesem Fall lassen Werte über 100 positive Erwartungen hinsichtlich der Vererbungsleistung aufkommen, Werte unter 100 dagegen negative. Ähnliches ist auch aus den Vorzeichen der absoluten Zahlenangaben abzuleiten, allerdings nicht immer. Hier ist also Vorsicht geboten, wie wir später noch sehen werden.

Weshalb bezeichnen wir „VG" in der vorstehenden Formel als „Vergleichswert" und sprechen von „Vergleichstieren" und nicht einfach vom Verbands- oder Populationsdurchschnitt? Weil das Prüfungstier einer Vielzahl von Umwelteinflüssen unterworfen ist, die nur ausnahmsweise den durchschnittlichen Umweltbedingungen für die gesamte Population entsprechen werden.

Ein wesentlicher Teil der Zuchtwertschätzung besteht also aus Rechnungen, mit deren Hilfe die **„erfassbaren Umwelteinflüsse"** quantifiziert und ausgeschaltet werden.

An dieser Stelle dürfte inzwischen klar geworden sein, dass es sich bei den errechneten Zuchtwerten um **Schätzwerte** handelt und nicht um den **„wahren" Zuchtwert**. Die Übereinstimmung zwischen beiden hängt u. a. von der Qualität der Leistungsprüfungen und der Art der Informationsquelle ab. So wird der Milchzuchtwert eines Bullen umso genauer geschätzt, je mehr Töchterleistungen diesem Wert zugrunde liegen. Ebenso wird der auf dem Ergebnis der Stationsprüfung aufbauende Zuchtwert für die Mastleistung eines Ebers durch die höhere Heritabilität einen größeren Wert annehmen als bei Prüfung des Merkmales unter den sehr weit streuenden Feldbedingungen. Anknüpfend an die Darlegungen zur Vererbung tierischer Leistungen sollte auch nicht unerwähnt bleiben, dass die Zuchtwertschätzung auf den **„allgemeinen" Zuchtwert** abzielt, der auf additiven Genwirkungen beruht und zu unterscheiden ist von **„speziellen"** Zuchtwerten, die von nicht-additiven Genwirkungen herrühren. Spezielle Zuchtwerte lassen sich nicht vorausberechnen.

4.3.2 BLUP-Zuchtwertschätzung

Die früheren Zuchtwertschätzverfahren wurden ersetzt durch die BLUP-Methode (best linear unbiased prediction = beste lineare unverzerrte Schätzung). Die BLUP-Methode vermag Umwelt und Genetik im statistischen Sinne genauer zu trennen als alle anderen Verfahren der Vergangenheit. Sie wird daher in der Zuchtwertschätzung aller Nutztiere angewandt.

Definition

Auch bei BLUP wird ein Vergleichswert errechnet. Dabei erfolgt jedoch die Korrektur der systematischen Umwelteffekte genauer, sodass auch von dem wahren Vergleichswert gesprochen wird. In zwei Punkten unterscheidet sich das BLUP-Verfahren aber hauptsächlich von den bisherigen Methoden: Zum einen werden alle Tiere an einem gleichen genetischen Niveau dadurch gemessen, dass genetische Unterschiede, die zwischen den Vergleichsgruppen bestehen, auch innerhalb eines Jahres herauskorrigiert werden können. Zum anderen ermöglicht es BLUP, genetische Trends auszuschalten.

Durch den Zuchtfortschritt entwickelt sich jede Population weiter, sie folgt dem genetischen Trend. Dieser führt zu Niveauunterschieden zwischen Zuchtwerten aus verschiedenen Jahrgängen. Erst BLUP ermöglicht den direkten Vergleich der Zuchtwerte von Bullen oder Ebern aus verschiedenen Jahrgängen.

Die Einführung der BLUP-Methode brachte für die Zuchtwertschätzung viele Verbesserungen. Durch die ständig wachsenden Kapazitäten der EDV-Anlagen lassen sich auch immer komplexere mathematische Modelle anwenden. Weiterhin spielen umfassende Informationen zu den Umweltbedingungen und der Abstammung der Probanden eine große Rolle, wenn es darum geht, genauere Zuchtwerte zu schätzen.

Das **„Tiermodell"** ermöglicht die uneingeschränkte Nutzung der verfügbaren Informationen aller Verwandten im Gegensatz zum „Vater-Modell", das auf den Leistungen der Töchter aufbaut.

Mit dem Tiermodell lässt sich die Genauigkeit der Zuchtwertschätzung vor allem bei den weiblichen Tieren deutlich steigern. Bei Bullen und Ebern verbessert sich die Zuchtwertschätzung, weil das Anpaarungsniveau korrekt berücksichtigt wird. Außerdem lassen sich Zuchtwerte auch für

Tiere schätzen, die (noch) keine Nachkommen aufweisen. Hierbei erfolgt die Schätzung des Pedigreezuchtwertes durch die Zuchtwerte der Verwandten.

Gerade die frühzeitig, oft nur aufgrund weniger Nachkommenleistungen geschätzten Zuchtwerte können starke Schwankungen aufweisen. Zuchtwerte, auch die mittels komplexer Modelle geschätzten, sind keine Konstanten. Sie werden aber umso genauer, je mehr Informationen in die Schätzungen einfließen. Dabei können sie sich in jeder Richtung verändern – auch vom Positiven zum Negativen!

4.3.3 Zuchtwertschätzung beim Rind

Zuchtwertschätzung für Milchleistungseigenschaften

Die aktuell von den Rechenstellen veröffentlichten Zuchtwerte für die Milchleistungseigenschaften sind nach dem Tiermodell geschätzt. Gemäß einer Empfehlung der Arbeitsgemeinschaft Deutscher Rinderzüchter ist dabei als Zielgröße des Zuchtwertes der Durchschnitt der ersten drei Laktationen festgelegt. Die Zuchtwertschätzstellen in Verden und Grub wenden hierbei seit 1998 das sogenannte Testtags-Tiermodell an.

Testtags-Tiermodell In diesem Modell werden die einzelnen Kontrolltagsergebnisse zur Zuchtwertschätzung herangezogen und nicht mehr die zusammengefassten Laktationsleistungen. Das hat vor allem den Vorteil, dass die Fehler vermieden werden, die zwangsläufig entstehen, wenn aus den einzelnen Kontrollergebnissen Laktationsleistungen mit festen Grenzen (z. B. 305 Tage) errechnet werden. Ergebnisse, die beispielsweise wegen frühzeitig abgebrochener oder nicht beendeter Laktation fehlen, müssen im Gegensatz zu früher mit diesem Modell nicht mehr hochgerechnet werden und erlauben daher exaktere Berechnungen. Die große Kapazität moderner Rechenanlagen gestattet es, dass auch bei größeren Populationen jedes Probemelkergebnis einzeln analysiert wird und in die Zuchtwertschätzung eingeht. Das hat auch zur Folge, dass die Zuchtwerte früher vorliegen – im Extremfall genügen schon die Ergebnisse eines Probemelkens – und dass die Bedeutung der Vorfahrenzuchtwerte (Pedigreezuchtwert) abnimmt.

Ein weiterer Vorteil des Testtags-Tiermodells besteht darin, dass die Vergleichsgruppe von den am Kontrolltag geprüften Kühen gebildet wird. Dadurch wird den zeitlichen Einflüssen optimal Rechnung getragen. Außerdem erlaubt das Testtags-Tiermodell eine sehr flexible Anpassung an die zunehmende Vielfalt der Methoden der Milchleistungsprüfung (S. 139). Trotz dieser und weiterer Vorteile gibt es aber auch Nachteile. So muss z. B. der Verlauf der Laktationsleistung in Form einer Laktationskurve berücksichtigt werden, da Leistungen an verschiedenen Tagen im Laktationsverlauf unterschiedliches Gewicht besitzen. Außerdem gehen die verschiedenen Kontrolltagsleistungen als unterschiedlich genetisch determinierte Merkmale ein. Für diese Laktationskurven müssen eigene Rechenmodelle eingebaut werden.

Sowohl im Rechenzentrum in Grub als auch in Verden basiert die Zuchtwertschätzung auf einem **„Random-Regression-Testtags-Tiermodell (RRTTM)“**. Auch hierbei handelt es sich, wie aus der Bezeichnung ersichtlich, um ein Testtags-Tiermodell, bei dem aber neben den fixen auch „zufällige“ Regressionen für die Zufallseffekte im Modell enthalten sind. Im Endeffekt ist es dadurch möglich, den Zuchtwert eines Bullen nicht nur als mittlere Leistung seiner Töchter zu schätzen, sondern zugleich auch die „Persistenz“, das heißt den Verlauf der Laktationskurve.

Einflussfaktoren Auch die neuen komplexen Schätzmodelle beinhalten das Grundanliegen aller Zuchtwertschätzungen: die Bereinigung der phänotypischen Leistungen von den darin enthaltenen systematischen Einflüssen. Dazu zählen die klassischen Umweltfaktoren wie Kalbejahr und -monat, Region und Betriebsniveau, aber auch andere, eher biologisch begründete Effekte wie Laktationsnummer – Abhängigkeit der Milchleistung zur Laktationsnummer (S. 86) –, Kalbealter, Zwischenkalbezeit und evtl. Rasse. Auch die gelegentlich anzutreffenden Unterschiede in der Melkfrequenz (3- oder mehrmaliges Melken im Vergleich zum 2-maligen Melken als Standardverfahren) werden berücksichtigt.

Darstellung der Zuchtwerte Grundsätzlich ist es dabei unerheblich, ob die Basis den aktuellen Stand der Population wiedergibt und von Jahr zu Jahr aktualisiert wird – **gleitende Basis** – oder ob das Basisjahr schon weiter zurückliegt und vielleicht über einen längeren Zeitraum unverändert bleibt – **fixe Basis. Beide Systeme führen zur selben Rangierung der Bullen nach dem Zuchtwert.**

In ▶ **Abb. 4.3** sind die Zuchtwerte eines Bullen dargestellt.

Um Unklarheiten zu vermeiden, erhalten die Relativzuchtwerte (Mittel = 100) und meist auch die Naturalzuchtwerte (Mittel = 0) eine gleitende und damit aktuelle Basis. So stellen in der Deutschen Holstein-Zucht alle vier bis sechs Jahre alten Kühe die Basis. Im Jahr 2017 waren dies Kühe, die in den Jahren 2011 bis 2013 geboren wurden (vit, 2017). Für die Relativzuchtwerte wird die Basis auf einen Mittelwert von 100 und eine genetische Streuung von 12 Punkten (wahre Zuchtwerte) standardisiert. Sie wird einmal jährlich zur April-Zuchtwertschätzung um einen Geburtsjahrgang verschoben.

Zuchtwertschätzung für weitere Merkmale

Die Zuchtziele der Rinderrassen sind aber nicht nur auf Milchleistungsmerkmale ausgerichtet. Vielmehr finden sich je nach Nutzungsrichtung zahlreiche weitere Merkmale darin wieder, die auch im Rahmen der Zuchtwertschätzungen berücksichtigt und als Teilzuchtwerte zu einem Gesamtzuchtwert (▶ **Tab. 4.6**) zusammengefasst werden. Derartige Teilzuchtwerte werden neben der Milchleistung auch für die Fleischleistung (Zweinutzungsrassen) und die Fitness (Nutzungsdauer, Persistenz, Fruchtbarkeit, Kalbemerkmale, Zellzahl, Melkbarkeit sowie das Exterieur) geschätzt.

Auch wenn nicht alle Teilzuchtwerte nach so komplexen Methoden geschätzt werden, wie die im vorherigen Kapitel dargestellten Milchleistungszuchtwerte, bleiben die Grundlagen doch gleich. Stets müssen die Umwelteinflüsse von den genetischen Effekten mithilfe mathematisch statistischer Methoden getrennt werden.

Zuchtwertschätzung Fleischleistung Der Bedeutung der Fleischleistung in der Nutzungsrichtung entsprechend werden vor allem für die in Süddeutschland dominierenden Rassen Fleckvieh, Braunvieh, Gelbvieh, Pinzgauer und andere Zuchtwertschätzungen für den Fleischwert durchgeführt. Seit 2002 erfolgen die Auswertungen länderübergreifend gemeinsam mit Österreich und seit 2008 gehen auch Leistungen von tschechischen Fleckviehbullen ein. Die Daten der Zuchtwertschätzungen kommen aus den im Kap. Fleischleistungsprüfung (S. 147) dargestellten Stations- und Feldprüfungen. Sie beziehen sich auf die Nettozunahme, die Handelsklasse und die Ausschlachtung, die unter Berücksichtigung ihres ökonomischen Gewichtes im Zuchtziel und ihrer Beziehungen untereinander in die Zuchtwertschätzung einfließen. Die Zuchtwertschätzung selbst erfolgt nach dem BLUP-Verfahren anhand eines Mehrmerkmal-Tiermodells. Zielgrößen sind die naturalen Zuchtwerte für Nettozunahme, Handelsklasse und Ausschlachtung. Sie werden als Relativzahlen mit einem Mittelwert von 100 und einer Standardabweichung von 12 Punkten veröffentlicht. Letzteres gilt auch für den Index „Fleischwert“. In ihm sind die erwähnten Naturalzuchtwerte nach ihrer ökonomischen Bedeutung im Verhältnis 44 : 28 : 28 gewichtet zusammengefasst.

Bei Fleischrindern setzt sich der Relativzuchtwert Fleisch (RZF) aus dem maternalen Zuchtwert bestehend aus der täglichen Zunahme bis zum 200. Tag (ZWmat), dem Zuchtwert für die tägliche Zunahme bis zum 365. Tag (ZW_TZ) und dem Zuchtwert für die Bemuskelung am 365. Tag (ZW_B) zusammen. Die Gewichtung der Einzelzuchtwerte beträgt 40 : 40 : 20.

Zuchtwertschätzung Fitness Der **Zuchtwert Fruchtbarkeit** beinhaltet sowohl die maternale (Rastzeit, Verzögerungszeit und Non-Return-Rate 56) als auch die paternale Fruchtbarkeit (Non-Return-Abweichung). Im entsprechenden Relativzuchtwert werden die Einzelmerkmale zusammengefasst.

Auch für **Kalbemerkmale** findet eine Zuchtwertschätzung statt. Hierbei geht der Kalbeverlauf mit vier Klassen (leicht, normal, schwer und tierärztliche Hilfe und Operation) sowie die Totgeburtenrate (ja/nein) ein. Geschätzt werden der direkte Effekt des Kalbes (Form und Größe) (RZKm,

▶ Abb. 4.3 sowie der Einfluss der Kuh (z. B. Größe und Beckenform) (RZKd) auf den Kalbeverlauf. Kleinere Kälber verursachen eine leichtere Geburt, entwickeln sich dann aber oft zu vergleichsweise kleinen Kühen, die dann häufiger schwerere Kalbeverläufe aufweisen. Somit kommt dem maternalen Effekt eine wichtige Bedeutung zu bei der Sicherstellung leichter Geburten über Generationen.

Dem **Zuchtwert Exterieur** liegen die Ergebnisse der linearen Beschreibungen (S. 136) zugrunde. Sie werden bei den Milchrassen zu 4 Indizes zusammengefasst, nämlich Milchtyp, Körper, Fundament und Euter. Danach bilden sie den Zuchtwert Exterieur (RZE), in dem die Indizes mit der Gewichtung 0,10 für Milchtyp, 0,20 für Körper, 0,30 für Fundament und 0,40 für Euter eingehen. Bei den Zweinutzungsrassen werden die Zuchtwerte für die Merkmalskomplexe Rahmen, Bemuskelung, Fundament und Euter ermittelt, dazu eine Reihe weiterer Zuchtwerte für Merkmale der linearen Beschreibungen. In Veröffentlichungen finden wir die Exterieurzuchtwerte als Relativzuchtwerte, standardisiert auf ein Mittel von 100 und eine Standardabweichung von 12, wieder. Üblich und sehr anschaulich ist aber auch die Darstellung in Balkendiagrammen, bei denen die züchterisch erwünschten Bereiche gelegentlich besonders gekennzeichnet sind (▶ Abb. 4.3).

Der **Zuchtwert Zellzahl** wurde im Hinblick auf die Eutergesundheit entwickelt. Eine direkte Selektion setzt die elektronische Dokumentation der Mastitishäufigkeit der Kühe voraus. Sie wird z. B. in den skandinavischen Ländern erfolgreich praktiziert. Der Zuchtwert Zellzahl wird in Veröffentlichungen einheitlich als Relativzuchtwert mit einem Mittel von 100 dargestellt.

Für den **Zuchtwert Melkbarkeit und Melkverhalten** dienen neben Besitzerbefragungen zur Melkbarkeit und zum Melkverhalten das DMG (durchschnittliches Minutengemelk), das mit verschiedenen Messgeräten erhoben werden kann, und die Strichplatzierung vorne sowie die Strichlänge als Basis der Zuchtwertschätzung. Dabei werden Melkbarkeit und DMG im Verhältnis 50 : 50 gewichtet. Das Verhalten der Kühe beim Melken wird separat als Relativzuchtwert ausgewiesen.

Für den **Zuchtwert Nutzungsdauer** werden Informationen der abgegangenen Kühe herangezogen, deren Abgangsalter um Leistungseinflüsse korrigiert wird, sodass die funktionale Nutzungsdauer in die Zuchtwertschätzung einfließt. Bei den noch lebenden Kühen dient die erreichte Nutzungsdauer als Informationsbasis, um über „zensierte“ Daten und das Abgangsrisiko ihr Abgangsalter in einer Lebensdaueranalyse vorherzuschätzen.

Außerdem werden die Zuchtwerte der maternalen Totgeburtenrate, der Zellzahl und einiger Exterieurmerkmale erfasst und im Gesamtzuchtwert berücksichtigt. Neben maternalen Einflüssen finden auch die paternalen Effekte Eingang in die Zuchtwertschätzung.

Die Persistenz ist ein weiteres Merkmal der Zuchtwertschätzung bei der Rasse Fleckvieh. Hiermit soll das Durchhaltevermögen der Kühe bei der Milchabgabe verbessert werden, indem ein flacher Verlauf der Laktation im Vordergrund der züchterischen Auswahl steht.

Gesamtzuchtwert (Gesamtindex)

Wir haben gesehen, wie die Zuchtwerte für die einzelnen Merkmale ermittelt werden. Nach welchem dieser Zuchtwerte soll nun der Käufer einen Jungbullen für den Deckeinsatz oder die Besamungsorganisation ihre Vererber für das Zuchtprogramm auswählen? Für diese Entscheidungen hilft die Indextheorie der Tierzucht. Sie besagt, dass der größte züchterische Fortschritt in monetärer Hinsicht erreicht wird, wenn die Zuchttiere nach ihrem Gesamtindex, das heißt, nach ihrem Gesamtzuchtwert selektiert werden, in dem die Teilzuchtwerte zusammengefasst sind. Dabei müssen die genetischen Beziehungen (Korrelationen) zwischen den Teilzuchtwerten und ihr relatives ökonomisches Gewicht berücksichtigt werden. ▶ Tab. 4.6 fasst dieses Geschehen nochmals zusammen. Es wird deutlich, dass die Ergebnisse der Leistungsprüfungen und Bewertungen in viele Einzelzuchtwerte (RZM, RZF … RZN) münden können. Sie unterscheiden sich nicht nur in den Merkmalen, sondern, wie schon dargestellt, auch in den Schätzmodellen. Um sie besser vergleichen zu können, werden sie als Relativzuchtwerte dargestellt und auf eine Standardabweichung von 12 vereinheitlicht.

▶ **Tab. 4.6** Zuchtwertteile und Leistungsmerkmale für den Gesamtzuchtwert.

Zuchtwertteil	Relativzuchtwert (RZ...)	Leistungsmerkmal	Hilfsmerkmale
Milchleistung	RZM	• Fettmenge • Eiweißmenge • Eiweißgehalt (DH)	–
Fleischleistung[1]	RZF	• Nettozunahme • Handelsklasse • Ausschlachtung	• tgl. Zunahme (Prüftags-, Lebenstagszunahme, Nettozunahme) • Nettogewichtszunahme • Bemuskelungsnote Fleischanteil • Handelsklasse • Ausschlachtung
Fruchtbarkeit	RZR[2]	Fruchtbarkeit • paternal • maternal	• NRR-56 • Verzögerungszeit • Rastzeit
Kalbemerkmale	RZKm, RZKd	Kalbeverlauf	• Geburtsverlaufsklassen • Totgeburtenrate
äußere Erscheinung	RZE	• Benotung • Exterieur	lineare Beschreibung zzgl. Hauptmerkmale
Eutergesundheit	RZS	somatischer Zellgehalt	Gesamtzellzahl
Melkbarkeit	RZD	Melkbarkeit	• DMG • Melkbarkeit • Melkverhalten • Strichplatzierung vorne • Strichlänge
Nutzungsdauer (ND)	RZN[2]	Nutzungsdauer (ND)	• funktionale ND • Exterieurmerkmale • RZS • Totgeburten

[1] Nicht bei Milchrassen. [2] Werden z. T. zusammengefasst.

Die bei der Berechnung der Gesamtzuchtwerte verwendeten Teilzuchtwerte sowie die entsprechenden Gewichtungsfaktoren sind zeit- und populationsabhängig. In ihnen spiegeln sich die Zuchtziele der einzelnen Rassen wider. Daher unterscheiden sich nicht nur die relativen Gewichte der Teilzuchtwerte im Gesamtzuchtwert zwischen den Rassen, sie müssen auch von Zeit zu Zeit angepasst werden. In ▶ **Tab. 4.7** sind die Gewichtungsfaktoren für die Rasse Deutsche Holstein aufgeführt. Bei der Zweinutzungsrasse Fleckvieh werden seit April 2016 der Komplex Milch mit 38 %, der Bereich Fleisch mit 18 % und die Fitnessmerkmale mit zusammen 44 % gewichtet.

So wertvoll der Gesamtzuchtwert auch ist, so sollte er doch nie alleinige Entscheidungsgrundlage für den Tierhalter sein, da Extreme – gleich welcher Art – aus ihm nicht heraus zu lesen sind. Auch sollte man sich nicht auf starre Untergrenzen festlegen. Es lohnt sich daher, alle Angaben zu einem Bullen im Verkaufskatalog einer Besamungsstation zu studieren (▶ **Abb. 4.3**) und insbesondere dann, wenn die Verbesserung einzelner Merkmale gezielt angestrebt wird, auch die Teilzuchtwerte zu beachten.

Gelegentlich finden sich in derartigen Katalogen auch Hinweise zur genetischen Veranlagung von Bullen in Bezug auf bestimmte Erbkrankheiten. So kennzeichnen die Buchstaben BL genetisch positi-

▸ **Tab. 4.7** Relative Gewichtung der Zuchtwertteile im Gesamtzuchtwert (RZG) für die Rasse Deutsche Holsteins.

Zuchtwertteile		Gewichtung (%)
		DHV
Milchleistung (Fett-kg, Eiweiß-kg, Eiweiß-%)	(RZM)	45
funktionale Nutzungsdauer	(RZN)	20
Fundament und Euter (lineare Beschreibung, Beurteilung)	(RZE)	15
Eutergesundheit somatischer Zellgehalt)	(RZS)	7
Fruchtbarkeit	(RZR)	10
Kalbemerkmale	(RZKm)	3

ve Bullen in den Erbfehlern BLAD; s. Kap. Gentechnik (S. 164). Die Methoden für derartige Feststellungen entstammen der Molekulargenetik, auf der auch die genomische Selektion (S. 164) aufbaut.

Der oftmals breit gestreute und internationale Austausch von Samen und Embryonen hat die Zuchtwertschätzung beim Rind fachlich und organisatorisch überaus vorangetrieben. In Deutschland sind heute nur noch zwei Einrichtungen damit beschäftigt, die Zuchtwerte für Bullen und Kühe zu schätzen, nämlich die Landesanstalt für Landwirtschaft in Bayern, Institut für Tierzucht in Grub, und die Vereinigten Informationssysteme Tierhaltung w. V. (VIT) in Verden. Die bayerische Einrichtung ist u. a. zuständig für die Rassen Fleckvieh, Gelbvieh, Braunvieh, Pinzgauer, Wäldervieh und Grauvieh. Es erfolgt eine länderübergreifende Zuchtwertschätzung für Österreich und Deutschland.

Schätzstelle für die Holsteinrassen, Rotvieh/Angler, Jersey und das Schwarzbunte Niederungsrind ist VIT in Verden. Beide Rechenzentren veröffentlichen ihre Ergebnisse regelmäßig zusammen mit Verfahrensbeschreibungen, die erkennen lassen, dass in den Schätzmodellen viele Gemeinsamkeiten, aber auch deutliche Unterschiede bestehen. Die Veröffentlichungen beinhalten auch Ranglisten der Bullen (Top-Listen), die schließlich auch in derartige Reihungen auf internationaler Ebene einmünden. Dazu zählen vor allem die Top-Listen von INTERBULL, einer internationalen Zuchtwertschätzstelle in Uppsala, die Länderzuchtwerte von Bullen für den internationalen Einsatz vergleichbar macht.

Genomische Zuchtwerte

Seit August 2010 fließen bei Deutschen Holsteins und seit August 2011 auch bei Fleckvieh genomische Informationen in die offiziellen Zuchtwerte ein. Letztere basieren entweder auf dem direkten genomischen Zuchtwert und dem Zuchtwert aus der Eigen- oder Nachkommenleistung oder dem direkten genomischen Zuchtwert kombiniert mit dem Pedigreezuchtwert. Wenn genomische Informationen vorliegen, wird die Zuchtwert-Quelle mit einem „g" gekennzeichnet. Die Vorgehensweise der genomischen Selektion ist im Kap. Gentechnik (S. 164) zu finden. In der Rinderzucht kommen Chips mit ca. 50 000 SNP-Markern, die das genetische Muster eines Tieres beschreiben, zum Einsatz. Alternativ können Low Density Chips mit ca. 6000 SNPs (Single Nucleotide Polymorphisms) eingesetzt werden. Per Imputing (Hochrechnung) erfolgt die Ermittlung der fehlenden SNPs. Die Effekte der einzelnen SNPs auf die genetisch bedingte Leistungsausprägung werden anhand der Lernstichprobe geschätzt. Dazu gehören Tiere, deren SNPs bestimmt wurden (Typisierung) und von denen klassische Zuchtwerte vorliegen. Derzeit befinden sich in der Lernstichprobe für die Holstein-Rassengruppe über 34 000 Bullen, die die gesamte europäische und nordamerikanische Holsteinpopulation repräsentieren (EuroGenomics). Mit steigender Größe der Lernstichprobe steigt die Sicherheit der genomischen Zuchtwertschätzung. Der Aufbau einer weiblichen Lernstichprobe ist angelaufen. Sind die SNP-Effekte auf den Phänotyp bekannt, so führt die Summierung der Einzeleffekte zum Zuchtwert. Die Sicherheit der direkten genomischen Zuchtwerte in der Holsteinpopulation schwankt je nach Teilzuchtwert zwischen 47 % und 74 %, was auch an den unterschiedlichen Heritabilitäten der zugrundeliegenden Merkmale liegt. Hohe Erblichkeitsgrade führen zu höheren Sicherheiten. Der direkte genomische Gesamtzuchtwert (RZG) weist eine Sicherheit von 60 % auf. Dies ist deutlich mehr, als der Pedigreezuchtwert (29 %)

besitzt. Werden beide kombiniert, so ergibt sich eine Sicherheit von 65 %. Somit ist eine frühe Selektionsentscheidung am Embryo oder kurz nach der Geburt möglich, wodurch das Generationsintervall deutlich verkürzt wird. Wird darauf basierend der Selektionserfolg pro Jahr berechnet, so ist eine deutliche Steigerung zu beobachten, selbst wenn der Erfolg von Generation zu Generation konstant bleiben würde. Allerdings wird auch Letzterer größer, da schärfer selektiert werden kann.

4.3.4 Zuchtwertschätzung beim Schwein

Definition

Auch in der Schweinezucht bilden BLUP-Zuchtwerte die Grundlage der Selektion. Sie werden ergänzt durch Kör-Zuchtwerte, die Unterschiede zwischen Geschwistern beschreiben. Die genomische Selektion bietet auch beim Schwein Vorteile bei der Zuchtwertschätzung und soll helfen, den Ebergeruch im Fleisch zu reduzieren.

Auch in der Schweinezucht werden BLUP-Zuchtwerte für die verschiedenen Merkmale (▶ **Tab. 4.8**) geschätzt. Das Selektionsindexverfahren (Vorläufer von BLUP) wird eingesetzt, um Kör-Zuchtwerte zu bestimmen. Ein wesentlicher Unterschied besteht darin, dass bei der BLUP-Methode (S. 151) die Leistungsabweichungen der Informanten anhand der wahren Vergleichswerte berechnet werden und somit die Genauigkeit steigt. Zuchtwerte und Umwelteffekte werden gleichzeitig geschätzt, sodass unverzerrte Zuchtwerte entstehen. Die so geschätzten Zuchtwerte können über Regionen hinweg verglichen werden. Außerdem ermöglich das BLUP-Tiermodell die Berücksichtigung des genetischen Fortschritts, sodass Zuchtwerte aus zurückliegenden Generationen bei jeder Zuchtwertschätzung angepasst werden können. Es werden alle verwandtschaftlichen Informationen mit einbezogen, die Umwelteffekte ausgeschaltet, der Einfluss des Herkunftsbetriebes eliminiert und auch die störenden saisonalen Umwelteinflüsse wie Schlachttag und Schlachtmonat innerhalb eines Jahres werden berücksichtigt.

Durch dieses Verfahren wird nicht nur die Genauigkeit der Zuchtwerte erhöht, sondern es bietet auch die Möglichkeit, weitere Merkmale wie z. B. die Reproduktions- und Vitalitätsmerkmale mit einzubeziehen.

▶ **Tab. 4.8** Zuchtziele für Vater- und Mutterrassen in der bayerischen Schweinezucht.

Merkmal	Vaterrassen		Mutterrassen
	Piétrain		Deutsche Landrasse/ Deutsches Edelschwein
	Gesamtzuchtwert	Produktionswert	
Futteraufwand	22,00	22,00	15,00
Fleischanteil (nach Formel)	0,90	1,66	0,50
pH1-Wert	8,00	2,15	4,88
tägliche Zunahme	0,04	0,0315	0,06
Fleischanteil im Bauch	0,90	–	0,50
Rückenmuskelfläche	–	0,044	–
intramuskulärer Fettgehalt	9,50	–	4,41
Tropfsaftverluste	0,60	–	1,50
lebend geborene Ferkel	–	–	15,00
aufgezogene Ferkel	–	–	15,00
Stülpzitzen	–	–	0,45
Verbleiberate	–	–	15,00

Exemplarisch sind die Zuchtziele der bayerischen Schweinezucht in ▶ Tab. 4.8 aufgeführt.

Sowohl bei Vater- als auch bei Mutterrassen gehören die Futterverwertung und die tägliche Zunahme zum Zuchtziel. Der Bauchfleischanteil, der pH-Wert und das intramuskuläre Fett sind nur bei den Vaterrassen, die lebend geborenen sowie aufgezogenen Ferkel und Stülpzitzen sind nur bei den Mutterrassen im Zuchtziel verankert. Die Wahl und die Gewichtungen der Merkmale im Zuchtziel bei beiden Rassegruppen spiegeln deren Bedeutung und die genetischen Beziehungenzwischen den Merkmalen wider. So gelingt es nur schwer, z. B. hohe Magerfleischanteile mit guten Fruchtbarkeitsleistungen zu kombinieren.

Bei Absatzveranstaltungen ermitteln die verschiedenen Züchtervereinigungen zusätzlich zum BLUP-Zuchtwert sogenannte Kör-Zuchtwerte. Diese dienen u. a. der Unterscheidung von Wurfgeschwistern z. B. bei Absatzveranstaltungen, da deren Elternzuchtwerte (BLUP) identisch sind. Dazu muss zunächst die Eigenleistung (z. B. Lebenstagszunahme, Speckdicke und Bemuskelung) festgestellt und als Abweichung vom Vergleichswert (z. B. alle unter gleichen Umweltbedingungen geprüfte Tiere) berechnet werden. Die Ergebnisse der einzelnen Merkmale werden anhand genetisch-ökonomischer Gewichte kombiniert und ergeben den Kör-Zuchtwert.

Ab dem Jahr 2016 werden für Piétrain-Eber der bayerischen Besamungsorganisationen genomisch optimierte Zuchtwerte geschätzt und ausgewiesen. Hiermit soll die Vererbungssicherheit bei Prüfebern erhöht werden. Die Basis dafür bildet eine Kalibrierungsstichprobe mit ca. 2200 Ebern und ca. 60 000 SNPs, deren Beziehung zu den züchterisch relevanten Merkmalen als vielversprechend eingeschätzt wird.

Weiterhin kann die genomische Selektion helfen, die Ebergeruchssubstanzen Androstenon und Skatol zu senken. Hierzu laufen verschiedene Forschungsprojekte, um marktgerechtes Schweinefleisch auch ohne Kastration der männlichen Ferkel erzeugen zu können.

4.3.5 Zuchtwertschätzung beim Schaf

In der Schafzucht wurde 2014 das BLUP-Zuchtwertschätzverfahren (Tiermodell) eingeführt. Nach und nach nahmen immer mehr Zuchtverbände daran teil und ab 2018 soll es bundesweit durchgeführt werden. Dann werden Zuchtwerte für alle 21 heimischen Rassen und für Suffolk, Texel, Dorper sowie Shropshire zur Verfügung stehen. Sobald genügend Daten vorliegen, können weitere Rassen einbezogen werden. Dazu sind mindestens 500 Tiere mit Leistungsinformationen nötig.

Die Abstammungs- und Leistungsinformationen stammen aus der OVICAP-Datenbank des vit in Verden. Im Wesentlichen basiert die Zuchtwertschätzung auf Feldprüfungsdaten. Die Daten aus den verbliebenen Prüfstationen werden über das Blending-Verfahren einbezogen. Hierbei werden Zuchtwerte aus der Feldprüfung mit solchen aus der Stationsprüfung kombiniert.

Relativzuchtwerte werden für die Fruchtbarkeit (R), die Mast- und Schlachtleistung (F), die Exterieurbeurteilung (E) und die Mütterlichkeit bzw. Säugeleistung (S) geschätzt. Zur Bestimmung der Fruchtbarkeit gehört das Merkmal Anzahl geborener Lämmer pro Lammung und zur Mast- und Schlachtleistung (F) zählen die Merkmale Fleischigkeitsnote (FLN), tägliche Zunahme (TZN), US-(Ultraschall-)Muskeldicke (USM) und US-Fettdicke (USF). In die Exterieurbeurteilung fließen die Merkmale Wollqualität, Bemuskelung sowie äußere Erscheinung ein und in den Relativzuchtwert Mütterlichkeit bzw. Säugeleistung geht das Merkmal 42-Tage-Gewicht des Lammes ein. Die genetische Streuung der einzelnen Relativzuchtwerte beträgt 20 Punkte.

Da die künstliche Besamung nur selten zur Anwendung kommt und die Zuchtböcke meist nur in einer Herde springen, ist der genetische Effekt des Zuchtbockes nur schwer vom Umwelteinfluss der Herde zu trennen. Ein überbetrieblicher Einsatz von Zuchtböcken würde die Trennung des genetischen vom umweltbedingten Einfluss vereinfachen. Aufgrund dieser nicht optimalen Datenstruktur (Confounding von Umwelt und Genetik) sind die Schätzfehler der genetischen Parameter teilweise sehr hoch.

4.4 Biotechnische Verfahren

Zu den biotechnischen Verfahren zählen fortpflanzungsbiologische Maßnahmen wie die künstliche Besamung (KB) und der Embryotransfer (ET), aber auch gentechnische Methoden. In der modernen Tierzucht werden zwar beide oft kombiniert eingesetzt, wir sollten sie dennoch nicht gleichsetzen und schon gar nicht miteinander verwechseln.

4.4.1 Künstliche Besamung (KB)

Etwa drei Viertel der Milchkühe und Färsen im Bundesgebiet werden gegenwärtig besamt. Der höchste Anteil war in der zweiten Hälfte der 1980er-Jahre mit über 90 % zu beobachten. Diese Entwicklung hängt mit Strukturveränderungen zusammen, die den Natursprung in den Betrieben vor allem aus Managementgründen begünstigen. Unbestreitbar bleiben jedoch die Vorzüge der Besamung und ihre Möglichkeiten – insbesondere im Hinblick auf den Zuchtfortschritt.

Fazit

Die Vorteile der Besamung lassen sich wie folgt zusammenfassen:

- Das Risiko der Einschleppung von Infektionskrankheiten ist geringer als beim natürlichen Deckakt (das betrifft vor allem Geschlechtskrankheiten, wie die Trichomonadenseuche).
- Es werden weniger Vatertiere als beim natürlichen Sprung gebraucht. Deshalb kann schärfer selektiert werden.
- Die Bullen können lange zur Zucht benutzt werden, durch den Einsatz von Tierfgefriersperma auch noch nach ihrem Tod.
- Wegen der größeren Zahl der Nachkommen in der KB sind die Zuchtwertschätzungen zuverlässiger als beim Natursprung.
- Durch den konzentrierten Einsatz überragender Vererber lassen sich in verhältnismäßig kurzer Zeit Leistungsrückstände in zurückgebliebenen Zuchtgebieten und Betrieben aufholen.
- Samenportionen lassen sich billiger transportieren als Bullen. Die Kostenersparnis wirkt sich besonders beim internationalen Spermahandel (Holstein Friesian) aus.
- Der Samenaustausch zwischen weit auseinanderliegenden Zuchtgebieten kann Inzuchtdepressionen, die aus der großen Vermehrungsrate mancher Besamungsbullen drohen, in Grenzen halten.
- Der überregionale Samenaustausch erlaubt es dem Hochzüchter, sich für seine überdurchschnittlichen Kühe (besonders für Bullenmütter) passende Samenspender auszusuchen.

Der Besamungserfolg wird im Allgemeinen durch die sogenannte **Non-Return-Rate** (NRR) gemessen. Das ist der Prozentsatz der Kühe (mit Färsen), bei dem innerhalb der ersten 56 Tage nach der ersten Besamung keine weitere durchgeführt wurde.

Das tatsächliche Befruchtungsergebnis – also der Anteil der **Erstbesamungsträchtigkeiten** – liegt um 5 – 10 % niedriger, weil manche nicht trächtig gewordenen Tiere (wegen Krankheit, Verkauf, Übersehen der Brunst usw.) nicht innerhalb der 56 Tage nachbesamt wurden.

Sinkt der Anteil der Erstbesamungsträchtigkeiten unter 60 % – was der Betriebsleiter natürlich nur feststellen kann, wenn auf den Bestandskarten alle Besamungen eingetragen werden –, wird es Zeit, nach den Ursachen zu forschen (Fütterungsverhältnisse, Stallhygiene, Brunstbeobachtung usw.). Auch die Verwendung von Stallübersichtstafeln oder elektronischen Kuhplanern ist zu empfehlen.

Häufen sich in einem Bestand Missbildungen an den Kälbern, Totgeburten und offensichtliche Erbkrankheiten, müssen die zuständigen Besamungsorganisationen informiert werden. Zu den gesetzlichen Bestimmungen zählen Auflagen über die von den Stationen zu führenden Aufzeichnungen; je stärker die KB angewandt wird, umso wichtiger wird eine KB-Statistik als Quelle von Informationen, die aus den amtlichen Viehzählungen nicht zu gewinnen sind. Eine Übersicht über die Anzahl Erstbesamungen nach Rassen und die Beteiligung an der Milchleistungsprüfung enthält ▶ **Tab. 4.9**.

Beim Schwein haben **Besamungen** eine große Bedeutung. Ein entscheidender Grund dafür ist der Wunsch nach konzentrierten Abferkelzeiten als Voraussetzung für gezielte Managementmaßnahmen in der Ferkelerzeugung. Nach Angaben des ZDS betrug die Zahl der verkauften Einzelportionen rund 11,5 Mio. im Jahr 2012. Im Unterschied zum Rind gibt es noch kein dauerhaftes

▶ **Tab. 4.9** Zahl der Erstbesamungen (EB) 2016 beim Rind nach Rassen sowie Beteiligung an der Milchleistungsprüfung (MLP; nach ADR 2017 [7]).

Rasse	EB	MLP-Beteiligung
		Absolut
Holstein-Sbt.	1 914 224	2 171 481
Holstein-Rbt.	335 748	240 691
Rotvieh/Angler	16 657	13 487
Jersey	5931	4295
Fleckvieh	1 429 567	895 421
Braunvieh	155 478	161 075
Sonstige	2111	
Zwischensumme Milch- und Zweinutzungsrassen	4 071 989	
RDN	9570	
Vorderwälder	5923	
Gelbvieh	4008	
DSN	2851	
Pinzgauer	2188	
Sonstige	3732	
Zwischensumme seltene Rassen	28 272	
Weiß-blaue Belgier	174 948	
Limousin	32 968	
Charolais	9210	
Blonde d'Aquitaine	7811	
Fleckvieh-Simmental	13 825	
Angus	7414	
sonst. Fleischrinder	13 202	
Zwischensumme Fleischrinder	259 378	
Insgesamt	4 408 397	

RDN: Doppelnutzung Rotbunt; DSN: Deutsche Schwarzbunte alter Zuchtrichtung

Konservierungsverfahren für Ebersperma. Allerdings erleichtert die relativ einfache Übertragungstechnik des Frischspermas die Anwendung der künstlichen Besamung in der Praxis. Auch bei anderen Nutztieren wird die künstliche Besamung praktiziert.

Spermatrennung Die Ansätze dazu sind so alt wie die künstliche Besamung selbst und es hat lange gedauert, bis ein funktionierendes Verfahren zur Verfügung stand. Den Durchbruch brachte eine in den USA entwickelte Methode, die sogenannte Laser-Flowzytometrie. Mittlerweile wird die Trennung in männliche und weibliche Rinderspermien – das sogenannte **Sexing** – mit Erfolg praktiziert. Hierbei werden die Chromosomen der Spermien mit einem fluoreszierenden Farbstoff eingefärbt. Da die Y-Chromosomen kleiner sind und weniger DNA (ca. 3,8 %) enthalten als die X-Chromosomen, gelingt eine unterschiedliche Färbung der DNA und damit auch der männlichen und weiblichen Spermien. Anschließend können sie dann mittels

► **Tab. 4.10** Anzahl und Anteil gesexter Spermaportionen nach Rassen für die Jahre 2009 und 2016 (nach ADR 2017 [7]).

Rasse	Portionen		
	2009	2016	
	Anzahl	Anzahl	%
Holstein-Sbt.	53 070	105 573	74,9
Holstein-Rbt.	3411	21 753	15,4
Braunvieh	1172	3701	2,6
Weißblaue Belgier	1	2765	2,0
Fleckvieh	682	2652	1,9
Jersey	1312	1928	1,4
Limousin	–	1039	0,7
Sonstige	7	1461	1,0
Summe	59 655	140 872	100,0

einer speziellen Lasertechnik voneinander getrennt werden, weil die „weiblichen" Spermien (X-Chromosom) eine stärkere Leuchtkraft als die „männlichen" (Y-Chromosomen) besitzen.

Pro Stunde können nur ca. 21 Mio. Spermien getrennt werden. Beim Schwein dauert die Trennung einer Portion mit ca. 2 Mrd. Spermien sehr lange, sodass die Kosten entsprechend hoch sind. Beim Rind gelingt die Erzeugung von ca. 10 (8–14) Portionen mit je 2 Mio. Spermien in 1 Stunde. Allerdings enthält eine gesexte Portion mit ungefähr 2 bis 2,5 Mio. Spermien deutlich weniger Spermien als eine ungesexte Portion (ca. 10–20 Mio.). Darüber hinaus wird das Sperma durch den Trennvorgang geschädigt, sodass die Befruchtungsraten bei ca. 80 – 85 % von ungesextem Sperma liegen. Hieraus resultiert ein züchterisch unerwünschtes höheres Erstkalbealter. Empfohlen wird der Einsatz bei Färsen, da sie besser aufnehmen als Kühe. Im Ergebnis sind 85 – 90 % der Kälber weiblich, was geringere Schwergeburtenraten mit sich bringt. Allerdings eignen sich nicht alle Bullen für die Spermientrennung und Sperma von überragenden Vererbern wird aufgrund der Verluste beim Trennverfahren selten gesext. Daneben erhöhen Lizenzgebühren und Verfahrenskosten den Preis von gesextem Sperma.

Der Einsatz dieser Biotechnik erhöht den Zuchtfortschritt auf der weiblichen Seite, da schärfer selektiert werden kann. In den Betrieben entsteht eine zusätzliche Wertschöpfung durch den Zuchtfärsenverkauf oder durch den Verkauf fleischreicher Kälber aus Milchkühen, wenn Fleischbullen an Kühe angepaart werden, die nicht zur Erzeugung von Reinzuchtfärsen benötigt werden.

Über den Einsatz in den Herden entscheidet letztlich der Preisunterschied zwischen einem männlichen Kalb, das zur Weitermast verkauft wird, und einem weiblichen Kalb, das als Zuchtfärse zum Ersatz einer abgehenden Altkuh benötigt wird. Da dieser Preisunterschied z. B. bei der Zweinutzungsrasse Fleckvieh gering ist, allerdings bei Holsteins beträchtlich sein kann, kommt diese neue Biotechnik hauptsächlich bei Holsteins zum Einsatz (► **Tab. 4.10**).

Es ist zu erwarten, dass künftig durch weitere Verbesserungen in der Technologie der Spermientrennung ein erheblicher Teil der Kühe mit gesextem Sperma besamt wird. Damit ließe sich der züchterische Fortschritt beschleunigen und die Wirtschaftlichkeit der Milcherzeugung erheblich steigern.

4.4.2 Embryotransfer (ET)

Grundschema und Umfang

Die künstliche Besamung bietet die Möglichkeit, den großen Spermavorrat effektiver zu nutzen, den ein Vatertier im Laufe seines Lebens erzeugt. Weitgehend ungenutzt blieben dagegen bis vor wenigen Jahren die von weiblichen Tieren angelegten Eizellen. Ihre Zahl kann z. B. bei einer Kuh mehrere Tausend betragen, aus denen üblicherweise aber nur ca. 2 – 3 Kälber hervorgehen. Durch Übertragung (Transfer) von befruchteten Eizellen (Embryonen) eines Spendertieres auf Empfängertiere können auch wertvolle Eizellen stärker als in der Natur üblich genutzt werden.

Das Verfahren des Embryotransfers läuft in mehreren Schritten ab, die sorgsam aufeinander abgestimmt sein müssen. Unter den Kühen mit ungestörter Fruchtbarkeit werden zunächst die Spenderkühe ausgewählt und mit Hormonen behandelt, die ihre Ovulationsrate (Abstoßungsrate von Eizellen) erhöhen (Superovulation). Mit beginnender Brunst erfolgt die Besamung, zumeist mehrfach an aufeinanderfolgenden Tagen. Etwa 6 – 7 Tage nach der KB werden die Embryonen mithilfe eines Katheters (unblutiges Verfahren) ausgespült. Jeweils einer der für die Weiterentwicklung geeigneten Embryonen wird danach in die Gebärmutter eines Empfängertieres übertragen, das sich im gleichen Zyklusstadium befinden muss wie die Spenderkuh. Dieses Empfängertier trägt dann den Embryo aus. Trotz mancher Anfangserfolge erreichte die neue Technik den entscheidenden Durchbruch erst, nachdem es gelungen war, die Embryonen einzufrieren und nach ihrem Auftauen mit guten Trächtigkeitsergebnissen auf die Empfängertiere zu übertragen.

Eine Alternative zum klassischen ET ist das IVP/OPU-Verfahren (IVP = „In-vitro-Produktion"; OPU = Ovum-pick-up), bei dem von den weiblichen Tieren unbefruchtete Eizellen gewonnen werden. Die Folgeschritte „Reifung der Eizellen", „Befruchtung" und „Embryokultivierung" laufen dann im Labor ab. Dazu werden die Eierstöcke von Kühen oder Färsen punktiert und unreife Eizellen direkt abgesaugt. Für dieses Verfahren müssen die Spendertiere nicht hormonell behandelt werden und können bis zum 4. Monat tragend sein. Darüber hinaus ist es zyklusunabhängig anwendbar. Ein weiterer Vorteil besteht darin, dass die Eizellen grundsätzlich von allen weiblichen Tieren gewonnen werden können, also auch von Kälbern oder verendeten Kühen (Spitzentiere, Genreserve). Allerdings werden bei einem OPU-Termin weniger transfertaugliche Embryonen als beim klassischen ET gewonnen. In einem Zuchtprogramm ist die Kombination beider Techniken der beste Weg.

Im Jahr 2016 wurden in Deutschland 3117 Spülungen (in vivo) und 1352 OPU-Sitzungen (in vitro) durchgeführt und 20 667 (in vivo) bzw. 1919 (in vitro) transfertaugliche Embryonen gewonnen (ADR, 2017). Somit konnten pro Spülung 6,6 transfertaugliche Embryonen gewonnen werden, während es bei der In-vitro-Produktion nur 1,4 waren. Übertragen wurden 20 072 (in vivo) und 1828 (in vitro). Von den in vivo übertragenen Embryonen waren 8003 frisch und 12 069 gefroren gelagert. Bei den in vitro erzeugten Embryonen wurden 1556 frisch und 272 tiefgefroren aufbewahrt.

Zahlreiche Zuchtprogramme fußen auf planmäßigem ET. Dabei wurden die anfänglich hohen Kosten auch durch Verbesserungen im organisatorischen Bereich gesenkt. Beispiele dafür sind die bessere Auswahl der Spenderkühe, die Verlagerung der Spülungen von Kliniken auf die Höfe oder die Verkürzung des Generationsintervalls (ET bei Färsen).

Die erfolgreiche Nutzung von Embryotransfer in der Zucht wurde durch ständige organisatorische und monetäre Weiterentwicklungen des Verfahrens begünstigt. Schon erwähnt wurde die Tiefgefrierung von Embryonen. Die ursprünglichen Schwierigkeiten beim Auftauen überwand das sogenannte One-Step-Verfahren, bei dem aufgetaute Embryonen, dem aufgetauten Sperma vergleichbar, sofort auf die Trägertiere übertragen werden können. Eine wesentliche Kostenverminderung hat die Bestimmung des Geschlechts der Embryonen mit sich gebracht (Embryo-Sexen). In ähnlicher Weise, nämlich durch Erhöhung der Reproduktionsrate, wirkt sich auch die heute mögliche mikrochirurgische Teilung von Embryonen (Embryo-Splitting) aus.

Mit Einführung der genomischen Selektion können züchterisch wertvolle weibliche Tiere mit guten Sicherheiten früh erkannt und früh gespült bzw. punktiert werden. Damit sinkt das Generationsintervall. Weiterhin wird bereits den gewonnenen Embryonen ein Zuchtwert mit guter Sicherheit zugewiesen, sodass der Transfer auf die züchterisch interessanten konzentriert werden kann. Hierdurch kann die Effizienz des Verfahrens gesteigert werden.

Klonen

Seit jeher schenken Tierzüchter genetisch identischen Individuen große Aufmerksamkeit. Früher mussten sie sich dafür auf die wenigen aus der geschlechtlichen Fortpflanzung hervorgegangenen eineiigen Zwillinge beschränken. Einen Schritt in die Unabhängigkeit davon stellt die schon erwähnte mikrochirurgische Teilung von Embryonen dar. Ein anderes Verfahren beinhaltet einen Kerntransfer. Dabei wird in eine vorher entkernte Zelle ein Zellkern aus einer anderen Zelle übertragen. Ein Klon – das Wort stammt aus dem Griechischen und bedeutet „Ast" oder „Zweig" – bezeichnet eine Gruppe von erbgleichen, also genetisch identischen Individuen, die durch ungeschlechtliche Vermehrung aus ein und derselben Zelle entstanden sind.

Erste erfolgreiche Klonierungen gelangen bei Rind und Schaf Mitte der 80er Jahre des letzten Jahrhunderts. Dabei umfasste der bislang größte Klon 9 erbgleiche Bullen. Sie waren das Ergebnis von **Embryoklonierungen** mittels Kerntransfer (▶ **Abb. 4.6**). Je eine Zelle wird in eine vorher präparierte Empfänger-Eizelle eingepflanzt und durch Elektrofusion mit dieser vereinigt. Nach einer mehrtägigen Kultivierung werden die neuen Embryonen auf Empfängertiere übertragen.

Zellen, aus denen ein Lebewesen entstehen soll, müssen totipotent sein. Damit ist die Fähigkeit gemeint, sich in alle Zelltypen eines Lebewesens zu entwickeln. Grundsätzlich sind es bei Tieren nur die Embryonalzellen in frühen Entwicklungsstadien, die diese Eigenschaft aufweisen. Körperzellen sind ausdifferenziert und es sind nur wenige der insgesamt vorhandenen Gene aktiv, sodass die Funktion festgelegt ist.

Anfang 1997 löste das Klonschaf „Dolly" eine breite öffentliche Diskussion um das Klonen aus. Erstmals war es gelungen, ein geklontes Tier aus einer somatischen Zelle, der Euterzelle eines Mutterschafes, zu erzeugen. Damit war der Beweis erbracht, dass auch aus einer ausdifferenzierten Säugerzelle neues Leben entstehen kann. Es war gelungen, die Zelle in den totipotenten Status zurückzuversetzen.

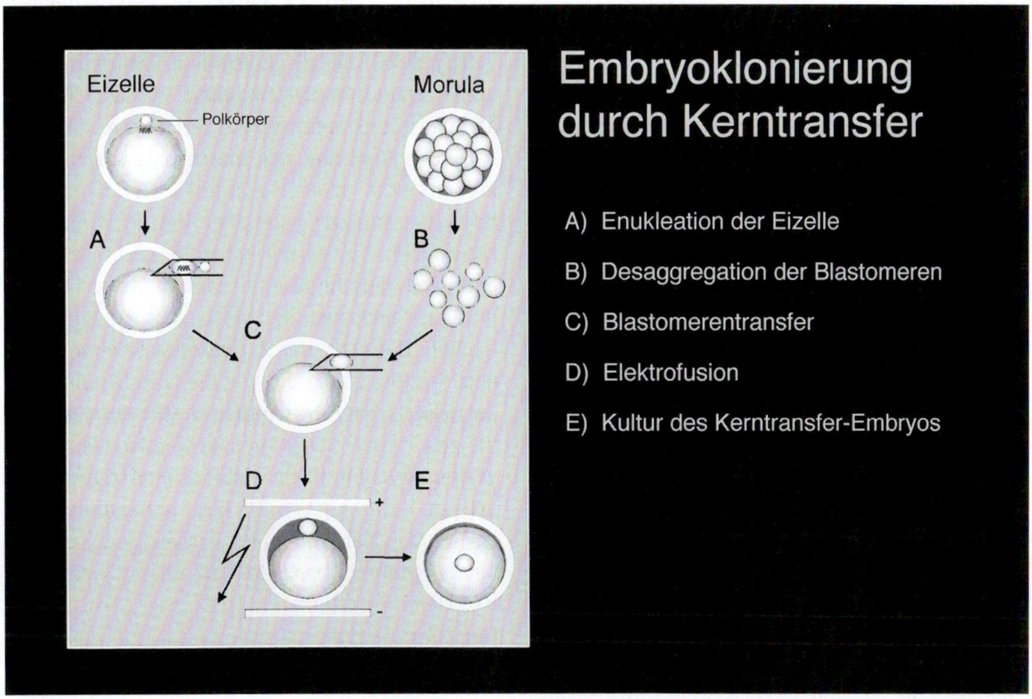

▶ **Abb. 4.6** Schema des Klonens. (Zeichnung: BFZF)

Fazit

Das Klonen basiert auf der mikrochirurgischen Teilung eines Embryos oder auf einem Kerntransfer und führt zu erbgleichen Individuen. In Bezug auf den züchterischen Wert ist zu bedenken, dass die Methode zur genetischen Gleichheit führt, erfolgreiche Züchtung benötigt aber Vielfalt, das heißt Variabilität.

4.4.3 Gentechnik

Unter Gentechnik versteht man molekulargenetische Methoden zur Isolierung, Charakterisierung und gezielten Neukombination des genetischen Materials von Lebewesen. Sie können ohne Eingriff in das Genom von Nutztieren auf die Identifizierung von Basenfolgen, Genen bzw. genetischen Markersequenzen ausgerichtet sein. Sie können aber auch auf die Übertragung (Transfer) von Basen, Basensequenzen und Genen innerhalb einer Art oder über Artgrenzen hinweg abzielen. Dazu muss in das Genom eingegriffen werden.

Genomanalyse und Gendiagnostik

Die Analyse des Genoms landwirtschaftlicher Nutztiere zielt darauf ab, Basen und Basenkomplexe sowie Gene und Genkomplexe in ihrer Struktur und Funktion zu erfassen. Umzusetzen sind die dabei gewonnenen Erkenntnisse in der Gendiagnostik. Sie erlauben es, einzelne Basen- oder Genvarianten unabhängig von der Merkmalsausprägung sicher und schnell zu erkennen. Gendiagnostik kann damit zu einer Verbesserung der Zuchtmethoden beitragen.

Erste praktische Beispiele für eine sinnvoll genutzte Gendiagnostik finden sich in der molekularen Analyse von monogen bedingten Erbfehlern. Bekannteste Beispiele sind BLAD (Bovine-Leukozyten-Adhäsions-Defizienz) bei Rindern und MHS (malignes Hyperthermie-Syndrom) beim Schwein. BLAD ist eine genetisch bedingte Immunschwäche, die aber nur im reinerbigen Zustand erkennbar ist. Reinerbig veranlagte Kälber erkranken leicht an Infektionen und verenden häufig in den ersten 6 Wochen. Die Krankheit tritt vor allem bei Holsteins auf. Merkmalsträger werden in den Zuchtunterlagen mit den Buchstaben „BL" gekennzeichnet.

Ein weiteres wichtiges Anwendungsgebiet der Genomanalyse und Gendiagnostik ist zudem die Abstammungs- und Identitätssicherung.

Identifizierung von Genen/Genorten Wirtschaftlich wichtige Genorte – im Englischen spricht man von „quantitative trait loci" und führt hierfür die Kurzbezeichnung QTL ein – lassen sich in verschiedener Weise identifizieren. Beim ersten Verfahren sucht man direkt nach einem konkreten Gen und seinen Varianten, die für ein bestimmtes Merkmal verantwortlich sind (Kandidatenansatz). Davon zu unterscheiden ist der Markeransatz, bei dem man nach „Markern", das heißt Genombereichen, sucht, die eng mit dem jeweiligen QTL gekoppelt sind. Beide Methoden werden erfolgreich in der Nutztierzucht angewandt und haben z. B. dazu geführt, dass die für wichtige Milchproteine (Kappa-Casein, Beta-Casein, Alpha- und Beta-Laktoglobulin u. a.) verantwortlichen Gene bei vielen Tieren identifiziert werden konnten.

Damit war eine wichtige Voraussetzung für eine züchterische Bearbeitung von QTLs in Ansätzen erreicht. Um hierbei weiterzukommen, wurden möglichst vollständige Markerkarten, das heißt verfügbare genetische Marker für das gesamte Genom, benötigt. Beim Rind konnte das Genom inzwischen vollständig entschlüsselt werden, sodass einige QTL mit signifikantem Einfluss auf die Milchleistungsmerkmale kartiert werden konnten.

Zu den Vorteilen der markerunterstützten Selektion (MAS, marker assisted selection) gehört, dass die Marker gegenüber den traditionellen Merkmalen den Vorteil haben, dass sie nicht von äußeren Effekten wie Geschlecht, Alter, Umwelt und auch nicht von der Merkmalsausprägung abhängen. Diese Art der Zuchtwertschätzung stellte eine Selektionshilfe dar, die die bestehende BLUP-Zuchtwertschätzung ergänzte. Mittlerweile wird die genomische Selektion angewendet. Sie ist eine Weiterentwicklung der markerunterstützten Selektion. Während bei der MAS anhand einzelner Genmarker Tiere selektiert werden, geschieht dies bei der genomischen Selektion anhand vieler über das Genom verteilter Marker, sog. SNPs (Single Nucleotide Polymorphisms).

Genomische Selektion Zum Aufbau einer genomischen Selektion müssen zunächst von möglichst vielen Tieren, die eine repräsentative Stichprobe aus der gesamten Population darstellen, klassische Zuchtwerte und SNP-Typisierungsergebnisse vorliegen. Die Typisierung in entsprechenden Labors basiert auf Gewebeproben (Blut, Haarwurzeln, Ohrgewebe etc.), die z. B. kurz nach der Geburt entnommen werden. Mittlerweile gelingt auch die Entnahme von Zellen am Embryo, sodass bereits vor der Geburt Zuchtwerte vorliegen können. Im Labor werden Punktmutationen, die einen Basenaustausch verursachen und über das gesamte Genom verteilt vorliegen können, analysiert. Solche Einzelnukleotid-Polymorphismen (Single Nucleotide Polymorphisms, SNPs) kommen bei den ca. 3 Milliarden Basenpaaren des Rindergenoms ungefähr 2,5 Mio. Mal vor. Tritt die Punktmutation in den Keimzellen auf (Eizelle, Spermium), so wird sie vererbt und kann je nach Vererbungsrate nach einigen Generationen typisch für eine Population sein. Jedes Tier kann für jeden einzelnen SNP drei verschiedene Zustände abgeleitet von den Basensequenzen besitzen (z. B. AA, AT, TT). Mittlerweile können viele hunderttausend DNS-Sonden auf einen Silikonträger (DNS-Chip) aufgebracht werden, sodass in einem Laborvorgang eine entsprechende Zahl an SNPs nachgewiesen werden können. Typischerweise gelangen in der Rinderzucht Chips mit ca. 50 000 SNP-Positionen zum Einsatz (50k-Chip).

In einem weiteren Schritt müssen Assoziationsstudien die Effekte einzelner SNPs offenbaren. Hierzu dienen Daten aus der Leistungsprüfung und Zuchtwertschätzung, die von möglichst vielen (mehreren tausend) Bullen mit sicher geschätzten klassischen Zuchtwerten (Sicherheit möglichst über 90 %) stammen sollten. An dieser Referenz- oder Lernstichprobe werden die Effekte der einzelnen SNPs, die vorher an den Tieren (Bullen) bestimmt wurden (Typisierung), auf die Merkmale (z. B. Milchleistung) mithilfe entsprechender mathematisch-statistischer Methoden geschätzt. Der genomische Zuchtwert ergibt sich aus der Summe der Einzeleffekte der SNPs. Folglich sind SNPs eine Art genetischer Marker. Damit diese die genetischen Bedingungen in einer Population korrekt widerspiegeln, sind nicht nur Informationen der männlichen, sondern auch der weiblichen Seite nötig. Aktuell befindet sich eine weibliche Lernstichprobe im Aufbau.

Während Vollgeschwister ohne Leistungsinformationen gleiche Pedigreezuchtwerte aufweisen, unterscheiden sich ihre genomischen Zuchtwerte, da sie unterschiedliche SNPs geerbt haben. Gleiche genomische Zuchtwerte haben nur eineiige Mehrlinge und Klone. Bei ihnen sind alle SNPs gleich.

Die Sicherheit genomischer Zuchtwerte hängt wie auch die bisherige Zuchtwertschätzung von der Erblichkeit des Merkmals ab. Mit steigendem Erblichkeitsgrad erhöht sich die Sicherheit des genomischen Zuchtwertes. Außerdem besteht eine positive Beziehung zwischen der Populationsgröße und der Sicherheit. Genomische Zuchtwerte erzielen eine Sicherheit zwischen 50 % und 70 % bereits bei der Geburt der Tiere. Liegen erste Ergebnisse aus der Nachkommenprüfung eines Bullen vor, so wird der genomische Zuchtwert und der Nachkommenzuchtwert kombiniert. Mit zunehmender Töchterzahl steigt der Einfluss des Nachkommen-Zuchtwertes auf den kombinierten Zuchtwert.

In der Rinderzucht findet die genomische Selektion seit dem Jahr 2010 (Deutsche Holstein) bzw. 2011 (Fleckvieh) statt. Auch in der Schweinezucht wird die genomische Selektion praktiziert.

Gentransfer

Wenn ein Gen, also ein spezifischer Abschnitt der DNS (S. 104), aus einer Zelle in die DNS anderer Organismen eingeschleust wird, bezeichnet man dies als Gentransfer. Dieser Prozess der genetischen Veränderung wurde zunächst zur Erzeugung von Biopharmaka für Menschen angewendet. Das wohl bekannteste Beispiel ist die Herstellung von Insulin durch gentechnisch veränderte Bakterien.

Gentransfer kann sich auf die Änderung von **Körperzellen** beziehen. Betrifft er dagegen die **Keimbahn**, entstehen Individuen, die das Transgen in jeder Zelle aufweisen, es also als **transgene Tiere** auch vererben. Dies ist auch der Grund dafür, dass Gentransfer in die Keimbahn züchterisch interessanter ist. Ohne hier auf die einzelnen Schritte und Methoden eines Gentransfers einzugehen, sollen dessen Ziele skizziert werden. Beim Milchrind sind es im Wesentlichen drei: die Steigerung der Krankheitsresistenz, das „Gene Pharming“ und die Erzeugung von Kühen mit spezifischen Eigenschaften, wie z. B. besonders geschätzten Milchproteinen. Letzteres wäre ein aktiver Beitrag zum Umweltschutz, weil die notwendige Menge an dem benötigten Protein mit weniger Kühen zu erzeugen wäre.

Unter **Gene Pharming** versteht man die Erzeugung von Biopharmaka mithilfe der Milchdrüse von Säugern. Es ist inzwischen eine ernsthafte Alternative zur konventionellen Herstellung spezifischer Proteine, insbesondere für Therapiezwecke beim Menschen, geworden. Der große Vorteil liegt darin, dass die Fremdproteine in großen Mengen und durch das Melken leicht erzeugt werden können. Außerdem treten keine Verunreinigungen durch Krankheitserreger oder Blutbestandteile auf.

Genom-Editierung (Genome editing)

Nicht immer muss ein Gen transferiert werden, um eine bestimmte Eigenschaft eines Tieres zu verändern. Nehmen wir das Beispiel des Myostatin-Gens und hierbei die Mutationsvariante, die bei der Rasse Piemonteser oft vorkommt (C313Y). Wildform und Mutation (S. 122) unterscheiden sich in nur einer Base. Durch diesen Basentausch verändert sich ein Triplett und als Folge wird bei der Eiweißsynthese eine andere Aminosäure (Tyrosin, TYR oder Y) anstelle von Cystein (Cys oder C) in das Myostatin-Protein eingebaut. Dieses veränderte Protein kann das Muskelwachstum nicht mehr kontrollieren, sodass die bekannte Doppellendigkeit mit einer extremen Muskelfülle bei den so veranlagten Tieren auftritt. Anstelle eines Gentransfers könnte zukünftig ein Basenaustausch im Rahmen einer Genom-Editierung treten, um z. B. ein aktives Myostatin-Protein zu gewährleisten.

Mit dem Genom-Editierungsverfahren ist ein gezielter Basenaustausch möglich. Dazu muss zunächst die zu verändernde Basensequenz gezielt angesteuert und geschnitten werden, um dann den Austausch zu einzuleiten. Dies ist mit proteinbasierten Zink-Fingernukleasen oder transkriptionsaktivatorartigen Effektor-Nukleasen (Transcription Activator-like Effector Nucleases, TALENs) oder der CRISPR/Cas-Methode (Clustered Regularly Interspaced Short Palindromic Repeats) möglich. Hiermit gelingt das Schneiden der doppelsträngigen DNA an einer definierten Stelle, wodurch Reparaturmechanismen in Gang gesetzt werden. Dabei können eine oder wenige Basen ausgetauscht, entfernt (Deletion) oder eingefügt (Insertion) werden. Die Folgen sind Inaktivierung des Gens, zielgerichtete Mutation oder ein zielgerichtetes Einfügen von gewünschten DNA-Fragmenten. Eine Unterscheidung zwischen natürlichen Mutationen und einer mithilfe des Genom-Editierens ausgelösten Veränderung ist nicht ganz einfach, insbesondere wenn nur eine oder wenige Basen verändert wurden.

Als Anwendungsgebiete sind Erbfehlerkorrekturen, Erzeugung rekombinanter Arzneimittel oder Organe für die Xenotransplantation, Krankheitsmodellierungen, Analyse der Genregulation und -funktion und die Verbesserung des genetischen Potenzials in züchterisch schwer zu bearbeitenden Merkmalen möglich. Auch in der Hornloszucht bei Rindern könnte das Verfahren schnelle Fortschritte bringen.

4.5 Rechtsgrundlagen der Tierproduktion

Wie in vielen anderen Bereichen des wirtschaftlichen und sozialen Lebens nimmt der Staat auch Einfluss auf die Tierproduktion und auf die Vermarktung bestimmter tierischer Erzeugnisse. Wichtige Bestimmungen dazu werden bei den hauptsächlich betroffenen Tierarten erwähnt.

4.5.1 Das Tierzuchtgesetz

Definition

Im Jahr 2006 wurde das Tierzuchtgesetz in einigen Teilen grundlegend geändert, um es mit dem EU-Recht zu harmonisieren und um den Verbrauchschutz stärker zu betonen. Hierbei entstand eine liberalisierte Form, bei der die züchterische Verantwortung insbesondere für Leistungsprüfungen und Zuchtwertschätzungen künftig ausschließlich den Zuchtorganisationen obliegt. Es hat den Zweck, „im züchterischen Bereich die tierische Erzeugung so zu fördern, dass

1. die Leistungsfähigkeit der Tiere unter Berücksichtigung der Gesundheit erhalten und verbessert wird,
2. die Wirtschaftlichkeit, insbesondere die Wettbewerbsfähigkeit der tierischen Erzeugung verbessert wird,

3. die von den Tieren gewonnenen Erzeugnisse den an sie gestellten qualitativen Anforderungen entsprechen und
4. eine genetische Vielfalt erhalten wird".

Das Gesetz ermöglicht, die vorstehend genannten Ziele „auch durch Bereitstellung öffentlicher Mittel" zu fördern. Die zentralen Aufgaben des Staates konzentrieren sich damit auf die Anerkennung bzw. Zulassung von Zuchtorganisationen, Besamungsstationen, Samendepots und Embryotransfereinrichtungen, die Einhaltung der tierzuchtrechtlichen Vorgaben sicherzustellen und die Umsetzung der Ziele des Tierzuchtgesetzes zu forcieren.

Das Tierzuchtgesetz gilt für die Zucht von Rindern und Büffeln, Schweinen, Schafen, Ziegen und Equiden (Hauspferde und -esel sowie deren Kreuzungen) und fordert künftig ein regelmäßiges Monitoring auf der Basis detaillierter Dokumentationen der genetischen Vielfalt in den Nutztierpopulationen.

Anbieten und Abgeben Einen wichtigen Bereich des Tierzuchtgesetzes bildet Abschnitt 4 „Anbieten, Abgabe und Verwendung von Zuchttieren, Samen, Eizellen und Embryonen".

Definition

Abschnitt 4 des Tierzuchtgesetzes enthält unter anderem folgende Vorgaben:

1. Ein Zuchttier darf zur Erzeugung von Nachkommen nur abgegeben werden, wenn es von einer Zucht- oder Herkunftsbescheinigung begleitet ist.
2. Samen, Eizellen und Embryonen müssen nachweislich von einem Zuchttier stammen und dürfen nur abgegeben werden, wenn sie von einer Zucht- bzw. Herkunftsbescheinigung begleitet sind.
3. Samen muss von einem Zuchttier stammen, das einer Leistungsprüfung und einer Zuchtwertschätzung unterzogen wurde oder das zur Verwendung im Rahmen eines Prüfeinsatzes bestimmt ist.

Zucht- und Herkunftsbescheinigungen sind **Urkunden** mit Angaben zur Abstammung und zur Leistung eines Zuchttieres. Samen darf von einer Besamungsstation oder einem Samendepot nur dann angeboten und abgegeben werden, wenn diese eine amtliche Erlaubnis besitzen oder – bei Sitz im Ausland – für den Handel in bzw. mit der EU zugelassen ist.

Die eigentliche Anpaarung von Zuchttieren unterliegt also keinen rechtlichen Vorgaben. Dies bedeutet sowohl für den Tierhalter als auch für den Käufer von Zuchttieren ein größeres Maß an Eigenverantwortung als bisher. Letztlich ist es aber der Abnehmer von Zuchtprodukten, der über die Absatzchancen entscheidet. Der Züchter ist also gut beraten, sich einer Zuchtorganisation anzuschließen und sich der Informationen in den Zuchtbescheinigungen zu bedienen. Diese zu erstellen mit allen wichtigen Nachweisen über Abstammung und Leistungen der Zuchttiere ist rechtlich gesichertes Privileg der Züchtervereinigungen, denen damit eine große Verantwortung übertragen wird.

Der staatliche Einfluss auf die Tierzucht kommt besonders in der **Anerkennung der Zuchtorganisationen** und damit in der Genehmigung der von diesen aufgestellten Zuchtprogrammen zum Ausdruck. Dabei stellt die zuständige Behörde sicher, dass die Leistungsprüfung und die Zuchtwertschätzung entsprechend den rechtlich geregelten Vorgaben und nach neuesten wissenschaftlichen Erkenntnissen durchgeführt werden. Die zuständigen Behörden (Landwirtschaftsministerien der Bundesländer und/oder deren nachgeordnete Behörde) überwachen die Einhaltung der tierzuchtrechtlichen Vorschriften und stellen somit sicher, dass die beteiligten Zuchtorganisationen in einen freien, unverzerrten Wettbewerb miteinander treten.

4.5.2 Organisationen nach dem Tierzuchtgesetz

Wir haben schon erfahren, dass im Tierzuchtrecht Regelungen über Zuchtorganisationen, Besamungsstationen, Samendepots und Embryo-Entnahmeeinheiten enthalten sind, womit die Bedeutung dieser Organisationen für die Tierzucht unterstrichen wird. Zu den Zuchtorganisationen gehören neben den Züchtervereinigungen die Zuchtunternehmen.

Zuchtorganisationen Züchtervereinigungen sind als freiwillige Zusammenschlüsse von Züchtern entstanden und betreuen eine oder mehrere Rassen in einem definierten räumlichen Tätigkeitsbereich. Sowohl die betreuten Rassen (sachlicher Tätigkeitsbereich) als auch der räumliche Tätigkeitsbereich (Gebiet) einer Züchtervereinigung unterliegen der Genehmigung durch die anerkennende Behörde. Im Einzelnen sorgen Züchtervereinigungen für die Kennzeichnung der Kälber, Ferkel, Fohlen usw. (durch elektronische Transponder, Ohrmarken, Tätowieren oder Brandzeichen) und für die Registrierung im Zuchtbuch – zunächst bei der Mutter – das in der Regel nach Abstammung und Leistung in verschiedene Abschnitte unterteilt ist. Die eigene Eintragung und damit die Zuordnung zu einem bestimmten Abschnitt des Zuchtbuches wird vorgenommen, wenn die Tiere selbst als Zuchttiere genutzt werden sollen. Die Eintragung der Tiere erfolgt dann in denjenigen Abschnitt des Zuchtbuches, dessen Anforderungen sie erfüllen. Letztere beinhalten sowohl tierzuchtrechtliche Vorgaben als auch verbandsindividuelle Regelungen, wie z. B. Mindestleistungen. Im Zuchtbuch selbst wird eine Vielzahl von Informationen zum Tier selbst aber auch zu seiner Nachzucht dokumentiert, die von genetischen Besonderheiten über Bewertungsergebnisse bis hin zum Grund des Ausscheidens reichen.

Züchtervereinigungen verfolgen ein Zuchtziel, führen ein Zuchtprogramm einschließlich der damit verbundenen Leistungsprüfungen durch und sind berechtigt, Zuchtbescheinigungen auszustellen. Jeder Züchter, der zur Mitwirkung an einwandfreier züchterischer Arbeit bereit ist, hat ein Recht auf Mitgliedschaft. Viele Züchtervereinigungen regeln darüber hinaus auch den Verkauf sowie die Vermarktung von Zuchttieren und beraten ihre Mitglieder in Zuchtfragen. Sie führen auch Ausstellungen und Prämierungen durch. Die Züchtervereinigungen vertreten darüber hinaus auch die Belange der Züchter gegenüber anderen Organisationen und Behörden. Sie haben sich z. T. zu Dachverbänden (z. B. Deutscher Holstein-Verband, Arbeitsgemeinschaft Süddeutscher Rinderzüchter, Vereinigung Deutscher Landesschafzuchtverbände) zusammengeschlossen und in Bonn mit dem Bundesverband Rind und Schwein (BRS) eine tierartübergreifende Dachorganisation eingerichtet.

Zuchtunternehmen unterliegen ebenso wie Züchtervereinigungen der staatlichen Überwachung und müssen ebenfalls nach dem Tierzuchtgesetz anerkannt sein. Der wesentliche Unterschied zu den Züchtervereinigungen besteht darin, dass Zuchtunternehmen vertraglich geregelte Zusammenschlüsse von Betrieben sind, bei denen kein Recht auf Mitgliedschaft besteht. Zuchtunternehmen führen ein Kreuzungszuchtprogramm zur Züchtung auf Kombinationseignung von Zuchtlinien durch. Im Tierzuchtrecht sind Zuchtunternehmen nur für die Tierart Schwein vorgesehen.

Züchtervereinigungen und Zuchtunternehmen sind im Tierzuchtrecht unter dem Begriff **Zuchtorganisationen** zusammengefasst. Die Anerkennung von Zuchtorganisationen setzt u. a. Zuchtprogramme voraus, welche die tierische Erzeugung fördern.

Besamungsorganisationen Sie können als zweite wichtige Säule des Zuchtfortschrittes neben den Zuchtorganisationen angesehen werden. Das ist auch einer der Gründe dafür, dass sich Zucht- und Besamungsorganisationen immer häufiger zu einer Einheit zusammenschließen. Beim Rind werden zurzeit in der Bundesrepublik Deutschland ca. 4,15 Mio. Erstbesamungen von 21 KB-Organisationen durchgeführt. Einige KB-Organisationen widmen sich auch dem Embryotransfer. Die größte Rinderbesamungsstation mit rund 450 000 Erstbesamungen pro Jahr befindet sich in Neustadt/Aisch, Bayern.

Besamungsstationen Der Betrieb von Besamungsstationen bedarf der behördlichen Erlaubnis. Sie setzt voraus, dass nur Sperma angeboten und abgegeben wird, das von bestimmten Dokumenten begleitet wird, das eindeutig identifiziert, seuchenhygienisch unbedenklich und nach dem Einsatz zurückzuverfolgen ist. Besamungsstationen müssen sich u. U. am Zuchtprogramm einer anerkannten Züchtervereinigung beteiligen und auf Anforderung auch Samen anderer Stationen an Tierhalter ausliefern.

Tierhalter dürfen im eigenen Bestand Samen einsetzen (Eigenbestandsbesamer), wenn sie dafür eine entsprechende Qualifizierung nachweisen.

Embryotransfereinrichtungen Die Bedeutung des Embryotransfers (S. 161) für die Rinderzucht ist die Ursache dafür, dass sich dazu auch Bestimmungen im Tierzuchtgesetz finden. Das betrifft, wie wir schon erfuhren, sowohl das „Anbieten und Abgeben" von Eizellen und Embryonen wie auch die Vorschrift nach § 17 TierZG, wonach **Embryo-Entnahmeeinheiten** nur mit behördlicher Erlaubnis betrieben werden dürfen. Die Erlaubnis wird erteilt, wenn unter anderem bestimmte bauliche und personelle Voraussetzungen erfüllt sind. Damit soll vor allem sichergestellt werden, dass die Maßnahmen des Embryotransfers allen tierseuchenrechtlichen Anforderungen genügen und die entsprechenden Sach- und Fachkenntnisse in diesem sensiblen Bereich gewährleistet sind.

Tierzuchtrechtliche Verordnungen Tierzuchtrechtliche Verordnungen basieren auf nationalen und europäischen Vorgaben. Sie regeln üblicherweise Einzelmaßnahmen. So gibt es z. B. Verordnungen des Bundes zu Leistungsprüfungen und Zuchtwertschätzungen bei allen im Tierzuchtgesetz erfassten Tierarten.

Nach dem Tierzuchtgesetz werden auch die Landesregierungen ermächtigt, durch Rechtsverordnungen spezielle Länderregelungen zu schaffen. Welche Behörden für die Ausführung und Überwachung des Tierzuchtgesetzes und seiner Verordnungen zuständig sind, bestimmen die Landesregierungen.

4.6 Übungsfragen

☑ Züchtung

Frage

Was ist mit Züchtung von Haustieren gemeint und welche Rolle spielt dabei das Zuchtziel?

Antwort

Haustiere werden gezüchtet, indem man sie planmäßig auswählt und paart, um die nächste Generation zu erzeugen. Dabei beschreibt das **Zuchtziel** die zu verbessernden Eigenschaften der Tiere. Zur Paarung werden die Tiere vorgesehen, deren Nachkommen dem Zuchtziel besser entsprechen als Nachkommen aus einer zufälligen Verpaarung von Tieren. Von Generation zu Generation nähert sich die Population dem Zuchtziel.

☑ Inzucht

Frage

Was sind die Folgen einer starken Inzucht?

Antwort

Unter **Inzucht** versteht man die Paarung verwandter Tiere. Je kleiner eine Population ist, desto größer ist die Wahrscheinlichkeit, dass die Inzucht steigt. Dabei erhöht sich der Homozygotiegrad der Tiere mit der Folge von Inzuchtdepressionen und einer reduzierten Vitalität.

☑ Reinzucht und Kreuzungszucht

Frage

Welche Argumente sprechen für die Reinzucht und welche Gründe favorisieren die Kreuzungszucht?

Antwort

Als **Reinzucht** wird die Zucht innerhalb Rassen bezeichnet und mit **Kreuzungszucht** ist die Verpaarung von Tieren verschiedener Rassen gemeint. Mit der Reinzucht können die Leistungen der Tiere vereinheitlicht werden, um z. B. homogene Schlachtschweinepartien erzeugen zu können. Die Kreuzungszucht ist geeignet, um Merkmale mit geringen Erblichkeitsgraden (z. B. Fruchtbarkeit) zu verbessern. Hierbei spielen Heterosiseffekte eine große Rolle. Außerdem kann durch den Einsatz von Fleischrassebullen in milchbetonten Rassen die Bemuskelung der Kälber verbessert werden.

☑ Selektionsintensität

Frage

Was ist unter Selektionsintensität zu verstehen und wie kann sie beeinflusst werden?

Antwort

Mit **Selektionsintensität** (i) ist die Leistungsdifferenz zwischen dem Mittel der selektierten Tiere und dem Populationsmittel (Selektionsdifferenz, SD) dividiert durch die Standardabweichung des Populationsmittels (Sp) gemeint (i = (SD/Sp). Sie kann z. B. erhöht werden, indem die Remontierungsrate durch Verlängerung der Nutzungsdauer gesenkt wird. Mehr Nachkommen pro Geburt und kürzere Zeitintervalle zwischen den Geburten eines Tieres steigern ebenfalls die Selektionsintensität.

☑ Lineare Beschreibung

Frage

Wozu dient die lineare Beschreibung und wie wird vorgegangen?

Antwort

Die **lineare Beschreibung** dient der Erfassung des Äußeren der Tiere. Es werden Merkmale auf einer Skala von 1 bis 9 von einem biologischen Extrem zum anderen beschrieben – ohne sie zu bewerten. Die Merkmale gehören zu den Komplexen Rahmen, Bemuskelung, Fundament und Euter bei der Rasse Fleckvieh und Milchtyp, Körper, Fundament und Euter bei Deutschen Holsteins. Neben Bullennachzuchten werden Bullenmütter beschrieben. Das Ziel besteht u. a. in der Verbesserung der Nutzungsdauer und Fitness (Funktionalität) der Tiere.

☑ Stationsprüfung und Feldprüfung

Frage

Was sind die wesentlichen Vor- und Nachteile der Stationsprüfung im Vergleich zur Feldprüfung?

Antwort

In einer **Station** werden die Tiere unter einheitlichen Umweltbedingungen geprüft, sodass die erfassten Merkmale höhere Erblichkeitsgrade als bei der **Feldprüfung** aufweisen. Außerdem können auch schwer erfassbare Merkmale einbezogen werden. Hierdurch steigt die Genauigkeit der Zuchtwertschätzung. Allerdings verursacht die **Stationsprüfung** höhere Kosten, sodass die Anzahl geprüfter Tiere stärker begrenzt ist als in der Feldprüfung.

☑ Zuchtwert

Frage

Was ist ein Zuchtwert und warum unterscheiden wir zwischen dem wahren und dem geschätzten Zuchtwert?

Antwort

Der **Zuchtwert** schätzt den erblichen Einfluss eines Tieres auf seine Nachkommen und entspricht der doppelten Leistungsabweichung der Nachkommen eines Tieres vom Populationsdurchschnitt. Den wahren Zuchtwert kennen wir in der Regel nicht. Die Schätzgenauigkeit hängt von der Qualität der Leistungsprüfung und der Art der Informationsquellen ab.

☑ Gesamtzuchtwert

Frage

Was sind die wesentlichen Elemente eines Gesamtzuchtwertes in der Rinderzucht?

Antwort

Neben der Milchleistung gehen die Nutzungsdauer, das Exterieur, die Eutergesundheit, die Fruchtbarkeit und Kalbemerkmale in den **Gesamtzuchtwert** ein. Darüber hinaus hat in der Fleckviehzucht die Fleischleistung eine große Bedeutung. Ordnet man die Teilzuchtwerte nach Milchleistung, Funktionalität/Fitness und Fleischleistung, so ergibt sich folgendes Bild: Bei den Deutschen Holsteins werden die Teilzuchtwerte der Funktionalität/Fitness zusammengenommen am stärksten gewichtet, sodass die Milchleistung erst an zweiter Stelle folgt. Bei der Fleckviehrasse erhalten die Teilzuchtwerte der Funktionalität/Fitness zusammen die höchste Gewichtung, an zweiter Stelle folgt die Milchleistung und als dritter Komplex kommt die Fleischleistung.

☑ Zuchtziele Schweinezucht

Frage

Worin bestehen die Unterschiede im Zuchtziel zwischen Vater- und Mutterrassen beim Schwein?

Antwort

Während in der **Schweinezucht** bei den **Vaterrassen** der Schlachtkörperwert im Vordergrund steht, sind es bei den **Mutterrassen** die Merkmale der Fruchtbarkeit und der Wachstumsgeschwindigkeit. Bei beiden Gruppen ist die Fleischqualität im Zuchtziel verankert. Im Einzelnen ist bei den Vaterrassen der Fleischanteil im Bauch ein Bestandteil des Zuchtzieles. Bei den Mutterrassen sind die Fruchtbarkeitsmerkmale vorhanden und die tägliche Zunahme hat ein größeres Gewicht.

Biotechnik und Gentechnik

Frage

Was ist unter Biotechnik und Gentechnik zu verstehen?

Antwort

Biotechnik umfasst sowohl fortpflanzungsbiologische Verfahren wie z. B. die künstliche Besamung und den Embryotransfer als auch gentechnische Methoden wie z. B. Genomanalyse und -diagnostik und Gentransfer.

Künstliche Besamung

Frage

Worin bestehen die Vorteile der künstlichen Besamung?

Antwort

Durch die **künstliche Besamung** kann das Risiko der Einschleppung von Infektionskrankheiten verringert werden. Da die künstliche Besamung zu mehr Nachkommen pro Vatertier führt, können Letztere schärfer selektiert werden. Dies führt zu einem höheren Zuchtfortschritt durch die höhere Selektionsintensität und eine genauere Zuchtwertschätzung auf Basis der größeren Nachkommenzahl. Schließlich kann Tiefgefriersperma über große Strecken transportiert werden und es steht auch nach dem Tod des Tieres zur Verfügung.

Genomischer Zuchtwert

Frage

Worin besteht der mögliche Nutzen der genomischen Selektion?

Antwort

Genomisch geschätzte Zuchtwerte sind bereits bei der Geburt des Tieres verfügbar und weisen höhere Sicherheiten als Pedigreezuchtwerte auf. Eine beträchtliche Verkürzung des Generationsintervalls ist somit möglich.

Tierzuchtgesetz

Frage

Für welche Tierarten gilt das Tierzuchtgesetz und welche Zwecke verfolgt es?

Antwort

Das **Tierzuchtgesetz** gilt für Rinder und Büffel, Schweine, Schafe, Ziegen und Equiden (Hauspferde und -esel sowie deren Kreuzungen). Folgende Zwecke verfolgt das Tierzuchtgesetz:

1. Die Leistungsfähigkeit der Tiere unter Berücksichtigung der Gesundheit erhalten und verbessern.
2. Die Wirtschaftlichkeit, insbesondere die Wettbewerbsfähigkeit der tierischen Erzeugung, verbessern.
3. Die von den Tieren gewonnenen Erzeugnisse sollen den an sie gestellten qualitativen Anforderungen entsprechen.
4. Die Dokumentation und Erhaltung der genetischen Vielfalt.

Zuchtorganisationen

Frage

Welche Zuchtorganisationen sind zugelassen und was unterscheidet sie?

Antwort

Zu den zugelassenen **Zuchtorganisationen** gehören Züchtervereinigungen und Zuchtunternehmen. Während bei den Züchtervereinigungen ein Recht auf Mitgliedschaft existiert, gibt es dies bei den Zuchtunternehmen nicht. Züchtervereinigungen sind freiwillige Zusammenschlüsse von Züchtern, während Zuchtunternehmen auf privatwirtschaftlichen Vereinbarungen basieren.

Tätigkeitsbereich einer Zuchtorganisation

Frage

Was definiert der sachliche und räumliche Tätigkeitsbereich einer Zuchtorganisation?

Antwort

Der sachliche **Tätigkeitsbereich einer Zuchtorganisation** definiert die Herkunft bzw. die Rasse, für die die Zuchtorganisation zugelassen ist. Unter dem räumlichen Tätigkeitsbereich ist das Gebiet zu verstehen, in dem eine Zuchtorganisation tätig sein darf.

5 Grundlagen der Tierernährung

Gerhard Bellof und Jürgen Weiß

Jeder Tierhalter muss die Ernährungsansprüche seiner Tiere kennen. Außerdem muss er die Futtermittel beurteilen können und wissen, wie sie zu kostengünstigen Rationen zusammengestellt werden. Denn die Aufwendungen für Futtergewinnung, Futterkonservierung und Futterzukauf stellen den wichtigsten Kostenfaktor in der Tierhaltung dar.

Wir erinnern uns aus den Kapiteln Stoffwechsel (S. 29) und Verdauungssystem (S. 54), dass die Tiere bei der Verdauung den Futtermitteln die Nährstoffe entnehmen. Diese werden entweder als **Baustoffe** verwandt – für das eigene Wachstum, für das Kalb im Mutterleib, für die Milchbildung usw. – oder als Energie spendende **Betriebsstoffe** verbrannt, um jene Leistungen zu ermöglichen.

Beim Energiestoffwechsel können sich die organischen (= kohlenstoffhaltigen) Bestandteile der Futtermittel gegenseitig vertreten; beim Baustoffwechsel ist das nur teilweise möglich. Vielmehr werden für viele Aufbau- und Umbauprozesse ganz spezielle Stoffe gebraucht, die durch andere, selbst ähnliche Stoffe nicht ersetzt werden können. Solche unentbehrlichen Nahrungsstoffe bezeichnet man als **essenziell**, das heißt als lebensnotwendig.

5.1 Bestandteile der Futtermittel und ihre Funktionen in der Tierernährung

Wenn man sich über die Zusammensetzung eines Futtermittels informieren will, schickt man eine Durchschnittsprobe zur Analyse an die zuständige Landwirtschaftliche Untersuchungsanstalt (LUFA). Das Untersuchungsergebnis ist umso zuverlässiger, je sorgfältiger die Probenahme durchgeführt wurde. Von der LUFA erhält man ein Untersuchungszeugnis, das für Sojaextraktionsschrot etwa wie in ▸ **Tab. 5.1** dargestellt aussehen kann.

▸ **Tab. 5.1** Ergebnis der Weender Analyse von Sojaextraktionsschrot.

Inhaltsstoff	Gehalt
Rohwasser	11,5 %
Rohfaser	9,6 %
Rohprotein	39,6 %
Rohasche	6,7 %
Rohfett	1,2 %
N-freie Extraktstoffe (NfE)	31,4 %

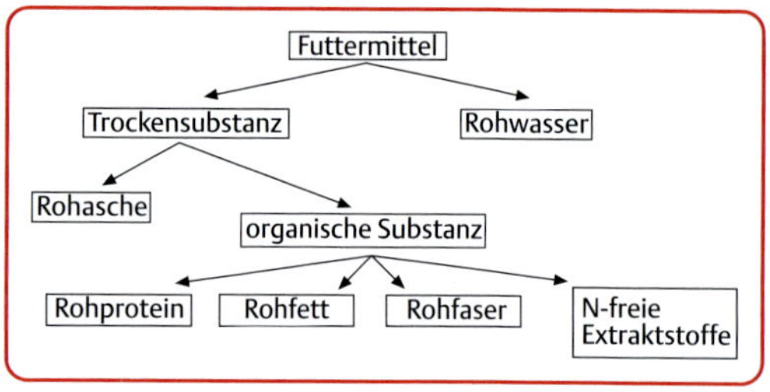

▸ **Abb. 5.1** Weender Futtermittelanalyse.

Zusatzinfo

Derartige Untersuchungen werden nach der **Weender Futtermittelanalyse** durchgeführt, die bereits im Jahr 1860 in der Landwirtschaftlichen Versuchsstation Weende bei Göttingen von den Professoren *Henneberg* und *Stohmann* entwickelt wurde und auf der das gesamte System unserer Fütterungslehre aufgebaut ist.

Der Analysengang wird nach dem in ▸ **Abb. 5.1** dargestellten Schema durchgeführt.

Die Bezeichnungen der im Rahmen der Weender Analyse ermittelten Futtermittelbestandteile entsprechen nicht den in der Tierernährung gebräuchlichen Nährstoffbezeichnungen. Wie diese einander zuzuordnen sind und wie die Ergebnisse der Weender Analyse hinsichtlich des Nährwertes von Futtermitteln zu interpretieren sind, soll im Folgenden besprochen werden.

5.1.1 Trockenmasse und Wasser

Im ersten Schritt der Futtermittelanalyse wird die Frischmasse nach Trockensubstanz- und Wassergehalt getrennt. Im Analysenattest wird die Trockensubstanz in % angegeben.

Meistens wird dieser Begriff jedoch in Verbindung mit einer Gewichtseinheit (z. B. kg) gebraucht, sodass in der Regel die Bezeichnung „Trockenmasse" zu benutzen ist.

Merke
Frischmasse wird mit FM, Trockenmasse mit TM und Trockensubstanz mit TS abgekürzt.

Die Trocknung des Futtermittels erfolgt bei 105 °C über eine definierte Zeitspanne. Dabei entweichen Wasser, aber auch andere flüchtige Stoffe wie Ammoniak, Alkohole und niedere Fettsäuren. Obwohl Letztere bei den meisten Futtermitteln mengenmäßig nicht stark ins Gewicht fallen, ist es dennoch exakter, den verdampften Anteil des Futtermittels (= FM – TM) als Rohwasser zu bezeichnen.

Wasser ist ein lebensnotwendiger Bestandteil einer Futterration – aber er sättigt kaum. Das Sättigungsgefühl wird bei den Tieren erst nach der Aufnahme einer bestimmten Menge an Futtertrockenmasse erreicht. Dazu sind beispielsweise bei Kühen je nach Größe, Alter, Trächtigkeitsstadium, Milchleistung usw. zwischen 12 und 24 kg Trockenmasse pro Tag nötig, das heißt 2 – 3,5 kg je 100 kg Lebendmasse (LM). Ähnliche Ansprüche bezüglich der TM-Menge des Futters, bezogen auf das Lebendgewicht, stellen Sauen, Mutterschafe und der weibliche Nachwuchs dieser Tierarten. Bei der Beurteilung der Futtermittel und bei der Zusammenstellung der täglichen Futterration muss also auch auf den Gehalt an Trockenmasse geachtet werden.

Wasser ist ein unentbehrlicher Baustein für alle tierischen Zellen. Es ist das allgemeine Lösungs- und Transportmittel. Außerdem hilft Wasser bei der Wärmeregulierung. Der Wasserbedarf richtet sich nach dem Alter (Ferkel beispielsweise bestehen zu 4/5 aus Wasser), nach der Außentemperatur, bei laktierenden Kühen oder Sauen nach der Milchmenge und nach dem Wassergehalt des Futters (▶ **Tab. 5.2**). Deshalb sollte den Tieren das Wasser nicht zugeteilt, sondern über Selbsttränken (▶ **Abb. 5.2**) zur freien Aufnahme angeboten werden. Die Tiere haben dann auch die Gelegen-

▶ **Tab. 5.2** Größenordnung des täglichen Wasserbedarfs je Tier.

Tierart/Nutzungsrichtung		Durchschnittlicher täglicher Wasserbedarf
Saugferkel		0,7 – 1 l
Absetzferkel		1 – 3 l
Mastschweine		3 – 11 l
Zuchtsauen	tragend	8 – 15 l
	säugend	bis 45 l
Kälber		8 – 20 l
Jungrinder und Mastbullen		20 – 40 l
Milchkühe		50 – 140 l

▶ **Abb. 5.2** Trogtränke für Milchkühe.

heit, öfter kleinere Portionen Flüssigkeit aufzunehmen, beispielsweise auch während des Futterverzehrs.

Praxistipp
Man rechnet mit einem täglichen Wasserbedarf von 4 – 6 Liter je kg Futtertrockenmasse bei Rindern und 2 – 3 Liter je kg Futtertrockenmasse bei Schweinen, Schafen und Hühnern. Insbesondere in der Rinderfütterung spielt deshalb der Wassergehalt der verabreichten Futtermittel eine erhebliche Rolle. Erhält eine Milchkuh z. B. 80 kg Gras täglich, so sind darin ca. 65 kg Wasser enthalten. Besteht die Ration jedoch im Extremfall nur aus 10 kg Heu und 6 kg Kraftfutter, so werden mit dieser Ration lediglich gut 2 kg Wasser zugeführt.

Besonders bei hohen Temperaturen steigt der Wasserbedarf stark an. So können säugende Sauen bis zu 50 l und Hochleistungskühe bis zu 180 l täglich aufnehmen. Um eine optimale Wasserversorgung sicherzustellen und gleichzeitig Wasserverluste zu minimieren, sind die Wahl des geeigneten Tränkesystems, die Einbauhöhen und die Durchflussmengen der Tränkebehälter von Bedeutung. Besonders bei der Laufstallhaltung von Milchkühen ist der Standort der Tränkebecken wichtig. Da die Kuh über 30 % ihres täglichen Wasserbedarfs nach dem Melken aufnimmt, müssen Tränken im Austriebsbereich des Melkstandes installiert sein.

Aber nicht nur die quantitative Versorgung, sondern auch die Wasserqualität spielt eine große Rolle.

Futtermittelrechtlich ist Tränkwasser als Futtermittel einzuordnen. Die Futtermittelhygieneverordnung verpflichtet den Tierhalter, den Tieren eine einwandfreie Tränkwasserqualität zur Verfügung zu stellen. Diese bezieht sich auf die biologische Qualität (Freiheit von Krankheitserregern und Fäkalkeimen) sowie auf physiko-chemische (pH-Wert, elektrische Leitfähigkeit, lösliche Salze gesamt, Oxidierbarkeit) und chemische Parameter (z. B. Eisen, Cadmium, Fluor, Blei, Nitrat, Nitrit). Hierzu hat das Bundesministerium für Ernährung, Landwirtschaft und Verbraucherschutz „Orientierungswerte zur Beurteilung der Tränkwasserqualität" herausgegeben. Diese sind in ▶ **Tab. 9.24** im Einzelnen aufgeführt. Besonders dort, wo die Tränken nicht direkt an die allgemeine Wasserversorgung des öffentlichen Versorgungsnetzes angeschlossen sind, muss die Eignung durch entsprechende Untersuchungen nachgewiesen werden. Die Qualitätsanforderungen beziehen sich aber nicht nur auf das eingespeiste, sondern auch auf das Tränkwasser, das von den Tieren aus der Tränke aufgenommen wird.

Gras, Klee, Getreide und andere Futtermittel, die für die Winterfütterung getrocknet werden, sollen dabei so viel Wasser abgeben, dass sie **haltbar** werden. Das ist bei den meisten wirtschaftseigenen Futtermitteln bei **unter 15 % Restwasser**, also über 85 % Trockensubstanz, der Fall. Beim Trocknen des Getreides, das man nach der Ernte selbst einlagert, sollte man aber bis unter 14 % weiter trocknen, besonders wenn das Getreide in Silos und ähnlichen Behältern hoch geschüttet wird.

Cave
Wenn zu viel Feuchtigkeit im Heu oder Getreide geblieben ist, haben Bakterien und Schimmelpilze günstige Entwicklungsbedingungen. Manche bilden giftige Stoffwechselprodukte (Pilztoxine). Verschimmeltes Heu oder wegen des Besatzes mit Pilzsporen muffig riechendes Getreide müssen als verdorben angesehen werden. Sie können bei der Verfütterung zu Verdauungs- und Fruchtbarkeitsstörungen, manchmal auch zu Vergiftungen führen. Eine Leistungsminderung ist häufig.

5.1.2 Organische Substanz

Durch Verbrennen wird die Futtertrockensubstanz bei der Weender Analyse weiter aufgeschlüsselt (Veraschung bei 550 °C). Der unbrennbare Rest ist die Rohasche, auf deren Bestandteile später ausführlich eingegangen wird. Die Differenz zwischen Trockensubstanz und Rohasche wird als organische Substanz bezeichnet. Diese enthält verschiedene **Nährstoffgruppen**, die mit chemischen Untersuchungsmethoden analysiert werden.

Rohprotein

Das Rohprotein wird über den analysierten Stickstoffgehalt der organischen Substanz berechnet. Aus anderen Untersuchungen weiß man, dass der

N-Gehalt der meisten Eiweißkörper etwa 16 % beträgt. Deshalb berechnet man den Proteingehalt im Futter dadurch, dass man die gefundene Stickstoffmenge mit dem Faktor 100/16 = 6,25 multipliziert.

Da in manchen Futtermitteln auch Stickstoff enthalten ist, der nicht aus Eiweiß stammt, sog. NPN-Verbindungen (S. 57), wird der so berechnete Wert als **Rohprotein** verzeichnet.

Klinischer Bezug

Der Rohproteingehalt ist für die Ernährung der Tiere nur von beschränktem Informationswert. Für Tiere mit einhöhligem Magensystem (Monogastrier) ist die **biologische Wertigkeit** des Proteins von entscheidender Bedeutung. Hierfür muss die Weender Analyse durch eine weitergehende Untersuchung auf die wichtigsten essenziellen Aminosäuren ergänzt werden. In der Schweineernährung sind dies Lysin, Methionin + Cystin, Threonin und Tryptophan. In der Wiederkäuerernährung reicht die Kenntnis des Rohproteingehaltes der Futtermittel zur Beurteilung ihrer Proteinversorgung ebenfalls nicht aus. Aufgrund der Besonderheiten des Proteinstoffwechsels bei dieser Tierart ist die **Abbaubarkeit des Rohproteins** der Futtermittel im Pansen durch Mikroorganismen von besonderer Bedeutung. Nur das unabgebaute Futterrohprotein dient direkt der Proteinversorgung der Tiere, während aus dem abgebauten Futtereiweiß Bakterienprotein gebildet wird. Dieses ist allerdings die Hauptversorgungsquelle der Wiederkäuer. Für den Futterbau stellt der Rohproteingehalt einen wichtigen Maßstab für die Qualitätsbeurteilung dar.

NPN-Verbindungen

Die Untersuchungsmethode der Weender Analyse, die sich zur Ermittlung des Rohproteingehaltes am Stickstoffanteil der Futtermittel orientiert, bringt es mit sich, dass dabei auch N-Verbindungen erfasst werden, die keinen Eiweißcharakter haben. Die wichtigste Gruppe dieser **Nichteiweißverbindungen** stellen die Säureamide dar, zu denen u. a. Asparagin und Glutamin gehören. Es handelt sich um Zwischenprodukte beim Proteinaufbau und Proteinabbau in den Pflanzen. Deshalb sind die Amide vor allem in jungen, wachsenden Pflanzen und – infolge des Eiweißabbaus – im Gärfutter enthalten.

Ebenso wie die Kulturpflanzen sind auch die Pansenbakterien fähig, Säureamide in Aminosäuren umzuwandeln. Unter bestimmten Bedingungen kann somit der Wiederkäuer, einen Teil seines Eiweißbedarfes aus Futtermitteln decken, denen industriell hergestellter Harnstoff zugesetzt wurde. **Harnstoff ist das bekannteste Amid.**

Schweine und Geflügel können die Amide und die übrigen NPN-Verbindungen nicht verwerten. Aber die wichtigsten Eiweißquellen für diese Tiere (Extraktionsschrote, Kleien, Getreide usw.) enthalten kaum Amide.

Zu den NPN-Verbindungen gehört auch **Nitrat**, das sich bei übertrieben hoher Stickstoffdüngung und ungünstigen Witterungsbedingungen, besonders im Herbst, in manchen Zwischenfruchtfutterpflanzen, aber auch im Gras, anreichern kann. Nitratgehalte von mehr als 0,5 % (bezogen auf die TS) gelten als bedenklich, weil dann die Gefahr besteht, dass die Pansenbakterien, besonders bei unzureichender Energieversorgung, die Reduktion von Nitrat zu Nitrit und von Nitrit zu Ammoniak nicht mehr schaffen und Nitrit ins Blut gelangt, wo es das Hämoglobin in das funktionsunfähige Methämoglobin umwandelt. Auf diese Art erkrankte Kühe leiden unter Atemnot (warum?). Maulatmen, Speicheln und bräunliche Verfärbung der Scheidenschleimhaut sind weitere Symptome. Im Kap. Grünfutter (S. 222) kommen wir auf dieses Thema zurück.

Proteinstoffwechsel beim Wiederkäuer (Zusammenfassung)

Aus den Besonderheiten des Vormagensystems ergeben sich viele Unterschiede zwischen Wiederkäuern und Monogastriern. Das gilt, wie aus verschiedenen, schon besprochenen Einzelheiten abgeleitet werden kann, auch für das Futtereiweiß. Im Folgenden (und mithilfe der ▸ **Abb. 5.3**) sollen die Einzelheiten zusammengefasst und durch einige weitere Aspekte ergänzt werden. Dann können auch die Möglichkeiten und Grenzen für den Einsatz von Futterharnstoff und geschütztem Protein besser beurteilt werden.

In den Futtermitteln enthaltenes Rohprotein wird von den Pansenbakterien bis zu Aminosäu-

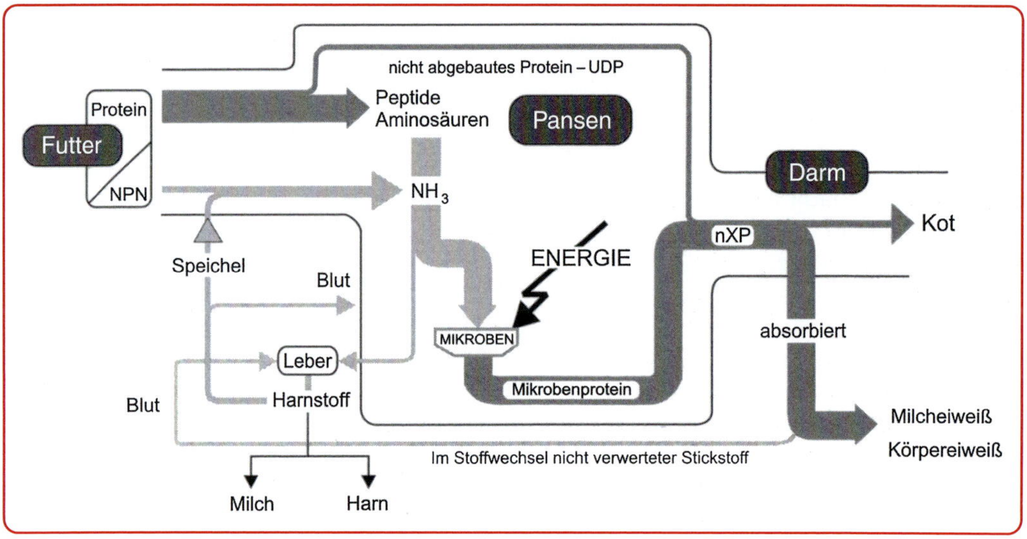

▶ **Abb. 5.3** Schematische Darstellung der Proteinumsetzung im Pansen.

ren und Ammoniak abgebaut. Daraus wird Bakterieneiweiß gebildet. Auch die tierischen Einzeller im Pansen beteiligten sich am Aufbau von Mikrobenprotein. Für diesen Prozess benötigen die Mikroorganismen Energie sowie Mineralstoffe und Spurenelemente.

Sobald die Mikroben in den Labmagen und Dünndarm gelangen, wird ihr Protein, gemeinsam mit dem unabgebauten Futterprotein, von den wiederkäuereigenen eiweißspaltenden Enzymen (aus Magensaft, Pankreas und Darmdrüsen) bis zur Stufe der Aminosäuren abgebaut und absorbiert.

Das Mikrobenprotein ist von hoher biologischer Wertigkeit und enthält mehr essenzielle Aminosäuren als das übliche Wiederkäuerfutter. Wenn man von Spitzenleistungen absieht, gewährleistet das Mikrobenprotein bei ausreichender Energieversorgung eine optimale Versorgung des Euters und der am Wachstum und Eiweißansatz beteiligten Gewebe mit essenziellen Aminosäuren.

Enthält die Ration etwa 13 – 15 % Rohprotein in der Futter-Trockensubstanz, wird das beim mikrobiellen Abbau entstehende Ammoniak größtenteils in Mikrobenprotein umgewandelt. Weist das Futter mehr Rohprotein auf, entstehen Ammoniaküberschüsse, die über die Pfortader in die Leber gelangen und durch Umwandlung in Harnstoff entgiftet werden. (Dasselbe geschieht mit NH_3, das beim routinemäßigen Abbau von Gewebeeiweiß oder beim Abbau überzähliger Aminosäuren in der Leber freigesetzt wird.) Der Harnstoff wird auf dem Blutwege in die Niere transportiert und über den Harn ausgeschieden. Über den Pfad Blut–Euter wird ein Teil auch über die Milch ausgeschieden.

Bleibt der Rohproteingehalt der Futter-TS unter 13 %, wird weniger Harnstoff über die Niere ausgeschieden und der Harnstoff entweder direkt oder über den Speichel in den Pansen zurückgeleitet, wo er zur Stickstoffversorgung der Pansenbakterien beiträgt. Dank dieses Pansen-Leber-Kreislaufs des Stickstoffs geht der Wiederkäuer bei niedrigen Leistungen sparsam mit dem Futterprotein um (ruminohepatischer Kreislauf).

Soll bei hohen Sojaschrotpreisen ein Teil des Futterproteins durch **Futterharnstoff** ersetzt werden, ist zuerst zu beachten, dass Harnstoff nach geltendem Recht kein Einzelfuttermittel, sondern ein Zusatzstoff ist. Demzufolge sind die erhöhten Anforderungen aus Anhang II der Futtermittelhygiene-Verordnung einzuhalten (u. a. Meldung bei zuständiger Behörde, Dokumentation des Einsatzes: Rückverfolgbarkeit, Mischgenauigkeit, Harnstoffdosierung, Harnstoffeinsatz).

Die Pansenbakterien müssen durch eine Übergangsperiode (von mindestens einer Woche) allmählich an das harnstoffhaltige Futter gewöhnt und es muss für eine gute Energiezufuhr (aus stärkereichen Futtermitteln) gesorgt werden. Der Harnstoff muss exakt dosiert und in der Gesamtration gleichmäßig verteilt werden. Werden diese Vorsichtsmaßnahmen nicht beachtet, kann es zu einer stoßweisen Freisetzung von Ammoniak und – bei über 80 mg NH_3 pro 100 ml Pansensaft – zur Ammoniakvergiftung kommen. Diese äußert sich durch Unruhe, Durchfall, Blähen, verminderte Wiederkautätigkeit, Gleichgewichtsstörungen usw. (durch Einflößen von 3 – 4 l 5 %igem Haushaltsessig kann eine Besserung erzielt werden).

Ob der Einsatz von Harnstoff sinnvoll ist, hängt in erster Linie von der Zusammensetzung der Futterration, der Leistungshöhe der Milchkühe und vom Alter bzw. Gewicht der Masttiere ab. Besteht die Ration aus Futtermitteln mit hoher Proteinabbaurate (z. B. Grassilage), wird im Pansen ohnehin viel Stickstoff freigesetzt. Eine zusätzliche Harnstoffgabe wäre in diesem Fall nicht angebracht. Dagegen kann der Harnstoffeinsatz in Rationen mit geringerer Proteinabbaurate (z. B. hohe Maisanteile), wo evtl. Stickstoff im Pansen fehlt, durchaus sinnvoll sein. Die verabreichte Harnstoffmenge sollte allerdings 100 g je Kuh und Tag nicht wesentlich überschreiten. An Mastbullen ab ca. 350 kg Lebendgewicht kann Harnstoff in der Größenordnung von 100 – 150 g je Tier und Tag (in Abhängigkeit von der Lebendmasse) verabreicht werden, womit etwa ein Drittel des Rohproteinbedarfs abgedeckt wird. Bei Kühen mit höheren Milchleistungen (mehr als 25 kg pro Kuh und Tag) wird der N-Bedarf der Mikroorganismen im Pansen durch den abbaubaren Futter-N mehr als gedeckt. Dies trifft auch bei der Intensivmast von Bullen über 300 kg Lebendgewicht zu. In diesen Fällen ist der Einsatz von Futterharnstoff nicht vertretbar.

Wird bei höheren Milchleistungen und begrenzter Futteraufnahme der Rohproteingehalt der Futter-TS auf 16 oder gar 19 % erhöht, kann dadurch keine Steigerung der Mikrobeneiweißerzeugung erreicht werden, weil diese nur proportional mit einer Steigerung der Energiezufuhr wächst. Die Futterproteinzulagen werden also in zunehmendem Maße zur Bildung von nicht benötigtem Ammoniak verschwendet, mit der Gefahr einer Überbelastung der Leber.

Lediglich der Futterproteinanteil, der dem Zugriff der Pansenbakterien entgeht, führt nach der Steigerung des Rohproteinanteils in der Futter-TS je nach UDP-Anteil der Futterkomponenten zu einer gewissen Erhöhung des Anteils an nutzbarem Protein im Dünndarm.

Das Proteinbewertungssystem für Milchkühe

Aus der Kenntnis über den Proteinstoffwechsel beim Wiederkäuer wird deutlich, dass das Rohprotein kein geeigneter Maßstab für die Beurteilung der Proteinversorgung der Milchkühe ist – insbesondere unter dem Gesichtspunkt der relativ stark gestiegenen Milchleistungen. Das von der Gesellschaft für Ernährungsphysiologie (GfE) 1997 eingeführte Proteinbewertungssystem basiert deshalb auf den beiden Kriterien „nutzbares Rohprotein (nXP)“ und „ruminale Stickstoffbilanz (RNB)“. Als nutzbares Protein wird diejenige Rohproteinmenge bezeichnet, die in den Dünndarm gelangt und somit für die Proteinversorgung der Kühe unter Berücksichtigung der Absorbierbarkeit und Verwertung der absorbierten Aminosäuren zur Verfügung steht. Diese Größe setzt sich aus dem unabgebauten Futterrohprotein (UDP) und dem Mikrobenprotein (MP) zusammen.

Unabgebautes Futterprotein (UDP) Der Anteil bzw. die Menge an UDP kann in Abhängigkeit von der Proteinquelle erheblich schwanken.

Es ist schwierig, die Menge an UDP für einzelne Futtermittel exakt zu bestimmen. Es kommen hierfür zwei Verfahren zur Anwendung: Bestimmung „in vivo“, das heißt an Kühen mit Dünndarmfisteln, bzw. „in sacco“, das heißt Einlegen von mit Futterproben gefüllten Kunststoffsäckchen in den Pansen. Die mit diesen Methoden erzielten Ergebnisse sind bezüglich der absoluten Zahlen nicht miteinander vergleichbar. Das deutsche System basiert auf In-vivo-Untersuchungen. Zwischenzeitlich können für typische Futtermittel die UDP-Gehalte auch mittels Schätzformeln, die auf im Labor bestimmten Proteinabbaukennwerten basieren, abgeleitet werden.

Die UDP-Werte können bei ein und demselben Futtermittel erheblich schwanken. Dies trifft z. B. insbesondere bei solchen Futtermitteln zu, die während des Herstellungsprozesses erhitzt wurden (z. B. „Toasten“ bei Extraktionsschroten). Aber auch die Verweildauer des Futters im Pansen, die als Passagerate bezeichnet und auf die im Kap. Fütterung der Milchkühe (S. 319) näher eingegangen wird, hat einen erheblichen Einfluss auf die Abbaubarkeit. Mit steigendem Leistungsniveau und entsprechend höherer Futteraufnahme der Milchkühe nimmt die Passagerate zu. Als Folge wird ein geringerer Anteil der Nährstoffe durch die Mikroorganismen im Pansen abgebaut, was einen Anstieg auch des UDP-Anteils der Futtermittel nach sich zieht.

Die UDP-Anteile werden in der DLG-Tabelle futtermittelspezifisch angegeben. Die geschilderte mögliche Schwankungsbreite bei ein und demselben Futtermittel rechtfertigen allerdings lediglich Angaben in 5 %-Stufen. Der UDP-Anteil am Rohprotein schwankt je nach Futtermittel zwischen 10 und 55 %. Bei den wichtigsten Eiweißfuttermitteln Raps- und Sojaextraktionsschrot beträgt er 30 %.

Der UDP-Anteil eines Futtermittels wird wie folgt berechnet:

$$(100 - \text{Abbaubarkeit in } \%) \times \text{Rohproteingehalt in g/kg TM}/100 = \text{UDP in g/kg TM}$$

Mikrobenprotein (MP) Die Synthese von Mikrobenprotein hängt eng mit der aufgenommenen Energiemenge zusammen, vorausgesetzt, dass die Versorgung mit entsprechenden Ausgangssubstanzen (insbesondere Schwefel, Phosphor und Stickstoff) sichergestellt ist.

Ausgehend von Ergebnissen aus wissenschaftlichen Untersuchungen berechnet sich – bezogen auf die Zufuhr an umsetzbarer Energie (ME) bzw. verdaulicher organischer Substanz (DOS) – eine mittlere Proteinsynthese (MP) von 10,1 g MP je MJ ME bzw. 156 g MP je kg DOS.

Zu beachten ist, dass Energie in Form von Fett, unabgebauten Kohlenhydraten und auch unabgebautem Rohprotein keinen positiven Einfluss auf die mikrobielle Proteinsynthese im Pansen hat. Dies wird bei der Schätzung der Menge an nutzbarem Protein am Duodenum berücksichtigt.

Nutzbares Rohprotein am Duodenum (nXP) Zur Schätzung der Menge an nXP sind verschiedene Gleichungen abgeleitet worden. Neben den Kriterien Rohprotein und UDP wird hierbei die Zufuhr an fermentierbarer Energie in Form der verdaulichen organischen Substanz (DOS) sowie der Zusammenhang zwischen der mikrobiellen Proteinsynthese und dem Umfang des Futterproteinabbaus berücksichtigt. Die GfE geht bei der Berechnung der Werte für das nutzbare Rohprotein aus den Einzelfuttermitteln von folgender Schätzformel aus:

$$\text{nXP} = (187,7 - [115,4(\text{UDP}/\text{XP})])\ \text{DOS} + 1,03\ \text{UDP}$$

Da insbesondere für Grobfuttermittel oft nur der Energiegehalt, nicht aber der DOS-Gehalt bekannt ist, kann alternativ auch folgende Schätzformel verwendet werden:

$$\text{nXP} = (11,93 - [6,82(\text{UDP}/\text{XP})])\ \text{ME} + 1,03\ \text{UDP}$$

Ruminale Stickstoffbilanz (RNB) Das nutzbare Rohprotein allein reicht als Information für eine bedarfsgerechte Proteinversorgung der Kühe nicht aus. Vielmehr muss parallel dazu bilanziert werden, ob im Pansen genügend Stickstoff aus dem Futterrohprotein zur Verfügung steht, um eine optimale Pansenfermentation einschließlich der mikrobiellen Proteinsynthese sicherzustellen (ruminale Stickstoffbilanz = RNB). Neben einer auf Basis der genannten Schätzgleichungen errechneten Menge an nXP liefert jedes Futtermittel einen positiven oder negativen Beitrag zur ruminalen N-Bilanz. Diese errechnet sich nach folgender Gleichung:

$$\text{RNB} = (\text{XP} - \text{nXP})/6,25$$

In der Ration bezieht sich die Beurteilung der RNB jedoch nicht nur darauf, eine negative RNB zu vermeiden. Im Hinblick auf Belastungen von Tier und Umwelt sollten auch zu hohe Überschüsse an ruminal verfügbarem N vermieden werden.

Beispiel für die Berechnung des Proteinwertes von Futtermitteln:

Grassilage

- Energie: 10,62 MJ ME/kg TM
- Rohprotein: 158 g XP/kg TM
- Abbaubarkeit: 85 %

1. Berechnung des UDP-Anteils:
   $UDP = ([100 - 85] \times 158)/100 = 24$ g/kg TM
2. Berechnung des nXP-Gehaltes:
   $nXP = (11{,}93 - [6{,}82(24/158)]) \times 10{,}62 + 1{,}03 \times 24 = 140$ g/kg TM
3. Berechnung der RNB:
   $RNB = (158 - 140)/6{,}25 = 2{,}9$ g/kg TM

Bei einem Energiegehalt von 10,62 MJ ME (entsprechend 6,41 MJ NEL) und einem Rohproteingehalt von 158 g in der Trockenmasse weist diese Grassilage einen nXP-Wert von 140 g und einen RNB-Wert von 2,9 g bezogen auf die Trockenmasse auf.

Maissilage

- Energie: 11,06 MJ ME/kg TM
- Rohprotein: 80 g XP/kg TM
- Abbaubarkeit: 75 %

1. Berechnung des UDP-Anteils:
   $UDP = ([100 - 75] \times 80)/100 = 20$ g/kg TM
2. Berechnung des nXP-Gehaltes:
   $nXP = (11{,}93 - [6{,}82(20/80)]) \times 11{,}06 + 1{,}03 \times 20 = 134$ g/kg TM
3. Berechnung der RNB:
   $RNB = (80 - 134)/6{,}25 = -8{,}6$ g/kg TM

Maissilage mit einem Energiegehalt von 11,06 MJ ME (entsprechend 6,71 MJ NEL) und einem Rohproteingehalt von 80 g pro kg Trockenmasse weist somit einen nXP-Wert von 134 g und einen RNB-Wert von –8,6 g pro kg Trockenmasse auf.

Einsatz von geschütztem Eiweiß und Aminosäuren

Bei **Milchkühen** mit sehr hoher Leistung kann es unter Umständen sinnvoll sein, die Menge des in den Dünndarm gelangenden unabgebauten Futterproteins dadurch zu erhöhen, dass sogenanntes „geschütztes Eiweiß" eingesetzt wird.

Hierbei handelt es sich um Eiweißfuttermittel (insbesondere Raps- und Sojaextraktionsschrot), die durch gezielte technische Behandlung vor dem bakteriellen Abbau im Pansen geschützt werden. Dieser Schutz darf natürlich nicht hundertprozentig sein, da ansonsten die Gefahr besteht, dass das geschützte Protein auch im Dünndarm unverdaulich ist. Die Proteinabbaurate bei geschützten Futtermitteln wird bis auf 35 % herabgesetzt, das heißt, der UDP-Anteil liegt bei 65 %. Die Schutzwirkung wird z. B. durch Behandlung mit Formaldehyd, Ligninsulfonaten oder gezielter hydrothermischer Behandlung erzielt.

Ein anderer Weg, eine Verbesserung der Eiweißversorgung im Dünndarm zu erreichen, wird durch Verfütterung von „geschütztem Methionin" beschritten, eine Aminosäure, die wahrscheinlich beim Wiederkäuer erstlimitierend ist. Zu beachten ist allerdings, dass geschütztes Eiweiß im Pansen weder Stickstoff noch Energie liefert. Dies ist bei der Zusammensetzung der Futterration entsprechend zu berücksichtigen.

Der Einsatz von geschütztem Eiweiß bzw. geschütztem Methionin ist aus Sicht der Theorie des Proteinstoffwechsels beim Wiederkäuer eine sinnvolle Maßnahme. Wegen der einzuhaltenden Grenzen einer wiederkäuergerechten Fütterung reichen die leicht fermentierbaren Kohlenhydrate der Ration nicht mehr für eine ausreichende Mikrobenproteinsynthese aus. Aus Gründen der bereits ausführlich dargestellten vielfältigen Einflussfaktoren auf die Eiweißversorgung der Kühe ist der Erfolg des Einsatzes von geschütztem Eiweiß zwar nicht immer sofort über noch höhere Milchleistungen sichtbar. Im Hinblick auf Gesundheit und Fruchtbarkeit der Kühe ist eine leistungsgerechte Proteinversorgung jedoch auch durch Maßnahmen des Einsatzes geschützter Nährstoffe gerechtfertigt. Die speziellen Fütterungsbedingungen im Einzelbetrieb müssen jedoch berücksichtigt werden. Grundlage des Einsatzes sollte stets eine möglichst realistische Rationsplanung unter Berücksichtigung des UDP-Anteils am Rohproteingehalt der Gesamtration sein. Ein positiver Einfluss auf Milchleistung und Inhaltsstoffe (insbesondere Eiweiß) ist unter sonst optimalen Ernährungsbedingungen am ehesten bei Hochleistungskühen zu erwarten, deren Grobfutterration ausschließlich aus Grasprodukten in Kombination mit Getreide als Kraftfutter besteht. Ansonsten ist der Verbesserung der Energieversorgung bei Hochleistungskühen Vorrang einzuräumen. Ein wichtiger Gesichtspunkt für den Einsatz von geschütztem Protein ist auch die damit mögliche Reduzierung der Rohproteinmenge in der Tagesration, was zu einer Verringerung der N-Ausscheidung führt. Dies ist aus ökologischer Sicht sehr interessant.

Der Einsatz von Aminosäuren in der **Schweinefütterung** ist heute weit verbreitet. Dies trifft für die Aminosäuren Lysin und Methionin generell, für Threonin und Tryptophan teilweise zu und hängt in erster Linie von den Preisen ab. Zielsetzung des Aminosäureeinsatzes bei Monogastriern ist es, die Versorgung mit den essenziellen Aminosäuren bei einem möglichst niedrigen Rohproteingehalt in der Futterration sicherzustellen. Dadurch wird eine Verringerung der N-Ausscheidung mit entsprechender Entlastung des Stoffwechsels erreicht. Dies führt auch zu verringerten Ammoniakgehalten in der Stallluft. Alle genannten Faktoren wirken sich positiv auf die Tierleistungen aus. Bei einer solchen Fütterungsstrategie muss darauf geachtet werden, dass die aus ernährungsphysiologischer Sicht erforderliche Relation der Aminosäuren in der Futtermischung eingehalten wird. Bezogen auf Lysin sollten die übrigen genannten Aminosäuren etwa in folgender Relation stehen: Lysin : Methionin + Cystin : Threonin : Tryptophan = 1 : 0,55 : 0,65 : 0,18

Um die Aminosäurenversorgung der Schweine noch exakter beurteilen und umsetzen zu können, ist die Berücksichtigung der Verdaulichkeit der einzelnen Aminosäuren erforderlich. Diese wird in Form der **praecaecal („dünndarm") verdaulichen (abgekürzt pcv) Aminosäuren** berücksichtigt. Die Versorgungsempfehlungen wurden seitens der GfE auf dieser Basis formuliert. Es liegen allerdings bisher nur für die wichtigsten Futtermittel die entsprechenden Daten vor. Auch futtermittelrechtlich ist nach wie vor die Deklaration der Bruttoaminosäuren vorgeschrieben, da die praecaecal verdaulichen Aminosäuren noch nicht analytisch überprüft werden können. Aus diesen Gründen werden bei den Futtermitteln und bei den Versorgungsempfehlungen auch noch die Bruttoaminosäuren angegeben.

Rohfett

Bei der Weender Analyse wird der Rohfettgehalt durch Extraktion mit Petrolether nach Salzsäure-Aufschluss bestimmt. Da sich neben dem Futterfett auch einige Vitamine, Wachse, Harze, Farbstoffe usw. im Ether-Extrakt befinden, ist die Bezeichnung **Roh**fett eingeführt worden.

In den meisten Futtermitteln ist der Fettanteil bescheiden. In Futtermischungen für Schweine und Geflügel werden in getreidereichen Eigenmischungen häufig Soja- oder Rapsöl zur Staubbindung zugesetzt. Da das Depotfett durch die Zusammensetzung des Futterfettes sehr stark beeinflusst wird, sind besonders dem Einsatz von Ölen in der Schweinemast enge Grenzen gesetzt. Es besteht die Gefahr, dass bei höherem Ölzusatz die Konsistenz des Schweinefettes weich wird, was hinsichtlich der Herstellung und Haltbarkeit von Dauerwaren negativ zu bewerten ist. Eine Begrenzung auf 1 – 1,5 % Sojaöl bzw. 2 – 3 % Rapsöl in Futtermischungen auf Getreide/Sojaschrot-Basis (bei CCM nur 0,5 %) ist deshalb einzuhalten. Aus den genannten Beispielen wird deutlich, dass mit steigendem Anteil an mehrfach ungesättigten Fettsäuren (Polyensäuren) in der Ration deren Einlagerung in das Depotfett proportional zunimmt und damit die Fettkonsistenz abnimmt. Gleichzeitig steigt die Gefahr des Verderbs (Oxidation). Sojaöl enthält praktisch doppelt so viel Polyensäuren wie das Rapsöl. Somit kann das Rapsöl in höheren Mischungsanteilen eingesetzt werden.

In der Futterration von Milchkühen spielt der Rohfettgehalt eine besondere Rolle. Milchkühe vertragen höhere Fettmengen im Futter schlecht. Diese führen zu Störungen der Mikrobentätigkeit im Pansen und zwar insbesondere die der Zellulose spaltenden Bakterien. Die Folge ist ein Rückgang der Futteraufnahme und eine Senkung der Milchinhaltsstoffe, insbesondere des Fettgehaltes. Aus diesen Gründen ist eine Begrenzung des Rohfettgehaltes auf 4 – 5 % in der Trockenmasse der Gesamtration notwendig, das sind 800 – 1000 g je Kuh und Tag.

Auch die Beschaffenheit des Milchfettes wird von dem in den Futtermitteln enthaltenen Fett bzw. deren Fettsäuremuster beeinflusst, wie bereits im Kap. Fette (S. 32) erläutert wurde. Insbesondere Frischgras enthält hohe Anteile an mehrfach ungesättigten Fettsäuren. Rationen mit hohen Anteilen an Frischgras (Weidegang) verändern – trotz eines gewissen Abbaues der Fettsäuren im Pansen (Biohydrogenierung) – die Milchfettzusammensetzung. Der Gehalt an ungesättigten Fettsäuren steigt an. Dies führt bei der Butterherstellung zu einer veränderten Streichfähigkeit. Sogenannte Sommerbutter ist daher in der Regel weicher als Winterbutter. Durch Einfrosten von Sommerrahm, der dem Winterrahm zugesetzt wird, oder durch neue Butterungsverfahren wurde bisher versucht, diese Nachteile auszugleichen. Trotz optimierter Techniken haben Molkereien jedoch zunehmend Schwierigkeiten, auch im Winter jederzeit eine gute Streichfähigkeit der Butter sicherzustellen. Dazu trägt auch die mittlerweile vorherrschende ganzjährige Konservatenfütterung bei. In einigen Regionen Deutschlands wird deshalb eine gezielte Zufütterung von Fetten mit hohen Anteilen an langkettigen, ungesättigten Fettsäuren (150 – 400 g ungesättigte Fettsäuren – bevorzugt Ölsäure – je Tier und Tag, z. B. über Rapssaat oder Rapskuchen) an die Milchkühe von den Molkereien besonders honoriert.

Ein weiterer Effekt hoher Frischgrasanteile in der Tagesration auf die Produktqualität ist, den Gehalt an speziellen mehrfach ungesättigten Fettsäuren (Omega-3-Fettsäuren, konjugierte Linolsäuren (CLA)) in der Milch zu erhöhen. Eigene Untersuchungen und Kalkulationen [20] zeigen, dass sich für sogenannte Weidemilch zwar erhöhte Gehalte an Omega-3-Fettsäuren und CLA ergeben; diese reichen aber nicht aus, um einen nennenswerten Beitrag zur täglichen Versorgung des Menschen zu liefern; s. Kap. Fette (S. 32). Die einschlägigen EU-Vorgaben setzen zudem Marketingstrategien für Milchprodukte mit dem Aspekt „Weidemilch als Functional Food“ klare Restriktionen.

Geschützte Fette Vor dem Hintergrund, die Energieversorgung hochleistender Kühe gezielt zu verbessern, hat man immer wieder nach Möglichkeiten eines zusätzlichen Fetteinsatzes in der Fütterung gesucht.

Die normal zusammengesetzten Futterfette (Triglyceride) werden im Pansen in ihre Bestandteile Glyzerin und Fettsäuren gespalten mit der entsprechenden nachteiligen Wirkung auf die Pansenmikroorganismen. Will man dennoch Futterfette in größerem Umfang bei Milchkühen einsetzen, muss man diese vor dem Abbau im Pansen schützen.

In Ölkuchen (insbesondere aus Raps) ist das Fett durch die pflanzliche Zellwand eingeschlossen und wird nur sehr langsam freigesetzt. Durch Verseifung (Calciumseifen), Härtung („kristalline“ Fette) oder Umhüllung mit geschütztem Eiweiß (S. 177) werden verschiedene Formen von pansenstabilen Fetten für Futterzwecke hergestellt. Solche Fette können in der Größenordnung von 0,4 – 1,0 kg je Kuh und Tag eingesetzt werden. In Versuchen wurden ein Anstieg der täglichen Milchleistung, ein höherer Milchfett- und ein geringerer Milcheiweißgehalt festgestellt. Die täglich erzeugte Menge an Milcheiweiß war dabei gleich.

Rohfaser und N-freie Extraktstoffe

Bei der Weender Analyse wird der in Säuren und Laugen unlösliche fett-, stickstoff- und aschefreie Rückstand der Futterprobe als Rohfaser bezeichnet. Diese enthält vor allem Zellulose und Lignin (Holzstoff) sowie andere Bauelemente der Zellwände. Diese Stoffe werden zusammengefasst als Faserstoffe, Gerüstsubstanzen oder Zellwandbestandteile bezeichnet. Ihr Anteil ist besonders hoch in Stängeln und anderen verholzten Pflanzenteilen.

In der Fütterung nimmt diese Gruppe eine Sonderstellung ein. In der Wiederkäuerernährung ist die „Rohfaser“ ein unverzichtbarer Bestandteil der Futterration. Alle Tiere mit einhöhligem Magensystem können dagegen Rohfaser nicht verdauen; ein gewisser Anteil an „Ballaststoffen“ ist auch in der Schweine- und Geflügelernährung erwünscht.

Die Rohfaserbestimmung im Rahmen der Weender Analyse hat allerdings den Nachteil, dass ein Teil der Gerüstsubstanzen beim Kochen mit verdünnter Säure und Lauge in Lösung geht und deshalb nicht mitbestimmt wird.

Die Gruppe der N-freien Extraktstoffe (NfE) wird rechnerisch als Differenz zwischen organischer Substanz und Rohprotein-, Rohfett- und Rohfasergehalt ermittelt. Sie besteht überwiegend aus Stärke, Zucker, Pektinen, Hemizellulosen und anderen Kohlenhydraten wie insbesondere auch noch aus den löslichen Anteilen an Zellulose, Pentosanen und Lignin. Diese Stoffgruppe ist als Energielieferant für das Tier von besonderer Bedeutung. Insbesondere in der Schweine- und Geflügelernährung ist eine weitergehende stoffliche Differenzierung durch die Bestimmung des Stärke- und Zuckergehaltes für die korrekte Energiebewertung eines Futtermittels notwendig.

In der Wiederkäuerernährung interessiert besonders bei hohen Leistungen die genauere Zusammensetzung der Kohlenhydratfraktionen (Rohfaser + N-freie Extraktstoffe). Hierfür wird auch in Deutschland vermehrt eine Erweiterung der Weender Analyse nach der Methode von *van Soest* angewendet. Dieses Verfahren wird in der ▸ **Abb. 5.4** im Vergleich zur Weender Analyse dargestellt. Zunächst wird die nichtfaserige Kohlenhydratfraktion (**NDF**) bestimmt. Der NFC-Gehalt errechnet sich als organischer Rest nach Abzug des analysierten NDF-Gehaltes. Bei NFC handelt es sich um Zellinhaltsstoffe (insbesondere Stärke und Zucker) sowie Pektine (aus der Zellwand), während NDF die Zellwandbestandteile Hemizellulose, Zellulose und Lignin umfasst. Aus dem NDF-Anteil wird durch Kochen mit schwefelsaurer Detergenzienlösung die **ADF** analysiert, die Zellulose und Lignin beinhaltet.

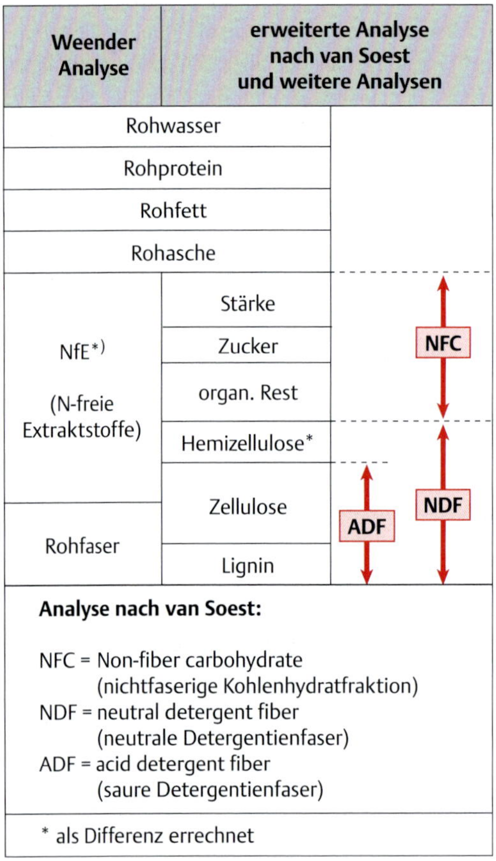

▸ **Abb. 5.4** Analytik bei pflanzlichen Futtermitteln (nach Kirchgeßner 2008 [125]).

Diese erweiterte Futteranalyse wird bei uns inzwischen standardmäßig angewendet, insbesondere zur Abschätzung des energetischen Futterwertes von Grob- und Kraftfuttermitteln. Zur besseren Kohlenhydratversorgung – pansenverfügbare Kohlenhydrate (Zucker plus unbeständige Stärke) verwendet.

Kommen wir zurück auf die **Sojaextraktionsschrot-Analyse** (▸ **Tab. 5.1**) und fragen, welchen Wert die Futtermitteluntersuchung nach der Weender Analyse für den praktischen Landwirt und für den Wissenschaftler hat. Wenn der erfahrene Landwirt das Untersuchungszeugnis über das Sojaschrot erhält, interessiert er sich besonders für den Rohproteingehalt, weil er dieses Futter an Mastschweine zur Proteinergänzung verfüttern will. Er weiß, dass es sich bei 39,6 % Rohprotein um keine hohe Qualität handelt. In der DLG-Futterwerttabelle wird für Sojaschrot aus ungeschälter Saat ein Rohproteingehalt von 44,9 % angegeben. Auch fällt ihm der überhöhte Rohfasergehalt auf, der laut DLG-Tabelle bei nur 6,6 % liegt. Es ist in diesem Fall also zu vermuten, dass dem Sojaschrot rohfaserreiche, proteinarme Sojaschalen beigemischt worden sind, was den Futterwert mindert und einen normalen Preis nicht rechtfertigt.

Für den Wissenschaftler ist die Weender Analyse der Ausgangspunkt für weitere Untersuchungen, um die einzelnen Rohnährstoffe mit kostspieligen Methoden in ihre Unterbestandteile zu zerlegen und einen noch genaueren Einblick in die Zusammensetzung der Futtermittel zu gewinnen.

Trotz einiger Mängel bleibt die Weender Analyse auch in Zukunft wegen ihrer relativ einfachen Handhabung, mäßigen Kosten, internationalen Verbreitung und guten Wiederholbarkeit ein sehr wichtiges Hilfsmittel, auf das im Übrigen unser ganzes System der Fütterungslehre aufgebaut ist.

5.1.3 Mineralstoffe

Rohasche enthält neben den vom Tierkörper benötigten Mineralstoffen auch Sand, der als HCl-unlösliche Asche gesondert ermittelt werden kann. Diese ist in der Tierernährung keinesfalls erwünscht. In manchen Futtermitteln, die je nach Werbungsverfahren mehr oder weniger stark mit Erde in Berührung kommen können, sind häufig beträchtliche, den Futterwert einschränkende Verschmutzungen enthalten (z. B. nasse Grassilagen).

Die für die bedarfsgerechte Versorgung der Tiere notwendigen **Mineralstoffe** (S. 37) werden aus der Rohasche über zusätzliche Analysemethoden bestimmt. Der natürliche (= native) Gehalt der Futtermittel an den einzelnen Mineralstoffen ist sehr unterschiedlich. Unter unseren Fütterungsbedingungen sind die Elemente Kalium, Chlor und Schwefel reichlich in den Futtermitteln vorhanden, sodass sie bei der Mineralstoffergänzung unserer Nutztiere meist unberücksichtigt bleiben können. In ▶ **Tab. 5.3** wurden einige wichtige Futtermittel hinsichtlich ihrer Gehalte an Calcium, Phosphor und Natrium eingestuft.

Selbst innerhalb einer Pflanzenart kann der Mineralstoffgehalt sehr verschieden sein; er hängt insbesondere ab von Bodenart, Jahreswitterung, Düngung, Vegetationsstadium und Futtergewinnung. Beispielsweise kann eine starke Kalidüngung (durch Jauche oder Gülle) auf tonarmen Weideböden die Aufnahme von Magnesium und einigen anderen Mineralstoffen durch die Weidegräser behindern. Ein so herbeigeführter **Magnesium-Mangel** im Futter oder eine verschlechterte Magnesium-Absorption aus dem Futter (z. B. infolge von Kalium- und Proteinüberschüssen bei gleichzeitigem Rohfaser- und Strukturfuttermangel zu Beginn der Weideperiode) können bei Kühen die **Weidetetanie** auslösen. Sie lässt sich an unsicherem Gang, Fressunlust, Nervosität und Muskelzittern erkennen und führt in ungünstigen Fällen unter Krämpfen zum Tode. Gefährdet sind vorzugsweise ältere Kühe.

▶ **Tab. 5.3** Futtermittel mit besonders hohen oder niedrigen Gehalten an wichtigen Mineralstoffen (Mengenelemente).

Futtermittel	Calcium	Phosphor	Natrium
Maissilage	–	–	–
Rüben	–	–	+
Melasse-/Pressschnitzel	+	–	+
Biertreber	o	+	–
Getreide	–	o	–
Kleien	–	+	–
Gras und Graskonserven	+	o	–
Rapsschrot	+	+	–
Sojaschrot	–	+	–

+ = hoch; – = niedrig; o = mittel

Klinischer Bezug

Das Beispiel der Weidetetanie weist auf Erscheinungen hin, welche die ordnungsgemäße Mineralstoffversorgung der Tiere zu einer schwierigen Aufgabe machen:

1. Nicht nur ein Zuwenig, sondern auch ein Zuviel an bestimmten Mineralstoffen kann nachteilig sein. Weitere Beispiele: Über Fruchtbarkeitsstörungen beim Rind wird sowohl wegen zu knapper als auch wegen zu reichlicher P-Versorgung berichtet. Vergiftungserscheinungen sind vor allem bei einer Überdosierung von Fluor, Molybdän oder Selen bekannt geworden. Zuweilen treten auch Vergiftungen durch eine überhöhte Zufuhr von Kupfer auf, gegen die besonders Schaflämmer der Texelrasse empfindlich sind.
2. Mit zunehmendem Alter verschlechtert sich nicht nur die Aufnahme (Absorption) mancher Mineralstoffe durch die Darmwand, sondern vermindert sich auch die Fähigkeit der Tiere zur Mobilisierung von Mineralstoffen aus dem Skelett.
3. Zwischen verschiedenen Mineralstoffen bestehen Wechselbeziehungen, die zuweilen zu einem ausgesprochenen Antagonismus führen, wenn das Übergewicht eines Mineralstoffes die Aufnahme oder Verwertung anderer behindert. Derartige Wechselwirkungen gibt es beispielsweise zwischen Schwefel oder Molybdän und Kupfer, zwischen Calcium und Zink usw. Am besten erforscht sind sie beim Calcium und Phosphor.

Die Mineralstoffversorgung kann über die mit der Futterration zugeführten und dem Bedarf der Tiere entsprechenden Mineralstoffmengen beurteilt werden. Hierfür sind einmal relativ aufwändige Untersuchungen der verschiedenen Futtermittel notwendig. Zum anderen bleibt die Verwertung der Mineralstoffe im Tierkörper unberücksichtigt. Aus diesen Gründen wird immer wieder versucht, durch bestimmte Untersuchungen am Tier Rückschlüsse auf die Versorgungssituation zu ziehen. Die im Kap. Mineralstoffe (S. 37) angesprochenen Regulationsmechanismen (besonders die Homöostase) lassen erkennen, dass Blutuntersuchungen wenig aussagefähig sind (Ausnahme anorganischer P). Natrium-Mangel kann relativ sicher über Harn- oder Speichelanalysen festgestellt werden. Zur Beurteilung der Calcium-Versorgung kann die Kotwasser-Analyse herangezogen werden.

Die Mineralstoffe werden nach ihrem Vorkommen im Tierkörper in zwei Gruppen unterteilt: Mengenelemente (> 50 mg/kg Lebendmasse (LM)) und Spurenelemente (< 50 mg/kg LM). Es sei hier auf die entsprechenden Ausführungen im Kap. Mineralstoffe (S. 37) verwiesen.

Calcium und Phosphor

Die tierischen Produkte enthalten – wie unter Kap. Mineralstoffe (S. 37) dargestellt – vergleichsweise hohe Gehalte an Calcium (Ca) und Phosphor (P). Das nicht im Skelett eingebaute Ca ist an mehreren, regelmäßig oder häufig ablaufenden Lebensvorgängen beteiligt (an der Aktivierung verschiedener Enzyme, an der Kontraktion von Muskeln, an der Blutgerinnung usw.). Phosphor ist der Mineralstoff, der im Tierkörper am vielfältigsten eingesetzt wird. Eine entscheidende Rolle spielt er im Energiehaushalt (S. 201).

Fazit

Um den laufenden Ansprüchen des intermediären Stoffwechsels an Calcium nachkommen zu können, ist der tierische Organismus bestrebt, ständig im Blutplasma eine bestimmte Menge an Ca bereitzustellen und nach Entnahmen wieder zu ergänzen, also den **Ca-Blutspiegel möglichst konstant** zu halten. Beispielsweise bei Milchkühen zwischen 9 und 11 mg Ca je 100 ml Blutplasma. Diesem Ziel dient ein Regulationssystem, an dem mehrere Hormone beteiligt sind, das **Calcitonin** aus der Schilddrüse, das **Parathormon** aus den Nebenschilddrüsen und eine besonders wirksame Form des Vitamins D_3.

Beim **Phosphor-Blutspiegel** ist der Normalbereich etwas breiter, auch altersabhängig, von 7 – 9 mg P/100 ml Blutplasma bei Jungrindern bis zu 4 – 7 mg P/100 ml bei erwachsenen Kühen.

Wenn der Ca-Blutspiegel zu sinken beginnt, beispielsweise bei Einsetzen der Laktation nach dem Abkalben, wird die Produktion von Parathormon in den Nebenschilddrüsen angekurbelt. Dieses Hormon gelangt dann auf dem Blutwege auch in die Nieren und aktiviert dort Vitamin D_3, das auf dem Wege von den Syntheseorten in der Haut oder aus dem Futter bereits in der Leber eine Umformung erfahren hat. Dieses aktivierte D_3 (1,25-Dihydroxycalciferol, abgekürzt 1,25 DHC) fördert in der Darmwand die Bereitschaft eines Ca-bindenden Proteins, um die Ca-Aufnahme aus dem Darm zu erleichtern. Außerdem mobilisiert das aktivierte D_3, zusammen mit dem Parathormon, aus dem Skelett Calcium und – wegen der engen Verbindung von Ca und P im Knochen – auch Phosphor.

Wird durch Ca-Überschüsse des Futters der Ca-Blutspiegel erhöht, sondert die Nebenschilddrüse kein Parathormon mehr ab. Stattdessen gibt nun die Schilddrüse das Calcitonin ab, das für die Einlagerung der Ca-Überschüsse im Skelett sorgt. Außerdem wird weniger Ca aus dem Darm absorbiert und mehr über den Kot ausgeschieden.

Fazit

Bei der **Regulierung des P-Stoffwechsels** gibt es Parallelen zum Ca-Stoffwechsel:
Sinkende P-Blutspiegel regen ebenfalls die Aktivierung von Vitamin D_3 zu 1,25 DHC und die Anreicherung dieses Wirkstoffs in der Darmwand an, wodurch die P-Absorption verbessert wird. Die Mobilisierung von P aus dem Skelett wurde schon erwähnt. Bei Pferden, Schweinen und auch bei Kälbern (mit noch nicht entwickeltem Pansen) sind die Nieren stärker an der Regulation beteiligt. Bei knapper P-Versorgung wird die P-Ausscheidung gedrosselt, bei überhöhtem Blutspiegel gesteigert. Bei Wiederkäuern kann der P-Gehalt des Speichels sehr verschieden sein, was zur Regulation des P-Blutspiegels beiträgt.

Seit Langem ist aus Fütterungsversuchen bekannt, dass Vitamin-D-Zulagen das Wachstum und die Mineralisierung der Knochen fördern. Calcitonin gleicht, wie das Parathormon, rasch kurzfristige Störungen des Ca- und P-Stoffwechsels aus, während das 1,25 DHC eine gewisse Anlaufzeit braucht und für die mittelfristige Regulation wichtig ist. Bei lange andauernder Unterversorgung mit Ca oder P bzw. mit beiden Elementen kommt es zur **Knochenweiche** (Rachitis bei wachsenden Tieren) oder zur **Knochenbrüchigkeit** (Osteomalazie bei erwachsenen Tieren).

Das **Ca : P-Verhältnis** in der Futterration ergibt sich in der Regel aus der dem Bedarf angepassten Versorgung mit diesen beiden Elementen. Wird von diesen Empfehlungen abgewichen bzw. kommen Futtermittel mit besonders hohem Gehalt an einem der beiden Mineralstoffe zum Einsatz, verengt oder erweitert sich das Verhältnis. Dies hat für die Verwertung dieser Elemente eine gewisse Bedeutung. Hierbei bestehen allerdings Unterschiede zwischen monogastrischen Tieren und Wiederkäuern.

Beim **Schwein** gilt ein Ca : P-Verhältnis im Futter von 1,3 – 1,5 : 1 als optimal. Bei bedarfsgerechter absoluter Mengenversorgung in der Futterration kann ein gewisser Schwankungsbereich, der allerdings die Grenzen von 1 : 1 bis 2 : 1 nicht unter- oder überschreiten soll, toleriert werden. Ein extremes Ca : P-Verhältnis kann sich z. B. dahingehend auswirken, dass der Überschuss von einem der beiden Mineralstoffe wegen der Ausfällung von Calciumphosphaten zu Absorptionsminderungen bei dem andern Mineralstoff führt.

In der **Legehennenfütterung** ist wegen der Eischalenbildung ein sehr weites Ca : P-Verhältnis von 5 : 1 erforderlich.

Beim **Wiederkäuer** spielt das Ca : P-Verhältnis im Futter dagegen eine untergeordnete Rolle. Das Ca : P-Verhältnis im Darm wird hier nämlich nicht nur über die Futtergehalte, sondern insbesondere auch durch den mit dem Speichel in den Pansen zurückgeführten P beeinflusst (nach neueren Untersuchungen bei der Milchkuh täglich 50 – 60 g!). Hinzu kommt, dass wegen des noch niedrigen pH-Wertes im ersten Drittel des Dünndarms eine Ausfällung von Calciumphosphaten nicht zu erwarten ist. Wenn die Futterration für beide Elemente bedarfsdeckende Mengen enthält, dürfte auch bei futtermittelbedingten Calciumüberschüssen in der praktischen Fütterung kaum ein Verhältnis von > 3 – 4 : 1 überschritten werden.

Praxistipp

Besonders hohe Anforderungen an das Anpassungsvermögen der Kühe werden in den ersten Tagen nach dem Abkalben gestellt, wenn der Ca- und P-Bedarf mit der einsetzenden Laktation sprunghaft ansteigt. Bei manchen, besonders älteren Kühen fällt dann der Ca-Blutspiegel – in selteneren Fällen der P-Blutspiegel – stark ab, und es kommt zu den Erscheinungen der **Gebärlähmung** (auch **Gebärparese**, Milch- oder Kalbefieber genannt): Muskelschwäche, Benommenheit, ungleichmäßige Atmung und niedriger Puls, in schweren Fällen Festliegen und Bewusstlosigkeit. Reichliche Ca-Zufuhr während der Hochträchtigkeit fördert den Ausbruch dieser Stoffwechselentgleisung. Besonders anfällig sind Kühe, die zum Ende der Laktation und während der Trockenzeit verfettet sind. Während der letzten Wochen vor dem Abkalben sollte daher eher eine niedrige Ca-Versorgung angestrebt werden. Wichtig ist dabei eine ausreichende Mg-Versorgung. Nach neueren Untersuchungen spielt weniger das Calcium als vielmehr die Elektrolytenbalance in der Ration eine Rolle. Diese wird als **„Kationen-Anionen-Balance im Futter“** (**D**ietary **C**ation-**A**nion-**B**alance = DCAB) in Milliäquivalent (meq) ausgedrückt. Es hat sich gezeigt, dass für die Berechnung der DCAB bei trockenstehenden Kühen die Berücksichtigung der Kationen Na und K sowie der Anionen Cl und S ausreicht. Die Berechnung erfolgt nach der Gleichung:

$$\text{DCAB (meq/kg TM)} = (435 \times \%\ \text{Na} + 256 \times \%\ \text{K}) - (282 \times \%\ \text{Cl} + 623 \times \%\ \text{S})$$

In die Berechnung gehen die Mineralstoffgehalte der jeweiligen Futter auf TM-Basis ein. In den letzten drei Wochen vor dem Abkalben wird eine saure Reaktion der Futterration angestrebt. Die Kationen Na und K wirken alkalisch, die Anionen Chlor und Schwefel dagegen sauer. Es muss also eine negative DCAB angestrebt werden. Für eine wirksame Milchfieberprophylaxe sollen die Werte zwischen –100 bis –150 meq/kg TM in der Gesamtration liegen. Dies ist in vielen Fällen nicht allein durch Rationsumstellung zu erreichen (Grassilage weist in der Regel sehr hohe K-Gehalte auf). Zusätzlich werden dann sogenannte „saure Salze“ (z. B. Magnesiumsulfat, Ammoniumsulfat, Calciumsulfat, Calciumchlorid) eingesetzt, die allerdings von den Kühen nicht gerne gefressen werden.

Die negative Elektrolyten-Balance hat eine milde metabolische Säuerung zur Folge, Diese regt die Nebenschilddrüse schon vor dem Abkalben zur Bildung des Parathormons an und fördert somit die Ca-Freisetzung aus dem Skelett. Außerdem wird die Ca-Absorption aus dem Darm verbessert. Die negative Kationen-Anionen-Balance darf sich allerdings ausschließlich auf die letzten drei Wochen vor dem Abkalben erstrecken, danach muss diese wiederum positiv sein, um Pansenazidose und eine damit zusammenhängende Übersäuerung des Blutes zu vermeiden.

Praxistipp

Zusätzlich können tierärztliche Maßnahmen, wie Vitamin D_3-Spritzen (7 – 3 Tage vor dem Geburtstermin) und/oder Verabreichung spezieller Ca-Präparate um den Geburtstermin herum, dieser gefährlichen Stoffwechselstörung vorbeugen. Weil die Krankheit eine erbliche Komponente hat, sollte man von Kühen, die öfter an Gebärparese erkranken, keine Nachzucht aufstellen.

Auch in der **Zuchtsauenfütterung** kommt der Elektrolytenbalance zur Prophylaxe der **MMA-Probleme** eine gewisse Bedeutung zu. Der Ansatzpunkt ist hier jedoch nicht die Ca-Mobilisation, sondern die Verhinderung von Harnwegsinfektionen, die insbesondere dann auftreten können, wenn die Schleimhäute der Harnblase durch Harngries-Kristalle („Kalkharnen“) gereizt und geschädigt werden. Die Erreger von Harnwegsinfektionen können sich dann viel leichter an der Harnblasenwand anheften und entzündliche Infektionen hervorrufen. Diese können nach dem Abferkeln Keimquelle für eine Gebärmutterentzündung sein und damit die MMA-Problematik hervorrufen.

Zielsetzung der Elektrolytenbalance bei Sauen ist es, den **Harn** der Tiere **anzusäuern**. Während die Mineralstoffe Calcium, Magnesium, Kalium und Natrium den Harn-pH ansteigen lassen, bewirken Phosphor, Chloride und schwefelhaltige Aminosäuren wie Methionin und Cystin eher einen sauren pH-Wert. Wirkungsvollste Maßnahme zur gezielten Beeinflussung der Elektrolytenbalance ist die Verhinderung einer Überversorgung mit den alkalisch wirkenden Mineralien Ca, Mg, K und Na. Außerdem ist es besonders wichtig, für eine ausreichende Trinkwasseraufnahme (S. 173) der Sauen zu sorgen. Der pH-Wert des Harns kann relativ einfach mit entsprechenden Teststreifen bestimmt werden. Er sollte unter pH 7,0 liegen.

Neben dem mengenmäßigen Gehalt an einzelnen Mineralstoffen ist deren **Bindungsform** für die Verwertung von Bedeutung. Alle Samen und Früchte, also Getreidekörner, Nachprodukte der Müllerei und der Ölherstellung usw., sind phosphorreich. In diesen Futtermitteln ist überwiegend **Phytinphosphor** enthalten, eine für Schweine und Geflügel schwer aufschließbare organische Bindungsform, deren Ausnutzung von der Mitlieferung entsprechender Enzyme (Phytasen) in den Futtermitteln und vom Ca : P-Verhältnis abhängt.

Die Verwertung des P wie auch der anderen Mineralstoffe wurde bei uns bisher nicht futtermittelspezifisch, sondern bei den Versorgungsempfehlungen pauschal – bezogen auf übliche Futterrationen – berücksichtigt. Die Rationsberechnung erfolgte mit Brutto-Phosphor (Gesamt-Phosphor). Wegen der Unsicherheiten bei der Verwertung des in den verschiedenen Futtermitteln vorhandenen Phosphors wurde mit entsprechend hohen Sicherheitszuschlägen gearbeitet. Der vom Schwein nicht verwertete Phosphor wird über den Kot wieder ausgeschieden und verursacht entsprechend hohe P-Gehalte in der Gülle. Dies ist aus Umweltgründen (Gefahr der Eutrophierung der Gewässer) jedoch nicht erwünscht, weshalb die P-Ausbringung auf die landwirtschaftliche Nutzfläche in der Düngeverordnung begrenzt wird.

Um den Bedarf der Tiere exakter abzudecken und Überschüsse zu verringern, ist ein genaueres P-Bewertungssystem erforderlich. Die GfE hat 1997 hierfür den **verdaulichen Phosphor** (**vP**) eingeführt, da dieser in enger Beziehung zur P-Verwertung steht. Durch differenziertere Einstufung der Futtermittel ist mit dem neuen Bewertungssystem eine genaue, auf den Bedarf der Schweine abgestimmte Versorgung zu erreichen. In der ▸ **Tab. 5.4** sind die nach jetzigem Kenntnisstand zu unterstellenden Verdaulichkeiten für ausgewählte

▸ **Tab. 5.4** Verdaulichkeit des Gesamt-Phosphors in ausgewählten Futtermitteln (nach DLG-Information 1/1999 [57]).

Futtermittel	P-Verdaulichkeit in %
Leinsamenextraktionsschrot, Melasseschnitzel, Rüben	10
Körnermais	15
Maisfuttermehl, Maiskleberfutter	20
Hafer, Weizenkleberfutter	25
Kleien, Weizenfuttermehl, Rapsextraktionsschrot	30
Ackerbohnen, Sojabohnen, Sojaextraktionsschrot	35
Erbsen, Gerste	45
CCM, Grünmehle, Kartoffeln, Lupinen, Roggen, Triticale, Bierhefe	50
Weizen	65
Kartoffeleiweiß, Dicalciumphosphat	70
Molkeprodukte, Mono-Dicalciumphosphat	80
Fischmehl	85
Milch, Monocalciumphosphat	90
Mononatriumphosphat, Orthophosphorsäure	95

Schweinefuttermittel aufgeführt. Diese Liste muss durch entsprechende Forschung weiter vervollständigt und präzisiert werden.

Die Bedeutung des Bewertungssystems „verdaulicher Phosphor" geht aus folgenden Beispielen hervor: Der P-Gehalt von Körnermais beträgt 80 % desjenigen von Weizen, der vP-Gehalt dagegen nur 20 %. Der P-Gehalt von Weizenfuttermehl ist 2,2-mal so hoch wie der von Weizen, der vP-Gehalt ist jedoch nahezu gleich groß.

Es wurde bereits darauf hingewiesen, dass die Verwertung des Phytinphosphors in erster Linie vom Gehalt der Futtermittel an dem Enzym Phytase abhängig ist. Schweine und Geflügel können dieses Enzym nicht selbst produzieren. **Mikrobielle Phytase** steht heute als Futterzusatzstoff zur Verfügung und kann den Futtermischungen zugesetzt werden. Damit kann die Verdaulichkeit des Phosphors aus pflanzlichen Futtermitteln entscheidend verbessert werden. Man kann davon ausgehen, dass mit einer entsprechenden Dosierung, die sich nach den verwendeten Futtermitteln richten muss, die Verdaulichkeit des Phosphors einheitlich auf 65 % verbessert wird.

Auch die Versorgungsempfehlungen auf der Basis vP liegen vor, sodass dieses Bewertungssystem in der Praxis angewendet werden kann. Ein Handikap besteht noch darin, dass bei Mischfuttermitteln vom Gesetzgeber nach wie vor die Deklaration des Bruttophosphorgehaltes gefordert wird. Bei Anwendung des Systems „verdaulicher Phosphor" muss auch die Calciumversorgung neu eingestellt werden. Die GfE gibt hierzu an, dass das Verhältnis Ca : vP im Bereich von 2,5 : 1 bis 3 : 1 liegen soll.

Kalium, Natrium und Chlor

An den Membranen tierischer Zellen werden unter Energieaufwand mithilfe sogenannter Ionenpumpen K- und Na-Ionen so verteilt, dass sich innerhalb der Zellen vorwiegend K-Ionen und außerhalb der Zellen in der Körperflüssigkeit hauptsächlich Na-Ionen aufhalten. Durch diese Konzentrationsunterschiede zwischen draußen und drinnen und durch den Antagonismus von Kalium (K) und Natrium (Na) werden an den Zellwänden elektrische Potenziale aufgebaut, die bei Erregungsvorgängen vorübergehend umgepolt werden. Hierdurch wird eine rasche Weiterleitung von Erregungen aus den Augen und anderen Sinnesorganen in das Gehirn und das Rückenmark sowie umgekehrt eine rasche Weiterleitung der Befehle vom zentralen Nervensystem in die Muskelfasern erreicht.

Die Anreicherung des Natriums in Lymphe und Blutserum bewirkt auch, dass Na und das ihm folgende Chlor (Cl) in diesen Körperflüssigkeiten die mengenmäßig am stärksten vertretenen mineralischen Elemente darstellen. Sie sind von besonderer Bedeutung für den Wasserhaushalt des Körpers, für die Aufrechterhaltung des osmotischen Druckes und für die Stabilhaltung des pH-Wertes. Na ist auch als Transporthelfer bei der Absorption von Glukose, Aminosäuren und P aus dem Dünndarm beteiligt.

Natrium- und in geringem Maße auch **Kaliumbikarbonat im Speichel** sorgen für dessen alkalische Reaktion (einen hohen pH-Wert). Bei Wiederkäuern werden z. B. große Mengen an Speichel gebildet. Die damit in den Pansen gelangenden Bikarbonate neutralisieren die dort entstehenden Säuren, eine für die Bakterienaktivität wichtige Voraussetzung. Im Magen einhöhliger Tiere bzw. im Labmagen der Wiederkäuer ist **Chlor Bestandteil des sauren Magensaftes.**

Kalium ist in allen pflanzlichen Futtermitteln reichlich enthalten. Mangelerscheinungen sind nicht zu befürchten, eher gesundheitliche Nachteile durch ein Zuviel (Durchfälle, Krämpfe, Störungen der Herzleistungen). Auf negative Auswirkungen eines Kaliumüberschusses wurde bereits bei der Weidetetanie und der Gebärparese der Milchkühe hingewiesen. Dagegen sind mit Ausnahme der Futtermittel tierischer Herkunft und der Rüben fast alle Futtermittel natriumarm. Deshalb gehen die meisten Tiere sparsam mit **Natrium** im Körper um. Aber die Na-Ausscheidung über die Milch bleibt auch bei Na-armer Ernährung gleich. Mit jedem Liter Milch wird ein halbes Gramm Na ausgeschieden. Na-Mangel kann auch eine Ursache für Fruchtbarkeitsstörungen sein. Deshalb muss man Milchkühe während des ganzen Jahres, vor allem auch während des sommerlichen Weideganges, mit **Natriumchlorid** (**Viehsalz**) versorgen, beispielsweise mithilfe von Lecksteinen. Bei Wiederkäuern kann über die Futtermittel eine deutliche **Kalium-Überversorgung**, die über eine erhöhte Harnausscheidung reguliert wird, auftreten. Dies führt nicht, wie früher häufig angenommen wurde, zwangsläufig auch zu einer erhöhten Ausscheidung von Natrium. Es besteht deshalb keine Notwendigkeit, in diesem Fall mit einer über den Bedarf hinausgehenden Na-Versorgung zu reagieren.

Seitdem in Schweinerationen kaum noch Fischmehl zugemischt wird, muss auch bei Schweinen mehr auf die Na-Versorgung geachtet werden. Wird jedoch Molke in größerem Umfang zugefüttert, kann die Na-Zufuhr für die Schweine zu hoch werden. In solchen Fällen muss eine zusätzliche Na-Versorgung (z. B. über Mineralfutter) unbedingt vermieden werden (es gibt hierfür Spezialmineralfutter ohne Na). Außerdem muss für eine reichliche Wasseraufnahme (am besten Selbsttränken) gesorgt werden, damit die Tiere die Na-Überschüsse über die Nieren ausscheiden können.

Magnesium

Magnesium (Mg) ist im Tierkörper an zahlreichen enzymatischen Reaktionen beteiligt, beispielsweise an der Übertragung von Phosphatgruppen im Energiehaushalt der Zellen, ferner an der Biosynthese von DNS und RNS. Bei der Peptidsynthese an den Ribosomen wirkt es mit, auch an der Erregungsübertragung zwischen Nerv und Muskel.

Im Gegensatz zu Ca und P können beim Mg die im Skelett deponierten Mengen kaum, außer bei sehr jungen Tieren, zur Überbrückung vorübergehender Engpässe in der Mg-Versorgung mobilisiert werden. Auf die Behinderung der Mg-Absorption durch K-Überschüsse und durch ein unausgeglichenes Eiweiß-Energie-Verhältnis wurde schon hingewiesen. Nach ► **Abb. 2.9** wird Magnesium von allen Mengenelementen aus dem Futter am schlechtesten absorbiert. Diese Faktoren führen dazu, dass das Grobfutter der Wiederkäuer nicht immer deren Mg-Ansprüche deckt, obwohl Magnesium der entscheidende Baustein des Chlorophylls und damit in allen grünen Pflanzenteilen enthalten ist.

Besonders zu Beginn des Weideganges ist für Milchkühe eine erhöhte Magnesium-Ergänzung des Futters notwendig, da in dieser Phase die Verwertung des Magnesiums aus dem Weidegras stark verringert ist. Spezielle, in dieser Zeitspanne einzusetzende Mineralfutter zur **Tetanie-Prophylaxe** enthalten ca. 12 % Mg, während normalerweise die Mineralfutter ca. 2 – 3 % Mg enthalten. Bei Schweinen und Geflügel decken die üblichen Futtermittel im Allgemeinen den Mg-Bedarf.

Schwefel

Schwefel (S) ist Bestandteil der Aminosäuren Methionin und Cystin und deshalb in zahlreichen Eiweißverbindungen des Tierkörpers enthalten, besonders in Haaren, Federn, Hufen und Klauen.

Wenn das Futter genügend Eiweiß liefert, wird über die darin enthaltenen schwefelhaltigen Aminosäuren Methionin + Cystein im Allgemeinen auch die notwendige Schwefelzufuhr sichergestellt.

Eisen

Eisen (Fe) kommt in den Farbstoffen des Blutes (Hämoglobin) und der Muskeln (Myoglobin) vor und ist für die Sauerstoffübertragung unentbehrlich. Außerdem ist Eisen das Co-Ferment mehrerer Enzyme. Fast alle Futtermittel mit Ausnahme der Muttermilch enthalten genügend Eisen. Deshalb sind Eisenmangelzustände (eine Spielart der Anämie) bei älteren oder erwachsenen Tieren kaum zu beobachten. Besonders verhängnisvoll ist der Eisenmangel der Muttermilch für Saugferkel, die durch den Zuchtfortschritt auf rasches Wachstum programmiert sind. Deshalb muss während der ersten Lebenstage ein Ausgleich geschaffen werden. Es gibt Eisenpräparate, die per Spritze verabreicht werden. Das ist die sicherste Methode. Bei dem meist billigeren Verfahren der Verfütterung von Eisenpräparaten muss sichergestellt sein, dass die Ferkel rasch eine genügende Menge aufnehmen (Eisenfumarat u. Ä.). Mastkälber werden vielfach absichtlich eisenarm ernährt, um dem Verbraucherwunsch nach „weißem" Fleisch zu entsprechen. Um diese Methode nicht in eine Eisen-Mangelernährung ausufern zu lassen, fordert der Gesetzgeber in Milchaustauschern für Kälber bis zu einem Gewicht von 70 kg mindestens 30 mg Fe, bezogen auf 88 % Trockensubstanz.

Kupfer

Kupfer (Cu) ist an der Bildung der roten Blutkörperchen beteiligt und stellt das Co-Ferment verschiedener Enzyme. Cu-Mangel äußert sich in Form folgender Symptome: Blutarmut (trotz ausreichender Eisenversorgung), unterschiedliche Färbung und Entwicklung der Haare, unsicherer Gang der Hintergliedmaßen und Fruchtbarkeitsstörungen.

Die Kupfergehalte in den wirtschaftseigenen Futtermitteln reichen für die Versorgung nicht aus, eine Ergänzung insbesondere über Mineralfutter ist deshalb erforderlich, wenn nicht – wie z. B. bei Schweinen möglich – Alleinfuttermittel eingesetzt werden.

Bei wachsenden Schweinen war es lange Zeit üblich, Kupfer (und auch Zink) über den ernährungsphysiologischen Bedarf hinaus in höheren Dosierungen zu verabreichen, da hiermit eine wachstumsfördernde und insbesondere bei Ferkeln auch eine durchfallhemmende Wirkung erzielt wird. Diese zugeführten Mengen, die weit über den Bedarf der Tiere hinausgehen, werden weitgehend wieder ausgeschieden und finden sich in den Exkrementen, also beim Schwein überwiegend in der Gülle, wieder. So enthielt Schweinegülle im Vergleich zu Rindergülle etwa die 6,9-fache Menge an Kupfer und 3,2-fache Menge an Zink. Letztendlich reichern sich diese Schwermetalle über die organische Düngung im Boden an. Da Kupfer jedoch auch in der Leber gespeichert wird, hat der Gesetzgeber schon vor längerer Zeit die zulässigen Höchstgehalte im Mastschweinefutter gesenkt.

Die Anreicherung dieser Schwermetalle in den Böden wird vom Gesetzgeber als aktuelles Problem angesehen. Um negativen Auswirkungen auf die Umwelt – hier insbesondere den Boden – vorzubeugen, wurden die bisher zulässigen Höchstgehalte für Cu (und auch für Zn) mit der EU-Verordnung Nr. 1334/03 ab Januar 2004 nochmals erheblich abgesenkt. Alleinfutter für Ferkel bis zur 12. Woche dürfen Cu-Gehalte von max. 170 mg/kg, für Zuchtsauen und Mastschweine nur noch max. 25 mg/kg Alleinfutter enthalten, die nativen Gehalte eingerechnet. Für Kälber und auch – wie bereits erwähnt – bei Schafen beträgt der zulässige Höchstgehalt 15 mg Cu pro kg Alleinfutter, für Milchkühe, Jungrinder und Mastbullen 35 mg. Damit liegen die zulässigen Höchstgehalte immer noch über dem ernährungsphysiologischen Bedarf, der bei Schweinen mit 5 mg/kg TM und bei Rindern mit 8 mg/kg TM angegeben wird.

Sonstige Spurenelemente

Kobalt (Co) ist Bestandteil des Vitamin B_{12} und muss auch im Futter der Wiederkäuer enthalten sein, damit die Pansen- und Dickdarmbakterien dieses Vitamin aufbauen können. Die dafür benötigten Mengen sind sehr klein, der Bedarf wird mit 0,1 mg je kg TM angegeben. In den für die Rinderfütterung gebräuchlichen Futtermitteln reicht der native Kobaltgehalt häufig nicht aus. Eine Ergänzung über das Mineralfutter, das bei Tagesgaben von 100 g je Tier 10 mg Co/kg enthalten sollte, ist deshalb notwendig. Den Schweinen und dem Geflügel muss das Vitamin B_{12} direkt gegeben werden. Eine zusätzliche Kobaltgabe ist hier nicht nötig.

Mangan (Mn) ist notwendig für die Mineralisierung des Skeletts sowie für die Entwicklung und Funktion der Geschlechtsorgane. Infolgedessen treten bei Mn-Mangel Auftreibungen und Krümmungen an Gliedmaßenknochen bzw. verzögerte Geschlechtsreife oder schwache Brunst auf. Für alle Ferkelfutter und sämtliche Geflügelmischfutter nach Normtyp ist Mangan Pflichtbestandteil. In der Rinderfütterung sind besonders alle Mais-Futtermittel als Mn-arm einzustufen. Mineralfutter für Rinder sollte deshalb 1000 mg Mn/kg enthalten.

Zink (Zn) wird für das Wirksamwerden vieler Enzyme benötigt und ist Bestandteil des Hormons Insulin. Ihm kommt eine große Bedeutung bei der Zellbildung und Wundheilung zu. Zinkmangel ist als **Parakeratose** vor allem von Schweinen und Rindern bei hohem Getreideanteil in den Rationen bekannt. Dabei entzünden sich die Schleimhäute in Nase und Maul. Es beginnen auch auf der übrigen Haut Verhornungsprozesse, beim Rind vorzugsweise am Euter. Eine Optimierung der Zn-Versorgung – insbesondere über die besser absorbierbaren organischen Zinkverbindungen (z. B. Zn-Methionin) – soll positive Auswirkungen hinsichtlich der Verringerung der somatischen Zellzahlen sowie der Klauenqualität bei Milchkühen haben. Wegen der Behinderung der Zn-Absorption durch Überschüsse von Ca, Mg oder P steigt in solchen Fällen der Zn-Bedarf an.

Wie bei Kupfer traf auch bei Zink die Situation zu, dass dieses Spurenelement in sehr hohen Dosierungen eingesetzt wurde, um evtl. Sondereffekte, z. B. hinsichtlich Durchfallprophylaxe bei Ferkeln oder bei Milchkühen zur Mastitisprophylaxe und zur Verbesserung der Klauenqualität, zu erreichen. Auch dieses Schwermetall reichert sich über die Gülle im Boden an, weshalb mit der bereits genannten EU-Verordnung auch die zulässigen Höchstgehalte für Zink seit Januar 2004 generell für alle Tierarten auf 150 mg/kg Alleinfutter (Ausnahme Milchaustauschfuttermittel mit 200 mg/kg) festgesetzt wurden. Auch hier liegt der ernährungsphysiologisch begründete Bedarf mit 20 – 50 mg/kg TM erheblich niedriger. Da die nativen Zinkgehalte in den Futtermitteln für die Bedarfsdeckung nicht ausreichen, müssen die Allein- und Ergänzungsfuttermittel entsprechend auch mit Zink ausgestattet sein.

Selen (Se) ist Bestandteil des antioxidativen Enzyms Glutathionperoxidase. Selenmangel äußert sich hauptsächlich als Leber- oder Muskelschwund (Dystrophie). Auch bestimmte Formen von „Weißfleischigkeit“ bei Kälbern werden auf Se-Defizite zurückgeführt. Ein Mangel erhöht u. a. bei Milchkühen das Risiko von Euterentzündungen (erhöhte Zellzahlgehalte in der Milch). Eine ausreichende Selenversorgung führt zu Se-Konzentrationen im Blut von > 0,7 mg/l. Da alle pflanzlichen Futtermittel bei uns relativ arm an Selen sind, ist eine entsprechende Se-Ergänzung der Futterration in jedem Fall erforderlich. Die wirksame und die toxische Dosis liegen bei Selen allerdings relativ nahe beieinander. Zur Bedarfsdeckung sollten etwa 0,15 – 0,25 mg Se in der Futter-TM enthalten sein. Der futtermittelrechtlich zulässige Höchstgehalt darf 0,5 mg/kg lufttrockenes Futter (88 % TM) betragen. Die Selenversorgung ist auch im Zusammenhang mit einer ausreichenden Vitamin-E-Versorgung zu sehen.

Jod (J) ist ein unentbehrlicher Bestandteil des Hormons Thyroxin aus der Schilddrüse. Jodmangel macht sich in erster Linie durch eine Vergrößerung der Schilddrüse (Kropfbildung) bemerkbar. Dies ist besonders bei Kälbern und Lämmern zu beobachten, während bei Ferkeln Hautverdickungen und Haarausfall auftreten. Jodmangel führt auch zu Beeinträchtigungen des Wachstums (frühzeitiger Fettansatz) und der Entwicklung der Geschlechtsorgane. Der Jodgehalt in wirtschaftseigenen Futtermitteln schwankt sehr. Da Jod vor allem im Meerwasser vorkommt, sind Futtermittel in Küstenregionen jodreicher als solche aus dem Binnen- und Bergland. Um Mängeln vorzubeugen, sollten die Futtermischungen bzw. Futterrationen mit Jod ergänzt werden.

Molybdän, Chrom, Nickel, Silicium, Vanadium, Zinn Diese Elemente gelten ebenfalls als essenziell, weil sie im Tierkörper für ganz bestimmte Reaktionen, vor allem als Aktivator oder Bestandteil von Enzymen, gebraucht werden. In der Liste der zugelassenen Zusatzstoffe der futtermittelrechtlichen Vorschriften sind nur Molybdän-Verbindungen für Rinder und Schafe aufgeführt. Daraus kann man ableiten, dass es bei den anderen Elementen dieser Gruppe kaum zu Defiziten kommt.

5.1.4 Vitamine

Vitamine sind organische Substanzen, die zur Aufrechterhaltung von Gesundheit und Leistungsfähigkeit notwendig sind und mit der Nahrung zugeführt bzw. aus dem Verdauungstrakt aufgenommen (absorbiert) werden müssen. Die Aufnahme von geringen Mengen täglich ist erforderlich, um die Verwertung von Nähr- und Mineralstoffen zu regulieren. Hierbei kommt jedem Vitamin eine spezifische Aufgabe zu. Somit kann ein Vitamin nicht durch ein anderes ersetzt werden.

Die Vitamine (S. 38) werden nach dem Prinzip der Löslichkeit in die zwei Gruppen fettlösliche und wasserlösliche Vitamine unterteilt.

Fettlösliche Vitamine

Vitamin A Dieses Vitamin ist am Sehvorgang beteiligt, vor allem während der Dämmerung und nachts. Ferner fördert dieses Vitamin das Jugendwachstum, wobei besonders das Knochenwachstum beeinflusst wird. Eine weitere wichtige Aufgabe dieses Vitamins besteht darin, die Haut leistungsfähig zu erhalten (deshalb auch die Bezeichnung „Epithelschutzvitamin"). Das gilt vor allem für die inneren, schleimabsondernden Häute, die bei Vitamin-A-Mangel austrocknen und dann das Eindringen von Krankheitserregern nicht mehr verhindern können. Bei einem Vitamin-A-Mangel der Sauen leiden deren Ferkel besonders unter Ferkelpneumonie. Bei den Sauen gibt es dann auch mehr Frühaborte (embryonaler Fruchttod) oder Totgeburten; denn die vom Vitamin A-Mangel ausgelösten Veränderungen der Gebärmutterschleimhaut stören die Ernährung der Frucht, wenn sie nicht schon vorher die Befruchtung unterbinden. Auch Nachgeburtsverhaltung, schlechte Spermaqualität und andere Beeinträchtigungen der Geschlechtsfunktionen sind zum Teil auf die vom Vitamin-A-Mangel ausgelösten Veränderungen der Schleimhäute zurückzuführen.

Das Vitamin A kommt in Pflanzen nicht vor. Die Tiere bauen es auf aus Vorstufen, die chemisch zur Gruppe der **Carotine** gehören und die reichlich in allen grünen Pflanzenteilen enthalten sind. Deshalb bestehen bei den Wiederkäuern während des Weideganges oder auch während der Grünfütterung im Stall keine Versorgungsschwierigkeiten. Aber bei der Futterkonservierung werden unter dem Einfluss von Licht, Wärme und Luftsauerstoff die Carotine abgebaut. Der Umfang der Carotinzerstörung nimmt in folgender Reihenfolge zu: Grüntrocknung – Frischsilage – Anwelksilage – Heu. Unter Sauerstoffeinfluss geht der Carotinabbau nach der Einlagerung weiter. Im Silobehälter wird er gebremst; er setzt erneut ein nach dem Öffnen des Silos zur Futterentnahme.

Fazit

Bei den meisten natürlichen Futtermitteln stellt das β-**Carotin** den nach Menge und Wirksamkeit wichtigsten Vertreter dieser Stoffgruppe. Bei der Umwandlung der Carotine in das Vitamin A in der Darmwand und Leber ist das β-Carotin am ergiebigsten. Nach neueren Untersuchungen wird dem β-Carotin im Brunstgeschehen eine eigene Bedeutung zuerkannt. An β-Carotin arm ernährten Färsen wurden trotz ausreichender Vitamin-A-Versorgung vermehrt Entartungserscheinungen an den Eierstöcken beobachtet und ungünstige Besamungsergebnisse registriert.

Die Frage des Umwandlungserfolgs des Carotins in Vitamin A, der u. a. von der Phosphor-, Eiweiß- und Vitamin-E-Zufuhr beeinflusst wird, ist auch von praktischer Bedeutung. Während der Grünfutterzeit des Sommers lagern die Wiederkäuer Vitamin A in der Leber ein, die sich – je nach der Länge der Grünfütterungsperiode – vor oder nach Weihnachten erschöpfen. Im restlichen Teil des Winters entwickelt sich in Abhängigkeit von der Zusammensetzung der Ration ein mehr oder weniger großes Vitamin-A-Defizit, das durch vitaminierte Mineralfutter ausgeglichen werden muss. Diese enthalten Vitamin A, das nach internationalen Einheiten (I. E.) gemessen wird, während das in den pflanzlichen Futtermitteln enthaltene Carotin nach Gewichtseinheiten bestimmt wird. **1 mg Carotin** entspricht beim Rind 200 – 500 I. E. Vitamin A, im Mittel etwa **400 I. E.**

Ein Teil des Futtercarotins geht direkt in die Leber oder in die tierischen Produkte über. Das kann man am Milchfett (Butter) oder im Dotter von Hühnereiern auch sehen. Denn die Carotine sind gleichzeitig auch Farbstoffe. Der verminderte Carotingehalt von Futterkonserven ist der wichtigste Grund für die blasse Farbe der Winterbutter im Vergleich zur Weidebutter. Ebenso wie von den

Eiererzeugern durch Fütterungsmaßnahmen (Paprika, Platamais usw.) die Eidotterfarbe gepflegt wird, kann es bei steigenden Verbraucheransprüchen und zunehmendem Wettbewerb auf den Märkten für Milchprodukte auch für die Milcherzeugung notwendig werden, der Farbe der Butter und anderer Milcherzeugnisse mehr Aufmerksamkeit zu schenken und damit gleichzeitig den Vitamin-A-Gehalt dieser Produkte zu verbessern.

Bei Schweinen und Geflügel, in deren Rationen das Grünfutter nur einen bescheidenen Anteil einnimmt, muss Vitamin A über die entsprechenden Mischfuttertypen ergänzt werden.

Da sich Vitamin A in der Leber anreichert, hat der Gesetzgeber für alle Masttiere einen Höchstgehalt an Vitamin A festgelegt (13 500 I. E. je kg lufttrockenes Futter mit 88 % TM). Damit soll verhindert werden, dass beim Verzehr der Leber von Schlachttieren beim Menschen gesundheitliche Schäden auftreten können (Hypervitaminose).

Unabhängig vom Vitamin A wirkt β-Carotin fördernd auf die Funktionsfähigkeit der Ovarien und auf die Fruchtbarkeit. Es findet eine Anreicherung des β-Carotins in den Tertiärfollikeln und in den Gelbkörpern statt; die Progesteronsynthese wird gefördert. Eine tägliche Zufütterung von 150 – 300 mg β-Carotin in dem Zeitraum zwei bis drei Wochen vor der Geburt bis zur erfolgreichen Besamung (9. Trächtigkeitswoche) soll sich positiv auf die Fruchtbarkeit (Besamungserfolg, Wurfgröße beim Schwein) auswirken.

Vitamin D Es regelt den Stoffwechsel von Calcium und Phosphor, indem es sowohl die Absorption aus dem Darm fördert, als auch die Ausscheidung über die Niere reguliert. Es fördert das Wachstum, insbesondere die Entwicklung des Skeletts, indem die Einlagerung von Ca und P gesteuert wird. Vitamin D ist auch daran beteiligt, die Austauschrate dieser Mineralstoffe im Skelett zu verbessern.

Vitamin-D-Mangel äußert sich ähnlich wie Ca- oder P-Mangel, nämlich bei wachsenden Tieren als Knochenweiche (Rachitis), die zur Verformung der Gliedmaßen und zu steifem Gang führt. Bei erwachsenen Tieren kann ein Mangel – insbesondere bei Milchkühen mit hoher Leistung – zur Osteomalazie führen, die darauf beruht, dass den Knochen zu viel Calcium entzogen wird und dadurch die Stabilität abnimmt. Auch Schwierigkeiten beim Kükenschlupf und dünnschalige Eier können durch Vitamin-D-Mangel verursacht sein.

Fazit

Die Versorgung mit Vitamin D kann über 2 Vorstufen erfolgen, über das **Ergosterin** aus grünen Pflanzen oder über das **Dehydrocholesterin** in der Haut der Tiere. Beide Vorstufen werden durch die ultravioletten Strahlen des Sonnenlichtes aktiviert.

Ergosterin wird in Vitamin D_2 und Dehydrocholesterin in Vitamin D_3 überführt. Das geschieht allerdings nur im Sommer; denn im Winter erreichen die kurzwelligen (ultravioletten) Strahlen bei niedrigem Sonnenstand nicht mehr die Erdoberfläche. Im Winter kann auch durch Auslauf oder Offenstallhaltung keine eigene Vitamin-D_3-Bildung bei den Tieren erreicht werden. Deshalb sind Wintermilch und Wintereier relativ arm an Vitamin D.

Die Vitamin-$_2$-Bildung aus Ergosterin erfolgt in der Hauptsache erst nach dem Schnitt der grünen Pflanzen und spielt bei früh geschnittener Qualitätssilage deshalb keine Rolle. Deshalb ist die Vitamin-D-Versorgung aus dem wirtschaftseigenen Futter im Winter praktisch ohne Bedeutung. Da außerdem das Speichervermögen des Tierkörpers für die beiden D-Vitamine relativ beschränkt ist – und überdies bei wichtigen tierischen Leistungen, vor allem bei der Milch- und Eierproduktion, das D_2 weniger wirksam ist als das D_3 – wird eine geregelte D_3-Zufuhr über vitaminierte Mineralfutter vorgenommen, bei Tieren ohne Auslauf auch im Sommer.

Das Futtermittelgesetz gibt im Rahmen der Normtypen für zahlreiche Misch- und Mineralfutter Mindestgehalte an Vitamin D_3 vor, in den Richtlinien über Zusatzstoffe aber auch Höchstgehalte. Denn es hat sich gezeigt, dass es bei krasser Überdosierung von Vitamin D zu unerwünschten Kalkablagerungen in den Nieren, in Blutgefäßen und Gelenken kommen kann.

Vitamin E (Tocopherol) Dieses hat im Tierkörper wesentlich mehr Aufgaben, als aus seinem ursprünglichen Namen „Fruchtbarkeitsvitamin" zu erkennen ist. Es beeinflusst die Zellatmung und den Nukleinsäurenstoffwechsel. Ferner wird vom Vitamin E die Abwehrbereitschaft des Tierkörpers gegen Infektionserreger gefördert, vor allem die Befähigung weißer Blutkörperchen zur Phagozytose. Vitamin-E-Mangel führt zu Störungen im Wachstum der Herz- und Skelettmuskeln. Fruchtbarkeitsstörungen durch E-Mangel sind von Schweinen (Absterben befruchteter Eier, Totgeburten) und vom Geflügel (verringerte Schlupffähigkeit) bekannt.

Vitamin E wirkt der Fettzersetzung durch Oxidation entgegen. Es wird deshalb zur Gruppe der sogenannten Antioxidanzien gerechnet, die heute auch synthetisch hergestellt und fettreichen Futtermitteln zugesetzt werden. Die Schutzwirkung des Vitamins E erstreckt sich auch auf Fettbegleiter, beispielsweise andere fettlösliche Vitamine. Wenn die Ration reichlich Vitamin E enthält, geht das Tier sparsamer mit Vitamin A um. Eine höhere Vitamin-E-Aufnahme über das Futter führt auch zu einer erhöhten Vitamin-E-Konzentration im Schweinespeck. Dies kann für die Erhaltung der **Schweinefleischqualität** interessant sein. Die wirksame Dosierung liegt allerdings ca. 10-mal höher als der physiologische Bedarf.

Wenn eine Erhöhung der Immunantwort und Infektabwehr erreicht werden soll, muss bei Schweinen eine Vitamin-E-Dosierung gewählt werden, die etwa beim 20-fachen des normalen Bedarfs (zur Vermeidung eines Mangels) liegt.

Die wichtigste Quelle für Vitamin E sind die grünen Pflanzen, aber auch Getreidekörner, insbesondere Mais und Weizen. Ebenso wie Carotin wird es z. B. bei der Gewinnung von Anwelksilage durch den Zutritt des Luftsauerstoffs mehr oder weniger zerstört. Dies trifft auch bei der Feuchtkonservierung von Getreide mit Propionsäure zu. In der Silage, im Trockengrün und in Getreidekörnern bleibt ein großer Teil der ursprünglichen Menge an Vitamin E erhalten. Da Silagen ein wesentlicher Rationsbestandteil in der Winterfütterung der Wiederkäuer sind und überdies Tocopherolüberschüsse aus der Weide- bzw. Grünfutterzeit teilweise im Hautgewebe, in Nebennieren und anderen Organen gespeichert werden können, sind bei diesen Tieren Vitamin-E-Mängelzustände selten. Mit über den Bedarf hinausgehenden Vitamin-E-Gaben (ca. 1000 mg/Tier und Tag) wird bei Milchkühen ein erhöhter Membranschutz angestrebt, der sich günstig auf die Eutergesundheit und somit auf den Zellzahlgehalt der Milch auswirken soll. Bei Schweinen und Kälbern kann durch fettreiche Rationen oder durch Verfütterung von Auswuchsgetreide (beim Keimen wird das Vitamin E des Getreidekorns abgebaut) ein höherer Bedarf auftreten. Bei Zusatz von Pflanzenöl in Schweinefuttermischungen sollte je 1 % Ölzusatz die Vitamin-E-Dosierung der Futtermischung um 5 mg/kg angehoben werden. Futtermischungen für alle Tierarten wird Vitamin E zugesetzt. Die Höhe ist der jeweiligen Deklaration zu entnehmen.

Vitamin K Es ist unentbehrlich für die Bildung eines Fermentes, das an der Blutgerinnung beteiligt ist. Vitamin-K-Mangel führt deshalb bei Küken und Hennen zu langwierigen Blutungen. Derartigen Erscheinungen kann durch einen Grünmehlzusatz von 2 – 3 % in der Tagesration im Allgemeinen vorgebeugt werden, weil grüne Pflanzenteile über ausreichende Mengen dieses Vitamins verfügen. Bei Pferden, Rindern, Schafen und Schweinen treten Mängel an Vitamin K nicht auf, weil es von den Colibakterien im Darm dieser Tiere in genügender Menge bereitgestellt wird.

Bei Absatzferkeln, die strohlos z. B. in Flatdecks gehalten werden, sollte eine zusätzliche Vitamin-K-Ergänzung von 0,15 mg je kg Alleinfutter vorgenommen werden. Bei Sulfonamidbehandlung ist dies sogar lebensnotwendig!

Wasserlösliche Vitamine

Neben der Ascorbinsäure (Vitamin C), die nur unter extremen Bedingungen für Haustiere Vitamincharakter erhält, gehören zu den wasserlöslichen Vitaminen vor allem die der B-Gruppe, für die sich teilweise noch keine einheitliche Bezeichnung durchgesetzt hat (die Nummerierung bewährte sich nicht sonderlich).

Wegen der leichten Wasserlöslichkeit werden diese Vitamine – im Gegensatz zu den fettlöslichen – im Tierkörper kaum gespeichert und müssen in der Tagesration von Kälbern, Lämmern, Schweinen aller Altersklassen und Geflügel bedarfsgerecht enthalten sein. Die Wiederkäuer und Pferde versorgen sich, wie schon erwähnt, über die von Pansen- oder Dickdarmbakterien synthetisierten Vitamine.

Bei sehr hohen Leistungen, strukturfutterarmer bzw. zucker- und stärkereicher Fütterung kann allerdings diese bakterielle Synthese nicht mehr zur vollen Bedarfsdeckung ausreichen. Dies trifft vor allem auf Thiamin (B_1) und Niacin zu.

Störungen der Thiamin-Versorgung können insbesondere durch Pansenübersäuerung ausgelöst werden und führen zu relativ spontan auftretenden Erkrankungen wie insbesondere Hirnrindennekrose (besonders bei Mastbullen). Diese Erkrankung äußert sich u. a. in Futterverweigerung, Zähneknirschen, Ataxie, Muskelzittern und Koma und kann eine hohe Mortalitätsrate zur Folge haben. Da die ungünstigen Säureverhältnisse im Pansen zur Zerstörung des Vitamins führen, sind Thiamingaben über das Futter wirkungslos. Die wichtigste Vorbeugungsmaßnahme besteht darin, eine wiederkäugerechte Fütterung sicherzustellen.

Bei Milchkühen ist das B-Vitamin Niacin von großer Bedeutung. Besonders in der katabolen Stoffwechsellage nach dem Abkalben, wo in größerem Umfang Körperfett mobilisiert wird und die Ketokörperkonzentration im Blut ansteigt, wirken sich hohe Niacingaben in der Größenordnung von 6 g je Kuh und Tag günstig aus. Die Körperfettmobilisation wird vermindert, ebenso wie die Konzentration freier Fettsäuren im Plasma und der Leberfettgehalt. Nach Flachowsky et al. 2001 [82] kann Niacin über eine erhöhte Glukosemobilisierung aus der Leber und verminderter Buttersäure- sowie erhöhter Propionatkonzentration im Pansensaft ebenfalls einen Beitrag zur Acetonämieprophylaxe leisten. Weiterhin wird von einer erhöhten mikrobiellen Proteinsynthese berichtet.

Bei mäßiger Unterversorgung der Schweine mit wasserlöslichen Vitaminen sind äußere Symptome zunächst nicht zu bemerken. Aber die Leistungen (Tageszunahmen usw.) gehen zurück, was natürlich auch andere Ursachen haben kann. Bei länger dauernder Unterversorgung treten Krankheitserscheinungen nach ▸ **Tab. 5.5** in unterschiedlicher Deutlichkeit und Schwere auf.

Am häufigsten sind Defizite beim Vitamin B_{12}, die auch vom Kobaltmangel in der Nahrung herrühren können. Mischfutter für Ferkel und Geflügel nach Normtyp müssen Mindestmengen an B_{12} enthalten. (Für die Mineralfutter für Rinder ist Kobalt Pflichtbestandteil.) Ferner ist die Zufuhr von Pantothensäure, Pyridoxin und vor allem von Riboflavin öfter unzureichend. Für Geflügelmischfutter nach Normtyp werden Mindestmengen an Riboflavin vorgeschrieben. Bei getreidereichen Mischungen sind B_1-Mangelerscheinungen selten, ebenfalls beim Niacin.

Weitere wasserlösliche Vitamine, wie diejenigen der **Folsäure**-Gruppe, **Biotin** (auch Vit. H genannt) und **Inosit**, geraten gelegentlich in einseitigen Geflügelrationen unter die Bedarfsgrenze. Aber nur im Mischfutter für Truthühnerküken ist vom Gesetzgeber ein Zusatz von Biotin vorgeschrieben. **Cholin**, das eine wichtige Rolle im Fettstoffwechsel und bei der Reizübertragung im Nervensystem spielt, wird in relativ großen Mengen benötigt (Mastschweine 750 mg, Sauen 1200 mg je kg Futtermischung). Davon kann der Tierkörper bei einem ausreichenden Futterangebot an Methionin, Folsäure und Vitamin B_{12} den größten Teil selbst synthetisieren. Außerdem ist Cholin in Eiweißfuttermitteln reichlich enthalten.

Natürliche Quellen für die B-Vitamine sind Hefe (allerdings ohne B_{12}) und Fischpresssaft, zum Teil auch Fischmehl, Molkepulver, Trockengrün, Kleie und Nebenprodukte der Ölgewinnung.

5.1.5 Futtermittelzusatzstoffe

Hierbei handelt es sich um Stoffe, Mikroorganismen oder Zubereitungen, die keine Futtermittelausgangserzeugnisse sind und bewusst Futtermitteln oder Wasser zugesetzt werden. Die rechtlichen Regelungen werden im Kap. Futtermittelrecht (S. 289) behandelt. Im Folgenden wird auf einige Zusatzstoffgruppen, die für den Tierhalter von besonderem Interesse sind, etwas ausführlicher eingegangen. Dies sind Wachstumsförderer, organischen Säuren, Mikroorganismen (Probiotika) und Enzyme. Seit einiger Zeit sind auch Substanzen aus der Gruppe der aroma- und appetitanregenden Stoffe auf dem Markt, die in gewisser Weise leistungsfördernd wirken. Auch Harnstoff gehört zu dieser Gruppe, sein Einsatz wurde bereits im Kap. NPN-Verbindungen (S. 175) besprochen.

Wachstumsförderer

Sogenannte antibiotische Leistungsförderer waren über mehrere Jahrzehnte futtermittelrechtlich zugelassen. Bereits vor mehr als 50 Jahren wurde herausgefunden, dass bestimmte Antibiotika, die

▶ **Tab. 5.5** Wirkungsweise und Mangelsymptome der wasserlöslichen Vitamine sowie Bedarfsempfehlungen für Schweine.

Name(n)	Wirkung im Stoffwechsel	Symptome bei Mangel	Gehaltsempfehlungen je kg Alleinfutter
Thiamin (Aneurin oder Vit. B_1)	das Coenzym Thiaminpyrophosphat katalysiert Reaktionen in zentralen Schaltstellen des inneren Stoffwechsels, z. B. Abbau von Brenztraubensäure zu aktivierter Essigsäure	Anhäufung von Milchsäure und Ketosäuren im Gewebe – Krämpfe, Lähmungen, Ödeme, Durchfall	2 mg
Riboflavin (Laktoflavin oder Vit. B_2)	Coenzym der Flavinenzyme, die in der Zellatmung (zur Energiefreisetzung) für Wasserstofftransport sorgen	bei Schweinen Hautentzündungen und Augenkrankheiten, bei Küken Durchfall, Bein- und Flügellähmung	5–7 mg
Niacin (Nikotinsäure oder -amid oder Vit. B_3)	Bestandteil wasserstoffübertragender Coenzyme zur Energiegewinnung: Niacinadenindinucleotid (NAD), Niacinadenindinucleotidphosphat (NADP)	Durchfall, Hautentzündungen, bei Geflügel außerdem schlechte Befiederung	• Ferkel 35 mg • Mastschwein 20 mg • Zuchtsau 30 mg
Pantothensäure (oder Vit. B_5)	Bestandteil des Coenzyms A mit Schlüsselfunktion im Kohlenhydrat-, Fett- und Aminosäurenstoffwechsel	schorfige Hautentzündungen, Dickdarmentzündung und -geschwüre, Bewegungsstörungen der Hinterbeine von Schweinen („Paradeschritt")	15–20 mg
Pyridoxin (Vit. B_6)	wichtigstes Coenzym im Eiweißstoffwechsel (Aminogruppenübertragung usw.), auch an Fett- und Glykogenstoffwechsel beteiligt	Anämie, Bewegungsstörungen und Krämpfe	• Ferkel 4 mg • Mastschwein 3 mg • Zuchtsau 3 mg
Cyanocobalamin (Vit. B_{12})	Übertragung von Methylgruppen, auch am Aufbau des DNS beteiligt	Bewegungsstörungen der Hinterhand beim Schwein, schlechter Schlupf und Nierenschäden bei Geflügel	• Ferkel 40 µg • Mastschwein 20 µg • Zuchtsau 25 µg

in sehr niedriger Dosierung dem Futter zugesetzt wurden, das Wachstum und die Futterverwertung in der Mast verbesserten. Im Gegensatz zu den als Arzneimitteln eingesetzten Antibiotika wurden die „Fütterungsantibiotika" in sogenannter nutritiver Dosierung (= 1/100 der therapeutischen Dosierung) dem Futter beigemischt.

Im letzten Jahrzehnt wurde der Antibiotikaeinsatz bei Mensch und Tier generell kritisch gesehen. Aufgrund des Nachweises oder dem begründeten Verdacht der Entwicklung und Verbreitung von Kreuzresistenzen gegenüber anderen Antibiotika mit therapeutischer Bedeutung in Human- und Veterinärmedizin und dem daher gebotenen vorsorgenden Gesundheitsschutz für Mensch und Tier wurden die Zulassungen der antibiotischen Leistungsförderer bis Ende 2005 widerrufen und Neuzulassungen ausgeschlossen.

Der Einsatz von Hormonen zur Leistungsförderung in der Tiermast ist dagegen bereits seit Jahrzehnten verboten.

Als Wachstumsförderer ist zurzeit ein Produkt firmenspezifisch zugelassen. Es handelt sich um die Substanz Kalium-Diformiat, ein Salz der Ameisensäure, und ist für den Einsatz bei Ferkeln und Mastschweinen vorgesehen. Wenn ein Produkt in der Gruppe der Wachstumsförderer zugelassen wird, müssen der Zulassungsbehörde u. a. gesicherte Versuchsergebnisse über einen positiven Einfluss auf Wachstum und Futterverwertung bei den betroffenen Tierkategorien vorgelegt werden.

Probiotika

Bei dieser Zusatzstoffgruppe handelt es sich um lebensfähige Mikroorganismen, die dem Tier über das Futter zugeführt werden. Entscheidend für ihre Wirksamkeit ist, dass sie im lebensfähigen Zustand den Dünndarm erreichen. Dies setzt voraus, dass sie vor Hitzeeinwirkung bei der Mischfutterherstellung und der Magensäure geschützt werden.

Probiotika sollen regulierend und stabilisierend auf die Darmflora einwirken. Die Besiedelung des Darmtraktes mit Mikroorganismen (Darmflora) besteht zu über 90 % aus Milchsäurebakterien und flüchtige Fettsäuren bildende Stäbchenbakterien (Laktobazillen, Enterokokken). Die Begleit- und Restflora besteht hauptsächlich aus Staphylokokken, Clostridien, Colibakterien und anderen negativ wirkenden Keimen. Bei einem gesunden Tier befinden sich die verschiedenen Keimarten der Darmflora in einem Gleichgewicht, **Eubiose** genannt. Treten im Verdauungskanal Störungen auf, verändert sich die Darmflora-Zusammensetzung zugunsten der Rest- oder Begleitflora, was besonders in den vorderen Dünndarmabschnitten eine Erhöhung der Belastung für das Tier bedeutet. Die Folgen sind geringeres Wachstum, schlechtere Futterverwertung und damit eine geringere Gesamtleistung. Starke Verschiebungen der Flora führen zu Durchfällen mit dem Risiko von Tierverlusten.

Da die Darmflora bei Jungtieren noch relativ instabil ist, können insbesondere während der Säuge- und Aufzuchtphase bereits geringfügige Veränderungen der Umweltbelastungen in Form von Futterwechsel, Umstallung, schlechte Klima- und Stallverhältnisse oder medikamentöse Behandlung zu einem Ungleichgewicht in der Darmflora führen.

Durch die Verabreichung von Probiotika kann aufgrund ihrer antagonistischen Eigenschaften das Eindringen, die Anheftung und Vermehrung potenzieller Krankheitserreger an der Darmschleimhaut verhindert werden. Dies wird erreicht, indem die über das Futter zugeführten Keime entweder die Bindungsstellen der Darmschleimhaut besetzen oder in der Schleimschicht einen wirksamen Biofilm als Infektionsbarriere aufbauen. Hinzu kommt die Bildung von Milchsäure und flüchtigen Fettsäuren, die sich insbesondere hemmend auf die Entwicklung krankmachender Keime auswirken.

Praxistipp

Der Einsatz von Probiotika führt somit in erster Linie zu einer Prophylaxe gegenüber Magen-Darm-Erkrankungen. Daraus kann entsprechend eine Leistungssteigerung im Bezug auf verbesserte Tageszunahmen und Futterverwertung resultieren. Dieser Effekt wird eher zu erwarten sein, je ungünstiger die Umweltbedingungen für das Tier und je labiler der Aufbau der Darmflora ist (besonders Säuge- und Aufzuchtphase). Durch Stärkung der positiven Darmflora werden ungünstige Darmkeime verdrängt. Dies erklärt auch, warum ihre Wirkung nicht spontan, sondern erst nach einem längeren Zeitraum der Verfütterung erwartet werden kann. Dabei besteht eine wesentliche Voraussetzung zur Erzielung der gewünschten Wirkungseffekte darin, dass dem Tier relativ hohe Keimzahlen von einigen Hunderttausend bis Millionen je Gramm Futter in einem noch lebensfähigen Zustand kontinuierlich zugeführt werden.

Säuren

Um feuchte Futtermittel vor dem mikrobiellen Verderb zu schützen, werden organische Säuren als Konservierungsstoffe eingesetzt. Dieser Konservierungseffekt wird übrigens bei der Gärfutterbereitung seit eh und je genutzt, wobei hier in erster Linie Milchsäure im Laufe des Vergärungsprozesses im Futterstock gebildet wird. Erst in jüngerer Zeit wird der Einsatz von Säuren auch im Hinblick auf eine leistungsfördernde Wirkung betrachtet.

Säuren sind als Konservierungsstoffe futtermittelrechtlich zugelassen. Wenn der Tierhalter sie direkt einsetzen will, muss er gemäß der **Futtermittelhygiene-Verordnung** (S. 290) zur Gewährleistung der Futtermittelsicherheit u. a. ein System der Risikominimierung (HACCP) einhalten. Dazu gehören die Dokumentation der eingesetzten Säure/Säuremischung, die Art und Menge des Futtermittels, die Dosierung der Säure und die Überprüfung der Dosiergenauigkeit. Außerdem muss er diese Tätigkeit bei der zuständigen Behörde melden.

Von den hauptsächlich verwendeten Säuren sind Ameisensäure, Propionsäure und Essigsäure flüssig, während Zitronensäure und Fumarsäure in Pulverform vorliegen. Von der Ameisensäure und Propionsäure werden auch Salze eingesetzt (Formiate, Propionate), die dann ebenfalls in Pulverform vorliegen. Die flüssige Ameisensäure, deren Handhabung aufgrund der hohen Korrosivität problematisch ist, wird auch als Ameisensäureadsorbat in Pulverform angeboten. Die Dosierung der organischen Säuren liegt in einem Bereich von 0,6 bis über 2 %, je nach Säureart und Anwendungsbereich. Einige Säurepräparate enthalten Kombinationen verschiedener organischer Säuren mit der anorganischen Ortho-Phosphorsäure. Diese werden mit einer Dosierung von nur 0,3 % eingesetzt.

Die in der Fütterung verwendeten organischen Säuren werden auch im Verdauungstrakt oder im intermediären Stoffwechsel der Tiere normalerweise gebildet, sodass sie als natürliche Produkte anzusehen sind.

Wie ist die positive Wirkung von Säurezusätzen zum Futter aus ernährungsphysiologischer Sicht zu erklären? Hier sind drei Wirkungsbereiche zu nennen: das Futter, der Magen-Darm-Trakt und der Intermediärstoffwechsel.

Im Futter führt der Säureeinsatz zu verringerten Keimzahlen und herabgesetzter Stoffwechseltätigkeit von Mikroorganismen (Verhinderung von Toxinbildung). Dies trifft insbesondere bei nicht lagerfähigem Futter (über 12,5 – 14 % Feuchtigkeitsgehalt) sowie auch für Flüssigfutter in Fütterungsanlagen ohne Spülsystem zu. Dieser konservierende Effekt kann bereits einen wesentlichen Einfluss auf Leistung und Gesundheit der Tiere haben.

Besonders effektiv ist die Säurewirkung auf die Magenfunktion bei Jungtieren. Es ist bekannt, dass die Salzsäure-Produktion im Magen in den ersten Lebenswochen für eine störungsfreie Verdauung nicht ausreicht. Dadurch wird das Wirkungsoptimum des Enzyms Pepsin zur Proteinspaltung ebenso wenig erreicht wie eine wirksame Bakterienschranke gegen die mit dem Futter aufgenommenen Keime mit der Folge einer Vermehrung von unerwünschten Keimen in den vorderen Darmabschnitten.

Die Zufuhr von Säuren über das Futter kann sich positiv in Richtung pH-Wert-Absenkung im Magen auswirken. Dadurch werden die Verdauungsvorgänge insgesamt günstig beeinflusst und eine zu starke Bakterienentwicklung verhindert. Dies führt nicht nur zu verbesserter Wachstumsleistung, sondern auch zu einer Verringerung der Durchfallhäufigkeit (Coli-Durchfälle).

Beim Einsatz von organischen Säuren deuten sich auch Effekte im Intermediärstoffwechsel der Tiere in Richtung Verbesserung der Verwertung der umsetzbaren Energie für den Ansatz und die Stickstoffverwertung an. Schließlich darf nicht unerwähnt bleiben, dass die mit dem Futter zugeführten organischen Säuren im Stoffwechsel auch entsprechend energetisch genutzt werden.

Fazit

Insgesamt lässt sich zum Komplex Säureeinsatz festhalten, dass über den Konservierungseffekt der Futtermischungen hinaus Effekte im Magen-Darm-Trakt zu erwarten sind, die sich insbesondere während der kritischen Phase der Aufzuchtfütterung positiv auf Wachstum und Gesundheit der Tiere auswirken.

Enzyme

Die Bedeutung der Enzyme wurde bereits in den Kapiteln Enzyme und Hormone (S. 38), Speicherung und Vorderdauung im Magen (S. 59) sowie Verdauung im Dünndarm (S. 60) erläutert. Sie spielen eine zentrale Rolle bei allen Aufbau- und Abbauvorgängen im Stoffwechsel. Sie sind maßgeblich an der Umsetzung der Nahrung im tierischen Organismus beteiligt. In jüngster Zeit besteht die Möglichkeit, Enzyme außerhalb des Nutztieres aus verschiedenen Mikroorganismen

(Pilze oder Bakterien) gezielt herzustellen und sie dem Futter zuzusetzen. Hierbei sind zwei Ansatzpunkte denkbar. Einmal bietet sich der Zusatz solcher Enzyme an, die aus bestimmten Gründen vom Tier selbst noch nicht in ausreichender Menge produziert werden, also besonders in der Aufzuchtphase. Ein anderes Anwendungsgebiet besteht im Zusatz von solchen Enzymen, die vom Tier selbst nicht produziert werden können. Damit wird dem Tier ermöglicht, ansonsten unverdauliche Nahrungsbestandteile aufzuschließen und nutzbar zu machen. Ein Beispiel hierfür wurde bereits oben angeführt, nämlich der Zusatz von mikrobieller Phytase (NSP). Hierunter fallen Zellulose, Beta-Glukan, Pentosane, Pektine u. a. Diese sind in einzelnen Futtermitteln in unterschiedlicher Größenordnung enthalten, im Roggen z. B. mehr als im Weizen. Enzymzusätze zu NSP-reichen Futtermitteln können die Kohlenhydratverdaulichkeit und damit die Energieverwertung verbessern. Auch kann dann der Anteil an Futtermitteln mit hohen NSP-Gehalten in den Futtermischungen entsprechend erhöht werden.

Sonstige Zusatzstoffe

Die Zusatzstoffliste der Futtermittelverordnung umfasst über die bisher behandelten Substanzen hinaus noch ein breites Spektrum weiterer Zusatzstoffe.

Antioxidanzien verzögern die Oxidation von Fetten und fettlöslichen Vitaminen. Sie spielen bei der Stabilisierung von Futterfetten und fettreichen Mischfuttermitteln eine Rolle. Unter anderem sind in dieser Gruppe auch Ascorbinsäure (Vitamin C) und Tocopherole (Vitamin E) eingeordnet.

Aroma- und appetitanregende Stoffe finden besonders in Ferkel- und Kälberfutter Verwendung. In neuerer Zeit werden Substanzen aus dieser Gruppe auch als wachstumsfördernde Zusatzstoffe eingesetzt. Durch erhöhte Ausschüttung der Verdauungssekrete, insbesondere Magensaft, Gallenflüssigkeit und den Säften der Bauchspeicheldrüse soll die Verdauung der Tiere stimuliert werden. Dies kann sich positiv auf Tageszunahmen und Futterverwertung auswirken.

In der Gruppe **Bindemittel, Fließhilfsstoffe** und **Gerinnungsstoffe** finden sich auch Substanzen wie Bentonit-Montmorillonit, Diatomeenerde u. a., denen z. T. eine absorbierende Wirkung insbesondere gegenüber den im Darm entstehenden Eiweißabbauprodukten (Ammoniak und andere stickstoffhaltige Stoffe) zugeschrieben wird. Damit soll das Tier „entlastet" und auch die Ammoniakkonzentration in der Stallluft verringert werden. Die Zulassung dieser Substanzen in dieser Gruppe bezieht sich allerdings nicht auf diese spezifischen Eigenschaften.

Emulgatoren (Sojalecithin u. a.) sorgen für eine gleichmäßige Verteilung der Fetttröpfchen in Wasser oder Magermilch und verbessern dadurch die Verdaulichkeit der Nahrungsfette. Sie werden vor allem Milchaustauschern zugesetzt, damit die hier verwendeten pflanzlichen und tierischen Fette annähernd ebenso gut vom Kalb verwertet werden können wie das Milchfett.

In dieser Gruppe findet sich auch das 1,2-Propandiol (Propylenglycol). Diese Substanz wird zur Vorbeugung gegen Stoffwechselstörungen bei Milchkühen wie z. B. Acetonämie eingesetzt. Diesen Zusatzstoff kann der Tierhalter direkt verwenden. Die vorgeschriebene max. Einsatzmenge von 12 g je kg lufttrockene Substanz (88 % TS) muss eingehalten werden. Dies entspricht bei einer Trockenmasseaufnahme der Kühe von 20 kg einer Tagesmenge von ca. 250 g Propylenglycol je Tier. Eine gleichmäßige Einmischung in das Futter ist aus futtermittelrechtlicher Sicht erforderlich.

Die Gruppe **färbende Stoffe einschließlich Pigmente** enthält u. a. Carotinoide und Xanthophylle, die z. B. Legehennenfutter beigemischt werden, um die Farbe des Eidotters den Verbraucherwünschen entsprechend „einzustellen".

Kokzidiostatika sind Medikamente, die zur Bekämpfung der Erreger der Roten Kükenruhr (Kokzidiose) in das Aufzuchtfutter der Küken und Junghennen bis zur Legereife beigemischt werden. Bei Schlachtgeflügel muss Futter mit derartigen Medikamenten spätestens 3 bzw. 5 Tage vor dem Schlachten abgesetzt werden.

5.1.6 Zusammenfassung

Die ▸ **Tab. 5.6** fasst zusammen, welche wichtigen Nähr- und Wirkstoffe in den verschiedenen Fraktionen der Weender Analyse enthalten oder versteckt sind. Dabei werden außerdem die essenziellen Stoffe hervorgehoben, die häufig auch in viel-

▶ **Tab. 5.6** Hauptbestandteile der Futtermittel.

Weender Analyse	Energiespender	Unentbehrliche Bau- u. Wirkstoffe	Davon oft unzureichend im Futter		Besonders enthalten in folgenden Futtermitteln
			der Wiederkäuer	der Schweine und des Geflügels	
Rohwasser	–	Wasser			Grünfutter, Nasssilagen, Saftfutter
Rohasche	–	Mineralstoffe	Calcium	Calcium	Leguminosen, Rübenschnitzel, Futterkalk
			Natrium		Viehsalz, Rüben
				verd. Phosphor	Futterphosphate
			Spurenelemente	Spurenelemente	Mineralfutter
Rohprotein (N × 6,25)	Eiweiß	essenzielle Aminosäuren		Lysin, Methionin, Threonin	Futtermittel tierischer Herkunft, Trockenhefe, Sojaschrot, reine Aminosäuren
			unabgebautes, darmverfügbares Protein (UDP)		Sojaschrot, Rapsschrot, Biertreber, Maiskleber, Palmkern- und Kokoskuchen
		• Vitamine • B-Komplex • Fermente		B_2, B_6, B_{12} Pantothensäure	Fischpresssaft, Trockenhefe, Molkenpulver, Mineralfutter
Rohfett	Fett	Linolsäure			Leinsamen, Sojaöl
		Vitamin A	Carotin	Carotin	Grünfutter, Grassilage
		β-Carotin			Grünmehle
		Vitamin D	Vitamin D	Vitamin A + D	Mineralfutter
		Vitamin E	Vitamin E	Vitamin E	Grünfutter, Grassilage, Grünmehl, Getreide, Mineralfutter
Rohfaser	Zellulose	(Rohfaser-Minimum bei Wiederkäuern)	beim Weidegang, in kraftfutterreichen Gesamtrationen		Heu, Grassilage, GPS, Pressschnitzelsilage
N-freie Extraktstoffe	Stärke, Zucker, Hemizellulose, Pentosane, Zellulose		beständige Stärke		Getreide, Körnerleguminosen, Futterrüben, Kartoffeln, -pülpe, Pressschnitzelsilage, Maisprodukte

seitig zusammengesetzten Rationen in zu geringer Menge vorhanden sind und ergänzt werden müssen. In einseitigen Rationen kommt es zu Mängeln an weiteren Nähr- oder Wirkstoffen. Wie groß der Bedarf der Tiere ist, wurde von der Wissenschaft bei vielen Bau- und Wirkstoffen herausgefunden. Bei Vitaminen wurden Bedarfsangaben bereits mitgeteilt. Weitere Informationen werden in späteren Abschnitten folgen.

Fazit

Für die Energieversorgung der Tiere stehen mehrere Stoffgruppen zur Verfügung, die sich bei dieser Aufgabe gegenseitig vertreten können. Das Eiweiß ist in erster Linie Baustoff; Überschüsse werden zur Energiegewinnung herangezogen oder in Speicherfett umgewandelt. Auch aus überschüssigen Kohlenhydraten wird Depotfett gebildet. Dieses stellt also die wichtigste Energiereserve des Körpers dar, die in Zeiten starker Energieanforderungen mobilisiert werden kann. Daneben gibt es im Glykogen der Leber und der Muskeln kleinere Energiespeicher zum Ausgleich der Schwankungen im Energieanspruch zwischen Ruhe und Arbeit, zwischen Tag und Nacht sowie von Tag zu Tag.

5.2 Energiehaushalt und Futterbewertung

Die im Kap. Wichtige chemische Verbindungen in Tier und Pflanze (S. 30) behandelten Nährstoffe können im Stoffwechsel des Tieres zur Energiegewinnung herangezogen werden. Jeder Nährstoff speichert bzw. liefert einen bestimmten Energiebetrag. Der Energiegehalt eines Nährstoffes und somit auch eines Futtermittels wird in der physikalischen Einheit Joule angegeben. Für Futtermittel ist die Angabe in Megajoule (MJ) pro kg üblich; das sind 1000 Kilojoule (kJ) oder 1 Millionen Joule. In ▸ **Abb. 5.5** sind für einige typische Futterinhaltsstoffe die Energiegehalte in kJ/g angegeben.

Die Darstellung verdeutlicht, dass der Nährstoff Fett gegenüber der Nährstoffgruppe Kohlenhydrate (Zellulose, Stärke) etwa den 2,2-fachen Energiegehalt aufweist. Das in Raufuttermitteln wie Heu oder Stroh enthaltene Lignin (Holzstoff) weist einen vergleichbaren Energiegehalt auf wie die Glukose. Es handelt sich bei der in ▸ **Abb. 5.5** genannten Angabe um sogenannte Bruttoenergie. Am Beispiel des Lignins kann verdeutlicht werden, dass ein hoher Bruttoenergiegehalt wenig aussagt über das tatsächliche Energielieferungsvermögen für den tierischen Stoffwechsel. Lignin kann weder

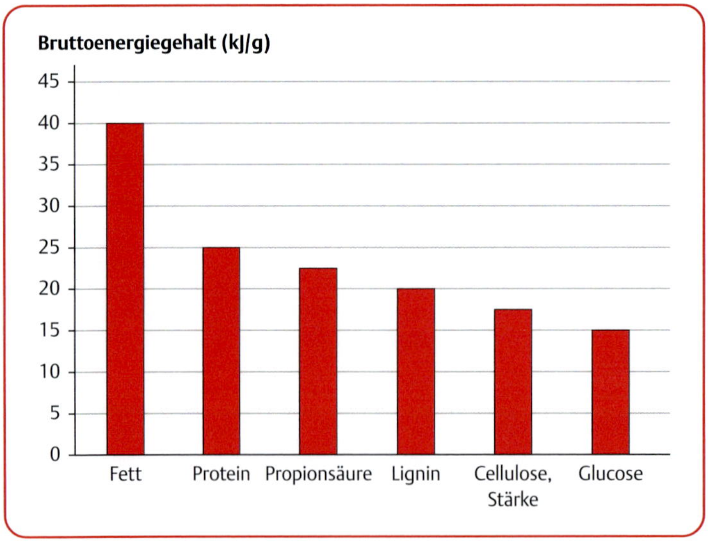

▸ **Abb. 5.5** Mittlerer Bruttoenergiegehalt von ausgewählten Futterinhaltsstoffen.

von den Mikroben im Vormagen noch mithilfe der körpereigenen Enzyme im Dünndarm abgebaut werden und wird vom Tier unverdaut wieder ausgeschieden. Somit kann das Tier die im Lignin gespeicherte Energie nicht nutzen. Die in der Glukose enthaltene Energie kann dagegen im tierischen Stoffwechsel zu etwa knapp der Hälfte genutzt werden; die andere Hälfte der freigesetzten Energie wird in Form von Wärme abgegeben. Aus diesem Beispiel wird deutlich, dass die im Tier ablaufenden Vorgänge der Verdauung, des Nährstoffumsatzes im Stoffwechsel und schließlich der Stoffansatz in Form von z. B. Fleisch mit stufenförmigen Energieumsetzungen verbunden sind (▸ **Abb. 5.7**).

Fazit

Die bei vollständiger Verbrennung frei werdende Energiemenge wird in der Tierernährung als Bruttoenergie bezeichnet. Im Tierkörper wird jedoch nur ein Teil der in den Nährstoffen gespeicherten Energie für die Wärmebildung gebraucht. Mehr Energie wird benötigt für die Arbeit (des Herzens, der Muskeln und anderer Organe) sowie für Wachstum, Milchbildung und andere Syntheseleistungen.

Dafür muss die in Nährstoffen gespeicherte Energie in geeigneter Weise umgeformt werden. Das geschieht in den Zellen des Tierkörpers. Möglich ist das jedoch nur für den Teil der Nährstoffe, der aus dem Futter bis in die tierischen Zellen gelangt. Bei Überlegungen und Berechnungen zum Energiehaushalt der Tiere müssen also auch verschiedene „Energieverluste“ berücksichtigt werden. Damit sind Energieformen gemeint, die für das Tier nicht nutzbar sind.

5.2.1 Energieumwandlung in der Zelle

Wenn die Glukose mit dem Hauptstrom der Nährstoffe durch die Pfortader in die Leber gelangt, gibt es für sie mehrere Verwendungsmöglichkeiten: Sie kann bei milchgebenden Tieren ins Milchdrüsengewebe weitergeleitet und dort in Milchzucker (Laktose) transformiert werden. Für diese einfache stoffliche Umwandlung wird bei optimalen Reaktionsbedingungen in den Milchdrüsenzellen wenig Energie gebraucht. Von 100 Joule Energie aus Glukose findet man bis zu 96 Joule in der Laktose wieder. Der bestmögliche Wirkungsgrad dieser Reaktion beträgt also 96 %. Einen ähnlich günstigen Wirkungsgrad hat die Umwandlung von Glukose zu Glykogen.

Wird dagegen überschüssige Glukose in Körperfett umgewandelt, ist der Wirkungsgrad deutlich ungünstiger. 100 Joule der Glukose reichen beispielsweise nur für eine Energiespeicherung von 80 Joule in der Palmitinsäure, einer in allen Körperfettarten reichlich enthaltenen langkettigen Fettsäure.

Arbeitsteilung zwischen Zellplasma und Mitochondrien Wie groß ist der Wirkungsgrad, wenn mithilfe der Glukose Arbeit geleistet werden soll? Etwa beim Transport der Glukose und anderer Nährstoffe durch die Darmwand und im Blut oder bei Kontraktionen von Muskelzellen? Für diese Zwecke muss die Glukose zunächst abgebaut werden. Der erste Teil dieses Prozesses, die sogenannte **Glykolyse**, findet im Zellplasma statt und liefert aus 1 Mol Glukose 2 Mol Pyruvat. Man kann auch sagen, aus einem C_6-Grundkörper entstehen zwei C_3-Grundkörper.

Die weiteren Abbauvorgänge werden in den Mitochondrien abgewickelt. Diese sind für ihre Aufgaben mit einer komplizierten Innenarchitektur (▸ **Abb. 3.4**) und mit einem breiten Fächer von Enzymen ausgestattet, die von den inneren Membranen abgegeben werden. In der ▸ **Abb. 5.6** wird auf die räumliche Aufgliederung und auf die Namen der meisten Enzyme verzichtet, um die Zwischen- und Endprodukte des Abbau- und Umwandlungsprozesses deutlich hervortreten zu lassen. Außerdem wird nur der Weg eines der beiden Pyruvat-Moleküle verfolgt. Mit dem zweiten geschieht aber das Gleiche.

Definition

Zitronensäurezyklus (Citratzyklus) und Atmungskette Zunächst wird Pyruvat aus dem Zellplasma durch die äußere Mitochondrienmembran nach innen transportiert und zu aktivierter Essigsäure, einem C_2-Körper, abgebaut. Diese verbindet sich mit einem C_4-Körper, der Oxalessigsäure (Oxalacetat), zur Zitronensäure (C_6) und wird dadurch in ein Abbausystem eingefädelt, das nach diesem ersten Glied benannt wird, in den **Zitronensäurezyklus**. Die Zitro-

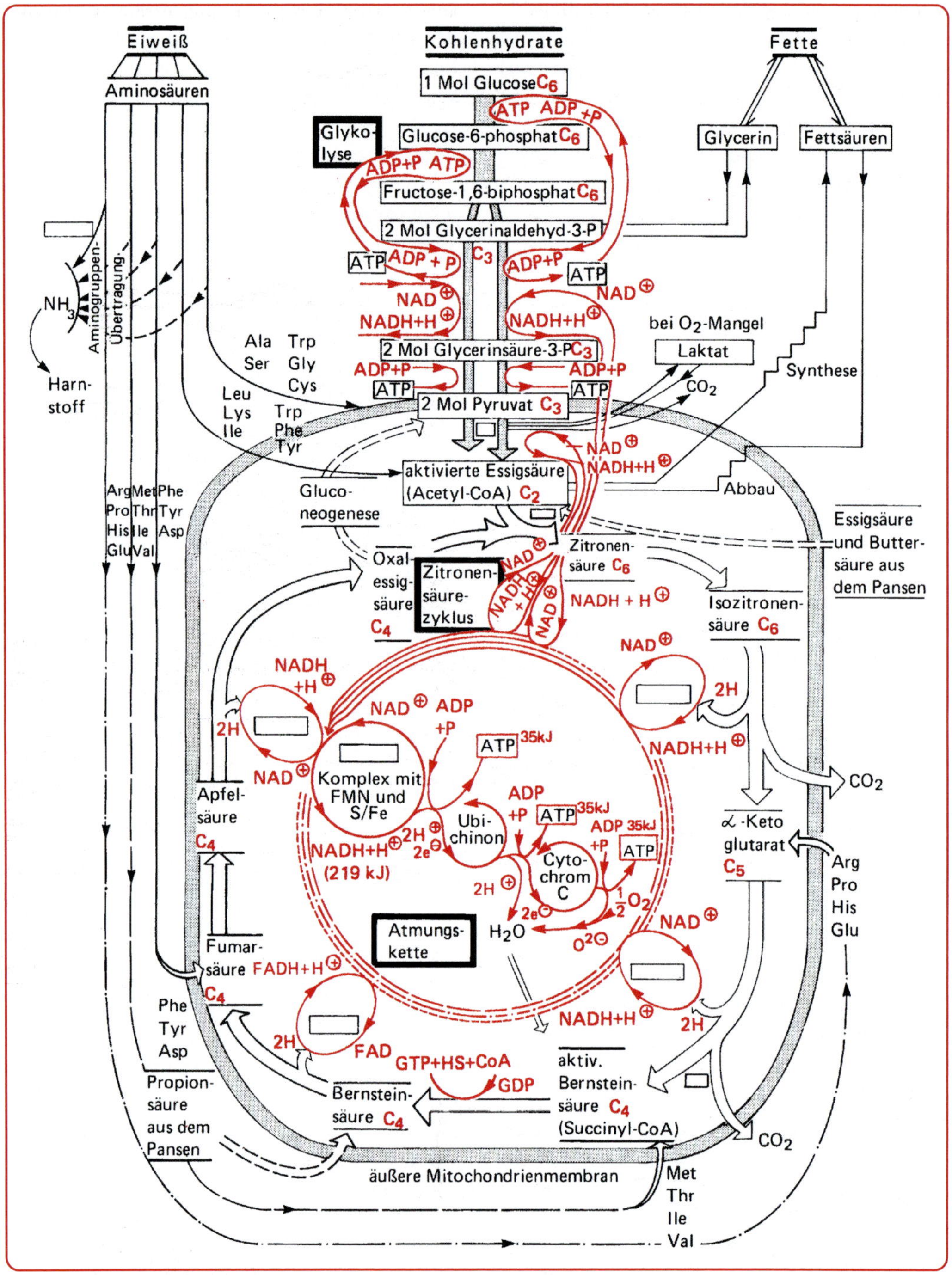

► **Abb. 5.6** Schema der Energie- und Stoffumwandlung in der Zelle (dargestellt für den Wiederkäuer).

- FMN/FAD/FADH = Flavinenzyme; GTP = Guanosintriphosphat; GDP = Guanosindiphosphat
- Niacinadenindinucleotid: NAD – oxidierte Form – NAD^+, NADH – reduzierte Form – $NADH + H^+$

nensäure (Citrat) wird über mehrere Stufen bis zur Oxalessigsäure (C_4) abgebaut, die dann die Initialzündung für die nächste Runde in dieser Arena liefert, für den Abbau eines weiteren Moleküls aktivierter Essigsäure. Was ist der Sinn dieses Geschehens? An verschiedenen Stationen des Zitronensäurezyklus werden Wasserstoff und Elektronen (negativ geladene Ionen) auf die oxidierte Form von Redox-Enzymen übertragen, auf NAD (Niacinadenindinucleotid) oder FAD (Flavinadenindinucleotid), die ihrerseits Wasserstoff und Elektronen an ein hintereinander geschaltetes System von Redox-Enzymen weiterreichen. Diese oxidieren das jeweils vorausgeschaltete Enzym und werden dabei selbst reduziert. Am Ende dieser Kette, die wegen ihres Bedarfs an Sauerstoff **Atmungskette** heißt, erfolgt die Elektronenübertragung auf den Sauerstoff, der sich mit Wasserstoff zu Wasser verbindet.

Adenosintriphosphat als Energie-Chip Einige dieser Redox-Enzyme sind in der ▸ **Abb. 5.6** eingezeichnet, und zwar diejenigen, bei denen gerade ein Teil der von NADH (im Wasserstoff oder in Elektronen) übertragenen Energie dazu benutzt wird, einen Phosphatrest an das Molekül einer bestimmten Nukleinsäure, des **Adenosindiphosphats (ADP)** abzulagern. Dabei entsteht **Adenosintriphosphat (ATP)**, das im Bedarfsfall das aufgenommene dritte Phosphat leicht wieder abgibt und dabei die gespeicherte Energie für energieverbrauchende Reaktionen in den Zellen freisetzt, beispielsweise für Kontraktionen von Muskelzellen.

Man kann diese Aufgabe der Mitochondrien mit der des Geldwechselns vergleichen, wobei unhandliche, beispielsweise für Automaten ungeeignete Hunderteuroscheine in gängige, überall verwendbare Euromünzen umgetauscht werden: „Energieriesen“ wie 1 Mol (= 180 g) Glukose, das über 1,8 Millionen Joule speichert, werden zu „Energiekleingeld“. 1 Mol ATP kann bei günstigen Reaktionsbedingungen bis zu 35 kJ bereitstellen.

Glukoseabbau bei Sauerstoffmangel Wenn von der Muskulatur eine rasche Steigerung der Arbeitsleistung gefordert wird – z. B. beim Start eines 100-m-Läufers oder bei der Fluchtreaktion eines Tieres –, hinkt die Sauerstoffversorgung der Muskelzellen und ihrer Mitochondrien anfangs hinterher. Deshalb kann nicht genug Glukose (bzw. Glykogen) über Citratzyklus und Atmungskette oxidiert werden. Im sauerstoffarmen Muskel wird nun der Abbauweg der Glukose beim Pyruvat umgelenkt und landet mit der Bildung von Laktat (Milchsäure) in einer Sackgasse. Die Energieausbeute von 2 Mol ATP je Mol abgebauter Glukose ist sehr gering; aber sie ist sofort verfügbar und hilft die Zeit überbrücken, bis Herz und Lunge auf volle Touren kommen.

Wenn der Körper wieder zur Ruhe kommt, wird die gespeicherte Milchsäure über Pyruvat (mit einem Wirkungsgrad von 70 – 80 %) in Glukose zurückverwandelt oder über Pyruvat und aktivierte Essigsäure dem Citratzyklus zugeleitet, zur Energieversorgung des Ruhestoffwechsels. Besonders der Herzmuskel beteiligt sich an der Milchsäureverwertung.

ATP-Bildung aus Fett und Eiweiß Wenn die Kohlenhydratzufuhr über die Futterration nicht für die Deckung des akuten Energiebedarfs der Tiere ausreicht, werden Fett und/oder Eiweiß dazu herangezogen. Für diesen Zweck müssen sich im Zellplasma zunächst die Fette durch hydrolytische Spaltung des Glyzerins entledigen und die Aminosäuren durch Desaminierung (oder Transaminierung) ihre Aminogruppe abkoppeln. Das Glyzerin, als Alkohol nahe verwandt mit den Kohlenhydraten, wird in den Abbauweg der Glykose eingeschleust. Es liefert ebenso Energie wie die Fettsäuren, deren Abbau jedoch innerhalb der Mitochondrien stattfindet, und zwar mittels der β-Oxidation bis zur Stufe der Essigsäure, die dann über die aktivierte Essigsäure in den Citratzyklus eingefädelt werden kann. Das Gleiche geschieht mit Essig- und Buttersäure aus der Pansen- oder Dickdarmgärung. Die überzähligen Aminogruppen dagegen können nicht zur Energiegewinnung herangezogen werden, sondern werden unter Energieverbrauch in Harnstoff umgewandelt, der über den Urin den Körper verlässt. Die Kohlenstoffgerüste der Aminosäuren werden an verschiedenen Stationen des Citratzyklus eingefädelt, teilweise schon vorher beim Pyruvat oder bei der aktivierten Essigsäure. Wegen der Abkürzungen wird auf das Kap. Eiweißverbindungen (S. 34) verwiesen. Dort noch nicht erwähnt wurden: Tyr (Tyrosin), Pro (Prolin) und Glu (Glutamin).

Bei Fettsäuren ist der Wirkungsgrad mit 45 % annähernd ebenso hoch, bei den kurzkettigen Fettsäuren aus dem Pansen mit 40 – 42 % etwas niedriger. Beim Eiweiß beträgt die Energieausbeute bei der Umwandlung in ATP je nach Aminosäurenzusammensetzung des Proteins zwischen 28 und 35 %. Weshalb so wenig? Erstens enthält der über den Harn ausgeschiedene Harnstoff selbst noch Energie (10,6 kJ je g). Zweitens wird bei der Desaminierung Energie verbraucht (2 ATP je Aminogruppe). Drittens können die Skelettmuskelzellen kein ATP aus Aminosäurenabbau gewinnen; sondern für diesen Zweck müssen die Aminosäuren erst in die Leber geschafft werden.

Fazit

Es muss noch geklärt werden, wo die bei der Umwandlung in ATP „verschwundene" Energie geblieben ist; denn eigentlich dürfte nach dem „Gesetz von der Erhaltung der Energie" keine Energie verloren gehen. Die Antwort fällt gerade dem Landwirt leicht, weil in seinem Beruf noch viel körperliche Arbeit geleistet werden muss. Die Redewendung „sich warm arbeiten" weist darauf hin, dass bei der Bereitstellung von ATP für die Arbeitsleistung der Muskeln und für andere Leistungen Wärme entsteht. **Wärme, die nicht mehr in andere Erscheinungsformen von Energie verwandelt werden kann**, während die im ATP gespeicherte chemische Energie für vielerlei energiebedürftige Aufgaben im Tierkörper eingesetzt werden kann und deshalb auch mehrfach als **„frei verfügbare Energie"** bezeichnet worden ist. Die bei der Umwandlung der Nährstoffe anfallende Abfallwärme muss, weil davon nur wenig für die Aufrechterhaltung der Körpertemperatur gebraucht wird, nach außen abgegeben werden. Das erfordert an heißen Tagen (beim Schwitzen) sogar einen zusätzlichen Energieaufwand.

Die Mitochondrien als Umschlagplatz für Zwischenprodukte des Stoffwechsels Wenn überschüssige Kohlenhydrate oder Eiweiß in Körperfett umgewandelt werden sollen, ist zunächst ein Abbau über Pyruvat bis zur aktivierten Essigsäure nötig, die dann ins Zellplasma zur Synthese von Fettsäuren befördert wird. Soll bei knapper Energiezufuhr oder beim Hungern Muskeleiweiß zur Auffüllung des Blutzuckerspiegels herangezogen werden, wird für den Abbau der Kohlenstoffskelette etlicher Aminosäuren auch der Citratzyklus gebraucht. Dadurch soll genügend Oxalessigsäure bereitgestellt werden, die in Pyruvat verwandelt wird. Daraus erfolgt dann der Aufbau der Glukose (in der sogenannten **Glukoneogenese**) in umgekehrter Richtung wie die Glykolyse.

Auch die Propionsäure aus der Pansengärung wird über Oxalessigsäure und Pyruvat in den Zellstoffwechsel eingeschleust. Sie vor allem hält bei Wiederkäuern die Glukoneogenese in Gang und dient damit der Aufrechterhaltung des Blutzuckerspiegels (für die Bildung von Milchzucker, die Ernährung des zentralen Nervensystems usw.). Wenn bei unzureichender Energieversorgung von Wiederkäuern die Propionsäureabgabe aus dem Pansen stark nachlässt, kann das zur Ketose, einer ernsten Stoffwechselerkrankung, führen; s. Kap. Fütterung der Milchkühe (S. 319).

Noch ein Beispiel für Biosynthesen aus Zwischenprodukten des Citratzyklus: Aus aktivierter Bernsteinsäure und der Aminosäure Glycin wird das Häm gebildet, der Farbstoff des Hämoglobins in den roten Blutkörperchen und der Cytochrome in der Atmungskette.

Zusammenfassung Unser Einblick in den Energiehaushalt der Zelle lässt noch viele Fragen offen und verhilft uns auch nicht direkt zu einem Maßstab für die Futterbewertung. Aber er liefert immerhin wichtige Vorkenntnisse für das Verständnis der Methoden zur praktischen Futterbewertung:

Fazit

1. Der Stoffumsatz im Tierkörper ist mit einem mehr oder weniger großen Energieverbrauch verbunden, wenig bei der Umwandlung sehr ähnlicher Stoffe (wie Glukose zu Laktose), viel bei komplizierten, über viele Stufen laufenden Abbau-, Umbau- und Aufbauprozessen und bei Arbeitsleistungen. Das heißt: Die Höhe des Energieverbrauchs richtet sich nach dem Verwendungszweck der Energie.
2. Bei den im Verdauungskanal aus dem Futter heraus gelösten und über die Darmwand in den inneren Stoffwechsel gelangten Nährstoffen liegt die Energie in chemisch gebundener Form vor. Sie kann für die Arbeit und viele andere Leistungen des Tierkörpers nicht unmittelbar genutzt

werden. Sondern die Nährstoffe müssen so umgeformt werden, dass die in ihnen gespeicherte Energie auf bestimmte Phosphorverbindungen (vor allem ATP) übertragen werden kann. Dabei entstehen ATP und andere energiereiche Verbindungen.

- Die bei dieser Umwandlung anfallende Wärme kann nicht mehr in andere Energieformen umgewechselt werden und ist ziemlich wertlos.
- Die Energieausbeute ist am besten beim Einsatz von Glukose, nicht viel ungünstiger bei der Verwendung von Fett bzw. kurzkettigen Fettsäuren (aus der Pansengärung), aber deutlich schlechter bei Einsatz von Eiweiß.
- Daraus folgt, weil Eiweiß der teuerste Nährstoff ist, dass es möglichst nur in den für die Bildung bzw. den Ersatz von Muskel-, Enzym-, Milch-, Eiereiweiß usw. nötigen Mengen und Qualitäten zugeführt werden sollte, also für überwiegend stoffliche Zwecke. Für die Verwendung als Energielieferant ist Eiweiß zu schade.

5.2.2 Verdaulichkeit des Futters

Die Tiere können nur von dem Teil des Futters leben, der verdaut wird. Was im Futter unverdaulich ist, wird mit dem Kot ausgeschieden. Man könnte den getrockneten Kot in einen Bombenkalorimeter geben und seinen Brennwert bestimmen, um folgende Rechnung durchführen zu können:

Merke
Futter-Bruttoenergie – Kot-Energie = verdauliche Energie

Verdauungskoeffizienten Bei den üblichen Verdaulichkeitsbestimmungen im Tierversuch geht man nicht so summarisch vor, sondern bestimmt mithilfe der Weender Analyse den Anteil der einzelnen Nährstoffe im Futter und im Kot. Daraus werden Verdaulichkeitskoeffizienten errechnet, die man im Bedarfsfalle auch zur Berechnung der verdaulichen Energie benutzen kann.

Bei den Verdauungsversuchen werden beispielsweise 4 – 5 Hammel über mehrere Wochen mit abgewogenen Mengen Wiesenheu (1. Schnitt, Beginn bis Mitte der Blüte) ernährt. Der Kot wird aufgefangen und ebenfalls gewogen. Wenn in der täglich aufgenommenen Heuration (von beispielsweise 2 kg) 580 g Rohfaser und in der täglich eingesammelten Kotmenge 220 g Rohfaser gefunden werden, müssen

$$\frac{580 - 220}{580} \times 100 = 62\%$$

der im Heu vorhandenen Rohfaser im Verdauungstrakt absorbiert worden sein. 62 % ist der Verdauungskoeffizient (oder Verdauungsquotient) für die Rohfaser dieser Heuqualität.

Die gleichen Bestimmungen und Berechnungen werden auch für die übrigen Rohnährstoffe ausgeführt. Am Ende wird – je nach dem Anteil der verdaulichen Nährstoffe – ein durchschnittlicher Verdauungskoeffizient für die gesamte organische Substanz errechnet. Bei dem hier verwendeten Heu kann die Verdaulichkeit der organischen Substanz etwa 61 % betragen.

Die Verdauungskoeffizienten werden in der Regel an der Tierart ermittelt, für die sie angewendet werden sollen. Am Rind wäre dies allerdings mit einem sehr hohen Aufwand verbunden. Hier bedient man sich des „kleinen" Wiederkäuers Schaf (Hammel) quasi als Modelltier.

Die Verdauungswerte sind keine konstanten Größen, sondern streng genommen immer nur für die untersuchte Futterpartie zutreffend. Sie können zusätzlich durch verschiedene Faktoren beeinflusst werden. Hierzu gehören einmal genetisch bedingte Unterschiede hinsichtlich der Leistungsfähigkeit der Verdauung beim Einzeltier (individuelle Schwankungen). Diese dürften umso größer sein, je weniger eine Rasse bzw. Population durchgezüchtet ist. Bei Legehennen werden die Unterschiede geringer sein als beispielsweise bei den Rindern. Zum anderen beeinflusst die Höhe der täglichen Futterzuteilung (satt oder restriktiv) sowie die Bearbeitung der Futtermittel (Zerkleinerungsgrad) das Verdauungsergebnis. Eine gewisse Schwankungsbreite der Einzelergebnisse ist deshalb unvermeidbar. Durch das Zusammenfügen vieler Ergebnisse aus Verdauungsversuchen und möglichst enge Eingrenzung der geprüften Futterqualitäten werden in der DLG-Futtermitteldatenbank repräsentative Durchschnittswerte bereitgestellt. Die ▸ **Tab. 5.7** soll am Beispiel von Grassilage verdeutlichen, welche großen Schwankungen

▶ **Tab. 5.7** Rohfasergehalt, Verdaulichkeit der organischen Substanz und Energiegehalt von Grassilage (Grünland, 2 – 3 Nutzungen, grasreich, obergrasbetont).

Vegetationsstadium beim Schnitt	Rohfaser in der TS (%)	Verdaulichkeit der organischen Substanz (%)	NEL pro kg TM (MJ)
1. Aufwuchs			
Beginn Ähren-/Rispenschieben	22,1	79	6,69
volles Ähren-/Rispenschieben	26,4	71	5,89
Beginn der Blüte	29,9	70	5,76
Mitte bis Ende der Blüte	33,4	67	5,38
2. und folgende Aufwüchse			
unter 4 Wochen	21,9	72	5,98
4 – 6 Wochen	26,0	70	5,68
7 – 9 Wochen	29,3	68	5,46

die Verdaulichkeit der organischen Substanz in Abhängigkeit vom Vegetationsstadium beim Schnitt, aber auch von der Jahreszeit aufweist.

Merke

Von diesem Beispiel kann demnach abgeleitet werden:

Die Verdaulichkeit eines Futtermittels hängt sehr eng mit dessen Rohfasergehalt zusammen. Je höher dieser ist, desto schlechter verdaulich wird das Futter. Die Verdaulichkeit nimmt ebenfalls mit fortschreitender Vegetation ab (2. und folgende Aufwüchse). Auf den ebenfalls in der ▶ Tab. 5.7 aufgeführten Energiegehalt kommen wir später zurück, wenn wir die Energiebewertungssysteme kennengelernt haben.

Die Tagesration einer frischmelken Hochleistungskuh sollte zu mindestens 80 % verdaulich sein. Beim Schwein sind die Verdauungskoeffizienten des Grünfutters und der daraus gewonnenen Futterkonserven wesentlich niedriger als bei den Wiederkäuern. Trockengrün von jungem Weidegras ist bei Wiederkäuern zu etwa 75 % verdaulich, beim Schwein nur zu ca. 52 %. Die niedertragenden Sauen mit den niedrigsten Ansprüchen verlangen in der Tagesration eine Verdaulichkeit der organischen Substanz von etwa 60 %. Bei Weizen beträgt die Verdaulichkeit der organischen Substanz bei Wiederkäuern 89 % und beim Schwein sogar 90 %. Rohfaserarme, gut verdauliche Futtermittel werden von den Schweinen noch etwas besser verwertet als von den Wiederkäuern. Mastschweine und säugende Zuchtsauen benötigen eine Futterration, deren organische Substanz zu 80 – 84 % verdaulich ist.

In-vitro-Methoden Für bestimmte Untersuchungen, besonders im Routinebetrieb, sind relativ aufwändige Tierversuche (= In-vivo-Methoden) nicht vertretbar. Es hat deshalb nicht an Versuchen gefehlt, Methoden zu entwickeln, bei denen Teile der im Verdauungstrakt der Tiere stattfindenden Vorgänge im Reagenzglas (= in vitro) nachvollzogen werden können.

Solche Methoden sind besonders für die Futterwertbestimmung beim Wiederkäuer interessant, da die hier eingesetzten Futterqualitäten in weiten Grenzen schwanken können, sodass die Verwendung von Tabellenwerten problematisch ist. Da bei dieser Tierart die im Vormagen angesiedelten Mikroorganismen entscheidend für das Ausmaß der Verdauung der Futtermittel verantwortlich sind, liegt es nahe, die Vorgänge im Pansen zu simulieren. Hierbei wird eine Futterprobe mit Pansensaft, der von einem unter festgelegten Bedingungen gefütterten Spendertier (Rind oder Schaf) über eine Pansenfistel (= verschließbare operativ angebrachte Öffnung) entnommen wird, vergoren.

Bei der Pansensaft-Vergärung müssen die Bedingungen im Vormagensystem, insbesondere Futterzerkleinerung und Temperatur, möglichst exakt nachvollzogen werden. Nach einer bestimmten Zeit wird dann der unvergärbare Futterrest herausgefiltert, gewogen und getrocknet. Durch Gewichtsvergleich mit der ursprünglich eingewogenen Futtermenge kann dann der verdaute Anteil errechnet werden.

Diese Methode wurde als **Hohenheimer-Futterwert-Test (HFT)**, der heute bei uns am weitesten verbreitet ist, weiterentwickelt. Beim HFT wird nicht mehr der Substanzverlust des Futtermittels direkt gemessen, sondern das Gasvolumen, das während der Einwirkungszeit des Pansensaftes entsteht. Auch im Vormagensystem der Tiere (S. 57) werden regelmäßig Gase gebildet, die vorwiegend aus Kohlendioxid und Methan bestehen. Die **Gasbildung** (**Gb**) ist ein sicherer Maßstab für das Ausmaß der mikrobiellen Umsetzungen und somit für die Verdaulichkeit des Futtermittels.

Werden neben der Gasbildung auch die Rohnährstoffgehalte nach der Weender Analyse ermittelt, kann der energetische Futterwert über entsprechende Regressionsgleichungen mit sehr hoher Genauigkeit geschätzt werden. Der HFT ist die heute bei uns am häufigsten angewendete In-vitro-Methode zur Bestimmung des energetischen Futterwertes für Wiederkäuer.

Daneben besteht auch die Möglichkeit, Pansensaft durch bestimmte Enzyme zu ersetzen. Hierbei handelt es sich um handelsübliche Cellulase-Präparate. Nach einer definierten Einwirkungszeit auf die Futtermittelprobe wird der unlösbare Anteil bestimmt und nach einer Aschebestimmung als Gehalt an **enzymlöslicher organischer Substanz (ELOS)** berechnet. Manche Verfahren weisen auch die enzymunlösliche organische Substanz (EULOS) aus.

Alle In-vitro-Verfahren müssen am Tierversuch geeicht werden. Über entsprechende Korrekturfaktoren sind dann relativ gute Näherungswerte der am Tier gemessenen Werte zu erreichen. Die enzymatischen Methoden haben den Vorteil, dass die Präparate im Handel erhältlich sind. Die Gewinnung von Pansensaft für den HFT über fistulierte Tiere wird inzwischen aus tierschutzrechtlichen Gründen zunehmend kritisch gesehen und ist hauptsächlich futtermittelrechtlich vorgeschriebenen Untersuchungen vorbehalten.

5.2.3 Energiestufen

Von der Brutto- zur Nettoenergie Am Anfang des Kap. Energiehaushalt (S. 200) wurde als Bruttoenergie des Futters die bei vollständiger Verbrennung frei werdende Energiemenge bezeichnet. Was ist nun Nettoenergie? Das ist jener Rest der Bruttoenergie eines Futtermittels oder einer Futterration, der nach Abzug aller Energieverluste dem Tier verbleibt und von ihm für seine Leistungen verwendet werden kann. Die wichtigsten dieser Leistungen enthält die ▸ **Tab. 5.8.**

Fazit

Bei den energieverbrauchenden Leistungen des Tierkörpers unterscheiden wir also zwischen den eigentlichen, wirtschaftlich verwertbaren Leistungen und jenen, die jedes lebende Tier um seiner selbst willen erbringen muss und die für seine Gesunderhaltung notwendig sind.

Diese Erhaltungsfunktionen sind aber zugleich die Voraussetzung für die Bereitschaft und die Fähigkeit, wirtschaftlich verwertbare Produkte zu liefern. Zuerst muss das Futter den Erhaltungsbedarf der Tiere decken. Nur wenn darüber hinaus noch Futter gereicht wird, können die Energieüberschüsse zur Produktion von Fleisch, Milch usw. benutzt werden.

Energieverluste und Energiestufen Wenn von der Bruttoenergie des Futters die Kotenergie abgezogen wird, erhält man rechnerisch die verdauliche Energie (für Bruttoenergie hat sich international die Bezeichnung „gross energy", abgekürzt **GE**, und für die verdauliche Energie **DE** = „digestible energy" eingebürgert). Die mit dem Kot ausgeschiedene Energie stellt nicht die einzige Verlustquelle dar. Mit weiteren Energieverlusten hatten wir schon im Kap. Energieumwandlung in der Zelle (S. 201) zu tun. Da gibt es die Energieverluste über den Harn, wenn Harnstoff und andere energiehaltige Stoffwechselschlacken ausgeschieden werden. In viel größerer Menge entstehen aber bei Wiederkäuern Energieverluste durch die Abgabe von Gärungsgasen über den Schlund (aus der Pansengärung), in geringerem Umfang über den After (aus der Dickdarmgärung). Als Gärungsgas bildet sich hauptsächlich Methan mit einem sehr hohen Energiewert (13,2 kcal = 55 kJ je g). Die täglich erzeugte Menge an Methan beträgt bei Kühen 200 – 400 g, bei Mastrindern 70 – 150 g und bei Schafen 10 – 30 g.

▶ **Tab. 5.8** Energiebedarf für Erhaltung und Leistung.

Leistung	Details
Erhaltungsfunktionen:	• Aufrechterhaltung der ständigen Herz-, Atmungs-, Nieren-, Nerven-, Drüsentätigkeit und anderer lebensnotwendiger Stoffwechselvorgänge • Ersatz der verbrauchten Stoffe (Oberhaut, Haare, Hufe, Federn, Enzyme, rote Blutkörperchen usw.) • Wärmeregulation bei extremen Temperaturen
Produktionsleistungen:	• Arbeit (Ziehen, Reiten usw.) • Wachstum • Fleisch- und Fettansatz (Mast) • Trächtigkeit • Milchbildung • Eierproduktion • Wolle

Definition

Wenn man von der Bruttoenergie des Futters die Energieverluste über Kot, Harn und Methan abzieht, erhält man die sogenannte **umsetzbare Energie**. Dieses ist die Höchstmenge an Energie, die von den Tieren im inneren Stoffwechsel zur Aufrechterhaltung ihrer Lebensfunktionen und für vom Menschen nutzbare Leistungen umgesetzt werden kann. Sie wird auch als „metabolizable energy“, abgekürzt **ME**, bezeichnet.

Bei diesen Umsetzungen ergeben sich weitere Energieverluste dadurch, dass nur ein Teil der in den absorbierten Nährstoffen (Glukose, Fettsäuren, Aminosäuren usw.) eingeschlossenen Energie in die Speicherform des ATP überführt und nach Bedarf bei Energie verbrauchenden Prozessen freigesetzt werden kann.

Definition

Der Rest der potenziellen (möglichen) Energie der absorbierten Nährstoffe fällt als Wärmeenergie an, die in diesem Zusammenhang meistens als **thermische Energie** bezeichnet wird.

Ein Teil dieser thermischen Energie kann in kalter Umgebung (bei Rindern je nach Leistung unter 5 bis 0 °C, bei Sauen unter 12 bis 8 °C) genutzt werden und verhindert dann die zusätzliche Verbrennung von Nährstoffen zur Aufrechterhaltung der Körpertemperatur. Sonst hat die **thermische Energie** aber, wie früher schon ausgeführt wurde, den **Charakter von Abfallwärme** (wie die Reibungswärme in den Motoren) und muss über die Haut nach außen abgegeben werden. Ein Teil der thermischen Energie entstammt der für die Kau-, Verdauungs- und Transportarbeit aufgewendeten Energie und ist von der Beschaffenheit der Futtermittel abhängig. Außerdem variiert die thermische Energie nach der Tierart (bei Schwein und Geflügel niedriger als bei Wiederkäuern) und nach der Nutzungsrichtung (bei der Milchbildung geringer als beim Fettansatz). An dem höheren Anfall an thermischer Energie beim Wiederkäuer sind auch die Mikroorganismen des Pansens beteiligt, und zwar besonders durch die bei der Pansengärung entstehende Fermentationswärme.

Fazit

Daraus folgt, dass die **Nettoenergie** eines bestimmten Futtermittels von Tierart zu Tierart verschieden ist und sich innerhalb einer Tierart nach der Nutzungsrichtung unterscheidet.

Um die Größenordnung der Energieverluste sichtbar zu machen, wird in der ▶ **Abb. 5.7** der tägliche Energieumsatz einer 650 kg schweren Milchkuh mit einer täglichen Milchleistung von 15 kg ECM (das heißt energiekorrigierte Milch: 4 % Fett- und 3,4 % Eiweißgehalt) bei leistungsgerechter Fütterung, also ohne Körpergewichtsänderungen, dargestellt. Zählt man auch den Erhaltungsbedarf zum „unproduktiven“ Anteil, werden letztlich nur ca. 19 % der Bruttoenergie der Futterration in Milchleistung umgesetzt.

Wer das Schema genau betrachtet, dem wird auffallen, dass einige Zahlen den Zusatz „circa“ (= ungefähr) haben, andere nicht, und dass die Ein-

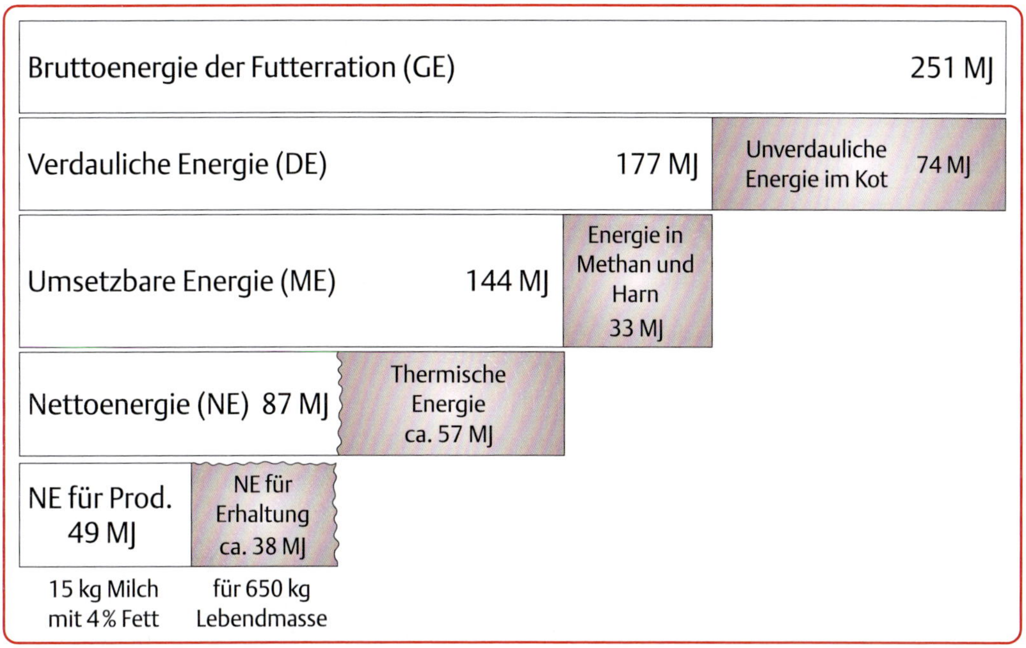

▸ **Abb. 5.7** Schema der Energieverluste bei der Milchproduktion.

rahmungslinien der Kästchen nicht immer gleich aussehen. Wie steht es also um die Genauigkeit der Bestimmung und Abgrenzung der verschiedenen Energieformen?

Wie man die Kotenergie ermitteln kann, wurde bereits erörtert. Mithilfe von aufwändigen Apparaturen und Untersuchungen lässt sich die Menge der gasförmigen Ausscheidungen bestimmen und die umsetzbare Energie berechnen. Auch die in den Produkten enthaltene Energie kann zuverlässig ermittelt werden. Für Milch und Eier ist diese Ermittlung einfacher als im täglichen Zuwachs von Mastschweinen oder -rindern.

Mit umständlichen Untersuchungen und Berechnungen gelingt auch das.

Problematik der Bestimmung des Erhaltungsbedarfs Unscharf bleibt die Abgrenzung zwischen thermischer Energie und Nettoenergie für Erhaltung. Die beim oben stehenden Schema benutzten und in späteren Abschnitten des Buches aufgeführten Angaben für den Erhaltungsbedarf der Tiere stellen nur Annäherungswerte dar, die vom sogenannten **Grundumsatz** abgeleitet worden sind. Das ist der Energieumsatz fastender Tiere bei völliger Ruhe in einem Raum mit mittlerer Temperatur. Hier werden schon die Schwierigkeiten deutlich: Hungrige Tiere sind unruhig. Wiederkäuer darf man mit Rücksicht auf ihre Gesundheit nicht so lange hungern lassen, bis der Verdauungskanal leer und die Auswirkung der letzten Futteraufnahme vor dem Fasten nicht mehr spürbar ist.

Trotzdem wurde von dem Physiologen *Kleiber* entdeckt, dass der Grundumsatz verschieden schwerer Tiere nach folgender Formel, also mit einer logarithmischen Rechnung, ermittelt werden kann:

$$\text{täglicher Energieverbrauch im Grundumsatz (kJ)} = 293 \times \text{Lebendgewicht in kg}^{3/4}$$

Die 3/4-Potenz des Körpergewichts wird auch als metabolische Körpergröße bezeichnet. Diese Formel bedeutet, dass große Tiere pro kg ihres Körpergewichtes weniger Erhaltungsenergie verbrauchen als kleine Tiere, und zwar in einer berechenbaren Größenordnung. Beim Erhaltungsbedarf kommt zu diesem Minimalbedarf noch der für die Futteraufnahme, Verdauungsarbeit, leichte Mus-

▶ **Tab. 5.9** Energiestufen und ihre Anwendung als Bewertungssystem.

Energiestufe	Bezeichnung	Einheit	Anwendung
Bruttoenergie	GE	MJ	Menschen, Fische
verdauliche Energie	DE	MJ	Kaninchen, Hunde, Katzen
umsetzbare Energie	ME	MJ	
umsetzbare Energie	ME_S		Schweine
umsetzbare Energie	ME_G		Geflügel
umsetzbare Energie	ME_W		Rindermast, Rinderaufzucht, Schafe, Ziegen (Aufzucht, Mast)
umsetzbare Energie	ME_P		Pferde
Nettoenergie	NE	MJ	
Nettoenergie-Laktation	NEL		Milchkühe, Milchschafe Milchziegen
Nettoenergie – Schwein	NE_S		Schweine (Ferkel, Mastschweine)

keltätigkeit und Wärmeregulation erforderliche Energiebedarf hinzu. Da diese Faktoren keine feststehenden Größen sind, wird der Erhaltungsbedarf immer eine gewisse Schwankungsbreite aufweisen.

Energiebewertungssysteme Die energetische Futterbewertung ist ein wesentlicher Grundpfeiler der Tierernährung, sie hat die möglichst exakte Vorhersage der aus den in den Futtermitteln enthaltenen Nährstoffen zu erwartenden tierischen Leistung zum Ziel. Die in den einzelnen Energiestufen auftretenden Verluste müssen deshalb möglichst exakt quantifiziert werden. Umgekehrt muss aber auch für eine konkrete tierische Leistung die erforderliche Menge an Futterenergie berechnet werden können. Futterbewertung und Bedarfsermittlung müssen deshalb eng miteinander verknüpft sein. Auf welcher Energiestufe das Bewertungssystem aufgebaut wird, hängt besonders davon ab, welche Energieverluste in erster Linie durch die verschiedenen Futtermittel selbst und welche durch die unterschiedlichen Produktionsrichtungen der Tiere verursacht werden.

Die bis zur Stufe der umsetzbaren Energie (ME) auftretenden Verluste sind in erster Linie futtermittelbedingt, während die bei der Umsetzung zur Nettoenergie auftretenden Verluste stark durch die Produktionsrichtung (Eiweiß, Fett, Milch u. a.) beeinflusst werden. Aus diesen Gründen basieren heute die meisten für die landwirtschaftlichen Nutztiere angewendeten Futterbewertungssysteme auf der Energiestufe „ME“. Die unterschiedliche Verwertung der ME für die einzelnen Teilbereiche der Leistung wird über die Bedarfsangaben berücksichtigt.

Die Energiebewertung bei der Milchproduktion stellt hier eine Ausnahme dar, denn sie erfolgt auf der Stufe der Nettoenergie. Dies ist darauf zurückzuführen, dass hier die Produktionsrichtung relativ eindeutig festliegt, während z. B. im Bereich der Rindermast sehr unterschiedliche Formen (Bullenmast, Ochsenmast, Färsenmast) sowie Intensitäten (Intensivmast, Wirtschaftsmast) praktiziert werden. Dies trifft auch für die Schweinehaltung zu, wo tragende und säugende Zuchtsauen, Ferkel, Läufer und Mastschweine mit sehr unterschiedlichen Produktionszielen gefüttert werden. Eine Übersicht über die zurzeit angewendeten Energiebewertungssysteme findet sich in der ▶ **Tab. 5.9**.

5.2.4 Energiebewertung bei Wiederkäuern

Bis zum Jahr 1982 wurde bei der Berechnung von Futterrationen für alle Nutzungsrichtungen der Wiederkäuer das von dem Leipziger Professor *Oskar Kellner* Anfang des 20. Jahrhunderts entwickelte **Stärkeeinheiten-System** (StE) benutzt. Dieses

Bewertungssystem wurde bei Milchkühen 1982 durch die NEL und bei Mast- und Aufzuchtrindern sowie bei Schafen 1997 durch die ME abgelöst.

Grundlage der Energiebewertung beim Wiederkäuer sind aufwändige Respirationsversuche, die für eine routinemäßige Bewertung der Futtermittel nicht praktikabel sind. Aus den grundlegenden Respirationsversuchen, die über Jahrzehnte am *Oskar-Kellner*-Institut in Rostock durchgeführt worden sind, wurde eine entsprechende Regressionsgleichung abgeleitet, mit deren Hilfe die umsetzbare Energie (ME) aus den verdaulichen Rohnährstoffen berechnet werden kann. 1997 wurde diese auf Basis des Datenmaterials von 92 verschiedenen Futterrationen korrigiert.

Fazit

Die ME_W ist – wie aus dem Kap. Energiestufen (S. 207) und der ▶ **Abb. 5.7** hervorgeht – eine Zwischenstufe bei der Berechnung der NEL. Sie ist daneben der gültige Bewertungsmaßstab für die Aufzucht und Mast im Bereich der Wiederkäuer.

Zur Berechnung der Bruttoenergie und der umsetzbaren Energie (ME_W) werden die in ▶ **Tab. 5.10** aufgeführten Regressionsgleichungen angewendet.

Die Bruttoenergie wird aus der Summe der organischen Nährstoffe nach der Weender-Analyse unter Berücksichtigung der entsprechenden Verwertungsfaktoren berechnet.

Zur Berechnung der umsetzbaren Energie wird das verdauliche Rohfett, die verdauliche Rohfaser, der „Rest verdauliche organische Masse“ und das Rohprotein herangezogen, mit den entsprechenden Verwertungsfaktoren multipliziert und addiert. Bei dem „Rest verdauliche organische Masse“ handelt es sich um die verdauliche organische Masse abzüglich des verdaulichen Rohfettes und der verdaulichen Rohfaser. Beim Protein beschränkt sich die Berechnung auf das Rohprotein, da dessen Verdaulichkeit kaum durch die Futtermittel beeinflusst wird.

Definition

Von der umsetzbaren Energie wird die Nettoenergie-Laktation (NEL) mithilfe folgender Formel abgeleitet:

$$NEL\ (MJ/kg) = 0,6\ (1 + 0,004\ [q - 57]) \times ME\ (MJ/kg)$$

Es wird von einer mittleren Verwertung der umsetzbaren Energie von 60 % (0,6) ausgegangen. Diese hängt von der Zusammensetzung der Futterration ab und wird in der Formel durch q (= Umsetzbarkeit der Energie) charakterisiert. Zur Berechnung wird die umsetzbare Energie des Futtermittels ins Verhältnis zur Bruttoenergie nach der Formel

$$q = \frac{ME \times 100}{GE}$$

gesetzt. Die für die Berechnung benötigten Daten (Rohnährstoffe für die GE und Verdaulichkeiten für die ME) können aus der DLG-Futterwerttabelle

▶ **Tab. 5.10** Regressionsgleichungen zur Berechnung der Bruttoenergie und der umsetzbaren Energie.

	Nährstoff (g/kg)	Faktor
Bruttoenergie – GE (MJ/kg) =	Rohprotein	× 0,0239
	+ Rohfett	× 0,0398
	+ Rohfaser	× 0,0201
	+ NfE	× 0,0175
umsetzbare Energie – ME (MJ/kg) =	verdauliches Rohfett	× 0,0312
	+ verdauliche Rohfaser	× 0,0136
	+ (verd. organische Masse – verd. Rohfett – verd. Rohfaser)	× 0,0147
	+ Rohprotein	× 0,00234

▶ **Tab. 5.11** Berechnung der Nettoenergie-Laktation am Beispiel einer Grassilage.

Informationen der Futteranalyse und der DLG-Tabelle zu Grassilage			
Rohnährstoffgehalte je kg TM: 892 g organische Masse (OM), 165 g Rohprotein, 44 g Rohfett, 221 g Rohfaser, 462 g NfE			
Verdaulichkeiten: OM 79 %, Rohfett 64 %, Rohfaser 82 %			
1. Schritt: Berechnung der Bruttoenergie (GE)			
1 kg Grassilage – TM liefert		Faktor	GE (MJ/kg)
Rohprotein	165 g	× 0,0239	= 3,94
+ Rohfett	44 g	× 0,0398	= 1,75
+ Rohfaser	221 g	× 0,0201	= 4,44
+ NfE	462 g	× 0,0175	= 8,06
			18,19 MJ/kg TM
2. Schritt: Berechnung der umsetzbaren Energie (ME)			
1 kg Grassilage – TM liefert		Faktor	ME (MJ/kg)
verdauliches Rohfett	28,2 g	× 0,0312	= 0,88
+ verdauliche Rohfaser	181,2 g	× 0,0136	= 2,46
+ verd. OM – verd. Rohfett – verd. Rohfaser	495,3 g	× 0,00147	= 7,28
+ Rohprotein	165 g	× 0,00234	= 0,39
			11,01 MJ/kg TM
3. Schritt: Berechnung der Umsetzbarkeit (q)			
$q = \frac{ME}{GE} \times 100 = \frac{11,01}{18,19} \times 100 = 60,5$			
4. Schritt: Berechnung der Nettoenergie-Laktation (NEL)			
$NEL = 0,6 \times (1 + 0,004\ [60,5 - 57]) \times 11,01\ MJ/kg$			**= 6,70 MJ/kg TM**

entnommen werden. Zunächst wird am **Beispiel einer Grassilage** (1. Aufwuchs, Beginn Ähren-/Rispenschieben; ▶ **Tab. 6.10**) die ganze Berechnung durchgeführt und kann vom Leser nachvollzogen werden (▶ **Tab. 5.11**).

Die Grassilage enthält in 1 kg Trockenmasse 11,01 MJ ME bzw. 6,70 MJ NEL. Wie im Kap. Gärfutter (S. 230) zu sehen sein wird, handelt es sich hierbei um eine sehr gute Qualität (früher Schnitt, niedriger Rohfaseranteil, hohe Verdaulichkeit).

Bei Grassilage handelt es sich um ein Grobfuttermittel. Als weiteres Beispiel für die Berechnung der ME und NEL wird **Weizen** als Kraftfuttermittel gewählt. Wie bei der Grassilage erfolgt auch hier die Berechnung in 1 kg Trockenmasse. Selbstverständlich kann die Berechnung auch in der Frischmasse (88 % TS) erfolgen, die Rohnährstoffgehalte müssen dann entsprechend umgerechnet werden. Auf Basis der Trockenmasse ist allerdings eine bessere Vergleichbarkeit verschiedener Futtermittel gegeben (▶ **Tab. 5.12**).

Der Weizen enthält in 1 kg Trockenmasse 13,40MJ ME und 8,52 MJ NEL. Bei nahezu gleichem Bruttoenergiegehalt wie in der Grassilage sind dies

▶ **Tab. 5.12** Berechnung der Nettoenergie-Laktation am Beispiel von Weizen.

Informationen der Futteranalyse und der DLG-Tabelle zu Weizen			
Rohnährstoffgehalte je kg TM: 981 g organische Masse (OM), 138 g Rohprotein, 20 g Rohfett, 29 g Rohfaser, 794 g NfE			
Verdaulichkeiten: OS 89 %, Rohfett 78 %, Rohfaser 41 %			
1. Schritt: Berechnung der Bruttoenergie (GE)			
1 kg Weizen – TM liefert		Faktor	GE (MJ/kg)
Rohprotein	138 g	× 0,0239	= 3,30
+ Rohfett	20 g	× 0,0398	= 0,80
+ Rohfaser	29 g	× 0,0201	= 0,58
+ NfE	794 g	× 0,0175	= 13,90
			18,58 MJ/kg TM
2. Schritt: Berechnung der umsetzbaren Energie (ME)			
1 kg Weizen – TM liefert		Faktor	ME (MJ/kg)
verdauliches Rohfett	15,6 g	× 0,0312	= 0,49
+ verdauliche Rohfaser	11,9 g	× 0,0136	= 0,16
+ verd. OM – verd. Rohfett – verd. Rohfaser	845,6 g	× 0,0147	= 12,43
+ Rohprotein	138 g	× 0,00234	= 0,32
			13,40 MJ/kg TM
3. Schritt: Berechnung der Umsetzbarkeit (q)			
$q = \frac{ME}{GE} \times 100 = \frac{13,40}{18,58} \times 100 = 72$			
4. Schritt: Berechnung der Nettoenergie-Laktation (NEL)			
$NEL = 0,6 \times (1 + 0,004\ [72 - 57]) \times 13,40\ MJ/kg$			**= 8,52 MJ/kg TM**

22 % mehr umsetzbare Energie und 27 % mehr Nettoenergie.

Nach der hier durchgeführten Berechnungsmethode können für alle Futtermittel, für die die erforderlichen Informationen vorliegen, die ME- und NEL-Gehalte berechnet werden. Dabei ist die Information über die Rohnährstoffgehalte mittels der Weender-Analyse relativ einfach zu bekommen. Schwieriger ist es dagegen, die Verdaulichkeiten für die betreffenden Nährstoffe zu erfahren. Diese müssen über entsprechende Tierversuche ermittelt werden. In der DLG-Futtermitteldatenbank sind umfassende Informationen zu zahlreichen Futtermitteln enthalten, u. a. selbstverständlich auch die ME- und NEL-Gehalte. Mit den Werten für die einzelnen Futtermittel können dann Futterrationen und -mischungen berechnet und mit dem Bedarf der Tiere verglichen werden.

Kommen wir zurück auf die ▶ **Tab. 5.7**. Wir hatten bereits festgehalten, dass die Verdaulichkeit eines Futtermittels von der Höhe seines Rohfasergehaltes abhängt. Betrachtet man den NEL-Gehalt, so ist ebenfalls ein enger Zusammenhang zur Verdaulichkeit festzustellen. Dies ist nicht verwunderlich, da das Energiebewertungssystem ja von den verdaulichen Nährstoffen ausgeht. Der Energiegehalt erlaubt deshalb Rückschlüsse auf die Verdaulichkeit eines Futtermittels.

Fazit

Da in den gängigen Futterwerttabellen keine Verdaulichkeitswerte angegeben sind und diese bei Rationsberechnungen auch nicht berücksichtigt werden, ist die **„Energiekonzentration“** (MJ NEL/kg TM) der geeignetste Maßstab zur Beurteilung der Qualität eines Futtermittels und einer Futterration.

5.2.5 Energiebewertung beim Schwein

Bis zum Jahr 1984 wurde in der Schweinefütterung der Energiemaßstab GN (= Gesamtnährstoff), der im Jahr 1925 vom Göttinger Tierernährungsprofessor *Lehmann* eingeführt worden war, angewendet. Seitdem ist das Energiebewertungssystem auf der Basis der umsetzbaren Energie (ME_S) gültig. Die Bewertung auf der Stufe der umsetzbaren Energie wurde deshalb gewählt, weil alle bis zu dieser Stufe auftretenden Energieverluste futtermittelbedingt sind. Die bis zur Stufe der Nettoenergie auftretenden Verluste sind in ihrer Höhe vor allem von der Leistungsrichtung (Aufzucht, Mast, güste, tragende und laktierende Sauen u. a.) und der Leistungshöhe abhängig. Diese unterschiedlichen Wärmeverluste werden bei der Bedarfsermittlung berücksichtigt. Der auf der Stufe der umsetzbaren Energie ermittelte energetische Futterwert ist also z. B. für niedertragende Sauen ebenso zutreffend wie für Absatzferkel.

Der Berechnungsgang für den ME-Gehalt eines Futtermittels geht aus der ▶ **Tab. 5.13** hervor.

Grundlage der ME sind die Rohnährstoffe, die chemisch ermittelt werden, und deren Verdaulichkeit, die auf der Basis von Tierversuchen in der DLG-Tabelle zusammengefasst sind (erster und zweiter Schritt). Für Stärke und Zucker werden keine Verdaulichkeiten berücksichtigt. Die im dritten Schritt zu berücksichtigenden Verwertungsfaktoren für die verdaulichen Nährstoffe wurden in Tierversuchen durch Regressionsanalyse zwischen verdaulichen Nährstoffen und der am Tier bestimmten ME ermittelt und beziehen sich auf die Futtertrockenmasse (▶ **Tab. 5.14**).

▶ **Tab. 5.13** Berechnungsgang für den ME_S-Gehalt eines Futtermittels.

Berechnungsgang für die umsetzbare Energie (ME_S) eines Futtermittels	
1. Schritt:	**Bestimmung der Rohnährstoffe**
2. Schritt:	Rohnährstoffe × Verdaulichkeit ↓ verdauliche Nährstoffe
3. Schritt:	verdauliche Nährstoffe × Verwertungsfaktoren ↓ **umsetzbare Energie (ME)**

▶ **Tab. 5.14** Formel zur Berechnung der ME_S.

ME_S (MJ/kg TM) =
0,0205 × verdauliches Rohprotein in g/kg TM
0,0398 × verdauliches Rohfett in g/kg TM
0,0173 × Stärke in g/kg TM
0,0160 × Zucker in g/kg TM
0,0147 × verdaulicher organischer Rest in g/kg TM

In der ▶ **Tab. 5.15** wird die ME-Berechnung für Gerste im Einzelnen aufgeführt. Der dort aufgeführte Begriff „verdaulicher Rest“ ergibt sich aus einer Nebenrechnung. Hierbei werden von der verdaulichen Organischen Masse das verdauliche Rohprotein, das verdauliche Rohfett sowie Stärke und Zucker abgezogen. Damit wird der aus der NfE- und der Rohfaser-Fraktion bislang nicht erfasste verdauliche Anteil berücksichtigt.

In der ▶ **Tab. 5.16** wird eine vereinfachte Berechnung für eine Alleinfuttermischung für Mastschweine durchgeführt. Es werden die beiden Getreidearten Gerste und Weizen (▶ **Tab. 6.19**) sowie Sojaextraktionsschrot (▶ **Tab. 6.28**) verwendet. Diese werden durch ein Mineralfutter ergänzt. Der kalkulierte Energiegehalt beträgt 12,68 MJ ME je kg Mischung. Bei einem Leistungsniveau von 700 g Tageszunahmen benötigt ein 50 kg schweres Schwein täglich 25 MJ ME, ein 90 kg schweres Schwein 34 MJ ME. Ersteres muss 2 kg (= 25 : 12,68), letzteres 2,70 kg (= 34 : 12,68) von dieser Futtermischung aufnehmen, um leistungs-

► **Tab. 5.15** Berechnung der umsetzbaren Energie (ME_S) von Gerste (vgl. ► **Tab. 6.19**).

Rohnährstoff	**1**	**2**	**3 = 1 × 2/100**	**4**	**5 = 3 × 4**
	Analyse	**Verdaulichkeit in %**	**Verdauliche Rohnährstoffe**	**Umrechnungsfaktoren**	**Umsetzbare Energie ME**
	g je kg TM	**Tabelle**	**g je kg TM**		**MJ je kg TM**
Rohprotein	125	75	94	0,0205	1,92
Rohfett	27	47	13	0,0398	+ 0,51
Stärke	600		600	0,0173	+ 10,38
Zucker	26		26	0,0160	+ 0,42
„verdaulicher Rest"			75	0,0147	+ 1,10
					14,33
					(TS = 88 %)
					je kg Frischmasse = 12,61 MJ ME

► **Tab. 5.16** Berechnung einer Alleinfuttermischung für Mastschweine.

Futtermittel	**Anteil**	**1 kg Futter enthält**				**1 kg Mischung enthält**			
	%	**TM**	**Rohprotein**	**ME**	**NE**	**TM**	**Rohprotein**	**ME**	**NE**
		g	**g**	**MJ**	**MJ**	**g**	**g**	**MJ**	**MJ**
Gerste	47	880	110	12,62	9,62	414	52	5,93	4,52
Weizen	30	880	121	13,79	10,61	264	36	4,14	3,18
Sojaschrot	20	880	451	13,04	8,18	176	90	2,61	1,64
Mineralfutter	3	950	–	–	–	29	–	–	–
Summe	100	–	–	–	–	882	178	12,68	9,34

TM = Trockenmasse; ME = Umsetzbare Energie Schwein, NE = Nettoenergie Schwein

gerecht mit umsetzbarer Energie versorgt zu werden.

Zunehmend wird in Deutschland über die Einführung einer „Nettoenergie-Schwein" (► **Tab. 5.9**) diskutiert. Dieser Maßstab wurde bereits vor einiger Zeit in Frankreich und den Benelux-Staaten eingeführt. International agierende Mischfutterfirmen arbeiten mit der Nettoenergie-Schwein (NE_S) auch in Deutschland. Die Gesellschaft für Ernährungsphysiologie hat dagegen in einer fachlichen Stellungnahme die Einführung der NE_S zunächst zurückgestellt. Nachfolgend sollen einige wesentliche Aspekte der NE_S vorgestellt werden. Im Nachfolgekapitel werden für wichtige Futtermittel in der Schweinefütterung neben den ME_S- auch die NE_S-Gehalte dargestellt. Im Kapitel zur Schweinefütterung wird die NE_S exemplarisch für einige Mischungsbeispiele in der Schweinemast herangezogen.

Wie bereits grundsätzlich ausgeführt, differenziert ein Bewertungssystem auf der Basis Nettoenergie nach der Nutzungsrichtung. Somit muss beim Schwein zwischen den Nutzungsrichtungen „Laktation“ (Sau) und „Wachstum“ (Ferkel, Jungsau, Mastschwein) unterschieden werden. Ein weiterer wesentlicher Aspekt der NE_S gegenüber der ME_S ist, dass protein- und faserreiche Futtermittel durch das ME-System energetisch überschätzt, während stärke- und fettreiche Komponenten unterschätzt werden. Somit besteht insbesondere bei einer proteinreduzierten Fütterung von Mastschweinen die Gefahr, dass die freiwerdende Energie für den Fettansatz verwendet wird.

Nachfolgend soll die Betrachtung auf die Nettoenergie für wachsende Schweine beschränkt bleiben. Nach einem Vorschlag von Noblet (2006) [180] kann für wachsende Schweine die NE_S auf der Basis der ME_S abgeleitet werden:

$$NE_S = 0,730 \times ME - 0,0028 \times \text{Rohprotein} + 0,0055 \times \text{Rohfett} - 0,0041 \times \text{Rohfaser} + 0,0015 \times \text{Stärke}$$

Die Schätzformel verdeutlicht den o. g. Sachverhalt: Rohprotein und Rohfaser erhalten eine negative Korrektur; Rohfett und Stärke werden positiv bewertet. In die Formel kann der zuvor kalkulierte ME_S-Gehalt eingesetzt werden. In der ▶ **Tab. 5.16** sind für die Futtermittel Gerste, Weizen und Sojaextraktionsschrot auch die NE_S-Gehalte ausgewiesen. Das gebildete Verhältnis NE/ME zeigt: Für die Getreidearten sind 76 % der ME_S als NE_S ausgewiesen, für das Sojaschrot dagegen nur etwa 62 %. Der NE_S-Gehalt beträgt für das vorliegende Beispiel 9,34 MJ pro kg Mischung.

5.2.6 Energiebewertung beim Geflügel

Für das Geflügel werden die Bedarfsnormen und Energiewerte für Futtermittel im Bewertungssystem „umsetzbare Energie“ (ME_G) angegeben. Der wichtigste Grund dafür ist die Tatsache, dass beim Geflügel die Exkremente aus dem Darm und der Harnblase gemeinsam über die Kloake ausgeschieden werden. Eine Trennung von Kot und Harn und damit eine Bestimmung von Verdauungskoeffizienten beim Geflügel wären nur mit einer schwierigen, das Wohlbefinden der Versuchstiere und damit auch die Untersuchungsergebnisse beeinträchtigenden Methode möglich. Die korrekte Bezeichnung lautet eigentlich: AME_N = apparent metabolizable N-corrected Energy (scheinbar umsetzbare, N-korrigierte Energie). Die Stickstoff-Korrektur erfolgt, weil die die N-Ausscheidung beim Vogel stets mit einem Energieverlust verbunden ist. Nachfolgend wird sinngemäß die Abkürzung ME_G verwendet.

Fazit

Deshalb werden in Untersuchungen zur Bestimmung des Energiewertes der Futtermittel beim Geflügel die Energieverluste über Kot oder Harn gemeinsam ermittelt und die erhaltene Differenz zwischen Bruttoenergie und Exkremente-Energie als umsetzbare Energie in der Futterwerttabelle ausgewiesen. Die ME_G wird im Einheitensystem MJ angegeben.

Die Anwendung erfolgt ebenfalls bei den Bedarfsnormen: Bei 70 % Legeleistung hat eine Legehenne (von ca. 1,8 kg Lebendgewicht) einen täglichen Energiebedarf von 1,30 MJ. Bei 90 % Legeleistung werden 1,42 MJ benötigt. Bei einem Energiegehalt des Legehennenalleinfutters von 11 MJ ME_G je kg muss eine Legehenne zur Deckung dieses Energiebedarfes im ersten Fall täglich 118 g, im zweiten Fall 129 g Futter aufnehmen.

5.2.7 Schätzung des energetischen Futterwertes

Bei der Energiebewertung von Futtermitteln handelt es sich in gewisser Weise immer um Schätzungen im Sinne einer Leistungsvorhersage, mit Ausnahme der direkten Prüfung im Verdauungsversuch.

Für Grobfuttermittel muss selbst bei Verwendung von Verdauungskoeffizienten aus der Futterwerttabelle stets mindestens eine komplette Weender Analyse durchgeführt werden. Noch komplizierter wird es bei Mischfuttermitteln, bei denen meist weder die exakte prozentuale Komponentenzusammensetzung noch die Qualität der verwendeten Komponenten bekannt ist. Für die praktische Fütterung ist es deshalb von Interesse, über vereinfachte, auf wenige Analysenwerte gestützte Schätzverfahren eine ausreichend genaue Aussage über den energetischen Futterwert zu bekommen.

► **Tab. 5.17** Energieschätzformeln für Mischfuttermittel.

Schätzformeln für Mischfuttermittel für Rinder, Schweine und Geflügel		
1. Mischfuttermittel für Rinder (nach GfE 2009 [99])		
ME (MJ/kg TM) =	7,17	
	– 0,01171	× Rohasche
	+ 0,00712	× Rohprotein
	+ 0,01657	× Rohfett
	+ 0,00200	× Stärke
	– 0,00202	× ADF_{OM}
	+ 0,06463	× Gasbildung
(Rohasche, Rohprotein, Rohfett, Stärke, ADF_{OM} in g/kg TM; Gasbildung in ml/200 mg TM)		
2. Mischfuttermittel für Schweine (nach GfE 2008 [98])		
(Rohprotein ≥ 150 bis 250 g/kg TM, Rohfett ≥ 60 g/kg TM, Rohfaser ≥ 80 g/kg TM)		
MEs (MJ/kg TM) =	0,021503	× Rohprotein
	+ 0,032497	× Rohfett
	– 0,021071	× Rohfaser
	+ 0,016309	× Stärke
	+ 0,014701	× organischer Rest[1]
(Rohprotein, Rohfett, Rohfaser, Stärke und organischer Rest in g/kg TM; [1] organischer Rest = Trockenmasse – Rohasche – Rohprotein – Rohfett – Stärke – Rohfaser)		
3. Mischfuttermittel für Geflügel (nach WPSA 1984 [250])		
ME_G (MJ/kg) =	0,01551	× Rohprotein
	+ 0,03431	× Rohfett
	+ 0,01669	× Stärke
	+ 0,01301	× Zucker
(Rohprotein, Rohfett, Stärke und Zucker in g/kg Futter)		

► **Tab. 5.18** Energiebewertung von Gras- und Maisprodukten (nach GfE 2008 [98]).

Energiebewertung verschiedener Produkte		
Energiebewertung von Grasprodukten		
ME_W (MJ/kg TM) =	7,81	
	+ 0,07559	× Gasbildung
	– 0,00384	× Rohasche
	+ 0,00565	× Rohprotein
	+ 0,01898	× Rohfett
	– 0,00831	× ADF_{OM}
Energiebewertung von Maisprodukten		
ME_W (MJ/kg TM) =	7,15	
	+ 0,00580	× ELOS
	– 0,00283	× NDF_{OM}
	+ 0,03522	× Rohfett
Rohasche, Rohprotein, Rohfett, ADF_{OM} in g/kg TM, Gasbildung in ml/200 mg TM; ELOS, NDF_{OM}, Rohfett in g/kg TM.		

Entsprechende Schätzformeln für Misch- und Grobfuttermittel wurden von der Gesellschaft für Ernährungsphysiologie (GfE) verabschiedet und werden bei Bedarf aktualisiert.

Die Gleichungen zur Schätzung des energetischen Futterwertes bei Mischfuttermitteln sind vom Gesetzgeber in die **Futtermittelverordnung** übernommen worden und dienen der Energiekontrolle im Rahmen der amtlichen Futtermittelüberwachung, wenn seitens der Mischfutterhersteller Energiegehalte deklariert werden (► **Tab. 5.17**). Die Schätzgleichungen für Rinder- und Schweinemischfutter wurden auf der Basis aktueller Verdauungsversuche überarbeitet. Sie sind seit dem 1. September 2010 gültig.

Die energetische Bewertung von Gras- und Maisprodukten (► **Tab. 5.18**) erfolgt durch Schätzgleichungen auf Basis von Rohnährstoffen, ADF_{OM} bzw. NDF_{OM} und der Gasbildung (HFT) bzw. von ELOS (Enzymlöslichkeit der organischen Substanz). Letztere sind als Labormethoden bestmöglich an die Verdauung im Pansen des Wiederkäuers angelehnt. Die Formel für Grasprodukte gilt für Frischgras, Silage, Heu und sowohl für den ersten Schnitt als auch die Folgeschnitte. Die Formel für Maisprodukte gilt für die Bewertung von Frischmais, Maissilage, Maiskornprodukte und Maisrestpflanze.

Die Schätzgleichungen für Rinderfutter berechnen jeweils den ME_W-Gehalt. Eine Umrechnung auf NEL erfolgt nach Gleichungen von Weißbach et al. 1996 [247] (NEL und ME_W in MJ/kg TM, Rohasche in g/kg TM):

- Mischfutter: NEL = ME (0,46 + 12,38 ME/[1000 – Rohasche]);
- Grasprodukte: NEL = ME (0,48 + 10,37 ME/[1000 – Rohasche]);
- Maisprodukte: NEL = ME (0,45 + 13,40 ME/[1000 – Rohasche]).

5.3 Übungsfragen

Futtermittelanalyse

Frage

Es fällt auf, dass die meisten Bestandteile der in ► **Tab. 5.1** aufgelisteten Futtermittelanalyse mit der Vorsilbe „Roh" beginnen. Weshalb? Ferner fragt man sich, warum dieses Sojaschrot nicht Stärke und Zucker enthält. Oder doch? Wo könnten sie versteckt sein? Welche weiteren Rätsel gibt dieser Analysenbefund noch auf?

Antwort

Antwort im Kap. Rohfaser und N-freie Extraktstoffe unter Sojaextraktionsschrot-Analyse (S. 182).

Harnstoff

Frage

Im Gegensatz zum Futterprotein liefert der Harnstoff keine Energie. Das muss bei der Rationsberechnung und beim Preisvergleich berücksichtigt werden. Soll 1 kg Sojaschrot (aus ungeschälter Saat) mit 44 % Protein durch Harnstoff ersetzt werden, braucht man 1 kg Weizenschrot (mit 12 % Rohprotein) zum Energieausgleich. Wie viel g Harnstoff (mit 46 % N) werden dann benötigt, um einen gleichwertigen (äquivalenten) Ersatz für das Sojaprotein zu bekommen?

Antwort

Wenn man von einem Stickstoffgehalt des Harnstoffs von 46 % ausgeht, können 100 g Harnstoff 46 × 6,25 (Faktor aus der Weender Analyse), also 288 g Rohprotein vertreten. Um die 440 g Rohprotein von 1 kg Sojaschrot zu ersetzen, sind 1 kg Weizen (mit 120 g Rohprotein) und 111 g Harnstoff notwendig.

Energie- und Stoffumwandlung

Frage

Wer die ► **Abb. 5.6** sorgfältig studiert hat, kann jetzt selbst ausrechnen, wie groß der Wirkungsgrad bei der Umwandlung von Glukose zu ATP ist. Dabei ist zu berücksichtigen, dass zunächst Energie aus ATP gebraucht wird, um den Prozess der Glykolyse in Gang zu setzen. Zur Rückgewinnung dieses „Vorschusses" muss von der späteren Energieausbeute ein erheblicher Anteil abgezweigt werden.

Jedes Mol NADH kann 3 Mol ATP liefern. (Auch das im Zellplasma bei der Glykolyse gebildete NADH wird zur Oxidation in die zuständigen Abteilungen im Inneren der Mitochondrien transportiert.) FADH bringt 2 Mol ATP und das beim Abbau von aktivierter Bernsteinsäure gebildete GTP (Guanosintriphosphat) hat ebenso viel Energie wie 1 Mol ATP. Wie groß ist die Gesamtausbeute an ATP und ATP-Äquivalenten? Wie viel Energie geht demnach bei dieser Umwandlung von Glukose verloren?

Eine zweite Aufgabe (zur Wiederholung): In die leeren Kästchen der ► **Abb. 5.6** können die an der betreffenden Reaktion beteiligten wasserlöslichen Vitamine eingetragen werden.

Antwort

Energieausbeute bei der ATP-Bildung. Die leeren Vitamin-Kästchen sind bei NAD/NADH mit „Niacin" zu besetzen, bei FAD/FADH und FMN mit „Vit. B_2", bei Acetyl-CoA mit „Pantothensäure", bei der Aminogruppenübertragung „Vit. B_6", beim Abbau von Pyruvat zu Acetyl-CoA und beim Abbau von α-Ketoglutarat zu Succinyl-CoA „Vit. B_1".

Der Energiegewinn der Glykose beträgt 8 Mol ATP (–1 – 1 + 2 × 1 + 2 × 3 + 2 × 1). Der Abbau von Pyruvat zu Acetyl-CoA bringt 2 × 3 = 6 Mol ATP, der Citratzyklus 2 × 12 ATP. Insgesamt können aus 1 Mol Glukose (2816 kJ) 38 Mol ATP mit je 35, also 1330 kJ frei verfügbare Energie gebildet werden. Der Wirkungsgrad der Umwandlung von Glukose zu ATP unter Standardbedingungen beträgt also 47 %, der Energieverlust 53 %.

☑ Energieverluste und Energiestufen

Frage

Weshalb muss für die Aufzucht und die Mast von Tieren mindestens die Energiestufe „Umsetzbare Energie“ (ME) ausgewiesen werden?

Antwort

Der Zuwachs wachsender Tiere besteht aus unterschiedlichen Anteilen Wasser, Eiweiß und Fett. Wegen des verschiedenen Brennwertes von Eiweiß und Fett muss man versuchen, die unterschiedliche Zusammensetzung des Zuwachses herauszubekommen, entweder durch Ausschlachtung und Gewebezerlegung eines Teils der jeweiligen Versuchstiere oder durch Bestimmung der Kohlenstoff- und Stickstoffbilanzen an den lebenden Tieren, wofür die Erfassung der gasförmigen Ausscheidungen notwendig ist, wie bei der Ermittlung der umsetzbaren Energie.

☑ Umsetzbare Energie

Frage

Warum weist das Kraftfuttermittel Weizen gegenüber dem Grobfuttermittel Grassilage deutlich höhere ME_W- bzw. NEL-Gehalte auf?

Antwort

Beim Vergleich der beiden Berechnungen fallen viele Unterschiede auf. Bei der umsetzbaren Energie fällt besonders der bedeutend höhere Anteil an verdaulicher organischer Substanz des Weizens ins Gewicht. Insgesamt kann in diesem Zusammenhang festgestellt werden, dass die Verdaulichkeit der Rohnährstoffe einen sehr hohen Einfluss auf die umsetzbare Energie haben. Bei der NEL wirkt sich selbstverständlich der höhere ME-Gehalt des Weizens positiv aus. Hinzu kommt die höhere Umsetzbarkeit von knapp 12 %-Punkten.

6 Futtermittelkunde

Georg Dusel

Der größte Teil der pflanzlichen Bruttoproduktion (ca. 70 %) wird als Futtermittel für die landwirtschaftlichen Nutztiere eingesetzt. Dies erfolgt direkt (Grünfutter, Grünfutterkonservate, Getreidekörner) oder nach industrieller Verarbeitung pflanzlicher Rohstoffe (u. a. Mühlennachprodukte, Nebenprodukte aus der Zuckerrübenverarbeitung bzw. Bioethanolherstellung) und tierischer Produkte (u. a. Milch- und Fischnebenprodukte).

In der täglichen Fütterungspraxis lassen sich die Futtermittel nach verschiedenen Kriterien unterteilen. Hierzu zählen unter anderem die botanischen Merkmale, die betriebs- und marktwirtschaftlichen Gesichtspunkte, Konsistenz und Wassergehalt, Inhalts- und Nährstoffe sowie Komponentenzahl und Verwendungszweck. Sinnvoll erscheinen auch die Unterteilung nach dem Gebrauchswert (Energiegehalt und Proteingehalt) und einsatzorientierte Aspekte. Daher kann man nachfolgend zwischen 3 Kategorien von Futtermittelgruppen unterscheiden: Grobfutter – Saftfutter – Kraftfutter. Als Unterscheidungsmerkmale dienen die Energie- und Proteinkonzentration in der Trockenmasse, der Wassergehalt sowie die Strukturwirksamkeit.

Zum **Grobfutter** gehören alle Futtermittel aus ganzen Pflanzen, die frisch, siliert oder getrocknet sind, sowie Cobs und Stroh. Sie weisen mittlere, z. T. niedrige Energiegehalte in der Trockensubstanz auf und zeichnen sich durch eine hohe Strukturwirksamkeit aus.

Als **Kraftfutter** werden energie- und proteinbetonte Einzelfuttermittel und industriell hergestellte Mischfuttermittel bezeichnet. Hierzu zählen alle einmischbaren Komponenten mit einem Wassergehalt < 45 % und einem Energiegehalt > 7 MJ NEL/kg TM, also neben den lufttrockenen Kraftfuttermitteln (12 % Wassergehalt) auch Feuchtgetreide, Sodagrain, CCM, DDGS, Melasse und Trockengrün. Abweichend von der Energiedefinition werden hier auch die Mineralfutter zugeordnet. Kraftfuttermittel haben praktisch keinen Strukturwert. Wegen ihrer hohen Energiekonzentration können diese Futtermittel auch Transportkosten über weitere Entfernungen tragen. Da die Mehrzahl von ihnen außerdem eine gute Lagerfähigkeit besitzt, sind sie für den Handel gut geeignet; und sie gelangen in mehr oder weniger großen Mengen als Zukauf- oder Handelsfuttermittel auf die tierhaltenden Betriebe.

Eine Zwischenstellung nehmen energiereiche **Saftfutter** ein, die von der Energiekonzentration her eher dem Kraftfutter entsprechen, jedoch wegen ihres relativ hohen Wassergehaltes (> 45 %) wie Grobfutter gehandhabt werden müssen. Wenn sie nicht frisch verfüttert werden, müssen sie konserviert (in der Regel siliert) werden und die Futtervorlage erfolgt wie bei Grobfutter. Hierzu zählen Rüben, Wurzeln, Knollen, Biertreber, Pressschnitzel, Zitrus- und Apfeltrester, Maisnebenprodukte, Schlempe (aus Kartoffeln oder Getreide), LKS, Molke, Magermilch, Vollmilch u. a. Der Strukturwert der Saftfuttermittel liegt zwischen dem von Kraft- und Grobfutter.

Eine der wichtigsten Aufgaben für den Tierhalter ist es, Grobfutter, Saftfutter und Kraftfutter so zu kombinieren, dass das genetische Potenzial der Leistungsfähigkeit der Tiere ausgeschöpft sowie das Verdauungssystem ernährungsphysiologisch gesund erhalten wird und die Futterkosten je Leistungseinheit möglichst niedrig bleiben. Aber auch innerhalb der Gruppen Kraftfutter, energiereiches Saftfutter oder Grobfutter gibt es große Unterschiede im Futterwert und in den Kosten der einzelnen Futtermittel, auf die bei der Auswahl der Rationspartner geachtet werden muss.

! Merke

Bei der Beurteilung der Futtermittel sollte man sich vor allem über die folgenden Gesichtspunkte orientieren:

- **Wie viel Energie in MJ (NEL, ME_W, ME_S, NE_S bzw. ME_G) und Protein (XP, nXP und RNB) liefert das Futter?**
- **Welche lebensnotwendigen (essenziellen) Nährstoffe (Aminosäuren, Fettsäuren, Mineralstoffe, Vitamine) enthält es reichlich? Welche liegen im Minimum vor?**

- **Wie ist die Akzeptanz des Futters bei den Tieren?**
- **Welche Inhaltsstoffe sind bedenklich, gesundheitsschädlich oder beeinflussen die Qualität der tierischen Produkte (Fleisch, Milch und Eier) und zwingen so zu Mengenbegrenzungen bzw. Einsatzreduzierung?**
- **Welche über den Nährstoffgehalt hinausgehenden Wirkungen und Effekte sind von dem Futtermittel zu erwarten (Beeinflussung der Milchinhaltsstoffe, Fettqualität, diätetische Wirkung, inflammatorische Wirkung, spezielle Wirkstoffe usw.)?**
- **Welche technischen Probleme sind bei Ernte, Konservierung, Lagerung, Futterproduktion und Fütterungstechnik zu erwarten?**
- **Wie ist die Preiswürdigkeit des Futtermittels?**

Bei der folgenden Beschreibung der wichtigsten Futtermittel werden die aus den landwirtschaftlichen Betrieben stammenden Futterstoffe sowie die wichtigsten Nebenerzeugnisse der Futtermittel- und Ernährungsindustrie behandelt. Es ist darauf hinzuweisen, dass hier sicherlich keine vollständige Aufzählung der in der Fütterung eingesetzten Futtermittel vorliegt und auch keine Futterwerttabelle durch nachfolgende Darstellung ersetzt werden kann.

In den folgenden Tabellen über den Futterwert der verschiedenen Futtermittelgruppen werden jeweils wichtige Kriterien der Weender-Analyse angegeben. Dies trifft in den meisten Fällen auch für Rohprotein zu. **Rohprotein** charakterisiert Futtermittelgruppen, ist ein wichtiges Merkmal für den Futterbau (Nutzungs- und Düngungsintensität) und Rationskriterium für Schweine, Geflügel sowie zurzeit auch noch für Aufzucht- und Mastrinder sowie Schafe. Für die typischen in der Schweinefütterung eingesetzten Futtermittel werden zusätzlich zum Rohproteingehalt die wichtigsten **Aminosäuren** sowie dünndarmverdauliche (praecaecal verdauliche, pcv) Aminosäuren angegeben. Für Milchkühe gelten die Maßstäbe **nutzbares Rohprotein (nXP)** sowie **ruminale Stickstoffbilanz (RNB)**, s. Kap. Proteinbewertungssystem für Milchkühe (S. 177). Die Angabe der Energiegehalte erfolgt in **NEL** (für Milchkühe), **ME_W** (für Aufzucht- und Mastrinder, Schafe) sowie **ME_S** bzw. **NE_S** (für Schweine) und **ME_G** (für Geflügel).

Die Energie- und Nährstoffgehalte werden für die Grob- und Saftfuttermittel in der Trockensubstanz, für die Kraftfuttermittel in der „lufttrockenen Substanz" (= 88 % TS) angegeben.

Bevor die einzelnen Futtermittel besprochen werden, soll mit der ▶ **Abb. 6.1** ein Überblick des Futterverbrauchs in Deutschland nach den Herkünften der Futtermittel gegeben werden. Da man die Futtermittel nicht mit ihren absoluten Werten

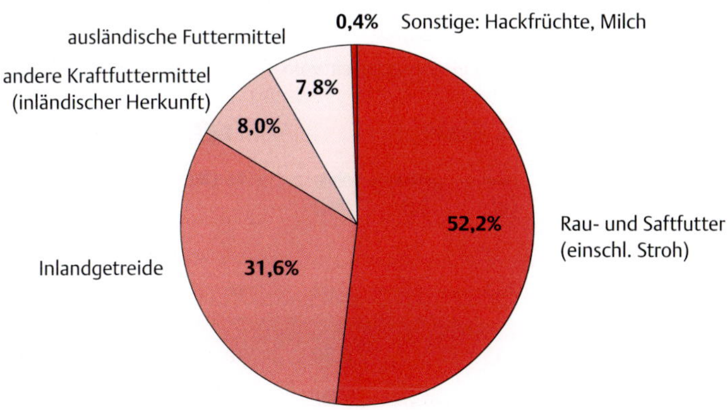

▶ **Abb. 6.1** Futterverbrauch in Deutschland nach Herkünften (Mengen in 1000 t Getreideeinheiten; Abb. basiert auf Daten aus [48]).

addieren und somit vergleichen kann, wird als „gemeinsamer Nenner" für diese Statistik die Getreideeinheit gewählt. Auf dieser Basis entfällt der Großteil des Futterverbrauches in der Landwirtschaft auf Grobfutter (in der Statistik unter Rau- und Saftfutter geführt). Danach folgt das inländische Getreide, sodass Grobfutter plus inländisches Getreide 83,8 % des gesamten Verbrauchs ausmachen. Der Anteil ausländischer Futtermittel beträgt 7,8 %. Daraus ist abzuleiten, dass größer ¾ des verbrauchten Futters vom Landwirt direkt erzeugt oder als Einzelfuttermittel zugekauft wird. Damit kommt ihm eine hohe Verantwortung nicht nur in Bezug auf den Futterwert für die Tiere, sondern auch auf die Sicherheit der vom Tier stammenden Lebensmittel zu. Dies ist in den neueren futtermittelrechtlichen Vorschriften, auf die später näher eingegangen wird, auch gesetzlich geregelt.

6.1 Grünfutter

Die oberirdischen Teile (Blätter, Blüten, Stängel, Samen) von Futterpflanzen, die die vegetative Entwicklung noch nicht abgeschlossen haben, bezeichnet man als Grünfutter. Wie hoch der Anteil der verschiedenen fütterungsrelevanten Inhaltsstoffe in einem Grünfutter und damit sein Futterwert ist, hängt von der Pflanzenart bzw. (bei Gemischen) der botanischen Zusammensetzung ab, von Vegetationsstadium und Schnittzeitpunkt, von Standort und Jahreszeit, von Jahreswitterung und Düngung. Über die wesentlichen Unterschiede zwischen verschiedenen Pflanzenarten und über den Faktor Vegetationsstadium kann man sich anhand von Futtermitteltabellen orientieren.

Beim Begriff Grünland wird heute nicht mehr zwischen Wiese und Weide unterschieden, da die Übergänge zwischen diesen Nutzungsformen fließend sind. In den Futterwerttabellen findet sich die allgemeine Bezeichnung „Grünlandaufwuchs". Eine weitergehende Differenzierung erfolgt hinsichtlich der Nutzungshäufigkeit (Anzahl der Ernteschnitte) und der Bestandszusammensetzung (grasreich bzw. klee- und kräuterreich). Grasreiches Grünland wird noch weitergehend in untergras- und obergrasbetontes unterschieden.

In ▸ **Tab. 6.1** ist der Futterwert von Grünlandaufwuchs, klee- und kräuterreich, 1. Nutzung in Abhängigkeit vom Vegetationsstadium beim Schnitt aufgeführt. Der Gehalt an Nährstoffen wird hier bezogen auf die Trockensubstanz angegeben. Die Bezugsgröße bietet die einzige Möglichkeit des Vergleichs verschiedener Futtermittelqualitäten bei unterschiedlichen TS-Gehalten. Mit der Formel

$$\text{Nährstoffgehalt je kg FM} = \frac{\text{Gehalt je kg TM} \times \%\ \text{TS}}{100}$$

kann relativ schnell auf den **Nährstoffgehalt in der Frischmasse** (**FM**) umgerechnet werden.

Die ▸ **Tab. 6.2** greift aus der Vielzahl der Grünfutterpflanzen einige in der Praxis häufig verfüt-

▸ **Tab. 6.1** Futterwert von Grünlandaufwuchs in Abhängigkeit vom Vegetationsstadium; mit Aufgabe, s. Kapitel Übungsfragen (S. 290).

Grünland, 2 – 3 Nutzungen, klee- und kräuterreich, 1. Aufwuchs	1 kg Trockenmasse enthält				1 kg Frischmasse enthält				
	Rohfaser (g)	nXP (g)	RNB (g)	NEL (MJ)	TS (%)	Rohfaser (g)	nXP (g)	RNB (g)	NEL (MJ)
Beginn Ähren-/Rispenschieben	188	153	+5	7,03	16	30	24	0,8	1,12
volles Ähren-/Rispenschieben	229	145	+4	6,50	18	...	...	...	...
Beginn der Blüte	262	141	+6	6,18	20	...	...	...	...
Mitte bis Ende der Blüte	300	132	+5	5,17	22	...	...	...	...

► **Tab. 6.2** Futterwert verschiedener Grünfutterpflanzen im gleichen Vegetationsstadium.

Grünfutter, 1. Aufwuchs, vor der Blüte	TS (%)	1 kg Trockenmasse enthält									
		Rohprotein (g)	Rohfaser (g)	nXP (g)	RNB (g)	ME_W (MJ)	NEL (MJ)	Ca (g)	P (g)	Mg (g)	Na (g)
Knaulgras	22	171	252	143	+4	10,66	6,42	6,3	2,7	1,6	1,5
Welsches Weidelgras	18	168	219	145	+4	10,60	6,41	6,5	3,4	1,4	1,2
Luzerne	17	193	238	141	+8	10,21	6,13	18,9	3,0	3,2	0,5
Rotklee	16	193	213	152	+7	10,68	6,44	16,2	2,9	3,6	0,4
Klee-Grasgemenge	17	178	223	143	+6	10,52	6,34	13,4	3,2	1,3	–
Futterraps	11	194	133	157	+6	11,30	7,00	19,9	4,2	2,9	2,6

terte Arten heraus und vergleicht sie im gleichen Vegetationsstadium.

Die ► **Tab. 6.3** lässt erkennen, wie regionale Besonderheiten den Mineralstoffgehalt von Grünlandaufwüchsen (am Beispiel von Grassilagen) beeinflussen können.

Die Betrachtung der Mineralstoffgehalte in der ► **Tab. 6.2** verdeutlicht große Unterschiede zwischen verschiedenen Pflanzenarten. Leguminosen (Klee, Luzerne) und Kreuzblütler (Raps) sind sehr calciumreich. Dies trifft in etwas moderaterer Form auch für Gemenge mit diesen Arten zu. Gräser haben dagegen einen mittleren Ca-Gehalt, der in der Regel dem Bedarf der Kühe entspricht. Ein Blick auf die ► **Tab. 6.3** zeigt, dass die Ca-Gehalte im Grünlandaufwuchs – hier als Grassilage – auch größeren Schwankungen unterworfen sind. In Regionen mit intensiver Grünlandwirtschaft wie Schleswig-Holstein und Weser-Ems sind die Ca-Gehalte vergleichsweise niedrig. In anderen Regionen wie z. B. der Schwäbischen Alb sind diese verhältnismäßig hoch. Dies hängt in erster Linie mit der Zusammensetzung der Grünlandnarbe zusammen: Besteht diese überwiegend nur aus Gras oder sind höhere Anteile an Kräutern und Leguminosen enthalten? Die unterschiedliche Zusammensetzung der Grasnarbe hängt nicht allein von der Topographie und den Bodenverhältnissen, sondern besonders auch von der Nutzungs- und Düngungsintensität ab.

Beim Phosphor sind die Schwankungen nicht ganz so groß. Von den Futterpflanzen fällt der Futterraps, von den Regionen das Allgäu und wiederum Schleswig-Holstein und Weser-Ems mit relativ hohen Gehalten auf. Die P-Gehalte korrespondieren in erster Linie mit dem Rohproteingehalt des Futters und dieser ist wiederum von der Stickstoffdüngung und einer hohen Nutzungsintensität abhängig.

Beim Magnesium schwanken die Gehalte weniger. Der Natrium-Gehalt liegt in den meisten Fällen sehr niedrig. Neben Futterraps weisen insbesondere weidelgrasreiche Grünlandaufwüchse höhere Werte auf.

In der ► **Tab. 6.3** sind auch die Kalium-Gehalte aufgeführt. Bei diesem Mineralstoff geht es nicht um die Frage, ob der Bedarf der Tiere gedeckt wird, sondern eher darum, ob die Gehalte noch tolerabel sind. Werte unter 30 g/kg TM sind vorteilhaft; s. Kap. Kalium, Natrium und Chlor (S. 187).

▸ **Tab. 6.3** Mineralstoffgehalte in Grassilagen (1. Schnitt) verschiedener Regionen (nach DLG-Merkblatt 290 [72]).

Region	Gehalte in g/kg TM				
	Ca	P	Mg	Na	K
Schleswig-Holstein/Weser-Ems	4,9	4,2	2,0	2,3	31,5
Nordrhein-Westfalen	6,0	3,9	1,8	1,8	31,3
Hessen/Rheinland-Pfalz	6,4	3,7	2,2	1,0	27,7
Brandenburg	6,3	3,7	1,8	1,0	19,7
Thüringen	7,8	2,7	2,0	0,6	25,7
Allgäu	7,1	4,3	2,5	0,5	32,0
Schwäb. Alb	9,9	3,7	2,1	0,4	29,3
Niederbayern	6,2	3,8	2,4	0,7	30,1
Unterfranken	7,4	3,5	2,6	0,8	28,2

Fazit

Weitere praktische Erfahrungen können wie folgt zusammengefasst werden:

- In der frühen Vegetation entwickeln die Pflanzen den Assimilationsapparat, die wasser- und eiweißreichen Blätter. Mit fortschreitender Vegetation strecken sie sich zur Blüten- und verstärkter Stängelbildung, was zu einer Erhöhung der Trockensubstanz- und Rohfasergehalte sowie einer Verringerung der Anteile an Wasser und Rohprotein führt.
- Die prozentuale Erhöhung des Stängel(= Rohfaser)-Anteils führt zu einer Verschlechterung der Verdaulichkeit der organischen Substanz. Deshalb bewirkt der steigende TS-Gehalt des Futters – in diesem Falle – keine Zunahme des Energiewertes in der FM.
- Bezieht man die Gehaltsangaben auf 1 kg Trockenmasse, werden die Tendenzen beim Eiweiß- und Energiegehalt mit fortschreitender Vegetation deutlich sichtbar: Die Nährstoffkonzentration nimmt stark ab, bei der Energie stärker als bei nXP.
- Früh genutztes Gras erfüllt die Ansprüche der Kuh an die Energiekonzentration des Futters auch bei hohen Leistungen. Die RNB-Gehalte sind stark positiv, woraus entsprechend hohe NH3-Überschüsse im Pansen resultieren (RNB-Werte bis 50 g in der Gesamtration werden noch als tolerabel angesehen, sollten aber über längere Zeit vermieden werden). Bei sehr später Nutzung reicht die Nährstoffkonzentration nur noch für geringe Leistungen.
- Trotz der hohen Energiekonzentration in früh genutztem Grünfutter ist dieses als alleinige Futterbasis für Hochleistungskühe nicht geeignet. Zur Deckung des Energiebedarfs müsste eine 30-Liter-Kuh 120 kg junges Grünfutter aufnehmen.
- Die meisten Grünfutterpflanzen liefern vor der Blüte zwar genügend Rohprotein. Dieses wird jedoch zu 85 % im Pansen abgebaut. Der Energiegehalt des Grases reicht nicht aus, um den daraus entstehenden Ammoniak in Bakterieneiweiß umzuwandeln. Es verbleibt ein relativ hoher RNB-Wert. Aus diesem Grund ist der Milcherzeugungswert nach nXP auch bei jungem Gras stets niedriger als derjenige nach NEL.
- Mit fortschreitender Vegetation gleichen sich die Werte etwas an. Nur in wenigen Fällen (insbesondere düngungsextensives Grünland, Grünroggen und Grünhafer) wird die RNB negativ, das heißt, das im Pansen aus dem Rohprotein freigesetzte Ammoniak reicht für die auf Basis des Energiegehaltes mögliche Mikrobenproteinbildung nicht mehr aus.
- Bei der Betrachtung der aufgezeigten Zusammenhänge wird der Vorteil des Proteinbewertungssystems für Milchkühe deutlich: Hohe Rohproteingehalte im Futter nutzen der Kuh wenig, wenn die Abbaurate dieses Proteins sehr hoch ist (entsprechend gering ist der UDP-Anteil) und die mikrobielle Proteinsynthese aufgrund des NEL-Gehaltes begrenzt ist. Andererseits sollte die Düngungsintensi-

tät nicht so gering sein (oder deren Nutzungszeitpunkt so spät), dass die RNB in den negativen Bereich kommt. In diesem Fall müsste das Grünfutter bei der Rationsgestaltung für Milchkühe mit anderen Eiweißträgern ergänzt werden.

- Stängelarme Grünfutter, wie Rübenblatt und Sommerraps, sind wegen ihres niedrigen Gehaltes an strukturwirksamer Rohfaser als Alleinfutter ungeeignet.
- Beide Futtermittel sind gleichzeitig typische Vertreter der botanischen Arten, die wegen des Gehaltes an antinutritiven Inhaltsstoffen (Saponine bei Rübenblatt, Senfölglykoside bei den Kreuzblütlern) das Regulationsvermögen der Tiere belasten sowie den Milchgeschmack beeinträchtigen und deshalb nur einen Teil der Ration bilden dürfen (Rübenblatt und Futterraps täglich höchstens 40 kg; Senf, Markstammkohl, Kohlabfälle usw. bis maximal 30 kg).

Auch bei anderen Arten bestehen Gründe, die eine Alleinfütterung als bedenklich und die Kombination mit anderen Arten als zweckmäßig erscheinen lassen. Beim Dauergrünland handelt es sich bereits um Pflanzengesellschaften mit mehr oder weniger vielen Arten (auch Kräutern und Leguminosen). Beim Ackerfutterbau entscheidet der Landwirt, ob Gemenge oder Reinsaaten ausgesät werden. Aus Gründen der Ertragssicherheit und der Ernährungsphysiologie sind Gemenge vorzuziehen, da die Mängel eines Gemengepartners mithilfe eines anderen auszugleichen sind. So ist beispielsweise bei Kleegrasgemischen mit höherem Grasanteil die Gefahr der erhöhten Gasbildung (Blähen) geringer als bei reinen Kleebeständen.

Im Übrigen werden Mängel eines einseitigen Futters durch entsprechende Zusammensetzung der Tagesration ausgeglichen (z. B. Maissilage zu eiweißreichem Grünfutter).

Insbesondere in den Regionen von Hügel- und Berglandschaften werden bei der Beobachtung der Grünlandflächen große Unterschiede bei den natürlichen Gemengen des Grünlandes festzustellen sein. Berg- und Talweiden, trockene und nasse Lagen, kalkreiche und kalkarme Standorte, Süd- und Nordhänge usw. weichen voneinander nicht nur in der botanischen Zusammensetzung, sondern auch im Vegetationsstand zu einem bestimmten Zeitpunkt ab. So blühen und verholzen beispielsweise Knaulgras und Wiesenfuchsschwanz 4 – 6 Wochen früher als Wiesenschwingel oder Lieschgras. Grünlandleguminosen haben oft eine zögernde Anfangsentwicklung und am gleichen Kalendertag einen größeren Blattanteil als etwa Obergräser.

Fazit

Daher kann man schlussfolgern:
Sommerfutterplan und Schnittzeitpunkt für die Futterkonservierung dürfen sich keinesfalls nach dem Kalender, sondern müssen sich nach der Zusammensetzung des Pflanzenbestandes und dessen Vegetationsstadium richten.

Sobald das Grünfutter geschnitten worden ist, beginnen chemisch-physikalische Prozesse, die zu Änderungen bei manchen Inhaltsstoffen und zu Nährstoffverlusten führen können. Das gilt nicht nur für das zur Konservierung, sondern auch für das zur Stallfütterung bestimmte Grüngut. Verlustarm ist die Stallfütterung von Grünfutter nur dann, wenn frisch gefüttert wird, das heißt wenn man täglich neues Grünfutter erntet und jede Erwärmung des Futters unterbindet. Die höchste Aufnahme von Grünfutter durch das Tier lässt sich erzielen, wenn vor jeder Fütterung (2-mal täglich) gemäht und frisch vorgelegt wird.

Bei Grünfutter – und besonders bei Herbstzwischenfrüchten – muss unbedingt auch auf den **Nitratgehalt** geachtet werden. Besonders nach trockenen Sommern kann es im Herbst bei Abkühlung und dem Einsetzen reichlicher Niederschlagsmengen zu einer starken Nitratanreicherung (S. 175) in den Grünpflanzen kommen. Gelangt das im Pansen aus Nitrat bakteriell abgebaute Nitrit in die Blutbahn der Tiere, können Vergiftungserscheinungen auftreten, indem dort der Sauerstofftransport unterbunden wird. Appetitlosigkeit und verstärkter Speichelfluss sind erste Anzeichen. Bei Muskelzittern, Atemnot und schließlich Auftreten von Blaufärbung der Schleimhäute ist mit einer Nitratvergiftung zu rechnen, die bis zum Tod der Tiere führen kann. Eine in Einzelfällen erforderliche Vorbeuge ist die Untersuchung der Futtermittel auf ihren Nitratgehalt in einem geeigneten Labor. Der mengenmäßige Futtereinsatz muss dann so gesteuert werden, dass ein tägliches Nitratangebot von 40 – 50 g in der Ration nicht überschritten wird. Bei einem Untersuchungsergebnis von z. B. 15 g Nitrat/kg TM dürfen also max. 2,7 – 3,3 kg Futter-TM entsprechend ca. 25 – 30 kg Grünfutter verfüttert werden. Neben dieser strikten mengenmäßigen Begrenzung sind zusätzliche Fütterungsmaßnahmen, wie ausreichendes Strukturfutterangebot und eine zusätzliche Energieversorgung über leicht fermentierbare Kohlenhydrate (1 – 2 kg Getreide), zu ergreifen. Das Grünfutter darf sich nicht erwärmen, da es sonst bereits im Futter zu einem stärkeren Umbau von Nitrat zu dem um ein Vielfaches giftigeren Nitrit kommt. Vorbeugend ist durch pflanzenbauliche Maßnahmen (Sortenwahl, Saatzeit, reduzierte N-Düngung, optimaler Schnittzeitpunkt) die Gefahr zu hoher Nitratgehalte im Futter zu verringern.

6.2 Knollen und Wurzelfrüchte

Die Futtermittelgruppe der Knollen und Wurzelfrüchte tragen im deutschen Sprachgebrauch oftmals auch die Bezeichnung Hackfrüchte. Die Nutzung dieser Hackfrüchte als Futtermittel hat in den letzten Jahren, oftmals aus arbeitwirtschaftlichen Gründen, stark an Bedeutung verloren. Kartoffeln, Zuckerrüben und Möhren werden in der Regel zum direkten Verkauf angebaut. Die übrigen Hackfrüchte (Massenrüben, Gehaltsrüben, Steck- oder Kohlrüben, Stoppel- oder Wasserrüben) dienen als Futter. Neben diesen klassischen Hackfrüchten zählen auch Knollen der Topinamburpflanze und Zichorienwurzeln sowie die Wurzelknollen der Maniokpflanze (Tapioka) zu den möglichen Futtermitteln.

Fazit

Charakteristisch für diese Knollen und Wurzelfrüchte kann man nachfolgende Merkmale zusammenfassen:

- Die Nährstofferträge je ha sind höher als bei Getreide, Feldfutter und Dauergrünland. Ein Ertrag von 70 000 – 100 000 MJ NEL je ha ist bei mittleren Boden- und Klimaverhältnissen normal.
- Die Nährstoffe liegen überwiegend in den Speicherorganen (Knollen und Wurzeln) in der Form leichtverdaulicher Kohlenhydrate wie Stärke (Kartoffeln, Maniok) und Saccarose-Zucker (Rüben) oder des Inulins (Topinambur) vor.
- Der Gehalt an Rohfaser, aber auch an Protein, Vitaminen und Mineralstoffen ist, wenn man von Ausnahmen absieht (z. B. Carotin in Möhren), ernährungsphysiologisch ohne große Bedeutung.
- Wegen ihrer relativ hohen Verdaulichkeit passieren Hackfrüchte rasch den Verdauungskanal. Bei der Verfütterung großer Mengen können sie leicht abführend wirken (leichtverdauliche Kohlenhydrate).
- Die Futteraufnahme/-akzeptanz ist generell als positiv einzuschätzen kann jedoch durch anhaftenden Schmutz (Erdanteil) beeinträchtigt werden.
- Wegen ihres hohen Wassergehaltes (zwischen 75 – 90 %) ist die Lagerfähigkeit begrenzt. Sofort nach der Einlagerung beginnen die Atmungsverluste, deren Höhe von der Temperatur, von der Luftfeuchtigkeit sowie vom Bakterien- und Pilzbefall abhängig ist.

In den letzten Jahrzehnten ist der Einsatz von Hackfrüchten in der Fütterung ständig zurückgegangen. Dabei hat sicherlich auch die abzuleitende Notwendigkeit, einen Teil der Hackfruchternte konservieren zu müssen, eine entscheidende Rolle gespielt. Hinzu kamen weitere arbeitswirtschaftliche Erwägungen, da Anbau und Ernte sowie Verfütterung nur arbeits- und kostenintensiv zu mechanisieren sind.

Zuckerrüben werden heute nur bei Überschreiten der Lieferkontingente in guten Erntejahren verfüttert. In frischem Zustand sind sie allerdings nur wenige Monate haltbar. Besteht die Möglichkeit, sie durch Heißlufttrocknung als Vollschnitzel haltbar zu machen, können sie sinnvoll in Schweinefuttermischungen verwertet werden. In frischer Form können sie sowohl an Schweine als auch an Rinder verfüttert werden. Ihr Futterwert ist in der ▶ **Tab. 6.4** aufgeführt. Wegen des hohen Zuckergehaltes werden sie von Rindern weniger gut verwertet als von Schweinen. Problematisch ist besonders für die Schweinefütterung eine befriedigende Reinigung und Zerkleinerung (Musen). In der Mast können ab 40 bis 105 kg Lebendgewicht 1,5 – 4,5 kg, bei Zuchtsauen 4 kg täglich verfüttert werden. Rübenanbauende Milchviehbetriebe verfügen meistens noch über einen Schnitzler mit vorgeschaltetem Reinigungsaggregat, sodass hier 10 – 15 kg Zuckerrüben je Kuh und Tag – allerdings bei langsamer Gewöhnung und in Abhängigkeit von der Gesamtration (Zuckergehalt!) – verwertet werden können. In der Rindermast können

▶ **Tab. 6.4** Futterwert verschiedener Knollen und Wurzelfrüchte.

Futtermittel	1 kg Trockenmasse enthält												
	TS	Rohprotein	Rohfaser	Zucker	nXP	RNB	ME_W	NEL	ME_S	Ca	P	Mg	Na
	%	g	g	g	g	MJ	MJ	MJ	g	g	g	g	g
Zuckerrüben	23	62	54	696	152	−14	12,56	8,01	13,00	2,3	1,5	1,6	0,95
Kartoffeln, roh	22	96	27	31	162	−11	13,08	8,44	14,41	0,4	2,5	1,4	0,55
Kartoffeln, gedämpft	22	94	29	–					15,04	0,8	2,8	–	–
Futterrüben:													
Massenrübe	12	89	69	537	150	−10	11,96	7,60	12,17	2,5	2,5	2,5	3,31
Gehaltsrübe	15	77	64	614	149	−12	11,96	7,57	13,07	2,7	2,4	1,8	4,08

Zuckerrübenmengen in der Größenordnung zwischen 2,5 und 5,0 kg je 100 kg Lebendgewicht in der Tagesration eingesetzt werden.

Spezielle Futter-**Kartoffeln** (mit hohem Stärkegehalt) werden heute nur noch selten angebaut. Dies kann evtl. dort interessant sein, wo über Heißlufttrocknung eine günstige Konservierung möglich ist (Abwärme von Biogasanlagen). Kartoffelschrot ist ein sehr energiereiches Futtermittel, vergleichbar mit Weizen oder Körnermais, und kann in Mastmischungen bis zu 50 % eingesetzt werden.

In der Regel sind Rest-Kartoffeln (nicht verkaufsfähige Speisekartoffeln, Sortierreste von Pflanzkartoffeln) zu verwerten. Hierbei ist zu berücksichtigen, dass diese Sorten einen wesentlich niedrigeren Stärkeanteil und Energiewert haben können. Obwohl durch Dämpfen der Stärkeaufschluss und die Futterverwertung bei Schweinen verbessert werden, lohnt sich dieser Aufwand (inkl. Silieren) bei einer „Resteverwertung" oftmals nicht. Verschiedene Versuche haben gezeigt, dass Kartoffeln auch in roher Form an Schweine verfüttert werden können. Wichtige Voraussetzung hierfür ist, dass sie gesäubert und zerkleinert (gemust) werden. Infolge der schlechteren Verwertung der Rohstärke ist mit einem geringeren Energiegehalt zu rechnen (▶ **Tab. 6.4**). Eine Beschränkung der Einsatzmenge auf 20 – 25 % des Tagesverzehrs (bezogen auf TS) führt zu etwa gleichen Mastergebnissen wie eine normale Getreide-/Sojaextraktionsschrot-Mischung.

Wiederkäuer verwerten rohe Kartoffeln gut, wenn die Gesamtration genügend Strukturfutter enthält und langsam angefüttert wird. An Milchkühe können 10 – 15 kg, an Mastrinder bis zu 3,5 kg/100 kg Lebendmasse in der Tagesration verabreicht werden. Auf die Gefahr der Schlundverstopfung bei der Verfütterung unzerkleinerter Kartoffeln muss jedoch hingewiesen werden. Kartoffeln sollten nicht auf den blanken Trog, sondern immer auf das Grobfutter vorgelegt werden.

In der Kartoffel sind eine Reihe antinutritiver Substanzen enthalten, die sich nach Verfütterung leistungsdepressiv auf die Tiere (insbesondere Monogaster) auswirken können. Als antinutritive Substanzen sind insbesondere die Glucoalkaloide zu nennen, unter denen das Solanin am bekanntesten ist. Solaningehalte in frischen Kartoffeln können bis zu 500 mg/kg TM betragen. Kartoffelkeime oder unter Lichteinfluss grün gewordene Kartoffeln haben einen hohen Solaningehalt und sollten daher nicht verfüttert werden.

Futterrüben (Masse- und Gehaltsrüben) werden aufgrund ihrer Schmackhaftigkeit und eines hohen Energiegehalt (bezogen auf Trockensubstanz; ▶ **Tab. 6.4**), vorrangig als Futtermittel in der Wiederkäuerfütterung eingesetzt... Neben der guten Schmackhaftigkeit besteht eine weitere Besonderheit bei der Verfütterung von Futterrüben darin, dass die Milchinhaltsstoffe – insbesondere der Eiweißgehalt – positiv beeinflusst werden könnten. Jedoch sind die Einsatzempfehlungen aufgrund des Gehaltes an Betain (Milchgeschmack wird beeinflusst), des hohen Zuckergehaltes (Azidosegefahr) und der niedrigen Strukturwirksamkeit auf 4 – 5 kg TM aus Futterrüben zu begrenzen.

Auch als Grundfutter für niedertragende Sauen haben sich Futterrüben bewährt, und zwar in der Größenordnung von 7 – 9 kg je Tier und Tag anstelle von 1,2 kg Kraftfutter. Der hohe arbeitswirtschaftliche Aufwand und Probleme in der Mechanisierung in der Fütterungstechnik haben jedoch dazu geführt, dass die Fütterung von Beta-Rüben in der Praxis weitgehend bedeutungslos geworden ist.

Massenrüben oder Gehaltsrüben? Das ist eine interessante Frage für Diskussionen mit vielen Argumenten. Hier soll nur erwähnt werden, dass bei den Massenrüben (mit nur 0,92 MJ NEL/kg) eine größere Menge Wasser transportiert werden muss als bei den Gehaltsrüben (mit 1,17 MJ NEL/kg). Aber die Massenrüben lassen sich ganz verfüttern, während die härteren Gehaltsrüben vor dem Füttern geschnitten bzw. gehäckselt werden müssen.

Um die Rüben hinsichtlich Einlagerung und Futtervorlage attraktiver zu machen, wurden in den letzten Jahren technische Verfahren zur Einsilierung in Kombination mit Silomais entwickelt. Bei dieser sogenannten **Mischsilage** (bzw. Schichtsilage) wird die Relation von einem Teil Rüben zu drei Teilen Maissilage empfohlen. Die Rüben werden zuvor gerodet und mit einem Schnitzelgerät in dünnen Schichten während der Maissilierung eingebracht. Wichtig ist eine intensive Säuberung der Rüben. Bei sachgemäßer Durchführung zeichnet sich eine solche Silage durch beste Gärqualität (hoher Milchsäuregehalt bedingt durch den hohen Zuckergehalt der Rüben) und hohen Energiegehalt aus. Es wurde auch ein Verfahren zur alleinigen Silierung der Rübe entwickelt, unter Einbeziehung des Rübenblattes und mit Zugabe von saftbindenden Trockenstoffen (Trockenschnitzel und Stroh). Zur vollständigen Bindung des Gärsaftes müssen 5 % Stroh und 10 – 12 % Trockenschnitzel, jeweils bezogen auf die Frischmasse, zugesetzt werden. Sie müssen in dünnen Schichten zwischen das Rüben-/Blatt-Gemisch gestreut werden. Dieses Verfahren setzt den Einsatz eines speziellen Rodeschnitzlers voraus; in der Praxis hat sich diese Methode allerdings bisher nicht in einem größeren Umfang durchgesetzt.

6.3 Futtermittelkonservierung

Bei der Konservierung von Futtermitteln gilt es den Tierbestand über einen längeren Zeitraum (z. B. Winterfutterperiode) hinweg leistungsgerecht und ernährungsphysiologisch hochwertig zu versorgen. Daher muss das Ziel einer optimalen Futterkonservierung sein, futtermittelrelevante und wertbestimmende Nährstoffe über den Zeitraum der Ernte bis zur Verfütterung an die Nutztiere in hygienisch einwandfreier Form zu lagern.

Definition

Für die Konservierung und Lagerung von Futtermitteln stehen nachfolgende Produktionsverfahren zur Verfügung:

- Silierung (spontane Milchsäuregärung unter Luftabschluss fördern)
- Trocknung (durch Wasserentzug < 14 %, z. B. Heißlufttrocknung bei Grüncobs)
- Kühlung (durch Wärmeentzug < 10 °C wird die Atmung reduziert; z. B. Kaltlufttrocknung bei Heu)
- gasdichte Lagerung (nach Sauerstoffentzug unterbindet erzeugte CO_2-Atmosphäre aerobe Stoffwechselaktivitäten)
- chemische Stabilisierung (Herabsetzung oder Erhöhung des pH-Wertes durch Siliermittelzusätze, Säurekonservierung, Natronlauge)

Konservierte Futtermittel sind – bezogen auf die Energieeinheit – immer teurer als frische Rohwaren. Zum einen verursacht die Konservierung selbst Maschinen-, Gebäude- und Arbeitskosten, zum anderen ist sie stets mit Nährstoffverlusten verbunden. Die erzeugten Konservate erreichen auch bei optimalem Konservierungsverfahren in der Regel nicht die Qualität des Ausgangssubstrates.

In den letzten Jahren sind viele Milchviehhalter dazu übergegangen, bei fehlendem Weidegang auch in der Sommerfütterung ausschließlich konservierte Futtermittel einzusetzen. Dies hat den Vorteil, dass die Tiere aus qualitativer Sicht immer ein relativ einheitliches Futter bekommen. Andererseits wird von konservierten Futtermitteln in der Regel weniger Trockenmasse verzehrt als von frischem Grünfutter. Es gibt sicher noch andere Gründe, die dafür oder dagegen sprechen. Eine solche Frage kann nur für den Einzelbetrieb entschieden werden.

Bei den Konservierungsverfahren unterscheidet man u. a. natürliche Trocknung (Heu), künstliche oder Heißlufttrocknung (Trockengrün) und Einsäuerung (Silierung). Diese Methoden differieren in der Technik, in den Kosten und in der Qualität der Konservierungsprodukte. Für alle Konservierungsmethoden gilt jedoch, dass die Futterkonserven niemals besser sein können als das Ausgangsmaterial. Bei der Beurteilung, ob das angestrebte Ziel der Konservierung erfolgreich war, müssen der Futterwert, die Konservierungsqualität (Trocknungs- bzw. Gärqualität) und die hygienische Beschaffenheit separat beurteilt werden.

In Abhängigkeit vom Konservierungsverfahren treten mehr oder weniger hohe Verluste auf, wie in der ▶ **Abb. 6.2** gezeigt wird. Verluste entstehen zunächst einmal durch die Futterwerbung auf dem Feld (insbesondere Atmungs- und Bröckelverluste). Je länger die Feldphase dauert, das heißt je langsamer das Futter trocknet oder je niedriger der Feuchtegehalt beim Einfahren sein soll, desto höher sind die Werbungsverluste. Bei der Einsilierung, aber auch noch nach der Heueinlagerung treten Konservierungs- bzw. Lagerungsverluste durch mikrobielle Vorgänge auf, die später noch im Einzelnen besprochen werden. Aus der ▶ **Abb. 6.2** ist ersichtlich, dass bei direkter Einsilierung frisch geschnittenen Grünfutters wenig Werbungs-, aber hohe Konservierungsverluste auftreten. Bei Bodenheu (z. B. Luzerneheu) sind dagegen hohe Werbungsverluste einzukalkulieren, während die Lagerungsverluste hier wesentlich geringer sind. Aus dem Trend der Gesamtverluste lässt sich ablesen, dass bei der Futterkonservierung mit Nährstoffverlusten in der Größenordnung zwischen 15 bis über 40 % zu rechnen ist (Ausnahme Trockengrün).

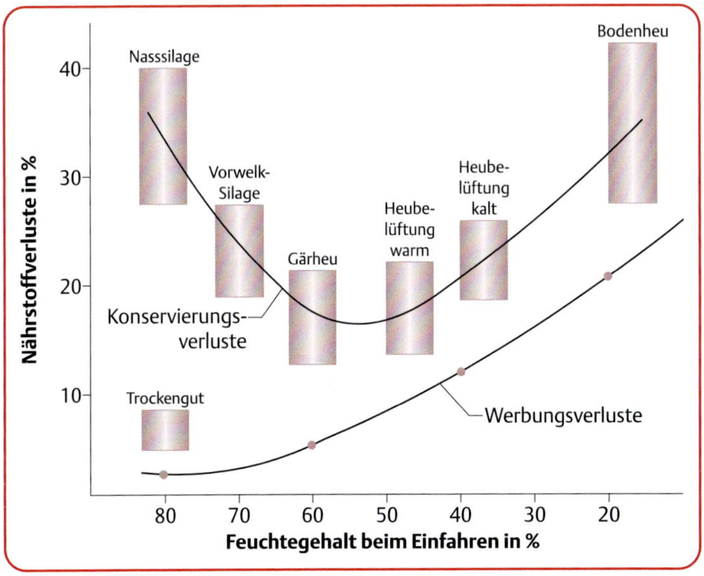

▶ **Abb. 6.2** Nährstoffverluste von Konservierungsverfahren (nach Zimmer 1986 [257]).

6.3.1 Gärfutter (Silage)

In den letzten Jahrzehnten hat sich die Silierung von Grobfutter (ca. 85 % der Erntemengen) gegenüber der Konservierung als Dürrfutter bzw. Trockengrün in der Praxis durchgesetzt. Vorteile der Silierung gegenüber Trocknungsverfahren sind insbesondere:

- höhere Erträge (geringere Massen- und Energieverluste)
- niedrigere Erntekosten durch geringeren Zeit- und Maschinenaufwand
- zeitlich schnellere Räumung der Futterflächen (geringeres Wetterrisiko, zügiger Wiederaustrieb)
- geringeres Gesundheitsrisiko (geringere Staub- bzw. Sporenbelastung für Mensch und Tier)

Eine Fülle verschiedener Mechanisierungsformen in den Techniken, Silobauformen und Zusatzeinrichtungen wurde entwickelt, von denen einige mit hohen Anschaffungs- und/oder Unterhaltungskosten verbunden sind. Nicht jede technische Neuerung bringt auch einen Vorteil hinsichtlich der Futterqualität bzw. der Wirtschaftlichkeit des Betriebes. Für den Tierhalter ist es deshalb wichtig, seine Einflussmöglichkeiten auf die Gärfutterqualität zu kennen und richtig anzuwenden.

Grundlagen der Gärfutterbereitung

Gärfutter hat trotz eines relativ hohen Wassergehaltes eine lange Haltbarkeit. Der Verderb feuchten, organischen Materials wird hauptsächlich durch Mikroorganismen, vor allem durch Bakterien, Pilze und Hefen, bewirkt, die sich unter günstigen Bedingungen (Wärme, Feuchtigkeit, reichliches Angebot von Nähr- und Wirkstoffen) rasch vermehren. In der ► **Abb. 6.3** sind die wichtigsten an diesen Vorgängen beteiligten Mikroorganismen aufgeführt. Ihre Lebensbedingungen sind von der An- bzw. Abwesenheit von Sauerstoff sowie vom pH-Wert abhängig. Generell basiert die Futterkonservierung durch die Silagebereitung auf 2 Prinzipien:

- Luftabschluss (Sauerstoffabschluss durch Verdichtung und Abdeckung) und CO_2-Bildung
- pH-Wert-Absenkung (Milchsäuregärung)

Wird frisch geerntetes Grünfutter auf einen Haufen geworfen, sorgen die sauerstoffliebenden Fäulnisbakterien für einen raschen Verderb des Futters. Bei der Konservierung im gefüllten Silostock wird die Aktivität der anaeroben Mikroorganismen, und hier insbesondere die der Milchsäurebakterien, gefördert. Von der Pansengärung ist uns bekannt, dass die Bakterien saure Stoffwechselprodukte ausscheiden, wodurch im Futter der pH-Wert sinkt.

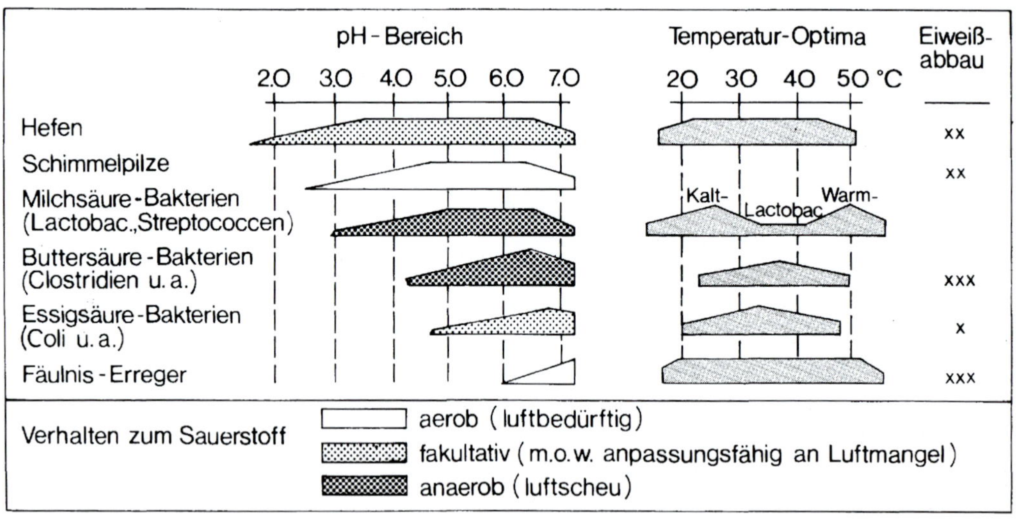

► **Abb. 6.3** Lebensbedingungen und Aktivität von Mikroorganismen im Gärfutter.

Fazit

Im gefüllten Silo sinkt mit zunehmender Tätigkeit der Mikroorganismen innerhalb weniger Tage durch Milchsäurebildung, die den vorliegenden Zucker in der Silage möglichst schnell zu Milchsäure vergären, der pH-Wert ab. Dabei werden die weniger säureverträglichen Mikroorganismen durch die relativ schnell verlaufende Milchsäuregärung verdrängt. Milchsäure ist eine starke Säure, senkt den pH-Wert und wirkt so konservierend. Alle anderen Gärsäuren (z. B. Essig-, Propion- und Buttersäure) sind schwächere Säuren und würden höhere Gärverluste (Trockenmasse-, Energieverluste) verursachen. Der absinkende pH-Wert führt zum Erliegen der bakteriellen Tätigkeit und stabilisiert somit die Silage. Optimale Silagen weisen bei 30 – 40 % TS einen pH-Wert von 4,4 – 4,8 auf. In feuchten Silagen mit < 25 % TS sollte der pH-Wert unter 4,0 liegen, in trockenen Silagen < 45 % TS unter 5,0.

Von allen am Futter haftenden Mikroorganismen können die Milchsäurebildner als vorteilhaft für die Produktion einer guten Silage angesehen werden. Die **Buttersäurebildner**, hauptsächlich Bakterien aus der Gattung der Clostridien, sind zweifellos die unangenehmste Konkurrenz für die Milchsäurebildner. Sie vermehren sich anaerob (ohne Sauerstoff), solange der pH-Wert über die Milchsäuregärung nicht ausreichend tief abgesenkt wurde. Sie vertragen im Vergleich zur Mehrzahl der übrigen Gärfutterschädlinge noch relativ niedrige pH-Werte und ernähren sich teilweise von Milchsäure (umwandeln zur Buttersäure), wodurch dem notwendigen raschen Absinken des pH-Wertes entgegengearbeitet wird. Neben Zucker können Buttersäurebakterien auch Eiweiße zu Ammoniak abbauen. Diese basischen Abbauprodukte wirken wiederum puffernd auf die Silage und erhöhen somit den pH-Wert, was sich wiederum negativ auf die Silierung auswirkt.

In Molkereien sind **Clostridiensporen** in der Milch als Verursacher von Spätblähungen im Käse und Geschmacksbeeinträchtigungen verschiedener Milchprodukte gefürchtet. Clostridien gelangen aus dem Erdboden durch Verschmutzung des Grünfutters in die Silage und mit ihr in den Futtertrog. Die mit der Silage aufgenommenen Clostridien werden im Kot wieder ausgeschieden. An das Euter und darüber eventuell wieder in die Milch gelangen sie durch Verschmutzung mit Kot, mit Silage oder sogar über die Luft. Wichtigste Vorbeugemaßnahme ist die Vermeidung von Futterverschmutzungen beim Silieren durch sauberes Einbringen des Erntegutes in die Siloanlage, richtige Grünlandpflege (dichte Grasnarbe, Abschleppen, Walzen) und Einhalten einer Mindestschnitthöhe von 5 – 7 cm. Es gibt auch spezielle Siliermittel (S. 233) zur Verhinderung der Vermehrung von Clostridien in Silagen. Die **Essigsäurebildner** (Enterobakterien) entwickeln sich im Gegensatz zu den Buttersäurebakterien am Beginn der Gärung, solange noch Luft vorhanden ist, sehr rasch, besonders in nassem Futter. Deshalb, aber auch, weil eine Untergruppe der Milchsäurebildner (MSB) als Nebenprodukt Essigsäure ausscheidet (heterofermentative MSB), gibt es kein Gärfutter ohne Essigsäure.

Ein gewisser Gehalt an Essigsäure in der Silage ist erwünscht, da diese Säure hefe- und schimmelhemmend wirkt. Dadurch erhöht sich die Lagerstabilität der Silage. Größere Mengen Essigsäure, die sich durch scharfen und stechenden Geruch der Silage bemerkbar machen, sind unerwünscht. Die Verzögerung der pH-Wert-Absenkung durch die eiweißzersetzenden Buttersäurebakterien schafft günstige Lebensbedingungen für die Essigsäurebakterien.

Die **Fäulniserreger** vergären vorwiegend Eiweiß. Obwohl sie sehr säureempfindlich und luftbedürftig sind, sich also durch eine sachgemäße Siliertechnik gut bekämpfen lassen, verursachen sie in der landwirtschaftlichen Praxis große Nährstoffverluste durch den Verderb der Randschicht in Freigärhaufen bei unterlassener oder unzureichender, noch Luft durchlassender Abdeckung. Derartige schwarz gefärbte und unangenehm riechende Fäulnisschichten enthalten giftige Stoffwechselprodukte aus der Eiweißzersetzung und dürfen nicht verfüttert werden.

Die **Schimmelpilze** sind zwar säureverträglich, aber empfindlich gegen Sauerstoffmangel. Zur Schimmelbildung neigt stark angewelkte und zu wenig verdichtete Silage, wenn nach dem Öffnen des Silos Luft eindringt. Typische Schimmelpilze in Silagen sind Penicillium- und Aspergillusarten. In Gras- und Maissilagen ist *Penicillium roqueforti* der dominierende Schimmelpilz. Besonders auffällig ist er in Maissilagen, in denen häufig blaugrüne, kugelförmige Schimmelnester zu finden sind. Diese treten verteilt über die gesamte Anschnittsfläche auf. In Grassilagen breiten sie sich eher in horizontaler Lage in Form einer weißlich grau gefärbten Schicht aus. *Monascus ruba* ist durch rote Verfärbungen der Silage erkennbar, während *Aspergillus fumigatus* vornehmlich in den Randschichten gefunden wird, wo eher Luft eindringt. Die Farbe kann zwischen blaugrün bis hin zu grau variieren. Verschimmelte Silage ist mit hoher Wahrscheinlichkeit auch mit entsprechenden Toxinen (Pilzgifte) kontaminiert. Solche Silagen dürfen keinesfalls mehr verfüttert werden.

Hefen sind ebenfalls säureverträglich und zum größten Teil aerob. Beim Silierprozess vermehren sie sich so lange, bis keine Luft (Sauerstoff) mehr im Silo vorhanden ist. Wenn nach dem Öffnen des Silos und durch die Entnahme wieder Luft in das Futter gelangt, kann es durch die Tätigkeit von Hefen zu neuen, raschen Gärungen mit Nach-Erwärmung des Futters und hohen Nährstoffverlusten kommen. Davon sind besonders solche Silagen betroffen, die sehr trockensubstanzreich und nicht ausreichend verdichtet sind sowie höhere Restzucker- und Milchsäuregehalte haben. Warm gewordene Silagen werden von den Tieren bedeutend schlechter gefressen, das heißt, die Futteraufnahme geht erheblich zurück.

Fazit

Aus den Informationen über die Lebensweise der Gärfutterschädlinge lassen sich Grundsätze zu ihrer Bekämpfung ableiten. Der Wichtigste kann in folgender Empfehlung zur Silagebereitung zusammengefasst werden: Luft schnellstens aus dem Silostock entfernen und für dauerhaften Luftabschluss sorgen!

Luftabschluss der Futterstapel

Praxistipp

Für fast alle Silobauformen gelten folgende Erfahrungen und Grundsätze:

1. Grünland oder Feldgras früh genug schneiden (im Schossen der bestandsbildenden Gräser)
2. Siliergut nicht zu stark anwelken (TS-Gehalt < 40 %)
3. rasches Befüllen innerhalb von 1 – 3 Tagen (max.) – falls notwendig Schlagkraft durch Lohnunternehmen oder durch Siliergemeinschaften erhöhen
4. Zerkleinern des Siliergutes (Gras: 2,5 – 4 cm; Silomais 6 – 8 mm) mit Kurzschnittladewagen oder Exakthäckslern (je trockener, desto kürzer)
5. Futter während des Füllens gut verteilen (Schichten < 30 cm auftragen) und in Flachsilos mit Schlepper oder Raupe festwalzen (► **Abb. 6.4**, ► **Abb. 6.5**); Verdichtung sollte auf 200 – 250 kg TM/cbm erfolgen (je t Siliergut 2 – 3 Minuten walzen, optimale Walzgeschwindigkeit 2 km/Stunde, bis 1 Stunde nachwalzen)
6. Oberfläche des Futters rasch und sorgfältig mit geeigneter Unterziehfolie (Saugfolie) sowie einer Silofolie (z. B. DLG-geprüfte Folien) abdecken und mit Silonetzen, Planen, Sandschicht gleichmäßig beschweren (Vermeiden des „Luftpumpeffektes" einer flatternden Folie!)
7. Folien vor Mäuse- und Vogelfraß schützen und die Dichtigkeit regelmäßig kontrollieren

In Betonsilos muss für einen säurefesten Innenanstrich gesorgt werden, der regelmäßig zu erneuern ist. Hierfür gibt es im Fachhandel geeignete Silolacke. Die bei der Verarbeitung vorgeschriebenen Vorsichtsmaßregeln sind unbedingt zu beachten! Lebensnotwendig ist es, vor dem Betreten eines gefüllten Silobehälters eine Lichtprobe, beispielsweise mittels einer an einem Strick heruntergelassenen Sturmlaterne, durchzuführen. Die in Gärfutterbehältern, besonders in überdachten Grubensilos, herrschende Kohlendioxid-Atmosphäre kann zum Erstickungstod führen.

▶ **Abb. 6.4** Verteilen und Festfahren des Siliergutes mit dem Raddrucklader führt zu bestem Silierersfolg.

▶ **Abb. 6.5** Hervorragend verdichtete Silage (links Gras-, rechts Maissilage) mit vorbildlichen Anschnittsflächen.

Entwicklung der Milchsäurebakterien fördern

Es gibt leicht und schwer vergärbare Futterpflanzen (▶ **Tab. 6.5**). Diese Einteilung bezieht sich auf bestimmte Pflanzeninhaltsstoffe, die die Lebensbedingungen für die Milchsäurebakterien negativ (basisch wirkende Bestandteile wie z. B. Rohprotein) oder positiv (Zucker) beeinflussen. Die basisch wirkenden Bestandteile können als Pufferkapazität (PK) analytisch bestimmt werden. Das Verhältnis zwischen Zucker- und Pufferkapazität wird als Z/PK-Quotient erfasst. Dieser ist eine geeignete Größe zur Einschätzung des biologischen Säuerungsvermögens von Futterpflanzen. Der Silierersfolg ist außerdem vom Trockenmassegehalt des Siliergutes abhängig.Beide Faktoren (Z/PK-Quotient und TM-Gehalt in %) werden im Vergärbarkeitskoeffizient (VK) zusammengefasst. Ist dieser größer als 45, kann eine weitestgehend stabile Gärung erwartet werden.

Silomais mit einem hohen Zucker- und niedrigen Rohproteingehalt (VK 58) gehört z. B. zu den leicht vergärbaren Futterpflanzen. Luzerne hat dagegen einen geringeren Zuckergehalt bei sehr hohem Rohproteingehalt (VK 27) und gehört deshalb ebenso wie Rotklee (VK 33) zu den schwer vergärbaren Futterpflanzen. Von den Gräsern ist besonders das Weidelgras mit relativ hohen Zuckergehalten leicht vergärbar (VK 47, angewelkt 62), während andere Gräser erst nach dem Anwelken eine so hohe Zuckerkonzentration erlangen, dass eine gute Vergärung sichergestellt ist (von VK 33 auf 48).

► **Tab. 6.5** Vergärbarkeit ausgewählter Futterpflanzen (Zuckergehalt, Pufferkapaziät und Z/PK-Quotient; nach Jänicke 2006 [112]).

Pflanzenart	Zucker in g/kg TM	Pufferkapazität in g Milchsäure/kg TM	Z/PK-Quotient
Weidelgräser	173	52	3,3
Sonstige Gräser	92	55	1,7
Rotklee	115	69	1,7
Luzerne	65	74	0,9
Silomais (Milchreife)	230	35	6,6
Silomais (Teigreife)	110	32	3,4
Zuckerhirse	213	30	7,3
Ackerbohnen	145	49	3,0
Grünhafer	130	40	3,3
Grünroggen	135	56	2,4
GPS-Sommergerste	63	41	1,5
GPS-Winterweizen	55	32	1,7

Quelle: DLG. Praxishandbuch Futterkonservierung, 2006 [50]

Anwelken von Siliergut Das Anwelken von Gras ist ein wichtiges Element der Siliertechnik, wodurch eine Verbesserung des Gärverlaufes und der Gärfutterqualität erreicht wird.

Fazit

Die Auswirkungen des Anwelkens lassen sich wie folgt zusammenfassen:

1. Erhöhung der Nährstoff-(einschließlich Zucker-) Konzentration im Zellsaft und dadurch Förderung der Milchsäuregärung
2. Verstärkung des osmotischen Drucks und dadurch Behinderung der Entwicklung der Buttersäurebildner
3. Verringerung des Eiweißabbaus und somit geringere Abpufferung im Silostock
4. Verminderung der Summe der Nährstoffverluste (kürzerer Gärverlauf und weniger Zeit für Gärgasentwicklung – weniger Sickersaft) trotz höherer Feldverluste
5. rascherer Abschluss der Gärungsvorgänge und Stabilisierung der Silage bei einem höheren pH-Niveau (dem sog. „kritischen pH-Wert“) (► **Abb. 6.6**)
6. Verbesserung der Gärqualität
7. bessere Futteraufnahme
8. höherer Futterwert

Um das Anwelken, das in 1 bis max. 2 Tagen abgeschlossen sein soll, zu beschleunigen, muss das Gras nach dem Mähen umgehend gezettet werden. Halmgutaufbereiter beschleunigen die Wasserabgabe. Die Geräte zum Zetten, Schwaden und Aufnehmen dürfen nicht zu tief eingestellt werden (mind. 4 cm Abstand zum Boden), um eine Verschmutzung des Siliergutes mit Erde zu vermeiden. Unter günstigen Witterungsbedingungen kann der Zettvorgang entfallen, womit höhere Bröckelverluste vermieden werden.

Das Anwelken sollte allerdings nicht über 40 % TS des Siliergutes erfolgen. Bei stark angewelktem Futter nehmen die Probleme hinsichtlich Bröckelverlusten, Verdichtbarkeit und Nacherwärmung stark zu. Der optimale Bereich liegt in der Größenordnung von 30 – 40 % TS. Der optimale Anwelkgrad kann mittels der **Wringprobe** abgeschätzt werden (► **Tab. 6.6**): Bei feuchtem Futter einen Ball formen und danach pressen. Ab ca. 30 % einen Strang formen und einmal kräftig wringen (nicht nachfassen!).

Einsatz von Siliermittel Bei ungünstigen Gärbedingungen (sehr eiweißreiche Futterarten, anhaltende Schlechtwetterperiode ohne Möglichkeit zum Anwelken) wird versucht, die Gärvorgänge

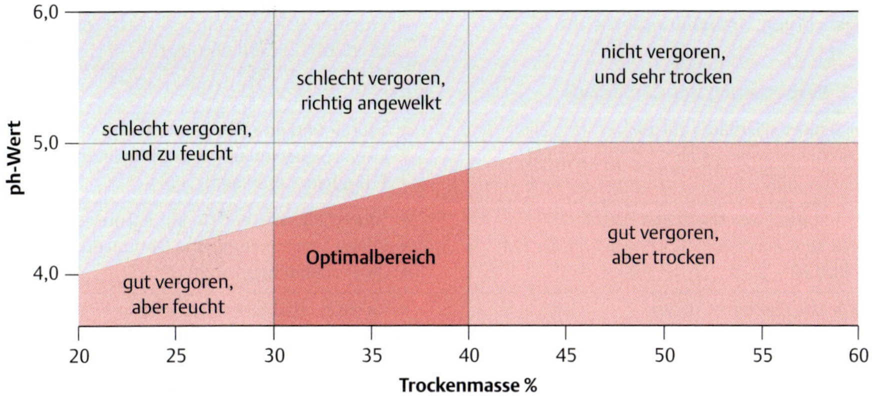

► **Abb. 6.6** Abhängigkeit des kritischen pH-Wertes vom TS-Gehalt der Grassilage (nach Spiekers, Nußbaum, Potthast 2009 [215]).

► **Tab. 6.6** Bewertung im Rahmen der Wringprobe.

Saftaustritt	TS-Gehalt
starker Saftaustritt schon bei leichtem Händedruck	< 20 %
starker Saftaustritt bei kräftigem Händedruck	25 %
beim Wringen Saftaustritt zwischen den Fingern, Hände werden nass	30 %
beim Wringen kein Saftaustritt zwischen den Fingern, Hände werden noch feucht	35 %
nach dem Wringen glänzen die Hände noch	40 %
nach dem Wringen nur noch schwaches Feuchtegefühl auf den Händen	45 %
Hände bleiben vollständig trocken	> 45 %

durch Siliermittel günstig zu beeinflussen. Neuere wissenschaftliche Erkenntnisse und Entwicklungen haben zu einer wesentlichen Erweiterung des Anwendungsspektrums von Siliermitteln geführt. Ein wesentlicher Fortschritt in der Prüfung der Wirksamkeit – zweckorientiert nach den Wirkungsrichtungen und Anwendungsbereichen – wurde durch die Einführung des DLG-**Gütezeichens für Siliermittel** erreicht.

In der ► **Tab. 6.7** sind die 5 Gruppen nach der Wirkungsrichtung sowie für die jeweiligen Anwendungsbereiche aufgeführt. Außerdem sind Angaben über den geeigneten Siliermitteltyp, den Effekt sowie die Anzahl der Produkte mit DLG-Gütezeichen enthalten. Die Produktnamen werden von der DLG veröffentlicht. Relativ neu ist die Gruppe 4 mit der Wirkungsrichtung „Sonderwirkungen". Die hier einzuordnenden Produkte beeinflussen neben dem Gärverlauf auch den Futterwert. Auswertungen der Versuche und Untersuchungen, die der Anerkennung durch die DLG zugrunde liegen, haben zu folgenden Ergebnissen geführt:

- Steigerung der Verdaulichkeit des Futters um 2 – 5 %
- Erhöhung der Energiedichte um 0,1 – 0,3 MJ NEL/kg TM
- Erhöhung der Futteraufnahme um 0,5 – 1,5 kg TM/Tier und Tag
- Steigerung der Milchleistung um bis zu 1,2 kg/Tier und Tag
- Steigerung der Mastleistung um bis zu 85 g/Tier und Tag
- Verlängerung der Lagerstabilität im Stall um 1 – 4 Tage.

Voraussetzung für den erfolgreichen Einsatz von Siliermitteln ist ihre richtige Anwendung. Dies betrifft die Wahl des Produktes, die gleichmäßige

► **Tab. 6.7** Siliermittel mit DLG-Gütezeichen (Stand: Oktober 2017 [51]).

Wirkungsrichtung, Anwendungsbereiche	Geeigneter Siliermitteltyp/Effekt/Produkte mit DLG-Gütezeichen (Stand Okt/2017)
Gruppe 1: Verbesserung des Gärverlaufs	
• **1a** für schwer silierbares Futter • Kennzeichen: Zuckergehalt < 1,5 % in der FM • TS-Gehalt < 20 %	• Säuren und ihre Salze, spezifische Verbindungen • Effekt: Sicherstellung und Optimierung des Gärverlaufs • 8 Produkte anerkannt
• **1b** für mittelschwer silierbares Futter • Kennzeichen: Zuckergehalt 1,5 – 3 % in der FM • TS-Gehalt 20 – 25 %	• Säuren etc. wie bei 1a, Milchsäurebakterien, Enzyme • Effekt: Sicherstellung und Optimierung des Gärverlaufs • 28 Produkte anerkannt
• **1c** für leicht silierbares Futter • Kennzeichen: Zuckergehalt > 3 % in der FM • TS-Gehalt > 30 %	• Milchsäurebakterien, Enzyme • Effekt: Optimierung des Gärverlaufs • 15 Produkte anerkannt
• **1d** von speziellen Futterarten	• Effekt: Optimierung des Gärverlaufs • keine Produkte mit DLG-Gütezeichen
Gruppe 2: Verbesserung der aeroben Stabilität – Haltbarkeit unter Lufteinfluss	
• Silomais und Maiskolbenprodukte > 25 % TM • angewelktes Gras oder Leguminosen, GPS, Feuchtgetreide u. -mais, feuchte Leguminosensaat	• spezifisch pilzhemmende Mittel, chemische Verbindungen • Effekt: Unterbindung der Entwicklung von Hefen und Schimmel • 37 Produkte anerkannt
Gruppe 3: Reduzierung von Gärsaftablauf	
• Kennzeichen des Futters: niedriger Gehalt an Trockenmasse	• absorbierende oder strukturerhaltende Mittel • keine Produkte mit DLG-Gütezeichen
Gruppe 4: Sonderwirkungen (Sonderwirkungen können nur in Verbindungen mit der Prüfung nach Gruppe 1, 2 oder 3 attestiert werden)	
• **4a** Förderung der Futter- bzw. Nährstoffaufnahme aus den behandelten Silagen	• Milchsäurebakterien, Salze • 19 Produkte anerkannt
• **4b** Verbesserung der Verdaulichkeit der behandelten Silagen	• Milchsäurebakterien, Enzyme • 20 Produkte anerkannt
• **4c** Verbesserung des Fleischerzeugungswertes und des Milcherzeugungswertes der Silage	• Milchsäurebakterien, Enzyme • 16 Produkte für Milchleistung • 6 Produkte für Mastleistung anerkannt
Gruppe 5	
• Verhinderung der Vermehrung von Clostridien in der behandelten Silage	• Salze • 6 Produkte anerkannt
Gruppe 6: Verbesserung des Methanerzeugungswertes von Silagen	
• **6a** Verbesserung durch Reduzierung von Gärverlusten	• keine Produkte mit DLG-Gütezeichen
• **6b** Verbesserung durch Vermeidung von Nacherwärmung • **6c** Verbesserung durch Sondereffekte	• Milchsäurebakterien, nicht für die Tierernährung zugelassen • 2 Produkte anerkannt

Verteilung im Futter und die richtige Dosierung. Spezielle technische Vorrichtungen sind hierfür erforderlich. Die **Futtermittelhygiene-Verordnung** (S. 289) unterscheidet zwischen Silier- und Konservierungsmitteln. Siliermittel können im Rahmen der Primärproduktion ohne spezielle Auflagen eingesetzt werden und unterliegen keiner Aufzeichnungspflicht. Dagegen muss beim Einsatz von Konservierungsmitteln (z. B. Propionsäure) eine Registrierung des Betriebes vorliegen und je-

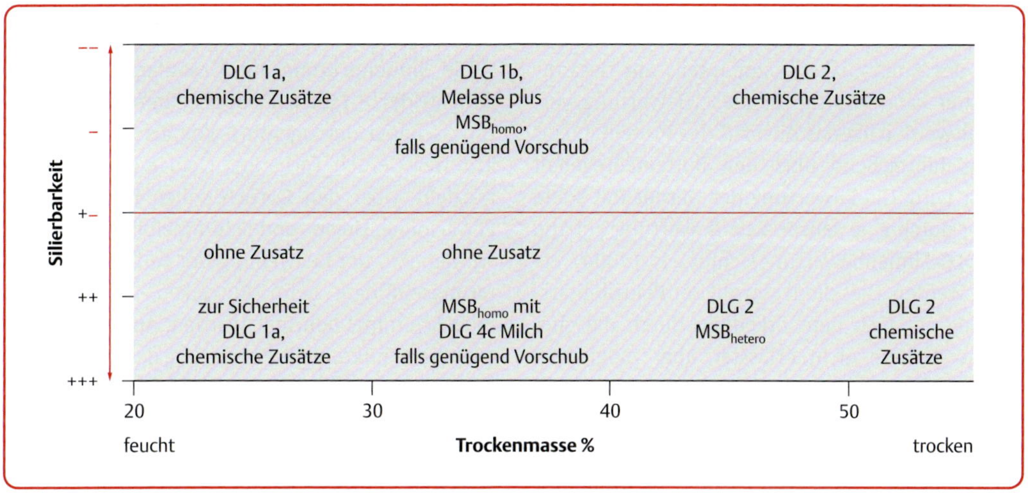

▸ **Abb. 6.7** Einsatzschema für Siliermittel in Abbhängigkeit vom Ausgangsmaterial und dem TS-Gehalt (nach Spiekers, Nußbaum, Potthast 2009 [215]).

der Konservierungsmitteleinsatz dokumentiert werden. Die derzeit anerkannten Siliermittel können nach ihrem Ansatzpunkt im Gärprozess eingeteilt werden und alleine oder in Kombination zum Siliereinsatz kommen (▸ **Abb. 6.7**).

Einteilung der Silier- und Konservierungsmittel:

- Substrate (Zucker, Melasse, Schrote etc.)
- Milchsäurebakterien (homo-, heteroetiv)
- chemische Zusätze (Säuren oder Salze)
- Enzyme (wie z. B. Zellulasen, Hemizellulasen)
- sonstige (z. B. Trockeneis)

Beurteilung der Gärqualität

Der Futterwert von Silagen sollte anhand von Rohnährstoff- und Energiegehalten sowie ggf. weiteren Futterwertkennzahlen (z. B. nXP, Strukturwert) über eine Laboruntersuchung ermittelt werden. Hierfür sollten vor Beginn der Verfütterung Proben gezogen werden, was bei Fahrsilos mithilfe eines geeigneten Probestechers problemlos möglich ist (▸ **Abb. 6.8**). Neben dem Futterwert ist die Gärqualität (Konservierungserfolg) von Bedeutung. Es ist zu empfehlen, die Gärqualität nach dem DLG-Bewertungsschlüssel (2006) von Grünfuttersilagen auf Basis der chemisch-analytischen Untersuchung im Labor durchführen zu lassen. Hierbei werden Buttersäuregehalt, Essigsäuregehalt sowie pH-Wert bestimmt und die Ergebnisse einzeln mit Punktzahlen bewertet. Aus der Gesamtpunktzahl wird ein zusammenfassendes Ur-

▸ **Abb. 6.8** Entnahme einer Silageprobe mithilfe des Probestechers.

teil abgeleitet (5 Noten von sehr gut bis sehr schlecht). Auf die bisherige zusätzliche Heranziehung des Ammoniakstickstoffanteils am Gesamtstickstoff kann künftig für diese Bewertung verzichtet werden, da das Ausmaß des Proteinabbaus bereits hinreichend über den Buttersäuregehalt erfasst wird. Die Bewertung der Gärqualität sollte immer durch eine sensorische Bewertung anhand des DLG-Sinnenbewertungsschlüssels (2004) ergänzt werden. Dies dient sowohl der Plausibilitätsprüfung als auch dem Erkennen durch die chemische Analyse nicht erfasster, aber möglicherweise vorhandener hygienischer Mängel (Schimmelbefall, Hefen, bakterielle Belastungen). Wenn diese Mängel sensorisch feststellbar sind, werden entsprechende Korrekturen am Beurteilungsergebnis vorgenommen, und zwar je nach Befall bis zum Ergebnis „nicht zur Verfütterung geeignet“.

Die **Sinnenprüfung** für **Grassilage** wird nach dem in der ▸ **Tab. 6.8** dargestellten DLG-Bewertungsschema durchgeführt, das als Beurteilungskriterien Geruch, Farbe und Gefüge der Silage heranzieht. Über den Geruch sollen Fehlgärungen, Erwärmung, Hefen- und Schimmelbildung geprüft werden. Mit der Beurteilung der Farbe sollen Witterungseinflüsse beim Anwelken, Fehlgärungen oder Schimmel beurteilt werden. Aufschluss über eventuelle mikrobielle Zersetzung der Pflanzenteile und Schimmel gibt das Gefüge. Zusätzlich zur Sinnenprüfung gibt die Ermittlung des pH-Wertes, die allerdings meistens im Labor erfolgen muss, wertvolle Hinweise auf die Säurebildung und damit Stabilität der Silage. Diese ist in starkem Maße

▸ **Tab. 6.8** DLG-Schlüssel 2004 [59] für die Sinnenprüfung von **Grassilage**.

Prüfungskriterium/Ausprägung		Punkte für Qualitätsabzug
1. Geruch überprüfen		
Buttersäure (Geruch nach Schweiß, ranziger Butter)	nicht wahrnehmbar	0
	schwach, erst nach Fingerprobe (Reiben) wahrnehmbar	2
	auch ohne Fingerprobe schwach wahrnehmbar	3
	aus ca. 1 m Entfernung deutlich wahrnehmbar	5
	schon aus einiger Entfernung stark wahrnehmbar, fäkalartig	7
Essigsäure (stechender, beißender Geruch nach Essig)	nicht wahrnehmbar	0
	schwach wahrnehmbar	1
	deutlich wahrnehmbar	2
	stark wahrnehmbar, unangenehm stechend	4
Erwärmung (Röstgeruch)	nicht wahrnehmbar	0
	schwacher Röstgeruch, angenehm	1
	deutlicher Röstgeruch, leicht rauchig	2
	starker Röstgeruch, brandig, unangenehm	4
Hefen (mostartiger, gäriger Geruch)	nicht wahrnehmbar	0
	schwach wahrnehmbar	1
	deutlich wahrnehmbar	2
	stark wahrnehmbar, gärig	4
Schimmel (muffiger Geruch)	nicht wahrnehmbar	0
	schwach wahrnehmbar	3
	deutlich wahrnehmbar	5
	stark wahrnehmbar	7

▶ **Tab. 6.8** Fortsetzung

Prüfungskriterium/Ausprägung					**Punkte für Qualitätsabzug**
2. Farbe prüfen					
Bräunung	normale Farbe				0
	bräunlicher als normal				1
	deutlich gebräunt				2
	stark gebräunt				4
Vergilbung	normale Farbe				0
	gelblicher als normal				1
	deutlich ausgeblichen				2
	stark ausgeblichen				4
sonstige Beobachtungen	giftgrün durch starke Buttersäuregärung				7
	sichtbarer Schimmelbefall: Silage nicht verfüttern				7
3. Gefüge prüfen					
	Pflanzenteile nicht angegriffen				0
	Pflanzenteile nur an Schnittstellen leicht angegriffen				1
	Blätter deutlich angegriffen, schmierig				2
	Blätter und Halme stark angegriffen, verrottet, mistartig				4
4. pH-Wert prüfen[1]					
TS-Gehalt in %	**bis 20**	**21–30**	**31–45**	**>45**	
pH-Wert	<4,0	<4,3	<4,7	<5,0	0
	4,0	4,3	4,7	5,0	1
	4,4	4,7	5,1	5,4	2
	4,8	5,1	5,5	5,8	3
	5,2	5,5	5,9	6,2	4
	>5,2	>5,5	>5,9	>6,2	5

Zur Beurteilung der Gärqualität werden die Punkte für Qualitätsabzug addiert:

Summe Punkte für Qualitätsabzug		**Note**	**Urteil**
ohne pH-Wert	mit pH-Wert		
0 – 1	0 – 2	1	sehr gut
2 – 3	3 – 5	2	gut
4 – 5	6 – 8	3	verbesserungsbedürftig
6 – 8	9 – 11	4	schlecht
>8	>11	5	sehr schlecht

[1] Die Silagebeurteilung ist auch ohne Bestimmung des pH-Wertes möglich.

vom TS-Gehalt der Silage abhängig. Zweifelsfrei erkannte Mängel bei den aufgeführten Beurteilungskriterien führen zu Punktabzügen, die zum Schluss addiert werden und zu einer Gesamtnote zwischen 1 bis 5 führen. Für die Sinnenprüfung von **Maissilage** wird ein eigener DLG-Schlüssel angewendet (▶ **Tab. 6.9**).

▶ **Tab. 6.9** DLG-Schlüssel 2004 [59] für die Sinnenprüfung von **Maissilage**.

Prüfungskriterium/Ausprägung		Punkte für Qualitätsabzug
1. Geruch überprüfen	angenehm säuerlich, aromatisch, brotartig	0
	leicht alkoholisch oder leichter Essigsäuregeruch	1
	stark alkoholischer oder Röstgeruch	3
	muffig oder leichter Buttersäuregeruch	5
	widerlich, Fäulnisgeruch, jauchig	7
2. Farbe prüfen	dem Ausgangsmaterial ähnliche Farbe	0
	Farbe wenig verändert	1
	Farbe stark verändert	2
3. Gefüge prüfen	unverändert (wie das Ausgangsmaterial)	0
	leicht angegriffen, Pflanzenteile mürbe	1
	stark angegriffen, schmierig, schleimig	2
	verrottet	4
4. Schimmel	sichtbarer Schimmelbefall: Silage nicht verfüttern	7
Zur Beurteilung der Maissilage werden die Punkte für Qualitätsabzug addiert:		
Summe Punkte für Qualitätsabzug	**Note**	**Urteil**
0 – 1	1	sehr gut
2 – 3	2	gut
4 – 5	3	verbesserungsbedürftig
6 – 8	4	schlecht
>8	5	sehr schlecht

Gärverlauf/-zeit und Silagefütterung

Die Hauptgärung mit rascher Absenkung des pH-Wertes dauert 3 – 8 Tage. Danach werden noch mehrere Wochen für Reifungsvorgänge benötigt, sodass mit der Fütterung 4 – 6 Wochen nach dem Einsilieren begonnen werden kann. Wenn die Abdeckung des Silos entfernt und ein Gärfutterstapel angebrochen ist, muss ein wöchentlicher Vorschub von mindestens 1,5 m im Winter und 2,5 m im Sommer gegeben sein, um die Nachgärung durch die jetzt eindringende Luft gering zu halten.

Nacherwärmung kann vor allem bei Silagen mit hohen Trockenmassegehalten auftreten, insbesondere wenn diese noch Restzucker sowie viel Milchsäure bei wenig Essigsäure enthalten (z. B. teigreife Maissilage, stark angewelkte Grassilage).

Sie werden vor allem von Hefen verursacht. Nacherwärmung liegt vor, wenn die Temperatur im Silostock 10 °C und mehr über der Außentemperatur liegt. Begünstigt wird sie durch schleppendes Befüllen und unzureichende Verdichtung schon beim Einsilieren, da sich dann die Hefen sehr stark vermehren können. Durch Luftzutritt, beschädigte Abdeckfolien, poröse Behälterwände, durch hohe Außentemperaturen und durch unzweckmäßige Entnahmemethoden (z. B. Aufreißen des Futterstocks mit der Hand oder Frontladergabel, zu große Anschnittflächen, zu geringe Entnahmemengen) werden säureresistente Hefen, Bakterien und Pilze wieder aktiv und setzen vornehmlich Restzucker und Milchsäure um. Dadurch steigt nicht nur die Temperatur, sondern auch der pH-Wert in den betroffenen Silagen an. Beide Faktoren bilden dann beste Bedingungen für Buttersäure- und Essigsäurebakterien, aber insbesondere für Schimmelpilze und Fäulnisbakterien, die zu einem völligen Verderb der Silage führen können.

Praxistipp

Jede Erwärmung kostet Nährstoffe, verringert die Futteraufnahme, kann zum Verderb der Silage führen und muss unbedingt vermieden werden:

- durch optimale Verdichtung beim Einsilieren
- durch Einsatz geeigneter Entnahmegeräte, die die Anschnittsflächen nicht auflockern (▶ **Abb. 6.5**)
- durch ausreichenden Vorschub im Fahrsilo: 1,5 m pro Woche im Winter, bis zu 2,5 m im Sommer
- durch Erhöhung des Vorschubs, wenn Nacherwärmungen auftreten
- durch Verfütterung von trockenen Silagen in der kalten Jahreszeit
- durch 10 – 20 cm dicke Anschnittscheiben bei täglicher Obenentnahme im Hochsilo
- durch luftdichtes Verschließen der Entnahmeluke unmittelbar nach jeder Entnahme bei der Verwendung von Untenfräsen in Hochsilos, notfalls im Sommer durch nachträgliche Flächenbehandlung mit Propionsäure
- Randpartien von Silage nicht an Milchkühe verfüttern
- bei starker Nacherwärmung Säurebehandlung (u. U. Umsilierung des gesamten Silos).

Der spezifische Geruch der Silagen, besonders der weniger gut gelungenen, beeinträchtigt Geruch und Geschmack der Milch, und zwar auf den folgenden Wegen:

- Weg 1: Silage → Stallluft → Milch
- Weg 2: Silage → Atemluft → Lunge → Blutbahn → Euter → Milch
- Weg 3: Silage → Verdauungskanal → Blutbahn → Euter → Milch

Wenn im Melkstand oder AMS gemolken oder die Milch über Rohrleitungen in die Milchkühleinrichtung befördert wird, kommt die Milch kaum mit der Stallluft in Berührung und wird durch Weg 1 weniger beeinträchtigt.

Praxistipp

Den Geschmacksbeeinträchtigungen über die Wege 2 und 3 lässt sich durch folgende Maßnahmen vorbeugen:

- Gärfutter nicht im Stall lagern oder auftauen
- Gärfutter erst nach dem Melken in den Stall bringen und füttern
- Gärfutterreste rechtzeitig vor dem nächsten Melken aus Futtertrögen entfernen und den Stall lüften

Die aus der Silage (nach dem Melken) aufgenommenen unangenehmen Gerüche werden im Körper größtenteils bis zum nächsten Melken abgebaut. Bei nur schwach (und angenehm) riechenden, gut silierten Grassilagen, die keine Nachgärungserscheinungen zeigen, ist in der Winterstallhaltung eine mehrtägige Lagerung geschlossener Siloblöcke auf dem Futtertisch möglich. Eine Erwärmung muss als Signal zur Abkürzung der Zwischenlagerung verstanden werden.

Grassilage

Grassilage bildet in vielen Betrieben die Grundlage der Fütterung für Wiederkäuer. Der Futterwert verschiedener Grassilagequalitäten ist in der ▶ **Tab. 6.10** beispielhaft zusammengestellt (s. a. ▶ **Abb. 6.9**). Kenndaten einer guten Grassilage enthält ▶ **Tab. 6.11**. Jung geschnittene Grassilage mit einem Rohfasergehalt bis zu 25 % in der TS weist mit 6,0 – 6,7 MJ NEL eine hohe Energiekonzentration auf. In spät geschnittener Silage geht der Nährstoffgehalt dagegen stark zurück. Grassilage von 2. und folgenden Aufwüchsen hat einen geringeren energetischen Futterwert, da die Verdaulichkeit der organischen Substanz abnimmt. Zu beachten ist allerdings auch der Rohaschegehalt. Dieser ist häufig bei jung geschnittenen Silagen wegen Verschmutzung überhöht, was nicht nur zu einer Verschlechterung der Gärqualität, sondern auch zu einer Minderung des Futterwertes und der Futteraufnahme führt.

▸ **Tab. 6.10** Futterwert von Grassilagen (Grünland, 2 – 3 Nutzungen, grasreich, obergrasbetont).

Grassilage	1 kg Trockenmasse enthält							
	Rohasche	Rohprotein	Rohfaser	nXP	RNB	ME_W	NEL	ME_S
	g	g	g	g	g	MJ	MJ	MJ
1. Aufwuchs								
Beginn Ähren-/ Rispenschieben	108	165	221	145	+3	11,09	6,69	7,06
volles Ähren-/ Rispenschieben	107	148	264	132	+3	9,91	5,89	–
Beginn der Blüte	104	130	299	128	0	9,73	5,76	6,74
Mitte bis Ende der Blüte	103	110	334	119	–1	9,20	5,38	–
2. und folgende Aufwüchse								
unter 4 Wochen	119	175	219	135	+6	10,04	5,98	–
4 – 6 Wochen	113	157	260	130	+4	9,62	5,68	–
7 – 9 Wochen	112	141	293	124	+3	9,30	5,46	–

▸ **Abb. 6.9** Vorratsfütterung erfordert beste Grobfutterqualität.

Der Schnittzeitpunkt von Grassilage ist nicht nur im Zusammenhang mit dem Nährstoffgehalt von Bedeutung, sondern beeinflusst auch den mengenmäßigen Silageverzehr. Je niedriger der Rohfasergehalt ist, desto mehr Grassilage-Trockenmasse wird von den Kühen aufgenommen. In Fütterungsversuchen betrug z. B. die tägliche TM-Aufnahme 11,2 kg bei Grassilage mit 26 % Rohfaser und 8,9 kg bei Grassilage mit 33 % Rohfaser in der TS. Die Kraftfuttergabe lag in beiden Fällen bei 6 kg je Kuh und Tag.

Bei jung geschnittener Grassilage wird die Futteraufnahme auch besonders davon beeinflusst, ob das Ausgangsmaterial angewelkt wurde oder nicht. In verschiedenen Versuchen wurde ein Anstieg des Verzehrs an Grassilage von 70 – 120 g TM je Prozentpunkt TM-Anstieg festgestellt. Daraus lässt sich ableiten, dass Kühe von Anwelksilage (über 35 % TS) etwa 15 – 20 % mehr Trockenmasse

▶ **Tab. 6.11** Kenndaten einer guten Grassilage.

Merkmale	Einheit	Optimalbereich
Futterwertparameter:		
TS-Gehalt	%	35 – 40
Rohasche	% in der TS	< 10
Sandgehalt	% in der TS	< 3
Rohprotein	% in der TS	16 – 18
Rohfaser	% in der TS	22 – 25
Energie	MJ NEL/kg TS	≥ 6,4
Gärqualität:		
pH-Wert		
bei 20 – 30 % TS-Gehalt		< 4,4
bei 30 – 45 % TS-Gehalt		< 4,6
bei über 45 % TS-Gehalt		< 4,8
Buttersäure	% in der TS	< 0,3
Essigsäure	% in der TS	2,0 – 3,5
Ammoniakgehalt (NH3)	% des Gesamt-N	< 10
Häcksellänge	cm	3 – 4
Lagerdichte	kg TM/m^3	200 – 230
Sinnenprüfung:		
Geruch	frei von Buttersäuregeruch, aromatisch bis brotartig, angenehm säuerlich (nicht stechend)	
Gefüge	Blätter und Stängel sollen erhalten und nicht angegriffen, verschimmelt oder verschmutzt sein	
Farbe	dem Ausgangsmaterial entsprechend bei insgesamt leichter Bräunung	

als von Nasssilage aufnehmen. Allerdings sollte das Anwelken aus den vorher beschriebenen Gründen nicht über 40 % TS erfolgen. Anwelksilage ist ein hervorragendes Strukturfutter und als alleiniges Grobfutter in der Milchvieh- und Jungrinderfütterung geeignet.

Schließlich ist noch darauf hinzuweisen, dass die mechanische Zerkleinerung ebenfalls eine Rolle bei der Futteraufnahme spielt. Kurzhäckselung des Ausgangsmaterials ermöglicht nicht nur eine höhere Verdichtung und damit eine bessere Gärqualität, sondern führt auch zu höherer Grassilageaufnahme. In Versuchen lag der Trockenmasseverzehr aus kurzgehäckselter Grassilage bei einem Anwelkgrad von 35 % TS um rund 1 kg, bei höherem Anwelkgrad (47 % TS) sogar um über 2 kg Trockenmasse je Kuh und Tag höher. Offenbar kann solche Silage von den Kühen besser und schneller wiedergekaut werden.

Diese Versuche haben außerdem gezeigt, dass kurzgehäckselte Silage keinen negativen Einfluss auf den Milchfettgehalt hatte – ein wichtiger Indikator für die Strukturwirksamkeit eines Futtermittels. Insofern sind derartige Silagen auch „wiederkäuergerecht".

Auf die Mineralstoffgehalte in Grassilagen wurde bereits im Kap. Grünfutter (S. 222) eingegangen, regionale Unterschiede sind in der ▶ **Tab. 6.3** aufgezeigt worden. In diesem Zusammenhang wurde bereits darauf hingewiesen, dass in der betriebseigenen Silage auch der Ca- und P-Gehalt untersucht werden sollte.

Zusammenfassend können nachfolgende Optimierungsschritte zur Erzeugung qualitativ hochwertiger Grassilage genannt werden:

- Verbesserung der Zusammensetzung des Wiesen- bzw. Mähweidebestandes – Zielbestand mit 60–70 % gut silierbarer Gräser, 15–20 % Kräuter und 15–20 % Klee im Ertragsanteil.
- Optimaler Schnittzeitpunkt im Wuchsstadium „beginnendes Ähren-/Rispenschieben" – führt bei zu guten Erträgen mit hohem Futterwert und guten Gäreigenschaften.
- Anwelken auf ca. 35–40 % TS verbessert die Siliereigenschaften – Mähaufbereiter bzw. Zetter bei Bedarf einsetzen.
- Schnelle (schlagkräftige) Ernte: Häcksel-/Schnittlänge zwischen 25–40 mm. Je trockener das Erntegut, desto kürzer die Schnittlänge wählen. Passendes Siliermittel mit optimierter Dosiertechnik, je nach Notwendigkeit einsetzen.
- Gleichmäßiges Beschicken, Verteilen und Verdichten des Erntegutes im Silo: Schicht max. 20–30 cm langsames Befahren bei hohem Walzgewicht und hohem Reifendruck.
- Luftdichte und dauerhafte Abdeckung.

Maissilage, LKS und CCM

Silomais ist die wichtigste Ackerfutterpflanze, seine Anbaufläche ist größer als die aller anderen Feldfutterpflanzen und Futterhackfrüchte zusammen.

Der Futterwert hängt sehr stark vom Reifestadium ab, wie aus der ▸ **Tab. 6.12** ersichtlich ist. Danach wird der höchste Energiegehalt mit 6,7 MJ NEL/kg TM gegen Ende der Teigreife erreicht. Der Kolbenanteil, der für den Futterwert entscheidend verantwortlich ist, liegt dann bei ca. 55 %. Daraus resultiert ein Stärkegehalt von rund 35 % i. d. TM. In früheren Vegetationsstadien und bei geringerem Kolbenanteil ist der Energiegehalt niedriger. Dieser korreliert allerdings nicht immer mit dem Stärkegehalt, sondern hängt auch von den Nährstoffgehalten und deren Verdaulichkeit in der Restpflanze ab (z. B. in der Milchreife).

Dennoch ist aus der ▸ **Tab. 6.12** abzuleiten, dass der quantitative Energiegehalt der Maissilage in erster Linie durch die Stärkemenge bestimmt wird. Maisstärke hat jedoch für den Wiederkäuer auch aus qualitativer Sicht eine große Bedeutung. Aufgrund ihrer besonderen Struktur und Korngröße wird sie im Pansen nicht so schnell und auch nicht vollständig abgebaut. Dies ist besonders für hochleistende Kühe von Vorteil, da einmal durch den langsameren Stärkeabbau der pH-Wert im Pansen weniger intensiv abfällt und zum anderen ein hoher Anteil an Stärke unabgebaut den Pansen passiert und im Dünndarm enzymatisch zu Glukose abgebaut wird. Bisher ging man davon aus, dass Maissilage eine Beständigkeit der enthaltenen Stärke von 20 – 30 % aufweist. Ausgereifte stärkereiche Maissilage wurde grundsätzlich bei 30 % Beständigkeit eingeordnet. Dies entsprach dem Wert für ausgereiften Grünmais. Maissilage erschien demnach als geeignete Komponente zur Lieferung von beständiger Stärke. Neuere Untersuchungen zeigen jedoch, dass bei der Silierung ein nicht unbedeutender Aufschluss der Stärke erfolgt. Dies war Anlass für den DLG-Arbeitskreis Futter und Fütterung, die vorliegenden Empfehlungen zu überarbeiten. Im Ergebnis liegt die Beständigkeit der Stärke nur noch zwischen 10 und 15 %. Des Weiteren ist die Beständigkeit der Maisstärke vom Reifegrad des Maiskorns abhängig. Während zu Beginn der Teigreife noch der größte Anteil im Pansen mikrobiell verdaut wird, geht dieser mit zunehmender Reife zurück und die enzymatische Verdauung im Dünndarm gewinnt an Bedeutung. Je reifer das Korn wird, je größer wird die Gefahr, dass dann auch Stärkeverluste über die Ausscheidung im Kot zunehmen können. Dies unterstreicht die Notwendigkeit, Maiskörner unbedingt zu zerkleinern bzw. zu zermahlen, um den Verdauungsenzymen eine möglichst große Angriffsfläche zu bieten. Die neuen Werte der Beständigkeit der Stärke in Maissilage von 10 – 15 % führen dazu, dass der Einsatz von Getreide bei hohen Silomaisgaben verringert werden und besonders in Rationen für hochleistende Milchkühe durch Körnermais ersetzt werden sollte.

Bei dem Reifestadium „Ende der Teigreife", das aus Gründen des energetischen Futterwertes angestrebt werden muss, werden allerdings hohe Anforderungen an die Erntetechnik gestellt, um eine einwandfreie Dichtlagerung und Vergärung einerseits sowie eine möglichst vollständige Zerkleinerung der Körner andererseits sicherzustellen. Dies ist nur dadurch zu erreichen, dass die Maispflanze bei der Ernte so kurz wie möglich ge-

► **Tab. 6.12** Futterwert von Maissilagen, LKS und CCM.

Futtermittel	**1 kg Trockenmasse enthält**									
	TS	**Rohasche**	**Rohprotein**	**Rohfaser**	**Stärke**	**nXP**	**RNB**	**ME_W**	**NEL**	**ME_S**
	%	**g**	**g**	**g**	**g**	**g**	**g**	**MJ**	**MJ**	**MJ**
Maissilage (Kolbenanteil = KA)										
in der Milchreife, KA mittel (25 – 35 %)	21	59	93	233	131	129	–6	10,12	6,03	–
KA hoch (> 35 %)	23	55	93	208	219	134	–7	10,70	6,45	–
Beginn der Teigreife, KA mittel (35 – 45 %)	27	52	88	212	203	131	–7	10,51	6,31	9,05
KA hoch (> 45 %)	29	51	87	186	268	133	–7	10,80	6,52	–
Ende der Teigreife, KA mittel (45 – 55 %)	35	45	81	201	286	131	–8	10,70	6,45	–
KA hoch (> 45 %)	38	43	80	177	345	135	–9	11,06	6,71	–
Lieschenkolbenschrotsilage (LKS)	50	25	89	143	391	146	–9	11,97	7,37	11,82
Corn-Cob-Mix (CCM)	60	21	105	52	634	159	–9	12,89	8,08	14,92

häckselt wird. Je trockener der Mais ist, desto kürzer muss die Häcksellänge sein. In der Teigreife muss diese zwischen 4 und 6 mm liegen. Da die heutigen Maissorten stärker ausreifen, ist auch besonders auf die vollständige Zerkleinerung der Maiskörner zu achten. Ganze Körner und Körnerbruchstücke werden nicht bzw. unvollständig verdaut, was relativ leicht im Kot der Tiere nachzuweisen ist. Dadurch können Energieverluste in der Größenordnung bis zu 10 % entstehen. Eine zusätzliche Nachzerkleinerung der Maiskörner über spezielle technische Einrichtungen (Cornkräcker) ist besonders bei TS-Gehalten über 30 % notwendig. Damit erhöht sich einerseits der Energiebedarf beim Häckseln, andererseits können damit Energieverluste in der Größenordnung von 8 – 11 % verhindert werden. Durch die Häckselung der teigreifen Maissilage auf 4 – 6 mm wird die relativ hohe Strukturwirksamkeit in der Fütterung nicht negativ beeinflusst, sodass Maissilage mit relativ hohen Rationsanteilen in der Rindviehfütterung eingesetzt werden kann.

Maissilagen haben einen geringen Rohproteingehalt. Wegen ihrer hohen Energiegehalte und der dadurch möglichen hohen bakteriellen Proteinbildung im Pansen sind die nXP-Werte entsprechend hoch. Hierfür kann jedoch nicht genügend Stickstoff aus dem Rohprotein bereitgestellt werden, sodass alle Maissilagen eine negative RNB aufweisen.

Wie aus der ► **Tab. 6.13** hervorgeht, ist Maissilage insgesamt relativ mineralstoffarm. Dies trifft besonders für Ca und Na zu. Auch die K-Gehalte sind im Vergleich zu Grassilage niedrig, was allerdings positiv zu bewerten ist. Bei den Spurenelementen ist insbesondere auf den niedrigen Mangan-Gehalt hinzuweisen. Des Weiteren ist Maissilage arm an β-Carotin, was bei der Milchviehfütterung zu berücksichtigen ist. Die Kenndaten einer guten Maissilage enthält ► **Tab. 6.14.**

Insgesamt gesehen ist Maissilage ein relativ einseitiges Energiefuttermittel. Wenn dies bei der Rationsgestaltung berücksichtigt wird, kann Maissilage erfolgreich in der Milchvieh-, Bullenmast-

► **Tab. 6.13** Mineralstoffgehalte in Maissilagen, LKS und CCM (Angaben in g/kg TM).

Futtermittel	Ca	P	Mg	Na	K
Maissilage					
• in der Milchreife	4,6	3,0	1,6	0,9	13,0
• Beginn der Teigreife	3,9	2,6	2,3	0,4	13,0
• Ende der Teigreife	2,6	2,4	1,6	0,3	14,0
Lieschenkolbenschrot-silage (LKS)	1,0	3,2	1,4	0,4	4,0
Corn-Cob-Mix (CCM)	0,3	3,2	1,2	0,2	3,9

► **Tab. 6.14** Kenndaten einer guten Maissilage.

Merkmale	Einheit	Optimalbereich
TS-Gehalt	%	30 – 35 (38)[1]
Stärke	% in der TS	> 32
Rohfaser	% in der TS	< 20
Rohasche	% in der TS	< 4,5
Energie	MJ NEL/kg TM	> 6,5
Milchsäure	% in der FM	1,5 – 2,5
Essigsäure	% in der FM	0,3 – 0,5
Häcksellänge	mm	6 – 8
Einsatz eines Korncrackers		
Lagerdichte	kg TM/m³	> 250
Sinnenprüfung		
Geruch	angenehm säuerlich, aromatisch, brotartig	
Farbe, Gefüge	dem Ausgangsmaterial entsprechend	

[1] Bei sehr hohem Kolbenanteil.

und Jungrinderfütterung mit hohen bzw. sehr hohen Rationsanteilen eingesetzt werden.

Da die Maissilage ein Mix aus Kraftfutter (Körner) und Grobfutter (Stängel, Blätter) darstellt, hat man mit der Wahl der Schnitthöhe ein Instrument zu Verfügung, über das Verhältnis von Kolben und Restpflanze den Energiegehalt zu steuern. Um die Energiekonzentration in der Maissilage noch zu steigern, kann die Schnitthöhe beim Häckseln erhöht werden. Man spricht von **Hochschnittsilage**, wenn die Stoppellänge 40 – 50 cm beträgt. Im Vergleich zu einem normalen Schnitt (Tiefschnittsilage) kann damit die Energiekonzentration um bis zu 0,2 MJ NEL/kg TM und der Stärkegehalt um nahezu 30 g/kg TM erhöht werden. Ein noch weiter gehendes Verfahren ist die **Pflück-Häcksel-Silage**. Hier werden jeweils zwei Einzugseinheiten eines vier- oder sechsreihigen Maishäckslers gegen Pflückeinheiten ausgetauscht, sodass wahlweise zu zwei Pflückreihen (nur Kolben) zwei, drei oder vier zusätzliche Maisreihen hinzugehäckselt werden. Je nach der Relation Pflückreihen zu Häckselreihen kann die Energiekonzentration in dieser Pflück-Häckselsilage um bis zu 10 % erhöht werden. Das Problem sowohl bei der Hochschnittsilage als auch bei der Pflück-Häckselsilage besteht darin, dass die verbleibenden Restpflanzen bzw. Stoppeln zerkleinert und eingearbeitet werden müssen. Ob diese Verfahren für einen Betrieb sinnvoll sind, hängt u. a. davon ab, ob auf die relativ gute Strukturwirksamkeit einer Tiefschnittsilage verzichtet werden kann und diese Silagen vorwiegend zur Energieaufwertung der Ration eingesetzt werden.

Noch energiekonzentriertere Futtermittel ergeben sich, wenn ausschließlich die Maiskolben geerntet, verarbeitet und einsiliert werden. **Lieschenkolbenschrotsilage** (LKS) besteht im Wesentlichen aus dem kompletten Maiskolben (100 % Körner, 100 % Spindel) sowie den ihn umschließenden Hüllblättern (Lieschen). Der Futterwert ist aus der ► **Tab. 6.12** zu entnehmen. Durch Absieben der rohfaserreichen Bestandteile (insbesondere Lieschblätter und Stängelanteile) entsteht das sogenannte **Maiskolbenschrot** mit entsprechend geringerem Rohfasergehalt und höherer Energiedichte.

Bei einem anderen Ernteverfahren wird nur das Korn-Spindel-Gemisch (Corn-Cob-Mix) gewonnen, das aus den Maiskörnern und einem gewissen Spindelanteil besteht. Da dieses Futter in erster Linie in der Schweinefütterung verwendet wird, strebt man heute einen möglichst niedrigen Spindelanteil von max. 30 % an. Einmal ist der Futterwert der Spindel relativ gering, zum anderen ist die Keimbelastung deutlich höher als im Korn, und es können Probleme mit Nacherwärmung und Schimmelbildung auftreten.

Bei guter CCM-Qualität liegt der Rohfasergehalt bei 4 – 5 % in der TS. Dieser ist neben dem TS-Gehalt wertbestimmend, sodass beide Kriterien zur richtigen Einschätzung des Futterwertes vor Beginn der Verfütterung untersucht werden sollten.

Definition

Der Energiegehalt für solche Produkte kann für die Schweinefütterung nach der von *Roth-Maier* und *Kirchgeßner* entwickelten Schätzformel berechnet werden:

ME_S (MJ/kg TM) = 16,03 + 0,0062 % TM – 0,299 % Rohfaser i. d. TM.

CCM kann in der Schweinefütterung als alleinige Energiekomponente eingesetzt werden. In der Sauenfütterung ist die Einsatzmenge bei tragenden Sauen auf 1,4 – 1,8 kg je Tier und Tag zu beschränken, um Verfettung (Energieüberversorgung) zu vermeiden.

Große Bedeutung hinsichtlich der Masteignung von CCM kommt auch der Schrotfeinheit zu. Diese sollte so eingestellt werden, dass etwa 80 % des CCM eine Partikelgröße von < 2 mm, jedoch max. 55 % < 1 mm aufweist. Für die Qualitätsbeurteilung von CCM-Silagen kann der pH-Wert herangezogen werden. Bei guter Qualität soll dieser Bereich von 3,8 – 4,2 pH liegen.

Lieschenkolbenschrotsilage, aber auch CCM kann auch an Milchkühe und Mastbullen verfüttert werden. Hier hat es Kraftfuttercharakter und muss leistungsbezogen zugeteilt werden. Dies ist bei getrennter Futtervorlage kaum, bei Einsatz eines Futtermischwagens jedoch gut realisierbar. Die Einsatzmenge in der Milchviehfütterung richtet sich nach der Zusammensetzung der Gesamtration, die bei Einsatz von Maisprodukten höchstens 30 % Stärke und Zucker in der Trockenmasse enthalten sollte.

Ganzpflanzensilage (GPS) aus Getreide oder Leguminosen

Obwohl es sich bei Maissilage auch um eine Ganzpflanzensilage handelt, wird diese Bezeichnung für ein Verfahren benutzt, bei dem die gesamte oberirdische Getreidepflanze geerntet und siliert wird. Vorwiegend werden bei der **Getreide-GPS** Wintergerste, Triticale und Winterweizen verwendet. Die Ernte erfolgt in der Teigreife der Körner, ca. 2 – 3 Wochen vor der Kornreife. Der TS-Gehalt der Gesamtpflanze liegt dann bei 35 – 40 %. Der Futterwert ist aus der ▸ **Tab. 6.15** ersichtlich. Dieser wird sehr stark vom Korn-Stroh-Verhältnis des Erntegutes beeinflusst. Hohe Körnererträge sind deshalb wünschenswert, damit ein Kornanteil von 50 – 60 % in der Silage erreicht wird. Bei gegebenem Kornertrag kann dieser durch die Stoppelhöhe verändert werden. Man kann damit rechnen, dass je 10 cm höhere Stoppel die Energiekonzentration um 0,2 – 0,3 MJ NEL/kg TM ansteigt. Eine Stoppelhöhe von mindestens 30 cm sollte angestrebt werden, damit ein Rohfasergehalt von 20 – 22 % nicht überschritten wird. Damit wird der Strohanteil mit einer durchschnittlichen Energiekonzentration von 3,5 MJ NEL auf ein Maß reduziert, dass in der GPS auch deutlich höhere NEL-Gehalte, als in der ▸ **Tab. 6.15** ausgewiesen, erzielt werden können.

Für die Gewinnung von GPS ist eine spezielle Erntetechnik erforderlich. Wichtig ist eine kurze Häckselung (theoretische Häcksellänge 4 mm), wobei die Halmknoten zerstört, die ganzen Halme aufgeschlitzt und die Körner zerkleinert werden. Hierzu müssen Exakthäcksler mit speziellem Schneidwerk und Korncracker eingesetzt werden. Die Silierung im Fahrsilo muss sehr sorgfältig erfolgen. Der Zusatz von Siliermitteln auf Basis von Milchsäurebakterien und Enzymen ist zur Verbesserung der Gärqualität und des Futterwertes sinnvoll. Aufgrund des relativ hohen Rohfasergehaltes ist GPS vorwiegend in der Milchviehfütterung einzusetzen. Trotz der sehr kurzen Häckselung zeichnet sich GPS durch eine hohe Strukturwirksamkeit aus.

▸ **Tab. 6.15** Futterwert von Ganzpflanzensilagen (GPS) aus Getreide.

Futtermittel	1 kg Trockenmasse enthält								
	TS	Rohasche	Rohprotein	Rohfaser	Stärke	nXP	RNB	ME_W	NEL
	%	g	g	g	g	g	g	MJ	MJ
GPS aus Gerste in der Teigreife									
Körneranteil ca. 33 %	30	75	95	284	150	115	–3	8,79	5,10
Körneranteil ca. 50 %	45	59	97	227	268	124	–4	9,58	5,65
GPS aus Weizen in der Teigreife									
Körneranteil ca. 33 %	30	77	95	291	166	112	–3	8,59	4,97
Körneranteil ca. 50 %	45	60	93	227	279	118	–4	9,29	5,45

Auch großkörnige Leguminosen wie Erbse, Lupinen und Ackerbohnen können als **Leguminosen-GPS** siliert werden und können in Abhängigkeit von Hülsenausbildung und Reifestadium auch eine wertvolle Eiweißquelle darstellen. Die optimale Silierbarkeit – bei guten Erträgen – ist im Reifestadium „Teigreife" zu erreichen. Ganzpflanzensilagen aus großkörnigen Leguminosen weisen ca. 25–35 % TM, 160–200 g Rohprotein und 5,2–6,2 MJ NEL/kg TM auf. Die Gewinnung des Erntegutes erfolgt mit einem GPS-Vorsatz am Exakthäcksler bei ca. 10–15 mm Häcksellänge.

Fazit

Bei Stoppelhöhen von mind. 30 cm bei Getreide-GPS, können Rohfasergehalte unter 22 % i. d. TS und Energiegehalte in der Größenordnung um 5,8 MJ NEL/kg TM erzielt werden. Der TS-Gehalt von Getreide-GPS sollte zwischen 40 und 50 % liegen.

Raps- und Zuckerrübenblattsilagen

Herbstzwischenfrüchte werden in erster Linie frisch verfüttert. Bei reichlichem Wachstum bietet sich jedoch eine frühzeitige Konservierung an, um diese nicht ganz unproblematischen Futtermittel ohne Zeitdruck sinnvoll in die Rationen einbeziehen zu können. Bei Zuckerrübenblättern ist die Silierung seit jeher üblich, wird jedoch in der Praxis nur noch sehr selten durchgeführt.

In der ▸ **Tab. 6.16** ist der Futterwert der wichtigsten Silagen zusammengestellt. Für die Qualität dieser „Nasssilagen" ist der Verschmutzungsgrad von ausschlaggebender Bedeutung. Der Einsatz dieser Silagen kann sowohl in der Milchvieh- als auch in der Jungrinder- und Mastrinderfütterung erfolgen. Insbesondere wegen fehlender Struktur, aber auch wegen spezifischer negativer Inhaltsstoffe (antinutritive Substanzen) – s. Kap. Grünfutter (S. 222) und unausgeglichenem Nährstoffverhältnis ist eine Rationierung in der Tagesration erforderlich. Rapssilage wird in der Größenordnung von 10 – 15 kg je Tier und Tag, Zuckerrübenblattsilage um 25 kg je Kuh und Tag. bzw. 25 – 35 kg je Mastbulle und Tag eingesetzt.

Bei der Gewinnung dieser Silagen tritt das gemeinsame, schwerwiegende Problem der **Sickersaftbildung** auf. Silagesickersäfte bedeuten zunächst Nährstoffverluste und können sich darüber hinaus auch negativ auf die Umwelt auswirken. Die austretende Sickersaftmenge ist hauptsächlich vom TS-Gehalt des Futters abhängig. Beträgt der TS-Gehalt des Frischgutes 10 %, ist je dt Silage mit 80 Liter Sickersaft zu rechnen, bei 15 % mit 45 Liter. Erst bei TS-Gehalten über 30 % tritt kein

▸ **Tab. 6.16** Futterwert von Raps- und Zuckerrübenblattsilagen.

Futtermittel	1 kg Trockenmasse enthält							
	TS	Rohasche	Rohprotein	Rohfaser	nXP	RNB	ME_W	NEL
	%	g	g	g	g	g	MJ	MJ
Futterrapssilage								
vor der Blüte	12	173	169	155	143	+4	10,83	6,65
in der Blüte	13	171	172	202	138	+5	10,37	6,29
nach der Blüte	14	167	168	264	125	+7	9,38	5,56
Zuckerrübenblattsilage								
sauber	16	171	149	159	130	+3	9,71	5,86
verschmutzt	18	278	137	141	115	+4	8,47	5,10

Sickersaft mehr aus. Deshalb ist bei der Silierung von Herbstzwischenfrüchten und Zuckerrübenblättern in jedem Fall für die Ableitung des Sickersaftes in dichte Sammelbehälter zu sorgen. Zur Verwertung (es sind N, K_2O und P_2O_5 enthalten) bzw. Beseitigung kann der Sickersaft breitflächig verteilt auf Ackerland, Feldgras und Grünland ausgebracht werden.

Wegen seines hohen Gehaltes an organischen Säuren und freien Säuren stellt der Silosickersaft eine große Gefahr für oberirdische Gewässer und für das Grundwasser dar. Die Einleitung von Silosickersaft in Oberflächengewässer oder ins Grundwasser ist deshalb gesetzlich verboten und wird streng überwacht. Es muss deshalb im Einzelbetrieb abgewogen werden, ob der erforderliche Aufwand für die schadlose Beseitigung des Silosickersaftes lohnt oder ob auf eine Konservierung verzichtet werden muss.

Maßnahmen beim Controlling am Silo

Um eine hohe Silagequalität zu erreichen, ist ein gezieltes Controlling in der Futtergewinnung am Silo notwendig. Man kann mit nachfolgenden Methoden die Silagequalität messen und gegebenenfalls mit ausgewählten Maßnahmen einen besseren Silierprozess steuern.

Praxistipp

Wie lässt sich das Controlling am Silo durchführen (4 wichtige Kontrollpunkte):

- Visuelle und sensorische Kontrolle:
  - Undichtigkeiten (Folienverletzungen, Boden und Wände, Lage des Beschwerungsmaterials, kein Eindringen von Regenwasser)
  - farbliche Veränderungen an der Silage (Schimmel, Fäulnis)
  - geruchliche Veränderungen an der Silage prüfen (Buttersäure, Essigsäure, Fäulnisgeruch, Röstgeruch bei Nacherwärmung, muffiger und stickiger Geruch bei Schimmelbefall, Fäkalgeruch bei Eiweißabbau)
- Messung des pH-Wertes der Silage:
  - Verwendung eines pH-Meters oder Indikatorpapiers
  - bei 25 % TS: pH unter 4,0
  - Bei 45 % TS: pH unter 5,0
- Temperaturmessung der Silage:
  - Kerntemperatur sollte unter 20 °C liegen (Randbereiche beachten!)
  - bei Nacherwärmung > 5 °C Temperaturunterschiede im Anschnitt
  - geeignete Messsonden oder Wärmebildkamera verwenden
- Verdichtung der Silage:
  - geeigneten Probebohrer mit definiertem Probekern verwenden
  - über Wiegung und TS-Bestimmung die Verdichtung berechnen (kg TS/m^3)
  - Alternative: geschnittenen Siloblock vermessen und abwiegen.

6.3.2 Heuwerbung

Je ungünstiger die Struktur anderer Grobfutterarten in der Tagesration ist, desto wichtiger wird eine Mindestmenge an Heu, um eine wiederkäuergerechte Ernährung der Milchkühe und Jungrinder zu gewährleisten. Denn das Heu, lang oder nur grob gehäckselt, fördert den Speichelfluss, regt die Pansenbewegungen/-motorik an und liefert die Faserfraktionen, die für eine ernährungsphysiologische Funktion der Pansenbakterien und für das Wiederkauen notwendig ist. Fütterungsversuche haben gezeigt, dass mit Rationen aus Grassilage, Maissilage und hochwertigem Heu um bis zu 1 kg höhere Grobfutter-TM-Aufnahmen erreicht wurden als mit reinen Grassilage/Maissilage-Rationen. Je höher die Milchleistung einer Kuh ist, umso wichtiger werden neben der Strukturwirksamkeit des Heues auch seine Nährstoffkonzentration (MJ NEL/kg TM) sowie sein Eiweiß- und Mineralstoffgehalt. Der Futterwert von Heu ist ebenso wie der von Silage in erster Linie vom Schnittzeitpunkt abhängig (▸ **Tab. 6.17**). Gute Heuqualitäten mit einer Energiekonzentration über 5,7 MJ NEL/kg TM stellen jedoch hohe Ansprüche an die Heuwerbung.

Bodentrocknung

Besonders in Regionen und Jahren mit günstigen Wachstumsbedingungen für das Grünland, das heißt mit hohen Niederschlägen, stehen wenige **Heuwettertage** zur Verfügung, in denen ohne große Verluste das Gras von Sonne und Wind getrocknet werden kann. Trocknendes Grünfutter, das in eine Schlechtwetterperiode gerät und mehrere Tage auf dem Feld liegt, verliert bis zu 60 % seines Energiewertes.

Fazit

Auch bei guten Wetterbedingungen – wenn nach 3 – 4 sonnigen, warmen Tagen bodengetrocknetes Heu eingefahren werden kann – muss mit mindestens 20 % Energieverlust gerechnet werden. Man unterscheidet:

- Atmungsverluste nach dem Schnitt, solange noch nicht alle Zellen abgestorben sind. Diese Verluste sind umso niedriger, je rascher das Futter trocknet.
- Bröckelverluste durch die mechanische Bearbeitung. Sie nehmen zu, je trockener das Futter wird und treffen vor allem die eiweißreichen Blätter von Kleearten und Kräutern.
- Auswaschungsverluste, besonders an Mineralstoffen, wenn das trockene Futter nach dem Zelltod Regen abbekommt.
- Gärungsverluste durch die Tätigkeit von Mikroorganismen, vor allem im Haufen, auf Reutern und in der Scheune. Diese Bakterientätigkeit ist in einem gewissen Umfange kaum vermeidbar, aber besonders bedenklich, wenn sich das Futter hierbei erwärmt (Brandgefahr!).

▸ **Tab. 6.17** Futterwert von Heu (Grünland, 2 – 3 Nutzungen, grasreich, obergrasbetont).

Heu	1 kg Trockenmasse enthält							
	TS	Rohasche	Rohprotein	Rohfaser	nXP	RNB	ME_W	NEL
	%	g	g	g	g	g	MJ	MJ
1. Aufwuchs								
volles Ähren-/Rispenschieben	86	78	106	294	121	−2	9,11	5,32
Beginn der Blüte	86	78	94	324	115	−3	8,55	4,93
Mitte bis Ende der Blüte	86	77	91	356	108	−3	7,99	4,55
2. und folgende Aufwüchse								
unter 4 Wochen	86	96	151	251	135	+ 3	9,66	5,71
4 – 6 Wochen	86	95	133	284	125	+ 1	9,05	5,28
7 – 9 Wochen	86	97	124	312	116	+ 1	8,30	4,76

Von allen Verlusten wird am stärksten der leichtlösliche und leichtverdauliche Teil der Nähr- und Wirkstoffe betroffen. Es kommt also weniger zu sichtbaren und wägbaren Verlusten an Masse und Trockensubstanz als vielmehr zu einer äußerlich unsichtbaren erheblichen Minderung der Verdaulichkeit und damit zur Senkung des Energiewertes des Heus, sowie zu einer ebenfalls im Allgemeinen sensorisch unsichtbaren und nur durch Analysen nachweisbaren Verminderung der wertvollen Inhaltsstoffe.

Praxistipp

Wie lassen sich diese Verluste auf ein tragbares Maß begrenzen?

1. Heuernte zeitlich auseinanderziehen – falls arbeitswirtschaftlich tragbar –, wobei Unterschiede im Vegetationsstadium zu berücksichtigen sind!
2. Nur mähen, wenn aufgrund der Wettervorhersage mindestens zwei Schönwettertage zu erwarten sind!
3. Intensive Vortrocknung, das heißt bis zum Erreichen des TS-Gehaltes von 60 % das Futter viel bewegen, um den Zelltod rasch herbeizuführen! Beim Mähen also den Mähschwad durch Zetten auflockern, evtl. die Stängel durch Quetschen aufreißen und am gleichen Tage noch zweimal wenden (höhere Bröckelverluste möglich, höhere Arbeits- und Maschinenkosten)!
4. Die Wiederaufnahme von Feuchtigkeit während der Nacht verhindern durch Einschwaden am Spätnachmittag!
5. Während der Nachtrocknung (unter 40 % Wassergehalt) Maschinen nur noch sparsam verwenden, um die Bröckelverluste zu reduzieren! Die Nachtrocknung kann bei rasch trocknenden Gräsern im Schwad oder im Haufen erfolgen. Am besten ist die Nachtrocknung in der Scheune mithilfe der Unterdachtrocknung bzw. im Heuturm. Langsam trocknende Futterarten (Klee, Luzerne) sollten grundsätzlich nicht auf dem Boden nachgetrocknet werden.
6. Die Nachtrocknung bis zu einem Wassergehalt von 15 % mithilfe von Hygrometer (zur Messung der relativen Luftfeuchte) und Heusonde (zur Messung der Temperatur) steuern und kontrollieren!

Bei einem Antrocknungsgrad von etwa 40 % Wassergehalt (= 60 % TS) sind die Blätter schon fast trocken, beginnen zu „rascheln“ und lassen sich teilweise mit den Fingern zerbröseln. Die Stängel sind innen noch feucht. Das Futter lässt sich wieder mit der Gabel stechen, was zwischen 40 und 70 % Wassergehalt schwierig ist. Die Lagerfähigkeit, also ein Wassergehalt von maximal 15 %, ist erreicht, wenn das Heu nicht mehr schwitzt.

Unterdachtrocknung

Je höher der Grünlandanteil eines Betriebes und die Niederschlagsumme in der Vegetationszeit sind, und je höher der Heuanteil in den Rationen sein soll (z. B. wegen Käsereitauglichkeit der Milch, Heumilch-Programme), um so dringender wird die Einrichtung einer Unterdachtrocknung. Daher sind diese Anlagen regional z. B. im niederschlagsreichen Voralpengebiet sehr verbreitet.

Mit der Unterdachtrocknung verbessert man nicht nur seine Unabhängigkeit vom Wetter, sondern man kann auch die Nährstoffverluste, die bei der Bodentrocknung mit 30–40 % anzusetzen sind, auf eine Größenordnung von 15–20 % reduzieren (▸ **Abb. 6.2**).

Im Verhältnis zu ihrem Nutzen und im Vergleich zu anderen technischen Einrichtungen auf dem landwirtschaftlichen Betrieb ist die Unterdachtrocknung eine relativ preiswerte Investition. Bei den Gebläsen (Lüfter) kann man auf zahlreiche DLG-geprüfte Fabrikate zurückgreifen.

Der Widerstand, den das nachzutrocknende Futter der vom **Lüfter** bewirkten Luftströmung entgegensetzt (Strömungswiderstand), hängt außer von der Struktur des Futters auch von seiner Feuchtigkeit ab, ferner von der Einlagerungsmethode und von der Stapelhöhe. Der Lüfter soll große Luftmengen durch das Futter drücken. Denn je nach dem Feuchtigkeitsgehalt und der Temperatur der durchgeblasenen Luft nimmt sie nur 1–3 g Wasser je m^3 aus dem Futter mit. 40 Liter Wasser müssen bei einer Einfahrfeuchte von 40 % noch entzogen werden, um 100 kg trockenes Heu zu erhalten. Das ist vergleichsweise wenig zu den 320 kg Wasser, die das gleiche Futter noch beim Schnitt (bei 80 % Wassergehalt) hatte. Aber die letzten Feuchtigkeitsprozente sind am schwersten aus dem Futter herauszutrocknen. Anfangs ist selbst mit Luft von 85 % Luftfeuchtigkeit noch ein Trocknungserfolg zu erzielen; am Ende wird Luft von weniger als 65 % Luftfeuchtigkeit benötigt.

Nach der Anordnung des Luftverteilungssystems unterscheidet man verschiedene Typen von Heubelüftungen. Am häufigsten sind **Rostanlagen**, mit und ohne Hauptkanal, ohne und mit Ziehstöpseln, die bei hohen Futterstöcken den Weg der Luft nach oben unterstützen sollen. Weniger häufig sind die **Heutürme** mit senkrechtem, zentralem Belüftungsschacht, von dem aus die Luft mehr in horizontaler Richtung durch das Futter gedrückt wird, und mit voller Mechanisierung der Einlagerung und Entnahme. Bei allen Anlagen müssen die Grundfläche und die Seitenwände (zumindest im unteren Bereich) dicht sein, damit die Luft nicht unkontrolliert entweichen kann.

In Regionen mit großem Heubedarf, und in Zeiten hoher Luftfeuchtigkeit (nachts) wird versucht, den Trocknungsprozess bei den vorgenannten Anlagen durch **Luftanwärmegeräte** vor dem Lüfter zu beschleunigen. Dabei wird die Temperatur der Luft um 5 – 10 °C erhöht und ihre Aufnahmefähigkeit für Wasser verbessert.

Handhabung der Unterdachtrocknung Ziel dieses Trocknungsverfahrens ist die Qualitätsverbesserung der Heugewinnung, verbunden mit arbeitswirtschaftlichen Vorteilen. Das Trockengut muss locker und sehr gleichmäßig auf der Anlage verteilt werden, damit die Luft überall den gleichen Widerstand findet. Beim Verteilen von Hand sind aufgelegte Plattformen unentbehrlich, beim Abladen mit Zangen, Prallbretter oder Rutschen, beim Fördern mit Gebläsen geeignete Verteiler. Voraussetzungen für den Einsatz automatischer Verteiler ist eine möglichst einheitliche Struktur und Feuchtigkeit des Futters.

Struktur und Feuchtigkeit bestimmen auch die Schütthöhe: Langheu 2 m, gehäckseltes Heu 1,5 m; Futter von über 40 % Feuchte 1 m. Sobald die untere Schicht kaum noch Kondenswasser in den Abschaltpausen abgibt, kann neues Nachtrocknungsgut eingebracht werden. Um nicht unter Zeitdruck zu gelangen, sollte die Anlage so bemessen sein, dass eine 2-m-Schicht etwa 1/3 des Heuschnittes aufnehmen kann.

Das Lüften sollte so gesteuert werden, dass auch bei Anlagen ohne Vorwärmgeräte jede Schicht innerhalb 5 – 7 Tagen trocken ist. Der Lüfter wird bereits während des Abladens und Verteilens angestellt und muss bei Futter über 30 % Feuchte am ersten Tag ununterbrochen laufen. Später richtet sich der Einsatz des Gebläses nach der relativen Luftfeuchtigkeit, die mithilfe des Hygrometers bestimmt wird.

Bei regnerischem Wetter und hoher Luftfeuchte muss täglich mehrmals eine Stunde lang das Gebläse zum Kühlen des Stapels laufen. Sobald die Temperatur im Stapel 35 °C erreicht, muss der Lüfter eingeschaltet werden. Höhere Temperaturen bringen zu hohe Verdaulichkeits- und Nährstoffverluste. Bei Erhitzung über 65 °C droht Brandgefahr.

Die Belüftung von Pressballen bringt zusätzliche Probleme, besonders bei Hochdruckballen. Auch wenn die Ballen vorschriftsmäßig im Kreuzverband gestapelt werden, nimmt die Luft ihren Weg hauptsächlich durch die Ballenfugen; und die Wasserverdunstung erfolgt zuerst am Ballenrand. Die Feuchte aus dem Ballenkern dringt in den Belüftungspausen in die schon trockenen Ballenrandschichten, kann also nur in einem mehrstufigen und damit langwierigen Diffusions- und Verdunstungsprozess abgeführt werden. Trotzdem muss die Trocknung auch hier innerhalb einer Woche abgeschlossen sein, weil die Ballenkerne sonst verschimmeln und verderben. Der Luftumsatz und damit der Stromverbrauch sind größer als bei ungepresstem Langheu.

Praxistipp

Für die Belüftung von Pressballen wird empfohlen:

- stärkere Vortrocknung auf dem Feld (bis 30 % Feuchte)
- möglichst kleine, würfelförmige Ballen zur Vergrößerung der Gesamtoberfläche
- Stapelung im Kreuzverbund
- niedrigere Schichthöhe (1,5 m) als bei Langheu
- Einlagerung so, dass die Schnittflächen gegen die Luftrichtung weisen

Angesichts der Erfahrungen mit Hochdruckballen ist zu erwarten, dass es schwer sein wird, für **Großballen** geeignete Methoden zur Unterdachtrocknung zu finden. Bisher wird für ihre Einlagerung ein TS-Gehalt von mindestens 78 – 80 % gefordert. Großballen können zur Selbstfütterung in passend zugeschnittenen Raufen verwendet werden. Für die Futtervorlage im Stall wurden Abroll- und Auflösegeräte entwickelt.

Beurteilung von Heu

Bei der Heubeurteilung wird von der besten Futterqualität ausgegangen. Für die verschiedenen Mängel, die bei der Heugewinnung auftreten können, werden Abzüge vorgenommen. Gut geworbenes Heu hat eine hellgrüne bis dunkelgrüne Farbe. Es riecht aromatisch, weder muffig noch brandig und hat keinen Fremdgeruch. Die Blattanteile sollen noch dem Ausgangsmaterial entsprechen. In der ▶ **Tab. 6.18** ist der DLG-Schlüssel (2004) für die Sinnenprüfung von Heu aufgeführt, der eine überschlägige Einschätzung der Wertminderung durch die Heuwerbung erlaubt. Der Futterwert selbst ist jedoch nur über eine Nährstoff- und Energieschätzung durch eine Labor-Analyse zu erfahren.

Der besondere Wert einer Sinnenprüfung liegt jedoch in der Beurteilung der hygienischen Beschaffenheit des Heues, die bei der chemisch-analytischen Futterwertbestimmung nicht erfasst wird. Heu, das schimmelig, muffig oder gar faulig riecht, ist von der Verfütterung auszuschließen!

6.3.3 Heißlufttrocknung

Bei richtiger Handhabung ist die Trocknung von Grünfutter, Hackfrüchten usw. in Trommeln mithilfe von heißer Luft (über 500 °C) die Konservie-

▶ **Tab. 6.18** DLG-Schlüssel 2004 [59] für die Sinnenprüfung von Heu.

Kriterium/Ausprägung		**Punkte für Qualitätsabzug**
Farbe: Prüfung auf Niederschlags- und Hitzeeinwirkungen	einwandfreie grüne Farbe	0
	ausgeblichen oder stark gebräunt	2
	stark ausgeblichen oder stark gebräunt	5
	sichtbarer Schimmelbefall	7
Geruch: Prüfung auf Schimmelbefall oder Hitzeeinwirkung	einwandfreier, aromatischer Heugeruch	0
	fad oder schwach brandig oder Fremdgeruch	2
	muffig, dumpf oder stärker brandig	5
	stark muffig oder stark brandig	7
Struktur: Prüfung auf unzweckmäßige mechanische Behandlung	weich (Blätter vorhanden)	0
	blattarm (Blätter überwiegend vorhanden)	3
	sehr blattarm (Blätter nur teilweise vorhanden)	6
	fast nur Stängel, strohartig	9
Zur Beurteilung der Trocknung werden die Punkte für Qualitätsabzug addiert:		
Summe Punkte für Qualitätsabzug	**Note**	**Urteil**
0 – 1	1	sehr gut
2 – 3	2	gut
4 – 5	3	verbesserungsbedürftig
6 – 8	4	schlecht
>8	5	sehr schlecht

rungsmethode mit den niedrigsten Futterverlusten – durch die hohen Anschaffungskosten und den Energieaufwand jedoch auch eine der teuersten.

Zur Amortisation der hohen Anschaffungskosten werden mindestens 2000 Betriebsstunden im Jahr für erforderlich gehalten. Wegen des hohen Futterflächenbedarfs zur Gewährleistung dieser Mindestbetriebsstundenzahl und wegen des hohen Kapitalanspruchs haben sich nur überbetriebliche Organisationsformen gehalten.

Den wichtigsten Einzelposten in der Kostenkalkulation stellen mit über 50 % des gesamten Trocknungsaufwandes die Energiekosten dar. Die Möglichkeiten, durch Vortrocknen des Grünfutters und/oder Erhöhung der Temperatur im Trockner Energiekosten zu sparen, sind begrenzt, weil dadurch die Verdaulichkeit der organischen Substanz und die Nährstoffkonzentration gesenkt werden.

Ursprünglich wurden in den Anlagen hauptsächlich **Grünmehl** (gehäckselt und nach dem Trocknen gemahlen) oder **Pellets** (mit einem Durchmesser von 5 – 20 mm) hergestellt. Die neueren Anlagen produzieren vielfach **Cobs** (Länge 20 – 30 mm, Durchmesser 15 – 35 mm), wobei das Trockengut vor dem Pressen nicht mehr gemahlen wird. Oder das Trockengut wird ungemahlen mithilfe von umgebauten Papierpressen zu „**Heißluftheu**“ verdichtet. Die Strukturwirksamkeit ist bei den Pellets gering, bei den Cobs kaum, aber bei Heißluftheu deutlich besser.

Merke

Sinnvoll ist nur die Trocknung sehr jungen, blatt- und eiweißreichen Grünfutters, das weniger als 24 % Rohfaser enthält und nach der Trocknung mindestens 5,5 MJ NEL/kg (bzw. 6,0 MJ NEL/kg TM) liefert. Trockengrün muss dem Kraftfutter näher stehen als dem Heu.

Wo die Trockengrüngewinnung in das Mähweidesystem eingebaut ist, braucht sie also von allen Nutzungs- und Konservierungsarten das jüngste Futter. Hierfür eignen sich nur Flächen mit vielschnittverträglichen und düngerdankbaren Futtergräsern oder -leguminosen.

Zweifellos ist Trockengrün ein hochwertiges und vielseitig verwendbares Futtermittel. Es ist Bestandteil vieler Mischfutter, auch derjenigen für Schweine und Geflügel. In der Fütterung der Milchkühe hat es eine große Bedeutung als Lieferant von β-Carotin. Deshalb sollten Grünmehle einen Carotingehalt von mindestens 0,01 % (100 mg je kg) und mindestens 15 % Rohprotein enthalten, Klee- und Luzernegrünmehl mindestens 17 % Rohprotein. Die Grünmehle im Mischfutter stammen hauptsächlich aus dem Import.

6.4 Stroh als Futtermittel

Stroh dient neben der Einstreunutzung, insbesondere in grünlandarmen Regionen oder in futterknappen Jahren, auch als Futtermittel, z. B. wenn wegen Trockenheit zu wenig Heu oder Anwelksilage zu Futterzwecken zur Verfügung steht. Dann interessiert allerdings auch nicht so sehr der geringer Futterwert, sondern vielmehr die **Strukturwirksamkeit**.

Das ist auch der Grund dafür, dass heute vielfach in Rationen für Hochleistungskühe geringe Strohmengen (0,5–1,0 kg Stroh in der Tagesration) einbezogen werden, was über den Futtermischwagen auch sehr gut zu mechanisieren ist. Damit können kraftfutterreiche Rationen, aber auch Rationen mit sehr jungem Futter vom Grünland oder aus dem Zwischenfruchtanbau noch „wiederkäuergerecht“ gestaltet werden. Der Energiebeitrag von Stroh ist mit 2,8 – 3,0 MJ NEL/kg relativ niedrig. Dies trifft auch für Rohprotein und Mineralstoffe zu.

Wegen seiner geringen Verdaulichkeit verbleibt Stroh relativ lange im Pansen und beeinträchtigt somit die Futteraufnahme von Kühen. Für altmelke und trockenstehende Kühe kann dies allerdings positiv genutzt werden, wenn z. B. nur relativ hochwertige Grobfuttermittel (gute Grassilage, Maissilage) als Futtergrundlage zur Verfügung stehen. Mit Stroh wird die Energiekonzentration verringert („Verdünnungseffekt“) und das Pansenvolumen kann voll ausgenutzt werden, was sich auf die Futteraufnahmekapazität nach dem Abkalben und in der Frühlaktation günstig auswirken kann.

In der intensiven Bullenmast auf Maissilagebasis kann der Einsatz von geringen Strohmengen für die Pansengesundheit förderlich sein, insbesondere wenn die Maissilage feuchter ist und die Gefahr besteht, dass sie im Futtermischwagen noch weitergehend zerkleinert wird. Auch wenn dadurch die Energiekonzentration in der TM der Futtermischung etwas geringer ist, wird dies durch eine erhöhte Futteraufnahme kompensiert.

Eigene neuere Untersuchungen zeigen eine mögliche Fütterungsstrategie mittels Stroh-Kraftfutter-Ration. Bei dieser Fütterung wird den Mastbullen Stroh (bis ca. 4 kg) sowie Kraftfutter (bis ca. 12 kg) zur freien Aufnahme angeboten. In bestimmten Regionen (kein Maisanbau) bzw. betrieblichen Strukturen (Biogasanlage) ist solch eine Fütterungsstrategie für Mastbullen ernährungsphysiologisch und ökonomisch als interessante Alternative anzusehen.

Seit Jahrzehnten wird versucht, durch geeignete Aufschlussmethoden den Lignin-Zellulose-Komplex aufzulockern und dadurch die Verdaulichkeit, somit auch den Energiewert des Strohs zu verbessern. Von diesen Methoden sind gegenwärtig die Folgenden praxisreif:

1. **Strohaufschluss mit Natronlauge:** Dabei wird das durch eine Spezialmaschine zerkleinerte Stroh mit 9 Liter einer 33 %igen Natronlauge je dt Stroh besprüht und vermischt. Damit sich die für den Aufschluss erforderliche Reaktionswärme entwickeln kann, soll der behandelte Strohhäckselhaufen mindestens 3 m hoch und von isolierenden Strohballen umgeben sein. 5 – 10 Tage später kann das Laugenstroh verfüttert werden.
2. **Strohaufschluss mit Ammoniak:** Auf einer starken Bodenfolie werden Hochdruckballen gestapelt und mit einer Deckfolie gasdicht abgedeckt. Dann wird durch Dosierlanzen Ammoniak (3 kg/100 kg Stroh) in den Stapel geleitet. Eine halbe Stunde später werden die Rohrlanzen entfernt und die Löcher in der Folie gut verklebt. Nach rund 8 Wochen kann der Stapel geöffnet und das Stroh verfüttert werden. Die Verdaulichkeit wird um 10 – 15 % verbessert.

Bei NaOH-Stroh wird der Energiewert auf 3,7 – 3,9 MJ NEL/kg angehoben, bei NH_3-Stroh auf 3,5 – 3,7 MJ NEL/kg. Interessanter ist jedoch, dass aufgeschlossenes Stroh in größeren Mengen verzehrt wird als unbehandeltes. Damit wird der Effekt der pH-Wert-Stabilisierung in kraftfutterreichen Rationen deutlich erhöht.

In der Praxis hat sich der Strohaufschluss nicht durchgesetzt. Die Verfahren erfordern für die Bereitstellung entsprechender Spezialeinrichtungen einen nicht unbeträchtlichen Kapitaleinsatz, der sich nicht amortisiert, wenn nur in Notsituationen (Grobfuttermangel) von diesen Verfahren Gebrauch gemacht wird.

6.5 Körner und Samen

In der Fütterung werden Körner (z. B. Getreide) und Samen (z. B. Leguminosen) verschiedener Pflanzenarten genutzt. Die Samen der Blütenpflanzen enthalten stets den mit Enzymen und anderen Eiweißverbindungen angereicherten Keimling (Embryo) und die aus Zellulose und anderen Gerüstsubstanzen bestehende Samenschale. Unter dieser äußeren Hülle, die oft durch eine Fruchtschale verstärkt ist, kann sich eine besondere Eiweißschicht befinden (wie z. B. die Aleuronschicht beim Getreidekorn) (▸ **Abb. 6.10**). Vielfach besitzen die Samen außerdem ein mehr oder weniger umfangreiches Nährgewebe (Endosperm) aus Stärke und anderen Kohlenhydraten (z. B. Getreide) oder aus Fett (z. B. Raps, Lein und anderen Ölsaaten). Daher spielen diese Körner und Samen in der menschlichen und tierischen Ernährung eine große Rolle:

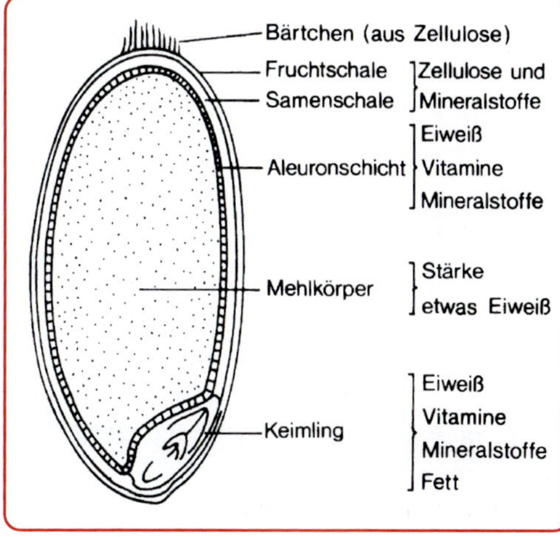

▸ **Abb. 6.10** Längsschnitt durch ein Getreidekorn.

► **Tab. 6.19** Nährstoff-, Aminosäuren- und Energiegehalte von Getreidekörnern (88 % TS).

Getreideart	1000 g Futtermittel enthalten																
	Rohprotein	Rohfett	Rohfaser	Stärke	Zucker	Lysin	Meth. + Cyst.	Threonin	Tryptophan	Valin	nXP	RNB	NEL	ME_W	NE_S	ME_S	ME_G
	g	g	g	g	g	g	g	g	g	g	g	g	MJ	MJ	MJ	MJ	MJ
Hafer	105	46	99	393	14	4,2	4,7	3,5	1,4	5,3	148	–7,0	6,13	10,10	7,93	11,22	10,17
Gerste	105	24	50	528	23	3,8	4,0	3,5	1,3	5,1	143	–5,3	7,11	11,30	9,53	12,62	11,44
Weizen	117	18	26	594	28	3,3	4,4	3,3	1,5	4,9	150	–4,4	7,49	11,78	10,50	13,79	12,73
Roggen	86	16	25	568	55	3,3	3,4	2,9	1,0	4,0	143	–7,0	7,47	11,71	9,86	13,46	11,24
Triticale	102	16	26	587	35	3,4	4,0	3,1	1,2	4,5	146	–2,6	7,32	11,55	10,34	13,60	12,60
Milocorn (Hirse)	104	30	21	637	10	2,1	3,3	3,0	1,2	4,6	–	–	7,29	11,55	10,94	14,10	13,13
Mais	76	40	23	612	17	2,3	3,3	2,7	0,6	3,6	148	–8,8	7,38	11,70	11,09	14,09	13,65

- Getreide: Mais, Weizen, Roggen, Triticale, Gerste, Hafer, Reis, Körnerhirse (Sorghum)
- Leguminosen: Ackerbohnen, Erbsen, Lupinen (Süßlupinen), Linsen
- ölhaltige Samen: Sojabohnen, Rapssamen, Leinsaat

6.5.1 Getreide

Rund 2/3 der Getreideernte werden in der Bundesrepublik als Futter verbraucht. 34 % davon werden über Mischfutter verarbeitet, 65 % direkt als Einzelfuttermittel in den landwirtschaftlichen Betrieben eingesetzt. Hiervon werden ca. 85 % in den tierhaltenden Betrieben selbst erzeugt.

Fazit

Als gemeinsame **Vorzüge** der Getreidekörner können festgehalten werden:

- hohe Verdaulichkeit und hohe Energiegehalte (beim Hafer wegen des Spelzanteils etwas niedriger)
- für alle Tierarten und für Transporte geeignet
- bei 12 – 14 % Wassergehalt lagerstabil und somit gut lagerfähig
- gute Quelle zur Versorgung von Schweinen und Geflügel mit B-Vitaminen (Ausnahme B_{12}), teilweise auch mit Vitamin E
- gute Schmackhaftigkeit (eingeschränkt bei Roggen)

Gemeinsame **Schwächen** der Getreidekörner sind:

- Proteinanteil (bzw. Aminosäurenanteil) nach der Menge und – bei Schweinen und Geflügel – auch nach der Qualität (praecaecal verdauliche [pcv] Aminosäurengehalte) nicht für hohe Leistungen ausreichend (► **Tab. 6.21**)
- zu wenig Vitamin A und D bzw. deren Vorstufen,
- Mineralstoffangebot nicht dem Bedarf entsprechend, schlechte Verwertbarkeit des Phosphors.

Getreidekörner sind arm an Calcium und Natrium, jedoch reich an Magnesium und Phosphor. 60 – 70 % des in den Getreidekörnern enthaltenen Phosphors ist an Phytinsäure gebunden (► **Tab. 6.20**). Wiederkäuer können den so gebundenen Phosphor verwerten, da die Pansenbakterien genügend Phytasen zur Spaltung dieser chemischen Verbindung besitzen. Schweine verfügen nicht über dieses Enzym und sind deshalb zur Verwertung des Phytin-Phosphors auf die mit den Getreidekörnern gelieferte native Phytase angewiesen. Die Verdaulichkeit des Phosphors ist mit 15 % bei Körnermais am niedrigsten und mit 65 % bei Weizen am höchsten. Durch Zusatz von mikrobieller Phytase besteht die Möglichkeit in den Futtermischungen die P-Verdaulichkeit zu erhöhen.

Der Rohproteingehalt in den Getreidekörnern unterliegt einer hohen Schwankungsbreite (Variabilität). Daran sind zahlreiche Umweltfaktoren (Witterung, Düngung etc.) sowie Sortenunterschiede beteiligt, sodass sich auf züchterischem Wege der Eiweißgehalt und auch der Anteil der

► **Tab. 6.20** Mineralstoffgehalte der Getreidearten.

Getreideart	Mineralstoffgehalte in g je kg				
	Ca	P	verd. P	Mg	Na
Hafer	1,1	3,1	0,8	1,8	0,3
Gerste	0,6	3,6	1,6	1,4	0,7
Roggen	0,8	2,9	1,4	1,3	0,2
Weizen	0,7	3,3	2,2	1,5	0,2
Triticale	0,8	3,1	1,9	1,4	0,2
Milocorn	0,8	2,7	–	1,8	0,6
Mais	0,4	2,9	0,5	1,7	0,2

▸ **Tab. 6.21** Praecaecale Aminosäurenverdaulichkeiten (pcv) der Getreidearten (in %) beim Schwein (nach Degussa-Evonik 2017 [41]).

Getreideart	pcv Lysin	pcv Methionin	pcv Methionin/Cystin	pcv Threonin	pcv Tryptophan	pcv Valin
Hafer	78	86	78	75	81	83
Gerste	76	83	82	79	81	80
Weizen	83	89	89	85	88	88
Triticale	84	89	90	79	82	88
Roggen	74	80	79	74	78	76
Mais	75	87	85	80	77	85

essenziellen Aminosäuren verbessern lassen. Durch eine Steigerung der N-Düngung, insbesondere durch eine gezielte N-Spätdüngung, lassen sich der Eiweißgehalt im Getreide und der Eiweißertrag je ha erhöhen. Dabei wird allerdings der Lysin-Anteil im Getreidekorn nicht im gleichen Maße erhöht, das heißt sein relativer Anteil am Gesamteiweiß sinkt. Der Gehalt an den schwefelhaltigen Aminosäuren Methionin/Cystin sowie an Threonin ist in Relation zu Lysin hoch. Das Verhältnis liegt bei etwa 1 : 1 : 1, in der Gesamtmischung für Schweine soll dieses 1 : 0,55 : 0,65 betragen.

Der wichtigste Nährstoff im Getreide ist die Stärke mit einem Anteil zwischen 39 % (Hafer) und 61 % (Körnermais). Dieser hohe Stärkegehalt kennzeichnet Getreide als energiereiches, hochverdauliches Futter. Die Kohlenhydratfraktion enthält außer Stärke und Zucker auch einen gewissen Anteil weiterer Kohlenhydrate, wie Zellulose, Beta-Glucane, Pentosane, Pektine u. a. Diese werden als „Nicht-Stärke-Polysaccharide (NSP)" bezeichnet und können im Verdauungstrakt der Monogastrier nicht oder nicht vollständig verdaut werden, da die hierfür erforderlichen Verdauungsenzyme vom körpereigenen Enzymsystem nicht gebildet werden. Besonders die löslichen Pentosane wirken quellend (viskositätssteigernd), wodurch der Futtertransport durch den Verdauungstrakt verlangsamt wird. Sind diese löslichen Nicht-Stärke-Polysaccharide in höheren Anteilen enthalten, wie z. B. im Roggen, kann es zu Verdauungsstörungen, Verschlechterung der Nährstoffverwertung, Erhöhung der mikrobiellen Besiedelung im hinteren Dünndarmabschnitt und somit zu Leistungsminderung kommen, sodass eine mengenmäßige Begrenzung dieser Komponenten in der Fütterung notwendig erscheint. Besonders bei Jungtieren, deren Verdauungssystem noch wenig angepasst ist, wirken sich diese Futtermittel in größeren Mengen entsprechend negativ aus. Durch die Entwicklung spezifischer, auf die Komponenten abgestimmte NSP hydrolysierender (spaltender) Enzyme (S. 197), die den Futtermischungen zugesetzt werden, sollen die Verdauung dieser NSP verbessert und die genannten negativen Wirkungen kompensiert werden.

Am vielseitigsten und auch mit hohen Mischungsanteilen (bei allen Nutztieren) einsetzbar sind **Gerste** und **Weizen**. Die Verwendungsmöglichkeiten für **Hafer** werden bei Mastschweinen, säugenden Sauen und Geflügel durch den relativ hohen Rohfaseranteil und die daraus resultierende geringere Energiedichte begrenzt. Andererseits hat Hafer in der Pferdefütterung, in der Fütterung von tragenden Sauen und insbesondere in der Jungtieraufzucht als Futtermittel bei fast allen Nutztieren einen wichtigen Platz, wozu u. a. sein höherer Anteil an essenziellen Fettsäuren sowie die diätetische Wirkung im Verdauungstrakt (Haferflocken) beiträgt. Wichtig ist allerdings, dass der Hafer von guter hygienischer Beschaffenheit ist. Häufig wird der Wassergehalt des Hafers bei der Ernte unterschätzt. Die Folge kann ein mehr oder weniger starker Schimmelpilzbefall sein, der Gesundheits- und Fruchtbarkeitsstörungen verursachen kann. Auch **Mais** hat einen vergleichsweise hohen Fettgehalt. Deshalb wird er in den letzten vier Wochen vor dem Schlachten bei Masttieren nur moderat eingesetzt, um das Speicherfett durch den hohen Anteil von mehrfach ungesättigten Fettsäuren (Linol- und Linolensäure) nicht zu weich werden zu lassen. Eine umgekehrte Wirkung wird dem **Roggen** zugeschrieben; aber bei ihm bremst der bittere Geschmack, der allerdings bei den modernen Hybridsorten nicht mehr so ausgeprägt ist, den Futterverzehr und der relativ hohe NSP-Anteil die Einsatzmenge. Der Roggenanteil in Schweinemastrationen soll 30 – 40 % in der Vor- bzw. Anfangsmast und 50–60 % in der Endmast nicht überschreiten. In der Ferkelfütterung können bis 15 kg Lebendgewicht 10 % Roggen und danach 15 % in der Futtermischung eingesetzt werden. Hier ist jedoch ein Einsatz NSP-hydrolisierender Enzyme zu empfehlen. Bei Sauen liegt die empfohlene Höchstgrenze bei 25–30 %. Für den Einsatz von Roggen in der Ferkel- und Sauenfütterung muss allerdings sichergestellt sein, dass dieser kein Mutterkorn enthält. Hierauf wird im Folgenden näher eingegangen.

Bei Geflügel führt der hohe Anteil an NSP zur erhöhten intestinalen Viskosität des Darminhaltes und schmierigen (viskosen) Exkrementen. Roggen sollte deshalb nur in Kombination mit NSP-spaltenden Enzymen eingesetzt werden, und zwar bis zu max. 20 % bei Legehennen und 10 % in der Endmast von Hähnchen und Puten.

Bei Wiederkäuern gelten in erster Linie die allgemeingültigen Begrenzungen hinsichtlich der Gehalte an pansenverfügbarer Stärke in der Gesamtration. In Kraftfuttermischungen für Milchkühe und Aufzuchtrinder können Roggenanteile bis zu 40 % eingesetzt werden. Bei höheren Kraftfuttergaben an Milchkühe sollte eine Tagesgabe von 4 kg Roggen je Tier nicht überschritten werden. Im Kraftfutter für Mastrinder kann der Roggenanteil bis zu 20 % betragen.

Triticale ist eine Getreidezüchtung, die die bescheideneren Standortansprüche des Roggens mit den günstigeren Qualitätseigenschaften des Weizens kombinieren soll. Der Energiegehalt ähnelt dem des Weizens, der Rohproteingehalt bzw. Aminosäurengehalt ist höher als in allen anderen Getreidearten. Triticale ist bei allen Tierarten gut einzusetzen, in der Schweinefütterung sollte eine Mengenbegrenzung bis auf 50 % der Mischung eingehalten werden.

Vor dem Verfüttern an Wiederkäuer werden Getreidekörner in der Regel gequetscht. Für Schweine müssen sie geschrotet werden, allerdings nicht zu mehlig, da sonst die Gefahr von Ulcera (Magengeschwüre) drohen. Es sollen nur max. 25 % des Schrotes durch ein 1-mm-Sieb passen. Für Ferkel wird Getreide teilweise „thermisch aufgeschlossen“, das heißt unter Druck mit Wasserdampf behandelt. Damit kann die Verdaulichkeit der Stärke erhöht werden. Hühner erhalten bei der kombinierten Fütterung einen Teil der Getreideration als ganzes Korn. Um mögliche Verdauungsstörungen zu vermeiden, verfüttert man erntefrisches Getreide nicht unmittelbar nach der Ernte, sondern lässt es mindestens vier Wochen ablagern. Keimungsvorgänge vor der Ernte vermindern den Nährwert (Auswuchsgetreide).

Getreidelagerung Wichtig ist auch eine ordnungsgemäße Lagerung des Getreides. Vor der Einlagerung ist mindestens eine sogenannte „Schwarzreinigung“ vorzusehen. Hierbei wird das Getreide auf mechanischem Wege von Schwarzbesatz wie pilzgeschädigte, verdorbene Körner inkl. Mutterkorn, Staub und sonstige feste Bestandteile befreit. Grundsätzlich ist zu beachten: **Ausputzgetreide und Getreidereinigungsabfälle dürfen nicht verfüttert werden!**

Die Silos und Lagerräume müssen gründlich gereinigt werden. Die Auswahl der Lagerräume sollte sorgfältig erfolgen. Fugenfreie Böden und Wände sind unbedingte Voraussetzungen. Die Kondenswasserbildung muss vermieden werden, Getreide darf nicht an ungedämmten Außenwänden, Stützpfeilern und Wasserleitungen gelagert werden. Kornkäfer, Milben und andere sogenannte Vorratsschädlinge sind vor der Einlagerung zu bekämpfen. Für die Anwendung chemischer Mittel sind jedoch teilweise spezielle Genehmigungen erforderlich. Hier sollte die Beratung des Pflanzenschutzdienstes in Anspruch genommen werden. Es darf nur lagerfähiges Getreide (entweder unter 14 % Wassergehalt oder anders konserviert) eingelagert werden.

Während der Lagerung sind regelmäßige Kontrollen des Getreides notwendig. Diese beziehen sich insbesondere auf die Temperatur im Getreidestapel (Verwendung von Stockthermometern oder elektronischen Temperaturmessgeräten).

Wasserdampfentwicklung in der Nähe von Getreide muss vermieden werden. Es sollte dafür gesorgt sein, dass zum Entfernen von Feuchtigkeit aus dem Getreidestapel die Möglichkeit der Belüftung durch Gebläse oder Umlauf besteht.

Besondere Bedeutung ist der hygienischen Beschaffenheit des Getreides beizumessen. Diese wird bestimmt durch:

- den Grad der Verunreinigung mit Schmutz, Staub, Schadnager- bzw. Vogelexkrementen u. a.,
- den Befall mit Vorratsschädlingen wie Motten, Käfern, Milben und ihren Exkrementen,
- den Besatz mit Pilzen (Schwärzepilze, Schimmelpilze, Hefepilze) und Bakterien bzw. Pilz- und Bakterientoxinen.

Pilztoxine Mängel in der hygienischen Beschaffenheit entstehen nicht erst bei der Lagerung. Bereits auf dem Halm kann Getreide mit Fusarien oder Mutterkorn befallen sein. Durch Pilzbefall auf dem Feld oder im Lager können Toxine gebildet werden. Im Getreide vorkommende Pilze, die von ihnen gebildeten Toxine und deren mögliche Wirkung auf Gesundheit und Fruchtbarkeit sind in der ▸ **Tab. 6.22** dargestellt.

Bei den Pilztoxinen muss zwischen Feldpilzen und Lagerpilzen unterschieden werden. Feldpilze bilden bereits vor der Getreideernte Toxine. Die wichtigsten sind Deoxynivalenol (DON) und Zearalenon (ZEA oder ZON). In ungünstigen Jahren kann also das geerntete Getreide bereits mit diesen Toxinen belastet sein. Der Gesetzgeber hat für diese Toxine Orientierungswerte für kritische Konzentrationen herausgegeben. Diese beziehen sich auf die jeweilige Tagesration der aufgeführten Tierart bzw. Tierkategorie (▸ **Tab. 6.23**).

Lagerpilze treten erst bei unsachgemäßer Lagerung auf, das heißt wenn Getreide zu feucht eingelagert wird. Dann kann auch Ochratoxin gebildet werden. Dieses geht in die tierischen Gewebe über, gelangt so in die Nahrungskette und stellt deshalb auch eine Gefährdung des Menschen dar. Im Gegensatz zu Feldpilzen können Lagerpilze jedoch in jedem Fall vermieden werden.

Von allen Pilzgiften ist bisher Mutterkorn als einziges futtermittelrechtlich als unerwünschter Stoff eingeordnet. Für Getreide ist ein Höchstgehalt von 1 g/kg festgelegt. Anders als für die Pilztoxine DON und ZEA, für die lediglich Orientierungswerte vorliegen, gilt für mutterkornhaltiges Getreide das Verschneidungsverbot, wenn der Höchstgehalt überschritten ist. Solche Partien dürfen demnach nicht mehr verfüttert werden und müssen entsorgtwerden. Bei **Mutterkorn** handelt es sich um das verfestigte Myzel eines Schlauchpilzes mit dunkler bis schwarzvioletter Farbe. Mutterkorn enthält giftige Alkaloide, die bei Mensch und Tier Gesundheitsschädigungen hervorrufen. Mutterkorn tritt bei Roggen, Triticale, aber auch bei Weizen auf.

Anders als bei Futtermitteln hat der Gesetzgeber inzwischen bei Lebensmitteln Höchstmengen für Fusarientoxine festgelegt. Für Getreide und Maiserzeugnisse betragen diese für DON 0,5 mg und für ZEA 0,05 mg/kg. Für Brot, Backwaren und Lebensmittel für Säuglinge und Kleinkinder liegen diese Werte noch bedeutend niedriger.

Verfütterung von erntefrischem Getreide In den ersten Tagen und Wochen nach dem Mähdrusch vollzieht sich in den Getreidekörnern ein Nachreifeprozess. Durch Entquellung der kolloiden Kornbestandteile wird Wasser abgegeben: Das Getreide „schwitzt“. Dieser Prozess tritt auch ein, wenn das Getreide vom Wassergehalt her lagerfähig ist (< 14 %).

Außerdem ist zum Zeitpunkt der Ernte und unmittelbar danach die Enzymaktivität in den Körnern gering und steigt erst später wieder an. Dies äußert sich bei einigen Getreidearten in einer stark verminderten Keimfähigkeit während der Phase der Nachreife.

Getreide, das sich noch im Schwitzprozess befindet, kann zu Verdauungsstörungen bei den Tieren führen. Besonders empfindlich sollen diesbezüglich junge Schweine und Pferde sein. Von den Getreidearten ist insbesondere bei erntefrischem Roggen mit gesundheitlichen Störungen und Leistungseinbußen zu rechnen. Neuere eigene Untersuchungen und Versuche an der Bayerischen Landesanstalt für Landwirtschaft (LfL) in Grub an Ferkeln ergaben jedoch nach Einsatz von Frischgetreide (Weizen/Gerste) sofort nach der Ernte keine verminderte zootechnische Leistungen.

Aufgrund von früheren ungünstigen Erfahrungen bei der Verfütterung von Frischgetreide sollte man dieses möglichst erst nach vierwöchiger Lagerzeit verfüttern bzw. den Einsatz des Frischgetreideanteils in der Ration auf 50 % begrenzen. Die geschilderten biologischen Vorgänge in den

▶ **Tab. 6.22** Praxisrelevante Pilzgifte und deren mögliche Wirkungen beim landwirtschaftlichen Nutztier (nach DLG-Information 2/1998 [56]).

Pilzgift	Wirkungen/Krankheitserscheinungen
A) Von Feldpilzen gebildet:	
Trichothecene (Deoxynivalenol, Nivalenol u. a.; von Fusarien gebildet)	• **Sauen:** Verferkeln, Milchmangel, Umrauschen • **Sauen, Eber, Ferkel, Mastschweine:** Erbrechen, blutiger Durchfall, Futterverweigerung, reduzierte Zunahmen, Schädigung der Blutbildung, erhöhte Anfälligkeit für Infektionen • **Geflügel:** geringere Futteraufnahme, geringeres Wachstum • **Rinder:** Rückgang der Futteraufnahme
Zearalenon (F_2-Toxin; von Fusarien gebildet)	• **Sauen:** Schaum- und Gesäugeschwellung, Scheiden- und Enddarmvorfall, Eierstockzysten, Veränderungen der Gebärmutter, Dauerbrunst, Scheinträchtigkeit, unregelmäßige Brunstintervalle, kleine Würfe • **Ferkel:** geringe Gewichte, „Grätscher“ • **Mastschweine:** rauscheähnliches Verhalten
Alkaloide (von Mutterkornpilzen gebildet)	• **Sauen:** Milchmangel, Umrauschen, Dauersterilität, Gebärmutterentzündung • **Ferkel:** Kümmerer, Totgeburten, kleine Würfe, Ferkel verhungern, abgestorbene Ohren und Schwänze • **Geflügel:** Futteraufnahme und Legeleistung beeinträchtigt • **Milchkühe:** geringere Milchleistung • **Mastrinder:** geringere Futteraufnahme • **Allgemein:** Durchblutungsstörungen, Krampfzustände
B) Von Lagerpilzen (Aspergillus/Penicillium) gebildet:	
Ochratoxin	• **Sauen, Eber, Ferkel, Mastschweine:** Nierenschäden, Durst, Wachstumsstörungen, Durchfälle, Leberschäden, Immunschwäche

▶ **Tab. 6.23** Orientierungswerte für kritische Konzentrationen von Deoxynivalenol und Zearalenon im Futter von Schwein, Rind und Huhn (mg/kg Futter; bei 88 % Trockensubstanz; nach BMELV 2000 [28]).

Tierart bzw. Tierkategorie	Deoxynivalenol	Zearalenon
Schwein		
weibliche Zuchtläufer	1,0	0,05
Mastschweine und Zuchtsauen	1,0	0,25
Rind		
Tränkekälber	2,0	0,25
Aufzuchtrinder, Milchkühe	5,0	0,50
Mastrind	5,0	–[1]
Huhn (Legehennen, Masthühner)	5,0	–[1]

[1] Nach derzeitigem Wissensstand keine Orientierungswerte erforderlich.

Getreidekörnern unterstreichen die Notwendigkeit, das Getreide nach der Ernte zu belüften, damit möglichst rasch eine Abkühlung erreicht und das Schwitzwasser abgeführt wird.

Mit Propionsäure konserviertes Getreide kann unmittelbar verfüttert werden. Wird das Getreide mit Ätznatron behandelt (Sodagrain), sollte eine Wartezeit von etwa 10 Tagen eingehalten werden.

6.5.2 Konservierung von Futtergetreide

Nur selten hat Mähdruschgetreide schon bei der Ernte den für die Lagerfähigkeit erforderlichen niedrigen Wassergehalt von 12 – 14 %. Beim Körnermais immer, bei den anderen Getreidearten für einen großen Teil der Ernte, stellt sich also die Frage, wie das noch zu feuchte Getreide vor dem mikrobiellen Verderb (Schimmel) bewahrt werden kann. Es gibt folgende Konservierungsverfahren, die sich zum Teil auch miteinander kombinieren lassen:

1. **Der Entzug des Wassers durch Trocknung** ist das am weitesten verbreitete Verfahren. Es hat den Vorteil, dass auf diese Weise lagerfähig gewordenes Getreide noch für Mahlzwecke verkauft werden kann. Man unterscheidet die **Belüftungstrocknung** mit kalter oder leicht vorgewärmter Luft in Flachbehältern (für größere Mengen, schon relativ trockenen Getreides), die **Warmluft-Satztrocknung,** bei der bis zu 70 °C warme Luft durch das in Flach- oder Hochbehältern untergebrachte feuchte Getreide geblasen wird, und die **Durchlauftrocknung**, bei der das Getreide auf Bändern oder anderen Transporteinrichtungen kontinuierlich durch den Trockner hindurchbefördert wird. Auch die Satztrockner benötigen leistungsfähige Förderanlagen, damit nach der Trocknung der ersten Partie die nächste Füllung in den/die Behälter gebracht werden kann. Sowohl bei der Satztrocknung wie bei der Durchlauftrocknung muss das Trockengut anschließend zurückgekühlt werden.
2. **Die Getreidekühlung** hat das Ziel, die sehr temperaturabhängige Atmungs- und Mikrobentätigkeit im feuchten Getreide durch Herunterkühlen zu unterbinden. Zwischen Kornfeuchte, Korntemperatur und Lagerfähigkeit bestehen enge Beziehungen. Bei niedrigen Korntemperaturen ist auch Getreide mit einer gewissen Restfeuchte für einige Zeit lagerfähig. Wenn die Kornfeuchte unter 18 % liegt, kann man die Kühlung, mit der auch ein bescheidener Trocknungseffekt verbunden ist, mithilfe von Niederdruckgebläsen verwirklichen, die kühle Nacht- und Morgenluft über ein Kanalsystem (auch über Belüftungsroste oder Kunststoffschläuche) durch das Getreide blasen. Voraussetzung dafür ist eine Temperaturdifferenz zwischen Korn- und Außenwärme von mindestens 5 °C. Auf jeden Fall braucht man auf dem Getreidespeicher Thermometer (zur Messung der Korntemperatur im Stapelinneren besondere Stichthermometer), um die Temperatur überwachen zu können und um rechtzeitig – vor Wiedererwärmung – den Stapel erneut zu kühlen. Bei höheren Feuchtigkeitsprozenten muss die Luft auf technischem Wege, das heißt durch spezielle, kostenintensive Kühlaggregate auf 4 – 6 °C herunter gekühlt werden. Unmittelbar nach der Einlagerung muss das Kühlgerät mindestens 36 Stunden lang laufen, damit die Kälte bis zum Mehlkörper durchdringt. Derartige Kühlaggregate werden häufig von Lohntrocknern und Genossenschaften als Puffer benutzt, um bei stoßweisem Anfall von Feuchtgetreide überbeanspruchte Trocknungsanlagen zu entlasten und den Verderb durch Kühlen so lange zurückzuhalten, bis die Trocknung wieder aufnahmefähig ist.
3. **Die Konservierung durch Luftabschluss** stellt bei steigenden Energie- und Trocknungskosten eine interessante Alternative dar. Dafür eignen sich gasdichte Behälter, in die unzerkleinertes Getreide mit Feuchtegehalten bis zu 25 % eingelagert werden kann. Es wird konserviert durch Kohlendioxid, das bei der Atmung des Getreides und der Mikroorganismen entsteht. Bei feuchterem Getreide kommt es auch zu einer leichten Milchsäureentwicklung, der pH-Wert liegt zwischen 4,5 und 5. Zum Verfüttern wird das aus dem Silo entnommene Getreide zerkleinert (z. B. mit Hammermühlen) und mit anderen Rohwaren zu Futter gemischt. Es besteht auch die Möglichkeit, Feuchtgetreide zu schroten und in **Fahrsilos** einzulagern. Für den

Konservierungserfolg ist die optimale Verdichtung des Futters von entscheidender Bedeutung. Durch intensives Festwalzen werden Lagerdichten um 1000 kg/m³ erreicht. Bei Feuchtegehalten im Getreide unter 20 % funktioniert dieses Verfahren sehr sicher, bei höheren Feuchtegehalten sollte zur Sicherung des Konservierungserfolges ein Säurezusatz (z. B. Propionsäure) erfolgen. Bei einem anderen Verfahren wird erntefeuchtes Getreide vermahlen und in einer Anteigstation mit Wasser zu einem **pumpfähigen Brei** vermischt. Bei einer Einlagerungsfeuchte von 50 – 55 % findet eine intensive Milchsäuregärung mit entsprechender pH-Wert-Absenkung bis auf 3,8 statt. Dies ist einerseits eine gute Voraussetzung für eine sichere Konservierung, andererseits sind damit jedoch relativ hohe Silierverluste von über 5 % verbunden. Dieses Verfahren hat eine gewisse Verbreitung bei CCM (S. 244) gefunden.

4. **Die chemische Konservierung mit Säuren** beruht auf der Abtötung bzw. Inaktivierung der dem Getreide anhaftenden Mikroorganismen sowie der Enzyme im Getreidekorn. Hierfür werden in der Regel Propionsäure oder deren Salze, daneben aber auch Ameisensäure, Sorbinsäure und Essigsäure eingesetzt. Möglichst jedes Getreidekorn sollte vollständig benetzt werden, was nur mithilfe eines speziellen Dosiergerätes zu erreichen ist. Die erforderliche Aufwandmenge hängt vom Feuchtegehalt des Getreides sowie von der vorgesehenen Lagerdauer ab und wird vom Hersteller angegeben. Hat das Getreide beispielsweise einen Feuchtegehalt von 20 %, wird mit 0,8 l Propionsäure/dt Feuchtgetreide eine Lagerfähigkeit von 6 – 12 Monaten erreicht. Das so behandelte Getreide kann wie trockenes Getreide eingelagert werden. Aufgrund der hohen Korrosivität der Propionsäure ist die Lagerung in Metallsilos problematisch, Beton muss entsprechend geschützt werden. Von den Tieren wird die Propionsäure bei vorschriftsmäßiger Dosierung gut aufgenommen und energetisch genutzt. Im Pansen der Wiederkäuer ist sie ohnehin vorhanden.
5. Durch Behandlung feuchter Getreidepartien mit **Natronlauge** wird ebenfalls ein konservierender Effekt erzielt. Dieses Verfahren (Sodagrain) wird bei Milchkühen in Verbindung mit dem Einsatz von Futtermischwagen praktiziert. Dazu werden 3,5 – 4 % Ätznatron und 300 l Wasser je Tonne Getreide intensiv vermischt. Dabei erwärmt sich das Getreide und muss vor der Verfütterung mindestens 2, besser 8 – 10 Tage lagern. Der Umgang mit Ätznatron erfordert unbedingt entsprechende Schutzvorrichtungen, um jeden Hautkontakt zu vermeiden. Das Getreide wird durch diese Behandlung „aufgeschlossen", das heißt es ist fast schalenlos und kann als ganzes Korn verfüttert werden. Als besonderer Vorteil dieses Verfahrens werden der hohe pH-Wert (ca. 11) und der langsamere Stärkeabbau im Pansen angeführt. Nachteile sind die relativ aufwändige Aufbereitung, die erhöhte Wasseraufnahme der Tiere wegen der hohen Na-Zufuhr, die vollständige Zerstörung des Vitamin E und eine leicht verminderte Verdaulichkeit der organischen Substanz.

6.5.3 Körnerleguminosen

In der EU ist der Bedarf an Eiweißfuttermitteln sehr groß. Nur einen geringen Anteil davon erzeugen die europäischen Landwirte selbst. Andererseits werden beim Getreide Überschüsse produziert, die nur unter Aufwendung erheblicher finanzieller Mittel auf dem Weltmarkt abgesetzt werden können. Aus diesen Gründen wird der Anbau von Körnerleguminosen (**Ackerbohnen, Erbsen, Süßlupinen**) den sogenannten heimischen Proteinfuttermitteln teilweise gefördert.

Ihre Eignung als Futtermittel ist in erster Linie von den botanischen Merkmalen, den Nährstoffen und ihrer hygienischen Beschaffenheit abhängig. Durch eine sorgfältige Trocknung sofort nach der Ernte ist ein Feuchtegehalt der Samen von max. 12 % sicherzustellen oder eine ordnungsgemäße Konservierung (S. 262) vorzunehmen. Ansonsten kommt es sehr schnell zu Schimmelbildung mit den bereits für das Getreide beschriebenen Problemen.

Der Futterwert der wichtigsten Körnerleguminosen ist in der ▸**Tab. 6.24** für Wiederkäuer, Schweine und Geflügel aufgeführt. Der Energiegehalt entspricht in etwa dem von Getreide, der Rohproteingehalt ist dagegen zwei- bis dreimal

▶ **Tab. 6.24** Futterwert von Körnerleguminosen (88 % TS).

Futtermittel	1000 g Futtermittel enthalten														
	Rohprotein	Lysin	Meth. + Cyst.	Threonin	Tryptophan	Valin	nXP	RNB	Stärke	Zucker	NEL	ME_W	NE_S	ME_S	ME_G
	g	g	g	g	g	g	g	g	g	g	MJ	MJ	MJ	MJ	MJ
Ackerbohnen	249	15,4	4,7	8,5	2,2	11,0	142	15,0	362	35	7,58	12,00	9,24	12,66	10,74
Erbsen	208	15,1	4,9	7,8	1,9	9,7	164	8,8	418	58	7,51	11,80	9,65	13,63	11,80
Lupinen	339	16,4	7,1	11,4	2,8	12,9	187	16,7	89	48	7,84	12,49	8,12	12,57	8,45

höher, sodass diese Futtermittel zur Eiweißergänzung von Grobfutterrationen oder in Kraftfuttermischungen dienen.

Der mengenmäßige Einsatz wird neben der Energie- und Proteinversorgung insbesondere bei Schwein und Geflügel durch den Gehalt an negativ wirkenden Inhaltsstoffen (sog. antinutritive Faktoren), wie insbesondere Tannine und Alkaloide (Bitterstoffe) begrenzt. Das Aminosäurenmuster des Proteins von Körnerleguminosen weist Defizite bei den schwefelhaltigen Aminosäuren Methionin und Cystin auf (▶ **Tab. 6.25**). Dies wird mit der ▶ **Abb. 6.11** verdeutlicht, in der die für Schweine essenziellen Aminosäuren im Verhältnis zu Lysin dargestellt sind. Methionin + Cystin liegen erheblich unter dem Sollwert von 0,55 (entsprechend 55 % des Lysingehaltes). Hinzu kommt, dass die Dünndarm-Verdaulichkeit (praecaecale Verdaulichkeit) gerade dieser Aminosäuren im Vergleich zu denen aus Sojaextraktionsschrot bedeutend geringer ist. Futtermischungen mit hohen Anteilen an Erbsen, Ackerbohnen oder Lupinen müssen für Schweine und Geflügel mit Methionin ergänzt werden und auf ihre dünndarmverdaulichen Aminsäuren optimiert werden.

In der Schweinemast können bis zu 30 % Erbsen, 15 – 25 % Ackerbohnen bzw. 20 % Süßlupinen in die Alleinfuttermischungen genommen werden. Alleinfutter für säugende Sauen kann bis zu 20 % Erbsen, 15 % Ackerbohnen und 10 % Blaue Süßlupinen enthalten. In Legehennenfutter ist der Einsatz von Ackerbohnen und Blauen Süßlupinen bis zu 10 % und von Erbsen bis zu 30 % möglich. In der Schweine- und Geflügelfütterung, ist es bei Einsatz hoher Mengen an Leguminosen unbedingt notwendig, auf dünndarmverdauliche Aminosäuren (pcv) zu optimieren. In der Bullenmast können Tagesmengen von 2 – 2,5 kg Körnerleguminosen verabreicht werden. In der Milchviehfütterung können bis zu 4 kg Erbsen oder Ackerbohnen bzw. 2,5 kg Süßlupinen je Tier und Tag verfüttert werden. Hier ist allerdings zu beachten, dass die Abbaubarkeit des Rohproteins aus Körnerleguminosen mit 85 % bei Erbsen und Ackerbohnen bzw. 80 % bei Lupinen sehr hoch ist. Daraus resultieren entsprechend niedrige nXP-Gehalte, was ihre Einsatzmöglichkeiten zur Proteinergänzung in Rationen für hohe Milchleistungen begrenzt. Durch hydrothermische Behandlung kann die Abbaubarkeit

▸ **Tab. 6.25** Praecaecale Aminosäurenverdaulichkeit (pcv) der Körnerleguminosen (%) beim Schwein (nach Evonik – AminoDat 5.0 2017).

Getreideart	pcv Lysin	pcv Methionin	pcv Methionin/Cystin	pcv Threonin	pcv Tryptophan	pcv Valin
Ackerbohnen	83	69	63	77	69	77
Erbsen	84	77	73	77	71	78
Lupinen (blau)	87	80	84	85	85	84

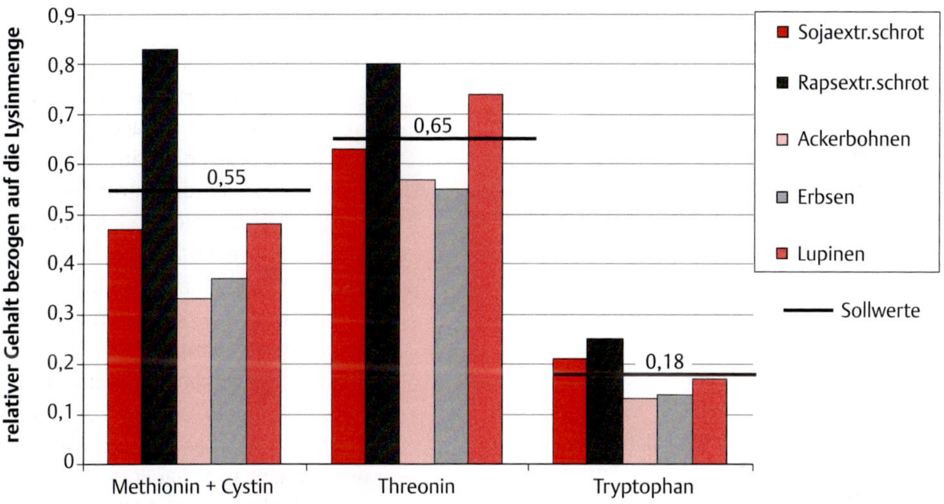

▸ **Abb. 6.11** Aminosäuremuster einiger Eiweißfuttermittel (Lysin = 1) – Sollwert in der Schweinefütterung.

des Rohproteins auf eine Größenordnung von 70 % und mehr verringert werden.

6.6 Nebenerzeugnisse der Ernährungsindustrie

Der größte Teil der für die menschliche Ernährung angebauten pflanzlichen Erzeugnisse wird nicht direkt verzehrt, sondern vorher in Mühlen, Zuckerfabriken, Brauereien usw. verarbeitet und veredelt. Dabei wird den agrarischen Rohstoffen meistens nur ein Nährstoff (Stärke, Zucker oder Fett) entnommen; und es bleiben Nebenprodukte übrig, die als Futtermittel verwertet werden können. In diesen Nebenerzeugnissen erfolgt in der Regel eine **Anreicherung des Eiweißes und/oder der Rohfaser**. Je nachdem, wie groß der Anteil dieser Nährstoffe am Beginn war, ist der Futterwert von Nebenprodukten sehr unterschiedlich.

Der **Futterwert** wird auch von der **Verarbeitungstechnologie** beeinflusst, die einerseits vom technischen Fortschritt abhängig ist und sich andererseits an veränderte Verbraucheransprüche anpassen muss. Das bedeutet, dass ein unterschiedlich großer Anteil der eigentlich für das

Hauptprodukt bestimmten Nährstoffe im Nebenprodukt zurückbleiben kann.

Viele dieser Futtermittel sind einseitig zusammengesetzt, bei manchen ist die Einsatzmöglichkeit wegen störender Inhaltsstoffe (Antinutritiva) begrenzt. Wer die Futterration selbst mischen und dabei industrielle Nebenprodukte verwenden will, sollte die Einsatzmöglichkeiten dieser Futtermittel einschätzen können und weitgehend ein standardisiertes Produkt (TM, Inhaltsstoffe) voraussetzen.

6.6.1 Futtermittel aus der Müllerei

Bei der Verarbeitung von Getreide zu Mehl, Grieß, Flocken usw. bleiben Nachprodukte übrig, deren Futterwert sich im Wesentlichen nach dem Ausmahlungsgrad richtet. Bei der Herstellung feiner, sehr weißer Mehlqualitäten enthalten die Nachprodukte neben den äußeren Eiweiß- und rohfaserreichen Aleuron- und Schalenschichten noch einen erheblichen Anteil an Stärke aus dem Mehlkörper. In manchen Mühlen werden die Keime gesondert gewonnen und verkauft. Bei den Nachprodukten der Weizenvermahlung haben folgende Qualitäten besondere Bedeutung, deren Futterwert in der ▸ **Tab. 6.26** aufgeführt ist.

Bei Roggennachprodukten gibt es die gleichen Abstufungen; nur sind hier die Höchstgrenzen für Rohfaser etwas niedriger und die Energiewerte entsprechend höher.

Mit steigendem Stärkegehalt erhöhen sich die Verdaulichkeit der organischen Substanz und der Energiewert. Deshalb werden die Nachmehle und Futtermehle bevorzugt in der Schweinemast eingesetzt. Die Kleien werden hauptsächlich an Wiederkäuer und zur Rohfaseranreicherung bei tragenden Sauen und Mastschweinen verfüttert.

Wenn Hafer zu Haferflocken und Gerste zu Graupen verarbeitet werden, dann fallen beim Schälen rohfaserreiche Produkte von geringem bis mäßigem Futterwert an (Haferspelzen, Haferschälkleie, Gerstenschälkleie). Die beim zweiten und wiederholten Schälen des Mehlkörpers entstehenden Hafer- oder Gerstenfuttermehle haben einen hohen Futterwert, sind aber wegen der geringen Mengen kaum von Bedeutung. Die Haferflocken werden teilweise bei der Jungtierernährung (Kälberfutter, Ferkelstarter) und anderen Aufzuchtfuttermitteln zugesetzt.

▸ **Tab. 6.26** Futterwert von Nachprodukten aus der Weizenvermahlung (88 % TS).

Futtermittel	1000 g Futtermittel enthalten																
	Rohfaser	Stärke	Rohprotein	Lysin	Meth. +Cyst.	Threonin	Tryptophan	Valin	nXP	RNB	NEL	ME_W	NE_S	ME_S	ME_G	P	vP
	g	g	g	g	g	g	g	g	g	g	MJ	MJ	MJ	MJ	MJ	g	g
Weizennachmehl	29	457	170	7,0	6,8	5,8	1,5	5,6	156	1,8	7,51	11,90	11,2	14,24	12,51	5,4	2,0
Weizenfuttermehl	46	330	167	7,4	5,7	6,2	2,0	7,0	152	2,6	7,20	11,55	7,65	12,50	11,52	7,6	2,2
Weizengrießkleie	84	209	155	6,5	5,7	5,0	1,9	6,7	133	3,5	5,95	9,83	8,98	10,34	8,25	8,2	3,1
Weizenkleie	118	137	141	5,9	4,9	4,9	1,9	6,6	123	2,6	5,16	8,73	6,26	8,33	7,02	10,6	3,5
Weizenkleber	56	248	147	5,1	5,4	5,1	1,9	7,3	-	-	-	-	8,15	11,95	-	7,4	2,1

6.6.2 Nebenprodukte der Bierherstellung

Auf den verschiedenen Stufen des Herstellungsprozesses von Bier fallen nacheinander Malzkeime, Treber und Bierhefe als Nebenprodukte an.

Malzkeime Malzkeime enthalten relativ viel Zucker (ca. 14% in der TS) und sind deshalb hygroskopisch. Ein niedriger Wassergehalt (max. 13%) ist für ihre Haltbarkeit wichtig. Wegen des relativ hohen Rohfasergehaltes (ca. 14–15%) ist ihr Energiegehalt jedoch nur bescheiden (besonders für Schweine). Sie sind allerdings relativ eiweißreich, weil sie mind. 23% Rohprotein enthalten. Sie eignen sich bevorzugt für Wiederkäuer, wo sie mit 10–20% in der Kraftfuttermischung eingesetzt werden können. Bei Schweinen bestehen wegen des Rohfasergehaltes und der mäßigen Verdaulichkeit nur begrenzte Verwendungsmöglichkeiten (5–10% in der Mischung).

Biertreber Biertreber sind aus dem gleichen Grunde noch weniger für den Schweinestall geeignet (nur für niedertragende Sauen) und werden hauptsächlich an Wiederkäuer verfüttert, wo sie der Gruppe der Saftfuttermittel zuzuordnen sind. Wegen ihres hohen Wassergehaltes (78–80%) halten sie sich allerdings nur sehr kurze Zeit. Für einen erfolgreichen Einsatz in Rindviehrationen ist deshalb eine ordnungsgemäße Silierung notwendig.

Gute Biertrebersilage zeichnet sich durch eine überdurchschnittliche Energiekonzentration (6,7 MJ NEL bzw. 11,2 MJ ME_W/kg TM), sowie einen relativ hohen Rohproteingehalt (ca. 25% in der TM) aus. Die Abbaurate des Biertreberproteins im Pansen ist mit 60% relativ niedrig, entsprechend hoch ist der UDP-Anteil und der Gehalt an nXP (185 g/kg TM). Einsatzmengen bis zu 15 kg je Kuh und Tag bzw. 4 kg/100 kg Lebendgewicht in der Bullenmast sind bei ausgewogener Rationsgestaltung möglich.

Bierhefe Bierhefe besteht überwiegend aus Eiweiß hoher biologischer Wertigkeit und hoher Verdaulichkeit. Außerdem enthält sie in reichem Maße Vitamine der B-Gruppe und eignet sich zur Verfütterung an alle Tierarten. Bei 15% TS (= eingedickt) liefert 1 kg Bierhefe 79 g Rohprotein und 1,14 MJ NEL bzw. 1,86 MJ ME_W bzw. 2,08 ME_S/kg. In der Schweinefütterung ist sie besonders günstig bei Flüssigfütterung zu verwerten. In der Rinderfütterung ist sie je nach TS-Gehalt mit 10–20 Litern je Tier und Tag einzusetzen. Wenn sie nicht konserviert wird – z. B. durch Propionsäurezusatz–, verdirbt sie allerdings sehr rasch. In getrockneter Form wird die Bierhefe auch gerne in der Ferkel- und Sauenernährung als hochwertiger Proteinträger eingesetzt.

6.6.3 Nebenprodukte der Brennerei

Einige größere Betriebe in Deutschland haben aufgrund einer staatlichen Konzession das Recht, Getreide oder Kartoffeln in betriebseigenen Brennereien zu Alkohol zu verarbeiten. Der dabei entstehende Rückstand, die **Schlempe**, enthält neben der Hefe alle nicht vergärbaren Stoffe des Ausgangsmaterials, vor allem das Eiweiß, das von hoher biologischer Wertigkeit ist. Der UDP-Anteil des Rohproteins liegt je nach Ausgangsmaterial zwischen 30% (Kartoffelschlempe) und 45% (Maisschlempe). Hieraus und aus dem relativ hohen Rohprotein- und sehr hohem Energiegehalt resultiert ein recht hoher Gehalt an nXP (200 – 250 g/kg TM) bei einer RNB zwischen + 10 bis + 20 g.

Die Verdaulichkeit der organischen Substanz ist für Wiederkäuer sehr hoch, der Energiegehalt liegt zwischen 7,5–8,5 MJ NEL bzw. 12,0–13,0 MJ ME_W/kg TM. Bei Schweinen ist die Verdaulichkeit niedriger, der Energiegehalt liegt zwischen 10,8–12,3 MJ ME_S. Schlempe enthält ebenfalls in nennenswerter Menge B-Vitamine.

Schlempe ist bei Wassergehalten von 92–96% wenig haltbar und muss noch heiß (50–60 °C) in die Fütterung geleitet werden, und zwar bis zu 60 Liter täglich an Kühe mit mittleren Leistungen und ältere Mastrinder. Werden Höchstleistungen im Kuhstall und hohe Tageszunahmen von Mastbullen erwartet, müssen die Schlempemengen reduziert werden. In der Aufzucht und in der Fütterung hochtragender Tiere sollte die Schlempe nicht verwendet werden.

Selten wird die Schlempe mehr als 1/4 oder 1/3 des täglichen Nährstoffbedarfs abdecken. Bei der Rationsgestaltung muss vor allem auf genügend Heu zur Erhaltung der Wiederkäuerfunktionen geachtet werden.

6.6.4 Futtermittel aus der Stärkeherstellung

Kartoffelpülpe Kartoffelpülpe fällt als Futtermittel bei der Stärkegewinnung aus Kartoffeln an. Sie enthält die Zellwandbestandteile des Ausgangsmaterials und je nach Gewinnungsverfahren auch noch unterschiedliche Stärkeanteile (250–400 g/kg TM). Pülpe ist sehr wasserreich. Ein Teil des Wassers wird in der Regel abgepresst, wodurch der Trockensubstanzgehalt auf 15–25 % angehoben wird. Frische Pülpe ist leicht verderblich. Sie kann siliert oder getrocknet werden. Kartoffelpülpe ist in erster Linie ein Futtermittel für Wiederkäuer. Bei einem Rohfasergehalt von 20–22 % in der TS liegt die Energiekonzentration bei 6,8 MJ NEL bzw. 11,2 MJ ME_W/kg TM. An Milchkühe sollte die maximale Tagesgabe bei 2 kg Trockenmasse liegen. An Mastrinder werden höhere Gaben verfüttert, im Mastabschnitt ab 400 kg Lebendgewicht 20–25 kg frische Pülpe je Tier und Tag.

Maiskleberfutter Maiskleberfutter fällt bei der Stärkegewinnung aus Mais an, der in diesem Zweig der Ernährungsindustrie der wichtigste Rohstoff geworden ist. Diese Futtermittel werden mit der Bezeichnung „corn gluten feed" in großen Mengen aus den USA importiert. Maiskleberfutter eignet sich gut als Eiweißkomponente in Milchvieh-, Kälber- und Rindermastfutter. Beim Einsatz in der Schweinefütterung muss berücksichtigt werden, dass es, wie andere Nachprodukte auch, wenig Lysin enthält. Vor allem besteht beim Mais und seinen Nachprodukten ein großes Defizit bei der essenziellen Aminosäure Tryptophan. In Schweinemischungen wird der Anteil Maiskleberfutter auf 5 – 10 % begrenzt.

Bei Maiskleberfutter werden unterschiedliche Qualitäten gehandelt. Es gibt vier Proteinstufen, der eiweißreiche Typ mit ca. 50 % Rohprotein i. d. TS ist sehr selten. Häufig vorkommende Qualitäten enthalten 26 bzw. 22 % Rohprotein i. d. TM, daneben auch noch 20–23 % Stärke. Die Abbaurate des Rohproteins liegt mit 75 % relativ niedrig. Dies betrifft auch die Stärke, sodass diese Futtermittel besonders für die Milchviehfütterung günstig zu beurteilen sind. Ein anderes, sehr hochwertiges Nebenerzeugnis der Maisstärkeproduktion ist **Maiskleber** (corn gluten) mit über 60 % Rohprotein je kg. Für Wiederkäuer ist der UDP-Anteil mit 50 % sehr hoch, was zu nXP-Gehalten von 434 g/kg führt. Maiskleberprotein enthält auch relativ hohe Mengen der Aminosäure Isoleucin, die in der Ernährung der Hochleistungskuh neben Methionin/Cystin von Bedeutung sein kann. Insbesondere in der Schweine- und Geflügelfütterung wird Maiskleber als Eiweißkomponente eingesetzt.

6.6.5 Nebenerzeugnisse der Zuckerproduktion

Sie umfassen verschiedene Arten von Schnitzeln und die Melasse. Die ausgelaugten Schnitzel können in den Betrieben in der Nähe von Zuckerfabriken frisch (als **Nassschnitzel**) verfüttert oder (als **Pressschnitzel**) einsiliert werden. Der größte Teil wird derzeit noch in der Zuckerfabrik getrocknet und von den Landwirten als **Trockenschnitzel** in die Fütterung eingesetzt.

Dem bei der Diffusion gewonnenen Rohsaft wird Kalkmilch zugesetzt, um damit Eiweiß, Mineralstoffe und andere Beimengungen auszufällen. Die überschüssige Kalkmilch verbindet sich mit dem Zucker. Aus dieser Bindung wird der Zucker dadurch befreit, dass in der sogenannten Saturation Kohlendioxid eingeleitet wird und sich mit dem Kalk verbindet. Der Zucker geht wieder in Lösung und kann in den anschließenden Filterpressen von den mithilfe des Kalks ausgefällten Bestandteilen, vom sogenannten Scheideschlamm, getrennt werden. Dieser ist unter der Bezeichnung **„Carbonatationskalk"** futtermittelrechtlich als Einzelfuttermittel zugelassen. Somit besteht für die Zuckerfabriken die Möglichkeit, dieses Abfallprodukt an die Schnitzel anzutrocknen (in der Regel in Kombination mit Melasse) und – entsprechend deklariert – als Futtermittel in den Verkehr zu bringen. Aus ernährungsphysiologischer Sicht ist eine solche „Mischung" abzulehnen. Einerseits erhöht der Carbonatationskalk den Rohaschegehalt der Schnitzel und „verdünnt" somit den Energiegehalt. Zum anderen erhöht er den ohnehin schon sehr hohen Calciumgehalt der Schnitzel.

Melasse ist über das gesamte Jahr als Futtermittel erhältlich (nicht nur in der Zuckerrübenkampagne). Je nach Ausgangsmaterial wird zwischen Rüben- und Zuckerrohrmelasse unterschieden. Wenn bei der Zuckerproduktion aus der Zuckerlösung durch Eindampfen, Filtrieren und Zentrifugieren keine nennenswerte Zuckerausbeute mehr zu erwarten ist, wird der restliche Sirup, als **Melasse** bezeichnet, und direkt oder indirekt der Fütterung zugeführt. Nur ein kleiner Teil der Melasseproduktion geht (beispielsweise als Siliermittel oder als Komponente in der totalen Mischration – TMR) direkt in die Fütterung. Eine Zugabe von ca. 1 kg Melasse je Kuh und Tag in den Futtermischwagen verklebt die feinen Partikel (z. B. Getreideschrot) mit dem faserreichen Grobfutter. Damit kann eine Entmischung der TMR und das „Sortieren" der Milchkühe im Trog verhindert werden. Mit der zähflüssigen, klebrigen Melasse lässt sich allerdings nicht leicht umgehen. Deshalb wird ein großer Teil des Melasseanfalls an die Trockenschnitzel angetrocknet. Ein weiterer Teil der Melasse wird in der Mischfutterherstellung verwendet, um staubende Mischungspartner zu binden, oder sie dient auch als Bindemittel für gepresstes Mischfutter (Pellets).

Der Futterwert der Melasse und der Trockenschnitzel beruht auf ihrem Gehalt an Rest-Zucker und anderen Kohlenhydraten. Der Rohproteingehalt ist niedrig und liegt außerdem – besonders bei der Melasse – in Form von nichteiweißartigen Stickstoffverbindungen (NPN) vor. Die Mineralstoffzusammensetzung ist einseitig: Die Melasse enthält viel Kalium und die Trockenschnitzel haben viel Ca bei wenig P, allerdings, wie die Rübenprodukte, einen guten Na-Gehalt, jedoch stark variierend. Bei den Pressschnitzeln wurden sogar auffallend niedrige Natriumwerte gefunden (▸ **Tab. 6.27**).

Trockenschnitzel und die verschiedenen Formen der **Melasseschnitzel** werden bevorzugt bei Wiederkäuern, aber auch bei Schweinen eingesetzt, wobei der im Vergleich zu Getreide niedrigere Eiweiß- und Energiegehalt bei der Rationsberechnung zu berücksichtigen ist. Bei Milchkühen werden die Grenzen für die Schnitzelfütterung vom Gesamtanteil an leicht fermentierbaren Kohlenhydraten (Stärke und Zucker) in der Trockenmasse der Gesamtration bestimmt. Die Zuckergehalte der Futtermittel aus der Zuckerfabrikation sind in der ▸ **Tab. 6.27** aufgeführt.

Melasseschnitzel werden in der Milchviehfütterung als Ausgleichskraftfutter eingesetzt, sie sind aber auch eine bedeutende Komponente im Milch-

▸ **Tab. 6.27** Futterwert von Nachprodukten aus der Zuckerfabrikation.

Futtermittel	1000 g Futtermittel enthalten													
	TM	Zucker	Rohasche	Rohprotein	Rohfaser	nXP	RNB	NEL	ME_W	ME_S	Ca	P	vP	Na
	g	g	g	g	g	g	g	MJ	MJ	MJ	g	g	g	g
Trockenschnitzel	900	61	49	89	185	137	–7,2	6,69	10,74	8,13	8,9	0,9	0,1	2,2
Melasseschnitzel, zuckerarm	890	118	64	96	151	139	–7,1	6,58	10,52	8,10	8,1	0,8	0,1	2,3
Melasseschnitzel	910	183	74	115	143	149	–5,5	6,93	11,00	9,50	7,9	0,8	0,1	2,2
Melasseschnitzel, zuckerreich	900	221	77	113	129	146	–5,4	6,78	10,80	9,40	6,7	0,7	0,1	2,2
Pressschnitzelsilage	220	7	16	24	46	35	–1,5	1,63	2,61	1,80	2,2	0,3	–	0,5
Melasse	770	484	81	105	0	123	–3,1	6,07	9,46	10,23	4,2	0,2	–	0,2
Zuckerrübenvollschnitzel	900	602	40	48	49	131	–13,5	7,14	11,22	11,44	6,0	0,9	–	1,4

leistungsfutter. In der Schweinefütterung werden gerne Trockenschnitzel als Futterkomponente für tragende Sauen eingesetzt, da sie aufgrund ihres relativ hohen Quellvermögens ein gutes Sättigungsgefühl bei den tragenden Sauen vermitteln können.

Pressschnitzelsilage sind weitverbreitet und bei Milchviehhaltern und Bullenmästern ein beliebtes Saftfuttermittel. Pressschnitzel haben 20 – 32 % TS und kommen mit einer Temperatur von 50 – 60 °C auf dem landwirtschaftlichen Betrieb an. Ein rasch verderbendes Material, wenn es nicht innerhalb eines Tages siliert wird. Nach den bisherigen Erfahrungen kann eine gute Pressschnitzelsilage gewonnen und später gut verwertet werden, wenn

- zügig gefüllt, notfalls (bei höherem TS-Gehalt) verdichtet sowie gut und rechtzeitig (noch bei über 45 °C) abgedeckt wird (Heißvergärung),
- ein Wärmestau vermieden wird (durch max. 2 m Stapelhöhe im Flachsilo bzw. max. 3 m Durchmesser im Hochsilo) die Silage erst nach ausreichender Abkühlung (nach 5 – 6 Wochen) entnommen wird (Vorschub mindestens 1 m im Winter, 2 m im Sommer) und eine glatte Anschnittfläche erhalten bleibt.

Besonders bei Pressschnitzeln hat sich in den letzten Jahren das Verfahren der **Schlauchsilierung** bewährt. Der Kernpunkt des Verfahrens besteht darin, dass mit einer Silopresse das Futter in einen Folienschlauch gepresst und dabei aktiv verdichtet wird. Über ein Band wird das Siliergut der Silierpresse zugeführt. Zur aktiven Verdichtung existiert ein spezielles System zur Pressdruckregulierung. Das Material kann je nach Maschinentyp in Siloschläuche mit verschiedenen Durchmessern und Längen gepresst werden. Die verwendete Schwarz-Weiss-Polyäthylenfolie hat je nach Schlauchdurchmesser eine Stärke zwischen ca. 200 und 240 µm. Die Siloschläuche haben je nach Maschinentyp einen Durchmesser von 2,40 – 3,00 m und bis zu 75 m Länge. Je nach Futtermenge und Lagerungsort können die Schläuche entsprechend gekürzt werden. Anfang und Ende der Schläuche werden mit Spezialverschlüssen, einem Reißverschluss ähnlich, verschlossen oder einfach zugebunden und mit Sand bedeckt. Der Pressdruck der Siliermaschine muss je nach einzulagerndem Siliergut eingestellt werden und wird über beidseits an der Maschine angebrachte Bremstrommeln gesteuert. Die Leistung der bei uns eingesetzten Maschinen liegt bei ca. 60 t Pressschnitzel je Stunde. Bei Pressschnitzeln hat sich ein Schlauchdurchmessen von 2,40 m bewährt, um auch bei kleineren Mengen gute Silierbedingungen zu erreichen. Bei dieser Schlauchgröße können je lfd. Meter 3 – 3,5 t Pressschnitzel in den Schlauch gefüllt werden. Damit die Gärgase entweichen können, sind im Siloschlauch Ventile anzubringen, die aber unbedingt nach Abschluss der Gärgasbildung zu schließen sind. Die Entnahme des eingelagerten Futters ist mit allen gebräuchlichen Entnahmegeräten möglich.

Pressschnitzelsilage ist ein hervorragendes Milchviehfutter. Sie enthält hohe Anteile an Gerüstsubstanzen (Zellulose, Hemizellulose, Pektine u. a.), die hochverdaulich sind (7,4 MJ NEL/kg TM) und im Pansen langsam fermentiert werden. Pressschnitzelsilage wird in Mengen bis zu 15 kg je Kuh und Tag verfüttert.

Bei der Verarbeitung von Zuckerrüben fallen gereinigte Rübenbruchstücke (Rübenspitzen und Rübenköpfe) und Teile von Rübenblättern an, die als **„Rübenkleinteile“** von den Zuckerfabriken in den Verkehr gebracht werden. Es handelt sich um ein feuchtes Produkt mit ca. 15 % TS, das zur Haltbarmachung siliert werden muss. In einem Verdauungsversuch wurde ein Energiegehalt von 6,3 MJ NEL/kg TM ermittelt. Das Produkt enthielt in der TS 10 % Rohasche, 11 % Rohprotein und 14 % Rohfaser. Entscheidend für den Futterwert ist der Rohaschegehalt (steigt mit höheren Erdanteil), der bei über 5 % deklariert werden muss.

6.6.6 Nebenerzeugnisse der Bioethanolproduktion

Bei der Bioethanolherstellung auf Basis stärkehaltigen Getreides entsteht das Koppelprodukt Getreideschlempe. In flüssiger Form und entsprechen regional stark begrenzt wird Schlempe seit vielen Jahren als Nebenprodukt aus der Alkoholherstellung bei der Tierfütterung eingesetzt. Wird diese Schlempe getrocknet und pelletiert spricht man im internationalen Sprachgebrauch von DDGS (Distillers dried grains with solubles). Die Nährstoffgehalte in diesen Schlempen variieren je nach eingesetzten Rohwaren und Produktionssystem, sodass jeweils produktspezifische Spezifikationen notwendig sind um den Futterwert der Schlempen richtig einzuschätzen.

Die Gewinnung des Bioethanols erfolgt in erster Linie aus der Stärke. In der Schlempe reichern sich somit Protein, Fett, Faser und auch Mineralstoffe an. Bei der Pressschlempe wird durch Abpressen ein Trockenmassegehalt von über 30 % eingestellt. Das Produkt wird in der Regel mit Konservierungsmittel ausgeliefert und wie Biertreber und Pressschnitzel „einsiliert". In der Fütterung kommt es somit als Ersatz von Biertreber- und Pressschnitzelsilage in Betracht. Schlempen sind im Allgemeinen eiweißreich, wobei der Proteingehalt in Schlempen auf Weizenbasis mit ca. 38 % i. d. TS am höchsten ist. Aus Rohwarenmischungen mit Gerste, Triticale, Weizen, Mais und Zuckerrübendicksaft entstehen Schlempen mit etwa 33 % Rohprotein i. d. TS. Nach ersten Untersuchungen liegen die Verdaulichkeiten für die organische Substanz bei etwa 75 %. Daraus resultiert ein Energiegehalt von etwa 6,5 MJ NEL je kg. Durch die Trocknung und Verarbeitung steigt auch der Anteil an unabbaubaren Rohprotein. Je nach Messverfahren und Passagerate resultieren Werte zwischen 30 und 50 % UDP. Die Weizenschlempe ist vom Futterwert dem Rapsextraktionsschrot daher sehr nahe.

Die bisher vorliegenden Ergebnisse erlauben eine erste Einordnung der Futterschlempen und zeigen, dass der Einsatz in der Fütterung vorrangig beim Wiederkäuer und in Grenzen auch bei Schwein und Geflügel möglich ist. Durch die Erzeugung von Bioethanol stehen gleichzeitig wertvolle heimische eiweißreiche Futtermittel zur Verfügung. Für die Zukunft ist eine weitergehende Standardisierung der Produkte und die Nutzung der neuen Forschungsergebnisse für die Landwirtschaft von Interesse.

6.6.7 Futtermittel aus der Ölgewinnung

Von allen Nebenerzeugnissen der Ernährungsindustrie haben die bei der Gewinnung von Speiseölen anfallenden Nachprodukte die größte Bedeutung für die Fütterung. Über den Verbrauch an Ölkuchen und -schroten in Deutschland im Wirtschaftsjahr 2014/15 informiert die ▸ **Abb. 6.12**. Der größte Teil dieser Ölkuchen und insbesondere

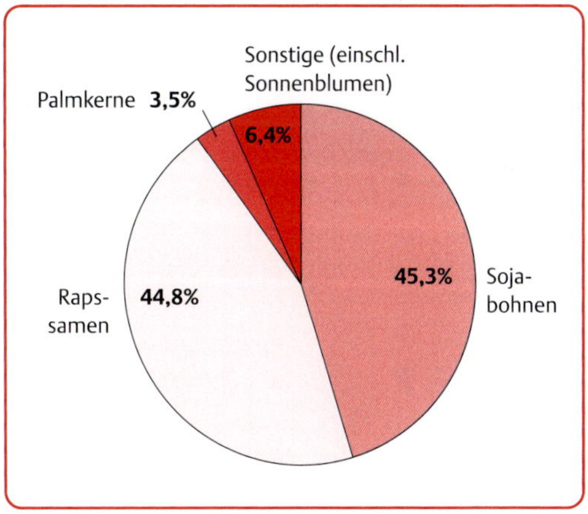

▸ **Abb. 6.12** Verbrauch an Ölkuchen und -schrote aus Ölsaaten (Abb. basiert auf Daten aus [48]).

-schrote kommen aus der Ölsaatenverarbeitung der deutschen Ölmühlen. Die Ölsaaten stammen zu 40 % aus heimischer Erzeugung (überwiegend Rapssaat, etwas Sonnenblumen) und 52 % aus Sojabohnen. Soja ist mit über 50 % an der Weltproduktion aller Ölsaaten beteiligt. Der Großteil der Ölschrote wird über die Mischfutterindustrie verarbeitet (79,5 % des Gesamtverbrauches). Ca. 20 % wird in den tierhaltenden Betrieben direkt verfüttert (hauptsächlich Sojaschrot). Der Futterwert der wichtigsten Produkte dieser Futtermittelgruppe ist in der ▸ **Tab. 6.28** aufgeführt. Nach dem Verfahren der Ölgewinnung werden zwei Gruppen von Nachprodukten unterschieden: Ölkuchen/Expeller und Extraktionsschrote. Wenn hydraulische Pressen benutzt werden, bleiben plattenförmige Ölkuchen mit relativ hohen Restfettgehalten (bis 12 %) übrig. Eine Verbesserung der Ölausbeute brachten die kontinuierlich arbeitenden Expellerpressen, die nach der Art eines Fleischwolfs die Ölsaat weiter schieben und dabei auspressen.

In den Expellern befinden sich 4 – 8 % Fett. Die beste Fett- bzw. Ölausbeute wird erzielt mithilfe des heute am weitesten verbreiteten und besonders für fettärmere Ölsaaten (z. B. Sojabohnen) unentbehrlichen Extraktionsverfahrens. Dabei wird mit **Lösungsmitteln,** vor allem mit Hexan, das Öl aus den zuvor zerkleinerten Samen bis auf einen Rest von 1 – 3 % herausgelöst (extrahiert). Nach diesem Vorgang wird das Lösungsmittel aus dem

▶ **Tab. 6.28** Futterwert von Nachprodukten aus der Ölgewinnung (88 %).

Futtermittel	1000 g Futtermittel enthalten												
	Roh-protein	Rohfett	Rohfaser	nXP	RNB	NEL	ME_W	NE_S	ME_S	ME_G	Ca	P	vP
	g	g	g	g	g	MJ	MJ	MJ	MJ	MJ	g	g	g
Extraktionsschrote:													
Sojaschrot													
• aus geschälter Saat	491	12	35	288	32,0	7,65	12,22	8,36	14,43	10,39	3,0	7,1	2,4
• aus ungeschälter Saat	465	12	57	253	31,2	7,59	12,10	8,02	13,04	9,89	3,0	6,4	2,1
Rapsschrot	348	31	127	206	23,0	6,40	10,50	6,33	9,89	8,21	6,6	10,8	3,3
Sonnenblumenschrot (aus teilgeschälter Saat)	322	22	201	174	27,0	5,42	9,22	5,29	10,79	–	4,0	10,7	–
Leinschrot	343	24	92	206	21,4	6,53	10,72	7,31	10,45	–	4,5	9,5	–
Kokosschrot	216	24	145	200	1,8	6,80	10,99	6,26	9,09	–	1,7	6,9	–
Palmkernschrot	141	19	177	165	0	6,02	9,97	4,89	7,28	4,79	2,9	7,2	2,0
Kuchen/Expeller:													
Rapskuchen[1]	313	150	117	184	20,7	7,76	12,63	8,55	13,70	–	7,0	13,1	–
Kokoskuchen (4–8 % Fett)	206	61	134	200	0,9	6,92	11,25	5,40	10,01	–	1,8	6,0	–
Palmkernkuchen (4–8 % Fett)	141	66	154	177	1,8	6,80	11,16	4,10	9,19	–	2,4	6,5	–

[1] Aus Kaltpressung.

Schrot durch Zuführen von Wasserdampf („Toasten“) wieder entfernt. Als Endprodukt entstehen die Extraktionsschrote, überwiegend sind Soja-, Raps-, Sonnenblumen- und Leinextraktionsschrote im Handel.

Bei der Kaltpressung von Raps werden kontinuierlich arbeitende Schneckenpressen eingesetzt. Aus diesem Prozess fallen die Rapskuchen an, die noch einen erheblichen Fettgehalt haben (12 – 18 %).

Ölkuchen können bei Milchkühen zu einem leichten Anstieg des Milchfettgehaltes führen. Weil das Restöl in der Pflanzenzelle gebunden ist, ist eine bessere Pansenverträglichkeit gegeben. Dennoch muss auf die Toleranzschwelle der Kühe für Fett (S. 180) gedacht werden. In der Schweinefütterung werden selten Ölkuchen eingesetzt. Vom Futterwert her ist Rapskuchen am ehesten geeignet. Hier muss der erhöhte Gehalt an ungesättigten Fettsäuren (S. 180) beachtet werden, der zu einer weichen Konsistenz des Schweinespeckes führen kann. Allerdings führen in der Regel andere, noch zu besprechende Faktoren bei Futtermitteln aus Rapssaat in der Schweinefütterung zu Begrenzungen.

Der **Energiegehalt** dieser Futtermittel hängt außer vom Fettgehalt entscheidend davon ab, ob die Rohstoffe vor der Verarbeitung enthülst bzw. geschält werden. Bei dünnschaligen Samen (Sojabohnen, Raps, Lein), die in der Regel ungeschält extrahiert werden, wird der Energiewert vom Schalenanteil beeinflusst. In der Schweine- und Geflügelfütterung hat jedoch z. B. Sojaschrot aus geschälter Saat (sog. **H**igh-**P**rotein-Schrot) eine gewisse Bedeutung erlangt. Bei Sonnenblumen wird der Energiegehalt bei nicht geschälter Saat sehr stark gedrückt, auch noch bei teilgeschälter Saat. Zur Qualitätsbeurteilung von Ölschroten ist deshalb besonders auf den Rohfasergehalt zu achten, der in der Größenordnung der in der ▸ **Tab. 6.28** aufgeführten Gehalte liegen sollte. In neueren „Screening“ - Sojaschrotuntersuchungen fallen immer wieder Partien mit zu hohen Rohfaser- und/oder zu geringen Rohproteingehalten auf. Dies kann u. U. auf Beimischung von Sojaschalen oder z. B. Maiskleberfutter bzw. anderen gelb gefärbten Produkten zurückgeführt werden.

Die Nachprodukte aus der Ölgewinnung unterscheiden sich auch hinsichtlich ihres **Proteingehaltes** z. T. erheblich. Für den Wiederkäuer ist der nXP-Gehalt von besonderer Bedeutung, der neben dem Energiegehalt von dem Anteil an unabgebautem Protein (S. 177)**, kurz UDP,** bestimmt wird.

Mit einem UDP-Anteil am Rohprotein von 25 % liegt Sonnenblumenschrot im unteren Bereich, während Kokos- und Palmkernschrot mit 50 % sehr hoch liegen. Bei dem Letztgenannten schlägt sich dies auch in einer nahezu ausgeglichenen ruminalen Stickstoffbilanz (RNB) nieder. Soja- und Rapsextraktionsschrot nehmen mit 30 % eine Zwischenstellung ein.

In der Schweine- und Geflügelernährung spielt die **Aminosäurenzusammensetzung** („Ideales Protein“) des Rohproteins eine wichtige Rolle (▸ **Tab. 6.29**). Für die beiden wichtigsten Proteinergänzer Sojaschrot aus ungeschälter Saat und Rapsschrot ist der jeweilige prozentuale Anteil der vier wichtigsten Aminosäuren am Rohprotein in der ▸ **Abb. 6.13** im Vergleich zu Getreide und den Anforderungen in der Futtermischung dargestellt. Sojaprotein zeichnet sich durch einen besonders hohen Lysingehalt, Rapsprotein durch besonders hohe Anteile an Methionin/Cystin und Threonin aus. Getreideprotein weist allerdings ebenfalls relativ hohe Methionin/Cystingehalte auf, die ebenso wie die Threonin- und Tryptophangehalte den Sollwerten entsprechen.

Im **Mineralstoffgehalt** gibt es Parallelen zum Getreide: Meist niedrige Ca-Werte, hohe P-Gehalte (ebenfalls mit größeren Anteilen Phytin-P), unbefriedigende Na-Gehalte, aber mit höheren Anteilen an Mg sowie an Spurenelementen als beim Getreide. Beim Einsatz in der Schweinefütterung verstärken Ölschrote das in der Getreidemast ohnehin bestehende Ungleichgewicht zu Ungunsten des Ca. Bei Austausch von Sojaextraktionsschrot durch Raps-/Sonnenblumenextraktionsschrot ist insbesondere bei P-reduzierten Schweinfutterrationen auf den erhöhten Gehalt an Phosphor zu achten. In der Wiederkäuerfütterung können sie Ca-reiche Komponenten entsprechend ergänzen.

Futtermittel aus der Ölgewinnung enthalten z. T. **antinutritive Inhaltsstoffe,** die bereits in den Samen enthalten sind und sich in den Nebenprodukten z. T. anreichern. Im Sojaschrot handelt es sich um Substanzen, die die Wirksamkeit des Verdauungsenzyms Trypsin (Trypsininhibitoren) hem-

▸ **Tab. 6.29** Protein- und Aminosäurengehalte sowie -verdaulichkeiten von Nachprodukten aus der Ölgewinnung (88 %).

Futtermittel	1000 g Futtermittel enthalten										
	Rohprotein	Bruttoaminosäuren					Dünndarmverdaulichkeit der Aminosäuren (pcv) Schwein				
		Lysin	Meth. + Cyst.	Threonin	Tryptophan	Valin	Lysin	Meth. + Cyst.	Threonin	Tryptophan	Valin
	g	g	g	g	g	g	%	%	%	%	%
Extraktionsschrote:											
Sojaschrot											
• aus geschälter Saat	491	30,5	14,3	19,2	6,7	25,1	87	85	80	86	90
• aus ungeschälter Saat	465	28,1	12,8	18,0	6,2	22,0	90	88	88	89	90
Rapsschrot	348	17,8	15,0	14,7	4,8	17,4	73	77	71	77	73
Sonnenblumenschrot (aus teilgeschälter Saat)	322	11,2	12,3	11,6	4,3	15,7	78	84	80	85	81
Leinschrot	343	12,8	12,7	14,7	5,6	–	–	–	–	–	–
Kokosschrot	216	5,2	5,6	6,2	1,7	10,2	56	73	69	73	7,8
Palmkernschrot	141	3,7	4,1	4,1	1,1	6,8	57	68	69	74	74
Kuchen/Expeller:											
Rapskuchen[1]	313	17,4	13,6	13,8	4,3	16,1	76	81	75	84	76
Kokoskuchen (4 – 8 % Fett)	206	5,2	6,2	7,1	1,7	–	–	–	–	–	–
Palmkernkuchen (4 – 8 % Fett)	141	3,8	4,2	4,1	1,1	6,8	57	68	69	74	74

[1] Aus Kaltpressung.

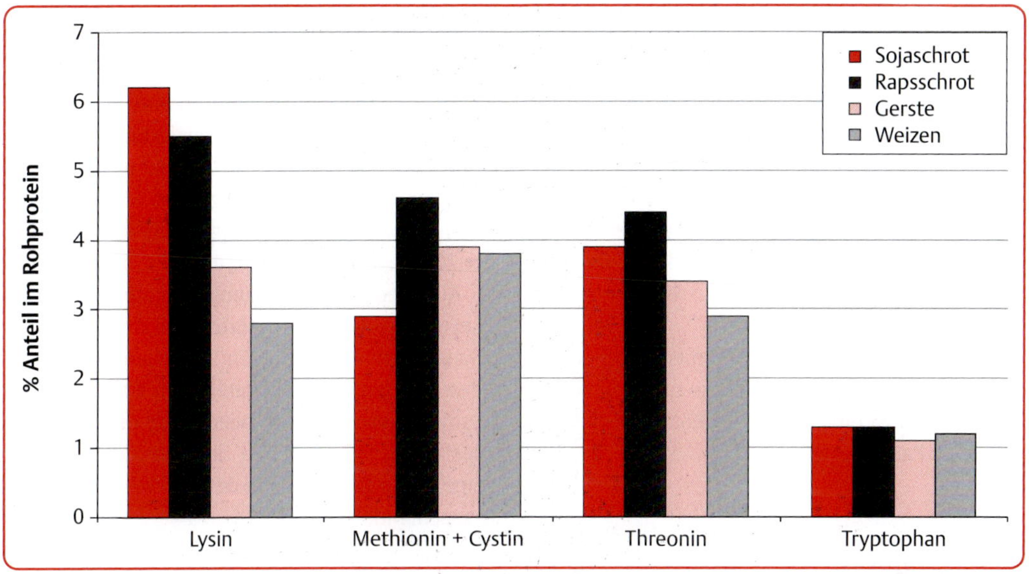

▶ **Abb. 6.13** Aminosäuremuster von Soja- und Rapsextraktionsschrot im Vergleich zu Gerste und Weizen.

men. Um diese auszuschalten, muss das Sojaschrot dampferhitzt (getoastet) werden. Durch das Toasten wird außerdem das Enzym Urease, das Harnstoff rasch in Ammoniak umwandelt, inaktiviert und der Geschmack durch Abbau von Bitterstoffen verbessert. Der Gesetzgeber schreibt diese Erhitzung vor und überprüft dies u. a. an der noch vorhandenen Ureaseaktivität, die einen Wert von 0,4 mg/g Trockenmasse nicht überschreiten darf. Im Raps sind insbesondere Glucosinolate enthalten, die den Futterverzehr und die Schilddrüsenfunktion negativ beeinflussen. Die Pflanzenzüchtung hat sich mit Erfolg bemüht, nach der Erucasäure auch die Glucosinolate im Raps zu minimieren (00-Sorten).

Aus Sicht der Tierernährung sollte der Glucosinolatgehalt im Rapsextraktionsschrot 10 µmol/g nicht wesentlich überschreiten. Eine Begrenzung in der Futterration soll den Anteil antinutritiver Substanzen minimieren. Der maximale Rapsextraktionsschrotanteil in Mischungen für Mastschweine hängt vom Glucosinolatgehalt ab, der 1,5 – 2,0 µmol/g Alleinfutter nicht überschreiten soll. Danach wäre ein Mischanteil bis zu 15 % Rapsextraktionsschrot möglich, wenn der Glucosinolatgehalt im Rapsextraktionsschrot 10 µmol/g beträgt. Bei Ferkeln ist ein Einsatz von 5–10 %, bei Sauen von 5 – 15 % möglich. Auch bei Legehennen ist der Einsatz von Rapsextraktionsschrot möglich, seitdem auch „Braunleger“ frei von genetischen Defekten sind, um das ebenfalls im Raps enthaltene Sinapin im Stoffwechsel vollständig abzubauen. Somit besteht nicht mehr die Gefahr, dass Eier einen fischigen Geruch und Geschmack („Stinkeier“) aufweisen können. Bei ausgewachsenen Wiederkäuern ergibt sich aufgrund der heute aktuellen Glucosinolatgehalte keine Begrenzung der Rapsextraktionsschrotmenge in der Tagesration. Die Einsatzmengen werden deshalb ausschließlich nach ernährungsphysiologischen Kriterien, wie insbesondere der erforderlichen Eiweißergänzung sowie dem Energiegehalt, bestimmt.

Bei den in Leinsaat enthaltenen cyanogenen Glykosiden soll es sich nicht um Linamarin, sondern um Linostatin und Neolinostatin handeln. Daraus würden nur unbedeutende Mengen an Blausäure freigesetzt, die der Organismus rasch entgiftet. Leinsaatprodukte werden gern in der Kälberaufzucht eingesetzt. Die in ihnen enthaltenen Schleimstoffe sollen empfindliche Schleimhäute schützen und beim Ausheilen von Entzündungen im Verdauungskanal helfen (diätetische Wirkung im Verdauungstrakt).

Als antinutritive Stoffe **(Schadstoffe)**, die erst während der Lagerung auftreten, sind insbesondere die Mykotoxine zu nennen, und zwar in erster Linie das **Aflatoxin**. Die Fusarien, die dieses krebserregende Toxin bilden, kommen unter tropischen und subtropischen Klimaten vor. Besonders anfällig sind Erdnuss- und Baumwollprodukte. Da Aflatoxin futtermittelrechtlich sehr streng reglementiert ist (Milchleistungsfutte < 0,005 mg/kg), werden solche Produkte in Deutschland kaum eingesetzt. Aber auch bei Kokos- und Palmkernprodukten muss eine sorgfältige Kontrolle der eingeführten Partien erfolgen.

6.7 Futtermittel tierischer Herkunft

Futtermittel tierischer Herkunft weisen in der Regel hohe Proteingehalte mit einem für die Tiere nahezu bedarfsgerechten (idealen) Aminosäuremuster auf. Auch die Mineralstoffe liegen in günstigem Verhältnis und guter Verwertbarkeit – wenn auch je nach Produkt in unterschiedlicher Menge – vor.

Als unmittelbare Folge des Verfütterungsverbotsgesetzes (nach der BSE-Krise 2000) entfällt eine Reihe von Futtermitteln tierischer Herkunft, die z. B. in früheren Auflagen dieses Buches in diesem Abschnitt behandelt wurden. Es sind hauptsächlich Futtermittel der Schlachtnebenprodukte wie Fleischfuttermehle, Fleischknochenmehl, Blutmehl, Geflügelschlachtabfälle, Federmehl hydrolysiert, Tiermehl und Tierfett.

Verboten war lediglich bereits seit 1994 die Verfütterung von Tiermehl an Wiederkäuer, was allerdings auch vor diesem Zeitpunkt nicht üblich war.

Das strikte Fütterungsverbot erfolgte u. a. auch deshalb, weil bei der Mischfutterherstellung eine Übertragung (Verschleppung) von Spuren tierischer Proteine auf Wiederkäuerfutter nie vollständig ausgeschlossen werden konnte, wenn die Futtermittel für Wiederkäuer (Rinder, Schafe, Ziegen) in gleichen Produktionsanlagen, Förder- und Transportwegen hergestellt/transportiert wurden wie die für Schweine und Geflügel. Das Verfütterungsverbot für Fischmehl wurde damit begründet, dass eine Verschleppung von z. B. Tiermehl in Fischmehl auf den unterschiedlichen Umschlags- und Transportwegen nicht vollständig ausgeschlossen werden konnte und eine zuverlässige Analysemethode zur Differenzierung zwischen Fischmehl und anderen tierischen Bestandteilen nicht zur Verfügung stand.

Für Fischmehl wurden zum Stichtag 1. September 2003 neue Vorschriften erlassen, die bestimmte Auflagen zur Erzeugung, Verarbeitung, den Transport sowie die Nutzung in den landwirtschaftlichen Tierhaltungen vorsehen. Des Weiteren wurden in den letzten Jahren auch Blutmehle sowie tierische Fette wieder für die Fütterung zugelassen. Jedoch haben diese Produkte derzeit keine große Bedeutung in der Nutztierfütterung in Deutschland.

Nebenprodukte aus der Verarbeitung von Milch Milchprodukte hängen in ihrer Wertschätzung als Futtermittel erheblich von den Marktpreisen ab. Mit steigenden Vollmilchpreisen erlebten die Methoden der vollmilchsparenden Kälberaufzucht einen großen Aufschwung. Aber auch bei sehr guten Milchpreisen ist die verfütterte **Vollmilch** (einschließlich der Biestmilch) in der ersten Lebenswoche unentbehrlich für das Kalb.

Die Molkereien gewinnen aus einem mehr oder weniger großen Teil der Anlieferungsmilch durch Zentrifugieren den Rahm, der später zu Butter und Fettkäse verarbeitet wird. Beim Zentrifugieren werden der Milch das Fett und die fettlöslichen Vitamine entzogen. Die zurückbleibende **Magermilch** enthält also noch das biologisch vollwertige Eiweiß, den Milchzucker, die Mineralstoffe sowie die wasserlöslichen Vitamine. Sie wird heute meistens getrocknet und teilweise der menschlichen Ernährung zugeleitet oder an die Hersteller von Milchaustauschern verkauft ► **Abb. 6.14**. Seit der Milchkontingentierung wird auch Magermilch überwiegend für die Herstellung von Lebensmitteln verwendet. Somit steht immer weniger Magermilch bzw. Magermilchpulver für Fütterungszwecke zur Verfügung. Bei der Verarbeitung des Rahms zu Butter fällt die Buttermilch an, die im Futterwert ebenso wie die Magermilch zu beurteilen ist.

Für die Käsebereitung wird das Kasein, der mengenmäßig bedeutendste Anteil des Milcheiweißes,

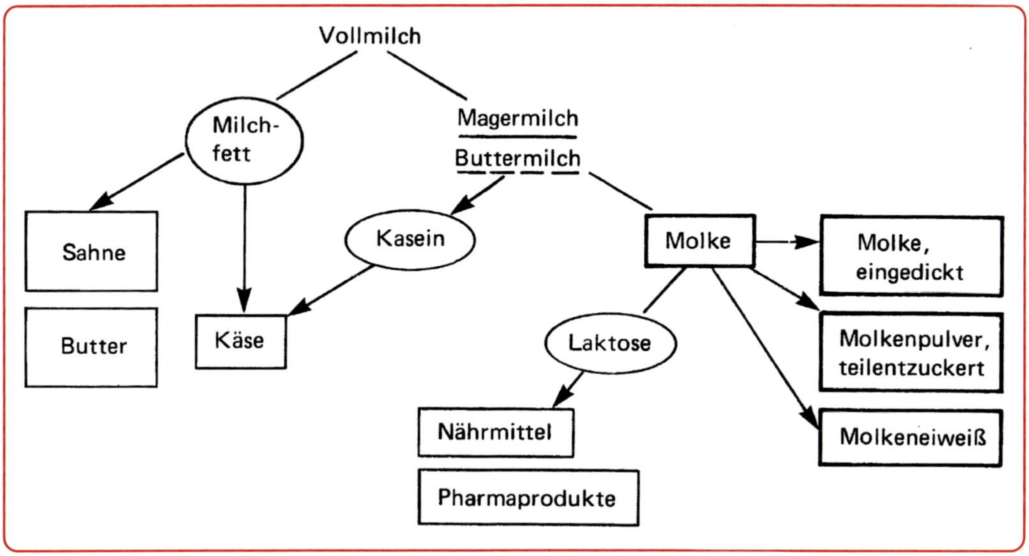

▶ **Abb. 6.14** Wichtige Lebens- und Futtermittel aus Milch.

gebraucht. Außerdem enthält Käse einen mehr oder weniger großen Anteil des Milchfettes. Die beiden übrigen Eiweißbestandteile der Milch, Albumin und Globulin, ferner der Milchzucker (Laktose) und der größte Teil der Mineralstoffe und wasserlöslichen Vitamine verbleiben in der **Molke**. Diese stellt also ein interessantes Futtermittel für die Schweinemast dar, wenn die Transportwege nicht zu weit sind, und wird besonders von Mästern mit Flüssigfütterungssystemen eingesetzt. Da die Molkereien die Molke nicht in das öffentliche Entsorgungssystem einleiten dürfen, geben sie dieses Restprodukt preislich attraktiv in die Futtermittelschiene ab. Versuche, die Molke (z. B. als Erfrischungsgetränk) direkt der menschlichen Ernährung zuzuführen, brachten bisher wenig Erfolg. In manchen Molkereien wird der Molke ein Teil des Wassers entzogen (**„Molke, eingedickt“**), was den Transport erleichtert. Wird aus der Molke Milchzucker gewonnen (für Kindernährmittel, Nährsubstrate zur Antibiotika-Produktion usw.), bleibt **teilentzuckertes Molkepulver** übrig (Normtyp mind. 18 % Rohprotein und 30 % Laktose). Wird der Milchzucker fast vollständig entnommen und das Wasser bis auf 12 % verdampft, erhält man **getrocknetes Molkeneiweiß** (Normtyp mind. 70 % Rohprotein). Diese Produkte sind relativ teuer und werden vorwiegend in Milchaustauschern (Kälber, Ferkel) verwendet.

Je nachdem, welche Art Käse bereitet wird, fällt süße oder saure Molke an. Die süße Molke entsteht bei der Labkäsebereitung (Emmentaler und andere Hartkäse, Tilsiter und andere Schnittkäse, Camembert und andere Weichkäse). Bei dieser Käsereimethode bringt man mithilfe von Lab die Milch zum Gerinnen. Bei der Sauermilchkäserei lässt man die Milch durch die in ihr enthaltenen Milchsäurebakterien sauer werden und produziert Quark bzw. aus diesem Harzer und ähnliche Käsearten.

Fischmehl Futtermittelrechtlich wird Fischmehl definiert als durch Verarbeitung gewonnenes tierisches Eiweiß von Meerestieren, ausgenommen Meeressäugetiere. Fischmehl kann relativ große Qualitätsunterschiede aufweisen. Dies hat u. a. folgende Gründe:

- Verarbeitung ganzer Fische oder von Abfällen der Fischkonservenindustrie
- Unterschiede in der Zusammensetzung der Fänge (fette oder magere, grätenarme oder grätenreiche Fische; in Küstennähe auch Beifang aus Muscheln, Seesternen, Krebsen usw.)
- Verarbeitung auf Fabrikschiffen oder an Land

- Zugabe von Natriumchlorid (Verderb verhindern)
- Unterschiede im Verarbeitungsverfahren (Lufttrocknung, Dampftrocknung, Heißlufttrocknung)
- besondere Gewinnung des Fischöls oder Belassen desselben in den Tieren

Fischmehle zeichnen sich durch eine sehr gute Eiweißqualität (dünndarmverdauliches Lysin sowie Methionin + Cystein) und generell hoher Eiweißverdaulichkeit aus. In der ▶ **Tab. 6.30** sind die Futterwerte zweier gängiger Fischmehlqualitäten aufgeführt. Inzwischen werden auch Fischmehle mit noch höheren Proteingehalten angeboten. Der Gesetzgeber schreibt in diesem Zusammenhang vor, dass solche Qualitäten als „proteinreich" bezeichnet werden können, wenn das Fischmehl mehr als 75 % Rohprotein in der TM enthält.

An die Verwendung von Fischmehl und Futtermitteln, die Fischmehl enthalten, an Nichtwiederkäuer sind vom Gesetzgeber erhebliche Bedingungen geknüpft. So darf Fischmehl nur im Zuge zugelassener Verarbeitungsbetriebe hergestellt werden. Futtermittel, die Fischmehl enthalten, dürfen nur in Betrieben hergestellt werden, die keine Futtermittel für Wiederkäuer erzeugen. Die Betriebe müssen von der zuständigen Behörde zugelassen sein. Die in den Handel gebrachten Futtermittel, die Fischmehl enthalten, müssen deutlich sichtbare folgende Kennzeichnung haben: „Enthält Fischmehl – Darf nicht an Wiederkäuer verfüttert werden". Selbstmischende Landwirte, die Futtermischungen aus Futtermitteln, die Fischmehl enthalten, herstellen, sind von der Zulassungspflicht ausgenommen, wenn sie bei der zuständigen Behörde registriert sind, ausschließlich Nichtwiederkäuer halten, die Futtermischungen nur im eigenen Betrieb einsetzen und für die Mischungsherstellung nur Futtermittel mit weniger als 50 % Rohprotein verwenden.

6.8 Mischfuttermittel

Es gibt kein Futtermittel, das bei alleiniger Verfütterung allen Ansprüchen unserer Hochleistungstiere entspricht. Deshalb werden mehrere Futtermittel in der täglichen Fütterung so kombiniert, dass sie sich gegenseitig ergänzen und vereint dem Ziel einer preiswürdigen und leistungsgerechten Gesamtration möglichst nahe kommen. Hierbei spielen Zukauffuttermittel eine immer größere Rolle. Rund 7,31 Milliarden Euro gibt die deutsche Landwirtschaft im Kalenderjahr 2015 für diesen größten Ausgabeposten unter den Betriebsaufwendungen aus. Im Getreidewirtschaftsjahr 2015/16 wurden in Deutschland 23,4 Millionen Tonnen Mischfutter hergestellt (davon 0,6 Millionen Tonnen Mineralfutter). Der Verbrauch an Milchleistungsfutter je Kuh ist regional sehr unterschiedlich. Insbesondere im süddeutschen Raum werden in erheblichem Umfang auch Einzelfuttermittel für Milchvieh eingesetzt. Auch der Verbrauch an Schweinemischfutter ist regional unterschiedlich hoch. Eine wesentliche Ursache liegt in der örtlich unterschiedlichen Versorgungslage bei Getreide. Bei Geflügel sind die regionalen Unterschiede am geringsten. Auch ist bei dieser Tierart der Mischfutteranteil im Verhältnis zum Gesamtfutterbedarf am größten (> 90 %).

▶ **Tab. 6.30** Futterwert von Fischmehl für Schweine.

Futtermittel	1000 g Futtermittel enthalten									
	TM	Rohprotein	Rohfett	Lysin	Meth. + Cyst.	Threonin	Tryptophan	ME_S	Ca	P
	g	g	g	g	g	g	g	MJ	g	g
Fischmehl Typ 64	900	640	55	49,0	24,2	27,9	7,1	14,11	55,0	30,0
Fischmehl Typ 60	900	600	70	44,0	20,8	24,4	6,6	13,49	47,0	26,6

Fazit

Gründe, die für den Einsatz von Mischfuttermittel im landwirtschaftlichen Betrieb sprechen, sind u. a.:

- eine den Wettbewerb fördernde Betriebsstruktur der Mischfutterindustrie
- der vom Wettbewerb auf die Mischfutterindustrie ausgeübte Zwang, sich ständig neue wissenschaftliche Erkenntnisse auf dem Gebiet der Tierernährung anzueignen und in der Form innovativ, verbesserter Produkte an die landwirtschaftliche Praxis weiterzugeben
- die von verschiedenen Institutionen ausgeübte Qualitätskontrolle
- die Spezialkenntnisse und Erfahrungen vieler Mischfutterhersteller beim Rohstoffeinkauf (Herkünfte und Qualitäten, Markt- und Erntebedingungen, Labors, Terminhandel) und beim Fütterungseinsatz (über angeschlossene Versuchsställe oder -betriebe)
- durch die Größe der Mischanlagen und durch die Automation mehr Möglichkeiten, bedarfs- und kostenoptimierte Mischungen aus geeigneten Komponenten herzustellen
- das dem wissenschaftlichen Fortschritt entsprechende, aber auch gehäufte Käuferwünsche berücksichtigende breite Sortiment von Mischfutter für alle Tierarten sowie für die verschiedenen Produktionsverfahren und Altersgruppen bei diesen Tierarten
- bessere Mischgenauigkeit der großen Anlagen gegenüber den hofeigenen und dadurch weniger Dosierungsfehler
- Förderung durch den Gesetzgeber, z. B. dass Zusatzstoffe, Vormischungen und Halbfabrikate nur an „anerkannte Hersteller von Mischfuttermitteln" abgegeben werden dürfen
- das Angebot von Ergänzungsfuttermitteln (Eiweißkonzentrate, Mineralfutter u. a.), die mit Eiweiß, Aminosäuren, Mineralstoffen, Spurenelementen, Vitaminen und Wirkstoffen angereichert sind, um dem Landwirt die Zumischung des eigenen Getreides zu vereinfachen.
- die Futtermittelproduktion mittels Bearbeitung und Behandlung der Futtermittel (z. B. Reinigung, Schroten, Quetschen, Walzen, Pelletieren, Dampfsterilisieren, Expandieren, Extrudieren)

Im Wirtschaftsjahr 2015/16 wurden nach amtlicher Statistik 43,2 Millionen Tonnen Getreide verbraucht, davon gingen 51,8 % (25,3 Millionen Tonnen) in die Fütterung. Vom Futtergetreide insgesamt wurden 11,3 Millionen Tonnen Getreide (44,7 %) über Mischfutter veredelt. Etwa ebenfalls 14,7 Millionen Tonnen Getreide nahmen in den landwirtschaftlichen Betrieben, insbesondere in der Schweinehaltung, den Weg der Direktverfütterung.

Der Einsatz von Getreide als Einzelkomponente im landwirtschaftlichen Betrieb wird auch durch die technischen Möglichkeiten gefördert (Zuteilmöglichkeiten von zwei oder mehr Komponenten bei Transponderanlagen, Einsatz von Futtermischwagen, TMR). Der Getreideanteil im Mischfutter ist in den letzten zehn Jahren von 25 auf 45 % angestiegen.

Einzelfuttermittel Nach dem Gesetz zur Neuordnung des Lebensmittel- und Futtermittelgesetztes sind „Einzelfuttermittel Stoffe, die mit oder ohne Futterzusatzstoffen, dazu bestimmt sind, in unverändertem, zubereitetem, bearbeitetem oder verarbeitetem Zustand an Tiere verfüttert zu werden; ausgenommen sind Stoffe, die überwiegend dazu bestimmt sind, zu anderen Zwecken als zur Tierernährung verwendet zu werden". Die Futtermittelverordnung unterscheidet futtermittelrechtlich zulassungsbedürftige und nicht zulassungsbedürftige Einzelfuttermittel. Die große Zahl der als Einzelfuttermittel verwendeten Stoffe und Erzeugnisse ist aus dem europäischen Katalog der Einzelfuttermittel (Verordnung EU 68/2013) und im ergänzenden Register der Einzelfuttermittel (feed materials register) aufgeführt. In der deutschen Positivliste der Einzelfuttermittel (Zentralausschuss der deutschen Landwirtschaft (ZDL)), sind derzeit ca. 350 Einzelfuttermittel dokumentiert.

Die nicht zulassungsbedürftigen Einzelfuttermittel sind nach folgenden Merkmalen aufgeführt und bezeichnet:

- Herkunft des Erzeugnisses/Nebenerzeugnisses, z. B. pflanzlich, tierisch, mineralisch
- verwendeter Teil des Erzeugnisses/Nebenerzeugnisses, z. B. ganzes Erzeugnis, Samen, Knollen, Knochen

- Verfahren, dem das Erzeugnis/Nebenerzeugnis unterzogen wurde, z. B. Enthülsen, Extraktion, Erhitzung, und/oder das entstehende Erzeugnis/Nebenerzeugnis, z. B. Flocken, Kleie, Trester, Fett
- Reifegrad des Erzeugnisses/Nebenerzeugnisses und/oder die Qualität des Erzeugnisses/Nebenerzeugnisses, z. B. „glucosinolatarm“, „fettreich“, „zuckerarm“

Übersicht über die Gruppe von Einzelfuttermitteln gemäß Verordnung EG Nr. 767/2009. Die Liste ist in 18 Kapitel untergliedert:

1. Grünfutter und Raufutter
2. Getreidekörner
3. Erzeugnisse und Nebenerzeugnisse aus Getreidekörnern
4. Ölsaaten, Ölfrüchte
5. Erzeugnisse und Nebenerzeugnisse von Ölsaaten, Ölfrüchten
6. Körnerleguminosen
7. Erzeugnisse und Nebenerzeugnisse aus Körnerleguminosen
8. Knollen, Wurzeln
9. Erzeugnisse und Nebenerzeugnisse aus Knollen und Wurzeln
10. Erzeugnisse und Nebenerzeugnisse aus der zuckerrübenverarbeitenden Industrie
11. Erzeugnisse und Nebenerzeugnisse aus der zuckerrohrverarbeitenden Industrie
12. Anderen Saaten und Früchte, deren Erzeugnisse und Nebenerzeugnisse, mit Ausnahme der unter den Nummern 2 bis 7 aufgeführten Erzeugnisse
13. Andere Pflanzen, deren Erzeugnisse und Nebenerzeugnisse, mit Ausnahme der unter den Nummern 8 bis 11 aufgeführten Erzeugnisse
14. Milcherzeugnisse und -nebenerzeugnisse
15. Erzeugnisse der Nebenerzeugnisse von Landtieren
16. Fische, andere Meerestiere, deren Erzeugnisse und Nebenerzeugnisse
17. Mineralstoffe
18. Verschiedenes

In den einzelnen Kapiteln sind die Futtermittel nach folgenden Kriterien aufgeführt:

Kennnummer, Bezeichnung, Beschreibung (einschließlich Angaben zum Herstellungsverfahren) und vorgeschriebene Angaben zur Kennzeichnung von Inhaltsstoffen. Des Weiteren sind zulässige Gehalte an Rückständen von Verarbeitungshilfsstoffen, sofern der zulässige Gehalt von der Grundregel in Verordnung (EG) Nr. 767/2009 abweicht, anzugeben. Qualitätsanforderungen mit Mindest- oder Höchstgehalten bei einzelnen Inhaltsstoffen – wie früher beim Normtyp – sind nicht mehr vorgesehen.

Im Zuge der BSE-Krise geriet der Futtermittelbereich stark in die Kritik. Diese betraf insbesondere die nicht zulassungsbedürftigen Einzelfuttermittel. Hierzu ist anzumerken, dass das deutsche Futtermittelrecht bis zum Jahr 1997 eine generelle Zulassungspflicht für alle Einzelfuttermittel beinhaltete. Im Rahmen der Harmonisierung des Futtermittelrechts auf EU-Ebene wurde dies abgeschafft. Diese Situation wurde nun als Mangel angesehen, und es gab Bestrebungen, alle Einzelfuttermittel, die in der Fütterung eingesetzt werden dürfen, zu listen. Als Initiative der betroffenen Wirtschaft wurde dies durch die Normenkommission für Einzelfuttermittel beim Zentralverband der Deutschen Landwirtschaft in Angriff genommen. Die erste Ausgabe einer **Positivliste für Einzelfuttermittel** erschien 2002. Im Jahre 2017 erfolgt die 12. Auflage dieser Futtermittelliste. Diese hat zwar keinen rechtlichen Charakter. Sie wird jedoch von der betroffenen Mischfutterindustrie als verbindlich anerkannt und auch die wichtigsten Qualitätssicherungsprogramme in der Tierproduktion haben hinsichtlich der erlaubten Futtermittel die Positivliste zur Grundlage.

Als Leitlinie für die Aufnahme eines Futtermittels in die Liste dienen insbesondere folgende Kriterien:

- ein erkennbarerer Futterwert muss nachgewiesen sein, das heißt oral in wirksamer Menge aufgenommen werden und
  - einen relevanten Beitrag zur Energie- und/oder Nährstoffversorgung leisten, oder
  - zur Appetitanregung, zum Speichelfluss, zur Sättigung und Aufrechterhaltung bzw. Unterstützung der Funktion des Verdauungstraktes und/oder dessen Eubiose beitragen,
  - unbedenklich für die Gesundheit von Tier und Mensch sein,
  - die Qualität tierischer Erzeugnisse nicht negativ beeinflussen,

  - durch die in ihm enthaltenen unerwünschten Stoffe den Naturhaushalt nicht gefährden,
- eine erkennbare Bedeutung am Markt haben,
- die rechtlich zulässige Verwendung als Einzelfuttermittel besitzen.

Die Gliederung entspricht den in der Futtermittelverordnung festgelegten Kapiteln, die bereits genannt wurden. Zusätzlich wurde noch als Kapitel die Gruppe Lebensmittel, deren Erzeugnisse und Nebenerzeugnisse sowie Eierzeugnisse aufgenommen.

Die Aufnahme eines Futtermittels in die Positivliste ist an bestimmte Bedingungen geknüpft, die von den Herstellern bzw. Vertreibern erfüllt werden müssen. Einmal ist eine eindeutige Bezeichnung der Herkunft und Beschreibung der Eigenschaften des Futtermittels vorzulegen. Hierfür müssen Verfahrenswege eindeutig beschrieben werden, wobei auch alle verwendeten Hilfsstoffe wie auch die Verarbeitungswege und mögliche Risiken offen gelegt werden müssen. Wenn Futtermittel gleicher oder ähnlicher Herkunft mit unterschiedlichen Bezeichnungen gehandelt werden, müssen klare, analytisch nachvollziehbare Differenzierungsmerkmale festgelegt sein. In welcher Form diese in der Positivliste aufgeführt sind, wird in der ▸ **Tab. 6.31** am Beispiel der Nebenerzeugnisse der Weizenverarbeitung Weizennachmehl, Weizenfuttermehl, Weizengrießkleie und Weizenkleie gezeigt. Unterscheidungsmerkmal ist hier eindeutig der Stärkegehalt, der in der genannten Reihenfolge der Produkte abnimmt. Die sich daraus ableitenden Anforderungen gelten als absolut einzuhaltende Kriterien, die für die Zulässigkeit des jeweiligen Futtermittels verbindlich sind. Die zur Kennzeichnung des Futterwertes erforderlichen anzugebenden Inhaltsstoffe sind futtermittelspezifisch aufgeführt. Zur Risikoabschätzung sind gegebenenfalls Angaben zum Herstellungsprozess erforderlich. In der aktuellen Positivliste ist dies in den letzten beiden Spalten aufgeführt. Hiernach sind drei Gruppen von Futtermitteln zu unterscheiden: „Zusätzliche Angaben zum Herstellungsprozess derzeit nicht erforderlich", „Zusatzinformationen erforderlich" und „Datenblatt erforderlich". Das Datenblatt soll die Produktbezeichnung, Informationen zum Herstellungsprozess, Angaben zur Verwendung von Hilfs- und Zuschlagsstoffen, Informationen zur Zusammensetzung, Angaben zur Haltbarkeit und Lagerung, Sicherheitshinweise sowie Hinweise auf kritische Inhaltsstoffe enthalten. Diese Angaben müssen Bestandteil einer regelmäßigen Qualitätsüberwachung sein und sind somit für den Futtermittelverwender Garant für die Sicherheit dieses Futtermittels. Damit wird deutlich, dass die Hersteller und Vertreiber von Einzelfuttermitteln eine hohe Verantwortung auch für die Sicherheit von Mischfutter haben.

▸ **Tab. 6.31** Beispiel aus der Positivliste für Einzelfuttermittel.

Nummer	Benennung	Beschreibung	Differenzierungsmerkmale (in v. H.)	Anforderungen (in v. H.)	Angaben zur Kennzeichnung (anzugebende Inhaltsstoffe)
1.09.03	Weizennachmehl	Nebenerzeugnis, das bei der Herstellung von Mehl aus gereinigtem Weizen anfällt und im Wesentlichen aus Teilen des Mehlkörpers, Schalenteilen und wenigen sonstigen Kornbestandteilen besteht	Stärke mind. 44		• Stärke • Rohfaser

▶ **Tab. 6.31** Fortsetzung

Nummer	Benennung	Beschreibung	Differenzierungsmerkmale (in v. H.)	Anforderungen (in v. H.)	Angaben zur Kennzeichnung (anzugebende Inhaltsstoffe)
1.09.04	Weizenfuttermehl	Nebenerzeugnis, das bei der Herstellung von Mehl aus gereinigtem Weizen anfällt und das überwiegend aus Teilen des Mehlkörpers und im Übrigen aus Schalenanteilen und wenigen sonstigen Kornbestandteilen besteht	Stärke mind. 34		• Stärke • Rohfaser
1.09.05	Weizengrießkleie	Nebenerzeugnis, das bei der Herstellung von Mehl oder Flocken aus gereinigtem Weizen anfällt und das überwiegend aus Teilen der Schale und im Übrigen aus Kornbestandteilen, die vom Mehlkörper nicht so weitgehend befreit sind wie bei der Weizenkleie, besteht	Stärke mind. 17		• Rohprotein • Rohfaser
1.09.06	Weizenkleie	Nebenerzeugnis, das bei der Herstellung von Mehl aus gereinigtem Weizen anfällt und das überwiegend aus Teilen der Schale und im Übrigen aus sonstigen Kornbestandteilen besteht, die vom Mehlkörper weitgehend befreit sind			• Rohprotein • Rohfaser

Fazit

Gilt die Positivliste nur für Handelsfuttermittel? Beim genauen Studium der Einzelfuttermittelgruppen wird klar, dass auch die sogenannten wirtschaftseigenen Futtermittel Bestandteil der Positivliste sind. Einmal sind dies Getreidekörner und Samen von Leguminosen oder anderen Früchten (z. B. Raps), zum anderen jedoch auch Grobfuttermittel, Grünfutter sowie Wurzeln und Knollen. Hierfür gelten im Prinzip dieselben Qualitäts- und Sicherheitsanforderungen wie für Handelsfuttermittel. Problembereiche sind hier in erster Linie im Bereich der Konservierung zu sehen. Nicht ordnungsgemäß konservierte Futtermittel können z. B. mit Pilztoxinen kontaminiert und somit für die Verfütterung ungeeignet sein. Dies trifft nicht nur für Körner und Samen, sondern auch für Silagen und Heu zu.

Mischfuttermittel Für Mischfuttermittel gibt die Futtermittelverordnung eine detaillierte Typenliste vor. Die Mischfuttermittel werden nach verschiedenen Kriterien eingeteilt bzw. bezeichnet:

- Tierart bzw. Tierkategorie (z. B. Aufzuchtkalb, Mastkalb, Milchkuh, Mastrinder)
- Verwendungszweck – Alleinfuttermittel, Milchaustauscher-Futtermittel (als Alleinfuttermittel), Ergänzungsfuttermittel einschließlich Mineralfuttermittel und Melassefuttermittel, Diätfuttermittel
- Alterskategorie und Leistungsklassen – Starter, Zucht, Mast (mit Gewichtsklassen), Milchvieh, Lege- bzw. Zuchtgeflügel

Alleinfuttermittel, vorzugsweise für Schweine und Geflügel angeboten, sollen sämtliche Nahrungsbedürfnisse (Versorgungsempfehlungen) der betreffenden Altersgruppe bzw. der Tiere eines bestimmten Produktionsverfahrens abdecken.

Ergänzungsfuttermittel sind hauptsächlich für Wiederkäuer und Pferde bestimmt, haben aber auch in der Schweinefütterung einen wichtigen Platz (Eiweißergänzer). Sie sollen Defizite des hofeigenen Grobfutters und/oder Getreides bei wichtigen Nähr- und Inhaltsstoffen ausgleichen.

Mineralfuttermittel dienen der Mineralstoff-, Spurenelement-, Vitamin- und evtl. der Aminosäureergänzung von Futterrationen. Es können auch andere Zusatzstoffe zugesetzt werden, wie z. B. Probiotika, Säuren und Enzyme, differenziert nach Tierart und Produktionsrichtung (z. B. Ferkelaufzucht, Schweinemast, Bullenmast).

In der Mischfutterliste sind bei den einzelnen Typen auch die Anforderungen an den Normtyp in Form von Mindest- und Höchstgehalten aufgeführt. Hierfür ist in der ▶ **Tab. 6.32** als Beispiel das Ergänzungsfutter I für Mastschweine aufgeführt. Die in Spalte 3 als Mindestgehalte aufgeführten Inhalts- und Zusatzstoffe müssen verbindlich eingehalten werden, wenn ein Hersteller ein Mischfutter als Normtyp kennzeichnet. Tut er dies nicht, muss er die in der Verordnung jeweils vorgeschriebenen Inhaltsstoffe deklarieren (Spalte 4). Normtypfutter haben sich allerdings in der Praxis nicht durchgesetzt. Ein wesentlicher Grund hierfür dürfte weniger in den Inhaltsstoff-Anforderungen als vielmehr in der Latitüden-Regelung der Futtermittelverordnung liegen.

Zusatzinfo

Hierzu ein Beispiel: Ein Ergänzungsfutter I für Mastschweine mit 24 % deklariertem Rohproteingehalt wird futtermittelrechtlich nicht beanstandet, wenn der analysierte Rohproteingehalt in einer Spanne von 22 – 28 % liegt. Die zulässige Abweichung (Gesamttoleranz) vom deklarierten Wert darf nämlich bei Rohproteingehalten über 20 % zur unterschreitenden Seite hin 2 % absolut und zur überschreitenden Seite hin 4 % betragen. Wird dieses Futter jedoch als Normtyp in den Verkehr gebracht, so würde der deklarierte Rohproteingehalt von 24 % gerade dem geforderten Mindestgehalt entsprechen. In diesem Fall kann bei einer Abweichung vom Deklarationswert lediglich der Analysenspielraum berücksichtigt werden. Dieser beträgt in diesem Rohproteinbereich ±2,5 % relativ.

Da die Normtypen von den Mischfutterherstellern nicht genutzt werden, hat die Normenkommission für Mischfutter auch die einzelnen Qualitätskriterien nicht mehr aktualisiert. Die Konsequenz daraus ist, dass die Normtypen wohl noch eine ordnungspolitische Funktion haben, die in der Futtermittelverordnung bei den einzelnen Mischfuttern aufgeführten Inhalts- und Zusatzstoffe jedoch oftmals nicht mehr dem aktuellen fachlichen Stand entsprechen.

▶ **Tab. 6.32** Beispiel aus der Typenliste für Mischfuttermittel.

Nr.	Bezeichnung	Normtyp a) Inhaltsstoffe in % b) Zusatzstoffe je kg c) Umsetzbare Energie je kg				Anzugebende Inhaltsstoffe	Hinweise für die sachgerechte Verwendung
1	2	3				4	5
2.11	Ergänzungsfuttermittel I für Mastschweine	a)	Lysin	mind.	1,45	• Lysin • Rohprotein	bis 50 % der Tagesration verfüttern
			Lysin im Rohprotein	mind.	6	• Rohfett • Rohfaser	
			Rohprotein		24 – 27	• Stärke[1]	
			Rohfett	max.	12	• Gesamtzucker[1]	
			Rohfaser	max.	7	• Calcium	
			Calcium	mind.	2,1	• Phosphor	
			Phosphor	mind.	0,75	• Natrium	
			Natrium	mind.	0,35		
		b)	Kupfer	mind.	40 mg		
			Zink	mind.	200 mg		
			Vitamin A	mind.	8000 I. E.		
			Vitamin D	mind.	1000 I. E.		

[1] Entbehrlich bei Angabe der umsetzbaren Energie (ME).

Kennzeichnung von Mischfuttermitteln In diesem Zusammenhang sind die Hinweise für die sachgerechte Verwendung der verschiedenen Mischfuttertypen besonders wichtig. Diese geben z. B. an, in welchem Verhältnis z. B. ein Ergänzungsfutter mit Getreide verschnitten werden soll oder mit wie viel Prozent der Tagesration es höchstens verfüttert werden darf.

Bei vielen Ergänzungsfuttermitteln orientiert sich die Einsatzmenge an den Zusatzstoffdosierungen, die in Ergänzungsfuttermitteln höher als in Alleinfuttermitteln sein dürfen, in der Gesamtration jedoch den zugelassenen Höchstwert für Alleinfuttermittel auf keinen Fall überschreiten dürfen. Für den richtigen Einsatz von Ergänzungsfuttermitteln ist also der Tierhalter selbst verantwortlich!

Zur Kennzeichnung von Mischfutter gehört seit dem 1.7.2004 auch die Angabe der enthaltenen Einzelfuttermittel in % und zwar in absteigender Reihenfolge ihrer Gewichtsanteile. Abweichungen von bis zu 15 % vom angegebenen Gehalt des jeweiligen Einzelfuttermittels sind unter bestimmten Bedingungen möglich. Die genaue prozentuale Zusammensetzung des vom Tierhalter gekauften Mischfuttermittels kann er bei seinem Lieferanten anfordern. Diese sogenannte **„offene Deklaration"** war besonders im Zuge der BSE-Krise von Kritikern gefordert worden. Die Angaben der Einzelfuttermittel bzw. der entsprechenden Futtermittelgruppen war allerdings schon immer vorgeschrieben, zwar nicht mit den jeweiligen %-Angaben, jedoch in der Reihenfolge ihrer Gewichtsanteile.

Kennzeichnung gentechnisch veränderter Futtermittel Futtermittel, die aus gentechnisch veränderten Organismen (**GVO**) bestehen oder solche enthalten, unterlagen bisher dem Zulassungsverfahren gemäß der Richtlinie 90/220/EWG des Rates vom 23.4.1990 und der Richtlinie 2001/18/EG des Europäischen Parlaments und des Rates vom 12.3.2001 über die absichtliche Freisetzung genetisch veränderter Organismen in die Umwelt. Für Futtermittel, die aus GVO hergestellt sind, bestand kein Zulassungsverfahren. Mit der Verordnung (EG) Nr. 1829/2003 des Europäischen Parlaments und des Rates vom 22.9.2003 über genetisch veränderte Lebensmittel und Futtermittel ist für Futtermittel, die aus GVO bestehen, diese enthalten oder daraus hergestellt werden, ein einheitliches gemeinschaftliches Zulassungsverfahren festgelegt, das folgende Anforderungen stellt. Danach dürfen solche Futtermittel

- keine nachteiligen Auswirkungen auf die Gesundheit von Mensch und Tier oder die Umwelt haben,
- die Anwender nicht irreführen,
- den Verbraucher nicht dadurch schädigen oder irreführen, dass die spezifischen Merkmale der tierischen Erzeugnisse beeinträchtigt werden,
- sich von den Futtermitteln, die sie ersetzen sollen, nicht so stark unterscheiden, dass ihr normaler Verzehr Ernährungsmängel für Mensch oder Tier mit sich brächte.

Futtermittel, die aus einem oder mehreren zuvor bereits zugelassenen GVOs bestehen oder aus solchen GVOs hergestellte Bestandteile enthalten, müssen nicht nochmals getrennt zugelassen werden.

Derzeit sind in Europa verschiedene gentechnisch veränderte Pflanzenlinien als Futtermittel zugelassen. Es handelt sich dabei um eine Sojabohnensorte (Roundup-Ready), Mais- und Rapslinien (Canola), die verschiedene Herbizid- und Insektizidresistenzen aufweisen.

Die Rückverfolgbarkeit und Kennzeichnung gentechnisch veränderter Lebens- und Futtermittel ist in der Verordnung (EG) Nr. 1830/2003 geregelt. Danach müssen Lebensmittel und Futtermittel einschließlich aller Zusatzstoffe, die aus gentechnisch veränderten Bestandteilen bestehen, entsprechend gekennzeichnet werden. Dies gilt auch für solche Futterbestandteile, die keinen Nachweis von GVO bzw. der Herstellung aus GVO mehr zulassen (z. B. Sojaöl). Die Kennzeichnung erfolgt durch einen Vermerk „Dieses Produkt enthält (Bezeichnung des Organismus/Organismen), genetisch verändert".

Da z. B. in den Haupterzeugerländern für Sojabohnen schon ein großer Teil der Anbauflächen mit gentechnisch verändertem Saatgut bestellt werden (die Fläche in den USA wird auf 95 %, in Kanada auf 80 %, in Argentinien auf 100 % und in Brasilien auf 75 % geschätzt), werden die meisten Mischfuttermittel eine derartige Kennzeichnung haben. Zudem werden heutzutage auch Vitamine, Enzyme und andere Zusatzstoffe teilweise mittels gentechnisch veränderter Organismen hergestellt, was ebenfalls eine entsprechende Kennzeichnung des Mischfutters erforderlich macht.

Die Kennzeichnungsvorschriften gelten nicht für Spuren von GVO, die zufällig oder technisch unvermeidbar in ansonsten gentechnisch unveränderte Produkte gelangt sind. Für diese Ausnahme gelten die Grenzwerte von 0,9 % für zugelassene und 0,5 % für nicht zugelassene, aber wissenschaftlich positiv beurteilte GVO.

Tierische Lebensmittel, die von Tieren stammen, die mit gentechnisch veränderten Futtermitteln gefüttert wurden, müssen derzeit nicht gekennzeichnet werden.

Regelungen für Zusatzstoffe Futtermittelzusatzstoffe sind gemäß Verordnung (EG) Nr. 1831/2003 definiert als Stoffe, Mikroorganismen oder Zubereitungen, die keine Futtermittelausgangserzeugnisse sind und bewusst Futtermitteln oder Wasser zugesetzt werden, um insbesondere eine oder mehrere der nachfolgend genannten Funktionen zu erfüllen.

Der Futtermittelzusatzstoff darf

- sich nicht schädlich auf die Gesundheit von Tier und Mensch oder auf die Umwelt auswirken;
- nicht in einer Weise dargeboten werden, die den Anwender irreführen kann;
- keinen Nachteil für den Verbrauch durch die Beeinträchtigung der Beschaffenheit der tierischen Erzeugnisse mit sich bringen und darf ihn bezüglich der Beschaffenheit der tierischen Erzeugnisse nicht irreführen.

Der Futtermittelzusatzstoff muss mindestens eines der nachstehenden Merkmale aufweisen:

- die Beschaffenheit des Futtermittels positiv beeinflussen;
- die Beschaffenheit der tierischen Erzeugnisse positiv beeinflussen;
- den Ernährungsbedarf der Tiere decken;
- die Farbe von Zierfischen und -vögeln verändern;
- die ökologischen Folgen der Tierproduktion positiv beeinflussen;
- die Leistung oder das Wohlbefinden der Tiere, insbesondere durch Einwirkung auf die Vormagen- und Darmflora oder die Verdaulichkeit der Futtermittel positiv beeinflussen oder
- eine kokzidiostatische oder histomonostatische Wirkung haben.

Im Einzelnen sind in der Futtermittelverordnung alle zugelassenen Zusatzstoffe aufgeführt (zugelassen nach Richtlinie 70/524/EWG und Übergangsregelung Verordnung EG 1831/2003), und zwar nach folgenden fünf Kategorien geordnet:

1. Technologische Zusatzstoffe: Konservierungsmittel, Antioxidationsmittel, Emulgatoren, Stabilisatoren, Verdickungsmittel, Geliermittel, Bindemittel, Stoffe zur Beherrschung einer Kontamination mit Radionukliden, Trennmittel, Säureregulatoren, Silierzusatzstoffe, Vergällungsmittel, Mykotoxinbindemittel und Stoffe zur Verbesserung der hygienischen Beschaffenheit;
2. Sensorische Zusatzstoffe: Farbstoffe, Aromastoffe;
3. Ernährungsphysiologische Zusatzstoffe: Vitamine und Provitamine und chemisch definierte Stoffe mit ähnlicher Wirkung, Spurenelemente, Aminosäuren und deren Salze und Analoge, Harnstoff und seine Derivate;
4. Zootechnische Zusatzstoffe: Verdaulichkeitsförderer, Darmstabilisatoren, Stoffe, die die Umwelt günstig beeinflussen, sonstige zootechnische Stoffe;
5. Kokzidiostatika/Histomonostatika.

Zugelassene Zusatzstoffe sollen sich positiv auf die Leistung der Tiere auswirken bzw. die Beschaffenheit der Futtermittel verbessern. Besonders wichtig ist auch der Nachweis, dass der Einsatz nicht zu unerwünschten Rückständen in den Nahrungsmitteln führt. Die Anwendung von Zusatzstoffen darf sich nicht schädlich auf die Gesundheit von Mensch und Tier auswirken. Hierzu sind umfangreiche pharmakologische und toxikologische Untersuchungen durchzuführen.

Von grundsätzlicher Bedeutung ist auch die Forderung, dass Zusatzstoffe nicht zur Verhütung oder Heilung von Tierkrankheiten eingesetzt werden dürfen. Hierzu gibt es allerdings zwei Ausnahmen, nämlich Zusatzstoffe zum Vorbeugen gegen die Kokzidiose bei Geflügel und die Schwarzkopfkrankheit (Histomoniasis) bei Puten.

Die Prüfung auf Umweltverträglichkeit bezieht sich auf das Verhalten der Zusatzstoffe bzw. deren Abbauprodukte in Boden, Wasser und Pflanzen.

Die Zulassung bestimmter Zusatzstoffe ist mit einer Reihe von Vorschriften verbunden, die ebenfalls aus der Futtermittelverordnung hervorgehen. Sie beziehen sich auf den Verwendungszweck, das heißt bei welcher Tierart oder Tierkategorie (z. B. bei Ferkel, Schwein) und bis zu welchem Höchstalter die Verfütterung erlaubt ist. Außerdem sind Angaben zu Mindest- und Höchstgehalten vorgeschrieben, um einerseits Wirksamkeit und andererseits Rückstandsfreiheit zu gewährleisten. Bei einigen wenigen Zusatzstoffen sind auch Wartezeiten festgelegt. Hierbei handelt es sich um die Zeitspanne zwischen letzter Verfütterung und Schlachtung der Tiere oder andere Gewinnung von tierischen Lebensmitteln.

Für die meisten Zusatzstoffe sind Abgabebeschränkungen vorgeschrieben, das heißt diese dürfen nur an Vormischbetriebe abgegeben werden, die dann entsprechende Vormischungen für anerkannte Hersteller von Mischfuttermittel bereitstellen. Säuren und Harnstoff dürfen unter besonderen Bedingungen auch vom Tierhalter direkt eingesetzt werden (s. Futtermittelhygiene-Verordnung).

Es wurde schon darauf hingewiesen, dass für Mischfutter mit Zusatzstoffen bestimmte Kennzeichnungsvorschriften, wie z. B. Höchstalter der Tiere oder Wartezeiten vorgeschrieben sind. Für die Einhaltung dieser Vorschriften ist der Tierhalter verantwortlich. Ergänzungsfuttermittel (z. B. Eiweißkonzentrat, Mineralfutter) dürfen einen höheren Gehalt an Zusatzstoffen haben als für Alleinfutter festgesetzt ist. Somit ist sichergestellt, dass in der Tagesration (z. B. Ergänzungsfutter plus Getreide, CCM) auch die optimale Dosierung der einzelnen Zusatzstoffe erreicht werden kann. Andererseits muss in der Gesamtration die jeweils zulässige Dosierung eingehalten werden. Der Mischfutterhersteller muss deshalb klare Anweisungen hinsichtlich der sachgerechten Verwendung des Ergänzungsfutters auf dem Sackanhänger bzw. den Begleitpapieren formulieren. Wird bei einem Mineralfutter z. B. vorgeschrieben, dass dieses nur bis maximal 2 % in der Gesamtration eingesetzt darf, trägt der Tierhalter für die Umsetzung die alleinige Verantwortung.

Regelung für unerwünschte Stoffe Hierbei handelt es sich um Stoffe, die in Futtermitteln enthalten sein können und sich in bestimmten Konzentrationen schädlich auf die Tiergesundheit bzw. hinsichtlich Rückstandsbelastung der vom Tier gewonnenen Lebensmittel auswirken. Sie kommen häufig in der Umwelt vor (man spricht von „ubiquitär") oder werden über den Boden aufgenommen (man spricht von „geogen"). Man kann also nicht in jedem Fall verhindern, dass unerwünschte Stoffe in Futtermitteln enthalten sind. Um jedoch negative Einflüsse auszuschließen, hat der Gesetzgeber für die einzelnen Stoffe Höchstgehalte festgelegt. Diese sind für Einzelfuttermittel und Futtermischungen vorgesehen.

Bis vor kurzem konnten Einzelfuttermittel, in denen Höchstgehalte überschritten waren, durch Vermischen mit geringer belasteten Futtermitteln verschnitten und somit ein Verdünnungseffekt genutzt werden. Seit dem 10.12.2003 gilt die gesetzliche Regelung des **Verschneidungsverbots**, das heißt Einzelfuttermittel, die Höchstwerte an unerwünschten Stoffen überschreiten, dürfen nicht mehr verfüttert werden. Dies gilt völlig unabhängig davon, mit wie viel Prozent dieses Futtermittel eventuell in die Futtermischung gekommen wäre. Es wird allerdings die Möglichkeit eingeräumt, das Futtermittel einer geeigneten Behandlung zur Verminderung oder Entfernung (Reinigung) oder zur Inaktivierung (Dekontamination) des unerwünschten Stoffes zu unterziehen, wenn danach der Höchstgehalt unterschritten wird.

Unerwünschte Stoffe sind u. a.:

- Mykotoxine (Aflatoxin B_1, Mutterkorn)
- Schwermetalle und andere Elemente (Arsen, Blei, Cadmium, Fluor, Quecksilber, Nitrit, Melamin)
- pflanzeneigene Toxine (Blausäure, Gossypol, Theobromin, Senföl)
- Umweltkontaminanten (Aldrin, Endrin, Heptachlor HCB (Hexachlorbenzol), HCH (Hexachlorcyclohexan))
- Dioxine und PCB
- schädliche Botanische Verunreinigungen (Unkrautsamen und Früchte, Glucosinolate u. a.)
- Rückstände von Kokzidiostatika (z. B. Verschleppung aus der Futtermittelproduktion)

Durch Änderung des Futtermittelgesetzes Ende Juni 1998 wurde diese Gruppe um die **Schädlingsbekämpfungsmittel** erweitert. Die bisher nur für Lebensmittel geltenden Höchstgehalte sind nunmehr auch für Futtermittel verbindlich. Werden Höchstgehalte bei einzelnen Substanzen überschritten, dürfen die betroffenen Futtermittel nicht mehr in den Verkehr gebracht werden. Die Verschärfung gilt u. a. auch für importierte Futtermittel.

Verbotene Stoffe Hierbei handelt es sich um Stoffe, von denen allgemein eine Gefährdung für Tiere oder die Lebensmittelqualität ausgeht. Diese dürfen nicht als Futtermittel in den Verkehr gebracht und nicht verfüttert werden. Beispiele sind Kot, Lederabfälle oder gebeiztes Saatgut. Dieses Fütterungsverbot bezieht sich auf alle Tierarten. Im Jahr 2006 ist auch für Speiseabfälle ein Fütterungsverbot in Kraft getreten.

Unter die verbotenen Stoffe fallen aber auch Abfälle aus Restaurationsbetrieben, die als solche bei ihrer Be- oder Verarbeitung nicht einem Verfahren unterworfen wurden, durch das Tierseuchenerreger abgetötet werden. Ausgenommen sind Nahrungsmittel pflanzlichen Ursprungs, die aufgrund ihres Frischegrades als für den menschlichen Verzehr ungeeignet angesehen werden. Auch Verpackungen oder Verpackungsteile, die aus der Verwendung von Erzeugnissen der Agrar- und Ernährungswirtschaft stammen (z. B. aus Maisstärke) dürfen nicht verfüttert werden. Nicht in diese Rubrik fallen die tierischen Eiweißfuttermittel, deren

Verfütterung im Rahmen des Verfütterungsverbotsgesetzes und der entsprechenden Verordnung verboten sind. Auch an der Verordnung zum Schutz gegen die Verschleppung von Tierseuchen im Tierverkehr sind Fütterungs- und Verwertungsverbote festgelegt.

Diätfuttermittel Das Futtermittelgesetz sieht auch Regelungen für Diätfuttermittel vor. Diese sind definiert als „Mischfuttermittel, die dazu bestimmt sind, den besonderen Ernährungsbedarf von Tieren zu decken, bei denen insbesondere Verdauungs-, Resorptions- und Stoffwechselstörungen vorliegen oder zu erwarten sind".

Das Verzeichnis der für Diätfuttermittel festgesetzten Verwendungszwecke umfasst folgende Kriterien: Besonderer Ernährungszweck, wesentliche ernährungsphysiologische Merkmale, Tierart oder Tierkategorie, anzugebende Inhaltsstoffe, Energiegehalte, Hinweise zur Zusammensetzung (Einzelfuttermittel, Zusatzstoffe), empfohlene Fütterungsdauer, Angaben in der Gebrauchsanweisung bzw. sonstige Angaben.

Von den aufgeführten Verwendungszwecken entfallen sehr viele auf die Tierarten Hunde und/oder Katzen. Für Ferkel und Schweine ist z. B. ein Diätfuttermittel zur Stabilisierung der physiologischen Verdauung, für Kälber, Ferkel, Lämmer, Ziegenlämmer und Fohlen eines zur Stabilisierung des Wasser- und Elektrolythaushaltes vorgesehen. Diätfuttermittel für Wiederkäuer dienen z. B. dem besonderen Ernährungszweck der Verringerung der Gefahr der Azidose, der Ketose/Acetonämie (Milchkühe und Milchschafe) sowie der Gebärparese (Milchfieber bei Milchkühen).

Futtermittelkontrolle „Vertrauen ist gut, Kontrolle ist besser" – dieser Ausspruch trifft auch für den Futtermittelmarkt zu. Zum einen muss die Einhaltung der futtermittelrechtlichen Vorschriften überwacht werden. Hierfür ist die **amtliche Futtermittelkontrolle** zuständig, die von entsprechenden Dienststellen der Länderbehörden beim Hersteller, Handel und Tierhalter durchgeführt wird. Jedoch hat der Gesetzgeber nicht alle für den Tierhalter interessanten Inhaltsstoffkriterien geregelt und deshalb auch nicht in der Kontrolle. Dies trifft z. B. für die Deklaration des Energiegehaltes bei Rinderfutter zu. Ein Interesse an zusätzlichen Qualitätskontrollen müsste demnach bestehen. Es werden daher zusätzliche Kontrolleinrichtungen geschaffen (z. B. **DLG-Gütezeichen**). Im Rahmen dieser freiwilligen Kontrolle wird die Mischfutterproduktion der Mitgliedsfirmen stichprobenartig kontrolliert, wobei auch Proben direkt beim Landwirt gezogen werden. Die Untersuchungsergebnisse werden unter Namensnennung der Firma veröffentlicht. Über diese Kontrolle der Richtigkeit der Deklaration hinaus müssen von den Mitgliedsfirmen besondere Qualitätsanforderungen bei den einzelnen Mischfuttertypen eingehalten werden (**DLG-Standards**). Für die so produzierten und kontrollierten Futter dürfen die Firmen das Gütezeichen führen.

Im Jahr 1990 wurde der **Verein Futtermitteltest** (**VFT**) gegründet. Träger dieser Einrichtung sind der Deutsche Bauernverband, die Deutsche Landwirtschaftsgesellschaft, der Verband der Landwirtschaftskammern, Landesbauernverbände, Landwirtschaftskammern und einzelne Erzeugerorganisationen. Der VFT verfolgt den Zweck, die Qualität der Mischfutter objektiv zu prüfen und zu bewerten, die landwirtschaftlichen Tierhalter über die Qualität der Mischfutter zu unterrichten und den Marktwettbewerb der Anbieter verstärkt auf Qualitätserzeugung zu lenken. Hierfür werden Bewertungsschemata nach anerkannten wissenschaftlichen Erkenntnissen unter Berücksichtigung praktischer und politischer Vorgaben erarbeitet. Die angebotenen Mischfutter werden in landwirtschaftlichen Betrieben oder in den Herstellerwerken beprobt und in anerkannten Labors untersucht. Die Befunde für die einzelnen Bewertungskriterien sowie der Qualität insgesamt werden bewertet, die ermittelten Ergebnisse mit Nennung der Firmen und Marken vergleichend veröffentlicht sowie kommentiert. Dies erfolgt regionsbezogen, um auch regionale Besonderheiten zu berücksichtigen.

Neben den geschilderten Kontrollmaßnahmen werden – allerdings regional und umfangmäßig sehr begrenzt – **Futterwertleistungsprüfungen** durchgeführt. Im Rahmen solcher Prüfungen wird die Qualität von Futtermischungen direkt an der tierischen Leistung gemessen. Dies ist am leichtesten bei Legehennen möglich, schwieriger bei Mastschweinen und fast unmöglich bei Milchkühen. Für die Prüfung von Milchleistungsfutter

▸ **Abb. 6.15** Bestimmung der Verdaulichkeit (Nährstoffe, Energie) am Hammel.

wird deshalb das Schaf als Modelltier zur Bestimmung der Verdaulichkeit und des Energiewertes der Mischfuttermittel verwendet (Hammeltest; ▸ **Abb. 6.15**). Diese Art der Prüfung heißt deshalb **Futterwertprüfung**.

6.9 Futtermittelrecht

Die Anfänge des Futtermittelrechts gehen auf die 20er-Jahre zurück, als eine erste Welle spezialisierter Mischfutterbetriebe gegründet wurde. Während damals der Schutz der Landwirte (Käufer) vor Fälschungen und Täuschungen im Vordergrund stand, dient das Futtermittelgesetz (LFGB) in der Fassung vom 1. September 2005 vor allem dem Schutz des Menschen und der Tiere vor Beeinträchtigung der Gesundheit (Lebensmittel- und Futtermittelsicherheit). Außerdem strebt es die Förderung der Gesundheit und Leistungsfähigkeit der Nutztiere an und will für eine an den Anforderungen des Lebensmittelrechts orientierte Produktion qualitativ hochwertiger tierischer Nahrungsmittel sorgen. Schließlich mussten bzw. müssen im Zuge der erforderlichen Harmonisierung der futtermittelrechtlichen Vorschriften die von der EU erlassenen Richtlinien in das nationale Futtermittelrecht übernommen werden (z. B. Zusatzstoffrichtlinie, Richtlinie über unerwünschte Stoffe sowie über Einzel- und Mischfuttermittel).

Die Herstellung, die Verwendung und das Inverkehrbringen von Futtermitteln wird in verschiedenen Rechtsbereichen geregelt:

1. Europäisches Recht
   - Lebensmittel-Basis-Verordnung (basierend auf „Weißbuch der Lebensmittelsicherheit")
   - Verordnung über amtliche Kontrollen zur Überprüfung der Einhaltung des Lebensmittel- und Futtermittelrechts
   - Zusatzstoff-Verordnung
   - Futtermittel-Hygiene-Verordnung
2. Nationales Recht
   - Lebensmittel- und Futtermittel-Gesetzbuch (LFGB) – Lebensmittel- und Futtermittelgesetzbuch in der Fassung der Bekanntmachung vom 24. Juli 2009 (BGBl. I S. 2205), das durch die Verordnung vom 3. August 2009 (BGBl. I S. 2630) geändert worden ist
   - Futtermittelverordnung (FuttMV) – in der Fassung der Bekanntmachung vom 24. Mai 2007 (BGBl. I S. 770), die zuletzt durch die Verordnung vom 28. Februar 2010 (BGBl. I S. 191, 561) geändert worden ist
   - Futtermittel-Probenahme- und -Analyse-Verordnung (FuttMProbV) – in der Fassung der Bekanntmachung vom 15. März 2000 (BGBl. I S. 226), die zuletzt durch Artikel 2 der Verordnung vom 14. März 2007 (BGBl. I S. 335) geändert worden ist

Die Einhaltung des Gesetzes wird nicht nur bei Industrie und Handel, sondern auch beim Landwirt überwacht. Er ist voll in die Verantwortung für die Qualität der tierischen Produkte einbezogen. Straf- und Bußgeldvorschriften warnen vor Verstößen.

Die nationalen Vorschriften werden allerdings mehr und mehr durch EU-weite Verordnungen abgelöst. Hiermit werden allgemeine Grundsätze und Anforderungen des Lebensmittelrechts, zur Errichtung der europäischen Behörde für Lebensmittelsicherheit und von Verfahren zur Lebensmittelsicherheit festgelegt. Auf den ersten Blick mag der Eindruck entstehen, dass hiervon Futtermittel nicht betroffen sind. Ein genaueres Studium dieser Verordnungen verdeutlicht jedoch, dass der Futtermittelbereich hier voll integriert ist. Die grundlegende Neuausrichtung der EU-Politik im Bereich Lebensmittelsicherheit versteht die Futtermittel als Teil der Lebensmittelkette. Daraus resultiert auch die Konsequenz, auf nationaler Ebene Lebensmittel und Futtermittel in einem gemeinsamen Gesetzeswerk („Lebensmittel- und Futtermittelgesetzbuch") zusammenzuführen.

Für den Tierhalter bringt die genannte Verordnung schon jetzt erhebliche Verpflichtungen, da diese z. B. auch die Erzeuger, die Futtermittel zur Verfütterung in ihrem Betrieb erzeugen, verarbeiten oder lagern, zu den „Futtermittelunternehmen" zählen. Somit ist jeder Tierhalter auch „Futtermittelunternehmer". Diese sind dafür verantwortlich, dass die Anforderungen des Lebensmittelrechts in den ihrer Kontrolle unterstehenden Futtermittelunternehmen erfüllt werden.

Eine weitere Verpflichtung erwächst dem Tierhalter durch die Verordnung, nämlich die „Rückverfolgbarkeit". Darunter wird die Möglichkeit verstanden, ein Lebensmittel oder Futtermittel, ein der Lebensmittelgewinnung dienendes Tier oder einen Stoff, der dazu bestimmt ist oder von dem erwartet werden kann, dass er in einem Lebensmittel oder Futtermittel verarbeitet wird, durch alle Produktions-, Verarbeitungs- und Vertriebsstufen zu verfolgen.

Futtermittelhygiene-Verordnung Die Futtermittel-Hygiene-Verordnung (183/2005) ergänzt und vertieft die allgemeinen Vorschriften über die Futtermittelsicherheit der Basisverordnung zum allgemeinen Lebensmittelrecht (Verordnung (EG) Nr. 178/2002). Wichtiger Grundsatz ist, dass die Verantwortung für die Futtermittelsicherheit beim Futtermittelunternehmer liegt. Er muss diese auf allen Stufen der gesamten Kette, angefangen bei der Futtermittelerzeugung bis hin zur Fütterung von Tieren, die zur Lebensmittelgewinnung bestimmt sind, gewährleisten. Betroffen ist also auch die Primärproduktion, also alle Betriebe, die Futtermittel anbauen, transportieren, lagern, reinigen, mahlen, mischen und verfüttern.

- **Registrierung**: Alle Futtermittelunternehmer, das heißt auch Landwirte, Lohnunternehmer und -mischer, müssen sich registrieren lassen.
- **Rückverfolgbarkeit** von Futtermitteln sicherstellen heißt, dass die Art und Herkunft der Futtermittel zu dokumentieren ist. Hierzu sind z. B. Lieferscheine und Rechnungen aufzubewahren.
- **Hygienischer Zustand** der Fütterungsanlagen und Futterlager/-transport, hygienischer Zustand von Tränken und Tränkewasser, getrennte Lagerung der Futtermittel von Düngemitteln, Pflanzenschutzmitteln, Tierarzneimitteln und Desinfektionsmitteln muss sichergestellt werden. Dies gilt auch für Aufzeichnungen über die Verwendung von Pflanzenschutzmitteln.
- **Bezug**: Landwirte dürfen Futtermittel nur von registrierten Futtermittelunternehmern beziehen. Ausnahme hierbei ist die direkte Lieferung von Futtermitteln von Flächen unter 5 ha an örtliche landwirtschaftliche Betriebe (bis 50 km Entfernung). Es ist zu beachten, dass ein Lohnunternehmer, der Siliermittel einsetzt oder eine mobile Mahl- und Mischanlage betreibt, eine gültige Registrierung besitzen muss.
- **Fischmehl**: Zum Einsatz von fischmehlhaltigen Mischfuttern mit weniger als 50 % Rohprotein ist eine Registrierung, bei mehr als 50 % Rohprotein eine Zulassung des Betriebes erforderlich.
- **Einsatz von Zusatzstoffen**: Setzt der Landwirte Zusatzstoffe wie z. B. Propionsäure, Aminosäuren, Harnstoff ein, muss zusätzlich ein **HACCP-Konzept** (u. a. Verfahrensbeschreibung erstellen, kritische Kontrollpunkte benennen und überwachen, Dokumentation pflegen) für den Einsatz dieser Zusatzstoffe erstellt und durchgeführt werden.

6.10 Übungsfragen

☑ Nährstoffgehalt Grünfutter nach Vegetationsstadium

Frage

Der Nährstoffgehalt in der Futtertrockenmasse nimmt mit fortschreitender Vegetation ab:

- Warum macht sich dies bei Umrechnung auf Frischmasse kaum bemerkbar?
- Wie ist die Entwicklung des Milcherzeugungswertes nach nutzbarem Rohprotein und Energie zu beurteilen (für die Erzeugung von 1 kg Milch werden 85 g nutzbares Rohprotein und 3,3 MJ NEL benötigt)?
- Wie ist die jeweilige RNB zu beurteilen?

- Für welche Leistungen reicht die Energiekonzentration der verschiedenen Stadien des Grünlandaufwuchses aus (30-Liter-Kühe benötigen eine Energiekonzentration von etwa 6,9 MJ NEL/kg TM, während 10-Liter-Kühe mit ca. 5 MJ NEL/kg TM auskommen)?
- Wie viel Gras müsste bei alleiniger Verfütterung die 30-Liter-Kuh täglich aufnehmen, um im Ernährungsgleichgewicht zu bleiben?
- Wird sie das tun?

Antwort

Lösung nach ► **Tab. 6.1**.

☑ Nährstoffgehalt Grünfutter – Minerstoffgehalte

Frage

Zu den bereits nach ► **Tab. 6.1** aufgeworfenen Fragen gesellen sich weitere, etwa folgende:

- Wie unterscheiden sich die verschiedenen Gruppen von Grünfutterpflanzen im Gehalt an Rohprotein, nXP, RNB und Energie?
- Wäre es möglich oder sinnvoll, die oben aufgeführten Futtermittel als Alleinfutter zu verabreichen?
- Wären derartige Rationen wiederkäuergerecht (bei Milchkühen gilt ein Rohfasergehalt von 18 – 22 % in der Futtertrockenmasse als optimal)?
- Wie wirken sich Gemenge aus verschiedenen Grünfutterpflanzen aus?
- Wie ist der Mineralstoffgehalt dieser Grünfutterarten zu beurteilen (vom Grobfutter der Kühe wird ein Beitrag von etwa 5 g Ca, 3 g P, 2 g Mg und 1,5 g Na je kg TM erwartet)?

Antwort

Die Fragen bezüglich der Mineralstoffgehalte im Grünfutter lassen sich wie folgt zusammenfassend beantworten:

- Der Ca-Gehalt schwankt in Abhängigkeit von der Pflanzenart erheblich. Leguminosen und Kreuzblütler sind calciumreich. Die Gehalte im Grünlandaufwuchs schwanken daher in erster Linie in Abhängigkeit von der botanischen Zusammensetzung der Grünlandnarbe. Bei düngungs- und nutzungsintensiver Grünlandbewirtschaftung sind die Ca-Gehalte z. T. knapp bedarfsdeckend. Leguminosen- und kräuterreiche Grünlandaufwüchse weisen dagegen weit über den Bedarf hinausgehende Ca-Gehalte auf.
- Der P-Gehalt des Futters lässt sich indirekt über die Phosphat-Düngung beeinflussen. Er korreliert auch mit dem Rohproteingehalt des Grünlandaufwuchses. Hohe Düngungs- und Nutzungsintensitäten führen deshalb nicht nur zu hohen Rohprotein-, sondern auch P-Gehalten. In den meisten Fällen wird der P-Bedarf der Tiere über das Grünfutter gedeckt.
- Die Mg-Gehalte der meisten Grünfutterpflanzen sind einigermaßen bedarfsdeckend. Unter bestimmten Bedingungen muss jedoch wegen schlechter Verwertung mit Defiziten gerechnet werden; s. Kap. Magnesium (S. 188).
- Die Na-Versorgung wird nur ausnahmsweise durch Grünfutter gesichert (Rübenblatt, Markstammkohl, Futterraps). Von den Grünlandaufwüchsen weisen nur weidelgrasreiche etwas höhere Natriumgehalte auf. Daher muss Na durch Zufütterung von Viehsalz (z. B. Natriumchlorid) ergänzt werden.
- Die Übernahme von Tabellen-Mittelwerten für die Futterplanung im eigenen Betrieb ist problematisch, da große Abweichungen von den Mittelwerten möglich sind. Eine sichere Information über die Mineralstoffgehalte vermitteln gezielte Laboranalysen der eigenen Futtergrundlage. Über eine gezielte Auswahl des Mineralfutters können notwendige Anpassungen in der Fütterung vorgenommen werden.

☑ Getreidearten als Futtermittel

Frage

Welche Gemeinsamkeiten und welche Unterschiede zwischen den verschiedenen Getreidearten können aus ► **Tab. 6.19** und ► **Tab. 6.20** abgeleitet werden? Wie ist die biologische Wertigkeit des Eiweißes zu beurteilen? Welche Bedeutung kommt dem Mineralstoffgehalt zu und welche Besonderheit ist beim Phosphor zu beobachten?

Antwort

S. Vorzüge und Schwächen der Getreidekörner (S. 257).

7 Tierwohl und Tiergesundheit

Marco König und Johann Marx

7.1 Tierwohl

Marco König

In den vergangenen Jahren hat das Bewusstsein in der Gesellschaft, Tieren Schutz zu gewähren und ihr Wohlbefinden zu fördern, stetig zugenommen. Die Begriffe „Tierwohl" und „Tierschutz" sind im Mittelpunkt der Gesellschaft angelangt und gewinnen zunehmend an Bedeutung, insbesondere was die Akzeptanz der Nutztierhaltung in der Gesellschaft betrifft.

Mit „Tierschutz" werden die Aktivitäten und Verpflichtungen der Menschen gegenüber den Tieren beschrieben; „Tierwohl" (Animal welfare) meint dagegen das, was beim Tier aus allen Einwirkungen von außen ankommt. Tierwohl umfasst neben der Tiergesundheit und der Ausführbarkeit von natürlichen Verhaltensweisen das Wohlbefinden eines Tieres.

Seit dem Jahr 2002 ist Tierschutz in Deutschland Staatsziel. Der Eingang im Artikel 20a des **Grundgesetzes** ist ein Beweis des gestiegenen öffentlichen Bewusstseins für den Schutz bzw. das Wohlbefinden der Tiere.

Merke

Art. 20a GG:
Der Staat schützt auch in Verantwortung für die künftigen Generationen die natürlichen Lebensgrundlagen und die Tiere im Rahmen der verfassungsmäßigen Ordnung durch die Gesetzgebung und nach Maßgabe von Gesetz und Recht durch die vollziehende Gewalt und die Rechtsprechung.

Das Staatsziel Tierschutz zielt unter anderem darauf ab, dass die Gesetzgeber in Bund und Ländern dazu angehalten sind, bei Rechtssetzungen die Belange des Tierschutzes gleichberechtigt zu anderen verfassungsmäßigen Schutzgütern, wie Religions- oder Berufsfreiheit, zu berücksichtigen. Dies bedeutet auch, dass neue Regelungen nicht zu weniger Schutz für Nutztiere führen dürfen (Verschlechterungsverbot).

7.1.1 Tierschutzgesetz

Das **Tierschutzgesetz** [234] stammt in seinen Grundzügen aus dem Jahr 1972 und wurde in der Folge mehrmals geändert, zuletzt umfangreich im Jahr 2013. Der Grundsatz in § 1 bezeichnet den Zweck des Gesetzes:

Merke

§ 1 TierSchG:
Zweck dieses Gesetzes ist es, aus der Verantwortung des Menschen für das Tier als Mitgeschöpf dessen Leben und Wohlbefinden zu schützen. Niemand darf einem Tier ohne vernünftigen Grund Schmerzen, Leiden oder Schäden zufügen.

In Satz 1 werden die Verantwortung des Menschen und der eigenständige Wert der Tiere als Mitgeschöpfe betont. Beides zusammen definiert den ethisch motivierten Tierschutzgedanken, der Grundlage dieses Gesetzes ist. Satz 2 relativiert den Schutzzweck dadurch, dass bei Vorliegen eines vernünftigen Grundes nachteilige Einwirkungen auf Tiere (Schmerzen, Leiden, Schäden) durchaus zulässig sind. Es wird deutlich, dass das Tierschutzgesetz nicht zum Ziel hat, Tieren jegliche Beeinträchtigung ihres Wohlbefindens zu ersparen; vielmehr kommt hier der Grundsatz der Verhältnismäßigkeit zum Tragen. Als vernünftig gilt ein Grund, wenn er triftig und nachvollziehbar ist und von einem schutzwürdigen Interesse bestimmt wird, wie es die Haltung von Nutztieren zur Herstellung von Nahrungsgütern darstellt. Allerdings kann nicht jede Erwägung der Wirtschaftlichkeit der Tierhaltung als „vernünftiger Grund" angesehen werden. Hier ist immer eine Abwägung zwischen den rechtlich geschützten Interessen der Tierhalter und den Belangen des Tierschutzes notwendig.

Merke

§ 2 TierSchG

Wer ein Tier hält, betreut oder zu betreuen hat,

1. muss das Tier seiner Art und seinen Bedürfnissen entsprechend angemessen ernähren, pflegen und verhaltensgerecht unterbringen,

2. darf die Möglichkeit des Tieres zu artgemäßer Bewegung nicht so einschränken, dass ihm Schmerzen oder vermeidbare Leiden oder Schäden zugefügt werden,

3. muss über die für eine angemessene Ernährung, Pflege und verhaltensgerechte Unterbringung des Tieres erforderlichen Kenntnisse und Fähigkeiten verfügen.

Diese „Grundvorschrift über die Tierhaltung" stellt den prinzipiellen Rechtsrahmen für eine tierschutzgerechte Tierhaltung dar. Auf sie kann zurückgriffen werden, wenn die Regelungen in Spezialvorschriften wie beispielsweise der Tierschutz-Nutztierhaltungsverordnung nicht ausreichen – dem Paragraphen kommt damit der Charakter einer Generalklausel zu. Die Gebote und Verbote aus Nr. 1 und 2 gelten unmittelbar und nicht nur, wenn eine weiter konkretisierende Rechtsvorschrift erlassen worden ist.

Adressat dieser Rechtsnorm ist der Tierhalter im weiteren Sinne. Halter eines Tieres ist, wer die tatsächliche Verfügungsgewalt über das Tier in eigenem Interesse hat. Halter ist somit jeder, der ständig oder vorübergehend für ein Tier verantwortlich ist oder das Tier tatsächlich versorgt. Der Halter muss nicht Eigentümer des Tieres sein; neben natürlichen können auch juristische Personen – Vereine oder Firmen – Tierhalter sein. Für die Anwendbarkeit der Generalklausel zur Tierhaltung ist der Grund, weshalb ein Tier gehalten wird, unbedeutend.

Mit der Tierhalterpflicht zu Ernährung, Pflege und Unterbringung von Tieren in einem Umfang, wie er den Bedürfnissen des Tieres entspricht, werden die Grundbedürfnisse der Tiere anerkannt und geschützt. Das Bedürfnis bezieht sich dabei auf das jeweilige Tierindividuum und muss auch alters- und entwicklungsrelevante Anforderungen berücksichtigen. So hat ein jüngeres Tier bekanntermaßen einen anderen Bedarf bezüglich Ernährung oder Bewegungsmöglichkeiten als ein adultes. Der Begriff „Pflege" umfasst den gesamten Umgang mit einem Tier – neben Fütterung und Tränkung auch das Sauberhalten der Tiere und der Haltungseinrichtungen, Gesundheitsvorsorge, Versorgung kranker Tiere oder Schutz vor Witterungseinflüssen. Durch „angemessen" wird auch hier verdeutlicht, dass die vorgenannten Erfordernisse einer Abwägung des Tierschutzes mit dem Nutzungszweck der Tiere und der Zumutbarkeit der Anforderungen für den Tierhalter oder -betreuer unterliegen.

Das Grundbedürfnis „Bewegung" (Nr. 2 des Paragraphen) wird als einziges der Grundbedürfnisse der Tiere weitergehenden Einschränkungsmöglichkeiten unterworfen. Die Grenze ist dabei festgelegt: Den Tieren dürfen keine Schmerzen zugefügt werden; Leiden und Schäden werden toleriert, soweit sie unvermeidbar sind. In der Nutztierpraxis ist deshalb z. B. die Haltung von Schweinen in Kastenständen, von Rindern oder Schafen in Anbindehaltung oder von ca. 20 Masthühnern pro Quadratmeter Grundfläche gegenwärtig rechtskonform, soweit den Tieren dadurch keine Schmerzen zugefügt werden.

Jeder Tierhalter muss über Sachkunde verfügen (Nr. 3), um die vorgenannten Anforderungen an die Haltung der Tiere erfüllen zu können. Sie muss nicht durch eine Sachkundebescheinigung nachgewiesen werden (Ausnahmen für Haltung von Masthühnern, Schlachten, Tiertransport – in spezielleren Verordnungen geregelt), fehlt sie dem Tierhalter jedoch, ist die Tierhaltung rechtswidrig.

Neben diesen grundsätzlichen Anforderungen sind insbesondere folgende Regelungen des Tierschutzgesetzes für die Nutztierhaltung relevant:

Verbote (§ 3) Es besteht ein Überforderungsverbot. Durch dieses Verbot wird jedem Tier zugebilligt, dass es eine Grenze für die Leistungen gibt, die ihm abverlangt werden darf. Dies betrifft neben Zug-, Lauf- und anderen Kraftleistungen auch Milch-, Mast-, Lege- und ähnliche Leistungen.

Das Handelsverbot für kranke und nicht mehr leistungsfähige Tiere (*„gebrechlich, krank, abgetrieben, alt"*), deren Weiterleben mit nicht behebbaren Schmerzen oder Leiden verbunden wäre, untersagt die freie Veräußerung solcher Tiere. Diese dürfen nur zur unverzüglichen schmerzlosen Tötung (Euthanasie oder Schlachtung) abgegeben werden.

Die Fütterungsverbote untersagen die zwangsweise Fütterung von Tieren und die Verabreichung tierschädlichen Futters. Zwangsfütterung liegt vor, wenn die Futteraufnahme nicht freiwillig erfolgt, z. B. beim Stopfen von Geflügel. Die Schaffung von Anreizen zur erhöhten Futteraufnahme der Tiere, um insbesondere eine höhere Gewichtszunahme der Tiere herbeizuführen, ist dann rechtswidrig, wenn damit eine unnatürliche Leistung induziert wird, die dem Tier anhaltende Leiden bereitet – zu denken ist hier beispielsweise an die sogenannte Schnellmast von Geflügel oder Schweinen [197].

Töten und Schlachten von Tieren (§§ 4 und 4a) Grundsätzlich gilt, dass Wirbeltiere *„nur unter wirksamer Schmerzausschaltung (Betäubung) in einem Zustand der Wahrnehmungs- und Empfindungslosigkeit"* [198] getötet werden dürfen. Ausnahmen gelten lediglich neben der für die Nutztierhaltung nicht relevanten Jagdausübung und Schädlingsbekämpfung für bestimmte Konstellationen bei Notschlachtungen oder für Fälle des genehmigten Schächtens – auch dann dürfen Tiere nur unter größtmöglicher Vermeidung von Schmerzen getötet bzw. geschlachtet werden.

„Ein Wirbeltier töten darf nur, wer die dazu notwendigen Kenntnisse und Fähigkeiten hat." [234] Jeder, der Tiere tötet, muss sachkundig sein. Für Personen, die im Rahmen ihrer Berufsausübung häufiger Tiere betäuben und töten, muss diese Sachkunde mit einer Bescheinigung förmlich belegt sein. Dies gilt auch für Tötungen/Schlachtungen in einem Nutztierbestand und Bestandsräumungen, etwa im Rahmen der Tierseuchenbekämpfung.

Schlachten, das heißt das Töten eines Nutztieres durch Blutentzug zur Nutzung als Nahrungsmittel, setzt prinzipiell eine Betäubung voraus. Die angestrebte Empfindungs- und Wahrnehmungslosigkeit muss vor dem Blutentzug einsetzen und bis zum Eintritt des Todes anhalten. Welche Betäubungsverfahren für welche Tierarten dabei angewendet werden dürfen, ist in speziellen Verordnungen geregelt. Ausnahmen von der Betäubungspflicht bestehen lediglich für **Notschlachtungen** (Schlachten von Tieren zur Nahrungsmittelgewinnung nach unmittelbar vorhergehendem Unglücksfall) – allerdings dort auch nur dann, wenn eine Betäubung unter den gegebenen Umständen nicht möglich ist – und beim Schächten. Für Letzteres ist zwingend eine Ausnahmegenehmigung der Überwachungsbehörde notwendig.

Eingriffe an Tieren (§§ 5 und 6) Die Vorschriften regeln, welche Eingriffe an Wirbeltieren zulässig sind (Schutz der körperlichen Unversehrtheit) und für welche dieser zulässigen Eingriffe Betäubungspflicht besteht (Schutz des Wohlbefindens).

Grundsätzlich gilt: *„Das vollständige oder teilweise Amputieren von Körperteilen oder Entnehmen oder Zerstören von Organen oder Geweben ist verboten."* Und: *„Ein mit Schmerzen verbundener Eingriff darf ohne Betäubung nicht vorgenommen werden."* Von beiden Grundsätzen bestehen jedoch diverse Ausnahmen, die jeweils im Einzelfall aufgeführt sind. Tierärztliche Indikation stellt immer eine Ausnahmeregelung dar. Die ausnahmsweise zulässigen Eingriffe an der körperlichen Unversehrtheit stehen im Zusammenhang mit der Nutzung und dem Management der Tiere und lassen sich im Wesentlichen in vier Gruppen einteilen: Amputieren von Schwänzen, Amputieren von Schnäbeln, Kastrationen und Kennzeichnung der Tiere. Im Grunde dienen diese Eingriffe bei Nutztieren damit der Anpassung der Tiere an Haltungssysteme – dies wird in der Gesellschaft zunehmend kritisch hinterfragt und der vernünftige Grund dafür aktuell neu bewertet.

Ist für den zugelassenen Eingriff eine Betäubung verpflichtend, ist diese wegen vielfach möglicher Nebenwirkungen der Betäubungsmittel von einem Tierarzt durchzuführen. Ausnahmsweise darf eine nichttierärztliche sachkundige Person die Betäubung durchführen, wenn eine lokale Schmerzausschaltung durch ein rein äußerlich anwendbares Arzneimittel, also beispielsweise eine Salbe oder ein Spray, erzielt wird.

Es bestehen bei Nutztieren neben der tierärztlichen Indikation folgende **Ausnahmen vom Eingriffsverbot und von der Betäubungspflicht:**

Unter acht Tage alte männliche Ferkel dürfen bei normaler anatomischer Beschaffenheit bis 31.12.2018 ohne Betäubung kastriert werden, danach besteht dafür Betäubungspflicht; s. Kap. Ferkelbehandlung (S. 524). Weicht die anatomische Beschaffenheit des Ferkels vom Normalzustand ab

(z. B. Binneneber, Eingeweidebruch), muss die Kastration von einem Tierarzt durchgeführt werden. In allen anderen Fällen darf der Eingriff auch von einer anderen sachkundigen Person vorgenommen werden.

Unter vier Wochen alte männliche Kälber, Schaf- und Ziegenlämmer dürfen bei normaler anatomischer Beschaffenheit ohne Betäubung kastriert werden, allerdings nicht mit elastischen Ringen.

Kennzeichnungen der Tiere mittels Transponder, Tätowierungen, Schlagstempel (Schweine) oder Ohrmarken sind ohne Betäubung zulässig.

Der Schenkelbrand bei Pferden ist bis 31.12.2018 ohne Betäubung erlaubt, danach besteht dafür Betäubungspflicht.

Das Enthornen bzw. Verhindern des Hornwachstums bei unter sechs Wochen alten Kälbern, das Kürzen des Schwanzes von unter vier Tage alten Ferkeln und unter acht Tage alten Lämmern, das Abschleifen (nicht Abkneifen!) der Eckzähne von unter acht Tage alten Ferkeln und das Absetzen des sogenannten Hahnensporns bei Zuchthähnen am ersten Lebenstag sind erlaubt, allerdings nur wenn *„der Eingriff im **Einzelfall** für die vorgesehene Nutzung des Tieres unerlässlich ist“*! Diese Rechtslage wird gegenwärtig nur unzureichend eingehalten, da einige dieser Eingriffe nicht nur im Einzelfall, sondern routinemäßig durchgeführt werden. Wenn diese Eingriffe zulässig sind, dürfen sie ohne Betäubung durchgeführt werden.

Eingriffe zur Unfruchtbarmachung sind zulässig, allerdings nur unter Betäubung und zwingend von einem Tierarzt durchzuführen.

Elastische Ringe dürfen für Eingriffe überhaupt nicht mehr verwendet werden, außer für das Kürzen des bindegewebigen Endstückes des Schwanzes von unter drei Monate alten männlichen Kälbern – hierfür ist eine behördliche Genehmigung erforderlich und es besteht Betäubungspflicht – und das Kürzen des Schwanzes von unter acht Tage alten Lämmern – hierfür besteht keine Betäubungspflicht.

Das Kürzen der Schnabelspitzen bei unter zehn Tage alten Junghennen und anderem Nutzgeflügel bedarf einer behördlichen Genehmigung. Mittlerweile haben sich die Geflügelwirtschaftsverbände freiwillig verpflichtet, seit August 2016 auf das Schnabelkupieren bei Legehennen zu verzichten. Bei Mastputen ist der freiwillige Verzicht auf das Schnabelkürzen avisiert, allerdings sind hier momentan noch Erkenntnisse notwendig, wie Kannibalismus und Federpicken wirksam verhindert werden können.

Betäubungen sind bei allen zulässigen Eingriffen nicht erforderlich, wenn die Beeinträchtigung des Tieres durch die Betäubung größer wäre als durch den Eingriff selbst.

Generell gilt: *„Ist ... eine Betäubung nicht erforderlich, sind alle Möglichkeiten auszuschöpfen, um Schmerzen oder Leiden der Tiere zu vermindern.“* [234] Das bedeutet, dass bei mit Schmerzen verbundenen Eingriffen (Enthornen, Kastrieren u. Ä.) die Tiere zumindest zu sedieren und mit schmerzstillenden Mitteln während und nach dem Eingriff zu versorgen sind, auch wenn keine Betäubung vorgeschrieben ist.

Betriebliche Eigenkontrollen (§ 11 Abs. 8) Nutztierhalter sind verpflichtet, durch betriebliche Eigenkontrollen sicherzustellen, dass die Anforderungen des § 2 (bedarfsgerechte Ernährung und Pflege, verhaltensgerechte Unterbringung) eingehalten werden. Hierfür sind durch den Tierhalter insbesondere **Tierwohlindikatoren** zu erheben und damit die Tiere direkt, nicht wie bisher üblich die Haltungssysteme der Tiere, zu beurteilen. Die Tierwohlindikatoren können datenbezogen (Auswertung von Daten wie Mortalitätsrate, Erkrankungsrate, Leistungsdaten, Remontierungsraten, Schlachthofbefunde u. a.) oder tierbezogen (Erhebung direkt am Tier wie Auftreten von Lahmheiten, Hautverletzungen, Fußballenverletzungen, Ernährungszustand u. a.) sein. Das Kuratorium für Technik und Bauen in der Landwirtschaft (KTBL) und andere Einrichtungen haben Leitfäden und Beispiele für mögliche Tierwohlindikatoren bei den verschiedenen Tierarten veröffentlicht. Es liegt in der Eigenverantwortung des Tierhalters, jeweils geeignete für seine Nutztierhaltung auszuwählen.

Vollzug des Gesetzes; Straftaten und Ordnungswidrigkeiten (§§ 15, 16, 16a, 17, 18) Der Vollzug des Tierschutzgesetzes obliegt den nach jeweiligem Landesrecht (Zuständigkeitsverordnungen der Bundesländer) zuständigen Behörden – in den meisten Fällen sind das die Veterinärämter der Landkreise und kreisfreien Städte. Sollten es andere Behörden sein (z.B. Ordnungsämter), sind die Amtstierärzte zumindest als Sachverständige zu beteiligen. Nutztierhaltungen unterliegen der **Aufsicht** der zuständigen Behörden, wobei „Aufsicht" nicht ständige Anwesenheit bedeutet. Die Überwachungskontrollen der Behörden erfolgen risikoorientiert – dort, wo das höchste Risiko zum Verstoß gegen geltendes Tierschutzrecht besteht, wird am häufigsten kontrolliert. Die Aufsichtsbehörden haben das Recht, während der Kontrolltätigkeit alle zu den Tierhaltungsunternehmen gehörenden Räume, Gebäude, Transportmittel zu betreten; selbst das Grundrecht auf Unverletzbarkeit des Wohnraumes ist zur Verhütung dringender Gefahren nicht unantastbar, insbesondere seitdem auch Tierschutz Verfassungsrang hat. Die Behörden haben das Recht, Geschäftsunterlagen einzusehen, Dokumentationen (auch Fotos und Videoaufnahmen) anzufertigen, Tiere zu untersuchen und Proben von ihnen zu entnehmen. Tierhalter haben die Kontrollen nicht nur zu dulden, sie müssen im Bedarfsfall auch unterstützen und Hilfestellung leisten. Sie sind insbesondere verpflichtet, über alle die Tierhaltung betreffenden Umstände Auskunft zu geben.

Stellen Behörden **Verstöße** gegen geltendes Tierschutzrecht fest, treffen sie die zur Beseitigung der Mängel notwendigen Anordnungen. Diese Anordnungen sind meist Auflagen und Verfügungen – jeweils mit Verwaltungszwang wie Zwangsgeldern durchsetzbar. Aber auch Wegnahme und anderweitige Unterbringung von Tieren zu Lasten des Tierhalters oder Anweisung von Tierhalteverboten sind möglich, wobei Behörden dabei stets an den Verhältnismäßigkeitsgrundsatz gebunden sind. Während diese Maßnahmen auf die Zukunft gerichtet sind, werden festgestellte Rechtsverstöße auch rückblickend bestraft. Wer ein Wirbeltier ohne vernünftigen Grund tötet oder ihm aus Rohheit erhebliche Schmerzen oder Leiden zufügt oder ihm länger anhaltende oder sich wiederholende Schmerzen oder Leiden zufügt, begeht eine Straftat und kann schlimmstenfalls mit einer Freiheitsstrafe bestraft werden. Alle anderen Verstöße gegen die genannten Vorschriften des Tierschutzgesetzes sind in der Regel Ordnungswidrigkeiten und können mit Bußgeldern bis zu 25 000 Euro bestraft werden.

7.1.2 Tierschutz-Nutztierhaltungsverordnung

Zur Konkretisierung der Regelungen des Tierschutzgesetzes bezüglich der Haltung von Nutztieren, insbesondere zur näheren Beschreibung der Anforderungen des §2 zu den Haltungsbedingungen der Tiere, gibt es Vorgaben der **Tierschutz-Nutztierhaltungsverordnung**, die gleichzeitig die EU-Richtlinie 98/58/EG über den Schutz landwirtschaftlicher Nutztiere umsetzen. Die Verordnung enthält zunächst verpflichtende Anforderungen an die **Haltung aller Nutztiere** zu Erwerbszwecken – zur baulichen und technischen Ausstattung von Nutztierhaltungen und zur Versorgung von und dem Umgang mit Nutztieren. Ställe müssen demnach unter anderem so beschaffen sein, dass neben einer bedarfsgerechten Fütterung, Tränkung und Pflege der Tiere der Schutz vor Witterungseinflüssen und Beutegreifern und eine ausreichende Beleuchtung sichergestellt sind. Schadgaskonzentrationen und Lärmimmissionen müssen im zulässigen Bereich gehalten werden können. Es ist vorgeschrieben, dass ausreichendes und sachkundiges Betreuungspersonal vorhanden ist und die Tiere mindestens einmal täglich in Augenschein genommen werden. Dabei sind kranke Tiere zu versorgen – in abgesonderten Krankenställen oder -buchten mit weicher Einstreu und – wenn notwendig – unter Hinzuziehung eines Tierarztes. Tote Tiere sind unverzüglich zu entfernen. Die Haltungseinrichtungen sind sauber zu halten, Stallausrüstungen regelmäßig zu reinigen und zu desinfizieren und Ausscheidungen der Tiere so oft zu entfernen, dass die Tiere nicht mehr als unvermeidbar mit ihnen in Berührung kommen. Nutztierhalter haben aktuelle Aufzeichnungen über die täglichen Kontrollen, tiermedizinische Behandlungen und Anzahl und Ursachen von Tierverlusten zu führen; es ist sinnvoll, diese für die geforderten Eigenkontrollsysteme mittels Tierwohlindikatoren zu nutzen.

Für **Kälber, Legehennen, Masthühner, Schweine und Kaninchen** enthält die Verordnung neben diesen allgemeingültigen Vorgaben speziellere altersgruppen- und nutzungsspezifische Haltungsanforderungen. Für weitere Tierarten, insbesondere Milchkühe (Verbot der Anbindehaltung), Puten, Junghennen und Mastgeflügel-Elterntiere, werden seit längerer Zeit verbindliche Regelungen und insofern eine Ergänzung der Verordnung gefordert. Es ist zu beachten, dass es sich bei den Vorgaben der Verordnung um Mindestanforderungen handelt, die keinesfalls unterschritten werden dürfen. Ob die Vorgaben ausreichen, die nach Tierschutzgesetz geforderte bedarfs- und verhaltensgerechte Versorgung und Unterbringung der Tiere sicherzustellen, wird gegenwärtig in einem Klageverfahren geprüft. Im Wesentlichen enthalten die vorhandenen Spezialregelungen Vorschriften über die Haltungseinrichtungen – Beschaffenheit der Fußböden, die Art der Haltungsform (Gruppen- oder Einzelhaltung), Beleuchtungsintensitäten, zulässige Schadgaskonzentrationen – und über das Halten – Besatzdichten bzw. Platzbedarf der Tiere, Versorgungsintervalle und Ähnliches.

Es ist beispielsweise geregelt, dass **Kälber** (Rinder bis zum Alter von sechs Monaten) nicht angebunden, ab einem Alter von acht Wochen in Gruppen und auf rutschfesten trittsicheren Fußböden zu halten sind. Sie müssen in Haltung in Boxen untereinander Sicht- und Berührungskontakt haben, bis spätestens vier Stunden nach der Geburt Biestmilch bekommen und ab einem Alter von zwei Wochen jederzeit Zugang zu Tränkwasser haben; s. Kap. Kälberhaltung (S. 424).

Die Vorschriften zur **Schweine**haltung sind recht detailliert, wenn auch heftig umstritten. Insbesondere die noch zulässige Haltung von Sauen in Kastenständen im Deckbereich (von 1 Woche vor bis 4 Wochen nach der Besamung) bzw. die sogenannten Ferkelschutzkörbe im Abferkelbereich (von 1 Woche vor der Abferkelung bis Ende der 3–4-wöchigen Säugezeit) wurde aktuell gerichtlich beurteilt und steht vor einer Neuregelung. Spaltenböden müssen so beschaffen sein, dass die Auftrittsbreiten mindestens den Spaltenweiten entsprechen, bei den üblichen Betonspaltenböden sind Auftrittsbreiten von mindestens 8 cm und Spaltenweiten von höchstens 2 cm vorgeschrieben. Allen Schweinen außer Aufzuchtferkeln muss ein Liegebereich zur Verfügung stehen, für Saugferkel muss dieser wärmegedämmt oder beheizbar sein. Allen Schweinen ist jederzeit Zugang zu geeignetem Beschäftigungsmaterial in ausreichender Menge zu gewähren, wobei insbesondere Wühlmaterial (Einstreu) das Mittel der Wahl wäre, aber dies in der konventionellen Spaltenbodenhaltung meist Probleme bei der Gülleentsorgung bereitet. Zukünftig wird diese Problematik insbesondere im Hinblick auf die Unzulässigkeit des routinemäßigen Schwanzkupierens sicher an Brisanz zunehmen. Alle Schweine müssen jederzeit Zugang zu ausreichend Tränkwasser haben. Im Zusammenhang mit einer bedarfsgerechten Futterversorgung ist das ein entscheidender Aspekt im Hinblick auf die Tiergesundheit; s. Kap. Haltungssysteme für Sauen und Ferkel (S. 513).

Für **Legehennen und Mastgeflügel** beziehen sich die Vorgaben insbesondere auf den notwendigen Platzbedarf, Lichtregime (Hell- und Dunkelphasen) und Fütterungs- und Tränkeinrichtungen. Die Haltung der Legehennen in Käfigen ist seit Längerem verboten, die in Kleingruppen bis zum Jahr 2025 noch zulässig. Für Halter von Masthühnern ist explizit eine Sachkundebescheinigung, die durch Ablegen einer Sachkundeprüfung erlangt werden kann, gefordert.

7.1.3 Cross Compliance, Öko-Verordnung, Tierwohllabel

Viele Kriterien der Tierhaltungsnormen in der Nutztierhaltung sind Cross-Compliance-relevant. **Cross Compliance** („Überkreuzeinhaltung von Verpflichtungen") ist ein Kontrollsystem der EU-Agrarförderung, das Prämienzahlungen mit der Einhaltung von Tierschutz- und Umweltstandards verknüpft. Die Einhaltung der festgelegten Standards ist eine Voraussetzung für den Erhalt der Prämienzahlungen. Verstöße führen zu Abzügen bei den sogenannten Direktzahlungen für Nutztierhalter.

Neben den bisher beschriebenen Anforderungen an die Haltung von Nutztieren haben **ökologisch wirtschaftende Tierhaltungen** zusätzliche, über die gesetzlich vorgeschriebenen Mindestanforderungen hinausgehende Kriterien, die in aller Regel mit einer deutlichen Verbesserung der Tierhaltungsbedingungen einhergehen. Basierend auf der EU-Verordnung für den Ökologischen Landbau (VO (EG) 834/2007) haben die verschiedenen Ökoverbände Richtlinien, die unter anderem die Verwendung bestimmter Futtermittel, die tierärztliche Behandlung kranker Tiere, den Platzbedarf der Tiere und Fußbodenbeschaffenheiten anders regeln. Sehr oft sind beispielsweise Haltung auf

Einstreu, Auslaufhaltung oder zumindest Außenklimakontakt verbindlich vorgegeben.

In ähnliche Richtung zielen **Tierwohllabel** von Tierschutzverbänden, wie das Label „Für mehr Tierschutz" des Deutschen Tierschutzbundes, wobei die Beteiligung der Nutztierhalter an diesen Labeln freiwillig und bisher leider sehr gering ist. Im Jahr 2018 sollen die gesetzlichen Voraussetzungen für ein staatlich initiiertes Tierwohllabel geschaffen werden.

Seit 2015 versucht die **Initiative Tierwohl** – ein Zusammenschluss aus Tierhaltungsunternehmen und Verbänden aus Landwirtschaft, Fleischwirtschaft und Lebensmitteleinzelhandel – die Standards in der Nutztierhaltung für Schweine und Geflügel marktweit ausbauen. Die einzuhaltenden Kriterien liegen meist nur wenig über den gesetzlichen Mindestforderungen, aber die beteiligten Tierhaltungen erhalten für diesbezügliche Aufwendungen ein Tierwohlentgelt.

7.1.4 Tiertransportverordnung, EU-Schlachtverordnung

Bezüglich des Transportes von Nutztieren gelten die Vorschriften der **EU-Tiertransportverordnung** (VO (EG) 1/2005), die durch die **nationale Tierschutz-Transportverordnung** ergänzt wird. Hier ist unter anderem geregelt, wer gewerblich Tiere transportieren darf (Unternehmen muss zugelassen sein), wie lange Nutztiere transportiert werden dürfen (grundsätzlich maximal acht Stunden; Ausnahmeregelungen für längere Transporte mit speziell dafür zugelassenen Fahrzeugen und bei Einhaltung bestimmter Versorgungsintervalle) und welche Tiere transportiert werden dürfen. Tiere, die sich nicht selbständig bewegen können und/oder große offene Wunden aufweisen, sind transportunfähig und von jeglichem Transport ausgeschlossen. Fahrer von Nutztiertransporten benötigen als Beleg ihrer Sachkunde einen sogenannten Befähigungsnachweis, der das Ablegen einer entsprechenden Prüfung voraussetzt. Für lange Tiertransporte (über acht Stunden) sind umfangreiche Planungen und Dokumentationen der Unterwegsversorgung etc. nachzuweisen.

Als Ausnahme gelten Transporte von Nutztieren durch Landwirte mit eigenen Fahrzeugen und über eine Entfernung von maximal 50 Kilometer. Diese dürfen durchgeführt werden, wenn die Tiere transportfähig und die Fahrzeuge geeignet sind und der Fahrer sachkundig ist.

Die **EU-Schlachtverordnung** (VO (EG) 1099/2009) und die **nationale Tierschutz-Schlachtverordnung** geben neben den bereits erläuterten §§ 4 und 4a des Tierschutzgesetzes vor, welche Regeln beim Töten und Schlachten – einschließlich damit verbundener Tätigkeiten wie Zutreiben, Ruhigstellen u. a. – einzuhalten sind. Dies betrifft ausdrücklich auch das Nottöten todkranker (moribunder) Tiere in Nutztierbeständen und das Töten zur Bestandsräumung im Rahmen von Maßnahmen zur Tierseuchenbekämpfung.

Nottöten ist das Töten von verletzten oder kranken Tieren, die erheblichen Schmerzen und Leiden ausgesetzt sind – ein damit in Verbindung stehender vorhergehender Unglücksfall ist nicht zwingend. Die Tiere sind im Bestand zu töten, wenn die Schmerzen und Leiden nicht auf andere Art gelindert werden können (vernünftiger Grund) und die Tiere transportunfähig sind. Auch vor jeder Nottötung sind Tiere zu betäuben. Lebensschwache Ferkel, bei denen keine Aussicht auf Besserung besteht, sind zu betäuben und danach durch Blutentzug zu töten. Unzulässig ist die Tötung ohne vorherige Betäubung oder das lange Zeit verbreitete Aufschlagen der Ferkel auf den Boden.

Bis zu einem Lebendgewicht von 5 kg können Ferkel, aber auch Geflügel oder Lämmer, durch stumpfen Schlag auf den Kopf betäubt werden, für schwerere Tiere ist der Bolzenschuss Mittel der Wahl. Bolzenschuss allein wirkt nur betäubend, die Tiere können ohne anschließende Tötungsmethode (Blutentzug oder Rückenmarkszerstörung) wieder wahrnehmungsfähig werden. Auch für moribundes Geflügel gilt, dass der Tötung im Bestand durch Genickbruch eine Betäubung vorausgehen muss. Bei über 5 kg schwerem Geflügel ist das in der Regel der Bolzenschuss.

Die Tötung der Tiere hat bis maximal 60 Sekunden (Rinder) bzw. 20 Sekunden (alle anderen Tierarten) nach der Betäubung zu erfolgen, um ein Wiedererlangen der Wahrnehmungsfähigkeit sicher zu verhindern.

Für notwendige **Bestandsräumungen** sind die zulässigen Betäubungs- und Tötungsmethoden vielfältiger und in sogenannten Aktionsplänen – meist Tierseuchenbekämpfungsplänen und ähnlichem – vorab festgelegt und genehmigt.

7.2 Tiergesundheit

Johann Marx

7.2.1 Tiergesundheit – eine Begriffsbestimmung

Im folgenden Abschnitt wird unter „Tiergesundheit" der Schutz vor und im Schadensfall die Eindämmung und die „Bekämpfung" von hoch ansteckenden Krankheiten von Tieren verstanden. „Ansteckend" bedeutet, dass ein Virus, Bakterium, Parasit oder eine bestimmte Eiweißstruktur (Prion) die Krankheit hervorruft (Beispiele: Maul- und-Klauenseuche-Virus, Rotz-Bakterium, Kleiner Bienenbeutenkäfer-Parasit, Scrapie-Prion). Den Tierseuchen gleichgestellt sind in diesem Zusammenhang bestimmte schwerwiegende Zoonosen (vom Menschen auf das Tier und umgekehrt übertragbare Krankheiten), auch bei zum Teil nur geringer Ausbreitungstendenz. Beispiele hierfür sind Tollwut, Q-Fieber oder Echinokokkose. Es ist letztlich eine Frage der Festlegung, welche Krankheit als Tierseuche angesehen wird. Getroffen wird diese Entscheidung primär von der Weltorganisation für Tiergesundheit, OIE (S. 300).

Von der Viehseuchenbekämpfung zur Tiergesundheitsstrategie – ein Rückblick Seit der Mensch Tiere hält, ist seine Geschichte und Entwicklung eng verbunden mit dem Wohl und Wehe der gehaltenen Tiere. Vor diesem Hintergrund war das Auftreten einer Tierseuche meist ein einschneidendes Ereignis.

Dass Tiere und Menschen gegen derartige Krankheiten geschützt werden mussten, entwickelte sich in Politik und Rechtsetzung zu einem gewichtigen gesundheitlichen, ökonomischen und ethischen Anliegen.

Die größten Schwierigkeiten bereiteten in der Geschichte hochkontagiöse Tierseuchen wie die Rinderpest (auch Löserdürre, Viehseuche, Viehsterben, Hornviehseuche usw. genannt), Lungenseuche, Maul- und Klauenseuche (MKS) und Pockenseuche der Schafe. Große gesundheitliche Gefahren, nicht zuletzt auch für den Menschen entstanden durch Tuberkulose, Tollwut, Rotz und Milzbrand. Das staatliche Engagement bei der Eindämmung hoch ansteckender Krankheiten der Nutztiere begann in Deutschland im 19. Jahrhundert wegen der Rinderpest-Seuchenzüge. Daneben war die Maul- und Klauenseuche die schlimmste Geißel mit schweren wirtschaftlichen Verlusten durch hohe Morbidität (Erkrankungsrate) bei meist geringer Letalität (Sterblichkeit). Erste staatliche Vorschriften wurden bereits im 16. Jahrhundert erlassen, Ursprungs- und Gesundheitsatteste erstmals im 17. Jahrhundert verlangt.

Über Jahrhunderte hat man primär auf das Auftreten von Tierseuchen reagiert; erst in der jüngeren Geschichte werden auch vorsorgende, präventive Ansätze systematisch verfolgt. Anhand der Wortwahl der einschlägigen Gesetzgebung lässt sich der Wandel hin zu einer mehr vorsorgenden „Tiergesundheitsstrategie" gut nachvollziehen:

- 1880 Reichsgesetz „betreffend die Abwehr und Unterdrückung von Viehseuchen"
- 1909 „Viehseuchengesetz"
- „Tierseuchengesetz" (letzte Bekanntmachung 2004)
- „Gesetz zur Vorbeugung vor und Bekämpfung von Tierseuchen (Tiergesundheitsgesetz – TierGesG)"

Die Methoden der „klassischen" Tierseuchenbekämpfung (Sperrung, Untersuchung, ggf. Tötung, Endreinigung und -desinfektion) sind damit keineswegs obsolet, sie werden vielmehr um präventive Optionen wie z. B. Biosicherheit (S. 303) oder die Impfung mit Marker-Impfstoffen erweitert.

Ein weiterer Wechsel lässt sich aus den Gesetzestiteln ablesen: weg von der Fokussierung allein auf „Vieh", also allgemein gesprochen den landwirtschaftlichen Nutztieren, hin zu allen Haustieren einschließlich der Bienen und Fische sowie unter Berücksichtigung empfänglicher Wildtierpopulationen. Dies ist nicht zuletzt der Tatsache geschuldet, dass Wildtierbestände eine erhebliche Rolle bei der Verbreitung spielen und als Reservoir für Tierkrankheiten dienen können. Beispiele hierfür sind die Tuberkulose (im Alpenraum vermutlich Rotwild; auf der britischen Insel der Dachs), die Geflügelpest („Vogelgrippe", hoch pathogene Aviäre Influenza, hier vor allem Wasservögel) oder auch die Afrikanische Schweinepest (Wildschweine).

Mit der stetigen Verbesserung von Diagnosemöglichkeiten und der Entwicklung von Impfstoffen ist es gelungen, viele weit verbreitete Tierseuchen einzudämmen. Die FAO (Food And Agricultural Organisation) hat die Rinderpest für ausgerottet erklärt. Lungenseuche und Rotz beim Pferd treten heute nur noch äußerst selten auf. Auch wichtige Zoonosen wie Tuberkulose des Rindes und Brucellose konnten zwischenzeitlich weitgehend getilgt werden.

7.2.2 Der internationale Rahmen für die Tierseuchenbekämpfung

GATT, WTO, SPS-Abkommen

Der internationale Handel ist Gegenstand des **GATT** (General Agreement on Traffic and Trade), einem internationalen Vertrag der Welthandelsorganisation (WTO). Primärziel des GATT ist der Abbau bzw. die Verhinderung unerlaubter Handelshemmnisse. „Erlaubte" Hemmnisse im Handel zwischen den **WTO**-Mitgliedern beschreibt für die Tier- und Pflanzengesundheit und die Lebensmittelsicherheit das **SPS-Abkommen** (SPS = sanitary and phytosanitary measures). Dieses Abkommen räumt den Vertragsstaaten die Möglichkeit ein, „Maßnahmen zu treffen, die zum Schutz von Leben und Gesundheit von Menschen, Tieren und Pflanzen notwendig sind" (Bundesministerium für Ernährung und Landwirtschaft, BMEL).

In der Praxis folgen dem Auftreten einer seuchenhaften Erkrankung in einem Exportland (z. B. Geflügelpest in Deutschland) in aller Regel Handelsbeschränkungen in den importierenden Ländern, mit allen Folgen für den Markt bzw. die Preise.

OIE – Weltorganisation für Tiergesundheit

Zur Vermeidung der Ausbreitung der wichtigsten Tierkrankheiten über Ländergrenzen hinweg wurde 1924 die Weltorganisation für Tiergesundheit, OIE [185], gegründet. Die Mitglieder der OIE haben sich dazu verpflichtet, durch Meldung an die OIE Transparenz über auf ihrem Gebiet auftretende „Tierseuchen" herzustellen. Die OIE definiert eine Liste der Tierkrankheiten, über die sie bzw. sich die Mitgliedsstaaten informieren müssen [185]. Die OIE hat 2017 insgesamt 116 Krankheiten gelistet.

Europäisches Recht Die EU regelt im Bereich Tiergesundheit Fragestellungen, die die Eindämmung von Tierseuchen und den grenzüberschreitenden Verkehr von Tieren und tierischen Erzeugnissen betreffen, durch:

- Rahmenvorgaben mit dem Ziel, bestimmte Tierseuchen mit hoher Ausbreitungstendenz oder hoher Gefahrenlage zu tilgen (z. B. Klassische Schweinepest, Maul- und Klauenseuche)
- Regeln zur Mitteilung von Viehseuchen an die EU (Richtlinie 82/894/EWG)
- Richtlinien zum innergemeinschaftlichen Handel von Tieren und zu deren Kennzeichnung und Registrierung
- Durchführungsbeschlüsse (Beschränkungen des Tier- und Warenverkehrs) bei aktuell in bestimmten Ländern und Regionen auftretenden Tierseuchen mit hohem Verbreitungsrisiko (z. B. zur Afrikanischen Schweinepest in bestimmten Mitgliedsstaaten)
- Festlegung von von bestimmten Tierseuchen anerkannt freien Regionen (z. B. „BHV1-frei" nach Artikel 10 der Richtlinie 64/432/EG)
- vereinheitlichte Gesundheitsbescheinigungen (Richtlinie 92/65/EWG)
- Regelungen zu über Lebensmittel auf den Menschen übertragbaren Zoonosen (Salmonellose; VO 2160/2003 und VO 2073/2005)

Vor dem Hintergrund der „BSE-Krise" sind seit einigen Jahren zudem der Umgang und die Verwendung bzw. der Verbleib von tierischen Nebenprodukten auf EU-Ebene detailliert reglementiert.

Im Zuge der Vollendung des Europäischen Binnenmarktes verfolgt die **Europäische Kommission** (KOM) das Ziel, tierseuchenrechtliche Vorschriften mehr und mehr zu vereinheitlichen. Beispielsweise wurden für bestimmte Tierseuchen wie Maul- und Klauenseuche und Schweinepest die früher üblichen Schutz- bzw. Notimpfungen verboten und durch die Merzung von betroffenen Beständen ersetzt. Die Politik des gegenwärtig gebräuchlichen, rigorosen **„Stamping-out"**, das heißt das Töten und schadlose Beseitigen der infizierten und infektionsverdächtigen Tiere, erscheint aus heutiger Sicht überzogen. Die in der Tierseuchenbekämpfung gesammelten Erfahrungen und vor allem die Globalisierung des Personen-, Tier- und Warenverkehrs machen es sehr unwahrscheinlich, in der Europäischen Gemeinschaft einen Erreger absolut und auf Dauer zu tilgen. Abgesehen davon ist die Kosten-Nutzen-Relation der Politik des „Stamping-out" fragwürdig. Vor dem Hintergrund, dass beispielsweise über 8 Mio. Schweine wegen Schweinepest 1997/98 in den Niederlanden getötet werden mussten oder 2001 über 3,8 Mio. Klauentiere wegen MKS in Großbritannien, erscheint eine Politik des rigorosen „Stamping-out" auch ethisch bedenklich.

„Blick nach vorn": Tiergesundheitsstrategie der europäischen Union seit 2016 2007 hat die KOM eine europäische Strategie im Bereich Tiergesundheit verabschiedet. Diese Strategie verfolgt vier Ziele:

- Schutz der öffentlichen Gesundheit und Lebensmittelsicherheit
- Förderung der Tierhaltung und der Wirtschaft im ländlichen Raum
- Sicherstellung des freien Verkehrs von Tieren und Vieh
- nachhaltige Entwicklung der EU

Diese Strategie mündet in die Verordnung (EU) 429/2016, den sogenannten **EU-Tiergesundheitsrechtsakt**. Dieser schafft einheitliche Rahmenbedingungen innerhalb der EU (Harmonisierung) und ist **ab dem 21. April 2021** anzuwenden. Maßnahmen im Tierseuchenfall werden dann an der „Gefährlichkeit" einer Tierseuche ausgerichtet (risikoorientierter Ansatz). Folgende Kategorien werden eingerichtet:

- Tierseuchen, die in der EU nicht vorkommen (z. B. Maul- und Klauenseuche)
- Tierseuchen, die in der EU vorkommen und die ausgelöscht werden sollen (z. B. Brucellose, Tuberkulose, Tollwut)
- Tierseuchen, die „unter Beobachtung" stehen

In den weiteren Teilen des Rechtsaktes sind die Meldeverpflichtungen, Tilgungsprogramme, Notfallpläne und Tierseuchenübungen vorgeschrieben. Der Rechtsakt befasst sich zudem mit Fragen der Tierkennzeichnung, der Registrierung und der Zulassung, der Ein- und Ausfuhr, der Sofortmaßnahmen bei neuartigen Erkrankungen und mit weiteren Aspekten.

Der EU-Kommission (KOM) wird im Tiergesundheitsrechtsakt vielfach das Recht eingeräumt, über sogenannte „delegierte Rechtsakte", das sind Verordnungen, die keiner Beteiligung des Rates oder des Europäischen Parlamentes oder der Mitgliedsstaaten bedürfen, Regelungen für die gesamte EU zu treffen. Es ist davon auszugehen, dass die europäische Kommission dieses Mandat Zug um Zug wahrnehmen wird.

7.2.3 Nationale Gesetzgebung – Tiergesundheitsgesetz und tierseuchen- bzw. tiergesundheitsrechtliche Verordnungen

Das **Tiergesundheitsgesetz (TierGesG)** [231] vom 22.05.2013 schreibt das bis dahin geltende Tierseuchengesetz fort und setzt verstärkt auf vorbeugenden Schutz. Es nimmt die Tierhalter in die Pflicht, den Tiergesundheits- und den Biosicherheitsstatus der Tierhaltung durch eigenbetriebliche Kontrollen zu sichern.

Auf der Basis des Tiergesundheitsgesetzes bestehen eine nicht unerhebliche Zahl von Verordnungen und Regelwerken. Diese lassen sich grob einteilen in:

- „Vertikale" Regelungen:
  - Verordnungen zur Bekämpfung einzelner Tierseuchen (Geflügelpest-Verordnung, BHV1-Verordnung, BVD-Verordnung, Rinder-Salmonelloseverordnung, Verordnung zum Schutz gegen die Ansteckende Blutarmut der Einhufer, Befall mit dem Kleinen Bienenbeutenkäfer …)
  - Verordnungen und Leitlinien im Bereich Biosicherheit (Schweinehaltungs-Hygiene-Verordnung, Bekanntmachung von Empfehlungen für hygienische Anforderungen an das Halten von Wiederkäuern)
- „Horizontale" Regelungen
  - Viehverkehrsverordnung – Verordnung zum Schutz gegen die Verschleppung von Tierseuchen im Viehverkehr, ViehVerkV, VVVO (S. 307)

- Verordnung über anzeigepflichtige Tierseuchen; s. Anzeige- und Meldepflicht bei Tierseuchen bzw. Tierkrankheiten (S. 302)
- Verordnung über meldepflichtige Tierkrankheiten; s. Anzeige- und Meldepflicht bei Tierseuchen bzw. Tierkrankheiten (S. 302)

Die beiden letztgenannten Verordnungen werden stets aktualisiert.

Gute Übersichten über die aktuelle Rechtslage (Bundesrecht) bietet das Bundesministerium für Ernährung und Landwirtschaft, BMEL, www.bmel.de.

Regelungen der Bundesländer Für die Bundesländer besteht, solange der Bund keine einschlägige Regelung trifft, die Möglichkeit, Tierseuchenrecht selbst festzulegen. So hat etwa Niedersachsen 2017 eine Landes-Verordnung zur Bekämpfung der Paratuberkulose des Rindes (Johnesche Krankheit) in Kraft gesetzt. Damit dürfen Zuchtrinder älter als zwei Jahre nur nach Vorliegen eines negativen Untersuchungsergebnisses auf Mycobacterium avium subspecies paratuberculosis (MAP) nach Niedersachsen verbracht werden.

Friedrich-Loeffler-Institut (FLI) Das **Friedrich-Loeffler-Institut** (FLI) [85], Bundesforschungsinstitut für Tiergesundheit, ist eine Einrichtung des Bundesministeriums für Ernährung und Landwirtschaft (BMEL) und beschäftigt sich mit Gesundheit und Wohlbefinden landwirtschaftlicher Nutztiere und dem Schutz des Menschen vor Zoonosen. Dies ist im Tiergesundheitsgesetz festgelegt. Hauptstandort des FLI ist die Insel Riems. Die Insellage wurde bei Gründung der Einrichtung von Friedrich Loeffler im Jahr 1910 mit dem Ziel, die Maul- und Klauenseuche zu erforschen, im Wissen um die hohe Ausbreitungstendenz der Erkrankung gewählt. Das FLI ist heute oberste fachliche Instanz bei der Diagnostik und der Risikobewertung von Tierseuchen in Deutschland. Die Diagnostik im Tierseuchenverdachts- oder im Tierseuchenfall, im Routinebetrieb und im Monitoring von Tierseuchen erfordert erhebliche diagnostische Kapazitäten in der Tierpathologie, der Virologie, der Bakteriologie, der Mykologie und der Parasitologie. Diese Ressourcen werden primär von den **Veterinäruntersuchungseinrichtungen** der Bundesländer bereitgestellt.

Auf EU-Ebene nimmt die **Europäische Behörde für Lebensmittelsicherheit** (European Food Safety Authority, EFSA) mit Sitz in Parma (Italien) ähnliche Aufgaben wahr. Stellungnahmen im Bereich Tiergesundheit werden vom **EFSA-Ausschuss Tiergesundheit und Tierschutz** (Animal Health and Animal Welfare, AHAW) bearbeitet.

7.2.4 Anzeige- und Meldepflicht bei Tierseuchen bzw. Tierkrankheiten

56 Tierseuchen unterliegen in Deutschland einer Anzeigepflicht, 23 einer Meldepflicht. Die aktuell anzeige- bzw. meldepflichtigen Tierseuchen bzw. Tierkrankheiten sind in der jeweiligen Verordnung namentlich genannt. Es sind die jeweils aktuell geltenden Fassungen zu beachten, da es hier immer wieder zu Änderungen kommt.

Anzeigepflicht bedeutet, dass bestimmte Personengruppen rechtlich verpflichtet sind, bereits den Verdacht des Auftretens einer Tierseuche den zuständigen Behörden (Veterinäramt an den Landratsämtern/Kreisfreien Städten) anzuzeigen. Ziel ist, dass von dort **sofort** entsprechend den rechtlichen Regelungen alle notwendigen Maßnahmen zur Bekämpfung der Seuche eingeleitet werden können.

Folgender Personenkreis ist zur Anzeige des Verdachts gemäß Tiergesundheitsgesetz (§ 4 Abs. 1–3) verpflichtet: der Tierhalter, seine Vertretung, und jeder, der berufsmäßig mit Tieren zu tun hat (z. B. Hirten, Schäfer, Schweizer, Senner bzw. einschlägig tätige Personen wie Tierärzte und Leiter von Untersuchungseinrichtungen, Tierheilpraktiker, Besamungstechniker, Leistungsprüfer, Hufschmiede, Bienensachverständige, Fischereifachberater). Der Verstoß gegen die Pflicht, anzeigepflichtige Tierseuchen unverzüglich anzuzeigen, kann als Ordnungswidrigkeit mit Geldbuße bis zu 30 000 € belegt werden.

Bei den **meldepflichtigen Tierkrankheiten** geht es nicht um die unmittelbare Einleitung von Maßnahmen zur Bekämpfung, sondern darum, einen **Überblick über die Verbreitung** der Krankheit zu erhalten. Dementsprechend ist auch der Kreis der zur Meldung verpflichteten Personen deutlich eingeschränkt: Leiter der Veterinäruntersuchungsämter, der Tiergesundheitsämter oder sonstiger öffentlicher oder privater Untersuchungsstellen

(Laboratorien). Die Meldepflicht gilt auch für Tierärzte.

Übersicht über die **anzeigepflichtigen Tierseuchen** [10] (Liste nicht vollständig wiedergegeben):

- „Klassische" Tierseuchen: Afrikanische Schweinepest, Ansteckende Blutarmut der Einhufer, Aujeszkysche Krankheit, BHV1-Infektion, Bovine Virusdiarrhoe, Enzootische Leukose der Rinder, Geflügelpest, Lungenseuche der Rinder, Maul- und Klauenseuche, Newcastle Disease, Rauschbrand, Rinderpest, Rotz, Salmonellose der Rinder, Klassische Schweinepest
- Zoonosen (auf den Menschen übertragbar): Brucellose (Rinder, Schafe und Ziegen, Schweine), Ebolafieber, Milzbrand, Tollwut, Tuberkulose (Rinder), Hochpathogene aviäre Influenza (HPAI)
- „Neuartige" Tierkrankheiten: Blauzungenkrankheit, Lumpy-Skin-Disease, Transmissible Spongiforme Enzephalopathien, z. B. BSE (Rind), Scrapie (Schaf/Ziege), Chronic Wasting Disease (Hirsch)
- Deckseuchen: Beschälseuche, Infektiöse Epididymitis, Trichomonadenseuche
- Außerdem die Tierseuchen der Fische und Bienenkrankheiten.

Übersicht über die **meldepflichtigen Tierkrankheiten** [165] (Liste nicht vollständig wiedergegeben):

- Zoonosen: Campylobacteriose, Chlamydiose, Echinokokkose, Leptospirose, Listeriose, Q-Fieber, Salmonellose (beim Rind anzeigepflichtig), Toxoplasmose, Tuberkulose (beim Rind anzeigepflichtig), Tularämie, Verotoxin-bildende Escherichia-coli-Infektion
- Sonstige Tierkrankheiten: Gumboro, Infektiöse Laryngotracheitis des Geflügels, Marek'sche Krankheit, Niedrigpathogene aviäre Influenza der Wildvögel, Schmallenberg-Virus-Infektion, Vogelpocken

7.2.5 Schutzmaßnahmen gegen Seuchengefahr

Biosicherheit

Eine der wichtigsten Maßnahmen zum Schutz und zur Vorbeugung vor ansteckenden Tierkrankheiten und Zoonosen ist die sogenannte „**Biosicherheit**". Diese umfasst sämtliche Vorkehrungen, die die Einschleppung von Krankheiten in einen Tierbestand verhindern, sowie die physische Trennung potenzieller Risikobereiche.

Potenzielle Ein- und Austragsquellen sind:

- Tierzugang/Zukäufe zum Bestand, Rückläufer von Auktionen
- Haustiere (Hofhund, Hauskatze)
- Wildtiere (Wildschweine, Rotwild, Wildvögel, verwilderte Stadttauben)
- Schadnager (Ratten, Mäuse)
- Insekten (Stechmücken)
- Personenverkehr (Betriebsleiter, Mitarbeiter, Familie, Freunde, Nachbarn, Besucher, Tierarzt, Besamungstechniker, Klauenpfleger, Viehhändler …)
- Fahrzeuge (Fahrzeug des Betriebsinhabers, gemeinschaftlich genutzte landwirtschaftliche Fahrzeuge, Viehtransporter, Milchtankwagen, Futtersilowagen, Tierarztauto, Fahrzeug des Besamungstechnikers, des Klauenpflegers …)
- Eintrag über die Luft und Wasser

Zur Herstellung und Aufrechterhaltung eines hohen hygienischen Status oder Biosicherheitsniveaus sind im Wesentlichen zwei Handlungfelder zu nennen:

a) **Herstellung der Basishygiene** auf angemessenem Niveau. Beispiele:
   - Einschränkung des Zutrittes zur Tierhaltung auf einen autorisierten Personenkreis
   - Bereithalten (und Benutzung) betriebseigener Schutzkleidung (Stiefel, Overall) insbesondere für Personen, die auch andere Bestände betreten
   - Trennung von Funktionsbereichen (Lebensmittel, Futtermittel, sonstige Hilfsstoffe, Abfall, Kadaverlager)
   - Händereinigung, Wechsel der Schutzkleidung vor und nach Tierkontakt, zwischen Funktionsbereichen
   - Einfriedung (Zaun)
   - Schadnagerbekämpfung
   - Durchführung von Eigenkontrollen zum Gesundheitsstatus des Bestandes (Mortalitätsrate, Lahmheiten …)
   - Quarantäne für Zukauftiere
   - Beschränkung/Steuerung der Zufahrt (kreuzungsfrei)

Auf die Umsetzung dieser Maßnahmen sind etwa Schweinehalter durch die Schweinehaltungshygiene-Verordnung oder Geflügelhalter durch die Verordnung zum Schutz gegen die Geflügelpest bereits gesetzlich verpflichtet. Es sollte allerdings im Eigeninteresse aller Tierhalter sein, diese Maßnahmen umzusetzen und auf die dauerhafte Einhaltung zu achten.

b) Spezifische, **zusätzliche Sicherheitsmaßnahmen** im Hinblick auf eine aktuelle Gefährdungslage. Beispiele:
   - Schutz vor Wildvögeln bzw. dem Eintrag von Kot durch Überdachung des Auslaufes und „wildvogeldichter" Umzäunung
   - Verzicht auf Teilnahme an/Verbot von Märkten, Tierschauen, Ausstellungen

Eine große Herausforderung stellen in diesem Zusammenhang Hobbyhaltungen mit fehlendem Tierseuchenbewusstsein der Besitzer dar. Hier stößt häufig bereits die Notwendigkeit, die Haltung zu registrieren oder ein Register (Bestandsbuch) zu führen, auf Unverständnis, umso mehr die Einhaltung der rechtlich vorgegebenen Biosicherheitsmaßnahmen (z. B. Schweinehaltungs-Hygiene-Verordnung, Geflügelpest-Verordnung, Empfehlungen für hygienische Anforderungen an das Halten von Wiederkäuern des BMEL). Die Kenntnis der Veterinärbehörden über alle Haltungen empfänglicher Tierarten kann entscheidend sein für den Erfolg oder Misserfolg einer Maßnahme zur Verhinderung des Auftretens oder der Bekämpfung einer Tierseuche.

Impfung versus Tötung (Keulung)

Lange Zeit standen für viele ansteckende Tierkrankheiten und Tierseuchen keine **geeigneten Impfstoffe** zur Verfügung. Die **Tötung** erkrankter und möglicherweise angesteckter Bestände war die **einzige Alternative**, die Tierseuche einzudämmen und damit den sonst drohenden größeren Schaden, das heißt den Fortbestand der Tierseuche, abzuwenden. Dazu gehört auch die anschließende Reinigung, Desinfektion und Entwesung, das heißt der Bekämpfung von Schadnagern und Insekten.

Bei einigen Tierseuchen ist dies auch heute noch so, etwa, weil die Erreger ihre Eigenschaften ändern und die vorhandenen Impfstoffe damit unwirksam werden (können), z. B. bei Geflügelpest. Oder weil bei der Untersuchung, ob Tiere infiziert sind, Impfung und Erkrankung zum gleichen positiven Testergebnis führen würden und damit keine Unterscheidung zwischen Erkrankung und Impfung möglich wäre. Beides trifft für die Afrikanische Schweinepest zu. Es gibt allerdings auch positive Beispiele, z. B. den Markerimpfstoff gegen BHV1.

Gegen Impfregime zur Seuchenbekämpfung spricht häufig auch, dass wichtige Abnehmerländer weltweit die Freiheit der Herkunftsregionen von den wichtigsten Tierseuchen fordern und Erzeugnisse oder Tiere aus Impfregionen, insbesondere geimpfte Tiere oder Erzeugnisse von geimpften Tieren, strikt ablehnen. Dies gilt insbesondere für bestimmte Stämme der Geflügelpest (hochpathogene aviäre Influenza, HPAI H5N8). Das oben genannte SPS-Abkommen gibt den rechtlichen Rahmen für diese Vorgehensweise. Im Sinne der Risikominimierung für das jeweilige eigene Land kann diese ablehnende Haltung eine sinnvolle Strategie sein. Manchmal vermischt sich diese fachlich begründete Haltung allerdings mit (**protektionistischen) Handelsinteressen**, die möglicherweise gar der eigentliche Grund für den Aufbau der Barrieren sind.

Bei einem (staatlichen) Programm zur Tilgung einer Tierseuche in einer Population können abhängig von Krankheitsverlauf, Empfänglichkeit und Durchseuchungsgrad auch Impfmaßnahmen sowie Entfernen oder Töten von infizierten Tieren nach- oder nebeneinander praktiziert werden. Beispiel hierfür ist die Tilgung der BHV1-Infektion.

Abhängig von der Schwere der Erkrankung und dem bereits gegenwärtigen Durchseuchungsgrad kann auch „Nichtstun", das heißt eine ggf. vollständige Durchseuchung von Viehbeständen, eine Möglichkeit sein, mit einer ansteckenden Tierkrankheit umzugehen („**mit der Seuche leben**"). Beispielsweise wird dies hinsichtlich der BHV1-Infektion von den meisten Ländern praktiziert. Als einzelstaatliche Maßnahme besteht dann allerdings die Gefahr, im internationalen Handel isoliert zu werden.

Im Sinn einer **Tierethik**, wie sie u. a. von Albert Schweizer vertreten wurde, scheint eine Tötung im Rahmen der Tierseuchenbekämpfung dann vertretbar, wenn dadurch „größerer Schaden“, also noch höhere Krankheits- oder Todesfälle bei Tieren, gesellschaftliche oder soziale Schieflagen oder im Falle von Zoonosen Erkrankungen und Todesfälle beim Menschen zu erwarten sind. Wenn allerdings eine Erfolg versprechende Bekämpfungsstrategie mithilfe geeigneter Impfstoffe ebenfalls möglich wäre, die Seuchenbekämpfung aber aus wirtschaftlichen Gesichtspunkten (Handelsrestriktionen) mit Tötungen durchgeführt wird, scheint eine breite Diskussion, ja gesellschaftliche Debatte über die Vertretbarkeit dieser Vorgehensweise angebracht.

Ablehnung von Impfungen Meist im Gefolge einer irrationalen Ablehnung von Schutzimpfungen beim Menschen hat sich auch bei einigen Tierhaltern eine kritische bis ablehnende Haltung gegenüber Impfungen bei Tieren etabliert. Ein Ausscheren Einzelner aus (staatlichen) Impfprogrammen zur Eindämmung ansteckender Tierkrankheiten ist äußerst problematisch, denn auf diese Weise kann die Infektion in den nicht geimpften Beständen auftreten und vor allem auch fortgetragen werden. Damit sind die Bemühungen der impfenden Tierhalter um den Aufbau einer wirksamen „Impfdecke“ mindestens gefährdet.

Das Problem „naiver“ Tiere bzw. Bestände Wenn Tierbestände über einen längeren Zeitraum keinen Kontakt zu einem Krankheitserreger haben, kann es sein, dass eine Infektion zu einem besonders schnellen und heftigen Krankheitsverlauf führt. Man spricht in diesem Zusammenhang von einem „naiven“ Tier/Bestand/Population. Dies führt zu der Situation, dass eine erfolgreiche Bekämpfung und die längerfristige Aufrechterhaltung der Freiheit von einer bestimmten Tierseuche alle Anstrengungen, diesen Status zu wahren, umso wichtiger macht.

Die Beseitigung toter Tiere im Seuchenfall Um in einem Tierseuchenfall auch handlungsfähig zu sein, ist es notwendig, Kapazitäten für eine geregelte Entsorgung toter Tiere an den Tierkörperbeseitigungsanlagen vorzuhalten. Nur durch eine kontrollierte Vernichtung kann gewährleistet werden, dass die Krankheitserreger auch sicher abgetötet werden.

Freiheitsstatus bei bestimmten Tierseuchen

Im innergemeinschaftlichen und internationalen Handel von Rindern, Schweinen, Schafen und Ziegen und von Erzeugnissen, die von diesen Tieren gewonnen werden, wird vom Empfängerland üblicherweise die **Freiheit** des Herkunftsbestandes und/oder der Herkunftsregion **von bestimmten ansteckenden Tierkrankheiten** gefordert. Zu diesem Zweck werden entsprechende amtstierärztliche Zeugnisse (**Veterinärzertifikate**) erstellt.

Die für die Ausstellung eines entsprechenden Zertifikates notwendigen Voraussetzungen können entweder durch Überprüfung, ob der einzelne Bestand die Anforderungen erfüllt, oder – bei bestimmten Krankheiten – durch eine EU-Anerkennung als „freie Region“ erbracht werden. Diese Möglichkeit besteht nach Artikel 10 der Richtlinie (EG) 64/432, die zum 21.04.2021 vom Tiergesundheitsrechtsakt, Verordnung (EU) 2016/429 zu Tierseuchen, abgelöst wird.

Voraussetzung für die Anerkennung ist ein von der EU anerkanntes **Monitoring-Programm** für das Auftreten der jeweiligen Krankheit. Die Zuerkennung des Freiheitsstatus bedeutet jedoch nicht, dass eine Erkrankung vollständig ausgelöscht ist, das heißt nicht mehr vorkommt, sondern vielmehr, dass die jeweilige Region in der Lage ist, bei einem sporadischen Auftreten der Erkrankung die Weiterverbreitung schnell und sicher zu unterbinden.

Ein Beispiel hierfür ist die BHV1-Freiheit. Seit dem 6. Juni 2017 gilt ganz Deutschland als BHV1-freie Region nach Artikel 10 der RL 64/432/EWG. Mit dem Durchführungsbeschluss (EU) 2015/2278 wurde die Anerkennung der letzten nicht als BHV1-frei anerkannten Regionen in Deutschland als frei bekannt gegeben. In der EU haben bereits Dänemark, Österreich, Finnland, Schweden, die Region Bozen und Aostatal in Italien, außerdem die Schweiz den Status „BHV1-frei“. Anerkannt frei hinsichtlich Aujeszkyscher Krankheit sind neben Deutschland 10 weitere EU-Mitgliedsstaaten.

Tierseuchenmonitoring

„**Monitoring**“ ist gemäß § 10 Tiergesundheitsgesetz ein „System wiederholter Beobachtung, Untersuchung und Bewertung von Tierseuchenerregern in oder auf lebenden oder toten Tieren oder an Orten, an denen üblicherweise Haustiere oder Fische gehalten werden oder sich wildlebende Tiere aufhalten, das dem frühzeitigen Erkennen von Gefahren, die von Tierseuchenerregern ausgehen können, durch die Untersuchung repräsentativer Proben dient".

Um die Anerkennung des Freiheitsstatus innerhalb der EU aufrechtzuerhalten und somit von der freien Handelbarkeit von Tieren und daraus gewonnenen Waren profitieren zu können, ist es erforderlich, dass der Mitgliedsstaat ein System regelmäßiger Kontrolluntersuchungen unter statistischen Gesichtspunkten eingeführt hat und umsetzt. Beispiele für derartige, EU-anerkannte Monitoring-Programme bestehen für Aujeszkysche Krankheit und Klassische Schweinepest beim Schwein (Beprobung von Wildschweinen) und beim Rind für BHV1 (jährliche Untersuchungen von Blutproben oder alternativ regelmäßige Tankmilchproben). Weitere Monitoring-Programme richten sich gegen Brucellose, Tuberkulose und Leukose. Entscheidend dabei ist, dass ein vereinzeltes Auftreten der Erkrankung, etwa eines BHV1-Ausbruchs, nicht die Anerkennung des Seuchenfreiheitsstatus insgesamt gefährdet.

Entschädigung im Tierseuchenfall durch Tierseuchenkassen

Um die Mitarbeit der Tierbesitzer bei der Tierseuchenbekämpfung zu fördern, sieht das Tiergesundheitsgesetz die Entschädigung der Tierverluste, die durch das Auftreten bestimmter Tierseuchen (Seuchenfeststellung) oder bei deren Bekämpfung (Tötungsanordnung) auftreten, in Höhe des „gemeinen Wertes" vor. Unter dem gemeinen Wert versteht man den Marktwert des Tieres, der in der Regel dem Schlachtwert entspricht. Der Entschädigungsanspruch erlischt, wenn der Tierhalter seiner Anzeigepflicht nicht nachgekommen ist. Die Tierseuchenkassen sind mit der Abwicklung der Entschädigung betraut.

Mögliche weitere Leistungen der **Tierseuchenkassen** unterscheiden sich von Bundesland zu Bundesland:

- Beihilfen, die die Tilgung einer Tierseuche durch Entfernen infizierter, aber klinisch gesunder Tiere, der sogenannten Reagenten, fördern sollen
- Zuschüsse für bestimmte Untersuchungen in Zusammenhang mit der Tierseuchenbekämpfung, etwa für die Entnahme von Milch- oder Blutproben durch Tierärzte oder auch für bestimmte Impfstoffe und für Untersuchungen auf Seuchenfreiheit im Rahmen bedeutender Tierschauen
- Finanzierung von Projekte zur Förderung der Tiergesundheit
- Kostenübernahme im Rahmen der Tierkörperbeseitigung

Zur Finanzierung der o. g. Beihilfen erheben die Tierseuchenkassen Beiträge von den Tierhaltern, gestaffelt nach Tierzahl und -art.

7.2.6 Das Auftreten von neuartigen Infektionskrankheiten

In den zurückliegenden Jahren sind wiederholt ansteckende Tierkrankheiten, die in unseren Breiten bisher unbekannt waren, aufgetreten. Hierzu einige Beispiele:

- Eine zwar bekannte aber neu eingeschleppte, bisher als exotisch eingestufte Tierseuche ist die Blauzungenkrankheit oder Bluetongue (BT) bei Wiederkäuern (S. 70). Sie wurde erstmalig in Südafrika entdeckt. Die Ursachen für ihr erstmaliges Auftreten in Deutschland in 2006 sind nicht geklärt.
- Ein weiteres Beispiel einer in Mitteleuropa neuartigen Erkrankung ist die Infektion mit dem meldepflichtigen **Schmallenberg-Virus** (SBV) bei Wiederkäuern, erstmals überhaupt nachgewiesen in Deutschland 2011 im Ort Schmallenberg. SBV wird, wie die Blauzungenkrankheit, durch saugende Insekten, vor allem Gnitzen, übertragen. Hauptsymptome sind: Fieber, Michrückgang und vor allem Missbildungen von Kopf, Hirn und Gliedmaßen bei neugeborenen Lämmern und Kälbern. Es gibt keinen Impfstoff gegen SBV, die Rinderbestände in Deutschland sind mittlerweile weitgehend „durchseucht" und eine staatliche Bekämpfung ist nicht notwendig.
- **Lumpy Skin Disease** (LSD) ist ebenfalls eine virusbedingte Tierseuche des Rindes. Typisch für die Krankheit sind, neben Fieber, Milchrückgang und Gewichtsverlust, knotige Hautveränderun-

gen, die in fortgeschrittenem Zustand geschwürig verändert sein können. LSD kommt in Afrika, südlich der Sahara und im Nahen Osten dauerhaft vor. Gemäß der Risikobewertung des Friedrich-Loeffler-Institutes begünstigten Krieg und Vertreibung eine Ausbreitung der Tierseuche aus Krisengebieten in die angrenzenden Staaten und letztlich nach Europa. Seit 2015 sind mehrere Staaten Südosteuropas betroffen; die Krankheit hatte sich in letzter Zeit vom Balkan in nordwestliche Richtung ausgebreitet. Die Übertragung findet hauptsächlich über Arthropoden statt. Die Impfstrategie in den Balkanstaaten hat aktuell erfolgreich zu einer Eindämmung von LSD geführt.

Daneben werden vermehrt bisher in unseren Breiten nicht etablierte Insekten wie die Asiatische Buschmücke oder die Asiatische Tigermücke beobachtet. Dies lässt befürchten, dass auch die von ihnen übertragenen Krankheiten (Buschmücke: West-Nil-Fieber bei Mensch, Vogel und Pferd, Tigermücke: Dengue- und Gelbfieber des Menschen) bei uns Fuß fassen könnten. Wissenschaftler gehen davon aus, dass die Tigermücke aufgrund des Klimawandels ab 2030 in weiten Teilen Europas heimisch wird. Als Ursachen für das erstmalige Auftreten von Infektionskrankheiten bei Tier und Mensch in unseren Breiten kommen der internationale Personen-, Tier- und Warenverkehr (erstmaliges Auftreten der Vektoren), der Klimawandel und mögliche Änderungen der Erregereigenschaften oder Vektoren in Betracht.

7.2.7 Viehverkehrsverordnung

Die **Viehverkehrsverordnung** (ViehVerkV oder VVVO) wurde zum Schutz gegen die Verschleppung von Tierseuchen durch Tiertransport und Handel insbesondere bei Rindern, Schweinen und Pferden eingerichtet. Sie regelt u. a.:

- Unterbringung, Transport und Umgang mit Tieren bei Viehausstellungen, Viehmärkten und in Schlachtstätten, in Viehhandelsunternehmen, Transportunternehmen und Sammelstellen unter dem Gesichtspunkt der Tierseuchenbekämpfung
- Beschaffenheit und Ausstattung von Viehtransportfahrzeugen und Viehsammelstellen
- Hygienevorschriften für Schlachtstätten hinsichtlich des Tierseuchenschutzes
- Vorschriften hinsichtlich Reinigung und Desinfektion
- Genehmigungspflicht des Triebwegs bei Wanderschafherden

Weiterhin legt sie die Vorschriften zur Tierkennzeichnung und Registrierung fest, eine Grundvoraussetzung für **Erzeugersicherheit** und **Rückverfolgbarkeit** in der Tierhaltung:

- Dokumentationspflichten für Tierhalter (**Bestandsregister**), Transporteure (**Transportbuch**), Viehhändler, Klauenpfleger u. a.
- **Registrierungsvorschrift** (vor Aufnahme der Tätigkeit!) für die Haltung von Schweinen, Rindern und Pferden, Schafen und Ziegen sowie für Geflügel einschließlich Wachteln, Haustauben und Laufvögeln. Aus Gründen des Seuchenschutzes gilt die Verpflichtung ausnahmslos auch, wenn die Haltung keinem Erwerbszweck dient (Hobbyhaltungen, z. B. auch von Hühnern). Die mit der Registrierung und Zuteilung der **Betriebsnummer** beauftragten Stellen unterscheiden sich in den einzelnen Bundesländern, in Bayern sind es die Ämter für Landwirtschaft. Die Betriebsregistrierung erfolgt unter Zuteilung einer Betriebsnummer, die mit den ersten beiden Ziffern das Bundesland kodiert (z. B. 09 für Bayern), mit den drei nächsten den Landkreis (z. B. 184 für den Landkreis München), den drei folgenden die Kommune (z. B. 137 für Aying) sowie schließlich eine vierstellige Betriebsnummer enthält.
- **HI-Tier (Herkunftssicherungs- und Informationssystem für Tiere**; www.hi-tier.de) ist die zentrale Datenbank für alle Bundesländer, betrieben vom Bayerischen Staatsministerium für Landwirtschaft und Forsten. Sie ist das Instrument zur Umsetzung der nach VVVO vorgeschriebenen **Registrierungen** aller Nutztierhaltungen. HI-Tier führt die **zentralen Tierdatenbanken** für die Tierbestände: Rinder, Schweine, Schafe und Ziegen. Tierhalter, aber auch Händler und Schlachtbetriebe sind, abhängig von der Tierart, zu fristgerechten Meldungen verpflichtet.

- **Rinder** werden mit zwei Ohrmarken festgelegter Mindestmaße und -inhalte gekennzeichnet. Rinderhalter sind verpflichtet, binnen sieben Tagen sämtliche **Zu- und Abgänge** (Geburt, Verkauf, Verendung) und Tierbewegungen (Sommerweide) zu melden. Daneben können **Bestandsregister** und Tiergesundheitsinformationen (BHV1- und BVDV-Untersuchungsergebnisse) in HI-Tier geführt werden. HI-Tier ermöglicht den Ausdruck von **Begleitpapieren** für den Verkauf von Tieren („Tierpass") durch den jeweiligen Tierhalter. Ohrmarken für neugeborene Tiere, zu erhalten über die im jeweiligen Bundesland zuständige „Regionalstelle", werden in der Datenbank registriert. Nachbestellungen von verloren gegangenen Ohrmarken erfolgen ebenfalls über HI-Tier.
- Bei **Schweinen, Schafen und Ziegen** sind Halter (aber auch Händler und Schlachtbetriebe) zu Stichtagsmeldungen (Bestand an Tieren zum 1. Januar) und Bewegungs- bzw. Übernahmemeldungen verpflichtet.
- **Mastbetriebe** (Rinder, Schweine, Hähnchen, Puten) über den jeweiligen Mindestbestandsgrößen dokumentieren die Antibiotikaanwendung in der HIT-Datenbank. Ziel ist der gezielte und möglichst sparsame Einsatz der Antibiotika, um die Entwicklung von Resistenzen zu verhindern.

- Im Rahmen der Kennzeichnungsverpflichtung für Rinder besteht eine unmittelbare praktische Verbindung zu einem Tierseuchenüberwachungs- und Bekämpfungsverfahren. Es handelt sich um den systematischen Erregernachweis der Bovinen Virusdiarrhoe/Mucosal Disease, BVD/MD des Rindes. Beim Einziehen der Ohrmarken in der ersten Lebenswoche werden sogenannte „Ohrstanzproben" genommen. Mit dieser Gewebeprobe kann der Labornachweis der Freiheit von bzw. der Infektion mit BVD/MD geführt werden. Dieser Freiheitsstatus erstreckt sich nicht nur auf das betroffene Tier, sondern bezieht auch das Muttertier mit ein, da es sich um einen auch während der Trächtigkeit übertragenen Erreger handelt. In Verbindung mit den in der Rinderdatenbank HI-Tier vorliegenden Informationen zur Abstammung ist so der BVD-/MD-Status eines Tieres bzw. einer Herde gut überprüf- und absicherbar.

Teil 3
Zucht, Haltung und Ernährung landwirtschaftlicher Nutztiere

8 Rinder: Zucht, Haltung und Ernährung

Hans-Jürgen Kunz, Katrin Mahlkow-Nerge und Ralf Waßmuth

8.1 Bedeutung der Rinderhaltung

Katrin Mahlkow-Nerge

Seit 8000 Jahren dient das Rind dem Menschen und hat sich zu seinem wichtigsten Haustier entwickelt. Diese Stellung verdankt es seinen vielfältigen Leistungen: Wie andere Wiederkäuer setzt es Pflanzen, die für den menschlichen Verzehr ungeeignet sind, in schmackhaftes Fleisch um. Im Vergleich zu den anderen Wiederkäuern erzeugt das Rind aber mehr und zudem leichter melkbare Milch, liefert ein haltbares Leder und kann außerdem zur Arbeit eingesetzt werden. Nach wie vor ist das Rind für die bäuerlichen Betriebe besonders wichtig, auch wenn der durchschnittliche Betrieb mittlerweile 63 Milchkühe hält und 25 % der Milchkühe in Deutschland in Beständen von mehr als 200 Kühen stehen.

Bestandsentwicklung und Marktleistung In ▸ **Tab. 8.1** wird bei Daten über den Gesamtrinderbestand und die Zahl der Milchkühe jeweils die Dezemberzählung zugrunde gelegt. (Bei der Junizählung sind die Jungvieh- und damit auch die Gesamtrinderbestände um einige hunderttausend Köpfe höher.)

Die Bedeutung der Milch- und Schlachtrinderverkäufe für die Einnahmen der Landwirtschaft wird aus der ▸ **Tab. 8.2** erkennbar.

Der Rinderbestand hatte 1991 einen Höchststand erreicht und ist bis 2015 um 22 % zurückgegangen. Damit liegt er nur noch knapp 4 % über dem Vorkriegsniveau. Die Anzahl der Milchkühe ist von 1991 – 2015 um 20 %, also in gleicher Größenordnung reduziert worden. Sie liegt nunmehr 28 % unter dem Vorkriegsniveau. Der Anteil der Kühe am Gesamtrinderbestand (3. Zeile der ▸ **Tab. 8.1**) verringerte sich von 49 über 36, 33 auf 31 % im Jahr 2002 und hat sich im Jahr 2015 auf 34 % stabilisiert.

▸ **Tab. 8.1** Entwicklung der Rinderbestände und -leistungen in Deutschland.

	Deutsches Reich	Früheres Bundesgebiet		Deutschland		
	1935/38	1969/71	1990	1991	2002	2015
Rinder (1000 Stück)	12 186	13 983	14 541	16 207	13 988	12 635
davon Milchkühe (1000 Stück)	5977	5608	4770	5365	4373	4284
Milchkühe in % aller Rinder	49	40	33	33	31	34
Milcherzeugung (1000 t)	15 019	21 859	23 672	29 063	27 874	32 685
Milchleistung je Kuh (kg)	2513	3898	4963	5417	6374	7630
Rindfleischerzeugung (1000 t)	580	1216	1624	2195	1329	1133
Kalbfleischerzeugung (1000 t)	127	75	51	79	54	46

▶ **Tab. 8.2** Verkaufserlöse aus Produkten der Rinderhaltung in Deutschland (nach BMELV 2016 [33]).

Produkt	Verkaufserlöse in Millionen €				in % sämtlicher Verkaufserlöse der Landwirtschaft			
	1985/87[1]	1995/97	2002	2015	1985/87[1]	1995/97	2002	2015
Schlachtrinder und -kälber	4968	3597	2579	4030	18,1	12,0	8,7	9,6
Milch	7628	8055	8634	9195	27,7	26,7	28,9	21,9
zusammen	12 596	11 652	11 213	13 225	45,8	38,7	37,6	31,5

[1] 1985/87 = früheres Bundesgebiet.

Der rapide Rückgang der Milchkuhzahlen hängt mit der 1984 eingeführten Milchkontingentierung zusammen. Da der Gesamtrinderbestand nicht in dem Maße reduziert wurde, bedeutete dies eine Verschiebung zugunsten der Fleischerzeugung. Die Milcherzeugung wurde bis zum Zeitpunkt der Milchkontingentierung und nach der Wiedervereinigung gesteigert, hatte sich in den Jahren 1995 bis 2009 auf ein Niveau um 28–29 Mio. t eingependelt und erreicht nun im Jahr 2015 mit fast 33 Mio. t einen neuen Höchststand. Dabei war der Milchkuhbestand ständig rückläufig, wobei der „Bruch“ in der Statistik durch Umstellung von den Daten des früheren Bundesgebietes auf Gesamtdeutschland nach der Wiedervereinigung am 3.10.1990 zu beachten ist. In der Leistungsentwicklung je Durchschnittskuh ist allerdings eine kontinuierliche Steigerung festzustellen, die ebenfalls ein Grund für die Reduzierung des Milchkuhbestandes ist. Die Entwicklung der Rindfleischerzeugung erreichte 1991 ihren Höhepunkt. Dieser kam durch Zunahmen der Schlachtungen bei allen Tierkategorien (Bullen, Kühe und Färsen) zustande und ist im Zusammenhang mit der Reduzierung der Rinderbestände in den neuen Bundesländern nach der Wiedervereinigung zu erklären. 2015 ist die Erzeugung jedoch um mehr als 48 % zurückgegangen und hat bereits den Wert von 1969/71 unterschritten.

Dies hat seinen Grund in einem Rückgang der Verbrauchsentwicklung seit Anfang der neunziger Jahre, der wohl in erster Linie im Zusammenhang mit dem BSE-Geschehen, aber auch mit der allgemeinen Tendenz beim Fleischverzehr zu sehen ist; s. Kap. Rindfleischproduktion (S. 438). Im Schlachtgewichtsaufkommen halten sich Färsen- und Kuhschlachtungen in etwa die Waage mit Bullen- und Ochsenschlachtungen.

Während sich die Verkaufserlöse für Produkte der Rinderhaltung bis Mitte der achtziger Jahre stark erhöht hatten, war in den 90er Jahren ein gewisser Rückgang, bis zum Jahr 2015 aber wieder ein Anstieg festzustellen. Ihr prozentualer Anteil an den gesamten Verkaufserlösen der Landwirtschaft ist in den aufgezeigten Jahren kontinuierlich gesunken. Die Milcherzeugung steht mit einem Anteil von 21,9 % nach wie vor an erster Stelle bei den tierischen Erzeugnissen, während die Rindfleischerzeugung mit 9,6 % weit hinter der Schweinefleischerzeugung liegt, die mit 16 % an den Verkaufserlösen beteiligt ist. Die gute Position der Milchproduktion als Einnahmequelle war in erster Linie auch eine Folge des im Vergleich zu anderen Produktpreisen guten Milchauszahlungspreises in den Jahren nach der Milchkontingentierung. Seitdem sind diese allerdings starken Schwankungen unterlegen, da sich der Milchpreis ohne eine Milchkontingentierung nahezu ausschließlich am Weltmarkt orientiert.

Produktionsformen Die meisten Rinder der Bundesrepublik werden in Milchkuh-Futterbaubetrieben und ferner in Milch-Mast-Betrieben gehalten. Im **Milchkuh-Futterbaubetrieb** werden die Milchkühe aus den dort geborenen weiblichen Kälbern selbst erzeugt. Der **Milch-Mast-**Betrieb hält außerdem die Bullenkälber zur Mast. Als sich selbst ergänzende Rindermastbetriebe können Betriebe mit **Mutterkuhhaltung** angesehen werden, die ihre Kühe nicht melken, sondern die Kälber saugen lassen (die Kuhkälber zur Bestandsergänzung, die Bullenkälber zur Mast bestimmt).

Diesen sich selbst ergänzenden Betriebsformen stehen die folgenden arbeitsteiligen Typen gegenüber: Abmelkbetriebe und Durchhaltebetriebe ziehen nicht selbst auf, sondern kaufen tragende Färsen oder Jungkühe aus Milch-Aufzucht-Betrieben oder Färsenaufzuchtbetrieben. Der **Abmelkbetrieb** behält die Kühe nur eine Laktation und verkauft sie zum Schlachten, wenn sie abgemolken sind. Der **Durchhaltebetrieb** lässt die Kühe decken und verkauft die Kuhkälber an den **Färsenaufzuchtbetrieb** bzw. die Bullenkälber an den **Bullenmastbetrieb**, die beide keine eigenen Kühe halten.

Ferner sind einige Misch- und Übergangsformen zu nennen, beispielsweise **Rindermast-Milch-Betriebe**, die zu den selbsterzeugten Bullenkälbern noch weitere hinzukaufen und der Bullenmast den Vorrang vor der Milchproduktion einräumen. Bei der **Ammenkuhhaltung** werden im Gegensatz zur sonst ähnlichen Mutterkuhhaltung noch fremde Kälber zugekauft und von den Kühen zusammen mit den eigenen gesäugt.

8.2 Zucht des Rindes

Ralf Waßmuth

Landwirtschaftliche Nutztiere, wie z. B. Rinder, dienen der Erzeugung von Lebensmitteln tierischen Ursprungs unter Nutzung und Erhaltung unserer Kulturlandschaft. Dies verhilft dem Betriebsleiter zu einem Einkommen, das durch Steigerung der Einnahmen und/oder durch Senkung der Kosten je Tier beeinflusst werden kann. Die organisierte Zucht konzentriert sich mittlerweile auf beides. Mit der traditionellen Zucht auf Leistungsmerkmale wird die Leistung gesteigert, und durch den züchterischen Fokus auf die Verbesserung der Fitness von Rindern können die Nutzungsdauer verlängert und Gesunderhaltungskosten gesenkt werden. Die große züchterische Herausforderung entsteht aus den manchmal vorhandenen genetischen Antagonismen zwischen Leistungs- und Gesundheitsmerkmalen, die zu steigenden Kosten für die Gesunderhaltung bei steigenden Leistungen führen können. Darüber hinaus existiert eine Nachfrage nach alternativen Zuchtwerten – beispielsweise im ökologischen Landbau –, um unterschiedlichen Produktionsausrichtungen und damit Zuchtzielen Rechnung zu tragen.

8.2.1 Rinderrassen

Unterscheidung der Rinderrassen nach Nutzungsrichtung

Moderne Rinderrassen unterscheiden sich in ihrer Nutzungsrichtung voneinander, was sich in unterschiedlichen Zuchtzielen der jeweiligen Rassen widerspiegelt. Diese formulieren das Hauptprodukt, das vorwiegend züchterisch bearbeitet werden soll, woraus sich jedoch nicht ableiten lässt, dass z. B. das Fleisch der Milchrassen nicht verwertet wird. In den letzten Jahren war eine Polarisierung mit Milchrassen auf der einen Seite und Fleischrassen auf der anderen Seite zu beobachten. Dazwischen sind die Zweinutzungsrassen anzusiedeln (► **Tab. 8.3**). Deutsche Holsteins sind die wichtigste Milchrinderrasse und kommen vorwiegend außerhalb Bayerns und Baden-Württembergs vor. Bei den Zweinutzungsrassen dominiert der Milchtyp des Deutschen Fleckviehs, der eine hohe Milchleistung mit einer ansprechenden Fleischleistung kombiniert. Diese Rasse ist v. a. in Bayern und weiten Teilen Baden-Württembergs anzutreffen. Die Gruppe der Fleischrassen wird angeführt vom Fleischtyp des Deutschen Fleckviehs (Fleckvieh-Simmental) gefolgt von den Rassen Limousin, Angus und Charolais. Sie alle haben eine hervorragende Fleischleistung und sind als Mutterkühe in ganz Deutschland verbreitet.

Innerhalb der Fleischrassen erfolgt die Unterscheidung nach Rahmengröße gemäß ► **Tab. 8.3**. Weitere Kategorien bilden die mittel- bis großrahmigen Robustrassen und die Zeburassen. Diese Rassen werden in der Mutterkuhhaltung eingesetzt, deren Ziel in der Erzeugung möglichst eines Kalbes pro Jahr besteht. Eine Mutterkuh säugt ihre Kälber 6 – 9 Monate lang, sodass ein Absetzerkalb mit ca. 200 – 350 kg entsteht. Zu den Fleischrassen gehört eine Vielzahl an genetischen Herkünften mit der Folge einer großen biologischen Vielfalt. Hierbei dürfte die extensive und naturnahe Haltung mit der Notwendigkeit, die Rassenwahl dem Standort anzupassen, eine wichtige Ursache sein. Sicherlich spielt auch der Hobbyhaltungscharakter in vielen Betrieben und die damit verbundene Vorliebe für eine bestimmte Rasse eine Rolle.

▸ **Tab. 8.3** Einteilung der Rinderrassen nach Nutzungsrichtung sowie der Fleischrinderrassen nach Rahmengröße.

Milchrassen	Zweinutzungsrassen	Fleischrassen				
		Großrahmige Rassen	Mittelrahmige Rassen	Robustrassen		Zeburassen/ Kreuzungen
				Mittel- bis großrahmige	Kleinrahmige	
• Jersey • Deutsche Holstein	• Fleckvieh • Braunvieh • Rotvieh	• Blonde d'Aquitaine • Charolais • Fleckvieh-Simmental • Gelbvieh • Weißblaue Belgier • Uckermärker	• Angus • Piemonteser • Pinzgauer • Shorthorn	• Aubrac • Luing • Salers • Welsh Black	• Galloway • Highland Cattle • Dexter • Fjällrind	• Brahman • Zwergzebu

▸ **Tab. 8.4** Größen und Gewichte ausgewachsener Kühe der wichtigsten Rinderrassen.

Rasse	Gewicht (kg)	Kreuzhöhe (cm)
Jersey	>400	128 – 130
Deutsche Holsteins	650 – 750	145 – 156
Braunvieh	>600	142 – 155
Fleckvieh	650 – 850	140 – 150
Angus	ca. 700	ca. 136
Charolais	ca. 850	ca. 145
Limousin	ca. 775	ca. 140
Galloway	ca. 580	ca. 125

In ▸ **Tab. 8.4** sind die Gewichte und die Kreuzhöhen der wichtigsten Rinderrassen aufgeführt.

Kreuzungen sind in der Rinderzucht in geringem Maße vorhanden. Sie haben eine gewisse Bedeutung im Allgäu erlangt, wo Braunviehkühe gepaart mit Bullen der Rasse Weißblaue Belgier gut für die Rindermast geeignete Kälber hervorbringen. Im Norden Deutschlands treten Kreuzungen zwischen Fleischrassebullen (z. B. Weißblaue Belgier, Limousin) und Kühen der Rasse Deutsche Holsteins auf. Darüber hinaus existieren Kreuzungen z. B. mit den Rassen Deutsche Holstein, Braunvieh, Fleckvieh und Jersey. Hierbei besteht das Ziel in der Kombination antagonistisch vererbter Merkmale und der Nutzung von Heterosis- sowie von Stellungseffekten; s. Kap. Zuchtmethoden (S. 130).

Eigenschaften der wichtigsten Milch- und Zweinutzungsrassen

Deutsche Holsteins (mittel- bis großrahmige milchbetonte Rasse) Die Deutschen Holsteins besitzen ein genetisches Leistungspotenzial für eine hohe Milchleistung mit über 10 000 kg pro Kuh und Jahr mit 4 % Fett und 3,5 % Eiweiß als Ziel gilt eine Lebensleistung von über 40 000 kg Milch. Darüber hinaus liegt ein großes züchterisches Gewicht auf der Fitness der Tiere, sodass eine wirtschaftliche Nutzungsdauer auch bei hoher Milchleistung erzielt werden kann. Nicht nur weltweit, sondern auch in Deutschland stellt diese Rasse ihre große Anpassungsfähigkeit an unterschiedliche betriebliche und standortspezifische Gegebenheiten unter Beweis.

Ursprünglich war diese Rasse in den Küstenländern Friesland und Holstein beheimatet. Mit Beginn der 60er Jahre des letzten Jahrhunderts verdrängten die aus Nordamerika reimportierten, stärker milchbetonten Holstein-Friesian-Typen dieser Rasse die Schwarzbunten Niederungsrinder, die in der Zwischenzeit über den ganzen Norden und die Mitte Deutschlands verbreitet waren. Die weltweit größte Herdbuchpopulation dieser Rasse befindet sich in Deutschland. Neben dem schwarzbunten existiert ein rotbunter Farbschlag. Die Erhaltung des weitestgehend verdrängten Schwarzbunten Niederungsrindes wird über die Vergabe sogenannter Zuchterhaltungsprämien z. T. finanziell unterstützt.

Deutsches Fleckvieh (mittel- bis großrahmige Zweinutzungsrasse) Beim deutschen Fleckvieh steht neben der Milchleistung die Fleischleistung und die Fitness im Vordergrund der züchterischen Entscheidungen. Dabei sollte eine Kuh jährlich mindestens 7000 kg Milch mit 4,2 % Fett und 3,7 % Eiweiß geben und eine mittlere Lebensleistung von 30 000 kg Milch erzielen. Ein intensiv gemästeter Jungbulle sollte täglich über 1300 g zunehmen. Darüber hinaus wird angestrebt, dass mindestens 85 – 90 % der Schlachtkörper die Fleischigkeitsklassen E und U erzielen sollen. Eine Ausschlachtung von 57–60 % wird erreicht. Die Zucht auf Hornlosigkeit hat mittlerweile große Erfolge zu verbuchen, da auch die hornlosen Tiere Leistungen entsprechend dem Zuchtziel erreichen.

Ihren Ursprung hat die Rasse in der Alpenregion, wo die Züchter nach wie vor hauptsächlich auf die Doppelnutzung setzen. Dies gilt besonders für die Populationen in Bayern, Baden-Württemberg, Österreich und der Schweiz. In Norddeutschland und auch weltweit ist hingegen der Fleischtyp dieser Rasse dominierend.

Dem Fleckvieh ähnlich ist das Montbéliard-Rind in Frankreich. Es ist aus der Kreuzung zwischen Berner Simmental und französischen Landschlägen entstanden und wird als milchbetontes Zweinutzungsrind gezüchtet.

Deutsches Braunvieh (mittel- bis großrahmiges Zweinutzungsrind) Neben einer hohen Leistung zwischen 8000 und 9000 kg Milch pro Kuh und Jahr mit 7 – 8 % Milcheiweiß und -fett kennzeichnet diese Rasse eine besonders hohe Frequenz des Kappa-Kasein B-Gens. Hierdurch erzielt die Milch eine hohe Käsereitauglichkeit mit guten Ausbeuten.

Beheimatet ist die Rasse in der Voralpenregion und dem Allgäu. Hier wurde nach einer verheerenden Rinderpest im 19. Jahrhundert die Population mit Schweizer Herkünften wieder aufgebaut. Mitte der 1960er Jahre begann die Verdrängungszucht von Braunvieh durch nordamerikanische Brown Swiss. Die damit einsetzende Entwicklung ähnelt dem der Deutschen Holsteins. Das Original Braunvieh wurde weitestgehend verdrängt. Mittlerweile besteht ein steigendes Interesse an der Erhaltung und Züchtung des Braunviehs alter Zuchtrichtung.

Eigenschaften der am stärksten verbreiteten Fleischrassen

Deutsches Fleckvieh (großrahmige Fleischrasse) Der Fleischtyp des Deutschen Fleckviehs ist stärker bemuskelt als der Milchtyp und weist gute Muttereigenschaften auf. Beide Typen sind spätreifer als z. B. Limousin und Angus. Der dominant vererbte weiße Kopf ist ein deutliches Erkennungszeichen.

Limousin (mittelrahmige Fleischrasse) Limousin ist eine aus einer ehemaligen Arbeitsrasse gezüchtete Fleischrasse. Ausdruck hierfür ist die gute Bemuskelung und das schnelle Wachstumsvermögen in Form hoher täglicher Zunahmen in der Mast. Limousin weisen einen feinen Knochenbau auf und erzeugen ein zartes Fleisch. Die ausgesprochene Leichtkalbigkeit hat ihren Ursprung u. a. in dem leicht abfallenden Becken.

Beheimatet war die Rasse ursprünglich in den weniger fruchtbaren Mittelgebirgslagen Südwestfrankreichs.

Charolais (großrahmige Fleischrasse) Charolaisbullen zeigen beste Mastleistungen, die hohe Mastendgewichte von 750–800 kg ohne starke Verfettung erlauben. Neben einer guten Bemuskelung und einer geringen Verfettung verfügen sie über eine sehr gute Fleischqualität. Darüber hinaus weist die Rasse einen stabilen Knochenbau auf, der am Schlachtkörper zu einem höheren Knochenanteil führt.

Diese ursprünglich aus Frankreich (Charolles) stammende Rasse ist seit 1960 in Deutschland beheimatet.

Angus (mittelrahmige Mastrasse) Angusrinder gehören neben den Herefords zu den Mastrassen, die vergleichsweise früh ein Kalb erzeugen und die in der Mast früh die Schlachtreife erlangen. Zu ihren besonderen Eigenschaften zählt die ausgesprochene Leichtkalbigkeit und die intensive Marmorierung ihres Fleisches. Angusrinder sind hornlos und besitzen damit einen wichtigen Vorteil gegenüber behornten Rassen. Die hiesige Population setzt sich zusammen aus Aberdeen Angus aus Großbritannien und Nordamerika und aus Deutschen Angus, die aus der Kreuzung zwischen Zweinutzungsrassen (z. B. Schwarzbunte) und Aberdeen Angus hervor gegangen sind.

Verbreitung der Rinderrassen

Bei den Milch- und Zweinutzungsrassen dominieren die Deutschen Holsteins in den Farbrichtungen Schwarzbunt und Rotbunt nicht nur zahlenmäßig (▸ Tab. 8.5) sondern auch bezogen auf die Milchleistung. In Süddeutschland machen den größten Teil des Rassespektrums Fleckviehkühe mit den Nutzungsrichtungen Milch und Fleisch aus. Deshalb bildet der milchbetonte Typ dieser Rasse die zweitgrößte Population in Deutschland.

An dritter Stelle folgt die Rasse Braunvieh, die im Allgäu die Rinderpopulation prägt.

Das große Spektrum der Fleischrassen führt der Fleischtyp des Deutschen Fleckviehs an (▸ Tab. 8.5). Limousin, Angus und Charolais folgen auf den weiteren Plätzen.

Trotz der großen Rassevielfalt kommen immer wieder neue Rassen hinzu, sodass sogar Wasserbüffel oder Japanisches Schwarzvieh (Wagyu) bei der Erzeugung von Rindfleisch in entsprechenden Marktnischen anzutreffen sind.

Die überragende Bedeutung der Milch- und Zweinutzungsrassen geht auch aus ihrem hohen Anteil am Gesamtkuhbestand hervor. Fleischrassekühe werden als Mutterkühe gehalten. Während in Frankreich jede zweite und in Großbritannien jede dritte Kuh eine Mutterkuh ist, ist es bei uns nur ungefähr jede Siebte (13,7 %; ADR 2017 [7]).

▸ **Tab. 8.5** Verteilung der Milch-, Zweinutzungs- und Fleischrassen (Herdbuchkühe) in Deutschland im Jahr 2016 (nach ADR 2017 [7]).

Milch- und Zweinutzungsrassen			Fleischrassen		
Rasse	**Anzahl**	**%**	**Rasse**	**Anzahl**	**%**
DH Schwarzbunt	1 698 445	60,6	Fleckvieh-Simmental	10 698	17,5
DH Rotbunt	159 714	5,7	Limousin	10 624	17,4
Fleckvieh	746 954	26,7	Charolais	8169	13,3
Braunvieh	137 518	4,9	Angus	9390	15,3
Rotvieh	12 623	0,5	Galloway	3711	6,1
RDN	3975	0,1	Highland Cattle	2303	3,8
Gelbvieh	1918	0,1	Uckermärker	4159	6,8
Vorderwälder	6185	0,2	Hereford	1686	2,8
DSN	2847	0,1	Blonde d'Aquitaine	1852	3,0
Sonstige	31 713	1,1	Rotes Höhenvieh	1879	3,1
			Sonstige	6751	11,0
Summe	2 801 892	100,0*	Summe	61 222	100,0*

DH = Deutsche Holsteins, RDN = Doppelnutzung Rotbunt, DSN = Deutsche Schwarzbunte alter Zuchtrichtung,
* = Rundungsfehler

Somit steht die Milchproduktion in Deutschland an erster Stelle; erst danach rangiert die Rindfleischerzeugung über Mutterkuhhaltung.

Die Ausdehnung der heute verbreiteten Rassen auf Kosten anderer lässt sich zwar auch auf ihre große Anpassungsfähigkeit an unterschiedliche Haltungsbedingungen und Standorte zurückführen. Hauptgrund war jedoch die Verbesserung des Managements in den Bereichen Haltung und Fütterung, sodass es möglich wurde, den Ansprüchen hochleistender Rassen gerecht zu werden. Rassen, die zu geringe Erlöse und/oder zu hohe Kosten verursachten, wurden immer weniger genutzt und sind heute vielfach in ihrer Existenz bedroht. Damit ihre typischen Eigenschaften nicht verloren gehen, wird versucht, mit entsprechenden Erhaltungszuchtprogrammen ihrem Aussterben entgegenzuwirken. Entsprechende Empfehlungen wurden vom Bundesministerium für Ernährung, Landwirtschaft und Verbraucherschutz [31] formuliert. Dabei soll der Rassenerhalt insbesondere über die wirtschaftliche Nutzung der Tiere forciert werden, sodass der Leistungsrückstand der Rasse nach Möglichkeit finanziell ausgeglichen wird, z. B. über regionale Vermarktungskonzepte. Bei sich ändernden Rahmenbedingungen kann somit auf die „alten" Rassen und ihre Genetik zurückgegriffen werden. Aber auch Eigenschaften, deren Existenz bislang noch nicht quantifiziert werden konnte, bleiben bewahrt. Aus züchterischer Sicht gilt es vorwiegend, in den üblicherweise kleinen Populationen Inzucht zu vermeiden. Neben straff organisierten und wissenschaftlich begleiteten Zuchtprogrammen kommt dabei einer überregionalen Zuchtplanung mit dem Austausch von Zuchttieren, Sperma oder Embryonen eine große Bedeutung zu. So arbeiten z. B. die lokal konzentrierten Rotviehzüchtervereinigungen nach einem einheitlichen Zuchtprogramm und kooperieren mit den Rotviehzuchten aus Dänemark, Schweden (Schwedisches Rot-Weiß-Vieh) und Finnland (Ayrshire). Weitere Beispiele für vom Aussterben bedrohte Rassen sind die Pinzgauer, die Murnau-Werdenfelser (beide Bayern), die Hinterwälder (Baden-Württemberg), das Glanvieh (Rheinland-Pfalz), das Rote Höhenvieh (Hessen, Nordrhein-Westfalen) oder das Schwarzbunte Niederungsrind (Niedersachsen).

8.2.2 Zuchtziele und Zuchtprogramme

Züchterische Entscheidungen wirken in die Zukunft hinein; ihre Auswirkungen sind folglich nicht mit Sicherheit vorhersehbar. Kein Züchter weiß derzeit, mit welchen Preisen und Kosten er in 5 oder 10 Jahren zu rechnen hat. Trotzdem muss er heute entscheiden, mit welchem Bullen er seine Kühe belegt, um das Betriebseinkommen zu optimieren und in welchen Merkmalen er seine Herde verbessern möchte. Dazu muss er den für die eigene Herde bzw. die gerade zur Anpaarung anstehende Kuh passenden Bullen auswählen, sodass die nächste Generation dem gewünschten Herdenzuchtziel näher kommt. Hierzu stehen Anpaarungsprogramme zur Verfügung, die den für die Kuh passenden Bullen auswählen. Diese Programme befinden sich z. B. auf Internet-Servern der Anbieter und sie können mit Internetbrowsern aufgerufen werden. Das Programm errechnet Bullenvorschläge für die Anpaarung, wofür die Eingabe der Leistungs- und Exterieurdaten der anzupaarenden Kühe eine Voraussetzung ist.

Grundzüge bei der Aufstellung von Zuchtzielen

Parallel zu den Entscheidungen auf betrieblicher Ebene, muss die Zuchtleitung das Zuchtziel für die gesamte Population setzen. Sie definiert das Zuchtziel aus den relevanten Teilzuchtwerten, die die wirtschaftlich wichtigen Eigenschaften der Rinderpopulation abbilden. Hiermit wird die Basis für die Fortentwicklung der Rasse und damit den Selektionserfolg in der Population gelegt.

Es wird erwartet, dass die Rassen unter den künftig herrschenden ökonomischen Bedingungen möglichst den maximalen Gewinn bringen, dass die Interessen der Züchter möglichst umfassend berücksichtigt werden und dass den strukturellen und genetischen Gegebenheiten Rechnung getragen wird.

Gerade in der letzen Zeit spielte die Erweiterung der Zuchtziele um funktionale Merkmale eine große Rolle. Bei solchen Veränderungen des Zuchtziels stehen an erster Stelle Betrachtungen zur Selektionswürdigkeit eines Merkmals. Sie müssen

1. sicher erfassbar und wiederholbar,
2. wirtschaftlich bedeutsam,

3. genetisch variabel (ausreichend hohe Heritabilität und Varianz) und
4. weitgehend unabhängig von anderen Zuchtzielmerkmalen vererbbar sein.

Darüber hinaus stellen sich besonders der Zuchtleitung bei Milch- oder Zweinutzungsrassen u. a. folgende praktische Grundfragen:

- Zucht auf biologische Leistungen und/oder Wirtschaftlichkeit?
- Gewichtung der Milchleistungsmerkmale im Verhältnis zu den anderen Merkmalsblöcken.
- Zucht auf Höchstleistungen oder auf Lebensleistungen?
- Steigerung der Fettmenge, der Eiweißmenge oder der Jahresmilchleistung?

Fazit

Wie schwierig es ist, diese Fragen für die Zuchtplanung zu beantworten, können wir an wenigen zu beachtenden Grundsätzen erkennen:

- Der erreichbare Zuchtfortschritt in einem Merkmal ist umso geringer, je mehr Merkmale unter sonst gleichen Bedingungen in der Selektion zu berücksichtigen sind.
- Zwischen verschiedenen Merkmalen bestehen züchterisch unerwünschte genetische Beziehungen (Merkmalsantagonismus). Beispiel: Milchmenge zu Milchinhaltsstoffen bzw. Milchmenge zu Schlachtkörperwert (negatives Vorzeichen) oder Milchmenge zu Erkrankungshäufigkeit (positives Vorzeichen).
- Anatomische Grenzen engen gelegentlich die Zucht ein. Beispiel: Unvereinbarkeit zwischen einem großen geräumigen Euter und einer vollbemuskelten Innenkeule.
- Die ökonomische Gewichtung der Einzelmerkmale ist häufig unbekannt, insbesondere hinsichtlich der künftigen Gegebenheiten.
- Die Kosten für Zuchtprogramme steigen mit den Anforderungen im Zuchtziel; sie lassen sich aber nur tragen, wenn sie auf eine breite Züchterschaft umzulegen sind.

Um den skizzierten Schwierigkeiten wenigstens zum Teil zu begegnen, sind die Züchtervereinigungen bemüht das Zuchtziel möglichst komplex zu gestalten und das Zuchtprogramm zu optimieren.

Grundzüge eines Zuchtprogramms Neben der Formulierung des Zuchtziels müssen **Zuchtbücher** bzw. -register geführt werden, damit die Tiere eindeutig zu identifizieren sind und ihre Abstammung dokumentiert wird. Die nächste Stufe bildet die **Leistungsprüfung** mit der Erfassung der Leistung und der Fitness der Tiere (Phänotyp). Sie bildet eine wichtige Grundlage für die folgende **Zuchtwertschätzung**. Hierbei wird die genetische Veranlagung der Tiere geschätzt, indem auf Umwelteffekte und andere genetische Effekte, die auf den Phänotyp wirken, korrigiert wird. Auf der Basis dieser Zuchtwerte erfolgt dann die **Selektion** der männlichen und weiblichen Tiere, die dem Zuchtziel am nächsten kommen, um mit ihnen die nächste Generation zu erzeugen. Dazu werden sie gezielt miteinander gepaart (**Paarung**). Unter **Zuchtfortschritt** ist der Erfolg der Selektion zu verstehen. Er ist gekennzeichnet durch den Unterschied in der Leistung und Fitness zwischen der neuen und der vorhergehenden Generation. Bei der Steigerung des Zuchtfortschrittes müssen die verschiedenen Pfade (z. B. Vater → Sohn, Vater → Tochter, Mutter → Sohn und Mutter → Tochter) berücksichtigt werden. Dabei ist auch die **Übertragung des Zuchtfortschrittes** von der Zucht- in die Produktionsstufe mittels Zuchttieren, Samen oder Embryonen entscheidend. Die regelmäßige Optimierung des Zuchtprogrammes ist Aufgabe der Zuchtorganisationen.

Zukünftig könnten Zuchtprogramme von der genomischen Selektion stark profitieren. Hierbei müssen nicht mehr die Ergebnisse der Nachkommenprüfung abgewartet werden. Vielmehr erhalten die potenziellen Zuchttiere, die aus gezielter Paarung entstanden sind, direkt nach der Geburt genomische Zuchtwerte mit einer Sicherheit von 50 – 70 %. Höhere Sicherheiten sind durch die Kombination der direkten genomischen Zuchtwerte mit den klassischen Zuchtwerten zu erzielen. Allerdings hängt die Qualität der Schätzformeln und damit auch die Sicherheit der Zuchtwerte von der Größe der Lernstichprobe ab. Die Folge ist eine gravierende Verkürzung des Generationsintervalls mit der Folge größerer Selektionserfolge pro Jahr. Möglich ist auch eine DNS-Gewinnung vom Testtier bereits vor der Geburt, was eine noch frühere Schätzung genomischer Zuchtwerte nach sich zieht. Darüber hinaus sind mit der Anwendung der genomischen Selektion grundsätzliche Umwälzungen in der Rinderzucht einhergegangen. Kostenträchtige Faktoren eines Zuchtprogramms, wie z. B. der Prüfbulleneinsatz und die sich daran anschließende Wartebullenhaltung sind durch sie überflüssig geworden.

Kreuzungszucht Sie spielt derzeit für die Rindfleischerzeugung eine gewisse Rolle; s. Kap. Zuchtmethoden (S. 130). Einfachgebrauchskreuzungen zwischen Braunviehkühen und Bullen der Rasse Weißblaue Belgier bringen Kälber mit guten Mast- und Schlachteigenschaften.

Allerdings kommen auch bei der Milcherzeugung Kreuzungstiere zum Einsatz. Die starke Spezialisierung der Holsteinzucht führt in den USA und von dort auch in Europa zu immer intensiveren Ansätzen einer Kreuzungszucht. Vorrangiges Ziel ist die Verbesserung der Nutzungsdauer und der Fruchtbarkeit, die wegen ihrer geringen Erblichkeit in Reinzuchtprogrammen nur langfristig zu verbessern sind. Besonders große Erfolge verspricht durch Heterosiseffekte die F_1-Generation, z. B. zwischen Holsteins und Jersey. Andere geeignete Kreuzungspartner sind Braunvieh, Skandinavisches Rotvieh, aber auch Fleckvieh/Montbeliard. Allerdings ist dabei mit einem Rückgang der Milchleistung gegenüber Holsteins zu rechnen. Eine andere Schwierigkeit ergibt sich für die Weiterzucht mit der Tochtergeneration (F_1). Bei Rückkreuzung sind Aufspaltungseffekte zu Lasten des in der F_1 erreichten Fortschritts zu erwarten. Als Alternative wird u. a. eine Drei-Rassen-Rotationskreuzung empfohlen.

8.3 Die Milchproduktion

Katrin Mahlkow-Nerge

Nach den Daten der Betriebszweigauswertung der ▸ Abb. 8.1 werden die Rentabilität der Milcherzeugung und damit das Einkommen des Milchproduzenten sehr stark von der Höhe der jährlichen Milchleistung der Kuh beeinflusst. Wenn Tiere hoher und niedriger Leistung im gleichen Stall stehen, verursacht jede Kuh fast die gleichen Aufwendungen für Arbeit, Gebäude, Geräte, Strom, Kontroll- und Verbandsbeiträge sowie Erhaltungsfutter. Diese Kosten belasten bei niedriger Milchleistung den einzelnen Liter Milch wesentlich stärker als bei hoher Milchleistung.

Die Kostendegression ist zwar bei einer Steigerung der Milchleistung im niedrigeren Leistungsbereich ausgeprägter, bleibt jedoch – wenn auch etwas abgeflacht – im hohen Leistungsbereich be-

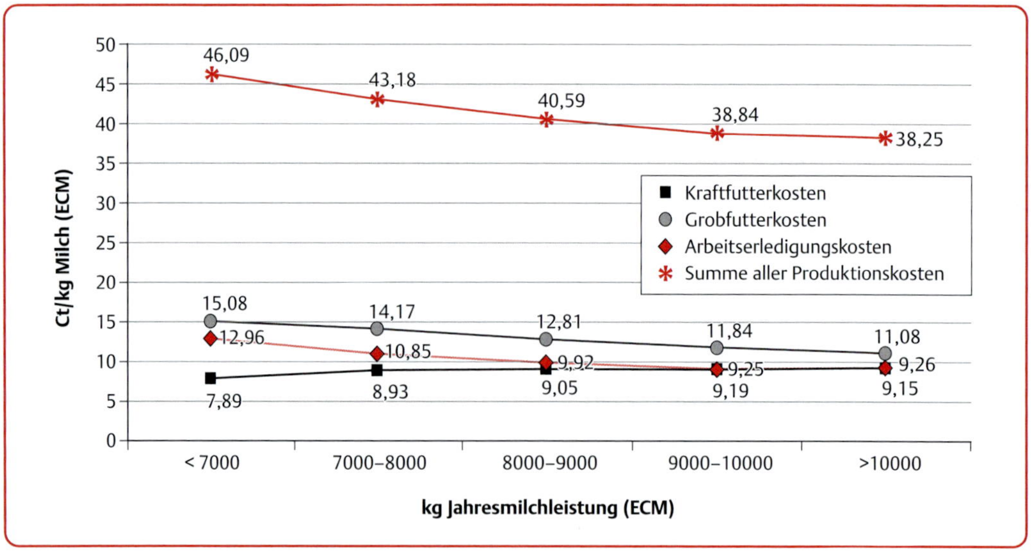

▸ **Abb. 8.1** Produktionskosten je kg Milch (Abb. basiert auf Daten aus [233]).

stehen. Grundsätzlich sind durch physiologisch sinnvolle Leistungssteigerungen weitere Gewinnreserven durch Kostendegression mobilisierbar.

Hinsichtlich der optimalen Leistungshöhe je Kuh und Jahr lassen sich kaum allgemeinverbindliche Angaben machen. Diese hängt entscheidend davon ab, inwieweit der einzelne Betrieb auf den genetischen Leistungsfortschritt mit entsprechender Verbesserung der Umweltbedingungen zu reagieren in der Lage ist. Hierzu gehörten insbesondere die Fütterung und das Herdenmanagement. Die Grenze einer sinnvollen Leistungssteigerung ist dann erreicht, wenn die für die Tiere jeweils erforderlichen Umweltbedingungen nicht mehr erfüllt werden können. Dies führt mit Sicherheit zu Gesundheits- und Fruchtbarkeitsstörungen sowie Leistungsdepressionen (Milchinhaltsstoffe, Milchmenge) im gesamten Milchkuhbestand, wodurch die Rentabilität geschmälert wird und unter Umständen sogar in Frage gestellt ist.

8.3.1 Fütterung der Milchkühe

Richtzahlen für Erhaltungs- und Leistungsbedarf

Bei der Energie- und Nährstoffversorgung der Milchkühe unterscheidet man zwischen Erhaltungs- und Leistungsbedarf. Der Erhaltungsbedarf ergibt sich aus der Energie- bzw. Nährstoffmenge, die ein Tier benötigt, um die lebensnotwendigen Stoffwechselprozesse aufrechtzuerhalten. Er ist in erster Linie vom Körpergewicht abhängig. Bei den Mineralstoffen Calcium und Phosphor ist jedoch nicht das Körpergewicht, sondern die Futteraufnahme zugrunde zu legen. In diesem Fall wird nicht mehr der Begriff „Erhaltungsbedarf“, sondern der Begriff „unvermeidliche Verluste“ benutzt.

Für die Rationsberechnung ist demnach wichtig, das Körpergewicht der Kühe sowie die Futteraufnahme zu kennen. (In Betrieben ohne große Tierwaage können zur Bestimmung des Körpergewichtes für Futterberechnungen auch Maßbänder herangezogen werden, mit denen man Körperlänge und Brustumfang misst. Mithilfe dieser Messwerte kann man in den zugehörigen Tabellen das ungefähre Körpergewicht ablesen. Gewisse Hinweise können auch aus den Gewichten der Schlachtkühe abgeleitet werden, wenn diese nicht zu stark „abgemolken“ waren.) Im Allgemeinen wiegen Milchkühe heute zwischen 650 und 850 kg (siehe ▸ **Tab. 8.4**). Erstkalbskühe wiegen durchschnittlich 50 kg weniger als Mehrkalbskühe. Auf die Abschätzung der Futteraufnahme wird in einem späteren Abschnitt ausführlich eingegangen.

Richtwerte finden sich in der ▸ **Tab. 8.7**. Diese beziehen sich auf Kühe ab dem 60. Laktationstag. Man kann davon ausgehen, dass die Futteraufnahme, die nach dem Abkalben nur langsam ansteigt, sich bis zu diesem Zeitpunkt wieder normalisiert hat.

▸ **Tab. 8.6** Täglicher Erhaltungsbedarf von Kühen.

Lebendmasse	Nutzbares Rohprotein (nXP)	NEL	Calcium	Phosphor	Magnesium	Natrium
kg	g	MJ	g	g	g	g
450	370	28,6	–	–	9	5
500	390	31,0	–	–	10	6
550	410	33,3	–	–	11	7
600	430	35,5	–	–	12	8
650	450	37,7	–	–	13	9
700	470	39,9	–	–	14	10
750	490	42,0	–	–	15	11
800	510	44,1	-	-	16	12
je kg TM-Aufnahme	–	–	2,0	1,43	–	–

▸ **Tab. 8.7** Leistungsbedarf je kg Milch.

Milchfettgehalt	Milcheiweißgehalt	nutzbares Rohprotein (nXP)	NEL	Ca	P	Mg	Na
%	%	g	MJ	g	g	g	g
3,5	–	–	3,1	2,5	1,43	0,6	0,6
4,0	–	–	3,3				
4,5	–	–	3,5				
5,0	–	–	3,7				
–	3,2	81	–				
–	3,4	85	–				
–	3,6	89	–				
–	3,8	93	–				

Der Leistungsbedarf wird hauptsächlich durch die Höhe der Milchleistung sowie durch die Milchinhaltsstoffe (Fett und Eiweiß) bestimmt. Dabei hat der Milchfettgehalt den stärksten Einfluss. Wegen seines eigenen hohen Energiewertes verbraucht er über die Hälfte der Energie des Leistungsfutters. Außerdem erhöhen sich mit dem Fettgehalt in der Regel auch der Eiweißgehalt und dessen Energieanspruch.

In den ▸ **Tab. 8.6** und ▸ **Tab. 8.7** sind der Erhaltungs- und Leistungsbedarf auf Basis der Versorgungsempfehlungen der Gesellschaft für Ernährungsphysiologie (GfE) zusammengestellt (GfE, 2001). Beim Energiebedarf für die Milchbildung wurde berücksichtigt, dass die Verdaulichkeit der Energie mit steigendem Ernährungsniveau abnimmt. Deshalb müssten in Abhängigkeit vom Leistungsniveau entsprechende Zuschläge zu den Bedarfsnormen vorgesehen werden. Weil dies jedoch in der praktischen Milchkuhfütterung schlecht umzusetzen wäre, hat man sich entschieden, einen Zuschlag unabhängig von der Leistungshöhe vorzunehmen. Die dadurch entstehenden Abweichungen zu den exakt berechneten Werten sind nur gering. Bei den Versorgungsempfehlungen für Protein wurden die Richtzahlen für den Erhaltungsbedarf etwas erhöht.

Mithilfe der ▸ **Tab. 8.6** und ▸ **Tab. 8.7** kann jeder Milcherzeuger den Bedarf für die verschiedenen Leistungsgruppen in seiner Herde berechnen, gestaffelt nach dem durchschnittlichen Gewicht seiner Kühe und nach seinem Bestandsdurchschnitt bei den Milchinhaltsstoffen. Für die Berechnung des Ca- und P-Bedarfs wird allerdings noch die Futteraufnahme in kg TM je Kuh und Tag benötigt. Die Berechnung erfolgt dann nach folgenden Formeln:

$$\text{Ca} - \text{Bedarf} = (\text{kg Milch} \times 2,5\ \text{g}) + (\text{kg TM} \times 2,0\ \text{g})$$
$$\text{P} - \text{Bedarf} = (\text{kg Milch} \times 1,43\ \text{g}) + (\text{kg TM} \times 1,43\ \text{g})$$

Die Angaben der ▸ **Tab. 8.8** beziehen sich auf Milch mit einem Gehalt von 4,0 % Fett und 3,4 % Eiweiß sowie einer durchschnittlichen TM-Aufnahme. Für die Rationsberechnung werden bei abweichenden Milchinhaltsstoffen die entsprechenden NEL- und nXP-Werte aus der ▸ **Tab. 8.7** genommen.

Will man nun Milchleistungen mit unterschiedlichen Fett- und Eiweißgehalten miteinander vergleichen, wird auf die „Standardmilch" mit 4,0 % Fett und 3,4 % Eiweiß umgerechnet. Dies erfolgt auf der Basis des Energiegehaltes von Fett und Eiweiß, deshalb wird die „Standardmilch" als **Energiekorrigierte Milch (ECM)** bezeichnet. Die Berechnung erfolgt nach folgender Formel:

$$\text{ECM} = (0,38 \times \text{Fett}\ [\%] + 0,21 \times \text{Eiweiß}\ [\%] + 1,05)/3,28$$

Bei den Bedarfsangaben der ▸ **Tab. 8.8** wurde bewusst auf die Angaben von Dezimalstellen verzich-

▶ **Tab. 8.8** Täglicher Gesamtbedarf einer Kuh mit 650 kg Lebendmasse (LM) sowie 4,0 % Milchfett- und 3,4 % Milcheiweißgehalt.

Merkmal	Durchschnittliche Futteraufnahme[1]	Nutzbares Rohprotein	NEL	Ca	P	Mg	Na
	kg TM/Tag	g	MJ	g	g	g	g
Bedarf (für Erhaltung + ...)							
+ 10 kg Milch	12,5	1300	71	50	32	19	15
+ 15 kg Milch	14,5	1725	87	67	42	22	18
+ 20 kg Milch	16,5	2150	104	83	52	25	21
+ 25 kg Milch	18,0	2575	120	99	61	28	24
+ 30 kg Milch	19,5	3000	137	114	71	31	27
+ 35 kg Milch	21,5	3425	153	131	81	34	30
+ 40 kg Milch	23,5	3850	170	147	91	37	33
+ 45 kg Milch	25,0	4275	186	163	100	40	36
+ 50 kg Milch	26,5	4700	203	178	109	43	39
Trockenperiode							
6. bis 4. Woche vor dem Kalben (680 kg LM)	10,0 – 11,0	1135	52	40	25	16	12
3. Woche bis zum Kalben (720 kg LM)	9,0	1230	58	40	25	16	12

[1] Ab 60. Laktationstag.

tet, um nicht eine Genauigkeit vorzutäuschen, die letztendlich nicht gegeben ist.

Die Bedarfszahlen bieten weiter die Möglichkeit, den Gesamtaufwand an Energie für die Erzeugung von 1 kg Milch (einschl. des Erhaltungsbedarfs sowie des Bedarfs für eine 60-tägige Trockenstehphase) bei unterschiedlicher Jahresmilchleistung zu errechnen (▶ **Tab. 8.9**).

Diese Berechnung in ▶ **Tab. 8.9** macht deutlich, dass eine Hochleistungskuh je kg erzeugte Milch erheblich weniger Nährstoffe benötigt als eine niedrig leistende Kuh. Im höheren Leistungsbereich verringert sich allerdings der Vorsprung. Betrachtet man die Milchproduktion unter dem Gesichtspunkt der optimalen Energieverwertung, so ist es sinnvoller, eine bestimmte Milchmenge mit Hochleistungskühen als mit mehreren leistungsschwächeren Kühen zu erzeugen, immer vorausgesetzt, die Kühe sind gesund, das heißt stoffwechselgesund.

▶ **Tab. 8.9** Energiebedarf je kg Milch in Abhängigkeit von der Leistung.

Jährliche Milchleistung (mit 4 % Fett) in kg	Energiebedarf (inkl. Erhaltung) je kg Milch in MJ NEL
5000	6,2
6000	5,7
7000	5,4
8000	5,1
9000	4,9
10 000	4,7

Leistungs- und wiederkäuergerechte Fütterung

Die Hochleistungskuh braucht erheblich weniger Gesamtfutter (Erhaltungs- und Leistungsfutter) für die Erzeugung von 1 kg Milch als die niedrig leistende Kuh. Allerdings stellt sie höhere Ansprüche an die Nährstoffversorgung und damit an die

Rationsgestaltung. Von den Nähr-, Mineral- und Wirkstoffen ist in diesem Zusammenhang insbesondere die Energieversorgung betroffen, da diese in hohem Maße von dem begrenzten Futteraufnahmevermögen der Kuh abhängig ist. Die grundsätzlichen Zusammenhänge sollen anhand der ▸ Tab. 8.10 aufgezeigt werden.

Im unteren Teil ist die Energiekonzentration in der Trockenmasse (TM) einiger Grob-, Saft- und Kraftfuttermittel aufgeführt. Ein Vergleich der einzelnen Futtermittel beider Gruppen verdeutlicht, dass die Energiekonzentration in qualitativ guten Grobfuttermitteln gegenüber der in Kraftfuttermitteln keine so sehr großen Unterschiede aufweist. Bei Rohprotein und Mineralstoffen ist die

▸ **Tab. 8.10** Zusammenhang zwischen Futteraufnahme und Energiekonzentration (MJ NEL/kg TM) in der Milchkuhfütterung.

	Milchleistung kg/Tag			
	20	**30**	**40**	**50**
Bedarf MJ NEL/Kuh und Tag (650 kg LM, Milch mit 4 % Fett)	104	137	170	...
tägliche Futteraufnahme in kg TM	**erforderliche Energiekonzentration in MJ NEL je kg Futter-TM**			
15	6,9	–	–	–
16	6,5	–	–	–
17	6,1	–	–	–
18	–	–	–	–
19	–	7,2	–	–
20	–	6,9	–	–
21	–	6,5	–	–
22	–	–	–	–
23	–	–	7,4	–
24	–	–	7,1	–
25	–	–	6,8	–
26	–	–	–	...
27	–	–	–	...
28	–	–	–	...
29	–	–	–	...
durchschnittliche Energiekonzentration (MJ NEL/kg TM) einiger Futtermittel				
Gras	6,2 – 7,0	Melasseschnitzel	7,6	
Rüben	7,6	Gerste	8,1	
Heu	4,6 – 6,0	Weizen, Roggen	8,5	
Grassilage	5,4 – 6,7	Körnermais	8,4	
Maissilage	6,3 – 6,9	MLF Est. 3	7,6	
Pressschnitzelsilage	7,4	MLF Est. 4	8,0 – 8,2	
Biertrebersilage	6,5–6,7	–	–	
max. mögliche Energiekonzentration in der Gesamtration 7,0 – 7,3 MJ NEL je kg TM (mit pansengeschütztem Futterfett bis 7,4 MJ NEL/kg TM)				

Situation dagegen völlig anders, sodass in diesen Fällen durch den Einsatz spezieller Eiweiß- bzw. Mineralfuttermittel die erforderlichen Gehalte in der Ration exakt eingestellt werden müssen.

Eine Grobfutterration, deren Trockenmasse z. B. jeweils zu 50 % aus einer durchschnittlichen Gras- und Maissilage besteht, weist eine mittlere Energiekonzentration von 6,1 – 6,4 MJ NEL je kg TM auf. Bei Kraftfutter können im Durchschnitt 7,8 – 8,2 MJ NEL je kg TM angenommen werden. Stellt man nun eine Ration für Hochleistungskühe zusammen, so wird man versuchen müssen, so viel Kraftfutter wie möglich einzusetzen. Die Grenze liegt allerdings bei der Menge, die noch eine wiederkäuergerechte Gesamtration sicherstellt. Als grober Richtwert gilt, dass sich die Trockenmasse der Gesamtration zu mindestens 50 % aus Grob- und maximal 50 % aus Kraftfutter zusammensetzen muss. Im Extremfall, beim Einsatz großer Strohmengen sowie bei günstiger Fütterungstechnik, kann der Grobfutter: Kraftfutteranteil auf max. 40 zu 60 % erweitert werden. Aus den unterschiedlichen Gehalten der beiden Futtermittelgruppen errechnet sich bei den angegebenen TM-Verhältnissen eine maximal erreichbare Energiekonzentration in der Gesamtration von 7,0 – 7,3 MJ NEL je kg TM.

Aus dem oberen Teil der ▸ **Tab. 8.10** geht hervor, dass die notwendige Energiekonzentration der Gesamtration in erster Linie vom Verzehr an Trockenmasse abhängig ist. Bei 20 kg Tagesleistung reicht bereits eine Futteraufnahme von 16 kg TM für eine realisierbare Energiekonzentration aus. Bei einer höheren Futteraufnahme kann das Grobfutter-Kraftfutter-Verhältnis der Gesamtration zugunsten des Grobfutters verschoben werden. Eine 30-Liter-Kuh muss dagegen mind. 20 kg, eine 40-Liter-Kuh sogar mind. 24 kg TM fressen, damit die notwendige Energiekonzentration bei gleichzeitiger Einhaltung des erforderlichen Mindestanteils an Grobfutter-TM in der Gesamtration noch erreicht werden kann.

Die in der ▸ **Tab. 8.10** durchgeführten Berechnungen zeigen, dass der Futteraufnahme in Form des Trockenmasseverzehrs die Schlüsselposition hinsichtlich einer leistungsgerechten Energieversorgung von Hochleistungskühen zukommt. Es ist deshalb wichtig, sich mit den Einflussfaktoren auf die Futteraufnahme näher auseinander zu setzen.

Die bedeutsamsten Einflussfaktoren auf die Futteraufnahme der Milchkuh sind das Milchleistungspotenzial (zu 35 %) und die Lebendmasse der Kuh (zu 16 %) sowie die Qualität des Grobfutters (zu 17 %) und das Kraftfutterniveau (zu 32 %). Im Rahmen einer Kooperation mit 10 Forschungs- und Universitätsinstituten Deutschlands, Österreichs und der Schweiz wurde eine Datenbank von 70.000 Einzelkuhergebnissen mit allen erforderlichen Parametern aufgebaut und daraus eine Futteraufnahme-Schätzformel abgeleitet (DLG-Information 1/2006 [60]).

Ein weiteres Beispiel soll den begrenzenden Faktor „Futteraufnahmevermögen" verdeutlichen und zu Überlegungen hierüber Anlass geben (▸ **Abb. 8.2**). Es wurde eine gleiche Trockenmasseaufnahme aus Grobfutter von 13 kg mit unterschiedlichen Futtermitteln bzw. Futterqualitäten bei Grassilage unterstellt. Diese finden sich in ▸ **Tab. 6.10**, ▸ **Tab. 6.11** und ▸ **Tab. 6.12**.

In einem Fall reicht die Grundration nach Energie für 11,6 Liter Milch (▸ **Abb. 8.2**, links), im anderen Fall für 14,9 Liter Milch (▸ **Abb. 8.2**, rechts).

Verdauungsvorgänge und Futteraufnahme Der besseren Verständlichkeit wegen wurde bei den oben diskutierten Verschiebungen in der Zusammensetzung der Ration unterstellt, dass sich dadurch die Verweildauer des Futters im Vormagensystem, die sogenannte **Passagegeschwindigkeit**, nicht verändert. Tatsächlich wird aber die Ration links mit rohfaserreicheren Futtermitteln öfter wiedergekaut werden müssen und die Vormägen nicht so rasch durchlaufen wie die verdaulichere Ration rechts. (Der NEL-Gehalt in der TM ist hierfür ein wichtiges Indiz, da die Verdaulichkeit der Nährstoffe bei der NEL-Bewertung berücksichtigt wird.) Das bedeutet auch, dass eine Kuh, deren **Pansenvolumen** für die Ration links gerade ausreicht, von einem Futter der Zusammensetzung rechts bei unrationierter Fütterung mehr als 13 kg TM an einem Tag aufnehmen und verwerten könnte.

Von besonderer Bedeutung für die Höhe der Futteraufnahme ist die Verdaulichkeit der Grobfuttermittel, die an der Energiekonzentration (S. 210) gemessen wird und bei den praxisüblichen Grobfuttermitteln häufig sehr unterschiedlich ist. Bei Grasprodukten (S. 222) hängt diese in erster Li-

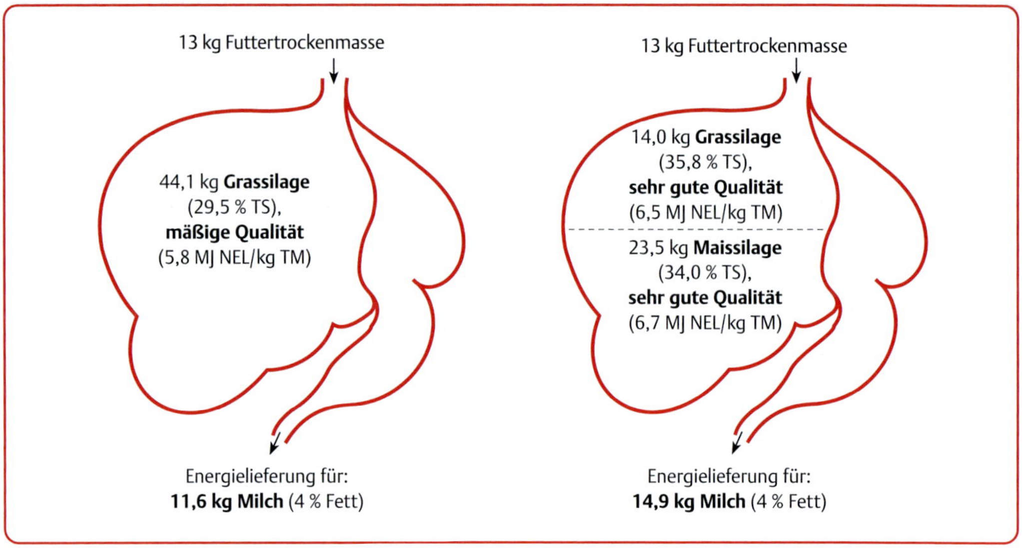

▶ **Abb. 8.2** Unterschiedliche Grundrationen bei gleicher Trockenmasseaufnahme.

nie vom Schnittzeitpunkt (S. 241) ab; s. a. Kap. Heuwerbung (S. 250). So lässt sich anhand der Schätzgleichung zur Bestimmung der Futteraufnahme ableiten, dass bei Grassilagen im Bereich von 25 – 33 % Rohfaser in der Trockensubstanz je Prozent Rohfaseranstieg die Futteraufnahme um 0,1 kg Trockenmasse abnimmt.

Die Zusammenhänge zwischen Grobfutterqualität und Futteraufnahme sowie der daraus resultierenden Milcherzeugung aus Grobfutter gehen aus der ▶ **Abb. 8.3** hervor. Die Differenz in der Futteraufnahme aus dem Grobfutter zwischen schlechten (5,2 MJ NEL/kg TM) und sehr guten Grobfutterqualitäten (6,8 MJ NEL/kg TM) liegt in einer Größenordnung von fast 2 kg TM.

Die höhere TM-Aufnahme einerseits und der gleichzeitig höhere NEL-Gehalt in der Trockenmasse führen zu einem überproportionalen Anstieg der möglichen Milcherzeugung aus solchen Grobfutterrationen in der Größenordnung von 9 kg. Diese Differenz wird durch die dann mögliche Kraftfuttereinsatzmenge noch größer.

Durch Kraftfutterzulage werden die Verdaulichkeit, Energie- und Nährstoffkonzentration sowie Passagegeschwindigkeit der Gesamtration erhöht. Auf diese Weise kann eine leistungsgerechte Fütterung sichergestellt werden. Für die Höhe der Kraftfutterzulage gilt es allerdings Grenzen einzuhalten, denn auch eine Hochleistungskuh bleibt ein Wiederkäuer und muss entsprechend ernährt werden.

In der ▶ **Abb. 8.4** wurden die in der ▶ **Abb. 8.2** aufgeführten beiden Rationen durch entsprechende Kraftfuttergaben soweit ergänzt, dass die Wiederkau- und Pansenfunktion wahrscheinlich noch nicht ernsthaft gefährdet sind. Zuvor wurde allerdings die Grobfuttermenge der aufgrund der Energiekonzentration zu erwartenden Futteraufnahme angepasst (▶ **Abb. 8.3**). Eine weitere Steigerung der Kraftfuttermenge in der Ration würde die Grenzen einer wiederkäuergerechten Fütterung überschreiten, was sich z. B im Absinken der Milchfettgehalte bemerkbar machen würde.

Fazit

Der Milchfettgehalt kann als ein gewisser Maßstab zur Beurteilung der Vormagenverdauung dienen, zumindest im Herden- bzw. Gruppenmittel und v. a. im Vergleich zum Vormonat.

Futterstruktur Die Futterstruktur beschreibt bestimmte chemische und physikalische Eigenschaften von Futtermitteln bzw. Rationen, um notwendige physiologische Bedingungen in den Vormägen von Wiederkäuern aufrechtzuerhalten.

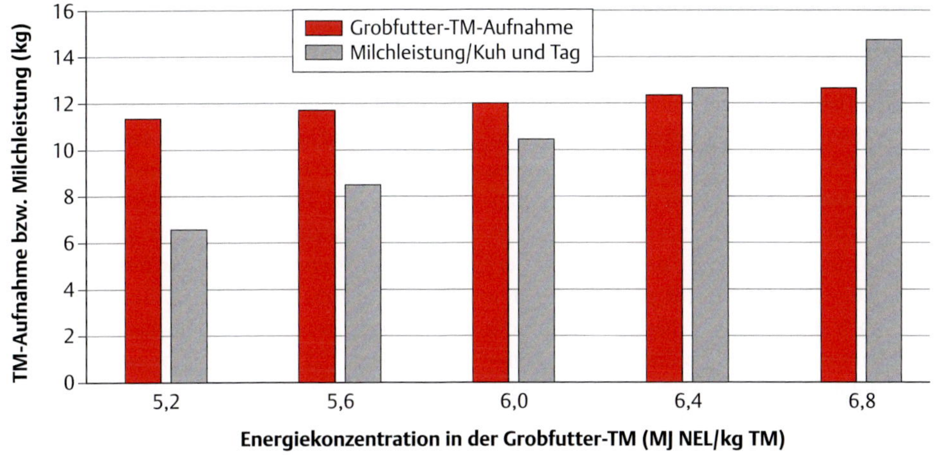

▸ **Abb. 8.3** Grobfutterqualität, Trockenmasseaufnahme sowie Milcherzeugung aus Grobfutter.

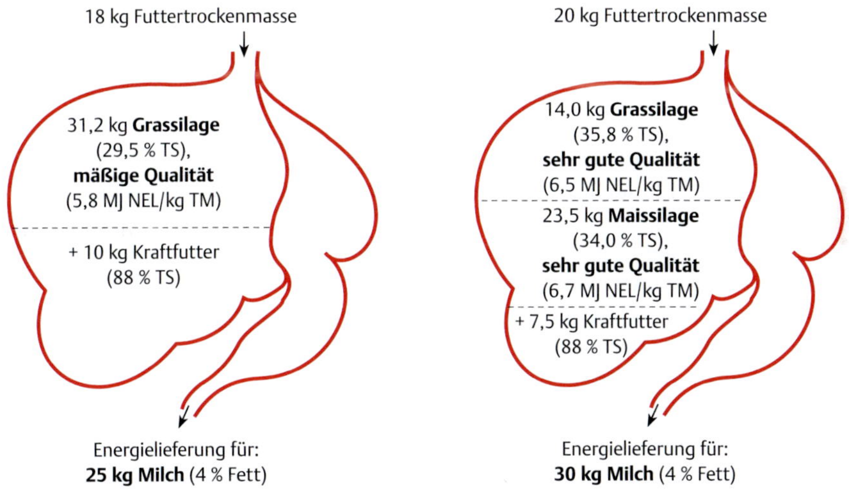

▸ **Abb. 8.4** Futteraufnahmevermögen und Leistung.

Um den „Bedarf an strukturiertem Futter" ableiten zu können, müssen die physiologischen Reaktionen eines Tieres bei Strukturmangel charakterisiert und definiert werden. Als physiologische Kennzahlen dienen Kau- und Wiederkauaktivität, Milchfettgehalt oder der pH-Wert im Pansen. Auf der anderen Seite müssen die Futtermittel hinsichtlich ihrer physikalischen und chemischen Eigenschaften eingeschätzt werden. Dafür dienen der Gehalt an Rohfaser oder Detergenzienfaser bei gleichzeitiger Berücksichtigung der Partikellänge.

In den letzten Jahren hat es zur Frage der Strukturbewertung eine Reihe von Vorschlägen und Entwicklungen gegeben. Trotz aller Bemühungen muss festgestellt werden, dass zurzeit kein ausgereiftes System zur Bewertung der Struktur vorliegt und die Datengrundlage noch beschränkt ist.

Einige Probleme der wiederkäuergerechten Fütterung wurden bereits früher angesprochen, s. Kap. Speiseröhre und Vormägen (S. 56) sowie Kap. Verdauung in den Vormägen (S. 57). Erwähnt wurde im Kap. Grünfutter (S. 222), dass ein Rohfaseranteil von 16 – 20 % der TS für optimal gehalten wird. Dennoch sei bereits an dieser Stelle auf die große Bedeutung der Futteraufnahme hingewiesen. Mit höherer Trockenmasseaufnahmemenge kann der notwendige Gehalt an Rohfaser in der Ration verringert werden, bei niedriger Futteraufnahme hingegen ist ein höherer Gehalt in der Ration notwendig; es kommt letztlich auf die vom Tier aufgenommene Fasermenge an.

Wichtig ist auch, welche Struktur die Rohfaserlieferanten haben. Durch das Mahlen von Heu oder Stroh bleibt zwar der Rohfasergehalt der Gleiche wie bei lang belassenem oder nur grob gehäckseltem Material; aber die physikalische Struktur ist so stark verändert, dass der angestrebte Einfluss auf die Speichelsekretion deutlich reduziert wird. Deshalb wird zusätzlich gefordert, dass 2/3 der Rohfaser in der TS der Gesamtration „strukturiert" sein soll.

Um hierüber genauere Berechnungen im Rahmen der Rationsplanung vornehmen zu können, werden konkrete Informationen zur Strukturwirksamkeit der einzelnen Futtermittel benötigt. Grundsätzlich soll über die Futterstruktur der Speichelfluss beeinflusst werden, da dieser einen großen Einfluss auf die pH-Wert-Steuerung im Pansen hat. Maßgebend hierfür ist die vom Tier aufzuwendende Fress- und Wiederkauzeit. Kauzeitmessungen sind deshalb Grundlage für die Bewertung der Strukturwirksamkeit eines Futtermittels. In Versuchen des belgischen Forscherteams um De Brabander wurden z. B. eine mittlere tägliche Fresszeit von 4,75 Stunden und eine Wiederkauzeit von 8,25 Stunden gemessen. Die Gesamtkauzeit, bezogen auf 1 kg Futtertrockenmasse, schwankte zwischen 24 Minuten bei Kartoffeln und 158 Minuten bei Stroh.

Die Kauzeit hängt in erster Linie vom Rohfasergehalt und der physikalischen Form der Futtermittel ab. Die in Deutschland nach wie vor gebräuchliche Bewertung der **strukturierten Rohfaser** wurde aus umfangreichen Versuchen zur Vorhersage der Grobfutteraufnahme abgeleitet, die in den siebziger und achtziger Jahren des 20. Jahrhunderts im Rostocker Tierernährungsinstitut durchgeführt worden sind. Die daraus abgeleiteten Faktoren für die Strukturwirksamkeit sind als Orientierungswerte anzusehen, die u. a. auch neueren Entwicklungen anzupassen sind. Als Beispiel sei hier die Maissilage genannt, für die nach den Rostocker Versuchen ein Strukturfaktor von 1,0 abgeleitet wurde. Für unsere heutigen körnerreichen Maissilagen musste dieser niedriger eingestuft werden.

Nach wie vor sind in diesem System keine verbindlichen Werte für die verschiedenen Futtermittel festgelegt, sodass es schwierig ist, einheitliche Zahlen anzugeben.

Wie bereits zuvor erwähnt, hat aber die Futteraufnahme bzgl. der Strukturversorgung eine entscheidende Bedeutung. Allgemein wird für den Wiederkäuer eine Menge an strukturwirksamer Rohfaser von 400 g/100 kg Lebendmasse (LM) gefordert, auf jeden Fall ist ein Minimum von 320 g/100 kg LM niemals zu unterschreiten. Letzteres entspricht einer Tagesmenge von 2080 g für eine 650 kg schwere Kuh. Bei einer Futteraufnahme von durchschnittlich 19 kg TM würde dieses einem Gehalt an strukturwirksamer Rohfaser in der Rations-TS von 10,9 % entsprechen. Würden die Tiere aber z. B. 21 kg TM aufnehmen, entspäche dieses einem Mindestgehalt von 9,9 % in der Rations-TS.

Der von De Brabander entwickelte **Strukturwert** (SW) basiert auf exakten Kauzeitmessungen für viele gebräuchliche Futtermittel. Außerdem wurden in entsprechenden Fütterungsversuchen weitere Struktureffekte bestimmt, insbesondere der kritische Grobfutteranteil in Rationen. Als Kennzeichen eines Strukturmangels wurden u. a. der Rückgang von Milchfettgehalt, Futteraufnahme und Milchleistung herangezogen. Daraus leiten sich futtermittelspezifische Berechnungsformeln ab. Bei Grobfuttermitteln geht der analysierte Gehalt an Rohfaser oder an Neutraler Detergenzfaser (NDF), der mit entsprechenden Faktoren gewichtet wird, in die Berechnung ein. Auch die

Häcksellänge bei Maissilagen wird berücksichtigt. Somit kann der Strukturwert speziell für eine bestimmte Futterqualität festgelegt werden. Bei Kraftfuttermitteln werden außer der Rohfaser die beständige Stärke sowie die leicht fermentierbaren Kohlenhydrate bei der Berechnung des SW berücksichtigt. So werden z. B. Körnermais und Melasseschnitzeln noch ein positiver, Weizen und Gerste ein negativer Strukturwert zugeordnet.

Der Strukturwert ist eine dimensionslose Relativzahl. Er bezieht sich grundsätzlich auf 1 kg TM. Für dieses Bewertungssystem werden auch Angaben über einen Mindest-Strukturwert je kg TM der Gesamtration gemacht. Diese sind sehr detailliert nach Milchleistung und Fettgehalt in der Größenordnung von 0,88 – 1,24 gestaffelt. Auch wenn allgemein für unsere Fütterungsbedingungen vorerst ein SW von 1,1 – 1,2 empfohlen wurde, hat sich in Fütterungsversuchen und in der Praxis gezeigt, dass der SW in seiner ursprünglichen Form nicht befriedigt und den Strukturbedarf generell unterschätzt. Daher ist in der Praxis eine dringende Korrektur notwendig.

Die NDF (Neutrale-Detergenzienfaser) gilt international als gebräuchlicher Rationsparameter und wird auch zur Beurteilung der Futterstruktur genutzt. Genau wie bei der Rohfaser auch, ist der Gehalt an NDF allein noch nicht ausreichend, da die physikalischen Eigenschaften des Futters unberücksichtigt bleiben. Daher wird verstärkt das Merkmal „physikalisch effektive NDF“ (peNDF) betrachtet. Dieses verbindet die chemischen (NDF) mit den physikalischen Eigenschaften (Partikellänge) eines Futters bzw. der Ration. Hierdurch sollte es möglich sein, die Strukturversorgung der Kuh noch bedarfsgerechter zu gestalten.

Es hat sich allgemein in der Praxis bewährt, die drei Systeme – XF bzw. strukturwirksame XF, NDF bzw. peNDF und den Strukturwert SW parallel anzuwenden.

In der ▸ Tab. 8.11 wurden sowohl die Strukturfaktoren als auch die Strukturwerte für gängige Futtermittel zusammengestellt. Ein direkter Vergleich der Zahlen ist nicht möglich. Setzt man den Strukturwert von Heu gleich 1 und die anderen Werte der Grobfuttermittel dazu in Relation, so sind die Unterschiede zwischen den beiden Systemen – bis auf Ganzpflanzensilage – nicht so gravierend. Im Gegensatz zur strukturierten Rohfaser werden allerdings die Saftfuttermittel beim Strukturwert relativ hoch eingeordnet. Neu ist auch, dass den Kraftfuttermitteln ein Strukturwert – entweder positiv oder negativ – zugeordnet wird.

Fazit

Wichtige Erkenntnisse aus den Untersuchungen zum Strukturwert sollen hier als allgemeingültige Aussagen zusammengefasst werden:

- Bei Frischgras, Grassilagen und Heu ist der physiologische Reifegrad des Aufwuchses entscheidend. Die Häcksellänge hat keine Bedeutung für die Strukturwirksamkeit, so lange ein Wert von 20 mm nicht unterschritten wird. Auch der Trockenmassegehalt der Silagen ist hierfür von untergeordneter Bedeutung. Der anzustrebende Bereich von 30 – 40 % TM wird aus Gründen einer guten Silierung sowie einer hohen Futteraufnahme empfohlen.
- Bei Maissilage werden ab einer theoretischen Häcksellänge unter 6 mm Abschläge im Strukturwert vorgenommen, darüber Zuschläge. Diese Vorgehensweise steht im Widerspruch zu den Voraussetzungen für eine optimale Verdichtung der Silagen. Letztere hat aber Vorrang. Wichtig ist, dass die Maissilage nicht noch nachträglich im Futtermischwagen vermust wird.
- Energiereiche Saftfuttermittel sind hinsichtlich der Strukturwirksamkeit als neutral einzuordnen.

Kohlenhydratversorgung Im Zusammenhang mit einer leistungs- und wiederkäuergerechten Fütterung sind neben der Rohfaser und deren Strukturwirksamkeit auch die Kohlenhydrate Zucker und Stärke sowie die beständige Stärke mit einzubeziehen.

Die empfohlenen Orientierungswerte, jeweils auf 1 kg TM der Gesamtration bezogen, sind in der ▸ Tab. 8.12 aufgeführt. Sie berücksichtigen mit ihren Maximalwerten die Verhinderung einer möglichen Pansenübersäuerung (Vermeidung einer klinischen und subklinischen Azidose). Außerdem soll mit den aufgeführten Spannen eine optimale mikrobielle Proteinsynthese sowie auch eine maximale Futteraufnahme sichergestellt werden.

Während die Stärke- und Zuckergehalte der meisten Futtermittel in den Futterwerttabellen aufgeführt sind, ist dies bei der beständigen Stärke noch nicht der Fall. Die zurzeit umfangreichsten

▶ **Tab. 8.11** Strukturbewertung von Futtermitteln.

Futtermittel		Strukturfaktor[1]	Strukturwert[2]
Stroh	–	1,2 (Langstroh: 1,5)	4,30
Heu	–	1,0	3,50
Ganzpflanzensilage	–	0,9 – 0,7	1,94
Grassilage[3]	> 24 % XF	1,0	2,68 – 3,55
	< 24 % XF	0,7 – 0,9	
Maissilage[4]	> 30 % TS	0,7 – 0,8	1,57 – 2,02
	< 30 % TS	< 0,7	
Rapssilage	–	(0,2)	1,67
Stoppelrübensilage	–	1,85	
Zuckerrübensilage	–	1,19	
Biertrebersilage	0,25	1,00	
Pressschnitzelsilage	0,25	1,05	
Futterrüben	–	–	1,05
Kartoffeln	–	–	0,70
CCM	–	0,1	0,50
Rapsextraktschrot	–	–	0,30
Sojaextraktschrot	–	–	0,20
Ackerbohnen	–	–	0,12
Erbsen	–	–	0,08
Melasseschnitzel	–	–	0,16
Maiskörner	–	–	0,22
Gerste	–	–	–0,06
Weizen	–	–	–0,15

[1] Der Faktor 1,0 bedeutet z. B., dass die in diesem Futtermittel enthaltene Rohfaser zu 100 % strukturwirksam ist.
[2] Nach de Brabander, die Zahlen beziehen sich jeweils auf 1 kg TM.
[3] Hinweis: Bei TS-Gehalten unter 25 % ist von einer verringerten Strukturwirkung auszugehen.
[4] SW bei 6 mm Häcksellänge. Bei Häcksellängen < 6 mm erfolgen Abschläge und > 6 mm Zuschläge von 2 % je mm Häcksellänge beim Strukturwert.

Informationen hierzu findet man in der DLG-Information 2/2001 [58]. Neuere Untersuchungen ergaben für Maissilagen und LKS eine Stärkebeständigkeit von 10 %, für CCM und Feuchtmais von 25 %, für Maiskleberfutter von 21 % und für Körnermais von 42 %.

Futteraufnahmevermögen In der Milchkuhfütterung ergibt sich folgender Zielkonflikt, der bereits bei der ▶ **Abb. 2.25** angesprochen und bisher nicht beantwortet wurde:

- Hohe Milchfettgehalte erfordern eine wiederkäuergerechte, also eine raufutterreiche Fütterung.
- Hohe Milcheiweißgehalte und Milchmengen erfordern eine energiereiche, also eine kraftfutterreiche Fütterung.

Beide Forderungen miteinander zu vereinen, ist besonders während des ersten Drittels der Laktation, wenn die höchsten Tagesmilchmengen erreicht werden, schwierig. Hier kommt dem Futteraufnahmevermögen der Kühe eine besondere Bedeu-

► **Tab. 8.12** Empfehlungen zur Versorgung der Milchkühe mit Kohlenhydraten in der Gesamtration in Abhängigkeit von Leistungsniveau und Laktationsstand (nach DLG-Information 2/2001 [58]).

Herdenleistung kg/Tier		**6000**		**8000**		**10 000**	
a) frischmelkende Kuhgruppe							
abgedeckte Milchleistung[1] kg/ Kuh und Tag		**32**		**37**		**42**	
–		**min.**	**max.**	**min.**	**max.**	**min.**	**max.**
Zucker	g/kg TM	–	75	–	75	–	75
XZ + XS – bXS	g/kg TM	100	250	125	250	150	250
bXS	g/kg TM	10	60	20	60	30	60
b) altmelkende Kuhgruppe							
abgedeckte Milchleistung[1] kg/ Kuh und Tag		**19**		**22**		**25**	
–		**min.**	**max.**	**min.**	**max.**	**min.**	**max.**
Zucker	g/kg TM	–	75	–	75	–	75
XZ + XS – bXS	g/kg TM	75	175	75	200	75	225
bXS	g/kg TM	–	30	–	30	–	30

[1] bXS = beständige Stärke; XS = Stärke; XZ = Zucker.

tung zu, wie auch bereits in der ► **Tab. 8.10** aufgezeigt wurde. Es ist einleuchtend, dass bei hoher Futteraufnahme die beiden Forderungen leichter zu erfüllen sind als bei niedriger. In diesem Zusammenhang spielt auch das Exterieur der Kühe eine Rolle. Ein entsprechender Rahmen, langer Rücken und weit gewölbte Rippen sind wichtige anatomische Voraussetzungen für ein großes Pansenvolumen sowie für eine hohe Futteraufnahme. Häufig haben diese Kühe auch ein höheres Körpergewicht, wobei die absolut höchsten Gewichte nicht zwangsläufig auch die höchsten Futteraufnahmen bedeuten müssen. Weitaus wichtiger als die Lebendmasse sind die Einflussfaktoren Klauengesundheit, Haltung und Wohlbefinden des Tieres.

Daneben spielt das Alter eine gewisse Rolle: Junge und sehr alte Kühe nehmen weniger Futter auf als Kühe mittleren Alters. In diesem Zusammenhang muss das Augenmerk auch auf die Rinderaufzucht gelenkt werden. Sollen Jungkühe (S. 436) bei hohen Einsatzleistungen genügend Futter fressen, müssen sie sich während der Aufzucht gut entwickelt haben.

Hohe Außentemperaturen, aber auch andere Witterungseinflusse senken die Futteraufnahme, sowohl beim Weidegang als auch bei Stallhaltung. Die Installation von Ventilatoren im Stall zur Erhöhung der Luftdurchgangsrate bringt den Kühen Abkühlung und kann die Futteraufnahme positiv beeinflussen.

Bei ein und derselben Kuh wird die Futteraufnahme nicht nur von der schon diskutierten Zusammensetzung der Ration beeinflusst, sondern auch von der Schmackhaftigkeit einzelner Futtermittel. Auch das Leistungsstadium beeinflusst die Futteraufnahme erheblich. Kühe in der Laktationsmitte fressen mehr als Tiere in der Spätlaktationsphase.

Das Futteraufnahmevermögen hängt nicht nur von der Kuh selbst ab (Körpergewicht, Entwicklungs- und Leistungsstadium), sondern auch von fütterungstechnischen Maßnahmen (häufigere Futtervorlage, Vorratsfütterung, Vielseitigkeit der Ration, Trockenmassegehalt der Futtermittel, Tier-Fressplatz-Verhältnis u. a.) ab. Nur bei Futter von einwandfreier hygienischer Beschaffenheit (besonders sehr gut vergorene Silagen, keine Futtererwärmung) kann mit optimaler Futteraufnahme gerechnet werden. Hierfür spielt auch eine ausreichende Wasserversorgung (S. 173), bei Milchkühen ca. 4–5 l Wasser/kg Futter-TM, eine wesentliche Rolle.

Fazit

Hohe Milchleistungen können auf die Dauer nur von Kühen mit großem Futteraufnahmevermögen erwartet werden. Wenn eine Kuh fünf Wochen nach dem Kalben 40 kg Milch gibt, muss sie bei optimaler Zusammensetzung der Ration ca. 24 kg TM täglich verzehren, damit Nährstoffaufnahme einerseits und Nährstoffverbrauch und -ausgabe andererseits im Gleichgewicht bleiben. Eine 50-Liter-Kuh muss sogar mindestens 28 kg TM aufnehmen, damit eine noch wiederkäuergerecht zu erfütternde Energiekonzentration von 7,3 MJ NEL/kg TM erreicht werden kann. Kühe, die bei diesen Leistungen weniger Futter verzehren, schmelzen Körperreserven ein und verlieren an Gewicht, was nur für eine begrenzte Zeit möglich und in begrenztem Maße gesundheitlich unbedenklich ist.

Mobilisierung von Energie aus Körperfett Ein Abbau von Körpersubstanz nach dem Abkalben ist bei Kühen mit hoher Leistung unvermeidlich, da die Milchleistung schneller als die tägliche Futteraufnahme ansteigt. Daraus resultiert ein Energiedefizit zu Laktationsbeginn. Der Körpersubstanzabbau erfolgt überwiegend aus den Körperfettreserven, wovon täglich ca. 500 – 800 g mobilisiert werden. Zwar liefert 1 kg Körperfett 39,8 MJ NEL. Da diese aber nicht zu 100 % für die Milchbildung verwertet werden können, entspricht der dadurch erzielte Energiegewinn etwa einem Milcherzeugungswert von 4 – 6 Liter pro Tag.

Um abgebautes Körperfett im Stoffwechsel energetisch nutzen zu können, wird Glukose benötigt. Diese sorgt dafür, dass genügend Oxalessigsäure für den Zitronensäurezyklus zur Verfügung gestellt wird (▶ **Abb. 5.6**). Wenn die Kühe allerdings vor dem Abkalben stark verfettet sind, kommt es nach dem Abkalben innerhalb weniger Wochen zum verstärkten Einschmelzen der Fettspeicher. Solche Kühe nehmen zudem relativ wenig Futter und damit auch Energie auf. Andererseits verlassen über die Milch ständig große Mengen an Laktose den Körper. Der Laktosegehalt der Milch ist mit ca. 4,7 % relativ konstant, bei 30 Liter Milchleistung fließen somit täglich 1,4 kg Laktose ab, was in etwa auch der Glukosemenge entspricht. Es kommt zu einem Glukosemangel, wodurch der Abbau von aktivierter Essigsäure über den Zitronensäurezyklus (Mangel an Oxalessigsäure) blockiert wird. Dadurch kann die Oxidation der Fettsäuren nicht vollständig erfolgen und es kommt vermehrt zur Bildung von Ketonkörpern (Acetessigsäure, β-Hydroxybuttersäure, Aceton). Die Anhäufung dieser Stoffwechselzwischenprodukte führt zum Krankheitsbild der Ketose (auch Acetonämie oder Acetonurie genannt).

Ketonkörper werden über die Haut, den Harn und die Milch ausgeschieden, aber auch über die Atemluft, was vom Kuhhalter an einem ungewöhnlichen (süßlichen, obstartigen) Geruch festgestellt werden kann (Nachweis von Ketokörpern im Blut durch Schnellbestimmungsgeräte oder im Harn und in der Milch durch spezielle Ketose-Teststreifen). Verdauungsstörungen, nachlassender Futterverzehr und sehr hohe Milchfettgehalte sind weitere Symptome dieser Krankheit, die auch durch buttersäurereiche Silagen ausgelöst werden kann. In der Regel tritt diese Stoffwechselerkrankung aber subklinisch (milde Form, unterschwellig) auf, sodass ein Rückgang der Milchleistung häufig noch nicht beobachtet wird. Entsprechende Maßnahmen des Tierarztes müssen v. a. auch durch mögliche Futterumstellungen (Rationseckparameter überprüfen, Energieversorgung verbessern, bedenkliche Silagen weglassen) unterstützt werden. Bei besonders ketosegefährdeten Kühen (vor allem ältere und hochleistende, aber auch zwillingsträchtige und besonders überkonditionierte) hat sich eine vorbeugende Verabreichung von täglich 200 – 250 g Propylenglykol (S. 198) (im Futtermittelrecht „1,2-Propandiol") bewährt.

Klinischer Bezug

Ein zu starker Abbau von Körperfett am Laktationsbeginn ist ein Zeichen für eine energetische Unterversorgung der Tiere. Damit verbunden ist eine größere Gefahr für Euter- und Klauenerkrankungen sowie Fruchtbarkeitsstörungen (verzögerte Gebärmutterrückbildung, Gebärmutter- bzw. Gebärmutterschleimhautentzündung, stille Brunst und Umrindern).

Solange frisch laktierende Kühe stark an Körperfett verlieren, ist es daher schwer, sie wieder tragend zu bekommen. In dieser Situation ist in der Regel auch ein stärkerer Abfall des Milcheiweißgehaltes unter die 3 %-Marke festzustellen. Vor diesem Hintergrund ist auch der optimale Besamungszeitpunkt (Länge der freiwilligen Wartezeit) neu zu diskutieren.

Dem Rückgang des Milcheiweißgehaltes kann auch nicht dadurch begegnet werden, dass bei unzureichender Energieversorgung am Laktationsbeginn versucht wird, durch eine Eiweißüberfütterung wenigstens die Eiweißversorgung sicherzustellen. Die Hauptquelle für die Eiweißversorgung der Kuh ist nämlich das Bakterienprotein, dessen Produktion vordergründig von der Energieversorgung der Bakterien abhängig ist; s. Kap. Proteinbewertungssystem (S. 177).

Ein Eiweißüberschuss bei unzureichender Energieversorgung bleibt nicht nur wirkungslos, sondern belastet die Leber zusätzlich. Durch eine vermehrte Ammoniakanflutung im Pansen wird letztendlich die Leber, die ohnehin durch den verstärkten Fettabbau strapaziert wird, zusätzlich geschädigt. Die Möglichkeit zur Verbesserung der Eiweißversorgung besteht allerdings darin, in der Ration verstärkt Proteinkomponenten mit geringer Abbaubarkeit einzusetzen; s. Kap. Proteinbewertungssystem (S. 177). Der höhere UDP-Anteil verbessert die nXP-Anflutung im Dünndarm, ohne dass es zu einer erhöhten Ammoniakbelastung kommt. Auch eine gezielte Versorgung mit pansengeschützten Aminosäuren (Methionin, Lysin) kann in diesem Zusammenhang hilfreich sein.

Auf jeden Fall führt eine optimale Energieversorgung immer auch zu einer verbesserten Eiweißversorgung. Dadurch wird die Fruchtbarkeit verbessert, was beispielsweise am Rückgang von Zyklusstörungen und an besseren Besamungsergebnissen erkennbar wird.

Fazit

Zweifellos lässt sich bei Hochleistungskühen trotz aller Bemühungen des Tierhalters ein gewisser Gewichtsverlust nach dem Abkalben nicht verhindern. Kühe mit einer guten Körperkondition und Konstitution sind in der Lage, im ersten Laktationsdrittel etwa 30 – 50 kg Körpermasse in Form von Fett ohne gesundheitliche Schäden zu mobilisieren. Alles, was darüber hinausgeht, geht in der Regel zulasten der Gesundheit und Fruchtbarkeit und ist zumeist managementbedingt, also fast immer die Folge von Fütterungs- und/oder Haltungsfehlern.

Von Bedeutung ist in diesem Zusammenhang auch die Laktationskurve: Problematisch sind Kühe, die innerhalb der ersten 10 Wochen nach dem Abkalben extrem viel Milch geben und wegen der hohen Tagesleistungen (über 40 Liter) nicht bedarfsgerecht zu füttern sind. Erwünscht sind dagegen Kühe, die hohe Tagesleistungen (~ 30 kg) lange durchhalten, was sich grafisch in einer flachen Laktationskurve niederschlägt (▶ **Abb. 8.5**, ▶ **Abb. 8.6a**), und die deshalb leichter leistungsgerecht ernährt werden können.

Beurteilung der Körperkondition Die beschriebenen Probleme der energetischen Nutzung von Körperfett bei Milchkühen zeigen einen gewissen Teufelskreis auf: Aus Mangel an Glukose bleibt der Körperfettabbau unvollständig, es kommt zu einer Anhäufung von Ketokörpern. Diese führen zuerst zu einer deutlich reduzierten Futteraufnahme. In der Folge steht dann zu wenig Propionsäure aus der Pansenfermentation für die Glukosebildung zur Verfügung. Um den Energiemangel zu kompensieren, wird wiederum vermehrt Körperfett abgebaut, was die Anhäufung von Ketokörpern im Stoffwechsel weiter verstärkt.

Einem optimalen Ernährungszustand der Kuh in allen Leistungsphasen kommt deshalb eine besondere Bedeutung zu (fit, aber nicht fett!). Dieser soll zwar über eine bedarfsgerechte Rationsgestaltung jeweils sichergestellt werden, aber besonders im letzten Laktationsdrittel bei nachlassender Leistung und in der Trockenstehphase kommt es rations- und futteraufnahmebedingt häufig zu Überversorgungen. Es ist deshalb wichtig, den Ernährungszustand an den Kühen selbst zu beurteilen und diesen über die Einstufung der Körperkondition in einem Punktesystem zu bewerten (**Body condition scoring, BCS**). In den entsprechenden Laktationsstadien (frisch abgekalbt, frühe, mittlere und späte Laktation sowie trockenstehend) erfolgt eine Benotung der Kühe, die sich in erster Linie an der Fettgewebeauflage auf den Hüft- und Sitzbeinhöckern sowie über dem breiten Beckenband bezieht (▶ **Tab. 8.13**). Die Einstufung erstreckt sich über die Note 1 (abgemagert) bis zur Note 5 (verfettet.). Man kann die Körperkondition auch über die direkte Messung der Rückenfettdicke (z. B. mittels Ultraschall) bestimmen.

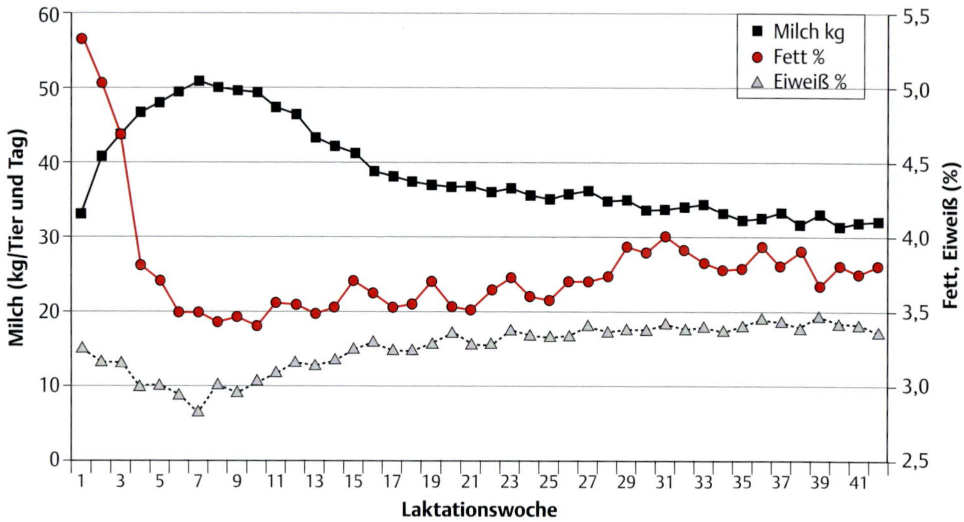

▶ **Abb. 8.5** Veränderungen von Milchleistung und Inhaltsstoffen im Verlauf der Laktation (Abb. basiert auf Daten aus [157]).

Je nach Leistungsphase bewegt sich die optimale Körperkondition bei Kühen der Rasse Holstein Friesian zwischen 2,5 und 3,75 bzw. bei Fleckvieh zwischen 3,25 und 4,25 (▶ **Abb. 8.6**).

Die Benotung der Körperkondition und der Bezug zum Laktationsstadium ermöglichen es, problematische Ernährungsphasen sichtbar zu machen, Haltungs- und Fütterungsbedingungen, besonders aber die Rationsgestaltung entsprechend anzupassen. Für die Umgruppierung von Kühen bei Leistungsgruppen muss neben der Milchleistung unbedingt auch die Körperkondition als Entscheidungskriterium mit herangezogen werden. Es ist also in jedem Fall wichtig, sich mit diesem Bewertungssystem näher zu befassen, seine Anwendung zu üben und das Auge immer wieder zu „eichen“!

Fressverhalten und Fütterungstechnik Das Fressverhalten der Kühe kann man am besten dann beobachten, wenn sie sich ihr Futter selbst wählen können. Beim Weidegang nehmen die Kühe ihr Tagesquantum in 4 – 5 Grasmahlzeiten auf. Wenn sie im Stall bei zwei Futtervorlagezeiten freien Zugang zu Rau- und Saftfutter haben, entscheiden sie sich morgens, also nach einer längeren Pause seit der letzten Mahlzeit, zuerst für Heu. Nachmittags, nach einem kürzeren Abstand seit der letzten Mahlzeit und vor Beginn der längeren Pause, drehen sie die Reihenfolge um und beenden den Tag mit Heu. Bei rationierter Fütterung im Anbindestall mit täglich zweimaliger Vorlage spielt deshalb die Reihenfolge der Futtervorlage eine Rolle: Heu, Saftfutter, Kraftfutter bzw. abends Saftfutter, Kraftfutter, Heu. Heute wird allerdings die ständige Grobfuttervorlage empfohlen und überwiegend auch praktiziert, um möglichst hohe Futteraufnahmen und stabile Pansenverhältnisse zu erzielen.

Auf die Bedeutung der Futterqualität in Bezug auf die Verdaulichkeit und Passagerate wurde bereits ausführlich eingegangen. Aber auch der Futterqualität aus hygienischer Sicht kommt eine besondere Bedeutung zu. Einwandfrei vergorene Silage, gut geworbenes Heu und einwandfreies Getreide und/oder Mischfutter sind Voraussetzung für hohe Futteraufnahmen. Hinzu kommt die Futtervorlage: Grundsätzlich sollen die Kühe ständig Grobfutter zur freien Aufnahme zur Verfügung haben. Bei Trogfütterung sollte ein Futterrest von

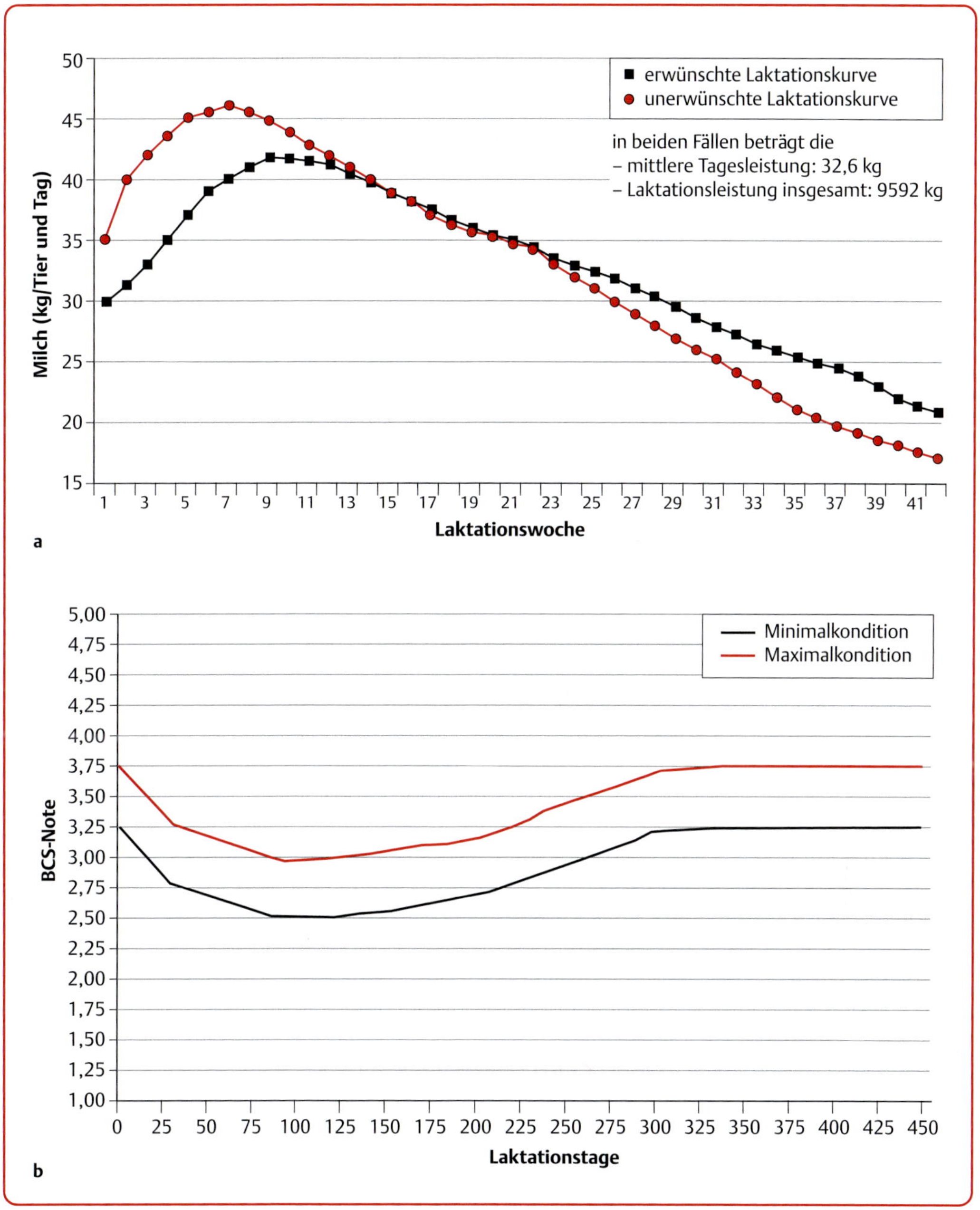

▸ **Abb. 8.6 a** Typen von Laktationskurven bei gleicher Laktationsleistung. **b** Verlauf der Körperkondition bei Schwarzbunten Milchkühen.

► **Tab. 8.13** Beurteilung der Körperkondition von Milchkühen (am Beispiel der Rasse Deutsche Holstein-Kühe).

Körperkondition (Boniturnote)	Merkmal	Rückenfettdicke in mm	Körperfettgewicht in kg
1,0	extrem schlecht; äußerst starke Abmagerung (Haut und Knochen): Dornfortsätze stehen sägeblattartig hervor, einzelne Rippen sind klar erkennbar	<5	<50
1,5	sehr schlecht	5	50
2,0	schlecht, deutlich magerer Gesamteindruck: Dornfortsätze stehen kantig und einzeln hervor, Rippen sind einzeln erkennbar	10	76
2,5	mäßig	15	98
3,0	gut, Rahmen und Ansatz ausgewogen: Sitz- und Hüftbeinhöcker sind durch Gewebe abgerundet, Fetteinlagerung in Schwanzfalte erkennbar, Wölbung der Dornfortsätze ist überwiegend erkennbar, Wirbelsäulenfortsätze sind von Fett- und Muskelgewebe umgeben	20	122
3,5	sehr gut	25	146
4,0	fett, Fettansatz deutlich sichtbar: zwischen Sitz- und Hüftbeinhöcker gerade Linie, deutlich hervorstehende Fettablagerungen an den Höckern und in der Schwanzfalte, Fortsätze der Wirbelsäule nur mit Druck unterscheidbar, glatte Rückenlinie, Lende von Muskeln und Fett umschlossen	30	170
4,5	verfettet	35	194
5,0	extrem verfettet, hochgradig überversorgt, klare Verfettung: durch Fett aufgewölbte Linie zwischen Sitz- und Hüftbein, Schwanzfalte in ausgeprägte Fettpolster eingebettet, viele Fettfalten, Fortsätze der Wirbelsäule tief in Fett eingepolstert, der gesamte Körper ist stark gewölbt und tonnenförmig	>35	>194

5 (bis 10) % in Kauf genommen und mindestens einmal täglich der Futtertisch besenrein gesäubert werden. Bei Vorratsfütterung muss das Futter mehrmals täglich nachgeschoben werden. Ein häufiger und erst recht ein abrupter Futterwechsel wirken sich negativ auf die Futteraufnahme aus.

Wie die ► **Abb. 8.7** zeigt, verursacht die Aufnahme von Kraftfutter erhebliche pH-Wert-Absenkungen im Pansen. Kraftfutter führt wegen der hohen Verdaulichkeit und wegen des relativ hohen Anteils leichtfermentierbarer Kohlenhydrate (besonders Stärke und Zucker) nahezu immer zu kurzfristiger Übersäuerung im Pansen mit negativen Auswirkungen auf die Aktivität der zellulosespaltenden Bakterien, auf die Passagegeschwindigkeit und auf die Futteraufnahme. Im Extremfall sinkt der pH-Wert bei unkontrollierter Kraftfutteraufnahme auf ein Niveau, welches das Leben der Mikroorganismen im Pansen unmöglich macht. Der Tierarzt spricht dann von einer akuten **Pan-**

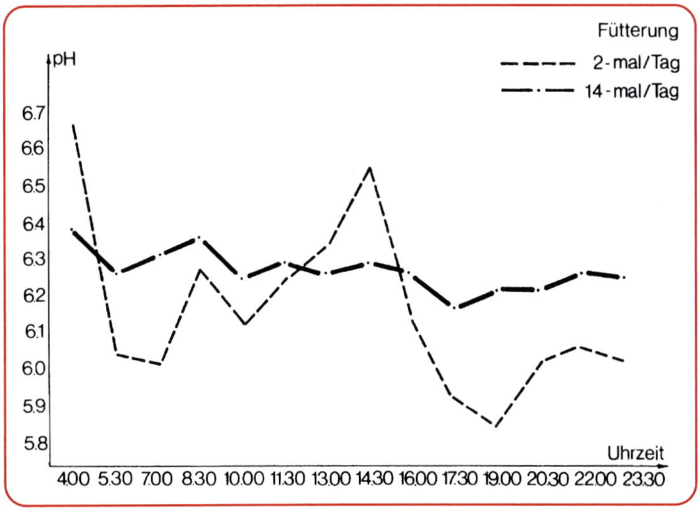

► **Abb. 8.7** Auswirkungen unterschiedlicher Fütterungshäufigkeit auf das pH-Niveau in den Vormägen (Abb. basiert auf Daten aus [121]).

senazidose, die für die Kühe lebensgefährlich ist. Diese Situation ist jedoch relativ selten und eigentlich auch nur möglich, wenn die Tiere absolut unkontrolliert massiv Kraftfutter aufnehmen können (z. B. Havarie der Kraftfutterstation). Weitaus häufiger als dieser Extremfall ist allerdings die subklinische Azidose, bei der der pH-Wert nur noch eine eingeschränkte Bakterientätigkeit erlaubt. Um diese Auswirkungen möglichst gering zu halten, soll das Kraftfutter nur in kleinen Mengen von maximal 2 – 3 kg je Gabe verabreicht werden. Das bedeutet jedoch, dass Hochleistungskühe ihre Kraftfuttermenge pro Tag in mehr als zwei Gaben zugeteilt bekommen müssen. Diese fütterungstechnische Maßnahme wird als **biologische Fütterung** bezeichnet.

Von großer Bedeutung ist in diesem Zusammenhang auch der Gehalt an leichtlöslichen Kohlenhydraten in der Gesamtration (= **Stärke- und Zuckerverträglichkeit**; s. Kohlenhydratversorgung ► **Tab. 8.12**).

Bezüglich der Kohlenhydratversorgung werden folgende Kenngrößen bei der Rationsplanung berücksichtigt:

- Gesamt-Zucker (XZ)
- Stärke (XS)
- beständige Stärke (bXS)
- unbeständige Stärke (XS – bXS)
- Zucker plus unbeständige Stärke (XZ + XS – bXS)

Um noch eine pansenverträgliche Fütterung der Kühe sicherzustellen, sollen bei XZ max. 75 g je kg TM und bei den sogenannten leicht fermentierbaren Kohlenhydraten XZ + XS – bXS max. 250 g je kg TM der Gesamtration eingehalten werden. Für bXS gilt seit Langem ein Orientierungsbereich von 10 – 60 g je kg TM. Dieser ist weniger pansenphysiologisch als vielmehr ernährungsphysiologisch im hohen Leistungsbereich begründet. Neueren Erkenntnissen zufolge sind aber selbst Tagesmengen von fast 2 kg pansenstabiler, dünndarmverdaulicher Stärke von Kühen nutzbar (Mahlkow-Nerge und Huuck 2016 [158]).

Bei automatischer Kraftfutterzuteilung – **Abruffütterung** – (Transponder, Responder) kann eine biologische Fütterung bereits relativ einfach verwirklicht werden. Hierbei handelt es sich um zentrale, computergesteuerte Futterstationen, an denen sich die Kühe die ihnen zustehende Kraftfutterration zu beliebigen Zeitpunkten in kleinen Teilportionen abholen können.

Sehr vorteilhaft sind Anlagen, bei denen die Dosierung von zwei oder sogar drei verschiedenen Komponenten bzw. Kraftfuttermischungen möglich ist. Frischlaktierende Kühe können dann zusätzlich ein spezielles Milchleistungsfutter (z. B. mit pansengeschützten Komponenten oder/und speziellen Futterzusätzen) zugeteilt bekommen. Auch die separate Verabreichung eines mineralstoffreichen Ergänzungsfutters als sogenanntes Kilofutter ist so technisch realisierbar.

Am ungünstigsten sind dagegen die fütterungstechnischen Bedingungen in Ställen mit Selbstfütterung am Fahrsilo und ausschließlicher Kraftfutterfütterung im Melkstand.

Die **Pelletierung des Kraftfutters** hat ebenso wie das **Quetschen des Getreides** keinen Effekt hinsichtlich der „Strukturwirkung". Die Vorteile bestehen in der Staubbindung bzw. -verhinderung sowie der positiven Beeinflussung der Fresslust. Gequetschtes Getreide wird zudem im Pansen etwas langsamer als geschrotetes abgebaut, was einer zu schnellen pH-Wert-Senkung entgegenwirken kann.

Die Grobfuttervorlage wird in manchen Ställen noch so gehandhabt, dass die mit einem Siloblockschneider entnommenen Blöcke auf dem Futtertisch für mehrere Tage bevorratet werden und die Silage von Hand in den Trog verteilt wird. Diese Methode ist nicht nur relativ arbeitsaufwändig, sondern kann auch dazu führen, dass sich die Silage in den Blöcken erwärmt, nachgärt und eventuell sogar verschimmelt. Je nach den herrschenden stallklimatischen Verhältnissen nimmt die Stallluft Silagegeruch und die Silage Stallgeruch an. Dies alles ist für die Futteraufnahme negativ zu beurteilen. Günstiger ist der Einsatz von Blockschneidern mit Verteileinrichtung oder Futterverteilwagen zu beurteilen. Damit kann die Silage täglich oder noch besser zweimal täglich frisch vorgelegt werden.

Wenn im Futterverteilwagen verschiedene Silagen übereinander geschichtet werden, findet beim Verteilvorgang bereits ein gewisser Mischeffekt statt.

Diese Futtervorlagetechniken weichen aber immer mehr der Futtervorlage mit einem **Futtermischwagen**. In schätzungsweise mehr als 50 % der Betriebe wird mittlerweile das Futter mit einem Futtermischwagen vorgelegt. Wie der Name sagt, können hier mehrere Futterkomponenten gemischt und dann auf dem Futtertisch vorgelegt werden. Der Einsatz von Futtermischwagen (▶ **Abb. 8.8a**) hat eigentlich zur Zielsetzung, die gesamte Tagesration der Kuh zu mischen und dann vorzulegen, worauf später ausführlicher eingegangen wird.

Wenn auch der Einsatz von Futtermischwagen zurzeit die vorherrschende und weiterhin zunehmende Futtervorlagetechnik ist, haben sich auch andere Vorlagetechniken behauptet bzw. wurden weiterentwickelt. Dazu gehören die Selbstfütterung am Fahrsilo und der Einsatz von fahrbaren Fressgittern auf dem Futtertisch. Bei beiden Systemen handelt es sich quasi um eine Vorratsfütterung, die sich vorrangig für Betriebe mit einfachen Grundrationen (Grassilage, Maissilage) eignet. Als wesentliche Vorteile dieser Systeme wird der geringe Zeitaufwand für das Füttern der Kühe sowie Einsparungen bei den Baukosten – insbesondere bei Stallerweiterungen im Zuge von Bestandsaufstockungen – angeführt. Bei der Selbstfütterung am Fahrsilo lassen sich auch bei den Maschinenkosten Einsparungen realisieren. Letzteres trifft beim fahrbaren Fressgitter nicht zu, da außer dem Gitter mit Zahnradantrieb (Weelink-System) oder mit hydraulischem Antrieb (Lollerup Smedeland) auch ein Blockschneider vorhanden sein muss, um die Siloblöcke auf Vorrat auf den Futtertisch zu bringen.

Bei der Selbstfütterung am Fahrsilo schieben die Kühe das Fressgitter selbst nach. Der Abstand zum Silostock wird zwischen 60 und 90 cm so eingestellt, dass die Kühe mit „langem Hals" fressen. Dies trifft auch beim fahrbaren Fressgitter zu, das allerdings per Knopfdruck zweimal täglich näher an das Futter herangefahren werden muss. Bei dieser Art der Vorratsfütterung kann das Tier-Fressplatz-Verhältnis 2,5 – 3 : 1 betragen. Dem Vorteil der Arbeitszeit- und Baukosteneinsparung stehen auch gewisse Nachteile entgegen. Bei der Selbstfütterung am Fahrsilo sind dies unter anderem ein höherer Gülleanfall wegen Regenwassers, eine eventuelle Verschmutzung der Euter (wenn die Kühe sich draußen hinlegen), Klauenprobleme wegen weiter Wege, Witterungseinflüsse (insbesondere Regen), Abdrängen schwächerer Kühe (insbesondere Färsen) sowie eventuelle Überversorgung altmelkender Kühe. Einige dieser Nachteile können auch für die Vorratsfütterung im Stall zutreffen. Hinzu kommt hier noch die eventuelle Beeinflussung der Futterqualität, wenn die Silageblöcke mehrere Tage im Stall stehen. Besonders wichtig ist es deshalb, Silagen von einwandfreier Qualität zu gewinnen, die auch aufgrund eines optimalen pH-Wertes stabil sind. Wenn zusätzlich

▶ **Abb. 8.8 a** Futtermischwagen.
b Siebfraktionen einer geschüttelten Ration.

auch energiereiches Saftfutter wie Biertreber- und Pressschnitzelsilagen verfüttert werden sollen, könnten diese eventuell schichtweise mit einsiliert werden.

Total-Mischration (TMR) Bei der Beschreibung wichtiger Futtervorlagetechniken wurde bereits der Futtermischwagen erwähnt (▶ **Abb. 8.8a**). Dieser ermöglicht es, die komplette Futterration der Kühe zu mischen und dann vorzulegen. Hierauf bezieht sich der Begriff TMR, der aus dem amerikanischen Sprachgebrauch kommt und eine Abkürzung für total mixed ration ist.

Bei der TMR werden Grob-, Ausgleichs- und Leistungsfutterkomponenten zusammengebracht, die von den Kühen bei Vorlage in der Gesamtmischung weitestgehend nicht mehr selektiert werden können. Unter TMR-Bedingungen wird ein stets gleich intensiv fermentierbares Rationsgemisch aufgenommen, was zu einer größeren Stabilisierung des pH-Milieus im Pansen führt (biologische Fütterung) als bei getrennter Grob-

und Kraftfutteraufnahme. Dies hat einen positiven Effekt auf die Futteraufnahme, der umso günstiger ist, je schlechter vorher die Futtervorlage und je größer die Unterschiede im Energiegehalt bzw. in der Schmackhaftigkeit der eingesetzten Komponenten waren. Dagegen wird bei qualitativ hochwertigen Grobfuttermitteln und vorherigem Kraftfuttereinsatz über Responder in dieser Beziehung kaum ein Effekt durch TMR zu erwarten sein. Allerdings kann der Kraftfutteranteil der Gesamtration im Vergleich zum getrennten Angebot von Grob- und Kraftfutter ohne eine so große Gefahr einer Beeinträchtigung des Pansenstoffwechsels etwas erhöht werden. Somit ist die TMR besonders für hochleistende Kühe mit höchsten Ansprüchen an die Energiekonzentration in der Futtertrockenmasse geeignet. Wichtig ist allerdings, dass es beim Mischvorgang nicht zu einer zu starken Nachzerkleinerung der Grobfutterkomponenten, besonders in strukturschwachen Rationen, kommt, da sonst ihre Strukturwirksamkeit vermindert wird. Dieses lässt sich mithilfe einer sogenannten **Schüttelbox** (▶ **Abb. 8.8b**) kontrollieren.

Mit dieser wird über drei bzw. vier Siebfraktionen der Gewichtsanteil verschiedener Partikelgrößenklassen nach einem definierten Schüttelvorgang gemessen. Die Strukturwirksamkeit einer TMR wird bei der dreiteiligen Schüttelbox (Penn State Particle Separator) als ausreichend angesehen, wenn im Obersieb (Futterpartikelgröße > 1,9 cm) 6 – 10 %, im Mittelsieb (Futterpartikelgröße < 1,9 cm bis > 0,8 cm) 30 – 50 % und im Untersieb (Futterpartikelgröße < 0,8 cm) 40 – 60 % der Einwaage verbleiben. Allerdings müssen hierbei auch immer die TM-Gehalte sowie weitere Eigenschaften der Rationen (z. B. das eventuelle Vorhandensein klebriger Komponenten, wie z. B. Melasse oder Glycerin) berücksichtigt werden.

Der Einsatz von Nebenprodukten aus der Lebensmittelherstellung wie z. B. Pressschnitzel, Biertreber, Obsttrester oder Pülpe kann über die TMR hervorragend erfolgen. Während die tägliche Kraftfuttermenge jeder Kuh bei getrennter Fütterung fest vorgegeben wird, steuert sie die Kraftfutteraufnahme bei TMR über die Menge des gefressenen Futtergemisches selbst. Die TMR bringt wesentliche Arbeitserleichterungen durch den Wegfall von aufwändiger Handarbeit bei der Futtervorlage. Bei Neubaumaßnahmen können die Kraftfutterabrufstationen eingespart werden und das Tier-Fressplatz-Verhältnis kann evtl. weiter als 1 : 1 sein.

Aus arbeitswirtschaftlicher Sicht muss allerdings beachtet werden, dass täglich gemischt werden muss und sich so vielfach die Routinearbeiten erhöhen. Hierbei ergeben sich zudem eine Reihe möglicher Fehlerquellen. Eine Wägeeinrichtung ist für ein korrektes Mischen zwingend erforderlich. Die Anschaffungskosten sind hoch und die Wirtschaftlichkeit hängt in erster Linie von der Bestandsgröße ab. Futtermischwagen können jedoch auch überbetrieblich oder über Lohnunternehmen eingesetzt werden, was einerseits zu einer deutlichen Kostenentlastung führen kann, aber andererseits auch aus Gründen einer Gefahr für die Biosicherheit des eigenen Betriebes genau abzuwägen ist.

Ein wesentlicher Diskussionspunkt beim Einsatz der TMR ist die Frage nach der Notwendigkeit, Leistungsgruppen zu bilden. Hierbei stehen in erster Linie physiologische Überlegungen im Vordergrund, besonders unter dem Aspekt einer leistungsangepassten Energie- und Nährstoffversorgung. Aus dieser Sicht werden mindestens zwei Leistungsgruppen für laktierende Kühe gefordert, und zwar eine für die frischmelkenden und in der Laktationsmitte befindlichen sowie eine für die altmelkenden Tiere. Zusätzlich sind trockenstehende Kühe i. d. R. in zwei gesonderten Gruppen zu halten Bei den allgemein kleineren Bestandsgrößen der alten Bundesländer sind diese Bedingungen oft nicht zu erfüllen. Als Kompromiss wird vielfach eine Teilaufwertung der Grundration z. B. für 20 – 25 kg Tagesleistung über den Futtermischwagen vorgenommen und höhere Leistungen durch individuelle Kraftfutterzuteilung am Responder oder im Melkstand ausgefüttert. Es gibt aber auch positive Erfahrungen mit nur einer Leistungsgruppe, vor allem bei sehr hohen Herdendurchschnittsleistungen. Hier ist eine gewisse Abflachung der Laktationskurve zu verzeichnen, bei weniger ausgeprägtem Laktationsgipfel im ersten Laktationsdrittel verläuft die Milchleistung im zweiten und dritten Laktationsdrittel insgesamt auf einem höheren Niveau. Bei einer hohen Herdenleistung verringert sich so die Gefahr der Unterfütterung zu Laktationsbeginn und der Überfütterung zum Laktationsende hin. Liegen die Herdenleistungen höher als 10 000 kg je Kuh und Jahr und differieren die Einzeltierleistungen innerhalb der Herde nur in engen Grenzen, ist die TMR-Fütterung mit nur einer Leistungsgruppe möglich.

Im Trockenstehbereich sind allerdings die zwei genannten Gruppen unbedingt erforderlich: Da im Gegensatz zur getrennten Kraftfutterfütterung, bei der die Tagesgaben nach dem Abkalben langsam gesteigert werden können, bei TMR gleich die komplette Leistungsmischung gefüttert wird, ist eine sorgfältige Anfütterung der Trockensteher während der letzten drei Wochen vor dem Abkalben besonders wichtig.

Aus ökonomischer Sicht ist die Bildung von Leistungsgruppen in jedem Fall sinnvoll, da in der mittleren und besonders in der unteren Leistungsgruppe kostengünstigere Futtermittel (sowohl Grob- als auch Kraftfutterkomponenten) eingesetzt werden können, wodurch die Futterkosten deutlich zu senken sind.

Kompakt-TMR Ein wesentliches Ziel bei der Versorgung von Tieren ist, dass diese möglichst die kalkulierte Futterration in genau dieser Zusammensetzung aufnehmen. Das bedeutet u. a. auch, dass sie nicht selektieren sollen. Genau hier setzt die Futtervorlagemethode in Form einer Kompakt-TMR an. Dabei wird das Kraftfutter über mehrere Stunden mit Wasser im Futtermischwagen eingeweicht. Die gesamte Mischdauer nach anschließendem Zuladen aller anderen Grobfuttermittel ist sehr lang, damit eine kompakte und vergleichsweise feuchte Mischung entsteht, die weder auf dem Futtertisch wieder auseinanderfällt, noch zum selektiven Fressen der Tiere führt.

Man verspricht sich, dass die Kühe damit deutlich näher an der kalkulierten Ration fressen und im Fressverhalten wesentlich ruhiger werden, da eine Selektion einzelner Komponenten aufgrund des Mischvorganges nahezu unmöglich gemacht wird.

Das Erstellen einer Kompakt-TMR ist mit einem größeren Arbeitsaufwand und Dieselverbrauch durch den langen, intensiven Mischvorgang und das höhere Gewicht des Futters verbunden. Zudem wird der Verschleiß bei Mischwagen und Schlepper größer. Auch die Messer des Futtermischwagens müssen voraussichtlich häufiger gewechselt werden. Dieses lässt höhere Futter- bzw. Fütterungskosten erwarten. Darüber hinaus ist das tägliche Erstellen mehrerer Mischungen nach diesem Prinzip aufgrund der langen Einweichzeit und Mischdauer arbeitsorganisatorisch schwierig.

Diese Fütterungsvariante erfordert eine hohe Disziplin, da das Mischverfahren genau eingehalten werden muss, um die gewünschte Homogenität zu erreichen.

Auswirkungen eines derartigen Vermusens z. B. auf die Stoffwechselgesundheit, insbesondere bei sehr kraftfutterreichen und strukturarmen Futterrationen sind bislang noch nicht untersucht worden.

Automatische Futtervorlage Arbeitszeitverringerung und -flexibilisierung, Arbeitserleichterung und vor allem auch der Wunsch einer einzeltierbezogenen Versorgung von Herden sind maßgebliche Gründe für die Etablierung von automatischen Arbeitsprozessen, besonders bei wachsenden Familienbetrieben. So findet derzeit zwar erst vereinzelt, aber dennoch zunehmend auch die automatische Futtervorlage eine Verbreitung. Es werden verschiedene Systeme der automatischen Fütterung auf dem Markt angeboten, die betriebsindividuell kombiniert und eingesetzt werden können. Drei Automatisierungsstufen lassen sich dabei unterscheiden:

- Stufe I: Mischen – Verteilen – (Nachschieben): Hierbei muss ein stationärer Futtermischer jeweils durch mobile Geräte aus Flachsilos befüllt werden.
- Stufe II: Mischer Befüllen – Mischen – Verteilen – (Nachschieben): Es können alle Leistungsgruppen mehrmals am Tag gefüttert werden. Der Landwirt ist nicht mehr an feste Befüll- und Fütterungszeiten gebunden.
- Stufe III: Entnahme und Transport – Mischer Befüllen – Mischen – Verteilen – (Nachschieben): Diese teuerste aller Stufen entspricht einer vollautomatischen Fütterung, von der Entnahme aus Hoch- oder Tiefsilos bis zur Verteilung.

Wichtigste Aspekte für die Planung eines automatischen Fütterungssystems sind:

- Fütterungssystem: Wahl eines zum Betrieb passenden Fütterungssystems, Möglichkeit beliebiger Leistungsgruppenbildung, Möglichkeit der Fütterung aller Tiere am Betrieb, Vorhandensein geeigneter Entnahmetechnik, Planung der Anzahl Vorratsbehälter und ausreichender Lagerkapazität, Wahl des zu den Futterkomponenten passenden Mischsystems, Abhilfe bei Ausfall der Fütterungstechnik und Maßnahmen zur Unfallverhütung

- Futterhalle: Anordnung passend zum Betriebsablauf (extern, traufseitige bzw. giebelseitige Erschließung), Dimensionierung (Platzbedarf der Technik, Gebäude- und Traufhöhe), Klimatisierung und Witterungsschutz und Bodengestaltung (glatter, planbefestigter Untergrund mit der Möglichkeit zur Ableitung von Gärsaft und Reinigungswasser)
- Weitere bauliche Aspekte: Berücksichtigung von Erweiterungsmöglichkeiten des Stalls und der Futterhalle, Futtertischbreite (systemabhängig) und statische Anforderungen (Traglasten der Konstruktion, eigenes Tragsystem) (DLG 2012 [52], DLG 2014 [75])

Fazit

Die TMR bedeutet aus physiologischer Sicht eine optimale Umsetzung der „biologischen" Fütterung von Milchkühen. Dies bezieht sich in erster Linie auf die weitgehende Vermeidung größerer pH-Wert-Schwankungen im Pansen. Dadurch wird auch das harmonische Zusammenwirken der Mikroorganismen im Pansen gefördert. Durch diese Form der Fütterung werden das Wiederkauverhalten, die Pansenpufferung und der Fermentationsablauf aber nicht zwangsläufig verbessert.

Wichtige Anforderungen an eine leistungs- und wiederkäuergerechte Fütterung zusammengefasst:

- Hochleistungskühe während der ganzen Laktation entsprechend ihres Bedarfs mit Nährstoffen und Futterenergie versorgen, das heißt am Laktationsbeginn starke Gewichtsverluste und in der zweiten Laktationshälfte sowie während der Trockenstehphase eine Überfütterung möglichst vermeiden!
- Zur Gewährleistung einer leistungsgerechten Fütterung den Kühen das Kraftfutter ihrer Leistung und Körperkondition entsprechend individuell zuteilen oder die Herde in Leistungsgruppen einteilen.
- Täglich mindestens 50 % der Futtertrockensubstanz über Grobfuttermittel bzw. 0,4 kg strukturierte Rohfaser je 100 kg Lebendgewicht bzw. ca. 11 – 12 % strukturierte Rohfaser in der TS der Gesamtration anbieten, um die Speichersekretion zu fördern und einen optimalen pH-Wert im Pansen aufrechtzuerhalten. Einen Strukturwert (SW) von 1,2 je kg TM möglichst nicht unterschreiten.
- Einen Rohfaser- bzw. NDF-Gehalt der Ration von möglichst 16–18 % bzw. 30 % (i.d. TS) nicht unterschreiten, um ein optimales Verhältnis von Essigsäure zu Propionsäure (3:1) und damit die Voraussetzung für eine ungestörte Milchfettsynthese zu gewährleisten.
- Den Gehalt an pansenverfügbaren Kohlenhydraten in der Ration auf max. 75 g Zucker/kg TM und XZ + XS – bXS auf max. 250 g/kg TM begrenzen.
- Einen Rohfettgehalt von 5 % i.d. TS nicht überschreiten. Ausnahme: Beim Einsatz von geschützten Fetten (S. 181) sind max 7 % i.d. TS möglich.
- Die Versorgung mit darmverfügbarem Eiweiß, Mineralstoffen und Vitaminen den Richtwerten entsprechend sicherstellen, auf keinen Fall zu wenig, aber möglichst auch nicht wesentlich mehr!
- Qualitativ gutes Grobfutter ständig zur freien Aufnahme anbieten, einen Futterrest von ca. 5 % täglich in Kauf nehmen.
- Wenn das Leistungsfutter nicht über Responder oder TMR angeboten werden kann, müssen Tagesgaben über 6 kg auf mehr als zwei Mahlzeiten aufgeteilt werden.
- Die Wasserversorgung über geeignete Selbsttränken, vorzugsweise Trogtränken sicherstellen!

Fütterung der Trockensteher und Anfütterung nach dem Kalben

Hochtragende Kühe sollen vor dem Abkalben i. d. R. 6–8 Wochen trocken stehen. Sie brauchen diese Zeit, um ein lebenstüchtiges Kalb in der Gebärmutter heranwachsen zu lassen, um ein qualitativ hochwertiges Kolostrum zu erzeugen, um das eigene Wachstum fortsetzen zu können (da die meisten Kühe noch jung sind) und um sich auf die mit dem Abkalben verbundenen Anstrengungen sowie auf die gleichzeitigen Änderungen im Hormon- und Stoffwechselgeschehen einzustellen.

Die Fütterung der Trockensteher beeinflusst die Gesundheit und Fruchtbarkeit, aber auch die Futteraufnahme und Leistung während der gesamten nachfolgenden Laktation. Die wichtigsten Zielsetzungen in dieser Zeit sind die Vermeidung einer energetischen Überversorgung und einer Calcium- und Kaliumüberversorgung der Tiere, eine ausreichende Vorbereitung auf die Ration nach der Kalbung sowie die Vermeidung einer dramatischen Futteraufnahmereduzierung kurz vor der Kalbung.

Eine energetische Überversorgung (was wegen des relativ geringen Bedarfs leicht möglich ist) begünstigt eine übermäßige Fetteinlagerung vor allem im Bauch- und Brustraum sowie in der Leber. Eine Volumenabnahme des Bauchraumes, Funktionseinschränkung der genannten Organe sowie Beeinträchtigung der hormonellen Leistungsfähigkeit (insbesondere Insulin- und Parathormonmangel) sind unerwünschte Folgen.

Besonders schwerwiegend ist die dabei auftretende Verfettung der Leber, die sich im Verlauf des nach dem Abkalben einsetzenden „Fettmobilisationssyndroms" weiter verstärkt. Dies führt zu erheblichen Gesundheitsstörungen, die *Fürll* in ► **Tab. 8.14** zusammenfasst.

Deshalb gilt für die Trockenstehzeit die gleiche Regel wie für die Laktationsfütterung. Grundsätzlich nur dem tatsächlichen Bedarf entsprechend füttern! Für Kühe im normalen Ernährungszustand genügt im Allgemeinen eine Ration, die den Nährstoffbedarf für Erhaltung plus 4 – 6 kg Milch deckt. Diese besteht in der Regel ausschließlich aus Grobfuttermitteln mittlerer Energiekonzentration, um die Kühe an hohe Grobfutteraufnahmen zu gewöhnen. Besonders energiereiche Grobfuttermittel, wie teigreife Maissilage, müssen mengenmäßig begrenzt und mit Stroh energetisch „verdünnt" werden.

In den letzten zwei bis drei Wochen der Trächtigkeit setzt ein intensives Wachstum des Kalbes, bei gleichzeitigem Rückgang der Futteraufnahme, ein. Hinzu kommt, dass die Pansenschleimhaut sich während der relativ energiearmen Fütterung in der auslaufenden Laktation und im ersten Teil der Trockenstehzeit stark zurückgebildet hat, was auch durchaus erwünscht ist. Um die im Zuge der Futterrationsumstellung zu Laktationsbeginn gebildeten größeren Säuremengen auch absorbieren zu können, muss die Pansenschleimhaut rechtzeitig wieder aufgebaut werden. Es dauert etwa 4 – 6 Wochen, ehe die Pansenzotten wieder ihre maximale Ausbildung und damit Leistungsfähigkeit erreicht haben. Dies geht einher mit der Notwendigkeit, die Mikroorganismenflora im Pansen wieder an kraftfutterreiche Rationen zu gewöhnen. Es ist deshalb erforderlich, die Trockensteher in den letzten zwei bis drei Wochen vor dem Abkalben gesondert zu füttern. Dieser Abschnitt wird als **Transit-Fütterung** bezeichnet, wobei aus Gründen einer ausreichenden Milchfieberprophylaxe möglichst eine negative Kationen-Anionen-Balance angestrebt wird; s. Kap. Grundlagen der Gärfutterbereitung (S. 230).

Rationsvorschläge für trockenstehende Kühe sind in der ► **Tab. 8.15** aufgeführt, wobei zwischen der Früh-Trockensteher- und Transit-Fütterung unterschieden wird. Die Pfeile sollen darauf hinweisen, dass die Rationsumstellung nicht abrupt, sondern gleitend erfolgen soll.

Als Futtermittel für Rationen nach dem Trockenstellen eignen sich besonders Grasanwelksilage, Heu und Stroh. Maissilage muss wegen ihres hohen Energiegehaltes mengenmäßig begrenzt werden. Im Sommer ist bis drei Wochen vor der Kalbung Weidegang möglich. Ungeeignet sind K-reiche Grassilagen, Klee und Luzerne (zu hohe Calci-

► **Tab. 8.14** Störungen der Leberfunktion und ihre Folgen.

Gestörte Leberfunktion	Klinische Störungen
• eingeschränkter Energiestoffwechsel, reduzierte Östrogeninaktivierung	• Ketose, weitere Leberverfettung, Fruchtbarkeitsstörungen
• verminderte Vitamin-D_3-Aktivierung	• Milchfieber
• eingeschränkte Synthesen (besonders von Albumin), geringere Antikörperbildung sowie deutlich reduzierte Endotoxinneutralisation	• gesteigerte Anfälligkeit für Infektionen (Mastitiden, Puerperalstörungen, Klauenerkrankungen, Pneumonien u. a.), für Klauenrehe sowie für Labmagenverlagerungen

► **Tab. 8.15** Rationsvorschläge für die Fütterung trockenstehender Kühe.

Futtermittel	Tagesration, kg		
	Früh-Trockensteher (8.–2. Woche vor der Kalbung)		Transit (2. Woche vor der Kalbung bis zur Kalbung)
Ration 1			
Heu, Mitte bis Ende der Blüte	3,0		3,0
Grassilage grasreich, 2. Nutzung (35 % TS)	17,0	→	12,0
Stroh	1,5	→	–
Weizen	–	→	3,0
Mineralfutter für trockenstehende Kühe oder Mikromineral (ohne Ca)	0,1		0,1
Ration 2			
Grassilage, grasreich, 2. Nutzung (35 % TS)	16,0	→	13,0
Maissilage, Ende Teigreife, Körneranteil mittel (35 % TS)	8,0	→	7,0
Stroh	2,5	→	–
Milchleistungsfutter 18/3	–	→	3,0
Mineralfutter für trockenstehende Kühe oder Mikromineral (ohne Ca)	0,1		0,1

→ bedeutet ansteigend bzw. abfallend.

umgehalte), Nasssilagen sowie schlecht vergorene buttersäurehaltige und schimmelige Silagen, ebenso Futterreste laktierender Kühe.

Bei der Mineralstoffversorgung soll insbesondere die Calciumversorgung den Bedarf nicht übersteigen. Da Heu und Grassilage in der Regel einen ausreichenden Calciumgehalt aufweisen, ist eine zusätzliche Versorgung über das Mineralfutter zu vermeiden. In GPS und Mais fehlt dagegen Calcium, sodass auf Basis der Rationsberechnung jeweils entschieden werden muss, ob ein calciumfreies oder -armes Mineralfutter gewählt werden muss. Der Spurenelement- und Vitaminbedarf muss über eine entsprechende Ausstattung des Mineralfutters, das mit 80–120 g je Kuh und Tag eingesetzt wird, abgedeckt werden. Bei Rationen, die viel Stroh, GPS und auch Maissilage enthalten, ist ggf. auch auf eine zusätzliche β-Carotinversorgung zu achten.

Als Kraftfutter in der Transit-Fütterung ist bei proteinreichem Grobfutter (Heu, Grassilage) Getreide geeignet, bei proteinarmer Grobfutterration (GPS, Stroh, Maissilage, wenig Grassilage) muss ein Milchleistungsfutter mit 18 % Rohprotein, Energiestufe 3, verwendet werden. Dieses sollte auch einen höheren Getreideanteil haben, um dem Pansen genügend leichtfermentierbare Kohlenhydrate zuzuführen und die Anpassungsvorgänge (Mikroorganismenflora, Pansenzottenwachstum) zu optimieren. Zudem stimuliert Stärke die notwendige Insulinsekretion. Ein solches Kraftfutter kann auch in Form einer Eigenmischung aus 72 % Getreide, 24 % Soja- bzw. Rapsschrot und 4 % Mineralfutter hergestellt werden.

Im Gegensatz zur zweiphasigen Trockensteherfütterung wird bei der **einphasigen** über einen Zeitraum von maximal 42 Tagen, v. a. aus Gründen der Arbeitswirtschaft, ausschließlich eine Ration vom Tag des Trockenstellens bis zur Kalbung (6,0–6,5 MJ NEL/kg TM) gefüttert. Neben der Vermeidung von krassen Fütterungswechseln verspricht man sich hierbei auch die Möglichkeit eines sanften „Auffleischens“ von beim Trockenstellen sehr unterkonditionierten Kühen.

Ebenfalls in erster Linie arbeitsorganisatorischen Aspekten geschuldet ist eine weitere Möglichkeit der Trockensteherfütterung, nämlich auf der ausschließlichen Basis von Kraftfutter und Stroh: 6 kg (Frühtrockensteher) bzw. 8 kg (Vorbereiter) eines speziellen Kraftfutters/Kuh und Tag + Stroh zur freien Aufnahme (~ 4–6 kg/Tier und Tag).

Das Kraftfutter ist bezüglich der Spurenelemente und Vitamine anders zusammengesetzt, höher mineralisiert als herkömmliche Kraftfuttermischungen und enthält β-Carotin.

Vorteile dieses Verfahrens werden neben der Arbeitswirtschaft besonders auch in der niedrigen K-Versorgung gesehen. Eine Grundvoraussetzung ist aber die einzeltierbezogene Kraftfutterzuteilung (Kraftfutterautomaten). Letztlich hängt der Erfolg dieses Konzeptes von der tatsächlich von den Tieren aufgenommenen Strohmenge ab, zumal erschwerend hinzu kommt, dass das Stroh nicht in eine Ration mit feuchten Komponenten eingemischt werden kann. Auf jeden Fall muss das Futterstroh immer eine hygienisch einwandfreie Qualität besitzen.

Milchfieber Die Milchfiebererkrankung ist die am häufigsten anzutreffende Stoffwechselerkrankung von Kühen im Kalbezeitraum, v. a. in Hochleistungsherden. Die Erkrankungshäufigkeit nimmt mit steigender Milchleistung (größerer Ca-Bedarf/-Verlust) und dem Alter (aufgrund der reduzierten Anzahl an Hormonrezeptoren auf den Zielzellen benötigen die Mobilisationsprozesse bei älteren Kühen mehr Zeit) der Tiere zu. Darüber hinaus wird sie aber maßgeblich durch Haltungs-, besonders jedoch durch Fütterungsfehler, v. a. während der letzten 2 Wochen der Trockenstehzeit, beeinflusst.

Die Milchfiebererkrankung beruht auf einer Störung des Calcium-, Phosphor-, Vitamin-D- und Skelettstoffwechsels, die wiederum eine unzureichende Kalziumverfügbarkeit bewirkt.

Die frei im Blut verfügbare Kalziummenge einer Kuh wird bereits mit dem Erstkolostrum ausgeschieden. Für jede weitere Calciumausscheidung mit der nächsten Milch steht nicht mehr genügend Calcium bereit, sodass die Kuh bereits vor der Kalbung trainieren muss, ihre eigenen Calciumreserven aus den Knochen anzugreifen und im Magendarmtrakt die Bildung Calcium-transportierender Proteine zu stimulieren, um letztlich die Calciumresorption zu erhöhen (die Verdaulichkeit des mit dem Futter aufgenommenen Calciums wird dadurch erhöht). Dieses Training braucht Zeit! Bei unzureichendem Training gerät die Kuh schnell in einen Engpass. Ein Abfall des Calciumspiegels im Blut, die Unfähigkeit der Calciummobilisierung aus den Knochen, die verringerte Futteraufnahme nach der Kalbung und eine herabgesetzte Magen-Darm-Bewegung zur Zeit der Geburt sind ursächlich am Zustandekommen des sogenannten Festliegens beteiligt. Den größten Einfluss auf dieses notwendige Training hat die Höhe der Kaliumversorgung der Kuh in den letzten 2–3 Wochen vor der Kalbung. Kaliumgehalte von mehr als 15 g/kg Trockenmasse in der Ration für die Kuh während der Anfütterung erhöhen das Risiko einer Milchfiebererkrankung.

Ganz gleich, nach welchem Modell gefüttert wird, die Laktation sollte nicht unabhängig von der Trockenstehzeit, sondern die Kuh immer innerhalb eines geschlossenen Produktionszyklus betrachtet werden!

Anfütterung nach dem Kalben Ein niedriger Fettgehalt bei der ersten Kontrolle, z. T. mit einem hohen Eiweißgehalt gekoppelt, kann ein Zeichen einer zu schnellen Steigerung der Kraftfuttergabe sein. Da die Folge einer Pansenübersäuerung jedoch wiederum eine Verringerung der Futterannahme ist, tut man der Kuh damit keinen Gefallen. Die Anfütterung kann nach dem in ▶ **Tab. 8.16** aufgeführten Schema erfolgen.

▶ **Tab. 8.16** Schema für die Kraftfutter-Anfütterung nach dem Kalben.

Laktationswoche	Maximale tägliche Kraftfuttermenge (am Ende der jeweiligen Laktationswoche)*	
	Kuh	Färse
1.	6 kg	5 kg
2.	8 kg	6 kg
3.	10 kg	8 kg
4.	11 kg	9 kg
5.	12 kg	10 kg

*In dieser Menge ist immer auch die bereits mit der aufgewerteten Grobfutterration bzw. Teil-Mischration aufgenommene bzw. unterstellte Kraftfuttermenge enthalten.

Diese Angaben können aber nur grobe Richtwerte sein. Letztlich spielen das Futteraufnahmeverhalten und die Gesundheit des Einzeltieres hierbei immer die entscheidende Rolle.

Erst nach ca. 70 Laktationstagen erfolgt die Einstellung auf die der tatsächlichen Leistung entsprechenden Kraftfuttermenge. Da Färsen (= Kühe in der 1. Laktation) generell weniger Grobfutter aufnehmen, muss auch die Kraftfuttergabe entsprechend niedriger sein.

Die langsame Steigerung der Kraftfuttermengen sichert auch bei verringerter Gesamtfutteraufnahme in der Anfangsphase eine wiederkäuergerechte Ration für die Kuh. Im Übrigen muss die Fütterung hinsichtlich Futterqualität und Fütterungstechnik in dieser Phase besonders sorgfältig durchgeführt werden, um die Aufnahme von Grobfutter zu fördern.

Rationsgestaltung

Wer die Futtervorräte (am Beginn des Winters) ausgemessen und in einem Futterplan ausgerechnet hat, wie viel Grobfutter den einzelnen Tiergruppen täglich zur Verfügung steht, kann über Monate die gleiche Tagesration durchhalten (**Konstanz der Fütterung**). Eine Überprüfung der noch vorhandenen Futtervorräte sollte regelmäßig erfolgen. Relativ leicht möglich ist dies bei Heu, Kraftfutter und allen Futtermitteln, die mittels Futtermischwagen verteilt werden oder in Ballenform vorliegen. In diesem Fall können die Mengen gewogen oder Raumgewichte ausgemessen werden. Die ermittelten Vorratsmengen müssen dann durch die durchschnittliche Tagesration sowie die Anzahl der damit gefütterten Tiere geteilt werden, um letztlich die Anzahl an Tagen zu ermitteln, für die das Futter reicht. Von den gewogenen Futterpartien müssen Proben gezogen und auf den TM-Gehalt untersucht werden, um die allein interessierende Trockenmasseaufnahme berechnen zu können.

Die Rationsbeispiele auf den folgenden Seiten gehen vom Erhaltungsbedarf einer 650 kg schweren Kuh aus, deren Milchfettgehalt 4 % und Milcheiweißgehalt 3,4 % beträgt. Bei Milchleistungen von 20 – 25 kg wird eine Futteraufnahme von 16 – 18 kg TM unterstellt. Bei niedrigeren Leistungen wird mit einer TM-Aufnahme von 12 – 15 kg, bei hohen Leistungen mit 18 – 21 kg TM gerechnet.

Zunächst wird das Prinzip einer kompletten Rationsberechnung ausführlich dargestellt. Auch wenn heute Rationsberechnungen in der Regel mittels des Computers durchgeführt werden, ist es besonders wichtig, die fachlichen Zusammenhänge zu kennen, denn der Computer ist lediglich ein Hilfsmittel und seine Rechenergebnisse können nur so gut sein, wie die fachliche Bedienung durch den Anwender dies ermöglicht!

Die Rationsberechnung erfolgt nach den in ▶ **Tab. 8.17** aufgelisteten Kriterien, die im Einzelnen im Kap. Bestandteile der Futtermittel (S. 172) sowie Energiehaushalt und Futterbewertung (S. 200) besprochen worden sind und hier noch einmal mit ihren Abkürzungen genannt werden.

Ein Beispiel einer Rationsberechnung für eine 28-Liter-Kuh ist in der ▶ **Tab. 8.18** dargestellt. Im oberen Teil der Tabelle sind Grob- und Kraftfuttermittel aufgeführt, die für die Berechnungen zugrunde gelegt wurden.

Die Berechnung der Ration erfolgt in 3 Stufen: **Grobfutterration – Ausgleichsfutterration – Leistungsfutterration**.

Zuerst wird die **Grobfutterration** hinsichtlich ihres Energie-, Nähr- und Mineralstoffgehaltes durchgerechnet. Dann wird für nXP und NEL nach Abzug des Erhaltungsbedarfs der Milcherzeugungswert ermittelt. Außerdem wird die RNB berechnet. Diese gibt Auskunft darüber, ob in der Ra-

▶ **Tab. 8.17** Wichtige Rationskriterien und ihre Abkürzungen.

Rationskriterium		Abkürzung
Trockenmasse	→	TM
Nettoenergie Laktation	→	NEL
nutzbares Rohprotein	→	nXP
Ruminale Stickstoffbilanz	→	RNB
Rohfaser	→	XF
Rohfett	→	XL
Calcium	→	Ca
Phosphor	→	P
Magnesium	→	Mg
Natrium	→	Na

► **Tab. 8.18** Beispiel einer Rationsberechnung für eine 28-Liter-Kuh (650 kg LM, Milch mit 4 % Fett und 3,4 % Eiweiß).

Futter	TM	nXP	RNB	NEL	Roh-faser	Roh-fett	Ca	P	Mg	Na
	kg	g	g	g	g	g	g	g	g	g
1 kg Futter liefert										
Grassilage, 1. Aufw., grasreich, 6,5 MJ NEL/kg TM	0,36	51	1,5	2,33	77	14	1,6	1,3	0,6	1,3
Maissilage, Ende Teigr., 6,7 MJ NEL/kg TM	0,34	44	−3,3	2,28	68	12	0,5	0,9	0,3	0
Rapsextraktionsschrot	0,89	221	18,8	6,45	116	32	7,6	10,4	5,3	0,5
Milchleistungsfutter (MLF) 18/3	0,88	160	3,2	6,70	70	23	7,4	6,9	3,3	2,6
Mineralfutter	0,95	–	–	–	–	–	250	–	–	–
I. Grobfutterration										
19,55 kg Grassilage (36 % TS)	7,0	1001	30	45,5	1498	273	32,0	26,0	12,6	25,0
20,59 kg Maissilage (34 % TS)	7,0	906	−69	46,9	1393	238	11,0	18,0	7,0	0,0
Grobfutterration enthält	**14,0**	**1907**	**−39**	**92,4**	**2891**	**511**	**43**	**44**	**19,6**	**25,0**
Abzug für Erhaltung		450		37,7						
Rest		**1457**		**54,7**						
reicht für kg Milch		**17,0**		**16,8**						
II. Ausgleichsfutterration										
1. Proteinausgleich										
Bei relativ ausgeglichener NEL- und nXP-Versorgung richtet sich dieser nach der RNB (−39 g). Wenn diese nicht mittels Futterharnstoff, sondern mit einem Eiweißträger wie z. B. Rapsextraktionsschrot (RES) ausgeglichen werden soll, ist deren notwendige Einsatzmenge 2,1 kg (1 kg RES hat eine RNB von 18,8 g. Notwendige Ausgleichsmenge: 39:18,8 = 2,1 kg RES										
2,1 kg Rapsextraktions-schrot	1,9	464	39,0	13,6	244	67	16,0	22,0	11,1	1,0
Grob- und Ausgleichs-futterration enthalten	15,9	2371	1,0	106,0	3135	578	59	66	31	26
reicht für kg Milch		**22,3**		**21,0**	Mineralstoffbedarf		65	53	28	23
2. Mineralstoffausgleich				**Fehlbedarf →**			6	0	0	0
Bei Einsatz von 100 g Mineralfutter muss dieses 25 % Ca enthalten.										
0,1 kg Mineralfutter	0,1	–	–	–	–	–	25	0	0	0
Grob- und Ausgleichs-futterration enthalten	16,0	2371	1,0	106,0	3135	578	84	66	31	26
reicht für kg Milch		**22,3**		**21,0**	**Bedarf →**		84	53	29	23
III. Leistungsfutterration										
3,5 kg MLF 18/3	3,1	560	11,0	23,4	245	80,5	25,9	24,2	11,6	9,1
Gesamtration enthält	19,0	2931	12,0	129,4	3380	659	110	90	43	35
reicht für kg Milch		**28,3**		**28,0**	**Bedarf →**		108	67	36	29

tion in Relation zur Energie Stickstoff (gleich Rohprotein) fehlt (die RNB ist negativ) oder im Überschuss vorhanden ist (die RNB ist positiv). In der zweiten Stufe der Rationsgestaltung wird eine entsprechende **Ausgleichsration** berechnet. Als **erster Schritt** wird die RNB ausgeglichen. Wenn diese negativ ist, muss ein Futtermittel mit positivem RNB-Wert (z. B. Raps- oder Sojaextraktionsschrot; zum RNB-Ausgleich ist auch ein Futterharnstoffeinsatz möglich) eingesetzt werden, im anderen Fall ein solches mit negativem RNB-Wert (z. B. alle Getreidearten, Melasseschnitzel). Im Beispiel enthält die Grobfutterration eine RNB von –39 g. Der Ausgleich erfolgt mit Rapsschrot, das einen RNB-Wert von + 18,8 g/kg aufweist.

In der Vergangenheit war Sojaschrot oftmals die bedeutsamere Eiweißkraftfutterkomponente. Vor dem Hintergrund der in jüngster Zeit von zahlreichen Molkereien aber geforderten **GVO-freien Fütterung** darf dieses i. d. R. gentechnisch veränderte Futtermittel so nicht mehr eingesetzt werden. Die Umstellung auf eine GVO-freie Fütterung bedeutet also in vielen Fällen einen Verzicht auf Sojaextraktionsschrot. Zahlreiche Fütterungsversuche sind in den letzten Jahren hierzu durchgeführt worden. Die Ergebnisse daraus und die mittlerweile in manchen Betrieben bereits jahrelange Erfahrung zeigen, dass auch hochleistende Milchkühe, unabhängig von der Grobfuttersituation, ausschließlich mit Rapsextraktionsschrot bedarfsgerecht versorgt werden können, wenn die Rationen energiegleich eingestellt sind und alle wesentlichen Rationseckparameter berücksichtigt werden. So wird in den nachfolgenden Rationsbeispielen ebenfalls vordergründig Rapsschrot zur Eiweißergänzung eingesetzt. Grundsätzlich kann selbstverständlich auch nach wie vor Sojaschrot gefüttert werden, vorausgesetzt, es handelt sich um GVO-freie Ware.

Die notwendige Einsatzmenge an Rapsschrot errechnet sich bei der oben dargestellten Ration dadurch, dass der Fehlbedarf durch den RNB-Wert von 1 kg Rapsschrot dividiert wird: 39 : 18,8 = 2,1. Die negative RNB der Grobfutterration wird in diesem Beispiel mit 2,1 kg Rapsschrot ausgeglichen.

Würde anstelle von Rapsschrot die Eiweißkomponente Sojaschrot gefüttert werden, könnte die Einsatzmenge für diesen RNB-Ausgleich mit 1,25 kg etwas kleiner sein, da Sojaschrot mit + 31,2 g eine deutlich höhere RNB besitzt als Rapsschrot.

Die hier benötigte Rapsschrotmenge wird in die Rationsberechnung eingesetzt, hinsichtlich der Energie sowie aller Nähr- und Mineralstoffe durchgerechnet und mit den Ergebnissen der Grobfutterration addiert. Dann kann der Milcherzeugungswert der ausgeglichenen Grobfutterration berechnet werden. Dieser ist dann Ausgangspunkt für den Ausgleich bei den Mineralstoffen im Schritt zwei. Der Bedarf wird den Mineralstoffgehalten, die sich aus den Futterkomponenten errechnen, gegenübergestellt und ein eventueller Fehlbedarf festgestellt. Aus dem Defizit bei den einzelnen Mineralstoffen kann der geeignete Mineralfuttertyp abgeleitet werden. Im Beispiel besteht nur ein Fehlbedarf bei dem Element Calcium. Bei Einsatz von 100 g Mineralfutter – eine praxisübliche Größenordnung – müssen in 1 kg 250 g bzw. 25 % Calcium enthalten sein. Somit kann die komplette Ausgleichsfutterration berechnet und mit den Gehalten der Grobfutterration addiert werden.

Ein darüber hinaus verabreichtes **Leistungsfutter** sollte immer ausgeglichen sein, also hinsichtlich sämtlicher Nähr- und Mineralstoffe den jeweiligen Bedarf für die erzielbare Mehrleistung harmonisch decken. Somit ergeben sich in der dritten Stufe der Rationsberechnung dann normalerweise keine Verschiebungen mehr.

! Merke

Die Leistungsfuttermenge muss die Differenz zwischen Milcherzeugungswert der ausgeglichenen Grobfutterration und der tatsächlichen Leistung der Tiere abdecken.

Im Beispiel müssen für die 28-Liter-Kuh 3,5 kg Milchleistungsfutter 18/3 mit 18 % Rohprotein, 160 g nXP, Energiestufe 3 eingesetzt werden. Der etwas geringere Milcherzeugungswert nach nXP (–0,15 kg) in Relation zur Energie wird durch den „Vorsprung“ in der ausgeglichenen Grobfutterration (+ 1,3 kg) kompensiert. Mit dieser Menge werden die Gehalte der Leistungsfutterration berechnet und mit denen der Grob- und Ausgleichsfutterration addiert. Die nXP-, NEL- und Mineralstoffgehalte der Gesamtration müssen nunmehr selbstverständlich den Bedarf für 28 kg Milchleistung abdecken. In der ▸ Tab. 8.19 finden sich die wesentlichen Merkmale zur Beurteilung der Strukturversorgung dieser Ration.

Die Grobfutterration enthält 2,891 kg Rohfaser bzw. 2,462 kg strukturierte Rohfaser in 14 kg Trockenmasse. Dies entspricht 20,7 % Rohfaser bzw. 17,1 % strukturierte Rohfaser.

Leistungsfutter enthält zwar Rohfaser, diese hat jedoch keine Strukturwirksamkeit.

So berechnet man den Gehalt an strukturierter Rohfaser in der Gesamt-Trockenmasse der Ration:

28 kg Milchleistung:

Grobfutteraufnahme 14 kg, darin enthalten 17,1 % = 2,4 kg strukturierte Rohfaser, umgerechnet auf die Gesamt-TM-Aufnahme von 19 kg entspricht dies 12,6 % strukturierte Rohfaser.

Der Strukturwert (**SW**) beträgt 1,6 je kg TM der Gesamtration (▸ Tab. 8.20) und liegt damit noch weit über der Empfehlung von 1,1 – 1,2.

Fazit

Das Ergebnis der Berechnung zeigt, dass die Ration mit 12,6 % strukturierter Rohfaser als wiederkäuergerecht einzustufen ist und die Leistungsfuttergabe weiter gesteigert werden kann, sodass auch höhere Milchleistungen noch erfüttert werden können. Auch die Beurteilung der Ration nach dem Strukturwert bestätigt diese Einschätzung. Der Rohfettgehalt liegt mit 658 g weit unter der 5 %-Grenze (950 g), sodass auch diesbezüglich keine Probleme auftreten können.

Für die Beurteilung der Kohlenhydratversorgung sind noch zusätzliche Informationen erforderlich. In der ▸ Tab. 8.21 sind für die verwendeten Futtermittel die Gehalte an Zucker, Stärke und beständiger Stärke jeweils auf 1 kg TM sowie auf die Gesamtration bezogen angegeben. Grassilage enthält lediglich Zucker, Maissilage überwiegend Stärke. Hiervon ist nur ein kleiner Anteil als pansenstabil (~10 bis max. 15 %) einzukalkulieren. Rapsschrot enthält so gut wie keine Stärke und daher auch keine pansenstabile Stärke. Auch für das Milchleistungsfutter (ohne Körnermais) wurde mit 10 % nur eine geringe Beständigkeit der Stärke unterstellt.

▸ **Tab. 8.19** Berechnung des Anteils an strukturierter Rohfaser.

	TM (kg)	Grobfutterration enthält		
		Rohfaser (kg)	Strukturfaktor	Strukturierte Rohfaser (kg)
19,55 kg Grassilage	7,0	1,498	0,85	1,273
20,59 kg Maissilage	7,0	1,393	0,8	1,114
gesamt	14,0	2,891	–	2,387

▸ **Tab. 8.20** Berechnung des Strukturwertes (SW) der Gesamtration.

	TM (kg)	SW (je kg TM)	kg TM × SW
19,55 kg Grassilage	7,0	2,47	17,29
20,59 kg Maissilage	7,0	1,69	11,83
2,1 kg Rapsschrot	1,9	0,29	0,55
3,5 kg MLF	3,1	0,10	0,31
0,1 kg Mineralfutter	–	–	–
Gesamtration	19,0	–	29,98
	29,98 : 19,0 kg TM = **1,6 SW je kg TM**		

▸ **Tab. 8.21** Berechnung der Kohlenhydratversorgung.

Futterration	Gehalte in 1 kg TM			Gehalte in der Ration		
	Stärke	beständige Stärke	Zucker	Stärke	beständige Stärke	Zucker
	g	g	g	g	g	g
19,55 kg Grassilage	–	–	28	–	–	196
20,59 kg Maissilage	273	41	5	1911	287	35
2,1 kg Rapsschrot	65	0	80	123	0	152
3,5 kg MLF	280	28	88	868	87	273
Gehalte in 19 kg TM →				2902	374	656
Gehalte in 1 kg TM →				**153**	**20**	**35**

Zur Beurteilung müssen die jeweiligen Gehalte der Gesamtration auf 1 kg Trockenmasse bezogen werden. Ein Beurteilungskriterium ist die beständige Stärke, die direkt aus der Tabelle ablesbar ist und mit 20 g/kg TM für eine 28-Liter-Kuh ausreichend ist. Das zweite Beurteilungskriterium, nämlich die pansenverfügbaren Kohlenhydrate erfordern noch eine weitere Rechnung: Stärke – beständige Stärke + Zucker, für unsere Ration ergibt das einen Wert von 168 g je kg Trockenmasse. Dieser Wert ist noch weit vom maximal zu tolerierenden Gehalt (250 g je kg TM) entfernt. Auch aus dieser Sicht ist die Ration durchaus als wiederkäuergerecht einzustufen.

Beurteilung der Spurenelement- und Vitaminversorgung Bei dem Rationsberechnungsbeispiel fehlt die Berücksichtigung der Spurenelement- und Vitaminversorgung. Selbstverständlich kann man auch diese berechnen. Hierzu müssen allerdings die Gehalte in den Futtermitteln bekannt sein, um diese dem Bedarf gegenüberzustellen. Spurenelement- und Vitaminuntersuchungen sind jedoch sehr teuer und benötigen längere Zeit als die normale Futterwertuntersuchung. Bei diesen Mikronährstoffen verzichtet man deshalb auf eine exakte Bilanzierung und arbeitet mit gewissen Sicherheitszuschlägen, wobei die Gehaltsschwankungen in den Grobfuttermitteln und auch die Haltungsbedingungen schon mit in die Überlegungen hinsichtlich einer bedarfsgerechten Versorgung einbezogen werden; s. Kap. Spurenelemente (S. 189).

Auf jeden Fall aber sollten die Gehalte an Chlor und Schwefel bei einer Futtermittelanalyse mit berücksichtigt werden, um aus diesen beiden in Kombination mit den ebenfalls untersuchten Kalium- und Natriumgehalten die DCAB zu errechnen. Diese spielt nämlich nicht nur bei trockenstehenden Kühen in den letzten 2 Wochen vor der Kalbung in Bezug auf eine Milchfiebergefahr eine große Rolle, sondern auch bei laktierenden Kühen.

Milchkuhrationen können, besonders dann, wenn sie größere Mengen an Rapsschrot oder auch andere Futtermittel mit einem höheren S- oder Cl-Gehalt enthalten, in einem DCAB-Bereich unter 200 meq/kg TM liegen. Konkrete Auswirkungen einer geringen oder sehr geringen bzw. sogar negativen DCAB der Ration für melkende Kühe sind bislang noch nicht ausreichend bekannt. Gerade daher ist die Kenntnis der genauen DCAB der Futterrationen, insbesondere bei höheren Rapsschrotanteilen, zwingend notwendig.

In der ▸ **Tab. 8.22** sind Empfehlungen zur Spurenelementversorgung von Milchkühen zusammengefasst. Der Bedarf wird auf die Trockenmasse bezogen, sodass bei bekannter Grobfutteraufnahme die notwendige Versorgungsmenge kalkuliert werden kann. Nimmt man Selen als Beispiel, so ist bekannt, dass im Grobfutter nur sehr geringe Mengen an Selen enthalten sind, die bei der Versorgungsberechnung zu vernachlässigen sind. Die

▸ **Tab. 8.22** Empfehlungen zur Spurenelementversorgung von Milchkühen.

	Zink (Zn)	Mangan (Mn)	Kupfer (Cu)	Jod (J)	Selen (Se)	Kobalt (Co)
Bedarf (mg/kg Futter-TM)	50	50	10	0,5	0,20	0,1
empfohlene Gehalte (mg/kg Mineralfutter bei einer Tagesgabe von 100 g je Tier)	3000	1000	700	50	20	10

Ergänzung der Grobfutterration erfolgt – wie bei den Mengenelementen – über das **Mineralfutter**. Deshalb sind in der ▸ Tab. 8.22 die empfohlenen Gehalte in diesem Futtertyp angegeben, die auf eine Tagesgabe von 100 g je Kuh ausgerichtet sind. Bei Selen sind dies 20 mg je kg Mineralfutter. Mit einer Tagesgabe von 100 g werden damit 2 mg je Kuh zugeführt und der Bedarf gedeckt. Hierbei wird – wie auch bei allen anderen Nähr- und Mineralstoffen – davon ausgegangen, dass das Leistungsfutter den für die entsprechende Mehrleistung notwendigen Bedarf abdeckt. 1 kg Leistungsfutter muss demnach einen Selengehalt von 0,15 × 0,88 (entspricht 88 % TS-Gehalt) = 0,13 mg Selen haben.

Dieses Prinzip der Versorgung ist auf die übrigen Spurenelemente übertragbar. Bei den Gehaltsempfehlungen für das Mineralfutter wurde allerdings schon berücksichtigt, dass die Grobfuttermittel gewisse native Gehalte aufweisen und nicht bei allen Elementen der Bedarf komplett über das Mineralfutter gedeckt werden muss. Wichtig ist jedoch, dass auch tatsächlich Mineralfutter in der Rationsgestaltung eingesetzt wird, sowohl bei den laktierenden, als auch bei den trockenstehenden Kühen.

Dies trifft auch für die Vitaminversorgung zu, wobei hier allerdings einige Einschränkungen gemacht werden können. Bei Weidefütterung ist eine Zusatzversorgung mit den Vitaminen A, D und E nicht notwendig. Bei konservierten Futtermitteln (Heu, Silagen) wird eine zusätzliche Vitamin A- und E-Versorgung empfohlen. Gleiches gilt bei Stallhaltung auch für die Vitamin-D-Versorgung (S. 191), da hier der Einfluss von ultraviolettem Licht zur D_3-Synthese in der Haut fehlt. In der ▸ Tab. 8.23 sind die Zusatz-Empfehlungen sowie die empfohlenen Gehalte im Mineral- und Leistungsfutter aufgeführt. β-Carotin und Niacin müssen nur unter besonderen Bedingungen ergänzt werden. Besonders arm an β-Carotin sind Maissilage, Heu und Futterrüben. Eine zusätzliche Ergänzung von Niacin scheint nur bei absolut hochleistenden Kühen in der Frühlaktationsphase angebracht zu sein.

Praxistipp

Für die Spurenelement- und Vitaminergänzung der Grobfutterration hat das Mineralfutter eine große Bedeutung. Die Gehalte je kg Mineralfutter richten sich dabei nach der im Fütterungshinweis angegebenen Tagesgabe je Tier. Diese sollte eingehalten werden, um eine Über- oder Unterversorgung der Kühe zu vermeiden.

Grobfutterverdrängung Eine Kuh, die 20 kg Milch gibt, kann mehr Grobfutter fressen als eine mit einer Milchleistung von 35 kg, weil die 20-Liter-Kuh weniger Kraftfutter erhält als die 35-Liter-Kuh und bei begrenztem Futteraufnahmevermögen entsprechend mehr Grobfutter verzehren kann. Das bedeutet, dass jede Kuh in Abhängigkeit von der ihr zugeteilten Kraftfuttermenge unterschiedlich viel Grobfutter frisst. Mit jeder Kraftfuttergabe findet eine Grobfutterverdrängung statt.

So werden im Bereich der Kraftfutteraufnahme von 0 – 13 kg, insgesamt 3,0, 3,1 bzw. 3,2 kg Grobfuttertrockenmasse aus der Gesamtration verdrängt, wenn das Grobfutter z. B. Energie-Gehalte von 5,9, 6,2 bzw. 6,5 MJ NEL/kg TM aufweist. Dabei ist die Grobfutter-TM-Aufnahme bei einer energiereicheren Grobfutterration immer höher als bei einer Ration mit geringerer Energiekonzentration.

▶ **Tab. 8.23** Empfehlungen zur zusätzlichen Vitaminversorgung von Milchkühen.

Vitamine (Einheit)	Kategorie	Zusatzempfehlungen: je kg TM	empfohlene Gehalte je kg	
			Mineralfutter	Milchleistungsfutter
A (I. E.)	laktierende Kuh	~ 5000	600 000–1 000 000	8000–10 000
	trockenstehende Kuh	~ 10 000		
β-Carotin (mg)[1]	laktierende und trockenstehende Kuh	15	–	–
D (I. E.)	–	~ 500	60 000–100 000	800 - 1000
E (mg)[2]	Laktation	25	1000–4000	10–40
	trockenstehende Kuh	50	3000 - 6000	

[1] Bei β-Carotin-armen Rationen zur Sicherung der Fruchtbarkeit im Zeitraum ca. 14 Tage vor dem Abkalben bis zur 9. Trächtigkeitswoche.
[2] Hinweise deuten darauf hin, dass eine höhere Vitamin E-Versorgung insbesondere von trockenstehenden Kühen einen positiven Einfluss auf deren Abwehrkräfte und v. a. auf die Eutergesundheit nehmen kann.

Im Bereich der Kraftfutterzuteilung bis zu 13 kg bleibt die Grobfutteraufnahme, wenn das Grobfutter NEL-Gehalte von 6,2 MJ /kg TM aufweist, letztlich um 0,6 kg TM höher als bei einem Grobfutter mit nur 5,9 MJ NEL/kg TM. Von einem Grobfutter mit noch höherer Energiedichte von z. B. 6,5 MJ NEL/kg TM wird die Kuh bei vergleichbarer Kraftfuttermenge 0,7 kg TM mehr aufnehmen als von dem Grobfutter mit einer Energiedichte von 6,2 MJ NEL/kg TM.

Diese Grobfutterverdrängung muss immer auch bei der Beurteilung der Wiederkäuergerechtheit berücksichtigt werden.

Soll eine Ration nicht für Einzelkühe oder Leistungsgruppen, sondern für den ganzen Milchrinderbestand berechnet werden, wie dies heute beim Einsatz entsprechender EDV-Rechenprogramme üblich ist, wählt man den in der ▶ **Tab. 8.24** dargestellten Weg.

1. Es wird von einer hohen, aufgrund der Energiekonzentration möglichen Grobfutteraufnahme ausgegangen (▶ **Abb. 8.9**).
2. Dazu kommen die für die Ausgleichsfütterung vorgesehenen Mengen an Einzelkomponenten und Mineralfutter.
3. Es wird eine Leistungsfutter-Zuteilliste unter Berücksichtigung der Energiestufe des Kraftfutters erstellt, die in Abhängigkeit von der Milchleistung die notwendige Kraftfuttermenge unter Berücksichtigung der Grobfutterverdrängung angibt. Die Gesamt-TM-Aufnahme erhöht sich bei Kühen mit einer Milchleistung von z. B. 22 kg auf 16,9 kg, bei Kühen mit 38 kg Milch auf 22,8 kg. Bei maximaler Kraftfutterzuteilung von 10,3 kg wurden damit 2,6 kg TM Grobfutter verdrängt.
4. Unterschreitet der Rohfasergehalt bestimmte Grenzen (z. B. 10 – 11 % strukturierte Rohfaser in der TS der Gesamtration), endet die Kraftfutterzuteilliste.

Auf den ersten Blick mag das Vorgehen, bei der Rationsberechnung eine leistungsabhängige Grobfutterverdrängung zu berücksichtigen, theoretisch erscheinen, da ja nicht jeder Kuh eine gesonderte Grobfutterration zugewogen wird. In der Praxis werden jedoch die Grobfuttermittel zur freien Aufnahme angeboten. In diesem Fall ist es schon von großer Bedeutung, die Leistungsfutterzuteilung an der tatsächlich aus dem Grobfutter erzielbaren Milchleistung auszurichten. Das Kraftfutter muss nicht nur den leistungsbedingten Mehrbedarf an Nährstoffen liefern, sondern auch das durch die

▶ **Tab. 8.24** Rationsberechnung mit Berücksichtigung der Grobfutterverdrängung (am Beispiel einer Holsteinkuh ab 2. Laktation).

Parameter	Werte	
Grobfutterration	• 30 kg Grassilage, 1. Schnitt, Ende Ährenschieben (35,8 % TS, 6,5 MJ NEL/kg TM), 11 kg Maissilage (34,0 % TS, 6,7 MJ NEL/kg TM) • 0,1 kg Mineralfutter	
Grobfutteraufnahme	14,6 kg TM	
Energiekonzentration	6,5 MJ NEL/kg TM	
ME_W	nach nXP 18,2 kg, nach NEL 17,6 kg	
RNB	+ 10 g	
Leistungsfutterzuteilung (je kg 180 g nXP, ESt. 3)		
Milchleistung, kg	**Kraftfutter, kg**	**Grobfutter-TM-Aufnahme, kg**
22	0,8	16,2
24	2,1	16,0
26	3,5	15,7
28	4,9	15,3
30	5,8	15,0
32	7,4	14,4
34	9,2	13,7
36	10,2	13,4
38	10,3	13,7

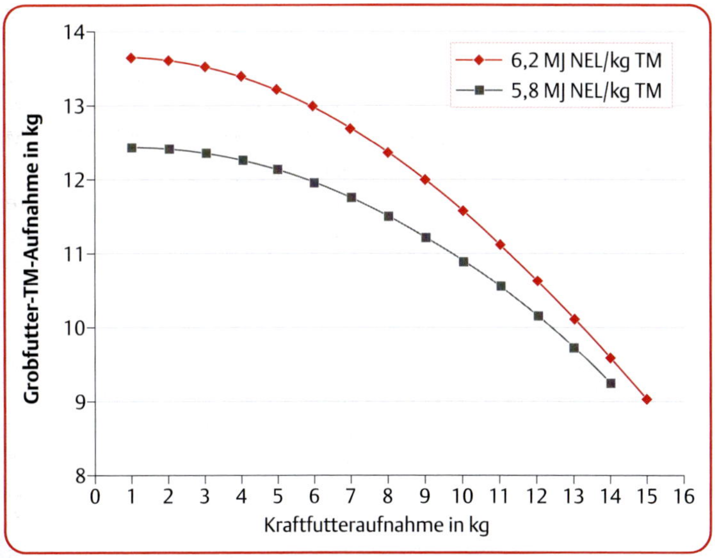

▶ **Abb. 8.9** Grobfutterverdrängung bei unterschiedlicher Energiekonzentration in der Grobfutter-Trockenmasse.

verringerte Grobfutteraufnahme bedingte Nährstoffdefizit ausgleichen. Die Relation **Leistungsfuttermenge zu Milchleistung** wird deshalb mit fortschreitender Leistungshöhe immer enger. Dies sagt nichts über eine verringerte Nährstoffausnutzung des Kraftfutters bei höheren Mengen aus.

Rationsbeispiele für die Winterfütterung und ganzjährige Stallhaltung

In der Winterfütterung bzw. bei ganzjähriger Stallhaltung werden konservierte Grobfuttermittel eingesetzt. Die Grobfutterart und -qualität schwankt von Betrieb zu Betrieb, Letzteres auch innerhalb eines Betriebes zwischen den Jahren. Die Rationsgestaltung muss sich deshalb an den vorhandenen Grobfuttermitteln und deren analysierten Futterwertkriterien orientieren. Die wichtigsten **Grobfuttermittel** für die Winterfütterung, die auch in den folgenden Rationsbeispielen eingesetzt werden, finden sich in den ▸**Tab. 6.10**, ▸**Tab. 6.11**, ▸**Tab. 6.12**, ▸**Tab. 6.13**, ▸**Tab. 6.14**, ▸**Tab. 6.15**, ▸**Tab. 6.16** und ▸**Tab. 6.17**. Als **Ausgleichsfutter** werden überwiegend Einzelfuttermittel eingesetzt, die entweder im eigenen Betrieb erzeugt worden sind (meistens Getreide, eventuell Körnerleguminosen) oder zugekauft werden (z. B. Raps- und Sojaextraktionsschrot, Melasseschnitzel, aber vielfach auch sogenannte i. d. R. eiweißreiche Vormischungen). Die Angaben zum Futterwert sind aus den ▸**Tab. 6.19**, ▸**Tab. 6.20**, ▸**Tab. 6.24**, ▸**Tab. 6.25**, ▸**Tab. 6.26**, ▸**Tab. 6.27** und ▸**Tab. 6.28** zu entnehmen.

Leistungsfutter Diese werden als industriell hergestellte Milchleistungsfutter zugekauft oder als Eigenmischung im Betrieb selbst hergestellt. In der ▸**Tab. 8.25** sind die in der Futtermittelverordnung vorgesehenen Milchleistungsfuttertypen mit ihren wesentlichen Inhaltsstoffen zusammengestellt. Für ausgeglichene Grobfutterrationen wird der Typ II verwendet, der in der Regel 18 % Rohprotein und 6,7 MJ NEL (Energiestufe 3) je kg enthält. Der Typ I wird dann eingesetzt, wenn es sich um sehr eiweißreiche Grobfutterrationen handelt und ein Ausgleich mit Einzelkomponenten nicht oder nicht vollständig vorgenommen werden kann. Dies kann besonders bei ausschließlicher Grassilagefütterung oder bei Weidegang bzw. Grünfütterung der Fall sein. Der Typ III ist für maisbetonte Rationen und zum Verschneiden mit Getreide oder anderen Energiefuttermitteln (z. B. Melasseschnitzel)

▸ **Tab. 8.25** Empfehlungen für die Ausstattung von Milchleistungsfuttermitteln mit Nähr- und Mineralstoffen sowie NEL-Gehalten.[1]

	Energiestufe	NEL (MJ/kg)	Rohprotein (%)	Rohfett (%)	Ca (%)	P (%)	Mg (%)	Na (%)
Milchleistungsfutter I • zu eiweißreichen Grundrationen	2	6,2	max. 15	max. 5	0,66	0,41	0,2	0,15
	3	6,7			0,70	0,43	0,2	0,15
	4	≥ 7,0			0,75	0,45	0,2	0,15
Milchleistungsfutter II • zu ausgeglichenen Grundrationen	2	6,2	16 – 20	max. 5	0,66	0,41	0,2	0,15
	3	6,7			0,70	0,43	0,2	0,15
	4	≥ 7,0			0,75	0,45	0,2	0,15
Milchleistungsfutter III • für maisreiche Grundrationen oder zum Verschneiden mit Getreide	2	6,2	21 – 25	max. 8				
	3	6,7			1,4	0,6	0,3	0,3
Ausgleichsfutter	2	6,2	min. 35					
	3	6,7						

[1] In jedem Fall die deklarierten Inhaltsstoffe beachten! Die Gehalte an nutzbarem Rohprotein (nXP) und RNB sowie Stärke (XS), beständige Stärke (bXS) und Zucker (XZ) jeweils beim Hersteller erfragen.
Heutzutage sind hauptsächlich die Milchleistungsfutter der Energiestufen 3 und 4 im Einsatz.

gedacht, in der Regel im Verhältnis 50 : 50. Beim Zukauf von Milchleistungsfutter ist jedoch immer auf die Deklaration und den Fütterungshinweis zu achten.

Auf der futtermittelrechtlich vorgeschriebenen Deklaration fehlen allerdings oft einige Angaben, die für die Rationsberechnung bzw. für die Rationsbeurteilung erforderlich sind. In erster Linie ist hier die Angabe des nutzbaren Rohproteins (nXP) und der RNB-Wert zu nennen. Deklariert (und somit auch kontrolliert) wird zurzeit der Rohproteingehalt. Für nXP gibt es noch keine analytische Kontrollmöglichkeit, weshalb die Deklaration nicht vorgeschrieben werden kann. Die Mischfutterhersteller geben jedoch die Gehalte bekannt. In einem normalen Milchleistungsfutter (MLF) 18/3 liegt der nXP-Gehalt bei 155 oder 160 g, die RNB bei 4 oder 3 g je kg Futter. Bei Spezialfutter (in den folgenden Rationsbeispielen mit 18/3 s bezeichnet), werden Proteinkomponenten mit besonders geringer Abbaurate verwendet, sodass bei deutlich erhöhtem UDP-Anteil nXP-Gehalte von 170 oder sogar von 175 g mit RNB-Werten von 2 bzw. 1 g/kg erreicht werden.

Für die Rationsbeurteilung ist auch die Kenntnis über die Gehalte der Milchleistungsfutter an Kohlenhydraten wichtig, wie in ▸ **Tab. 8.26** dargestellt wurde. Um diese für die Gesamtration berechnen zu können, sind also Informationen über Gehalte an Zucker, Stärke und beständiger Stärke erforderlich. Auch diese Angaben gehen aus der Deklaration von Milchleistungsfutter nicht hervor, sodass hier ebenfalls eine Zusatzinformation von den Herstellern verlangt werden muss. Bei dem gängigen Milchleistungsfutter des Typs II liegt der Stärke-/Zuckergehalt in einer Größenordnung zwischen 17 und 25 %, bei speziellem Futter mit höheren Getreideanteilen (z. B. auch Körnermais) jedoch auch deutlich höher. Eine gezielte Information zu der gekauften Mischfutterpartie ist

▸ **Tab. 8.26** Beispiele für Eigenmischungen von Milchleistungsfutter.

Rohstoff		**Mischung 1**	**Mischung 2**	**Mischung 3**
Weizen bzw. Roggen		33 %	42 %	–
Gerste		33 %	–	–
Mais		–	20 %	33 %
Melasseschnitzel		–	–	33 %
Sojaextraktionsschrot		–	–	–
Rapsextraktionsschrot		30 %	34 %	30 %
Mineralfutter		2,5 %	2,5 %	2,5 %
Gehalt je kg Mischung:				
NEL (MJ)		6,8	6,8	6,6
Rohprotein (g)		178	175	169
nXP (g)		164	166	163
RNB (g)		2	1	1
Rohfaser (g)		60	54	89
NDF (g)		200	200	244
Stärke/Zucker(g)		*421*	*428*	*345*
davon	*Zucker (g)*	*36*	*53*	*87*
	best. Stärke (g)	*42*	*85*	*96*
Ca (g)		7,0	7,0	7,0
P (g)		4,6	5,0	4,4
Na (g)		1,6	1,7	1,6

unbedingt erforderlich. Die Mineralisierung entspricht dem Bedarf entsprechend des MEW nach Energie. Beim Typ III ist die Mineralstoffausstattung höher, um die diesbezüglichen Defizite des Getreides bzw. der Maisration auszugleichen.

Drei Beispiele für Eigenmischungen von Milchleistungsfutter sind in der ▸ **Tab. 8.26** aufgeführt. Bei hauptsächlicher Verwendung von Getreide sowie Soja- und Rapsextraktionsschrot liegt der NEL-Gehalt bei 7,2 MJ je kg, der nXP-Gehalt bei 170 g mit RNB-Werten von 3 bzw. 4 g/kg. Die Gehalte an Stärke/Zucker liegen mit rund 46 % sehr hoch, die Rohfasergehalte entsprechend niedriger. Bei Einsatz von Melasseschnitzeln sind die Gehalte an Energie, Protein und Stärke etwas niedriger, an Zucker und Rohfaser höher. Aus den Mischungsbeispielen wird auch deutlich, dass der Gehalt an beständiger Stärke in erster Linie durch den Einsatz von Körnermais beeinflusst wird. Eine ausreichende Mineralisierung wird durch Einsatz eines Ca-reichen Mineralfutters erreicht. Wegen des relativ hohen P-Gehaltes von Getreide und Rapsschrot ist der Ergänzungsbedarf nur gering und oftmals sogar mit einem P-freien Mineralfutter zu erfüllen. Zur Spurenelement- und Vitaminausstattung wird auf die ▸ **Tab. 8.22** und ▸ **Tab. 8.23** verwiesen.

Industrielles Milchleistungsfutter ist in der Regel pelletiert, Eigenmischungen sind mehlförmig.

Es ist deshalb besonders wichtig, das verwendete Getreide nur zu quetschen oder grob zu schroten (6- bis 8-mm-Sieb bei Hammermühle). Dadurch sind die Mischungen nicht so staubig und der Stärkeabbau im Pansen erfolgt evtl. etwas langsamer. Zur Staubbindung können auch 1 – 2 % Soja- oder Rapsöl eingesetzt werden.

Rationsbeispiele Bei den Rationsbeispielen werden jeweils 2 Varianten dargestellt: Einmal die ausgeglichene Grobfutterration, zum anderen die Ration mit der maximal möglichen Leistungsfuttermenge, die bei den Rationsnummern jeweils mit a bezeichnet wird. Als Leistungsgrenze einer Ration wurde unterstellt, dass der Anteil an strukturierter Rohfaser einen Grenzwert von 11 % i.d. TS der Gesamtration nicht unterschreitet.

In der ▸ **Tab. 8.27** wird der Einfluss zweier unterschiedlicher Grassilagequalitäten bei einer Basismenge von 10 kg Maissilage dargestellt. Die Ration 1 mit sehr guter Grassilagequalität (17,0 % Rohprotein, 6,5 MJ NEL/kg TM) wird mit 0,7 kg Roggen, sowie mit 110 g Mineralfutter ergänzt. Diese ausgeglichene Grobfutterration reicht für eine Milchleistung von 22 kg. Als Leistungsfutter

▸ **Tab. 8.27** Rationen mit unterschiedlichen Grassilagequalitäten.

Futtermittel			Ration 1	Ration 1a	Ration 2	Ration 2a
Grassilage – grasreich, 1.N. (35,8 % TS, 6,5 NEL)	sehr gute Qualität	kg	33,0	32,3	–	–
Grassilage – grasreich, 1.N. (36,7 % TS, 5,7 NEL)	mäßige Qualität	kg	–	–	28,6	25,9
Maissilage. E. d. Teigr. (34 % TS, 6,7 NEL)		kg	10,0	9,8	10,0	9,1
Mineralfutter		kg	0,11	0,11	0,11	0,11
Rapsschrot		kg	–	–	0,6	0,6
Weizen		kg	0,7	0,7	–	–
Milchleistungsfutter 18/3 s		kg	–	9	–	5
Milchleistungsfutter 20/4 s		kg	–	–	–	10
MEW	**nach NEL**	**kg**	**20,6**	**38,5**	**15,1**	**34,3**
	nach nXP	**kg**	**20,6**	**39,8**	**16,9**	**35,5**
RNB		**g**	**14**	**50**	**–5**	**24**
Zucker + Stärke/kg TM		*g*	*118*	*174*	*130*	*202*
bXS/kg TM		*g*	*13*	*19*	*12*	*35*

werden bis zu 8 kg der Eigenmischung 2 (▶ Tab. 8.26) eingesetzt. Damit kann ein Leistungsniveau von 36 kg abgedeckt werden. Bei mittlerer Grassilagequalität (Ration 2) wird die Grobfutterration lediglich mit 100 g Mineralfutter ergänzt. Ein Ausgleich des um 2 kg höheren MEW nach nXP durch Getreide ist wegen der bereits leicht negativen RNB nicht sinnvoll. Mit 5 kg Eigenmischung 2 und 5 kg MLF 18/3 s reicht die Ration 2a für 30 kg Milchleistung. Bei mäßiger Grassilagequalität (Ration 3) muss ein Proteinausgleich in Form von 1,2 kg Sojaschrot erfolgen, es ergibt sich bei leicht negativer RNB ein Überhang beim MEW nach nXP für 3 kg. Auch diese Ration wird mit 100 g Mineralfutter ergänzt. Als Leistungsfutter werden 4 kg der Eigenmischung 2 und 5 kg MLF 18/3 eingesetzt. Mit dieser Ration kann ein Leistungsniveau bis 27 kg abgedeckt werden.

Die Auswirkungen unterschiedlicher **Maissilageanteile** in Kombination zu Grassilage werden in der ▶ **Tab. 8.28** dargestellt. Es wurde eine gute Maissilage mit 6,7 MJ NEL/kg TM zu einer sehr guten Grassilagequalität (6,5 MJ NEL/kg TM) gewählt. Die Rationen 3 – 5 unterscheiden sich durch einen unterschiedlichen Eiweißergänzungsbedarf, der in den Rationen 3 und 4 über 0,5 und 1,0 kg Rapsschrot und in der Ration 5 über jeweils 0,5 kg Soja- und Rapsschrot abgedeckt wird.

Dennoch wird die entstehende negative RNB mit zunehmendem Maissilageanteil größer. Während ein RNB-Wert von –1 g/kg TM durchaus von Kühen toleriert wird (Stichwort: ruminohepatischer Stickstoffkreislauf), dürfte eine RNB von –1,5 g/kg TM und niedriger leistungsbegrenzend sein und ist daher zu vermeiden. Dieses wäre bei der Ration 5 der Fall. Insofern könnte diese negative RNB durch 60 g Futterharnstoff ausgeglichen werden.

In maissilagebetonten Rationen (Ration 5 und 5a) wird i. d. R. ein neben der Grassilage zusätzlicher Strukturträger notwendig sein, um die Wiederkäuergerechtheit sicherzustellen. Die Einsatzmenge hiervon ist v. a. vom Rohfasergehalt der

▶ **Tab. 8.28** Rationen mit unterschiedlichen Maissilageanteilen.

Maissilageanteil an Grobfutter-TM			**34 %**		**50 %**		**68 %**	
Rationsnummer			**Ration 3**	**Ration 3a**	**Ration 4**	**Ration 4a**	**Ration 5**	**Ration 5a**
Grassilage grasreich, 1. N. (35 % TS) sehr gute Qualität		kg	24,6	22,12	18,6	16,7	12,6	11,3
Maissilage Ende Teigr. (34 % TS)		kg	13,2	11,9	19,6	17,6	25,9	23,3
Stroh (Weizen)		kg	–	–	–	–	0,1	0,09
Mineralfutter		kg	0,1	0,1	0,1	0,1	0,13	0,13
Rapsschrot		kg	0,5	0,5	1,0	1,0	0,5	0,5
Roggen		kg	0,5	0,5	–	–	–	–
Milchleistungsfutter	18/3 s	kg	–	8,0	–	8,0	–	8,0
MEW	**nach NEL**	**kg**	**17,5**	**31,6**	**17,4**	**32,0**	**17,8**	**32,4**
	nach nXP	**kg**	**18,6**	**33,1**	**18,8**	**33,4**	**18,8**	**33,4**
RNB		**g**	**2**	**21**	**–14**	**8**	**–38 (!)**	**–12**
Zucker + Stärke/kg TM		*g*	*147*	*199*	*175*	*215*	*220*	*244*
bXS/kg TM		*g*	*17*	*33*	*23*	*36*	*30*	*41*
Str. XF, i.d.TM		*%*	*16,6*	*10,7*	*16,4*	*10,5 (!)*	*16,5*	*10,6*

Grassilage abhängig (in diesem Beispiel 100 g Stroh in der Ration 5).

Wenn die Grassilage in der Ration überwiegt, genügt zum Mineralstoffausgleich ein Ca-armes und P-freies Mineralfutter. Bei zunehmenden Maissilageanteilen wird ein Ca- und Na-reicheres Mineralfutter benötigt, wovon in der Ration 5 eine größere Menge (150 g) eingesetzt werden muss. Höhere Leistungen werden durch ein Milchleistungsfutter (mit einem etwas höheren UDP-Anteil und vorteilhaft auch mit einem gewissen Körnermaisanteil) abgedeckt (3a–5a).

Unterschiedliche **Maissilagequalitäten** haben ebenfalls einen großen Einfluss auf die Rationsgestaltung (▸ **Tab. 8.29**). Die mäßige Maissilage hat einen NEL-Gehalt von 6,3 MJ und einen Stärkegehalt von 270 g/kg TM. Die sehr gute Maissilage weist mit 380 g/kg TM und 6,8 MJ NEL einen sehr hohen Stärke- und Energiegehalt auf.

Bei der Kombination der sehr guten Maissilage mit Grassilage (Ration 7) ergibt sich ein Proteinausgleichsbedarf, der mit 2,1 kg Rapsschrot abgedeckt wird, während bei der Ration mit der mäßigen Maissilage nur 1,0 kg Rapsschrot notwendig ist (Ration 6). Hingegen wird in dieser Ration 6 auch noch ein gewisser Energieausgleich mit Roggen vorgenommen, da die Maissilage sehr stärkearm ist.

In beiden Rationen muss darüber hinaus, trotz des Eiweißausgleiches, die weiterhin bestehende sehr negative RNB angehoben werden. Dazu dient hier Futterharnstoff.

Der MEW der ausgeglichenen Rationen unterscheidet sich um nahezu 3 kg. Für die Leistungsfütterung wird eine Kraftfuttermischung gewählt, die aus 30 % Rapsschrot, 20 % Melasseschnitzel und 20 % Körnermais besteht.

Anhand der Ration 7a mit der Leistungsfutterzuteilung wird sichtbar, dass diese Ration mit der sehr energie- und stärkereichen Maissilage ohne einen zusätzlichen Strukturträger nicht mehr wiederkäuergerecht wäre. Hier wurden mindestens

▸ **Tab. 8.29** Rationen mit unterschiedlichen Maissilagequalitäten.

Rationsnummer			**Ration 6**	**Ration 6a**	**Ration 7**	**Ration 7a**
Grassilage grasreich, 1. N. (35 % TS), gute Qualität		kg	12,8	12,2	13,5	12,8
Maissilage	Beg. d. Teigr. (32,9 % TS) KA gering	kg	27,5	24,7	–	–
	Ende d. Teigreife (32,9 % TS, KA hoch	kg	–	–	28,0	26,6
Stroh (Weizen)		kg	–	–	0,40	0,38
Mineralfutter		kg	0,15	0,15	0,15	0,15
Rapsschrot		kg	1,0	1,0	2,1	2,1
Roggen		kg	1,2	1,2	–	–
Futterharnstoff		kg	0,09	0,09	0,04	0,04
Kraftfuttermischung		kg	–	7,0	–	7,0
MEW	**nach NEL**	**kg**	**19,4**	**31,6**	**22,0**	**34,8**
	nach nXP	**kg**	**20,4**	**32,7**	**22,5**	35,3
RNB		**g**	**−15**	**23**	**−13**	**20**
Zucker + Stärke/kg TM		*g*	*237*	*262*	*260*	*277*
bXS/kg TM		*g*	*20*	*38*	*33*	*46*
Str. XF, i.d.TM		*%*	*15,4*	*10,7*	*14,7*	*10,5*

400 g Stroh je Tier und Tag für notwendig erachtet.

Wenn auch Grassilage und Maissilage als Grobfuttermittel in den meisten Milchkuhbetrieben eindeutig überwiegen, werden in manchen Betrieben auch andere Grobfuttermittel eingesetzt. In der ▶ **Tab. 8.30** ist je eine Ration mit **Kleegrassilage** (Nr. 8) und **Futterrüben** (Nr. 9) aufgeführt. Als Rationspartner wurden Heu bzw. Grassilage gewählt.

In der ▶ **Tab. 8.31** ist ein Beispiel für **TMR-Rationen** dargestellt, und zwar ausgerichtet auf ein Leistungsniveau von 25 und 35 kg. Es handelt sich hier um sehr vielseitige Mischungen. Die Vorgehensweise orientiert sich zwar auch an der Rationsberechnung für das Einzeltier. Entscheidend sind letztendlich jedoch die Energie- und Nährstoffgehalte in der Trockenmasse der Gesamtmischung. Die ausgewiesenen Gehalte der TMR für die Hochleistungsgruppe entsprechen den Anforderungen. Die in der letzten Zeile angegebene erforderliche TM-Aufnahme je Kuh und Tag ist zur Abdeckung des Bedarfs für das in der ersten Zeile angegebene Leistungsniveau erforderlich. Es kann jedoch davon ausgegangen werden, dass höher leistende Kühe entsprechend mehr fressen. Bei einer Futteraufnahme von z. B. 24 kg TM reicht die Ration für knapp 40 kg Milch. Die zur Erstellung der Gesamtmischung erforderlichen Futtermengen ergeben sich aus der Multiplikation der aufgeführten Futtermengen je Tier mit der Kuhzahl. Diese Mengen müssen dann möglichst exakt in den Futtermischwagen eingegeben und gemischt werden.

Weidegang

Die Weidehaltung wird als ideale Haltungsform für Milchkühe angesehen, v. a. wegen der besonders als tiergerecht eingestuften Haltung. Hinsichtlich der Nährstoffversorgung aber ist die Wei-

▶ **Tab. 8.30** Rationen mit Kleegrassilage und Futterrüben.

Rationsnummer			Ration 8	Ration 8a	Ration 9	Ration 9a
Kleegrassilage, 1. N. (40 % TS, gute Qualität)		kg	25,0	22,5	–	–
Grassilage, grasr., 1. N. (35,8 % TS, sehr gute Qualität)		kg	–	–	19,0	17,1
Heu, 1. Schnitt, M. – E. Blüte		kg	5,0	4,5	4,0	3,6
Gehaltsrüben, sauber (15 % TS)		kg	–	–	30,0	30,0
Mineralfutter	0 % Ca, 7 % P, 7 % Na	kg	0,1	0,1	–	–
	24 % Ca, 4 % P, 0 % Na	kg	–	–	0,1	0,1
Roggen		kg	2,5	2,5	–	–
Rapsschrot		kg	–	–	0,7	0,7
Maiskörner		kg	–	–	–	1,5
Milchleistungsfutter 18/4 s		kg	–	8,5	–	–
Milchleistungsfutter 20/4 s			–	–	–	5,2
MEW	**nach NEL**	**kg**	**19,4**	**34,9**	**19,2**	**31,7**
	nach nXP	**kg**	**21,1**	**35,3**	**20,2**	**31,7**
RNB		**g**	**31**	**36**	**–11**	**–4**
Zucker + Stärke/kg TM		*g*	*126*	*222*	*215*	*269 (!)*
bXS/kg TM		*g*	*8*	*51*	*0*	*23*
Str. XF, i.d.TM		*%*	*23,3*	*15,4*	*15,7*	*10,8 (!)*
SW/kg TM			*2,76*	*1,88*	*2,23*	*1,59*

► **Tab. 8.31** TMR-Rationsbeispiele (Futtermengen je Tier und Tag).

Futtermittel			**25 kg MEW**	**35 kg MEW**
Rationsnummer			**Ration 10**	**Ration 11**
Grassilage, grasr., 1. N., gute Qualität	(34,8 % TS)	kg	–	18,6
Grassilage, mittlere Qualität	(31,1 % TS)	kg	20,0	–
Maissilage, KA hoch	(33,9 % TS)	kg	19,0	18,6
Stroh (Weizen)		kg	–	0,2
Biertrebersilage	(26 % TS)	kg	4,0	5,0
Pressschnitzelsilage	(22 % TS)	kg	4,0	7,0
Weizen bzw. Roggen		kg	1,5	1,5
Körnermais		kg	–	2,2
Rapsextraktionsschrot		kg	2,1	3,3
Futterharnstoff		kg	0,03	–
Mineralfutter Ca-, P-frei		kg	0,10	0,10
Futterkalk		kg	0,08	0,15
Viehsalz		kg	0,02	0,02
Gehalte in der TMR	TS-Gehalt	%	35,4	39,2
je kg TM	NEL	MJ	6,6	6,9
	nXP	g	151	160
	RNB	g	4	8
	Zucker + Stärke	*g*	*217*	*257*
	bXS	*g*	*25*	*45*
	Str. XF	*%*	*13,1*	*10,9*
	SW		*1,66*	*1,39*
erforderliche TM-Aufnahme je Tier und Tag		**kg**	**18,0**	**22,2**

defütterung nicht einfach. Während in der Winterfutterplanung mit festen Größen bei den Futtervorräten und -qualitäten sowie bei der Futteraufnahme der Tiere gerechnet werden kann, sind zu Beginn der Vegetationsperiode die zu erwartenden Flächenerträge ungewiss, weil sie in erster Linie von der Witterung abhängen und nur teilweise durch Düngung, Nutzung und andere Maßnahmen des Landwirts zu beeinflussen sind. Der **Sommerfutterplan**, der auf den Erfahrungen zurückliegender Jahre mit normalem, durchschnittlichem Wetter fußt, muss vom Betriebsleiter flexibel gehandhabt werden, um auch bei ungünstigen Witterungsperioden ein ausreichendes Futterangebot bereithalten zu können.

Die richtige Weidenutzung hängt im Wesentlichen von zwei Kriterien ab: Der Nutzungshäufigkeit und dem Nutzungstermin. Bei Weidegang auf günstigen Standorten sind bei der am häufigsten etablierten Umtriebsweide 6 – 7, in ungünstigen Lagen 5 – 6 Nutzungen empfehlenswert. Nach einem Heu- oder Silageschnitt ist eine längere Wachstumszeit erforderlich, sodass in diesem Fall eine Nutzung weniger möglich ist. Nutzungshäufigkeit und Nutzungstermin hängen eng miteinander zusammen. Bei früher Nutzung des 1. Aufwuchses Anfang Mai sind zwar die Trockenmasseerträge je Nutzung etwas geringer, die nächste Nutzung kann jedoch bereits nach 2 – 3 Wochen erfolgen.

Wird der erste Aufwuchs erst spät abgeweidet (7 bzw. 14 Tage später), verzögert sich der Nachwuchs, und die Weidereife der folgenden Nutzung wird erst nach 3 – 4 bzw. 4 – 5 Wochen erreicht.

Aber nicht nur die Nutzungshäufigkeit, sondern auch der Futterwert des Weideaufwuchses wird durch den Nutzungstermin beeinflusst.

Der energetische Futterwert von Weidegras variiert in Abhängigkeit vom Wachstumsstadium und von der Vegetationsperiode. Sehr junge Weide (Gräser im Schossen) hat mit 7,38 MJ NEL die höchste Energiekonzentration. Diese nimmt mit zunehmendem Alter ab, während der Rohfasergehalt zu- und der Rohproteingehalt abnehmen. Der in der ▸**Tab. 8.32** aufgeführte Futterwert von Weideaufwuchs bezieht sich auf die Intensivweide, die durch vier und mehr Nutzungen gekennzeichnet und grasreich ist, wobei die Untergräser dominieren. Bei düngungsextensiven Weiden, die obergrasreicher bzw. klee- und kräuterreicher sind, liegen die den Futterwert bestimmenden Kriterien im Trend etwas niedriger, an den grundsätzlichen Zusammenhängen ändert sich jedoch nichts Wesentliches.

Hinsichtlich der Bewertung der Proteinversorgung auf der Weide verdeutlicht die ▸**Tab. 8.32**, dass die Abbaurate des Rohproteins im Weidegras hoch und somit die UDP-Gehalte vergleichsweise niedrig sind. Entsprechend der DLG-Futterwerttabelle liegen diese im sehr jungen, proteinreichen Aufwuchs lediglich bei 10 %, im älteren Gras bei 15 %.

Neuere Untersuchungen, wie z. B. die von Mayr et al. (2012 [163]), ergaben aber für Aufwüchse der Kurzrasenweide UDP-Anteile von 25 %.

Grundsätzlich weisen Weideaufwüchse eine stark positive RNB auf, das heißt es wird im Pansen deutlich mehr Stickstoff freigesetzt, als aufgrund des NEL-Gehaltes in Bakterieneiweiß umgesetzt werden kann. Diese Faktoren müssen berücksichtigt werden. Besonders bei hochleistenden Kühen ist es nicht leicht, unter diesen Bedingungen eine leistungsgerechte nXP-Versorgung sicherzustellen und eine zu hohe RNB zu vermeiden.

Übergangsfütterung Jeder rasche Futterwechsel stört das Gleichgewicht zwischen den verschiedenen Arten von Kleinlebewesen im Pansen und beansprucht das Regulationsvermögen der tierischen Organe erheblich, was u. a. an Schwankungen bei den Milchinhaltstoffen, in der Mengenleistung oder ggf. sogar an Durchfällen erkennbar wird. Deshalb erfordert jede Futterumstellung beim Wiederkäuer äußerste Sorgfalt, die in einem allmählichen Austausch der neuen gegen die bisherigen Grobfuttermittel über einen Zeitraum von ca. drei Wochen bestehen muss. Nur durch einen fließenden Übergang stellt sich ohne größere Stö-

▸**Tab. 8.32** Futterwert von Weideaufwuchs in Abhängigkeit von Wachstumsstadium und der Vegetationsperiode.

Weide intensiv, Wachstumsstadium	TS (%)	Gehalte je kg Trockenmasse					
		Rohfaser	Rohprotein	UDP	nXP	RNB	NEL
		g	g	%	g	g	MJ
1. Aufwuchs							
im Schossen	16	172	235	10	157	+ 12	7,38
Beginn Ähren-Rispenschieben	17	204	225	10	151	+ 12	6,99
volles Ähren-Rispenschieben	18	231	207	15	151	+ 9	6,58
Beginn der Blüte	22	261	187	15	144	+ 7	6,30
2. und folgende Aufwüchse							
unter 4 Wochen	16	207	235	10	143	+ 15	6,30
4 – 6 Wochen	18	229	213	15	144	+ 11	6,09
7 – 9 Wochen	20	266	190	15	138	+ 8	5,92

rungen ein neues Gleichgewicht zwischen den Pansenorganismen ein.

Die Winterfutterration besteht vorwiegend aus Silagen, die einen relativ hohen Trockensubstanzgehalt haben, sowie Heu. Junges Gras hat dagegen einen sehr geringen Trockensubstanzgehalt zwischen 16 und 18 %, wie aus der ▶ **Tab. 8.32** ersichtlich ist. Für die Vorbereitung auf den Weidegang ist es deshalb erforderlich, den jungen Weideaufwuchs langsam in die Ration einzubeziehen. Wegen einer Optimierung der Weideführung sollte der Austrieb in einem sehr frühen Wachstumsstadium erfolgen. In der ▶ **Tab. 8.33** sind Rationsbeispiele für die Übergangsfütterung aufgeführt.

Die Ration 12 entspricht der 1. Anfütterungsphase, die Ration 13 stellt eine weitergehende Umstellungsphase dar. Diese Rationen sind nur beispielhaft zu interpretieren. Auf jeden Fall ist die Futteraufnahme auf der Weidekaum zu quantifizieren. Andererseits vermitteln die Berechnungen eine Orientierung hinsichtlich der Beurteilung der Energie- und Proteinversorgung der Kühe. Die Grobfutterrationen weisen einen Überhang an nXP und eine sehr hohe RNB auf. Als Ausgleichsfutter bieten sich deshalb Weizen (vorzugsweise Körnermais mit seinem größeren Gehalt an pansenstabiler Stärke) und Trockenschnitzel an, die eine negative RNB haben. Nach Ausgleich hinsichtlich des Milcherzeugungswertes nach NEL und nXP verbleibt dennoch eine positive RNB. Diese ist nicht weiter zu reduzieren, bei Weidehaltung jedoch im Gegensatz zur Stallfütterung tolerierbar, da die Futteraufnahmegeschwindigkeit auf der Weide weitaus niedriger ist als bei der Futtervorlage im Stall. Auf der Weide werden stets nur kleine Bissen aufgenommen. In der Praxis wird die notwendige Übergangsfütterung dadurch realisiert, dass die Kühe in den ersten Tagen stundenweise und danach ca. 14 Tage lang nur tagsüber weiden. Dabei fressen die Kühe vor und nach der Weide im Stall die Winterration. Durch Anpassung der Futtermenge im Stall sowie der Weidedauer wird die Futteraufnahme auf der Weide gesteigert (Ration 14).

▶ **Tab. 8.33** Rationsbeispiele für Milchkühe mit Weidegang.

Merkmal		Ration 12	Ration 13	Ration 14	Ration 15	Ration16
Grobfutterration						
Weide, sehr jung (15 % TS)	kg	13	25	–	–	–
Weide, jung (16 % TS)	kg	–	–	56	–	–
Weide, mittel (18 % TS)	kg	–	–	–	67	84
Grassilage (35 % TS)	kg	23	19	8	–	–
Maissilage, teigreif	kg	12	12	8	9	–
MEW						
nach NEL	kg	16	18	20	19	19
nach nXP	kg	17	19	21	21	22
RNB	g	14	34	100	108	135
Ausgleichsration						
Weizen (vorteilhaft wäre Körnermais)	kg	2	–	–	2	–
Trockenschnitzel	kg	–	2	–	2	4
Mineralfutter (10/2/10)	kg	0,1	0,1	0,1	0,1	0,1
MEW						
nach NEL	kg	20	22	20	27	27
nach nXP	kg	21	22	21	27	28
RNB	g	5	24	100	63	113

Weideleistung Die Rationen 15 und 16 stellen die Situation bei vollem Weidegang dar. Wenn möglich, wird eine Basismenge an Maissilage auch während des Sommers gefüttert. Dies wirkt sich unter anderem positiv auf die RNB aus. Bei ausschließlichem Weidegang ist diese mit 134 g/Tag extrem hoch und wird auch bei einer Ausgleichsfütterung mit 4 kg Trockenschnitzel nicht entscheidend gesenkt. Die hier aufgeführten Rationsbeispiele stellen lediglich Orientierungsgrößen dar. Die Milcherzeugung auf der Weide wird im Grunde wesentlich über die verabreichte Kraftfuttermenge gesteuert. Wird hier zu viel des Guten getan, kann das Milcherzeugungspotenzial der Weide nicht ausgeschöpft werden. ▸ **Tab. 8.34** gibt eine Orientierung über die mögliche Futteraufnahme und die daraus resultierende Milchleistung auf der Weide. In der besten Zeit können bis zu 20 Liter je Kuh und Tag aus dem aufgenommenen Weidegras erwartet werden. Im Verlauf der Vegetationsperiode geht die Leistung dann aus den bereits genannten Gründen zurück. Entscheidend ist eine optimale Weideführung von Anfang an. Es muss immer im relativ günstigsten Wachstumsstadium geweidet werden, der Aufwuchs sollte eine Höhe von 15 – 17 cm nicht überschreiten.

Dennoch sind der zu erfütternden Milchleistung auf der Weide Grenzen gesetzt. Hier ergibt sich ein gewisser Teufelskreis. Trotz der hohen Verdaulichkeit des Weidegrases bleibt die Futteraufnahme begrenzt –hauptsächlich durch den hohen Wassergehalt des Grases bedingt. Andererseits erfolgt wegen der relativ geringen Differenz in der Energiekonzentration von Weidegras und Kraftfutter eine sehr hohe Grobfutterverdrängung, wenn höhere Kraftfuttergaben verabreicht werden. Dadurch kann das Energieangebot kaum über ein Niveau für 30 Liter Milcherzeugung angehoben werden. Die Grenze liegt bei etwa 5 – 6 kg Kraftfutter je Kuh und Tag. Als vorteilhafte energiereiche Kraftfutterkomponente gilt hierfür auch Körnermais mit seiner pansenstabilen Stärke. Die Rationen 15 und 16 in der ▸ **Tab. 8.33** reichen jeweils für 27 Liter. Mit zusätzlich 2 kg eines nXP-reichen Leistungsfutters (175 g nXP/kg) sind solche Rationen ausgereizt.

Bezüglich der Mineralstoffergänzung sind besonders zwei Punkte zu beachten. Einmal wird mit der Weide ein hoher Milcherzeugungswert erreicht, der auch mineralstoffmäßig abgedeckt werden muss. Zum anderen werden als Kraftfutter häufig (wie auch in der ▸ **Tab. 8.33**) Einzelkomponenten eingesetzt, sodass die Mineralstoffversorgung gesondert über ein Mineralfutter erfolgen muss. Dennoch ist der Fehlbedarf nicht sehr hoch und bezieht sich insbesondere auf Calcium und Natrium sowie die Spurenelemente. Ein Mineralfuttertyp mit ca. 10 % Ca, 2 % P und 10 % Na ist ausreichend. Hinzuweisen ist in diesem Zusammenhang jedoch noch auf die Gefahr der **Weidetetanie**. Hierbei handelt es sich in erster Linie um eine Magnesium-Mangelerkrankung – trotz rechnerisch ausreichenden Magnesiumangebotes. Die Ursachen liegen in einer abrupten Futterumstellung, die zu verminderter Futteraufnahme und Verdauungsstörungen (Durchfall) führt. Hinzu kommt ein evtl. Eiweißüberschuss sowie eine relativ hohe Kaliumbelastung. Alle diese Faktoren bewirken eine verringerte Magnesium-Absorption aus dem Futter, mit der Folge von Mangelsympto-

▸ **Tab. 8.34** Futteraufnahme und Milchleistung auf der Weide (kg TM bzw. Liter je Kuh und Tag).

Monat	Weidereifer Aufwuchs		Älterer Aufwuchs	
	Grasaufnahme (kg TM)	Mögliche Milchleistung aus Weidegras (Liter)	Grasaufnahme (kg TM)	Mögliche Milchleistung aus Weidegras (Liter)
Mai/Juni	13 – 16	18 – 20	11 – 12	12 – 14
Juli	12 – 14	14 – 16	10 – 11	9 – 11
August	11 – 13	12 – 14	10 – 11	7 – 9
September	10 – 12	9 – 11	9 – 10	5 – 7
Oktober	9 – 11	7 – 9	8 – 9	3 – 5

men. Vorbeugemaßnahmen bestehen in einer langsamen Futterumstellung, Ergänzung der Ration mit Rohfaser und Energie. Zusätzliche Belastungen der Tiere, wie Unruhe in der Herde, sollten vermieden werden. Auf eine ausgewogene Düngung (keine N- und K-Überdüngung) sollte geachtet werden. Ein Spezialmineralfutter mit erhöhten Magnesiumgehalten (8 – 12 %) sollte zur Prophylaxe angeboten werden. Gewöhnlich enthalten Mineralfutter ca. 3 % Magnesium, was unter normalen Bedingungen auch durchaus ausreichend ist.

Nutzungsformen Bei der **Umtriebsweide** ist die Weidefläche in einzelne Koppeln unterteilt. Diese werden während der Vegetationsperiode mehrmals nacheinander für Beweidung oder Mahd genutzt. Je Koppel weiden die Kühe in der Regel 3 – 4 Tage, deshalb darf die Wuchshöhe beim Auftrieb möglichst nicht über ca. 15 cm liegen. Bei dieser Weidedauer beträgt der Flächenbedarf je Kuh etwa 250 – 350 m^2. Hierbei wird eine abnehmende Futteraufnahme vom ersten bis letzten Weidetag auf einer Koppel in Kauf genommen. Im Mai/Juni beträgt die Wachstumszeit zwischen zwei Nutzungen etwa 2 – 3 Wochen. Sie verlängert sich zum Spätsommer und Herbst hin auf 4 – 6 Wochen. Bei dieser Nutzungsform werden 8 – 12 Koppeln benötigt, um jeweils die notwendige Ruhezeit der Koppeln auch im Herbst sicherzustellen. Der gute Futterwuchs im Frühjahr und Frühsommer ermöglicht bzw. erfordert die Nutzung einiger Koppeln für die Winterfuttergewinnung.

Die intensivste Form der Weidenutzung stellt die **Portionsweide** dar. Dabei wird auf den Koppeln der Umtriebsweide mithilfe des Elektrozaunes ein- oder zweimal täglich eine neue Futterfläche zugeteilt, und zwar je nach Aufwuchs 80 – 120 m^2 je Kuh und Tag. Dadurch wird eine relativ gleichbleibende Futteraufnahme bei geringen Weideverlusten erreicht. Diese Form der Weidenutzung erfordert allerdings einen hohen Arbeitszeitaufwand. Bei hoher Besatzdichte steht vor allem in nassen Witterungsperioden die Gefahr der Narbenverletzung. Die **Mähstandweide** ist eine neuere Nutzungsform, die anfangs als „Intensivstandweide“ und heute auch als **„Kurzrasenweide“** bezeichnet worden ist bzw. wird. Diese ist durch folgende Kriterien gekennzeichnet:

1. Die Kurzrasenweide ist ein intensives Standweidesystem. Auf der Weide muss immer so viel Gras nachwachsen, wie die Kühe täglich fressen. Das Futter muss den Tieren wortwörtlich ins Maul wachsen, um ein entsprechendes Selektieren zu verhindern und ein gleichmäßiges Abgrasen des Bestandes zu gewährleisten. Dadurch entstehen geringere Futterverluste.
2. Die gesamte Weidefläche wird laufend beweidet, ein konsequenter Wechsel zwischen Fresszeiten und Ruhezeiten durch Unterkopplung findet nicht statt.
3. Die Mähflächen werden im Verlauf der Weideperiode entsprechend des Grasaufwuchses durch Elektrozaun von der jeweils benötigten Weidefläche abgetrennt.
4. Die Aufwuchshöhe sollte während der gesamten Weideperiode 5–7 cm betragen und liegt damit deutlich unter der einer weidereifen Umtriebskoppel. Gesteuert wird diese durch den Tierbesatz und die Flächengröße. Die Futteraufnahme pro Bissen wird unter anderem von der Aufwuchshöhe bestimmt. Diese ist auf der Koppelweide fast doppelt so hoch wie auf der Kurzrasenweide. Daher kann davon ausgegangen werden, dass die Kühe auf der Koppelweide mehr Weidefutter fressen als auf der Kurzrasenweide. Die Fresszeit pro Tag ist auf der Kurzrasenweide außerdem länger.
5. Während der gesamten Vegetation werden auf der Kurzrasenweide hohe Futterwerte erreicht. Tendenziell sind diese vergleichbar mit denen des ersten Grünlandaufwuchses zu Beginn des Schossens.
6. Die Kurzrasenweide ist nur für Gunststandorte mit gleichmäßig verteilten Niederschlägen und auf ebenen Flächen geeignet. Die Umtriebsweide hingegen lässt sich auch auf Hanglagen und unebenen Flächen sowie in niederschlagsarmen Regionen ausführen. Grund hierfür ist der höhere Pflanzenaufwuchs und das damit verbundene günstigere Kleinklima im Bestand sowie die damit einhergehende geringere Verdunstung des Bodens bei der Umtriebsweide. Deshalb sind die Erträge dort auf trockenheitsgefährdeten Dauergrünlandstandorten größer und stabiler als auf der Kurzrasenweide.

7. Das Risiko für Trittschäden ist hingegen auf der Umtriebsweide größer als auf der Kurzrasenweide. Ursache hierfür ist die geringere Bestockung der Gräser und die daraus resultierende weniger dichte Grasnarbe.

Gegenüber der Umtriebsweide benötigt die Mähstandweide niedrige Zaun- und Unterhaltungskosten sowie einen geringeren Arbeitszeitbedarf für Düngung und Weidepflege. Die Weidetiere sind ruhiger und die Weidenarbe wird dichter und trittfester. Dadurch ist weniger Aufwand für Unkrautbekämpfung und Narbenverbesserung notwendig. Diese Form der Grünlandnutzung kann allerdings nur an Standorten erfolgreich betrieben werden, die nicht austrocknungsgefährdet sind und die leistungsfähigen Gräsern, wie Deutsches Weidegras, Wiesenrispe, Knaulgras, die einen häufigen Verbiss vertragen, gute Wachstumsbedingungen bieten (▸ **Abb. 8.10**).

Die Kurzrasenweide stellt höhere Anforderungen an das Weidemanagement. Die Tiere befinden sich permanent auf derselben Fläche. Je nach Aufwuchshöhe muss entweder der Tierbesatz oder die Flächengröße angepasst werden. Dabei ist zu beachten, dass den Tieren immer ausreichend Futter zur Verfügung steht. Die Kurzrasenweide unterscheidet sich also letztlich von der Koppelweide hauptsächlich in der Art der Weideführung und der angestrebten Bestandshöhe.

„Weidemilch" Die Weidehaltung von Rindern besitzt seit jeher eine hohe gesellschaftliche Akzeptanz, v.a. weil damit eine tiergerechte Haltung verbunden wird. Viele Verbraucher favorisieren die Erzeugung von Milch aus Weidegras, weil diese als sehr naturnah, tiergerecht und nachhaltig angesehen wird. Daher bieten seit einiger Zeit zahlreiche Meiereien vermehrt Milchprodukte aus Weidemilch an.

Die gewonnene Milch stammt dabei von Kühen, die mindestens 120 Tage im Jahr und wenigstens 6 Stunden am Tag auf der Weide grasen. Landwirte, die sich an diesem Programm beteiligen, erhalten einen höheren Milchpreis. Das könnte eventuell einen Anreiz schaffen, um wieder vermehrt auf Weidehaltung umzusteigen. Hinweise zur besonderen Produktqualität von Weidemilch sind dem Kap. Organische Substanz (S. 180) zu entnehmen.

Fazit

Die erfolgreiche Weidenutzung erfordert eine gleichmäßige Bereitstellung von ausreichenden Mengen energiereichen Aufwuchses während der ganzen Vegetationsperiode. Eine frühe und häufige Nutzung ist hierfür Voraussetzung. Um eine höchstmögliche Futteraufnahme zu erreichen, ist außer einer hohen Energiekonzentration im Aufwuchs eine ausreichende Weideflächenzuteilung (80 – 120 m^2/Tag) erforderlich, wobei allgemein ein Weiderest von ca. 25 % in Kauf zu nehmen ist. Eine Ausnahme bildet hier das System der Kurzrasenweide.

▸ **Abb. 8.10** Weidegang ist mit kleineren Herden besonders auf hofnahen Flächen gut zu realisieren.

Außerdem ist die Kraftfuttermenge je Kuh und Tag zu begrenzen, und zwar je nach Leistung und Vegetationsstadium auf höchstens 6 kg. Bei der Kurzrasenweide sind diese sogar auf 3 kg je Tier und Tag zu begrenzen. Es müssen also besonders die Strukturversorgung und die Lieferung mit leicht fermentierbaren Kohlenhydraten beachtet werden. Trotz der relativ hohen Rohproteingehalte ist die Versorgung mit darmverfügbarem Protein besonders zu beachten. Als Leistungsfutter eignen sich in erster Linie zellulosehaltige Futtermittel (z. B. Trockenschnitzel), darüber hinaus stärkereiche Futtermittel, wenn diese einen höheren Gehalt an pansenstabiler Stärke haben (z. B. Körnermais) sowie gegebenenfalls solche mit hohen nXP-, aber möglichst niedrigen Rohproteingehalten. Bei der Mineralstoffversorgung ist besonders zu Beginn des Weideganges zur Vermeidung der Weidetetanie auf eine ausreichende Magnesiumversorgung zu achten.

Sommerstallfütterung

Wenn Milchkühe während des Sommers ausschließlich im Stall gehalten werden, sparen sie im Vergleich zu den Weidekühen die Zeit und die Energie für das Abreißen des Futters.

Trotzdem nehmen diese Tiere mengenmäßig nicht mehr Grünfutter auf als Weidetiere. Hingegen muss man wohl sogar davon ausgehen, dass die Grünfutteraufnahme im Stall wegen der fehlenden Möglichkeit des Selektierens bzw. „Botanisierens“ sogar etwas verringert ist. Wird gar nur einmal am Tag Grünfutter geholt, besteht die Gefahr, dass sich das Futter im Laufe des Tages im Haufen erwärmt, was dann zu einem erheblichen Rückgang der Futteraufnahme führt. Deshalb ist das täglich zweimalige Grünfutterholen eine wichtige fütterungstechnische Maßnahme zur Sicherstellung einer befriedigenden Futteraufnahme.

Der Futterwert der Ackerfutterpflanzen, die in der Sommerstallfütterung eingesetzt werden, unterliegt in Abhängigkeit vom Vegetationsstadium ebenso großen Schwankungen wie Weidegras. Das in der ▸ Tab. 8.35 dargestellte Rotklee-Grasgemenge schwankt vom frühen bis zum späten Wachstumsstadium im NEL-Gehalt von 6,73 über 6,34, 5,84 – 5,70 MJ je kg TM und im Rohproteingehalt von 210 über 178, 155 – 134 g je kg TM. In der ▸ Tab. 8.35 sind die Milcherzeugungswerte für die einzelnen Stadien aufgeführt, wobei im Stadium „vor der Knospe“ keine volle Ration unterstellt werden kann. Über alle Wachstumsstadien bleibt der Vorsprung im Milcherzeugungswert nach nXP von ca. 3 Liter gleich, bei allerdings abnehmender RNB. Realistischer ist es wohl, zu diesem Grünfutter noch Heu als Strukturfutter zu geben, was im zweiten Teil der Tabelle ausgewiesen ist.

Im Vegetationsstadium „in der Knospe“ kann damit eine höhere TM-Aufnahme unterstellt werden, was zu einem höheren Milcherzeugungswert führt.

▸ **Tab. 8.35** Einfluss des Vegetationsstadiums auf den Milcherzeugungswert von Rotklee – Grasgemenge.

Vegetationsstadium		**Mögliche Futteraufnahme**		**Milcherzeugungswert[1] (kg) nach**		**RNB**
		kg FM	**kg TM**	**nXP**	**NEL**	**g**
vor der Knospe	(15 % TS)	50	7,5	8,2	3,9	68
in der Knospe	(17 % TS)	85	14,5	18,9	16,4	83
Beginn bis Mitte Blüte	(20 % TS)	65	13,0	14,8	11,6	49
Ende der Blüte	(24 % TS)	50	12,0	13,0	9,3	8
in Kombination mit Heu						
in der Knospe	–	62	–	–	–	–
	+ 4 kg Heu	–	14,0	16,8	14,9	53
Beginn bis Mitte Blüte	–	55	–	–	–	–
	+ 2 kg Heu	–	12,7	13,9	11,1	38

[1] Abzügl. Erhaltungsbedarf.

Dies trifft für das Vegetationsstadium „Beginn bis Mitte der Blüte“ nicht zu. Insgesamt dürfte der Strukturgehalt dieser Rationen dadurch jedoch verbessert werden, sodass auch Kraftfutterzulagen zur Erzielung höherer Leistungen möglich werden.

Soll während der gesamten Vegetationszeit Grünfutter eingesetzt werden, muss durch präzise Futterplanung ein gleichmäßiges Grobfutterangebot sichergestellt werden. Bei der Futtergewinnung vom Acker unterscheidet man den überjährigen und den mehrjährigen **Ackerfutterbau**. Für den überjährigen Anbau eignet sich z. B. diploides und tetraploides Welsches Weidelgras. Das Erstgenannte wird bevorzugt als Mischungspartner zu Rotklee eingesetzt, während das Letztgenannte in Reinsaat angebaut wird. Beim mehrjährigen Ackerfutterbau werden z. B. Weidelgrasmischungen, auch unter Einbeziehung von Wiesenschwingel und Wiesenlieschgras in Reinsaat oder Mischungen mit Klee oder Luzerne angebaut. Je nach Region sollten die speziellen Sorten- und Mischungsempfehlungen der zuständigen Beratungsstellen berücksichtigt werden.

Um mehr Konstanz in die Sommerstallfütterung zu bekommen, bietet sich die Kombination von Grünfutter mit Silage und/oder Heu, besonders aber mit Maissilage an. Damit keine Nachgärungen stattfinden, ist neben den siliertechnischen Möglichkeiten für eine optimale Konservierung vor allem ein ausreichender Entnahmevorschub (2 – 3 m/Woche) zu gewährleisten.

Die Leistungsfütterung ist bezüglich der Kraftfutterart und -menge ähnlich wie bei der Weidefütterung zu gestalten. Hinsichtlich der Mineralstoffergänzung ist besonders zu beachten, dass Leguminosen sehr viel Calcium enthalten und deshalb in erster Linie Phosphor und besonders Natrium in der Grobfutterration durch entsprechende Mineralfuttertypen ergänzt werden müssen (Futterwerte ▸ **Tab. 6.2**).

Die schwierige Futterplanung der Sommerfütterung im Stall oder bei Weidegang und die vermehrt größer werdenden Milchkuhherden haben mittlerweile dazu geführt, dass die Mehrzahl der Betriebe die **ganzjährige Silagefütterung** praktiziert. Hierfür sind in erster Linie arbeitswirtschaftliche Gründe ausschlaggebend sowie die bei größeren Herden nicht mehr ausreichend vorhandenen arrondierten Weideflächen, aber auch die Nutzung technischer Einrichtungen wie Responder oder Futtermischwagen. Ein großer Vorteil wird auch darin gesehen, dass die Grobfuttersituation hier wesentlich stabiler als bei Grünfütterung ist.

Futterplanung und Rationskontrolle

Eine erfolgreiche Milchkuhfütterung erfordert die Kenntnis der ernährungsphysiologischen Grundlagen in der praktischen Fütterung. Unter Praxisbedingungen und im Sinne einer Erfolgskontrolle bzw. Schwachstellsuche sind Einzelmaßnahmen von der Futtererzeugung bis hin zur Betriebszweigkontrolle als Gesamtkonzept zu sehen.

In ▸ **Abb. 8.11** ist dieses dargestellt, wobei die wesentlichen Einzelkriterien zugeordnet wurden.

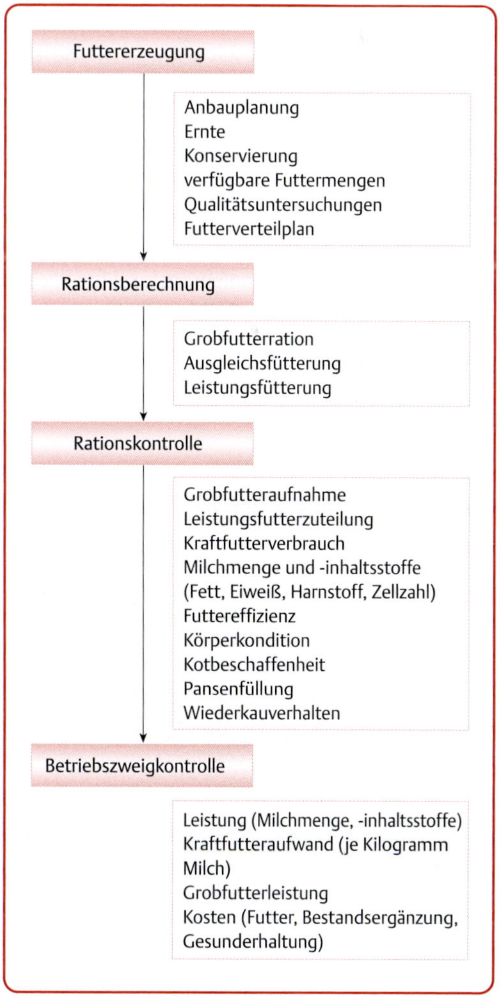

▸ **Abb. 8.11** Voraussetzungen für eine erfolgreiche Milchkuhfütterung.

Die Rationsberechnung, auf die in den vorangegangenen Abschnitten ausführlich eingegangen worden ist, steht im Mittelpunkt. Wichtig ist, dass die berechneten Futterrationen auch von den verfügbaren Futtermengen her über den vorgesehenen Zeitraum im Betrieb umsetzbar sind. Um dies sicherzustellen, ist eine Futterplanung erforderlich, die sowohl die Menge der verschiedenen Futtermittel als auch deren Qualität berücksichtigen muss.

Bei den Rationsberechnungen wird von gewissen Unterstellungen ausgegangen. Diese betreffen insbesondere die Futteraufnahme aber z. B. auch die Strukturwirksamkeit. Deshalb muss stets eine Rationskontrolle erfolgen, denn die Tiere selbst signalisieren durch Reaktion und Verhalten, ob eine Ration „stimmt“ oder Schwachstellen aufweist.

Die Betriebszweigkontrolle schließlich soll den Erfolg über das Wirtschaftsjahr nachweisen, Veränderungen gegenüber den Vorjahren erklären, den Vergleich mit anderen Betrieben ermöglichen (z. B. in Arbeitskreisen oder Beratungsringen) und schließlich eventuelle Reserven in der Produktion aufzeigen.

Die in der ▸ **Abb. 8.11** aufgeführten Einzelkriterien wurden zum größten Teil bereits besprochen, sodass ihre Interpretation Anlass geben soll, das Gelernte zu wiederholen und in den Gesamtzusammenhang einzuordnen. Im Folgenden soll etwas ausführlicher auf den Futterverteilplan sowie auf die Rationskontrolle eingegangen werden.

Futterverteilplan Vor Beginn der Winterfütterung muss man sich einen Überblick über die verfügbaren Futtervorräte verschaffen und überlegen, wie diese im Betrieb eingesetzt werden sollen. Dabei haben immer die Milchkühe den Vorrang, das heißt die qualitativ besten Grobfuttermittel werden für sie reserviert. Als Kalkulationsdaten für den Futterverteilplan werden die mittlere Grobfutter-TM-Aufnahme je Tier und Tag sowie die Raumgewichte der verschiedenen Grobfuttermittel benötigt. Hierzu finden sich einige Angaben in der ▸ **Tab. 8.36**. Wenn klar ist, wie viele Kühe, Kälber und Jungrinder in der Winterfütterungsperiode durchschnittlich versorgt werden müssen und welche Futtermengen zur Verfügung stehen, kann man den Futterverteilplan auf Basis der geplanten Rationen erstellen, wie dies in der ▸ **Tab. 8.37** beispielhaft für einen 120-Kuh-Betrieb mit Nachzucht dargestellt ist.

Wenn Bedarf und Futtervorräte übereinstimmen, können die geplanten Rationen umgesetzt werden. Bei den Vorräten sollte ein Überschuss in der Größenordnung von 10 – 15 % vorhanden sein, um unvermeidbare Futterverluste zu berücksichtigen.

▸ **Tab. 8.36** Kalkulationsdaten für den Futterverteilplan.

Mittlere Grobfutter-TM-Aufnahme je Tier und Tag		
Milchkühe (650 kg LM)	13 kg	
Kälber (100 kg LM)	1 kg	
Jungrinder < 1 Jahr	3 – 4 kg	
Jungrinder 1 – 2 Jahre	7 – 8 kg	
Jungrinder > 2 Jahre	9–10 kg	
Raumgewichte verschiedener Grobfuttermittel dt/m³		
		1,0 – 1,3
Grassilage	< 35 % TM	7,0
	> 35 % TM	5,0–6,0
Rapssilage		10,0
Rübenblattsilage		9,0
Maissilage		6,5
GPS		4,0
Futterrüben		7,0

Rationskontrolle Die Rationskontrolle bezieht sich auf subjektive und objektive Kriterien. Bei den subjektiven handelt es sich um die Beurteilung bestimmter Merkmale und Verhaltensweisen der Kühe, die durch Tierbeobachtung herausgefunden werden müssen. Hierzu gehört die Beurteilung der Körperkondition nach dem **BCS-System**, das unter Beurteilung der Körperkondition (S. 331) ausführlich besprochen wurde. Auch die **Kotkonsistenz** ist ein wichtiges Merkmal, um insbesondere die Struktur der Ration und den Grad der Verdauung zu beurteilen. Ist der Kot weich bis dünn, kann dies die Folge einer zu reichlichen Kraftfutterversorgung oder einer strukturschwachen Grobfut-

▶ **Tab. 8.37** Futterverteilplan für einen 120-Kuh-Betrieb einschließlich Nachzucht.

1. Bedarf an Grobfutter-TM für Kühe und Jungrinder						
Tierkategorie	**Futtermittel**	**TM-Bedarf je Tier/Tag (kg)**	**Anzahl Tiere**	**TM-Bedarf je Bestand/Tag (dt)**	**Futtertage**	**TM-Bedarf insges. (dt)**
Kühe	Heu	0,9	120	1,08	200	216
	Grassilage 1 (< 35 % TS)	8,0	120	9,60	200	1920
	Maissilage	5,0	120	6,00	200	1200
	Maissilage[1]	3,0	120	3,60	165	594
Kälber	Heu	0,9	60	0,54	180	97
	Grassilage 1 (< 35 % TS)	0,5	60	0,30	180	54
Jungrinder	Grassilage 2 (> 35 % TS)	3,0	56	1,68	180	302
< 2 Jahre	Maissilage	2,0	56	1,12	180	202
Jungrinder	Grassilage 2 (> 35 % TS)	5,0	14	0,70	150	105
> 2 Jahre	Maissilage	3,0	14	0,42	150	63
Summe Bedarf						**4753**
davon	Heu					3137
	Grassilage 1 (< 35 % TS)					1974
	Grassilage 2 (> 35 % TS)					407
	Maissilage					2059
2. Futtervorräte im Betrieb						
Futtermittel	**Siloraum (m^3)**	**Raumgewicht (dt/m^3)**	**Gewicht (dt)**	**TS-Gehalt (%)**	**TM-Vorrat (dt)**	
Heu (Hochdruckballen)	220	1,7	374	86	322	
Grassilage 1 (< 35 % TS)	920	6,0	5520	40	2208	
Grassilage 2 (> 35 % TS)	280	7,0	1960	30	588	
Maissilage	1080	6,5	7020	33	2317	
Summe Vorräte					**5435**	
= % v. Bedarf 114 %						

[1] Als Beifütterung zur Weide.

terration sein. Sind im Kot vermehrt lange Fasern (> 7 mm) oder Körner erkennbar, ist dies ein Zeichen von mangelhafter Verdauung. Körner im Kot können auch auf unzureichende Aufbereitung des Futters (z. B. Zerkleinerung der Körner in Maissilage) zurückzuführen sein. Zu fester Kot weist dagegen auf eine sehr strukturreiche Futterration mit entsprechend geringem Milcherzeugungspotenzial oder auf Wassermangel hin.

Auch die **Klauengesundheit** ist ein wichtiges Kriterium zur Rationskontrolle. Weiche Klauen, Risse in der Klauenwand und Klauengeschwüre sind häufig Folgen einer durch zu stärkereiche und strukturarme Ration verursachten Pansenazidose. In diesen Fällen darf sich die Fehlersuche nicht nur auf die aktuelle Ration beschränken, sondern muss zurückliegende Fütterungsphasen mit einbeziehen. Auch eine zu eiweißreiche Fütterung begünstigt das Auftreten von Klauenproblemen (besonders Anfälligkeit für Sohlengeschwüre). Grundsätzlich sollte man bei Klauenproblemen immer daran denken, dass Kühe, die schlecht laufen können, auch weniger fressen!

Ist die Fütterung überhaupt wiederkäuergerecht? Um dies festzustellen, sollte nicht erst auf die z. T. schon genannten mehr oder weniger gravierenden gesundheitlichen Störungen gewartet werden. Ein hilfreiches Kriterium ist die Beurteilung der **Wiederkautätigkeit**. Normalerweise fressen Kühe am Tag etwa 4 – 7 Stunden und kauen 8 – 13 Stunden wieder. Im ruhenden Zustand müssen 50 – 75 % der Kühe wiederkauen. Dabei sollten etwa 50 Kauschläge je Minute erfolgen.

Jedoch sind hierbei allgemein große Unterschiede zwischen den Tieren und ebenfalls innerhalb des einzelnen Tieres zu berücksichtigen. Daher sollten grundsätzlich mehrere Tiere einer Herde bzw. Fütterungsgruppe und jedes Tier mit mehreren Wiederholungen beobachtet werden.

Während die bisher genannten Merkmale mehr oder weniger subjektiv festgestellt und beurteilt werden, handelt es sich bei den objektiven Kriterien zur Rationskontrolle um messbare Daten. Dazu gehört z. B. die **Körpertemperatur** (normal 38,2 °C), die **Atemfrequenz** (normal 16 – 28 Atemzüge/Minute) und die **Pulszahl** (normal 40 – 60 Schläge/Minute). Messbar ist auch der **Futterverzehr** – beim Kraftfutter sicherlich leichter als bei Grobfutter. Wenn z. B. die zugeteilte Kraftfuttermenge am Responder nicht abgerufen worden ist, muss dies als Signal verstanden werden, die Kuh näher zu beobachten. Bei Grobfutter sind Probewägungen (S. 344) durchzuführen. Zu beurteilen ist insbesondere, ob ständig Grobfutter zur freien Aufnahme vorliegt und nicht etwa auf „blanken Trog" gefüttert wird. Futterreste in der Größenordnung um 5 % müssen in Kauf genommen werden.

Ein sehr bedeutsamer Kontrollparameter ist die **Futtereffizienz.** Diese drückt aus, wie effizient letztlich das eingesetzte Futter veredelt, also in Leistung umgesetzt wird. Dafür wird die erzeugte Milch mit der aufgenommenen Futtertrockenmasse ins Verhältnis gesetzt (Milch in Kilogramm je Kuh und Tag dividiert durch Kilogramm Trockenmasseaufnahme je Kuh und Tag). Das setzt die möglichst tägliche Erfassung der tatsächlich aufgenommenen Futtermengen sowie die regelmäßige Bestimmung des Trockenmassegehaltes der Futtermischungen voraus.

Als Zielgröße für die Futtereffizienz einer Milchkuhherde mit einem durchschnittlichen Laktationsstadium von 150–225 Laktationstagen und einem Energiegehalt der Gesamtration von z. B. 7 MJ NEL/kg TM, wie er in Rationen für hochleistende Milchkühe anzustreben ist, gilt ein Wert von 1,4 bis 1,5.

Das würde beispielsweise bei einer Futteraufnahme von 20 kg TM eine Milchleistung von 28 bis 30 kg je Kuh und Tag bedeuten. Wenn die Milchkühe nun aber z. B. bei ähnlicher Futteraufnahme bedeutend weniger Milch geben, werden die eingesetzten Rationskomponenten nicht optimal verwertet und die Ration damit letztlich zu teuer. Spätestens dann ist nach den Gründen hierfür zu fragen. Die Ursachen können z. B.

- zu hohe Rohfaseranteile in der Ration (geringe Verdaulichkeit, geringe Nährstoff- und Energiedichte),
- eine schlechte Futter-/besonders Gärqualität,
- Pansenazidose/-fermentationsstörung (keine optimale Arbeit der Pansenmikroorganismen),
- Hitze- oder anderer Stress (Haltung, Umgang) und Erkrankungen (dann werden vermehrt Nährstoffe zur Aufrechterhaltung der Körperfunktionen benötigt),

- keine bedarfsgerechte/-angepasste Fütterung, durch z. B. TMR ohne Gruppenfütterung (Luxuskonsum bei Spätlaktierern),
- zu große Differenzen im Energiegehalt zwischen verschiedenen Rationen (z. B. beim Wechsel von der Vorbereitungs- zur Hochleistungsration),
- eine unausgeglichene Energie- und Eiweißlieferung der Ration oder
- eine unpassende Kraftfutterzusammensetzung sein.

Mit der **physikalisch effektiven NDF (peNDF)** stellte Mertens (1997, 2000) ein System vor, bei dem der chemisch analysierte Gehalt an NDF eines Futtermittel mit seinen physikalischen Eigenschaften verknüpft wird. Der Anteil an peNDF beeinflusst die Futter- bzw. Trockenmasseaufnahme erheblich. Bis zu einem peNDF-Anteil von 20 % in der Rations-TS steigt diese an, fällt dann zwischen 20 und 31 % wieder leicht ab und geht bei Gehalten > 31 % deutlich zurück.

Untersuchungen von Steingass und Zebeli (2008) lassen den Schluss zu, dass der „ideale" Anteil an peNDF unter deutschen bzw. europäischen Verhältnissen (angestrebte Milchfettgehalte um die 4 %) in der Ration bei ~ 31 % (Spannweite 28 – 36 %) liegt, in Abhängigkeit von Trockenmasseaufnahme und dem Anteil abbaubarer Stärke. Kühe in der Frühlaktation benötigen wegen der noch schlechteren Pansenzottenentwicklung mindestens 31 % peNDF.

Für eine einfache Ermittlung der peNDF wird entweder die Siebfraktion > 8 mm (dreiteilige Schüttelbox) oder die > 1,18 mm (vierteilige Schüttelbox) benötigt, deren Anteil dann mit dem NDF-Gehalt der Ration zu verrechnen ist. Die Messung erfolgt mittels des Penn State Particle Separators, umgangssprachlich als „Schüttelbox" bezeichnet. Mit dieser Schüttelbox wird vor Ort die Partikelgrößenverteilung von TMR und Grobfutter mittels folgender Gleichungen bestimmt (Landwirtschaftskammer NRW, 2015 [142]):

$$\text{peNDF}_{>8\text{ mm}} = \text{Partikellänge} > 8\text{ mm} \times \text{aNDF}_{\text{om}}/\text{kg TM}$$

$$\text{peNDF}_{>1{,}18\text{ mm}} = \text{Partikellänge} > 1{,}18\text{ mm} \times \text{aNDF}_{\text{om}}/\text{kg TM}$$

Die im Rahmen der Milchkontrolle ermittelten **Leistungsdaten** sind eine ständige Informationsquelle und Managementhilfe. Erste Hinweise geben aber auch die täglich im Bestand ermolkene Milchmenge sowie die Inhaltsstoffgehalte im Rahmen der Molkereiuntersuchungen. Bei der Beurteilung von Abweichungen im **Milcheiweißgehalt** während des Laktationsverlaufes von Einzelkühen sollte die genetische Veranlagung berücksichtigt werden. Deshalb wird vom Durchschnittswert der Laktation ausgegangen. Liegen die Ergebnisse der Milchleistungsprüfung zu Laktationsbeginn um mehr als 0,3 – 0,4 % unter dem Durchschnittswert, ist auf eine energetische Unterversorgung zu schließen. Steigen die MLP-Werte zum Laktationsende hin um mehr als 0,3 – 0,4 % über den Durchschnittswert an, liegt eine energetische Überversorgung vor. Übersteigt der **Milchfettgehalt** zu Laktationsbeginn die 5 %-Grenze, ist dies ein Zeichen verstärkten Körperfettabbaus mit der Gefahr von Acetonämie. Auch der Milchfett : Eiweiß-Quotient (FEQ) gibt zumindest gewisse Hinweise auf mögliche Stoffwechselstörungen. Ein Quotient über 1,5 (z. B. 4,9 % Fett, 2,9 % Eiweiß = 1,7) kann auf eine Acetonämie hinweisen, einer unter 1,1 (z. B. 3,5 % Fett, 3,3 % Eiweiß = 1,06) auf eine Azidosegefahr.

Jedoch ist die Aussagekraft des FEQ, wie in jüngerer Zeit zahlreiche Untersuchungen zeigen, ziemlich eingeschränkt. Deutliche Energiemangelzustände im Herdenmaßstab während der ersten 100 Laktationstage können durch diesen Milchkennwert tatsächlich aufgedeckt werden, aber nicht mit Sicherheit schwächer ausgeprägte Entgleisungen des Kohlenhydrat-Fettstoffwechsels in Richtung einer Ketose oder auch nicht bei Pansenazidosen. Gleiches gilt für Aussagen zum Gesundheitszustand des Einzeltieres.

Der **Milchharnstoffgehalt** ist ein guter Indikator, um die Protein- in Verbindung mit der Energieversorgung (im Pansen) zu beurteilen. Der Normalbereich wird nicht, wie in der Vergangenheit, mit 150 – 300 mg/Liter Milch angegeben, sondern kann aufgrund neuerer Untersuchungen, selbst bei der Fütterung von sehr hochleistenden Milchkühen, mit 150 – 230 mg/Liter als ausreichend charakterisiert werden. Höhere Harnstoffgehalte bei normalem Milcheiweißgehalt weisen auf eine Proteinüberversorgung hin, in Verbindung mit niedrigen Milcheiweißgehalten auf eine energetische Unterversorgung bei ausreichender oder auch reichlicher Proteinversorgung.

Auch die **Wasserversorgung** der Kühe ist in die Kontrolle einzubeziehen. Die Kühe saufen im Durchschnitt 18 – 25 Liter Wasser in der Minute, deshalb sind Tränkewannen und Tröge den Selbsttränken vorzuziehen. Sind Selbsttränken installiert, muss im Hinblick auf das Trinkverhalten eine ausreichende Durchflussmenge sichergestellt und laufend kontrolliert werden. Die Tränken müssen täglich gereinigt werden, weshalb Kipptränken besonders geeignet sind.

Fazit

Die Rationsberechnung bildet die Grundlage für eine leistungs- und wiederkäuergerechte Milchkuhfütterung. Unsicherheiten können hinsichtlich individueller Unterschiede bei der Futteraufnahme, Verdaulichkeit der Futtermittel sowie Verträglichkeit höherer Kraftfuttergaben auftreten. Diese müssen im Rahmen der Rationskontrolle über Tierbeobachtung (Körperkondition, Kotkonsistenz, Klauengesundheit, Wiederkauverhalten u. a.) sowie messbare Kriterien (Leistungsdaten wie insbesondere Milchmengen und Milchinhaltsstoffe, Milchharnstoffgehalt, Futterverzehr, aber auch allgemeine Daten wie Körpertemperatur, Atemfrequenz und Pulszahl) beurteilt werden. Treten bei den genannten Kriterien Abweichungen von den Normalwerten auf, ist eine Korrektur der berechneten Futterration vorzunehmen.

8.3.2 Milchkuhställe

Den größten Teil ihres Lebens verbringen bei uns die Kühe im Stall. Das bedeutet, dass die Gesundheit der Tiere und damit ihre Leistungen sehr erheblich von den Stallverhältnissen beeinflusst werden. Außerdem dienen die Ställe und Nebengebäude als Arbeitsstätte. Zudem hängt die Arbeitsproduktivität entscheidend von der baulichen Anordnung und den technischen Einrichtungen der Gebäude ab.

Wenn Gebäude errichtet, erweitert und ausgestattet werden, müssen außer den Ansprüchen der Tiere und den arbeitswirtschaftlichen Erfordernissen zahlreiche gesetzliche Bestimmungen – in neuerer Zeit verstärkt unter Gesichtspunkten der Umweltsicherung und des Tierschutzes – beachtet werden. Oft verteuern diese Auflagen das ohnehin kostspielige Bauen und zwingen zur Ausschöpfung aller realistischen Möglichkeiten der Kostensenkung (neue Bauweisen, sorgfältige Planung der Finanzierung, Ausschreibungen usw.). Um künftig Kosten zu sparen, sollten Neubauten so angelegt werden, dass sie sich erweitern oder bei Aufgabe der Milchproduktion für andere Zwecke verwenden lassen.

Fazit

Von einem Milchkuhstall werden also folgende Eigenschaften erwartet:

- tiergerecht und arbeitssparend
- preiswert und umweltfreundlich
- erweiterungs- und wandlungsfähig

Diese teilweise einander widersprechenden Forderungen lassen sich selbstverständlich nicht alle gleichzeitig in vollkommener Weise erfüllen. So müssen in der Praxis Schwerpunkte gesetzt, aber auch Kompromisse geschlossen werden. Gute Tiergesundheit und hohe Leistungen bei geringer Arbeitszeit lassen sich nur mit entsprechender Technik erreichen, die jedoch ihren Preis hat.

Eine gewisse Entscheidungshilfe hierbei bietet der „**Nationale Bewertungsrahmen Tierhaltungsverfahren**". Mit diesem vom KTBL 2006 herausgegebenen Katalog ist erstmalig ein Schema geschaffen worden, mit dem eine Vielzahl von Haltungsverfahren für die bedeutsamsten landwirtschaftlichen Nutztierarten gleichrangig hinsichtlich ihrer Wirkungen auf die Umwelt und die Tiergerechtheit beurteilt werden kann. Dabei werden die Anforderungen an eine tiergerechte Nutztierhaltung, die Umweltwirkungen von Tierhaltungsanlagen und der Einfluss des Managements im Wechselspiel mit den baulich-technischen Merkmalen der Haltungsverfahren erläutert. Sie geben den derzeitigen Stand des Wissens wieder. Zahlreiche ausgewählte Haltungsverfahren für Rinder, Schweine, Hühner, Puten, Enten und Pferde werden mit ihren Vor- und Nachteilen detailliert beschrieben und bewertet. Die von zahlreichen Experten erarbeiteten Ergebnisse dienen als Entscheidungshilfe für die zukünftige Gestaltung der landwirtschaftlichen Nutztierhaltung, von der Politik bis zum einzelnen Betrieb.

Ansprüche der Kuh an den Stall

Der Stall soll die Kühe vor Witterungsunbilden schützen und die Schwankungen der Außentemperatur abschwächen, ohne den Zutritt von Luft und Licht zu stark zu behindern. Weil durch den intensiven Stoffwechsel der Hochleistungskühe viel thermische Energie in Form von Körperwärme erzeugt wird, vertragen sie niedrige Temperaturen besser als hohe. Am wohlsten fühlen sie sich innerhalb eines **Temperaturbereichs von 5 – 17 °C**. Wenn die Temperatur 24 °C überschreitet (und die Luft durch eine hohe Wasserverdunstungsrate schwül wird), beginnen Fresslust und Milchleistung zu sinken. Bei niedrigen Temperaturen unter 0 °C steigt der Energieverbrauch je Leistungseinheit an, weil dann zur Aufrechterhaltung einer gleichmäßigen Körpertemperatur zusätzlich Energie benötigt wird.

Innerhalb geschlossener Räume muss ein geregelter Luftaustausch erfolgen, um einerseits die notwendigen Mengen an Luftsauerstoff zuzuführen und andererseits schädliche Gase abzuleiten, die entweder – wie das Kohlendioxid – ausgeatmet oder – wie Ammoniak und Schwefelwasserstoff – von Kot und Harn abgegeben werden. Durch das Ausatmen – im Sommer täglich bis zu 30 l Wasser je Kuh täglich – durch Schwitzen und durch Verdunsten von Wasser aus Futter, Kot und Harn erhöht sich auch der Wasserdampfgehalt der Luft. Die Tiere fühlen sich bei **60 – 80 % relativer Luftfeuchtigkeit** am wohlsten. Überschüssiger Wasserdampf muss ebenfalls durch den Luftaustausch abgeleitet werden.

Selbst Trauf-First-Lüftungen reichen im Sommer nicht aus, um das Luftvolumen 60- bis 100-mal in der Stunde auszutauschen. Um genügend frische Luft in den Stall zu bekommen, müssen ganze Stallwände zu öffnen sein oder Ventilatoren installiert werden, die gleichmäßig verteilt vor allem über den Liegeboxen angebracht werden sollten. In diesem Bereich ist bei vielen Stallsystemen die Luft am schlechtesten. Weiterhin ist es sehr wichtig, den Tieren Kühlung zu verschaffen. Einer Luftgeschwindigkeit von 2,5 m/s schreibt man eine Kühlwirkung für das Tier von fast 6 °C zu. Durch frische Luft wird auch die Wiederkautätigkeit angeregt und eventuell anfallendes Schwitzwasser, das sich unter den Kühen gebildet hat, wird nach dem Verlassen der Box schnell getrocknet. Es ist keine Frage, „Ventilatoren ja oder nein“, es ist lediglich eine Frage, ob die Ventilatoren mit oder ohne Befeuchtungsmöglichkeiten ausgestattet sein sollten. Die Entfernung von Wasserdampf und Ammoniak dient auch der Erhaltung der Funktionsfähigkeit der Gebäude.

Licht brauchen die Tiere, um sich in der Stallumwelt richtig bewegen zu können und es ist notwendig für die Ausschüttung wichtiger Hormone. Licht wird auch benötigt, um eine sachgemäße Arbeit zu leisten und die Tiere gut beobachten zu können. Aus diesen verschiedenen Gründen ist eine tageslichtdurchlässige Fläche von mindestens 5 % der Stallgrundfläche zu fordern.

Zur Steigerung der Futteraufnahme und Milchleistung können womöglich Lichtprogramme beitragen, wenn die Beleuchtungsdauer 16 – 18 und die Dunkelphase 6 – 8 Stunden betragen. In Kopfhöhe der liegenden Kühe sollte eine Beleuchtungsstärke von mind. 200 Lux erreicht werden. Hierfür eignen sich in hohen Laufställen Natriumdampf-Hochdrucklampen sowie besonders gut LED-Lampen und in Anbindeställen in max. 2,50 – 3,00 m Höhe aufgehängte Leuchtstoffröhren, die regelmäßig zu reinigen sind.

Stallbauformen

Man kann die Kuhställe nach dem Gesichtspunkt der Bewegungsfreiheit der Tiere in Anbinde- und Laufställe einteilen, nach dem Umfang des Witterungsschutzes in Kalt- und Warmställe oder nach dem Entmistungsverfahren in Festmist- und Flüssigmistställe. Am gebräuchlichsten ist die Unterteilung in Anbinde- bzw. Laufställe, obwohl es Übergangs- und Mischformen gibt, die versuchen, die gravierendsten Nachteile der Anbindeställe zu beseitigen.

Anbindeställe Anbindeställe findet man nur noch in Altgebäuden, vor allem bei Beständen von max. 35 – 40 Kühen als **Kurzstand**. Die Tiere haben hier die Möglichkeit, ständig Futter aufzunehmen. Der Krippenboden liegt 12 – 15 cm über der Standfläche und wird durch eine ca. 20 cm hohe, nachgebende, meist aus Gummi bestehende Krippenrückwand abgeschlossen. Der Kurzstand ist mit Kotstufe bei Festmist oder mit Gitterrost bei Flüssigmist ausgeführt. Hierbei ist es wichtig, dass

Standfläche und Gitterrost eine kantenlose Ebene bilden. Die Standlänge sollte mind. 170 cm und die Standbreite die doppelte Schulterbreite der Kuh betragen. Geeignete Anbindevorrichtungen sind Mehrgelenkshalsrahmen mit Bodenzugfeder oder Gleitbandanbindungen mit Kunststoffrollen.

Damit die Kühe den im Kopfbereich für die Liegephase und für das Aufstehen gewonnenen Freiraum nicht dazu benutzen, um auf der Liegefläche abzukoten, werden sie beim Stehen und Fressen durch mechanische Vorrichtungen – **Schulterstützen, Nackenriegel** usw. – daran gehindert, sich mehr als zur Futteraufnahme nötig, nach vorn zu drängen.

Von Seiten der Verbraucher und vor allem des Einzelhandels, aber auch der Politik wird die Anbindehaltung von Milchkühen grundsätzlich abgelehnt, da sie die Fortbewegung, das Abliegen und das Aufstehen der Tiere deutlich erschwert. Auch das Erkundungs- und Sozialverhalten wird stark eingeschränkt. Es ist davon auszugehen, dass, bei einer Einräumung einer Übergangsfrist, zukünftig die Anbindehaltung verboten wird.

Tiefstreuställe Bei den Tiefstreuställen unterscheidet man zwischen dem **Einraum-** und dem **Zweiraumtiefstreustall**. Dem Namen entsprechend wird bei der ersten Stallform der gesamte Tierbereich eingestreut und es muss dafür gesorgt werden, dass Fress- und Tränkebereich mit der wachsenden Mistmatratze angehoben werden können. Ebenfalls einen hohen Strohbedarf (5 – 10 kg je Kuh und Tag) hat der Zweiraumtiefstreustall mit getrenntem Liege- und Fressbereich. Die Liegefläche sollte 4,5 m^2 nicht unterschreiten. Die Tiere erreichen über Stufen (25 – 30 cm Stufenhöhe, 35 – 60 cm Stufenbreite) den planbefestigten oder mit Spalten ausgelegten Fressbereich. Die Entmistung erfolgt je nach Fressplatzausführung durch Schlepper mit Schiebeschild oder stationäre Technik (Schieber) bzw. durch ein Güllesystem.

Tretmiststall Eine besondere Form stellt der Tretmiststall dar, der vereinzelt bei Umbau in großräumigen Altgebäuden eingerichtet, aber nur selten als Neubau konzipiert wird. Das Gefälle im Liegebereich richtet sich nach dessen Tiefe und es gilt die Faustregel: **1 % je m Liegeflächentiefe + 1 %**, wobei eine Tiefe von 7 m nicht überschritten werden sollte. 10 % Gefälle wird als äußerste Grenze angegeben. In größeren Beständen ist es sinnvoll, durch den recht hohen Strohbedarf von 4 – 6 kg je Tier und Tag das Einstreuen zu automatisieren. Wird das Stroh vom Futtertisch aus in den Liegebereich geblasen, so muss durch die erhebliche Staubentwicklung selbst im Offenstall mit Gesundheitsproblemen gerechnet werden. Diesbezüglich ist es besser, mit einer „aufgehängten Einstreumaschine" zu arbeiten, die sich über dem Liegebereich an Schienen fortbewegt. Durch das Gefälle wird der Mist von den Tieren nach unten befördert. Die Entmistung erfolgt am besten mit dem Schlepper mit Schiebeschild am Heck oder am Frontlader, da der ungleichmäßig anfallende Dung die stationäre Entmistungstechnik auch ungleich belastet. Selbst bei nicht mittig angeordnetem Anhängepunkt des Zugseiles muss mit einer Beeinträchtigung der Funktionsfähigkeit und Lebensdauer gerechnet werden. Bei diesem System können die höheren Arbeitskosten durch die etwas geringeren Baukosten z. T. ausgeglichen werden, doch es bleiben die Kosten für Strohbergung, Transport usw. sowie eine insgesamt größere Gefahr mangelnder Euterhygiene.

Kompost- und Kompostierungsstall Kompost- bzw. Kompostierungsställe für Milchkühe werden, nachdem sie bereits in den 70er Jahren in Israel und seit den 90er Jahren auch in den USA etabliert wurden, in jüngster Zeit auch in Deutschland immer beliebter. Ein Kompost- bzw. Kompostierungsstall ist ein Stallsystem mit freier Liegefläche (7–12 m^2/Kuh). Das Liegeverhalten der Tiere wird hier nicht durch Stalleinrichtungsgegenstände gesteuert oder eingeschränkt, wodurch jegliche Liegepositionen der Tiere möglich sind. Es handelt sich um eine Zweiflächenbucht. Hinsichtlich des Einstreumaterials für die Liegefläche gibt es verschiedene Ansätze. Entweder durchläuft die Einstreu (z. B. Säge- oder Hobelspäne bzw. Hackschnitzel; kein Stroh!) im Stall einen Kompostierungsprozess, oder es wird bereits fertiger Kompost in den Stall eingebracht [108], [109]. Die Einstreu trocknet durch die Verdunstung kontinuierlich ab. Der Fressgang kann entweder planbefestigt oder mit Spaltenboden ausgestattet sein. Aus bereits vorliegenden Ergebnissen (z. B. von Holzeder 2011

[108]) kann der Kompoststall als tiergerechtes System mit z. B. positiven Auswirkungen auf die Klauengesundheit bezeichnet werden. Ein konsequentes, korrektes Liegeflächen-Management ist Grundvoraussetzung für den erfolgreichen Betrieb eines Kompoststalles. Die Einstreukosten können jedoch zu einem Problem werden. Praxiserfahrungen sind positiv, aber es gibt bislang erst wenige wissenschaftliche Untersuchungen und Erkenntnisse.

Liegeboxenlaufstall Liegeboxenlaufställe haben sich als tiergerechte und arbeitssparende Stallform flächendeckend etabliert. Man unterscheidet **Liegeboxenställe mit Laufhof, geschlossene Liegeboxenställe mit Innenfütterung** (▶ Abb. 8.12) und **Offenfrontställe mit außen liegendem Futtertisch** (▶ Abb. 8.13). Um Baukosten zu senken, sollten Liege-, Fress- und Laufbereich möglichst einfach ausgeführt sein, ohne dass jedoch auf den notwendigen Kuhkomfort verzichtet wird. Hier bieten sich vor allem die Kaltställe an. So reicht ein regenabweisendes und schattenspendendes

▶ **Abb. 8.12** Vierreihiger Laufstall mit innen liegendem Futtertisch.

▶ **Abb. 8.13** Altbau mit außen liegendem Futtertisch.

Dach mit Seitenteilen aus, die den Windschutz gewährleisten. Dies kann durch Wände mit unterschiedlicher Luftzuführung (Öffnungen im Traufbereich oder durch senkrechte Schlitze sogenannte Spaceboardlüftung) aber auch einfach durch Windschutznetze an Trauf- und Giebelwänden erreicht werden. Hier muss besonders auf den Einbau frostfreier Tränken geachtet werden.

Eine Möglichkeit, besonders Altgebäude mit begrenztem Platzangebot besser auf die Bedürfnisse der Kühe auszurichten, ist der **Liegeboxenlaufstall mit Laufhof**.

Der **geschlossene Liegeboxenstall mit Innenfütterung** hat sich bei Beständen ab 40 Tieren durchgesetzt. Die Zahl der Tiere und die Lage der Gebäude haben einen erheblichen Einfluss auf die Stallform. Im Laufe der Jahre ergaben sich – auch aus Kostengründen – immer wieder Veränderungen bei den Bauausführungen. So finden sich häufiger, auch über den Kalt-Laufstall hinaus, einseitige Offenställe mit Außenfütterung.

Der Boxenlaufstall gliedert sich in die drei Bereiche: Liege-, Fress-/Lauf- und Melkbereich.

Liegebereich Die Liegeboxen sollen weich, trocken und ausreichend dimensioniert sein. Kühe mit hohen Leistungen müssen täglich 12 – 14 Stunden liegen. Hier wird – gegenüber dem Stehen – ca. 1/4 mehr Blut durch das Euter gepumpt, was die Milchbildung in dieser Zeit erhöht. Ausgeprägtes Liegen entlastet zudem die Klauen und Gliedmaßen und trägt zum intensiven Wiederkauen der Tiere bei.

Neben dem Liegeboxenuntergrund sind die Boxenmaße entscheidend für ein ungehindertes Aufstehen und Hinlegen der Tiere (▶ **Abb. 8.14**).

Das große Körpergewicht der Kühe macht ein elegantes Hinlegen und Aufstehen wie etwa bei einer Katze unmöglich. Beim Hinlegen werden von der Kuh zuerst die Vorderfußwurzelgelenke (Karpalgelenke) eingeknickt, und ihr Vorderteil senkt sich auf die Vordermittelfüße herunter. Dann werden die Hinterbeine zur Seite nach vorn genommen, und die Hinterhand der Kuh fällt herunter. Wenn Holme und Streben der Boxenabgrenzung zu weit nach hinten und/oder unten reichen, kann es Verletzungen, z. B. Euterquetschungen geben.

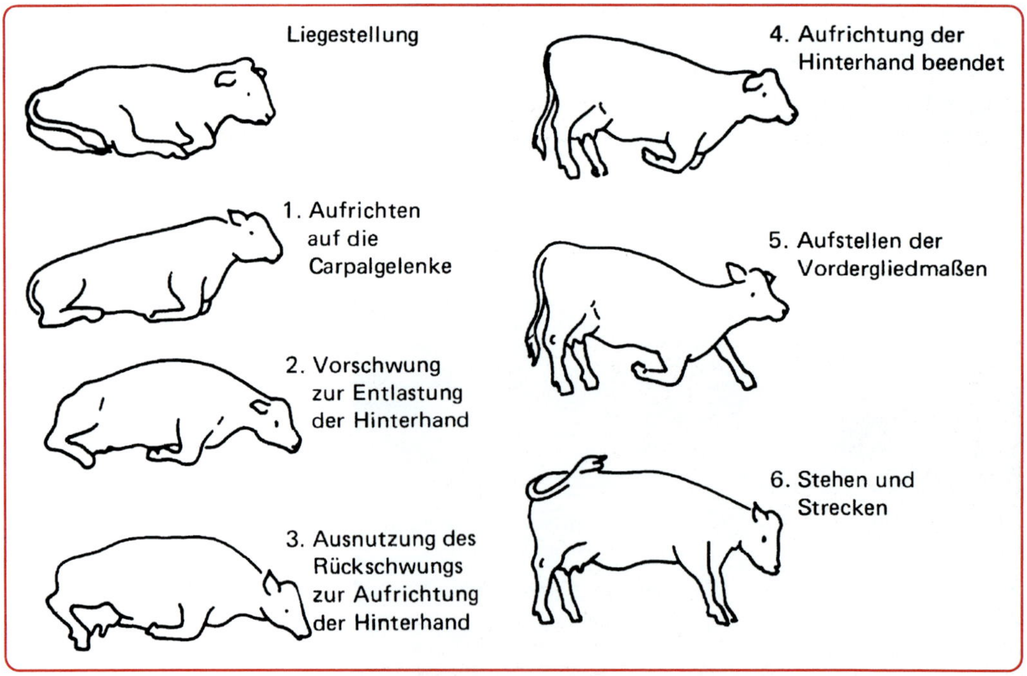

▶ **Abb. 8.14** Bewegungsablauf beim Aufstehen (nach Schnitzer 1971 [201]).

Beim Aufstehen reicht die Muskelkraft allein nicht aus, um den schweren Rumpf direkt hochzustemmen. Ein weit ausholender Schwung von Hals und Kopf muss helfen, die Hinterhand hochzuheben (hochschaukeln). Für diesen Bewegungsablauf braucht die Kuh Platz, vor allem in der Längsrichtung. Bei Boxen mit freiem Kopfraum sollte die Liegefläche 2,80 m lang sein, wandständige Buchten müssen so reichlich dimensioniert sein (2,50 m lang und 1,20 m breit), dass auch großrahmige Kühe genügend Platz für den Kopfschwung haben. Die Ermittlung der der Milchkuhherde entsprechenden Boxenmaße kann mithilfe folgender Formeln erfolgen (▶ Abb. 8.15):

$$\text{Boxenlänge (m)} = 0,922 \times \text{schräge Rumpflänge (m)} + 0,3\ \text{m}$$

$$\text{Boxenlänge (m)} = 0,85 \times \text{Widerristhöhe (m)}$$

Bei den Liegeboxen unterscheidet man zwischen Hoch- und Tiefboxen. Bei den Hochboxen sind die Matratzen wegen ihres höheren Federungskomforts den Gummimatten vorzuziehen. Für die Tiefbox kommen als Einstreu Stroh, Sägespäne, ein Gemisch aus beiden oder eine aus Mist aufgebaute Matratze in Frage. Eine Alternative ist ein mit Wasser befeuchtetes Kalk-Stroh-Gemisch (Beispiel: 1500 kg Kalk + 150 kg Stroh + ca. 300 l Wasser). Sand wäre zwar optimal, da er keinen guten Bakteriennährboden darstellt, aber es sind viele spezielle bauliche und technische Voraussetzungen dafür notwendig, sodass er sich bei uns nicht durchgesetzt hat.

Die Tiefbox hat gegenüber der Hochbox den Vorteil, dass sie i. d. R. einen besseren Liegekomfort für die Tiere liefert, da sie weicher ist. Sie ist durch eine min. 20 cm hohe Schwelle vom Laufgang abgegrenzt, sodass diese damit die Einstreu in der Box hält. Ein guter Liegekomfort setzt aber eine stets ausreichende Einstreumenge voraus. Dieses wiederum ist mit einem höheren täglichen Aufwand für die Reinigung und Pflege verbunden im Vergleich zur Hochbox.

Letztlich muss die Wahl zwischen Hoch- oder Tiefboxen immer einzelbetrieblich getroffen werden.

Wenn sich Kühe häufig auf die Lauffläche legen und die Annahme der Boxen verweigern, können die Ursachen folgende sein:

- falsche Liegeboxenmaße: Kühe stoßen beim Hinlegen gegen Abtrennungen, fehlender Kopfschwungraum für das Aufstehen, Behinderung durch Nackenriegel (zu niedrig, zu weit zurück montiert)
- zu harter, zu feuchter Untergrund

Lauf-/Fressbereich Liegeboxenställe gibt es mit Festmistverfahren (Entmistung der planbefestigten Mistgänge durch Flachschieber, Frontlader oder Heckschild am Schlepper) bzw. mit Flüssigmistverfahren (Teilspaltenboden).

Die Laufgänge müssen so breit sein, dass zwei Kühe gut aneinander vorbei kommen (~ 3 m). Die Laufflächen sollten so beschaffen sein, dass die Tiere nicht rutschen und die Klauen nicht beschädigt werden. Bei der Neueinrichtung von Spaltenböden sollten Flächenspalten (mit 8 cm Balken-

▶ **Abb. 8.15** Maße zur Berechnung der Liegeboxengröße. H_W = Widerristhöhe, R_S = schräge Rumpflänge.

breite und max. 3,5 cm Schlitzweite) anstelle von Einzelbalken vorgesehen und völlig eben und absatzlos verlegt werden. Scharfe Grate müssen abgeschliffen werden.

Grundsätzlich ist ein enges Tier:Fressplatz-Verhältnis (am günstigsten 1:1) zu empfehlen, aber bei optimalen Bedingungen (keine Überbelegung, Fütterungssystem TMR, zweimalige Futtervorlage je Tag) kann dieses auch bis auf 2:1 ausgedehnt werden.

Der Fressgang muss so breit sein, dass hinter einer stehenden, fressenden Kuh noch zwei andere ungehindert aneinander vorbeigehen können (min. 4 m).

Die Fressplatzgestaltung ist mittels Nackenrohr oder Fangfressgitter möglich. Während Nackenrohre insgesamt mehr Freiraum für ein ungehindertes Fressen bieten, werden hier aber besonders Rangniedere (v. a. Färsen) öfter verdrängt. Fressgitter bieten zudem die Möglichkeit einer Fixierung der Tiere.

Der **Wasserbedarf** einer Milchkuh hängt besonders von der Milchleistung und der Umgebungstemperatur ab. Die Größenordnung des täglichen Wasserbedarfs liegt bei 50 – 100 l je Kuh und kann bei Hochleistungskühen im Sommer bis auf 180 l ansteigen. Das bedeutet, dass das Tier ständigen Zugang zu einwandfreiem Wasser mit **Tränkwasserqualität** haben muss. Bei Beckentränken ist eine Durchflussleistung von 7–8 l/min und bei Trogtränken von 50–80 l/min zu fordern. Für jeweils 20 Tiere ist eine Tränke vorzusehen, aber mindestens 2 je Kuhgruppe, damit auch rangniedere Tiere jederzeit saufen können. Allgemein sollten 7 cm Tränkelänge je Kuh zur Verfügung stehen. Die Tränken sind so zu positionieren, dass die Kühe aus dem Melkstand kommend, ihren großen Wasserbedarf > 30 % des Tagesbedarfes) sofort decken können und dass auch der Weg zwischen Futtertisch und Tränke nicht zu groß ist (max. 15 m). Weiterhin darf es nicht zu Behinderungen kommen, es muss ausreichend Platz um die Tränke herum sein. Die ideale Tränkehöhe beträt 80 cm. Da Trogtränken relativ anfällig für Verschmutzungen sind, sollten kippbare Trogtränken eingesetzt werden, die leicht zu reinigen sind und wo die Tiere ihr natürliches Trinkverhalten ausführen können (▸ **Abb. 8.16**). Um ein Einfrieren der Tränken zu verhindern, sind beheizbare Trogtränken zu empfehlen.

Die **Abkalbebucht** ist eine absolute Notwendigkeit, denn die Kuh braucht einen ausreichend großen Platz für ein störungsfreies Abkalben. Geeignet hierfür ist eine mind. 12 m^2 große saubere, trockene und gut eingestreute Bucht mit weicher und trittsicherer Liegefläche (bei Gruppenbuchten 10 m^2/Kuh) (▸ **Abb. 8.17**). Gute Beleuchtung und gutes Stallklima sind eine Selbstverständlichkeit. Die Buchten müssen regelmäßig gereinigt und desinfiziert werden, um den Keimdruck in Grenzen zu halten. Dies bereitet dann Probleme, wenn es sich um ein kontinuierliches Belegen von Gruppenbuchten (3 – 6 Tiere) handelt. Dann empfiehlt es sich, mindestens 2 Abkalbebuchten einzurichten, damit ein Wechsel der Belegung möglich ist. Auf keinen Fall sollten kranke Kühe in der Abkalbebucht untergebracht werden. Bei der Planung sind bei 100 Kühen und gleichmäßiger Abkalbung über das Jahr ca. 4 Abkalbeplätze vorzusehen.

Kuhbürsten Für die notwendige Körperpflege als eine wichtige Voraussetzung für das Wohlbefinden der Tiere sollte der Einbau sogenannter Kuhbürsten in den Milchkuhställen heute zum Standard gehören.

Fliegenbekämpfung Fliegen im Stall beunruhigen und belästigen die Tiere. Das kann den Futterverzehr und damit die Leistung senken. Außerdem können die Fliegen Krankheiten übertragen und das Abheilen von Wunden verzögern. Die Bekämpfung wird durch die rasche Generationsfolge der Fliegen und – bei manchen Entmistungsformen – die Unzugänglichkeit der Brutplätze erschwert. Deshalb richtet sich die Bekämpfung (mithilfe von Sprühverfahren oder von insektizidhaltigen Anstrichen bzw. durch den Einsatz von z. B. Güllefliegen oder Schlupfwespen) vorzugsweise auf die Ruheplätze der Fliegen, beispielsweise an den Wänden unterhalb der Fenster. Bei der Mehrzahl der verwendeten chemischen Präparate dürfen die Tiere selbst, das Futter und die Futterkrippen mit Anbindevorrichtung nicht in die Behandlung einbezogen werden, weil von den Tieren aufgenommene Insektizide zu Rückständen in der Milch führen können. Auch Melkanlagen dürfen nicht besprüht werden.

▶ **Abb. 8.16** Kippbare Trogtränken sind tiergerecht und leicht zu reinigen.

▶ **Abb. 8.17** Die Kühe in der Abkalbebucht müssen Sichtkontakt zur Herde, zumindest zu anderen Tieren haben.

Klauenpflege Zu wenig abgenutzte, ungepflegte oder falsch beschnittene Klauen können zur Verformung, Entzündung und Vereiterung der Klauen, zu Schwierigkeiten beim Aufstehen und bei anderen Bewegungsabläufen, am Ende zur Beeinträchtigung der Futteraufnahme und Leistung führen. In Betrieben mit Weidegang sollte die Klauenpflege 3–4 Wochen vor dem Austreiben erfolgen. Der Umgang mit den herkömmlichen Geräten des Klauenpflegebestecks kann in Lehrgängen an Lehr- und Versuchsanstalten erlernt werden. Durch elektrisch angetriebene Schleifgeräte und durch Fixierung der Kühe im Klauenpflegestand wird die Arbeit erleichtert. Beim Gebrauch rotierender Klauenpflegegeräte muss eine Schutzbrille getragen werden.

Diese Arbeit ist vorzugsweise von professionellen Klauenschneidern vorzunehmen, zumindest die jährlich 2- bis 3-malige Klauenpflege. Darüber hinaus muss jeder Landwirt selbst alle aktuell auftretenden Klauenerkrankungen fachgerecht – wenn nötig mithilfe des Tierarztes – behandeln.

Enthornen Im Mittelpunkt der Enthornung der Tiere steht neben dem Tierschutz vor allem auch der Schutz der Landwirte. Da Laufställe die Möglichkeit der freien Bewegung der Tiere bieten, geht von behornten Rindern eine große Verletzungsgefahr, sowohl für die Tiere selbst als auch für den Menschen aus. Hornverletzungen sind die wichtigste Ursache von schweren Verletzungen bei Rinderhaltern. Im Jahr 2015 haben die Bundesländer einstimmig beschlossen, dass zur Ausschöpfung aller Möglichkeiten der Reduzierung von Schmerzen und Leiden bei Kälbern bis zu einem Alter von 6 Wochen neben der Gabe von Schmerzmitteln auch die Gabe von Beruhigungsmitteln (Sedativa) als verpflichtend anzusehen und CC-relevant ist. Bei der Enthornung älterer Kälber ab einem Lebensalter von 6 Wochen reicht die Sedations-Methode allerdings nicht aus. Hier ist zur völligen Schmerzausschaltung eine lokale Betäubung vorgeschrieben. Gegenüber der Sedation muss sie allerdings vom Tierarzt durchgeführt werden.

8.3.3 Milchgewinnung und Milchbehandlung

Die Milch aus gesunden Eutern ist ein vielseitiges, wohlschmeckendes und bekömmliches Nahrungsmittel. Aber sie ist auch ein sehr empfindlicher und leicht verderbender Rohstoff. Um Qualitätsverluste auf dem langen Weg vom Euter bis zum Verbraucher zu verhindern, ist eine ununterbrochene Kühlkette erforderlich.

Melken Durch die eingesetzte Melktechnik wird dem Euter auf schonende Art ein möglichst großer Anteil der bis zur Melkzeit gebildeten Milch entzogen. Das sollte in möglichst kurzer Zeit geschehen, zumal das Melken etwa die Hälfte der Stallarbeitszeit beansprucht.

Es wird nachfolgend auf Angaben darüber verzichtet, wie viele Melkzeuge ein Melker jeweils bei den verschiedenen Systemen (**Fischgräten-, Tandem-, Side-by-Side-Melkstand, Melkkarussell;** ▶ Abb. 8.18) bedienen kann, denn diese Angaben können nur Durchschnittswerte sein. Erstens sind die Kühe verschieden und zweitens auch die Menschen.

Der **Fischgrätenmelkstand** ist ein Gruppenmelkstand, bei dem die längstmelkende Kuh die Aufenthaltsdauer der Gruppe bestimmt. Daher ist bei entsprechenden Beständen zur Verringerung der Melkzeiten die Bildung von Leistungsgruppen sinnvoll.

Bei dem **Tandemmelkstand** können Kühe mit kurzen und langen Melkzeiten gleichzeitig gemolken werden, da der Austrieb aus dem Melkstand unabhängig voneinander erfolgt. Das hat aber auch zur Folge, dass kein gleich bleibender Arbeitsablauf für den Melker möglich ist und eine Zusatzbelastung entsteht. Die Bedeutung dieses Melksystems ist bei Neubauten rückläufig.

Der **Side-by-Side-Melkstand** wird wegen seines geringsten Platzbedarfes häufig bei Um- und Neubauten eingesetzt. Die Tiere stehen dicht nebeneinander. Das Melkzeug kann durch die Hinterbeine relativ sicher angesetzt werden.

Das **Melkkarussell** eignet sich besonders für größere Bestände, obwohl die Industrie mittlerweile auch kleinere Anlagen anbietet. Neben der unterschiedlichen Größe (12 – 60 Tiere je Melkdurchgang) können auch die Tiere wie beim Fischgräten- oder Side-by-Side-System angeordnet sein und der Melker hat seinen Platz im Innenraum oder im Außenbereich des Melkkarussells. Für ein kontinuierliches Melken ist allerdings ein reibungsloser Zutrieb der Kühe zum Melkstand Voraussetzung. Daher sollten Warteräume so groß bemessen werden, dass diese Platz für jeweils eine komplette Leistungsgruppe bieten.

An dieser Stelle soll auch auf das **Irische Melksystem** hingewiesen werden, bei der die Technik auf hoch verlegte Milchleitungen abgestimmt ist. Der Einsatz ist bei allen erwähnten Melkständen möglich und nicht nur bei den **Swing-over-Melkständen**, bei denen die Melkzeuge von einer Melkstandseite zur anderen hinübergeschwenkt werden.

Es ist, unabhängig von der eingesetzten Melktechnik, notwendig, dass sich Melkende mit den Vorschriften der Milch-Hygiene-Verordnung vertraut machen. Dort wird gefordert, dass die Melkpersonen saubere, waschbare Oberbekleidung tragen, sich vor dem Melken Hände und Unterarme mit Wasser und Handreinigungsmittel säubern und diese nach Bedarf wiederholen. Weiterhin muss das Euter sauber sein und die ersten Milchstrahlen aus jeder Zitze dürfen nicht in ein Melkgefäß gemolken werden, sondern sind zur Prüfung der Milchbeschaffenheit zu benutzen. Kühe, die keine einwandfreie Milch geben, sind gesondert und möglichst nach den anderen zu melken.

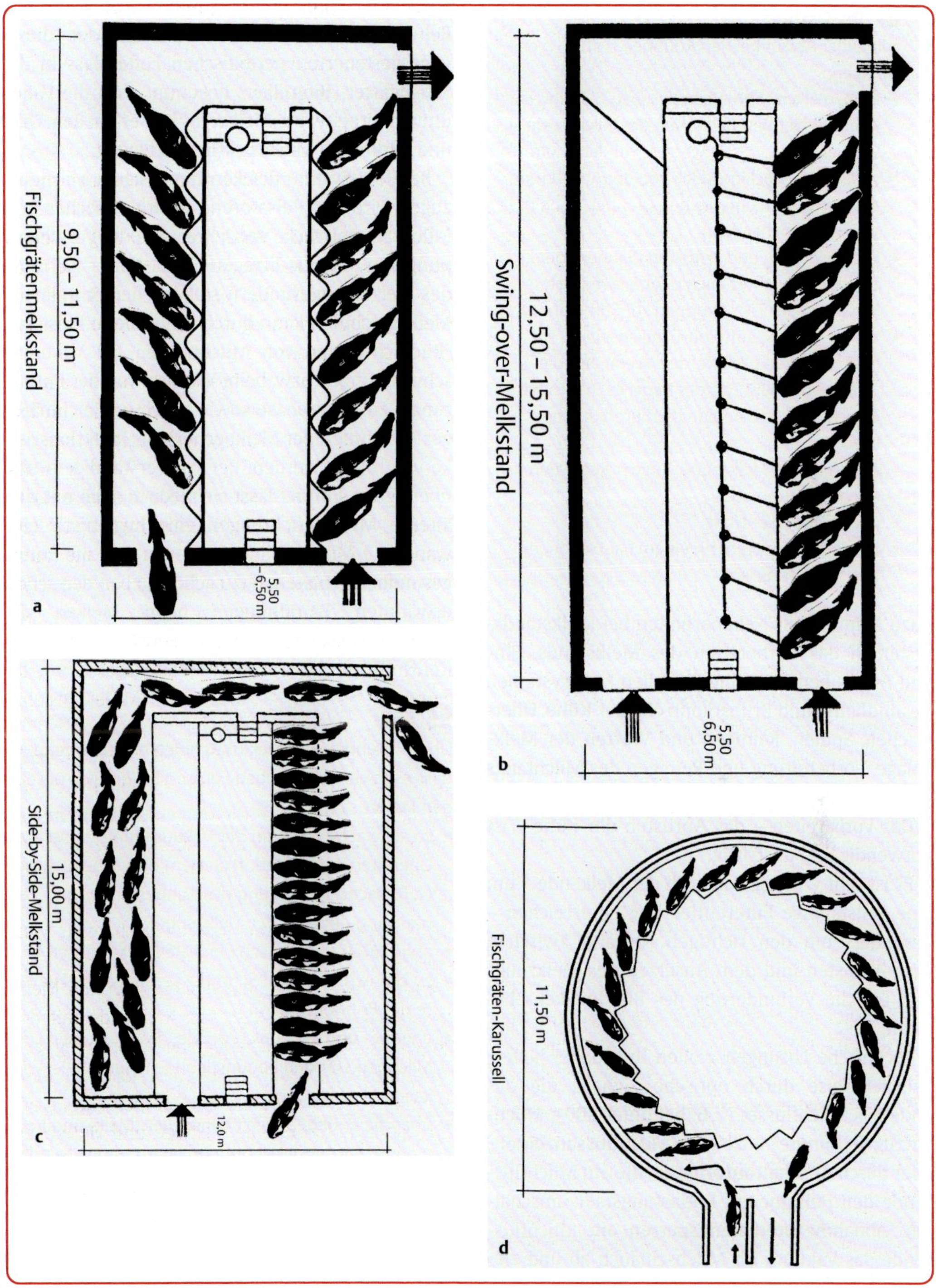

▸ **Abb. 8.18** Beispiele verschiedener Melkstandsysteme (nach Weddige [246]).

- **a** 2 × 8-Fischgrätenmelkstand.
- **b** 2 × 12-Swing-over-Melkstand.
- **c** 2 × 16-Side-by-Side Melkstand.
- **d** 22-Melkkarussell (Fischgrätenbuchten).

Praxistipp

Folgender Ablauf bei den Routinearbeiten ist einzuhalten:

- Probemelken (Abmelken des ersten Strahls zur Kontrolle der Beschaffenheit der Milch in ein Vormelkgefäß mit schwarzer Prüfplatte, um veränderte, flockige Milch von der Ablieferung auszuschließen und die betreffenden Kühe gesondert zu behandeln)
- Euterreinigung und Anrüsten (Säubern der Zitzen durch feuchtes Tuch oder Einwegtuch, Massieren der Zitzenkuppen zur Stimulation)
- Melkzeug ohne Lufteinbrüche ansetzen, sobald die Zitzen prall werden, wenn also die „Milch einschießt" (in der Regel ca. 60, mind. jedoch 30 s nach Beginn der Eutervorbereitung)
- Abnahme der Melkzeuge – in der Regel durch Abnahmeautomaten
- visuelle Euterkontrolle
- Zitzen desinfizieren mit einem hautschonenden Mittel (Dippen)

Dazu kommen als Nebenarbeiten bei Melkstandssystemen das Vorbereiten des Melkstands, Ein- und Austreiben der Kühe, bei allen Melksystemen Gesundheits- und Brunstkontrolle der Kühe, Überwachen, Spülen, Reinigen und Warten der Melkanlage, Vorbereitung und Reinigen des Milchtanks und der Kühleinrichtung.

Das Vorbereiten – das Anrüsten der Kühe – ist notwendig und unstrittig.

Es ist sehr wichtig, dass sich der Melkende – um eine vollständige Euterentleerung zu erreichen – besonders um den richtigen Abstand zwischen dem Anrüsten und dem Ansetzen des Melkzeugs und um die Verhinderung des Blindmelkens bemüht.

Technische Lösungen wollen ihm dabei helfen, beispielsweise durch optische Signale, die das Ende des Milchflusses (z. B. bei unter 200 g Milchentzug je Minute) anzeigen (**Milchflussanzeiger**), oder durch **Abschaltautomaten**, die am Milchflussende den Pulsator auf Entlastungstakt umschalten. Abnahmeautomaten sperren am Milchflussende das Vakuum im Milchschlauch ab und ziehen das Melkzeug vom Euter ab.

Bei den auf dem Markt befindlichen neueren Entwicklungen geht es grundsätzlich um verbesserte Melkzeuge, die für günstigere Bedingungen am Euter sorgen. Durch neu konstruierte Sammelstücke (Trennung von Milch und Luft, periodische Belüftung, verbesserte Pulsatoren) oder durch ventilgesteuerten periodischen Lufteinlass in die Schaugläser (Biomilker) bekommt man die Vakuumverhältnisse im Melkzeug besser in den Griff und wirkt dem Milchrückfluss entgegen.

Bei dem System des kontinuierlichen Milchentzuges wird auf Pulsatoren, Zweiraumbecher und Milchsammelstücke verzichtet, was die Verschleppung von Mastitis-Erregern in das Euter während des Melkakts verhindern soll. Bei herkömmlichen Melkmaschinen kann durch Fehler beim Pulsieren (Rückschwingen von Milchtropfen bei Vakuumschwankungen bzw. beim Wechsel von der Entlastungs- zur Saugphase sowie durch ungleichmäßiges Abnehmen der Melkbecher) das Infektionsrisiko vergrößert werden. Bei sachverständigem und überlegtem Einsatz lässt sich jedoch auch mit den älteren Melkeinrichtungen eine hygienisch einwandfreie Milchqualität gewinnen und die Eutergesundheit erhalten. Dazu gehört neben den schon erwähnten Bemühungen beim Melken die vorschriftsmäßige Reinigung sowie regelmäßige Kontrolle und Wartung der Melkanlage.

Fazit

Überprüfungen von Melkmaschinen haben gezeigt, dass es in vielen Betrieben Fehler gibt, die sich beseitigen lassen:

- zu schwache Leistung der Vakuumpumpe durch Überalterung (Fehlerluftquellen) oder Überlastung (z. B. nach Aufstockung des Kuhbestandes und Vermehrung der Zahl der Melkzeuge)
- abgenutzte oder falsch eingestellte Pulsatoren
- zu kleine oder durch Schmutz verengte Querschnitte der Rohrleitungen
- energie- und vakuumzehrende, das Festsetzen von Milchrückständen begünstigende lange, steile, winkelige Milchleitungen
- über die angegebene Lebensdauer (Melk- und Reinigungszeit berücksichtigen) hinaus benutzte oder nicht passende Zitzengummis
- spröde Milchschläuche
- verschmutzte Regelventile
- zu kleine Milchsammelstücke usw.

Die Handstimulation lässt sich durch mechanische Verfahren ersetzen, die auf Vakuumveränderungen oder auf Pulszahlerhöhungen beruhen. Die

Nachgemelke sind hierbei nur leicht höher als bei der intensiven Handstimulation.

Automatische Melksysteme Jahrelange Entwicklungsarbeit war notwendig, um den Melkroboter (Automatische Melksysteme, AMS) in der Praxis einsetzen zu können (▶ **Abb. 8.19**). Diese Technik gehört zu den bedeutendsten Entwicklungen der landtechnischen Geschichte und nimmt einen immer größer werdenden Anteil an den Verkäufen von Melktechnik ein. Zum einen wird dieses bedingt durch das gestiegene Vertrauen in die Technik sowie die höhere Zuverlässigkeit der Systeme, zum anderen aber vor allem die zunehmende Arbeitsbelastung der Betriebe. Einer der meistgenannten Gründe für die Investition in ein automatisches Melksystem ist die Arbeitswirtschaft. Studien zufolge wird der Arbeitszeitbedarf um bis zu 50 %, bezogen auf das Melken, reduziert. Im Bereich des Managements muss jedoch mehr Zeit investiert werden. Gerade diese Verschiebung von körperlicher Arbeit hin zu Managementaufgaben stellt eine besondere Herausforderung dar.

AMS bedeuten, dass ein Melkroboter die Kühe eigenständig melkt. Die Sensortechnik macht es möglich, die Zitzen zu orten und entweder die Zitzenbecher einzeln oder aber gemeinsam anzusetzen. Unterstützt werden kann dieser Vorgang durch die im Steuerrechner gespeicherten Zitzenpositionen.

Ein weiterer besonderer Vorteil ist das viertelbezogene Melken. So werden die Melkbecher entsprechend des Milchflusses abgenommen bzw. deren Vakuum abgeschaltet, wodurch das Blindmelken fast vollständig vermieden wird.

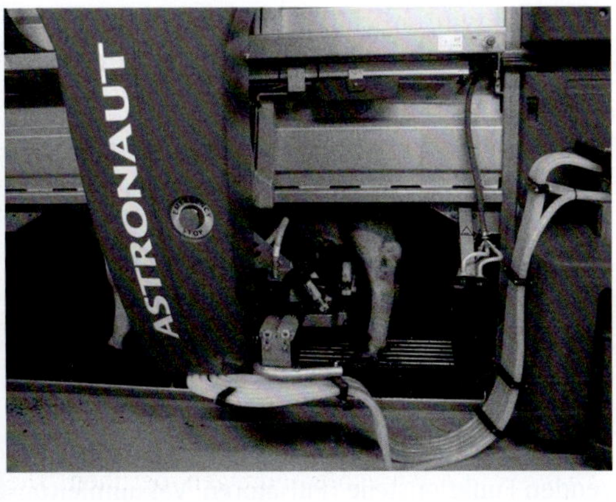

▶ **Abb. 8.19** Der Melkroboter arbeitet unabhängig von Melkzeiten.

Gerade der Einfluss der Fütterung ist beim automatischen Melken nicht zu unterschätzen. Die Rationsgestaltung beeinflusst das Tierverhalten, insbesondere das Besuchsverhalten der Melkbox. Ohne die Lockwirkung des Kraftfutters im Melkroboter funktioniert dieses System nicht. Daher sind stets ausreichend hohe und schmackhafte Kraftfuttergaben die Grundvoraussetzung für eine ausreichende Besuchs- und damit auch Melkfrequenz. Demnach darf also die Grundfutterration am Futtertisch nicht zu hoch aufgewertet sein.

Von weiterer Bedeutung für einen Erfolg automatischer Melksysteme ist die Stallplanung. Dabei geht es vor allem um die Schaffung bestmöglicher Voraussetzungen für einen optimalen Tierumtrieb sowie einen möglichst reibungslosen und arbeitssparenden Betrieb.

Damit konnte auch der letzte Teil des Melkvorganges automatisiert und der Arbeitszeitbedarf verringert werden. Der EU-Richtlinie, die besagt, dass vor dem Melken die Milch auf Abweichungen zu überprüfen ist, wird durch die computergesteuerte Gesundheitsüberwachung mithilfe von speziellen Sensoren durch Feststellung der Milchtemperatur und der elektrischen Leitfähigkeit nachgekommen.

Praxistipp

Für eine Wirtschaftlichkeit ist es entscheidend, dass die jeweilige Anlage voll ausgelastet ist. Die Leistungsfähigkeit eines Melkroboters ist von sehr vielen Faktoren (tierbedingte, technisch bedingte und Management bedingte Faktoren) abhängig (▶ **Tab. 8.38**). Die wesentlichen Einflussfaktoren sind:

- verfügbare Zeit für die Melkarbeit (täglich über 21,5 Stunden)
- Ausnutzung der verfügbaren Melkzeit (Melkbox soll zu 90 – 95 % der verfügbaren Zeit arbeiten)
- Anzahl der Melkboxen, die ein Roboter versorgen muss (Einboxen- oder Mehrboxen Anlage)
- Melkbarkeit der Herde (über 2,5 kg durchschnittliches Minutengemelk ist Voraussetzung für eine hohe Produktivität)
- Melkfrequenz (2,4 – 2,8 Melkungen, je nach Herdenleistung)
- Gemelkgröße (anzustreben sind Gemelkgrößen oberhalb von 10,0 kg Milch/Gemelk)

▶ **Tab. 8.38** Leistungspotenzial einer Einboxenanlage in Abhängigkeit von Herdenleistung, Melkbarkeit und realisierter Gemelkgröße.

Herdenleistung			**7000 kg (~ 22 – 24 kg/ Kuh und Tag)**[1]		**8500 kg (~ 26 – 28 kg/Kuh und Tag)**[2]			**10 000 kg (~ 30 – 32 kg/Kuh und Tag)**[3]		
Gemelkgröße (kg Milch/Melkung)			**8,0**	**10,0**	**8,0**	**10,0**	**12,0**	**10,0**	**12,0**	**14,0**
Melk-barkeit	2,0 kg/min	Kuhzahl	64	69	55	59	63			
		kg Milch	1536	1656	1540	1652	1764			
	2,2 kg/min	Kuhzahl	68	74	58	63	67	55	59	
		kg Milch	1632	1776	1624	1764	1876	1760	1888	
	2,4 kg/min	Kuhzahl	72	78	62	67	71	59	62	65
		kg Milch	1728	1872	1736	1876	1988	1888	1984	2080
	2,6 kg/min	Kuhzahl		82	64	70	75	62	65	69
		kg Milch		1968	1792	1960	2100	1984	2080	2208
	2,8 kg/min	Kuhzahl				74	79	65	69	73
		kg Milch				2072	2212	2080	2208	2336

Annahmen:
[1] 1200 min Boxenzeit pro Tag (entspricht ca. 10 % freie Zeit an der Melkbox).
[2] Betreten, Verlassen der Box sowie Anrüsten, Ansetzen, Dippen und Nachbehandlung der Kuh: 2:15 Minuten je Melkung.
[3] 305 Tg. Laktation/60 Tg. Trockenperiode für alle Leistungsklassen.
Leere Felder: Bereiche nicht praxisrelevant.

▶ **Abb. 8.20** Reinigungsautomat.

Eine Milchleistungssteigerung ist mit AMS nicht zwingend verbunden, nur dann, wenn es über geeignete Managementmaßnahmen (z. B. Lockfutter, geregelter Tierverkehr, richtige Anwendung der Software) gelingt, möglichst regelmäßige Melkintervalle zu gewährleisten.

Reinigung und Desinfektion der Melkmaschine

Um hochwertige Milch zu erzeugen, ist eine Reinigung und Desinfektion der gesamten Melkanlage nach jeder Melkzeit unumgänglich. Dieses wird in der Regel von Reinigungsautomaten (▶ **Abb. 8.20**) übernommen. Durch die mechanische Reinigung werden Ablagerungen abgelöst und mittels Reinigungslösung abtransportiert. Anschließend erfolgt die Desinfektion mit der alkalischen bzw. sauren Lösung (DLG-geprüfte Mittel sind zu empfehlen). Damit keine Rückstände der Reinigungs- und Desinfektionsmittel in die Milch gelangen, wird anschließend mit Wasser (Trinkwasserqualität) nachgespült. Alle milchführenden Gummiteile müssen regelmäßig ausgewechselt werden. Das bedeutet für Zitzengummis in der Regel nach 750 Betriebsstunden. Werden 100 Kühe täglich zweimal gemolken und beträgt eine Melkzeit ca. 2 Stunden, hat der Zitzengummiwechsel alle 6 Monate zu erfolgen. Lange Milchschläuche sollten nach 1500 Betriebsstunden, im Beispiel einer täglich vierstündigen Melkdauer also alle 12 Monate ausgetauscht werden. Alle nicht von Milch durchflossenen, aber trotzdem verschmutzenden Funktionsteile (Pulsatoren, Vakuumleitungen, Ventile usw.) müssen in regelmäßigen Zeitabständen, etwa vierteljährlich, gereinigt und kontrolliert werden. Einmal im Jahr sollte der Kundendienst des Melkmaschinenlieferanten bzw. ein unabhängiger Melkmaschinenberater zur Überprüfung der gesamten Melkanlage (in Gegenwart des Milcherzeugers) herangezogen werden.

Kühlung der Milch Weshalb muss die Milch gekühlt werden? Auch bei sehr sauberer Milchgewinnung lässt es sich nicht völlig vermeiden, dass Keime in die Milch gelangen.

Merke
Wird die Milch nicht abgekühlt, dann verdoppelt sich die Zahl der Keime durch einfache Zellteilung alle 1 – 2 Stunden, sodass die Abendmilch beim Abholen am nächsten Morgen schon etliche Millionen Bakterien je cm^3 enthalten kann. Wird sie nicht abgeholt, kann sie einen halben Tag später schon sauer sein. Wird die Temperatur der Milch auf 15 – 10 °C gesenkt, lässt die Vermehrung der Bakterien nach. Bei 4 °C hört sie fast auf. Die Kühlung ist umso wirksamer, je rascher niedrige Temperaturen erreicht werden.

Das Kühlsystem muss sehr leistungsfähig sein, damit die gemolkene Milch schon möglichst schnell – mindestens nach 3 Stunden, noch besser nach 2 Stunden – auf 4 °C herunter gekühlt werden kann. Dies ist wichtig, wenn der Abtransport nur jeden 2. Tag erfolgt, was mittlerweile bei sehr vielen Milcherzeugern der Fall ist. Bei täglicher Abholung genügt eine Kühltemperatur von 6 °C.

Den eingebauten Thermometern sollte man nicht blindlings vertrauen, sondern zuweilen selbst mit einem Thermometer die Temperatur im Behälter überprüfen, spätestens dann, wenn die Keimzahlen plötzlich ohne erkennbaren Grund enorm ansteigen. Am zweckmäßigsten misst man die Temperatur beim Einfließen des zweiten Gemelks in den Kühlbehälter. Dann zeigt sich, was die Kühlanlage leistet. Mischmilch sollte möglichst nicht wärmer als 12 °C werden. Für diese Anforderungen reichen Kühlvorrichtungen, die nur **kaltes Leitungswasser** benutzen, meistens nicht aus. Sie eignen sich allenfalls zur Vorkühlung, vorausgesetzt, dass die Wasserpreise niedrig sind. Zur Kühlung der Milch werden also in der Regel Aggregate benutzt, die **künstliche Kälte** mithilfe elektrischen Stroms erzeugen.

Vor der Umstellung oder Neueinrichtung des Kühlsystems sollte sich der Milcherzeuger bei seiner Molkerei erkundigen, welche Pläne dort hinsichtlich der Milcherfassung bestehen. Wenn sie die Milch nur jeden 2. Tag abholen lässt oder dieses in absehbarer Zeit beabsichtigt, wird die doppelte Kühl- und Lagerkapazität benötigt. So ergibt sich eine Milchstapelkapazität von 50 – 70 Litern je Kuh.

Es werden zwei verschiedene Kühlsysteme unterschieden: Beim **indirekten** oder **Eiswassersystem** wird vom Kühlaggregat vor dem Melken Eiswasser erzeugt und gespeichert, das nach dem Eintreffen der Milch mittels einer Umwälzpumpe in den aus Doppelwänden gebildeten Mantel der Lagerbehälter (Wannen, Tanks, Hofbehälter) geleitet wird. Zur Bildung des Eiswassers zwischen den Melkzeiten kann teilweise billiger Nachtstrom benutzt werden. Das Eiswassersystem bietet deutliche Vorteile beim Weidemelken. In den Betrieben, die das nicht brauchen, setzt sich immer mehr die Direktkühlung durch.

Beim **Direktsystem** wird das Kühlelement, der sogenannte Verdampfer, direkt in die Milch eingeführt und beginnt dann mit der Kühlung. Eine vorherige Kältespeicherung ist nicht möglich. Dieses System wird vor allem bei den Tauchkühlern verwendet. Bei Wannen und Tanks mit Direktkühlung ist der Kühlkörper in den Boden, gelegentlich auch in die Seitenwände eingebaut. Die Kühlung wird eingeschaltet, sobald ungefähr $^{1}/_{10}$ des Gemelks eingelaufen ist. Bei diesem Kühlsystem werden hohe Stromanschlusswerte benötigt, der Stromverbrauch und der Investitionsbedarf sind etwas niedriger als beim indirekten System.

Bei allen Kühlmethoden ist es notwendig, dass die Milch in bestimmten Zeitabständen umgerührt wird, damit nicht Teile der Milch vereisen und andere warm bleiben. Außerdem soll die Milch auslüften und nicht aufrahmen. Das Umrühren wird durch Rührwerke besorgt, die sich i. d. R. selbsttätig ein- und ausschalten. Das Rühren soll langsam erfolgen, damit die Fettkügelchen der Milch nicht zerstört werden.

Nach der Leerung der Kühl- und Lagerbehälter ist eine sofortige Reinigung nach den gleichen

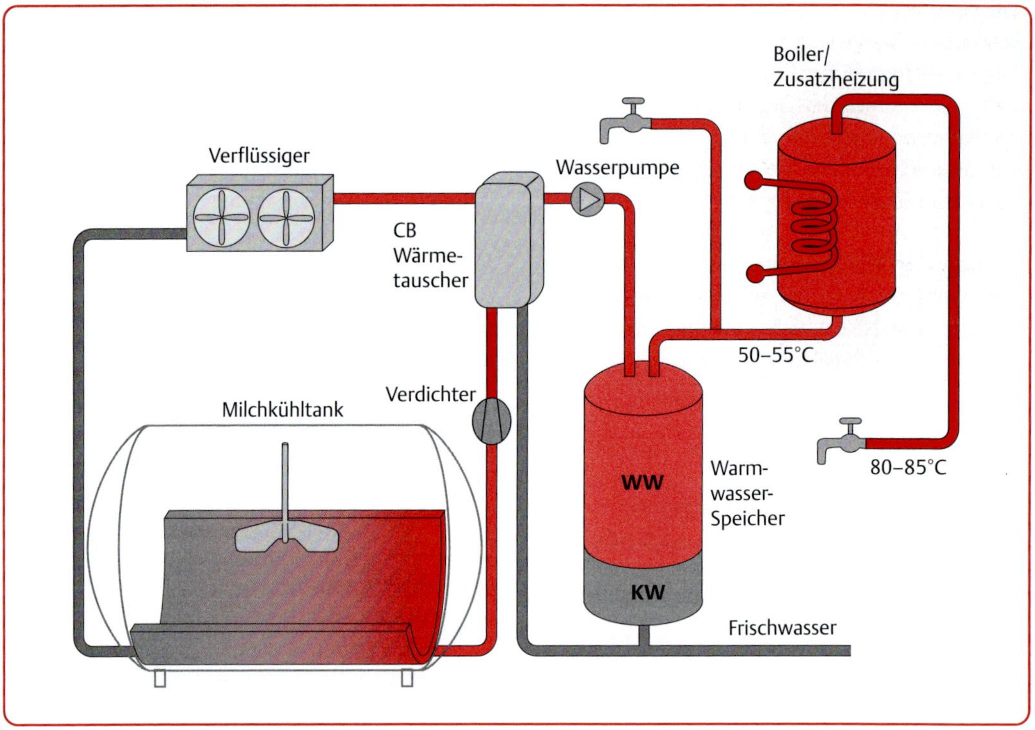

▸ **Abb. 8.21** Milchkühlung mit Wärmerückgewinnung zur Warmwasserbereitung (mit freundlicher Genehmigung De Laval International AB, Schweden).

Grundsätzen wie beim Melkgeschirr notwendig, also mit Vorspülen, Reinigen, Desinfizieren und Nachspülen. Für Kühltanks (über 800 Liter Fassungsvermögen) gibt es automatische Spülgeräte.

Damit die der Milch entzogene Wärme den **Milchraum** verlassen kann, ist in der Nähe des Kühlaggregates ein Fenster oder eine Abluftöffnung anzubringen. Üblicherweise werden heute für die Bereitstellung von Heißwasser Wärmetauscher eingesetzt, mit deren Hilfe die Abwärme aus der Kühlung zur Erwärmung von Brauchwasser (für Euterbrause, Reinigung des Melkgeschirrs und der Lagerbehälter usw.) sinnvoll genutzt wird. Nach Meinung der Experten lohnt sich die Wärmerückgewinnung für Betriebe mit mehr als 30 Kühen. Das dabei angewandte Prinzip wird aus ▸ **Abb. 8.21** erkennbar.

Das Kühlmittel im Verdampfer nimmt während der Abkühlung der Milch deren Wärme auf und verdampft dabei. Dieser Dampf wird vom Verdichter abgesaugt, zusammengepresst und weiter erwärmt. Diese Wärme gibt der Kühlmitteldampf im Wasserspeicher an die Umgebung ab, das heißt an das kalte Frischwasser (das entstehende Warmwasser hat 50 – 55 °C). Dabei wird das Kühlmittel wieder flüssig. Im Drosselventil wird der im Verdampfer aufgebaute Druck reduziert, und der Kreislauf des Kühlmittels beginnt von Neuem. So gewonnenes Warmwasser kann u. a. zum Kälbertränken, Reinigen und Duschen verwendet werden.

Der Milchraum darf zwar keine unmittelbare Verbindung zum Stall haben, soll aber doch dicht daneben liegen, damit die Rohre von Absaugleitungen gerade und direkt geführt werden können. Die Milchsammeltankwagen müssen problemlos an den Milchraum heranfahren können. Wände, Decken und Fußböden sind (durch Zementestrich, Kachelung, wasserfesten Anstrich usw.) so auszuführen, dass sich der Raum mit wenig Arbeitsaufwand blitzsauber halten lässt und jederzeit

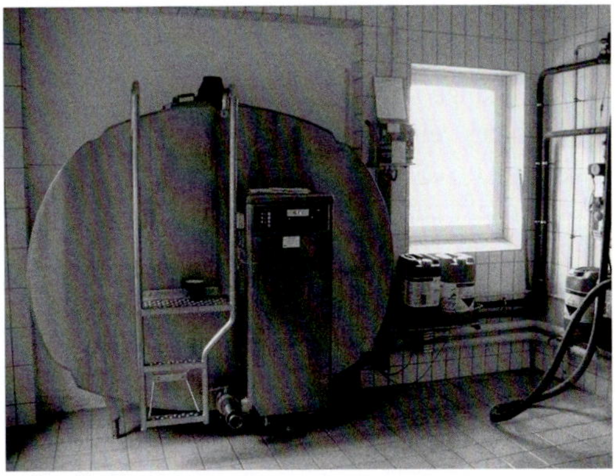

▶ **Abb. 8.22** Milchtank im Tankraum: Lediglich die Anschlüsse für den Milchtank müssen in einem umbauten Raum sein.

einem Besucher gezeigt werden kann (▶ **Abb. 8.22**).

Milchbehandlung bis zum Verbraucher Bald nach der Ankunft der Tanksammelwagen in der Molkerei wird die Milch wärmebehandelt und oft auch homogenisiert. Die **Wärmebehandlung** soll krankmachende (pathogene) Keime abtöten. Zwar spielen Tuberkulose- und Brucellose-Erreger heute keine Rolle mehr. Aber Coli-Bakterien, Salmonellen, Listerien, Coxiellen usw. können in der Rohmilch vorkommen, B-Streptokokken, Staphylococcus aureus und Yersinia enterocolitica sogar häufig. **Die Wärmebehandlung ist gesetzlich vorgeschrieben.** Dafür sind mehrere Methoden zugelassen. Am stärksten verbreitet sind das **Pasteurisieren**, bei dem die Milch je nach Verfahren zwischen 62 °C und 85 °C erhitzt wird, und die Ultrahocherhitzung mit einer Behandlung für mindestens 1 s bei 135–150 °C.

Bei ultrahocherhitzter Milch – als H-Milch im Handel, mindestens 6 Wochen haltbar – wird manchmal Kochgeschmack festgestellt. Der Anteil an hitzeempfindlichen B-Vitaminen kann etwas vermindert sein, auch die Verfügbarkeit des Lysins. Durch die Pasteurisierung wird der Ernährungswert der Milch nicht beeinträchtigt. Die Verdaulichkeit des Eiweißes wird sogar im Vergleich zur Rohmilch etwas verbessert.

Nur auf zwei Wegen gelangt **Rohmilch ohne Wärmebehandlung** zum Endverbraucher: als Vorzugsmilch oder beim Ab-Hof-Verkauf. Die Erzeuger von **Vorzugsmilch** unterliegen häufigen Kontrollen durch die Amtstierärzte, und ihre Milch muss wesentlich höhere Hygieneanforderungen erfüllen als die an Molkereien abgelieferte Milch. Im Vergleich zur Vorkriegszeit ist der Absatz an Vorzugsmilch stark zurückgegangen, in jüngster Zeit aber durch die Etablierung sogenannter Milchtankstellen wieder gestiegen.

Der **Ab-Hof-Verkauf** von Rohmilch ist seit 1973 durch die Hygiene-VO für Milch-ab-Hof-Abgabe gesetzlich geregelt, zuletzt durch die Verordnung über Hygiene- und Qualitätsanforderungen an Milch und Erzeugnisse auf Milchbasis (Milchverordnung) vom 20. Juli 2000. Hierbei müssen u. a. folgende Punkte erfüllt sein: Der bei der Kreisbehörde (Kreisveterinäramt) gemeldete Betrieb wird von den Amtstierärzten überwacht. Die Bedingungen der Güteklasse I müssen erfüllt sein, die vorhandenen Räumlichkeiten müssen die Gewinnung einer hygienisch einwandfreien Milch ermöglichen. Menschen, die mit der Milch umgehen, müssen gesund sein und der Rinderbestand muss frei sein von Leukose, TBC und Brucellose und auch von Krankheiten, die auf Menschen übertragbar sind. Weiterhin muss an der Abgabestelle der Milch ein gut lesbarer Hinweis angebracht werden, dass Rohmilch verkauft wird und diese vor dem Verzehr abgekocht werden muss.

Mit einer **Milchhoftankstelle** werden nicht die globalen Probleme des Milchmarktes gelöst, denn durchschnittlich, je nach Region und Konkurrenz, wird die Milchmenge von maximal zwei Kühen vermarktet. Dennoch kann die Einrichtung einer Milchhoftankstelle eine Möglichkeit sein, ein zusätzliches Einkommen zu erwirtschaften.

Die Hürden der Errichtung einer Milchtankstelle sind relativ gering, da der Gesetzgeber den Verkauf von Rohmilch ab Hof gestattet. Dennoch empfiehlt es sich, das Veterinäramt vor dem Vertragsabschluss einzuschalten, zumal jede Milchtankstelle ohnehin beim Veterinäramt registriert werden muss.

Wie bereits beschrieben, ist der Hinweis „Rohmilch vor Verzehr abkochen" unabdingbar und gesetzlich vorgeschrieben. Daher darf Rohmilch auch an der Milchtankstelle nicht zum Probieren ausgeschenkt werden.

Die Automaten (mit Banknotenlesern, Wechselgeldvorrichtungen, Alarmanlagen und Meldesystemen ausgestattet) müssen eine Zulassung für den deutschen Markt besitzen. Milchtank, Automat sowie der Verkaufsraum sind täglich zu reinigen.

Besonders attraktiv sind Milchtankstellen, wenn das Angebot mit weiteren regionalen Produkten ergänzt werden kann. Der direkte Kontakt mit den Kunden ist dabei sehr wichtig für den Erfolg.

Beim **Homogenisieren** wird die Milch mit hohem Druck durch enge Düsen gepresst. Dabei werden die Fettkügelchen so weit zerkleinert, dass sie nicht mehr aufrahmen. Durch dieses Verfahren wird die Gesamtoberfläche der Fettkügelchen vergrößert, und die Milch erhält einen „vollmundigen" Geschmack. Nach dem Homogenisieren sind die Fettkügelchen der Milch ungefähr ebenso groß wie die der Frauenmilch; es wird deshalb angenommen, dass die homogenisierte Milch bekömmlicher für Säuglinge ist. Vielleicht hat das Homogenisieren auch Nachteile. Aber für die in diesem Zusammenhang geäußerten Vermutungen konnten bisher keine Beweise erbracht werden.

Sobald Molkereien die **Konsummilch** in Fertigpackungen an den Handel abgeben, müssen diese ein Haltbarkeitsdatum tragen. Bei Vorzugsmilch muss folgender Hinweis gegeben werden: „Rohmilch – verbrauchen bis ..., aufbewahren bei höchstens + 8 °C", wobei das späteste Verbrauchsdatum eine Frist von 96 Stunden nach der Gewinnung nicht überschreiten darf.

8.3.4 Betriebswirtschaftliche Überlegungen zur Milcherzeugung

Was der Landwirt an der Milchproduktion verdient, hängt vom Unterschied zwischen den Erzeugungskosten und dem erzielten Ertrag ab. Der Ertrag wird in besonders starkem Maße vom Auszahlungspreis der Milch bestimmt. Die Erzeugungskosten sind in jedem Betrieb anders; sie können in großem Maße beeinflusst werden.

Bei niedrigem Milchpreis müssen zur Gewinnerzielung die Erzeugungskosten gering und die Milchleistungen der Kühe hoch sein.

Aus ▶ Tab. 8.40 ist ersichtlich, wie stark sich die Jahresmilchleistung der Kuh auf die Erzeugungskosten je Liter Milch auswirkt. Da die Milcherzeugung mit hohen, vom Produktionsumfang unabhängigen Festkosten belastet ist, werden diese Zusammenhänge noch deutlicher, wenn auch dieser Kostenblock einbezogen, also eine **Vollkostenrechnung** erstellt wird. Dabei ist es schwierig, alle Kosten exakt zuzuteilen. Dies trifft z. B. für die Bewertung des Lohnanspruches im Familienbetrieb zu, aber auch für Gebäudekosten (Stall, Futterbergeräume, Güllebehälter u. a.) sowie Maschinenkosten für die Innenwirtschaft und den Futterbau, wenn außer der Milchkuhhaltung noch andere Produktionszweige (z. B. auch Jungrinderaufzucht, Bullenmast) bestehen. Deshalb sind Modellkalkulationen nur begrenzt aussagefähig.

Kostenkontrolle und -analyse sind aber notwendig und die Voraussetzung, um Verlustquellen aufzudecken und die Rentabilität bei gegebenen Preisen zu verbessern. Dafür kann man sich einer **Teilkostenrechnung** bedienen, z. B. bis zum Deckungsbeitrag, der Differenz zwischen Marktleistung und variablen Kosten. Dieser Ansatz lag bis zur Jahrhundertwende den meisten Modellen in der Bundesrepublik Deutschland zugrunde. Damit begnügt man sich heute nicht mehr. Vielmehr verfolgen die Auswertungen das Ziel der **Vollkostenrechnung** und stützen sich dabei auf einen von einer Arbeitsgruppe der DLG erarbeiteten Leitfaden.

In die Vollkostenrechnung fließen neben den tatsächlichen Kosten Bewertungen der im Eigentum befindlichen Faktoren Boden, Kapital und Lieferrechte sowie der nicht entlohnten Familienarbeitskräfte ein. Bei den Kosten wird zwischen direkt zuteilbaren Kosten, den Direktkosten, und den Gemeinkosten unterschieden. Zu ersteren zählen in der Milcherzeugung beispielsweise das verfütterte Milchleistungsfutter, die Tierarztkosten und die Medikamente. Im Einzelnen gibt es hierzu eine verbindliche Liste, um die Betriebe vergleichbar zu machen. Das gilt analog für die Gemeinkosten, zu denen beispielsweise die Maschinenunterhaltung zählt. Auch die Gemeinkosten werden in funktionale Kostenblöcke zusammengefasst, um die Betriebsvergleiche zu erleichtern. Weitere Einzelheiten sind ▶ Tab. 8.39 zu entnehmen. Mehr dazu ist nachzulesen im Leitfaden der DLG „Die neue Betriebszweigabrechnung" [49].

Aber auch der Deckungsbeitrag hat noch nicht völlig ausgedient. Er wird nach wie vor noch in

▸ **Tab. 8.39** Aufbau der Vollkostenrechnung.

Begriff	Inhalt
+ Leistung	Verkauf Tiere, Milcheinnahmen, Naturalentnahmen, öffentliche Direktzahlungen, innerbetriebliche Verrechnungen, Bestandsveränderungen
– Direktkosten	Tierzukauf, Tierarzt, Besamung, Kraftfutter, Grundfutter mit Vollkosten berechnet, innerbetriebliche Verrechnungen, Zinsansatz Viehkapital
= direktkostenfreie Leistung	**Differenz aus Leistung und Direktkosten**
Gemeinkosten mit:	
• Arbeitserledigungskosten	Löhne und Lohnansatz, Lohnarbeit und Maschinenmiete Innenwirtschaft, Maschinenunterhaltung und -abschreibung Innenwirtschaft, Kosten Pkw, Strom, Zinsansatz Maschinenkapital
• Kosten für Lieferrechte	Quotenpacht, Kosten Milchüberlieferung, Zinsansatz eigene Quote
• Gebäudekosten	Unterhaltung und Abschreibung Gebäude, Zinsansatz Gebäudekapital
• sonstige Kosten	Betriebssteuern und Versicherungen, Buchführung, Beratung, Büro, sonstiger Betriebsaufwand
= kalkulatorisches Betriebszweigergebnis	**Differenz aus Direktkostenfreie Leistung und Gemeinkosten**

der Planungsrechnung für die Zukunft eingesetzt, wobei für Mengen (Naturalerträge, tierische Leistungen) und Preise künftige Erwartungswerte eingehen. Damit besteht eine deutliche Trennung zwischen zukunftsorientierter Planungsrechnung bis zum Deckungsbeitrag und der „rückwärts orientierten" Kontrolle über die Betriebszweigauswertung.

Die Vollkostenrechnung fasst die Milchkühe, die Jungrinderaufzucht und den dazu gehörigen Futterbau zu einem Betriebszweig zusammen. Mit der Vollkostenrechnung werden sowohl die Direktkosten der Produktion als auch die Allgemeinkosten des Betriebes ermittelt. Die betriebseigenen Produktionsfaktoren Arbeit, Kapitel und Fläche werden mit Ansätzen bewertet. Aus diesen Vollkosten lassen sich die Produktionskosten z. B. je kg Milch, je Färse oder je 10 MJ NEL ermitteln. Gleichzeitig erlaubt die Vollkostenrechnung Aussagen über die Verwertung der eigenen eingesetzten Faktoren.

Das kalkulatorische Betriebszweigergebnis ist der Maßstab für die Wirtschaftlichkeit des Betriebszweiges zu Vollkosten. Ein positives Ergebnis besagt, dass der Betrieb seine Vollkosten einschließlich der Faktoransätze entlohnt bekommen hat und darüber hinaus noch einen Unternehmergewinn erzielt hat. Ein negatives Ergebnis besagt, dass der Betrieb keinen Unternehmergewinn erwirtschafteten konnte und seine eingesetzten Produktionsfaktoren nicht voll entlohnt bekommen hat.

▸ **Tab. 8.40** zeigt eine Vollkostenrechnung für die Milcherzeugung. Die Daten aus dem Tierreport der Landwirtschaftskammer Schleswig-Holstein für das Jahr 2015/16 beziehen sich auf 1001 ausgewertete Betriebe. Auffällig sind die erheblichen Unterschiede zwischen den 25 % erfolgreichen und 25 % abfallenden Betrieben. Bei der Leistung je Kuh und je kg energiekorrigierte Milch (ECM) entfallen fast 86 % auf den Milchverkauf. Die restlichen 14 % stammen aus den Erlösen von Altkühen und Kälbern (einschl. versetzte Kälber), gekoppelte Prämien, sonstigen Einnahmen und Bestandsveränderungen.

Zu den Direktkosten zählen die Kosten der Bestandsergänzung (Zukauf und versetzte Färsen), die Futtermittelzukäufe, der Grobfutteraufwand

▶ **Tab. 8.40** Ergebnis der Vollkostenermittlung der Milchproduktion in Schleswig-Holstein 2015/2016 (sortiert nach dem kalkulatorischen Betriebszweigergebnis je kg produzierter Milch; nach Tierreport Schleswig-Holstein [233]).

Merkmal	Cent/kg ECM	Durchschnitt 2015/16	+ 25 % erfolgreiche Betriebe	– 25 % abfallende Betriebe
Betriebe	St.	1001	249	249
Kühe je Betrieb	St.	**137,9**	**162,8**	**108,3**
Milchleistung	kg ECM	**8770**	**9246**	**8197**
Fett	%	4,23	4,20	4,28
Eiweiß	%	3,41	3,40	3,42
Kraftfutter (E3)	dt	24,4	24,9	23,6
Kraftfutter	g je kg ECM	**278**	**269**	**286**
Grobfutterleistung	**kg**	**3608**	**3967**	**3231**
Reproduktionsrate	%	32,5	29,3	32,9
geb. Kälber je Kuh	St.	1,07	1,07	1,06
Kostenaufstellung in Cent je kg produzierter Milch (ECM)				
Milcherlös		27,57	28,31	26,86
Nebenerlöse, Sonstiges, Bestandsveränderungen		4,61	4,69	4,85
Leistung gesamt		**32,18**	**33,00**	**31,71**
Futterkosten		**22,12**	**19,69**	**24,88**
davon	Kraftfutter	8,77	8,38	9,15
	Grobfutter	13,35	11,30	15,73
Tierarzt, Medikamente, Klauen		1,58	1,39	1,76
Besamung, Zucht		0,59	0,56	0,57
sonstige Direktkosten		1,40	1,29	1,61
Direktkosten		**28,26**	**25,18**	**31,84**
direktkostenfreie Leistung		**3,92**	**7,81**	**-0,13**
Arbeitserledigung		**8,61**	**7,30**	**10,26**
davon für	Arbeit	6,23	5,48	7,22
	Maschinen, Innentechnik	2,31	1,77	2,94
Gebäudekosten		**2,74**	**2,34**	**3,42**
sonstige Gemeinkosten		0,48	0,40	0,59
Gemeinkosten		**11,84**	**10,04**	**14,28**
Produktionskosten		**40,09**	**35,23**	**46,12**
davon	Faktorkosten	9,47	7,82	11,94
kalkulatorisches Betriebszweigergebnis		**–7,91**	**–2,23**	**–14,40**

(zu Vollkosten), die Gesundheits- und Zuchtkosten, die sonstigen Direktkosten sowie ein Zinssatz für das Viehkapital. Die direktkostenfreie Leistung (DKfL) betrug durchschnittlich 3,92 ct je kg Milch. In der Tabelle folgen die errechneten Kosten für Arbeit, Gebäude und sonstige Gemeinkosten. Über die Summe der Gemeinkosten und der Direktkosten gelangt man zu den Produktionskosten oder

Vollkosten, hier 40,09 ct je kg Milch. Aus der Differenz zwischen Leistung und Produktionskosten errechnet sich das kalkulatorische Betriebszweigergebnis von im Beispiel −7,91 ct je kg Milch.

Beim Vergleich der in ▸ **Tab. 8.40** dargestellten Ergebnisse für die 25 % erfolgreichen und die 25 % weniger erfolgreichen Betriebe erhebt sich folgende Frage: Welche Schlussfolgerungen lassen sich in Bezug auf die Ursachen der Ergebnisunterschiede im kalkulatorischen Betriebszweigergebnis ziehen?

1. Die beträchtliche Überlegenheit der erfolgreichen Betriebe von 12,17 ct je kg ECM ist nicht auf Unterschiede im Milchpreis zurückzuführen. Auffallend ist, dass der Milcherlös, der gegenüber dem Vorjahr um 6,42 Cent und gegenüber dem Vorvorjahr um 14,80 Cent auf nunmehr 27,57 Cent je kg verkaufter Milch dramatisch abgesunken war, sich in fast gleicher Höhe auf das kalkulatorische Betriebszweigergebnis und den Gewinn auswirkt. Beachtenswert ist, dass die besser wirtschaftenden Betriebe 1,29 Cent je kg Milch mehr erlösten als die weniger erfolgreichen Betriebe. Hier spielen Molkereizugehörigkeit und Staffelpreise zunehmend eine wichtigere Rolle.
2. Im Bereich der Leistungen weisen die erfolgreichen Betriebe einen Vorsprung von 1049 kg ECM auf, der den Hauptgrund für die finanzielle Leistungsüberlegenheit darstellt.
3. Bei den Direktkosten kommt eine weitere deutliche Überlegenheit von 6,66 ct zugunsten der erfolgreichen Betriebe hinzu. Wichtigster Grund dafür sind die erheblich niedrigeren Grobfutterkosten. In den Futterkosten liegen auch die größten Ansatzpunkte zur Verminderung der Produktionskosten. Zwischen den erfolgreichen und weniger erfolgreichen Betrieben liegen 4,4 Cent Differenz im Grobfutteraufwand je kg ECM. Die preisgünstigste Grobfuttererzeugung und der gezielte Kraftfuttereinsatz sind wichtige Eckpunkte für eine wirtschaftlich erfolgreiche Milcherzeugung. Der Kraftfuttereinsatz lag bei 8,77 Cent, die Differenz zwischen den beiden Betriebsgruppen betrug nur 0,77 Cent Die Futterkosten werden in Zukunft noch mehr an Bedeutung gewinnen, besonders das Grobfutter ist in der Produktion nachhaltig teurer geworden.
4. Der größte Kostenblock der Gemeinkosten ist mit 8,61 Cent die Arbeitserledigung der Innenwirtschaft. Etwa zwei Drittel davon nehmen die Personalkosten ein. Der Lohnansatz je kg ECM für den Betriebsleiter und die Familien-AK liegt in der Größenordnung von 4,93 Cent je kg ECM, Lohnarbeitskräfte schlagen zusätzlich mit 1,30 Cent zu Buche. Die Kosten der Innentechnik belaufen sich auf 2,31 Cent je kg ECM. Zwischen dem erfolgreichen Viertel und dem weniger erfolgreichen Viertel betragen die Unterschiede in den Kosten der Arbeitserledigung 2,96 Cent je kg ECM, von denen 1,74 Cent allein dem Personalaufwand zuzurechnen sind. Die Kosten der Arbeitserledigung werden sehr stark von der erreichten Arbeitsproduktivität wie Kühe je AK, produzierte Milch je AK oder produzierte Milch je Akh bestimmt. Degressionseffekte durch hohe Milchleistungen und größere Bestandsgrößen sind erkennbar.
5. Die Gebäudekosten sind mit 2,74 Cent veranschlagt und die sonstigen Gemeinkosten betrugen 0,48 Cent je kg ECM. Die Summe der Gemeinkosten betrug 11,84 Cent. Zwischen den erfolgreichen und weniger erfolgreichen Betrieben gab es in dieser Position eine Differenz von 4,24 Cent je kg ECM. Auch hier führen die positiven Effekte des größeren Kuhbestandes und der höheren Milchleistung je Kuh zu einer deutlichen Kostendegression in den erfolgreichen Betrieben.

Aus den skizzierten Gründen erzeugen die erfolgreichen Betriebe das kg Milch zu Produktionskosten von 35,23 ct und damit um 10,89 ct günstiger als die weniger erfolgreichen Betriebe. Das für Letztere errechnete kalkulatorische Betriebszweigergebnis von −14,40 ct/kg Milch reicht bei Weitem nicht aus, um die volle Entlohnung der Faktorkosten zu gewährleisten.

Der schon erwähnte Zusammenhang zwischen Betriebserfolg und Niveau der Milchleistung lässt sich anhand der in ▸ **Abb. 8.23** grafisch dargestellten Auswertungsergebnisse des Tierreports noch genauer analysieren. Auf der Kostenseite führen die höheren Milchleistungen in jedem Fall zur Degression. Das gilt selbst noch für Milchleistungen über 10 000 kg je Kuh.

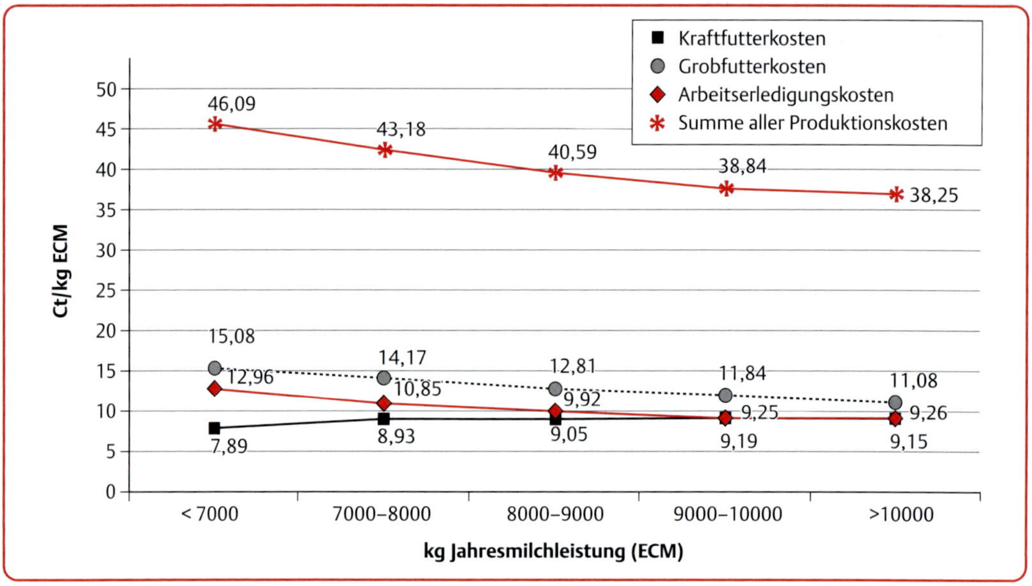

▸ **Abb. 8.23** Zusammenhang zwischen Milchleistung und Erzeugungskosten/Betriebszweigerfolg (Abb. basiert auf Daten aus [233]).

Im Auswertungsjahr 2015/16 haben selbst die erfolgreichen Betriebe kein positives kalkulatorisches Betriebszweigergebnis erwirtschaften können, das Ergebnis lag bei –2,23 Cent je kg ECM. Die weniger erfolgreichen Betriebe lagen bei –14,40 Cent je kg ECM. Betrachtet man dieses Endergebnis, dann muss man feststellen, dass die Unterschiede zwischen den Betrieben beträchtlich sind. Zwischen den beiden Vergleichsgruppen liegt eine Differenz von 12,17 Cent. Auf der Erlösseite beträgt die Differenz wie angeführt nur 1,45 Cent, bei den Produktionskosten aber liegt die Differenz bei 10,89 Cent.

Fazit

Erforderlicher Milchpreis

Die Milchpreise unterlagen im Auswertungsjahr 2015/2016 einem starken Preisverfall, genau wie im Vor- und Vorvorjahr. Die Betriebe reagierten darauf und versuchten, allgemein die Produktionskosten je kg ECM zu senken. Es stellt sich die Frage, welcher Netto-Milchpreis notwendig gewesen wäre, damit zumindest eine Deckung der Vollkosten erreicht werden könnte. Für diese Kalkulation werden die durchschnittlichen Produktionskosten von 40,09 Cent je kg Milch der ausgewerteten Betriebe unterstellt. Mit diesem Betrag sind neben der Milch auch noch Tiere und Fleisch produziert worden. Die Kälber- und Altkuherlöse betragen 3,43 Cent, die Bestandsaufstockung 0,69 Cent je kg ECM. Insgesamt betrugen die Nebenerlöse 4,48 Cent je kg ECM. Demnach verbleiben 35,61 Cent für den Bruttomilchpreis mit 4,0 % Fett. Nach Abzug des Steueranteils von 10,7 % verbleiben 31,8 Cent. Der für die Vollkostendeckung notwendige Netto-Milchpreis wäre somit 31,8 Cent. Damit würden bei der angeführten Kalkulation zwar die Vollkosten und somit auch die Faktoransprüche gedeckt, aber noch keine Unternehmergewinne erwirtschaftet werden. Letzteres ist aber in jedem Bereich das Ziel einer wirtschaftlichen Tätigkeit.

8.3.5 Milchqualitätsaspekte

Milchgüteverordnung und Milchvermarktung

Der Milchauszahlungspreis wird auch von der Qualität der den Molkereien angelieferten Rohmilch bestimmt. Den Rahmen dafür gibt die Verordnung über die Güteprüfung und Bezahlung der Anlieferungsmilch vor. Mit der Milchgüteverordnung (zuletzt geändert 17.12.2010) wird die EU-Hygienerichtlinie 853/2004 in Verbindung mit

§ 14 der Tier-Lebensmittelhygieneverordnung für die Herstellung und Vermarktung u. a. von Rohmilch, wärmebehandelter Milch und Erzeugnisse auf Milchbasis in deutsches Recht umgesetzt. Die in der Richtlinie für den gesamten EU-Raum gültigen Qualitätskriterien sind damit auch in Deutschland anzuwenden.

Die Milchverordnung regelt das Gewinnen, Behandeln und Inverkehrbringen von Rohmilch einschließlich Vorzugsmilch und das Herstellen, Behandeln und Inverkehrbringen wärmebehandelter Milch und Erzeugnissen auf Milchbasis. Für den Erzeugerbetrieb werden spezielle Anforderungen (S. 378) an den Tierbestand, den Betrieb selbst, das Melken, das Behandeln der Milch, die Stallarbeit sowie an die damit befassten Personen gestellt. Für Verarbeiter und Handel gelten ebenfalls weitreichende Bestimmungen.

In ▸**Tab. 8.41** sind die nach Milchgüteverordnung vorgeschriebenen Untersuchungsmerkmale und weitere gesetzliche Anforderungen an die Qualität von Rohmilch dargestellt. Die Anlieferungsmilch jedes Milcherzeugers wird demnach stichprobenartig auf insgesamt 6 Gütemerkmale hin untersucht (▸**Abb. 8.24**), wobei bestimmte Mindestprobezahlen einzuhalten sind.

Zusatzinfo

Die Bezahlung der Milch erfolgt nach Anlieferungsmenge und Qualität der Milch. Die Grenzwerte für die Beurteilung der Milch sind ebenfalls in der Tabelle dargestellt. Werden diese auch nach dreimonatiger Anpassungszeit nicht eingehalten, darf die Milch nicht mehr in den Verkehr gebracht werden. Molkereien/Verarbeiter können für Milch mit weniger als 50 000 Keimen/ml und 3 00 000 Zellen/ml einen Zuschlag zahlen (S-Klasse), sofern die Milch im aktuellen Monat keine Hemmstoffe aufwies und kein Verdacht auf Wasserzusatz bestand.

Der **Keimgehalt** ist ein Maß für die Sauberkeit der Milch. Die Milch kommt bei gesunden Kühen normalerweise nahezu keimfrei aus dem Euter. Keimbelastungen sind daher eine Folge von Fehlern bei der Gewinnung oder Lagerung (Kühlung) von Milch. Auf die Bedeutung der **somatischen Zellen** (**Zellgehalt**) für die Mastitis-Diagnose und auf die Vorschriften bei der Behandlung euterkranker Kühe mit Antibiotika wurde bereits eingegangen, s. Kap. Erkrankungen der Milchdrüse (S. 90). Wenn gegen diese Vorschriften verstoßen und während bzw. nach Abschluss der Antibiotikabehandlung ohne Einhaltung der entsprechenden Wartezeiten Milch in die Molkerei geliefert wird, zeigt sich

▸**Tab. 8.41** Mindestanforderungen an die Qualität der Anlieferungsmilch und Preisabschläge nach Milchgüteverordnung.

Merkmal	Mindestuntersuchungszahl je Monat	Gesetzliche Anforderung	Abzug vom Milchgeld bei Überschreitung
Fettgehalt	3	–	–
Eiweißgehalt	3	–	–
bakterielle Beschaffenheit (Keimzahl/ml)	2	• bis 100 000[1] • > 100 000	• mind. 2 ct/kg • Milch nicht verkehrsfähig[2]
Gehalt somatische Zellen je ml	2	• bis 400 000[3] • > 400 000	mind. 1 ct/kg Milch nicht verkehrsfähig[2]
Hemmstoffe	2	kein positives Testergebnis	5 ct/kg[4]
Gefrierpunkt	1	weniger als –0,515	Milch nicht verkehrsfähig[2]

[1] Geometrisches Mittel der letzten 2 Monate.
[2] Wenn Frist überschritten. Es können auch individuell höhere Beiträge durch die Molkerei festgelegt werden.
[3] Geometrisches Mittel der letzten 3 Monate.
[4] Abzug im Monat je positives Testergebnis. Es können auch individuell höhere Beiträge durch die Molkerei festgelegt werden.

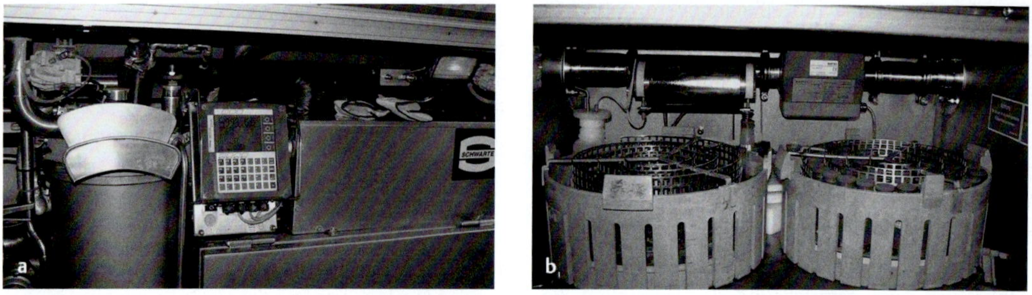

▸ **Abb. 8.24** Milchannahme (**a**) und geeichte Probenahmeeinrichtung (**b**) garantieren eine repräsentative Milchbeprobung.

▸ **Tab. 8.42** Aufbau des Auszahlungspreises von Milch mit 4,2 % Fett und 3,3 % Eiweiß, 12 000 Keime je cm³, 186 000 somatische Zellen je cm³, Hemmstofftest negativ, Gefrierpunkt –0,523 °C.

–	Cent/kg
Preis für Standardmilch (4,0 % Fett, 3,4 % Eiweiß)	27,00
Zuschlag für 0,2 Fetteinheiten (FE) über 4,0 je 2,5 Cent[1]	+ 0,50
Abzug für 0,1 Eiweißeinheiten (EE) unter 3,4 je 4,5 Cent[2]	- 0,45
Zwischensumme	**27,05**
Zuschlag für S-Klasse Mengenzuschlag gemäß Staffel	0,80 0,75
Zwischensumme	**28,60**
10,7 % (pauschalierend) oder 7,0 % (optierend) Mw St. (Mehrwertsteuer)	3,06 oder 2,00
Zwischensumme	**31,66 oder 30,60[3]**
Abzug Gebühren	–0,10
	31,56 oder 30,50

[1] Der Fettkorrekturfaktor ist individuell von jeder Molkerei festlegbar und betrug im Jahr 2017 häufig 2,5 Ct/FE.
[2] Der Eiweißkorrekturfaktor ist ebenfalls individuell verschieden und betrug im Jahr 2017 häufig 4,5 Ct/EE.
[3] Bei optierenden Betrieben ist der Nettoumsatz ohne MwSt. entscheidend.

beim Hemmstofftest eine positive Reaktion. Die Konsequenz ist in dem betreffenden Monat ein sehr empfindlicher Preisabzug.

▸ **Tab. 8.42** zeigt ein Beispiel für den Aufbau des Milchauszahlungspreises von der Molkerei. Der Mengenzuschlag ist fakultativ.

Die EU-Milchmarktordnung Im Jahr 1968 wurden mit der Einführung des gemeinsamen Agrarmarktes die früheren nationalen Maßnahmen auf den Märkten für Agrarprodukte durch die gemeinsame Agrarpolitik mit einheitlichen EU-Marktordnungen abgelöst. Im Rahmen der Reform der Gemeinsamen Agrarpolitik (GAP) wurde die bisherige einheitliche Marktorganisation (VO (EG) Nr. 1234/2007) weitestgehend aufgehoben und durch die Verordnung (EU) Nr. 1308/2013 des Europäischen Parlaments und des Rates vom 17. Dezember 2013 über eine gemeinsame Marktorganisation (GMO) für landwirtschaftliche Erzeugnisse ersetzt. Diese, am 1. Januar 2014 in Kraft getretene Verordnung fasst nahezu den gesamten Bereich des Agrarmarktrechts zusammen und beinhaltet nur noch die klassischen Marktinstrumente.

Diese Verordnung umfasst u. a. Binnenmarktregelungen (öffentliche und private Lagerhaltung, Vermarktungsnormen, Regelungen zu Erzeugerorganisationen und Branchenverbänden), den Handel mit Drittländern (Einfuhren, Ausfuhren), Wettbewerbsvorschriften (Vorschriften für Unternehmen, staatliche Beihilfen) sowie allgemeine Bestimmungen (insbesondere außergewöhnliche Maßnahmen bei Marktstörungen). Folgende Regelungsbereiche sind dabei hervorzuheben:

- Erzeugerorganisationen und Branchenverbände,
- die klassischen Marktmaßnahmen,
- die Krisenmaßnahmen,
- Qualitätsregelungen für Agrarerzeugnisse.

So sollen Erzeugerorganisationen, deren Vereinigungen und Branchenverbände in der reformierten GAP eine größere Rolle spielen, um die Verhandlungsmacht der Landwirte zu stärken. Im Falle von Krisen auf den landwirtschaftlichen Märkten wird der Europäischen Kommission die Möglichkeit gegeben, kurzfristig Maßnahmen zu ergreifen. Dies bezieht sich auch auf die Gewährung von Exporterstattungen, die nunmehr grundsätzlich auf „Null" gesetzt sind.

Von 1984 bis zum 31.03.2015 galt eine **Garantiemengenregelung** für **Milch** (Milchquotenregelung). Seit Anfang der 90er Jahre hat die GAP verschiedene Reformen zu mehr Marktorientierung in der EU-Landwirtschaft durchgeführt. Die staatliche Preisstützung durch hohe Interventionspreise wurde deutlich reduziert, und es wurden stattdessen entkoppelte Direktzahlungen eingeführt. So wurden im EU-Milchsektor im Rahmen der Luxemburger Beschlüsse (2003) die Interventionspreise für Magermilchpulver um 15 % und die für Butter um 25 % gesenkt. Umgerechnet liegt der EU-Interventionspreis seither bei ca. 20 Cent je kg Standardmilch. Gleichzeitig steigt seit 2007 das Niveau der Weltmarktpreise für Milchprodukte an. Dadurch wurden der EU-Milchsektor mehr in die globalen Märkte integriert und der Preisabstand zwischen den EU-Milchpreisen und den Weltmarktpreisen reduziert. Die EU-Milcherzeuger profitieren zwar häufig von hohen Weltmarktpreisen. Aber parallel dazu führte die Abkehr von der Milchmarktpolitik zu höheren Belastungen für die Milcherzeuger durch Preisrisiken, bedingt durch geringere EU-interne Stützpreise und eine höhere Preisvolatilität auf den globalen Märkten.

Seit 2017 sind die Milchpreisschwankungen sehr hoch und führen dazu, dass sich die Milcherzeuger zunehmend mit Instrumenten des Risikomanagements beschäftigen müssen. Auch führt die Notwendigkeit zu mehr Planungssicherheit dazu, dass die Milchlieferkontrakte neu konzipiert werden. Vielfach wird gefordert, dass Festpreiselemente einen Anteil der Milchpreise einnehmen sollten (Thiele 2017 [230]).

Im Jahr 2016 wurden von den führenden Erzeugerländern für Kuhmilch weltweit 495 Millionen Tonnen produziert. Mehr als 31 % davon werden in den Ländern der EU gemolken. Damit ist die EU weltweit der größte Milcherzeuger, gefolgt von den USA (98 Mio. Tonnen), Indien (72 Mio. Tonnen), China (35 Mio. Tonnen), Russland (30 Mio. Tonnen) und Brasilien (24 Mio. Tonnen). Neuseeland erzeugt hingegen als eine der wichtigsten Exportnationen für Milchprodukte kaum 22 Mio. Tonnen.

Weltweit steht einer gestiegenen Milchproduktion gleichzeitig eine mittlerweile ebenfalls gestiegene Nachfrage nach Milch und Molkereiprodukten gegenüber. Sowohl die Nachfrage als auch das Angebot weisen weltweit u. a. durch Wetterereignisse und Konjunkturschwankungen größere Schwankungen auf. Daher kommt es zu einer ansteigenden Milchpreisvolatilität (Thiele 2017 [230]).

Die Milchanlieferung deutscher Milcherzeuger an die deutschen Molkereien war im Kalenderjahr 2016 leicht gesunken. Mit ca. 31,4 Mio. t wurde im Tagesdurchschnitt 0,6 % weniger Milch erfasst als im Vorjahr. Damit hat das Milchaufkommen zwei Jahre in Folge weitgehend stagniert. Erstmals seit 2006 wurde 2016 wieder ein Rückgang registriert. Insgesamt aber wurde im Zeitraum 2006 bis 2015 das Milchaufkommen in Deutschland insgesamt um 4,6 Mio. t erhöht (ZMB 2016 [258]).

Für die Milcherzeuger war 2016 ein sehr schwieriges Jahr. Die Milcherzeugerpreise lagen im Jahresdurchschnitt für konventionelle Milch mit 4,0 % Fett und 3,4 % Eiweiß bei 26,73 ct/kg Milch (AMI 2017 [9], BLE 2013 [22]). Das ist der niedrigste Preis seit 2009 und im Vergleich zum Vorjahr ein Rückgang um rund 10 %.

Vermarktungsrichtungen Neben den Auswirkungen der allgemeinen Marktpolitik spürt der einzelne Betrieb bei seinem Auszahlungspreis auch die besondere Marktlage seiner Molkerei. Wichtig ist dabei vor allem die Frage, welche Verkaufsprodukte im Warenkorb der Molkerei vorherrschen. Im Kap. Futtermittel tierischer Herkunft (S. 276) wurden die Hauptvermarktungsmöglichkeiten für die wichtigsten Inhaltsstoffe der Milch genannt (Butter, Käse) sowie die anfallenden Futtermittel erwähnt. Die Letzteren bringen, wenn sie nicht (wie Magermilchpulver) durch die Marktordnungspolitik auf sehr niedrigem Niveau gestützt werden, in Krisenzeiten eine noch ungünstigere Verwertung, während jahrelang bestimmte Frischprodukte (z. B. Joghurt, Milchmischgetränke) eine günstigere Verwertung erzielen konnten. Diese Milcherzeugnisse werden allerdings, wie die verschiedenen Sorten Konsummilch (Standard mit min. 3,5 % Fett, „teilentrahmt" max. 1,8 % Fett, „entrahmt" max. 0,3 % Fett), nur indirekt durch das Marktordnungssystem geschützt und unterliegen den Entwicklungen und Schwankungen von Angebot und Nachfrage.

Durch Verbreiterung des Produktportfolios, eine Zusammenarbeit in der Produktion sowie die gemeinsame Vermarktung versuchen die Zusammenschlüsse von mehreren Molkereien, die Unsicherheiten des Marktgeschehens aufzufangen und für ihre Lieferanten die Auszahlungspreise zu stabilisieren.

Seit der Mitte der 1960er Jahre kam es zu teilweise starken Verschiebungen in der Verbrauchernachfrage. Der Absatz von Sahne, Joghurt, Milchmischgetränken und H-Milch dehnte sich – auf Kosten der Konsummilchsorten – kräftig aus. Wie sich die Nachfrage nach den Hauptprodukten der Verwertung von Fett und Eiweiß entwickelte, zeigt die ▸ **Abb. 8.25**. Seit den Jahren (1962/63) mit dem höchsten Butterverbrauch in der Bundesrepublik ging der Butterkonsum/Kopf zunächst deutlich zurück, stieg dann aber gegen Ende der 80er Jahre wieder, um seither weiter zu fallen. Seit einigen Jahren stagniert er bzw. wird leicht schwächer. Laut Institut für Ernährungswirtschaft Kiel liegt der verbutterte Anteil der Anlieferungsmilch bei weniger als 20 % (Thiele 2017 [230]). Der Käseverbrauch zeigt dagegen über den ganzen Zeitraum einen kontinuierlichen Anstieg.

In den meisten übrigen EU-Ländern verläuft die Entwicklung der Butter- und Käsenachfrage ähnlich wie bei uns, meistens aber auf einem niedrigeren Niveau.

Beim Vergleich dieser Daten mit dem Pro-Kopf-Verbrauch (▸ **Abb. 8.25**) ist zu berücksichtigen, dass der Butter höchstens 16 % Wasser belassen werden dürfen, während die Käsesorten je nach Herstellungsart und Fettgehalt zwischen 30 und 80 % Wasser enthalten können. (Für 1 kg Käse wird also ca. 50 % weniger Milch gebraucht als für 1 kg Butter.) Für den zulässigen Wassergehalt gibt es gesetzliche Vorschriften, ebenso für die Bezeichnungen der Käsegruppen (Hart-, Schnitt-, Weichkäse usw.) und für die Fettgehaltsstufen (von „mager" mit weniger als 10 % Fett über verschiedene Zwischenstufen, wie „halbfett" mit mindestens 20 % Fett, bis zur „Doppelrahmstufe" mit mindestens 60 % Fett).

Alternativen zur bisherigen Vermarktung über die Molkereien 98 % der erzeugten Milch werden über die Molkereien vermarktet. Dennoch nehmen

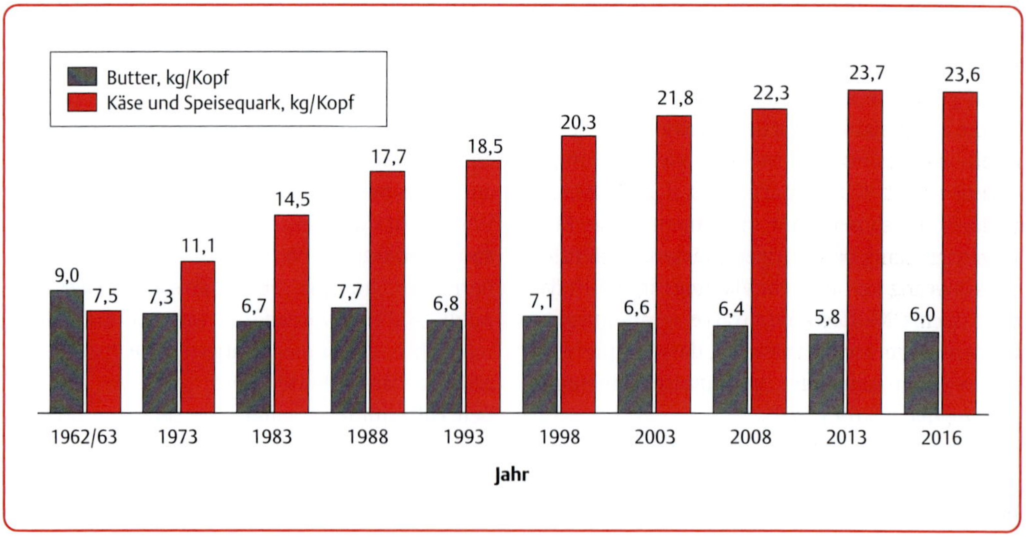

▸ **Abb. 8.25** Entwicklung des Pro-Kopf-Verbrauches an Butter und Käse (Abb. basiert auf Daten aus [259]).

in jüngerer Zeit die Diskussionen um entsprechende Alternativen wie z. B. der Direkt-/Selbstvermarktung oder den Milchhoftankstellen zu.

Direkt-/Selbstvermarktung Für manche Milcherzeuger ist die Direkt-/Selbstvermarktung ein wichtiger Betriebszweig geworden. Hierbei werden Produkte der sogenannten weißen Linie wie Milch, Joghurt, Quark, Frischkäse und Eis angeboten.

Die meisten direktvermarktenden Betriebe konzentrieren sich auf die direkte Belieferung der Endkunden (öffentliche Einrichtungen, Gastronomiebetriebe, Cafés, Eisdielen) oder anderer Hofläden, Naturkostläden bzw. ausgewählter Partner des Lebensmitteleinzelhandels in der jeweiligen Region.

8.3.6 Qualitätsmanagement Milch

Die Lebensmittelerzeugung stellt sehr hohe Ansprüche an die Qualität und die Sicherheit des Produktes sowie des gesamten Produktionsprozesses. Daher sind Maßnahmen zur Qualitätssicherung in diesem Bereich äußerst notwendig. Im Bereich der Milchproduktion und -verarbeitung fußt eine solche Qualitätssicherung auf umfangreichen gesetzlichen Regelungen und Kontrollen (Milch-Güteverordnung, nationales Lebensmittel- und Futtermittelrecht, EU-Hygienevorschriften für Lebensmittel tierischen Ursprungs, etc.).

Diese Gesetze, Vorschriften und Verordnungen werden darüber hinaus ergänzt durch freiwillige Qualitätsprogramme verschiedener Wirtschaftspartner. Die in den letzten Jahren aufgebauten Qualitätssicherungs- und Managementsysteme basieren auf dem Prinzip von Eigenverantwortung und -kontrollen. So wurde von der deutschen Molkereiwirtschaft im Jahr 2003 ein System zur Qualitätssicherung initiiert (Qualitätsmanagementsystem Milch, QM-Milch), um die Milcherzeugung in den landwirtschaftlichen Betrieben in das Qualitätsmanagementsystem der Meiereien mit einzubeziehen. Bei diesem QM-Milch-System handelt es sich um ein zusätzlich zur Milchgüteprüfung bestehendes Sicherungssystem im milcherzeugenden, landwirtschaftlichen Betrieb. Damit soll die Produktion von der Erzeugung bis zur Vermarktung laufend kontrolliert und dokumentiert werden, wobei eine gezielte Auslobung auf den Milchprodukten nicht vorgesehen ist.

Ziel des QM-Milch-Standards ist die Kontrolle des Produktionsprozesses, das heißt die Qualitätssicherung der Rohmilch auf der Stufe der Milcherzeuger. Es soll damit eine Transparenz und Rückverfolgbarkeit des Systems gewährleistet werden. Die Kontrolle dieser Prozessparameter schafft zusätzliche Sicherheit für die Produkte und soll dem hohen Ansehen von Milch und Molkereiprodukten gerecht werden.

Dafür müssen sich die landwirtschaftlichen Betriebe im dreijährigen Turnus einer umfangreichen Kontrolle, dem sogenannten Hofaudit, unterziehen. Dieses erfolgt bundesweit einheitlich. Voraussetzung hierfür war die Gründung des Vereins QM-Milch e. V., aus Vertretern des Deutschen Bauernverbandes, des Milchindustrie-Verbandes und des Deutschen Raiffeisenverbandes.

Alle Organisationen, die mit der Durchführung der Audits beauftragt sind, müssen sich nach einem internationalen Standard als Zertifizierungsstelle akkreditieren lassen.

Der QM-Milch-Standard umfasst die grundsätzlichen Anforderungen an den Prozess der Erzeugung von Kuhmilch in Deutschland. Er gilt für alle Milcherzeuger, die entsprechend den Milchlieferbedingungen der Molkereien oder freiwillig am QM-Milch Zertifizierungs-Programm teilnehmen.

Seit Einführung des Qualitätsmanagementsystems QM-Milch sind die Anforderungen stetig überarbeitet worden, da sich zum einen gesetzliche Vorgaben häufig ändern. Zum anderen müssen bzw. sollen steigende gesellschaftliche Ansprüche immer besser berücksichtigt werden. So erfolgen derzeit die Hofaudits nach der revidierten Standard-Version 2.0 (seit 1.1.2017). Diese Version 2.0 enthält vor allem Anpassungen des QM-Milch-Kriterienkataloges im Bereich Gesundheit und Tierwohl und betrifft hier unter anderem die Bereiche Seuchenvorbeugung, betriebliche Eigenkontrolle, Enthornung, Abkalbung/Kälber und Klauenpflege.

Als dynamisches System, das ständig weiterentwickelt wird, integriert der QM-Milch-Standard neue Erkenntnisse und Anforderungen. Aktualisierungen sind alle drei Jahre vorgesehen, bei entsprechenden Änderungen der gesetzlichen Anforderungen, welche die Kriterien in QM-Milch-Standard betreffen, auch früher.

QM-Milch-Kriterienkatalog Wesentliche Kriterien im QM-Milch-Katalog (Checkliste) werden nachfolgend aufgeführt.

1. Allgemeine Anforderungen: Die Kontrolle des Produktionsprozesses beinhaltet die Überprüfung
   - der Gesundheit und des Wohlbefindens der Tiere,
   - der Kennzeichnung und Herkunft der Tiere,
   - der Milchgewinnung und -lagerung,
   - der Fütterung sowie
   - der Einhaltung der arzneimittelrechtlichen Anforderungen
   - bis hin zu Aspekten des Umweltschutzes.
2. **Gesundheit und Wohlbefinden der Tiere:** Die Erzeugung von Milch als Lebensmittel darf nur unter Einhaltung bestimmter Hygiene und Haltungsbedingungen erfolgen. Darüber hinaus werden strenge Anforderungen an die Gesundheit der Kühe gestellt. So dürfen z. B. Kühe, von denen Milch als Lebensmittel gewonnen wird, keine erkennbaren Anzeichen einer Störung des allgemeinen Gesundheitszustandes aufweisen. Zur Sicherung der Eutergesundheit werden monatlich regelmäßig Bestandsuntersuchungen durchgeführt. Bei Verdacht auf Eutererkrankungen erfolgen Einzeltieruntersuchungen zur Behandlung oder zur Selektion chronisch euterkranker und therapieresistenter Kühe.
3. **Kennzeichnung der Tiere und Bestandsregister:** Jedes Rind muss mit zwei Ohrmarken gekennzeichnet werden. Jeder Tierhalter ist nach der Viehverkehrsverordnung (VVVO) zur Führung eines Bestandsregisters verpflichtet. In der amtlichen Datenbank (HI-Tier-Datenbank) werden alle Tiere sowie jede Bestandsveränderung registriert.
4. **Milchgewinnung und -lagerung:** Die Umgebung, in der Kühe gemolken werden, muss eine qualitativ hochwertige Milchgewinnung gewährleisten. Das schließt z. B. eine regelmäßige Wartung der Melkanlage und des Milchkühltanks sowie spezielle Anforderungen an die Hygiene der Melkarbeit ein.
5. **Futtermittel:** Da der Futtermitteleinsatz ein zentraler Baustein zur Produktion qualitativ hochwertiger Nahrungsmittel ist, werden besondere Ansprüche an Zukauf und Einsatz von Futtermitteln gestellt. So dürfen Milcherzeuger solche Zukauffuttermittel (Misch- und Einzelfuttermittel) einsetzen, die von entsprechend zertifizierten Herstellern und Händlern stammen. Ansonsten wird beim Zukauf von Einzelkomponenten eine Unbedenklichkeitsbescheinigung gefordert. Zudem dürfen ausschließlich Futtermittel eingesetzt werden, die in der Positivliste für Einzelfuttermittel aufgeführt sind. Jede Futtermittellieferung wird durch den Milcherzeuger anhand von Lieferscheinen, Abrechnungen oder anderen Nachweisen belegt. Dies gilt auch für den Zukauf von auf landwirtschaftlichen Betrieben erzeugten Futtermitteln. Zur Einhaltung einer tier- und umweltgerechten Fütterung werden Nährstoffanalysen im Rahmen von Rationsberechnungen empfohlen.
6. **Tierarzneimittel:** Behandelte Kühe sind eindeutig zu kennzeichnen. Deren Milch darf erst nach Ablauf der Wartezeit wieder in Verkehr gebracht werden. Die abgelieferte Milch muss frei von Hemmstoffen sein. Gemäß der Milch-Güteverordnung und gegebenenfalls Milchlieferordnungen wird die Milch regelmäßig (mehrmals monatlich) auf Hemmstoffe untersucht. Weiterhin hat jeder Milcherzeuger im Rahmen der betriebseigenen Kontrollen seinen Tierbestand mit Unterstützung eines Tierarztes zu betreuen und den Erwerb der apotheken- und verschreibungspflichtigen Tierarzneimittel sowie jede Arzneimittelanwendung bei den Nutztieren lückenlos zu dokumentieren.
7. **Umwelt:** Der für die Betriebe gemäß Düngeverordnung vorgeschriebene Nährstoffvergleich soll die jeweilige Nährstoffsituation im Betrieb dokumentieren und nachweisen.
8. **Rückstandsuntersuchungen:** Um einen möglichen Eintrag von unerwünschten Stoffen in die Milch zu unterbinden, werden von den Molkereien (Rückstandsuntersuchungen auf Milchsammelwagenebene, aus Mischproben mehrerer Erzeuger und aus einzelnen Erzeugerproben) und den amtlichen Stellen zahlrei-

che Untersuchungen durchgeführt. Darüber hinaus führt die Futtermittelindustrie im Rahmen ihres HACCP-Konzeptes Rückstandsuntersuchungen durch.

9. **Prüfsystematik:** Die QM-Milch-Auditoren prüfen mithilfe der „QM-Checkliste zur Eigenbeurteilung/Prüfprotokoll" die Einhaltung der QM-Milch-Kriterien. Insgesamt umfasst der Kriterienkatalog 64 Kriterien. Davon sind 17 Kriterien sogenannte K.O.-Kriterien. Maximal kann eine Punktzahl von 75 erreicht werden. Die erforderliche Mindestpunktzahl beträgt 54.
10. **Kontrollintervall:** System- und Sonderkontrollen: Die Anlieferungsmilch jedes Milcherzeugers wird in akkreditierten Laboren überprüft. Die Mindestanzahl der Untersuchungen je Milcherzeuger und Monat ist in ▶ **Tab. 8.43** dokumentiert.

▶ **Tab. 8.43** Kontrollintervall für Milcherzeugerbetriebe im Rahmen der Milchgüte-VO und des QM-Milch-Audits (nach QM-Milch e. V. 2016).

Untersuchungskriterium	Mindestuntersuchungszahl nach QM-Milch-Audit	Mindestuntersuchungszahl gemäß Milchgüte-VO
Milchfett	4-mal	3-mal
Milcheiweiß	4-mal	3-mal
Milchharnstoff	4-mal	keine Vorschrift
Zellzahl (Indiz für Eutergesundheit)	2-mal	2-mal
Keimzahl (Indiz für bakteriologische Beschaffenheit)	2-mal	2-mal
Gefrierpunkt (Indiz für Reinheit und Naturbeschaffenheit)	1-mal	1-mal
Hemmstoffe (Indiz für Freisein von Tierarzneimitteln)	2-mal	2-mal

11. **Auswertung des Kontrollergebnisses:** Bei Erreichen der erforderlichen Mindestpunktzahl und Erfüllung aller K.O.-Kriterien ist das QM-Milch Audit bestanden. Bei Nichtbestehen wird der Milcherzeuger aufgefordert, die festgestellten Mängel zu beheben, was in Form einer Nachkontrolle geprüft wird.

Der QM-Milch Standard kann auf www.qm-milch.de abgerufen werden.

8.4 Die Aufzucht

Hans-Jürgen Kunz

8.4.1 Belegung/Besamung/Trächtigkeit

Während bei wildlebenden Tieren und bei einem Teil der Haustiere die Brunst nur in bestimmten Jahreszeiten erfolgt, tritt sie bei geschlechtsreifen und nicht trächtigen Hausrindern ungefähr alle drei Wochen auf. Beim **Brunstzyklus**, das heißt beim Zeitabstand von einer Brunstperiode zur nächsten, gibt es Unterschiede zwischen den Kühen, ebenso in der **Brunstdauer** (normal 15–25 Stunden).

Mehrjährigen amerikanischen Untersuchungen zufolge variierte die Zykluslänge von weniger als 18 bis zu 36 Tagen. Fast jede zweite Kuh lag außerhalb des Normalbereichs von 20 bis 23 Tagen. Die Brunstdauer (Duldungsphase) betrug im Durchschnitt 7,3 Stunden bei Holsteins und 8,8 bei Jerseys. Die Bandbreite reichte von 33 Minuten bis 35 Stunden.

Brunstsymptome Um zum richtigen Zeitpunkt zu belegen bzw. zu besamen, ist es notwendig, den Beginn der Brunst möglichst genau festzustellen. Dabei kann man sich an den Brunstsymptomen orientieren, die in ▶ **Abb. 8.26** zusammengestellt sind. Es wird dabei zwischen Vor-, Haupt- oder Hoch- und Nachbrunst unterschieden. Die in der Tabelle angegebenen Zeiten und auch die Ausprägung der primären und sekundären Brunstanzeichen können großen individuellen Schwankungen unterliegen. Das hängt mit hormonellen Einflüs-

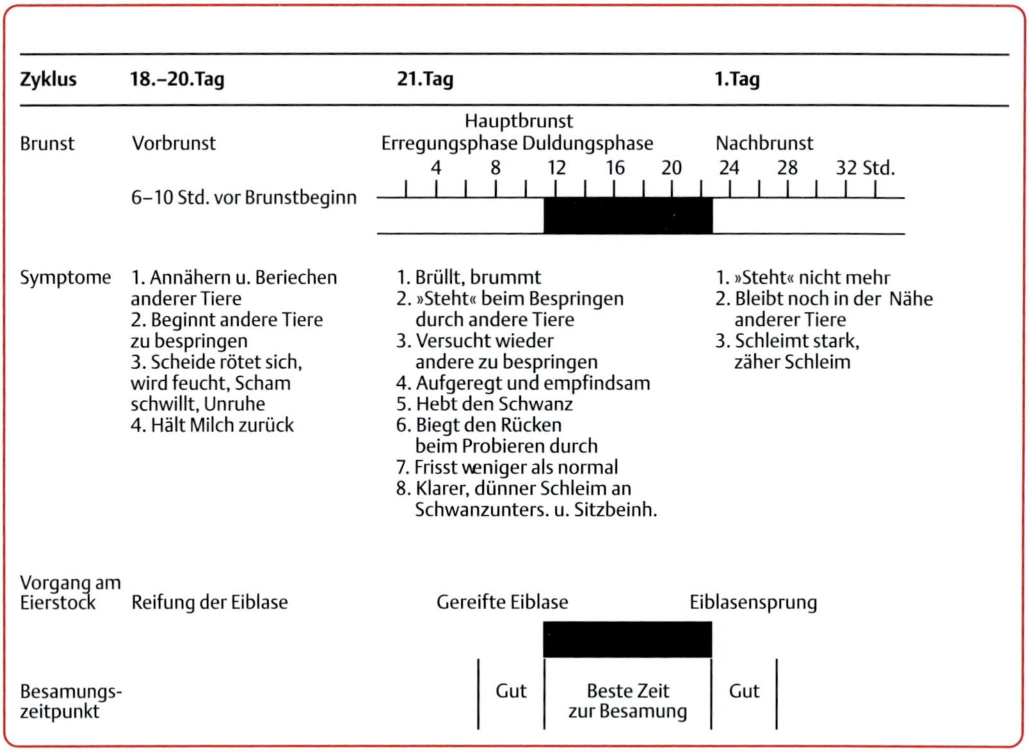

▶ **Abb. 8.26** Brunstsymptome.

sen, aber auch mit Umwelteffekten zusammen. In Laufställen sind die Symptome besser ausgeprägt und damit zu erkennen als in Anbindehaltungen. Rutschfeste Böden führen zu stärkeren Aktivitäten, ebenso gesunde Klauen. Bei Kühen in Hochleistungsherden muss mit verkürzten sichtbaren Brunstanzeichen gerechnet werden.

Eine erfolgreiche **Brunstbeobachtung** erfordert eine intensive Beobachtung der Kühe. Der Betreuer der Tiere muss sich mindestens dreimal täglich genügend Zeit für einen Brunstkontrollgang nehmen, und zwar vorzugsweise während der Ruhezeiten der Kühe. Da die Brunstzeichen nicht bei allen Tieren auftreten, manche Kühe sogar ausgesprochen „still" rindern, ist es für den an guten Befruchtungsergebnissen interessierten Kuhhalter wichtig, die Brunsteigenheiten seiner Tiere im Gedächtnis zu behalten oder besser in einem **Brunstkalender** aufzuschreiben.

Noch hilfreicher und vor allem in größeren Herden unverzichtbar sind EDV-Programme wie Kuhplaner oder Herdenmanagement-Programme. Sie können auf dem hofeigenen PC installiert oder als Angebot von Beratungsunternehmen (z. B. den Landeskontrollverbänden) in Anspruch genommen werden.

Bei angebundenen Kühen ist die Brunsterkennung schwieriger als bei den in Laufställen oder Ausläufen gehaltenen, weil gegenseitiges Bespringen und auffällige Kontaktaufnahme nicht möglich sind. Hier muss der Tierhalter besonders auf Veränderungen an den Geschlechtsorganen achten. Die Duldungsbereitschaft kann er durch Druck auf den Lendenteil des Rückens testen. Bei unklaren Fällen muss man das brünstige Tier oder ein anderes losbinden und die Gelegenheit zur Kontaktaufnahme bieten (Abprobieren).

Optimaler Besamungszeitpunkt Der Ei- oder Follikelsprung erfolgt bei den meisten Kühen erst nach dem Abklingen der äußeren Brunstzeichen.

Praxistipp

Deshalb sollten der Deckakt oder die künstliche Besamung erst im letzten Drittel der Brunst (10–20 Stunden nach Beginn) durchgeführt werden. Das ist in der Regel zugleich die Zeit, in der die Kühe am besten stehen. Wird früher oder später besamt oder gedeckt, sind die Befruchtungsergebnisse ungünstiger und man muss mit Nachrindern rechnen. In mehreren Untersuchungsreihen wurde festgestellt, dass rund 15 % der Kühe zum falschen Zeitpunkt besamt werden, meistens zu früh.

Für den optimalen Besamungszeitpunkt ist es wichtig, den Brunstbeginn möglichst genau einzuschätzen. Zu sehen ist er nicht. Er kann nur rückwirkend aus den Brunstsymptomen abgeleitet werden. Wenn die besten Befruchtungsergebnisse erst im letzten Drittel der Brunst erzielt werden, kann die für die Besamung bzw. Bedeckung früher oft propagierte Morgens-abends-Regel, das heißt, wenn die Brunst am Morgen erstmals beobachtet wurde, sollte die Besamung bzw. Bedeckung am Abend erfolgen, nicht immer optimal sein. Über 70 % der Kühe beginnen nachts mit der Brunst, was bei größeren Beobachtungszeiträumen aber erst morgens festgestellt wird. Die darauf scheinbar folgerichtige Belegung am Abend kommt im Hinblick auf den Eisprung zu spät. Erfahrene Besamer beschränken sich bei der Besamung daher zunehmend auf einen Besamungstermin im Laufe des Vormittags.

Brunstnachweis Es gibt eine Reihe von Möglichkeiten, die Brunst durch spezielle Messgeräte oder Untersuchungen nachzuweisen. Bekannt sind Geräte zur Leitfähigkeitsmessung des Scheidenschleimes und der **Milch-Progesteron-Test**, der sich auf Schwankungen des Progesterongehaltes in der Milch in Abhängigkeit von der Eierstockfunktion stützt. Die erhöhten Bewegungsaktivitäten der Kühe in der Brunst nutzt man bei entsprechenden Geräten, die am Hals (Transponder) oder Fuß (Pedometer) befestigt sein können. Aus den USA stammen die sogenannten KAMAR-Brunstmesser, das sind Farbpatronen, die auf die Schwanzwurzel der Kühe aufgeklebt werden, beim Bespringen durch andere Kühe zerplatzen und dabei auf der brünstigen Kuh einen Farbfleck hinterlassen.

Die genannten Methoden können vor allem in größeren Herden mit knapper Arbeitskapazität wertvolle Hilfe leisten, um die Brunst festzustellen, die sorgfältige Brunstbeobachtung durch den Menschen können sie nicht ersetzen.

Brunst- und Ovulationssynchronisation Neben den genannten technischen Methoden der Brunsterkennung gibt es biotechnische Verfahren der Brunst- und Ovulationssynchronisation mithilfe von Hormongaben. So kann beispielsweise im Rahmen des Embryotransfers (S. 161) die Brunst mehrerer Kühe durch Verabreichung von Prostaglandin zeitlich angeglichen, das heißt synchronisiert werden. Das ermöglicht die Belegung der synchronisierten Kühe in einem engen, vorhersehbaren Zeitraum.

Noch weitgehender ist die **Ovulationssynchronisation**, auch Ovsynch-Programm genannt. Hierbei lässt sich die Besamung punktgenau planen, weil der Eisprung mittels gezielter Hormongaben zeitlich exakt ausgelöst werden kann. Das Ovsynch-Programm ist aber nur dann erfolgreich, wenn die betreffenden Herden gesund sind und in der Fruchtbarkeit keine Bestandsprobleme vorliegen.

Deckbulle oder Besamung? Die einzelbetriebliche Entscheidung, einen Deckbullen einzusetzen, wird häufig dann getroffen, wenn es Probleme mit der Brunsterkennung gibt, die mit anderen schon beschriebenen Methoden nicht ausgeglichen werden können. Zu bedenken ist: Der zuchtwertgeprüfte Besamungsbulle ist im Mittel dem Deckbullen ohne Zuchtwert in allen geprüften Leistungsmerkmalen deutlich überlegen. Zudem besteht beim Einsatz eines Deckbullen immer eine erhöhte Unfallgefahr. In jedem Fall ist davon abzuraten, ausschließlich auf den Deckbullen zu setzen. Der durch Leistungsabfall oder durch Schwergeburten mögliche Ausfall eines oder mehrerer Jahrgänge in der Nachzucht kann durch eventuell verbesserte Trächtigkeitsraten nicht gerechtfertigt werden.

Trächtigkeitsnachweis/Trächtigkeit

Bleibt die nächste Brunst aus, besteht nicht in jedem Falle eine Garantie für die begonnene Trächtigkeit. Stirbt der Embryo innerhalb der ersten beiden Wochen, wird er resorbiert und die Kuh kann am 21. Tag nach der Besamung wieder brünstig werden (embryonaler Frühtod). Bei späterem Absterben dauert die Resorption länger. Manchmal trocknet die Frucht auch ein (Mumifizierung) oder sie wird, meistens unbemerkt, abgestoßen. Entsprechend lange muss auf eine neue Brunst gewartet werden.

Eine Wiederholung des Progesterontests 20–22 Tage nach der Besamung erlaubt bei niedriger Progesteron-Konzentration eine klare Aussage über Nichtträchtigkeit, bei hohem Progesteron-Spiegel eine weniger abgesicherte Aussage über den Beginn der Trächtigkeit. Aber 6–8 Wochen nach dem Belegungstermin können erfahrene Tierärzte, Besamungstechniker oder Tierpfleger durch den Mastdarm Veränderungen an der Gebärmutter feststellen, die auf eine Trächtigkeit schließen lassen.

Schon ab dem 30. Tag lässt sich beim Rind eine Trächtigkeit mit Ultraschallgeräten sicher feststellen. Diese Technik kann auch helfen, die Funktion der Eierstöcke zu überprüfen. Sichere Diagnosen setzen jedoch genügend Erfahrung im Umgang mit den Geräten voraus.

Ebenfalls kann eine Trächtigkeit 30 Tage nach der Besamung bzw. der Bedeckung im Blut mithilfe eines ELISA-Tests nachgewiesen werden. Der Test basiert auf dem Nachweis von trächtigkeitsassoziierten Glykoproteinen (Pregnant Specific Protein B, PSPB), die während der gesamten Trächtigkeit gebildet werden. Die letzte Kalbung muss 90 Tage zurückliegen, da der Test ansonsten durch Restmengen an Protein aus der letzten Trächtigkeit verfälscht werden kann. Die Sensitivität des Tests liegt nach Herstellerangaben des Test-Kits bei 99 % und die Spezifität bei 94,7 %. Als Untersuchungsmaterial wird Vollblut, Serum oder Plasma benötigt.

Die **Trächtigkeitsdauer** beträgt bei der Rasse Deutsche Holsteins im Durchschnitt 280 Tage, bei Fleckvieh, Gelbvieh und Braunvieh im Mittel 288 Tage. Einzelne Kühe tragen bis zu zwei Wochen kürzer oder länger. Bullenkälber verursachen eine um 1–2 Tage längere Trächtigkeit als Kuhkälber. Im 6. Trächtigkeitsmonat lassen sich die Bewegungen des Kalbes in der rechten Flanke der Mutter (vor der Kniefalte) spüren. Das Wachstum des Fötus beschleunigt sich. Die Tageszunahmen überschreiten 100 g. Bis zum Ende des 7. Monats erreicht das Gewicht des Kalbes etwa 10 kg.

Wiederbelegung nach dem Abkalben Wird eine Zwischenkalbezeit von ca. 365 Tagen angestrebt, muss die Konzeption spätestens ca. 85 Tage nach der Geburt erfolgen. Bei Kühen mit höheren Milchleistungen kann es sinnvoll sein, sie bewusst später das erste Mal zu belegen. Dafür sprechen mehrere Gründe: Eine Belegung während der negativen Energiebilanz erhöht das Risiko, dass das betreffende Tier nicht tragend wird (► **Tab. 8.44**). Im Falle einer Trächtigkeit wird die Milchleistung durch die Trächtigkeit negativ beeinflusst. Hinzu kommt, dass diese Kühe in der Regel mit einer höheren Milchleistung trockengestellt werden müssen.

Bei gesunden Kühen mit ungestörtem Geburtsverlauf kommt es schon 14 Tage nach der Geburt zu einer Brunst, die aber meist übersehen wird, da die Symptome noch schwach auftreten. Eine solche Brunst wird nicht mitgezählt. Die Gebärmutter benötigt 3–4 Wochen, um sich zurückzubilden. Auch dann ist sie aber meistens noch nicht für eine neue Trächtigkeit bereit. Deshalb wird die

► **Tab. 8.44** Länge der Rastzeit und Besamungserfolg (nach Untersuchungen der Cornell Univ., Ithaca NY).

Erstbesamung: Tage nach dem Abkalben	Zahl der Kühe	% davon befruchtet	Besamungsindex (Zahl der Besamungen je Trächtigkeit)
bis 50	26	37	2,5
51–60	24	67	1,7
61–90	50	70	1,6
91 und mehr	50	76	1,5

Brunst, die um den 36. Tag nach dem Abkalben auftritt, im Allgemeinen übergangen. Sie sollte trotzdem registriert werden. Denn bei Kühen, die bis zum Ende der 6. Woche nach dem Abkalben nicht die erste neue Brunst gezeigt haben, sollten beobachtet und bei nochmaligem Ausfall der Brunst dem Tierarzt vorgestellt werden.

Definition

Der bislang als optimal angesehene Belegungstermin zur zweiten Brunst von 50 bis 60 Tagen ist nicht für Kühe mit hohen Milchleistungen zu empfehlen. In Abhängigkeit von der Milchleistung (z. B. 10 000 kg und darüber) können bewusst gewählte Rastzeiten von 100 und mehr Tagen sinnvoll sein. **Rastzeit** ist die Zeit zwischen Kalbung und erster Besamung/Belegung. Von der Rastzeit zu unterscheiden ist die **Güstzeit**, die Zeit zwischen Kalbung und Befruchtung. Sie wird auch Serviceperiode genannt.

Fruchtbarkeitsstörungen bei Kühen Störungen der Fruchtbarkeit gehören zu den meistgenannten Abgangsursachen bei Kühen. Etwa 20 % der Abgänge entfallen hierauf (▸ Tab. 8.45).

Eine der häufigsten Ursachen für gestörte Fruchtbarkeit ist die „stille Brunst“. Dabei laufen zwar die Zyklen der Eierstöcke regulär ab, dennoch ist trotz erfolgter Ovulation keine Brunst zu beobachten. Ursachen für die stille Brunst können Umwelteffekte wie zu wenig Bewegung, zu wenig Licht, Stress oder auch Fütterungsmängel (z. B. negative Energiebilanz oder Ketosen) sein. Mit steigender Milchleistung verkürzen sich zudem die Zeit der sichtbaren Brunst sowie auch die Stärke der Brunstsymptome. Aus diesem Grund werden nicht selten „scheinbar stillbrünstige Tiere“ als stillbrünstig eingestuft. Andere Zyklusstörungen sind auf **Zystenbildungen** zurückzuführen. Bilden sich Zysten nicht innerhalb von 40 Tagen alleine zurück, sollten die betreffenden Tiere behandelt werden. Hierbei sind Follikel- von Gelbkörperzysten zu unterscheiden. Bei Follikelzysten (dünnwandig) kann es durch die Östrogenausschüttung zu einer Dauerbrunst kommen, die, wenn sie unauffällig verläuft, auf jeden Fall eine Unterbrechung des Zyklus zur Folge hat und ebenfalls leicht übersehen wird. Das gleiche Resultat verursachen Gelbkörperzysten (dickwandig), die durch die Produktion von Progesteron eine „Scheinträchtigkeit“ verursachen. Da bestimmte Kuhfamilien stärker von diesem Phänomen betroffen sind, wird gegenwärtig untersucht, ob es eine genetische Prädisposition für dieses Merkmal gibt.

Auch Fütterungsfehler (S. 321), beispielsweise in Form von Carotinmangel, Protein- und Energieüberschüssen oder eines Überangebotes an pflanz-

▸ **Tab. 8.45** Verteilung der ausgeschiedenen Kühe nach Abgangsgründen und Herdenleistung (kg Milch pro Laktation) in Prozent (LKV SH 2016 [153]).

Abgangsgrund	bis 5999	6000–6999	7000–7999	8000–8999	9000–9999	10 000 u. mehr	gesamt
verkauft zur Zucht	4,8	5,9	2,8	2,9	4,5	7,2	4,2
hohes Alter	1,6	1,1	1,2	1,2	1,6	1,5	1,4
geringe Leistung	4,8	4,8	5,8	5,7	5,2	5,0	5,4
Unfruchtbarkeit	13,5	18,6	20,1	22,0	22,8	21,6	20,9
Euterkrankheiten	9,6	10,0	11,4	12,7	14,4	14,6	12,6
Schlechte Melkbarkeit	1,4	1,7	1,9	2,5	2,9	3,2	2,4
Klauen- und Gliedmaßenerkrankungen	5,2	6,9	9,2	10,1	10,7	10,5	9,5
sonstige Erkrankungen	3,6	4,6	5,6	6,4	6,8	6,4	6,0
Betriebsabgang	22,1	12,9	9,3	6,4	4,3	3,4	7,7
Tod-/Abgangsmeldung	0,7	0,8	0,5	0,5	0,5	0,6	0,6
sonstige Ursachen	31,9	31,3	30,4	27,5	23,6	23,2	27,2
insgesamt (100 %)	7942	12 294	25 157	38 552	32 471	13 844	130 300

lichen Östrogenen (aus Weißklee und anderen Futterleguminosen), können Zyklusstörungen aufgrund von Zystenbildungen mitverursachen. Genitalkatarrhe treten oft die Folge von Schwergeburten oder unsachgemäßer, unhygienischer Geburtshilfe sowie von Nachgeburtsverhalten auf. Bei Gebärmutter- und Scheidenentzündungen können Fütterungseinflüsse mitbeteiligt sein (z. B. zu viel Kalium und zu wenig Natrium bei „Güllekatarrh").

Oft werden hohe Milchleistungen für die Fruchtbarkeitsstörungen verantwortlich gemacht. Die Auswertung in ▶ **Tab. 8.45** zeigt die im Berichtsjahr 2016 aus der Kontrolle ausgeschiedenen Kühe, die nach dem Milchleistungsniveau der betreffenden Betriebe sortiert wurden. Der Auswertung liegen insgesamt 302 659 Kühe in MLP-Betrieben zugrunde. Die Zahl der abgegangenen Kühe beträgt 119 787. Die Auswertung widerlegt den negativen Einfluss hoher Milchleistungen auf die Fruchtbarkeit. Das lässt darauf schließen, dass den biologischen Gegebenheiten durch ein gutes Fruchtbarkeitsmanagement entgegengewirkt werden kann.

Je höher die Milchleistung der Kühe ist, desto wichtiger ist es, die freiwillige Wartezeit zu erhöhen, damit die Kühe nicht in der Phase der negativen Energiebilanz besamt werden. Bereits Arbel et al. (2001 [11]) haben sich mit diesem Thema beschäftigt und bei 750 Erst- und Mehrkalbskühen unterschiedliche Rastzeiten und damit unterschiedliche Laktationslängen miteinander verglichen. Die Erstkalbskühe in der Kontrollgruppe wurden in dieser Untersuchung das erste Mal mit 93 und in der dazugehörigen Versuchsgruppe erst mit 154 Tagen besamt. Die Zeiten bis zur erfolgreichen Besamung betrugen 128 bzw. 189 Tage. Die erste Besamung bei den Mehrkalbskühen erfolgte in der Kontrollgruppe mit 71 und in der Versuchsgruppe mit 124 Tagen. Die Zeiten bis zur Trächtigkeit betrugen bei ihnen 110 und 160 Tage.

Die Wissenschaftler stellten fest, dass Kühe, die erst später besamt werden, eine bessere Persistenz in der Laktation besaßen. Zudem hatten sie in der Zeit, in der sie noch nicht tragend waren, eine etwas höhere Milchleistung.

Am Ende war jedoch entscheidend, welche Kühe pro Versuchstag den höheren Gewinn erbrachten. Dazu wurden ebenfalls die Erlöse aus den Schlachtungen, die Futter- und Arbeits- und sonstige Kosten miteinberechnet. Die Kühe mit einer verlängerten freiwilligen Wartezeit waren die, die trotz des Milchabfalls zum Ende der Laktation den höchsten Gewinn pro Versuchstag erbracht haben.

Es ist deutlich zu erkennen, dass es sinnvoll ist, in dem Zeitraum einer negativen Energiebilanz nach der Kalbung nicht sofort wieder eine Trächtigkeit herbeiführen zu wollen, sondern den Tieren Zeit zu geben, ihren Stoffwechsel erst einmal zu stabilisieren. Nicht ganz unwichtig bei dieser Kalkulation ist, dass die fallenden Milchleistungen in den letzten Laktationsmonaten mit einem signifikanten Anstieg der Eiweißwerte verbunden sind und einen Teil des Milchverlustes bereits darüber wieder ausgleichen.

Rudolphi (2012 [194]) untersuchte Fruchtbarkeitsparameter von 39 980 Milchkühen, die in fünf Milchleistungsgruppen von durchschnittlich 7100 kg bis 12 513 kg eingeteilt wurden. Die Untersuchung hat gezeigt, dass bei steigender Milchleistung von der ersten bis zur fünften Gruppe die Rastzeit (Geburt bis zur 1. Besamung = freiwillige Wartezeit) um 12 Tage von 73 auf 85 Tage angehoben wurde, die Verzögerungszeit (Geburt bis zur 1. erfolgreichen Besamung) jedoch von 43 auf 91 Tage anstieg. Diese Differenz ist mit 48 Tagen die dreifache Länge der verlängerten freiwilligen Wartezeit. Auch der Besamungsindex verschlechterte sich dementsprechend von 2,0 auf 3,1 und der Erstbesamungserfolg von 46 auf 24 %. Auch hier ist zu sehen, dass die hochleistenden Kühe zu einem frühen Zeitpunkt teilweise noch nicht in der Lage waren, eine Trächtigkeit auszubilden.

Kaske (2014) führte eine kontrollierte, vorausschauende (prospektive) Feldstudie zur Überprüfung unterschiedlicher freiwilliger Wartezeiten auf einem Milchviehbetrieb mit 1092 gemolkenen Kühen und einer Milchleistung von 11 488 kg durch. Dazu wurde die betriebsübliche freiwillige Wartezeit von 40 Tagen (Gruppe A) in einer Gruppe B auf 120 Tage und in einer dritten Gruppe C auf 180 Tage verlängert. Der Trächtigkeitsindex verbesserte sich in gleicher Reihenfolge von 1,8 auf 1,6 und 1,5, der Erstbesamungserfolg von 36,3 auf 49,6 und 50,0, die Verzögerungszeit verringerte sich von 58 auf 37 und 34 Tage, die Behandlungen wegen Anöstrie verringerten sich ebenfalls von 30,2 auf 11,1 und 9,1 %. Wir können erkennen, dass es sinnvoll ist, bei hochleistenden Kühen die freiwillige Wartezeit zu verlängern. Aus diesem Grund hat der Landeskontrollverband Schleswig-Holstein das Merkmal Zwischenkalbezeit aus dem Verzeichnis der „Fruchtbarkeitsmerkmale“ gestrichen.

Eine verlängerte Zwischenkalbezeit ist nicht zwangsläufig auf eine „Fruchtbarkeitsstörung“ zurückzuführen. Wird bei hochleistenden Kühen die freiwillige Wartezeit als bewusste Managemententscheidung verlängert, lassen sich Fruchtbarkeitsmerkmale wie Verzögerungszeit, Trächtigkeitsindex, Erstbesamungserfolg und Behandlungen wegen Anöstrie positiv beeinflussen. Weiterhin darf nicht vergessen werden, dass eine Trächtigkeit die Milchleistung negativ beeinflusst. Durch eine bewusste Verlängerung der freiwilligen Wartezeit kann dieser Zeitpunkt hinausgeschoben und Kühe brauchen zudem nicht mit zum Teil noch sehr hohen Milchleistungen trockengestellt zu werden.

Fruchtbarkeitskontrolle bei Zuchtbullen Auf den Besamungsstationen werden die Bullen laufend von den Stationsärzten überwacht, und es werden Samenuntersuchungen durchgeführt. Bei im Natursprung eingesetzten Bullen muss die Initiative vom Bullenhalter ausgehen. Eine tierärztliche Untersuchung ist spätestens dann notwendig, wenn normal beanspruchte Bullen deckunlustig werden oder sich die Fälle von Umrindern häufen. Für jeden Bullenhalter sollte es selbstverständlich sein, das Deckregister sorgfältig zu führen.

Trockenstellen Sechs bis acht Wochen vor dem voraussichtlichen Abkalbetermin müssen die Kühe, unabhängig von der täglichen Milchmenge, **trockengestellt** werden. An diesem bewährten Grundsatz sollte festgehalten werden, auch wenn sich neuere wissenschaftliche Untersuchungen, vornehmlich aus den USA, mit kürzeren Trockenstehphasen bis hin zum „Durchmelken“ beschäftigen. Erste Ergebnisse signalisieren zwar günstige Auswirkungen bei der Körperkondition und daraus folgend bei der Milchleistung. Noch weitgehend offen sind aber die Effekte verkürzter Trockenstehzeiten auf das nachfolgende Fruchtbarkeitsgeschehen.

Über die Methode des schnellen Trockenstellens bei völlig eutergesunden Kühen wurde im Kap. Milchbildung und Aufrechterhaltung der Laktation (S. 86) schon berichtet. Als eutergesund können im Allgemeinen Kuhbestände angesehen werden, deren Zellzahlen der Anlieferungsmilch unter 100 000 bleiben. Bereits bei einer Bestands-Zellzahl von 100 000 ist mit einzelnen, zumindest subklinisch euterkranken Kühen zu rechnen. Grundsätzlich sollte bei jeder Kuh vor dem geplanten Trockenstellen eine Überprüfung aller Striche erfolgen.

Die **Methode des abrupten, schlagartigen Trockenstellens** hat den Vorteil, dass die Rückbildung des Euters nicht immer wieder durch Anrüsten und Ausmelken gestört wird. Das Verfahren stellt deshalb auch für Hochleistungskühe die Methode der Wahl dar. Das früher übliche tägliche Einmalmelken (Überspringen von Melkzeiten über zwei bis vier Tage) kann nur für Problemkühe in Betracht kommen. Beim Trockenstellen schwillt innerhalb der nächsten drei bis vier Tage das Euter deutlich an und es kommt zu einem Milchstau. Der damit verbundene Innendruck bewirkt, dass die Drüsenzellen keine Milch mehr produzieren und in das Euter abgeben können. Die im Euter angestaute Milch wird wieder vom Körper resorbiert. Ab dem fünften bis sechsten Tag nach dem letzten Melken bildet sich die Milchdrüse zurück.

Beim Trockenstellen muss die Fütterung dem geringeren Bedarf (S. 319) angepasst werden. Die Nährstoffversorgung der Kühe wird auf ein Niveau von Erhaltung + 4 bis 6 kg Milch vermindert, keinesfalls jedoch die Wasserversorgung. Eine weitere Reduzierung der Energieversorgung, z. B. bei verfetteten Kühen, darf nicht vorgenommen werden, weil dadurch eine Acetonämie provoziert werden kann, der über die Schädigung der Leber auch Fruchtbarkeitsstörungen nach dem Abkalben folgen können. Etwa drei Wochen vor der Kalbung muss die Energiekonzentration wieder erhöht werden, um einem zu starken Abbau der Körperkondition entgegenzuwirken.

Nach dem letzten gründlichen Ausmelken, spätestens fünf Tage nach Beginn des Trockenstellens, werden die Zitzenkuppen gereinigt und desinfiziert. In Betrieben mit einem höheren Anteil euterkranker Kühe sollten als Vorsorgemaßnahme alle Kühe auf allen Eutervierteln mit einem lang

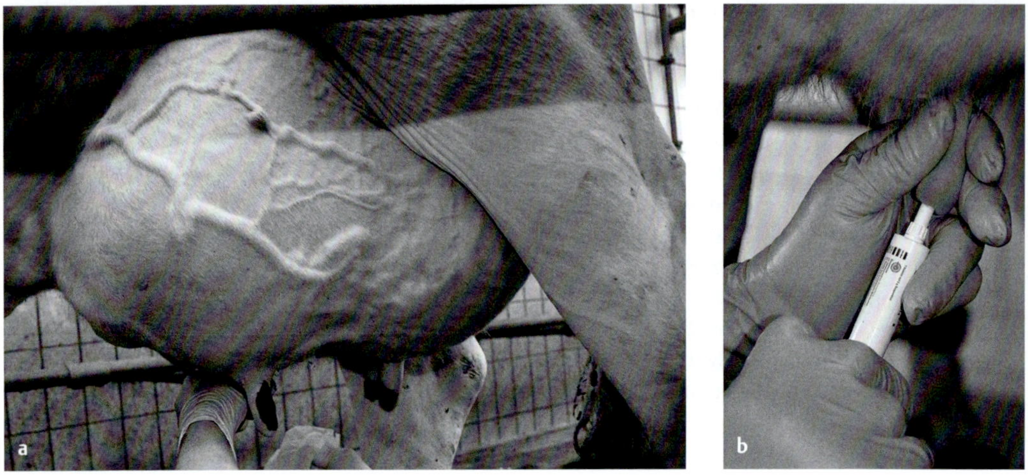

▸ **Abb. 8.27** Trockenstellen mit System – eine wichtige Voraussetzung zur Vermeidung von Mastitis. (Foto: Katrin Mahlkow-Nerge, Ostenfeld)

wirkenden Antibiotikum (Trockensteller) trockengestellt werden (▸ **Abb. 8.27**). In eutergesunden Herden empfiehlt es sich, zur Verringerung des Medikamenteneinsatzes die Behandlung auf alle euterinfizierten Kühe zu beschränken. Grundsätzlich unzulässig ist es nach der neuen Gesetzgebung, Antibiotika zur generellen Prophylaxe einzusetzen, also dann, wenn die Tiere im Bestand aktuell nicht von einer Infektion bedroht werden.

Einen antibiotikafreien Schutz vor Neuinfektionen geben interne **Zitzenversiegler**. Dabei handelt es sich um spezielle, mit einer Paste gefüllte Injektoren, die wie andere Trockensteller in den Strichkanal eingeführt werden und dort einen Pfropf bilden. Dieser verhindert als mechanische Barriere das Eindringen von Bakterien. Es gibt dabei keine Wartezeiten für die Milch, doch dürfen die Präparate bisher nur bei vorher eutergesunden Kühen eingesetzt werden. Es besteht auch die Möglichkeit, Kühe nach vorheriger Untersuchung gezielt viertelweise antibiotisch oder mit Zitzenversiegler trockenzustellen.

Unabhängig von der Methode darf das Euter nach dem Trockenstellen nicht mehr gereizt oder angemolken werden. Wenn sich das Euter nachträglich rötet und erhitzt, sollte ein Tierarzt hinzugezogen werden, ebenso, wenn sich vor oder beim Trockenstellen herausstellt, dass eine Kuh akut euterkrank ist. Solche Kühe müssen vor dem Trockenstellen gezielt mit Kurzzeitmedikamenten behandelt werden, bis die Milch wieder ein normales Aussehen hat, dann werden sie mit einem Langzeitantibiotikum endgültig trockengestellt.

8.4.2 Geburt/Geburtshilfe

Vorbereitungsstadium Eine Geburt kündigt sich durch Veränderungen an der Scheide und in ihrer Umgebung an. Die Scham rötet und vergrößert sich. Ein zäher Schleimfaden hängt aus der Schamspalte heraus. Auch der Milchspiegel und das Euter schwellen an. Die Bänder zwischen Schwanzwurzel und Sitzbeinhöcker „sinken ein“, das heißt, sie werden weich und nachgiebig. Die Schwanzwirbel werden beweglicher und die Gelenke zwischen Kreuzbein und Becken werden aufgelockert.

Dieses Vorbereitungsstadium dauert mehrere Tage, mit deutlicheren Anzeichen während der letzten 24–48 Stunden. Aber es gibt große individuelle, auch altersabhängige Unterschiede. Eine genauere Bestimmung des Geburtstermins kann mithilfe der Bestimmung der Körpertemperatur erfolgen. Allerdings genügt einmaliges Messen nicht. Weil das Körpertemperaturprofil von Kuh zu Kuh etwas unterschiedlich ist und die Morgentemperaturen allgemein etwas unter den Abendtemperaturen liegen, müssen die Messungen schon eine Woche vor dem errechneten Geburtstermin einsetzen, zweimal täglich. Von der Industrie werden hierfür Funkthermometer angeboten, die in die Scheide eingelegt werden und per Smartphone abgerufen werden können. Beim Ausstoßen vor der Geburt geben sie ebenfalls eine Meldung für die erfolgte Geburt. Die Temperatur steigt während der Vorbereitungsphase zunächst leicht an und sinkt 15–25 Stunden vor der Geburt um 0,4–0,5 °C ab. Wenn die Geburt nicht spätestens 1½ Tage nach dem Temperaturabfall beginnt, muss mit Komplikationen gerechnet und ein Tierarzt hinzugezogen werden.

Der Geburtsplatz soll gut eingestreut, zugfrei und ruhig sein. Außerdem muss er so viel Bewegungsraum bieten, dass eine etwaige Hilfestellung nicht behindert wird. Am besten ist es, wenn getrennte Abkalbeboxen vorhanden sind. Bei Laufstallhaltung sind sie ein „Muss", wobei Einzelboxen, die eine Mindestseitenlänge von 4 m haben sollten, Gruppenboxen vorzuziehen sind.

Das notwendige Geburtsequipment, wie Wasser, Seife, Handtücher, Desinfektionsmittel, jodhaltige Tinktur und Geburtshelfer, sollte immer bereitstehen. Sauberkeit ist auch während der Geburt unerlässlich.

Notwendig ist vor allem **Geduld**. Der häufigste Fehler ist ein zu frühes Eingreifen. Wenn die Vorderfüße aus der Scheide austreten, sollte nicht vor Ablauf von zwei Stunden in die Geburt eingegriffen werden. Ist eine Geburtshilfe unerlässlich, darf nur während der Austreibungswehen gezogen werden. Bei Fehllagen, die nicht selbst korrigiert werden können, ist der Tierarzt zu Hilfe zu ziehen.

Öffnungsstadium Sobald die Kuh durch starke Unruhe, durch abwechselndes Aufstehen und Niederlegen erkennen lässt, dass die **Eröffnungswehen** begonnen haben, werden die Scham und die nähere Umgebung einschließlich des Schwanzes mit Seife und warmem Wasser gründlich gesäubert. Diese Reinigung ist bei erneuter Verschmutzung zu wiederholen. Sonst soll man die Kuh aber in Ruhe lassen, auch dann, wenn schließlich die **erste Fruchtblase**, die sogenannte **Wasserblase**, erscheint. Diese soll die Geburtswege schonend erweitern und platzt in der Regel rechtzeitig von selbst auf.

Nach völliger Öffnung des Gebärmuttermundes bewirkt der Druck des Kopfes des Kalbes auf den inneren Muttermund eine Freigabe des Hormons Oxytocin aus der Hypophyse und als Folge eine Umstellung in der Art der Gebärmutterkontraktionen. Danach wird bei jeder Wehe die Gebärmutter ein Stückchen kleiner. Jetzt legen sich die Kühe auch meistens hin; und mit dem Erscheinen und dem Sprung der **zweiten Fruchtblase**, der **Amnion-** oder **Schleimblase**, beginnt nun die eigentliche Geburt, das Austreibungsstadium. Der Schleim der Amnionblase macht den Geburtsweg schlüpfrig.

Austreibungsstadium In der Schleimblase lassen sich in der Regel schon die Klauenspitzen des Kalbes erkennen; und mit den ersten Wehen nach dem Blasensprung erscheinen die Klauen in der Schamspalte. Wenn die Sohlenflächen der Klauen nach unten zeigen und hinter den auf diese Art identifizierten Vorderfüßen nach weiteren Wehen das Flotzmaul in der Scham sichtbar wird, ist ziemlich sicher, dass es sich um eine **normale Vorderendlage** handelt (▶ **Abb. 8.28**).

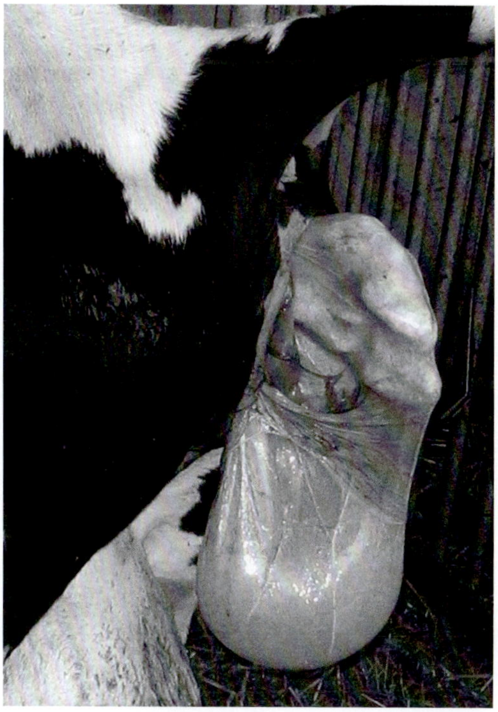

▶ **Abb. 8.28** Die Austreibung hat begonnen. (Foto: Hans-Jürgen Kunz, Schwedeneck)

Bei diesen Voraussetzungen kann in günstigen Fällen das Kalb schon nach einer halben Stunde ausgetrieben sein. Meistens dauert es jedoch bei den Kühen 1–3 Stunden, bei Erstkalbenden auch 6–8 Stunden.

Fazit

Die normale Vorderendlage ist dadurch charakterisiert, dass die Vordergliedmaßen gestreckt sind und der Kopf auf den Vorderfußwurzelgelenken ruht. Der auf diese Art gebildete Keil (▶ **Abb. 8.29**) hat schon vorher den Durchtritt des Kopfes durch das Becken der Kuh erleichtert und der Erweiterung des Hymenalrings zwischen Scheide und Scheidenvorhof gedient. Jetzt treibt dieser Keil auf schonende Art in mehreren Wehenschüben die Scham auseinander. Und schließlich wird auf dem Höhepunkt einer Wehe der Kopf ausgetrieben. Die jeweils 60–90 Sekunden dauernden Austreibungswehen werden unterstützt von kürzeren Kontraktionen der Bauchmuskulatur. Diese sogenannte Bauchpresse zieht jedes Mal den Beckenboden nach vorn. Dadurch wird eine steilere Stellung des Beckens erreicht, wie bei einem Vergleich der ▶ **Abb. 8.29 a** und **b** zu erkennen ist, und zugleich eine Erhöhung des Beckenraumes um ca. 20 %, was vor allem für den Durchgang der Brustregion und des Beckens des Kalbes wichtig ist. Bis die Brustregion des Kalbes ausgetrieben ist, bleibt seine Beckenregion noch vor dem Beckeneingang der Kuh, festgehalten durch den Widerstand, den seine stark abgewinkelten Kniegelenke am mütterlichen Beckenboden finden. Die der Austreibung der Brustregion folgenden Wehen schieben die Hüftregion des Kälberbeckens in den Beckeneingang der Kuh und (während einer Steilstellung ihrer Dammbeine durch die Bauchpresse) in den Beckenraum hinein. Die Kniegelenke befinden sich zunächst noch vor dem Beckeneingang der Kuh und werden erst im weiteren Verlauf des Kippvorganges gestreckt und nachgezogen. Wenige Sekunden später liegt das Kalb im Stroh, und zwar fast rechtwinklig zur Wirbelsäule der Kuh. Die verschiedenen Phasen dieses letzten Geburtsabschnittes zeigen ▶ **Abb. 8.29 b–d**.

Bei dem Kippvorgang reißt in der Regel die Nabelschnur oder sie wird abgequetscht. Bis dahin wurde während der Wehenpausen vom Herzen des Kalbes Blut in die Plazentome (▶ **Abb. 2.41**) des Mutterkuchens gepumpt und dort mit neuem Sauerstoff versorgt. Während der Wehen wird das Blut in das Kalb zurückgepresst. Das geschieht auch bei der letzten Austreibungswehe, sodass sich dann ein großer Teil des Plazentablutes im Kalb befindet.

Geburtshilfe Sie ist in vielen Fällen keine Hilfe, sondern der Auslöser von Schwergeburten mit allen daraus resultierenden Problemen für Kuh und Kalb und späteren Fruchtbarkeitsstörungen. Oberstes Gebot daher: Erst beobachten, dann – wenn nötig – eingreifen. Frühestens eine Stunde nach dem Blasensprung ist über eine Geburtshilfe zu entscheiden. Wenn sich bei normaler Presswehentätigkeit kein Fortschritt in der Austreibung erkennen lässt, kann nach gründlicher Wäsche und Desinfektion von Händen und Armen vorsichtig eine Hand in die Scheide eingeführt werden, um die Größe und Lage der Frucht abschätzen zu können. Wenn der Kopf nicht im mütterlichen Becken zu finden ist, sollte ein Tierarzt verständigt werden, weil dann eine falsche Lage, Stellung oder Haltung des Kalbes vorliegen kann, die korrigiert werden muss. Oder der Kopf ist zu groß, beispielsweise nach überlanger Tragezeit, und es kann notwendig werden, das Kalb durch einen Kaiserschnitt zu entbinden.

Zuständig ist der Tierarzt auch für andere unnormale Fälle (ungenügende Wehen, abgestorbene Früchte, Missbildungen usw.) und bei **Gebärmutterverdrehung**, die sich daran erkennen lässt, dass die Eröffnungsphase bei Kühen länger als 3 Stunden, bei Erstkalbenden länger als 8 Stunden dauert und keine Fruchtblase erscheint. Die Scheide wird zur Gebärmutter hin enger, und es können nach links oder rechts verdrehte Schleimhautfalten ertastet werden.

Hat sich der Tierbetreuer von der normalen Lage der Frucht überzeugt, wird aber Zughilfe dennoch für nötig erachtet, befestigt man, falls kein Geburtshelfer vorhanden ist, an jeder der beiden Vorderbeine die Ketten oder Stricke mit Schleifen oberhalb der Fesselgelenke. Zughilfe, die mehr Kraft als ein erwachsener Mann aufbringen kann, sollte nicht geleistet werden. Die Gefahr für innere Verletzungen bei der Kuh ist zu groß und es sollte in einem solchen Fall ein Tierarzt hinzugezogen werden.

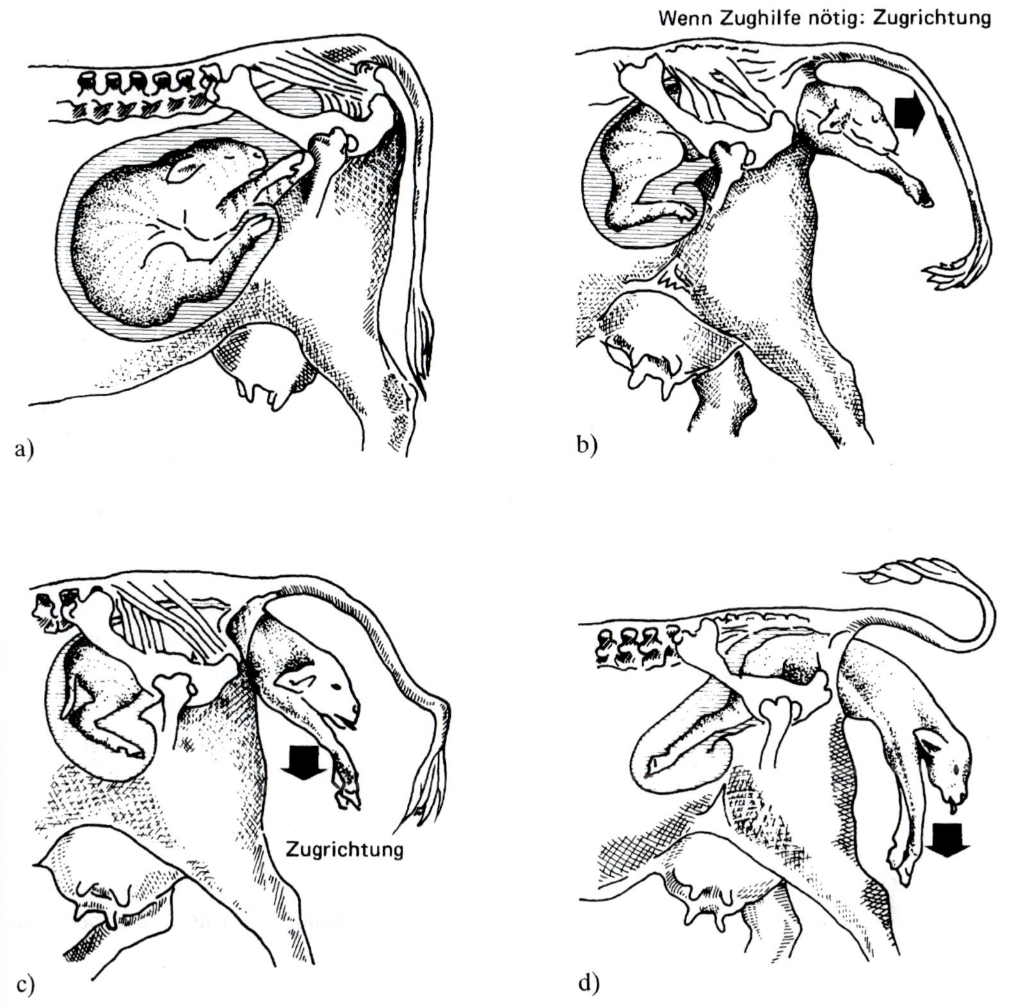

▶ **Abb. 8.29** Geburtsverlauf (nach Rüsse und Sinowatz 1998 [195]).
- **a**: Kalb in normaler Vorderendlage am Beginn des Öffnungsstadiums – Kuh noch stehend.
- **b**: Kuh liegend in der Austreibungsphase – Brustregion des Kalbes noch in der Scheide und Becken des Kalbes vor dem Beckeneingang der Kuh – Beginn des Steilerstellens des Kuhbeckens.
- **c**: Brustregion des Kalbes ausgetrieben – Hüfte des Kalbes kurz vor Eintritt in den Beckeneingang der Kuh.
- **d**: Kippen des Beckens über die noch vor dem Beckenboden verharrenden, abgewinkelten Kniegelenke des Kalbes.

Merke

Es soll nur gleichzeitig mit den Wehen der Kuh gezogen werden, und zwar zur selben Zeit an beiden Vorderbeinen.

Wenn der Kopf und nach einer Zugpause die Brust durch die Scham austreten, sollte man einem Einreißen des Dammes dadurch vorbeugen, dass ein Helfer fest mit beiden Händen gegen den Damm (Verbindung zwischen Scheide und After) drückt. Der Einsatz eines mechanischen Geburtshelfers erfordert viel Einfühlungsvermögen und sollte auf Ausnahmesituationen beschränkt bleiben (etwa fehlende Nachbarschaft bei abgelegenen Einzelgehöften). Wenn überhaupt, dann nur Geräte mit Kraftanzeiger, damit die Zugkraft dosiert eingesetzt werden kann.

Merke

Bei jeder Zughilfe muss bedacht werden, dass nach dem Austreiben der Brustregion die Zugrichtung geändert werden muss. Bis dahin erfolgt der Zug in gerader Richtung nach hinten. Nach dem Erscheinen der Brust muss zur Unterstützung des Kippvorganges zum Euter hin gezogen werden. Auch in diesem Stadium gilt: Nicht in den Wehenpausen, sondern nur gleichzeitig mit den Wehen ziehen! Bei der normalen Vorderendlage ist Hast überflüssig und riskant.

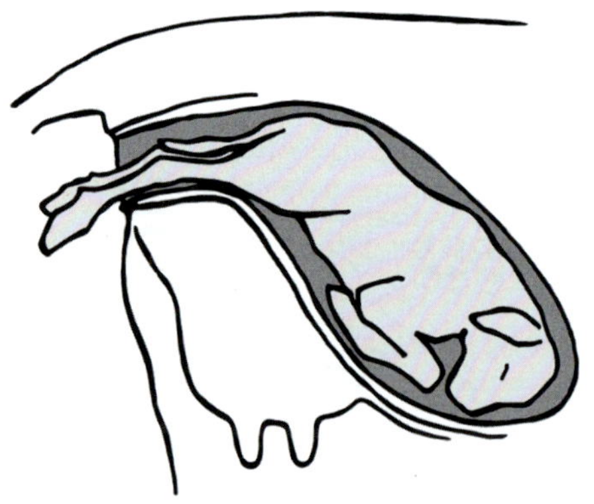

▶ **Abb. 8.30** Hinterendlage des Kalbes in oberer Stellung, im Gegensatz zur seitlichen und unteren Stellung oft auch als „normale" Hinterendlage bezeichnet, obwohl als normal nur die Vorderendlage angesehen werden kann. (Quelle: Marie Kunz, Schwedeneck)

Erscheinen zuerst die ausgestreckten Hintergliedmaßnahmen (▶ **Abb. 8.30**), wobei die Afterklauen zum Rücken der Kuh ausgerichtet sind (**normale Hinterendlage**), dann muss das Kalb rasch herausgezogen werden, weil bei dieser Lage leicht die Nabelschnur während der Geburt abgedrückt wird und das Kalb noch in der Gebärmutter ersticken kann. Im Gegensatz zur normalen Vorderendlage wird bei der Hinterendlage nur in gerader Richtung gezogen.

Cave

Bei der Geburtshilfe ist es sehr wichtig, dass jeder seine Grenzen kennt. Blinder Eifer schadet nur. Durch unsachgemäße Geburtshilfe, insbesondere durch Unsauberkeit, zu frühes Eingreifen und zu grobes Ziehen werden immer wieder Kühe infiziert oder verletzt (Scheidenriss, Gebärmutterriss usw.).

Bewertung des Geburtsverlaufs in der Zucht Ob eine Geburt spontan vonstattengeht oder der Hilfe bedarf, hängt von mehreren Faktoren ab. Dazu einige Tabellen über langjährige Beobachtungen an der Bundesforschungsanstalt in Mariensee, zunächst ▶ **Tab. 8.46** über den Unterschied zwischen Erstkalbung und späteren Abkalbungen.

Wie jeder weiß, haben es Erstabkalbende in der Regel schwerer. Aber auch von ihnen kam ein Drittel ohne Geburtshilfe aus, und bei den älteren Kühen waren es fast zwei Drittel. Häufig sind die Probleme bei der Abkalbung stressbedingt. Um dem

▶ **Tab. 8.46** Zahl der Abkalbungen und Geburtsverläufe (nach Smidt et al. 1977 [213]).

Nummer der Abkalbung	Zahl der Beobachtungen	Gliederung der Abkalbungen (in %) nach Kalbestufen (für leichten bis schweren Geburtsverlauf)*			
		1	2	3	4
1.	1486	28,9	35,7	28,9	6,5
2.	1045	54,3	31,0	13,8	0,9
3.	712	55,3	31,8	12,1	0,8
4.	453	59,4	28,2	11,7	0,7
5.–9.	636	64,8	28,0	5,3	2,9
Summe	4332	Ø 47,8	32,0	17,3	2,9

* Kalbestufe: 1 = ohne menschliche und mechanische Hilfe, 2 = ein bis zwei Helfer, 3 = mehrere Helfer, 4 = tierärztliche Hilfe bzw. Operation

entgegenzuwirken, ist es sinnvoll, Erstkalbende nicht mit Mehrkalbskühen in der gleichen Bucht abkalben zu lassen und sie bereits in der Vorbereitungsgruppe zu separieren.

Auch das Geburtsgewicht der Kälber lässt einen großen Einfluss auf den Geburtsverlauf erkennen (▶ Tab. 8.47). Auf das Geburtsgewicht haben wiederum das Geschlechts und auch die Rasse einen Einfluss.

Seit vielen Jahren werden von Landeskontrollverbänden Daten über den Geburtsverlauf bei den Kontrollkühen gesammelt, um sie für die Beurteilung von Besamungsbullen hinsichtlich ihres Einflusses auf die geburtsrelevanten Eigenschaften der von ihnen stammenden Kälber und auf das spätere Abkalbeverhalten ihrer Töchter für die Zuchtwertschätzung (S. 152) nutzen zu können. Zwingende Voraussetzung dafür sind möglichst exakte Aufzeichnungen über den Geburtsverlauf durch den Tierhalter.

Betreuung der Kuh nach dem Abkalben Die Tage nach dem Abkalben (Puerperium) stellen eine kritische Phase im Fortpflanzungszyklus der Kühe dar. Hier werden die Voraussetzungen für eine gute Fruchtbarkeit oder auch für hohe wirtschaftliche Verluste durch Umrindern, Tierarztbehandlungen und Milchgeldeinbußen gelegt. Für ein richtiges Management dieser Periode ist eine enge Zusammenarbeit zwischen Tierhalter und Tierarzt erforderlich. Nach der Geburt hört zwar die Bauchpresse auf, aber die Wehen der Gebärmutter gehen weiter und befördern schließlich die nicht mehr benötigten Eihäute nach draußen, also die **Nachgeburt**. Das geschieht bei den meisten Kühen drei bis acht Stunden nach der Geburt, bei manchen dauert es bis zu 12 Stunden und länger. Wenn dann die Nachgeburt noch nicht oder nur teilweise abgegangen ist, muss der Tierarzt hinzugezogen werden. Das gilt auch bei Dammrissen und Scheidenverletzungen, ebenfalls beim Gebärmuttervorfall. Bis zum Eintreffen des Tierarztes wird ein derart herausgestülpter Tragsack auf ein sauberes Leintuch gelagert und wiederholt mit Wasser übergossen.

Bei normalen Geburten stehen die Kühe meistens 10 bis 15 Minuten nach der Geburt auf und kümmern sich um das Kalb, lecken es ab und unterstützen seine Aufstehversuche. Durch das Abmelken der Kolostralmilch, wird eine Oxytocinausschüttung stimuliert, die dazu führt, dass die Nachgeburtswehen angeregt werden.

Wenn die Kühe festliegen und auch nach Stunden nicht aufstehen können, wird tierärztliche Hilfe benötigt. Das gleiche gilt, falls sich aufgrund einer Schwergeburt oder aufgrund von mangelnder Geburtshygiene, unsachgemäß betriebener Geburtshilfe usw. ein **Genitalkatarrh** entwickelt hat. Nicht immer, aber in vielen Fällen wird man auf solche Erkrankungen aufmerksam, wenn der übliche, anfangs braunrote, nach einigen Tagen aufhellende Scheidenausfluss zwei Wochen nach der Geburt noch nicht aufgehört hat und sich womöglich in den anschließenden Wochen zu einem

▶ **Tab. 8.47** Geburtsgewicht der Kälber und Geburtsverlauf (nach Smidt et al. 1977 [213]).

Geburtsgewicht	**Zahl der Abkalbungen**	**Anteil der Kalbestufen in % (Abstufung wie in ▶ Tab. 8.46)**			
kg		**1**	**2**	**3**	**4**
bis 30	296	57,8	34,8	6,4	1,0
31–35	1050	49,5	51,5	17,1	1,9
36–40	1497	49,9	31,0	16,4	2,7
41–45	979	45,2	33,7	18,0	3,1
46–50	361	37,9	31,9	25,2	5,0
51 u. mehr	149	36,2	28,9	24,2	10,7
Summe	4332	Ø 47,8	32,0	17,3	2,9

schleimigen, eitrigen, übelriechenden Ausfluss weiterentwickelt. Teilweise begleitet von Fieber, Appetitlosigkeit und anderen Störungen des Allgemeinbefindens. Sobald der Geschlechtszyklus wieder beginnt, können Genitalkatarrhe auch eine Ursache für Umrindern sein. Bei der Behandlung von Scheiden- und Gebärmutterentzündungen mit Antibiotika ist an die jeweiligen **Wartezeiten** zu denken, innerhalb derer keine Milch in die Molkerei geliefert werden darf.

8.4.3 Ernährung des Kalbes

Biestmilchversorgung

Mit der Biestmilch erhalten die Kälber wichtige spezifische Antikörper (Immunglobuline), die sich gegen spezielle im Bestand befindliche Erreger richten, mit denen sich das Muttertier bereits auseinandergesetzt hat, meist enterotoxische E.-coli-Bakterien (ETEC). Es wird darum empfohlen, die erste Biestmilch so schnell wie möglich, möglichst unmittelbar nach der Kalbung zu verabreichen und davon so viel wie möglich, möglichst drei Liter oder mehr. Der Saugreflex der Kälber ist direkt nach der Geburt am höchsten. Das Gleiche trifft für die Aufnahmemenge zu. Spielen jedoch beispielsweise Rotaviren beim Durchfallgeschehen eine Rolle, dann wird der Anteil an Antikörpern in der Biestmilch, der auf Rotaviren spezialisiert ist, nicht ausreichen, um eine Infektion zu verhindern. Es sei denn, die Mütter wurden während der Trächtigkeit mit einem Impfstoff gegen Rotaviren immunisiert.

Antikörper gegen Endoparasiten wie Kryptosporidien oder Eimerien sind nur minimal in der Biestmilch enthalten und bieten keinen ausreichenden Schutz. Impfungen sind in diesem Fall nicht möglich. Um Infektionsproblemen vorzubeugen, sind Hygienemaßnahmen und in jedem Fall eine ausreichende Aktivierung des eigenen Immunsystems der Kälber notwendig. Bei den Hygienemaßnahmen ist es wichtig, dabei auch antiparasitär wirkende Desinfektionsmittel einzusetzen und das so häufig wie möglich.

Zusatzinfo

Die Menge der ersten Biestmilchgabe wird nicht durch das Fassungsvermögen des Labmagens begrenzt, da diese Milch in erster Linie der Immunglobulinversorgung dient und erst in zweiter Linie der Nährstoffversorgung. Aus diesem Grund ist auch die Bildung von Verdauungsenzymen unmittelbar nach der Geburt noch sehr gering. Nur so können die Immunglobuline in der Biestmilch in nahezu unverdautem Zustand in den Darm gelangen und über die Darmwand aufgenommen werden.

Die Versorgung der Kälber mit spezifischen Immunglobulinen hängt unter anderem von der Biestmilchmenge und von der Biestmilchqualität ab. Knutzen et al. (2010 [126]) registrierten Schwankungen des Immunglobulingehaltes in der Biestmilch von 18 bis 261 g/Liter. Ältere Kühe weisen zwar im Mittel höhere Immunglobulingehalte in der Biestmilch auf als jüngere, ebenso wie Kühe mit einer geringeren Erstgemelksmenge im Mittel signifikant höhere Immunglobulinspiegel im Vergleich zu Kühen mit einer hohen Erstgemelksmenge erkennen lassen, der Einzelfall kann davon jedoch stark abweichen. Das bedeutet, dass für die Beurteilung der Biestmilchqualität nicht allein die Laktationszahl der Kuh oder die Erstgemelksmenge herangezogen werden kann. Eine Qualitätsbeurteilung vor der Erstversorgung eines Kalbes ist in der Regel nicht notwendig, da nur in seltenen Fällen ein alternatives Kolostrum zur Verfügung steht. Eingefrorene und wieder aufgetaute Biestmilch weist Qualitätsverluste auf, da es bei dem Einfrier- und Auftauprozess zur Inaktivierung eines Teils der Immunglobuline kommt. Pfeiffer et al. (2010 [187]) registrierten bei unterschiedlichen Auftauverfahren im Mittel 43,5 % Verluste (IgG) nach dem Erwärmen des eingefrorenen Kolostrums. Das heißt, eine schnelle Versorgung mit der muttereigenen Biestmilch hat Vorrang. Anders sieht es aus, wenn Biestmilch als Reserve eingefroren werden soll. Dafür sollte aufgrund der zuvor erwähnten Qualitätseinbußen durch den Einfrier- und Wiederauftauprozess nur Biestmilch mit einem hohen Immunglobulingehalt verwendet werden.

Für die Beurteilung der Biestmilchqualität eignen sich Biestmilchspindeln, die eine Beurteilung aufgrund der spezifischen Dichte zulassen, oder eine Bestimmung des Brix-Wertes mithilfe eines Refraktometers, hier am besten eines digitalen Refraktometers. Brix-Werte sollten über 22 liegen. Werte unter 20 weisen auf eine mangelnde Qualität der Biestmilch hin. Auch die Viskosität eignet sich zur Beurteilung der Biestmilchqualität. Hierfür gibt es allerdings keine gebräuchlichen Messgeräte, sodass eine solche grobe Beurteilung nur mithilfe der Finger geschehen kann, da die Klebrigkeit der Milch mit sich erhöhender Viskosität zunimmt. Dies setzt einige Erfahrung voraus, reicht in den meisten Fällen allerdings aus, um Biestmilch mit einem hohen von Biestmilch mit einem niedrigen Immunglobulingehalt unterscheiden und auf dieser Grundlage die Entscheidung für oder gegen das Einfrieren einer solchen Charge treffen zu können.

Aber auch das Resorptionsvermögen von Kälbern kann sehr unterschiedlich sein. Es hängt unter anderem vom zeitlichen Abstand der Geburt bis zur Biestmilchaufnahme (▶ **Tab. 8.48**) und von der Fitness des Kalbes ab.

Es gibt verschiedene Möglichkeiten, die Menge der aufgenommenen Immunglobuline zu überprüfen, wie z. B. durch den direkten Nachweis der Immunglobuline mithilfe von spezifischen Antikörpern oder auf indirektem Wege durch Messung der γ-Glutamyltransferase (γGT). Die am häufigsten angewendete Methode ist die Bestimmung des Gesamteiweißgehaltes im Blutserum von Kälbern, denn der Gesamteiweißgehalt ist eng mit den aufgenommenen Immunglobulinen korreliert.

Für den praktischen Einsatz auf dem Betrieb eignet sich die Bestimmung des Gesamteiweißgehaltes mithilfe eines Handrefraktometers sehr gut. Die Blutentnahme sollte im Zeitraum vom zweiten bis siebten Lebenstag erfolgen. Es ist weiterhin darauf zu achten, dass nur Proben von ausreichend mit Flüssigkeit versorgten Kälbern genommen werden. Kälber mit Durchfall besitzen aufgrund des Wasserverlustes ein eingedicktes Blut. Die Messwerte dieser Blutseren lassen sich nicht mehr interpretieren bzw. nicht mit den Messwerten von gesunden Kälbern vergleichen. Im Ergebnis werden höhere Gesamtproteinkonzentrationen angezeigt.

Eigene Untersuchungen haben gezeigt, dass der Gesamteiweißgehalt im Blutserum mindestens 55 g/Liter betragen sollte. Es bleibt die Frage zu beantworten, welche Biestmilchmengen ein Kalb aufnehmen muss, um diesen Wert zu erreichen. Die ▶ **Tab. 8.49** zeigt die Zusammenhänge zwischen der Menge der Biestmilchaufnahme und den Gesamteiweißwerten von 302 Kälbern. Die Biestmilchaufnahme differiert zwischen einem und vier Litern. Es handelt sich hierbei um freiwillig aufgenommene Mengen innerhalb der ersten drei Lebensstunden, die in vier Klassen zusammengefasst wurden.

Die Ergebnisse zeigen, dass Kälber, die weniger als zwei Liter Biestmilch aufgenommen haben, zu über 50 % Gesamteiweißgehalte im Blutserum von unter 50 g/Liter aufwiesen und damit als schlecht versorgt gelten. Diejenigen Kälber aus dieser

▶ **Tab. 8.48** Beziehungen zwischen dem Zeitpunkt der ersten Kolostrumaufnahme und dem Immunglobulingehalt im Blutserum von Kälbern (nach Kim et al. 1983 [124]).

Ig-Klasse	Zeitpunkt des 1. Saugens in Stunden nach der Geburt	Zahl der Kälber	Serum-Ig-Gehalt (mg/100 ml)		
			2 Stunden nach 1. Saugakt	24 Stunden nach 1. Saugakt	36 Stunden nach der Geburt
Ig-A	bis 3	44	101 ± 22*	580 ± 50	486 ± 38
	über 3	37	65 ± 23	357 ± 52	292 ± 40
Ig-G	bis 3	44	1007 ± 177	5881 ± 364	6108 ± 363
	über 3	37	655 ± 188	3176 ± 386	3628 ± 385
Ig-M	bis 3	44	110 ± 22	539 ± 43	575 ± 53
	über 3	37	99 ± 23	367 ± 46	366 ± 56

* Die Zahlen hinter dem ±-Zeichen stellen die Standardabweichung (als Maß für die Abweichung der Klasse) dar.

▶ **Tab. 8.49** Gesamteiweißgehalte (g/Liter) im Blutserum von Kälbern bei unterschiedlicher Biestmilchversorgung (n = 302; eigene Untersuchungen).

Biestmilchmenge	n	< 50	50–54	≥ 55
< 2 l	27	52 %	41 %	7 %
2,0–2,9 l	70	21 %	37 %	41 %
3,0 l	84	15 %	35 %	50 %
> 3 l	77	8 %	21 %	71 %
nur gesaugt	44	36 %	39 %	25 %

▶ **Tab. 8.50** Erkrankungsrate in Abhängigkeit vom Gesamteiweißgehalt im Blutserum von Kälbern (n = 139; eigene Untersuchungen.)

Gesamteiweißgehalt g/Liter	n	Durchfälle (%)	Atemwegserkrankungen (%)	Sterblichkeit (%)
< 55	79	48	15	2,5
≥ 55	51	29	10	–
davon ≥ 60	14	7	7	–

Gruppe, die nur einen Liter oder weniger Biestmilch aufgenommen hatten, wiesen zu 100 % Gesamteiweißwerte von unter 50 g/l auf.

Kälber, die 2,0 bis 2,9 Liter Biestmilch erhalten haben, wiesen mit einem Anteil von 41 % Gesamteiweißwerte gleich oder oberhalb von 55 g/l auf und waren damit ausreichend versorgt. 37 % lagen mit ihren Werten im mittleren Bereich von 50 bis 54 g/l. Deren Versorgung mit Immunglobulinen ist als nicht mehr optimal zu beurteilen. 21 % der Kälber wiesen sogar Gesamteiweißwerte unter 50 g/l auf und gelten damit als ungenügend versorgt.

Bei einer Biestmilchmenge von exakt 3 Litern erreichten 50 % der Kälber Gesamteiweißwerte von 55 g/l und darüber, bei einer Versorgung mit mehr als drei Litern sogar 71 %. Aber auch die Gruppe von 50 bis 54 g/l ist mit 35 bzw. 21 % und die Gruppe < 50 g/l mit 15 bzw. 8 % besetzt. In diesen Fällen wird davon ausgegangen, dass die Biestmilchqualität nicht ausreichend gewesen ist oder Resorptionsstörungen vorlagen. Es wird aber auch deutlich, dass im Mittel zwei Liter Biestmilch als Erstversorgung zu wenig sind, um eine ausreichende Immunglobulinversorgung sicherzustellen. Die Gesamteiweißwerte im Blutserum von Kälbern, die in der Abkalbebox die Möglichkeit gehabt haben, an der Mutter zu saugen, lagen zu 36 % unterhalb der Schwelle von 50 g/l, zu 39 % im Bereich von 50 bis 54 g/l und nur zu 25 % im optimalen Bereich. Das bedeutet, dass die Selbstversorgung mit Biestmilch an der Mutter in der Abkalbebox zum überwiegenden Teil nicht ausreichend ist. Diesen Kälbern sollte auf jeden Fall noch einmal Biestmilch über den Nuckel angeboten werden.

Praxistipp

Zur ersten Biestmilchaufnahme sollte eine Mindestmenge von drei Litern angestrebt werden.

Um den Einfluss des Gesamteiweißgehaltes im Blutserum der Kälber auf die Durchfall- und Atemwegserkrankungen sowie die Sterblichkeitsrate zu beurteilen, wurden in der zuvor beschriebenen Untersuchung zwei Gruppen < 55 (nicht ausreichend) und ≥ 55 g/l (ausreichend) gebildet (▶ **Tab. 8.50**). Aus der letzten Gruppe sind die Kälber mit einem Gesamteiweißgehalt von 60 g/l und mehr noch einmal getrennt dargestellt. Die Häufigkeit von Durchfallerkrankungen bei den ungenügend versorgten Kälbern lag bei 48 %, bei den ausreichend versorgten bei 29 %. Bei Gehalten von 60 g/l und mehr reduzierte sich der Prozentsatz noch einmal auf 7 %.

Ähnlich, jedoch auf einem deutlich niedrigeren Niveau, stellt sich die Situation bei den Atemwegserkrankungen dar. 15 % der ungenügend versorgten Kälber erkrankten an einer Pneumonie. Dieser Prozentsatz sank in der ausreichend versorgten Gruppe auf 10 %. Kälberverluste traten mit 2,5 % nur in der Gruppe mit einem Gesamteiweißgehalt von unter 55 g/l auf.

Fazit

Vergleichen wir die gemessenen Werte aus ▶ **Tab. 8.49** mit dem Krankheitsgeschehen der einbezogenen Tiere aus ▶ **Tab. 8.50**, wird die Notwendigkeit, den Kälbern eine Biestmilchgabe von drei und mehr Litern zu verabreichen, noch einmal besonders deutlich.

Möglichkeiten einer guten Biestmilchversorgung Da nicht immer gewährleistet werden kann, dass alle Kühe nach dem Kalben direkt abgemolken werden können, ist zu empfehlen, auf jeden Fall einen Biestmilchvorrat anzulegen. Biestmilch kann eingefroren oder für eine begrenzte Zeit von ein bis zwei Tagen im Kühlschrank gelagert und bei einer Kalbung nach dem Erwärmen sofort an das Kalb vertränkt werden. Eine Zwischenlagerung im Kühlschrank kann z. B. sinnvoll sein, wenn pro Tag mindestens eine Kalbung zu erwarten ist. In diesem Fall kann ein frisch geborenes Kalb auch mit der Biestmilch der zuvor gekalbten Kuh getränkt werden. Der Saugreflex ist bei Kälbern unmittelbar nach der Geburt am stärksten ausgeprägt und schwächt sich in der darauf folgenden Zeit ab. Kälbern, die unter Aufsicht geboren werden, sollte die erste Biestmilch auf jeden Fall kontrolliert in einem Nuckeleimer oder einer Nuckelflasche gegeben werden. Tiere, die ohne Aufsicht geboren werden, sollten im Regelfall nachgetränkt werden. Zeigt ein Kalb keinen Saugreflex, sollte die Biestmilch auf jeden Fall gedrencht werden.

Bedeutung des eigenen Immunsystems Spielen beispielsweise Rotaviren beim Durchfallgeschehen eine Rolle, dann wird der Anteil an Antikörpern in der Biestmilch, der auf Rotaviren spezialisiert ist, nicht ausreichen, um eine Infektion zu verhindern. Es sei denn, die Mütter wurden während der Trächtigkeit mit einem Impfstoff gegen Rotaviren immunisiert. Antikörper gegen Endoparasiten, wie Kryptosporidien oder Eimerien, sind nur minimal in der Biestmilch enthalten und bieten keinen ausreichenden Schutz. Impfungen sind in diesem Fall nicht möglich. Um Infektionsproblemen vorzubeugen, sind Hygienemaßnahmen und in jedem Fall eine ausreichende Aktivierung des eigenen Immunsystems der Kälber notwendig.

Es darf nicht vergessen werden, dass ebenso Kälber, wie alle anderen neugeborenen Säugetiere, mit einem aktiven eigenen Immunsystem geboren werden. Dazu gehören Fresszellen (Makrophagen, Granulozyten), NK-Zellen (natürliche Killerzellen), die zu den Leukozyten, das heißt zu den weißen Blutkörperchen zählen, und die vom Beginn des Lebens an aktiv sind. Um sie jedoch in ausreichendem Maße aktivieren zu können, müssen sie mit Energie und Nährstoffen versorgt werden. Kvidera et al. (2016 [140]) haben in einem Versuch den Energiebedarf des Immunsystems von Milchkühen ermittelt. Dieser Versuch erlaubt indirekt auch einen Rückschluss auf den Energiebedarf des Immunsystems von Kälbern.

Die Autoren haben ihre Untersuchungen auf der Basis von drei Gruppen laktierender Kühe vorgenommen. Es gab eine Kontrollgruppe, in der die Kühe intravenös (i. v.) physiologische Kochsalzlösung verabreicht bekamen. Eine zweite Gruppe wurde i. v. mit Lipopolysacchariden (LPS), einem Bestandteil der äußeren Zellmenbran von gramnegativen E.-coli-Bakterien O55:B5, behandelt, die eine Immunantwort bei diesen Tieren auslöst, aber selbst nicht krankmachend ist. Die dritte Gruppe bekam die gleiche Behandlung wie die zweite, aber zusätzlich Glukose verabreicht. Damit sollte der Glukosespiegel im Blut der Tiere möglichst konstant gehalten werden, da durch die Immunantwort Glukose als Energieträger verbraucht wird. Nach den Infusionen wurde bei allen Kühen alle 10 Minuten über einen Zeitraum von 12 Stunden der Blutglukosespiegel gemessen. Die Tiere wurden während dieser Zeit zweimal gemolken.

Der Blutglukosespiegel sank in der LPS-Gruppe. Ebenso sank die Milchmenge in dieser Gruppe um 80 % und in der LPS-Gruppe mit Glukose um 11 % gegenüber der Kontrollgruppe. Auf der Basis der zugeführten Glukosemenge und des Milchverlustes gegenüber der Kontrollgruppe konnten die Versuchsansteller die Energiemenge errechnen, die die Kühe für die Immunantwort benötigt haben. Es waren 1092 g Glukose innerhalb von 12 Stunden. Rechnen wir diesen Wert auf der Grundlage des metabolischen Körpergewichtes, das heißt der stoffwechselaktiven Körpermasse, auf ein 50 kg schweres Kalb um, so entspräche der Energiebedarf pro Tag nur für eine solche Immunantwort einer Menge von ca. 2 Litern Muttermilch.

Für den Tagesbedarf eines Kalbes kämen weitere Mengen hinzu. Es wären 4 Liter für den Erhaltungsbedarf, für tägliche Zunahmen von minimal nur 400 g noch einmal 2,4 Liter, ein zusätzlicher Bedarf für den Temperaturausgleich, der z. B. bei einer Umgebungstemperatur von 0 °C 1 Liter betragen würde, und Energie für Bewegung, die nicht definiert ist. Daraus ergäbe sich ein Schätzwert für den Energiebedarf unter den beschriebenen Bedingungen von etwa 10 Litern Muttermilch pro Tag für ein solches Kalb. Stünde diese Menge im Falle einer Infektion nicht zur Verfügung, würde Energie zuerst bei den hier schon geringen Zunahmen eingespart werden. Im nächsten Schritt würde der Körper versuchen, Energiereserven, wenn vorhanden, zu mobilisieren, einhergehend mit einer abgeschwächten Immunreaktion. Um jedoch sicherzustellen, dass die Kälber eine bestmögliche Immunantwort entwickeln können, ist in den ersten Lebenswochen der sicherste und einfachste Weg, ihnen Milch ad libitum anzubieten.

Energie- und Rohproteinversorgung

Der Ausschuss für Bedarfsnormen der Gesellschaft für Ernährungsphysiologie hat die Energiebedarfswerte für Aufzuchtkälber und -rinder in Abhängigkeit von ihrer Lebendmasse im Bereich von 50 bis 650 kg veröffentlicht (GfE 1997 [91]). Für Kälber mit einem Lebendgewicht von 50 kg wurden Bedarfswerte für tägliche Zunahmen bis zu 600 g berechnet (▶ **Tab. 8.51**). Diese Werte beziehen sich auf eine thermoneutrale Umgebung von zirka 20 °C.

Bei Temperaturen, die darunterliegen, wird ein Zuschlag von 1 % pro °C veranschlagt. Das bedeutet, dass für ein 50 kg schweres Kalb bei einer Temperatur von 0 °C etwa 2,5 MJ ME für die Aufrechterhaltung der Körpertemperatur benötigt werden. Das entspricht etwa einem Liter Vollmilch beziehungsweise 160 g Milchaustauscher.

Es bleibt die Frage zu beantworten, ob die Bedarfswerte für Zunahmen bis zu 600 g ausreichend sind. Empfehlungen aus der Vergangenheit sahen Tränkemengen pro Tag von 6 Liter Milchaustauschertränke mit 120 g Milchaustauscher (MAT) pro Liter Wasser vor. Eine solche Tränke mit 720 g Milchpulver besitzt einen Energiegehalt von etwa 11 MJ ME und liegt damit nur knapp über dem Erhaltungsbedarf. Mit diesen Tränkemengen können bei einem 45 bis 50 kg schweren Kalb Zunahmen von etwa 300 g pro Tier und Tag erreicht werden.

▶ **Tab. 8.51** Richtzahlen zur täglichen Energie- und Rohproteinversorgung von Kälbern (GfE 1997, 1999 [91], [92]).

Tägliche Zunahme (g)		Lebendmasse (kg)				
		50	75	100	125	150
400	TM-Aufnahme (kg)	0,7	1,3	2,1	2,6	–
	MJ ME	15,6	19,3	22,7	25,8	–
	Rohprotein (g)	155	250	300	320	–
600	TM-Aufnahme	0,9	1,6	2,4	2,9	3,2
	MJ ME	18,8	22,7	26,1	27,9	29,8
	Rohprotein (g)	210	335	385	405	420
800	TM-Aufnahme	–	1,9	2,7	3,2	3,4
	MJ ME	–	26,4	29,8	33,0	36,0
	Rohprotein (g)	–	420	475	490	495
1000	TM-Aufnahme	–	2,1	2,9	3,4	3,6
	MJ ME	–	30,4	33,8	37,0	40,0
	Rohprotein (g)	–	495	560	570	575

In den Fütterungsempfehlungen des DLG-Arbeitskreises Futter und Fütterung aus dem Jahr 2011 wird in den ersten fünf bis sechs Lebenswochen eine Trockenmasseaufnahme von etwa 850 g MAT pro Tier und Tag empfohlen. Das entspricht einer Konzentration von 160 g/l Wasser. Damit können, wie Versuche bestätigen, Zunahmen von etwa 400 g in den ersten 35 Lebenstagen erreicht werden.

Da der Kraftfutterkonsum während dieser Zeit auch bei freiem Zugang noch minimal ist (▸ **Abb. 8.31**), liegt die Futteraufnahme immer noch deutlich unter den Werten, die Kälber z. B. in der Mutterkuhhaltung oder bei freiem Milchkonsum erreichen. Die Milchaufnahme bei freiem Zugang beträgt in den ersten drei Lebenswochen durchschnittlich etwa zehn Liter und die daraus resultierenden Zunahmen etwa 1000 g pro Tag (▸ **Tab. 8.52**).

Unberücksichtigt bleiben bei den bisher besprochenen Bedarfswerten Energie- und Nährstoffmengen, die für eventuell auftretende Erkrankungen benötigt werden; s. Kap. Bedeutung des eigenen Immunsystems (S. 413).

Tränkepläne und Tränkeverfahren

Aus den zuvor genannten Gründen ist es sinnvoll, Kälber in den ersten zwei bis drei Wochen ad libitum mit Milch zu versorgen. Dazu wird nach der ersten Biestmilchgabe, die dem Kalb möglichst unmittelbar nach der Kalbung noch in der Abkalbebox verabreicht werden sollte, das Kalb in ein Einzeliglu oder in eine Einzelbox gebracht. Dort wird es nach der nächsten Melkzeit mit der Biestmilch der Mutter oder mit einem Mischkolostrum versorgt.

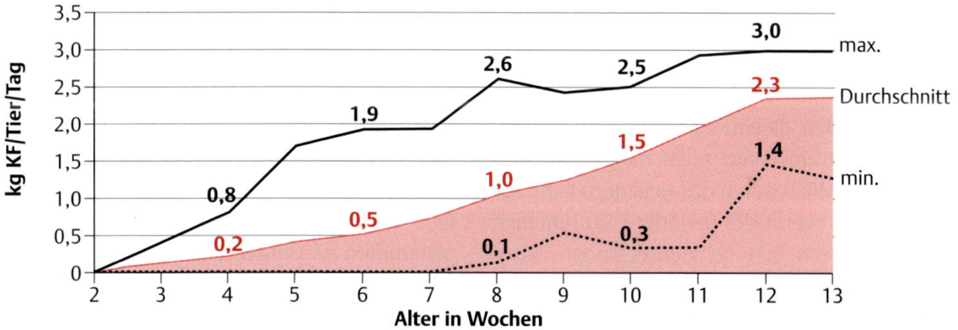

▸ **Abb. 8.31** Kraftfutteraufnahme von weiblichen Kälbern am Kraftfutterautomaten bei einer 10-wöchigen Tränkeperiode mit maximal 720 g MAT von der 2. bis 5. Lebenswoche (Abb. basiert auf Daten aus [139]).

▸ **Tab. 8.52** Bedarfswerte von Kälbern bei einer Lebendmasse von 50 kg.

Leistungsniveau	täglicher Energiebedarf	≙ Vollmilch***	≙ MAT****
	MJ ME	Liter	g (ca.)
Erhaltungsbedarf	10,0*	4,1	650
400 g tgl. Zunahmen	15,6*	6,4	1020
600 g tgl. Zunahmen	18,8*	7,7	1230
800 g tgl. Zunahmen	22,0**	9,1	1440
1000 g tgl. Zunahmen	25,2**	10,4	1650

* GfE (1997), ** extrapoliert, *** Vollmilch mit 12,7 % TM u. 19,2 MJ ME/kg TM, 2,43 ME/Liter, **** MAT mit 15,3 MJ ME/kg

Die Kälber müssen, wie auch bei der rationierten Tränke, an den Nuckeleimer angelernt werden. Der einzige Unterschied zur konventionellen Tränke ist, dass der Eimer beim Kalb bleibt. Wir empfehlen, die Milch (nicht Milchaustauscher) leicht anzusäuern. Die Ansäuerung dient dazu, eine Vermehrung von möglicherweise in die Milch eingedrungenen Kolibakterien zu verhindern. Die Ansäuerung ist kein „Muss“, sondern lediglich eine Sicherheitsmaßnahme. Wird der Tränkeeimer vor jedem Neubefüllen mit Wasser ausgespült und der Nuckel durchgemolken, kann auf eine Ansäuerung auch verzichtet werden.

Wenn angesäuert wird, empfehlen wir eine Ansäuerung der Milch auf einen pH-Wert von 5,5. Bei einem niedrigeren pH-Wert kann es zu Akzeptanzproblemen kommen. Als Säuerungsmittel eignen sich am besten Säuregemische in pulverförmiger oder flüssiger Form. Die Mischangaben der Hersteller bewirken oftmals eine deutlich stärkere pH-Wert-Absenkung als 5,5. Aus diesem Grund ist es wichtig, sich von dem betreffenden Hersteller die für die Ansäuerung auf einen pH-Wert von 5,5 notwendige Einsatzmenge nennen zu lassen. Die Milch muss möglichst schnell nach dem Melken angesäuert werden, da eine Abtötung von Kolibakterien bei diesem pH-Wert nicht möglich ist. Das Ausflocken der Milch durch das Ansäuern kann reduziert werden, wenn die benötigte Säuremenge vor dem Ansäuern in eine kleine Menge kalter Milch, z. B. aus dem Kühltank, eingerührt und anschließend die zu vertränkende Milch hinzugegeben wird.

Die gesamte Biestmilch beziehungsweise die noch nicht verkehrsfähige Milch der ersten Tage nach dem Kalben kann als Mischkolostrum vertränkt werden. Da starke Eiweißschwankungen in der Mischmilch Durchfälle erzeugen können, kann es sinnvoll sein, größere Mengen der ersten Milch einer frisch gekalbten Kuh auf mehrere Mahlzeiten aufzuteilen und zwischenzeitlich im Kühlschrank zu lagern.

Die Nuckeleimer sollten möglichst mit einem Deckel versehen werden, um Verschmutzungen zu vermeiden. Die Eimer werden nur zum erneuten Befüllen abgenommen und bleiben in der übrigen Zeit beim Kalb.

Die Milch kann stallwarm vertränkt werden. Ein Aufwärmen vor dem Vertränken ist nicht notwendig. Die Tränkeaufnahme der ad libitum getränkten Kälber kann sowohl von Kalb zu Kalb als auch bei einzelnen Kälbern von Tag zu Tag stark schwanken. Bei zweimaligem Auffüllen pro Tag kann die Tagesmenge auf die maximale Füllmenge der Eimer von 2 × 7 Liter (14 Liter Tagesmenge) begrenzt werden. In den ersten Lebenstagen reicht in der Regel eine geringere Menge aus. Auch können größere Schwankungen ein und desselben Kalbes von einem Tag zum anderen auftreten. Im Durchschnitt saufen Kälber der Rasse Deutsche Holsteins in der ersten Lebenswoche etwa acht, in der zweiten zehn und in der dritten elf Liter Milch.

In der warmen Jahreszeit kann die Milch für die nächste Mahlzeit nachgefüllt werden. Einmal am Tag soll der Eimer heiß ausgespült und der Nuckel mit Wasser durchgemolken werden. Falls nicht angesäuert wird, sollten die Tränkeeimer zweimal am Tag, das heißt vor jedem Neubefüllen, heiß ausgespült und der Nuckel durchgemolken werden. Nach Abschluss der Ad-libitum-Tränke, in der Regel nach drei Wochen, wird der Eimer gründlich gereinigt und desinfiziert. Auch während der Adlibitum-Milchphase sollte den Kälbern in der frostfreien Zeit immer frisches Wasser und grundsätzlich Kraftfutter und Heu angeboten werden.

Das Trinkverhalten bei ad libitum getränkten Kälbern ist anders als das von rationiert getränkten. Ad libitum getränkte Kälber kommen, ausgenommen im Winter bei Frost, nicht immer nach dem Neubefüllen an den Eimer. Bei Frost tun sie es, da sie wissen, dass die Milch schnell abkühlt. Sie saufen in solchen Fällen in kürzerer Zeit größere Mengen, durchaus bis zu fünf Liter. Bei starkem Frost ist in der Außenhaltung etwa nach einer Stunde der Nuckel eingefroren. Für das Kalb ist es unproblematisch. Falls der Nuckel eingefroren ist, kann der Milcheimer abgenommen und erst wieder nach der nächsten Melkzeit vorgehängt werden.

Der Kot kann bei ad libitum getränkten Kälbern, in Abhängigkeit von der individuellen Milchaufnahme, etwas dünner sein, es ist aber kein Durchfall.

Die Kälber erreichen während der Ad-libitum-Tränkephase tägliche Zunahmen, die zwischen 900 und 1100 g liegen, im Winter etwas darunter, vereinzelt auch darüber. Sie besitzen zudem eine deutlich verbesserte Vitalität. Ein Absetzen von der Milch wird auch bei erregerbedingten Durchfallerkrankungen nicht empfohlen. Elektrolyttränke sollte bei einem solchen Durchfall nicht im Wechsel mit der Milch gegeben, sondern zusätzlich in einem zweiten Nuckeleimer angeboten werden. Dabei ist darauf zu achten, dass es sich um eine Elektrolyttränke handelt, die gleichzeitig mit Milch gegeben werden darf.

In der Einzelhaltungsphase wird der Einsatz von Biestmilch/Vollmilch empfohlen. Eine Ad-libitum-Tränke mit Milchaustauscher ist möglich, jedoch nicht mit allen Produkten. Wichtig ist, dass mindestens 50 % Magermilchpulver enthalten sind. Die Hersteller sollten zuvor gefragt werden, ob der Austauscher für diese Tränkeform geeignet ist. Wichtig ist, dass sich die Produkte im angemischten Zustand auch bei längeren Stehzeiten nicht entmischen. Milchaustauscher brauchen nicht angesäuert werden. Sie können auch in Kombination mit Vollmilch eingesetzt werden.

Eine Ad-libitum-Tränke ist auch in der Gruppenbox möglich. Für jedes Kalb sollte dann ein Nuckeleimer zur Verfügung stehen. Es ist ebenfalls möglich, eine „Milkbar", das heißt eine Trogtränke mit mehreren Nuckeln, zu verwenden.

Bei einer Ad-libitum-Tränke am computergesteuerten Tränkeautomaten besteht das Problem, dass den Kälbern nur ein Nuckel in der Gruppe zur Verfügung steht. Das kann dazu führen, dass die Tränkeaufnahme nach dem Umsetzen aus der Einzelhaltung in die Gruppe deutlich sinkt.

Anschlusstränke nach Ad-libitum-Tränkephase (Eimer oder Tränkeautomat) Kommen die Kälber im Anschluss an die Ad-libitum-Tränke aus der Einzelhaltung in die Gruppe, ist es sinnvoll, ihnen nicht sofort eine deutlich niedrigere Tränkemenge anzubieten. Werden sie mit Nuckeleimern weiter getränkt, sollten sie in Gruppen zusammengefasst in Etappen von der hohen Tränkemenge über mehrere Schritte entwöhnt werden, z. B. zwei Wochen mit 8 (2 × 4), zwei Wochen mit 6 (2 × 3), zwei Wochen mit 4 (2 × 2) und eine Woche mit 2 Litern Milch. Die Tagesmenge von 2 Litern wird dann nur noch in einer Mahlzeit angeboten. Es funktioniert auch in drei Schritten mit 8, 6 und 3 Litern (▶ **Tab. 8.53**).

Am Tränkeautomat wird bis zur zehnten Lebenswoche ohne ein Plateau von 10 auf 2 oder 0 Liter abgetränkt. Bei einer zweiwöchigen Ad-libitum-Tränke in der Einzelhaltung kann in der dritten Lebenswoche (1. Woche am Tränkeautomat) auch noch eine Menge von 10 Litern getränkt werden. Anschließend wird abgetränkt (▶ **Abb. 8.32**).

▶ **Tab. 8.53** Abtränken nach der Ad-libitum-Tränke mit dem Nuckeleimer.

Woche	Liter pro Tag
1. bis 3. Lebenswoche	ad libitum
4. bis 6. Lebenswoche	2 × 4
7. bis 9. Lebenswoche	2 × 3
10. Lebenswoche	1 × 3

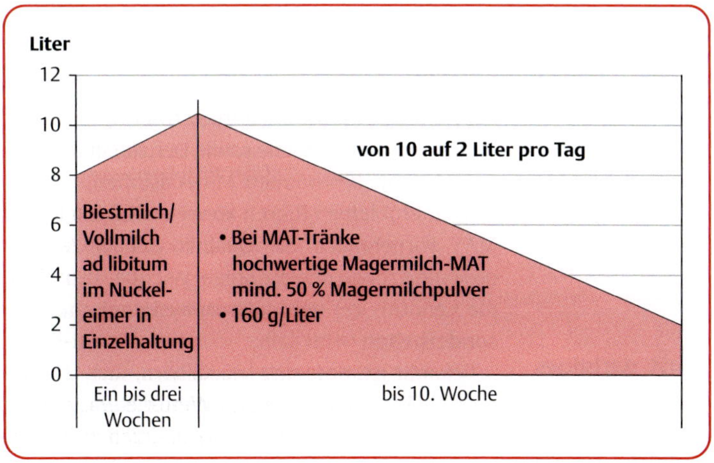

▶ **Abb. 8.32** Tränkeplan für Tränkeautomaten im Anschluss an eine Ad-libitum-Eimertränke.

Wichtig ist, dass am Tränkeautomat die Alarmschwelle auf 50 % bzw. 6 Liter eingestellt wird, da nicht alle Kälber nach der Umstallung aus der Einzelhaltung die volle Milchmenge abnehmen. Die maximale Portionsgröße sollte am Automat auf 2,5 Liter begrenzt werden.

Die Beeinflussung der Futteraufnahme und damit der Entwicklung der Kälber in der weiteren Aufzucht durch die Ad-libitum-Tränke in den ersten Lebenswochen ist nicht unerheblich und muss bei der Rationsgestaltung in der Aufzuchtperiode berücksichtigt werden.

Kälberaufzuchtfutter und Heu oder eine Kälbertrocken-TMR sollten schon in der Einzelhaltung angeboten werden, auch wenn von dem Kraftfutter noch kaum etwas gefressen wird und es vornehmlich dem Kennenlernen dient. In der Gruppenhaltung ist es sinnvoll, während der Tränkeperiode Kälberaufzuchtfutter und Heu beziehungsweise eine Kälbertrocken-TMR zur freien Aufnahme und Silage möglichst erst in den letzten Tränkewochen anzubieten. Im vierten und fünften Lebensmonat ist es zu empfehlen, den Kraftfutteranteil auf 2,0 kg pro Tier und Tag zu begrenzen. Dazu kann die TMR der laktierenden Kühe gegeben werden. Im sechsten Lebensmonat wird nur noch die TMR der laktierenden Kühe gefüttert ohne zusätzliche Kraftfuttergaben und ab dem siebten Monat nur noch eine Ration mit einer Energiekonzentration von 5,6 bis 6,0 MJ NEL/kg TM, z. B. die für Trockensteher. Mit einem Alter von sechs Monaten werden Gewichte von 230 bis 250 kg angestrebt und Besamungsgewichte von 420 bis 430 kg mit etwa 13 bis 15 Monaten. Der höhere Aufwand für die Ad-libitum-Tränke wird durch die Einsparung von Kraftfutter im Jungtierbereich kompensiert und zahlt sich durch eine gute Kälbergesundheit und ein Leistungsplus in den späteren Laktationen wieder aus.

> **Praxistipp**
> Für die ersten zwei bis vier Lebenswochen wird empfohlen, den Kälbern die Biestmilch/Vollmilch ad libitum anzubieten.

Hohe Energieaufnahme unterstützt wichtiges Zellwachstum Zellvermehrung und Organwachstum bestimmen in den ersten Lebensmonaten das Leistungspotenzial für das weitere Leben. Zudem gibt es Hinweise darauf, dass die prä- und, in diesem Fall von Interesse, auch die postnatale (= nach der Geburt) Ernährung Auswirkungen auf die Ausbildung von Organen und deren Stoffwechselfunktionen besitzt. In verschiedenen Versuchen wurde festgestellt, dass Kälber, die nach der Geburt in den ersten Lebenswochen auf einem hohen Energieniveau ernährt wurden, im Vergleich zu restriktiv versorgten Kontrollkälbern bei gleicher weiterer Aufzucht als Milchkühe deutlich höhere Milchleistungen erbrachten. Auch diese Erkenntnisse sprechen dafür, Kälber, insbesondere in den ersten Wochen nach der Geburt, entsprechend den Bedarfsempfehlungen mit einer ausreichenden Menge an Energie und Eiweiß zu versorgen (ad libitum).

Ein weiterer Grund, der für eine intensive Versorgung der Kälber während der ersten Lebensmonate spricht, ist ihr hohes Eiweißansatzvermögen. Das heißt, in diesem Lebensabschnitt ist nicht nur die Futterverwertung hervorragend, auch der Grad der inneren Verfettung ist noch äußerst gering. Gerade im Hinblick auf die Ausbildung der Euteranlagen spielen hohe Zuwachsraten in den ersten Wochen und Monaten, die mit einer geringen Verfettung einhergehen, eine wichtige Rolle. Im Gegensatz dazu führen hohe Zunahmen nach der Pubertät zu einem deutlich höheren Fettansatz und damit auch zu einer stärkeren inneren Verfettung der Tiere.

Vollmilchtränke/Milchaustauscher (MAT) In der Kälbertränke werden Vollmilch und Milchaustauscher (MAT) entweder allein oder auch in Kombination eingesetzt. Sowohl beim Einsatz der Vollmilch- als auch der MAT-Tränke müssen qualitative Ansprüche berücksichtigt werden. Während bei der Vollmilchtränke die Tränketemperatur, Melk- und Milchhygiene sowie Defizite in der Versorgung mit bestimmten Mineralstoffen, z. B. Eisen, zu Problemen führen können, sind es bei den MAT vornehmlich die Qualität der Einzelkomponenten sowie deren Anteile. Wichtig ist deshalb die Kenntnis der **verdauungsphysiologischen Besonderheiten** beim Kalb.

Bekannt ist, dass sich bei Kälbern nach der Geburt die Produktion von Enzymen, die der Verdauung milchfremder Eiweiße, z. B. pflanzlicher Eiweiße aus Soja oder Getreide und Kohlenhydraten

(Stärke, Fructose, Saccharose), dienen, erst langsam entwickelt. Das aufgenommene Nahrungseiweiß wird beispielsweise durch Hydrolyse zu kleineren Peptiden oder Aminosäuren gespalten, die dann durch die Darmwand absorbiert werden können. Verantwortlich sind dafür verschiedene Enzyme wie Pepsin und Chymosin (Labferment). Chymosin, als spezifisches Ferment zur Spaltung von Kasein, ist jedoch nicht in der Lage, Molkenproteine oder pflanzliche Proteine zu spalten. Dafür ist die Bildung von Pepsin notwendig, das anfänglich nur in sehr geringen Mengen gebildet wird. Das Verhältnis von Chymosin zu Pepsin beträgt beim jungen Kalb etwa 80:20. Dieses Verhältnis verändert sich zugunsten des Pepsins mit zunehmendem Alter der Tiere. Werden Kälber ausschließlich mit Vollmilch getränkt, ändert sich das Verhältnis der Chymosin- zur Pepsinproduktion erst, wenn die Kälber beginnen, Kraft- und Grundfutter aufzunehmen. Das bedeutet aber auch, dass junge Kälber in den ersten Wochen nur begrenzt Eiweiße, die nicht zu den Kaseinen zählen, verdauen können (▸ **Tab. 8.54**). Entsprechend geringer fallen die Zunahmen von Kälbern aus, die mit MAT versorgt werden, die einen hohen Anteil solcher Eiweiße im Gesamtprotein aufweisen. Übersteigen die aufgenommenen Molken- oder pflanzlichen Eiweißmengen die für deren Verdauung gebildeten Pepsinmengen, kann es auch zu Durchfällen kommen.

Zu Problemen kann es ebenso bei der Verdauung von pflanzlichen Kohlenhydraten kommen. Lactose kann ohne Probleme von Geburt an verdaut, das heißt durch Lactase in Glukose und Galactose gespalten und über das Darmepithel aufgenommen werden. Die Enzyme, die milchfremde Kohlenhydrate spalten können, entwickeln sich, ähnlich wie die zur Verdauung milchfremder Proteine, erst im Laufe der ersten Lebenswochen in unterschiedlicher Geschwindigkeit. Saccharose (Rohrzucker; Gewinnung z. B. aus Zuckerrüben) und Fructose können bei Kälbern in den ersten Lebenswochen schwere, sogenannte fermentative Durchfälle verursachen, da diese Kohlenhydrate größtenteils unverdaut in den Dickdarm gelangen, wo sie mikrobiell umgesetzt werden. Stärke verursacht beim Kalb in geringen Mengen (< 5 % der TM) keine gesundheitlichen Probleme, kann jedoch vom noch nicht ruminierenden Kalb nur in begrenztem Umfang zur Energiegewinnung genutzt werden. Die Zeitspanne in der Entwicklung des Kalbes, die benötigt wird, um pflanzliche Protein- und Kohlenhydratquellen nutzen zu können, geht mit der natürlichen Futteraufnahme solcher Produkte einher und erstreckt sich über mehrere Wochen.

Merkmale eines guten Milchaustauschers Für Milchaustauschfuttermittel werden die Inhaltsstoffe, die Zusatzstoffe und die Zusammensetzung deklariert. Der Energiegehalt wird bei MAT nicht angegeben. Es gibt keine „rechtsverbindlichen Schätzformeln“ zur Ermittlung des Energiegehaltes. Häufig werden MAT beim Kauf nur auf der Basis ihres Rohproteingehaltes miteinander verglichen. Dies ist jedoch kein ausreichendes Qualitätskriterium. Wie im vorangegangenen Abschnitt erläutert, sind für die Qualität des MAT Herkunft, Art und Anteil der verwendeten Einzelfuttermittel, das heißt die Angaben der Nährstoffquellen, von entscheidender Bedeutung. Die eingesetzten Komponenten werden auf der Deklaration in Prozent oder in absteigender Reihenfolge deklariert.

Fazit

Besonders hochwertige MAT mit einer hohen Verdaulichkeit enthalten nach wie vor keine pflanzlichen Proteinquellen. Als Kaseinquellen stehen Magermilchpulver mit Rohproteingehalten von 34–36 % zur Verfügung. Verwendet werden ebenfalls durch Mikrofiltration gewonnene Kaseinpulver mit höheren Rohproteingehalten.

▸ **Tab. 8.54** Verdaulichkeit (%) verschiedener Proteinträger bei Kälbern unterschiedlichen Alters.

Proteinquelle	Alter der Kälber (Tage)	Verdaulichkeit (%)	Quelle
Magermilch	11–21	94,4	Barbella et al. (1988 [15])
Sojaproteinkonzentrat (75 %*)	14–21	58,7	Dawson et al. (1988 [40])
Sojaproteinisolat (100 %*)	> 28	60,5	Khorasani et al. (1989 [123])

* Prozentualer Anteil des Milcheiweißes, das durch alternative Proteinherkünfte ersetzt wurde.

Bis Oktober 2006 gab es für die Beimischung bestimmter Mindestmengen von Magermilchpulver in MAT-Futtermitteln für die Hersteller eine Beihilfe. Noch aus dieser Zeit stammt die begriffliche Unterscheidung von Magermilchaustauschern und „Null"-Austauschern (ohne Magermilchpulver bzw. Kasein). Die Magermilchaustauscher besaßen allgemein eine hohe Wertschätzung. Die Bezeichnungen werden im Verkauf deshalb auch heute noch gerne verwendet. Mit der Bezeichnung „Magermilchaustauscher" werden allerdings nicht mehr zwingend die Qualitätskriterien aus der Zeit der Beihilferegelung erfüllt. Werden z. B. nur noch 10 % Magermilchpulver eingesetzt, ist für ein solches Produkt die Bezeichnung „Magermilchaustauscher" zwar möglich, aber dennoch mehr als fragwürdig. Hochwertige Milchaustauscher besitzen einen Anteil von 50 bis 60 % Magermilchpulver und erreichen damit annähernd den Kaseinanteil von Vollmilch.

Pflanzliche Eiweiße werden im Wesentlichen wegen ihres im Vergleich zu Milcheiweiß geringeren Preises eingesetzt. Die Qualität der eingesetzten pflanzlichen Eiweiße hat sich zwar in den vergangenen Jahren deutlich verbessert. Zum Einsatz kommt überwiegend Weizenproteinhydrolysat (▶ **Tab. 8.55**). Gelegentlich wird auch Sojaproteinisolat, Sojaproteinkonzentrat, Erbsen- und Kartoffeleiweiß als Proteinquelle verwendet. Absolut ungeeignet ist Sojafeinmehl. Die pflanzlichen Eiweißquellen zeichnen sich alle durch einen vergleichsweise hohen Rohproteingehalt aus. So enthält Sojaproteinkonzentrat 60–70 % Rohprotein, Weizenproteinhydrolysat sogar über 80 %. Sie werden eingesetzt, um niedrige Rohproteingehalte eiweißarmer Molkenprodukte auszugleichen. Die Höhe des Rohproteingehaltes ist in diesem Fall jedoch kein Qualitätskriterium für das Eiweiß. Der Anteil der pflanzlichen Proteinkomponenten an der Gesamtheit der Proteinträger im MAT sagt zunächst noch nichts über den Anteil des pflanzlichen Proteins am Gesamtproteingehalt des MAT aus. Die ▶ **Tab. 8.56** zeigt hierfür ein Beispiel. Aufgeführt sind unter anderem alle proteinhaltigen Komponenten eines MAT. Davon stammen 66 % aus Milchprodukten, 13 % sind pflanzlichen Ursprungs. Diese 13 % pflanzlicher Proteinkomponenten enthalten jedoch 41 % des Gesamtproteins im Austauscher.

Als weiteres Qualitätskriterium kann auch der Rohaschegehalt von Milchaustauschern angesehen werden. Er sollte möglichst unter 9 % liegen, da hohe Anteile durchfallfördernd wirken. Der Rohaschegehalt wird hauptsächlich durch preiswerte teilentzuckerte Molkenpulver verursacht (▶ **Tab. 8.55**). Sie liegen damit deutlich über den Werten von Magermilch- (ca. 7,9 % Rohasche) und reinem Molkenpulver (ca. 8,3 % Rohasche).

Fetteinsatz in Milchaustauschern Beim jungen Kalb erfolgt der Abbau der Fette überwiegend durch lipolytische Enzyme im Labmagen. Es handelt sich hierbei vor allem um prägastrische Esterasen, die aus dem Zungen-Kehldeckel-Bereich des

▶ **Tab. 8.55** Gehalte an Protein, Rohasche und Lactose in Magermilchpulver, Molkenpulver und pflanzlichen Proteinträgern.

Proteinträger	Protein (% in FM[2)])	Rohasche (% in FM[2)])	Lactose (% in FM[2)])
Proteinträger auf Milchbasis[1)]			
Magermilchpulver	35	7,9	53
Süßmolkenpulver	12	8,3	73
Molkeneiweißpulver	30–80	≤ 8	1–52
Molkenpulver (MP), teilentzuckert	20–33	10–20	40–52
Pflanzliche Proteinträger			
Sojaproteinisolat	86	max. 6	–
Sojaproteinkonzentrat	67	max. 7	–
Weizenproteinhydrolysat	82	1	–

[1)] Gehalte in der Vollmilch (TM): 31 % Fett, 21 % Kasein, 6 % Molkenproteine, 36 % Lactose, 6 % Rohasche
[2)] FM: Frischmasse (Trockenmassegehalt 98 %)

► **Tab. 8.56** Beispielhafte Zusammensetzung eines Milchaustauschers – Auswirkungen auf den Proteingehalt und die Proteinzusammensetzung.

Merkmal	Protein	Anteil im MAT	Proteinmenge	Milch-protein	Pflanz-liches Protein
	(% in FM)	(% des MAT)	(g/kg MAT)		
Magermilchpulver	35	10	35 (davon 28 g Kasein)	35	–
Molkenpulver	12	36	43	43	–
Molkenpulver teilentzuckert	25	20	50	50	–
Sojaproteinkonzentrat	66	10	66	–	66
Weizenproteinhydrolysat	80	3	24	–	24
Fettmischung	–	17	–	–	–
Vormischung	–	4	–	–	–
Summe		**100**	**218**	**128**	**90**
Anteil am Gesamtprotein (%)				59	41
Milchbestandteile im MAT (%)		66			
Pflanzliche Bestandteile im MAT (%)		13			

Maules und der Unterkieferspeicheldrüse stammen. Die Konzentration von Lipasen im Darm ist hingegen noch gering. Durch die Saugaktivität wird die Bildung der prägastrischen Esterasen stimuliert. Sie hydrolysieren gemeinsam mit Enzymen der Bauchspeicheldrüse zum überwiegenden Teil kurzkettige Fettsäuren. Aus diesem Grund ist es wichtig, in MAT entsprechend Fette mit einem hohen Anteil an kurzkettigen Fettsäuren einzusetzen. Die Auswahl von unterschiedlichen Fettmischungen in Milchaustauschern ist allerdings begrenzt. Die meisten Produzenten und Anbieter von Milchaustauschern arbeiten mit vorkonfektionierten, zugekauften „Eiweiß-Fettkernen“. Die Fettmischung besteht zum überwiegenden Teil aus Palmöl (~ 80 %) und Kokosfett (~ 20 %). Sojaöl wird in der Regel nur zur Staubbindung und damit nur in sehr geringen Mengen eingesetzt. In Ausnahmefällen besteht das eingesetzte Fett ausschließlich aus Kokosfett und besitzt damit einen höheren Anteil an kurzkettigen Fettsäuren.

Tränketechnik Als Hilfe für das Anrühren und Verteilen von Vollmilch- und Milchaustauschertränke stehen mobile Transportbehälter, in denen Milch angerührt, erwärmt und mithilfe einer Zapfpistole verteilt werden kann, zur Verfügung oder computergesteuerte Tränkeautomaten (► **Abb. 8.33**). Die mobile Tränketechnik bietet den Vorteil, dass die Haltung der zu tränkenden Kälber nicht an bestimmte Standorte gebunden ist und beim Tränken das Verhalten aller Kälber zumindest zweimal am Tag beobachtet werden kann.

► **Abb. 8.33** Computergesteuerter Tränkeautomat.

Computergesteuerte Tränkeautomaten sind für Betriebe konzipiert, die regelmäßig eine größere

Zahl von Kälbern aufziehen oder sich auf Kälbermast spezialisiert haben. Die Kälber werden elektronisch identifiziert und anhand von frei zu gestaltenden Tränkeplänen mit Milch versorgt. Die Automaten können zusätzlich mit Medikamentendosierern, teilweise auch mit Tierwaagen und Kraftfutterautomaten kombiniert werden. Sie werden als reine Pulverautomaten, als Frischmilchautomaten oder als Kombiautomaten angeboten. Eine Kontrolle verschiedener Parameter, wie z. B. der tierindividuell abgerufenen Milch- oder Kraftfuttermengen oder das individuelle Saugverhalten, ist möglich und sollte intensiv genutzt werden.

Grob- und Kraftfuttereinsatz

Die Ausnutzung des genetischen Wachstumspotenzials spielt für die weitere Entwicklung der Kälber insbesondere in der Milchphase durch die Gabe einer hochwertigen und bedarfsdeckenden Milchtränke eine entscheidende Rolle. Ebenso wichtig ist es, die Kälber frühzeitig auf eine wiederkäuergerechte Ernährung umzustellen. Dazu gehört ein rechtzeitiger Beginn des Abtränkens ab der fünften oder sechsten Lebenswoche. Abgetränkt werden können die Kälber aber nur, wenn der Pansen ausreichend entwickelt ist. Welche Anforderungen in diesem Zusammenhang an die einzelnen Futterkomponenten gestellt werden müssen, wird im Folgenden erläutert.

Entwicklung des Pansens Die Besiedlung des Pansens mit Bakterien wird von der Zusammensetzung des Futters bestimmt. Die Erstbesiedlung findet durch aerobe Bakterien aus der normalen Umwelt des Kalbes statt. Mit Beginn der Aufnahme von Kraftfutter und Heu ändert sich die Pansenflora und anaerobe Bakterien verdrängen die aeroben. Aus diesem Grund sollte Kälbern bereits ab dem dritten Lebenstag Kraftfutter angeboten werden. Etwa zwei Wochen nach Beginn der Kraftfutteraufnahme ist im Pansen des Kalbes die gleiche Pansenflora wie bei erwachsenen Rindern zu finden. Dieser Wechsel ist Voraussetzung für ein erfolgreiches Absetzen der Kälber von der Milch. Mit dem Anstieg der aufgenommenen Kraftfuttermenge wächst ebenfalls der Anteil des Mikrobenproteins, das ebenfalls im Dünndarm für die weitere Verdauung zur Verfügung steht. Etwa drei bis vier Wochen nach dem Absetzen von der Milch erreicht der Anteil des Mikrobenproteins, gemessen an der Gesamtproteinmenge, die den Pansen verlässt, etwa 80 %. Es darf in diesem Zusammenhang nicht vergessen werden, den Kälbern von Beginn an frisches und sauberes Wasser zur freien Verfügung anzubieten. Die Flüssigkeit in der Milch reicht speziell bei restriktiver Tränke nicht aus, um den Bedarf zu decken, insbesondere dann nicht, wenn Kraftfutter und Raufutter im Pansen benetzt und aufgeschlossen werden müssen. Auch die Pansenbakterien können sich nur in einem wässrigen Medium entwickeln.

Qualität des Kälberaufzuchtfutters Das Kälberaufzuchtfutter sollte mehreren Anforderungen gerecht werden. Zum Ersten muss es während des Abtränkens die nicht mehr über die Milch bereitgestellten Nährstoffe ersetzen. Zum Zweiten muss das Kraftfutter den sich erst langsam ausbildenden pansenphysiologischen Gegebenheiten angepasst sein und drittens ist darauf zu achten, dass das Futter schmackhaft ist, damit es vom Kalb in ausreichender Menge aufgenommen wird. Entscheidend sind somit die Auswahl der Einzelkomponenten und deren Behandlung.

Das Kraftfutter sollte 10,8 MJ ME/kg (entsprechend der Energiestufe 3) und 17–20 % Rohprotein enthalten. Als Energieträger wird hauptsächlich Getreide mit einem Stärkeanteil von 40–60 % eingesetzt. Besonders geeignet sind Mais, Weizen, Gerste und Hafer. Die Stärketräger können anfänglich leichter verdaut werden, wenn sie aufgeschlossen sind. Der Stärkeaufschluss kann durch thermische Verfahren (Hitzebehandlung), hydrothermische Verfahren (Kombination von Behandlungen mit Feuchtigkeit und Hitze) sowie Extruderverfahren, bei denen zusätzlich eine Druckbehandlung durchgeführt wird, erfolgen.

Für die Proteinversorgung ist darauf zu achten, dass ausreichend Protein im Dünndarm zur Verfügung steht. In diesem Zusammenhang spielen die Trockenmasseaufnahme, die nutzbare Proteinmenge im aufgenommenen Futter sowie auch die in den Dünndarm abgegebene Mikrobenproteinmenge eine entscheidende Rolle. Ein Großteil des aufgenommenen Futterproteins wird auch beim Kalb bereits im Pansen abgebaut und steht dem Tier nicht mehr direkt als Eiweißquelle zur Verfügung. Da die Eiweißsynthese durch die Pansenmikroben bei Kälbern bis zu einem Gewicht von etwa 250 kg begrenzt ist, hat sich der Einsatz von pansengeschütztem Protein (S. 179) hier als sinnvoll erwiesen.

Für ein Starterfutter in den ersten Wochen ist es von Vorteil, wenn Leinproduke (Leinsamen, Leinkuchen, Leintraktionsschrote) zu den Komponenten gehören. Darin enthalten sind Schleimstoffe, die ebenso wie der hohe Gehalt an mehrfach ungesättigten Fettsäuren eine diätetische Wirkung besitzen. Die Schleimstoffe entfalten eine schützende Wirkung auf der Darmschleimhaut und tragen dazu bei, Infektionen mit Durchfallerregern vorzubeugen.

Die Schmackhaftigkeit kann durch das Hinzufügen von 4 bis 5 % Melasse deutlich erhöht werden. Gleichzeitig wird dadurch eine bessere Staubbindung erreicht. Kälber bevorzugen grobe Futterstrukturen, wie Müsli mit gequetschten Komponenten, die meist in Eigenmischungen verwendet werden, oder Pellets. Haben sich Kälber an eine bestimmte Futterstruktur gewöhnt, geht die Futteraufnahme zurück, wenn die Struktur gewechselt wird. Bis zum Ende der Tränkeperiode, aber mindestens bis zur achten Lebenswoche sollte den Kälbern das Kälberkraftfutter ad libitum angeboten werden. Beispiele für bewährte Futtermischungen finden sich in der ▸ **Tab. 8.57**.

▸ **Tab. 8.57** Beispiele für Kälberaufzuchtmischungen (Angaben in %).

Futtermittel	Mischung 1	Mischung 2	Mischung 3
Luzerneheu, 1. Schnitt	–	19	–
Weizen	35	7	15
Gerste	35	28	14
Mais	–	18	–
Hafer	–	–	14
Sojaextraktionsschrot	15	15	16
Melasse	–	2	5
Leinkuchen	10	–	12
Leinextraktionsschrot	–	5	–
Trockenschnitzel	–	–	20
Rapskuchen	–	3	–
Rapsöl zur Staubbindung	1	–	–
Mineralstoffe/Vitamine	4	3	4
Rohprotein (%)	18,0	18,0	18,3
ME_W (MJ/kg)	11,2	10,4	10,8

Mischung 1: Landwirtschaftszentrum Haus Riswick, Kleve; Mischung 2: Amt für Ernährung, Landwirtschaft und Forsten Schwandorf; Mischung 3: Landw. Lehr- und Versuchsanstalt für Viehhaltung und Grünlandwirtschaft Aulendorf

Strukturierte Rohfaser für den Pansen Während für die Entwicklung der Pansenzotten die flüchtigen Fettsäuren, die zum großen Teil aus der Stärkeverdauung stammen, eine entscheidende Rolle spielen, sind strukturwirksame Futterbestandteile aus dem Grobfutter für das Größenwachstum des Pansens, für die Ausbildung der Pansenmuskulatur und für die Aufrechterhaltung des pH-Wertes zuständig und verhindern ein Verkleben und damit eine Resorptionsminderung der Pansenzotten. Ein erhöhter Rohfaseranteil im Kraftfutter reicht nicht aus, um ein Verkleben der Pansenzotten zu vermeiden. Versuche in Iden haben bereits Anfang der 1970er Jahre gezeigt, dass eine strukturwirksame Partikellänge von 7 mm notwendig ist, um ein solches Verkleben zu verhindern. In den ersten Lebenswochen eignen sich als Komponenten Heu oder Stroh. Wird kein qualitativ hochwertiges Heu oder Futterstroh angeboten, fressen die Kälber Stroh aus der Einstreu. Das sollte aus hygienischen Gründen möglichst vermieden werden. Stroh oder auch Luzerneheu kann in kurz gehäckselter Form auch in Verbindung mit Kälberkraftfutter oder Müsli angeboten werden (Kälber-TMR). Für solch eine **Kälber-TMR** wird in der Regel sogenanntes staubfreies Stroh- oder Luzernemehl mit Partikellängen von 2 bis 4 cm verwendet, die im Volumenverhältnis von 1:1 mit dem Kraftfutter gemischt werden. Nach der Umstallung der Kälber aus der Einzel- in die Gruppenhaltung kann zum Kraftfutter alternativ als Raufutterkomponente ebenso Grassilage oder die TMR der Hochleistungskühe gefüttert werden.

8.4.4 Kälberhaltung

Für die Kälberhaltung sind die Vorschriften der Tierschutz-Nutztierhaltungsverordnung zu beachten, die bis zum vollendeten 6. Lebensmonat der Kälber gelten.

Einzelhaltung

Das Infektionsrisiko mit durchfallverursachenden Erregern, insbesondere mit enterotoxischen Escherichia-Coli-Bakterien, Rota- und Corona-Viren oder Endoparasiten wie Kryptosporidien, ist insbesondere in den ersten Lebensstunden unvergleichlich hoch. Im Falle einer Infektion während oder nach der Geburt können Durchfälle je nach Erreger im Laufe der ersten Lebenswoche auftreten. Kommen die Tiere anschließend in Gruppenboxen, können solche Infektionen leicht an gesunde Kälber weitergegeben werden. Aus diesem Grund sind Hygienemaßnahmen und die Förderung einer hohen Abwehrbereitschaft der Kälber durch eine Ad-libitum-Tränke in den ersten Lebenswochen besonders wichtig.

Die Tierschutz-Nutztierhaltungsverordnung erlaubt eine Einzelhaltung von Kälbern für einen Zeitraum von bis zu acht Wochen nach der Geburt. Konventionell sind Kälber in Einzelboxen, ebenerdig oder in Hochboxen im Stall untergebracht. Die Haltungsdauer in diesen Boxen ist an die Einhaltung vorgeschriebener Mindestmaße gebunden. In der Tierschutz-Nutztierhaltungsverordnung heißt es: „Kälber im Alter von bis zu zwei Wochen dürfen nur in Ställen gehalten werden, wenn ihnen eine mit Stroh oder ähnlichem Material eingestreute Liegefläche und bei Einzelhaltung eine Box, die innen mindestens 120 Zentimeter lang, 80 Zentimeter breit und 80 Zentimeter hoch ist, zur Verfügung stehen." „Kälber im Alter von über zwei bis zu acht Wochen dürfen einzeln in Boxen nur gehalten werden, wenn 1. die Box bei innen angebrachtem Trog mindestens 180 Zentimeter, bei außen angebrachtem Trog mindestens 160 Zentimeter lang ist und 2. die frei verfügbare Boxenbreite bei Boxen mit bis zum Boden und über mehr als die Hälfte der Boxenlänge reichenden Seitenbegrenzungen mindestens 100 Zentimeter, bei anderen Boxen mindestens 90 Zentimeter beträgt." Im Außenbereich gibt es für die Unterbringung von Kälbern überdachte Hockboxen, z. B. Riswicker Kälberhütten oder Einzeliglus.

Praxistipp
Die Haltungsform mit den geringsten Infektionsrisiken und den besten haltungstechnischen Bedingungen sind **Einzeliglus** mit einem möglichst überdachten Auslauf. Einzeliglus bieten den Kälbern ein optimales Kleinklima und erfüllen die Ansprüche an ein konsequentes Rein-Raus-Verfahren. Die Iglus können so aufgestellt werden, dass die Kälber im Bedarfsfall keine Berührungskontakte untereinander haben und mögliche Schmierinfektionen vermieden werden können.

Um die Ausläufe und den Futtergang für Einzeliglus zu überdachen, kann beispielsweise an ein vorhandenes Gebäude ein Dach angeschleppt werden. Für größere Betriebe und vor allem für diejenigen, die konsequent ihre Kälber in Einzeliglus halten wollen, bietet es sich an, eine separate Lösung zu schaffen (► **Abb. 8.34**).

Dies kann ein separater Stall oder eine betonierte oder asphaltierte Fläche sein, die Platz für einen zu überdachenden Futtergang bietet, an dem beiderseits Iglus mit den Öffnungen zueinander aufgestellt werden können (► **Abb. 8.35**). Das Dach sollte den Futtertisch, die Auslaufflächen und möglichst die Iglus selbst überspannen, um auch bei Schlagregen ausreichend Schutz zu bieten. Das Dach kann sowohl als Satteldach als auch mit einseitigem Gefälle aus Trapezblech gefertigt werden. Als Konstruktion reichen zwei Ständerreihen beiderseits des Futtergangs aus. Das aufwändigere Satteldach hat den Vorteil, dass es die Igluausläufe besser vor Schlagregen schützt. Außerdem bietet es die Möglichkeit, zusätzlich Lichtplatten einzubauen. In jedem Fall sollte das Dach über Dachrinnen entwässert werden, um den Jaucheanfall zu verringern. Für den Futtergang wird eine Breite von drei Metern empfohlen. Der Einbau eines erhöhten Futtertisches ist nicht notwendig, da hier kein Futter vorgelegt wird. Die anschließende Breite der Standfläche für die Iglus sollte auch für die größten auf dem Markt befindlichen Iglus inklusive Auslauf ausreichen. Das vorzuhaltende Maß beträgt hierfür 4,00 m. Wichtig ist es, ein leichtes Gefälle von ca. 2 bis 3 % nach außen einzubauen. Am Ende der befestigten Fläche muss

▸ **Abb. 8.34** Einzeliglus für Kälber.

▸ **Abb. 8.35** Überdachter Futtergang mit Einzeliglus.

sich eine Rinne befinden, die in einem Auffangbehälter entwässert wird, um mögliche Jauche auffangen zu können. Hierfür eignet sich eine ausgeformte Rinne im Beton. Sie lässt sich zudem leichter sauberhalten. Bei längeren Anlagen können im Abstand von 8 m Abläufe geschaffen werden, die in ein KG-Sammelrohr münden.

Bei der Planung der Anzahl der aufzustellenden Iglus und damit der Baulänge des gesamten Objektes sollten neben der eventuellen asaisonalen Abkalbung auch Reinigungszeiten von mindestens einer Woche vor einer Neubelegung eines Iglus eingeplant werden. Die Breite der größten Iglus beträgt 1,47 m. Um ein gegenseitiges Belecken und damit eine mögliche Infektionsverbreitung zu verhindern, kann im Bedarfsfall ein Abstand von 60 cm zwischen den Iglus notwendig werden. Bei der Unterbringung von zwei Kälbern in einem Iglu muss beachtet werden, dass den Kälbern eine Mindestfläche von 4,5 m^2 zur Verfügung stehen muss.

Bei der Planung von separaten Igluanlagen sollte an der Giebelseite ein isolierter Abstellraum für Milchaustauscher (falls keine Vollmilch getränkt

▶ **Abb. 8.36** Igluställe, die giebelseitig geschlossen und traufseitig mit einer Jalousie ausgestattet sind, bieten mehr Schutz in der kaltnassen Jahreszeit.
a In der warmen Jahreszeit bleibt die Jalousie geöffnet.
b In der kaltnassen Jahreszeit bietet die geschlossene Jalousie Schutz vor Regen, Schnee und kaltem Wind.

wird), für Kälberaufzuchtfutter, für Geräte und eventuell Schreibunterlagen usw. vorgesehen werden. Sollen Milchaustauscher und/oder Kälberaufzuchtfutter dort gelagert werden, ist auf jeden Fall eine breite Tür vorzusehen, die problemlos mit einem Palettenwagen passiert werden kann. Von Vorteil ist es, wenn Igluställe giebelseitig und auch traufseitig, z. B. mithilfe von Jalousien, verschlossen werden können (▶ Abb. 8.36).

Frisches Wasser muss allen Kälbern von Beginn an in einer Wasserschüssel zur Verfügung gestellt werden. Heu- und Kälberaufzuchtfutter können sowohl am Auslauf als auch im Iglu gefüttert werden. Allerdings sind nicht alle Iglus dafür ausgerüstet. Die Iglufütterung hat den Vorteil, dass das Futter selbst bei Regen, der bei starkem Wind durchaus bis in die Kraftfutterschale schlagen kann, geschützt bleibt. Hierfür ist es aber zwingend notwendig, dass eine Seite des Iglus immer zugänglich ist. Ebenfalls werden auch spezielle Futterbehälter für Kraftfutter und Heu von der Industrie angeboten. Der Investitionsaufwand hierfür ist jedoch nicht unerheblich. Am preiswertesten sind Kraftfutterschalen und Heuraufen am Auslaufgitter. Auch dies ist ein Grund, Iglus in separaten Stallanlagen unterzustellen.

Gruppenhaltung

In der Gruppenhaltung steigen die Anforderungen an bautechnische Maßnahmen zur Aufrechterhaltung eines guten Stallklimas, da mit zunehmendem Alter und Gewicht der Tiere größere Schadgasmengen und mehr Luftfeuchtigkeit aus dem Stall transportiert werden müssen. Höhere Luftwechselraten können jedoch wiederum zu Zuglufterscheinungen oder besonders in der wechselwarmen Jahreszeit zu schnellen Temperaturschwankungen im Aufenthaltsbereich der Tiere führen. Aber auch zu hohe Staubkonzentrationen, zu hohe Luftfeuchtigkeitswerte in Verbindung mit zu hohen Erregerkonzentrationen können sich zum Problem für Kälber entwickeln. Wünschenswert sind Gruppengrößen von nicht mehr als 10

Tieren. Ein ebenfalls wünschenswertes Rein-Raus-Verfahren für Kälber scheitert in der Regel an der für alle Ställe bzw. Stallabteile gemeinsam genutzten Entmistungstechnik.

Praxistipp

Die Praxis hat gezeigt, dass es wichtig ist, dass Kälber in einer Umgebung untergebracht sind, deren Luftqualität hoch ist. Darauf hat insbesondere die Frischluftzufuhr und das Entmistungsintervall Einfluss. Teilweise im Widerspruch dazu stehen die Forderungen, insbesondere in der kalten Jahreszeit Zugluft und zu hohe Luftgeschwindigkeiten sowie schnell aufeinanderfolgende Temperaturwechsel zu vermeiden.

Schadgase Maximale Schadgaskonzentrationen werden durch die Tierschutz-Nutztierhaltungsverordnung vorgeschrieben. Sie betragen für Ammoniak (NH_3) 20 ppm, für Kohlendioxid (CO_2) 3000 ppm und für Schwefelwasserstoff (H_2S) 5 ppm. Insbesondere für Ammoniak sind diese Werte zu hoch. Anzustreben sind Ammoniakwerte unterhalb von 5, besser noch von 3 ppm, so wie sie auch in Einzeliglus gemessen werden. Da junge Kälber vorwiegend auf Stroh gehalten werden, spielen Schwefelwasserstoffausgasungen, die hauptsächlich beim Aufrühren von Gülle entstehen, eine geringere Rolle. Die mit Abstand meisten Probleme bereitet Ammoniak. Ammoniak wird aus den im Kot und Harn ausgeschiedenen Stickstoffverbindungen freigesetzt. Der größte Teil des Ammoniaks entsteht allerdings aus dem mit dem Harn ausgeschiedenen Harnstoff. Durch das Enzym Urease, das auch im Kot vorkommt, wird dieser in Verbindung mit Wasser zu Ammoniak und Kohlendioxid umgewandelt. Man kann davon ausgehen, dass die Ammoniakfreisetzung aus dem Harn etwa nach zwei Stunden abgeschlossen ist. Der Abbau des organisch gebundenen Stickstoffs im Kot benötigt wesentlich längere Zeit und ist von der Temperatur und dem pH-Wert abhängig. Beide Abbauprodukte werden jedoch ständig nachproduziert.

Ammoniak wird vom Menschen häufig zu spät wahrgenommen. Besonders in eingestreuten Tiefboxen sammelt sich direkt über der Einstreu das Ammoniak, wenn es nicht schnell genug mit der Belüftung abgeführt werden kann. Die Kälber, die in der Regel liegen und deren Nase sich dabei nicht mehr als 30 cm über dem Boden befindet, atmen dabei ununterbrochen die ständig neu entstehenden Ammoniakdämpfe ein. In Abhängigkeit von der Dauer und Konzentration führt Ammoniak zu Schleimhautreizungen und Verätzungen der Atemwege. Ein erstes Anzeichen dafür ist Husten, der durch die Reizung der Nervenendigungen in den Schleimhäuten zustande kommt.

Zugluft und zu hohe Windgeschwindigkeiten Von Zugluft wird gesprochen, wenn die in einen Stall einströmende Luft deutlich kälter ist als die Stallluft selbst. Es ist darum ein typisches Problem von Warmställen. Zugluft führt zu einer deutlich schlechteren Durchblutung der Schleimhäute und gibt dadurch Infektionen Vorschub.

Hohe Windgeschwindigkeiten, die bei kalter Witterung zum Problem werden können, treten hingegen am ehesten in offenen Außenklimaställen auf, in denen der Wind ungebremst in den Aufenthaltsbereich der Tiere einströmen kann. In bestimmten Fällen kommt es auch zu einer deutlichen Erhöhung der Windgeschwindigkeiten durch eine schleusende Wirkung der baulichen Anlagen. Probleme kann es dabei nicht nur während der kaltnassen Jahreszeit geben, sondern auch im Sommer, wenn große Temperaturunterschiede in Verbindung mit Wind zwischen Tag und Nacht auftreten. In solchen Situationen kann es zur Auskühlung der Kälber kommen. Das Mikroklima wird zerstört und die Abwehrfunktionen durch eine verminderte Durchblutung geschwächt. Auch hier können Atemwegserkrankungen die Folge sein.

Staub Staub reizt nicht nur die Atemwege, sondern dient gleichzeitig als Transportmittel für Mikroorganismen und damit auch für Krankheitserreger, ebenso wie Wassertröpfchen. Ein Problem, das auch bei zu hoher Luftfeuchtigkeit entstehen kann. Eine große Bedeutung hat die Partikelgröße des Staubes. Partikelgrößen kleiner als 5 µm, sogenannter Feinstaub, hat die Eigenschaft, dass er nicht mehr durch das Flimmerepithel nach außen befördert werden kann. Er dringt bis in die Alveolen vor und verursacht dort Reizungen. In Verbindung mit transportierten Mikroorganismen und Ammoniak kann es sehr schnell zu einer Schädigung der Lunge und zu Atemwegserkrankungen kommen. Um Staubbelastungen zu reduzieren, ist auch hier eine funktionierende Belüftung notwendig.

Luftfeuchtigkeit Eine zu hohe Luftfeuchtigkeit ist sowohl in geschlossenen Ställen mit schlechter Lüftung als auch in Außenhaltungssystemen während der kaltnassen Jahreszeit ein Problem. Ein zu hoher Wassergehalt in der Luft, der über einen längeren Zeitraum anhält, kann das Mikroklima der Kälber zerstören. Das Mikroklima entsteht zwischen Haut und Haarkleid. Das Haarkleid wirkt wie ein isolierender Pullover. Es verhindert eine zu starke Wärmeabgabe der Hautoberfläche. Das Haarkleid ist zwar stark wasserabweisend, Feuchtigkeit kann aber, wenn sie über eine längere Zeit einwirkt, in diese Schutzschicht eindringen und die isolierende Wirkung herabsetzen. Die Folge ist eine Unterkühlung des Körpers, eine schlechtere Durchblutung der Schleimhäute und damit eine verminderte Abwehrfunktion mit der Folge einer erhöhten Infektionsgefahr.

Warum unterschiedliche Klimabereiche? Das Rind als ehemaliges Steppentier ist darauf programmiert, mit niedrigen Temperaturen zurechtzukommen. Trotzdem muss, wie bei allen Warmblütern, die Körpertemperatur konstant gehalten werden. Welche Umgebungstemperatur als kalt, warm oder behaglich empfunden wird, hängt insbesondere beim Rind sehr stark vom Alter der Tiere ab. Der „Behaglichkeitsbereich" wird auch als „thermoneutrale Zone" bezeichnet. Damit ist der Temperaturbereich gemeint, in dem das Tier in der Ruhephase außerhalb des Grundumsatzes keine zusätzliche Energie aufbringen muss, um die Körpertemperatur konstant zu halten. Das heißt, es benötigt weder zusätzliche Energie, um den Körper zu erwärmen, noch um ihn durch Schwitzen abzukühlen. Beeinflusst wird diese Neutraltemperatur durch Luftbewegung, Luftfeuchtigkeit und eventuelle Infektionen. Je nach Infektion und entsprechender Abwehrreaktion des Körpers kann beispielsweise der zusätzlich benötigte Energiebedarf bis auf das 1,7-Fache ansteigen. Dieser Punkt wird häufig bei der Fütterung, aber auch bei der Haltung von Kälbern vernachlässigt.

Während eine Milchkuh in Abhängigkeit von der Milchleistung und damit von der Wärmeproduktion im Pansen einen thermoneutralen Temperaturbereich von etwa –5 bis + 20 °C besitzt, ist er beim Kalb sehr stark vom Alter abhängig. Für ein Neugeborenes werden Temperaturspannen von + 8 bis + 25 °C angegeben, für ein Kalb im Alter von einem Monat reicht diese Spanne bereits von 0 °C bis 23 °C. Zu diesen speziellen Temperaturbedürfnissen kommen noch die genannten Anforderungen an die Qualität der Stallluft.

Stallbaubeispiel: Holsteiner Kälberstall Die Konstruktionsweise dieses Stalles wird den besonderen Bedürfnissen der Kälber hinsichtlich des Stallklimas von Geburt bis zu einem halben Jahr in drei unterschiedlichen Stallsegmenten gerecht, ermöglicht einen vergleichsweise geringen Bewirtschaftungsaufwand und verursacht vergleichsweise geringe Baukosten (▶ **Abb. 8.37**). Die drei unterschiedlichen Stallklimasegmente bestehen aus

▶ **Abb. 8.37** Holsteiner Kälberstall.

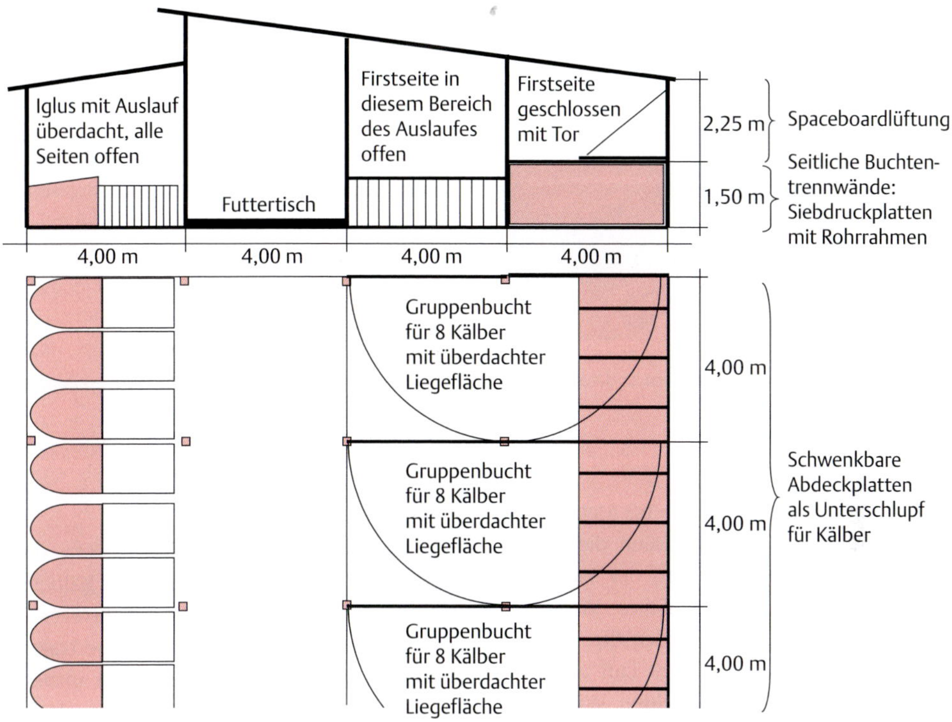

▶ **Abb. 8.38** Holsteiner Kälberstall (Grundriss).

einem überdachten Einzeliglubereich (▶ **Abb. 8.38**) auf der einen Seite des Futtertisches und gegenüberliegend zwei unterschiedlich gestalteten Gruppenbuchten mit und ohne Kleinklimabereich (▶ **Abb. 8.39**).

Die Vorteile der Haltung in **Einzeligluanlagen** wurden im **Abschnitt Einzelhaltung** ausführlich besprochen. Im Holsteiner Kälberstall ist die Standfläche für Einzeliglus so groß bemessen, dass alle Kälber in den ersten drei Lebenswochen in Einzeliglus untergebracht werden könnten.

Im Anschluss an die Igluhaltung kommen die Kälber in eingestreute 4 Meter breite und 8 Meter tiefe **Gruppenboxen** (▶ **Abb. 8.39**). Die Traufseite ist an dieser Stallseite bis zu einer Höhe von 1,50 m geschlossen. Darüber befindet sich eine 2,25 m hohe Jalousie oder Spaceboardverschalung, über die Luft in den Stall geführt werden kann. Die hinteren 4 Meter der Boxen sind durch geschlossene Buchtentrennwände abgeteilt und dienen damit als Schutzzone.

▶ **Abb. 8.39** Zwei unterschiedliche gestaltete Gruppenbuchten, mit und ohne Kleinklimabereich (Kälbernest). Kälbernester bieten den Tieren, unabhängig vom Stalltyp, Schutz vor Zugluft und schleusendem Wind.

Für die Kälber, die sich noch in der Tränkephase befinden, eventuell auch für die größeren, wird

► **Abb. 8.40** Beim Bau von Kälbernestern ist darauf zu achten, dass sie winddicht sind.

empfohlen, an der Rückwand, in 1,5 Meter Höhe, jeweils eine Abdeckplatte einzubauen, die mit den geschlossenen Seitenwänden und der Rückwand dicht abschließt (► **Abb. 8.40**). Auf diese Weise entsteht ein Kälbernest. Damit werden die Tiere vor Zugluft und herabfallender kalter Luft geschützt und können ein Kleinklima ausbilden. Wichtig ist, dass die Rückwand, an die sich die Kälber gerne legen, aus einem Baumaterial hergestellt ist, das selbst wenig Wärme aufnimmt.

Zum Entmisten wird mittig parallel zum Futtertisch eine 20 cm hohe und 20 bis 25 cm breite Betonaufkantung eingebaut. Unter der Betonsole der futtertischseitigen und wandseitigen Buchtenreihe sollte ein 150er-KG-Rohr mit jeweils einem Abzweiger bis kurz vor die Betonoberkante verlegt und mit einem Gitter versehen werden. Bei einer Reinigung der Buchten kann so das Wasser leichter abgeleitet werden. Für die Entmistung der Gruppenboxen gibt es zwei Entmistungsachsen. Die seitlichen Buchtenabtrennungen lassen sich jeweils im hinteren oder vorderen Liegebereich zur Mitte hin öffnen, sodass die Kälber entweder im Buchtenabschnitt am Futtertisch oder im hinteren Liegebereich abgesperrt werden können. Die für die kleinen Kälber angebrachten Abdeckplatten werden zuvor über einen Seilzug hochgezogen.

8.4.5 Ansteckende Kälberkrankheiten

Definition

Es gibt keinen Stall ohne Bakterien, Viren und Pilze. Die meisten von ihnen sind harmlos oder schwach virulent, das heißt von geringer Ansteckungskraft. Sorgen bereiten die **Problemkeime**, die für widerstandsfähige Kälber in einwandfreien Ställen und unter günstigen Hygienebedingungen ungefährlich bleiben, die aber in feuchten, unzulänglich gelüfteten oder zugigen Gebäuden und/oder bei ungünstigen Hygienebedingungen Erkrankungen auslösen können. Falls mehrere Erreger daran beteiligt sind, wird von sogenannten **Faktorenkrankheiten** gesprochen.

Kälberdurchfall

E.-Coli-Bakterien, Kryptosporidien, Rota- und Coronaviren sind die Haupterreger für Kälberdurchfälle. Der Infektionsweg all dieser Erreger ist der gleiche. Sie werden über den Kot übertragen. Der Zeitpunkt der häufigsten Infektionen, insbesondere mit E.-Coli-Bakterien, liegt zwischen der Geburt und der ersten Biestmilchaufnahme. Häufig treten die Erreger nicht alleine, sondern in Kombination auf. Dadurch wird sowohl die Diagnose als auch die Behandlung erschwert.

Enterotoxische E. coli E.-Coli-bedingte Durchfälle werden bei Kälbern von Enterotoxin produzierenden Coli-Bakterien, sogenannten enterotoxischen E. coli (ETEC) bestimmter Serotypen ausgelöst. Der bekannteste ist der Serotyp F5 (alte Bezeichnung K99). Die allermeisten Coli-Bakterien gehören zu der normalen Darmflora eines jeden Rindes und sind vollkommen ungefährlich. Gegen enterotoxische E. coli sind in der Regel ausreichende Mengen an Antikörpern in der Biestmilch enthalten. Trotzdem kann es zu Infektionen kommen, wenn Kotpartikel, die nicht größer als ein Stecknadelkopf sein müssen, in den Magen-Darm-Trakt des Kalbes gelangen und dieser noch ungeschützt ist, das heißt, das Kalb noch keine Biestmilch aufgenommen hat. Aufgrund der hohen Geschwindigkeit, mit der sich Coli-Bakterien vermehren, kann es unter diesen Bedingungen bereits im Laufe des ersten Tages zu Durchfällen kommen. Gerade für die Vorbeuge gegen ETEC ist eine möglichst frühe Biestmilchgabe notwendig. Eine antibiotische Behandlung der betroffenen Tiere ist keineswegs immer notwendig und zu empfehlen. Erst wenn Kälber Symptome einer Septikämie zeigen, ist eine antibiotische Versorgung in Absprache mit dem Tierarzt angeraten. Die wichtigste Maßnahme bleibt der Ausgleich des Flüssigkeitsverlustes bei Durchfall, unabhängig von der Ursache. Bei ad libitum mit Milch getränkten Kälbern kommt es in der Regel nicht zu solchen Zuständen. Zur Desinfektion der Kälberboxen können alle DVG-gelisteten antibakteriell wirkenden Mittel eingesetzt werden.

Kryptosporidiose Bei Durchfällen, die durch Kryptosporidien verursacht werden, erfolgt eine Übertragung ebenso wie bei den Coli-Bakterien über den Kot. Dabei können in einem Gramm Kot bis zu 5 Millionen ansteckungsfähige Oozysten, die ansteckungsfähigen Eistadien der Kryptosporidien, vorkommen. Die in der Biestmilch enthaltenen Antikörper sind gegenüber Kryptosporidien nahezu wirkungslos. Eine Impfung ist nicht möglich, da es keinen entsprechenden Impfstoff gibt. Kommt es zu krytosporidienbedingten Durchfällen, dann gibt es derzeit nur ein zugelassenes Mittel zu Pharmakotherapie, Halofuginon, mit der Handelsbezeichnung Halocur®. Es kann sowohl prophylaktisch als auch zur Behandlung von erkrankten Kälbern innerhalb der ersten 24 Stunden nach Beginn des Durchfalls durch den Tierarzt oder therapeutisch mit Beginn eines kryptosporidienbedingten Durchfalls eingesetzt werden. Die zu dosierende Menge muss genau eingehalten werden und darf 0,1 mg pro kg Körpergewicht nicht überschreiten. Halocur® sollte immer nach der Tränke möglichst im Gemisch mit ein wenig Milch und nie auf nüchternen Magen verabreicht werden. Bei durch Kryptosporidien bedingten Durchfällen ist darauf zu achten, dass zur Desinfektion der Kälberboxen ein antiparasitär wirkendes Mittel eingesetzt werden muss. Ohne eine gründliche Reinigung und Desinfektion ist bei keinem Durchfallgeschehen ein nachhaltiger Erfolg zu erwarten.

Rota- und Coronaviren Es kann davon ausgegangen werden, dass Rota- und ebenso Coronaviren in nahezu jedem Milchviehbestand vorhanden sind. Die Übertragung auf das Kalb erfolgt im Falle einer Infektion, wie auch bei anderen Durchfallerregern, über Kotpartikel. In einem Gramm Kot können dabei bis zu 10 Milliarden Viren enthalten sein. Obwohl die Inkubationszeit nur 24 Stunden beträgt, kommt es in einem solchen Fall jedoch meist erst nach ca. fünf Tagen zu klinischen Symptomen, das heißt zum Durchfall. Die Erklärung für diese Verzögerung ist folgende: In den ersten Tagen reichen in der Regel die in der Biestmilch vorkommenden Antikörper (IgA) aus, um eine Erkrankung zu verhindern. Ob ein Kalb anschließend an einer Rota- oder Coronavirusinfektion erkrankt, hängt zum einen vom Infektionsdruck und zum anderen von dem dann noch vorhandenen Immunglobulingehalt in der aufgenommenen Milch ab. Natürlicherweise ist der Immunglobulinspiegel gegenüber Rota- und Coronaviren bei ausgewachsenen Rindern relativ gering. Der Grund dafür liegt in der Besonderheit dieser Viren, die nur eine sehr geringe antigene Wirkung besitzen. Kühe reagieren darauf infolgedessen nur mit einer geringgradigen Antikörperbildung. Entsprechend gering sind die Mengen an Antikörpern in der Biestmilch. Um den Immunglobulinspiegel in der Biestmilch zu erhöhen, können Muttertierimpfungen durchgeführt werden. Eingesetzt werden Kombiimpfstoffe, die gleichzeitig auch zur Antikörperbildung gegen E. coli führen. Zur Desinfektion können alle DVG-gelisteten antiviral wirkenden Mittel eingesetzt werden, die gegen unbehüllte Viren wirksam sind.

Salmonellose Salmonellen haben im Zusammenhang mit Kälberdurchfall nur eine untergeordnete Bedeutung. Sie gehören ebenso wie E. coli zu den gramnegativen Enterobakterien. Da sie ebenso beim Menschen Durchfall verursachen können, gehören sie zu den Zooanthroponosen und sind anzeigepflichtig. Übertragen werden können sie über Kot, kontaminiertes Wasser und Futter. In der Regel erkranken nur einzelne Tiere des Bestandes. Bei jung infizierten Kälbern kann es zu einem septikämischen Verlauf mit hohem Fieber und auch zu Todesfällen kommen.

Eimeriose (Kokzidiose) Von den beim Rind vorkommenden Eimerienarten rufen vor allem E. bovis und E. zuernii Dickdarm-Eimeriosen und E. alabamensis Dünndarm-Eimeriosen hervor. Klinische Erkrankungen treten in der Regel erst bei älteren Kälbern bzw. Jungrindern (4 Wochen bis zu einem Jahr) auf. Eimerien kommen ubiquitär vor. Die Infektionsrate ist somit hoch, die Erkrankungsrate hingegen niedrig, da in der Regel eine ausreichende Immunität besteht. Bei mangelnder Hygiene und immunsuppressiv wirkendem Stress kann es zu klinischen Erkrankungen kommen.

Erregerbestimmung Die Bestimmung von Durchfallerregern erfolgt grundsätzlich über Kotproben. Um Behandlungen und Bekämpfungsmaßnahmen gezielt durchführen zu können, ist es wichtig zu wissen, welche Erreger am Durchfallgeschehen beteiligt sind. Hierzu dürfen die Kotproben nur von frisch erkrankten, aber noch unbehandelten Kälbern genommen werden. Auch wenn Viren bis zu 10 Tage nach einer Infektion nachweisbar sind, ist die Erfolgsquote, sie zu finden, in den ersten Tagen am höchsten, da während dieser Zeit die größte Virenausschüttung stattfindet.

Es gibt zwei Möglichkeiten, Kotproben untersuchen zu lassen oder selbst zu untersuchen. Die erste Möglichkeit ist der Versand an ein Untersuchungslabor, die zweite Möglichkeit ist der Schnelltest direkt im Stall. Für einen solchen Schnelltest werden Testkits benötigt, die über den Tierarzt bezogen werden können. Die Tests basieren auf einem immunchromatografischen Verfahren mit zwei unterschiedlichen monoklonalen Antikörpern. Die in der Kotprobe vorhandenen Antigene (Durchfallerreger) werden an die Antikörper gebunden und durch farbige Testlinien angezeigt.

Rindergrippe-Komplex

Fazit

Erkrankungen der Atmungsorgane treten vorwiegend in der kaltnassen Jahreszeit auf, woran schon zu erkennen ist, dass Entstehung und Verlauf sehr von den Haltungsbedingungen abhängig sind, vom Stallklima, von der Lüftung, von der Wärmedämmung der Liegefläche usw. Besonders gefährdet sind Zukaufkälber, die längere Transporte hinter sich haben und die einen Stall-, Futter- und Betreuerwechsel verkraften müssen.

Bei der Entstehung von Rindergrippe sind in der Regel Viren und Bakterien beteiligt. Viren sind in den meisten Fällen die Wegbereiter für bakterielle Sekundärinfektionen, insbesondere Pasteurella multocida, Mannheimia haemolytica, Mycoplasma bovis und dispar, Chlamydien und Histophilus somni. Wichtig ist es, die häufig wenig auffälligen Symptome rechtzeitig zu erkennen. Die bakteriellen Sekundärinfektionen müssen dabei so schnell wie möglich antibiotisch behandelt werden.

Schutzimpfungen gegen Rindergrippe haben einen Sinn, wenn die Tiere noch nicht von Viren infiziert sind. Die bisher entwickelten Grippeimpfstoffe schützen nur vor Viren, nicht vor den hier beteiligten Bakterien. Diese können unter ungünstigen Umweltbedingungen die Kälber auch ohne vorausgegangene Virusgrippe infizieren.

Zu den bedeutendsten Atemwegserkrankungen zählt die BRSV-Infektion. Sie wird durch das Bovine Respiratorische Syncytialvirus verursacht. Es wird zwischen einer leichten und schweren Verlaufsform unterschieden. Letztere führt häufig zum Tod der Tiere. Durch gezielte Impfprogramme können gefährdete Betriebe am wirksamsten geschützt werden. Prophylaxe kann am wirksamsten durch eine Verbesserung der Haltungsbedingungen geleistet werden.

8.4.6 Aufzucht von Färsen

Fazit

Ziel ist es, Färsen gesund aufzuziehen. Für Tiere der Rasse Deutsche Holsteins können folgende Zieldaten angegeben werden: Erstbelegungsalter 14 bis 15 Monate; Gewicht bei der 1. Belegung etwa 420 kg; Gewicht vor der Kalbung ca. 625 kg bzw. nach der Kalbung 550 kg. Dazu sind durchschnittliche tägliche Zunahmen von 800 g notwendig. Für die Gesunderhaltung, einen komplikationslosen Geburtsverlauf sowie eine gute spätere Leistungsbereitschaft sind dabei der Wachstumsverlauf und damit die Gestaltung der Fütterung von der Geburt bis zur Abkalbung von entscheidender Bedeutung.

Es ist zu beachten, dass mit zunehmendem Alter der Tiere der Anteil des Fettansatzes am gesamten Körperzuwachs ansteigt. Ein nochmals sehr deutlicher Anstieg des anteiligen Fettansatzes findet ab dem Einsetzen der Geschlechtsreife im Alter von etwa sieben bis neun Monaten statt. Bis zu diesem Zeitpunkt ist eine intensive Aufzucht möglich. Das bedeutet, dass die Tiere (Deutsche Holsteins) zum Zeitpunkt der Futterumstellung, spätestens mit etwa acht Monaten, ein Gewicht von 255 bis 260 kg erreicht haben sollten. Anschließend müssen die Tiere restriktiv gefüttert werden. Für ad libitum mit Milch getränkte Kälber beginnt die restriktive Fütterung in der Regel bereits ab dem siebten Lebensmonat. Sie haben zu diesem Zeitpunkt ein durchschnittliches Gewicht von 230 bis 250 kg erreicht. Ab der Geschlechtsreife sollen die täglichen Zunahmen nicht mehr als 750 g pro Tag betragen. Darauf ist bei der Rationsgestaltung zu achten. Erst zum Ende der Trächtigkeit steigt der tägliche Gewichtszuwachs aufgrund des Fruchtwachstums noch einmal deutlicher an.

Energie- und Rohproteinversorgung

Fazit

In den ersten sechs Monaten sind dementsprechend durchschnittliche Zunahmen von 1000 g notwendig. Um dieses Ziel nicht zu verfehlen, müssen die Tageszunahmen im Maximum deutlich höher, auf über 1000 g, steigen. Diese Leistungsspitze sollte so früh wie möglich erreicht werden (siehe Ad-libitum-Tränke der Kälber).

Die Energie- und Rohproteinbedarfswerte bis zu einem Tiergewicht von 550 kg sind in ▸ **Tab. 8.58** zu finden. Verschiedene Studien zeigen, dass eine hohe Tränkeintensität in den ersten Lebenswochen im Vergleich zu restriktiv ernährten Kälbern, bei gleicher Fütterung im Anschluss an diese Periode, zu höheren Milchleistungen führt. Ebenfalls wirkt sich eine frühzeitige hohe Energiebereitstellung positiv auf das Wachstum des Eutergewebes aus. Nicht vergessen werden darf, je jünger die Tiere und je höher die Tageszunahmen sind, desto besser ist auch die Futterverwertung. Die Rationsgestaltung im Anschluss an die Tränkeperiode sollte sich an den in ▸ **Tab. 8.58** aufgezeigten Energie- und Rohproteingehalten orientieren.

Um eine zu starke Verfettung zu vermeiden, ist ein Absenken der Energiekonzentration in der Gesamtration von ca. 11,0 auf 9,4 MJ ME/kg TM bzw. von 6,9 auf 5,9 MJ NEL/kg TM spätestens ab dem neunten Lebensmonat besonders wichtig (▸ **Tab. 8.59**). Verfettete Eierstöcke führen nicht selten zu Fruchtbarkeitsstörungen. Viele Färsen kommen aufgrund einer solchen zu intensiven Fütterung in der zweiten Aufzuchtperiode mit einem zu hohen Gewicht zur Abkalbung. Häufig führen zu stark verfettete Geburtswege zu schwereren Geburtsverläufen.

Die **Rationsgestaltung** für Aufzuchtfärsen variiert entsprechend den Grobfutterqualitäten. Im Folgenden sollen einige Beispiele genannt werden.

▸ **Tab. 8.58** Empfehlungen zur Energie- und Rohproteinversorgung von Aufzuchtrindern bei verschiedenen Tageszunahmen, Angaben bezogen auf Tier und Tag (nach GfE 2001 [94]).

Lebendgewicht	Tageszunahmen							
	700 g		800 g		900 g		1000 g	
	ME (MJ)	XP (g)	ME (MJ)	XP (g)	ME (MJ)	XP (g)	ME (MJ)	XP (g)
150	34,1	480	36,0	515	–	–	–	–
200	42,0	525	44,3	560	46,6	600	–	–
250	49,6	565	52,6	595	55,8	635	59,0	680
300	57,2	650	60,8	690	64,6	735	68,6	785
350	64,7	735	69,1	785	73,7	840	78,5	900
400	72,2	825	77,5	880	83,3	940	89,3	1000
450	79,9	910	86,0	975	92,7	1045	100,0	1120
500	87,5	1000	94,5	1070	102,0	1145	110,0	1220
550	95,4	1085	103,2	1165	111,6	1250	120,6	1340

ME: umsetzbare Energie; XP: Rohprotein

► **Tab. 8.59** Anzustrebende Energie- und Rohproteingehalte in Tagesrationen für Jungrinder (bezogen auf ein kg TM).

Rationskennwert	bis ca. 250 kg LM	ab ca. 250 kg LM
Energie	• 11,0 MJ ME/kg TM • 6,9 MJ NEL/kg TM	• 9,4 MJ ME/kg TM • 5,9 MJ NEL/kg TM
Eiweiß	• 170 g XP/kg TM	• 160 g XP/kg TM

Für Maissilage wird eine gute Qualität (10,7 MJ ME/kg TM, ► **Tab. 6.12**) unterstellt, für Grassilage jeweils zwei unterschiedliche Qualitäten (9,9 und 9,2 MJ ME/kg TM, ► **Tab. 6.10**). Für den ersten Fütterungsabschnitt bis zur Geschlechtsreife kann die Zusammensetzung einer Ration für eine Färse mit einem Gewicht von etwa 200 kg wie folgt aussehen.

- Bei guter Grassilagequalität (~6 MJ NEL/kg TM): 1,2–2 kg Kraftfutter (z. B. 18/3) + ca. 1,5–2 kg TM Grassilage + ca. 1,5–2 kg TM Maissilage + Mineralfutter.
- Bei mäßiger Grassilagequalität (~5,2 MJ NEL/kg TM): 2,5–3 kg Kraftfutter (z. B. 18/3) + ca. 1–1,5 kg TM Grassilage + ca. 1–1,5 kg TM Maissilage + Mineralfutter.

Im Anschluss an diese Fütterungsperiode, das heißt nach dem Eintritt der Geschlechtsreife, muss die Fütterungsintensität gesenkt werden. Die folgenden beiden Rationen gelten für eine Färse mit etwa 350 kg Lebendmasse, jeweils mit einer hohen und einer niedrigen Grassilagequalität.

- Bei guter Grassilagequalität: kein Kraftfutter, 6–7 kg TM Grassilage + Mineralfutter
- Bei mäßiger Grassilagequalität: 50 % Grassilage + 40 % Maissilage + 10 % Stroh + Mineralfutter

Mineralstoffversorgung

Besonderes Augenmerk muss bei der Färsenaufzucht auf die Versorgung mit Mineralstoffen und Spurenelementen gelegt werden. Insbesondere wenn Färsen in der zweiten Aufzuchtperiode kein Kraftfutter mehr bekommen oder sich auf der Weide befinden, unterbleibt häufig eine zusätzliche Mineralstoffversorgung. Aber auch in der ersten Aufzuchtperiode reicht die Mineralisierung über das Kraftfutter in der Regel nicht aus. Die gefütterten Rationen sollten darum auf jeden Fall hinsichtlich ihrer Mineralisierung überprüft werden (► **Tab. 8.60**). Bei der Spurenelementversorgung ist zu beachten, dass die Bedarfsempfehlungen sich nicht, wie bei den Mengenelementen, auf den Tagesbedarf, sondern auf ein kg Gesamtfuttertrockenmasse beziehen (► **Tab. 8.61**).

> **Praxistipp**
> Bei der Weidehaltung von Färsen muss neben der Entwurmung besonders auf eine ausreichende Versorgung mit Mineralstoffen geachtet werden. Ohne eine zusätzliche Mineralstoffversorgung sind Defizite gerade im Spurenelementbereich zu erwarten. In vielen Fällen trifft dies auch für die Mengenelemente Kalzium und Natrium zu. Nur bei Phosphor und Magnesium wird der Bedarf in der Regel gedeckt. Bei den Elementen Kobalt und Selen sind die Tiere in jedem Fall auf eine zusätzliche Versorgung angewiesen. Aber auch bei Mangan, Zink und Kupfer ist eine ausreichende Versorgung über das Gras nicht in jedem Fall sichergestellt.

Zu den Folgen von Selenmangel gehören Verkalbungen oder die Geburt von lebensschwachen Kälbern, die Schwierigkeiten sowohl beim Aufstehen als auch beim Saugen haben. Indirekte Anzeichen, wie eine gestörte Fruchtbarkeit, eine höhere Infektionsanfälligkeit aufgrund eines geschwächten Immunsystems bis hin zum Nachgeburtsverhalten und Gebärmutterentzündungen, weisen ebenfalls auf das gleiche Problem hin, können jedoch auch andere Ursachen haben. Die niedrigsten Selengehalte sind auf Moorstandorten sowie diluvialen (eiszeitlichen) Sandböden zu finden. Auch wenn die Selengehalte in den Pflanzen zum Herbst hin ansteigen, reichen die Gehalte selbst während dieser Jahreszeit nur in seltenen Fällen aus, um den Bedarf zu decken.

Es gibt drei Möglichkeiten, Rinder auf der Weide mit Mineralstoffen zu versorgen. Die klassische Methode ist die Versorgung über Leckmassen. Gute Erfahrungen liegen auch mit pulverförmigen

▶ **Tab. 8.60** Empfehlungen zur Versorgung von Aufzuchtfärsen mit Mengenelementen (g/Tag) bei einem täglichen Zuwachs von 800 g/Tag (nach GfE 2001 [94]).

LM (kg)	Futteraufnahme (kg TM/Tag)	Ca (g)	P (g)	Mg (g)	Na (g)
150	3,5	30	14	5	4
200	4,5	32	15	6	4
250	5,4	34	16	7	5
300	6,2	35	17	8	6
350	7,0	37	19	8	6
400	7,8	38	20	9	7
450	8,6	40	21	10	7
500	9,4	42	22	11	8
550	10,2	43	23	12	9

▶ **Tab. 8.61** Empfehlungen zur Spurenelementversorgung von Aufzuchtrindern (nach GfE 2001 [94]).

Element	mg/kg Futter-TM
Kobalt (Co)	0,25
Mangan (Mn)	40–50
Selen (Se)	0,15
Kupfer (Cu)	10
Zink (Zn)	40–50
Eisen (Fe)	50
Jod (Jo)	0,25

Mineralfuttern vor, die über Mineralstoffspender verabreicht werden. Die dritte Möglichkeit ist die Verabreichung von Mineralstoffboli vor Weideaustrieb. Diese Boli setzen über einen Zeitraum von ca. sechs Monaten die wichtigsten Spurenelemente Selen, Kupfer und Kobalt frei.

Mineralisierte Leckmassen werden vom Handel in Gebinden mit 10 oder 20 kg bis hin zu 100 kg angeboten. Eimer und Schalen können dabei sicher in einem alten Autoreifen in der Nähe der Tränke aufgestellt werden. Die Aufnahme ist allerdings von Tier zu Tier sehr unterschiedlich und hängt nicht zuletzt vom Melasseanteil ab. Auch wenn auf diese Weise eine gezielte Einzelversorgung nicht möglich ist, so ist auf jeden Fall über eine Rückrechnung zu kontrollieren, wie hoch die durchschnittliche tägliche Aufnahme ist. Bei einer Aufnahme von 50 g Leckmasse pro Tag sollte ein Mindestgehalt von 20 mg Selen und 40 mg Kobalt pro kg enthalten sein, um den Bedarf zu decken. Der Calciumbedarf wird für junge Tiere mit einem Gewicht bis zu 250 kg über die handelsüblichen Leckmassen nicht gedeckt. Theoretisch wären etwa 26 % Calcium notwendig, um bei der genannten Menge von 50 g eine Bedarfsdeckung zu erreichen. Erst im Gewichtsbereich von 250 bis 350 kg sinkt der zusätzliche Bedarf auf 10 % und wird in höheren Gewichtsbereichen vollständig über die Weide gedeckt. Zink und Kupfer sind in den meisten Leckmassen enthalten. Gehalte von 4000 mg Zink und 1000 mg Kupfer pro kg Leckmasse reichen auch bei sehr selten auftretenden extrem niedrigen Gehalten im Gras aus, um den Bedarf zu decken. Eine Versorgung mit Phosphor ist ebenso wie eine zusätzliche Vitaminisierung auf der Weide nicht notwendig.

Pulverförmige Mineralfutter zur Selbstbedienung bieten die Gewähr, dass es zu keinem nennenswerten Luxuskonsum kommt. Ebenfalls brauchen auch keine leeren Behälter entsorgt und vor allen Dingen gar nicht erst mitgekauft werden. Abgesehen von den Anschaffungskosten für die Spender sind pulverförmige Mineralfutter langfristig die preiswerteste und sicherste Lösung für die Mineralstoffversorgung auf der Weide.

Wer den Versorgungsstatus seiner Herde mit Mineralstoffen kontrollieren möchte, ist auf Blutuntersuchungen angewiesen. Ein Nachweis der Calciumversorgung ist allerdings über diesen Weg nicht möglich. Die Elemente Zink und Kupfer lassen sich im Gegensatz dazu im Blutserum bestimmen. Die erwünschten Werte liegen bei Zink zwischen 12,2–25,0 µmol/l und für Kupfer zwischen 12,5–19,0 µmol/l. Für die Bestimmung von Mangan wird EDTA- bzw. heparinisiertes Blut benötigt. Die Werte sollten mindestens 8 µg/l betragen. Selen kann sowohl im Blut als auch im Serum untersucht werden. Allerdings sind die Gehalte und damit auch die Richtwerte im Vollblut sowie im Serum unterschiedlich. Um Fehlinterpretationen zu vermeiden, ist es wichtig zu wissen, welche Untersuchung durchgeführt wurde. Die erwünschten Konzentrationen für Selen betragen im Vollblut 70–120 µg/l und im Blutserum 40–70 µg/l. Auf den Befunden ist die Untersuchungsmethode in der Regel vermerkt. Eine Kobaltbestimmung bzw. der daraus resultierende Vitamin-B_{12}-Gehalt im Blut ist mit preiswerten Laborverfahren derzeit nicht möglich. Es ist immer sinnvoll, mehrere Tiere gleichzeitig untersuchen zu lassen, da Leckschalen oder Behälter für pulverförmige Mineralstoffe zur Selbstbedienung von einzelnen Tieren unterschiedlich angenommen werden. Fünf bis zehn Tiere reichen für die Beprobung einer Herde aus.

8.4.7 Haltungsverfahren für Jungrinder

Für den Jungviehbereich werden für Neu- und wenn möglich auch für Umbaumaßnahmen Liegeboxenlaufställe empfohlen. Boxenlaufställe mit Vollspalten sind dagegen nicht zu empfehlen. Die Kombination von Jungvieh und Kälbern in einem Stall sollte aufgrund möglicher Keimübertragung nur in Ausnahmefällen in Betracht gezogen werden. In einem solchen Fall ist eine Abgrenzung der Stallabteile durch eine Zwischenwand oder einen Futtertisch sinnvoll.

Planungsgrundlagen

Im Rahmen der Planung für den Um- oder Neubau eines Jungviehstalles müssen zunächst die Anzahl der benötigten Plätze sowie die Verteilung der Plätze auf die einzelnen Altersgruppen berechnet werden. Dabei sind geplante Bestandserweiterungen zu berücksichtigen. Um die Zahl der insgesamt benötigten Jungviehplätze zu bestimmen, muss die Zahl der Kühe durch die Nutzungsdauer in Monaten dividiert, mit der Stallhaltungsdauer in Monaten multipliziert und noch einmal durch 12 dividiert werden. Das heißt, für einen Betrieb mit 100 Kühen, einer Nutzungsdauer von 3,5 Jahren und einer Stallhaltungsdauer von 20 Monaten (Erstkalbealter von 26 Monaten abzüglich Einstallalter in den Jungviehstall von 6 Monaten) sieht die Rechnung wie folgt aus: $100 / 3{,}5 \times 20 / 12 = 48$. Das bedeutet, es würden 48 Plätze – aufgerundet 50 Plätze – benötigt. Für die Altersabschnitte vom 7. bis zum 12. und vom 13. bis zum 18. Lebensmonat werden jeweils 15 Plätze (zweimal 30 %) und vom 18. bis zum 26. Lebensmonat 40 %, das heißt 20 Plätze, gebraucht.

Für die bauliche Beschaffenheit eines Jungviehstalles ist es nicht unerheblich, mit welchem Alter die Tiere eingestallt werden. Für die Zeit bis zur Vollendung des 6. Lebensmonats gelten die Bestimmungen der Tierschutz-Nutztierhaltungsverordnung mit ihren detaillierten Haltungsvorschriften. Insbesondere ist auf die Anforderungen zu achten, die in der Verordnung an die Bodenbeschaffenheit gestellt werden. Kommt in den Buchten oder den Laufgängen für diesen Altersbereich Spaltenboden zum Einsatz, darf die Spaltenbreite 2,5 cm, bei einer Fertigungsungenauigkeit von max. + 0,3 cm, nicht übersteigen. Eine Ausnahme besteht nur bei „elastisch ummantelten Balken oder bei Balken mit elastischen Auflagen“. Hier darf die Schlitzbreite 3 cm betragen.

Stallbaulösungen

Für den Jungviehbereich sind Pultdachställe mit offener Front oder Satteldachställe (Schettdach oder Lüftungsfirst) mit offenen Traufseiten zu empfehlen. Für die Anordnung der Liegeboxen kommt eine Kamm- oder Reihenanordnung in Frage. Werden Tiere vor Vollendung ihres 6. Lebensmonats eingestallt, muss für sie entweder eine separate Strohbox eingerichtet oder es müssen bei der Verwendung von Spaltenboden, wie zuvor erwähnt, Spaltenbreiten von max. 2,5 cm eingehalten werden. Dabei wird eine Aufteilung des Stalles in Abhängigkeit vom Einstallalter in drei, jedoch mindestens in zwei Gruppen notwendig, da die Liegeboxenmaße den Tiergrößen angepasst werden müssen (► Tab. 8.62). Pultdachställe sollten, wenn möglich, mit der offenen Front nach Süd-Süd-Ost ausgerichtet werden, um möglichst viel Sonneneinstrahlung besonders in den Wintermo-

► **Tab. 8.62** Richtmaße für Stalleinrichtungen in Jungviehställen (Angaben in m).

Alter (Monate)	Gewicht kg	Boxen-breite	Boxenlänge gegenüberliegend/wandständig	Fressplatz-breite	Laufgangbreite
4 – 6	130 – 195	0,80	1,50/1,70	0,40	1,80 – 2,00
7 – 12	195 – 355	0,90	1,80/2,00	0,50	2,00 – 2,50
13 – 18	355 – 490	1,00	2,00/2,20	0,60	2,40 – 3,00
>18	>490	1,10	2,20/2,40	0,70	2,60 – 3,00
					am Futtertisch: 3,30 – 3,50

naten einzufangen. Bei der Standortwahl dürfen spätere Erweiterungsmöglichkeiten nicht vergessen werden. Um für eine ausreichende Helligkeit im Stall zu sorgen, wird empfohlen, 20 % Lichtplatten in das Dach miteinzubauen. Für eine ausreichende Belüftung des Stalles reicht, unter Berücksichtigung der möglichen Schneelasten, eine Dachneigung von 15 % aus.

Kamm- oder Reihenaufstallung

Sowohl die Kamm- als auch die Reihenaufstallung haben Vor- und Nachteile. Die Kammaufstallung bietet die besten Möglichkeiten, die zur Verfügung stehende Stallgrundfläche effektiv auszunutzen, eignet sich jedoch weniger gut für Erweiterungen. In der Regel lassen sich mehr Liegeboxen pro Flächeneinheit unterbringen als bei einer Reihenaufstallung, da die Tiefe der Liegeboxenreihen den benötigten Liegeboxenlängen genau angepasst werden kann. In den Stichkanälen muss ein Spülsystem eingebaut werden. Dies ist ein deutlicher Nachteil. Dafür eignet sich beispielsweise ein vom traufseitigen Hauptkanal abzweigendes und im Ring um den Stall gelegtes Druckrohr mit Abzweigen in die Stichkanäle. Alternativ bietet sich bei der Kammaufstallung für die Gülle ein Slalomsystem an, das jedoch deutlich höhere Baukosten verursacht. Sollten die Güllelagerkapazitäten begrenzt sein, kann auch eine Vollunterkellerung des Stalles in Betracht gezogen werden. Bedacht werden muss ebenfalls, dass nicht für jedes Tier ein Fressplatz zur Verfügung steht. Das heißt, es muss auf Vorrat gefüttert werden. Soll Kraftfutter gegeben werden, muss ein Futtermischwagen zur Verfügung stehen.

Bei einer Anordnung der Liegeboxen in Reihen bietet sich ein Güllesystem mit einem Ringkanal an. Die Tiefe der Liegeboxenreihen richtet sich in diesem Fall jedoch nach der ältesten in dieser Reihe stehenden Tiergruppe. Für die jüngeren Tiere muss die Liegeboxentiefe entsprechend mit dem Bugbrett angepasst werden. Stallerweiterungen sind aufgrund der gleich tiefen Liegeboxenreihen in der Regel leichter möglich als beim Kammstall. Das Tier-Fressplatz-Verhältnis ist günstiger als das in Ställen mit einer Kammaufstallung.

Genau überlegt werden muss, welcher Hallentyp gebaut werden soll. Freitragende Konstruktionen erhöhen zwar die Flexibilität bei einer eventuellen späteren Umnutzung, sind jedoch teuer und bieten keine Möglichkeit, Stalleinrichtungen, wie z. B. die Liegeboxenreihen, zusätzlich zu fixieren. Dies ist bei Ständerwerkkonstruktionen wesentlich einfacher.

Stalleinrichtung

Für die Ausstattung der Liegeboxen sind, ebenso wie beim Milchvieh, Tiefboxen oder weiche Matratzen zu empfehlen. Sie werden von Jungtieren, die aus eingestreuten Gruppenboxen in den Liegeboxenstall wechseln, deutlich besser angenommen als harte Liegeflächen. Um Bodenbeläge leichter verlegen und eventuell einmal wechseln zu können, wird empfohlen, freitragende Trennbügel einzubauen. Um kurze Wege zum Futtertisch zu gewährleisten, wird empfohlen, bei einer Reihenaufstallung, nach etwa 12 bis 15 Liegeboxen einen Durchgang zum Futtertisch einzurichten. In jedem Durchgang sollte eine Tränke vorhanden sein. Diese Gänge müssen ausreichend breit gehalten werden, damit der Tierverkehr und die Möglichkeit der Wasseraufnahme nicht gestört werden. Abweichend von den Maßen in ▶ **Tab. 8.62** sind hierfür Maße von 3,70 m bis 3,80 m zu empfehlen. Die Gangbreite am Futtertisch sollte je nach Größe der Tiere 3 bis 3,5 m betragen und für Tiere, die älter als 18 Monate sind, 3,30 nicht unterschreiten. Die Maße für die Liegeboxen sowie die Fressplätze sind ebenfalls der ▶ **Tab. 8.62** zu entnehmen. Die Sohle des Futtertisches sollte 15 cm über der Standfläche liegen.

Die Wasserversorgung muss selbstverständlich frostsicher verlegt sein. Am besten eignen sich große flache Tränkebecken, die mit einem Abfluss ausgestattet sind und sich dadurch leicht reinigen lassen. Um die Tränken frostfrei zu halten, haben sich Zirkulationssysteme bewährt. Energieaufwändiger und anfälliger sind Heizkabel, die zusammen mit den Wasserleitungen verlegt und über Thermostate bei niedrigen Temperaturen automatisch eingeschaltet werden. Weiterhin besteht die Möglichkeit, Drippelausläufe einzubauen, die einen ständigen, wenn auch minimalen Wasserfluss gewährleisten und so ein Einfrieren verhindern. Teurer und darum auch seltener werden direkt beheizbare Tränken eingesetzt.

8.4.8 Aufzucht und Haltung der Zuchtbullen

Zuchtbullen sollen im Alter von 12 bis 14 Monaten zuchttauglich sein. Bis zu diesem Zeitpunkt müssen sie Gewichte von ca. 450 bis 510 kg bei Tieren der Rasse Deutsche Holsteins bzw. 560 bis 620 kg bei Fleckvieh erreicht haben. Die Zucht auf Großrahmigkeit hat die Voraussetzungen dafür geschaffen, dass die erforderlichen täglichen Zunahmen von ca. 1100 g bis 1300 g zu erreichen sind, sofern die Entwicklung ohne Störungen verläuft. Hinsichtlich der Energieversorgung und des Bedarfes an Rohprotein können daher auch die Richtwerte für Mastbullen mit 1200 g Tageszunahme angewendet werden. Allerdings muss vor einer überhöhten Aufzuchtintensität vor allem bei kleinrahmigen Typen gewarnt werden, da sonst mit Fruchtbarkeitsstörungen zu rechnen ist. Diese können auch durch Fehler bei der Versorgung mit Mineralstoffen und Vitaminen begründet sein. Die Mineralstoffversorgung lässt sich mit den in ▶ **Tab. 8.60** und ▶ **Tab. 8.61** angegebenen Werten sicherstellen. Auf ausreichende Ergänzung mit den Vitaminen A, D und E ist zu achten. Die Kraftfuttergabe wird bis zum Ende des 1. Lebensjahres auf etwa 4 kg gesteigert.

Vom 8. Monat an werden die Jungbullen täglich – zuerst am Halfter, später mit der Führstange am Nasenring (Unfallverhütungsvorschriften!) – geführt, damit sie sich rechtzeitig an die Halterungsbedingungen gewöhnen. Außerdem sollen sie korrekte Gliedmaßen und Klauen behalten. Für diesen Zweck wird in der Einzelbox, in der sie untergebracht sind, der etwa 2 m tiefe Fressplatz hinter der Krippe befestigt. Nur der Liegeplatz erhält eine Einstreu. Zusätzliche Bewegung in einem befestigten Auslauf ist sehr erwünscht. Bei der Fütterung der deckenden Zuchtbullen muss vor allem auf die notwendige tägliche Rohproteinzufuhr (900–1200 g) und auf Zuchtkondition geachtet werden. Das heißt, die Bullen dürfen nicht verfetten. Bei durchschnittlicher Zuchtbenutzung (anfangs 2, später 3 Kühe wöchentlich) genügen im 2. Jahr ca. 90 MJ ME, im 4. Jahr etwa 105 MJ ME pro Tag. Abrupte Futterumstellungen sind ebenso zu vermeiden wie die Verabreichung von minderwertigen (Schimmel etc.) Futtermitteln.

8.5 Rindfleischproduktion

Hans-Jürgen Kunz und Ralf Waßmuth

8.5.1 Bullenmast

Hans-Jürgen Kunz

Mastbullen sind in Deutschland in erster Linie Koppelprodukte der Milchwirtschaft. Laut Statistischem Bundesamt Deutschland (2017 [222]) gab es im Mai 2017 in Deutschland noch 12,4 Mio. Rinder, davon 4,2 Mio. Milchkühe und 0,67 Mio. sonstige Kühe. Von den Milchkühen gehören 65 % einer Milchnutzungsrasse an und davon sind wiederum 86 % Deutsche Holstein-Kühe. Eine gezielte Mast findet mit wenigen Ausnahmen nur bei den männlichen Tieren statt. Die nicht für die Remontierung benötigten Färsen werden, ebenso wie die noch mastfähigen, aber nicht mehr für die Milchproduktion genutzten Milchkühe, nur selten gezielt gemästet.

Da der Stallplatz in der Regel zu den begrenzenden Faktoren in der Bullenmast gehört, hat sich die Intensivmast in Deutschland als wichtigste Mastform durchgesetzt. Die in der Vergangenheit häufiger anzutreffende Stallendmast oder die Weideendmast sind nur noch in grünlandreichen Regionen zu finden. Die ganzjährige Weidemast ist in der Regel auf extensiv genutzte Standorte begrenzt. Gemästet werden hier meist klein- oder mittelrahmige Fleischrassen wie Galloway, Angus aber auch Limousin.

Fütterung

Fazit

Das Ziel in der Intensivmast ist es, das genetische Wachstumspotenzial über eine gezielte Fütterung auszunutzen. Um Aufwand und Nutzen zu optimieren, ist es notwendig, von Beginn an höchstmögliche Tageszunahmen anzustreben, denn mit zunehmendem Alter steigt der prozentuale Fettansatz am Körperzuwachs. Zu beachten ist dabei, dass für den Fettansatz im Vergleich zum Proteinansatz etwa die doppelte Energiemenge eingesetzt werden muss. Weiterhin steigt mit geringer werdender Mastintensität der Anteil am Erhaltungsbedarf.

Ein weiterer entscheidender Einflussfaktor auf die Entwicklung der Tageszunahmen ist die Qualität aller während der gesamten Mastperiode eingesetzten Futtermittel. Dazu zählen nicht nur die eingesetzten Grobfuttermittel, sondern ebenso die in der Kälberaufzucht eingesetzten Milchprodukte, die Kraftfuttermittel und die Mineralfutter. Voraussetzung für jede Rationsberechnung sind Grobfutteranalysen. Bei der Rationsplanung ist darauf zu achten, dass Futterumstellungen während der Mast so selten wie möglich vorgenommen werden, da die Umstellung der Pansenflora auf geänderte Rationen mit verminderten Tageszunahmen einhergeht.

Bedarfsempfehlungen Grundlage für die Rationsberechnungen in der Bullenmast sind die Richtwerte zur täglichen Energie- und Rohproteinversorgung (▶ **Tab. 8.63**). Diese Empfehlungen werden differenziert nach milchbetonten Rassen (Schwarzbunte) und fleischbetonten Rassen (Fleckvieh u. a.).

Die für die Ermittlung der Bedarfswerte zugrundeliegende Genetik hat sich besonders im Bereich der Schwarzbunten geändert. Aufgrund von Fütterungsversuchen mit Schwarzbunten Mastbullen wurde Ende der 90er-Jahre eine Empfehlung zur Anpassung dieser Bedarfswerte für DH-betonte Bullen im Gewichtsabschnitt zwischen 400 und 600 kg herausgegeben, die einen Abschlag von 5 bis zu 15 MJ ME von den Energiebedarfswerten vorsieht.

Hinsichtlich der Proteinversorgung konnte in Versuchen gezeigt werden, dass bis zu einem Gewichtsabschnitt von 275 kg durch eine Erhöhung des Anteils an unabgebautem Rohprotein (UDP) über den Einsatz von geschütztem Protein in der Ration eine Verbesserung der Zunahmen sowohl bei Schwarzbunten als auch bei Fleckvieh erreicht werden konnte. Danach wird nicht mehr die Versorgung mit nutzbarem Protein des Wirtstieres als begrenzender Faktor angesehen, sondern die Energie und die N-Versorgung der Pansenmikroben. Bei einer Mikrobenproteinbildung von 10,1 g/MJ ME wird der N-Bedarf dabei zu 80 % über abgebautes Rohprotein gedeckt. Die restlichen 20 % stammen aus dem ruminohepatischen Kreislauf.

Die empfohlene Absenkung der Energieversorgung bei Schwarzbunten Bullen führt auch zu einem geänderten Protein-/Energieverhältnis. Es konnte nachgewiesen werden, dass eine gegenüber den Empfehlungen erhöhte Rohproteinversorgung zu verbesserten Mastleistungen führte.

Harnstoffeinsatz Ein Austausch von Eiweißfuttermitteln mit Futterharnstoff wird immer wieder diskutiert. Bei Wiederkäuern mit ausgebildetem Pansen kann Futterharnstoff als Stickstoffquelle für die Bildung von Pansenmikroben und damit von Pansenmikrobenprotein dienen. Es müssen hierbei jedoch verschiedene Dinge berücksichtigt werden, s. Kap. Proteinstoffwechsel (S. 175).

Sinn macht der Einsatz nur bei energiereichen und proteinarmen Rationen, wie beispielsweise Rationen mit hohen Maisanteilen. Als verträglich gelten Mengen von 20 bis 25 g pro 100 kg Lebendgewicht, das entspricht rechnerisch einem Rohproteinwert von 58–72 g/100 kg Lebendgewicht. Zum Problem können zu große Ammoniakmengen werden, die durch den mikrobiellen Umbau in den Vormägen entstehen. Darum muss beim Einsatz

► **Tab. 8.63** Richtzahlen zur täglichen Energie- und Rohproteinversorgung von Mastbullen (nach GfE 1995 [91]).

Schwarzbunte Mastbullen											
Gewicht	**TM-Aufn.**	**800 g**		**1000 g**		**1200 g**		**1400 g**		**1600 g**	
kg	**kg**	**MJ ME**	**RP (g)**	**MJ ME**	**RP (g)**	**MJ ME**	**RP (g)**	**MJ ME**	**RP (g)**	**MJ ME**	**RP (g)**
150–200	3,2–3,6	39,4	520	44,4	590	–	–	–	–	–	–
200–250	4,3–4,8	46,0	590	51,2	650	57,1	730	–	–	–	–
250–300	5,3–5,9	52,7	650	58,6	720	65,2	800	72,8	900	–	–
300–350	5,9–7,0	59,6	710	66,4	790	74,2	880	83,1	980	–	–
350–400	6,6–8,0	66,6	760	74,5	850	83,8	960	94,7	1080	–	–
400–450	7,0–8,5	73,7	810	83,1	920	94,4	1040	–	–	–	–
450–500	7,6–9,1	81,1	860	92,4	980	106,1	1130	–	–	–	–
500–550	8,0–9,5	88,9	900	102,5	1040	–	–	–	–	–	–
Empfohlene Anpassung für DH-betonte Bullen: Im Gewichtsbereich von 400–600 kg kann ein Abschlag von 5 bis zu 15 MJ ME von den Energiebedarfswerten vorgenommen werden.											
Fleischbetonte Mastbullen											
Gewicht	**TM-Aufn.**	**800 g**		**1000 g**		**1200 g**		**1400 g**		**1600 g**	
kg	**kg**	**MJ ME**	**RP (g)**	**MJ ME**	**RP (g)**	**MJ ME**	**RP (g)**	**MJ ME**	**RP (g)**	**MJ ME**	**RP (g)**
150–200	3,2–3,6	–	–	50,2	730	55,5	800	–	–	–	–
200–250	4,3–4,8	–	–	55,9	780	61,3	850	64,5	900	–	–
250–300	5,3–5,9	–	–	61,3	820	66,8	900	70,3	940	75,3	1010
300–350	5,9–7,0	–	–	66,4	860	72,2	930	75,9	980	80,9	1050
350–400	6,6–8,0	–	–	71,4	890	77,2	960	81,2	1010	86,2	1080
400–450	7,0–8,5	–	–	76,2	910	82,1	980	86,3	1030	91,3	1110
450–500	7,6–9,1	–	–	81,7	930	87,5	1000	91,4	1050	–	–
500–550	8,0–9,5	82,1	900	88,2	960	94,2	1030	96,3	1080	–	–
550–600	8,4–10,0	87,5	940	93,9	990	100,1	1070	–	–	–	–
600–650	8,7–10,3	93,0	990	99,6	1020	106,1	1110	–	–	–	–

von Harnstoff in der Fütterung sehr genau gearbeitet werden, insbesondere muss eine Überdosierung unbedingt vermieden werden, die zu starken Leberbelastungen der Rinder führen kann. Bereits bei verfütterten Mengen von 50 g Harnstoff je 100 kg Lebendgewicht können Todesfälle auftreten. Ein sehr gutes Einmischen ist darum Grundvoraussetzung und setzt eine gut funktionierende Futtermischtechnik voraus. Im Futtermischwagen spielt die Ladereihenfolge eine große Rolle. Um eine gute Durchmischung zu erreichen, sollte Harnstoff möglichst früh und nicht auf sehr feuchte Komponenten, wie z. B. Pressschnitzel, in die Mischung gegeben werden. Weiterhin ist bei der Verfütterung von Futterharnstoff zu beachten, dass eine langsame Rationsanpassung stattfinden muss. Die Tiere, oder genauer gesagt die Pansenmikroben, müssen langsam auf die neue Ration umgestellt werden.

Auf die futtermittelrechtliche Regelung ist zu achten. Futterharnstoff ist ein Zusatzstoff und darf nur unter Beachtung der in der Futtermittelhygiene-Vorschrift (S. 289) festgelegten Bedingungen vom Tierhalter eingesetzt werden.

Beeinflussung der Futteraufnahme Entscheidend für eine hohe Futteraufnahme und damit hohe tägliche Zunahmen ist neben dem richtigen Energie-Protein-Verhältnis in der Ration die Qualität der eingesetzten Futtermittel. Bei Silagebereitung, insbesondere von Maissilagen kommt es immer wieder zu Problemen bei der Verdichtung und damit zu Problemen mit Nacherwärmungen. Die Silogröße sollte so bemessen sein, dass ein Vorschub im Winter von etwa 1,5 und im Sommer von 2,5 Metern pro Woche möglich ist. Ebenfalls kann durch eine zweimalige Futtervorlage pro Tag die Qualität der Silage auf dem Futtertisch verbessert werden. Nicht vergessen werden darf, dass mit ansteigendem Trockenmassegehalt – bedingt durch einen hohen Kolbenanteil – nicht nur die Energiedichte in der Maissilage ansteigt, sondern auch die Futteraufnahme der Tiere und damit die täglichen Zunahmen (► **Tab. 8.64**).

Mineralstoffversorgung Auf eine ausreichende Mineralisierung ist in der Rindermast unbedingt zu achten (► **Tab. 8.65** und ► **Tab. 8.66**), da die eingesetzten Grobfuttermittel den Mineralstoffbedarf nicht abdecken. Neben Selen ist insbesondere das Spurenelement Kobalt zu beachten, das Bestandteil des Vitamins B_{12} ist. Ein Mangel führt u. a. zu Fressunlust, Verdauungsstörungen und Lecksucht. Auch die Gehalte im Kraftfutter reichen in der Regel nicht aus, um den Bedarf zu decken. Die Grobfuttergehalte können vernachlässigt werden. Am sichersten ist die Versorgung über Mineralfutter.

Mastintensität Die höchsten Kosten in der Mast sind die Futterkosten, die wiederum durch den Futterbedarf für Erhaltung und Zuwachs bestimmt werden. Der Bedarf für die Erhaltung hängt hauptsächlich vom Gewicht des Tieres ab und wird zuerst gedeckt. Der Rest steht für die Leistung bereit.

► **Tab. 8.64** Trockenmasseaufnahme von Fleckviehbullen je Tier und Tag in Abhängigkeit vom Futterwert der Maissilage (Schwarz und Kirchgeßner 1990 [206]).

Maissilage		**Lebendmasse (kg)**		
TS-Gehalt	**MJ ME/kg TM**	**200**	**400**	**600**
27 %	10,6	4,4	7,0	8,5
31 %	10,8	4,6	7,2	8,7
35 %	11,2	4,8	7,4	8,9

► **Tab. 8.65** Empfehlungen zur Versorgung von Mastbullen mit Mengenelementen (g/Tag) und Vitaminen (IE/Tag) (nach GfE 1995 [91]).

Lebendmasse (kg)	**Calcium (Ca)**					**Phosphor (P)**					**Vitamine**		
	bei täglichen Zunahmen (g) von:										**IE**		
	800	**1000**	**1200**	**1400**	**1600**	**800**	**1000**	**1200**	**1400**	**1600**	**A**	**D**	**E**
150–200	31	35				14	16				17 500	1225	50
200–250	33	36	39			16	17	19			22 500	1575	50
250–300	34	39	42	46	50	16	18	20	22	23	27 500	1925	50
300–350	35	39	42	47	52	17	19	21	23	24	32 500	2275	50
350–400	37	41	43	48	53	18	20	22	24	25	37 500	2625	50
400–450	38	41	44	50	54	19	21	22	24	26	42 500	2975	50
450–500	39	43	45	50		20	22	23	25		47 500	3325	50
500–550	39	43	46	51		20	22	24	26		52 500	3675	50
550–600	40	44	47			21	23	24			57 500	4025	50
600–650	41	45	48			21	23	25			62 500	4375	50

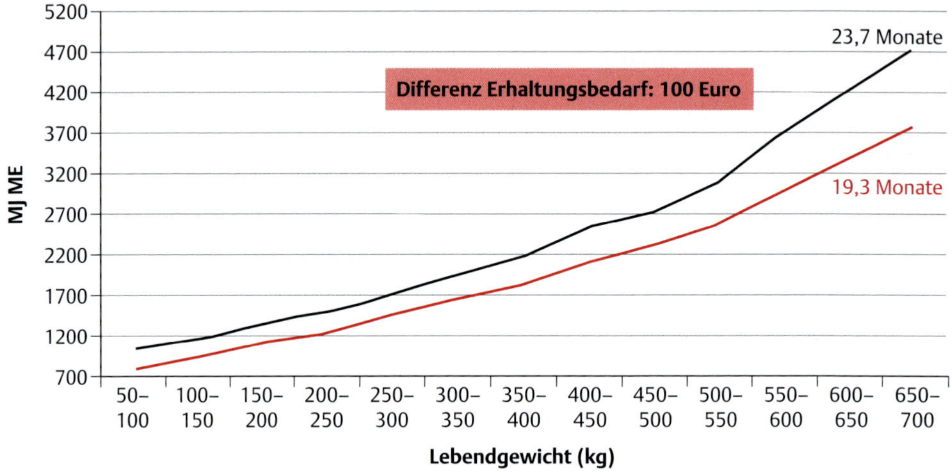

► **Abb. 8.41** Erhaltungsbedarf (MJ ME) von Mastbullen bei 19,3- und 23,7-monatiger Mastdauer bei gleichem Endgewicht.

► **Tab. 8.66** Empfehlungen zur Spurenelementversorgung von Mastrindern ab 175 kg Lebendmasse (nach GfE 1995 [91]).

Element	mg/kg Futter-Trockenmasse
Kobalt (Co)	0,25
Mangan (Mn)	40
Selen (Se)	0,15
Zink (Zn)	40
Kupfer (Cu)	8–10

Mit geringer werdenden Zunahmen steigt entsprechend der Anteil für den Erhaltungsbedarf an der Gesamtenergieaufnahme an (► **Abb. 8.41**).

Die ökonomische Bedeutung, die dem Anteil des Erhaltungsbedarfs am Gesamtenergiebedarf zukommt, soll an einem Beispiel erläutert werden. Verglichen werden darin zwei Bullen, die zum Schlachtzeitpunkt ein unterschiedliches Alter von knapp 24 und etwas mehr als 19 Monaten, aber ein gleiches Schlachtgewicht von 380 besitzen. Der Erlös ist dementsprechend für beide Tiere identisch. Aufgrund der längeren Mastdauer müssen für den älteren Bullen etwa 100 Euro für den zusätzlichen energetischen Erhaltungsbedarf veranschlagt werden. Weitere Kosten ergeben sich aus der Verzinsung des eingesetzten Viehkapitals sowie aus zusätzlichen Aufwendungen für den Stallplatz aufgrund der längeren Haltungsdauer.

Rationen mit Maissilage Teigreife Maissilage mit hohen Kolbenanteilen ist als das typische Mastfuttermittel anzusehen. Das gilt besonders für die Intensivmast. Angaben zum Futterwert der in den Futterplänen verwendeten Futtermittel finden sich in ► **Tab. 6.10**, ► **Tab. 6.12**, ► **Tab. 6.19** und ► **Tab. 6.28**. Als Eiweißergänzer wurde eine Mischung aus 50 % Soja- und 50 % Rapsextraktionsschrot unterstellt. Diese Mischung enthält 400 g Rohprotein und 11,3 MJ ME/kg.

Für die dargestellte, auf 1300 g Zunahme ausgerichtete Ration wurde eine sehr körnerreiche Maissilage unterstellt (► **Tab. 8.67**). Die Grobfutterergänzung kann auch durch Rindermastfutter (RMF) vorgenommen werden. In der Regel reicht aber auch dort die Mineralisierung nicht aus, sodass Mineralstoffe gegebenenfalls ergänzt werden müssen. Dem im Verlauf der Mast abnehmenden Bedarf an Rohprotein kann durch Wechsel des Mischfuttertyps (RMF 20/3 anstelle von 25/3) entsprochen werden.

Bei Mast von Fleckviehbullen kann das angestrebte hohe Zunahmeniveau bei häufig unbefrie-

▶ **Tab. 8.67** Futterplan für die Mast von Fleckviehbullen mit Maissilage (35 % TS), Weizen und Eiweißergänzer (50 % Soja- und 50 % Rapsextraktionsschrot) (nach DLG 1997 [54]).

LM-Bereich von bis	Futterwoche	Zuwachs/ Tag	TM-Aufnahme/ Tag*	tägliche Futtermengen			
				Maissilage	Weizen	Eiweißergänzer	Stroh
kg		g	kg	kg	kg	kg	kg
175–250	1.–10.	1150	4,7	7,6	1,0	1,2	0,13
250–350	11.–21.	1250	6,0	11,3	1,0	1,2	0,13
350–450	22.–30.	1550	8,0	17,3	1,0	1,1	0,13
450–550	31.–40.	1400	9,0	19,6	1,5	0,8	0,13
550–625	41.–49.	1200	10,0	21,7	2,0	0,6	0,13
Gesamt	49	1310	2555	5240	441	340	45

* 100 g Mineralfutter mit 25 % Ca, 4 % P, 8 % Na sind in der TM-Aufnahme berücksichtigt.

▶ **Tab. 8.68** Futterplan für die Mast Schwarzbunter Bullen mit Maissilage, Grassilage (gut), Weizen, Eiweißergänzer (50 % Soja- und 50 % Rapsextraktionsschrot; nach DLG 1997 [54]).

LM-Bereich von bis	Futterwoche	Zuwachs/ Tag	TM-Aufnahme/ Tag*	tägliche Futtermengen			
				Maissilage	Grassilage	Getreide	Eiweißergänzer
kg		g	kg	kg	kg	kg	kg
150–250	1.–13.	1100	4,6	3,5	3,5	2,0	0,3
250–350	14.–25.	1200	6,4	5,5	6,5	2,0	0,3
350–450	26.–37.	1150	7,7	8,5	8,5	2,0	
450–600	38.–59.	1000	8,7	10,0	10,0	2,0	
Gesamt	59	1110	2981	3035	3035	826	53

* 60 bis 90 g Mineralfutter pro Tag mit 25 % Ca, 3 % P, 8 % Na sind in der TM-Aufnahme berücksichtigt.

digender Futteraufnahme nur erreicht werden, wenn die Energiekonzentration in der Futtertrockenmasse so hoch wie möglich ausgerichtet wird. Daraus resultieren relativ stärkereiche Rationen, wobei der Stärkequelle große Bedeutung zukommt. Stärke aus Mais wird hier im Gegensatz zu Getreidestärke nur teilweise im Pansen abgebaut und führt deshalb zu einem günstigeren pH-Wert-Niveau für die Mikroorganismen, s. Kap. Maissilage (S. 244). In der Endmast, wenn z. T. die Kraftfuttergaben auf bis zu 4 kg je Tier und Tag gesteigert werden, hat sich deshalb Körnermais sehr bewährt. Wenn die gleiche Kraftfuttermenge als Weizen verabreicht wird, führt dies zu einem wesentlich geringeren Grobfutterverzehr, sodass insgesamt durch diese Maßnahme kein nennenswerter Energiegewinn erzielt wird. Um die Energiedichte in der Maissilage weiter zu erhöhen, kann Hochschnittsilage (S. 244) eingesetzt werden. Ähnliche Effekte lassen sich auch durch Beimischung von CCM oder Lieschenkolbenschrot erzielen.

▶ **Tab. 8.68** enthält eine Beispielsration für Schwarzbunte Bullen (DH-Typ). Dabei ist eine mittlere tägliche Zunahme von 1100 g unterstellt. Maissilage wird hierbei kombiniert mit guter Grassilage verabreicht, um die mögliche Bandbreite der Futtergrundlage zu zeigen. Zu empfehlen ist eine derartige Ration vor allem für Betriebe, die häufiger mit geringeren Maissilagequalitäten rechnen müssen oder wenig Fläche für Silomais zur

Verfügung haben. Anstelle von Grassilage eignen sich auch Pressschnitzelsilage, Schlempe und Biertrebersilage gut als Ergänzungsfutter.

8.5.2 Rosé-Kälbermast

Hans-Jürgen Kunz

Am 1. Juli 2008 ist die EU-Verordnung über die Bezeichnung von Fleisch von bis zu 12 Monate alten Rindern in Kraft getreten. Entsprechend dieser Verordnung darf in Deutschland nur noch das Fleisch von bis zu acht Monate alten Rindern als Kalbfleisch bezeichnet werden. Für den Altersabschnitt von 9 bis 12 Monaten gilt die Bezeichnung Jungrindfleisch. Das gilt auch für importierte Ware. Ware, die exportiert wird, darf allerdings mit den in den Zielländern geltenden Bezeichnungen gekennzeichnet werden. In den meisten Mitgliedstaaten ist die Bezeichnung Kalbfleisch auch für 9 bis 12 Monate alte Rinder erlaubt.

Für die achtmonatige Kälbermast gilt das Ziel, Schlachtgewichte von 160 kg und darüber zu erreichen. Das entspricht einem Lebendgewicht von mindestens 320 kg. Voraussetzung ist eine sehr intensive Mast. Die Futterverwertung ist in diesem Altersabschnitt hoch und liegt bei etwa 1:3,3. Bei einem 600 kg schweren Bullen liegt die Futterverwertung bei etwa 1:8 bis 1:10 (gemeint ist jeweils: 1 kg Futter-TM pro kg Lebendmassezuwachs). Zwei Gründe gibt es für die gute Futterverwertung der Kälber: Zum einen ist der Erhaltungsbedarf entsprechend ihres niedrigeren Gewichtes deutlich geringer als bei älteren Tieren und zum anderen steigt mit zunehmendem Alter der Anteil des Fettgewebes am Körperzuwachs. Im Vergleich zum Eiweißansatz wird für den Fettansatz die doppelte Energiemenge benötigt und das bedeutet einen höheren Futterbedarf und damit höhere Futterkosten für gleich hohe Zunahmen. Es gibt jedoch noch einen weiteren Grund, die Fütterung in der Kälbermast zu optimieren. Die anteiligen Kosten für die Bestandsergänzung liegen, bezogen auf das Schlachtgewicht, in der Kälbermast verständlicherweise deutlich höher als in der Bullenmast und setzten schon aus diesem Grund eine intensive Mast voraus.

Milchphase Während der ersten vier Wochen werden die Kälber täglich mit 6 Liter Milchaustauscher mit einer Milchpulvermenge pro Liter Wasser von 160 g getränkt. In den anschließenden vier bis fünf Wochen wird die Milchenge bis auf 2 Liter reduziert und dann abgesetzt. Anstelle des Milchaustauschers kann selbstverständlich auch Vollmilch in gleicher Menge getränkt werden. Ein hochwertiger Kälberstarter und anschließend ein ebensolches Kälberaufzuchtfutter wird während der Tränkephase ad libitum gefüttert.

Mastphase Gegen Ende der Tränkephase wird das Kälberaufzuchtfutter gegen ein Bullenmastfutter der Energiestufe 3 mit 20 % Rohprotein ausgetauscht. Ab dem 5. Lebensmonat kann der Rohproteingehalt im Mastfutter gesenkt werden, es reicht ein Rohproteingehalt von 16 % aus. Wenn es aus haltungs- und fütterungstechnischer Sicht nicht anders möglich ist, zwei verschiedene Fütterungsgruppen einzurichten, und allen Tieren nur eine Kraftfuttersorte gefüttert werden kann, muss während der gesamten Mastperiode ein Kraftfuttertyp 18/3 eingesetzt werden. Zum Ende der Mast werden die Kälber etwa 5 kg Kraftfutter pro Tier und Tag fressen. Zusätzlich wird Maissilage ebenfalls zur freien Verfügung angeboten. Wichtig ist es, darauf zu achten, dass ausreichend Mineralfutter zur Verfügung steht. Der Kobaltgehalt spielt in der Mast eine besondere Rolle. Kobalt (Co) wird von den Pansenmikroben für die Vitamin-B_{12}-Synthese benötigt. Fehlt dieser Mineralstoff, sinken die Trockenmasseaufnahmen und damit auch die Zunahmen deutlich. Im Futter sollten 0,3 mg Co pro kg Gesamttrockenmasseaufnahme enthalten sein. Das Grobfutter kann dabei als Kobaltquelle vernachlässigt werden. Das heißt, Kobalt muss über das Kraftfutter und gegebenenfalls über Mineralfutter in das Tier gelangen. Da der Kraftfutterkomponente in allen Phasen eine wichtige Bedeutung zukommt, ist besonderes Augenmerk auf deren Zusammensetzung zu legen. Auf eine ausreichende Bereitstellung von darmverfügbarem Eiweiß ist zu achten.

8.5.3 Ochsenmast

Hans-Jürgen Kunz

Kastrierte männliche Kälber entwickeln sich bis zu einem Gewicht von 200 kg ähnlich wie unkastrierte Tiere. Anschließend beginnt eine stärkere Fetteinlagerung. Das bedeutet, dass Ochsen für gleiche Gewichtszunahmen mehr Futter brauchen als Bullen, bzw. bei gleichem Futterverzehr niedrigere Tageszunahmen erzielen und stärker verfetten. Ochsen besitzen ein Wachstumsvermögen, das etwa zwischen dem von Bullen und Färsen liegt (▶ **Tab. 8.69**). Die niedrigeren Zunahmen gehen auf ein verringertes Muskelwachstum in Verbindung mit einem höheren Fettansatz zurück. Das führt zu einer vermehrten Fetteinlagerung und ist ein Teil der Erklärung dafür, dass Ochsenfleisch gemeinhin mit den Attributen saftig, feinfaserig, aromatisch und zart belegt wird.

Die geringere Wachstumskapazität der Ochsen und ihr kastrationsbedingt ruhigeres Verhalten ermöglichen im Vergleich zu Bullenmast eine Weidemast oder eine Stallmast auf Basis von Grassilage. In der Weidephase sind Zunahmen von etwa 600 bis 700 g möglich, während der Stallperiode auf der Grundlage von Grassilage und Kraftfutter 900 bis 1100 g. Die Mastendgewichte liegen bei Schwarzbunten bei etwa bei 600 kg. Rassen mit hohem Wachstumsvermögen, wie z. B. Fleckvieh, lassen eine intensivere Ochsenmast auch mit Maissilage zu.

Die klassische Ochsenmast war eine extensive Mast, bei der die Tiere im Winter auf niedrigem Zunahmeniveau gefüttert wurden und auf der Weide, bedingt durch das kompensatorische Wachstumsvermögen, Zunahmen von über 800, teilweise über 1000 g erreichten. Das durchschnittliche Alter dieser Ochsen bei Schlachtreife lag jedoch bei etwa drei Jahren. Eine derartige Mast wird aus wirtschaftlichen Gründen heute kaum noch durchgeführt. Bei intensiverer Fütterung steigt die Verfettung sehr schnell an und die Schlachtreife wird bei deutlich niedrigeren Endgewichten wesentlich früher erreicht. Ochsen der Rasse „Rotbunte" können nach eigenen Untersuchungen (Kunz 1990 [138]) bei intensiver Fütterung (Maissilage + 2 kg Kraftfutter pro Tag), wie Versuche in der Lehr- und Versuchsanstalt in Futterkamp gezeigt haben, im Gewichtsabschnitt von 170 bis 280 kg 1320 g und von 280 bis 400 kg 1200 g tägliche Zunahmen erreichen. Bei reiner Grassilagefütterung ohne Kraftfutter lagen die Zunahmen in diesen Gewichtsabschnitten um 160 und 290 g niedriger. Anschließend, im Gewichtsbereich von 400 bis 500 kg, gingen die Zunahmen jedoch auf 620 bzw. auf 550 g zurück. Der Fettansatz hatte sich während dieses Abschnittes bei den intensiv gefütterten Ochsen deutlich erhöht. Der Anteil der Fettabschnitte zum Zeitpunkt der Schlachtung lag bei den intensiv gemästeten Tieren im Verhältnis zum Schlachtkörpergewicht um 2,3 % höher als bei den mit reiner Grassilage gefütterten Stallmastochsen.

▶ **Tab. 8.69** Unterschiede bei den Schlachtkörpern von Jungbullen, Ochsen und Färsen (Fleckvieh).

Merkmal	Jungbullen	Ochsen	Färsen
Mastendgewicht (kg)	633	615	482
Schlachtgewicht (kg)	383	364	277
Tageszunahmen (ab 200 kg) (g)	1095	976	919
Schlachtkörperzusammensetzung (%)			
Muskelfleisch	67,9	59,9	62,0
Fettgewebe	12,2	21,0	19,3
Knochen	14,4	14,0	14,2
Fettgewebeanteil von Teilstücken wie gewachsen (%)			
zum Braten (Roastbeef, Filet)	11,0	20,5	18,4
zum Kochen (Brust, Spannrippe)	21,7	34,6	32,8
zur Verarbeitung (Dünnungen)	24,6	40,4	38,4

Obwohl Ochsen im Vergleich zu den Bullen eine bessere Fleischqualität besitzen, sind sie aufgrund ihrer geringeren sonstigen Leistungen in der Wirtschaftlichkeit unterlegen. Um mit den Bullen konkurrieren zu können, müssten die Schlachtgewichtspreise etwa um 15 bis 20 % über der Jungbullennotierung liegen. Das schließt nicht aus, dass unter besonderen Bedingungen, wie z. B. bei Direktvermarktung, auch Ochsen mit Gewinn gemästet werden können.

8.5.4 Mast weiblicher Rinder

Hans-Jürgen Kunz

Bei der Mast weiblicher Rinder sind zahlreiche Varianten bekannt, die sich in drei Gruppen zusammenfassen lassen:

1. Mast ungedeckter weiblicher Rinder etwa ab 3. Lebensmonat bis zum Alter von ca. 18 bis 22 Monaten und Endgewichten von 380 bis 500 kg (**Färsen-** bzw. **Kalbinnenmast**)
2. Mast weiblicher Rinder bis zu einem Alter von ca. 24 bis 30 Monaten (450–550 kg) mit einmaliger Kalbung vor der Schlachtung **(Färsenvornutzung, verlängerte Färsenmast)**
3. Mast von Altkühen

Von der Jungbullenmast unterscheidet sich die Mast weiblicher Jungrinder vor allem durch folgende Vorzüge:

- Weibliche Kälber kosten etwa 30 % weniger als Bullenkälber.
- Färsen stellen geringere Anforderungen an die Energiekonzentration im Futter und ermöglichen daher eine sinnvolle Verwertung von Grünland.
- Färsenfleisch hat eine höhere Qualität als Bullenfleisch (Zartheit, Saftigkeit, Aroma).

Die Mast von Färsen ist gegenüber der Mast von Bullen aber beeinträchtigt durch:

- geringere Wachstumskapazität, daher erhöhte Gefahr der Verfettung,
- niedrigere Tageszunahmen bei gegebener Mastintensität,
- höheren Energieaufwand je kg Zunahme und dadurch
- höhere Futterkosten,
- niedrigere Schlachterlöse je kg.

Färsenmast

Bei der Färsenmast ist es wichtig, die Mast zu beenden, bevor eine über die Verarbeiterwünsche hinausgehende Fetteinlagerung zu Preisabschlägen führt. Die meisten Färsen milchbetonter Zweinutzungsrassen dürfen ein Endgewicht von 500 bis 550 kg erreichen, die des fleischbetonten Zweinutzungstyps oder von Kreuzungstieren noch bis zu 50 kg mehr. Bei durchschnittlichen Tageszunahmen von 700 bis 800 g im 1. Jahr und 700 bis 850 g in der Endmast werden diese Mastendgewichte von Herbstkälbern nach 17 bis 21 Monaten im Sommer erreicht. Bei intensiver Mast sind bei Kreuzungsfärsen und weiblichen Absetzern aus der Mutterkuhhaltung Zunahmen von durchschnittlich 1000 g möglich. Für den Energie-, Protein- und Mineralstoffbedarf gelten ▸ **Tab. 8.58**, ▸ **Tab. 8.60** und ▸ **Tab. 8.61**.

Die Mast **vorgenutzter Färsen** kann durch das zusätzliche Kalb unter besonderen Bedingungen zu besseren wirtschaftlichen Ergebnissen führen als die Färsenmast. Eine der Voraussetzungen ist ein möglichst geringer Preisunterschied zwischen Färsen und Kühen bei der Schlachtung, weil die vorgenutzten Färsen nach der Handelsklassenverordnung als „Kühe" eingestuft werden. Für die Fütterung bis zur Abkalbung gelten die Empfehlungen des Kapitels Aufzucht von Färsen (S. 432).

Mast von Altkühen

Mehr als ein Drittel aller Schlachtrinder in Deutschland sind „Kühe", von denen die Mehrzahl nach Ende ihrer Milchnutzung, das heißt oftmals mager und schlecht bemuskelt, zur Schlachtung gelangt. Zahlreiche Untersuchungen belegen, dass auch Kühe hochwertige Schlachtkörper liefern können. Das trifft vor allem für die Schlachtkühe aus der Mutterkuhhaltung und für die fleischreicheren Zweinutzungsrassen wie z. B. Fleckvieh zu und wird durch die dafür in anderen Ländern (Italien, Frankreich) gezahlten hohen Preise unterstrichen. Deshalb kann die Ausmast von Altkühen durchaus wirtschaftlich interessant sein. Mastleistung und Schlachtkörperwert der Kühe werden entscheidend von Rasse, Alter bei Schlachtung und Behandlung vor der Schlachtung geprägt. Bei Endgewichten von etwa 450 kg (Galloway) über 750 kg (Fleckvieh, Holstein) bis zu 1000 kg (Charolais) und mittleren Schlachtausbeuten von 50 bis

60 % sind durchschnittliche Klassifizierungswerte von 2,7 bis 3,7 in der Handelsklasse und im Verfettungsgrad von 3 bis 4 zu erwarten (R3 bis O4). Der Anteil wertvoller Teilstücke schwankt je nach Rasse zwischen 50 und 62 %.

Für eine wirtschaftliche Ausmast eignen sich nur klinisch gesunde Altkühe der großrahmigen Rassen, die z. B. aufgrund unzureichender Fruchtbarkeit oder Milchleistung aus der Produktion ausscheiden. Für die Ausmast müssen im Betrieb ausreichend Platz, Futtervorräte und freie Arbeitskapazität zur Verfügung stehen. Fehlender Stallplatz ist der häufigste Grund dafür, dass eine solche Nachmast nicht durchgeführt wird. Mastdauer und Mastintensität werden vom Ausgangsgewicht der Kühe und der zu erwartenden besseren Handelsklasseneinstufung am Ende der Mast bestimmt. Je niedriger das Gewicht bei Mastbeginn, umso länger kann in der Regel gemästet werden – bei Zunahmen von mindestens 1100 g. Zeitspannen von 30 Tagen bei höherem Ausgangsgewicht bis 120 Tagen und mehr können sinnvoll sein. Der Energiegehalt der Ration sollte einer Leistung von 18–20 kg Milch entsprechen, der Rohproteingehalt der Gesamtration nicht unter 12 % der TM liegen. Eine Ausmast auf der Weide ist ebenfalls möglich.

8.5.5 Stallbau für die Bullenmast

Hans-Jürgen Kunz

Für Mastrinder können unterschiedliche Haltungsverfahren empfohlen werden (▸ Tab. 8.70). Am häufigsten gebaut werden derzeit Tretmistställe und Ställe mit Gruppenboxen auf Vollspaltenboden. Der klassische Tiefstreustall wird aufgrund des hohen Einstreubedarfs (8 bis 10 kg/GVE/Tag) und des hohen Arbeitszeitaufwandes nur in Ausnahmefällen, und dann auch nur für sehr kostengünstige Umbaulösungen in Altgebäuden empfohlen. Alternativ dazu bietet sich eine Zweiflächenbucht an, die wöchentlich entmistet und neu eingestreut wird.

Ziel des Stallbaus ist es, für die Tiere eine trockene, helle und zugfreie Umgebung mit so viel frischer Luft wie möglich zu schaffen. Dazu sind Außenklimaställe mit offenen Traufen am geeignetsten. Um Zugluft oder zu hohe Windgeschwindigkeiten besonders in der kaltnassen Jahreszeit zu vermeiden, kann es bei Ställen mit zwei offenen Traufseiten sinnvoll sein, zumindest eine Traufseite durch eine Jalousie verschließbar zu machen. Tiefstreu- und Tretmistställe können bei ausreichendem Dachüberstand und einem Windschutz in Höhe der Tiere im oberen Bereich auch geöffnet bleiben (▸ Abb. 8.42). Um Tageslicht in den Stall zu bringen, reichen eine oder zwei offene Traufen alleine nicht aus. Es wird empfohlen, mindestens 10 % Lichtplatten in das Dach zu integrieren (▸ Abb. 8.43).

▸ **Abb. 8.42** Tretmiststall mit Gang für mobile Entmistung und zusätzlicher Standfläche am Futtertisch.

▸ **Abb. 8.43** Integrierte Lichtplatten im Dach garantieren eine ausreichende Tageslichtversorgung.

Tretmistställe Der Bau von Tretmistställen kann mit und ohne Gefälle erfolgen. Bei der Ausmast von Absetzern mittel- und großrahmiger Fleischrassen aus der Mutterkuhhaltung ist kein Gefälle

► **Tab. 8.70** Empfehlungen zur Ausgestaltung von Bullenmastställen.

Nr.	Bereich	Empfehlung	
1	**Gruppenhaltung auf Spaltenboden**		
1.1	Trauf-First-Lüftung	quer zur Hauptwindrichtung, Dachneigung mindestens 15°, Breite der Abluftöffnung ca. 2 bis 2,5 % der Stallbreite (10–30 m), mindestens 10 % Lichtplatten	
1.1.1	geöffnete Traufe zwischen den Sparren	Größe der Zuluftfläche = Größe der Abluftfläche × 0,5, besser × 0,75 auf jeder Seite (bei wandständigen Boxen mindestens 2 m gedämmte Luftleitplatten)	
1.1.2	Spaceboardlüftung, 10 cm Brett, 2 cm Schlitzbreite, 90 % Windbrechung	Spaceboard oberhalb 2 m hoher fester Wandfläche: Größe der Zuluftfläche = Größe der Abluftfläche × 8,4	
1.1.3	Jalousie	Jalousie oberhalb 2 m hoher fester Wandfläche	
1.2.1	minimale Buchtenfläche pro Tier	200 – 300 kg: 1,9 m^2/Tier	200 – 450 kg: 2,2 m^2/Tier (Vormast)
		300 – 400 kg: 2,1 m^2/Tier	
		400 – 500 kg: 2,3 m^2/Tier	450 – 700 kg: 2,7 m^2/Tier (Endmast)
		500 – 600 kg: 2,5 m^2/Tier	
		600 – 700 kg: 2,7 m^2/Tier	
1.2.2	Buchtenmaße	Buchtentiefe: 4,0 bis 9,0 m	
1.2.3	Anzahl Tiere pro Bucht	6 bis 25	
1.2.4	Fressplatzbreite	55 cm	
1.2.4	Tier-Fressplatzverhältnis	1:1 bis 1:2	
2	**Gruppenhaltung im Tretmiststall**		
2.1	Pultdach	offene Traufe mit Futtertisch nach Süden ausgerichtet, rückwärtige Traufe oberhalb 2,5 m hoher fester Wandfläche mit Spaceboard	
2.2	Satteldach: Trauf-First-Lüftung	quer zur Hauptwindrichtung, Dachneigung mindestens 15°, Breite der Abluftöffnung ca. 2 bis 2,5 % der Stallbreite (10–30 m), mindestens 10 % Lichtplatten	
2.2.1	geöffnete Traufe zwischen den Sparren	Größe der Zuluftfläche = Größe der Abluftfläche × 0,5, besser × 0,75 auf jeder Seite (bei wandständigen Boxen mindestens 2 m gedämmte Luftleitplatten)	
2.2.2	Spaceboardlüftung, 10 cm Brett, 2 cm Schlitzbreite, 90 % Windbrechung	Spaceboard oberhalb 2 m hoher fester Wandfläche: Größe der Zuluftfläche = Größe der Abluftfläche × 8,4	
2.3.1	empfohlene Buchtenfläche pro Tier	200 – 450 kg: 3,0 – 3,5 m^2/Tier (Vormast)	
		450 – 700 kg: 4,5 – 5,0 m^2/Tier (Endmast)	
2.3.2	Buchtenmaße	Buchtentiefe: 6 bis 7 m	
2.3.3	Anzahl Tiere pro Bucht	6 bis 9	
2.3.4	Einstreumenge	2,5 bis 3 kg Stroh/Tier und Tag	
2.3.5	Fressplatzbreite 1:1 (mindestens)	50 cm	

▸ **Tab. 8.70** Fortsetzung

Nr.	Bereich	Empfehlung
Zusätzliche Anforderungen für Betriebe, die nach EU-Öko-Verordnung wirtschaften		
3	**Bereich**	**gesetzliche Grundlage**
3.1	eingestreute Liegefläche (Nettofläche)	bis 100 kg: 1,5 m^2/Tier
		bis 200 kg: 2,5 m^2/Tier
		bis 350 kg: 4,0 m^2/Tier
		über 350 kg: 5,0 m^2/Tier (mind. 1 m^2/100 kg)
3.2	Auslauffläche (Freigelände außer Weide)	bis 100 kg: 1,1 m^2/Tier
		bis 200 kg: 1,9 m^2/Tier
		bis 350 kg: 3,0 m^2/Tier
		über 350 kg: 3,7 m^2/Tier (mind. 0,75 m^2/100 kg)

notwendig. Die Tiergewichte sind groß genug, um nach einem Aufbau der Mistmatratze einen ausreichenden Mistfluss zu erzeugen. Als Gebäudeform eignen sich sowohl Pultdachställe mit offener Traufseite und rückwärtiger Spaceboardwand als auch Satteldachställe mit geöffneten Traufen und Spaceboardlüftung. Bei Pultdachställen ist der Futtertisch mit einem entsprechenden Kragarm mindestens vier Meter zu überdachen. Als mögliche Bauvarianten kommen Ställe mit und ohne Mistgang am Futtertisch in Frage. Wird ohne Mistgang gearbeitet, wird der Mist unter den hochgelegten Futtertrögen durchgetreten und hinter der Abrisskante von 20 cm abgeräumt. Diese Variante hat den Vorteil, dass keine Trenngitter vor dem Entmisten geschlossen werden müssen, um die Bullen auf der Liegefläche abzusperren. Ein Nachteil ist, dass die Tiere aufgrund der Schräge eine ungünstige Fressposition haben und kein Klauenabrieb stattfindet. Die meisten Ställe werden aus diesem Grund mit einem Mistgang zwischen Liegefläche und Futtertrog gebaut, der in der Regel täglich abgeschoben wird (▸ **Abb. 8.42**). Das kann mobil aber auch mithilfe eines Schiebers geschehen. Das Strohlager für Großpacken kann über dem Mistgang eingerichtet werden. Ebenfalls ist es möglich, über der Liegefläche eine automatische Strohverteilbahn einzurichten, die außerhalb des Stalles beschickt wird.

Eingestreute Zweiflächenbucht Zweiflächenbuchten ohne Tretmistsystem können unterschiedlich gestaltet sein. Bei diesen Ställen liegt der Platzbedarf mit 3,5 bis 5,0 m^2 im Vergleich zu Einraumbuchten mit durchschnittlich 2,5 m^2 Buchtenfläche pro Tier etwa um mindestens 40 % höher. Der Liegebereich ist eingestreut. Die Buchtentiefe entspricht der doppelten Buchtenbreite. Zum Entmisten können die Tiere dann sowohl im oberen als auch im unteren Buchtenabschnitt an der Futtertrogseite abgesperrt werden.

Gruppenboxen auf Vollspalten Für Ställe, in denen Bullen in Gruppenboxen auf Vollspalten gehalten werden sollen, empfehlen wir Satteldachställe mit Trauf-First-Lüftung. Die Zuluft kann über Spaceboard oder geöffnete Traufseiten ab einer Höhe von 1,80 m in den Stall geführt werden. Das Spacebaord kann aus ca. 10 cm breiten Brettern bestehen, die ab einer Sockelhöhe von 1,80 m Höhe bis unter die Traufe mit Abstand genagelt werden. Der Abstand der Bretter voneinander entspricht der Brettstärke (in der Regel 2,5 bis 3,0 cm). Anstelle des Spacebords kann die Traufe auch geöffnet bleiben, wenn der Stall einen windgeschützten Standort besitzt. Andernfalls besteht die Möglichkeit Jalousien anzubringen, die von unten nach oben geschlossen werden können. Wichtig ist, dass die Buchten mindestens eine Tiefe von 4 m (Bucheninnenmaß!) besitzen, damit die Tiere im hinteren Bereich ungestört liegen und am Futtertisch ungehindert fressen können. Als sehr tierfreundlich haben sich tiefe Buchten von 8 bis 9 m und einer Breite von beispielsweise 8 m herausgestellt, die bei einer Belegedichte von 3,5 m^2 pro Tier die Möglichkeit schaffen, dass zwischen dem hinteren Liege- und dem vorderen Fressbereich eine Lauffläche für die Tiere entsteht. In solchen Buchten herrscht aufgrund der Ausweichmöglichkeiten eine sehr große Ruhe unter den Tieren. Das Tier-Fressplatz-Verhältnis von etwa 2:1 ist kein Problem, da bei einer TMR-Fütterung die Bullen nicht zeitgleich fressen (▶ **Abb. 8.44**). Je nach Breite und Tiefe der Bucht sollten 6 bis maximal 25 Bullen pro Bucht untergebracht werden können.

Gruppenboxenställe auf Vollspalten können auch als Warmställe mit Trauf-First-Lüftung ausgeführt werden. In diesen Gebäuden bleiben die Traufseiten geschlossen und die Dachhaut inklusive der Luftleitplanken über den Boxen wird isoliert. Ein Problem ist es, ausreichend Licht in diese Stallungen zu bekommen, da die Dachhaut bis auf den Lichtfirst geschlossen ist. Das wärmegedämmte Dach bietet dafür auch im Sommer den Vorteil, dass sich der Stall nicht übermäßig aufheizen kann. Auf der Negativseite stehen die höheren Baukosten.

Die Güllekanäle sollten auf jeden Fall als Kreislaufsystem ausgeführt werden. Es besteht die Möglichkeit, bei Buchten, die etwas tiefer als die Spaltenlänge sind, z. B. 4,50 m, am Futtertisch einen Streifen von bis zu 50 cm planbefestigt zu betonieren. Flächen und Balkenspalten haben mittlerweile den gleichen Schlitzanteil, sodass der Verschmutzungsgrad kein Auswahlkriterium mehr ist. Fällt die Wahl auf Balkenspalten, sollte bedacht werden, dass sich Doppel- oder Dreifachspalten leichter verlegen lassen. Einfachbalken neigen eher zum Kippeln, mit der Folge von Klauenschäden.

Untersuchungen zum Thema Tierwohl Wie viel **Stallplatz** braucht ein Bulle? Die Investitionsförderung nach Anlage 1 der AFP-Richtlinien verlangt für Bullen mit einem Gewicht bis 350 kg eine Buchtenfläche von mindestens 3,5 m^2 und über 350 kg von mindestens 4,5 m^2. Nach Anlage 2, bei deren Erfüllung ein höherer Zuschuss gewährt werden kann, werden in Abhängigkeit vom Gewicht der Tiere bis 400 kg Buchtenflächen pro Tier von mindestens 4,5 m^2, bis 500 kg von mindestens 5 m^2, bis 600 kg von mindestens 5,5 m^2 und über 600 kg von mindestens 6 m^2 gefordert. Auf welcher Grundlage diese Flächenangaben definiert worden sind, wird in den Richtlinien nicht ausgeführt. Die wissenschaftliche Literatur macht hierzu andere Angaben.

Konkrete und ausführliche Verhaltensstudien mit Mastbullen wurden unter anderem zu dieser Fragestellung von Siegwart et al. (2006 [211]) durchgeführt. Auf diese Untersuchungen stützt sich beispielsweise auch die Schweizer Tierschutzverordnung für den Bereich der Mastbullenhaltung. Die ▶ **Abb. 8.45** zeigt aus dieser Arbeit den Einfluss der Besatzdichte (m^2/Tier) auf die Zunahmen bei gummierten Spaltenböden. Den größten

▶ **Abb. 8.44** Stall mit Endmastbullen auf Spaltenboden mit Gummiauflage und einer Buchtenfläche pro Tier von 3,5 m^2.

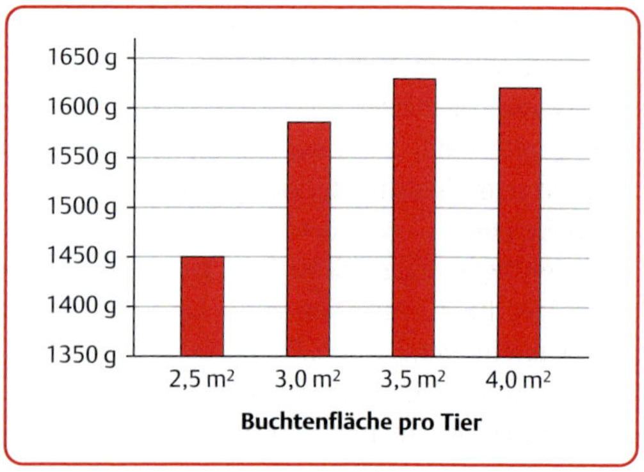

▶ **Abb. 8.45** Einfluss der Besatzdichte (m^2/Tier) auf die Tageszunahmen (g) bei gummiertem Spaltenboden (n = 56) (Abb. basiert auf Daten aus [211]).

Sprung gibt es bei einer Vergrößerung der pro Tier zur Verfügung stehenden Buchtenfläche von 2,5 auf 3 m^2 für Endmastbullen bis 600 kg. Eine weitere, zwar kleinere Steigerung der Zunahmen gibt es noch einmal bei einer Vergrößerung der Fläche auf 3,5 m^2 pro Tier. Darüber hinaus ergibt eine Flächenvergrößerung keine Steigerung der täglichen Zunahmen mehr.

Auch die weiteren in dieser Arbeit durchgeführten Untersuchungen zum Tierverhalten bestätigen diese Ergebnisse. So war bei einer Buchtenfläche pro Tier von 3,0 m^2 im Vergleich zu 2,5 m^2 weniger, und bei 3,5 m^2 kein Treten und Übersteigen von Artgenossen mehr zu beobachten. Das heißt auch in diesen Merkmalen ist ein Optimum bei 3,5 m^2 erreicht. Ein weiterer Platzzuwachs bringt keine weiteren Vorteile für die dem Tierwohl zugeschriebenen Merkmale. Bereits ab 3,0 m^2 Buchtenfläche wurden deutlich sauberere Tiere beobachtet, die häufiger in ausgestreckter Position lagen. Auch die ▸ **Abb. 8.45** zeigt in diesem Zusammenhang deutlich, dass in einem ähnlichen Stall mit Endmastbullen auf Spaltenboden mit Gummiauflage, denen exakt 3,5 m^2 Buchtenfläche pro Tier zur Verfügung stehen, ausreichend Platz vorhanden ist. Die Tiere können sich auf Distanz zu anderen Tieren hinlegen und haben immer noch ausreichend Bewegungsfläche in der Mitte der Bucht.

Welche Bedeutung hat das **Tier-Fressplatz-Verhältnis**? Auch zu dieser Fragestellung geben die Untersuchungen von Siegwart et al. (2006 [211]) eine Antwort. Nur bei 1 von 24 Beobachtungen, das sind 4 %, waren mehr als 3 von 7 Tieren gleichzeitig zum Fressen an dem 3 m breiten Futtertisch. Fünf Tiere hätten dort gleichzeitig Platz gehabt. Das zeigt deutlich, dass das Merkmal Tier-Fressplatz-Verhältnis keinerlei Bedeutung für das Tierwohl von Mastbullen besitzt, wenn, wie heute üblich, mit dem Futtermischwagen Futter auf Vorrat vorgelegt wird.

Forderungen nach einem engeren Tier-Fressplatz-Verhältnis tragen definitiv zur Verschlechterung des Tierwohls bei, da die Buchten dabei an Tiefe verlieren würden. Das führt dazu, dass sich die Distanz der im hinteren Buchtenbereich liegenden Tiere zu den Tieren am Futtertisch deutlich verringert. Für das Tierwohl ist jedoch eine möglichst große Distanz der liegenden Tiere zu in denen in Bewegung befindlichen Tieren wichtig. Das wiederum können nur tiefe Buchten leisten. Allerdings besitzen sie ein zwangsläufig weiteres Tier-Fressplatz-Verhältnis von bis zu 1:2. Für die Tiere ist das kein Problem, wie die Untersuchungen zeigen.

Es gibt einen weiteren Grund, das Merkmal Tier-Fressplatz-Verhältnis bei den Mastbullen nicht zu den Tierwohlkriterien zu zählen. Dieses Merkmal ist nicht kontrollierbar. Zum einen, weil die Fressplatzbreiten an Gewichtsgrenzen gekoppelt sind und die Fressplatzbreite, wie in Anlage 2 der AFP-Richtlinien beschrieben, sich an der Schulterbreite der Mastbullen orientieren soll. Eine objektive Feststellung der Gewichte ist in der Praxis nicht möglich. Schätzungen sind viel zu ungenau und nicht justiziabel. Die Bestimmung der Fressplatzbreite an der Schulterbreite der Tiere festzumachen, ist der nächste Fehler. Es gibt keine Beschreibung, wie und mit welchem Messgerät Schulterbreiten gemessen werden sollen. Die Schulterblätter laufen schräg nach vorne und oben zu. Wer sollte solche Messungen an lebenden Mastbullen vornehmen? Die häufig in diesem Zusammenhang genannten Fressplatzbreiten von z. B. 75 cm sind wissenschaftlich nicht belegt und zudem sehr stark rasseabhängig.

Liegekomfort: Zu den Merkmalen im Bereich des Liegekomforts gibt es sehr detaillierte Untersuchungen von Mayer et al. (2007 [162]). Dafür standen 18 Bullenmastbetriebe mit Betonspaltenbuchten, eingestreuten Zweiflächenbuchten und Lospa-Einflächenbuchten (Spaltenboden mit Gummiauflage) zur Verfügung.

In der Liegedauer gab es keine, jedoch bei den Merkmalen atypisches Abliegen, atypisches Aufstehen und Hinfallen beim Abliegen und Aufstehen signifikant schlechtere Werte in Buchten mit Betonspalten im Vergleich zu den eingestreuten Buchten und denen mit Spaltenboden mit Lospa-Gummiauflage. Unterbrochene Abliege- und Aufstehvorgänge waren in den eingestreuten Zweiflächenbuchten gegenüber den beiden anderen Systemen signifikant niedriger.

Das Merkmal Schwellungen trat nur selten auf. Die geringsten Probleme traten dabei in den eingestreuten Buchten auf, die meisten bei den Betonspalten und mittlere Werte bei den Spalten mit Lospa-Gummiauflagen. Bei der Verschmutzung der Bullen gab es keine Unterschiede zwischen den Haltungssystemen. Sie war in allen Systemen gering. Die Lospa-Einflächenbucht wird von den Autoren beim Tierverhalten, bei den äußerlich sichtbaren Schäden im Bereich der Gelenke und der Klauengesundheit im Mittelbereich zwischen den beiden anderen Systemen eingestuft. Sie besitzt jedoch eindeutige Vorteile gegenüber Buchten mit Betonspaltenboden ohne Gummiauflage.

8.5.6 Vermarktung von Mastrindern

Hans-Jürgen Kunz

In der Bundesrepublik Deutschland werden jährlich mehr als 4 Millionen Rinder und Kälber zu gewerblichen Zwecken geschlachtet. Abrechnungsgrundlage sind dabei das Schlachtgewicht und die Handelsklassen- sowie Fetteinstufung. Schlachtbetriebe, die wöchentlich mehr als 75 Rinder schlachten, müssen ihre Preise für die amtliche Preisnotierung melden. Diese Zahl kann unter bestimmten Bedingungen auf Bundesländerebene erhöht werden (siehe 1. Fleischgesetz – Durchführungsverordnung vom 12. November 2008). Es handelt sich hierbei um Nettonotierungen. Bei der Vermarktung fallen weitere Kosten für den Transport sowie für Schlachthofgebühren, Provisionen, Versicherungsprämien usw. an.

Das Schlachtgewicht ist das Warmgewicht des geschlachteten ausgeweideten Tieres, bei ausgewachsenen Rindern ausschließlich der Haut, des zwischen Hinterhauptbein und erstem Halswirbel abgetrennten Kopfes, der im Karpal- und Tarsalgelenk abgetrennten Gliedmaßen, der Organe in der Brust- und Bauchhöhle, der Nieren, des Nierenfettgewebes sowie des Beckenfettgewebes, des Saumfleisches, der Nierenzapfen, des zwischen dem letzten Kreuzbein und dem ersten Schwanzwirbel rechtwinklig zum Wirbel abgetrennten Schwanzes, des Rückenmarks, des Sackfettes, des Euters, des Euterfettes, des Oberschalenkranzfettes sowie der Halsvene und des daran anhaftenden Fettgewebes.

Handelsklassen für Schlachtrinder und Rindfleisch Die Handelsklassen und Kategorien für Rinderschlachtkörper regelt die Verordnung über gesetzliche Handelsklassen und Kategorien für Rinderschlachtkörper (Rinderschlachtkörper-Handelsklassenverordnung – RindHKlV) vom 12. November 2008 (BGBl. I S. 2186, 2196).

Schlachtbetriebe, die wöchentlich durchschnittlich mehr als 75 Rinder schlachten, sind laut Handelsklassenverordnung verpflichtet, alle Schlachtkörper möglichst bald nach der Schlachtung vor Beginn des Kühlprozesses, spätestens aber eine Stunde nach dem Stechen des Tieres in die in ▶ **Tab. 8.71** und ▶ **Tab. 8.72** bezeichneten Kategorien und Handelsklassen (Fleischigkeitsklassen und Fettklassen) einstufen zu lassen (Klassifizierung). Die klassifizierten Schlachtkörper sind vom Klassifizierer mit der Kategoriebezeichnung und dem Buchstaben und der Kennziffer der Handelsklasse an den beiden Vorderhessen oder an den Schultern und den beiden Hinterhessen oder an den Keulen durch Stempelung oder mit nicht entfernbaren Etiketten zu kennzeichnen. In der Verordnung (EG) Nr. 1249/2008 der Kommission vom 10. Dezember 2008 sind in den ergänzenden Bestimmungen zu den Fleischigkeits- und Fettgewebsklassen ausgewachsener Rinder, gemäß Artikel 3, die Beurteilungskriterien der Fleischigkeit und des Fettgewebes näher definiert (siehe ebenfalls ▶ **Tab. 8.71** und ▶ **Tab. 8.72**).

Bei der Vermarktung der Rinder ist seit dem Jahr 2000 die Etikettierung des Rindfleisches verbindlich vorgeschrieben. Grundlage ist die Verordnung 1760/2000 der EU und das darauf basierende Etikettierungsgesetz. Rindfleisch muss danach so etikettiert werden, dass die Herkunft des Fleisches bis zu seinem Ursprung (z. B. Mastbetrieb) zurückverfolgt werden kann. Ergänzende, auf eine besondere Qualität des Fleisches hinweisende Angaben (z. B. zur Rasse oder Herkunftsregion) müssen im Rahmen eines zertifizierten Etikettierungssystems ausgelobt werden. Die Maßnahmen erleichtern die Kontrolle von Tierseuchen und sollen gewährleisten, dass dem Verbraucher einwandfreies Rindfleisch zum Kauf angeboten wird. Die Einhaltung der Etikettierungsbestimmungen wird durch stichprobenartige Kontrollen im Rahmen von anerkannten Etikettierungssystemen durch neutrale Kontrollstellen überwacht.

Qualität von Rindfleisch Sie wird traditionell als Produktqualität verstanden und z. B. in Bezug zu Geschmack, Aussehen und Gesundheitswert gesetzt. In zunehmendem Maß tritt jedoch die Pro-

► **Tab. 8.71** Fleischigkeitsklassen für Rinder und ergänzende Bestimmungen zur Ausbildung der Schlachtkörperprofile und der wertvollen Teilstücke (Keule, Rücken und Schulter).

Fleischigkeitsklasse	Untergruppe	Ergänzende Bestimmungen	
E	E+ E 0 E –	• Keule: stark ausgeprägt • Rücken: breit und sehr gewölbt, bis in Schulterhöhe • Schulter: stark ausgeprägt	• Oberschale tritt stark über die Beckenfuge (Symphisis pelvis) hinaus • Hüfte stark ausgeprägt
U	U+ U 0 U –	• Keule: ausgeprägt • Rücken: breit und gewölbt, bis in Schulterhöhe • Schulter: ausgeprägt	• Oberschale tritt über die Beckenfuge (Symphisis pelvis) hinaus • Hüfte ausgeprägt
R	R+ R 0 R –	• Keule: gut entwickelt • Rücken: noch gewölbt, aber wenig breit in Schulterhöhe • Schulter: ziemlich gut entwickelt	• Oberschale und Hüfte sind leicht ausgeprägt
O	O+ O 0 O –	• Keule: mittelmäßig bis zu wenig entwickelt • Rücken: mittelmäßig bis zu wenig entwickelt • Schulter: mittelmäßig bis zu wenig entwickelt	• Hüfte: geradlinig
P	P+ P 0 P –	• Keule: schwach entwickelt • Rücken: schmal mit hervortretenden Knochen • Schulter: schmal mit hervortretenden Knochen	

Verordnung über gesetzliche Handelsklassen und Kategorien für Rinderschlachtkörper (Rinderschlachtkörper-Handelsklassenverordnung – RindHKlV) Anlage (zu § 1)

zessqualität in den Blickpunkt der Verbraucher. Wichtige Faktoren sind dabei Fütterung, Umweltverträglichkeit der Erzeugung, Tierschutz und Tiergesundheit sowie Transparenz und Umweltverträglichkeit.

Bei der **Schnittführung** gibt es regionale Besonderheiten. Bei Schlachttierausstellungen und bei wissenschaftlichen Untersuchungen, beispielsweise in Mastprüfungsanstalten, erfolgt die Schnittführung einheitlich nach dem DLG-Schema (► **Abb. 8.46**). Bei der Einstufung der **Teilstücke** als wertvoll oder weniger wertvoll werden einmal Unterschiede in der Zartheit und Saftigkeit der betreffenden Muskelpartien berücksichtigt (Lenden- und Beckenmuskulatur beispielsweise zarter als Hals- oder Gliedmaßenmuskulatur), zum anderen praktische Gesichtspunkte des Zerlegens: wertvolle kompakte, sehnenarme und knochenfreie Fleischmassen an Lende und Keule, davon zum

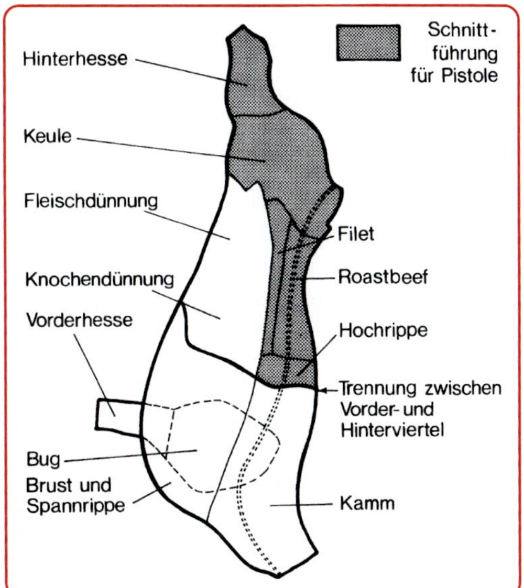

► **Abb. 8.46** DLG-Schnittführung und Teilstückbezeichnung am Rinderschlachtkörper.

▶ **Tab. 8.72** Fettklassen für Rinder und ergänzende Bestimmungen zur Beschreibung des Fettansatzes am Schlachtkörper.

Fettklasse	Untergruppe	Beschreibung der Fettgewebsklasse	Ergänzende Bestimmungen
1	1 + 2 0 2 –	sehr gering	kein Fettansatz in der Brusthöhle
2	2 + 2 0 2 –	gering	In der Brusthöhle ist die Muskulatur zwischen den Rippen deutlich sichtbar.
3	3 + 3 0 3 –	mittel	In der Brusthöhle ist die Muskulatur zwischen den Rippen noch sichtbar.
4	4 + 4 0 4 –	stark	Fettstränge der Keule hervortretend. In der Brusthöhle kann die Muskulatur zwischen den Rippen von Fett durchzogen sein.
5	5 + 5 0 5 –	sehr stark	Die Keule ist fast vollständig mit einer dicken Fettschicht überzogen, sodass die Fettstränge nicht mehr sichtbar sind. In der Brusthöhle ist die Muskulatur zwischen den Rippen von Fett durchzogen.

Verordnung über gesetzliche Handelsklassen und Kategorien für Rinderschlachtkörper (Rinderschlachtkörper-Handelsklassenverordnung – RindHKlV) Anlage (zu § 1)

Kurzbraten und Grillen besonders begehrt aus der Lende das Filet und das Roastbeef, von der Keule die Hüfte (auch dickes Roastbeef genannt). Die übrigen Partien der Keule sind zum Braten geeignet, ebenso wie Bug (Schulter) und – bei jungen Tieren – Hochrippe und Fehlrippe (auch Zungenstück genannt). Weniger wertvoll und zum Kochen bzw. zur Gulaschbereitung bestimmt: Fleisch- und Knochendünnung, Brust und Hessen mit teilweise hohem Knochen- und Sehnenanteil.

Bei der **Zartheit** des Fleisches gibt es nicht nur Unterschiede zwischen verschiedenen Teilstücken am gleichen Tier, sondern auch die Abhängigkeit vom Alter (mit den Jahren abnehmend), vom Geschlecht (Ochsen und Färsen haben zarteres Fleisch als gleichaltrige Bullen) und von der Rasse, aber auch von der Behandlung nach dem Schlachten. Rindfleisch, das zum Kurzbraten, Braten oder Schmoren verwendet wird, sollte grundsätzlich mindestens 14 Tage bei einer Temperatur von 1 bis 2 °C reifen. Das Fleisch kann in der Hälfte oder im Viertel reifen (abhängen) oder aber auch in der Vakuumfolie. Das Abhängen ist die ursprüngliche Reifemethode, die heute aus Platzgründen häufig durch die Reifung in der Folie abgelöst wird. Während des Reifeprozesses werden durch freiwerdende proteolytische Enzyme die Muskelfaserstrukturen gelockert und tragen somit zu einer zunehmenden Zartheit des Fleisches bei. Die **Saftigkeit** des Fleisches wird stark von der schon erwähnten „Marmorierung" beeinflusst. Darunter versteht man eine feine Maserung des Fleisches durch Einlagerung von sehr dünnen Fettadern innerhalb der Muskelbündel (intramuskulär) – nicht zu verwechseln mit intermuskulärem Fett, das heißt kompakten Fettpartien zwischen verschiedenen Muskeln (▶ **Abb. 8.47**). Leider erfolgt der Einbau des intramuskulären Fettes meistens gleichzeitig mit der Speicherung von Fett im Unterhautbindegewebe, an dem der Verarbeiter – mit Ausnahme einer dünnen, möglichst gleichmäßig über den ganzen Schlachtkörper verteilten und vor dem Austrocknen schützenden Schicht von höchstens 0,5 cm – nicht interessiert ist. Wenn dieser Fettüberzug fehlt oder zu schwach entwickelt ist, sodass die Fleischfarbe durchscheint, sprechen die

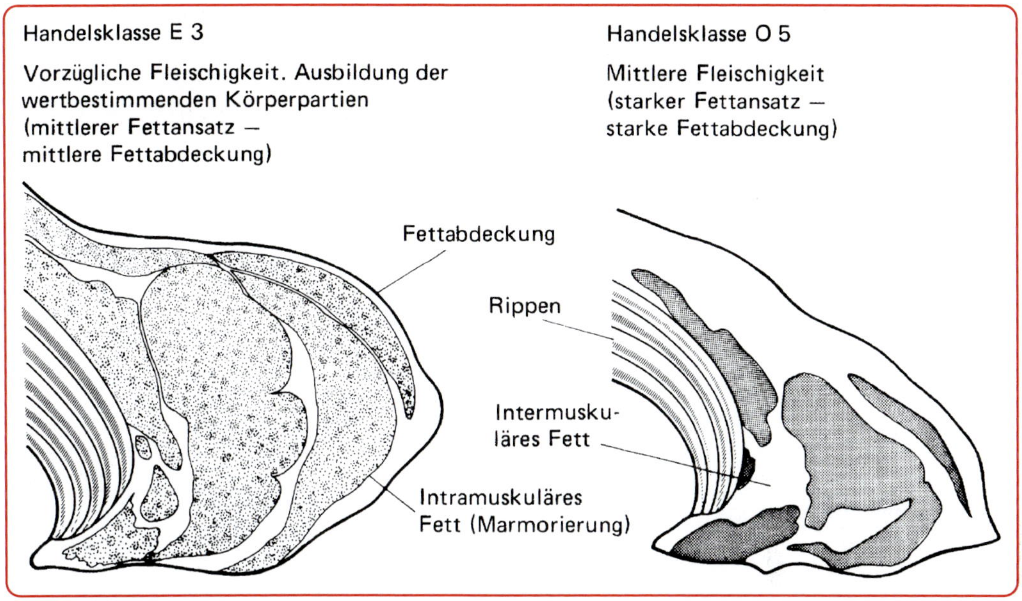

► **Abb. 8.47** Hochrippenanschnitte (9. Rippe) bei Jungbullenfleisch.

Verarbeiter von sogenannten „blauen Bullen", die in der Regel niedriger bezahlt werden.

Die **Fleischfarbe**, die ebenfalls ein Kriterium für die Fleischbeurteilung ist, wird mit dem Alter, aber auch durch die Lagerung/Reifung dunkler. Vom Verbraucher wird kräftig hell- bis mittelrotes Fleisch in der Regel vorgezogen. Dies steht teilweise im Widerspruch zur verlangten Zartheit des Fleisches. Eine dunkle Fleischfarbe kann jedoch auch entstehen, wenn der pH-Wert im Fleisch nach dem Schlachten nicht genügend absinkt und dann zu einer verminderten Haltbarkeit der daraus hergestellten Produkte führen kann. Hierfür sind auch die Bezeichnungen **DCB** (dark-cutting-beef = dunkel geschnittenes Fleisch) bzw. **DFD** (**d**ark, **f**irm, **d**ry = dunkel, fest, trocken) gebräuchlich.

8.5.7 Wirtschaftlichkeit der Rindermast

Hans-Jürgen Kunz

Für die Wirtschaftlichkeitsberechnung in der Rindermast gelten im Allgemeinen die gleichen Grundlagen, wie sie im Kap. Betriebswirtschaftliche Überlegungen (S. 386) für die Milcherzeugung erörtert worden sind [49]. Besonders in der Bullenmast ergeben sich immer wieder große Unterschiede bei den wirtschaftlichen Ergebnissen zwischen den Rassen und ebenso zwischen den einzelnen Wirtschaftsjahren. Anhand der Betriebszweigabschlüsse des Wirtschaftsjahres 2015/2016 der Rindermastberatung Schleswig-Holstein sollen die wichtigsten Einflussfaktoren auf die Ergebnisse erläutert werden (► **Tab. 8.73**).

Als Leistungen gelten die Tierverkäufe, in der Regel die Schlachttierverkäufe. Die Abrechnung erfolgt in der Regel nach Schlachtgewicht und Handelsklasseneinstufung. Hinzu kommt die Umsatzsteuer, abgezogen werden die Vorkosten (Transport, Versicherung usw.), etwa 50 €. Bestandsveränderungen müssen dann berücksichtigt und monetär bewertet werden, falls am Ende des Wirtschaftsjahres Anfangs- und Endbestand in den einzelnen Altersklassen nicht übereinstimmen. Sonstige Leistungen können sich beispielsweise aus tiergebundenen Versicherungsleistungen ergeben.

Zu den Direktkosten zählen alle Aufwendungen, die den in diesem Fall verkauften Bullen direkt zugeordnet werden können, wie die Bestandsergänzungskosten, die Futterkosten, Strom, Wasser

▶ **Tab. 8.73** Wirtschaftlichkeitsergebnisse für verschiedene Mastverfahren in der Bullenmast (Rindermastberatung Schleswig-Holstein, Wirtschaftsjahr 2015/2016).

Merkmal		ab Kalb	ab Fresser	ab Kalb und Fresser	Mittelwert gew. alle Betriebe
ausgewertete Betriebe	Stück	7	16	12	35
Durchschnittsbestand Bullen	Stck	404	179	201	231
erzeugte Bullen	Stck	307	179	143	192
verkaufte Bullen	Stck	266	156	142	173
durchschnittliches Schlachtgewicht	kg	353	391	369	373
% Anteil Fleischrassen (Verkauf)	%	51	75	47	60
Verkaufserlöse	€/Bulle	1336	1499	1354	1408
spez. Direktzahlungen	€/Bulle	0	0	0	0
Sonstige Einnahmen	€/Bulle	35	14	13	20
Bestandsveränderung	€/Bulle	58	172	–22	83
Summe Leistungen	€/Bulle	1428	1685	1345	1511
Direktkosten					
Tierzukauf (einschl. versetzte Tiere)	€/Bulle	317	849	485	584
Tierarzt, Medikamente	€/Bulle	53	19	27	31
Wasser, Strom	€/Bulle	15	23	15	18
Einstreu	€/Bulle	16	23	19	19
Tierseuchenfond	€/Bulle	1	2	3	2
Sonstige Direktkosten	€/Bulle	22	15	18	18
Kraftfutter	€/Bulle	281	247	250	258
Mineralfutter	€/Bulle	18	16	10	15
Milchprodukte	€/Bulle	69	0	27	29
Grobfutter	€/Bulle	237	242	248	242
Zukauffutter	€/Bulle	42	46	31	41
Berufsgenossenschaft	€/Bulle	4	4	7	5
betriebliche Versicherungen	€/Bulle	11	12	13	12
allg. Betriebsaufwand	€/Bulle	15	18	19	17
Zinsanspruch Grobfutter	€/Bulle	15	13	14	14
Zinsanspruch Vieh	€/Bulle	48	46	50	48
Pachten und Pachtanspruch	€/Bulle	108	71	113	94
Lohnanspruch Grobfutter	€/Bulle	23	29	41	30
Summe Kosten	€/Bulle	1294	1676	1388	1478
direktkostenfreie Leistung	**€/Bulle**	**135**	**9**	**–43**	**33**
Fremdpersonalaufwand	€/Bulle	61	55	17	46
kalkulatorische Personalkosten	€/Bulle	73	100	101	92
Unterhaltung Gebäude	€/Bulle	14	9	17	13
Abschreibung Gebäude	€/Bulle	96	49	69	69
Zinsansatz Gebäude	€/Bulle	25	15	19	19
Summe Arbeits- und Gebäudekosten	€/Bulle	270	229	224	240

▶ **Tab. 8.73** Fortsetzung

Merkmal		ab Kalb	ab Fresser	ab Kalb und Fresser	Mittelwert gew. alle Betriebe
kalk. Betriebszweigergebnis ohne Prämien	**€/Bulle**	**–135**	**–219**	**–267**	**–207**
entkoppelte Betriebsprämie (anteil.)	**€/Bulle**	**59**	**70**	**97**	**74**
Tageszunahme	g/Tag	1115	1167	1016	1104
Mastdauer	Tage	513	410	515	471
Anfangsgewicht	kg/Stück	61	271	153	169
Endgewicht	kg/Stück	637	692	668	669
Kraftfutter	kg/Tier/Tag	2,2	3,1	2,2	2,5
Futterfläche	ha/Tier	0,17	0,21	0,30	0,22
davon Maissilage	ha/Tier	0,13	0,10	0,11	0,11
davon Weide	ha/Tier	0,00	0,04	0,11	0,03
Futterverwertung	MJ ME/kg Zuw.	79	88	91	86
Verluste in % der Tierzugänge	%	12,7	2,7	7,4	6,0
Bestandsergänzung	Stück	340	178	155	202

usw., aber auch ein Zinsansatz für das Viehkapital. Ebenfalls muss darauf geachtet werden, dass für das Grobfutter die Vollkosten berechnet werden, das heißt inklusive Pachtansatz, Maschinenkosten, Zinsansatz usw. Aus der Differenz zwischen den Leistungen und den Direktkosten ergeben sich die direktkostenfreien Leistungen.

Nach weiterem Abzug der Arbeitserledigungskosten, die sich überwiegend aus Personalkosten sowie den Kosten für den Lohnansatz ergeben, aber auch noch nicht bei den Grobfutterkosten erfasste Maschinenkosten beinhalten, nach Abzug der Gebäudekosten und sonstiger Kosten wie allgemeine Betriebsversicherungen, die anteilmäßig umgelegt werden, ergibt sich das kalkulatorische Betriebszweigergebnis.

Das kalkulatorische Betriebszweigergebnis in der Bullenmast ist im Durchschnitt der Betriebe, die in Beratungsringen ausgewertet werden, häufig nicht mehr positiv. Das bedeutet, dass nicht mehr alle Produktionsfaktoren komplett entlohnt werden. Der Vergleich zwischen den einzelnen Betrieben zeigt in der Regel deutlich die betrieblichen Schwachstellen auf. Entscheidende Bedeutung kommt neben den Ein- und Verkaufspreisen in der Rindermast den Grobfutterkosten zu. Hier werden bei Betriebsvergleichen die größten Unterschiede sichtbar. Unterschiedliche Ein- und Verkaufspreise lassen sich nur bedingt und indirekt unter Beachtung von Marktzyklen nutzen. Den größten Effekt auf den wirtschaftlichen Erfolg in der Rindermast hat in jedem Fall der Betriebsleiter, der durch seine Managemententscheidungen alle Bereiche beeinflussen kann.

In der ▶ **Tab. 8.73** werden drei verschiedene Betriebstypen dargestellt. Es sind Betriebe, die 14 Tage alte Kälber zukaufen, Betriebe, die Fresser, das heißt von der Milch bereits abgesetzte Kälber, zukaufen, und Betriebe, die beide Verfahren miteinander kombiniert haben.

60 % aller ausgewerteten Tiere gehören einer fleischbetonten Rasse an. Die übrigen Tiere sind der Rasse Deutsche Holsteins zuzuordnen. Das durchschnittliche Schlachtgewicht beträgt 373 kg, der durchschnittliche Schlachterlös pro kg Schlachtgewicht 3,77 €. Die direktkostenfreie Leistung schwankt zwischen den Mastverfahren zwischen –43 und 135 € je verkauftem Tier. Die kalkulatorischen Betriebszweigergebnisse fallen in allen drei Gruppen negativ aus. Deutlich größer als

die Unterschiede zwischen den gezeigten Gruppen sind die Unterschiede zwischen den einzelnen Betrieben innerhalb der Gruppen, die hier nicht dargestellt sind. Damit wird deutlich, welche enormen betriebswirtschaftlichen Potenziale unabhängig vom Mastverfahren vorhanden sind. Sehr große Reserven liegen in der Tiergesundheit und in den täglichen Zunahmen. Beide Faktoren sind eng miteinander verknüpft, da nur ein gesundes Tier entsprechend hohe Leistungen erbringen kann. Als Haupteinflussfaktoren gelten:

- Nutzung des Rein-Raus-Verfahrens
- bedarfs- und leistungsgerechte Fütterung (Kraftfutter, Grobfutter und Wasser)
- hygienisch einwandfreie Fütterung (kein Schimmel, Sand oder Fremdkörper in den Trog)
- Mindestens einmal am Tag frische Silage aus dem Silo vorlegen. Reste täglich entfernen.
- Tränkwasser darf nicht in den Futtertrog laufen und das Futter ungenießbar machen.
- Platzangebot so gestalten, dass die Tiere ungehindert aufstehen und fressen können.
- Liegeflächengestaltung und die Buchtenabtrennung dürfen die Tiergesundheit nicht beeinträchtigen.
- Störende Rinder sind zu selektieren (Kümmerer und aggressive Tiere).
- Ruhiger und sorgfältiger Umgang mit den Tieren. Stress bedeutet geringere Leistungen.
- Viel frische Luft und natürliches Licht steigern das Wohlbefinden der Tiere.
- Die Ausgasung von Ammoniak aus Gülle, Mist und Jauche ist durch ein optimales Einstreu- und Lüftungsmanagement auf ein Minimum zu reduzieren.

8.5.8 Wirtschaftlichkeit der Rosé-Kälbermast

Hans-Jürgen Kunz

Die ▶ **Tab. 8.74** zeigt eine Modellkalkulation zur Wirtschaftlichkeitsberechnung der Kälbermast unter Altbaubedingungen. Unterstellt wurden ein Schlachtgewichtspreis von 3,74 €, ein Kälbereinkaufspreis von 144 € brutto, Zunahmen von 1184 g und eine Ausschlachtung von 50 %. Es ergeben sich Direktkosten von 564 €. Bei einem Erlös von 662 € verbleiben direktkostenfreie Leistungen in Höhe von 98 € bzw. von 0,43 € pro Masttag. Nach weiterem Abzug der Gebäudekosten, hierbei wurde ein Altbau unterstellt, der Verzinsung des Maschinenkapitals sowie der Lohnkosten verbleibt ein kalkulatorisches Betriebszweigergebnis von 0 €. Ein solches Ergebnis wird in der Bullenmast mit der Rasse Deutsche Holsteins häufig nicht erreicht.

▶ **Tab. 8.74** Kalkulation Kälbermast unter Altbaubedingungen.

Merkmal	Rosékalb
Mastdauer (Monate)	7,5
Mastdauer (Tage)	228
Einstallungsgewicht (kg)	50
Lebendgewicht bei Schlachtung (kg)	320
Schlachtgewicht (kg)	160
Ausschlachtung (%)	50,0
tägliche Zunahmen (g)	1184
Nettozunahmen (SGW-Zukaufsgew. × 0,5 × 1000)	592
SGW-Preis netto	3,74 €
Erlös	**662 €**
Aufwendungen	
Kalb 50 kg brutto	144 €
3 % Verluste	4 €
Milchaustauscher	80 €
Kraftfutter*	180 €
GF: Maissilage (Vollkosten)	76 €
Futter gesamt	336 €
Zinsen Viehkapital	10 €
Vorkosten	35 €
Sonstiges (Strom, Wasser, Tierarzt ...)	35 €
Direktkosten	**564 €**
direktkostenfreie Leistung	**98 €**
direktkostenfreie Leistung pro Masttag	**0,43 €**
Gebäudereparaturen	21 €
Gemeinkosten	13 €
Zinsen Maschinen	4 €
Lohnkosten	60 €
kalkulatorisches Betriebszweigergebnis	**0 €**

8.5.9 Mutterkuhhaltung

Ralf Waßmuth

Fazit

Weltweit ist die Mutterkuhhaltung die am weitesten verbreitete Form der Rindviehhaltung. Sie dient der ausschließlichen Fleischerzeugung, indem der Milchertrag der Kühe vom saugenden Kalb in Wachstum und somit auch in Fleisch umgewandelt wird. Außerdem trägt die geschlachtete Kuh selbst zur Rindfleischerzeugung bei. Jede sechste bis siebte Kuh ist in Deutschland eine Mutterkuh. Vom Haupterwerbsbetrieb bis zur Hobbyhaltung existieren verschiedene Organisationsformen. Besonders geeignete Standorte der Fleischrinderhaltung sind vor allem Betriebe mit geringen Festkosten, kostengünstigem Grobfutter, ausgefeiltem Management und hohen Erlösen (Zuchtviehverkauf, Direktvermarktung). Die Ausmast der abgesetzten Tiere ist der Mutterkuhhaltung nicht direkt zugeordnet, sondern der Rindermast. Von der Mutterkuhhaltung ist die Ammenkuhhaltung zu unterscheiden, bei der eine Kuh mehrere Kälber säugt.

Das Ziel der Mutterkuhhaltung besteht in der Fleischerzeugung auf der Basis von Grünland. Hierfür sind die Fleischrassen besonders geeignet, sodass sie auch als **Fleischrinderhaltung** bezeichnet wird. Ammenkühe spielen dabei nur eine untergeordnete Rolle.

Während in Ländern wie Großbritannien und Frankreich ein Drittel bis zwei Fünftel des Kuhbestandes auf Mutterkühe entfallen, sind es in Deutschland nur ca. 670 000 Kühe (ca. 14 %). Damit ist der nach jahrelangem Anstieg mit ca. 730 000 Kühen nach der Jahrtausendwende erreichte Zenit zunächst überschritten. Das BSE-Geschehen und abnehmende Wirtschaftlichkeit leiteten vorerst die Trendwende für diese Form der Rindfleischerzeugung ein, die davor durch die sich verändernden agrar- und gesellschaftspolitischen Rahmenbedingungen (Mengenbegrenzung, Extensivierung, Landschaftspflege) Auftrieb erfahren hatte. In extensiv genutzten Grünlandgebieten spielt die Mutterkuhhaltung, insbesondere auch im Hinblick auf landschaftspflegerische Maßnahmen, eine bedeutende Rolle. Als Alternative gilt die Beweidung mit Schafen oder die maschinelle Pflege, das Mulchen, um das Brachfallen zu vermeiden. Wenn die Mutterkuhhaltung zur Landschaftspflege eingesetzt wird, kommt flächenabhängigen Ausgleichszahlungen eine große Bedeutung bei der wirtschaftlichen Gestaltung zu. Je nach betrieblichen Gegebenheiten sind verschiedene Organisationsformen zu beobachten. Dabei variieren die eingesetzten Rassen, die Erzeugungsziele bis hin zur Direktvermarktung, die Haltungs- und Betriebsformen sowie die Futtergrundlagen je nach Standort. Die Ziele bestehen aus geringen Festkosten, kostengünstigem Grobfutter, einem ausgefeilten Management und hohen Erlösen (Zuchtviehverkauf, Direktvermarktung).

Organisationsformen

Fazit

Die Mutterkuhhaltung ist eine grünlandbasierte Form der Rindfleischerzeugung mit vergleichsweise geringen Ansprüchen an Gebäude und Maschinen. Allerdings kann z. B. bei Direktvermarktung und/oder Zuchtviehverkauf der Arbeitsaufwand hoch sein.

Die Rindfleischerzeugung über Fleischrinder ist in zahlreichen Varianten anzutreffen. Sie lassen sich zu folgenden Produktionsverfahren zusammenfassen:

Bei der **Erzeugung von Absetzern** werden die männlichen und weiblichen Kälber am Ende der Säugeperiode von den Müttern abgesetzt und danach überwiegend in Rindermastbetrieben gesondert gemästet. Die Säugeperiode endet in der Regel mit Ablauf der Weidesaison. Beim Absetzen sind die Tiere je nach Rasse, Futtergrundlage und Kalbetermin sechs bis zehn Monate alt. Männliche Tiere sollten bis dahin ein Gewicht von wenigstens 250 kg, weibliche ein Gewicht von wenigstens 230 kg erreicht haben. Schwierigkeiten bereitet die ausreichende Futterversorgung am Ende der Säugeperiode, weil hier der nachlassende Futteraufwuchs mit den wachsenden Ansprüchen der Jungtiere, vor allem bei knappen Milchleistungen der Mütter, zusammentreffen.

In Ackerbaubetrieben mit Restgrünland werden teilweise Mutterkuhhaltung und Rindermast kombiniert, die Absetzer werden ausgemästet.

Eine weitere, aber inzwischen selten gewordene Alternative bildet die Erzeugung von sogenannten Weidemastkälbern. Voraussetzung dafür sind hohe Milchleistungen bei den Kühen und frühreife Rassen, damit die Jungtiere nach einer möglichst zehnmonatigen Säugeperiode und Zunahmen von 1000 bis 1200 g ohne weitere Ausmast schlachtreif sind. Dieses Verfahren, bei dem die Rasse Deutsche Angus bevorzugt eingesetzt wird, ist häufig mit Direktvermarktung verbunden.

Gelegentlich ist Fleischrinderhaltung auch als **Ammenkuhhaltung** anzutreffen. Dabei soll die über die Bedürfnisse des eigenen Kalbes hinausgehende Milchleistung von Kühen der Zweinutzungsrassen durch Ansetzen zugekaufter Kälber genutzt werden. Allgemein bewährt hat sich dieses Verfahren nicht. Problematisch sind vor allem der hohe Anspruch an Stallraum, die Kälberbeschaffung zum richtigen Zeitpunkt und der erhebliche Arbeitsaufwand.

Als weitere Variante ist die Mutterkuhhaltung als ganzjährige Freilandhaltung anzutreffen (KTBL 2010 [133]). Je nach Standort kommen **Robustrinder** wie z. B. Galloway, Highland, Salers und Aubrac oder auch z. B. Angus (► **Abb. 8.48**) und Limousin zum Einsatz. Dabei werden besondere Anforderungen an die Thermoregulation der Tiere und an das Herdenmanagement gestellt.

Schließlich kann auch der Verkauf von **Zuchtvieh** ein vorrangiges Ziel der Fleischrinderhaltung in Herdbuchbetrieben sein. Hierbei gilt es, ein hohes Herdenniveau gemäß des rassespezifischen Zuchtziels anzustreben. Häufig ist dieser Betriebszweig in Kombination mit einem der vorher genannten Verfahren anzutreffen.

Rassen und Kreuzungen

Die Fleischrinderrassen lassen sich anhand ihrer Körpergröße (Rahmen) in Gruppen einteilen, wie dies in ► **Tab. 8.3** geschehen ist. Gemessen am Herdbuchbestand dominieren die Rassen Fleckvieh und Limousin mit jeweils ca. 17 %, gefolgt von Angus mit 15 % (► **Abb. 8.49**).

Rassenvielfalt und -systematik lassen schon erkennen, dass es die eine richtige Rasse wohl nicht geben kann. Vielmehr müssen Züchter die Entscheidung für eine Rasse bzw. einen Genotyp immer in Bezug auf einige wichtige Einflussgrößen und deren Wechselwirkungen mit den Anlagen einer Rasse wie Gewicht, Rahmen, Milchleistungsvermögen und Ansprüche der Tiere treffen. So müssen die Tiere dem Standort oder der **Futtergrundlage** entsprechen, denn sowohl eine Über- als auch eine Unterversorgung führen z. B. zu Fruchtbarkeitsproblemen. Werden kleinrahmige Rassen auf ertragreichen Grünlandflächen gehalten, neigen sie zur Verfettung. Großrahmige Rassen können andererseits auf kargen Standorten zunächst durch verlangsamtes Wachstum reagieren. Später kommt es auch hier zu Einschränkungen der Fruchtbarkeitsleistung. Unerwünschte Nebeneffekte betreffen auch die täglichen Zunahmen und den Verfettungsgrad mit entsprechenden Folgen für die Einstufung der Tiere. Wird eine ganzjährige Freilandhaltung durchgeführt, so sind die thermoregulatorischen Fähigkeiten der Rasse zu berücksichtigen.

► **Abb. 8.48** Mutterkuhherde der Rasse Deutsch Angus in Mecklenburg-Vorpommern. (Foto: Tatiana Hohnholz, Dünsen)

Weitere wichtige Einflussgrößen sind zusammen mit ihren Wechselwirkungen in ▶ Abb. 8.50 schematisch dargestellt.

Sehr kontrovers diskutiert wird oft die Frage nach der Notwendigkeit von **Ställen** für Mutterkühe. Vertreter der Robustrassen halten dabei oft

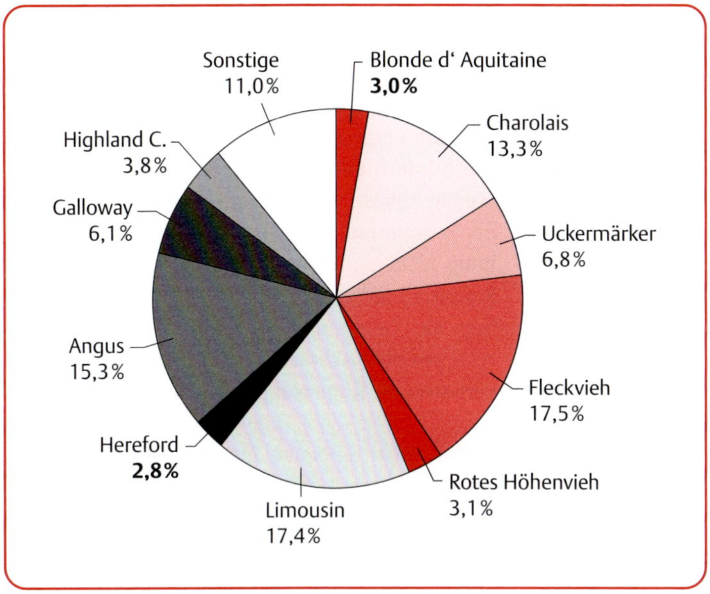

▶ **Abb. 8.49** Anteil der Fleischrinderrassen am Herdbuchbestand (Abb. basiert auf Daten aus [36]).

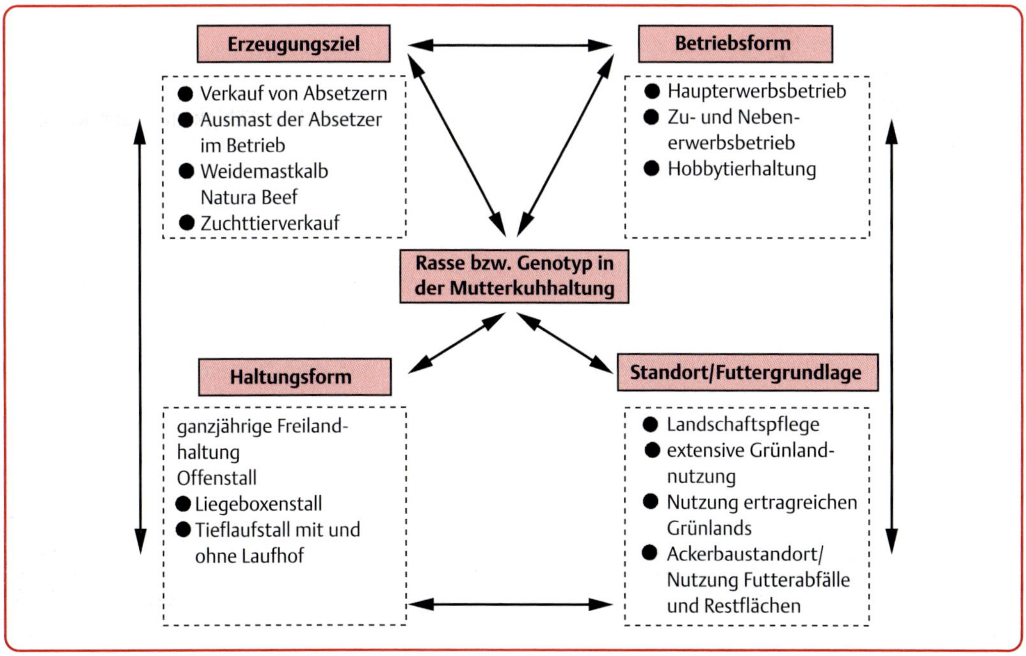

▶ **Abb. 8.50** Wechselwirkungen von Rasse bzw. Genotyp, Standort- und Haltungsbedingungen sowie Erzeugungsziel und Betriebsform in ihrer Komplexität (nach Golze 1995 [100]).

Stallungen für entbehrlich. Andere plädieren für Schutzhütten, die aber so bemessen sein müssen, dass alle Tiere darin Platz finden. Wenn Ställe geplant sind, sollten es Laufställe in Form von Außenklimaställen sein. Einfache Feldscheunen können in Verbindung mit Laufhöfen und mobilen Einrichtungen für Fütterung und Entmistung als Laufstalllösungen genutzt werden.

Geringere Stoffwechselbelastungen der Kühe sowie geringere Anforderungen an die Euterhygiene geben allerdings mehr Spielraum bei Gebäudeabmessungen, Strohbedarf, Materialauswahl und Entmistungstechnik, ohne die Tiergerechtheit negativ zu beeinflussen. Unabhängig von der Ausgestaltung des Stalles ist ein Kälberschlupf vorzusehen, der den Kälbern den Zugang zu einem vom übrigen Stall abgeteilten Bereich, z. B. für die Zufütterung von Kraftfutter, eröffnet. Außerdem werden Fang- und Behandlungseinrichtungen benötigt.

Herdenmanagement

Das Ziel des Herdenmanagements muss sein, dass jede Kuh ein möglichst rassetypisch schweres Kalb pro Jahr aufzieht. Dabei sind verschiedene Maßnahmen zu gestalten: Terminierung der Kalbungen, Organisation der Deckperiode, Kontrolle der Trächtigkeiten, Überwachung der Kalbung und Steuerung der Aufzucht, Herdentrennung, Absetzen und Wiegen, Wahl des rassespezifischen und standortangepassten Erstkalbealters, Steuerung der Fütterung über die Konditionsbeurteilung etc. Einige Arbeiten wie z. B. die Absetzerwiegungen dienen der Datengewinnung für die Zuchtwertschätzung und damit für züchterische Entscheidungen. Nachfolgend werden die verschiedenen Maßnahmen und weitere Besonderheiten näher erläutert.

Konditionsbeurteilung (BCS) Für eine gute Fruchtbarkeit und die effektive Nutzung des Futters ist der Körperreservenmetabolismus der Mutterkühe im Herdenmanagement zu berücksichtigen. Weiterhin sind Rationsberechnungen in der Weidehaltung nur sehr aufwändig zu bewerkstelligen, da die vorhandenen und aufgenommenen Futtermengen nur schwer bestimmbar sind.

Beurteilt wird die Verfettung an der Beckenausgangsgrube, dem Schwanzansatz sowie zwischen den Hüfthöckern und Sitzbeinhöckern. In den klassischen Mutterkuhländern wird der Lendengriff angewandt. Hierbei wird die Fettschicht über den Querfortsätzen der Lendenwirbel und ggf. im Schwanzansatzbereich mit dem Daumen ertastet. Auf einer Skala von 0 oder 1 bis 5 lassen sich magere von fetten Kühen unterschieden. Eine vier- bis fünfmalige Bewertung im Jahr wäre passend. Diese Information ist beim Absetzen, in der Trockenstehphase, zu Beginn der Kalbephase und vor der Deckperiode nötig. Die Kühe sollten zur Abkalbung nicht zu fett sein und in der Zwischenzeit Kondition aufbauen. Einmal im Jahr muss den Kühen die Gelegenheit eingeräumt werden, Fettreserven einzuschmelzen. Geschieht dies nicht, so verfetten die Kühe von Jahr zu Jahr immer mehr.

Kalbesaison Sie sollte für eine Herde möglichst auf eine kurze Zeitspanne von maximal drei Monaten Dauer begrenzt sein. Darin enthalten sind drei bis vier Zyklen pro Kuh, sodass die Wahrscheinlichkeit einer Befruchtung groß ist. Für größere Herden kann die Unterteilung auf mehrere Perioden ratsam sein. Die Vorteile liegen in der Arbeitswirtschaft, der Futterversorgung und in den Versorgungsmaßnahmen zur Gesunderhaltung der Kälber. Nachteilig, vor allem für Direktvermarktung, ist das ungleiche, nur periodisch verfügbare Verkaufsprodukt. Deshalb sind auch Herden mit ganzjährigen Kalbungen anzutreffen. Hierbei sind die Kalbebetreuung sowie die Herdenführung (Bulle ständig in der Herde) aufwändiger und Trächtigkeitsuntersuchungen nur schwer durchzuführen.

Konzentrierte Kalbeperioden müssen bei der Decksaison und dem Deckeinsatz der Bullen berücksichtigt werden. Jungen Bullen dürfen nicht mehr als 10, älteren nicht mehr als 40 Kühe zugeteilt werden. Bullen und Kühe müssen sich in Zuchtkondition befinden, um hohe Befruchtungsziffern sicherzustellen. Weiterhin muss bei der Frühjahrskalbung berücksichtigt werden, dass im Sommer die Konzeptionsraten und die Spermaqualitäten geringer ausfallen können. Ferner sind Überprüfungen der Bedeckungen und Trächtigkeiten (S. 404) erforderlich.

Herbstkalbungen (September bis November) erfordern einen hohen Stallplatzbedarf und große Mengen an Winterfutter. Aufgrund der langen Säugedauer bis zum folgenden Herbst fallen die Absetzgewichte hoch aus. Somit liegt ein High-Input- und High-Output-System vor.

Die Winterkalbung mit Kalbeschwerpunkten von Dezember bis Februar ermöglicht eine intensivere Kalbebetreuung im Stall während der arbeitsarmen Zeit und führt zu höheren Absetzgewichten im Herbst. Bei Weideaustrieb haben die Kälber ein gutes Grundfutteraufnahmevermögen, und bei den Kühen wird die Milchleistung stimuliert. Allerdings ist der Keimdruck bei Geburten und der frühen Aufzucht im Stall größer, sodass dem Gesundheitsmanagement eine große Bedeutung zukommt.

Frühjahrskalbungen (März bis Mai) im Stall oder auf der Weide sind platz- und futtersparend, wenn im Herbst abgesetzt wird. Allerdings sind dann auch die Absetzgewichte niedriger als bei Winterkalbungen. Hier kann von einem Low-Input- (Winterfutter) und Low-Output-System (Absetzgewichte) gesprochen werden.

In der Sommerkalbung (Juni bis August) entsteht eine kurze Säugeperiode von nur vier bis fünf Monaten und ein höherer Winterfutterbedarf für die weitere Aufzucht der Kälber. Die Geburten auf der Weide sind zwar schwer zu kontrollieren, geschehen allerdings nicht in einem Stallkeimmilieu.

Kalbung und Aufzucht Kalbung und Aufzucht sollten gleichermaßen kontrolliert werden. Zur Geburtshilfe gelten die Ausführungen im Kap. Geburt/Geburtshilfe (S. 404). Aufzuchtverluste zu vermeiden, ist eine zwingende Voraussetzung für den Erfolg der Mutterkuhhaltung.

Dabei kommt es auf die passende Kondition der Kühe (Kalbekondition) und die Wahl des Vaters (Einfluss auf das spätere Geburtsgewicht) an. In der Folge ist eine stabile Mutter-Kalb-Beziehung wichtig.

Damit die Kälber die angestrebten rassespezifischen hohen Zunahmen bis zum Absetzen erreichen, müssen mehrere Voraussetzungen erfüllt sein. Von den Kühen ist eine ausreichende Milchleistung je nach Rasse über die gesamte Säugedauer verteilt zu fordern. Weiterhin gilt es, Erkrankungen frühzeitig zu erkennen und zu behandeln. Kälber aus Mutterkuhhaltungen sind nicht immer so robust, wie es die natürliche Haltung vermuten lassen könnte. Durchfälle treten hier ebenso auf wie Entzündungen der Lunge und des Nabels.

Maßnahmen zur Behandlung von Endo- und Ektoparasiten sind in der Mutterkuhhaltung standortspezifisch einzuplanen und vorrangig darauf ausgerichtet, das Infektionsrisiko und die Kontamination der Weide zu vermindern. Mäh-Standweiden und Umtriebsweiden sind aus dieser Sicht den reinen Standweiden vorzuziehen.

Trennung der Herden und Absetzen Weibliche Jungrinder werden im Alter von 6 bis 10 Monaten geschlechtsreif und beginnen zu rindern. Die Herde muss deshalb rechtzeitig in Kühe mit männlichen und solche mit weiblichen Kälbern getrennt werden. Außerdem müssen Deckbullen aus der Herde mit den weiblichen Kälbern entfernt werden. Mit dem Absetzen im Alter von 5 bis 10 Monaten endet die Mutterkuhhaltung. Die Absetzer sind in der Lage, sich vom Weideaufwuchs und der Zufütterung zu ernähren. Üblicherweise werden die Tiere an einem Tag abrupt abgesetzt, weil ein allmähliches Absetzen, wie es für die Tiere vorzuziehen wäre, meist nicht praktizierbar ist. Lautes Brüllen von Kühen und Kälbern begleitet die Zeit nach dem Absetzen und verringert die Futteraufnahme. Die Kühe suchen ihre Kälber. Feste Umzäunungen der Weiden bzw. stabile Aufstallungen sind hier erforderlich, um die Tiere am Ausbrechen zu hindern. Das Absetzen sollte genutzt werden, um die Gewichte der Kälber festzustellen. Während Geburts- und Jahresgewichte in starkem Maße vom Vater des Kalbes bestimmt werden, gibt das Absetzgewicht Aufschluss über die Aufzuchtleistung der Mutter. Damit bildet es eine wichtige Selektionshilfe für die Kuhherde, bei den weiblichen Absetzern aber auch für die Bestandsergänzung.

8 Fazit

Jedes Jahr von jeder Kuh ein aufgezogenes Kalb – das ist das wichtigste allgemeine Leistungsziel einer Mutterkuhhaltung. Zur Erreichung dieses Ziels sind vielfältige Maßnahmen zu ergreifen, die zum Teil auch für züchterische Entscheidungen zu nutzen sind. Dazu zählen die Terminierung der Kalbungen, die Organisation der Deckperiode, die Kontrolle der Trächtigkeiten, die Überwachung der Kalbung und die Steuerung der Aufzucht, die Herdentrennung, das Absetzen und Wiegen, die Wahl des rassespezifischen und standortangepassten Erstkalbealters, die Steuerung der Fütterung über die Konditionsbeurteilung etc.

Technische Einrichtungen An die technischen Einrichtungen werden in der Mutterkuhhaltung besondere Anforderungen gestellt, wenn das Produktionsverfahren mit Erfolg durchgeführt und die anfallenden Arbeiten rationell und gefahrlos erledigt werden sollen. Herdentrennung, Absetzen und tierärztliche Behandlungen benötigen geeignete Fang- und Behandlungseinrichtungen. In kleinen Herden kann dafür ein Selbstfang-Fressgitter ausreichen, sofern es von den Weideflächen her zugänglich ist. Anderenfalls sind auf der Weide Fangvorrichtungen zu schaffen. In Betracht kommen Weideschuppen, Krale, fahrbare Viehwaagen und Verladerampen für Viehtransportfahrzeuge.

Bei größeren Herden sind Sortiereinrichtungen und ein Behandlungsstand unumgänglich. Um sie planmäßig nutzen zu können, müssen sie mit einem Treibgang und möglichst auch mit einer Großviehwaage kombiniert sein (▸ **Abb. 8.51**).

Je nach den Gegebenheiten im Betrieb kann es sinnvoll sein, die genannten Einrichtungen in beweglichen Ausführungen zu beschaffen, damit sie auch auf hoffernen Weiden eingesetzt werden können. Der Fachhandel bietet dafür heute vielfältige Lösungen an, die sich in Ländern mit längerer Tradition der Mutterkuhhaltung bewährt haben.

Fütterung der Kühe

Bei allen Planungen darf die Versorgung der Tiere auf der Weide nicht vergessen werden. Es ist zu gewährleisten, dass ausreichend sauberes Wasser zur Verfügung steht und bei nachlassendem Weideaufwuchs und/oder knapper Milchleistung der Mutterkühe zusätzliches Futter angeboten werden kann. Für Letzteres kommen überdachte Futterwagen und Futterraufen (▸ **Abb. 8.52**) in Betracht und, sofern die Kälber ausnahmsweise zusätzlich Kraftfutter erhalten sollen, auch dafür geeignete Spender, die aber nur für die Kälber zugänglich sein dürfen. Natürliche Wasserstellen müssen so gefasst sein, dass sie nicht verschmutzen und von Parasiten befallen sind. Zu jeder Zeit müssen die Weidetiere standortspezifisch mit zusätzlichen Mineralstoffen versorgt werden.

Auf der Aufwandsseite stehen an oberster Stelle die Futterkosten. Bei Betrachtung der Wirtschaftlichkeitsergebnisse der Mutterkuhhaltung ist zu sehen, dass von den Gesamtkosten der Mutterkuhhaltung über 50 % auf die Futterkosten entfallen. Diese Zahlen verdeutlichen, welche Bedeutung den Flächen- und damit auch den Futterkosten zukommt. Im September 2009 wurden erstmals vom DLG-Arbeitskreis Futter und Fütterung Empfehlungen zur Fütterung von Mutterkühen und deren Nachzucht herausgegeben, auf die im Folgenden näher eingegangen werden soll. Hierbei ist hervorzuheben, dass bewusst keine rassenspezifischen Fütterungsempfehlungen gegeben worden sind, sondern die Unterscheidungen allein anhand der Lebendgewichte vorgenommen wurden.

▸ **Abb. 8.51** Fang- und Behandlungseinrichtungen mit Viehwaage. (Foto: Hans-Jürgen Kunz, Schwedeneck)

Der Energie- und Nährstoffbedarf für die Erhaltung, für eine Milchleistung in der Laktation, die mit etwa 2500 kg veranschlagt werden kann, und für die neue Trächtigkeit lässt sich bei Mutterkühen fast ausschließlich über die Weide oder Silagen und Heu decken. Das Futter muss jedoch in ausreichender Menge und Qualität zur Verfügung stehen. Bei der Beweidung kommt dem Weidemanagement eine entscheidende Bedeutung zu. Über das Jahr hin ist das Futterangebot dem wechselnden Nährstoffbedarf in Abhängigkeit vom Gewicht der Kühe und dem Laktationsstadium anzupassen. Als Kalkulationsgrundlage stehen die Empfehlungen zur Fütterung von Mutterkühen und deren Nachzucht zur Verfügung (▸ **Tab. 8.75**).

In den Bedarfsempfehlungen werden bei den Kühen drei Gewichtsgruppen unterschieden, kleiner 600 kg, 600 bis 750 kg und größer 750 kg. Dabei wurde ein höheres Trockenmasseaufnahmevermögen bei ebenfalls höheren Tiergewichten berücksichtigt. Die Bedarfsempfehlungen sind insgesamt in vier Perioden eingeteilt, davon zwei Laktationsperioden, von denen die erste bis zum 150. Laktationstag reicht und für die eine höhere Energieversorgung veranschlagt wird sowie eine zweite Periode mit einem reduzierten Bedarf bis zum Absetzen. Daran schließen zwei Trockenstehperioden an, die erste bis zum 330. Tag nach der Kalbung und eine zweite bis zum theoretisch 365. Tag. In der ersten Trockenstehphase erfolgt zum Erhaltungsbedarf ein Zuschlag, der einer Milchleistung von 3 kg entspricht und dem Aufbau der Körperkondition sowie dem Fötenwachstum zur Verfügung steht. In der anschließenden Trockenstehphase wird mit einem Zuschlag, der einer Leistung von 6 kg Milch entspricht, dem nun stärkeren Wachstum des Fötus vor der Geburt Rechnung getragen. Wichtig ist, dass in dieser Phase die abnehmende Futteraufnahme zum Ende der Trächtigkeit berücksichtigt wird. Das heißt, der Energiegehalt im Futter muss deutlich stärker angehoben werden.

Der Rohproteinbedarf ist im Vergleich zur Milchkuh aufgrund der niedrigeren Leistung ebenfalls geringer. Es werden Gehalte von 12 bis 16 g Rohprotein je MJ ME bzw. 20 bis 27 g Rohprotein je MJ NEL empfohlen. In der Trockenstehphase ist darauf zu achten, dass die Rohproteingehalte in der Trockenmasse 8 % nicht unterschreiten. Ansonsten muss mit einer Beeinträchtigung der Pansenfermentation aufgrund mangelnder Stickstoffversorgung gerechnet werden.

Für die Mineralstoffversorgung lauten die Empfehlungen pro kg Trockenmasse im Bereich der Mengenelemente 4,0 bis 5,2 g Calcium, 2,5 bis 3,3 g Phosphor, 1,5 bis 1,6 g Magnesium und 1,2 bis 1,4 g Natrium. Für die Spurenelementversorgung werden für Zink, Mangan und Eisen jeweils 50 mg/kg TM, für Kupfer 10 mg/kg TM, für Kobalt 0,2 mg/kg TM und für Jod 0,5 mg/kg TM empfohlen. Für Aufzuchtrinder gelten für Jod 0,25 mg /kg TM und für Selen 0,15 mg/kg TM. Die Mineralstoffversorgung ist über die Weide oder über alleinige Silagefütterung nicht gesichert. Im Spurenele-

▸ **Abb. 8.52** Überdachte Heuraufe auf Extensivweide. (Foto: Hans-Jürgen Kunz, Schwedeneck)

► **Tab. 8.75** Versorgungsempfehlungen für Mutterkühe (nach DLG 2009 [53]).

Kuhtyp (Lebendmasse)	bis Mitte Säugeperiode	bis Ende Säugeperiode	trockenstehend bis 9. TrMo[1)]	trockenstehend 9. TrMo	bis Mitte Säugeperiode	bis Ende Säugeperiode	trockenstehend bis 9. TrMo	trockenstehend 9. TrMo	bis Mitte Säugeperiode	bis Ende Säugeperiode	trockenstehend bis 9. TrMo	trockenstehend 9. TrMo
	Tage nach der Kalbung				Tage nach der Kalbung				Tage nach der Kalbung			
	1–150	151–Abs.	Abs.–330	331–365	1–150	151–Abs.	Abs.–330	331–365	1–150	151–Abs.	Abs.–330	331–365
	kalkulierte Milchleistung				Energiekonzentration (MJ ME/kg TM) [2)]				Energiekonzentration (MJ NEL/kg TM) [2)]			
	14–16	11–13	3	6	10,0–10,8	9,2–10,0	7,2–8,0	8,6–9,4	6,0–6,4	5,5–5,9	4,4–4,8	5,2–5,6
	Trockenmasseaufnahme (kg/Tier/Tag)[3)]				Versorgungsempfehlung (MJ ME/Tier/Tag) [4) 5)]				Versorgungsempfehlung (MJ NEL/Tier/Tag) [4) 5)]			
Mutterkühe leicht < 600 kg	12,5–13,5	12,0–13,0	9,0–10,0	9,0–10,0	135	120	70	85	80	70	40	50
Mutterkühe mittel 600–750 kg	14,0–15,0	13,5–14,5	10,5–11,5	10,5–11,5	150	135	85	100	90	80	50	60
Mutterkühe schwer > 750 kg	15,0–16,0	14,5–15,5	11,5–12,5	11,5–12,5	160	145	95	110	95	85	55	65

[1)] bis 9.Trächtigkeitsmonat, das heißt bis ca. vier Wochen vor der erwarteten Abkalbung
[2)] Für Erstkalbskühe sind die jeweils höheren Energiekonzentrationen anzustreben.
[3)] Basis: DLG-Information 1/2006
[4)] Basis: Versorgungsempfehlungen für Milchkühe (4 % Milchfett, 3,5 % Milcheiweiß)
[5)] Bei Weide- und Winteraußenhaltung 10 bis 15 % höheren Bedarf beachten.

mentbereich, insbesondere bei Selen und Kobalt, sind Defizite zu erwarten. Aber auch die Calciumversorgung reicht in der Regel nicht aus. Aus diesem Grund wird dringend die Zufütterung eines vollwertigen Mineralfutters empfohlen. Zur Auswahl stehen Leckschalen, Leckeimer oder Mineralfutterspender, in denen normales Mineralfutter zur freien Aufnahme angeboten werden kann. Es wird in jedem Fall empfohlen, über eine Rückrechnung die durchschnittliche Mineralstoffaufnahme der Tiere zu ermitteln, um eine Information über deren Versorgungsstatus zu haben. Um die Spurenelementversorgung sicherzustellen, können auch Mineralstoffboli gegeben werden, die eine Grundversorgung mit den Elementen Kobalt, Kupfer und Selen für etwa ein halbes Jahr sicherstellen. Während der Stallhaltungsperioden sollte grundsätzlich Mineralfutter verabreicht werden. Je nach Produkt decken in der Regel Mengen von 50 bis 100 g pro Tag den Bedarf.

Die ▸ **Tab. 8.76** zeigt die in den DLG-Fütterungsempfehlungen aufgezeichneten Beispielrationen für die einzelnen Laktationsabschnitte auf der Basis von Grassilage unterschiedlicher Qualität. Es wird deutlich, dass der Bedarf insbesondere im ersten Laktationsabschnitt nur über eine hochwertige Weide oder über hochwertige Grassilage gedeckt werden kann. Ebenso muss darauf geachtet werden, dass in der ersten Trockenstehperiode keine energetische Überversorgung stattfindet. Sollte im Stall gefüttert werden, kann der Energiegehalt notfalls über das Einmischen von Strohhäcksel oder über anteilige Heufütterung gesenkt werden. Auf der Weide kann bei hohen Energiegehalten über eine Begrenzung der Weidefläche und eine Zufütterung von Stroh der Energiegehalt gesenkt werden. Eine andere Möglichkeit, die Verfettung von Kühen bei sehr gutem Weideangebot zu verhindern, besteht darin, die Kälber später von der Kuh abzusetzen. Zusätzlich ist in jedem Laktationsabschnitt eine Versorgung mit Mineralstoffen notwendig (50 bis 100 g/Tag). Bei unzureichenden Silagequalitäten ist eine Zufütterung der Kälber erforderlich.

▸ **Tab. 8.76** Beispielrationen Mutterkühe, 700 kg LM (nach DLG 2009 [53]).

Zeitraum	Futtermittel	FM (kg)	TM (kg)	Rohfaser % in TM	MEW [1] aus Energie	ME (MJ/kg TM)	NEL (MJ/kg TM)	ME (MJ/Tag)	NEL (MJ/Tag)
vom 1. bis 150. Laktationst.	Grassilage 1. Schnitt gute Qualität [2]	41,5	14,5	23,0	15,7	10,5	6,3	152	91
vom 151. Tag bis Absetzen	Grassilage Folgeschnitte, mäßige Qualität [3]	40,0	14,0	26,0	11,7	9,5	5,7	133	80
vom Absetzen bis 330. Tag	Grassilage Folgeschnitte, mäßige Qualität [3]	16,0	5,6	26,0	3,0	9,5	5,7	53	32
	Stroh [4]	6,0	5,2	44,0		6,6	3,7	34	19
vom Absetzen bis 330. Tag	Heu nach der Blüte	13,0	11,1	37,0	3,1	8,0	4,5	88	50
vom 330. bis 365. Tag	Grassilage Folgeschnitte, mäßige Qualität [3]	26,0	9,1	26,0	6,0	9,5	5,7	86	52
	Stroh [4]	3,0	2,6	44,0		6,6	3,7	17	10

[1] MEW: Milcherzeugungswert
[2] 35 % TM, 155 g XP/kg TM, 230 g Rohfaser/kg TM, 10,5 MJ ME/kg TM, 6,3 MJ NEL/kg TM
[3] 35 % TM, 140 g XP/kg TM, 260 g Rohfaser/kg TM, 9,5 MJ ME/kg TM, 5,7 MJ NEL/kg TM
[4] 86 % TM, 40 g XP/kg TM, 440 g Rohfaser/kg TM, 6,6 MJ ME/kg TM, 3,7 MJ NEL/kg TM

Besondere Aufmerksamkeit verdienen Jungkühe und junge Deckbullen. Sie haben, bedingt durch zusätzliches Wachstum, Zahnwechsel und den Deckeinsatz, einen höheren Nährstoffbedarf, der gegebenenfalls durch gezielte Zufütterung gedeckt werden muss. Dabei kann es in größeren Beständen sinnvoll sein, die Jungkühe von der übrigen Herde zu trennen.

Versorgungsempfehlungen für Aufzuchtrinder

Die Jungrinder sollten möglichst früh ihr rassespezifisches Zuchtreifealter erreichen. Für die meisten Rassen dürfte dies bei etwa 15–18 Monaten liegen. Dabei sollte das Gewicht der Tiere zum Zeitpunkt der Erstbelegung mindestens 65 % des rassespezifischen Gewichtes der ausgewachsenen Tiere aufweisen. Um ausreichend hohe Zunahmen bis zum Eintritt der Geschlechtsreife sicherzustellen, kann es sinnvoll sein, die zur Zucht vorgesehenen Kälber mit Kraftfutter oder gequetschtem Getreide zuzufüttern. Der Pansen kann sich dadurch schneller entwickeln und die Muttertiere werden bei nachlassendem Weideaufwuchs weniger stark abgesäugt. Wichtig ist in diesem Zusammenhang eine intensive Kontrolle der Entwicklung der Jungrinder, z. B. durch Wägung und/oder durch die Bewertung der Körperkondition (BCS). Auch eine Überkonditionierung, die nach Eintritt der Geschlechtsreife leicht eintreten kann, muss vermieden werden. Wichtig ist ebenso, keine unterentwickelten Jungrinder zu belegen. Als Anhaltspunkt für die Versorgung der Aufzuchtrinder aus der Mutterkuhhaltung dienen auch hier die DLG-Fütterungsempfehlungen. Die ▶ **Tab. 8.77** zeigt die Zielgewichte und die dazugehörigen Tageszunahmen für die Abschnitte vom Absetzen bis zum Decken und vom Decken bis zur Kalbung, aufgeteilt in die drei Gewichtsklassen leichte, mittelschwere und schwere Mutterkühe. In der ▶ **Tab. 8.78** sind für diese Abschnitte die Energiebedarfswerte aufgeführt. Im Vergleich zum ersten Abschnitt muss im Abschnitt vom Decken bis zur Kalbung darauf geachtet werden, dass es zu keiner Verfettung der Tiere kommt. In diesem Abschnitt sind Zunahmen von 500 bis 600 g ausreichend.

Wirtschaftlichkeit der Mutterkuhhaltung

Bei der Betrachtung von Wirtschaftlichkeitsberechnungen in der Mutterkuhhaltung sind Betriebe, in denen meist kleinrahmigen Rassen, wie Galloway oder Highland ganzjährig extensiv, meist auf Naturschutzflächen gehalten werden und Betriebe, die überwiegend großrahmige Rassen halten, welche deutlich intensiver gefüttert werden, zu unterscheiden. Für die Wirtschaftlichkeit sind die Masteigenschaften sowie die Schlachtkörpergewichte der Endprodukte von entscheidender Bedeutung. In der gewerblichen Schlachtung werden für männlichen Rinder, von Ausnahmen abgesehen, Schlachtkörper mit einem Gewicht, das deutlich über 300 kg liegt, bevorzugt.

Die Wirtschaftlichkeit der Mutterkuhhaltung in Betrieben mit extensiv gehaltenen kleinrahmigen Rassen wird häufig durch Direktvermarktung der Tiere verbessert. In der Regel werden in solchen Betrieben, in denen die Mutterkuhhaltung und deren angeschlossene Rindermast nicht dem Haupterwerb dienen, maximal 50 Mutterkühe gehalten. Bei größeren Betrieben, die darauf angewiesen sind, über die üblichen Handelswege zu vermarkten, reichen die Schlachterlöse häufig nicht einmal aus, um die Direktkosten zu decken. Anders sieht es aus, wenn die Tiere direkt vermarktet werden.

Eine deutlich intensivere Haltung basiert auf großrahmigen Mutterkuhrassen und einem GV-Besatz von ca. einer GV je ha Hauptfutterfläche. Als Zielwert für das erzeugte Schlachtgewicht pro ha Hauptfutterfläche werden 160 kg vorgegeben. Reserven liegen in der Reduzierung der Tierverluste sowie in der Erhöhung der Reproduktionsrate.

Festzuhalten bleibt, dass ein überdurchschnittliches Herdenmanagement, eine gut organisierte Vermarktung (z. B. Zuchtviehverkauf, Direktvermarktung) und niedrige Festkosten (z. B. kostengünstige Gebäude, ganzjährige Freilandhaltung) Bausteine einer wirtschaftlichen Mutterkuhhaltung darstellen. Dazu zählt auch eine finanziell geförderte Flächenpflege.

► **Tab. 8.77** Tägliche Zunahmen und Zielgewichte für Aufzuchtrinder in der Fleischrinderhaltung (nach DLG 2009 [53]).

Kuhtyp (Lebendmasse)	Absetzalter 7 Monate		Absetzalter 10 Monate		Zielgewicht zum Decken	Tageszunahmen vom Absetzen bis Decken		Zielgewicht nach der Kalbung	Tageszunahmen Decken bis Kalbung
	Tageszunahmen bis Absetzen	Absetzgewicht	Tageszunahmen bis Absetzen	Absetzgewicht	ca. 65 % vom Kuhgewicht	Absetzalter 7 Monate	Absetzalter 10 Monate	ca. 90 % vom Kuhgewicht	Absetzalter 7 und 10 Monate
Mutterkühe leicht < 600 kg	800	190	750	255	360	700	700	500	500
Mutterkühe mittel 600–750 kg	1000	245	950	325	440	800	750	610	600
Mutterkühe schwer > 750 kg	1200	290	1150	390	510	900	800	680[1)]	600

1) Zielgewicht nach der Kalbung: 85 % des Kuhgewichtes

► **Tab. 8.78** Täglicher Energiebedarf für Aufzuchtrinder in der Fleischrinderhaltung (nach DLG 2009 [53]).

Kuhtyp (Lebendmasse)	Futteraufnahme und Energiebedarf Absetzen bis Decken								Futteraufnahme und Energiebedarf Decken bis Kalbung			
	8 bis 15 Monate (Absetzalter 7 Monate)				11 bis 15 Monate (Absetzalter 10 Monate)				16 bis 24 Monate			
	Zunahmen Absetzen bis Decken	TM-Aufnahme	ME		Zunahmen Absetzen bis Decken	TM-Aufnahme	ME		Zunahmen Decken bis Kalbung	TM-Aufnahme	ME	
	g/Tag	kg/Tag	MJ/Tag	MJ/kg TM	g/Tag	kg/Tag	MJ/Tag	MJ/kg TM	g/Tag	kg/Tag	MJ/Tag	MJ/kg TM
Mutterkühe leicht < 600 kg	700	5,1	54	10,6	700	6,3	60	9,5	500	7,6	68	9,0
Mutterkühe mittel 600–750 kg	800	6,4	69	10,8	750	73	73	9,5	600	9,4	86	9,2
Mutterkühe schwer > 750 kg	900	7,6	83	10,9	800	87	87	10,1	600	10,1	96	9,5

8.6
Übungsfragen

Verbreitung Rinderrassen

Frage

Welche sind die wichtigsten Rassen in den einzelnen Nutzungsrichtungen und was sind ihre besonderen Eigenschaften?

Antwort

Zu den wichtigsten **Milch- und Zweinutzungsrassen** gehören die Jerseys, die kleinrahmig sind und die sich durch hohe Milchinhaltsstoffgehalte auszeichnen. Weiterhin stellen die Deutschen Holsteins eine stark milchbetonte Rasse dar. Sie erzeugen eine sehr hohe Milchmenge pro Kuh und Jahr. Die bedeutenste Zweinutzungsrasse ist der Milchtyp des Fleckviehs. Er kombiniert eine gute Milchleistung mit einer hervorragenden Fleischleistung. Der Fleischtyp dieser Rasse gehört zu den am stärksten verbreiteten Fleischrassen und weist eine gute Bemuskelung auf. Weitere wichtige Fleischrassen sind Limousin, Charolais, Angus und Galloway.

Erhalt von Rinderrassen

Frage

Welche Maßnahmen werden ergriffen, um Rassen vorm Aussterben zu bewahren?

Antwort

Eine der Maßnahmen, um **Rassen vor dem Aussterben zu bewahren**, besteht in der wirtschaftlichen Nutzung auch auf der Basis regionaler Vermarktungskonzepte. Hierbei sollte nach Möglichkeit der Leistungsrückstand der Rassen finanziell ausgeglichen werden. Auch Streichelzoos und Genbanken tragen zur Erhaltung der vom Aussterben bedrohten Rassen bei. Außerdem hat eine überregionale Zuchtplanung eine große Bedeutung.

Zuchtprogramme

Frage

Was sind die wichtigsten Stufen eines Zuchtprogramms?

Antwort

Zu den wichtigsten **Stufen eines Zuchtprogramms** gehören die Festsetzung des Zuchtzieles, die Dokumentation der Identität und der Abstammung im Herdbuch sowie Leistungsprüfungen und darauf aufbauende Zuchtwertschätzungen. Die Selektion der besten Vater- und Muttertiere stellt einen weiteren Schritt in einem Zuchtprogramm dar. Die gezielte Paarung der besten Vater- und Muttertiere erzeugt potenzielle Zuchttiere, die verschiedene Stufen der Leistungsprüfung durchlaufen. Der Erfolg eines Zuchtprogrammes kann am Zuchtfortschritt abgelesen werden. Dabei spielen die verschiedenen Übertragungswege eine große Rolle.

Berechnung der Eiweiß- und Mineralstoffgehalte

Frage

Die Angaben in der ▶ **Tab. 8.8** ermöglichen auch die Berechnung der erforderlichen Energie- und Nährstoffgehalte in 1 kg Futter-Trockenmasse. Wie hoch müssen der Eiweiß- und Mineralstoffgehalt je kg TM bei einer Milchleistung von 15 kg und 30 kg sein?

Antwort

Lösung: Jeweiligen Gesamtbedarf durch 14,5 bzw. 19,5 teilen.

Leistungs- und wiederkäuergerechte Fütterung

Frage

Wie hoch muss die tägliche Futteraufnahme in kg TM einer 50-Liter-Kuh sein, um noch eine leistungs- und wiederkäuergerechte Gesamtration sicherstellen zu können? Die entsprechenden Rechenergebnisse können in der ▶ **Tab. 8.10** ergänzt werden.

Antwort

Zur Lösung der Aufgabe in der ▶ **Tab. 8.10** muss der Energiebedarf für Erhaltung aus der ▶ **Tab. 8.7** sowie für die Leistung aus der ▶ **Tab. 8.8** abgelesen werden (Erhaltungsbedarf für 650 kg LG = 37,7 MJ, Leistungsbedarf für 50 kg Milch = 50 × 3,3 = 165 MJ).
Insgesamt beträgt der Energiebedarf für 50 kg Milchleistung/Tag = 203 MJ NEL. Bei 26 kg TM-Aufnahme errechnet sich eine erforderliche Energiekonzentration von 7,8 MJ, bei 27 kg von 7,5 MJ und bei 28 kg von 7,3 MJ NEL/kg TM. Die 50-Liter-Kuh muss demnach über 28 kg Trockenmasse täglich verzehren, um ihren Energiebedarf zu decken.

☑ Fütterung für höhere Milchleistung

Frage

Ist die Grenze des Futteraufnahmevermögens in beiden Fällen erreicht oder evtl. sogar bereits überschritten? Wie kann man höhere Milchleistungen „erfüttern"?
Zunächst wollen wir festhalten, dass bei den beschriebenen und bebilderten Grundrationen die Energiekonzentration bei 5,8 (▶ **Abb. 8.2**, links) bzw. 6,6 MJ NEL/kg TM (▶ **Abb. 8.2**, rechts) liegt.

Antwort

Anhand der ▶ **Abb. 8.3** kann auch die Frage zur ▶ **Abb. 8.2** beantwortet werden: Die unterstellten Grobfutterqualitäten sind sehr unterschiedlich. Bei der reinen Grassilageration mit einer Grassilage mäßiger Qualität und einem NEL-Gehalt in der TM von 5,8 MJ dürfte die unterstellte TM-Aufnahme von 13 kg zu hoch sein. Eine Größenordnung von 11,8 kg wäre hier realistischer. Dagegen wird die Futteraufnahme bei der maissilagebetonten Ration mit sehr guter Gras- und Maissilage möglicherweise höher als 13 kg TM sein. **Die Unterstellung einer gleich hohen Grobfutteraufnahme unabhängig von der Rationszusammensetzung nach Futterart und -qualität ist falsch!**
Um höhere Milchleistungen zu erfüttern, muss die Grobfutterration durch Zugabe von Kraftfutter, das rohfaserarm und deshalb leicht verdaulich und energiereich ist, ergänzt werden.

☑ Rationsgestaltung

Frage

▶ **Tab. 8.18**: Wie sind die übrigen Kriterien

- TM-Aufnahme,
- RNB,
- Rohfasergehalt,
- Rohfettgehalt und
- Kohlenhydratversorgung

der Gesamtration zu beurteilen?

Antwort

Die Gesamtration enthält 19 kg Trockenmasse. Für eine 650 kg schwere Kuh mit einer Milchleistung von 28 kg ist dieser Wert, der 2,9 % des Lebendgewichtes beträgt, noch nicht zu hoch (s. a. ▶ **Tab. 8.8**). Mit 12 g ist die RNB leicht positiv. Dies ist durchaus erwünscht, um jederzeit ein auch im zeitlichen Tagesablauf ausreichendes N-Angebot im Pansen sicherzustellen. Im Allgemeinen werden RNB-Werte von 0 – maximal 30 g empfohlen. Höhere RNB-Werte, die unweigerlich zu größeren N-Ausscheidungen führen, sind physiologisch nicht sinnvoll und bzgl. der N-Emissionen sogar unvorteilhaft.
Bei Rationen mit viel Maissilage in der Grobfutterration und Rapsschrot als Proteinkomponente ist der RNB-Wert jedoch i. d. R. relativ niedrig, häufig sogar im negativen Bereich, wohingegen beim Milcherzeugungswert nach nXP dagegen ein gewisser Überhang besteht.
Die Gesamtration enthält rund 3,4 kg Rohfaser. In Relation zum TM-Gehalt der Ration entspricht dies einem Wert von 17,8 %. Die „Rohfaserregel" wird also eingehalten. Damit bleibt noch die Frage, ob die Strukturwirksamkeit ausreicht. Wie der Anteil an strukturwirksamer Rohfaser berechnet wird, geht aus der ▶ **Tab. 8.19** hervor.

☑ Rationsgestaltung Leistungsfutter

Frage

Warum wird zu der grassilagebetonten Ration 1 in ▶ **Tab. 8.27** Roggen ergänzt? Gibt es für die Wahl des Leistungsfutters besondere Gründe?

Antwort

Wegen der hohen Abbaubarkeit des Rohproteins der Grassilage und der größeren N-Überschüsse (positive RNB), die sich damit im Pansen ergeben, soll mit der Getreidemenge die RNB etwas gesenkt werden. Als Leistungsfutter zu grassilagereichen Rationen sind getreidereichere

Mischungen besonders gut geeignet. Damit werden leicht fermentierbare Kohlenhydrate in Form von Stärke zugeführt, die die Tätigkeit der Mikroorganismen im Pansen unterstützen. Damit kann einmal das freigesetzte Ammoniak aus dem Rohprotein der Grassilage von den Bakterien für die eigene Proteinsynthese genutzt werden und zum anderen die mikrobielle Verdauung der zellulosereichen Grassilageration beschleunigt und verbessert werden.
Obwohl grassilagebetonte Rationen vergleichsweise eiweißreich sind, ist aufgrund des umfangreichen Rohproteinabbaus im Pansen die Versorgung der Kühe mit darmverfügbarem Protein letztlich nicht optimal. Daher sind in beiden Rationen 1a und 2a Milchleistungsfutter mit einem höheren Anteil an UDP, also pansenstabilem Eiweiß, eingesetzt worden.

☑ Rationsgestaltung – Milcherzeugungswerte

Frage

Wie sind die unterschiedlichen Milcherzeugungswerte der Rationen in ▶ **Tab. 8.27** zu beurteilen?

Antwort

Die verschiedenen Milcherzeugungswerte beider Leistungsrationen sind in erster Linie auf unterschiedliche Futteraufnahmen zurückzuführen, die auf die qualitätsbedingten Differenzen in der Energiekonzentration beruhen. In der Ration 1 werden bei einem NEL-Gehalt von 6,6 MJ/kg TM 15,9 kg TM-Aufnahme unterstellt. Bei der Ration 2 liegt der NEL-Gehalt bei 5,9 MJ. Auf dieser Basis wird eine Futteraufnahme von 14,5 kg TM zugrunde gelegt. Zudem muss in beiden Rationen mit einer unterschiedlich großen Grobfutterverdrängung gerechnet werden. Diese ist in der Ration 2 mit geringerer Grassilagequalität höher. Folglich können über die Leistungsfütterung die daraus resultierenden unterschiedlichen Milcherzeugungswerte nicht komplett ausgeglichen werden, auch wenn in der Ration 2a bewusst ein noch höherwertigeres, energiereicheres Milchleistungsfutter mit Körnermais gewählt wurde.

☑ Rationsgestaltung – Eiweißergänzung

Frage

Welche hauptsächlichen Unterschiede sind zwischen den ausgeglichenen Grobfutterrationen in ▶ **Tab. 8.28** und denen der ▶ **Tab. 8.27** festzustellen?

Antwort

Bei maissilagereichen Rationen ergibt sich stets ein Eiweißergänzungsbedarf. Je größer der Maissilageanteil ist, umso mehr muss mit Eiweiß ausgeglichen werden. Das gilt insbesondere auch für die in maisbetonten Rationen negativ werdende RNB. Wird dieser Ausgleich ausschließlich über Eiweißkraftfutterkomponenten wie Raps- bzw. Sojaschrot vorgenommen, führt dies zu einem hohen MEW der ausgeglichenen Rationen. Damit besteht die Gefahr, dass Kühe mit geringerer Leistung entweder überfüttert oder bei Kürzung der Eiweißkraftfuttergabe mit Eiweiß unterversorgt werden.

☑ Rationsgestaltung – Ausgleichsfütterung

Frage

Ist es sinnvoll, in den Rationen 6 und 7 (▶ **Tab. 8.29**) den MEW nach NEL und nXP exakt auszugleichen?

Antwort

Die Ausgleichsfütterung orientiert sich in erster Linie an der RNB. Wegen des hohen Energiegehaltes der Maissilage und der relativ geringen Abbaubarkeit des Rohproteins aus Rapsschrot ergibt sich in der Ausgleichsration ein Überhang im MEW nach nXP. Durch Verringerung der Rapsschrotgabe kann man diesen reduzieren, wobei allerdings die RNB einen negativen Wert annimmt. Da die Kuh in der Lage ist, über den ruminohepatischen Kreislauf eine gewisse N-Menge zurückzugewinnen (S. 175), könnte eine negative N-Bilanz bis zu ca. –1 g/kg TM in Kauf genommen werden. Da die als Leistungsfutter verabreichte Kraftfuttermischung 30 % Rapsschrot enthält und damit eine positive RNB hat, wird diese bei höheren Leistungen wieder ausgeglichen.

Rationsgestaltung – Kontrollparameter Milchharnstoffgehalt

Frage

Welche Besonderheiten sind bei den Rationen in ▶ **Tab. 8.30** hinsichtlich der Ausgleichsfütterung und der Leistungsgrenzen festzustellen?

Antwort

Ein guter Kontrollparameter dafür, ob eine negative RNB noch ausreichend oder aber schon zu gering ist, stellt der Milchharnstoffgehalt dar. Die Ration 8 hat einen erheblichen Rohproteinüberschuss, der mit Getreide auszugleichen ist. Da Kleegras und Heu sehr Ca-reich, dagegen relativ P-arm sind, wird ein Ca-freies, jedoch P-reicheres Mineralfutter eingesetzt. Der gute Strukturwert der Grobfutterration erlaubt den Einsatz hoher Kraftfuttermengen, sodass in der Leistungsration fast 35 kg MEW erreicht werden.

Der Einsatz von Futterrüben in Kombination mit Grassilage und Heu (Ration 9) erfordert, je nach Rohproteingehalt der Grassilage, eine mehr oder weniger hohe Eiweißergänzung. Mit 6,7 kg Kraftfutter wird die Leistungsgrenze erreicht (das heißt der Anteil an strukturierter Rohfaser unterschreitet die 11 %-Marke). Zudem ist der Gehalt an Zucker und Stärke mit fast 27 % i.d.T. ebenfalls an der maximalen Grenze, wobei berücksichtigt werden muss, dass ein Teil dieser Stärke pansenstabil ist. Es wurde also bewusst mit 1,5 kg Körnermais versucht, die Menge an im Pansen leicht verdaulichen Kohlenhydraten etwas zu reduzieren

Futterwert Weideaufwuchs

Frage

Welche Erkenntnisse lassen sich aus der ▶ **Tab. 8.32** ableiten? Welche Probleme werden erkennbar?

Antwort

Die ▶ **Tab. 8.32** verdeutlicht: Der Energiegehalt im Weideaufwuchs ist für Grobfuttermittel generell als sehr hoch einzustufen. Dennoch sind die Unterschiede in Abhängigkeit vom Alter und auch von der Vegetationszeit recht gravierend. Problematisch ist die hohe Abbaubarkeit des Rohproteins im Pansen, sodass trotz hoher Rohproteingehalte der Weide die bedarfsgerechte Proteinversorgung (gemeint ist hier v. a. die mit nXP) der Kühe besonders beachtet werden muss. Als Ergänzungsfutter sind zum einen solche geeignet, die einen hohen Anteil leicht fermentierbarer Kohlenhydrate enthalten, damit die Pansenbakterien möglichst viel des freigesetzten Ammoniaks binden können. Zum anderen sind solche mit einem zwar geringen Gehalt an Rohprotein, dafür aber höherem Anteil an UDP (z. B. Rapsextraktionsschrot, besonders aber pansengeschützte Eiweißkomponenten) geeignet, besonders im höheren Leistungsbereich.

9 Schweine: Zucht, Haltung und Ernährung

Manfred Weber

Der wichtigste Fleischlieferant für die Deutschen ist das Schwein. Ca. 60 % unseres gesamten Fleischverbrauchs stellt das Schweinefleisch. Im Jahr 2016 lag der Pro-Kopf-Verbrauch bei 50,2 kg. Hierin sind allerdings Knochen, Abschnittfett und Tierfutter enthalten. Der tatsächliche Verzehr wird mit 36,2 kg angegeben. Etwa 55 % der Verkaufserlöse der deutschen Landwirtschaft werden über die tierische Erzeugung erwirtschaftet. Die Schweineproduktion hat einen Anteil von ca. 12,9 %.

Entwicklung der Schweineerzeugung Deutlich sind in Deutschland 3 Trends zu erkennen:

1. Die Anzahl der Schweinehalter geht rapide zurück. Im Jahr 2017 gab es in Deutschland nur noch 23 800 schweinehaltende Betriebe, dies sind gegenüber 1999 weniger als 20 % (141 000).
2. Die Bestände werden zunehmend größer. Im Jahr 2017 wurden ca. 76 % der Schweine in Beständen mit über 1000 Schweinen gehalten. Im Jahr 2007 waren es nur 54 %.
3. In Deutschland wird die Schweinemast noch leicht ausgebaut, die Ferkelproduktion geht jedoch zurück. Im Jahr 2017 betrug der Mastschweinebestand 11,8 Mio. Schweine (2005 = 10,8 Mio.). Der Sauenbestand lag im Jahr 2017 bei 1,9 Mio. (2005 = 2,5 Mio.).

Die größten Durchschnittsbestände sind in den neuen Bundesländern anzutreffen und ansonsten besteht ein deutliches Nord-Süd-Gefälle in den alten Bundesländern.

Die Bruttoeigenerzeugung an Schweinefleisch stieg 2017 auf 5,56 Mio. t, dies bedeutet eine Steigerung gegenüber dem Jahr 2009 (4,6 Mio. t) um 21 %. Der Selbstversorgungsgrad stieg damit in Deutschland auf über 120 %.

Der Selbstversorgungsgrad an Schweinefleisch ist in den 15 EU-Partnerländern sehr unterschiedlich, wie ▸ **Tab. 9.1** sehr deutlich zeigt. Momentan wächst besonders in Spanien die Schweinefleischerzeugung stark.

▸ **Tab. 9.1** Selbstversorgungsgrad der EU-Länder in % (2015) (nach DVT 2017 [48]).

EU-Land	Selbstversorgungsgrad in %
Dänemark	591
Niederlande	246
Belgien/Luxemburg	269
Irland	196
Spanien	155
Frankreich	104
Finnland	105
Österreich	118
Schweden	77
Deutschland	120
Portugal	88
Italien	64

Organisation der Schweineproduktion Bei dem Produktionsablauf „Zucht – Ferkelerzeugung – Mast“ gibt es verschiedene Verfahren. Beim geschlossenen System verzichten die Betriebe auf jeden Zukauf von Tieren und nehmen am Zuchtfortschritt nur über das Ebersperma teil. Die Jungsauen werden aus dem eigenen Bestand selektiert. Aufgrund des geringeren Marktrisikos und dem Verbleib der Erlöse der Zwischenhändler im eigenen Betrieb hat dieses System wieder an Akzeptanz gewonnen.

Auch im Zusammenhang mit der Ausbreitung der Kreuzungszucht, insbesondere der Hybridschweinezucht (Zuchtverbände und -unternehmen) entstanden neue organisatorische Abläufe. Hier wird beispielsweise in der Zuchtstufe stärker differenziert und u. a. vor der Ferkelerzeugung eine neue Produktionsstufe eingeschoben, die Jungsauenvermehrung. Nur in größeren Betrieben (über 400 – 600 Sauen) lohnt sich die Aufzucht eigener Jungsauen. Außerdem legen die Zuchtunternehmen großen Wert darauf, dass Tiertransporte zwischen den verschiedenen Produktionsstufen immer nur in einer Richtung – ohne Gegenverkehr – erfolgen.

Hauptsächlich lässt sich die Spezialisierung in Ferkelerzeugung und Mast unterscheiden. Der vor Jahren erkennbare Trend der Ausgliederung der Ferkelaufzucht (Abgabe der Ferkel mit 8 kg nach dem Absetzen) der Ferkelerzeugerbetriebe aufgrund von Platzmangel bei Bestandsaufstockung ist aus wirtschaftlichen Gründen mittlerweile deutlich rückläufig. In diesen Ferkelerzeugerbetrieben werden jetzt eigene Aufzuchtabteile geschaffen. Die fortschreitende Spezialisierung führt unweigerlich zu größeren Betrieben, um die Vorteile wie Kostendegression beim Bau oder günstigeren Futterzukauf zu nutzen. Dabei sind die Bestandserweiterungen immer so auszuführen, dass jeweils volle AK-Kapazitäten ausgeschöpft werden (200 – 300 Sauen, 1500 – 2000 Mastschweine).

Allerdings kehren auch Betriebe zu dem geschlossenen System zurück. Dazu haben sich in der letzten Zeit vor allem Sauenhalter mit kleineren Beständen entschlossen. Sie haben statt die Sauenhaltung auszuweiten (1000 Sauen sind heute schon Pflicht), ihren Betrieb mit dem Bau von Mastschweineställen auf die Größenordnung der Sauenhaltung ausgerichtet. Somit entfällt das Vermarktungsrisiko von kleinen Ferkelpartien (Mäster wollen heute mindestens 300–500 Ferkel auf einmal aus einen Bestand haben) und die Händlerprovision beim Ferkelverkauf.

Es ist offensichtlich, dass bei diesen Organisationsfragen meistens auch Überlegungen mitspielen, wie die Einschleppung von Krankheiten verhindert werden kann. Überhaupt ist das Problem der Schweinegesundheit zu einem vorrangigen Thema unter Schweineproduzenten geworden.

Die arbeitsteilige Produktion, die in kleinem Ausmaß auch heute noch in Baden-Württemberg zu finden ist, wird sicher in Zukunft der Vergangenheit angehören. Bei diesem System werden die Sauen in einem Betrieb gedeckt, im zweiten verbringen sie ihre Wartezeit und im dritten ferkeln sie ab.

Transportbeschränkungen, Hygienebestimmungen und die Produktionsaufgabe kleiner Betriebe bedeuten das Aus für dieses System.

Der Neu-und Umbau von Schweineställen wird heute immer stärker durch gesetzliche Regelungen beschränkt. Zunehmend versuchen örtliche Bürgerinitiativen, Neubauten zu verhindern. Dies wird in Zukunft eher zu einer Verringerung der in Deutschland gehaltenen Schweine führen.

9.1 Verbraucherwünsche und Zuchtziele

Welches Schwein verlangt der Markt? Diese Frage geht vor allem den Züchter an, obwohl sein Standort unter den verschiedenen Stufen der Vermarktung am weitesten vom Endverbraucher entfernt ist. Auf dem weiten Wege von den Verbrauchern bis zum Züchter entsteht aber aus ihren wenigen, wenn auch nicht einfach zu befriedigenden Ansprüchen ein schweres Wunschpaket mit zahlreichen Forderungen, weil auf jeder Vermarktungsstufe noch einige Extrawünsche dazukommen.

Die **Verbraucher** wünschen zum Braten, Schmoren und Grillen **zartes, saftiges Fleisch mit möglichst wenig Fett** und sind bereit, für die begehrten Fleischpartien – Kotelett, Filet, Schinken, Kamm und Bug – wesentlich tiefer ins Portemonnaie zu greifen als für Bauch- oder Rückenspeck. Deutsche Verbraucher kaufen aber auch gern **Wurstwaren,** zu denen knapp die Hälfte der Schweinefleischproduktion verarbeitet wird. In diesem Bereich gibt es ein breites Sortiment, viele Geschmacksrichtungen und zahlreiche regionale Besonderheiten bei den Rezepten und Zutaten. Aus verarbeitungstechnischen und aus geschmacklichen Gründen kann hier auf angemessene Fettanteile nicht verzichtet werden. Heute kommen aber auch die Ansprüche von anderen Verarbeitungswegen (Convenience-Produkte nehmen rasant zu) dazu.

Früher waren alle Metzger sowohl Fleischverkäufer wie Wursthersteller und waren beim Zerlegen und Verwerten der Schweine auf beide Verbrauchsrichtungen eingestellt. Inzwischen hat sich die Wurst- und Dauerwarenherstellung teilweise in Spezialbereiche verlagert, und bei vielen **Ladenmetzgern mit hohem Frischfleischabsatz** herrschen jetzt die an dieser Verbrauchsrichtung orientierten Interessen vor. Sie wollen also Schweine haben, bei denen die gut bezahlten Partien (Schinken, Filet, Lende, Kotelett und Kamm) einen möglichst großen, die schlecht bezahlten Stücke einen kleinen Teil des Schlachtkörpers ausmachen (► Abb. 9.1, ► Abb. 9.2). Außerdem kaufen sie lieber weibliche Schweine als kastrierte männliche, weil die Ersteren – unter sonst gleichen Bedingungen – fleischreicher und fettärmer sind als Börge.

Etabliert hat sich heute aber insbesondere der Fleischabsatz über die **Discounter**, die abgepackte Ware in haushaltsüblichen Größen anbieten. Diese stehen in starker Konkurrenz zum Metzger und laufen diesen mittlerweile den Rang ab. Durch die steigende Marktmacht der Discounter auch im Frischfleischbereich kommt der Schweinefleischpreis immer stärker unter Druck, zumal das Fleisch oft zu Werbezwecken regelrecht verschleudert wird, um Käufer in die großen Supermärkte zu locken.

Die **Verarbeiter** sind natürlich auch an fleischreichen Schweinen mit hohem Schinkenanteil interessiert. Aber dieses Fleisch soll rot und genügend fest sein, das heißt „vor dem Messer stehen", es soll eine normale Fleischreifung erlauben, den eigenen Saft festhalten und noch Fremdwasser aufnehmen können (etwa bei der Produktion von Brühwürsten). Wichtig ist dem Verarbeiter auch eine große Schlachtausbeute. Ideal wäre das „Schwein ohne Knochen". Im Gegensatz zum Rind werden beim Schwein Kopf und Füße bei der Bestimmung des Zweihälftengewichts am Schlachtkörper belassen, gehören also mit zur Schlachtausbeute, die beim Schwein um 80 % schwankt. Außerdem wollen die Verarbeiter ihren Rohstoff möglichst preiswert einkaufen. Hinzu kommt heute auch der Anspruch nach „genormter" Ware. Das heißt, die Verarbeiter erwarten Teilstücke, die immer gleich groß und schwer sind, da ihre Produktion arbeitssparend organisiert ist und Verarbeitungsvorgänge weitgehend automatisiert werden.

Der **Mäster** wünscht ein Schwein, das auch bei höherem Endgewicht nicht verfettet, rasch schlachtreif wird und dazu wenig Futter braucht. Außerdem soll das Mastschwein bescheiden in seinen Ansprüchen an den Stall und die Pflege sein und wenig Arbeit verursachen.

Der **Ferkelerzeuger** braucht Sauen, die viele Ferkel bringen, diese fürsorglich, rasch und möglichst verlustlos aufziehen und nach dem Absetzen der Ferkel unverzüglich wieder tragend werden. Für die gewünschte hohe Aufzuchtleistung ist eine

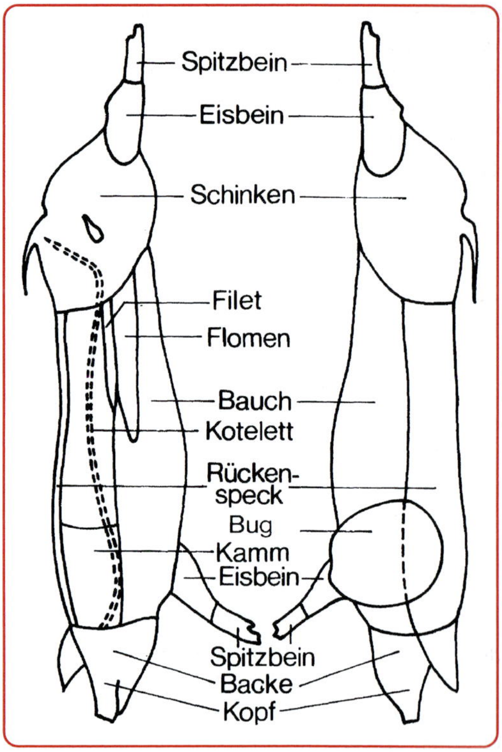

► **Abb. 9.1** Teilstücke des Schweineschlachtkörpers.

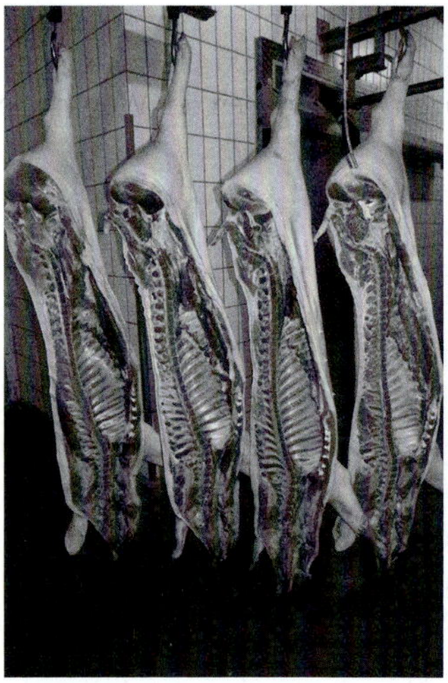

► **Abb. 9.2** Schlachthälften nach Wunsch des Verbrauchers, wenig Speck, volle Schinken.

► **Tab. 9.2** Leistungsentwicklung bei Herdbuchtieren der Deutschen Landrasse (nach ZDS 2010 und BRS 2017, persönliche Mitteilungen).

Art der Leistungsprüfung	Merkmal	Leistungsstand			
		2009		2016	
		Sauen	Kastraten	Sauen	Kastraten
Mastleistungsprüfung in Stationen	Futterverwertung: kg Futter je kg Zuwachs	2,82	2,57	2,61	2,51
	Ø tägl. Zunahmen in g	836	964	865	1002
Schlachtleistungsprüfung in Stationen	Rückenmuskelfläche, cm^2	48,0	44,8	55,2	46,4
	Fleisch:Fett-Verhältnis 1:	0,36	0,47	0,30	0,47
Zuchtleistungsprüfung (Feld)	geb. Ferkel/Sau u. Jahr	26,7[1]		34,5[2]	
	aufgez. Ferkel/Sau u. Jahr	23,9[1]		29,6[2]	
	Verluste	10,8[1]		15,1[2]	

[1] Zahlen von 2007. [2] Alle Sauen Ringauswertung Region West, nach Schulz 2016 [204].

gute Milchleistung der Sau unerlässlich. Außerdem soll sie robust sein sowie ihren Ferkeln die notwendige Vitalität (Widerstandskraft) zur Auseinandersetzung mit Viren, Bakterien, Milben und Würmern mitgeben.

Gibt es ein Schwein, das alle diese Wünsche erfüllt? Werden die Züchter dieses Universalschwein jemals anbieten können? Während der letzten Jahrzehnte wurde von den Züchtern aus dem umfangreichen Katalog teilweise widersprüchlicher Forderungen am stärksten der Wunsch nach mehr Fleisch und weniger Fett berücksichtigt. Die Umstellung vom früheren fettreichen Mehrzweckschwein zum relativ mageren Fleischschwein erfolgte rasch. Dazu hat sicher beigetragen, dass sich hier die Interessen der Frischfleischverbraucher, der Ladenmetzger und der Mäster deckten. Der Mäster profitierte vor allem von dem niedrigen Futterverbrauch, denn Fleisch lässt sich mit weniger Futter erzeugen als Fett. In diesem Punkt spielt hier auch der Anspruch des Ferkelerzeugers auf eine hochfruchtbare Sau eine Rolle. Besonders die Sauenvermehrer in Dänemark haben stark in diese Richtung gezüchtet. 40 Ferkel pro Sau und Jahr sind keine Seltenheit mehr. Allerdings ist zu hinterfragen, ob im heutigen Umfeld der Schweineproduktion solch hohe Leistungen noch zeitgemäß sind, oder ob diese schon ein wenig über das Ziel hinaus geschritten sind.

Es ist schwierig bzw. unmöglich, alle Zuchtziele in einem Tier zu vereinen. Erhebliche Fortschritte wurden bei der **Futterverwertung** und der **Fleischleistung** (Rückenmuskel- oder Kotelettfläche, Fleisch:Fett-Verhältnis) erreicht (► **Tab. 9.2**). Jedoch wirkte sich die Forderung der Verbraucher nach immer größeren Kotelettflächen mit möglichst wenig Fett ungünstig auf die Fleischbeschaffenheit aus. Kompromisse sind also notwendig, wenn Erzeuger und Verbraucher gleichermaßen zufrieden sein sollen. Auf dieses Thema „Verbraucherwünsche und Zuchtziel" wird später noch einmal eingegangen.

! Merke

1 kg Schweinespeck enthält etwa 6 % Wasser und liefert 8600 kcal oder rund 36 Millionen Joule (36 Megajoule).

1 kg mageres Fleisch hat etwa 70 % Wasser und liefert 1400 kcal oder knapp 6 Megajoule (MJ).

9.2 Schweinerassen und Zuchtverfahren

9.2.1 Rassen im Bundesgebiet

Deutsche Landrasse (DL) Die deutsche Landrasse ist die verbreitetste Rasse in Deutschland. Ihr Anteil am Herdbuchbestand ging allerdings in den alten Bundesländern von fast 94 % im Durchschnitt der Jahre 1965/70 auf 55 % im Jahr 1988 zurück. Jedoch nutzen viele Zuchtunternehmen die Rasse Deutsche Landrasse als Grundlage ihrer Produkte und entwickeln die Linien weiter. Rechtlich dürfen diese sich dann aber nicht mehr Deutsche Landrasse nennen.

Die Deutsche Landrasse ging aus dem Deutschen Veredelten Landschwein hervor, das während der 1950er Jahre zuerst in Schleswig-Holstein, in den 1960er Jahren im ganzen Bundesgebiet vom mehrseitigen Wirtschaftstyp auf den Fleischschweintyp umgezüchtet wurde, hauptsächlich durch Verdrängungskreuzung mithilfe von Abkömmlingen der Holländischen und Dänischen Landrasse, teilweise auch durch Kombinationskreuzung mit Ebern der Belgischen Landrasse. Der Wechsel in der Rassenbezeichnung erfolgte 1969, als die Umzüchtung im Wesentlichen beendet war.

Der heutige Typ der DL (▶ **Abb. 9.3**) unterscheidet sich vom früheren Mehrzwecktyp nicht nur durch größere Länge, rascheres Wachstum, vermehrte Fleischfülle, dünnere Haut, schwächere Behaarung, sondern auch durch leichtere Schlappohren, schlankeren Kopf und feineres Fundament. Vom dänischen und englischen Bacontyp soll sich das deutsche Fleischschwein dadurch unterscheiden, dass es nicht ganz so lang ist, einen breiteren Rücken hat und dass mehr Wert auf eine volle Schulter gelegt wird. Das Fleischschwein soll also ein sogenanntes „Vierschinkenschwein“ sein. Die Schlachtreife soll in der Regel mit 105 – 115 kg erreicht werden.

Was über Fundamentschwäche, Konstitutionsmängel und Stressanfälligkeit gesagt wurde, betraf auch Tiere der DL und muss teilweise als eine Begleiterscheinung der sehr raschen Umstellung auf den Typ des Fleischschweins angesehen werden. Wie bei anderen Merkmalen gibt es aber in einer so großen Population auch bezüglich dieser Eigenschaften eine beträchtliche Schwankungsbreite und damit die Möglichkeit zur allmählichen Verbesserung der Widerstandfähigkeit, also zu einer Konsolidierung. So wurden aus der Deutschen Landrasse der Universalzuchtrichtung (DLU) seit einigen Jahren Sauen ausselektiert, die stressresistent und kreislaufstabil sind. Um züchterisch schneller voranzukommen, wurden auch Sauen und Eber aus den verschiedensten Ländern wie z. B. aus der Schweiz importiert. Durch diese neu konzipierte Deutsche Landrasse Sauenlinie (DLS) sollen die Fleischqualität verbessert und die Fruchtbarkeit erhöht werden, ohne dass sich wesentliche Kriterien des Schlachtkörpers dadurch verschlechtern (Allerdings stellte man vorübergehend eine gewisse Abflachung des Schinkens fest). Nach der Prüfung auf Stressstabilität wird nicht mehr in DLU und DLS unterschieden. Diese reinerbig, stressstabile Reinzuchtsau (DL) kann dann sehr gut bei Kreuzungen (als Mutterlinie) eingesetzt werden und zeichnet sich durch gute Fruchtbarkeitsleistungen und hohe Zunahmen aus.

▶ **Abb. 9.3** Eber der Rasse deutsches Landschwein. (Foto: MSZV)

Piétrain (Pi) Diese aus Belgien stammende Rasse (▶ **Abb. 9.4**) stellt momentan die am stärksten eingesetzte Rasse auf der Vaterseite der Gebrauchskreuzungen dar. Diese Schweine haben kurze Stehohren und schwärzliche oder rötlichgraue Flecken auf grauweißem Grund. Bei dieser Rasse ist die Kombination zwischen hohem Fleischanteil am Schlachtkörper sowie vollem, fleischreichem Schinken einerseits und mangelhafter Fleischbeschaffenheit sowie Stressanfälligkeiten andererseits am deutlichsten ausgeprägt. In verschiedenen früheren Untersuchungen reagierten zwischen 65 und 100 % der getesteten Piétrainschweine positiv auf Stressanfälligkeit. Daher eignet sich diese Rasse nur für die Gebrauchskreuzung zur Erzeugung von Mastendprodukten. Um die Nachteile dieser Rasse zu reduzieren, werden systematisch mithilfe des MHS-Tests (S. 488) die Tiere auf Stressresistenz untersucht und die Ergebnisse im Besamungseberdatenbanken veröffentlicht. Hauptsächlich befinden sich heute NP- und NN-Tiere auf der Vaterseite im Einsatz und vererben hohe Fleischanteile bei mittleren Zunahmen. Einige Zuchtunternehmen legen mittlerweile allerdings auch hohen Wert auf die Wachstumsleistung und erzeugen Piétraineber mit hohen Zunahmewerten, die in der Fleischleistung aber dennoch überzeugen können.

Landrasse B (LB) Bei diesen Schweinen handelt es sich um Reinzuchtnachkommen der Belgischen Landrasse. Sie spielt in der heutigen Schweinezucht keine Rolle mehr.

Die Schweine der Landrasse B sind kürzer, breiter, gedrungener als gleichaltrige Schweine der DL und zeichnen sich durch einen besonders vollen Kugelschinken aus; aber sie sind weniger fruchtbar und weniger wüchsig als DL-Schweine, sodass sie in der Regel schon mit 90 – 100 kg die Schlachtreife erreichen. Die Fleischbeschaffenheit lässt zu wünschen übrig; denn Kotelett und Schinken dieser Schlachttiere haben vielfach PSE-Charakter. Durch ihre Stressanfälligkeit sind sie für die Reinzucht nicht geeignet, für einfache Gebrauchskreuzungen (Vaterseite) und bei Hybridprogramme werden sie begrenzt eingesetzt.

Deutsches Edelschwein (DE) Die Züchter des Edelschweins verfolgen die Zucht eines Fleischschweins schon sehr lange. Sie waren schon vor dem Krieg bestrebt, den Mästern ein für den Frischfleischabsatz geeignetes Schwein zu liefern, das seine Schlachtreife mit 100 – 110 kg erreicht. Die Entwicklung dieser früher in Ostdeutschland weit verbreiteten Rasse wurde durch die Teilung Deutschlands stark behindert, denn in den alten Bundesländern gab es nur eine kleine Zuchtregion im Oldenburgischen Ammerland und einige weitere Einzelzüchter.

Die schmal gewordene Selektionsbasis dürfte der Hauptgrund dafür sein, dass diese Rasse von anderen Rassen, wenn man die Mittelwerte betrachtet, in der Verringerung der Rückenspeckdicke und in der Vergrößerung des Schinkenanteils überholt wurde.

Die Tiere sind großwüchsig und mittellang mit dem charakteristischen Kennzeichen der Stehohren (▸ **Abb. 9.5**). Sie zeichnen sich durch eine gute Fruchtbarkeit, hohe Aufzuchtleistung und geringe Stressanfälligkeit aus.

Ähnliche Rassen gibt es – unter der Bezeichnung „Large White" oder „Yorkshire" – auch in den westlichen Nachbarländern, vor allem in Großbritannien und in den Niederlanden. Sie werden bei den meisten europäischen Hybridprogrammen zur Kreuzung herangezogen. Auch das Deutsche Edelschwein eignet sich für Gebrauchskreuzungen und für die Erzeugung von Kreuzungssauen (Vaterseite der Kreuzungssau).

Duroc (Du) Diese Rasse (▸ **Abb. 9.6**) entstand Mitte des 19. Jahrhunderts in den USA aus verschiede-

▸ **Abb. 9.5** Eber der Rasse deutsches Edelschwein. (Foto: MSZV)

▸ **Abb. 9.4** Eber der Rasse Pietrain. (Foto: MSZV)

▸ **Abb. 9.6** Eber der Rasse Duroc. (Foto: MSZV)

▸ **Abb. 9.7** Eber der Rasse Angler Sattelschwein. (Foto: MSZV)

nen roten Rassen und ist dort weit verbreitet. Einen Rassenstandard gibt es seit 1885. Dieses Schwein ist großrahmig, einfarbig rot und gutmütig. Die Sauen weisen gute Muttereigenschaften auf und geben viel Milch. Die frohwüchsigen Tiere erreichen die Schlachtreife mit 100 – 110 kg. Wegen ihrer Robustheit (alle Tiere sind stressresistent) und guten Kombinationseignung werden sie in verschiedenen europäischen und auch in deutschen Hybridprogrammen eingesetzt. Der moderne Duroceber (z. T. dänischer Duroc) wird heute in speziellen Betrieben als Vaterrasse bei Gebrauchsferkeln eingesetzt. Dabei verliert man leicht an Magerfleisch, gewinnt aber Frohwüchsigkeit und Stabilität.

Hampshire (Ha) Auch dieses in Nordamerika und England heimische Schwein ist praktisch frei von Stressanfälligkeit und weist eine gute Fleischbeschaffenheit auf. In Kreuzungsprogrammen wird es mit Piétrain kombiniert und für die Bereitstellung von Eberlinien benutzt. Wie Angler Sattelschweine haben die Hampshires schwarze Haare (rezessiv gegenüber dem Weiß der DL, aber dominant gegenüber dem Rot der Duroc), mit einem mehr oder weniger breiten weißen Sattel an Bug und Vorderbeinen. Sie unterscheiden sich von jenen aber durch ihre Stehohren.

Angler Sattelschwein (As) Diese Rasse, die aus einem Landschlag durch Einkreuzung mit englischen und Schwäbisch-Hällischen Ebern entstanden ist, hat einen schwarzen Kopf mit Schlappohren und ein schwarzes Hinterteil, während sich die weiße Mittelpartie, der Sattel, im Laufe der letzten Jahrzehnte immer mehr verbreiterte (▸ Abb. 9.7). Aus ihrem ursprünglichen Zuchtgebiet, der Landschaft Angeln in Schleswig-Holstein, dehnte sich diese Rasse wegen ihrer guten Fruchtbarkeit in der ersten Periode der Nachkriegszeit zunächst auf andere Gebiete aus, verlor dann aber sehr an Bedeutung, weil die dunkel pigmentierten Hautpartien von den Verarbeitern und Verbrauchern nicht geschätzt wurden und die Schlachtkörper zu viel Fett enthielten. Der Versuch, mithilfe der gezielten Einkreuzung von Zuchttieren der DL und des Pi-Schweines die Fleischleistung zu verbessern, ohne die gute Fruchtbarkeit zu verlieren, wurde nach unbefriedigenden Resultaten wieder aufgegeben. Aus Kreuzungen mit weißen Ebern entstehen weiße Nachkommen.

Schwäbisch-Hällisches Schwein (SH) Die Ausgangstiere dieser Rasse wurden Ende des 18. Jahrhunderts in Württemberg gehalten und in den folgenden Jahren mit verschiedenen Rassen gekreuzt. Erst 1925 begann die planmäßige Herdbuchzucht. Doch der veränderte Verbraucherwunsch nach viel Fleisch und wenig Fett bewirkte fast ein Aussterben dieser Rasse. Erst Anfang der 1980er Jahre stieg wieder die Nachfrage und so wurde 1986 erneut eine Züchtervereinigung gegründet. Die Tiere sind großrahmig, widerstandsfähig und fruchtbar. Die Sauen weisen ein gutes Aufzuchtvermögen und Milchreichtum auf. Sie werden in Qualitätsfleisch-Programmen eingesetzt und dann mit Fleischebern gekreuzt.

Buntes Bentheimer Schwein (BB) Bei dieser Rasse, die auf die europäische Landrasse zurückgeht, wurden das Angler Sattelschwein und Piétrain-Eber eingesetzt. Seit Anfang der 1960er Jahre war fast zwei Jahrzehnte lang nur noch ein Bestand in der Nähe von Bentheim in Niedersachsen vorhanden. Die mittelgroßen Tiere sind langlebig, widerstandsfähig und fruchtbar. Gelegentlich werden sie in andere Rassen eingekreuzt bzw. die Züchtung dient auch der Erhaltung der Rasse.

Leicoma (Lc) Die Rassenbezeichnung leitet sich aus den Anfangsbuchstaben der Zuchtgebiete Leipzig-Cottbus-Magdeburg ab und wird auch heute noch in den Zuchtverbänden Brandenburgs, Mecklenburgs und Baden-Württembergs gezüchtet. Der Genanteil dieser Rasse setzt sich aus 49 % Deutsche und Niederländische Landrasse, 46 % Duroc, 3 % Estnische Baconrasse und 2 % Deutsches Sattelschwein zusammen. Die Tiere sind großrahmig und besitzen eine hohe Fruchtbarkeit, gute Zunahmen und Futterverwertung bei sehr guter Fleischqualität, allerdings weisen die Schlachtkörper einen geringen Magerfleischanteil auf (▸ **Abb. 9.8**). Die Rasse spielt heute im Zuchtgeschehen keine Rolle mehr und wird nur noch als Genreserve gehalten. Einzelne Eber stehen noch auf manchen Besamungsstationen, um Spezialwünschen nachzukommen.

▸ **Abb. 9.8** Eber der Rasse Leicoma. (Foto: MSZV)

Fazit

- Um den Marktanforderungen gerecht zu werden, verwenden die Mäster in hohem Umfang Ferkel aus Einfach- oder Mehrfachkreuzungen.
- Als Väter dienen bei diesen Kreuzungen die Eber von Spezialrassen. Ihre Anteile am Zuchttierbestand haben zugenommen, vor allem die des Piétrainschweines.
- Für Stressresistenz (Robustheit, Vitalität), Fleischbeschaffenheit, Fruchtbarkeit und gute Mastleistungen sorgen Sauenlinien, für Fettarmut und gute Magerfleischanteile bei der Vermarktung Eberlinien.
- Bei der Bewertung der verschiedenen Merkmale im Gesamtindex für die Zuchtwertschätzung werden nicht alle Rassen bzw. Regionen der gleichen Rasse nach demselben Schema behandelt, sondern die Gewichtung richtet sich nach dem Verwendungszweck als Eber- oder Sauenlinie.
- Haltungsbedingungen und Fütterungstechnik werden mehr oder weniger gut an die Merkmalskombinationen der verschiedenen Rassen, Linien und Kreuzungen bzw. an die daraus resultierenden unterschiedlichen Ansprüche angepasst.

9.2.2 Gebrauchskreuzungen und Hybridprogramme

Kreuzungsferkel für Mäster können aus einfachen Gebrauchskreuzungen oder aus Hybridprogrammen stammen. Selbst erzeugen kann der einzelne Ferkelerzeuger oder Aufzucht-Mast-Betrieb wegen der hohen Kosten von Hybridprogrammen nur Gebrauchskreuzungen.

Zweirassenkreuzung Bei der einfachen Zweirassenkreuzung bedarf es dazu nur eines zweiten Ebers bzw. bei KB dessen Sperma. Von dieser Möglichkeit machen viele Ferkelerzeuger Gebrauch, die eine Muttersauenherde aus DL halten und diese für die Gewinnung von Jungsauen mit einem DL-Eber decken bzw. besamen, während sie für die Erzeugung von Mastprodukten für den Frischfleischverzehr einen LB- oder Pi-Eber benutzen.
DL ♀ × Pi ♂
F_1 Mastprodukte

Die weniger verbreitete Paarung mit einem DE-Eber wird evtl. dann durchgeführt, wenn die aus dieser Kreuzung hervorgehenden Mastschweine hauptsächlich in einen Verarbeitungsbetrieb mit Dauerwarenherstellung gehen.

DL ♀ × DE ♂

F_1 Mastprodukte

Dreirassenkreuzung Für die Dreirassenkreuzung (S. 134) bedarf es schon eines höheren organisatorischen Aufwands, an dem sich in der Regel auch die Handels- und/oder Schlachtstufe bzw. Ferkelerzeugerringe beteiligen, wenn nicht überhaupt die Initiative von diesen Bereichen ausgeht. Es wird nach folgendem Schema praktiziert:

DL ♀ × DE ♂

F_1 ♀ × Pi ♂

F_2 Mastprodukte

Bei dieser Kreuzung wird angestrebt, mithilfe des DE-Ebers in der F_1 fruchtbare, robuste Muttersauen zu gewinnen, die dann mit einem fleischreichen Eber zur Erzeugung vollfleischiger Mastprodukte gepaart werden. Heute stellen die Dreirassenkreuzungen den Großteil der in Deutschland gemästeten Schweine. Eigene Reproduktion der F_1-Sau bedarf großer Sorgfalt und eines großen Bestandes (400 – 600 Sauen). Dabei muss beachtet werden, dass auch die F_1-Kastraten vermarktet werden müssen. In erster Linie werden die F_1-Sauen aber heute von spezialisierten Jungsauenproduzenten erzeugt und mit ca. 100 kg an die Ferkelerzeuger verkauft.

Hybridprogramme Die positiven Erfahrungen mit Hybridmais und Hybridhühnern, die beobachteten Heterosiseffekte bei manchen einfachen Gebrauchskreuzungen von Schweinen und das Unbehagen vieler Ferkelerzeuger und Mäster über die wachsenden Probleme mit Reinzuchtschweinen weckten das Interesse für die Hybridschweinezucht, zuerst in Großbritannien und Holland, seit Ende der 1960er Jahre auch in der Bundesrepublik. Die Hybridschweine von zahlreichen Zuchtunternehmen konkurrieren mit den wenigen übrig gebliebenen, deutschen Schweinezuchtverbänden. An einem Hybridprogramm sind in der Regel folgende Produktionsstufen beteiligt:

Definition

1. Die **Basiszucht** mit Besamungsstation, Mastprüfungsanstalt, Sauen- und Masttestbetriebe sowie Basiszuchtbetrieben, in denen die Linien rein weitergezüchtet werden, die sich in den vorausgegangenen Kombinationsprüfungen als am besten geeignet erwiesen haben
2. Die **Vermehrungszucht (Großelternbetriebe)** stellt mithilfe der von den Basisbetrieben bezogenen Eber und Sauen Hybridsauen bzw. Hybrideber her.
3. Der **Ferkelerzeuger (Elternbetrieb)** bezieht deckfähige Jungsauen vom Großelternbetrieb und erzeugt mithilfe von Hybridebern (bzw. Sperma) Hybridferkel.
4. Der **Mäster** bringt die Hybridferkel zur Schlachtreife.

Bei der Hybridzucht ist demnach der Weg vom Züchter bis zum Mäster länger, komplizierter und kostspieliger als in der Reinzucht oder einfachen Gebrauchskreuzung und sie liegt deshalb in der Hand von Zuchtunternehmen und Züchtervereinigungen.

Wie gut sind Hybridschweine wirklich? Diese Frage, die früher immer wieder hitzig diskutiert und in Fachzeitschriften häufig angeschnitten wurde, lässt sich aufgrund zahlreicher Untersuchungen folgendermaßen beantworten. Zwar können auch Hybridschweine keine Wunder vollbringen und manche hochgespannten Erwartungen (vielleicht besonders von Betriebsleitern, die mit anderen Rassen keinen Erfolg hatten) wurden nicht erfüllt. Es wäre auch falsch, würde man sein Augenmerk nur auf die Mast- und Schlachtleistung werfen, denn die meisten Hybridzuchtunternehmen wollten in erster Linie die Fruchtbarkeit der Sauen (bessere und pünktliche Rausche, mehr Ferkel, mehr Milch usw.) und die Vitalität der Ferkel (Eignung für strohlose Aufstallung, niedrige Ausfallquote in Aufzucht und Mast usw.) verbessern. Durch das Ausnutzen von Heterosiseffekten bei Merkmalen mit geringem Erblichkeitsgrad (z. B. der Fruchtbarkeit) kam es zu Leistungssteigerungen bei den Hybridschweinen und dies führte zu mehr geborenen Ferkeln je Sau und Jahr. Zur Kontrolle der Leistungen der unterschiedlichen Herkünfte werden regelmäßig Warentests durchgeführt (► **Tab. 9.10**).

9.3 Leistungen des Schweins, Leistungsprüfungen und Qualitätsprobleme

Eberauktionen, die früher in Deutschland weit verbreitet waren, findet man heute kaum mehr. Das liegt sicher an der problematischen seuchenhygienischen Situation, aber in erster Linie an der weiten Ausbreitung der künstlichen Besamung beim Schwein. Betriebe, vielleicht ausgenommen einige Zuchtbetriebe, kaufen sich keine Besamungseber, die im Natursprung im Betrieb decken, sondern beziehen das Sperma von Besamungsstationen. Such- und Stimuliereber werden im eigenen Betrieb aufgezogen.

Daher sind Eberleistungen, die der Betrieb unbedingt für seine Anpaarungsplanung benötigt, auch kaum mehr in Eberkatalogen verfügbar, sondern können bei den Besamungsorganisationen online in Eberdatenbanken abgefragt werden. Als Beispiel einer solchen Datenbankinformation dient die ▸ **Abb. 9.9**, die der Besamungseberdatenbank der GFS (Genossenschaft zur Förderung der Schweinehaltung e.G. in Ascheberg) entnommen ist.

Abgebildet ist dort der Eber Balko. Als erste Information erhält man den Status der Stressstabilität. Ausgedrückt ist dieser in den beiden Großbuchstabe **NN** hinter dem Namen. Dies bedeutet, dass er homozygot stressstabil ist und dies in jedem Fall auch an seine Nachkommen vererben wird; s. MHS-Gentest (S. 488). Anschließend erhält man die Information, in welcher Besamungsstation er steht (**Ascheberg**) und seine Herdbuchnummer. Die Herkunft des Ebers ist ebenfalls hinterlegt. In diesen Fall stammt er von einem Züchter aus Baden-Württemberg und gehört zum Herdbuch von **German Genetic**. Aus dieser Zuchtorganisation stammen auch alle Informationen zum Tier. Dort wird der BLUP-Zuchtwert errechnet und der Besamungsstation zur Verfügung gestellt.

Wichtig ist das Datum, an dem der Zuchtwert festgestellt wurde, da sich dieser im BLUP-System (S. 151) kontinuierlich ändern kann (**ZWS-Datum: 11. 8. 2017**).

Es folgen die ersten Leistungsdaten, nämlich die der Eigenleistung. Dabei sind hier zwei wichtige Parameter erfasst. Zunächst die Zunahmen in der Feldprüfung, sprich im Zuchtbetrieb. Diese betragen hier **737** g. Daneben wird auch die Rückenspeckdicke ausgegeben. Diese beträgt 4,9 mm (**0,49** cm). An diesen Zahlen kann man sich schon einmal für den Einsatz im eigenen Betrieb orientieren. Möchte ich bei den Mastschweinen ein hohes Zunahmeniveau erzielen, sollte der Wert für die Tageszunahmen hoch sein, bei gewolltem hohen Muskelfleischanteil, der für die Rückenspeckdicke niedrig.

Dazu eignen sich aber noch besser die in der Grafik angezeigten Leistungen der **79** Nachkommen, die in der Feldprüfung (**Nachkommen geprüft (Feld)**) ermittelt wurden. Zu sehen sind hier die wichtigsten Werte für die Mast- und Schlachtleistung und für die Fleischqualität als Naturalzuchtwert (**NZW**) und als **genetische Standardabweichung**. Die Zahlen bedeuten im Einzelnen: Die Nachkommen des Eber Balko nahmen gegenüber dem Durchschnitt aller geprüften Tiere um 60 g (**PTZ**) im Prüfabschnitt mehr zu und brauchten 0,13 kg Futter weniger (**FVW**), um 1 kg Körpermasse zu erzeugen. Der Wert von + 0,13 FVW versteht sich aus züchterischer Sicht, nicht aus mathematischer Sicht. Auch für alle Werte der Schlachtleistung lagen die Nachkommen deutlich über dem Durchschnitt. So konnten sie bei der Klassifizierung nach AUTOFOM **0,4** kg mehr Lachs (**La**), **1,01** kg mehr Schinken (**Schi**) und **3,51** höhere Bauchfleischprozente (**Bauch%**) erreichen. Der Muskelfleischanteil (**MFA**) lag **1,615** über dem Durchschnitt. Gleiches gilt für den pH-Wert (**+ 0,07**) und die Tropfsaftverluste (**TV + 0,12**).

Mit diesen hervorragenden Leistungen seiner Nachkommen, gepaart mit den Leistungen seines Vaters (**V. Leistung**) und seiner Mutter (**M. Leistung**), die in den gleichen Parametern wie die Nachkommen beschrieben werden, erzielt der Eber Balko einen **BLUP**-Zuchtwert von **180**. Damit liegt er ganz weit an der Spitze der Population, die einen mittleren BLUP-Zuchtwert definitionsgemäß von 100 aufweist. Bei einer Standardabweichung definitionsgemäß von 20 heißt dies, er weicht um mehr als 4 Standardabweichungen vom Mittelwert der Population ab und zeigt damit eine Leistung, die besser ist als 99,9 % aller Eber in der Population.

GFS Eberdatenbank - Stand 31.08.2017

BALKO NN
German Pietrain
Station Ascheberg

HB-Nr.	27446
Züchter	M. Schnothale Wegberg-Watern German Genetic, BW
geb.	12.07.15
ZWS Datum	11.08.2017

EIGENLEISTUNG

E.-Feld	737/ 0,49
Anzahl Nachkommen geprüft (Feld)	79

BLUP 180

GFS NK-GEPRÜFT	Platin

V	BALSAM	26528	M	359317	359317
VV	BLONDI	25430			
VM	FIARTA	217189	MV	ISCHIAS	26279

MASTLEISTUNG ★★★ | SCHLACHTLEISTUNG ★★★ | ERBFEHLER | WURFQUALITÄT | FRUCHTBARKEIT

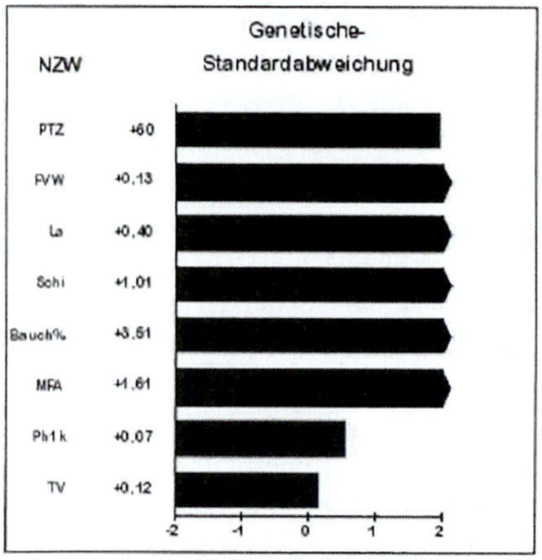

		PTZ	FVW	La	Schi	Bauch%	MFA	Ph1k	TV
V.Leistung; BLUP: 171 R: 90%	NZW	+49	+0,10	+0,56	+1,36	+4,23	+1,64	-0,05	-0,74
M.Leistung BLUP: 126 R: 49%	NZW	-1	+0,03	+0,13	+0,35	+1,77	+0,96	+0,12	+0,64

► **Abb. 9.9** Auszug aus GFS-Eberdatenbank: Eber Balko. (Quelle: Genossenschaft zur Förderung der Schweinhaltung e.G.)

Eigenleistungsprüfung Die Eigenleistung des Ebers wurde im Feld geprüft, das heißt die Messungen wurden im Aufzuchtbetrieb durchgeführt. Aus den Geburtsgewichten und dem Gewicht zur Prüfung und den für das Wachstum benötigten Lebenstagen wurde dann die Lebenstagszunahme von 737 g ermittelt. Neben der angegebenen Rückenspeckdicke werden bei der Körung Noten für Exterieur, Fundament und Zitzenleiste vergeben.

Neben der Eigenleistungsprüfung im Feld findet man in Deutschland auch noch die Eigenleistungsprüfung in der Station. Dazu werden die Jungeber als Ferkel zu einer Leistungsprüfstation verbracht und dort unter genormten Bedingungen aufgezogen. Bei solchen Ebern findet man dann auch noch den Parameter Prüftagszunahmen. Dieser drückt aus, welche Zunahmen der Eber in der Haltungsperiode (zumeist 30 kg bis 100 kg Lebendgewicht) in der Station erbracht hat. Der Vorteil dieser Prüfung ist, dass die Zunahmen der Eber besser miteinander vergleichbar sind, da sie unter gleichen Bedingungen aufgezogen wurden.

Bei der Eigenleistungsprüfung im Feld, hier die Zahlen aus Bayern für 2016, zeigen sich bei den verschiedenen Rassen und auch zwischen Ebern und Sauen der gleichen Rasse große Unterschiede in den einzelnen Leistungskriterien (▶ **Tab. 9.3**).

Zuchtleistungsprüfung Die Zahlen für die Zuchtleistung können nur auf dem Betrieb erfasst werden. Dies geschieht in der Regel durch den Züchter/Tierhalter oder von den unterschiedlichen Organisationen bestimmten Datenerfassern. Genutzt werden Parameter wie lebend geborene Ferkel, aufgezogene Ferkel, Ferkelverluste etc. Zu welchen Zeitpunkten die Daten erfasst werden, ist zwischen den Organisationen sehr unterschiedlich. Teilweise werden die Ferkel am Tag 1 ,3 oder sogar erst Tag 7 nach der Geburt erfasst, je nachdem, welcher Zweck verfolgt wird. Die zweite Ferkelzahl wird dann in der Regel am Tag 21 erhoben.

Dieses Element der Fruchtbarkeitsleistung ist ebenso wie die Höhe der Ferkelverluste **sehr stark durch Haltungsmaßnahmen beeinflussbar.** Darauf konzentrieren sich viele Bemühungen, weil hier eher Erfolge zu erzielen sind als auf züchterischem Wege. Die Heritabilität der Wurfgröße ist mit 0,1 sehr niedrig und erlaubt nur einen sehr langsamen Zuchtfortschritt.

Stationsprüfung In der **Richtlinie für die Stationsprüfung auf Mastleistung, Schlachtkörperwert und Fleischbeschaffenheit** sind folgende wesentlichen Vorgaben festgehalten:

- Geprüft wird in Zweiergruppen oder größeren Gruppen mit Einzeltierfuttererfassung.
- Prüfzeitraum von 30 bis 115–120 kg Lebendgewicht
- Fütterung erfolgt nach DLG-Empfehlungen bevorzugt in 2–3 Phasen

Erfassung der Mastleistung Die Parameter Prüftagszunahmen und Futteraufwand je kg Zuwachs sind für alle Stationen verpflichtend. Hinzu kommen weitere Parameter wie täglicher Futterverbrauch oder Lebenstagszunahmen.

Bei den einzelnen Rassen und bei den zunehmend geprüften Kreuzungen zeigen sich erhebliche Unterschiede, wie aus ▶ **Tab. 9.4** zu erkennen ist.

Die MPA-Kapazitäten werden derzeit hauptsächlich durch **Geschwister- und Nachkommen-**

▶ **Tab. 9.3** Ergebnisse der Eigenleistungsprüfung für Eber und Sauen im Feld (nach LfL 2017 [148]).

Herkunft	Anzahl Prüftiere		Ø Alter Tage		Ø Gewicht kg		Ø tägl. Zunahme g	
	Eber	Sauen	Eber	Sauen	Eber	Sauen	Eber	Sauen
DL	231	6464	199	189	121	105	610	560
Pi	2206	–	182	–	139	–	766	–
DE	62	–	206	–	140	–	682	–
Du	5	–	188	–	151	–	798	–
DE × DL	–	17 573	–	186	–	110	–	593
DL × DE	–	2256	–	183	–	109	–	596

▸ **Tab. 9.4** Ergebnisse der Mastleistung bei der Nachkommenprüfung in Bayern (30 – 120 kg) (nach LfL 2017 [148]).

Herkunft		Anzahl Prüftiere	Stallendgewicht (kg)	Ø tägl. Zunahme (g)	Futterverbrauch/kg Zuwachs (kg/kg)
DL	Kastraten	1173	120,2	998	2,52
	Eber	164	120,6	961	2,28
Pi	Sauen	281	110,6	839	2,20
DE × DL	Kastraten	1798	120,2	1020	2,50
	Eber	99	121,0	1001	2,23
DL × DE	Kastraten	689	120,2	1029	2,49
	Eber	69	121,4	1032	2,19
Pi × DL	weibliche Tiere	1136	117,4	902	2,33
	Eber	453	118,8	953	2,18
Pi (DE × DL)	weibliche Tiere	870	117,1	899	2,29
	Eber	347	118,6	947	2,17

prüfungen von Jungebern genutzt, die zur Zucht vorgesehen sind. Meistens handelt es sich um **Halbgeschwistergruppen.** Die Qualität ihrer Aussage über den Zuchtwert des Probanden ist zwar geringer als die einer Nachkommensprüfung, aber sie liegt schon bei der Körung und vor der Zuchtbenutzung vor.

Erfassung des Schlachtkörperwertes Die Schlachtkörperlänge wird gemessen vom 1. Halswirbel (Atlas) bis zum Schlossknochen. Ferner wird bei einem Querschnitt zwischen 13. und 14. Rippe (Kotelettschnitt) festgestellt, wie groß die Fläche des **Großen Rückenmuskels** (Musculus longissimus dorsi) ist. Die sich über der Rückenmuskelfläche befindende Fettauflage wird ins Verhältnis zur Kotelettfläche gesetzt und daraus das **Fleisch:Fett-Verhältnis** errechnet (▸ **Abb. 9.10**).

Einige dieser Werte bei verschiedenen Rassen sind in der ▸ **Tab. 9.5** zu finden.

Fazit

Das als Hilfsmerkmal aus den Maßen am Kotelettanschnitt errechnete Fleisch:Fett-Verhältnis hat zwar eine enge Beziehung zum Fleisch:Fett-Verhältnis am Schlachtkörper (Korrelationskoeffizient 0,7 – 0,8). Aber man kann daraus nicht direkt den Fleischanteil des Schlachtkörpers errechnen, denn der Schlachtkörper enthält außer Muskelfleisch und Fett auch noch Knochen, Sehnen, Schwarten usw.

Der **Fleischanteil des Schlachtkörpers** kann exakt nur durch eine sehr arbeitsaufwändige, vollständige Zerlegung aller Gewebe bestimmt werden. Diese Methode der Ermittlung des Fleischanteils dient nur Forschungszwecken und der Eichung der indirekten Methoden.

Bei der in Dänemark seit Jahren praktizierten und in der Bundesrepublik am 01.04.1987 eingeführten **apparativen Bestimmung des Fleischanteils** handelt es sich – wie beim Fleisch:Fett-Verhältnis am Kotelett – wieder um eine indirekte Methode: Die an verschiedenen Einstichstellen gemessenen Rückenspeck- und Fleischmaße werden über eine komplexe Formel in Muskelfleisch umgerechnet, mehr dazu im Kap. Vermarktung der Mastschweine (S. 554). Diese Rechenwerte weisen eine enge Korrelation zum tatsächlichen Muskelfleischanteil am Schlachtkörper auf.

Um auch ohne apparative Klassifizierung einen Anhaltspunkt für den Muskelfleischanteil im Schwein zu erhalten, wird in der Prüfstation dieser über die sogenannte „Bonner Formel" errechnet. Dazu werden verschiedene am Schlachtkörper erfasste Fleisch- und Speckmaße in einer Regressionsformel zusammengefasst. Für Vater- oder Mutterrassen werden unterschiedliche Formeln herangezogen. Nachfolgend wird die Formel für Mutterrassen dargestellt.

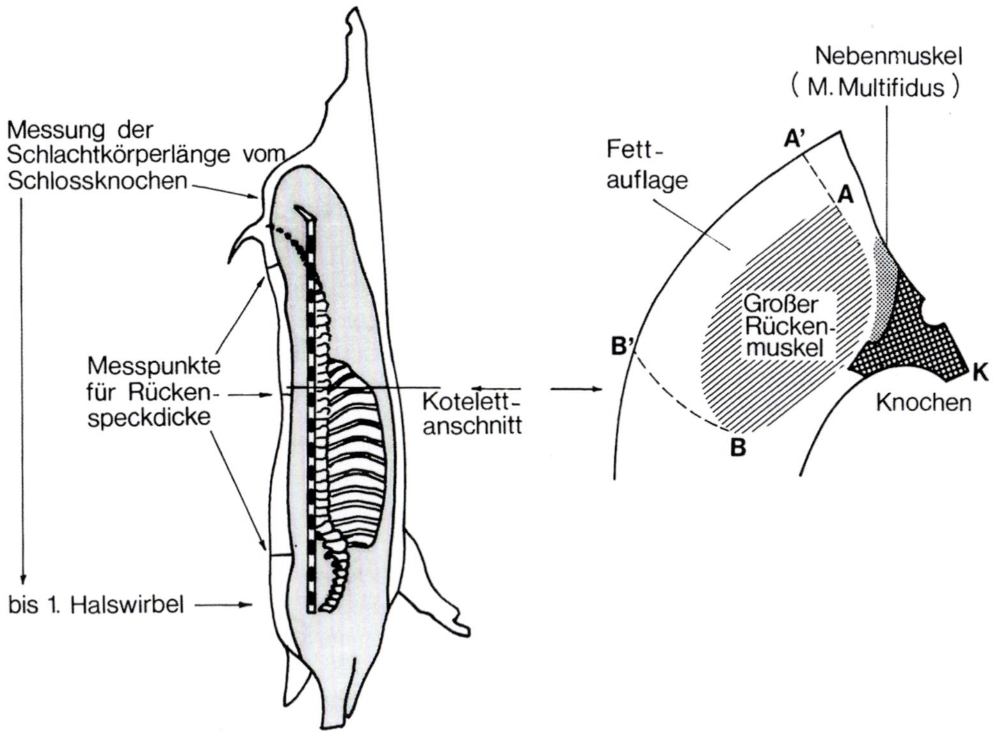

► **Abb. 9.10** Messungen für Schlachtleistungsprüfung.

► **Tab. 9.5** Ergebnisse der Schlachtleistung bei der Nachkommenprüfung 2016 in Bayern (Auswahl) (nach LfL 2017 [148]).

Herkunft		**Anzahl Prüftiere (n)**	**Fleisch:Fett-Verhältnis**	**Muskelfleischanteil nach Bonner Formel (%)**
DL	Kastraten	1173	0,48	54,1
	Eber	164	0,39	58,3
Pi	weibliche Tiere	281	0,12	68,0
DE × DL	Kastraten	1798	0,47	54,0
	Eber	99	0,36	58,5
DL × DE	Kastraten	689	0,50	53,4
	Eber	69	0,40	57,2
Pi × DL	weibliche Tiere	1136	0,22	63,4
	Eber	453	0,25	62,5
Pi (DE × DL)	weibliche Tiere	870	0,22	63,6
	Eber	347	0,24	62,8

Der Muskelfleischanteil (%) des Schlachtkörpers ergibt sich wie folgt:

- 59,704
- – 0,147 × Fettfläche (aus Anschnitt an der 13.–14. Rippe berechnet, in cm^2)
- + 0,222 × Rückenmuskelfläche (aus Anschnitt an der 13.–14. Rippe berechnet, in cm^2)
- – 1,744 × Rückenspeckdicke an der Lende (in cm)
- – 1,175 × Rückenspeckdicke an der dünnsten Stelle in der Schlachtkörpermitte (in cm)
- – 0,809 × Rückenspeckdicke Widerrist (in cm)
- – 0,378 × Seitenspeckdicke (in cm)
- – 1,801 × Speckdicke über Rückenmuskel (in cm).

Aus den in ▸**Tab. 9.5** dargestellten Merkmalen lässt sich ein deutlicher Unterschied zwischen Mutter- und Vaterrassen erkennen. Die entsprechenden Kreuzungen bewegen sich dazwischen. Eber zeigen gegenüber Kastraten höhere Muskelfleischanteile (+ 4 %). Zwischen Ebern und Sauen ist der Unterschied dagegen nicht so stark ausgeprägt. Zwischen den Zwei- bzw. Dreifachkreuzungen ist dagegen kaum ein Unterschied für die Merkmale des Schlachtkörperwertes zu beobachten.

9.3.1 Fleischbeschaffenheit und Stressanfälligkeit

Für die Beurteilung der Fleischbeschaffenheit können verschiedene Kriterien herangezogen werden.

Die Messung der Farbhelligkeit wird an der Schnittfläche des Großen Rückenmuskels durch das Optostar-Gerät durchgeführt. Optimal sind hier 60 – 80 Punkte. Niedrigere bzw. höhere Werte geben einen Hinweis auf Fleischqualitätsmängel. Allerdings wird diese Messung auf Grund technischer Probleme mittlerweile nur noch äußerst selten angewandt.

Beim **Tropfsaftverlust** wird das Safthaltevermögen von Fleischproben festgestellt und der Gewichtsanteil des abtropfenden Wassers im Verhältnis zu dem Gewicht der entnommenen Fleischprobe gesetzt. Dieser Verlust sollte 24 – 48 Stunden nach dem Schlachten kleiner als 3 % sein.

Die **pH-Wert-Messungen** dienen der Kontrolle des Säuerungsverhaltens des Fleisches. Hiermit können weitere, für die Fleischverarbeitung wichtige Teilaspekte der Fleischbeschaffenheit untersucht werden.

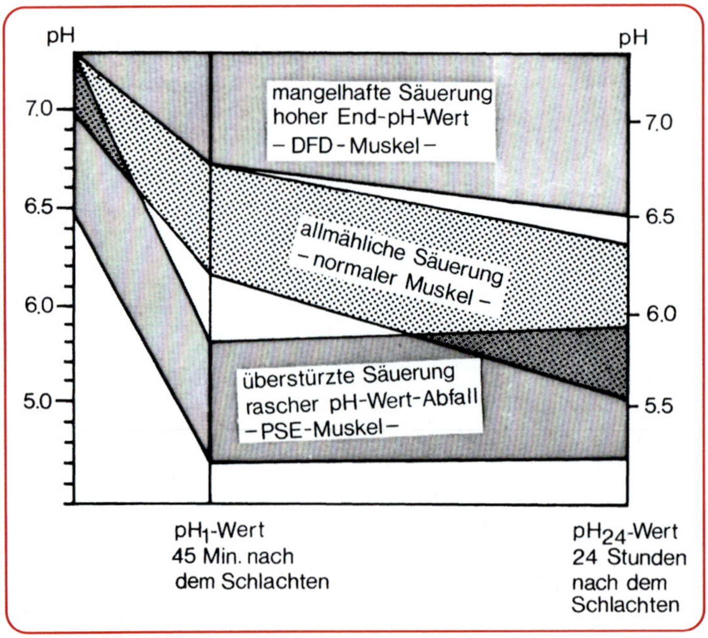

▸**Abb. 9.11** Fleischreifungstypen mithilfe der pH-Messung (Abb. basiert auf Daten aus [104]).

Definition

Neben normal reifendem Fleisch werden folgende Fleischtypen von anormaler Beschaffenheit unterschieden:

- **PSE-Fleisch** (pale = bleich, soft = weich, exsudativ = wässrig)
- **DFD-Fleisch** (dark = dunkel, firm = fest, dry = trocken)

Wie das Schema der **Fleischreifungstypen** (▶ **Abb. 9.11**) zeigt, findet bei **DFD-Fleisch** (aus Mangel an verfügbaren Energiereserven in den Muskeln zum Schlachtzeitpunkt) keine oder eine nur unzureichende Fleischsäuerung statt. Dieses Fleisch bietet den Bakterien gute Lebensbedingungen, und die daraus hergestellten Dauerwaren halten sich schlecht. Außerdem schmeckt es unangenehm leimig.

Das **PSE-Fleisch** ist durch einen sehr raschen Abbau der Energiereserven und eine beschleunigte Milchsäurebildung nach dem Schlachten charakterisiert. Es schrumpft in der Pfanne stärker als normales Fleisch und ist weniger zart. Den Verarbeiter stören dabei die durch Tropfwasser und erhöhte Verdunstung bewirkten Gewichtsverluste von PSE-Schweinen, die übermäßige Geleebildung bei Dosenschinken sowie das schon erwähnte geringe Wasseraufnahmevermögen (in der Würstchenherstellung).

Dieses negative Erscheinungsbild von PSE-Fleisch wird noch verstärkt, wenn die Tiere einen geringen **intramuskulären Fettanteil** aufweisen, der als Träger von Geschmacksstoffen mind. 2–2,5 % erreichen sollte. Die enge negative Korrelation mit dem Muskelfleisch hat einen Rückgang des intramuskulären Fettes bewirkt. Ganz deutlich ist das aus den Zahlen der ▶ **Tab. 9.7** ablesbar. Bei reinrassigen Pi-Sauen und mit Pi-Ebern angepaarten Kreuzungstieren liegt der Anteil an intramuskulärem Fett knapp über oder sogar unter einem Prozent. Sichtbar wird auch, dass Eber diese Problematik noch weiter verstärken. Die am meisten begehrten Teilstücke sind besonders anfällig für PSE-Fleisch und somit lassen sich Qualitätsabweichungen hier auch am zuverlässigsten bestimmen. Hierzu ist es notwendig, dass der pH-Wert 45–60 Minuten (pH 1) bzw. 24 Stunden nach der Tötung (pH 24) am Kotelett bzw. Schinken festgestellt wird. Die Abgrenzungen der Wertebereiche findet man in ▶ **Tab. 9.6** und in ▶ **Tab. 9.7** sind einige Ergebnisse der Rassen bzw. Kreuzungen aufgeführt.

Eine Alternative zum pH-Wert ist die Messung der **elektrischen Leitfähigkeit** des Stromes im Muskel mithilfe von zwei parallel angeordneten Einstich-Elektroden. Die Leitfähigkeit wird erhöht durch Membranschädigung, da hierdurch die Zellflüssigkeit leichter austritt und die Beweglichkeit der Ionen im Gewebe zunimmt. Diese einfach und schnell durchzuführende Messung, die die Feststellung von PSE-Fleisch ermöglicht, sollte ebenfalls frühestens 40 Minuten nach der Schlachtung erfolgen. Bei guter Fleischbeschaffenheit liegen die 45 Minuten bzw. 24 Stunden nach der Schlachtung gemessenen Leitfähigkeitswerte (LF 1 bzw. LF 24) unter 5,0 mS/cm^2 (Millisiemens/cm^2), wie ▶ **Tab. 9.6** ausweist.

An einer Verbesserung der Fleischqualitätsmängel müssen auch die Mäster und Ferkelerzeuger interessiert sein.

Im gleichen Maße, wie sich die Rückenmuskelflächen und der Fleischanteil vergrößerten, nahm auch der Anteil an PSE-Schweinen zu und vermehrten sich die Verluste während der Mast, auf dem Transport und auf dem Schlachthof. Zahlreiche Einzeluntersuchungen bestätigen den Zusammenhang zwischen PSE-Fleisch und Stressanfälligkeit.

Bei der Entstehung von DFD- und PSE-Fleisch sind auch Umweltfaktoren beteiligt, insbesondere die Transportbedingungen vom Mastbetrieb bis zum Schlachthof, die Länge der Ruhepause vor dem Schlachten und dieser Vorgang selbst. Aber angesichts eines relativ hohen Erblichkeitsgrades (Heritabilität für Optostar-Wert: $h^2 = 0{,}3$) liegt der Schwarze Peter auch bei den Schweinezüchtern. Von diesen wurde das Problem erkannt und die Berücksichtigung der Fleischbeschaffenheit im Gesamtzuchtwert beweist, dass einer weiteren Verschlechterung von Fleischbeschaffenheit und Konstitution entgegengewirkt werden soll. Wenn man allerdings den Trend umkehren, also die Fleischmängel und die Stressanfälligkeit vermindern will, ohne das in der Fleischfülle erreichte Niveau zu gefährden, braucht man einen langen Atem.

Um diese Stressanfälligkeit beim Schwein voraussagen bzw. dagegen züchten zu können, wurden schon früh entsprechende Tests entwickelt. So konnte mithilfe einer Methode, bei der die Reak-

► **Tab. 9.6** Kriterien zur Beurteilung der Fleischbeschaffenheit beim Schwein.

Kriterium	Messverfahren	Wertebereich	
		Erwünscht	Unerwünscht
Fleischhelligkeit:			
Optostar	photoelektrisch am Anschnitt des Rückenmuskels zwischen der 13./14. Rippe	60 – 80	< 40
pH-Werte in Kotelett und Schinken:			
pH 1 im Rückenmuskel	Messung der Ansäuerung des Muskels 45 Minuten nach der Schlachtung zwischen 13./14. Rippe	5,8 – 6,4	< 5,6 PSE-Beschaffenheit
pH 24 im Rückenmuskel	Messung wie pH 1 24 Stunden nach der Schlachtung	< 5,6	> 6,0 DFD-Beschaffenheit
pH 24 im Schinken	Messung der Ansäuerung des Muskels 24 Stunden nach der Schlachtung im Schinken	< 5,6	> 6,0 DFD-Beschaffenheit
Leitfähigkeit (LF) im Kotelett und Schinken:			
LF 1 im Rückenmuskel	Messung der elektrischen Leitfähigkeit im Muskel 45 Minuten nach der Schlachtung	< 5,0 mS/cm^2	> 8,0 mS/cm^2
LF 24 im Rückenmuskel	Messung wie LF 1 24 Stunden nach der Schlachtung	< 5,0 mS/cm^2	> 8,0 mS/cm^2

► **Tab. 9.7** Ergebnisse der Fleischbeschaffenheit bei der Nachkommenprüfung 2016 (nach LfL 2017 [148]).

Herkunft		Anzahl Prüftiere	pH 1-Kotelett	Intramuskulärer Fettanteil (%)	Tropfsaftverlust (%)
DL	Kastraten	1173	6,46	1,49	3,23
	Eber	164	6,49	1,15	2,90
Pi	weibliche Tiere	281	6,34	0,93	3,49
DE × DL	Kastraten	1798	6,45	1,75	3,31
	Eber	99	6,46	1,15	3,08
DL × DE	Kastraten	689	6,47	1,75	3,15
	Eber	69	6,48	1,24	3,18
Pi × DL	weibliche Tiere	1136	6,42	1,03	3,24
	Eber	453	6,40	0,95	3,53
Pi (DE × DL)	weibliche Tiere	870	6,42	1,07	3,23
	Eber	347	6,40	0,98	3,51

tion von 20 kg schweren Ferkeln während einer kurzzeitigen, genau dosierten Betäubung mit dem Präparat Halothan beobachtet und registriert wird, stressanfällige Schweine frühzeitig aufgespürt und selektiert werden. Läufer, bei denen sich während der Einwirkungszeit des Betäubungsgases die Muskeln verkrampfen, wurden als halothanpositiv, abgekürzt H(+), bezeichnet. Läufer, die mit entspannten Muskeln auf dem Behandlungstisch lagen, wurden als H(–), also halothannegativ, eingestuft.

Auch mit dem **Kreatin-Kinase-Test** (**CK-Test**) lässt sich die Stressstabilität feststellen. Dieser Test beruht darauf, dass die Schweine einer Belastung ausgesetzt werden. Bei stressempfindlichen Tieren kommt es zu einer Schädigung der Zellmembranen, sodass das muskelspezifische Enzym Kreatin-Kinase in die Blutbahn gelangt und dort nach ca. 24 Stunden seine höchsten Werte erreicht.

Ein Unterschied des Halothan- und des CK-Tests besteht darin, dass der CK-Test zwar auch am lebenden Schwein durchgeführt werden kann, aber doch erst in einem Gewichtsabschnitt von 60–100 kg. Hinzu kommt ein entscheidender Punkt, nämlich dass man den H(–)-Tieren äußerlich nicht anmerkt, ob sie zu den wenigen reinerbigen (homozygoten) oder zu den vielen mischerbigen (heterozygoten) zählen, die noch Überträger des Stressempfindlichkeitsfaktors sein können.

Fazit

Daher ist die Entdeckung des **MHS-Gentests** (malignes Hyperthermie-Syndrom) im Jahr 1991 als großer Fortschritt zu werten. Mit diesem gendiagnostischen Verfahren können durch Untersuchungen eines Milliliters Blut oder eines erbsengroßen Gewebestückes die MHS-Genvarianten exakt dargestellt werden, sodass sich die Tiere eindeutig in MHS-negativ (**NN**), -positiv (**PP**) oder heterozygot (**NP**) einstufen lassen. Es entfallen damit langwierige Nachkommenprüfungen zur Unterscheidung von reinerbig und mischerbig stressstabilen Tieren. Da bei dem MHS-Test das Gen direkt am Tier selbst erfasst wird, handelt es sich um ein sofort vorliegendes Eigenleistungsergebnis, wodurch die Überlegenheit gegenüber den anderen Methoden noch größer ist.

Unser Beispieleber Balko trägt die Buchstabenkombination NN, ist also reinerbig stressresistent, vererbt also auf jeden Fall die Stressstabilität weiter.

Praxistipp

Züchterische Maßnahmen reichen allein nicht aus, um eine gute Fleischqualität zu garantieren. Zusätzlich müssen – wie bereits erwähnt – die Transport- und Schlachtbedingungen verbessert werden. Der Landwirt sollte die Schweine 6 – 8 Stunden vor dem Transport nicht mehr füttern, aber ausreichend tränken und beim Verladen dafür sorgen, dass die Tiere über griffigen Boden und rutschfeste Rampen ruhig in die Transportwagen gelangen, ohne durch Elektrotreiber und Schläge schockiert zu werden. Kranke Tiere dürfen nicht verladen werden.

Die übrigen Forderungen gehen das Transport- und Schlachthofpersonal an: Den Transport durch Absperrgitter nach Größenklassen und Herkunft unterteilen – im Sommer nur morgens oder abends fahren –, das Fahrzeug nicht zu dicht belegen, das heißt mindestens 0,5 m^2 je Schwein vorsehen, und für gute Belüftung sorgen – im Winter einstreuen – vorsichtiges Kurvenfahren, Bremsen und Rangieren, um Erbrechen vorzubeugen – Ruhe beim Abladen, Treiben und Wiegen auf dem Schlachthof bzw. in der Versandschlachterei. Der Mäster sollte seine Wirkungsmöglichkeiten auf diese Leute so gut wie möglich nutzen.

9.3.2 Kontrollergebnisse aus Erzeugerringen

In den 1960er Jahren wurden deutschlandweit Mastkontroll- und Ferkelerzeugerringe aufgebaut. Durch diese wurden 2015/16 über 2100 Ferkelerzeugerbetriebe und 3600 Mastbetriebe beraten und fast 430 000 Sauen und über 7,3 Mio. Mastschweine kontrolliert.

Die Hauptaufgabe dieser Ringe sind die Betreuung und Beratung der Mitglieder in Fragen der Produktionstechnik (Fütterung, Haltung, Hygiene usw.) und die Erstellung der Aufwands-Ertrags-Rechnungen zur Verbesserung der Rentabilität. Natürlich wird das anfallende Datenmaterial auch von den Verbänden, Instituten und anderen an der Schweineproduktion interessierten Einrichtungen als Informationsquelle benutzt.

Insgesamt zeigen die Ergebnisse (▶ Tab. 9.8, ▶ Tab. 9.9) aber, dass die Leistungen in den Betrieben von Jahr zu Jahr steigen. Besonders hervorzuheben ist die Steigerung in den Aufzuchtleistungen. Gründe dafür sind neben dem Genetikwechsel sicherlich auch im Ausscheiden schlechterer Betriebe zu sehen.

Als Entscheidungshilfe für die Auswahl von Zucht- und Masttieren aus verschiedenen Kreuzungsprogrammen kann der Warentest von Haus

▶ **Tab. 9.8** Ergebnisse der biologischen Leistungsdaten in der Ferkelerzeugung der Erzeugerringe 20015/16. Auswahl: Betriebe im Norden Deutschlands (nach Schulz 2017 [204]).

Jahr	Betriebe	Anzahl Sauen/Betrieb	Anzahl Würfe/Sau/Jahr	Abges. Ferkel/Sau/Jahr	Verlustrate %	Ferkelerlös je kg (€)	Direktkosten/Sau (€)	DKfL/Sau (€)
2014/15	297	261	2,33	29,2	15,0	1,97	1247	435
2015/16	273	271	2,32	29,6	15,1	1,82	1257	387

▶ **Tab. 9.9** Ergebnisse der biologischen Leistungsdaten der Erzeugerringe in der Schweinemast, 2015/16 (nach ZDS 2017 [255]). Auswahl: Betriebe im Norden Deutschlands (nach Schulz 2017 [204]).

Jahr	Betriebe	Verkauf Stück pro Betrieb	Tägl. Zunahme(g)	Futterverbrauch/kg Zuwachs (kg/kg)	Verluste %	DKfL/100 kg Zuwachs (€)
2014/15	1338	2908	833	2,82	2,66	16,60
2015/16	1034	3942	842	2,80	2,94	16,10

▶ **Tab. 9.10** Bewertung der getesteten Eberherkünfte (nach Adam et al. 2016 [1]).

	BHZP	German genetics	PIC	Topigs Norsvin
tägliche Zunahmen	**sehr gut**	**befriedigend**	**gut (+)**	**gut (–)**
nach Sauenherkunft:				
• DanZucht	sehr gut (–)	befriedigend (+)	sehr gut	gut (+)
• db. Victoria	sehr gut	gut	gut (+)	gut (+)
• PIC	sehr gut	befriedigend (–)	befriedigend	gut (–)
• Topigs 20	sehr gut	ausreichend (+)	gut (+)	befriedigend (–)
Futteraufwand je kg Zuwachs	**sehr gut**	**befriedigend (+)**	**gut**	**gut (–)**
Schlachtkörperbewertung	**befriedigend (+)**	**gut (–)**	**gut (+)**	**gut (–)**
nach Sauenherkunft:	gut (–)	sehr gut	gut (–)	gut (–)
• DanZucht	gut (–)	gut (–)	gut (+)	gut (+)
• db. Victoria	gut (+)	sehr gut	gut	sehr gut (–)
• PIC	befriedigend (–)	befriedigend (–)	sehr gut	befriedigend (–)
• Topigs 20	befriedigend	befriedigend	sehr gut	gut (+)
Fleischbeschaffenheit	sehr gut (2,3)	sehr gut (–)	befriedigend (+)	gut (+)
Gesamt	**gut (+) (1,6)**	**befriedigend (+) (2,7)**	**gut (1,9)**	**gut (2,1)**

Düsse herangezogen werden. Dieser Test vergleicht die wesentlichen Merkmale von 7 verschiedenen Herkünften. Zusätzlich wurde die Kundenzufriedenheit erfasst.

Die Unterschiede sind durch die durchgeführte Benotung bei den Einzelmerkmalen sowie bei der Gesamtbewertung (mit evtl. Abweichungen nach oben oder unten) aus der ▸ **Tab. 9.10** leicht ablesbar.

9.4 Ferkelerzeugung

9.4.1 Grundlagen und Steuerung der Fruchtbarkeit

Zuchtreife und Eingliederung von Jungsauen

Männliche und weibliche Zuchtläufer sollten im Alter von drei Monaten getrennt werden, weil mit 4 – 5 Monaten die frühreifsten weiblichen Tiere rauschen. Sie sind aber dann noch nicht zuchttauglich. Werden Jungsauen zu früh gedeckt, können Geburtsschwierigkeiten auftreten, weil das Becken noch nicht genügend entwickelt ist. Außerdem muss man dann mit kleinen Würfen rechnen. Wird mit dem Decken zu lange gewartet, führt dies ebenfalls zu kleinen Würfen. Günstig ist es, wenn man die Aufzucht so lenken kann, dass die Jungsauen im Alter von ca. 180 Tagen mit einem Lebendgewicht von ca. 100 kg (bei Lebendtagszunahmen von 550 bis 600 g) zum ersten Mal rauschen. Zu diesem Zeitpunkt werden auch die meisten Jungsauen aus dem Aufzuchtbetrieb in den Ferkelerzeugerbetrieb verbracht. Dort sollen sie für mindestens 3–6 Wochen in einem Vorbereitungs-(Quarantäne-)stall gehalten und auf die Eingliederung in die Herde vorbereitet werden. In Betrieben mit eigener Jungsauenproduktion entfällt die Quarantäne, die Maßnahmen zur Eingliederung in die Herde jedoch nicht. Ziel der Eingliederungszeit muss es sein, zuchtreife Jungsauen zur Besamung zu bringen. Dazu gehört nach der Ankunft im Betrieb ein im strengen 3-Wochen-Rhythmus durchgeführter Buchtenwechsel, um die Rauscheaktivität zu unterstützen. Günstig wirkt sich ebenfalls ein täglich stundenweiser Eberkontakt der Jungsauen nach der Umstellung (für ca. 1 Woche) mit einem geschlechtsaktiven Eber aus. Unerlässlich sind dabei eine intensive Brunstkontrolle und die Protokollierung der Ergebnisse.

Bei Betrieben, die im Wochenrhythmus produzieren, ist die Eingliederung der Jungsauen in das Besamungsregime vergleichsweise einfach, da hier spontan brünstige Tiere in die Wochengruppen eingestellt werden können. Wird im Mehrwochenrhythmus gearbeitet, ist eine Gleichschaltung (Synchronisation) der Sexualzyklen zum Besamungszeitpunkt hin anzuraten. Dabei werden die Jungsauen frühestens 1 Woche nach Einstellen in den Besamungsstall mithilfe des Wirkstoffes Altrenogest für 18 Tage mit 5 ml pro Tag behandelt und damit der Zyklus blockiert. Etwa 24 Stunden nach dem Absetzen des Medikamentes wird über eine Injektion von Gonadotropinen (PMSG) das Wachstum der Follikel im Eierstock angeregt. Darauf folgt die duldungsorientierte Besamung, wie sie im nächsten Kapitel beschrieben wird. Der Einsatz von PMSG, das von tragenden Pferden gewonnen wird, ist aber zurzeit sehr stark in Diskussion. Wie lange es noch zur Verfügung steht, ist nicht gewiss.

Die Erstbelegung erfolgt somit am besten nach dem Durchlaufen zweier Brunstzyklen ab 230.–240. Lebenstag und bei einem Gewicht um 130–140 kg, das heißt, die Jungsau muss in diesem Zeitraum 700 g zunehmen. Die Seitenspeckdicke sollte 15–18 mm bei der Erstbelegung betragen. Es ist nachgewiesen, dass der Körperfettgehalt einen erheblichen Einfluss auf Fruchtbarkeit und Aufzuchtleistung der Sauen ausübt. Die dazu notwendigen Fütterungshinweise sind im Kapitel Fütterung der Sau (S. 500) zu finden.

Aus Sicht der Tiergesundheit fällt in diesen Zeitraum auch die Immunisierung gegen Rotlauf und Parvovirose. Eine erste Injektion (Grundimmunisierung) sollte etwa 1 Woche nach Ankauf der Jungsauen (< 180. Lebenstag) stattfinden, die zweite Impfung (Boosterung) dann ca. 3 Wochen später. Wichtig ist abzuwarten, bis eine stabile Immunität ausgebildet wurde, das heißt die Besamung bzw. der Beginn der Brunstsynchronisation darf erst 2 Wochen nach der letzen Injektion durchgeführt werden. Wichtig ist bei der Quarantänisierung der Kontakt mit dem Erregerspektrum des Betriebes. Hierfür bietet sich das Einstellen von älteren, zur Schlachtung vorgesehenen Sauen an, die zu den Jungsauen in den Eingliederungsstall gesperrt werden und direkten Kontakt zu den Jungsauen haben sollten.

Besamung

In der Ferkelerzeugung hat sich in den letzten Jahren die Produktion in festen Rhythmen durchgesetzt. Besonders in größeren, zukunftsträchtigen und zumeist mit mehreren Betreuungskräften arbeitenden Betrieben, trägt dies zur Arbeitserleichterung bei. Die Parameter die für diese Produktionsweise notwendig sind, sind biologisch bestimmt. So tragen Sauen 115 Tage und benötigen vom Absetzen bis zur nächsten Brunst zwischen 3 und 5 Tagen. Wird am Donnerstagvormittag abgesetzt, so bildet der Dienstag den Schwerpunkt der Besamung, wobei die Brunstkontrolle der Sauen sicherlich schon am Sonntagabend oder Montagmorgen beginnen sollte. Der Abferkelschwerpunkt ist damit auf den Donnerstag bis frühen Samstag gelegt und das Wochenende ist damit recht arbeitsarm zu halten.

Nach dem vollständigen Absetzen der Ferkel von der Sau werden diese in die Ferkelaufzuchtabteile und die Sauen normalerweise ins Deckzentrum verbracht. Grundlage für einen optimalen Besamungserfolg ist dabei die Stimulierung der Sauen in den Tagen der Güstzeit. Mittlerweile wird vor die Stimulierung im Deckzentrum in vielen Betrieben ein Aufenthalt in der sogenannten „Arena" oder „Stimubucht" vorgeschaltet. In der Arena kommen alle Sauen einer Absetzgruppe in eine gemeinsame große Bucht (▸ **Abb. 9.12**). Zumeist ist diese in einem Altgebäude oder Anbau an den Stall untergebracht. Die Sauen brauchen viel Platz (6 m^2 pro Sau) und Licht, der Boden muss sehr trittsicher sein. Häufig wird hier Stroh als Einstreu verwandt. Durch die hohe Bewegungsaktivität und die Auseinandersetzung mit den Artgenossinnen ist ein positiver Effekt auf die Rausche zu belegen. Im System Stimubucht werden kleinere Gruppen von Sauen, die auch kurz nach der Besamung wieder in der Gruppe zusammen kommen, schon frühzeitig aneinander gewöhnt. Auch hier ist der Platzanspruch hoch (3 m^2). Die Vorteile der Arena treffen auch hier zu.

Im Deckzentrum oder Besamungsbereich stellt der direkte Eberkontakt das A und O dar. Hierbei hat es sich allerdings gezeigt, dass ein täglich begrenzter Kontakt besser ist als ein Dauerkontakt über den ganzen Tag. Der Eber sollte also räumlich getrennt von den Sauen aufgestallt werden und für 1–2 Stunden am Tag (ab dem 3. Tag nach dem Absetzen) vor den Sauen herlaufen, wobei der Direktkontakt (Schnauze an Schnauze) möglich sein muss. Da der wichtigste Stimulus des Ebers sein Geruch ist, kann nur ein geschlechtsaktiver Eber den gewünschten Erfolg ermöglichen. Daneben bietet sich hier als Stimulus eine hohe Beleuchtungsintensität an. 200–300 Lux fördern die Produktion der Geschlechtshormone.

▸ **Abb. 9.12** Arena.

Brunst und Besamung Bei der brunstorientierten Besamung stellt die Brunstbeobachtung (2-mal täglich) die entscheidenden Weichen zum Erfolg. Denn nur Sauen die zum richtigen Zeitpunkt besamt werden, können auch ausreichend Ferkel werfen und aufziehen und damit zum Erfolg des Unternehmens beitragen. Hierbei ist die Führung eines Brunst- bzw. Besamungskalenders unerlässlich.

Der ▸ **Tab. 9.11** sind die typischen Merkmale in den einzelnen Brunstphasen und deren Dauer zu entnehmen.

Die Besamung erfolgt in der Hauptbrunst, wobei zu beachten ist, dass die inseminierten Spermien schon am Befruchtungsort angelangt und befruchtungsfähig sein müssen, wenn die Eizellen dort eintreffen. Dabei ist wichtig zu wissen, dass

- Spermien für ca. 24 Stunden maximal befruchtungsfähig sind,
- Spermien mindestens 4 Stunden Aufenthalt im weiblichen Genitaltrakt brauchen, um befruchtungsfähig zu werden,
- Eizellen maximal 6 Stunden nach der Ovulation befruchtungsfähig sind.

Die Ovulation erfolgt in der Regel im letzten Drittel der Hauptbrust. Um eine postovulatorische Besamung auszuschließen, ist daher eine zweimalige Besamung in den ersten zwei Dritteln der Brunst vorzunehmen. Die Terminierung der zwei Besamungen und die Option einer dritten Besamung sind aber abhängig vom ersten Einsetzen von Brunstanzeichen und damit von der Brunstdauer. In der Regel rauschen Sauen, die sehr früh damit einsetzen, auch länger. Wann die Besamung bei den einzelnen Sauentypen durchgeführt werden soll, ist in ▸ **Tab. 9.12** zu ersehen.

Empfehlungen, Sauen so lange zu besamen wie sie dulden, sollte nicht entsprochen werden, da es dann zwangsläufig zu postovulatorischen Besamungen kommt. Man kommt damit in einen Zeitpunkt, an dem die immunologische Abwehr der Sauen gegenüber Keimen im Geschlechtstrakt herabgesetzt ist und sich Verunreinigungen durch die Besamung, insbesondere bei Nichtbeachtung der Hygieneanforderungen, besonders negativ auf den Besamungserfolg auswirken können.

Mittlerweile üblich und unbedingt zu empfehlen ist die unmittelbare Nähe des Ebers während der Besamung. Dazu ist es günstig im Deckstall vor dem Kopf der Sauen einen Laufgang einzurichten, auf dem sich der Eber immer vor den Sauen bewegen kann, die gerade besamt werden. Hier können dann bei größeren Besamungsgruppen auch Besamungshilfen wie Besamungssäcke und Besamungsgurte eingesetzt werden. Diese stimulieren die Sauen auch dann noch, wenn der Besamer schon die nächste Sau besamt. Zudem kann über Haltungseinrichtungen für Spermatuben der Verbleib der Besamungskatheder in der Scheide gewährleistet werden und so mehr Sauen pro Besamer besamt werden. Geschickte Eigenbestandsbesamer schaffen so bis zu 20 Tiere pro halbe Stunde.

Bei Sauen, die zum zweiten Wurf besamt werden, kann es häufiger zu Problemen kommen. Hier bietet sich an, nach dem Absetzen (24 h), wie oben schon beschrieben, eine Stimulierung des Follikelwachstums durch das Stutenserum-Gonadotropin PMSG (800 – 1000 I. E.) vorzunehmen.

▸ **Tab. 9.11** Merkmale der einzelnen Brunstphasen.

Brunstphase	Anzeichen der Sau	Dauer (Durchschnitt)
Vorbrunst (Proöstrus)	• unruhiges Verhalten • Fressunlust • Vulva geschwollen und gerötet • Sauen springen auf, lassen sich aber nicht bespringen	• Altsauen ca. 1,5 Tage • Jungsauen ca. 2 Tage
Hauptbrunst (Östrus)	• Rötung und Schwellung der Vulva lassen nach • Duldungsreflex	• Altsauen über 2 Tage • Jungsauen über 1,5 Tage
Nachbrunst (Metöstrus)	• keine Duldung mehr • Brunstsymptome klingen ab	• Altsauen und Jungsauen ca. 1 Tag

► **Tab. 9.12** Terminierungshinweise zur Besamung in Abhängigkeit vom Sauentyp.

Merkmal	Sauentyp „früh"	Sauentyp „mittel"	Sauentyp „spät"	Jungsau
Brunsteintritt	3.–4. Tag nach Absetzen	5.–6. Tag nach Absetzen	nach 6. Tag nach Absetzen	–
Brunstdauer	ca. 60 h	ca. 48 h	ca. 36 h	36 – 48 h
Termin Besamung 1 (h nach Brunstbeginn)	16 – 24	12	sofort	12
Termin Besamung 2 (h nach KB 1)	12 – 18	12 – 18	12 (wenn Sau steht)	12–16
Termin Besamung 3 (h nach KB 2)	bis 12	nein	nein	nein

In einigen Sauenbetrieben kommt auch die sogenannte „terminorientierte Besamung" zum Tragen. Dabei wird auf eine konkrete Brunstbeobachtung verzichtet. Durch eine Injektion eines ovulationsauslösenden Präparates (zumeist GnRH-Analogon) etwa 72 Stunden nach der PMSG-Gabe werden die Ovulationen innerhalb einer Sauengruppe annähernd gleichgeschaltet. Darauf erfolgt dann die erste Besamung nach 24–26 Stunden, gefolgt von einer zweiten Besamung im Abstand von 40 Stunden nach der Injektion des ovulationsauslösenden Präparates. Vorteile dieses Verfahrens sind die genau determinierten Termine der Besamung und die damit verbundene Eignung besonders für Mehrwochensysteme, aber auch die Ersparnis an Arbeitszeit (ca. 15–20 %) bei der täglichen Brunstkontrolle und Insemination.

Nach Angaben des BRS stehen zurzeit über 6000 Besamungsgeber auf Besamungsstationen und es werden über 11,5 Mio. Portionen Sperma dieser Eber im Jahr ausgeliefert. Damit zeigt sich, dass die Besamungsdichte bei über 90 % liegt.

In sehr großen Betrieben, aber auch in dem einen oder anderen kleineren Betrieb, wird das zu versamende Sperma selbst gewonnen, aufbereitet und abgefüllt. Dazu werden neben dem Phantom (Aufsprungbock für die Eber), ein Mikroskop zur Beurteilung des Spermas, Verdünnerlösung und ein Abfüllapparat zur Abfüllung des verdünnten Spermas in Flaschen oder Tuben benötigt. Ganz besonders ist hierbei auf strikte Einhaltung der Hygiene (z. B. Verwendung von sterilisiertem Wasser) zu achten.

Natursprung In kleineren Betrieben ist es auch heute noch häufig üblich neben der künstlichen Besamung, oder anstatt der KB, einen oder mehrere Besamungseber zu halten und diesen im Natursprung die Besamung durchführen zu lassen. Folgende Punkte sollten dabei berücksichtigt werden:

Wer sich dieser Methode bedienen will, darf einem Eber nicht mehr als 25 Sauen zuweisen. Wer außerdem noch die Deck- und Abferkelzeiten konzentrieren will, also beispielsweise bei der Rein-Raus-Methode, muss mit dem Eber-Sauen-Verhältnis noch weiter heruntergehen (unter 1 : 20). Denn die Überlastung von Ebern kann eine Ursache für kleine Würfe und Umrauschen von Sauen sein. Für ältere Eber sind 3 bis höchstens 6 Deckakte in einer Woche zumutbar, für Jungeber, die noch nicht 1 Jahr alt sind, höchstens zwei.

Ferkelerzeuger sollten also beim Eberwechsel den neuen Eber so rechtzeitig kaufen, dass der Alteber noch einige Monate helfen kann und dem Jungeber eine ausreichende Eingewöhnungszeit zugestanden wird. Zu Beginn seiner Lehrzeit werden ihm – zur Verminderung des Risikos – zunächst ruhige, in der Größe zu ihm passende Altsauen zugeführt. Die Eberbucht sollte so geräumig sein (mind. 10 m²), dass ein Vorspiel möglich ist. Dieses ist mit bis zu 20 Minuten zu veranschlagen. Wichtig ist, dass ein Jungeber nicht durch Fehlversuche frustriert wird, sondern dass der erste Deckakt zum Erfolg führt. Der Tierbetreuer muss sich also die Zeit nehmen und das Decken beobachten, um bei Ungeschicklichkeiten des Ebers (z. B. Bespringen der Vorderviertel der Sau) korrigierend eingreifen zu können. Für das Decken der Erstlinge und für sehr unruhige Sauen wird ein Deckstand gebraucht, der möglichst nach der Sauenlänge zu verändern sein sollte. Der Eber setzt hier seine Vorderbeine auf Bretter neben der Sau, die sich in der Höhe verstellen lassen. Manche älteren Eber decken auch ohne wesentliches Vorspiel, wenn z. B. der Duldungsbereitschaft der Sau mit synthetischem Eberduftspray nachgeholfen wurde. Decken soll der Eber auf rutschfestem Untergrund.

Fruchtbarkeitsmanagement Aktuelle wirtschaftliche Auswertungen weisen Kosten von 40–50 € pro Umrauschen aus. Daher ist dem gesamten Fruchtbarkeitsmanagement hohe Priorität einzuräumen. Nicht nur die Besamung an sich muss funktionieren, sondern auch das gesamte Herdenmanagement ist zu beachten. Daher ist die Führung eines Sauenplaners unerlässlich. Denn nur so kann genau analysiert werden, wo Schwachpunkte in der Herde versteckt sind. Wenn dies auch noch in einem Beratungsring auf horizontaler Ebene (incl. Austausch darüber mit Arbeitskreismitgliedern) geschieht, ist eine hohe Fruchtbarkeit zu erwarten.

Nicht nur die Zahl der abgesetzten Ferkel, die heute mindestens 28–30 betragen sollte, ist hier entscheidend, sondern vor allem die Fruchtbarkeitskennzahlen. Folgende Werte sollten angestrebt werden:

- Umrauscher: max. 10 %
- Abferkelrate: min. 85 %
- Ferkelverluste: max. 12 %
- Totgeburten: max. 1 Ferkel pro Wurf
- lebend geborene Ferkel pro Wurf: min. 14,5

Werden diese Zahlen nicht erreicht, müssen Schwachpunkte gesucht werden.

Einer dieser Schwachpunkte ist häufig die Spermabehandlung. Sperma muss durchgehend bei 16–18 °C gelagert werden. Dies ist sowohl auf dem Transport als auch bei der Lagerung im Stall einzuhalten. Gelagert wird das Sperma ausschließlich in einer Klimabox, die diese Temperaturen gewährleisten kann. Zur Besamung wird das Sperma am Körper getragen und vor der Besamung auf Qualität überprüft (Klarheit, keine Schwebeteile etc.).

Aber auch Infektionen und fruchbarkeitsmindernde Krankheiten sollten bei ausbleibendem Erfolg in Betracht gezogen werden. Es könnte sich besonders bei Frühaborten z. B. um Brucellose oder bei Spätaborten z. B. um Leptospirose oder PRRS handeln. Aber auch Ansteckungen können bei der Sau selbst oder bei anderen Schweinen des Bestandes Krankheitserscheinungen hervorrufen (Rotlauf, Schweinepest, Aujeszky-Seuche). Genaue Aufzeichnungen des Sauenhalters können im Verein mit Laboruntersuchungen (an Feten und Blutproben der Sau) zur Aufklärung der Ursache beitragen.

Es kommt immer wieder zu Infektionen durch Parvoviren, teilweise auch durch Enteroviren oder Reoviren, die zum **SMEDI-Syndrom** (**S**tillbirth = Totgeburt, **M**umifizierung, **E**mbryonal **D**eath = embryonaler Frühtod, **I**nfertility = Unfruchtbarkeit) führen, das nur die Feten, nicht die Sau trifft. Welche dieser verschiedenen Erscheinungsformen im Einzelfall auftreten, hängt vor allem vom Zeitpunkt der Infektion ab. Wenn diese erst im letzten Drittel der Trächtigkeit erfolgt, wehren sich die Feten schon durch eigene Antikörper und überleben meistens. Der nächste Wurf dieser Sauen ist gewöhnlich normal – ein Zeichen dafür, dass sie immun geworden sind und das SMEDI-Virus nun zum Stallinventar gehört. Gefährdet sind dann noch zugekaufte Sauen und der eigene Nachwuchs.

Wenn sich keine Ursachen für das Umrauschen ermitteln bzw. diese sich nicht beseitigen lassen, sollten Sauen, die zwei- bis dreimal umrauschen, zum Schlachten verkauft werden. Das Gleiche gilt für Sauen, die 40 Tage nach dem Absetzen noch nicht brünstig geworden sind, ebenso für Jungsauen, die älter als 250 Tage sind und noch nicht gerauscht haben, bzw. bis zum 300. Tag nicht aufnehmen wollten.

Das im Sommer immer wieder auftretende Gespenst des „Sommerlochs“ (schlechte Fruchtbarkeit im Sommer) ist sicherlich in erster Linie auf erhöhte Temperaturen zurückzuführen. Baulich lassen sich dagegen mittlerweile einige Gegenmaßnahmen (S. 513) einleiten.

Zum Fruchtbarkeitsmanagement gehört selbstverständlich auch die Stellung einer Trächtigkeitsdiagnose. Dazu gibt es mittlerweile mehrere erprobte Methoden. Die am frühsten einzusetzende

Methode ist die Scannertechnik (▶ **Abb. 9.13**). Hiermit lässt sich bereits ab dem 20. Tag nach dem Belegen oder Besamen der Sau – also etwa 7 Tage früher als mit dem üblichen Echolot-Verfahren – die Trächtigkeit feststellen. Eine Wiederholung des Tests bis zum 40. Tag ergibt eine fast 100 % sichere Trächtigkeitsaussage. Dieser Zeitpunkt ist auch deshalb so wichtig, weil in dieser Zeit häufig Feten abgestoßen werden. Die Feten sind als helle Flecken auf dem Bildschirm sichtbar, sodass Fehldiagnosen beispielsweise durch eine gefüllte Harnblase ausgeschlossen werden können. Auch Ursachen für eine Nichtträchtigkeit wie z. B. Eiteransammlungen im Uterus oder eine Zyste am Eierstock sind erkennbar. Nachteilig ist, dass diese sehr teuren Geräte für kleinere Betriebe nur einen überbetrieblichen Einsatz erlauben. Daher muss – um eine Krankheitsübertragung von Stall zu Stall zu verhindern – auf strengste Hygienemaßnahmen geachtet werden. Große Sauenbetriebe sollten die Investition wagen und sich einen eigenen Scanner anschaffen.

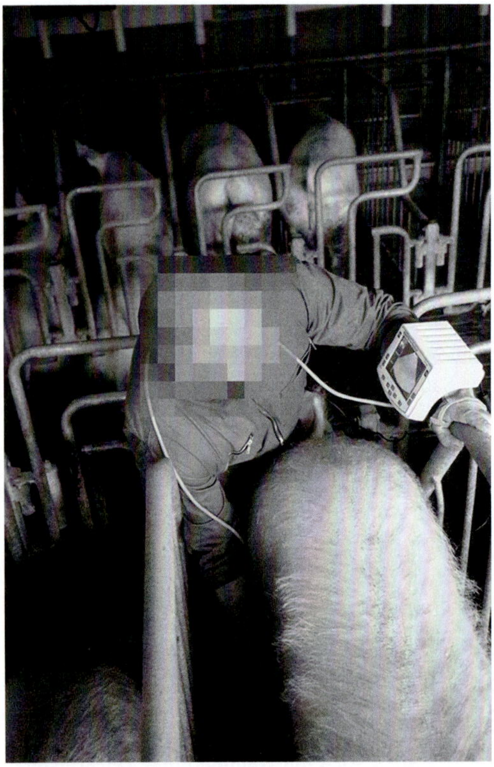

▶ **Abb. 9.13** Trächtigkeitsdiagnose mittels eines bildgebenden Ultraschallscanners.

Eine kostengünstigere Methode ist der Trächtigkeitsnachweis mithilfe eines Ultraschallgerätes. Die von diesem ausgesandten Wellen werden von einer mit Fruchtwasser gefüllten Gebärmutter in anderer Form zurückgeworfen und aufgefangen als von einer Gebärmutter ohne Fruchtwasser. Das Echo kann hörbar oder durch elektronische Umformung als Lichtsignal sichtbar gemacht werden. Diese Methode kann ab dem 28. Tag angewandt werden.

Geburtsmanagement und Ferkelbehandlung

Die Umsetzung von hochtragenden Sauen vom Tragestall in den Abferkelstall eignet sich hervorragend zur Unterbrechung der Erregerketten. Dazu muss die Sau sauber in einen gereinigten Stall verbracht werden. Zur Reinigung der Sau gehört auch die möglicherweise notwendige Entwurmung. Zuchtsauen werden entweder 2-mal jährlich in Form einer Bestandsbehandlung entwurmt oder es erfolgt eine Entwurmung der Sauen vor dem Einstallen in das Abferkelabteil. Für eine Bestandsentwurmung empfiehlt sich eine Langzeitbehandlung über 8 – 10 Tage mit Benzimidazolen (z. B. Flubenol, Panacur) oder Avermectinen (Ivomec prämix). Werden die Sauen vor dem Einstallen in die Abferkelbucht entwurmt, eignet sich eine eintägige Behandlung über das Futter oder besser eine Injektionsbehandlung mit Avermectinen (z. B. Ivomec, Dectomax). Vorteil der Avermectinbehandlung vor dem Abferkeln ist, dass eine Übertragung von Parasiten von der Sau auf die Ferkel verhindert werden kann, wenn der Termin richtig gewählt ist (3 – 5 Tage vor Einstallung in den Abferkelstall). Danach sollte die Sau von außen in der Sauendusche gereinigt werden. Hier kann auch die möglicherweise notwendige Bekämpfung von Ektoparasiten (Räudemilben und Läuse) erfolgen. Dabei immer auch an die Reinigung der Innenseiten der Ohren denken.

Das unbedingt im Rein-Raus-Verfahren betriebene Abferkelabteil muss bei Ankunft der Sau gereinigt, desinfiziert und wieder trocken sein. Die Stalltemperatur beträgt 21 °C. Die Einstallung erfolgt etwa eine Woche (zumeist Freitag oder Samstag) vor dem errechneten Abferkeltermin. Die Fütterung der Sau im Abferkelstall ist im Abschnitt Fütterung der säugenden Sau (S. 505) beschrieben.

Zu achten ist auf die Kotkonsistenz der Sau. Zu fester Kot behindert erstens die Geburt, indem er den Geburtskanal verkleinert, zweitens begünstigt er die Entstehung des MMA-Komplexes (Milchmangel, Gebärmutterentzündung, Gesäugeentzündung). Hier kann durch Verschneiden des Futters mit Gerste oder Kleie entgegengewirkt werden. Bewährt hat sich auch die Gabe von ca. 15 g Glaubersalz auf das Futter. Ebenfalls positiv wirkt extrudierter Leinsamen in der Futtermischung, oder ein Wechsel vom rohfaserreichen Tragefutter zum Säugefutter erst nach dem Abferkeln.

Definition

Bei **normalen Geburten** kommen die Ferkel in Abständen von 10 – 30 Minuten zur Welt, und die ganze Geburt dauert 3 – 5 Stunden. Sie ist beendet, sobald für jedes Ferkel eine Eihaut (meistens geschlossen nach dem letzten Ferkel) ausgestoßen wurde und die Sau aufsteht, Kot und Harn absetzt und Wasser oder Futter aufnimmt.

Spätestens wenn der Abstand seit der Geburt des letzten Ferkel 30 – 45 Minuten beträgt, sollte die Sau eingehend untersucht werden. Denn es kann durchaus sein, dass ein Ferkel im Geburtskanal feststeckt oder eine Wehenschwäche vorliegt.

Wird Geburtshilfe geleistet, ist unbedingt auf die Einhaltung einer optimalen Hygiene zu achten. Dazu gehört das Reinigen und Desinfizieren der Hände und Arme, das Benutzen von Geburtshilfe-Einmalhandschuhen (auch um sich selbst nicht zu infizieren) und der Einsatz von Gleitgel. Kann das Ferkel nicht frei bekommen werden, oder liegt eine Gebärmutteranomalie vor, ist ein Tierarzt einzuschalten.

Ist der Geburtskanal nach Überprüfung frei, liegt wahrscheinlich Wehenschwäche vor. Sie wird zumeist durch einen Mangel an Oxytocin oder Calcium verursacht. Gegengesteuert wird dann mit einer zusätzlichen Injektion von 30 – 40 ml einer Calcium-Gluconat-Lösung und/oder 2 ml Oxytocin. Ein Grund kann auch nicht ausreichende Ruhe der Sauen bei der Geburt sein, dann nämlich blockiert das Hormon Adrenalin die Ausschüttung von Oxytocin.

Praxistipp

Ist das Ferkel geboren, kommt es auf zwei Dinge an:

- Die Körpertemperatur darf nicht zu stark abfallen.
- Die Kolostralmilchaufnahme muss so früh wie möglich erfolgen.

Um das Auskühlen des Ferkels zu verhindern, hat es sich bewährt, zusätzlich zur Infrarotlampe über dem Ferkelnest auch noch eine hinter der Sau aufzuhängen, um weniger mobile Ferkel mit Wärme zu versorgen. Hierzu dient auch das Trockenreiben der Ferkel. Zudem ist es wichtig in den ersten Minuten eine intakte Nabelschnur zu behalten. Diese sollte erst 2 – 3 Minuten nach dem Geburtsvorgang auf etwa Handbreite gekürzt werden. Durch die Nabelschnur und einen nicht zu stark gekürzten Schwanz der Sau wird das Ferkel automatisch an das Gesäuge geleitet. Innerhalb von 20 – 30 Minuten sollte die erste Kolostralmilchaufnahme durch das Ferkel erfolgen, damit die wichtigen Immunstoffe aufgenommen und noch verwertet werden können. Dabei haben die zuletzt geborenen Ferkel klare Nachteile, denn die Immunglobuline, verringern sich in der Kolostralmilch innerhalb der ersten 5 Stunden nach Beginn der Geburt auf die Hälfte. Daher ist es wichtig, dass die Ferkel so früh wie möglich an das Gesäuge kommen. Ferkel, die den Weg zum Gesäuge nicht finden, müssen angelegt werden. Dies geht aber nur dann, wenn die Geburten überwacht werden bzw. der Betreuer während der Geburtszeiten in regelmäßigen Abständen den Abferkelstall aufsucht.

Die Produktion im festen Rhythmus ist vorteilhaft, da hierbei der Geburtszeitraum begrenzt ist. Allerdings ziehen sich die Geburten auch dort über mehrere Tage hin, da Tragezeiten zwischen 111 und 119 Tagen durchaus üblich sind. Eine Begrenzung dieses Zeitraumes nach hinten ist möglich. Ab dem 114. Tragetag, und auf keinen Fall früher, ist eine Geburtseinleitung mittels appliziertem Prostaglandin-Analogon (Wirkstoff Cloprostenol) machbar.

Früher wurde dazu häufig ein Langzeit-Oxytocin verwendet, das bis zu sechs Stunden lang wirkt. Neuere Untersuchungen zeigen jedoch, dass während der Geburt kein Langzeit-Oxytocin verwendet werden sollte, weil es sonst zu einer lang anhaltenden Anspannung der Gebärmuttermuskulatur kommt, die die Sauerstoffversorgung der Ferkel nachhaltig beeinträchtigen kann.

Nach dem Abschluss der Geburten steht als nächste Managementaufgabe das Umsetzen von Ferkeln an. Grund dafür sind unterschiedlich große Würfe, Milchmangel bei Sauen oder kleine Jungsauenwürfe.

Praxistipp

Beim Umsetzen von Ferkel sollten folgende Punkte beachtet werden:

- Umsetzungen sollten nur bis zum 2. Tag nach der Geburt stattfinden.
- Generell werden nur die stärkeren Ferkel umgesetzt.
- An Jungsauen werden mind. 12 Ferkel angelegt (wenn möglich kleinere Ferkel, da die Zitzen kleiner sind).
- Eine Neuzuordnung aller Ferkel nach 2 – 3 Tagen sollte unterbleiben.
- Überzählige Ferkel werden an Ammensauen oder künstlichen Ammen aufgezogen.
- Versetzungen müssen dokumentiert werden (Sauenplaner/Karteikarte).

9.4.2 Fütterung der Sau

Grundsätzlich werden die Energiegehalte in der Schweinefütterung als umsetzbare Energie (ME_S) angegeben. Die Einheit ist dabei MJ (S. 214). Für die Eiweißversorgung der Schweine hat die Gesellschaft für Ernährungsphysiologie die Berechnung auf Basis der praecaecal (dünndarm-)verdaulichen Aminosäuren empfohlen, s. Kap. Energiebewertung beim Schwein (S. 214). Da aber erst für eine geringe Zahl von Futtermitteln solche Werte vorliegen, werden im Folgenden auch die vergleichbaren Bruttoaminosäuren mit angegeben, so wie es auch den Empfehlungen der DLG entspricht.

Überwiegend wird in Praxisbetrieben die Fütterung mit Alleinfutter praktiziert, das heißt es werden nur Kraftfuttermischungen eingesetzt. In der ökologischen Schweinefütterung ist dagegen der zusätzliche Einsatz von Grobfuttermitteln vorgeschrieben. Alleinfutter werden entweder als Fertigfutter zugekauft oder im Betrieb selbst gemischt. Dabei kommen dann in erster Linie eigene Futterkomponenten wie Getreide zum Einsatz. Die notwendige Eiweißergänzung erfolgt entweder über die Zugabe einzelner Eiweißkomponenten wie Soja- oder Rapsextraktionsschrot, oder das eigene Getreide wird mit einem industriell gefertigten, eiweißreichen Ergänzungsfutter vermischt. Je nach Betriebskonzept werden diese Systeme eingesetzt, wobei größere Betriebe mit der Erzeugung eigener Mischungen zumeist einen Kostenvorteil erzielen können.

Da Sauen in den einzelnen Leistungsabschnitten sehr unterschiedliche Ansprüche an das Futter haben, ist es notwendig, mindestens 2 verschiedene Futtermischungen in der Sauenfütterung einzusetzen. Dabei werden eine im Tragebereich (Futter für tragende Sauen) und eine im Bereich der Abferkelung (Futter für säugende Sauen) verfüttert. Gelegentlich findet man auch noch eigene Mischungen in der Vorbereitungszeit auf die Geburt. Eine optimale Versorgung lässt sich dann erreichen, wenn auch im Tragebereich 2 Futtermischungen (niedertragend = bis 85. Tragetag, hochtragend = ab 85. Tragetag) eingesetzt werden.

Den folgenden Empfehlungen für die einzelnen Fütterungsabschnitte liegen die in ▸ Tab. 9.13 gezeigten Lebendmasseentwicklungen und Wurfzuwächse zugrunde.

▸ **Tab. 9.13** Lebendmasseentwicklungen (LM) und Wurfzuwachs (Basisdaten; DLG 2008 [61]).

Merkmal	Einheit	Jungsauen	Sauen-Trächtigkeit Nr.		
			2	3	4
LM beim Belegen	kg	140	185	225	255
LM vor dem Abferkeln	kg	220	260	290	290
Wurfzuwachs/Tag	kg	2 – 2,5	2 – 2,5	2,5 – 3	2,5 – 3

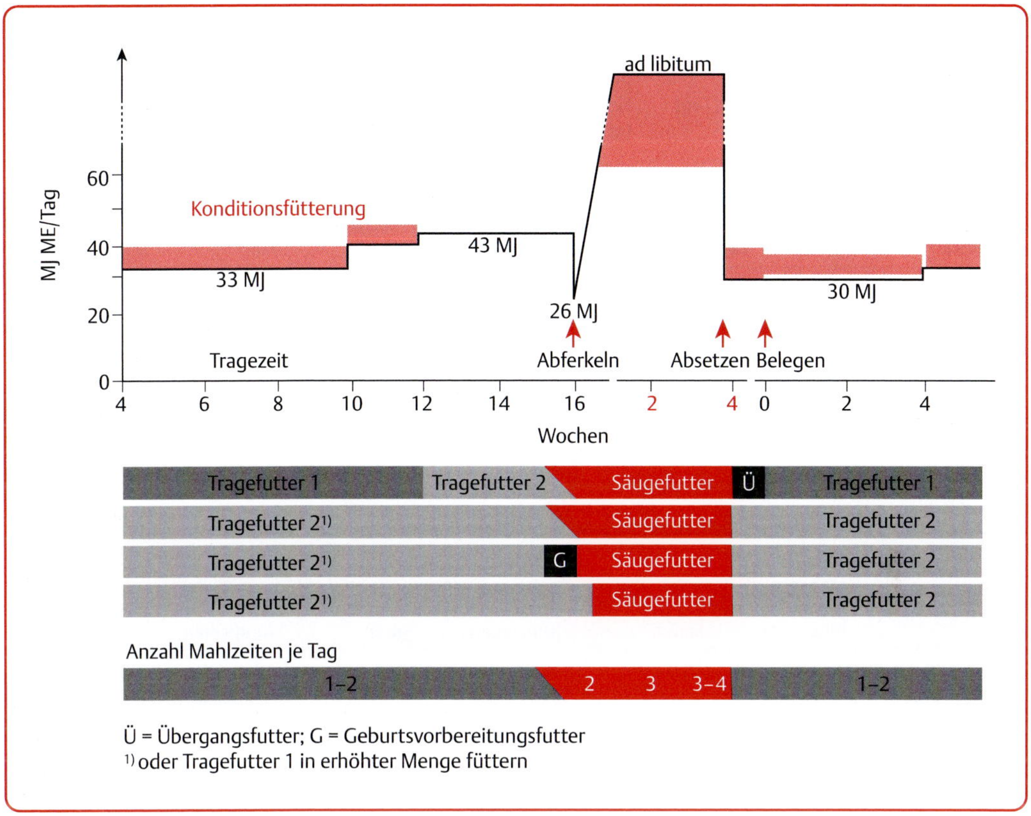

▸ **Abb. 9.14** So soll die Sau gefüttert werden (Abb. basiert auf Daten aus [61]).

In der ▸ **Abb. 9.14** sind einführend Beispiele für Fütterungsstrategien auf der Grundlage der bedarfsorientierten Energieversorgung von Sauen dargestellt.

Fütterung der Jungsau Von Sauen werden eine optimale Fruchtbarkeit, aber auch hohe Lebensleistungen bei guter Fundamentstabilität erwartet. Die Grundlagen dazu werden schon in der Jungsauenfütterung gelegt. Gegenüber den Mastschweinen muss die Aufzuchtintensität der Jungsauen um bis zu 20 % geringer sein. Dies ist notwendig, damit die Entwicklung des Skeletts und der Fruchtbarkeitsorgane der Körpermasseentwicklung entsprechen kann und somit Fundaments- und Fruchtbarkeitsproblemen vorgebeugt wird.

Fazit

Ab Geburt sollten weibliche Zuchtläufer durchschnittlich 550–600 g pro Tag zunehmen, dies entspricht einer Zunahme ab 30 kg von 650–700 g. Im Alter von 220–240 Tagen entspricht dies einem Gewicht von 130–140 kg. Eine Rückenspeckdicke von 16 bis 20 mm ist anzustreben. In der Eingliederungsphase sollte ein Zuwachs von 1 mm pro Woche realisiert werden. Erst dann sollte die erste Belegung erfolgen.

Die in ▸ **Tab. 9.14** dargestellten Empfehlungen zur Versorgung sind einzuhalten.

Wichtig ist auch die Versorgung mit Calcium und Phosphor. Dabei ist ein Verhältnis von Ca:vP von 2,5–3:1 anzustreben.

Besondere Bedeutung kommt der Futtergestaltung in der Eingliederungsphase zu. Es muss ein Futter mit hohem Energiegehalt und wenig Lysin verfüttert werden. Nur so kann die benötigte Speckmasse angefüttert werden. Der Einsatz von

▶ **Tab. 9.14** Empfehlungen zur Versorgung mit ME, pcv Lysin und Calcium in der Jungsauenaufzucht (nach DLG-Information 1/2008 [61]).

LM (kg)	Tageszunahmen (g)	ME (MJ/Tag)	pcv Lysin[1] (g/Tag)	ME (MJ/kg AF[3])	Futteraufnahme (kg/Tag)	pcv Lysin[2] (g/kg AF[3])	Lysin (g/kg AF[3])	Ca (g/kg AF[3])
Aufzucht								
30 – 60	650	21	12,6	13,0	1,6	7,9	9,9	7,0
60 – 95	700	28	13,2	13,0	2,2	6,0	7,5	6,0
Eingliederung								
95 – 120	700	33	13,0	13,0	2,5	5,0	6,3	6,0
120 – 140	700	37	13,0	13,0	2,8	4,6	5,8	6,0

[1] Weitere essenzielle Aminosäuren Lys : Met + Cys : Thr : Trp = 1 : 0,55 : 0,65 : 0,18. [2] Lysin = pcv Lysin/0,8.
[3] AF = Alleinfutter.

▶ **Tab. 9.15** Empfehlungen für die tägliche Versorgung mit ME und pcv Lysin von tragenden Sauen (nach DLG-Information 1/2008 [61]).

Zeitabschnitt	MJ ME/Tag[1]		pcv Lysin g/Tag		Lysin[2] g/Tag	
	Jungsauen	Sauen	Jungsauen	Sauen	Jungsauen	Sauen
niedertragend (Tag 1 – 84)	31	35	11,3	11,7	14,1	14,6
hochtragend (Tag 85 – 115)	39	43	16,1	16,3	20,1	20,4

[1] LM-Verlust während der Laktation: 15 kg. [2] Lysin = pcv Lysin/0,8.

Säugefuttermischungen ist hier kontraproduktiv. Alleinfutter für tragende Sauen kann bei nicht Vorhandensein von speziellem Jungsauenfutter eingesetzt werden.

Fütterung der tragenden Sauen Die Fütterung während der Trächtigkeit hat eine Schlüsselfunktion. Sie beeinflusst nicht nur Geburtsverlauf, Wurfgröße und Wurfgewicht, sondern auch die Leistungen in der anschließenden Säugezeit und der nachfolgende Brunstperiode, wahrscheinlich auch die Nutzungsdauer der Sau. Bei der Rationsberechnung müssen die genetische Herkunft (Lebendmasse), die Haltungsformen und das Leistungsniveau berücksichtigt werden. Daher sind die DLG-Fütterungsempfehlungen (▶ **Tab. 9.15**) als Orientierung anzusehen.

Bei den Empfehlungen zur Energieversorgung wird von einem LM-Verlust von 15 kg während der Laktation ausgegangen. Ist von anderen LM-Verlusten als den unterstellten 15 kg während der Laktation auszugehen, soll die tägliche Energieversorgung je 5 kg mehr oder weniger LM-Verlust um ± 1,0 MJ ME (± ca. 80 g Futter) angepasst werden. Zusätzlich sind auch noch Zuschläge für niedrigere Umgebungstemperaturen zu machen, um den erhöhten Erhaltungsbedarf der Tiere abzudecken. In der Einzelhaltung sollten je °C unter 19 °C 0,6 MJ ME pro Tag und Tier veranschlagt werden. In der Gruppenhaltung ab 14 °C jeweils 0,3 MJ ME.

Eine vom Bedarf nach oben oder unten deutlich abweichende Versorgung mit Energie kann die Reproduktionsleistung, den Geburtsverlauf und die Futteraufnahme während der Laktation negativ beeinflussen.

▸ **Tab. 9.16** Richtwerte für die Inhaltsstoffausstattung von Alleinfuttermischungen (AF) für tragende und laktierende Sauen (Angaben pro kg AF; unterstellt 88 % Trockenmasse) (nach DLG-Information 1/2008 [61]).

Inhaltsstoff		**Niedertragend (Tag 1 – 84)**	**Hochtragend (Tag 85 – 115)**	**Laktierende Sauen**
Energie	MJ ME	11,8 – 12,2	11,8 – 12,2	13,0 – 13,4
Rohprotein	g	120 – 140	120 – 140	160 – 175
pcv Lysin	g	4,3	4,8	8,0
pcv Methionin + Cystin	g	2,6	2,9	4,8
pcv Threonin	g	2,8	3,1	5,2
pcv Tryptophan	g	0,8	0,9	1,5
Lysin	g	5,4	6,0	9,4
Methionin + Cystin	g	3,2	3,6	5,6
Threonin	g	3,5	3,9	6,1
Tryptophan	g	1,0	1,1	1,8
Rohfaser	g	≥ 70	≥ 70	50
Ca	g	5,5	6,0	7,5
vP	g	2,0	2,2	3,3
P[1]	g	4,0	4,5	5,5
Na	g	2,0	2,0	2,0

[1] Bei Zusatz von Phytase.

Die sich daraus ergebenden empfohlenen Futterinhaltsstoffe sind in den ▸ **Tab. 9.16** und ▸ **Tab. 9.17** aufgeführt.

Da sich auch in der Versorgung der tragenden Sauen der Verzicht auf separate Gaben von Grobfutter aus technischer Sicht durchgesetzt hat, der Gesetzgeber aber einen Rohfasergehalt von 7 % im Futter für tragende Sauen fordert, müssen separate Rohfaserträger in die Rationen eingemischt werden. Hierfür eignen sich besonders Komponenten mit hoher Wasserhaltekapazität (WHC) wie z. B. Trockenschnitzel und Weizenkleie. Eine andere Möglichkeit, den Rohfasergehalt des Tragefutters zu erhöhen, bietet die Industrie mit hochreinen, mykotoxinfreien und sehr quellfähigen Rohfaserkonzentraten auf der Basis unlöslicher Cellulose (Lignocellulose). Eine Sättigung wird auch erreicht durch ein Angebot von Stroh, Heu und anderen Ballaststoffen. Mittlerweile diskutiert man wieder über den Einsatz von Grobfuttermitteln wie Mais- und Grassilage. Grundsätzlich sind diese als rohfaserreiche Futtermittel geeignet. Dabei ist aber zu beachten, dass nur hygienisch einwandfreie (komplett ohne Schimmel) Partien an Sauen verfüttert werden. Die in verschimmelten Futtermitteln enthaltenen Toxine können die Fruchtbarkeit der Sauen deutlich vermindern.

Ist es aus technischer Sicht nicht möglich, zwei Futtermischungen an tragende Sauen zu verabreichen, muss das Futter eingesetzt werden, dass den höheren Ansprüchen genügt, sprich in diesem Fall die Mischung für hochtragende Sauen.

Zur Aufrechterhaltung einer optimalen Fruchtbarkeit ist es erforderlich, Sauen so zu füttern, dass sie sich in einer optimalen Körperkondition befinden. Dies lässt sich – eingeschränkt – mithilfe der Konditionsbewertung (Body condition scoring = BCS) beurteilen (▸ **Abb. 9.15**). Hierbei werden die Noten 1 (sehr mager) bis 5 (sehr fett) vergeben. Die Note 3 entspricht einer mittleren Kondition. Bei Altsauen, die zum Abferkeln kommen, sollte dieser BCS-Wert bei 3,5, bei Jungsauen bei 4 liegen. Doch es muss jedem Sauenhalter klar sein, dass diese subjektive Betrachtung nur eine grobe Schätzung der Fettreserven sein kann.

▶ **Tab. 9.17** Empfehlungen und futtermittelrechtliche Höchstgehalte für die Spurenelement- und Vitaminausstattung im Alleinfutter (AF) für Zuchtschweine (Angaben pro kg AF; 88 % Trockenmasse) (nach DLG-Information 1/2008 [61]).

Inhaltsstoff		Zuchtläufer und Zuchtsauen, tragend	Zuchtsauen, laktierend	Gesetzliche Höchstgehalte
Eisen	mg	80	80	750
Jod	mg	0,6[1]	0,6[1]	10
Kupfer	mg	8	10	25
Mangan	mg	20	25	150
Selen	mg	0,20	0,20	0,5
Zink	mg	50	50	150
Vitamin A	I. E.	4000	2300	–
Vitamin D	I. E.	200	200	2000[2]
Vitamin E	mg	15	30	–
Vitamin K	mg	0,1	0,1	–
Vitamin B_1	mg	1,7	1,7	–
Vitamin B_2	mg	4	4	–
Vitamin B_6	mg	1,5	1,5	–
Vitamin B_{12}	µg	17	17	–
Niacin	mg	11	11	–
Pantothensäure	mg	13	13	–
Folsäure	mg	1,44	1,44	–
Biotin	µg	220	220	–
Cholin	mg	1200	1200	–

[1] Säugende Sauen. [2] Tragende Sauen.

Eine genauere Methode ist das Messen der Rückenspeckdichte mit einem Ultraschallgerät, da dieser Wert den Körperfettgehalt beim Schwein widerspiegelt. Auch wenn sich die Konditionsfeststellung mittels Ultraschall in der Praxis bisher nicht flächendeckend durchgesetzt hat, bringt diese objektive Messung doch zusätzliche Informationen zum Ernährungsstand der Sauen.

Sauen, die in der Säugezeit hohe Milchmengen gegeben haben und stark abgesäugt (Konditionsklassen 1 und 2) in den Deckstall kommen, müssen im Laufe der Trächtigkeit wieder in eine optimale Kondition gebracht werden. Dazu ist es möglich, diesen Tieren einen Zuschlag in der niedertragenden Phase von 6 – 7 MJ zu geben. Diskutiert wird noch die Möglichkeit, ob dieser Zuschlag schon ab der Besamung gegeben werden kann.

Bei der Einstallung der tragenden Sauen in den Abferkelstall muss die Kotkonsistenz beachtet werden. Zu fester Kot kann die Abferkelung behindern und schafft Prädispositionen für andere Krankheiten. Maßnahmen, die bei Problemen Abhilfe schaffen können, sind:

- Wechsel von Tragefutter auf Säugefutter erst nach der Abferkelung
- Einsatz von rohfaserhaltigen Futtermitteln
- kleine Gaben von Glaubersalz (1 Teelöffel/Mahlzeit)

Auch dem MMA-Komplex (Metritis, Mastitis, Agalaktie) kann in dieser Phase vorgebeugt werden. Hierzu eignet sich ein Mineralfutter mit angepasstem **Kationen-Anionen-Verhältnis**. Dabei sollten die Anionen – wie S, Cl und P – leicht angehoben und die Kationen – wie Ca, Na, Mg und K – gesenkt werden; s. Kationen-Anionen-Balance (S. 185). Damit kann der Harn-pH-Wert in der Blase gesenkt werden, was zu einer Reduktion der Coli-

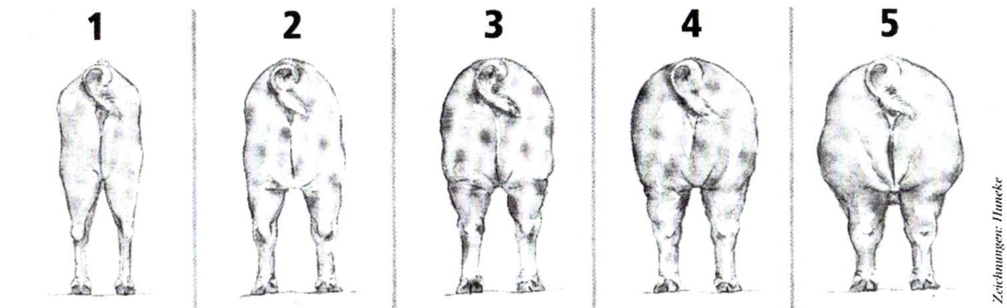

1

- ▶ *Beckenknochen, Sitzbein und Hüfthöcker stehen deutlich hervor;*
- ▶ *Schwanzansatz und Flanken sind eingefallen;*
- ▶ *Dornfortsätze und Rückenwirbel stehen über den gesamten Rücken deutlich hervor;*
- ▶ *Einzelne Rippen sind klar zu erkennen.*

2

- ▶ *Beckenknochen und Hüfthöcker sind leicht bedeckt;*
- ▶ *Das Gewebe an Schwanzansatz und Flanken ist leicht eingefallen;*
- ▶ *Die Dornfortsätze der Rückenwirbel und einzelne Rippen sind sichtbar.*

3

- ▶ *Beckenknochen und Lendenwirbel sind nicht sichtbar, können aber ertastet werden;*
- ▶ *Die Dornfortsätze der Rückenwirbel sind nur in Schulterhöhe gerade noch sichtbar;*
- ▶ *Der Schwanzansatz ist von Fettgewebe umgeben.*

4

- ▶ *Becken und Rippen sind kaum fühlbar;*
- ▶ *Die Rückenwirbel lassen sich nur noch unter Druck ertasten;*
- ▶ *Die Flanken sind voll. Am Schwanzansatz, im Vulvabereich und an den Innenschenkeln sind leichte Fettfalten zu erkennen.*

5

- ▶ *Beckenknochen, Rippen, Rücken- und Lendenwirbel lassen sich auch unter starkem Druck nicht ertasten;*
- ▶ *Der Schwanzansatz ist mit Fettfalten tief im Gewebe versunken;*
- ▶ *Starke Fettfalten im Vulvabereich und an den Innenschenkeln.*

© top agrar

▶ **Abb. 9.15** Körperkonditionsklassen bei Sauen. (Quelle: top agrar, Münster)

Keime führt. Von der Futtermittelindustrie angebotene Geburtsfutter berücksichtigen diese Vorgaben und werden um den Geburtszeitraum eingesetzt.

Praxistipp

Wer in der Ferkelproduktion erfolgreich sein will, muss Folgendes beachten:

- In der Tragezeit sehr knapp mit Energie versorgte und/oder mit essenziellen Nährstoffen mangelhaft ernährte Sauen haben unausgeglichene Würfe und einen größeren Anteil lebensschwacher Ferkel.
- Nachteile einer zu reichlichen Energiezufuhr sind embryonaler Fruchttod – Geburtsschwierigkeiten – unzureichende Fresslust und dadurch starke Gewichtsverluste nach dem Abferkeln
- Beim Einlagern und beim Mobilisieren von Fettreserven wird ein Teil dieser Energie für die Umwandlungsvorgänge gebraucht. Sparsamer ist der direkte Umsatz von Futternährstoffen in Milch. Doch gewisse Reserven sind erforderlich, weil – bedingt durch zu geringe Futteraufnahme – die notwendige Energie aus dem Futter allein selten ausreicht.
- Jungsauen müssen während der Trächtigkeit ihr eigenes Wachstum fortsetzen können und sollten deshalb zusätzlich zu der durch die Entwicklung der Früchte bedingten Gewichtsvermehrung noch ca. 350 g täglich zunehmen. Eine beim Decken ca. 130 kg schwere Jungsau sollte also am Ende der Trächtigkeit rund 190 kg und nach 4-wöchiger Säugedauer ca. 160 kg wiegen.
- Optimale Geburtsgewichte der Ferkel liegen über 1500 g.

Eigenmischer finden in der ▶ **Tab. 9.18** Vorschläge für Alleinfuttermischungen für tragende Sauen mit Verwendung heimischer Eiweißfuttermittel.

Fütterung der säugenden Sau Da die Sauenmilch immer noch das beste Futter für die Ferkel ist, muss die gesamte Fütterung in der Säugezeit auf Milchbildung (12 l pro Tag sind nicht außergewöhnlich) ausgerichtet sein. Dazu ist es im Gegensatz zu früheren Empfehlungen notwendig, auch um die Geburt und am Geburtstag die Sau mit ausreichend Futter zu versorgen. 1,5 – 2 kg sollte die Sau auch am Tag der Geburt fressen. Danach kann die Futtermenge langsam (0,5 – 1 kg) pro Tag erhöht werden. Am 10 – 12. Tag nach der Geburt

▶ **Tab. 9.18** Hofeigene Alleinfuttermischungen für tragende Sauen (11,4 MJ ME bzw. 11,8 MJ ME je kg Futter) [243].

Futtermittel/ Inhaltsstoffe		**Mischungen**								
		I	**II**	**III**	**IV**	**V**	**VI**	**VII**	**VIII**	**IX**
Erbsen	%	5	5	8	–	–	–	–	–	–
Ackerbohnen	%	–			5	5	7	–	–	–
Lupinen	%	–	–	–	–	–	–	4	4	7
Sojaextr.-Schrot (HP)	%	–	–	–	–	–	–	–	–	–
Rapsextr.-Schrot	%	–	–	–	–	–	–	–	–	–
Gerste	%	47,5	32,5	29,5	47,5	28,5	30,5	53,5	29,5	35,5
Weizen	%	25	40	40	25	44	40	20	44	35
Apfeltrester	%	6	–	–	6	–	–	6	–	–
Sojaschalen	%	6	–	–	6	–	–	6	–	–
Trockenschnitzel	%	6	–	–	6	–	–	6	–	–
Weizenkleie	%	2	–	–	2	–	–	2	–	–
Fasermix (20 % XF)	%	–	14	20	–	14	20	–	14	20
Grascobs	%	–	6	–	–	6	–	–	6	–
Mineralfutter	%	2,5	2,5	2,5	2,5	2,5	2,5	2,5	2,5	2,5
Umsetzbare Energie	MJ	12,1	12,0	12,1	12,0	12,0	12,0	12,0	12,0	12,0
Rohprotein	g	116	119	117	118	122	120	119	123	124
Rohfaser	g	70	70	70	70	70	70	72	70	70
Lysin	g	6,2	6,0	6,1	6,3	6,1	6,1	6,2	6,0	6,1
Phosphor	g	3,5	3,5	3,5	3,5	3,5	3,5	3,5	3,5	3,6

▶ **Tab. 9.19** Empfehlungen für die tägliche Versorgung mit ME und pcv Lysin für säugende Sauen (nach DLG-Information 1/2008 [61]).

Abgesetzte Ferkel/Wurf	**Wurfzuwachs (kg/Tag)**	**MJ ME/Tag[1]**		**Lysin/Tag[1]**	
		Jungsauen	**Sauen**	**pcv Lysin**	**Lysin[2]**
8 – 10	2,0	66	70	38	45
11 – 12	2,5	81	85	48	57
13 – 14	3,0	90	95	56	66

[1] Durchschnittswerte über gesamte Laktation ohne Ferkelbeifütterung. [2] Lysin = pcv Lysin/0,85.

sollten aber alle Sauen, die mindestens 10 Ferkel haben, eine ad libitum Versorgung erhalten. Die Zahlen aus ▶ **Tab. 9.19** zeigen eine benötigte Energiemenge von durchschnittlich 95 MJ ME für Sauen mit 13 – 14 Ferkeln. Selbst bei einer hohen Energiedichte im Futter für säugende Sauen von 13 MJ, bedeutet dies eine Aufnahme von durchschnittlich über 7 kg pro Tag. Rechnet man den langsamen Anstieg der Futtermenge in den ersten 10 Tagen dazu, müssen diese Sauen in der Spitze über 10 – 12 kg fressen. Dies ist häufig nicht zu erreichen. Daher kommt es zur stärkeren Mobilisierung von Körperreserven, damit die Milchproduktion aufrechterhalten werden kann. Bei zu starker Reduktion der Körpersubstanz kann dies negative Folgen für die nächste Trächtigkeit haben. Das Ziel in dieser Phase sollte also heißen: Maximierung der täglichen Futteraufnahme!

Fazit

Maßnahmen zur Erhöhung der Futteraufnahme in der Säugezeit:

- schmackhafte Futtermittel verwenden (z. B. in den ersten Tagen nach der Geburt etwas Ferkelfutter untermischen)
- Verteilung der Tagesfuttermengen auf 3–4 Mahlzeiten
- ausreichende Wasserversorgung (mind. 3 – 4 l/min Wasserdurchlauf oder Zusatzwasser in den Trog), da säugende Sauen durchaus 40 l Wasser und mehr benötigen
- bei Restfutter die Mahlzeiten kurzfristig verkleinern
- Restfutter vor der ersten Tagesfütterung aus dem Trog entfernen (Fütterung auf den blanken Trog)
- tragende Sauen nicht zu fett füttern
- Absenkung der Stalltemperaturen

Durch eine zusätzliche Versorgung der Ferkel mit Saugferkelergänzungsfutter kann ein eventuell auftretendes Versorgungsdefizit teilweise ausgeglichen werden. Hauptziel der Beifütterung ist jedoch eine möglichst frühe Angewöhnung der Ferkel an das feste Futter. Aufgrund der nur geringen aufgenommenen Futtermengen durch die Ferkel während der Säugezeit kann eine Entlastung der Sau nur sehr begrenzt stattfinden.

Die in ▸ **Tab. 9.16** aufgeführten Inhaltsstoffe sollten in den Alleinfuttermischungen für säugende Sauen unbedingt eingehalten werden. Zu beachten ist der zur Milchbildung notwendige hohe Bedarf an essenziellen Aminosäuren, der fast doppelt so hoch ist wie im Futter für niedertragende Sauen. Je nach Betriebssituation wird das Futter als Fertigfutter zugekauft, selbst aus einzelnen Komponenten gemischt oder über Zugabe von Getreide zum zugekauften Eiweißergänzer hergestellt. Bevor dazu eine Entscheidung gefällt wird, sollten mehrere Alternativen durchgerechnet werden. Auch die Frage nach trockener oder flüssiger Vorlage stellt sich. Wenn die Futterhygiene im Griff ist, kann mit einer Flüssigfütterung eine leicht höhere Futteraufnahme realisiert werden.

Beispiele zur Zusammensetzung von Alleinfuttermischungen für säugende Sauen zeigt ▸ **Tab. 9.20** auf.

Nach dem Absetzen der Ferkel wird die Futtermenge wieder deutlich reduziert. Je nach körperlicher Verfassung auf ca. 30 – 40 MJ pro Tag. Zur Unterstützung der Futteraufnahme und Energieanreicherung kann hier bei Verwendung von Tragefutter Zucker oder Weizenschrot on Top angebo-

▸ **Tab. 9.20** Hofeigene Alleinfuttermischungen für säugende Sauen (13 MJ ME bzw. 13,4 MJ ME/kg Futter) [243].

Futtermittel/ Inhaltsstoffe		Mischungen					
		I	II	III	IV	V	VI
Erbsen	%	16	12	–	–	–	–
Ackerbohnen	%	–	–	15	11	–	–
Lupinen	%	–	–	–	–	10	10
Sojaextr.-Schrot 48	%	8	5	8,5	5	10	5
Rapsextr.-Schrot	%	–	5	–	5	–	5,5
Gerste	%	37	25	37,5	20	41	30,5
Weizen	%	25	34	25	40	25	25
Körnermais	%	10	15	10	15	10	20
Rapsöl	%	1	1	1	1	1	1
Mineralfutter	%	3	3	3	3	3	3
ME	MJ	13,3	13,2	13,2	13,2	13,3	13,2
Rohprotein	g	155	152	156	157	169	162
Rohfaser	g	37	38	37	40	42	45
Lysin	g	9,6	9,6	9,6	9,6	9,6	9,6
Phosphor	g	4,5	4,8	4,5	4,8	4,6	4,8

ten werden. Eine generelle **Flushing-Fütterung** zwischen Absetzen und Besamung wird zurzeit nur für Jungsauen empfohlen. Eine höhere Versorgung in der Zeit um die Besamung und vier Wochen danach ist aber auf jeden Fall für stark abgesäugte Sauen angezeigt. Wenn man diese Zeit nicht nutzt, ist es sonst schwierig, diese zur Abferkelung wieder in eine gewünschte Kondition zu bringen.

9.4.3 Fütterung der Ferkel

Ferkel müssen in ihrer meist 10 Wochen dauernden Säuge- und Aufzuchtphase enorme Wachstumsleistungen vollbringen. Sie verdoppeln ihr Gewicht nach einer Woche, weisen 6 – 8 kg nach der Säugephase (abhängig von der Säugedauer) auf und sollen nach 10 Wochen mit 28 kg in den Mastbereich versetzt werden. Um diese Leistungen erbringen zu können, sind hochwertige Futtermittel gefragt. Die Basis wird mit der Versorgung nach der Geburt gelegt. Um eine intakte Immunabwehr aufbauen zu können, muss das neugeborene Ferkel schon innerhalb der ersten 3 Lebensstunden so viel wie möglich an **Kolostralmilch** aufnehmen. In ihr sind u. a. spezifische Abwehrkörper (Immunglobuline) enthalten, welche die Ferkel über die passive Immunisierung gegen Krankheitserreger schützen. Bereits nach 24 bis 36 Stunden können die großmolekularen Schutzkörper aufgrund der abnehmenden Durchlässigkeit der Darmwand nicht mehr durch die Darmwand aufgenommen werden. Neben den Abwehrstoffen gewährleistet in den ersten Tagen die Milch der Sau auch die Versorgung mit Energie und Eiweiß. Da neugeborene Ferkel nur über geringe Fettreserven verfügen, kann nur über eine frühe Futteraufnahme ein entsprechender Blutzuckerspiegel des Ferkels gehalten werden, der für die Funktionsfähigkeit des Organismus von entscheidender Bedeutung ist. Unterstützend sollten hier Ferkelnesttemperaturen über 38 °C wirken.

Bei den mittlerweile stark gestiegenen Fruchtbarkeitszahlen kommt es häufig vor, dass trotz frühzeitigem Umsetzen der Ferkel nicht genügend aufnehmende Sauen im Bestand sind und eine ausreichende Milchversorgung an der Mutter nicht mehr gewährleistet ist. Hier muss über ein Ammenmanagement (natürliche oder nur im Notfall künstliche Ammen) Abhilfe geschaffen werden. Da die Verdauung in den ersten Wochen nur auf die Milch ausgerichtet ist und somit in erster Linie milcheiweiß-, milchfett- und milchzuckerspaltende Enzyme vorhanden sind, können pflanzliche Nährstoffe nicht oder nur in sehr geringem Maße verdaut werden. Daher werden an die Milchaustauscher zur Versorgung der Ferkel an künstlichen Ammen (hier dürfen nur die größten Ferkel angesetzt werden) besonders hohe Ansprüche gestellt (Milchaustauscher müssen von Spezialherstellern zugekauft werden).

Obwohl die Sauenmilch immer noch das beste Ferkelfutter ist und zum großen Teil das Wachstum der Ferkel gewährleistet (um 1 kg Ferkelwachstum zu ermöglichen, muss es etwa 4,1 l Milch aufnehmen), ist eine Beifütterung ab der 2. Lebenswoche zu empfehlen. Dieses Beifutter, das täglich frisch vorgelegt werden muss, leistet zwar keinen hohen Beitrag zur Energie- und Nährstoffversorgung des Ferkels, da es nur in geringen Mengen aufgenommen wird (etwa 1 – 1,5 kg bis zum Absetzen), trägt aber zur langsamen Gewöhnung an pflanzliche Nahrung bei. Dabei werden die Masse und das Volumen des Verdauungstraktes durch die stärker strukturierte Nahrung erhöht. Zudem wird durch die optimale Zusammensetzung, Aufbereitung und rechtzeitige Vorlage des Ferkelfutters die Produktion und Wirkung der nahrungsabhängigen Verdauungsenzyme angeregt und erhöht („Enzymtraining"). Die Lactase-Aktivität hat bald nach der Geburt ihren Höhepunkt erreicht. Dagegen ist die Aktivität der eiweißspaltenden Enzyme Pepsin und Trypsin anfänglich außerordentlich niedrig. Sie steigt auch während der ersten 3 – 4 Lebenswochen nur langsam an. Ähnlich liegen die Verhältnisse bei dem stärkeabbauenden Enzym Amylase, während die fettspaltende Lipase relativ gleichmäßig zunimmt. Das Beifutter, zumeist Prestarter genannt, muss daher folgende Eigenschaften erfüllen:

- hohe Schmackhaftigkeit (Einsatz von Aromastoffen),
- hohe Verdaulichkeit der Nährstoffe (Milchprodukte, aufgeschlossene Getreide, Kartoffelweiß, Proteinkonzentrate)
- stabilisierende Wirkung im Verdauungstrakt (Säuren, Probiotika, Präbiotika, Enzyme)

Versorgungsempfehlungen und Fütterung nach dem Absetzen Ziel der Fütterung in der Aufzuchtphase sind tägliche Zunahmen zwischen 450 und 500 g. Natürlich gibt es zwischen den Aufzuchtgruppen z. T. erhebliche Schwankungen, für die häufig keine Gründe gefunden werden. Aber klar ist, dass die Ferkel nach dem Absetzen eine sehr kritische Phase durchmachen. Für den problemlosen Übergang gibt es keine Patentrezepte, sondern nur Empfehlungen, um diesen möglichst verlustfrei zu realisieren. Es ist die Aufgabe des Tierbetreuers hier ein stallspezifisches Konzept zu entwickeln. Als Anhaltspunkt können dafür die Empfehlungen der DLG (▸ **Tab. 9.21**, ▸ **Tab. 9.22**) dienen.

In der Praxis werden unterschiedliche Fütterungsstrategien angewandt. Ein Teil der Betriebe hat sehr gute Erfahrungen damit gemacht, den Prestarter auch noch einige Tage über das Absetzen hinaus zu füttern, andere beginnen aus Kostengründen mit dem Einsatz des Absetzfutters schon in den letzten Tagen der Säugephase. Generell kann man eine 3-phasige Fütterung empfehlen. Hierbei werden nach dem Verfüttern des Absetzfutters noch ab etwa 12 kg Lebendgewicht ein Ferkelaufzuchtfutter I und ab 20 kg ein Aufzuchtfutter II gefüttert. Die Richtwerte zur Inhaltsstoffausstattung dieser Futtermischungen sind in ▸ **Tab. 9.23** dargestellt. Wichtig ist aber, dass bei jedem Futterwechsel eine 2- bis 3-tägige Verschneidungsphase eingehalten wird. Auch sollten die Futterkomponenten von einer Futtermischung zur nächsten nicht zu stark schwanken. Dies ist immer dadurch zu gewährleisten, dass man alle Futtersorten von einem Hersteller bezieht oder aber bei Eigenmischungen auf die gleichen Komponenten zurückgreift.

Die Einsatzempfehlungen der in ▸ **Tab. 9.23** aufgeführten Futtermittel beziehen sich immer auf die Ferkelgewichte. Die Bildung gleich schwerer Ferkelgruppen und die Fütterung dieser nach den Empfehlungen ist in der modernen Ferkelfütterung unerlässlich (leichte Ferkel sind etwas länger mit hochwertigerem Futter zu versorgen).

▸ **Tab. 9.21** Empfehlungen zur Versorgung von Ferkeln mit ME und Lysin (nach DLG-Information 1/2008 [61]).

Lebenswoche (LW)	Tägliche Zunahme (g)		Gewicht Wochenende (kg)		Energieaufnahme (MJ ME/Tag)		Futteraufnahme[3] (g/Tag)		pcv Lysin (g/MJ ME)	Lysin (brutto) (g/MJ ME)[4]
1	200		2,9		Sauenmilch (evtl. Zugabe von Ergänzungsfuttermitteln)					
2	225		4,5							
3	260		6,3							
4[1]	300		7,5				20 – 50		0,90	1,00
Absetzen (25. Tag)	Leistungsniveau – mittlere Tageszunahme (g)									
	450	500	450	500	450	500	450	500	450 + 500	450 + 500
4[2]	200	200	8,1	8,1	4,1	4,1	300	300	0,90	1,00
5	270	300	10,0	10,2	6,0	6,5	435	471	0,90	1,00
6	350	400	12,4	13,0	7,6	8,3	567	619	0,85	0,95
7	420	480	15,4	16,4	9,2	10,3	687	769	0,85	0,95
8	510	580	19,0	20,4	11,3	12,6	869	969	0,75	0,85
9	610	650	23,2	25,0	13,8	14,8	1061	1138	0,75	0,85
10	680	720	28,0	30,0	16,1	17,3	1238	1331	0,75	0,85
Summe					460 MJ ME	501 MJ ME	34,9 kg	38,0 kg		

[1] Bis zum 25. Tag. [2] Abschnitt 26.–28. Tag; Absetzen mit 25 Tagen und 7,5 kg Lebendmasse. [3] Annahme für die Tabelle (je kg Futter): 13,8 MJ ME in LW 4 – 5; 13,4 MJ ME in LW 6 – 7; 13,0 MJ ME ab LW 8. [4] Unterstellte praecaecale Aminosäurenverdaulichkeit: ~90 %.

▶ **Tab. 9.22** Empfehlungen und futtermittelrechtliche Höchstgehalte für die Spurenelement- und Vitaminausstattung im Alleinfutter (AF) für Ferkel (Angaben pro kg AF; 88 % Trockenmasse) (nach DLG-Information 1/2008 [61]).

Inhaltsstoff	Einheit	Empfehlung	Gesetzlicher Höchstgehalt
Eisen[1]	mg	100[2]	• 750 • 250 mg/Tag bis 1 Woche vor Absetzen
Jod	mg	0,15[3]	10
Kupfer	mg	6	170 (bis 12 Wochen)
Mangan	mg	20	150
Selen	mg	0,25	0,5
Zink	mg	100 – 80[2]	150
Vitamin A	I. E.	4000	–
Vitamin D	I. E.	500	2000[4]
Vitamin E	mg	15	–
Vitamin K	mg	0,15	–
Vitamin B_1	mg	1,7	–
Vitamin B_2	mg	4,4 – 3,7[2]	–
Vitamin B_6	mg	3	–
Vitamin B_{12}	µg	40 – 23[2]	–
Niacin	mg	20 – 15[2]	–
Pantothensäure	mg	13	–
Folsäure	mg	0,3	–
Biotin	µg	90	–
Cholin	mg	1000	–

[1] Mind. 200 mg Eisen intramuskulär am 2.–3. Tag nach der Geburt. [2] Ab 10 kg Lebendmasse. [3] Bei erhöhtem Glucosinolatgehalt im Futter (> 1,5 mmol/kg) ist eine Erhöhung auf 0,3 mg Jod/kg Futter erforderlich. [4] Bezogen auf zugesetztes Vitamin D.

Die meisten gesundheitlichen Probleme machen Durchfallerkrankungen in der Ferkelaufzucht. Zielgerichtete Management- und vor allem mit Fütterungsmaßnahmen können hier vorbeugen. Eine Möglichkeit ist die Verfütterung von Diätfuttermitteln. Durch die Erhöhung der Rohfasergehalte mit geeigneten Rohfaserkombinationen (löslich und unlöslich) wird mit solchen Futtermitteln die Darmmotorik gefördert. Durch eine geringere Säurebindungskapazität erreicht man eine bessere keimtötende Wirkung der Salzsäure im Magen. Das Futter darf dazu eine Säurebindungskapazität von max. 700 meq/kg besitzen. Erreicht wird dies durch folgende Maßnahmen:

- Absenkung des Rohproteingehaltes (< 17 %)
- hochverdauliche Eiweißfuttermittel
- pufferarme Mineralfutter
- reduzierte Calciumgehalte (< 6,5)

Auch kurzzeitige Säurezulagen gehören zur Durchfallprophylaxe. Ist kein Diätfuttermittel verfügbar, kann Abhilfe geschaffen werden durch die Zumischung von 25 % Gerstenschrot oder Weizenkleie. Ratsam ist auch die Gabe von mehreren kleinen Mahlzeiten in den ersten Tagen nach dem Absetzen. Danach kann ad libitum gefüttert werden. Hinsichtlich der Futterstruktur wird Problembetrieben geraten, mehliges Futter anzubieten, da Ferkel dieses langsamer fressen und somit einem „Überfressen“ und damit einer unzureichenden Durchsäuerung des Verdauungsbreies im Magen, vorgebeugt wird.

▶ **Tab. 9.23** Richtwerte für die Inhaltsstoffausstattung von Futtermischungen für Ferkel (Angaben pro kg Futtermischung; unterstellt 88 % Trockenmasse) (nach DLG-Information 1/2008 [61]).

Inhaltsstoff	Einheit	Prestarter (5 – 8 kg LM)		Absetzfutter (8 – 12 kg LM)		Diätfutter[1] (8 – 12 kg LM)			Ferkelaufzuchtfutter I (12 – 20 kg LM)			Ferkelaufzuchtfutter II (20 – 30 kg LM)	
Energie (ME)	MJ	13,8	13,4	13,8	13,4	13,8	13,4	13,0	13,8	13,4	13,0	13,4	13,0
Lysin/ME[2, 3]	g/MJ	1,00		1,00		1,00			0,95			0,85	
Lysin	g	13,8	13,4	13,8	13,4	13,8	13,4	13,0	13,1	12,7	12,3	11,4	11,1
Rohprotein	g	190,0		190,0		165,0			185,0			180,0	
Rohfaser	g	–		40,0		min. 40,0			35,0			30,0	
Calcium	g	8,5		7,5		6,5			7,5			7,5	
verd. P	g	3,5		3,5		3,3			3,5			3,3	
Phosphor[4]	g	5,5		5,5		5,0			5,5			5,0	
Natrium	g	← 1,5 →											

[1] Diätetisches Absetzfutter für einen befristeten Einsatz bei Darmstörungen. [2] Lys : Met/Cys : Thr : Try = 1 : 0,53 : 0,63 : 0,18. [3] Unterstellte praecaecale Aminosäurenverdaulichkeit: 90 %. [4] Bei Zusatz von Phytase.

Grundsätzlich ist es notwendig, die abgesetzten Ferkel so schnell wie möglich zum Fressen zu bringen, da ansonsten aufgrund von Energiemangel und daraus folgender reduzierter Enzymproduktion den Durchfällen und damit Wachstumsdepressionen Vorschub geleistet wird. Die Folge können auch Totalverluste aufgrund von Coli-Enterotoxämien sein. Eine zu geringe Anzahl von Fressplätzen kann ebenfalls zu geringer Futteraufnahme führen. Häufig beobachtet man dies bei der Fütterung mit Breifutterautomaten. Hier wird unbedingt geraten, in den ersten 7 – 10 Tagen zusätzliche Futterschalen anzubieten. Als wirksam hat sich auch eine durchgängige Beleuchtung in den ersten 48 Stunden nach dem Absetzen erwiesen.

9.4.4 Wasserversorgung

Das wichtigste Lebensmittel für unsere Schweine ist das Wasser. Nur wenn dies in ausreichender Menge aufgenommen wird, kann auch genügend Futter gefressen werden. Dabei kommt es darauf an, dass bei guter Qualität (▶ **Tab. 9.24**) auch die Versorgung stimmt. Neben der Kenntnis des Wasserbedarfs ist unbedingt auf die Durchflussmenge an den Tränkestellen zu achten. Reicht die Durchflussgeschwindigkeit z. B. bei der säugenden Sau nicht aus, schränkt sie die Wasseraufnahme ein und somit auch die Milchbildung. Schießt frisch abgesetzten Ferkeln aus schlecht eingestellten Tränken beim ersten Versuch gleich kaltes Wasser auf oder in die Nase, meiden diese auch für einige Zeit die Tränken und nehmen zu wenig Futter auf. Die Einbauhöhen aus ▶ **Tab. 9.25** sind ebenfalls einzuhalten, damit Wasservergeudung vermieden wird. In der Regel ist es günstig, Tiere mit einem System durchgehend zu versorgen. Werden Beckentränken, die sich in allen Stufen in der Gruppenhaltung sehr gut für die Wasserversorgung eignen, eingesetzt, muss auf die Reinigungsfähigkeit geachtet werden, da tägliche Reinigung Voraussetzung für optimale Wasserhygiene ist. Kippbare Becken mit Wasserniveausteuerung sind die Tränken der Wahl.

► **Tab. 9.24** Orientierungswerte für die Tränkwasserqualität (nach DLG-Information 1/2008 [61]).

Parameter	Einheit	Orientierungswert für die Eignung von Tränkwasser	Bemerkungen (mögliche Störungen)	Grenzwert für Trinkwasser nach Trinkwasserverordnung
physiko-chemische Parameter				
pH-Wert[1]		>5, <9	Korrosionen im Leitungssystem	6,5 – 9,5
elektrische Leitfähigkeit	µS/cm	<3000	evtl. Durchfälle bei höheren Werten, Schmackhaftigkeit	2500
lösliche Salze, gesamt	g/l	<2,5	–	–
Oxidierbarkeit[2]	mg O_2/l	<15	Maß für Belastung mit oxidierbaren Stoffen	5
chemische Parameter				
Ammonium (NH_4^+)	mg/l	<3	Hinweis auf Verunreinigung	0,5
Arsen (As)	mg/l	<0,05	Gesundheitsstörungen, Minderleistung	0,01
Blei (Pb)	mg/l	<0,1	Vermeidung von Rückständen	0,01
Cadmium (Cd)	mg/l	<0,02	0,005	
Calcium (Ca)[3]	mg/l	500	Funktionsstörungen, Kalkablagerungen in Rohren und Ventilen	kein Grenzwert vorhanden
Chlorid (Cl^-)	mg/l	<500	–	250
Eisen (Fe)[3]	mg/l	<3	Antagonist zu anderen Spurenelementen, Eisenablagerung in Rohren, Biofilmbildung, Geschmacksbeeinflussung	0,2
Fluor (F)	mg/l	<1,5	Störungen an Zähnen und Knochen	1,5
Kalium (K)	mg/l	<500	–	kein Grenzwert vorhanden
Kupfer (Cu)	mg/l	<2	–	2
Mangan (Mn)	mg/l	<4	Ausfällungen im Verteilersystem, Biofilme möglich	0,05
Natrium (Na)	mg/l	<500	–	200
Nitrat (NO_3^-)	mg/l	<200	Risiken für Methämoglobinbildung, Gesamtaufnahme berücksichtigen	50
Nitrit (NO_2^-)	mg/l	<30		0,5
Quecksilber (Hg)	mg/l	<0,003	allgemeine Störungen	0,001
Sulfat (SO_4^{2-})	mg/l	<500	laxierender Effekt	240
Zink (Zn)[4]	mg/l	<5	Schleimhautalteration	kein Grenzwert vorhanden

[1] pH<5: sauer und möglicherweise korrosiv wirkend, Zusatz organischer Säuren kann pH-Wert senken. [2] Maß für organische Substanzen im Wasser (<5 mg/l für eingespeistes Wasser). [3] Zusetzung von Leitungen und Tränken. [4] Orientierungswert nur bei geringem Gehalt der Futtermittel.

▸ **Tab. 9.25** Kennzahlen zur Wasserversorgung von Schweinen (DLG-Merkblatt 351 [74]).

Tierkategorie	Wasserbedarf (l/Tag/Tier)	Durchflussmenge (l/min)	Einbauhöhe Zapfentränke (cm)	Einbauhöhe Beckentränke (cm)
Saugferkel	0,7 – 1	0,4 – 0,5	15	8 – 11
Absetzferkel	1 – 3	0,5 – 0,7	25 – 55	8 – 11
Mastschwein	3 – 11	0,6 – 1,8	65	25 – 30
niedertragende Sau	8 – 12	1,5 – 1,8	90	35 – 40
hochtragende Sau	10 – 15	1,5 – 1,8	90	35 – 40
säugende Sau	bis 45	3 – 4		35 – 40
Eber	12 – 15	1 – 1,5	90	35 – 40
Jungsau	8 – 10	1,3 – 1,5	65	25 – 30

9.4.5 Haltungssysteme für Sauen und Ferkel

Das Wohlbefinden unserer Schweine wird insbesondere geprägt von der Haltungsumwelt. Da Schweine empfindsame Lebewesen sind und somit dem Menschen sehr ähnlich, sollte diese so beschaffen sein, dass größtmögliches Wohlbefinden eintreten kann. Das Ausleben der angeborenen Verhaltensmuster steht dabei im Vordergrund. Bei der Haltung im Stall müssen sicherlich dabei Kompromisse eingegangen werden. Aber gerade bei Um- und Neubauten sollte darauf der Fokus gerichtet werden. Neben einer möglichst minimalen Einschränkung des Bewegungsverhaltens ist auf eine Möglichkeit zum Ausleben des Spiel- und Wühltriebes zu achten. Möglichkeiten dazu bietet die Gruppenhaltung mit stark strukturierten Bereichen und einem Entmistungssystem, das auch mit Grobfutter oder Einstreumaterial fertig wird.

Berechnung der Stallplatzkapazitäten

Bei der Stallneubau- oder Stallumbauplanung sind die vorbereitenden Überlegungen das A und O, denn nur so können grobe Planungsfehler vermieden werden. Zunächst muss man sich über die Zielstellungen klar sein. Somit sind die nachfolgenden Fragen zu beantworten. Wie groß soll mein Sauenbestand sein? Welche biologischen Parameter strebe ich an? Was passiert mit den abgesetzten Ferkeln? Will ich meine Sauen selbst reproduzieren? Aus den Antworten ergeben sich die folgenden Grundlagen für das Raum- und Funktionsprogramm:

- Aufstallungs-, Fütterungs-, Entmistungs-, Lüftungs- und Heizungssysteme
- Größe und Anordnung der Funktionsbereiche (Abteile, Quarantäne!)
- Sozial-, Büro- und Sanitärbereich, Tierverladung
- Lagerkapazität für Gülle
- Anordnung der Außenanlagen (Güllelager, Löschwasser, Dachentwässerung, Kadaverlagerung)
- Einhaltung Schwarz-Weiß-Prinzip
- Straßen, Wege, Einzäunungen, Eingrünung
- Tierbestands- und Tierplatzplanung

Grundsätzlich sollte heute die Produktion in festen Rhythmen durchgeführt werden. Diese vereinfachen das Management in einer Sauenanlage deutlich, da schon frühzeitig alle Aktionen geplant werden und zeitlich feststehen. Erst nach der Auswahl eines entsprechenden Produktionsprogramms kann die Stallplatzplanung durchgeführt werden. Für kleinere Bestände sind Systeme mit mindestens 3-wöchigem Rhythmus zu empfehlen, denn hier sind die Ferkelgruppen größer und können gut vermarktet werden. Bei großen Beständen fallen bei diesen Systemen starke Arbeitsspitzen an. Das 4-Wochensystem mit 21-tägiger Säugezeit hat den Vorteil, dass sich immer nur eine Sauengruppe mit Ferkeln im Stall befindet. Daher ist es im Vorfeld notwendig die Vor- und Nachteile abzuwägen und betriebsbezogen eine Entscheidung zu treffen.

Hat man sich für ein System entschieden, geht es an die Raumplanung. Zentraler Punkt ist hier die Berechnung der notwendigen Plätze in den einzelnen Produktionseinheiten.

Definition
Grundsätzlich unterscheiden wir in Ferkelerzeugerbetrieben zwischen Besamungsstall (Deckzentrum), Wartestall, Abferkelstall, Ferkelaufzuchtabteilen und ggf. Jungsauenaufzuchtstall.

Zur Berechnung der Platzzahlen benötig man die Gesamtsauenzahl, den gewählten Produktionsrhythmus, die Säugedauer und die geplante Haltungsdauer in den Abteilen. Die Gesamtproduktionszeit einer Sau beträgt 147 Tage (5 Tage güst, 114 Tage tragend, 28 Tage säugend). Wird im 1-Wochen-Rhythmus gearbeitet, ist die Herde in 147:7 = 21 Wochengruppen einzuteilen. Beträgt die Säugezeit nur 21 Tage entsprechend in 20 Wochengruppen. Diese (21) teilen sich wie folgt auf die Haltungsabschnitte auf und es werden folgende Abteilanzahlen benötigt:

Besamungsstall Ins Besamungsabteil werden die Sauen nach dem Absetzen eingestallt und nach etwa 5 Tagen wieder besamt. Anschließend bestehen zwei Managementmöglichkeiten: Entweder verbleiben die Sauen noch 28 Tage im Abteil, bis die Trächtigkeit festgestellt ist, und gehen dann ins Abteil für tragende Sauen, oder sie werden unmittelbar nach der Besamung dorthin überführt. Letzteres wird wohl in der Zukunft bei Neu- und Umbauten bevorzugt werden. Denn momentan werden vom Verbraucher Forderungen laut und politisch stark diskutiert, dass Sauen nur noch für den unmittelbaren Zeitraum um die Besamung (1–10 Tage) im Kastenstand gehalten werden dürfen. Somit sind sie für die übrige Zeit in Gruppen zu halten. Bei Redaktionsschluss standen die endgültigen gesetzlichen Regelungen dazu noch nicht fest. Diese sind dann aber in die Stallplatzberechnungen aktuell einzubeziehen.

- Prozesszeit = 35 Tage (5 Tage güst, 28 Tage tragend, 2 Tage Service) = 5 Abteile
- oder Prozesszeit = 14 Tage (5 Tage güst, 4 Tage tragend, 2 Tage Service) = 2 Abteile

Zur Berechnung der Gesamtplätze sind neben den oben berechneten auch noch Plätze für Umrauscher (ca. 15 %) und Jungsauen einzuplanen. Hier können dann auch die benötigten Eberplätze eingerichtet werden.

Wartestall Im Wartestall stehen die tragenden Sauen bis kurz vor der Geburt.

- 84 Tage Prozesszeit (115 Tage Tragezeit – 28 Tage Besamungsabteil – 5 Tage Vorbereitung im Abferkelstall + 2 Tage Service) = 84 Tage = 12 Abteile
- oder 98 Tage Prozesszeit (115–14–5 + 2) = 14 Abteile

Auch hier sind Reserveplätze von 10 – 15 % je Abteil für gruppenunverträgliche Sauen einzuplanen.

Abferkelstall Durch die hohe Fruchtbarkeit spezieller Sauenherkünfte wird der Einsatz von Ammensauen in diesem Haltungsabschnitt nötig. Diese sind mit unterschiedlichen Anteilen (10–30 %) bei der Platzberechnung einzuplanen. Ein Reserveabteil mit mindestens der halben Kapazität der regulären Abteile sollte im modernen Stall nicht fehlen.

- 35 Tage Prozesszeit (28 Tage Säugezeit + 5 Tage Vorbereitung + 2 Tage Service) = 5 Abteile

Jungsauenabteil Bei Jungsauenzukauf ist die Haltungsdauer von mindestens 6 Wochen vorzusehen. Anschließend gehen die Jungsauen in den Besamungsstall. Die Kapazität ist abhängig von dem anzustrebenden Jungsauenanteil.

Ferkelaufzucht Bei 21-tägiger Säugezeit werden 8 und bei 28-tägiger Säugezeit 7 Ferkelaufzuchtabteile benötigt. Dies gilt bei mittleren täglichen Zunahmen von mind. 450 g.

Aus diesen Vorgaben und der Gesamtsauenzahl ergeben sich dann die benötigten Plätze, wie sie exemplarisch für 1000 Sauen im Wochenrhythmus in ▸ **Tab. 9.26** ausgerechnet sind.

Nach diesem Schema können somit die Tierzahlen grob berechnet werden. Bei der Detailplanung des Stalles sind diese mit dem Architekten oder Berater noch einmal im Detail zu besprechen.

▶ **Tab. 9.26** Tierplatzkalkulation für 1000 Sauen (1-Wochen-Rhythmus, 28 Tage Säugezeit, 30 % Reproduktion → 1000 : 21 = 48 Sauen pro Wochengruppe).

Haltungsabschnitt	Tiergruppe	Abteile	Tierplätze gesamt	Tierplätze je Abteil
Besamungsstall	Sauen	5	240	48
	Umrauscher		29	8
	Eber		5	1
Wartestall	Sauen	12	576	48
	Reserveplätze	–	72	6
	Jungsauen	1	60	60
Abferkelstall	Sauen	5	240	48
	Ammen	–	–	8
	Reserve	1	–	24
Ferkelaufzucht	Ferkel bis 30 kg	7	4032	576
Jungsauen	Jungsauen-Quarantäne (100–140 kg)	1	60	60

Haltungssysteme der einzelnen Produktionsabschnitte

In der Ferkelproduktion gibt es aber nicht nur verfahrenstechnische Vorgaben, vielmehr sind auch besondere gesetzliche Vorgaben zu beachten. Diese sind nachzulesen in der Tierschutz-Nutztierhaltungs-Verordnung vom 01.08.2006. Die wichtigsten Regelungen sind in ▶ **Tab. 9.27** dargestellt.

Besamungsstall Im Besamungsstall werden die Grundlagen zu einer erfolgreichen Ferkelerzeugung gelegt. Der Besamungsstall muss so ausgestaltet werden, dass neben einer optimalen Stimulierung der Sauen auch eine fachgerechte Besamung durchgeführt werden kann. Grundsätzlich gibt es zwei Managementverfahren in diesem Bereich. Zum einen werden Sauen bis zur Trächtigkeitskontrolle im Einzelstand des Besamungsstalles gehalten. Beim anderen Verfahren beträgt die Aufenthaltsdauer nur 8 – 10 Tage. Anschließend gehen die Sauen dann in den Wartestall. Beiden gemeinsam ist aber die Aufstallung während der Besamungsperiode. Es werden weiterhin Einzelstände bevorzugt. Diese grenzen kopfseitig an einen Futter- und Versorgungsgang. Dieser Gang wird auch dazu genutzt, den Eber zwei bis dreimal täglich vor dem Kopf der Sauen laufen zu lassen, um eine optimale Stimulation der Sauen zu erreichen. Um auch bei der Besamung den Eber zielgerichtet vor der zu besamenden Gruppe laufen zu lassen, ist der Gang mit Toren zu versehen (▶ **Abb. 9.16**), die vom Mistgang aus geöffnet und geschlossen werden können. Somit kann der Eber immer vor den gerade besamten Sauen fixiert werden. Wichtig ist auch die Türgestaltung der Einzelstände. Es ist darauf zu achten, dass das Eintreten in den Stand zur Besamung, bei gleichzeitiger Verhinderung des Sauenaustrittes, gewährleistet ist. Ebenfalls positiv auf die Fruchtbarkeit wirken sich hohe Lichtintensitäten aus. Daher muss es möglich sein, im Gesichtsfeld der Sauen über Tag 200 – 300 Lux bereitzustellen. Dies kann mit einer Leuchtstoffröhrenreihe ca. 60 cm über dem Kopf der Sauen erreicht werden.

Momentan wird über die Größe der genutzten Kastenstände diskutiert. Nach der Tierschutz-Nutztierhaltungsverordnung (TierSchNutztV) müssen diese so beschaffen sein, dass „die Schweine gleichzeitig ungehindert liegen, aufstehen, sich hinlegen und eine natürliche Körperhaltung einnehmen können“. Daraus leiteten die Richter des OVG Magdeburg im Jahr 2015 ab, dass die bis dahin als Kompromiss in den Ausführungshinweisen zur TierSchNutztV angegebenen Mindestbreiten von 65 cm für Jungsauen und 70 cm für Altsauen zu gering bemessen sind. Momentan werden verschiedene Möglichkeiten diskutiert, um diesem Urteil Rechnung zu tragen. Dabei ist aber immer

▸ **Tab. 9.27** Gesetzliche und verfahrenstechnische Vorgaben für die Sauenhaltung.

Kenngröße		Einheit	Wert
Platzbedarf	**Sauen-Wartestall**		
	6–39 Sauen/Gruppe	m^2/Tier	2,25
	> 40 Sauen/Gruppe		2,05
	6–39 Jungsauen/Gruppe		1,65
	> 40 Jungsauen pro Gruppe		1,50
	Eber	m^2/Tier	6,0
	Eber im Deckstall	m^2/Tier	10,0
	Ferkel		
	über 5 – 10 kg	m^2/Tier	0,15
	über 10 bis 20 kg		0,2
	über 20 kg		0,35
Liegebereich, max. 15 % Perforation	Sauen	m^2/Tier	1,3
	Jungsauen	m^2/Tier	0,95
Spaltenweite		mm	max. 20
Auftrittsbreite Spalten		mm	min. 80
Fensterfläche	Regelfall	% Stallfläche	> 3
	Ausnahmefall (Kammstall)	% Stallfläche	> 1,5
Buchtenlänge bei Gruppenhaltung	bis 6 Sauen	m	2,8
	über 6 Sauen	m	2,4
Abstand Fress-/Liegebuchten	zwischen 2 Reihen	m	min. 2,0
	zwischen Reihe und Wand	m	min. 1,6
Maße Fress-/Liegebuchten	Breite (Altsau/Jungsau)	m	nach Sauenhöhe
	Länge	m	2,20 hinter Trog
	Höhe	m	1,10 – 1,15
Abferkelbuchten (konventionell)	**Längsaufstallung**		
	Breite	m	1,9
	Länge		2,6
	Diagonalaufstallung		
	Breite	m	2,0
	Länge		2,5
Abferkelbuchten (Bewegungsbucht)	Fläche	m^2	5–7
Abferkelbuchten (freies Abferkeln)	Fläche	m^2	9–11
	Ferkelnestgröße pro Ferkel	m^2	0,06
Ferkelschutzkorb	Breite	m	0,65 – 0,75
	Höhe		mind. 1,15
	Bodenabstand		0,13 – 0,15

▶ **Tab. 9.27** Fortsetzung

Kenngröße		Einheit	Wert
Fressplatz	Breite bei Drippelfütterung	m	0,5
	Tiere/Abruffütterung (je nach Syst.)	Stück	40 – 60
	Breinuckel	Stück	18
Gülleanfall	niedertragend, Güst, Eber (0,3 GV)	m³/Monat/GV	0,7
	säugend mit Ferkeln (0,4 GV)		0,9
Beschäftigungsmaterial	alle Tierkategorien		beweglich, veränderbar

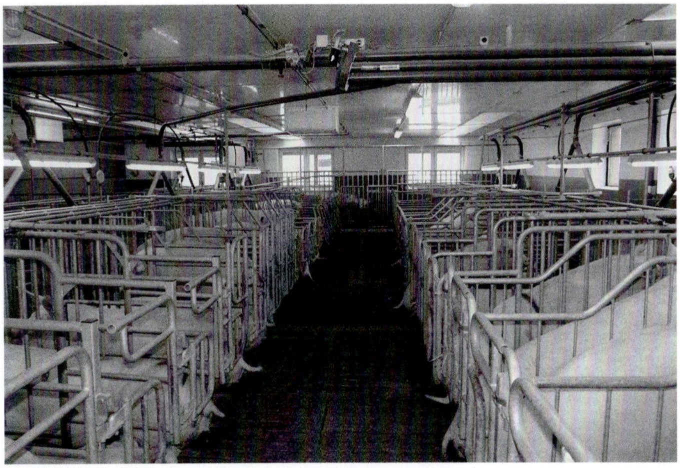

▶ **Abb. 9.16** Moderner Deckbereich.

drauf zu achten, dass gerade in der Zeit der Rausche Sauen vor sich selbst und vor allem auch die Tierbetreuer vor den Sauen geschützt werden können. In dieser Rauschezeit sind daher breite Kastenstände von 1 m und mehr als nicht optimal anzusehen, da Verletzungen der Tiere dort die Regel sind. Möglich sind schmalere Stände (65, 70 cm) mit jeweils Abständen von 30–60 cm zum nächsten Stand, damit die Tiere beim Liegen ihre Gliedmaßen ungehindert ausstrecken können.

Favorisiert werden aber zurzeit Systeme, in denen die Sauen nur kurzzeitig (Rausche- und Besamungszeitraum) in Kastenständen stehen und dann gleich in die Gruppenhaltung gehen können.

Daher wird dann auch das dem Besamungsstall (zwischen Absetzen und Besamungsstall) vorgeschaltete System der Arena sehr interessant. Dabei werden die Sauen einer Abferkelgruppe nach dem Absetzen in der Gruppe (evtl. auch Außenklima) aufgestallt und können dort ihre Rangkämpfe ausfechten. Dazu wird ein Platzangebot von mindestens 4 – 6 m² pro Sau benötigt. Besonderes Augenmerk muss auf die Trittsicherheit des Bodens gelegt werden. Empfohlen wird eine Festfläche mit Einstreu. Die Arena dient auch als kostengünstiges Reserveabteil für die zwei Tage, die benötigt werden, um Umstall- und Reinigungsarbeiten im Besamungsstall vorzunehmen. Werden die Tiere unmittelbar nach der Besamung wieder zusammengestallt, fallen die Rangkämpfe dann deutlich geringer aus, da sie sich ja schon kennen.

Wartestall Im Wartestall ist nach den Vorgaben der Tierschutz-Nutztierhaltungsverordnung zwingend die Gruppenhaltung vorgeschrieben und dies von 4 Wochen nach der erfolgreichen Besamung bis 1 Woche vor der Abferkelung. Natürlich dürfen nicht gruppentaugliche Tiere einzeln gehalten werden, aber nur wenn sie sich in den Einzelständen umdrehen können. Wenn möglich, sollten – aufgrund der bei jeder Zustallung auftretenden Rangkämpfe – Wechselgruppen vermieden werden. Bei sehr großen Gruppen (> 100) ist die Zustallung von Teilgruppen meist mit deutlich weniger Rangkämpfen gekoppelt. Die Größe des Wartestalles ist abhängig von der Aufenthaltsdauer im Besamungsstall. Das Aufstallungssystem ist in erster Linie von der Wahl des Fütterungssystems abhängig. Hier spielen die Vorlieben des Betriebsleiters/Tierbetreuers eine wichtige Rolle. EDV-gestützte Systeme wie Abruffütterung und Flüssigfütterung sollten nur gewählt werden, wenn die Arbeit mit dem Computer beherrscht wird. Dann allerdings besitzt man ein gutes Managementwerkzeug. Bei häufigem Wechsel der Tierbetreuung und weniger technisch interessierten Tierbetreuern, eigenen sich eher Systeme wie Kleingruppen mit Drippelfütterung oder Fressliegeständen. Die meist verwendeten Systeme sollen im Folgenden kurz beschrieben werden:

Bei der **Kleingruppenhaltung mit Selbstfang-Fressliegebuchten** (► Abb. 9.17) haben die Sauen sowohl die Möglichkeit geschützt in den Fressliegebuchten zu liegen, als auch den dahinter liegenden Gang als Lauffläche zu nutzen. Es besteht hier die Möglichkeit der Arretierung der Sauen für kurze Zeit (Behandlungen etc.) und der individuellen Futtergabe. Die Maße der Selbstfangfressliegestände sollten in der Breite 70 cm (65 cm für Jungsauen) und 2,20 m in der Länge betragen. Da die Stände bei der Berechnung der von Schweinen nutzbaren Fläche bei diesen Maßen nicht als Liegefläche gelten (siehe Magdeburger Urteil), aber in die gesamt nutzbare Flächen mit eingerechnet werden, ist darauf zu achten, dass der Gangbereich mindestens 1,3 m^2 je Sau umfasst. Das System ist aufgrund der massiven Aufstallungstechnik teurer als andere Systeme. Gefüttert werden kann mit Trocken- und Flüssigfütterungssystemen.

Auch die **Kleingruppe mit Dribbelfütterung** (► Abb. 9.18) ist ein System, bei dem keine hohen Managementanforderungen gestellt werden. Es wird am langen Trog gefüttert, der nur kleine Abteiler (ca. 50 cm tief) besitzt. Die Fütterungseinrichtung erlaubt die Abgabe von kleinen Futtermengen in bestimmten Zeitabständen. So werden die Tiere biologisch am Trog gehalten und Abdrängungen anderer Sauen kommen nur selten vor. Die Fütterungsgeschwindigkeit muss individuell für die Herde bestimmt werden. Die Tierkontrolle kann problemlos zu den Fresszeiten erfolgen, wobei kranke Sauen schnell entdeckt werden. Innerhalb einer Bucht (6 – 12 Sauen) erhalten alle Sauen die gleiche Futtermenge. Daher eignet sich dieses System erst für Gruppengrößen von mind. 30 Sauen. Diese werden dann konditionsabhängig auf

► **Abb. 9.17** Kleingruppenhaltung mit Selbstfang-Fressliegebuchten.

mindestens 3 Buchten aufgeteilt und gruppenspezifisch mit Futter versorgt.

Einen Spezialfall bildet die Vorlage des Futters auf „einen Schlag" aus Trockenfutterdosierern (**Quick feeder**). Hierbei sollte im Trog immer 2–3 cm Wasser stehen, damit die Futteraufnahme erleichtert wird. Dieses System benötigt bei gleicher Funktionstüchtigkeit geringere Investitionen als die Dribbelfütterung.

Für **Großgruppenhaltung mit Abruffutterstationen** (▶ **Abb. 9.19**) stehen zurzeit unterschiedliche Fütterungssysteme zur Verfügung. Dabei spielen die **Abruffutterstationen mit geschlossenem Fressstand** die größte Rolle. Durch die individuelle Kennzeichnung mittels Ohrmarkentransponder kann jede Sau an der Station auch individuell gefüttert werden. Es besteht ebenfalls die Möglichkeit der automatischen Selektion z. B. hochtragender Sauen, die dann in den Abferkelstall verbracht werden. Bei Nutzung dieses Systems sind viele Voraussetzungen zu beachten, die hier nicht alle aufgezählt, aber in einschlägigen Literaturstellen nachgelesen werden können. Neben den Voraussetzungen der Raumgestaltung ist es unbedingt notwendig, Jungsauen so früh wie möglich an dieses System zu gewöhnen, damit sie bei der Gruppenbildung mit Altsauen nicht zusätzliche Probleme bekommen. Hier wird eine eigene Abrufstation nur für Jungsauen empfohlen. Pro Station können 50–60 Sauen versorgt werden. Beim System Abruffütterung können verschiedene Bodengestaltungen (Spalten und Stroh) in bester Weise ver-

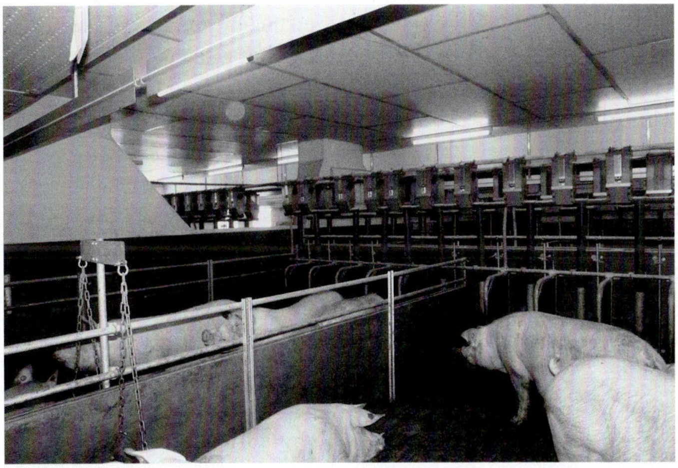

▶ **Abb. 9.18** Kleingruppenhaltung mit Dribbelfütterung.

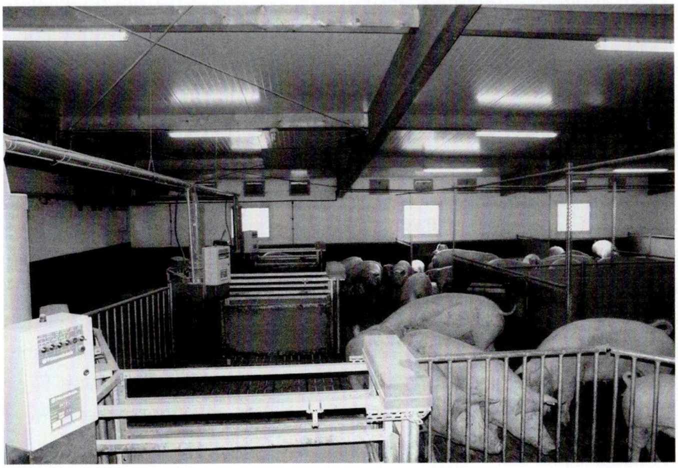

▶ **Abb. 9.19** Großgruppenhaltung mit Abruffutterstationen.

bunden werden. Dabei wird der Liegebereich mit Stroheinstreu versehen und der Lauf- und Fressbereich, wo der meiste Kot und Urin abgesetzt wird, mit Spaltenbodenelementen ausgelegt. Diese Kombination wirkt sich zudem positiv auf die Klauengesundheit aus.

Folgende Planungshilfen sind zu beachten:

- mindestens 2,5 m^2 Bruttofläche (besser mind. 3 m^2)
- Tränken weit vom Ausgang entfernt anbringen
- Eingangsbereich ausreichend groß (0,8 m^2 pro Sau), Platz zum Ausweichen
- Ausgang möglichst weit von Eingang entfernt
- Ruhekessel max. 2 m tief und 3 m breit, bei sehr großen Gruppen kann auf Ruhekessel verzichtet werden
- Gänge mind. 2 m breit, um Ausweichen zu garantieren

Es lassen sich auch mehrere Abrufstationen miteinander verbinden, sodass Sauengruppen von deutlich mehr als 100 Sauen entstehen. Hier sind die Managementanforderungen zwar etwas höher, die Ruhe der Sauen aber beispielgebend.

Auch die Fütterung am **Breinuckel** ermöglicht eine über Transponder gesteuerte individuelle Fütterung. Allerdings muss hier die Sau Futter aus einem Stahlrohr aufnehmen, dass sich über dem Kopf der Sau befindet. Die Gewöhnung an dieses System dauert deutlich länger als an andere Systeme. Zudem sind die Futterverluste bei nicht 100 % iger Einstellung sehr groß. Pro Futterstation können etwa 18–20 Tiere versorgt werden. Somit eignet sich diese Technik auch für kleinere Wochengruppen, ohne dass Wechselgruppen gebildet werden müssen. Dieses System wird aber zurzeit nicht mehr angeboten.

Es besteht auch die Möglichkeit der Fütterung am **Futterautomaten (ad libitum)**. Dieses System ist aber nur etwas für spezielle Betriebe. Die Investitionskosten sind zwar niedriger, es treten dagegen höhere Futterkosten auf. Da die Sauen hier so viel Futter fressen können wie sie wollen, muss eine sehr energiearme Futtermischung (max. 9 MJ ME/kg) verwendet werden.

Auch die Haltung von tragenden Sauen in Außenklimaställen ist möglich, wobei aber eine Einstreu notwendig wird.

In der Praxis finden sich noch deutlich mehr Haltungssysteme für tragende Sauen. Ein Grund dafür sind sicherlich die geringen Ansprüche, die tragende Sauen stellen. So sind sie auch gut in bereits bestehenden Stallungen unterzubringen oder können in der Außenhaltung gehalten werden.

Abferkelstall Abferkelställe werden heute in der Regel strohlos betrieben. Die Sauen stehen in Einzelbuchten, die jeweils mit einem Ferkelschutzkorb zur Arretierung der Sau ausgestattet sind, den Rest nutzen die Ferkel als Flucht-, Liege- und Laufraum. Generell unterscheiden wir zwei Aufstallungstypen. Bei der geraden Aufstallung stehen die Ferkelschutzkörbe senkrecht zum hinten liegenden Versorgungsgang. Bei diesem System ist es ohne Probleme möglich, den Boden parallel zur Aufstallungsrichtung der Sau zu verlegen. Damit werden Zitzenverletzungen minimiert. Die Größe der Bucht sollte bei immer größer werdenden Sauen heute bei 1,9 × 2,6 m liegen. Mit 2,0 × 2,5 m sind die Buchten bei Diagonalaufstallung zu bemessen. Hierbei stehen die Ferkelschutzkörbe diagonal in der Bucht. Das Ferkelnest ist dabei meistens im Kopfbereich eckseitig angebracht. Bei der geraden Aufstallung befindet sich das Ferkelnest an einer Längsseite der Bucht. Ferkelnester sind mit einer geeigneten Heizungsmöglichkeit auszustatten, die Temperaturen von 40 °C für die ersten Lebenstage erzeugen kann. Etabliert haben sich hier Fußbodenheizungen auf Warmwasser- oder Elektrobasis. Die Heizfläche sollte mindestens 0,8, besser 1 m^2 betragen, damit bei sehr fruchtbaren Sauen auch der gesamte Wurf die Möglichkeit erhält, das anfangs bestehende Wärmedefizit auszugleichen. Als Materialien bieten sich Kunststoff oder Polymerbeton an. In den ersten Tagen ist eine zusätzliche Wärmeversorgung mit über dem Nest aufgehängten Infrarotlampen notwendig. Im Geburtszeitraum sollte auch im hinteren Bereich der Sau eine Rotlichtlampe hängen, um übermäßige Temperaturverluste der Ferkel zu vermeiden (► **Abb. 9.20**). Für die Bodengestaltung der restlichen Bucht werden voll perforierte Kunststoffböden im Ferkelbereich empfohlen. Unter der Sau muss ein Teil des Bodens geschlossen sein, wobei allerdings die Möglichkeit zum Abfluss von Flüssigkeiten (Löcher) gegeben sein muss. Der hintere Teil ist bevorzugt mit Gusselementen oder ande-

▸ **Abb. 9.20** Strohlose Abferkelbucht.

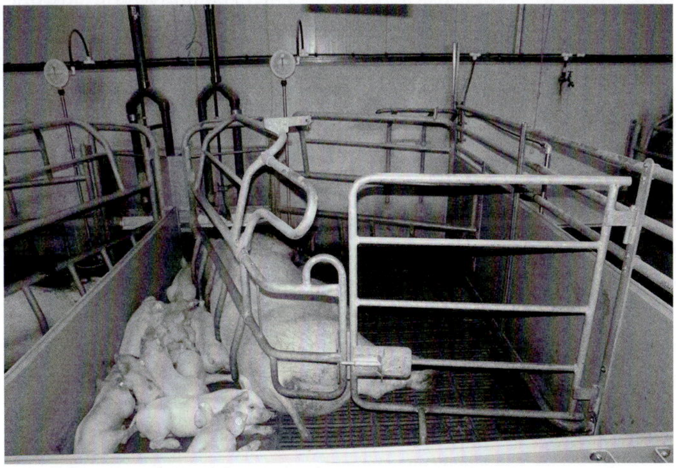

▸ **Abb. 9.21** Abferkelbucht mit Freilauf für die Sau.

ren sehr trittsicheren Fußbodenvarianten auszulegen. Insgesamt ist auf eine hohe Trittsicherheit zu achten.

In der Diskussion sind mittlerweile auch tiergerechtere Systeme, bei der die Sauen freie Bewegung haben (▸ **Abb. 9.21**). Bei diesen sogenannten „Bewegungsbuchten"ist eine Arretierung der Sauen in den ersten Tagen (zumeist 5–7 Tage) im Ferkelschutzkorb möglich. Damit erreicht man mittlerweile gleiche Erdrückungsverluste wie in der konventionellen Abferkelbucht. Nach 5 oder 7 Tagen wird der Ferkelschutzkorb geöffnet und die Sauen können sich frei in der Bucht bewegen. Notwendig ist dazu aber eine Grundfläche von mindestens 5–7 m^2, was die Bau- und Betriebskosten deutlich erhöhen wird. Um den Arbeitsschutz zu gewährleisten, kann aber auf eine Arretiermöglichkeit der Sau nicht verzichtet werden. Die Stallausrüster und auch die Lehr-und Versuchsanstalten forschen momentan sehr intensiv an diesen Buchten.

Ein weiteres System, das noch einen Schritt weitergeht und das sehr intensiv von Tierschutzorganisationen gefordert wird, ist das System „freie Abferkelung". Dabei wird auf eine Arretiermöglichkeit der Sauen insgesamt verzichtet und die

Sau kann auch ohne örtliche Fixierung abferkeln. Von diesem System muss momentan aber noch abgeraten werden. Alle Versuche haben bis heute gezeigt, dass die Erdrückungsverluste in diesem System deutlich höher sind als in den vorgenannten. Zudem kann ein Schutz des Betreuungspersonals, z. B. beim Fangen der Ferkel zu Behandlungszwecken, nicht gewährleistet werden. Außerdem kann ein solches System nur annähernd funktionieren, wenn eine Bucht mindestens 10 m^2 umfasst. Entsprechend erhöhen sich auch die Bau- und Betriebskosten.

Die Fütterung im Abferkelstall erfolgt in den meisten Betrieben mit Trockenfutter, das über Dosatoren in die Tröge der Bucht verabreicht wird. In kleineren Betrieben ist die Handfütterung auch noch zu finden. Für größere Anlagen eignet sich auch die Flüssigfütterung. Dabei ist auf ein striktes Futterhygienemanagement zu achten. Vorteile entstehen hier durch leicht erhöhte Futteraufnahme gegenüber Trockenfutter und einer automatischen Anpassung der Futtermenge in den ersten Tagen. Durch den Einsatz von Trogsensoren, die den Füllstand der Tröge messen, wird eine zu hohe Futtermenge vermieden.

Mit 21 °C sollten die Raumtemperaturen um den Abferkeltermin um 1–3 °C höher liegen als in der übrigen Aufenthaltszeit. Eine Temperaturreduzierung ist notwendig, damit die Sauen die durch die Milchbildung im Organismus produzierte Wärme auch nach außen abgeben können.

Ferkelaufzuchtstall Da das Absetzen für die Ferkel sehr großen Stress bedeutet, muss die neue Umgebung, in die sie hineinkommen, optimal gestaltet sein, das heißt, in erster Linie müssen sie mit entsprechend hohen Temperaturen empfangen werden. Bei Ferkeln, die 28 Tage gesäugt wurden, sollten 28 °C und bei 21-tägiger Säugezeit 30 °C angeboten werden, die sich dann bis zum Ende der Aufzucht auf 22 °C reduzieren lassen. Wie in den Abferkelställen ist das Verfahren „Alles raus – Alles rein" in der Ferkelaufzucht zur Unterbrechung der Erregerketten obligatorisch. Die Anzahl Ferkel je Gruppe kann sehr unterschiedlich sein. Neben kleinen Buchten für 10–20 Tiere findet man immer häufiger Buchten mit 30–60 Tieren. Aber auch Großgruppen mit über 100 Tieren werden gebaut. Diese bieten zwar den Ferkeln sehr viel Bewegungsraum, sind aber vom Management her anspruchsvoller. Kostengründe und Tiergerechtigkeitsaspekte sprechen eher für größere Gruppen.

In Gruppen bis 30 Ferkel ist die gleichzeitige Futteraufnahme bei der Fütterung am langen Trog (Fressplatzbreite mind. 15 cm) und mehrmaliger, täglicher Füllung ohne Probleme möglich. Eine Automatisierung dieses Fütterungssystems ist allerdings nur schwer realisierbar, sodass eine Anwendung sicherlich nur für kleinere Bestände zu raten ist.

Überall dort, wo Ferkel trocken oder breiförmig mit einem weiten Tier-Fressplatz-Verhältnis gefüttert werden, ist die Zustellung von geeigneten Futtertrögen (Click-Schalen, transportable Längströge etc.) für die ersten 10 Tage anzuraten. Anschließend kann gefahrlos auf Ad-libitum-Fütterung an den Trockenfutter- (3–4:1) oder Breifutterautomaten (6–8:1) übergegangen werden.

Für die Großgruppe sind mittlerweile die unterschiedlichsten Systeme auf dem Markt, die die notwendige Rationierung gepaart mit der automatischen Mehrfachvorlage von Futter beherrschen.

Von den Intervallfütterungssystemen hat sich der Rundtrogfütterer (Rondomat) bewährt. Bei Varianten mit Längstrog (meist in die Buchtentrennwand integriert) ergeben sich schmale, lange Buchten, die Raumgestaltung ist weniger flexibel. Fehlt die Möglichkeit, in der zweiten Aufzuchtphase ad libitum zu füttern, sinken die Tageszunahmen.

Interessant entwickeln sich in jüngster Zeit die sensorgesteuerten Längs- und Kurztrogfütterungen. Sie unterscheiden sich in erster Linie nur in der Futterdosierung. Während einige das Trockenfutter mit Wasser über den gesamten Trog dosieren, wird bei anderen Systemen das Futter nur an der Trogstirnseite dosiert und mit Wasser im Trog verteilt. Wichtig ist beim Kauf darauf zu achten, dass auch wirklich kleine Mengen pro Tier ausdosiert werden können und der Trockensubstanzgehalt des Futters nicht zu gering (mind. 28 %) wird.

Auch bei den Flüssigfütterungsanlagen für Ferkel sind mittlerweile mehrere technisch ausgereifte Produkte zu haben. Beim Einsatz dieser investitionssparenden Technik ist aber in erster Linie auf die Futterhygiene zu achten. Managementfehler in der Futterhygiene bestrafen diese Systeme besonders hart.

Als Lüftungssysteme sind in der Ferkelaufzucht Rieseldecken/-kanäle und Futterganglüftung zu bevorzugen. Aufgrund der hohen Temperaturansprüche kommen bei hohen Energiepreisen nur noch Zonenheizungssysteme oder Systeme mit Wärmetauscher für Neu- und Umbauten in Frage.

Neben den strohlosen Haltungssystemen finden wir in der Ferkelaufzucht auch hin und wieder Tiefstreusysteme mit angehobenem, über Treppenstufen zu erreichenden Futterplatz und Breifutterautomaten. Dabei werden zumeist Großgruppen über 100 Ferkel aufgestallt. Vorteile bietet die Tiefstreuhaltung im Punkt Tiergerechtheit. Nachteile ergeben sich in den Arbeitskosten, der Durchfallerkennung und in Verbindung mit zumeist Außenklimaställen in der Futterverwertung. Andere Außenklimaställe, wie der Kistenstall nach dem „Nürtinger System", bei dem nur in den Liegekisten geheizt wird, haben geringere Energiekosten, aber fast ähnliche Investitionskosten. Von Spezialisten können sie mit Gewinn betrieben werden.

Klima- und Heizungssysteme

Die Berechnung der Lüftungs- und Heizungssysteme erfolgt auf Grundlage der DIN 18910. Neben der geografischen Lage des Stalles spielen hier Bauausführung (Dämmung), Tierart und gesetzliche Auflagen eine Rolle. Die Lüftungssysteme sind so zu konzipieren, dass sie sowohl mit den hohen Luftraten im Sommer wie auch den niedrigen (10 – 20% der Sommerluftrate) zurechtkommen. Änderungen in dieser Berechnung wird es in Zukunft geben, wenn diese Norm überarbeitet ist. Entsprechende Vorgaben sind dann zu berücksichtigen.

In Außenklimaställen herrscht oft die freie Lüftung vor, in geschlossenen, wärmegedämmten eher die Zwangsbelüftung. Die dazu verwendeten Zuluftsysteme sind in ▶ **Tab. 9.28** dargestellt. Abluftseitig kann die Luft über oder unter dem Spaltenboden abgesaugt werden. Der Vorteil des **Unterflursystems** besteht in der besseren Qualität der Raumluft (weniger Schadgase). Um einen gleichmäßigen Luftabzug zu erreichen, sollte die Luft über den gesamten zentralen Gang des Abteils aus den Güllewannen abgezogen werden. Dazu ist es notwendig, den höchsten Güllestand auf 50 cm unter Spaltenboden zu begrenzen. Für die Som-

▶ **Tab. 9.28** Zuluftsysteme in der Schweinehaltung.

System	Kennzeichen	empfohlener Einsatz (Tiergruppe)
Rieselkanal	• Luft gelangt über Lochplatten o. Ä. ins Abteil	Sauen, Ferkel und Mastschweine
Rieseldecke	• geringe Zugluftgefahr durch geringe Zuluftgeschwindigkeit • Zuluftplatten sind regelmäßig zu reinigen	
Türganglüftung	• Luft gelangt über Türöffnung und dreiseitig geschlossenen Futtergang ins Abteil	Mastschweine (kleine Abteile)
	• Abteillänge max. 12 – 14 m, Buchtentiefe max. 4 – 5 m • geringe Investitionen	Ferkel
	• Spezialfall: Unterflurzuluft und Schlitzlüftung	Mastschweine (größerer Abteile)
Strahllüftung	• Luft gelangt über Wand- oder Deckenventile in den Stall • Zugluftgefahr • Ventile müssen elektronisch geregelt werden • geringe Investitionen	• tragende Sauen • Mastschweine

merluftrate ist ein zusätzlicher Abzug über den Spaltenböden einzurichten. Bei der **Oberflurabsaugung** wird die verbrauchte Luft etwa 50 cm unter der Stalldecke abgesaugt. Dieses System verursacht geringere Investitionskosten und etwas weniger Emissionen und wird daher von manchen Genehmigungsbehörden als einziges System zugelassen.

In der Schweineproduktion gibt es eine Vielzahl von Heizungssystemen, die entweder auf der Basis von Warmwasser, Warmluft oder Strahlung basieren. Bei Warmwasserheizungen differieren in erster Linie die Endabnehmer (Radiatoren; Delta-, Lamellen und Twinrohre, Fußbodenplatten, Abdeckplatten). Warmluft wird entweder über Gaskanonen oder Gaskonvektoren erzeugt. Bei Strahlungsheizungen sind es Gas- und Dunkelstrahler. Nicht alle Systeme passen zu allen Haltungsstufen. Im Besamungsstall und Wartestall eignen sich vor allem Gaskanonen oder Konvektoren. Gleiches gilt für Mastschweineställe. Vorteile liegen hier im einfachen System und den Investitionskosten. Im Abferkelstall muss zwischen Raumheizung für Sauen (Deltarohre, Gaskanonen, Gaskonvektoren) und dem Ferkelnest (Fußbodenheizung, Infrarotstrahler) unterschieden werden. Die größte Vielfalt findet man im Ferkelaufzuchtstall. Generell sollte dort eine Zonenheizung (Fistaplatte, Twinrohre o. Ä. mit Abdeckung, Warmluft mit Abdeckung, Dunkelstrahler) eingesetzt werden. Die Raumluft kann dadurch deutlich kühler gefahren werden und die Energieverluste über die Abluft verringern sich. In diesem Bereich sollte man über den Einsatz von Wärmerückgewinnungsanlagen (Wärmetauscher) nachdenken.

Die mindestens zu installierenden Heizungsleistungen sind in ▸ **Tab. 9.29** dargestellt.

▸ **Tab. 9.29** Wärmebedarf in den unterschiedlichen Haltungsstufen.

Haltungsstufe	Wärmebedarf je 100 Tiere (KW)
Ferkelaufzucht	6 – 7
Sauen im Wartestall	14 – 16
Sauen im Abferkelstall	ca. 15 für Raumheizung und ca. 15 für Ferkelnest
Mastschweine	6 – 7

9.4.6 Ferkelbehandlung

Ferkelverluste sind ein entscheidendes wirtschaftliches Kriterium in der Schweineproduktion. Der Großteil der Ferkelverluste ereignet sich in den ersten 3 Tagen nach der Geburt. Neben den Erdrückungsverlusten werden hier auch untergewichtige Ferkel gemerzt oder lebensschwache Ferkel verenden. Um die Ferkelverluste möglichst klein zu halten, muss das Ferkel ab der Geburt bis vier Wochen danach sehr intensiv betreut werden.

Nicht nur am Tage, sondern auch in der Nacht sollten die **Geburten** durch den Tierpfleger **überwacht** werden. Damit, so zeigen viele Praxisauswertungen, können die Ferkelverluste um 2 % reduziert werden. Je Sau und Jahr kann dies durchaus 1 Ferkel ausmachen. Neben den geburtshilflichen Maßnahmen (Behandlung der Wehenschwäche (Oxytocin, Calcium), Herausziehen von Ferkeln etc.) muss ganz besonders auf die Erstversorgung der Ferkel geachtet werden. Hierzu gehört das **Trockenreiben der neugeborenen Ferkel**, um unnötige Temperaturverluste zu vermeiden, genauso wie das möglichst **schnelle Anlegen der Ferkel an die Gesäugeleiste** zur frühzeitigen Aufnahme des Kolostrums. Wichtig ist auch die möglichst **intakte Nabelschnur** nach der Geburt. Eine Trennung dieser sollte frühestens 2 Minuten nach der Geburt erfolgen (Kürzung auf 10–15 cm).

Fazit

Der Wurfausgleich durch das Versetzen einzelner Ferkel ist mittlerweile Routine im Ferkelerzeugerbetrieb. Allerdings sollten folgende Grundsätze beachtet werden:

- Ferkel nicht zu früh umsetzen (0,5–2 Tage)
- kleine Ferkel an Jungsauen setzen
- wenn möglich, die schwereren Ferkel eines Wurfes umsetzen
- keine völlige Neugruppierung der Ferkel (Ferkelrodeo)

In den ersten 3 Tagen nach der Geburt sind noch weitere etablierte Maßnahmen am Ferkel vorzunehmen. Das **Abschleifen** (nicht abkneifen) der Eckzähne kann bei Milchmangel oder sehr starken Rangkämpfen innerhalb des Wurfes durchgeführt, aber nicht als Routinemaßnahme eingesetzt werden. Spätestens beim Absetzen muss auch die **Kennzeichnung** der Ferkel zur genauen Rückverfolgbarkeit nach Viehverkehrsverordnung erfolgen. Dabei müssen auf der Ohrmarke die Kürzel für das Herkunftsland, den Herkunftskreis und die Betriebsnummer stehen (Beispiel: DE-SDL-1 234 567).

Auch **Impfungen** der Ferkel gehören mittlerweile zum festen Bestandteil der Behandlungen während der Säugezeit. Zu nennen sind die Prophylaxe gegen eine Mykoplasmeninfektion (One-shot [Einmalimpfung] zwischen 7. und 21. Tag, Two-shot [Zweimalimpfung] 3 – 7 und 21. Tag), die PRRS-Impfung (ca. 17. Lebenstag) und die Impfung gegen den porcinen Circovirus (ab 14. Tag). Auch gegen die Ileitis kann ab der 3. Lebenswoche über eine Schluckimpfung geimpft werden.

Ferkelkastration

Besonders intensiv verläuft zurzeit die Diskussion um die **Kastration** männlicher Ferkel, die bis 6 Tage nach der Geburt durchgeführt werden muss. Ab dem 01.01.2019 ist die Kastration ohne Betäubung verboten. Bis dahin wird die betäubungslose Kastration unter Einsatz eines schmerzstillenden Medikamentes noch erlaubt. Notwendig wird die Kastration männlicher Ferkel dadurch, dass ein Teil männlicher Schweine den sogenannten „Ebergeruch" aufweist. Dabei erzeugen verschiedene im Fleisch und besonders im Fett abgelagerte natürliche Substanzen beim Erhitzen einen fäkalartigen Geruch. Leitsubstanzen sind dabei das Androstenon (Pheromon) und das Skatol (Abbauprodukt der Aminosäure Tryptophan im Darm).

Zurzeit werden mehrere Alternativen zur betäubungslosen Kastration diskutiert. Die erste Lösung wäre der komplette Verzicht auf eine Kastration, die **Ebermast**. Vor- und Nachteile der Ebermast werden im Kap. Nährstoffversorgung und Fütterungsmethoden (S. 536) dargestellt.

Als zweite Alternative stellt sich die **Kastration unter Betäubung** dar. Momentan werden hier zwei Verfahren diskutiert. Als erstes bietet sich die klassische Injektionsnarkose unter Einsatz von Azaperon und Ketamin an. Diese hat allerdings erhebliche Nachteile. Die Nachschlafphase beträgt drei bis vier Stunden und während dieser Zeit müssen die Ferkel von der Sau getrennt werden. Dadurch kann es zu einem erhöhten Energieverlust kommen und außerdem gibt es im Wurf anschließend mehr Unruhe, weil die Ferkel erneut um die Zitzenverteilung kämpfen. Das Risiko von Ferkelverlusten im Zusammenhang mit der Narkose ist deutlich höher als bei der betäubungslosen Kastration, es kommt häufiger zu Wundheilungsstörungen und der postoperative Schmerz muss zusätzlich mit Schmerzmitteln behandelt werden. Zudem ist die Betäubung nur durch den Tierarzt durchzuführen. Insgesamt also keine praktikable Alternative.

Die zweite Betäubungsmethode stellt die Inhalationsnarkose dar. Der Einsatz von Kohlendioxid wird aus Gründen des Tierschutzes ausgeschlossen. Das Gas reizt die Atemwege, führt zu Herzarrhythmien bis hin zum Herzstillstand und durch Erstickungsängste erhöht sich die Stressbelastung der Tiere deutlich. Praxistauglich ist zurzeit die Betäubung durch das Gas Isofluran. Entsprechende verbesserte Apparaturen sind mittlerweile auf dem Markt. Die Dauer der Aufwachphase ist generell kurz, und die Fähigkeit zu stehen und sich fortzubewegen wird innerhalb von wenigen Minuten nach dem Eingriff wiedererlangt. Zur Linderung von nach Abklingen der Bewusstlosigkeit auftretenden Schmerzen sollten zusätzlich Analgetika in der Prämedikation verwendet werden. Wegen der kurzen Aufwachphase muss die Behandlung solcher postoperativer Schmerzen frühzeitig eingeleitet werden. Allerdings ist das Isofluran zurzeit noch nicht für den Einsatz beim Schwein zugelassen. Umwidmungen aus Gründen des Therapienotstandes werden aber vorgenommen. Die grundsätzliche Zulassung wurde beantragt. Deutlich muss hierbei aber auch auf die Problematik des Arbeitsschutzes hingewiesen werden. Das stark klimaschädliche Gas ist auch für den Anwender nicht ungefährlich. Apparaturen müssen dicht sein und die Narkose darf nur in gut gelüfteten Umgebungen stattfinden. Zudem darf die Narkose nur durch oder in Anwesenheit eines Tierarztes erfolgen.

Die dritte Alternative stellt die Impfung gegen den Ebergeruch dar. Dabei macht man sich genau wie bei Impfungen gegen Infektionskrankheiten die Fähigkeit des Körpers zu Nutze, Antikörper gegen körperfremde Stoffe zu bilden. Diese Antikörper fangen einen Botenstoff (Gonadotropin-Releasing-Faktor, GnRH) ab, der maßgeblich für die Steuerung der Hodenfunktion verantwortlich ist.

Durch die Eberimpfung werden in den Hoden keine weiteren Geschlechtshormone mehr gebildet, vor allem die Bildung des für den unerwünschten Ebergeruch verantwortlichen Androstenons wird unterdrückt. Nach der Erstimpfung bleibt die Hodenfunktion zunächst noch voll erhalten, erst nach der Zweitdosis werden ausreichend Antikörper gegen den Botenstoff GnRH gebildet, sodass es vorübergehend zur Unterdrückung der Hodenfunktion kommt.

Für eine erfolgreiche Impfung sind zwei Impfdosen notwendig. Während man bei der ersten Impfung zeitlich relativ unabhängig ist, empfohlen wird zur Minimierung des zeitlichen Aufwandes die Applikation bei der Einstellung in den Maststall, ist die zweite Impfung etwa 4 bis 6 Wochen vor der Schlachtung durchzuführen. Verlängert sich der Abstand zur Schlachtung deutlich (> 10 Wochen), lässt die Wirkung der Impfung nach und die Hoden beginnen wieder, Ebergeruchsstoffe zu produzieren.

Bei der Impfung ist darauf zu achten, dass alle männlichen Schweine erfasst und geimpft werden. Geimpfte Eber sind sofort auf dem Rücken zu markieren. Wichtig ist auch, dass nur gesunde Tiere geimpft werden. Bei kranken Tieren kann ein gestörtes Immunsystem die Wirksamkeit der Impfung beeinflussen. Daher müssen kranke Eber eindeutig gekennzeichnet und entsprechend behandelt werden, ehe die Impfung zu einem späteren Zeitpunkt nachgeholt werden kann.

Da eine versehentliche Selbstinjektion beim Menschen ähnliche Wirkungen hervorrufen könnte wie beim Schwein, sind für diese Impfung speziell entwickelte Sicherheitsimpfpistolen vorgeschrieben. Die dabei eingebauten zusätzlichen Sicherheitsmechanismen minimieren das Risiko einer versehentlichen Verletzung durch Nadelstiche oder eine Selbstinjektion sehr zuverlässig. Dieses Verfahren wird vor allem von den Tierschutzorganisationen bevorzugt, da es die geringsten Beeinflussungen der Tiere mit sich bringt. Allerdings wehren sich der Handel und die Schlachtindustrie zurzeit noch gegen dieses Verfahren, da sie eine Ablehnung durch den Verbraucher fürchten.

Momentan wird auch eine vierte Alternative diskutiert. Dabei handelt es sich um eine örtliche Betäubung mit Procain. Diese könnte nach einer vorangegangenen Schulung auch vom Landwirt selbst appliziert werden. Damit könnte eine wirkliche Alternative gefunden worden sein, die aber im fachlichen und gesellschaftlichen Diskurs noch erörtert werden muss.

Kupieren der Schwänze

Durch die starke Fokussierung der Schweinehaltung auf Arbeitseffizienz in den letzten Jahrzehnten und den damit einhergehenden Verzicht auf Stroh in der Aufstallung ist die Haltungsumwelt immer reizärmer geworden. Aber auch die Zucht der Schweine auf hohe Leistungen und deren Realisierung führen zur schnellen Überbelastung des Schweins. Ein Ausdruck einer solchen Überlastung äußert sich im Schwanzbeißen. Da der letzte Teil des Schweineschwanzes gering innerviert ist, merkt das gebissene Schwein das anfangs kaum. Aufgrund dieser Tatsache hat sich das **Kupieren der Schwänze** flächendeckend durchgesetzt. Nach der neuen Tierschutzgesetzgebung darf das aber nur im begründeten Einzelfall geschehen. Daraus hervorgehend, aber auch durch die Intervention der Tierschutzorganisationen, hat sich in Deutschland eine sehr intensive Diskussion ums Schwanzkupieren entwickelt. Einzelne Länder, aber auch QS haben die maximale Kupierlänge auf 33 % reduziert.

Da das Schwanzbeißen nicht auf einen Parameter zurückzuführen ist, es sind mittlerweile über 80 Einflussfaktoren bekannt, tun sich die Betriebe sehr schwer, auf das Kupieren zu verzichten. Die besten Erfahrungen hat man bis jetzt mit einer stärkeren Strukturierung der Buchten und vor allem mit der Schaffung von Wühlmöglichkeiten und der Nutzung von organischen Einstreumaterialien gemacht. Dies trägt zur Beschäftigung der Schweine bei und erlaubt ihnen das Ausleben des angeborenen Wühltriebes.

Allerdings ist der Einsatz von Einstreu in den allermeisten Ferkelaufzucht- und Mastställen nicht möglich, da die eingebauten Entmistungssysteme nicht damit zurechtkommen und ein Umbau zum Teil nicht möglich oder aufgrund der hohen Kosten wirtschaftlich nicht sinnvoll ist. Erst wenn diese auch vom Verbraucher gewollten Maßnahmen in einer tatsächlichen zusätzlichen Vergütung beim Schweinehalter ankommen, kann das Problem langfristig gelöst werden. Erste Ansätze dazu bietet die Initiative Tierwohl, bei der zusätzliche Aufwendungen im Bereich Tierschutz durch einen Fonds, den der Lebensmitteleinzelhandel füllt, entlohnt werden. So bekommt der Schweinemäster z. B. für das Einräumen von mehr Platz (10 % über Gesetzesvorgaben) und den Einsatz von zusätzlichem organischem Beschäftigungsmaterial 3,30 Euro pro abgeliefertem Schwein mehr (Programm läuft von 2018–2020).

Um vom momentanen Standard (Kupieren der Schwänze) zum Halten von Tieren mit ungekürzten Schwänzen übergehen zu können, bedarf es Zeit. Tierhalter müssen sich langsam an die neuen Bedingungen gewöhnen können. Dabei bedarf es der richtigen Interpretation der Tiersignale, die sehr häufig durch die Schwanzhaltung gegeben werden. Nach der Optimierung der Haltungsumwelt sollten zunächst kleinere Gruppen mit „Langschwänzen" gehalten werden. Erst wenn man damit ausreichend Erfahrungen gesammelt hat und es funktioniert, sollten langsam immer mehr Schwänze nicht mehr kupiert werden. Es zeigt sich in den neuesten Versuchen dazu, dass der Betreuungsaufwand (Beobachtung der Tiere ist das A und O) der Tiere stark ansteigt und somit auch die Kosten für die Tierhaltung.

9.4.7 Die wichtigsten Schweinekrankheiten

Mit der Vergrößerung der Bestände sowie mit der Zunahme von Handel und Verkehr wachsen die gesundheitlichen Sorgen. Bei vielen Ferkel- und Läuferkrankheiten konnte in den letzten Jahrzehnten die Ursache aufgeklärt und damit die Bekämpfung erleichtert werden. So tauchte z. B. um die Jahreswende 1998/99 in Deutschland eine neue Krankheit auf, die als PMWS (**P**ostweaning **M**ultisystemic **W**asting **S**yndrome) bezeichnet wird und vorwiegend Absetzferkel und Mastschweine betrifft. Es handelt sich hier um den sogenannten porcinen Circovirus Typ 2 (PCV-2), der besonders in Verbindung mit anderen Viren (z. B. PRRS – Porcines Reproduktives und Respiratorisches Syndrom) und Bakterien (z. B. APP – Actino-Pleuro-Pneumonie) das Krankheitsbild verstärkt. Die Gruppe wächst stark auseinander, die Tiere kümmern, magern stark ab, sind blass, zeigen ein raues Haarkleid, haben Atemprobleme und geschwollene Lymphknoten. Durch die gleichen Erreger wird das PDNS-Syndrom (Porcines Dermatitis Nephropathie Syndrom) verursacht, das vor allem an den verursachten Hautveränderungen und Nierenschädigungen bei Mastschweinen erkannt werden kann. Seit einigen Jahren steht auch gegen die Circoviren ein effektiver Impfstoff, der im One-shot-Verfahren dem Saugferkel verabreicht wird, bereit. Dies führte zu einem starken Rückgang der Circoprobleme.

Klinischer Bezug

Der Gesunderhaltung der Schweinebestände abträglich sind auch die beim Hausschwein ohnehin geringe Leistungsfähigkeit des **Herz- und Kreislaufsystems** (S. 51) und die mit der Umzüchtung zum Fleischschwein angestiegene **Stressanfälligkeit** (S. 488), die häufigen **Beinschäden** usw. Die Verbesserung der Konstitution der Schweine auf züchterischem Wege – mittelfristig durch die Hybridzüchtung, langfristig durch planmäßige Selektion in der Reinzucht, z. B. mithilfe des MHS-Tests, ist eine entscheidende Aufgabe in der Gesundheitsfürsorge. Angesichts der großen Vermehrungsrate des Schweins sind die Erfolgsaussichten nicht ungünstig. Selektionsmaßnahmen sind auf jeden Fall erforderlich bei den Erkrankungen, die erblich bedingt sind: Afterlosigkeit, Binnenebrigkeit, Brüche, Zwitter, Rückenmuskelnekrose (Bananenkrankheit), Grätschen der Beine, Zitterkrankheit, Hundesitzigkeit usw. Eber und Sauen, bei deren Nachkommen diese Fehler auftreten, sind von der weiteren Zuchtverwendung auszuschließen.

Wie bei den Aufzuchtkrankheiten der Kälber (S. 430) haben auch bei denen der Ferkel die einen mehr den Charakter von Faktorenkrankheiten (wie Mycoplasmeninfektionen, Schnüffelkrankheit, APP, Salmonellen), die anderen mehr den von spezifischen Infektionskrankheiten (Seuchen). Die Faktorenkrankheiten haben nicht nur eine Ursache, sondern Fehler in der Fütterung und Haltung ebnen den Bakterien, Viren oder anderen Parasiten den Weg und entscheiden über Dauer und Schwere des Krankheitsverlaufs. Vorbeugende Maßnahmen sind wirksam und wichtig. Wer sich bemüht, die Umwelt für die Ferkel optimal zu gestalten, der verbessert ihre Abwehrkraft und Überlebenschancen.

Durchfälle

Unter den Faktorenkrankheiten der Ferkel sind wie bei den Kälbern besonders die zu nennen, an denen verschiedene Stämme von Escherichia coli beteiligt sind. Diese Erkrankungen haben verschiedene Namen, weil sie zu unterschiedlichen Zeiten und teilweise mit verschiedenen Symptomen auftreten. Aber meistens sind heftige Durchfälle dabei, verursacht durch ein von den Coli-Bakterien ausgeschiedenes Gift (Toxin). Die **Coli-Infektion** tritt schon 12 – 48 Stunden nach der Geburt auf mit allgemeinen Symptomen (Mattigkeit, Frieren, raues Haar) und mit weiß- bis grünlichgelbem Durchfall. Wegen der hohen Flüssigkeitsverluste sieht die Haut faltig, wellig aus. Die Sterblichkeit ist hoch, auch das Ansteckungsrisiko für die anderen Ferkel des Wurfes. Zuweilen kommt es in der 3. Woche zu einer zweiten Welle von Coli-Erkrankungen mit Durchfall, die aber von einem größeren Teil der Ferkel überstanden werden. Häufiger und mit einer größeren Vielfalt der Symptome werden Coli-Erkrankungen nach dem Absetzen beobachtet (Coli-Enterotoxämie). Auffallend sind bei einem Teil der Ferkel (meistens bei den schwersten des Wurfes) geschwollene Augenlider und ähnliche Flüssigkeitsansammlungen am Nasenrücken, die Anlass für die Bezeichnung **Ödemkrankheit** waren. Bei der Untersuchung verendeter Ferkel findet man Ödeme auch in der Magenwand und in der Lunge. Manche der befallenen Ferkel verenden mit schrillen Schreien rasch ohne Ödeme (**Coli-Toxinschock**), bei manchen kommt es zu Bewegungsstörungen (Taumeln, Schwanken) oder zu Lähmungen, bei manchen ist der Durchfall besonders langwierig und schwächend (**Coli-Enteritis**). Welche der verschiedenen Symptome den Krankheitsverlauf prägen und zum Tode führen, ist davon abhängig, welches der verschiedenen Coli-Toxine überwiegt.

Praxistipp

Der **Vorbeugung vor Coli-Erkrankungen** dienen viele der auf den vorausgegangenen Seiten erörterten Maßnahmen: Verdünnung der Keimflora durch sorgfältige Reinigung und Desinfektion der Abferkelbucht vor dem Abferkeln – Bekämpfung von Milchmangel oder zu später Milchabgabe der Sau – Überprüfung des Sauenfutters – kein Futterwechsel in der Säugezeit – frühzeitige und reichliche Aufnahme von Kolostralmilch – Wasser zur freien Aufnahme bereits in der 1. Woche – optimales Stallklima für die Ferkel – kein Futterwechsel nach dem Absetzen – Zusatz von organischen Säuren, Enzymen und Probiotika zum Ferkelfutter – mehrwöchiger Kontakt von Jungsauen im Deckstall zum Kot abgesetzter Altsauen, um eine Immunität aufzubauen – Wiederholung dieser Kontakte vor Beginn jeder neuen Trächtigkeit zur Wiederauffrischung der Immunität usw.

Wo sich besonders hartnäckige Typen von Coli-Bakterien eingenistet haben, wird auch mit Medikamenten gearbeitet. Wegen der Resistenz vieler Coli-Stämme gegenüber den üblichen Antibiotika und Sulfonamiden ist es dann oft notwendig, dass der behandelnde Tierarzt vom Veterinäruntersuchungsamt einen Resistenztest durchführen lässt, um die noch ansprechenden Medikamente herauszufinden. Wenn es gelingt, aus der Vielzahl der Coli-Typen die hoch pathogenen zu isolieren, kann ein angepasster Impfstoff (stallspezifische Vakzine) hergestellt werden. Es gibt auch polyvalente Vakzine (Mischimpfstoffe) mit abgeschwächten Erregern der häufigsten krankmachenden Coli-Typen, teilweise kombiniert mit den gefährlichsten Coli-Toxinen. Durch die – in der Regel – zweimalige Impfung der Sauen, vor allem der noch immunschwachen Jungsauen, soll die Antikörperbildung gefördert werden. Bei manchen Präparaten werden zusätzlich die Ferkel geimpft. Vorher ist immer eine gründliche Analyse durch Tierarzt oder/und Schweinegesundheitsdienst erforderlich. In der Praxis treten häufig Mischinfektionen mit Kokzidien auf, die zu der Gruppe der Endoparasiten zählen. Es ist aber nachgewiesen, dass auch Kokzidien allein Durchfallerkrankungen im Ferkelbereich verursachen können. Immer häufiger treten Clostridien-Infektionen auf, die bei Saugferkeln, Läufern und Mastschweinen zu Durchfallerscheinungen führen können, aber auch je nach Erregertyp und Schwere der Infektionen tödlich verlaufen. Besser als eine Behandlung ist die Prophylaxe. Guten Erfolg verspricht die Muttertierschutzimpfung in Kombination mit der E.-coli-Schutzimpfung.

Häufig sind auch Clostridien mit den Coli-Infektionen vergesellschaftet, wie bei der nekrotisierenden Enteritis.

Nachdem der routinemäßige Einsatz von sogenannten Leistungsförderern, und in diesem Fall insbesondere des Antibiotikums Tylosin, im Schweinefutter gesetzlich verboten wurde, haben sich vor allem **Lawsonieninfektionen** (PIA – Porzine Intestinale Adenomatose, Ileitis) in den Schweinebeständen verbreitet. Die in den Schleimhautzellen des Darms angesiedelten Bakterien verursachen mehr oder weniger schwere Durchfälle. Man unterscheidet die chronische, subklinische und akute Form. Neben der in der subklinischen Form auftretenden Wachstumsdepressionen kommt es bei der chronischen Form zu leichten dünnbreiigen und wässrigen Durchfällen. Bei der akuten Form, die vorwiegend im Alter von 3 – 6 Monaten auftritt, zeigen die Tiere blutigen teerartigen Durchfall. Bei Verdacht auf Lawsonien sollten zur Abklärung Sektionen befallener Tiere durchgeführt werden. Erregernachweise gelingen über Kot- oder Blutproben und mittels PCR-Test. Therapiert werden können die Erscheinungen mit Tylosin und anderen Antibiotika. Sinnvoll sind aber auch Schluckimpfungen bei Saugferkeln im Alter von 3 Wochen, die mittlerweile bei richtiger Anwendung gute Erfolge erzielen.

Auch bei der **Dysenterie** können Schweine aller Altersgruppen erkranken. Der Schwerpunkt der Infektion liegt allerdings bei den 10 – 16 Wochen alten Mastschweinen und stellt für Mäster ein sehr ernstes Problem dar. Von anderen Durchfällen lässt sich die Dysenterie abgrenzen durch Blutspuren im zunächst erst hellen, später dunkelbraun und dünner werdenden, nach Ammoniak riechenden Kot. Bei chronischem Verlauf ist der Kot zementfarben mit öligem Glanz. In Zweifelsfällen kann die Diagnose unterstützt werden durch eine Probebehandlung mit einem vom Tierarzt verordneten Präparat (Wirkstoff Tiamulin), das den Durchfall innerhalb von 2 Tagen stoppt. Die Mehrzahl der befallenen Schweine übersteht die Krankheit, scheidet aber weiterhin die dafür verantwortlichen Bakterien aus. Manche erkranken nach einiger Zeit von neuem, weil keine Immunität ausgebildet wurde. Die Übertragung der Erreger (Bakterien der Art *Treponema hyodysenteriae*) erfolgt vor allem über den Kot.

Schlechte Zunahme und verlängerte Mastdauer führen zu erheblichen wirtschaftlichen Einbußen. Es gibt wirksame Medikamente, die über das Futter oder die Tränke verabreicht werden können. Solange die Behandlung andauert, die, wenn sie Erfolg haben soll, den ganzen Bestand erfassen muss, dürfen wegen des Rückstandsrisikos keine Tiere zum Schlachten verkauft werden. Dauermedikamentierung über Medizinalfutter ist bedenklich (Resistenzbildung, Rückstandsprobleme).

Eine Sanierung des Bestandes kann nur durch kompletten Tieraustausch und gründliche Reinigung des Stalles erfolgen. Im laufenden Bestand ist nur eine Unterdrückung der Erreger durch laufende Antibiotikagaben (Tiamulin) und Behandlung der Gülle mit Alzogur® möglich. Im Hinblick auf die Reduzierung der Antibiotikagaben (Vorgaben des Antibiotikamonitorings) sollte aber in jedem Falle über eine komplette Sanierung des Bestandes nachgedacht werden. Dies sollte in Absprache mit dem Hoftierarzt oder dem Tiergesundheitsdienst erfolgen.

Zur Vorbeugung werden empfohlen: Unterteilung des Bestandes mit konsequenter, durch Desinfektionsmaßnahmen unterstützte Trennung der Abteilungen. Belegung nach der Rein-raus-Methode mindestens 2 Wochen Quarantäne für Zukaufferkel, Beschränkung des Tierzukaufs auf möglichst einen Betrieb, Abschaffung der Bodenfütterung und Tränkebecken (statt dessen Einbau von Nippeltränken), wirksame Kotentfernung usw.

Wenn ein Teil der Ferkel vor und gleichzeitig mit dem Auftreten von wässrigem, grünlich-gelbem Durchfall auch erbricht, wenn die Saugferkel massenhaft verenden und die mitbetroffenen älteren Ferkel und Sauen nach 7 – 10 Tagen wieder gesund werden, dann handelt es sich in der Regel um einen Einbruch der **TGE** (Transmissible Gastro-Enteritis = übertragbare Magen-Darm-Entzündung). Bei der typischen, sehr virulenten Form der TGE hatte sich die „Durchseuchung" des Bestandes als brauchbare Notlösung erwiesen. Das heißt man brachte Kot befallener Schweine in die Buchten der tragenden Sauen, damit diese rasch eine Immunität aufbauen und der Kolostralmilch entsprechende Antikörper mitgeben konnten, sodass wenigstens die 3 Wochen nach Ausbruch der Seuche geborenen Ferkel gerettet wurden.

Bei der chronischen (enzootischen) Verlaufsform der TGE erkranken nicht mehr alle Ferkel; aber die Krankheit schleppt sich lange hin, unter Umständen auch über den Sommer, während in der warmen Zeit Fälle von akuter TGE nicht beobachtet wurden. Wichtig sind gegenüber allen Verlaufsformen wirksame Maßnahmen zur Verhinderung der Einschleppung. Spätestens, wenn der Nachbar die Seuche hat, muss der Personen- und Tierverkehr in den eigenen Stall unterbunden, die Desinfektionsmatte vor der Stalltür frisch getränkt und feucht gehalten werden.

Ähnliche Symptome wie die TGE weist die **epizootische Virusdiarrhö** (**EVD**) auf, die ebenfalls durch Corona-Viren verursacht wird. Der wichtigste Unterschied zwischen den beiden Virusdurchfällen betrifft ihre Immunität: Die gegen TGE gebildeten Antikörper sind nicht gegen EVD wirksam und umgekehrt.

Eine dritte durch Coronaviren verursachte Krankheit ist die PED (Porcine Epizootische Diarrhoe). An der erstmals in den USA 2013 aufgetretenen Krankheit sind dort viele Millionen Saugferkel verendet. Bei älteren Tieren ist die Mortalität deutlich geringer. Auch in Deutschland sind in den letzten Jahren Fälle der PED aufgetreten, allerdings verursacht von einem weniger aggressiven Stamm der Viren, sodass es zu deutlich weniger Verlusten kam. Eine Impfung gegen Die PED ist zurzeit noch nicht möglich. Daher sind insbesondere Hygienemaßnahmen und eine Abschottung des Betriebes erfolgversprechend, da schon ein kleines Stück Kot eines befallenen Tieres ausreicht, um den gesamten Bestand zu infizieren.

Um welche Art von Durchfall es sich handelt, wird in vielen Fällen nur der Tierarzt bzw. nach der Einsendung eines möglichst noch lebenden Ferkels das betreffende tierärztliche Institut entscheiden können. Wenn es sich um **fütterungsbedingte Durchfälle** handelt, wird den Ferkeln für einige Tage das Kraftfutter entzogen, oder die Futtermittel mit diätetisch wirkenden Komponenten wie Weizenkleie vermischt, aber genügend Flüssigkeit (Wasser oder Kamillentee) angeboten und erst nach dem Abklingen der Symptome das bisherige Fütterungsniveau allmählich wieder angestrebt. Selbstverständlich muss auch bei infektiösen Durchfällen ständig frisches Trinkwasser angeboten werden. Wo es sich technisch einrichten lässt, ist es ratsam, jedem Liter Wasser 9 g Kochsalz und 40 g Traubenzucker zuzusetzen.

Betriebe mit häufigen Durchfallproblemen greifen auf Diätfutter zurück. Da sowohl das Rohprotein als auch die Mineralstoffe – und hier besonders das Calcium – ein starkes Säurebindungsvermögen aufweisen, bewirkt eine Reduzierung dieser Nährstoffe eine pH-Wert-Absenkung (► **Tab. 9.24**). Unterstützt wird dieser Vorgang durch den Einsatz organischer Säuren (S. 196) und deren Salze, die in fast allen Ferkelfuttermischungen enthalten sind. Auch ein höherer Rohfasergehalt kann Durchfälle verhindern, führt allerdings bei sehr hohen Werten (z. B. 10 %) zu einem Leistungsrückgang. Der Einsatz von Enzymen und Probiotika hat einen günstigen Einfluss auf den Stoffwechsel bzw.auf die Darmflora. Diätfuttermittel werden zeitlich begrenzt eingesetzt.

Kommen in Betrieben **Salmonelleninfektionen** vor, wirken sich diese nicht nur negativ auf die Wirtschaftlichkeit des Betriebes durch Todesfälle und Durchfallgeschehen aus, sondern es besteht auch die Gefahr, dass der Betrieb im vorgeschriebenen Salmonellen-Monitoring am Schlachthof in Kategorie 2 oder 3 eingestuft wird und damit die Vermarktung der Tiere nur noch stark eingeschränkt mit hohen finanziellen Verlusten möglich ist. Daher sollte in diesem Falle in der akuten Phase (mit klinischen Erscheinungen) mit Antibiotika behandelt werden, aber vor allem müssen die Eintragsquellen gesucht werden. Hier sind immer die zugekauften Tiere, Futter oder Schadnager zu nennen. Die regelmäßige Bekämpfung letzterer ist eine starke Stütze im Vorsorgebereich.

Praxistipp

Vonseiten der Fütterung können folgenden Maßnahmen prophylaktisch gegen Salmonellen eingesetzt werden:

- Einsatz von gekapselten Futtersäuren (Formi, Calcicap, Greencap etc.)
- gröbere Struktur des Futters
- Einsatz von Lactulose
- Ansäuerung des Futters
- höherer Gerstenanteil in der Futtermischung (über 35 %)

Gebärmutterentzündung (Metritits), Gesäugeentzündung (Mastitis) und Milchmangel (Agalaktie)

Auf die Erscheinungen des MMA-Syndroms, die gemeinsam oder auch einzeln auftreten können, wurde bereits im Kap. Fütterung der Sau (S. 500) hingewiesen. In der Praxis gibt es dafür auch die Bezeichnungen Wochenfieber und Milchfieber. In manchen Problembeständen sind bis zu 70 % der Sauen betroffen. Besonders unangenehm sind die Auswirkungen der Metritis auf das Fruchtbarkeitsgeschehen und die Förderung der Coli-Infektionen bei Saugferkeln durch Infektionen über den teilweise eitrigen Scheidenausfluss. Die Mastitis führt manchmal zum völligen Versiegen des Milchflusses, häufiger zu Milchmangel, der aber, besonders wenn die Sau in Bauchlage verharrt und das schmerzende Gesäuge nicht freigibt, für Entwicklungsstörungen und Totalausfälle bei den Ferkeln verantwortlich ist. Als Erreger werden außer verschiedenen pathogenen Stämmen von Escherichia coli u. a. Corynebakterien, β-Streptokokken, Mikrokokken und Staphylokokken verdächtigt.

Praxistipp

- Wenn während der ersten Tage nach der Geburt regelmäßig die Temperatur der Sau gemessen wird, kann man den Ausbruch dieser fieberhaften Erkrankungen frühzeitig erkennen und den Tierarzt hinzuziehen, der (wegen der Gefahr der Resistenz) mit wechselnden Medikamenten behandeln muss. Mit ihm sollte auch das betriebsspezifische Vorbeugeprogramm besprochen werden. Dieses kann folgende Elemente enthalten: den Jungsauen, vor allem zugekauften, im Deckstall einen längeren, ca. dreiwöchigen Kontakt zum Kot abgesetzter Altsauen ermöglichen, damit sich bei ihnen Antikörper gegen die stallspezifische Keimflora bilden können.
- Maßnahmen zur Senkung der Keimdichte im Abferkelstall (Reinigung, Desinfektion); Bucht erst belegen, wenn sie trocken und warm ist.
- Entfernung der Ausscheidungen der Sau von ihrem Gesäuge und Schambereich (Kotbeseitigung zweimal am Tage) und regelmäßige Erneuerung der Einstreu.
- Auf einstreulosen Böden keinen Schmierfilm im hinteren Teil der Bucht dulden.
- Bei der Verwendung von Rosten und Spaltenböden auf kanten- und gratlose Ausführung achten, um Gesäugeverletzungen vorzubeugen, die Eintrittspforten für Erreger sein können.
- Futtermittel und Ration der hochtragenden Sau überprüfen.
- Futtermittel, die harnsäuernd wirken, einsetzen.
- Für das Funktionieren der Darmtätigkeit sorgen, Verstopfungen verhindern.
- Harnwegsinfektionen bei den Sauen vorbeugen.
- Geburt besser überwachen, unsachgemäße Eingriffe unterlassen; wenn Wehenschwäche die Ursache für langwierige Geburten ist, mit Oxytocin und Calcium nachhelfen.
- Mithilfe des Tierarztes die Uterusrückbildung beschleunigen, Uterusentzündungen behandeln.
- Sauen mit häufigem Auftreten von Mastitis zum Schlachten verkaufen.
- In Problembeständen vom Tierarzt 1 Woche vor der Geburt ein Antibiotika-Depot in der Sau anlegen lassen.

Nach Verletzungen des Gesäuges kann es in manchen Drüsenabschnitten zu Knoten, manchmal zu auffallend großen Geschwülsten kommen, zur **Strahlenpilzerkrankung**. Oft erfolgt Selbstheilung unter Verödung der betreffenden Zitzen; es gibt auch wirksame Medikamente. Von Sauen mit Strahlenpilz sollte keine Nachzucht aufgestellt werden, da eine erbliche Anfälligkeit angenommen wird. Diese Erkrankung hat mit dem Verschwinden von Stroh in den modernen Ställen stark abgenommen. Wird in Zukunft wieder häufiger mit Stroh bei Sauen gearbeitet, ist wieder vermehrt Augenmerk auf die Strahlenpilzproblematik zu legen.

Atemwegserkrankungen

In ▶ **Tab. 9.30** sind die wichtigsten Atemwegserkrankungen der Schweine in Kürze dargestellt. Bei der PRRS-Erkrankung (porcines respiratorisches und Reproduktions-Syndrom) erfolgt die Übertragung der Erreger zwar hauptsächlich durch Kontakt- und Tröpfcheninfektionen beim Tierverkehr mit infizierten Tieren, aber auch durch die Luft. Dadurch ist es schwierig, Bestände auf-

► **Tab. 9.30** Die wichtigsten Atemwegserkrankungen des Schweines.

Erreger/Krankheit	Erkrankungsrate	Hauptsächlich betroffene Altersgruppe	Behandlung	Vorbeugung
PRRS-Virus	0 – 15 %	SF, AF, M, S, JS	–	Impfung (alle 4 Monate), Ausgliederung der AF
Influenza-Virus	bis 100 %	AF, M, JS, S	Fiebersenkung, Schleimlösung	Schutzimpfung Sauen
Porciner Circovirus (PCV2)	bis 40 %	AF, M	–	Ferkelimpfung
Mykoplasmen	30 – 60 %	SF, AF, M, JS	Tylosin u. a.	Impfung Ferkel, Hygienemaßnahmen
Actinobacillus APP	50 – 100 %	AF, M, JS	Antibiotika, Penicillin u. a.	Schutzimpfung, Umweltoptimierung
Bordetellen	bis 50 %	SF, AF	Antibiotika nach Antibiogramm	Schutzimpfung Sauen/Ferkel
Pasteurellen	bis 50 %	AF, M, JS	Antibiotika	Mutterschutzimpfung
toxinbildende Pasteurellen, Schnüffelkrankheit	bis 50 %	AF, M, JS	Antibiotika	Umweltoptimierung, Impfung, Repopulierung

AF = Absatzferkel; JS = Jungsau; M = Mastschwein; S = Sau; SF = Saugferkel.

zubauen, die PRRS-frei sind und dies auch bleiben. Die Symptome dieser Viruskrankheit sind vielfältig und nicht leicht von anderen Krankheiten zu unterscheiden, zumal bei geschwächter Immunität vermehrt Sekundärerkrankungen auftreten. Bei der Sau muss z. B. mit Spätaborten ab dem 90. Trächtigkeitstag, Totgeburten, kleinen Würfen, lebensschwachen Ferkeln, Rauscheproblemen, Fressunlust und blau-roter Verfärbung der Ohren gerechnet werden. Bei Mastschweinen treten Atemwegsinfektionen auf, wobei auch vermehrt Kümmerer, häufig entzündete Augenbindehäute und blasse Schweine auffallen. Mehrere PRRS-Lebendimpfstoffe sind für den Einsatz von 3–18 Wochen alten Schweinen zugelassen. In Problembetrieben sollte die einmalig notwendige Impfung möglichst früh erfolgen, da diese einen mindestens 4 Monate anhaltenden Impfschutz bietet. PRRS ist eine Erkrankung, die in den letzten Jahren, aber auch noch heute, die Ökonomie der Schweineproduktion weltweit beeinflusst hat und noch beeinflusst. Bei Betrieben in schweinearmen Regionen ist häufig die Sanierung der Bestände gelungen. Diese Maßnahme hat sich dann in den betroffenen Betrieben auch sehr schnell wirtschaftlich amortisiert.

Bei der **Influenza** sind nicht alle Tiere gleichzeitig betroffen, sondern die Infektion erfolgt schleichend. Erkrankte Tiere haben Husten, Fieber mit über 40 °C, sind kurzatmig und pumpen. Sie leiden an Appetitlosigkeit und nehmen eine hundesitzige Stellung (Entlastung der Lunge) ein. Gefährdet sind vor allem 3–4 Monate alte Mastschweine, die dann besonders schwerwiegende Schäden erleiden können, wenn es sich um Mischinfektionen handelt, das heißt, wenn Sekundärerreger hinzukommen. Nach Anweisung des Tierarztes müssen den erkrankten Tieren geeignete Medikamente über mehrere Tage verabreicht werden. Auch im Sauenbereich können erhebliche Schäden durch Verferkelungen, Totgeburten, kleine Würfe, lebensschwache und kümmernde Ferkel und Kreislaufversagen entstehen. Sowohl bei Sauen als auch bei Mastschweinen ist die zweimalige Influenzaimpfung als Immunprophylaxe im Abstand von einigen Wochen anzuraten.

Die **Schnüffelkrankheit**, bei der der Schwund der Nasenmuscheln, Schrumpfung oder Verbiegung des Oberkieferknochens zumeist nur an Mastschweinen zu beobachten sind, spielt heute in der breiten Praxis nicht mehr die Rolle wie vor 10 oder 20 Jahren. Erudikationsprogramme, insbesondere der Zuchtbetriebe zeigen hier nun ihre Erfolge. Es gibt mittlerweile mehrere Impfstoffe gegen den häufigsten Erreger der Rhinitis atrophicans, die toxinbildenden Pasteurellen. Die Muttersauen werden 4 – 6 Wochen vor dem Abferkeln geimpft, wodurch die Ferkel für die ersten Lebenswochen immun werden. Später können sie sich allerdings wieder infizieren. Diese Impfung bringt noch keine endgültige Lösung des Problems; aber sie kann bei Resistenzbildungen eine Alternative zur Antibiotikabehandlung sein.

Bei der **APP** handelt es sich um einen weit verbreiteten Erreger einer Lungenentzündung (früher: HPP). In chronischen Fällen sind die Krankheitszeichen (Husten, Appetitlosigkeit, verminderte Gewichtsentwicklung, schlechtere Futterverwertung, Auseinanderwachsen der Tiere) nicht klar erkennbar, in akuten Fällen treten die Krankheitserscheinungen deutlich hervor wie z. B. hohes Fieber (über 41,5 °C), Maulatmung, Hundesitzigkeit, stoßartig bellender Husten, Herz- und Kreislaufstörungen, Blaufärbung der Ohren und evtl. schaumig blutiger Ausfluss aus Maul und Nase. In schweren Fällen führt diese Krankheit zum Tod. Da die Ferkel über die Biestmilch nur bis zur 10. Lebenswoche geschützt sind, sollten in Problembeständen die Ferkel in der 6. + 10. Woche geimpft werden, da sie hierdurch den vollen Schutz über die gesamte Mastperiode erhalten.

Die Enzootische Pneumonie (EP), verursacht durch den Erreger Mycoplasma hyopneumoniae, ist eine Atemwegserkrankung, die sich weniger in Todesfällen als in der Reduzierung der Leistungsfähigkeit der Tiere niederschlägt. Dabei ist der Erreger in erster Linie ein „Türöffner" für Sekundärerreger. Er schädigt das Flimmerepithel der Lunge, in dem er kleinere und größere Kolonien auf den Zilien der Schleimhaut bildet, sodass diese ohne größere Probleme in die Lunge eintreten können.

Das Hauptsymptom ist verbreiteter Husten (u. a. auch Stresshusten) in den Abteilen. Die Mycoplasmen werden antibiotisch bekämpft. Besser ist aber in die Anwendung von Mycoplasmen-Impfstoffen, die eine Wirkzeit von ca. 20 Wochen aufweisen. Daher ist es wichtig, die Jungsauen wiederholt zu behandeln. Bei Mastschweinen dagegen ist eine zweite Impfung in der Regel nicht nötig.

Sonstige Krankheiten

Parvovirose Die Auslöser des SMEDI-Syndroms (Stillbirth, Mumification, Embryonic Death, Infertility), die Parvoviren, sind dann als Erreger anzunehmen, wenn im Betrieb plötzlich kleine Würfe, vermehrtes Umrauschen oder starkes Ansteigen der Totgeburten, zu beobachten sind. Wirkungsvollstes Vorbeugeinstrument ist die Schutzimpfung der Jungsauen und Sauen. Diese kann zusammen und im gleichen Rhythmus wie die Impfung gegen Rotlauf erfolgen.

Rotlauf Rotlaufbakterien sind unter Schweinen weit verbreitet. Unter optimalen Haltungsbedingungen erlangen sie normalerweise keine Pathogenität. Erst wenn die Umweltbedingungen wie Klima (heißes schwüles Wetter etc.) oder Belegdichte, Transportbedingungen als Stressoren wirken, können sich die Symptome des Rotlaufes ausprägen. Da Ferkel in der Regel durch maternale Antikörper geschützt sind, erkranken vor allem Mastschweine. An der perakuten Form verenden die Tiere an einer Septikämie (50 %). Bei der akuten Form, bei der typische Hautverfärbungen (Backsteinblattern) auftreten, bringt die Behandlung mit Penicillin oder Amoxicillin gute Heilungsaussichten. Zwei chronische Formen (Herzklappenrotlauf, Gelenksrotlauf) entwickeln sich häufig bei Tieren, die die akute Form überstanden haben. Als beste Vorbeugemaßnahme hat sich die Impfung der Jungsauen vor der Belegung und eine alle 5–6 Monate wiederholte Bestandsimpfung bewährt. Natürlich fällt hierunter auch die optimale Gestaltung der Haltungsumwelt.

Parasitäre Erkrankungen Kein Schweinehalter füttert gern Parasiten und lässt sich von ihnen die Sauenfruchtbarkeit zerstören. Deshalb gehört in gut geleiteten Betrieben die Bekämpfung der inneren (Endoparasiten) und äußeren Schmarotzer (Ektoparasiten) zu den Routinemaßnahmen. Zur Kontrolle der gegen die Würmer durchgeführten Maßnahmen, und um die Auswahl der Präparate auf die jeweilige betriebliche Verwurmung einzustellen, sind Kotuntersuchungen wenigstens einmal im Jahr erforderlich. Dabei sollten aus jeder 5. Bucht (bei allen Alters- und Nutzungsgruppen) frische Kotproben entnommen und dem Hoftierarzt zur Untersuchung übergeben bzw. dem nächsten Veterinäruntersuchungsamt zugeleitet werden. Auch die Schlachter, denen die Mastschweine verkauft werden und die unter Umständen die Därme selbst verwerten, können Hinweise geben. (Viele Lebern werden wegen Leberegel- oder Wurmbefall verworfen.)

Um die von Würmern am stärksten gefährdeten Ferkel vor der Verwurmung durch Sauenkot zu schützen, sind die Entwurmung der Sau vor dem Abferkeln mit gleichzeitigem gründlichen Abwaschen zur Entfernung der auf der Haut sitzenden Eier sowie die sorgfältige Reinigung und Desinfektion der Abferkelbucht die wichtigste Etappe im Entwurmungsprogramm.

In Beständen mit **Zwergfadenwurmbefall**, an den beim Auftreten zwischen dem 4. und 10. Lebenstag und von kleinen, roten Quaddeln an der Bauchunterseite und an den Schenkelinnenseiten gedacht werden muss, werden durch die Entwurmungskur der Sau bei der Mehrzahl der Präparate nur die in ihrem Darm lebenden Weibchen abgetötet, aber nicht die im Gesäuge schmarotzenden Larven, die dann mit der Biestmilch auf die Ferkel übertragen werden. Hier müssen also auch die Ferkel behandelt werden, und zwar mehrere Male im Abstand von je 3 Tagen. Zugekaufte Mastferkel werden in der Regel im Vormaststall mit Entwurmungsmitteln kuriert, die gleichmäßig ins Futter eingemischt werden.

Läuse sind nicht so harmlos, wie sie von vielen gehalten werden. Sie übertragen Pocken. In der Regel werden sie durch die Räudebekämpfung mit erfasst.

Afrikanische Schweinepest Bei der Afrikanischen Schweinepest (ASP) handelt es sich um eine schwere Viruserkrankung. Menschen sind nicht betroffen. Die Mortalität von betroffenen Tieren liegt bei 100 %. Klinische Anzeichen äußern sich in hohem Fieber, Futterverweigerung, Blaufärbung der Haut und Durchfall. Es gibt keinen Impfstoff gegen diese schwere Krankheit. Übertragen wird das sehr stabile Virus durch direkten Tierkontakt, Aufnahme infizierten Materials oder indirekt durch Werkzeuge, Kleidung oder Transportfahrzeuge.

Bis 2018 sind in Deutschland noch keine Wild- oder Haustierbestände betroffen, die Krankheit arbeitet sich aber von Osteuropa an die deutschen Grenzen heran. Sollte die Seuche nach Deutschland eingeschleppt werden, erfolgt die Bekämpfung nach Maßgabe der Verordnung zum Schutz gegen Schweinepest und ASP. Zu den Maßnahmen gehören die Errichtung von Sperrbezirken, die Keulung betroffener Bestände und strenge Transport- und Handelsbeschränkungen.

9.4.8 Die Wirtschaftlichkeit der Ferkelerzeugung

Wer Ferkel produziert, sollte auch wissen, was sie den Betrieb kosten. Die Nachkalkulation kann genauer sein als im Kuhstall, weil die meisten zur Kalkulation benötigten Daten relativ leicht erfassbar sind, vorausgesetzt, dass die notwendigen Aufzeichnungen (Bestandsveränderungen bei der Sauenherde, Wurftag und Wurfgröße, Verbleib der Ferkel usw.) durchgeführt und in nicht spezialisierten Betrieben die Rechnungen des Tierarztes, des Futtermittelhändlers und anderer Lieferanten im notwendigen Umfang aufgeschlüsselt werden. Man sollte sich nicht damit begnügen, die in Fachzeitschriften und Büchern enthaltenen Kostenberechnungen zu studieren, sondern man sollte sie als Anregung und als Wegweiser für die eigene Kalkulation ansehen. Maßgebend sind nur die Kosten im eigenen Betrieb, von denen in der Regel die Futterkosten mehr als die Hälfte der Gesamtkosten ausmachen. Eine Betriebszweiganalyse sollte also in jedem Falle durchgeführt werden.

Als Beispiel dazu soll eine Kostenkalkulation eines Ferkelerzeugerbetriebes dienen. Ausgewiesen sind die Erlöse, die variablen Spezialkosten, die Festkosten, der Deckungsbeitrag (Direktkostenfreie Leistungen). Durch die Erhöhung der produzierten Ferkel um 4 Ferkel pro Sau und Jahr hat sich der Gewinn pro Sau (bei der unterstellten Erlös- und Kostenstruktur) verdoppelt.

Der ▶ **Tab. 9.31** ist die Berechnung des kalkulatorischen Betriebsergebnisses für einen Stall mit 400 Sauen zu entnehmen.

► **Tab. 9.31** Modellkalkulation Kosten und Erlöse in der Ferkelerzeugung (in € pro Sau) (nach Müller 2014 [176]).

Parameter	24,7 verk. Ferkel pro Sau u. Jahr	26,7 verk. Ferkel pro Sau u. Jahr	28,7 verk. Ferkel pro Sau u. Jahr
• Erlöse aus Ferkelverkauf (45 €/Ferkel)	1111	1201	1291
• Erlöse aus Schlachtsauenverkauf	112	115	117
• Güllewert	30,5	30,7	30,9
Leistungen gesamt	**1253,5**	**1346,7**	**1438,9**
Variable Spezialkosten			
• Bestandsergänzung ca. 245 €/Jungsau)	119	130	140
• Futter Sau und Ferkel	369	400	436
• Tierarzt/Medikamente	42	43	44
• Besamung	28	28	28
• Versicherung/Vermarktung/Zuchtverband	10	10	10
• Energie/Wasser	82	82	82
• sonstige variable Spezialkosten (Maschinen, Lohnarbeit,Gebäude)	51	51	51
Festkosten			
• Arbeitskosten	130	133	138
• Berufsgenossenschaft	4	4	4
• Abschreibung	132	132	132
• Verwaltung	130	133	137
• Versicherung	7	7	7
• Steuern	2	2	2
• Betr. Aufwand	16	16	16
• Zinsansatz	62	63	64
direktkostenfreie Leistungen	**552,5**	**602,7**	**647,9**
Saldo (Gewinn)	**69,50**	**112,7**	**147,9**

Zweifellos ist eine Erhöhung der Aufzuchtrate der wichtigste Beitrag zur Verbesserung der Wirtschaftlichkeit der Ferkelerzeugung.

Bei niedriger Ferkelzahl sind zwar die Futterkosten etwas geringer als bei hoher Ferkelzahl (Säugezulage und Ferkelaufzuchtfutter abhängig von Ferkelzahl), aber der größte Teil der Sauenkosten (Erhaltungsfutter, Deckgeld, Energie, Stall usw.) ist unabhängig von der Ferkelzahl und fällt in jedem Fall an. Deshalb schlagen sich die Unterschiede in den Verkaufserlösen überproportional in den direktkostenfreien Leistungen nieder. Mit der Erhöhung der Zahl der jährlich aufgezogenen Ferkel verringern sich tendenziell die Aufzuchtverluste. Die Zahlen aus dem Wirtschaftsjahr 2015/2016 (► **Tab. 9.32**) untermauern diese Aussage deutlich. Die Direktkosten zwischen den erfolgreichen und den weniger erfolgreichen Betrieben unterscheiden sich nicht so deutlich. Den größten Anteil an den doch sehr unterschiedlichen direktkostenfreien Leistungen ergeben sich in erster Linie aus den höheren Zahlen an verkauften Ferkeln pro Sau.

▶ **Tab. 9.32** Leistungsunterschiede in der Ferkelerzeugung gemessen an den direktkostenfreien Leistungen der 25 % oberen und unteren Betriebe (nach SSB 2016 [209]).

Merkmal	Mittel	obere 25 %	untere 25 %
Sauen je Betrieb	284	350	203
Würfe je Sau	2,33	2,37	2,29
abges. Ferkel je Sau	30,6	33,0	28,4
Verluste, %	14,4	13,5	16,9
Ferkelverkauf, kg/Stück	30,1	30,0	29,2
Leistungen /Sau	1706	1921	1451
Sauenfutter, dt/Sau	13,1	13,3	12,9
Futterkosten/Sau (inkl. Ferkelfutter), €	819	864	776
Direktkosten, €/Sau	1292	1312	1254
Direktkostenfreie Leistungen, €/Sau[1]	414	610	197

[1] Erklärung des Begriffes s. Kap. Betriebswirtschaftliche Überlegungen zur Milcherzeugung (S. 386).

9.5 Mastschweineerzeugung

Die wichtigsten Geräte für den Schweinemäster sind Waage und Rechenstift. Diese Erkenntnis ist nicht neu. Aber sie muss umso stärker beachtet werden, je härter der Wettbewerb zwischen den Schweinemästern wird. Zum Rechnen gehören Aufzeichnungen über Mastbeginn und Mastende, Verluste, Ferkelpreis und andere Kosten. Ersparnisse im Futteraufwand je kg Zuwachs verbessern die Wirtschaftlichkeit der Schweinemast ebenso wie höhere tägliche Zunahmen. Erhebliche Unterschiede bestehen auch bei den Tierverlusten. Hier müssen die Tiergesundheit und die Haltungsbedingungen unbedingt verbessert werden.

Für viele Mäster mit niedrigen Tageszunahmen (ca. 700 g) ist die Steigerung bei diesem Leistungsmerkmal ein wichtiges Ziel. Hier stecken noch erhebliche Reserven, denn die erfolgreichen Betriebe erreichen mehr als 900 g, ein Teil sogar über 1000 g Tageszunahmen.

Fazit

Weshalb ist eine schnellere Mast in der Regel auch eine billigere Mast? Mit einer Abkürzung der Mastdauer sinken – unter sonst gleichen Bedingungen – die Gebäude- und Stromkosten, weil der gleiche Stall rascher neu besetzt und deshalb öfter im selben Jahr benutzt werden kann. Der Arbeitsaufwand ist bei kurzer Mast ebenfalls niedriger als bei langer Mast. Vor allem aber sinkt mit steigenden Tageszunahmen der Erhaltungsfutteranteil.

Während es bei bestimmten Formen der Rindermast möglich ist, die mit der Verlängerung der Mast verbundene Erhöhung des Erhaltungsfutteranteils teilweise durch den verstärkten Einsatz billiger wirtschaftseigener Futtermittel auszugleichen, gibt es diese Möglichkeit bei der Schweinemast nicht. **Schweine für den Markt zu produzieren, bedeutet Intensivmast** mit Endgewichten von 110–125 kg, wobei das durchschnittliche Mastendgewicht in den deutschen Erzeugerringen bei 121 kg lag (nach [252]). Hierbei ist der Mäster gut beraten, sich nach den Wünschen des Abnehmers zu richten.

9.5.1 Nährstoffversorgung und Fütterungsmethoden

Bei der Mast soll vor allem Eiweiß gebildet und angesetzt werden. Entsprechend hoch sind die Anforderungen an die Menge und Qualität des Eiweißes im Mastfutter. Über die Qualitätsansprüche an Schweinefleisch wurde schon gesprochen.

Es ist wichtig, dass die Schweine die benötigten **essenziellen Aminosäuren** erhalten. Tierische Eiweißfuttermittel besitzen eine gute Aminosäurenzusammensetzung, aber sie sind entweder verboten (z. B. Tiermehl) oder relativ teuer (Fischmehl). Daher kommt als Eiweißkomponente vorrangig Sojaextraktionsschrot zum Einsatz, das auch eine günstige Aminosäurenzusammensetzung aufweist. Dieses kann aber auch z. T. oder ganz durch andere Eiweißfuttermittel wie z. B. Rapsextraktionsschrot ersetzt werden. Allerdings muss auf die Abdeckung der essenziellen Aminosäuren geachtet werden, da diese Eiweißalternativen in der Regel weniger essenzielle Aminosäuren enthalten (geringere biologische Wertigkeit). Doch lässt sich die entstehende Lücke problemlos mit Mineralfutter schließen, das mit Aminosäuren ausgestattet ist. Durch den Einsatz eines solchen Mineralfutters lässt sich auch der Rohproteingehalt der Ration reduzieren. Die Verringerung ist jedoch dadurch begrenzt, dass andere essenzielle Aminosäuren ins Minimum geraten können. Das ist auf jeden Fall zu vermeiden. Es ist auf folgendes **Aminosäuren-Verhältnis** zu achten:

Lysin (**1,0**) : Methionin/Cystin (**0,55**) : Threonin (**0,65**) : Tryptophan (**0,18**)

Der Übergang der Empfehlungen auf die Stufe der praecaecal (dünndarm-)verdaulichen Aminosäuren lässt sicherlich eine genauere Rationsberechnung zu. Da aber noch nicht für alle Futtermittel solche Werte zur Verfügung stehen, sollte stets der Gehalt und Bedarf an Bruttoaminosäuren (S. 179) mit angegeben werden.

Wird der Aminosäuren-Bedarf der Schweine nicht befriedigt, geht das Wachstum langsamer vonstatten. Es kommt, wenn gleichzeitig andere Nährstoffe reichlich angeboten werden, zu einer frühzeitigen Verfettung. Daher ist auch auf die Relation Lysin (g) : Umsetzbarer Energie (MJ ME) zu achten, die sich im Verlauf der Mastperiode erweitert, und zwar im Gewichtsbereich von 20 bis 30 kg bei Ø 850 g tägliche Zunahme von 0,85 auf 0,55 g je MJ ME in der Endmastphase. Bei Tageszunahmen von 750 g bzw. 950 g liegen die Werte anfangs bei 0,80 bzw. 0,90 und am Ende der Mast bei 0,55 bzw. 0,50 g Lysin je MJ ME.

Für die Ausnutzung des Wachstumsvermögens muss auch die Mineralstoffversorgung optimal sein.

Merke

Zwischen Phosphor und Calcium (S. 184) ist ein Verhältnis von 1 : 1,3 – 1,5 bzw. bei verdaulichem Phosphor ein vP-Ca-Verhältnis von 1 : 2,5 – 3 einzuhalten.

Durch die Berücksichtigung des verdaulichen Phosphors in der Mischungsberechnung kann die P-Versorgung besser an den Bedarf angepasst werden. Weiterhin ist zu berücksichtigen, dass der Phytin-Phosphor aus Getreideschrot, Mühlennachprodukten, Ölsaatrückständen usw. nur teilweise verwertbar ist. Eine Verbesserung lässt sich durch den Einsatz von mikrobieller Phytase erreichen. Durch eine höhere Verdaulichkeit des Phosphors kann der Gesamtgehalt im Futter abgesenkt werden, ohne die leistungsgerechte Versorgung zu gefährden.

Das Verhältnis von Ca zu Na sollte 5–6 : 1 nicht überschreiten. Die Versorgung der Tiere mit Spurenelementen und Vitaminen erfolgt über ein entsprechendes Mineralfutter. Ergänzungsfutter und Eiweißkonzentrat sind ebenfalls mit diesen notwendigen Stoffen ausgestattet. Die Versorgungsempfehlungen je kg Alleinfutter für Anfangs- und Endmast findet man in ▶ **Tab. 9.36.**

Versorgungsempfehlungen für die Mast Um der ständigen Veränderung der Körperzusammensetzung (Knochen, Muskel (= Fleisch), Fettgewebe) während der Mastperiode gerecht zu werden, müsste auch das Nährstoffangebot entsprechend angepasst werden. In ▶ **Tab. 9.33** und ▶ **Tab. 9.34** sind die Versorgungsempfehlungen für mittlere Masttagszunahmen von ca. 850 g pro Tag abgebildet. Für niedrigere oder höhere Masttagszunahmen variieren die Versorgungsempfehlungen. Aus Platzgründen sind diese hier nicht abgebildet. Interessierte können diese in der DLG-Information 1/2010 [62] nachlesen.

Wird eine getrenntgeschlechtliche Mast durchgeführt, kann für die Kastraten von einer höheren Tageszunahme von 5–10 % ausgegangen werden. Dabei wächst die Gefahr der Verfettung mit steigendem Leistungsniveau. Daher scheint bei Bezahlung nach Magerfleisch eine Rationierung je nach Herkunft bei 34–38 MJ ME/Tag angebracht. Ein Beispiel für die unterschiedlichen Ansprüche zeigt ▶ **Tab. 9.35.**

▸ **Tab. 9.33** Empfehlungen zur täglichen ME- und Lysin-Versorgung von Mastschweinen (durchschnittlich 850 g Tageszunahmen) (nach DLG-Information 1/2010 [62]).

LM	Tageszunahmen	ME	pcv Lysin	Lysin	Futter	Futterverbrauch/kg Zuwachs	ME/kg Zuwachs
kg	g	MJ/Tag	g	g	kg/Tag	kg/kg	MJ/kg
25	717	17,5	14,3	16,8	1,3	1,9	24,5
30	760	19,6	15,0	17,6	1,5	2,0	25,8
35	797	21,5	15,7	18,5	1,6	2,0	26,9
40	830	23,2	16,3	19,2	1,8	2,1	28,0
45	858	24,9	16,7	19,6	1,9	2,2	29,0
50	881	26,5	17,1	20,1	2,0	2,3	30,0
55	899	27,9	17,3	20,4	2,1	2,4	31,1
60	912	29,3	17,5	20,6	2,2	2,4	32,1
65	920	30,5	17,6	20,7	2,3	2,5	33,2
70	923	31,6	17,5	20,6	2,4	2,6	34,2
75	921	32,5	17,4	20,5	2,5	2,7	35,3
80	914	33,3	17,2	20,2	2,5	2,8	36,5
85	902	34,0	16,9	19,9	2,6	2,9	37,7
90	885	34,5	16,5	19,4	2,6	3,0	39,0
95	862	34,8	16,1	18,9	2,6	3,1	40,3
100	835	35,0	15,5	18,2	2,7	3,2	41,8
105	803	35,1	14,9	17,5	2,7	3,3	43,7
110	766	35,2	14,2	16,7	2,7	3,5	45,9
115	724	35,0	13,4	15,8	2,7	3,7	48,3
120	677	34,7	12,6	14,8	2,6	3,9	51,2
125	625	34,1	11,7	13,8	2,6	4,1	54,6

▸ **Tab. 9.34** Empfehlungen zur Versorgung von Mastschweinen auf hohem Zunahmeniveau mit Mineralstoffen (g pro 1 MJ ME) (nach DLG-Information 1/2010 [62]).

LM (kg)	Ca (g)	vP (g)	Na (g)
30	0,53	0,23	0,09
40	0,52	0,20	0,08
50	0,50	0,19	0,08
60	0,47	0,18	0,07
70	0,45	0,17	0,07
80	0,43	0,17	0,07
90	0,42	0,16	0,06
100	0,40	0,15	0,06
110	0,38	0,14	0,06
120	0,35	0,13	0,06

Fazit

Werden sehr fleischreiche Tiere gemästet, ist von einem etwas höheren Bedarf an essenziellen Aminosäuren auszugehen. Gleichzeitig verringert sich aber der Bedarf an Energie, da der Zuwachs deutlich fettärmer ist und weniger ME benötigt. Generell gilt: Anfangs besteht das Wachstum vorwiegend aus Eiweiß (= Fleischansatz), und es wird ein enges Eiweiß-Energie-Verhältnis im Futter benötigt. Sobald die Schweine 60 bis 80 kg wiegen, lässt der tägliche Eiweißansatz leicht nach, und ein steigender Anteil des Zuwachses besteht aus Fett. Deshalb werden die Eiweißansprüche weitaus bescheidener. Man kann selbst durch sehr eiweißreiche Ernährung im letzten Drittel der Mastperiode keinen höheren Eiweißansatz erzwingen. Überschüssiges Eiweiß wird dann wie andere Nährstoffe in Fett umgewandelt.

▶ **Tab. 9.35** Empfehlungen zur täglichen Versorgung von weiblichen Tieren und Kastraten mit ME (MJ/Tag) in Abhängigkeit von Lebendmasse und täglichen Zunahmen (TZ) (nach DLG-Merkblatt 2010 [70]).

LM (kg)	Weibliche Tiere		Kastraten		Weibliche Tiere		Kastraten		Weibliche Tiere		Kastraten	
	725 g TZ	MJ ME	775 g TZ	MJ ME	825 g TZ	MJ ME	875 g TZ	MJ ME	925 g TZ	MJ ME	975 g TZ	MJ ME
25	590	15,5	640	16,5	690	17,0	740	18,0	790	18,5	840	20,0
30	630	17,5	685	18,5	730	19,0	785	20,5	830	20,5	885	22,0
35	670	19,0	720	20,5	770	20,5	820	22,0	870	22,5	920	24,0
40	700	20,5	750	22,5	805	22,0	855	24,0	900	24,0	950	26,0
45	730	22,0	780	24,0	830	24,0	880	26,0	930	25,5	980	28,0
50	760	23,5	800	26,0	860	25,0	905	28,0	960	27,0	1005	30,0
55	770	24,5	820	27,5	875	26,5	925	29,5	970	28,0	1025	31,5
60	790	25,5	835	29,0	890	27,5	940	31,0	990	29,5	1040	33,0
65	795	26,5	845	30,0	895	28,5	945	32,0	995	30,5	1045	34,5
70	800	27,5	845	31,5	900	29,5	950	33,5	1000	31,5	1050	36,0
75	795	28,5	845	32,5	895	30,5	945	35,0	995	32,5	1045	37,0
80	790	29,0	840	33,0	890	31,0	940	36,0	990	33,0	1040	38,0
85	780	29,5	825	34,0	875	31,5	930	36,5	980	33,5	1030	39,0
90	760	30,0	810	34,5	860	32,0	910	37,0	960	34,0	1010	39,5
95	740	30,0	790	35,0	840	32,0	890	37,5	940	34,5	990	40,0
100	710	30,0	760	35,5	810	32,0	860	38,0	910	34,5	960	40,5
105	680	30,0	730	35,0	780	32,0	830	38,0	880	34,5	930	41,0
110	640	30,0	690	35,0	740	32,0	790	38,0	840	34,5	890	41,0
115	600	30,0	650	35,0	700	32,0	750	38,0	800	34,5	850	41,0
120	550	29,5	600	34,5	650	32,0	700	38,0	750	34,0	800	40,5
125	500	29,0	550	34,0	600	31,5	650	37,0	700	34,0	750	40,0

Ebermast Durch das Ende der Kastration ohne Betäubung in 2019, wird in den letzten Jahren als eine Alternative auch die Mast von intakten Ebern vermehrt praktiziert. Im Jahr 2016 umfasste die deutsche Produktion etwa 3,8 Mio Eber. Damit ist aus heutiger Sicht die Produktionsmenge weitgehend ausgeschöpft. Die Probleme mit der Geruchsbelastung des Fleisches, der ungenügenden Speckqualität und der Textur des Muskelfleisches begrenzen die Verarbeitungsmöglichkeiten.

Für den Mäster bringt die Ebermast aber auch Vorteile mit sich. Während die Tageszunahmen sich kaum von denen der Kastraten unterscheiden, stellt sich die Futterverwertung deutlich besser dar. Gegenüber den Kastraten brauchen die Eber, um ein kg Körpergewicht anzusetzen, 300–400 g weniger Futter. Dies begründet sich im deutlich geringeren Fettansatz der Eber. Der Proteinansatz ist leicht höher. Aber vor allem der Wassergehalt im Schlachtkörper zeigt höhere Werte.

Daraus leiten sich für die Eber (Schweine mit hohem Proteinansatz) andere Versorgungsempfehlungen ab als für die Börge. Die Ansprüche entsprechen eher denen der weiblichen Tiere. Daher können Eber und weibliche Tiere mit den gleichen Futtermischungen gefüttert werden. In ▶ **Tab. 9.36** sind die Empfehlungen für die Eberfütterung mit angegeben.

▸ **Tab. 9.36** Richtwerte für Alleinfuttermischungen (AF) für die Schweinemast (Angaben pro kg AF; unterstellt 88 % Trockenmasse; 850 g Tageszunahmen; Klammerwerte = abweichende Richtwerte für Tiere mit hohem Proteinansatz (Eber); nach DLG-Information 1/2010 [62]).

Merkmal		Vor-/Anfangsmast		Mittelmast	Endmast	
kg		**28 kg**	**40 kg**	**70 kg**	**90 kg**	**110 kg**
ME	MJ	13,4	13,4	13,0	13,0	13,0
Lysin/ME	g/MJ	0,85 (0,9)	0,75 (0,8)	0,70 (0,75)	0,60 (0,6)	0,55 (0,55)
Lysin[1]	g	11,0 (12,0)	10,0 (11,0)	9,0 (9,5)	7,5 (8,5)	7,0 (8,0)
pcv Lys[2]	g	9,5 (10,5)	8,5 (9,5)	7,5 (8,0)	6,5 (7,0)	5,9 (6,5
Met + Cys[1,3]	g	6,0 (6,6)	5,5 (6,0)	5,0 (5,2)	4,2 (4,7)	3,8 (4,4)
pcv M + C[2,3]	g	5,1 (5,8)	4,7 (5,1)	4,0 (4,4)	3,6 (4,0)	3,3 (3,7)
Threonin[1]	g	7,1 (7,8)	6,5 (7,2)	6,0 (6,2)	4,9 (5,5)	4,5 (5,2)
pcv Thr[2]	g	6,0 (6,8)	5,5 (6,1)	4,8 (5,3)	4,1 (4,7)	3,9 (4,4)
Tryptophan[1]	g	2,0 (2,2)	1,8 (2,0)	1,6 (1,7)	1,4 (1,5)	1,3 (1,4)
pcv Trp[2]	g	1,7 (1,9)	1,5 (1,7)	1,4 (1,5)	1,2 (1,3)	1,1(1,2)
Rohprotein[4]	g	185 (195)	175 (180)	160 (170)	145 (155)	130 (150)
pcv Rp	g	160 (170)	150 (150)	135 (145)	125 (135)	115 (130)
Rohfaser	g	> 30	> 30	> 30	> 30	> 30
Calcium	g	7,0	6,5	6,0	5,5	5,0
verd. P	g	3,0	2,5	2,3	2,1	1,9
Phosphor[5]	g	5,0	4,5	4,5	4,0	4,0
Natrium	g	1,5	1,3	1,0	1,0	1,0

[1] Lys : M + C: Thr : Trp = 1 : 0,55 : 0,65 : 0,18. [2] Unterstellte praecaecale Aminosäureverdaulichkeit 85 %. [3] Met > Cys. [4] ≥ 5,3 g Lys/100 g RP (Werte können bei N- und P-reduzierten Fütterungsstrategien deutlich niedriger liegen). [5] Unter Zusatz von Phytase.

Fütterungsstrategien und Futterzusammensetzung Es wäre natürlich optimal, wenn das Angebot an Nährstoffen den Versorgungsempfehlungen gut angepasst werden könnte. Dies ist beim Einsatz eines einzigen Futters während der Mast – bei der sogenannten **Universalmast** – nicht möglich. Wenn am Anfang der Mast die Versorgungsempfehlungen für das Rohprotein eingehalten werden, geht am Ende das Angebot weit über die Empfehlungen hinaus; wird das Futter mit einem mittleren Proteingehalt eingesetzt, besteht am Anfang eine Unterversorgung, bei Mastende eine Überversorgung an Rohprotein. Aus Nachhaltigkeitsgründen ist diese Fütterungsstrategie nicht mehr zu halten. Eine bessere Anpassung wird durch die **2-Phasenfütterung** erreicht, die sich an die Vormast anschließt und von 40–70 kg (Phase I) und 70–115 kg (Phase II) reicht. Noch besser ist die **3-Phasenmast** mit den Bereichen (40 – 60 kg; 60 – 90; 90 – 115 kg). Optimal ist sicherlich die Multiphasenmast, die aber nur mit automatischen Fütterungsanlagen wie Flüssigfütterung und Chargenmischer durchgeführt werden kann. Die aus den Versorgungsempfehlungen abgeleitete Ausstattung für Alleinfuttermischungen für die Schweinemast sind in ▸ **Tab. 9.36** (Zunahmeniveau 850 g) zu finden. Auch hier gelten für Tiere mit höheren oder niedrigeren Wachstumsleistungen unterschiedliche Empfehlungen.

Die Empfehlungen für Spurenelemente und Vitamine (▸ **Tab. 9.37**) decken unter guten Haltungs- und Hygienebedingungen den Bedarf auch von Hochleistungstieren ab. Zusätzliche Anforderungen, die durch Stress, Infektionsdruck und Krankheit der Tiere, zur Verbesserung der Schlachtkörperqualität (Vit. E) oder aber durch Hygienemän-

▶ **Tab. 9.37** Empfehlungen und gesetzliche Höchstgehalte für die Spurenelement- und Vitaminausstattung in Alleinfuttermischungen (AF) für die Schweinemast (Angaben pro kg AF; mit 88 % TM; nach DLG-Information 1/2010 [62]).

Inhaltsstoff		Empfehlung	Höchstgehalt
Spurenelemente			
Eisen	mg	50 – 60	750
Jod	mg	0,15[1]	10
Kupfer	mg	4 – 5	25
Mangan	mg	20	150
Selen	mg	0,15 – 0,20	0,5
Zink	mg	50 – 60	150
Vitamine			
Vitamin A	I. E.	2200	13 500
Vitamin D	I. E.	150 – 200	2000
Vitamin E	mg	15	–
Vitamin K	mg	(0,1)	–
Vitamin B_1	mg	1,7	–
Vitamin B_2	mg	2,8[2]/2,3	–
Vitamin B_6	mg	3	–
Vitamin B_{12}	µg	10	–
Niacin	mg	15	–
Pantothensäure	mg	10	–
Folsäure	mg	0,33	–
Biotin	µg	60	–
Cholin	mg	800[2]/500	–

[1] Bei erhöhtem Glucosinolatgehalt im Futter (> 1,5 mmol/kg) ist eine Erhöhung auf 0,5 mg Jod/kg Futter erforderlich. [2] Bis 60 kg LM.

gel, Temperaturstress, Überlagerung, kritische Komponenten, Fehlmischungen/-dosierungen entstehen, sind kein ernährungsphysiologischer Bedarf. Höhere Dosierungen und eventuell erwarteter Zusatznutzen liegen in der Verantwortung des Landwirts und seines Beraters.

Die höheren Empfehlungen für Jod sind nur dann sinnvoll, wenn tatsächlich höhere Glucosinolatgehalte im Futter vorhanden sind. Bei den immer geringer werdenden Gehalten in Rapsprodukten erreichen die Gesamtfuttergehalte an Glucosinolaten in der Regel auch bei Einsatz von 15 % und mehr an Rapsextraktionsschrot den Orientierungsbereich von 1,5 – 2 mmol/kg nicht mehr.

Hinsichtlich der Menge des Futterangebotes unterscheidet man zwischen ad libitum (zur freien Aufnahme) und rationierter Fütterung. Bei der Ad-libitum-Fütterung, die in erster Linie an Breifutterautomaten betrieben wird, besteht immer die Gefahr, dass einzelne Tiere extrem wachsen, oder die Futteraufnahme in der Endmast so hoch ist, dass eine starke Verfettung einsetzt. Daher ist bei diesem System ganz besonders auf die Wahl der genetischen Herkunft (fleischreich, geringere Futteraufnahme) zu achten. Außerdem sollte die Energiedichte des Endmastfutters auf 12,6 MJ ME/kg begrenzt werden. Die Methode der Futterrationierung ist unter dem Gesichtspunkt der Magerfleischoptimierung sicherlich die geeignetste. Gerade bei geschlechtsgetrennter Mast können die Kastraten im letzten Mastabschnitt durch geringeres Futterangebot vor zu starker Verfettung bewahrt werden. Hier eignet sich die Flüssigfütterung ganz besonders (Quertrogfütterung).

Neben dem Zukauf von Fertigfutter mit den in der ▶ **Tab. 9.36** aufgezeigten Inhaltsstoffen besteht aber auch jederzeit die Möglichkeit, eigene Futterrationen zu erstellen. Entweder besitzt man eine eigenen Mahl- und Mischanlage, oder man beordert in regelmäßigen Abständen eine fahrbare Anlage auf den Hof. Für größere Betriebe lohnt sich zumeist eine eigene Mahl- und Mischanlage. Bei sehr starken Preisausschlägen für Futtermittel nach oben, kann sich das Verfüttern des eigenen Getreides positiv auf die Liquidität des Betriebes auswirken.

In den ▶ **Tab. 9.38**, ▶ **Tab. 9.39** und ▶ **Tab. 9.40** sind Rationsbeispiele für die eigene Futtererzeugung aufgeführt.

Können auf dem Betrieb neben dem eigenen Getreide keine weiteren Einzelkomponenten gelagert werden, bietet die Futtermittelindustrie auch sogenannte Ergänzer an, die neben den Eiweißfuttermitteln auch Mineralstoffmischungen enthalten. Diese werden dann in Anteilen von 25 – 40 % mit eigenem Getreide vermischt und ergeben dann fertige Mastschweinerationen. Dem gleichen Zweck dienen sogenannte Eiweißkonzentrate, die mit 15 – 20 % eingemischt werden.

Regelmäßige Kontrolle durch Futteruntersuchungen ermöglichen die Beurteilung der

▸ **Tab. 9.38** Hofeigene Alleinfuttermischungen (mit 13,4 MJ ME/kg) für die **Anfangsmast** (von 28 – 40 kg LM; mittlere Tageszunahmen 850 g (von 28 – 115 kg LM)).

Futtermittel		**Mischungen**					
		I	II	III	IV	V	VI
Gerste	%	38,0	20,0	28,5	16,0	26,0	10,0
Weizen	%	35,0	38,0	40,0	30,0	45,5	30,0
Triticale	%	–	16,0	–	20,0	–	27,5
Sojaschrot	%	22,0	22,0	17,0	15,0	19,0	15,0
Ackerbohnen	%	–	–	10,0	–	–	–
Erbsen	%	–	–	–	15,0	–	8,0
Rapsschrot	%	–	–	–	–	5,0	5,0
Soja-/Rapsöl	%	2,0	1,0	1,5	1,0	1,5	1,5
Mineralfutter	%	3,0	3,0	3,0	3,0	3,0	3,0
Mineralfutter-Ausstattung: 22 % Ca – 5 % P – 5 % Na und je nach Einsatz der Eiweißkomponenten 4–7 % Lysin + 0–2 % Methionin/Cystin, 2 % Threonin.							

▸ **Tab. 9.39** Hofeigene Alleinfuttermischungen (mit 13,4 MJ ME/kg) für die **Mittelmast** (von 40 – 70 kg LM; mittlere Tageszunahmen 850 g (von 28 – 115 kg LM)).

Futtermittel		**Mischungen**					
		I	II	III	IV	V	VI
Gerste	%	35,3	24,8	34,8	31,8	25,0	10,0
Weizen	%	40,0	32,0	36,0	36,0	44,8	37,3
Triticale	%	–	20,0	–	–	–	18,0
Sojaschrot	%	20,0	19,0	15,0	13,0	15,0	10,0
Ackerbohnen	%	–	–	10,0	–	–	–
Erbsen	%	–	–	–	15,0	–	10,0
Rapsschrot	%	–	–	–	–	10,0	10,0
Soja-/Rapsöl	%	2,0	1,5	1,5	1,5	2,5	2,0
Mineralfutter	%	2,7	2,7	2,7	2,7	2,7	2,7
Mineralfutter-Ausstattung: 22 % Ca – 5 % P – 5 % Na und je nach Einsatz der Eiweißkomponenten 4 –7 % Lysin, 0–2 % Threonin.							

Mischgenauigkeit und sind deshalb unerlässlich. Wegen der recht großen Nährstoffschwankungen ist es auch sinnvoll, das eigene Getreide analysieren zu lassen. Mit „NIRS" (Nahinfrarotspektroskopie) gibt es heute eine Untersuchungsmethode, die kostengünstig, hinreichend genau ist und bei der die Ergebnisse schnell vorliegen.

! Merke

Tageszunahmen und die Futterverwertung (Futteraufwand/kg Zuwachs) spielen in der Schweinemast eine entscheidende Rolle. Berechnen Sie aus den nachfolgenden Angaben diese beiden Parameter:
Anfangsgewicht der Mastschweine: 25 kg, Endgewicht der Mastschweine: 118 kg, Mastdauer 115 Tage, Futteraufnahme pro Tier 264 kg.

▶ **Tab. 9.40** Hofeigene Alleinfuttermischungen (mit 13,0 MJ ME/kg) für die **Endmast** (von 70 – 115 kg LM; mittlere Tageszunahmen 850 g (von 28 – 115 kg LM)).

Futtermittel		Mischungen					
		I	II	III	IV	V	VI
Gerste	%	63,0	56,6	48,6	70,1	43,1	38,1
Weizen	%	20,0	–	–	–	15,0	15,0
Triticale	%	–	26,0	25,0	–	15,0	14,0
Sojaschrot	%	14,0	14,0	8,0	6,0	7,0	3,0
Ackerbohnen	%	–	–	15,0	–	–	–
Erbsen	%	–	–	–	20,0	–	10,0
Rapsschrot	%	–	–	–	–	15,0	15,0
Rapsöl	%	1,0	1,0	1,0	1,5	2,5	2,5
Mineralfutter	%	2,4	2,4	2,4	2,4	2,4	2,4
Mineralfutter-Ausstattung: 22 % Ca – 5 % P – 5 % Na und je nach Einsatz der Eiweißkomponenten 2 – 7 % Lysin.							

Reduzierung der N- und P-Ausscheidungen Im Jahr 2017 wurde nach massiven Interventionen seitens der EU die deutsche Düngeverordnung geändert und den EU-Vorgaben angepasst. Die wichtigsten Vorgaben für schweinehaltende Betriebe sind:

- maximale Ausbringmenge an Gesamtstickstoff pro ha aus organischem Dünger: 170 kg N
- In diese 170 kg N werden neu auch die Gärrückstände eingerechnet.
- Ausbringverluste an N werden auf 20 % (früher 30 %) beschränkt.
- Der maximale N-Überschuss darf nur noch 50 kg betragen (früher 60 kg).
- Der maximale Phosphat-Überschuss darf nur noch 10 kg/ha (früher 20 kg/ha) betragen.
- Bei mit P hochversorgten Böden (20 mg Phosphat/g Boden) ist kein P-Überschuss erlaubt.
- Anfertigung einer jährlichen Stoffstrombilanz

Hier stoßen sehr viehreiche und flächenknappe Betriebe sehr schnell an Grenzen. Um überhaupt wirtschaften, oder expandieren zu können, müssen Möglichkeiten geschaffen werden, um die Nährstofffrachten über die Gülle zu reduzieren. Dies betrifft in erster Linie Stickstoff und Phosphor. Mit dem Instrument der Mehrphasenfütterung, das schon erwähnt wurde, hat man hier die Möglichkeit gegenüber einer Universal- oder 2-Phasenmast den Bedarf der Tiere besser zu treffen und die Ausscheidungen zu reduzieren. Dies allein reicht aber oft nicht aus, sodass auch die N- und P-Gehalte des Futters reduziert werden müssen. Durch gezielte Aminosäureergänzung kann der Rohproteingehalt im Endmastfutter durchaus auf 12–14 % reduziert werden. Wird daneben auch noch der Phosphorgehalt des Futters durch die Nutzung des in der Pflanze in schwer löslichen Phytinkomplexen gebundenen Phosphors (durch Einsatz von Phytasen) und die sorgfältige Wahl von phosphorarmen Komponenten um 0,1–0,6 % verringert, erreicht man eine deutliche Ausscheidungsreduzierung. Mit Inkrafttreten der neuen Düngeverordnung wird dies in einer von den landwirtschaftlichen Betrieben jährlich anzufertigenden Stoffstrombilanz überprüft.

Werden stark N- und P-reduzierte Futter in der Schweinefütterung eingesetzt, ist die Einhaltung der Vorgaben zur Aminosäurenversorgung unbedingt zu gewährleisten, Gleiches gilt für die Mischgenauigkeit. Für den Eigenmischer heißt dies aber auch, alle eingesetzten Komponenten auf ihre Inhaltsstoffe untersuchen zu lassen. Bei der Nutzung von Tabellenwerten in den Rationen können Fehler auftreten, die sich bezüglich Tageszunahmen und der Fleischfülle der Mastschweine stark negativ bemerkbar machen.

▸ Tab. 9.41 Schweinemastmischungen mit starker Absenkung der Protein- und Phosphorgehalte (Bezug: 1 kg AF).

Futtermittel		Vormast	Mittelmast	Endmast
Weizen	g	368	100	100
Mais	g	200	200	150
Triticale	g	150	139	100
Gerste	g	100	410	572
HP-Sojaschrot	g	98	18	–
Rapsschrot	g	45	100	45
Öl	g	3	3	3
Mineralfutter*	g	36	30	30
Inhaltsstoffe				
Umsetzbare Energie	MJ	13,1	12,6	12,6
Nettoenergie	MJ	10,28	10,0	10,0
Rohprotein	g	154	134	113
Lysin	g	11,1	9,2	7,8
Phosphor	g	4,3	3,9	3,6

* Im Mineralfutter enthalten: Lysin, Threonin, Methionin, Thryptophan, Valin.

In ▸ Tab. 9.41 ist eine sehr stark N- und P-reduzierte Mastschweineration aufgezeigt. Sie hat sich in Versuchen im Hinblick auf die Leistungen der Mastschweine im Vergleich zu einer Kontrollration (ohne N- und P-Reduktion) als gleichwertig herausgestellt.

Fütterung ohne Sojaschrot In der Europäischen Union wird Sojaextraktionsschrot in großem Umfang als Proteinfutter bei Schweinen eingesetzt. Da der hohe Bedarf aus heimischer Produktion bei Weitem nicht gedeckt werden kann, wird Sojaschrot vor allem aus Nord- und Südamerika importiert. Allerdings ist der Import von Sojaschrot vor dem Hintergrund einer nachhaltigen Lebens- und Futtermittelproduktion und zunehmender Bedenken der Verbraucher gegenüber gentechnisch veränderten Organismen in die Diskussion geraten. Dadurch sieht sich der Lebensmitteleinzelhandel gezwungen (ähnlich wie bei der Milch seit 2016), Schweinefleisch anzubieten, das ohne importiertes Sojaschrot erzeugt wird. Als Alternative bietet sich sicher europäisches Soja an, dieses kann mengen- und preismäßig das importierte Sojaschrot aber bei Weitem nicht ersetzen.

Andere heimische Eiweißfuttermittel müssen daher als Ersatz herangezogen werden. An erster Stelle steht dort das Rapsextraktionsschrot. Allerdings ist hier zu beachten, dass die Proteinqualität und die Menge und Verdaulichkeit der Aminosäuren gegenüber dem Sojaextraktionsschrot deutlich geringer ist. Gleiches gilt auch für die großkörnigen Leguminosen wie Erbse, Ackerbohne und Lupine. Mit welchen Mengen diese Alternativen im Schweinefutter eingesetzt werden können, zeigt die ▸ Tab. 9.42.

Flüssigfütterung, CCM-Einsatz Die Flüssigfütterung gewinnt durch die größer werdenden Mastbestände immer mehr an Bedeutung. Nicht nur die Kostenvorteile bei den Investitionen, sondern auch die Nutzung billiger Futterkomponenten wie CCM oder Molke tragen dazu bei. Generell gelten für die Flüssigfutterrationen die gleichen Anforderungen wie für Trockenfuttermischungen. Hier ist allerdings der deutlich geringere Trockenmasseanteil zu berücksichtigen. Dabei sind TM-Gehalte von 22–25 % anzustreben.

Besonders in Regionen mit stabilen Maiserträgen ist die Nutzung von Corn-Cob-Mix = Korn-Spindel-Gemisch, kurz CCM (S. 244), sehr stark

▶ **Tab. 9.42** Einsatzempfehlungen für alternative Eiweißfuttermittel in der Schweinefütterung (Mischungsanteil in Alleinfuttermischungen; Angaben in %).

Tiergruppe	Rapsextraktionsschrot	Erbsen (weißblühend)	Ackerbohnen	Blaue Süßlupinen
Vormast	15	20	15	15
Endmast	20	25 [1]	25	20
Sauen (tragend)	10	8[2]	8[2]	8[2]
Sauen (säugend)	10	20	15	10
Ferkel bis 20 kg LM	5	10	–	–
Ferkel ab 20 kg LM	10	20	5	5

[1] bei Trockenfütterung kann bis zu 40 % eingesetzt werden. [2] Damit ist der Proteinbedarf von tragenden Sauen gedeckt.

▶ **Abb. 9.22** Dosierung von Siliermitteln zu CCM.

verbreitet. Da CCM mit ca. 16 MJ ME pro kg TM ähnliche Energiewerte bringt wie Weizen, lässt es sich in der Schweinefütterung sehr gut einsetzen. Wichtig ist aber vor der Verfütterung den tatsächlichen Energiegehalt der Silage zu ermitteln. Dieser ist stark abhängig von den Spindelanteilen. Je nach Rohfasergehalt (steigt mit zunehmenden Spindelanteilen) und Trockenmassegehalt kann dieser von 8 – 10 MJ ME je kg Frischmasse schwanken. Bei den angestrebten 3 % Rohfaser und ca. 60 % TM liegt er etwa bei 9 – 9,2 MJ ME/kg.

Bei der Silierung von CCM ist ein TM-Gehalt von 60 % anzustreben. Denn erst dann lässt sich der CCM im Silo richtig verdichten und beugt so dem Verderb und Nacherwärmungen vor. Ebenso haben Praxiserfahrungen gezeigt, dass die Häcksellänge eine wichtige Rolle in der Verwertung des CCM spielt. Anzustreben sind 80 % der Partikel kleiner als 2 mm zu schneiden. Mittlerweile wird ein Großteil der CCM-Silagen mit Siliermitteln versehen, die eine lange Stabilität, aber auch eine Verhinderung des Nacherwärmens an der Schnittstelle, gewährleisten. In der ▶ **Abb. 9.22** ist die großtechnische Aufbereitung (Zugabe von Siliermitteln) von CCM vor der Lagerung zu sehen.

Der maximale Anteil von CCM an der Futterration sollte 50–60 % nicht überschreiten. Dies hängt mit dem hohen Fettgehalt und den darin befindlichen großen Anteilen an mehrfach ungesättigten Fettsäuren (55–60 %) zusammen. Diese verleihen dem Schweinespeck eine sehr weiche Konsistenz, wenn mehr als 18–20 g pro kg Futter verfüttert werden. Auf eine Ergänzung mit anderen fettreichen Komponenten zum CCM sollte daher verzichtet werden.

CCM benötigt zur Verfütterung an Mastschweine eine Ergänzung mit Eiweißfutter und Mineralstoffen. Dies ist bei trockensubstanzreicher und rohfaserarmer Silage, wie sie z. B. in ▶ **Tab. 9.43** mit 60 % TM und 4 % Rohfaser eingesetzt wurde, mit 350 g Eiweißkonzentrat möglich. Nach der oben aufgeführten Berechnungsformel (S. 247) beträgt der Energiegehalt dieser Silage 9,12 MJ ME/kg, bei Ration III noch 8,02 MJ ME/kg und bei Ration IV jedoch nur 6,98 MJ ME/kg. Die genaue Zuteilung wird natürlich erleichtert, wenn man die CCM-Gabe mit 1 kg oder bei geringeren TM- und höheren Rohfasergehalten mit 1,25 kg bzw. 1,5 kg ergänzt. Hierzu eignen sich bei Ration I das Eiweißkonzentrat und bei Ration II das Ergänzungsfutter I für Schweine der ▶ **Tab. 9.44**. Als Beispiel einer Futterzuteilung von Flüssigfutter können die Zahlen aus ▶ **Tab. 9.44** angesehen werden.

In der Regel wird das Fließfutter bei der Verfütterung über den Längstrog auf 3 Mahlzeiten verteilt, was bei der Nährstoffzufuhr den bei der Trockenfuttermast üblichen Verhältnissen entspricht. Ein darüber hinausgehender Flüssigkeitsbedarf wird durch die von der Tierschutz-Nutztierhaltungsverordnung vorgeschriebenen Selbsttränken gedeckt.

Bei der Fütterung am Kurztrog mit Sensor sollten 3–4 Futterblöcke über den Tag verteilt werden, innerhalb dieser 3–4 Mahlzeiten gereicht werden. Damit kann eine reduzierte Fütterung zwar nicht so effizient wie bei der oben geschilderten Quertrogfütterung erreicht, einer allzu großen Verfettung aber vorgebeugt werden.

Bei der Flüssigfütterung ist es wichtig, dass die Futtermittel hygienisch einwandfrei sind, entsprechende Maßnahmen sind zu ergreifen.

Fermentierung von Schweinefutter Die Fermentation von Schweinefutter spielt sich in erster Linie in einer anaeroben (unter Luftabschluss) Umgebung ab, in der sich Bakterien entwickeln können, die bestimmte Stoffwechselprodukte erzeugen, die das zu fermentierende Substrat haltbar machen. Dies geschieht durch die Produktion von Milchsäure, in deren Folge der pH-Wert des Substrates so weit abfällt, dass Verderbnisvorgänge nicht mehr stattfinden können.

Die Bakterien werden im Zusammenhang mit dem Glukoseabbau in homo- oder heterofermentative Stämme unterschieden. Erstere bauen Glukose überwiegend zu Milchsäure (80 – 90 %) ab, wogegen bei heterofermentativen Stämmen der Substratabbau neben Lactat (Milchsäure) auch in beträchtlichem Umfang zu anderen Gärprodukten, wie Essigsäure, Ethanol und CO_2, führt. Homofermentative Milchsäurebildner sind Anaerobier, die sich aber auch bei geringen Sauerstoffkonzentrationen entwickeln können. Neben Milchzucker wird in begrenztem Umfang Essigsäure und CO_2, aber nicht Ethanol gebildet. Sie benötigen für ihren Zellstoffwechsel nur sehr geringe Mengen an Kohlenhydraten, haben dazu jedoch einen Bedarf an Aminosäuren, Vitaminen und bestimmten Mineralstoffen.

Infolge dessen ist es heute üblich und für das Gelingen der Fermentation unerlässlich, gezielt Bakterienstämme nach ihrer Funktionsweise auszusuchen und zum Substrat, zumeist Getreide-Proteinfuttermischungen, zuzugeben. Im Laufe des Fermentationsprozesses verschiebt sich das Verhältnis dieser zugegebenen Milchsäurebakterien. Daher ist es wenig zielführend, aus dem fertigen Ferment Teile zu entnehmen und sie dem frischen Substrat als Starterkultur zuzugeben. Vielmehr sollten zu jedem frischen Ansatz „reine" Starterkulturen zugegeben werden. Nur so lässt sich eine hocheffektive Fermentation, sprich schnelle pH-Wertabsenkung (3,5–4) gewährleisten. Dieses kann dann nur im Batch-Verfahren gelingen, das heißt, es sind zwei Behälter notwendig, die abwechselnd genutzt und zwischendurch einer Leerung bzw. Reinigung unterzogen werden.

Damit in kurzer Zeit eine ausreichend große Menge an Milchsäurebakterien entstehen kann, die eine ausreichende Milchsäureproduktion gewährleistet, sind als Nahrung der Bakterien Zucker und Stärke notwendig. Eine reine Fermentation von Proteinfuttermitteln wie Soja- oder Rapsschrot funktioniert also nicht. Im Substrat sollten daher immer 40–50 % Getreide vorhanden sein. Aber auch hier Vorsicht, hygienisch nicht einwandfreie Futtermittel gefährden den Erfolg. Weisen die Substrate z. B. höhere Gehalte an Hefen auf, ist ein Verderb vorprogrammiert, denn Hefen können auch unter einem pH-Wert von 3,5–4 gedeihen und sich vermehren. Andere Keime, z. B. Coli-Keime, werden somit unterdrückt.

▶ **Tab. 9.43** Rationsvorschläge für die Schweinemast mit CCM (Tagesmengen CCM und Beifutter).

Gewichtsabschnitt		**I**	**II**	**III**	**IV**
		350 g Eiweißkonzentrat + CCM (60 % TS, 4 % Rohfaser)	**1,0 kg Ergänzungsfutter + CCM (60 % TS, 4 % Rohfaser)**	**1,25 kg Ergänzungsfutter + CCM (55 % TS, 6 % Rohfaser)**	**1,5 kg Ergänzungsfutter + CCM (50 % TS, 8 % Rohfaser)**
		kg	**kg**	**kg**	**kg**
30 – 40		1,7	0,8	0,5	0,1
40 – 50		2,1	1,2	1,0	0,7
50 – 60		2,5	1,6	1,5	1,2
60 – 70		2,9	2,0	1,9	1,7
70 – 80		3,1	2,2	2,2	2,0
80 – 90		3,3	2,4	2,3	2,2
90 – 100		3,5	2,6	2,6	2,5
100 – 115		3,6	2,7	2,7	2,7
Gesamtbedarf von 30 – 115 kg ca.		45 kg Eiweißkonzentrat	110 kg Ergänzungsfutter	140 kg Ergänzungsfutter	170 kg Ergänzungsfutter
		330 kg CCM	210 kg CCM	200 kg CCM	180 kg CCM
Inhaltsstoffe je kg		**Eiweißkonzentrat**	**Ergänzungsfutter**		
ME	MJ	11,4	12,6	12,6	12,6
Rohprotein	%	50	23	20	18
Lysin	%	3,5	1,5	1,2	1,0
Ca	%	4,5	1,7	1,4	1,2
P	%	1,5	0,8	0,7	0,6

▶ **Tab. 9.44** Tägliche Futterzuteilung bei der Flüssigfütterung mit CCM und Beifutter in der Schweinemast.

Gewichtsabschnitt	**Futter (13,0 MJ ME/kg) : Wasser = 1 : 2,5 (1 l mit 27,5 % TS und 4,0 MJ ME/kg)**		**Futter (13,0 MJ ME/kg) : Wasser = 1 : 3 (1 l mit 24 % TS und 3,5 MJ ME/kg)**		**Futter (13,0 MJ ME/kg) : Wasser = 1 : 3,5 (1 l mit 26 % TS und 3,7 MJ ME/kg)**	
kg	**l**	**kg**	**l**	**kg**	**l**	**kg**
40 – 50	6,0	6,5	6,9	7,3	6,5	6,9
50 – 60	6,8	7,4	7,8	8,2	7,4	7,8
60 – 70	7,6	8,2	8,7	9,2	8,2	8,7
70 – 80	8,2	8,9	9,4	9,9	8,9	9,4
80 – 90	8,5	9,2	9,7	10,3	9,2	9,7
90 – 100	8,9	9,6	10,1	10,7	9,6	10,1
100 – 115	9,3	10,0	10,6	11,2	10,0	10,6

Wie überall, wo chemische Reaktionen ablaufen, spielen die Temperatur und die Zeit eine wichtige Rolle. Die für die Fermentation von Schweinefutter ausgesuchten Bakterienkulturen brauchen deutlich höhere Temperaturen als in den letzten Jahren gedacht. Zunächst wurde bei Zimmertemperatur von ca. 22 °C fermentiert. Wissenschaftliche Untersuchungen haben aber gezeigt, dass bei

36–40 °C deutlich bessere Leistungen erzielt werden können.

Den höheren Kosten für Bakterienkulturen, Wasseranwärmung und technische Umsetzung stehen die folgenden Vorteile bei der Verfütterung von fermentiertem Futter gegenüber:

- Erhöhung der Milchsäurebildung im Futter
- Absenkung des ph-Wertes im Futter und Magen
- geringere Keimbelastung im Futter
- gesünderer Darm durch probiotischen Effekt (Antibiotikaeinsparung)
- bessere Verdaulichkeit von Protein und Phosphor
- damit Entlastung von Tier und Umwelt
- Verzicht auf mineralischen Phosphor möglich
- Erhöhung der Futteraufnahme (geschmackliche Vorteile)
- größere Homogenität des Futterbreies

9.5.2 Stall- und Haltungsfragen der Schweinemast

Praxistipp

Welchen Anforderungen muss der Maststall gerecht werden? Er soll erstens hohe Leistungen ermöglichen, zweitens billig sein und drittens wenig Arbeit verursachen. Hohe Leistungen werden nur von gesunden Tieren erbracht. Deshalb darf beim Bau neuer Ställe oder beim Umbau nicht an den Lüftungseinrichtungen, an der Wärmedämmung der Decken und Wände und an der Isolierung der Liegeplätze gespart werden. Schlecht gelüftete Ställe vermindern die Fresslust und begünstigen das Entstehen von Krankheiten. Kalte Ställe kosten mehr Futter. Unter 16 °C sollte die Temperatur nicht absinken. Optimal sind im Anfang der Mast 24 °C, später 20 – 18 °C. Die relative Luftfeuchtigkeit sollte zwischen 60 und 80 % bleiben.

Mastschweine werden heute in erster Linie in geschlossenen, wärmegedämmten Ställen gehalten. Alle anderen Systeme stellen in konventionell arbeitenden Betrieben nur Übergangslösungen dar. In der ökologischen Schweinemast finden auch Außenklimaställe ihre Anwendung. Für alle Ställe gelten aber die Regelungen der **Tierschutz-Nutztierhaltungsverordnung**) hinsichtlich des zu erfüllenden Platzbedarfs (► **Tab. 9.45**).

► **Tab. 9.45** Platzbedarf in der Mastschweinehaltung.

Durchschnittsgewicht (kg/Tier)	Bodenfläche (m²/Tier)
30 – 50	0,50
50 – 110	0,75
>110	1,00

In der Regel werden in den Maststall Ferkel mit einem Gewicht von 25 – 30 kg eingestallt, diese dann ausgemästet bis 115 – 120 kg Lebendgewicht. Nur in wenigen Betrieben wird heute noch eine zweigeteilte Mast durchgeführt, das heißt die Mastschweine mit ca. 40 – 60 kg vom Vormaststall in den Endmaststall umgestallt. Dies in erster Linie, um den höheren Temperaturansprüchen in einem kleineren Abteil (geringere Platzansprüche) mit weniger Heizaufwand entsprechen zu können und damit Heizkosten zu sparen. Dem gegenüber stehen aber Verluste bei den Tageszunahmen und ein vermehrter Säuberungs- und Desinfektionsaufwand. Um komplette Abteile, oder auch schon komplette Ställe, im Rein-Raus-Verfahren managen zu können, hat sich die Mastphase ohne Tierumstellungen durchgesetzt. Üblich ist aber eine oder mehrere Buchten zu Beginn der Mastphase leer zu lassen und nach 2 – 3 Wochen diese mit den schwächeren Tieren aus den anderen Buchten zu belegen. Am Beginn der Mastperiode haben die Schweine zunächst relativ viel Platz zur Verfügung, was einerseits das Eingewöhnen erleichtert, andererseits in Ställen mit getrennten Liege- und Kotbereichen zum Verschmutzen der Liegefläche führen kann.

Fazit

Damit die neue Gruppe von vornherein auf dem vom Mäster vorgesehenen Platz abkotet und uriniert, bedient er sich folgender Maßnahmen:

- beim Einbuchten der Tiere Kotplatz nass machen
- Selbsttränken im Kotbereich einrichten
- Trennwände im Kotbereich mit Gittern versehen, damit abkotende Tiere die Schweine der Nachbarbucht sehen können

Die **Buchtengröße** ist sehr variabel und korreliert häufig mit der eingesetzten Fütterungstechnik. Kleine Buchten mit 12 – 20 Mastschweinen haben den Vorteil eines sehr einfachen Managements.

Zumeist finden wir hier Quertrogflüssigfütterung. Allerdings sind die Investitionen durch den Einbau von Buchtenabtrennungen eher hoch einzuschätzen. Daher geht der Trend, auch durch die Einführung der Sensortechnik bei der Flüssigfütterung, bei Um- und Neubauten eher zu Gruppengrößen von 20 – 40 Tieren. Zurzeit werden aber noch ein Großteil der Mastschweine in Gruppen unter 20 Tieren gehalten. Aber auch Buchten mit 60 – 100 Tieren pro Bucht werden gebaut. Seit einigen Jahren haben sich in speziellen Mastbetrieben, die sehr knapp mit Arbeitszeit bemessen sind, Großgruppen von bis zu 350 Tieren (▸ **Abb. 9.23**) etabliert. Bei diesen Gruppen ist der Kontrollaufwand (zur Kontrolle muss in die Buchten hinein gegangen werden) zwar sehr hoch, durch automatische Gewichtserfassung und Selektion können aber die sonst so arbeitszeitaufwändigen Sortierprozesse auf ein Mindestmaß reduziert werden. Die Sortiereinrichtungen funktionieren entweder auf optischer Vermessung oder mit einer eingebauten Waage. Optische Systeme bieten sich vor allem dort an, wo die Abrechnung am Schlachthof auf Basis von AUTOFOM geschieht. Die Tiere werden dabei nicht nur nach Gewicht, sondern auch nach Ausprägung der Körperpartien sortiert. Da diese Sortiertechniken mittlerweile auch ihre Kinderkrankheiten verloren haben, kann man sie für diese Betriebe durchaus empfehlen. Auswertungen der Erzeugerringe zeigen allerdings eine höhere Verlustrate und leicht schlechtere Zunahmen in Gruppen mit mehr als 50 Tieren.

Die Schweinehaltungshygieneverordnung (SchHaltHygV) vom 7. Juni 1999 regelt die hygienischen Anforderungen beim Halten von Schweinen in Betrieben von 20 bis 700 Mast- oder Aufzuchtplätzen, 3 bis zu 150 Sauenplätzen oder in Gemischtbetrieben mit zusätzlich 3 bis 100 Sauenplätzen (Anlage 2). Für Betriebe mit darüber hinausgehenden Zahlen (Anlage 3) sowie im Freiland gehaltene Schweine (Anlage 5) wurden besondere Anforderungen festgelegt.

So müssen bei der Anlage 2 (Sch-Halt-HygV) die Ställe, die Räder von Fahrzeugen und auch das Schuhwerk gereinigt und desinfiziert werden können. Auch eine ordnungsgemäße Aufbewahrung verendeter Schweine muss gewährleistet sein und betriebseigene Schutzkleidung muss zur Verfügung stehen. Dung und Gülle müssen auf ausreichenden betriebseigenen Flächen bodennah ausgebracht werden oder sind bei Abgabe an andere mind. 3 bzw. 8 Wochen lang im Betrieb zu lagern.

Bei den noch größeren Betrieben müssen zur seuchenhygienischen Absicherung die Stallabteile untergliedert sein, der Betrieb muss eine Einfriedung aufweisen und darf nur durch verschließbare Tore befahren oder betreten werden können. Er muss über einen ausreichend großen Quarantänestall und über einen Umkleideraum verfügen. Wer einen Stallbau plant, muss sich intensiver mit dieser Verordnung beschäftigen.

Aufstallungsformen Am weitesten verbreitet und bei Um- und Neubauten fast nur noch eingerichtet ist die **Vollspaltenhaltung** (▸ **Abb. 9.23**). Dabei

▸ **Abb. 9.23** Vollspaltenbodenstall in der Schweinemast.

wird der Boden mit Spaltenbodenelementen ausgelegt und der Kot und Urin unter den Spalten in unterschiedlich tiefen Kanälen gesammelt. Zur Lagerung der Gülle unter dem Spaltenboden werden die Kanäle bis zu 2 m tief gebaut, bei regelmäßiger Leerung etwa 50 – 60 cm. Hin und wieder findet man auch Schleppschaufeln unter den Spaltenböden. Hier kann mit einem kleinen Anteil an Stroh gearbeitet werden. Spaltenböden müssen nach TNHVo Auftrittsbreiten von mindestens 8 cm und Spaltenweiten von max. 1,8 cm aufweisen. Hinzu kommt die Forderung, dass im Liegebereich, der bei der Gruppenhaltung 50 % ausmachen muss, der Boden zu maximal 15 % perforiert sein darf. Da dieser Perforierungsgrad aber von den üblichen Spaltenbodenelementen erreicht wird, können die Buchten durchgehend mit den gleichen Spalten ausgelegt werden. Bei der Anlieferung, besser schon bei der Bestellung, muss darauf geachtet werden, dass der Spaltenboden frei von scharfkantigen Graten oder Ausbruchstellen ist. Diese müssen sonst mühevoll per Hand beseitigt werden. Zudem müssen die Spalten wackelfrei verlegt werden. Zur Isolierung und besseren Auflage zwischen Spaltenboden und Güllekanalwand ist ein entsprechend isolierendes Material zu benutzen.

Vorteile bietet der Vollspaltenboden im Punkt Sauberkeit. Dadurch, dass der Urin schnell ablaufen kann und der Kot gut durchgetreten wird, sind die Buchtenböden sehr sauber. Mit größeren Verschmutzungsproblemen hat dagegen der **Teilspaltenstall** zu kämpfen. Hierbei ist ein Teil des Buchtenbodens geschlossen ausgeführt. Grundsätzlich sollte sich der geschlossene Teil in der Mitte der Bucht befinden und mit einer Wölbung zum Ablauf von Flüssigkeiten versehen sein. Gerade bei höheren Temperaturen versuchen die Schweine sich auf dem plangeschlossenen Teil eine Suhle anzulegen und verschmutzen diesen regelmäßig, was zu verstärkter Rutschgefahr, aber auch zu höheren Emissionen und schlechterer Stallluft führt. Ist der geschlossene Teil dann auch noch wandständig angeordnet verschlimmert sich dieses Problem, da gerade die Wandbereiche häufig als Kotecken genutzt werden.

Weitere Aufstallungsformen sind vor allem in Außenklimaställen zu finden. Ein häufiger anzutreffendes System ist der **Tieflaufstall** (► **Abb. 9.24**). Dabei entwickelt sich durch permanentes Zustreuen von Stroh eine Strohmatratze auf geschlossenem Boden, die mit der Zeit nicht nur nach unten isoliert, sondern auch durch Stoffumsätze eigene Wärme erzeugt. Im Sommer kann es zu hohen Belastungen durch Hitzeentwicklung kommen. Zumeist sind Gruppengrößen von 100 und mehr Mastschweinen anzutreffen. Beim Tiefstreustall liegen der Flächenbedarf bei 1 bis 1,25 m^2 je Tier und der Strohbedarf bei ca. 1 kg je Mastschwein und Tag. Der höher liegende Fressplatz ist über Stufen erreichbar.

Mit dem zunehmenden Fokus auf **tiergerechte Aufstallung** und dem zu erwartenden Kupierver-

► **Abb. 9.24** Tiefstreustall mit großen Gruppen.

bot wird es notwendig, insbesondere die konventionellen Aufstallungsformen zu überdenken. Gerade die arbeitssparenden, aber beschäftigungsarmen Gruppenbuchten mit Vollspaltenboden bedürfen einer zusätzlichen Strukturierung. Hinzu müssen ausreichende Beschäftigungsmöglichkeiten geschaffen werden. Gefordert werden in Zukunft ausschließlich organische Materialien, die veränderbar sind. Gleichzeitig muss überlegt werden, wie dem Wühltrieb der Schweine entsprochen werden kann. Das Einstreuen von organischem Material ist in den meisten konventionellen Ställen aufgrund der Gülleentmistungssysteme nicht komplikationslos machbar. Bei Neubauten müssen neue Systeme, die mit Stroheinstreu fertig werden, entstehen. Dazu gehören Systeme mit schlagkräftigen Rühr- und Spüleinrichtungen oder mit Schleppschiebern unter dem Spaltenboden.

Mehr regionale Bedeutung erlangen bisher andere **Außenklimaställe**, die in unterschiedlichen Ausführungen konzipiert werden. Als Gründe für die Entscheidung für eine solche Haltung gegenüber der konventionellen Bauweise werden genannt: geringere Baukosten, geringere Energiekosten, besseres Stall- und Arbeitsklima, bessere Bedingungen für die Tiere, geringere Emissionen. Allen Varianten gemeinsam ist die freie Lüftung, die durch eine sorgfältige Standortwahl (keine Tallage, genügend Abstand zu anderen Windhindernissen) erreicht wird. Durch die notwendigen großen Lüftungsöffnungen sind zur Temperaturregulierung Windschutzvorrichtungen wie z. B. Spaceboard oder Windschutznetze erforderlich. Für das entsprechende Kleinklima im Liegebereich sorgen wärmegedämmte Kisten, Liegebetten oder Abdeckungen, ansonsten werden Festmistverfahren gewählt. Nicht bei allen Verfahren sind Liege-, Fütterungs- und Kotbereich klar strukturiert, wie an den beiden folgenden aufgeführten Varianten erkennbar ist.

Beim **Schrägbodenstall** weist der Boden ein Gefälle von 6 bis 8 % auf und es wird zwischen 0,1 – 0,3 kg Stroh je Stallplatz und Tag benötigt. Der Mist wird durch Tieraktivität – wie beim Tretmiststall der Rinder – nach unten weggetreten. Von den 1 – 1,25 m² je Tier sind 0,8 m² als Liegebereich anzusetzen. Für das Erreichen des entsprechenden Mikroklimas sind im Winter Abdeckungen mit seitlich herunterhängenden Kunststoffstreifen für den Liegebereich notwendig. Leider hat sich dieses System als nicht ausreichend funktionsfähig herausgestellt, da Verschmutzungen viel zu häufig auch im oberen Bereich auftreten und diese dann per Hand entfernt werden müssen.

Beim **Kistenstall** entsteht durch die wärmegedämmte Kiste mit einem Vorhang aus Kunststoff ein Mikroklima, das ausreichend hohe Temperaturen im Liegebereich gewährleistet. Damit alle Tiere hier Platz finden, sind 0,4 m² je Mastschwein in der Kiste anzusetzen. Für eine Belüftung sorgt ein verstell- und verschließbarer Lüftungsschlitz in der Kistenrückwand.

Wer den Neubau eines Außenklimastalles plant, sollte sich gut informieren und Ställe im Winter, aber auch besonders im Sommer bei Extremtemperaturen besichtigen.

Fütterungstechnik Zur Fütterungstechnik gehören nicht nur die Einrichtungen zur Futtervorlage, sondern auch ganz speziell die zur Lagerung und zum Futtertransport.

Gelagert wird trockenes Futter hauptsächlich in Silos aus verzinktem Blech, GFK (Glasfaserverstärkter Kunststoff) oder Trevira. Flüssige Komponenten werden in Tanks aus Metall oder GFK gelagert, die bei warmzuhaltenden Komponenten zusätzlich auch isoliert sein müssen. Besonders bei der Nutzung von vorhandenen Unterbringungsmöglichkeiten haben sich Trevira-Silos bewährt. Besonders die Reinigung der Silos von Innen ist recht einfach möglich. Angesetzte Futterpartien sind zudem gut zu erkennen. Es gibt die Trevira-Silos in den unterschiedlichsten Größen, sie können aber ohne zusätzliche Verkleidung nur Innen eingesetzt werden.

Die Standardlösung für Außensilos sind GFK und Wellblechsilos. Durch die Möglichkeit in die Höhe zu gehen, ist eine platzsparende Lagerung gut möglich. Befüllt werden die Silos über mehr oder weniger lange Rohre direkt vom Futtertransporter aus, sodass dieser in größeren Betrieben das Betriebsgelände nicht mehr befahren muss. Treten bei speziellen Futtermitteln häufig Störungen (Futter läuft nicht) oder Entmischungen auf, sollte ein waagerechter Prallteller direkt unterhalb des Befüllrohrauslasses angebaut werden.

Alle Futter- und Komponentensilos sollten regelmäßig vollständig entleert und gereinigt werden, was durch Tauschsilos erreicht werden kann. Bei GFK oder Metallsilos gehören daher gut zugängige Öffnungen, sogenannte Mannöffnungen in jedes Silo. Sie erlauben zum einen eine erste Sichtkontrolle und zum anderen können sogenannte Reinigungsroboter eingesetzt werden.

Feuchte Futtermittel (z. B. CCM) werden entweder in Flachlagern oder Hochsilos gelagert.

Aus den Silos oder den Annahmestationen der Feuchtfutter gelangen die Futtermittel dann zumeist über Schnecken- oder Spiralförderer in die entsprechenden Aufnahmebehälter. Dies sind bei der Flüssigfütterung zumeist die Anmischbehälter, bei der Trockenfütterung die Trockenmischer oder direkt an die Automaten. Werden Trockenfutter über längere Strecken transportiert, geschieht dies mit, in Rohren (50 – 60 mm Durchmesser) verlaufenden, Förderketten oder Seilen. Förderleistungen von 0 – 2,5 t pro Stunde sind damit möglich.

Um bei der Trockenfütterung mehrere verschiedene Futtermischungen an einen Automaten zu bekommen, setzen sich immer mehr sogenannte Chargenmischer durch. Hierbei wird wie bei der Flüssigfütterung die Futtermischung für jeden Automaten separat gemischt und zum Zielventil transportiert. Bei Sattfütterung kann dies auch durch die Nutzung von zwei oder mehr parallel angebauten Transportlinien gewährleistet werden.

Seit einiger Zeit gibt es auch Futtertransportsysteme, die das Futter trocken auf pneumatischem Wege zum Zielventil transportieren. Dort kann es trocken oder durch Zusatz von Wasser dann flüssig ausdosiert werden. Die Hygiene eines solchen Systems ist als sehr hoch einzuschätzen. Allerdings fallen dadurch auch die höchsten Energiekosten für den Futtertransport an.

Für die Futtervorlage ans Tier eignen sich in der Mastschweinefütterung drei Systeme. Trocken- und Breifutterautomaten finden wir heute in erster Linie in Betrieben, die keine flüssigen Futtermittel und Nebenprodukte einsetzen wollen oder kleinere Bestände führen. In neu gebauten großen Mastställen werden, wie es die Auswertungen der deutschen Spitzenbetriebe zeigen, heute zumeist Flüssigfütterungssysteme eingebaut. Somit kann der Einsatz günstiger Futtermittel genutzt bzw. Kastraten in der Endmast leichter restriktiv gefüttert werden. Dennoch zeigen Untersuchungen, dass an Breifutterautomaten in der Schweinemast ähnliche Ergebnisse erzielt werden können wie mit der Flüssigfütterung.

Trockenfutterautomaten verursachen in der Regel höhere Staubemissionen und Futterverluste und unterliegen nach der Tierschutz-Nutztierhaltungsverordnung den gleichen Begrenzungen wie in der Ferkelaufzucht. Ein Tier-Fressplatz-Verhältnis von 4:1 darf nicht überschritten werden. Setzt man den Tierplatz mit 33 cm an, ergeben sich für einen 1 m langen Automaten maximal 12 Tiere pro Automat. Damit scheiden diese für größere Bestände schon aus Investitionsgründen aus.

Diese Beschränkung gibt es für **Breifutterautomaten** (▶ Abb. 9.25) nicht, aber auch hier zeigen Versuche und Praxiserfahrungen, dass eine

▶ **Abb. 9.25** Breifutterautomaten in der Schweinemast.

Belegung von mehr als 30 Tieren pro Breifutterautomat (4 Fressplätze zu je 8 Tieren) nicht ratsam ist. Bei Breifutterautomaten haben die Tiere die Möglichkeit, selbstständig Futter und Wasser im Trog zu vermischen. Beim Kauf ist daher auf eine entsprechende Ausgestaltung des Troges zu achten. Gegenüber den Trockenfutterautomaten erfordern die Breifutterautomaten einen deutlich höheren Wartungs- und Überprüfungsaufwand. Grundsätzlich sind diese Automaten zur Sattfütterung der Mastschweine zu verwenden. Eine rationierte Fütterung am Breifutterautomaten über eine eingeschränkte Tagesration erzeugt sehr viel Unruhe und Aggressionshandlungen bei den Tieren und ist daher nicht zu empfehlen. Daher ist bei der Mast von stark zur Verfettung neigenden Herkünften von Breiautomaten abzuraten.

Für den Einsatz einer **Flüssigfütterung** spricht zum einen die fast unbegrenzte Komponentenwahl wie z.B. Molke, Altbrot u.a. Das heißt, die Futterkostenoptimierung ist nicht eingegrenzt durch die Fütterungstechnik. Zum anderen können mit dem Fließfutter weite Wege zurückgelegt werden und auch Hindernisse gut umgangen werden. Ferner ist bei einer Aufstockung der Schweinehaltung meistens eine Erweiterung problemlos durch einen neuen Futterkreislauf an der bestehenden Futterzentrale möglich.

Bei einer Flüssigfütterung (▶ **Abb. 9.26**) wird das Futter in einem auf Wiegestäben stehenden Anmischbehälter mit Rührwerk, unter Zugabe von Wasser zu einem Brei angemengt. Das Anmischen erfolgt in einer vorgegebenen Reihenfolge, Grundsätzlich wird Wasser als erste Komponente eingeführt. Das fertige Flüssigfutter wird dann mittels einer Pumpe durch Kunststoffleitungen zu den jeweiligen Ställen transportiert. Hierbei können unterschiedliche Pumpentypen eingesetzt werden. Größte Verbreitung haben die Kreiselpumpen, die sehr robust (auch gegen Fremdkörper) sind und den geringsten Anschaffungspreis aufweisen. Mit der Kreiselpumpen (3 – 7,5 KW) können Strecken bis zu 300 m beschickt werden. Anfällig sind sie, wenn Luft oder Schaum in die Pumpe gelangt. Schnecken-Verdrängerpumpen sind durch einen höheren Druck, den sie erzeugen können, leistungsfähiger als die Kreiselpumpen. Allerdings sind sie teurer und sehr viel mehr anfällig gegenüber Lehrlaufen und Fremdkörpern. Ein Fremdkörperabscheider ist unbedingt vor diesen Pumpentyp zu schalten. Weniger empfindlich gegenüber diesem Problem ist die Doppel-Kolbenpumpe. Dieser Pumpentyp erbringt die gleiche Leistung wie die Schnecken-Verdrängerpumpe, ist aber auch in der Anschaffung deutlich teurer. Die Lebensleistung ist allerdings auch höher. Einen Nachteil stellt der größere Futterrest dar, der in diesem Pumpentyp verbleibt (15 – 20 kg). Dies ist besonders nachteilig im Problembereich der Verschleppung von Medikamenten.

▶ **Abb. 9.26** Anmischstation der Flüssigfütterung.

Das Futter wird dann aus den Leitungen (25–75 mm Durchmesser) über vom Computer gesteuerte elektromagnetische Membranventile in den jeweiligen Trog gegeben. Die zu dosierenden Futtermengen werden anhand der Futterkurve im Fütterungscomputer festgelegt, die je nach dem Fressverhalten der Tiere korrigiert werden müssen. Die Ermittlungen der ausdosierten Mengen erfolgt über den Gewichtsverlust im Anmischbehälter oder über eine Durchflussmessung. Zusätzlich wird ein Brauchwasserbehälter installiert, wenn es sich um eine sogenannte Restlos-Fütterung handelt. Dabei wird auch das Futter in den Ringleitungen zum Ende der Fütterung mit Wasser in die Tröge gepumpt, sodass nach dem Ende der Fütterung Wasser in den Leitungen stehen bleibt.

Wichtig ist hierbei die Einhaltung wichtiger Grundsätze der Fütterungshygiene, wie Vermeidung langer Standzeiten des Fließfutters, regelmäßige Reinigung der Anlage oder Vorrichtungen zur kontinuierlichen Reinigung des Anmischbehälters.

Ausdosiert wird das Flüssigfutter dann entweder in Quertrögen, wo ein Tier-Fressplatz-Verhältnis von 1:1 herrscht, oder in kleinere Futterschalen mit Trogsensor zur oftmaligen täglichen Futtervorlage. Während in der Quertrogfütterung die Buchtengeometrie fest vorgegeben ist (Futterplatz ca. 30 cm), kann der Sensortrog in unterschiedlichen Buchtengeometrien eingesetzt werden.

Am Quertrog wird 3- bis 4-mal täglich gefüttert. Dabei fressen alle Schweine gleichzeitig. Verbunden mit den zumeist kleinen Buchtengrößen bei diesem System, ist eine Tierbeobachtung sehr leicht und schnell vorzunehmen, wenn man während der Fresszeiten im Stall verweilt. Es ist außerdem das beste System zur restriktiven Fütterung von Mastschweinen.

Wird der Kurztrog mit Sensorfütterung (Tier: Fressplatz-Verhältnis von max. 5:1) genutzt, sollte in Futterblöcken gefüttert werden. Dabei werden in kurzen Abständen 3–4-mal kleine Mengen vorgelegt (bei Restfutter im Trog, das vom Sensor erfasst wird, wird die nächste Fütterung ausgelassen) und dieses 3–4-mal am Tag. Die Abstände zwischen den Blöcken betragen dann mehrere Stunden und müssen auf den Stall abgestimmt werden.

Verhaltensweisen und Verhaltensstörungen bei Mastschweinen Wenn Ferkel oder ältere Schweine, die sich nicht kennen, zu neuen Gruppen zusammengestellt werden, kommt es zu Kämpfen zur Herstellung einer neuen Rangordnung, wobei gelegentlich die Ohren verletzt werden. Diese Auseinandersetzungen können durch Verabreichung von Beruhigungsmitteln gemildert werden. Sobald die neue Rangordnung bestimmt ist und jedes Schwein seinen Platz im sozialen Gefüge der Gruppe kennt, wird es im Allgemeinen ruhiger, es sei denn, dass zu dichte Belegung oder unzweckmäßige Einrichtung der Bucht zu Fehlverhalten führen (auf diese Fälle wurde am Anfang dieses Kapitels schon eingegangen).

Immer wieder treten Fälle von **Schwanzbeißen** (Kannibalismus) auf. Bei dieser, wegen ihrer Folgen am meisten gefürchteten Verhaltensstörung, beginnt ein einzelnes Schwein, vorzugsweise im Alter von 15–20 Wochen, am Schwanz eines Buchtgenossen herumzuknabbern und schließlich zu beißen. Sobald Blut fließt, verstärkt sich die Aggressivität, und es beteiligen sich häufig nun auch andere Buchtgenossen an dem makabren Spiel. Durch ständiges Nachbeißen wird das Abheilen der Wunde verzögert, und es kann zu eitrigen Abszessen im Wirbelkanal kommen, zu Minderzunahmen, zu Lähmungen der Hinterhand, zur Beanstandung und zum Verwerfen des Schlachtkörpers. Als Ursachen werden insbesondere genannt: mangelhaftes Stallklima; zu dichte Belegung; zu wenig Fressplätze, die Eintönigkeit strohloser Buchten, in der Spieltrieb und Erkundungsverhalten nicht befriedigt werden können; Mängel in der Futterzusammensetzung; Erbmängel (bei Schwanzbeißern fand man zu große Nebennieren). Zur Vorbeuge werden empfohlen: Kupieren der Schwänze bereits am 1. Lebenstag, weil der Schwanzstumpf schmerzempfindlicher als die Schwanzspitze ist und das Opfer schneller aufmerksam wird; Verbesserung des Stallklimas; Einbringen von Dosen, Ketten, Scheuerbäume und andere Spielgegenstände in die Bucht; Musikberieselung; Besprühen der Schweine mit Duftstoffen usw. Was davon hilft, muss der Mäster selbst ausprobieren. Ein überall wirksames Patentrezept gibt es hier nicht. Bei Schweinen mit kupierten Schwänzen wurde beobachtet, dass sie auch das Opfer anderer Fehlhandlungen werden können, z. B. von Aftermassage, Gelenk- oder Scheidenbeißen. Am „Tatort" kommt es darauf an, den „Übeltäter" rasch zu entdecken (vor und nach den Mahlzeiten) und in eine Verbannungsbucht zu bringen.

9.5.3 Die Vermarktung der Mastschweine

Für die fertigen Mastschweine gibt es verschiedene Absatzwege und Verwertungsmöglichkeiten. Eine Auswahl davon findet sich in der ▸ **Abb. 9.27**. Trotz der großen regionalen Unterschiede lassen sich folgende Entwicklungsrichtungen beobachten:

1. Der Anteil an Hausschlachtungen geht zurück.
2. Von den von Versandschlachtereien und Fleischwarenfabriken geschlachteten Schweinen werden zu über 99 % nach Schlachtgewicht abgerechnet.

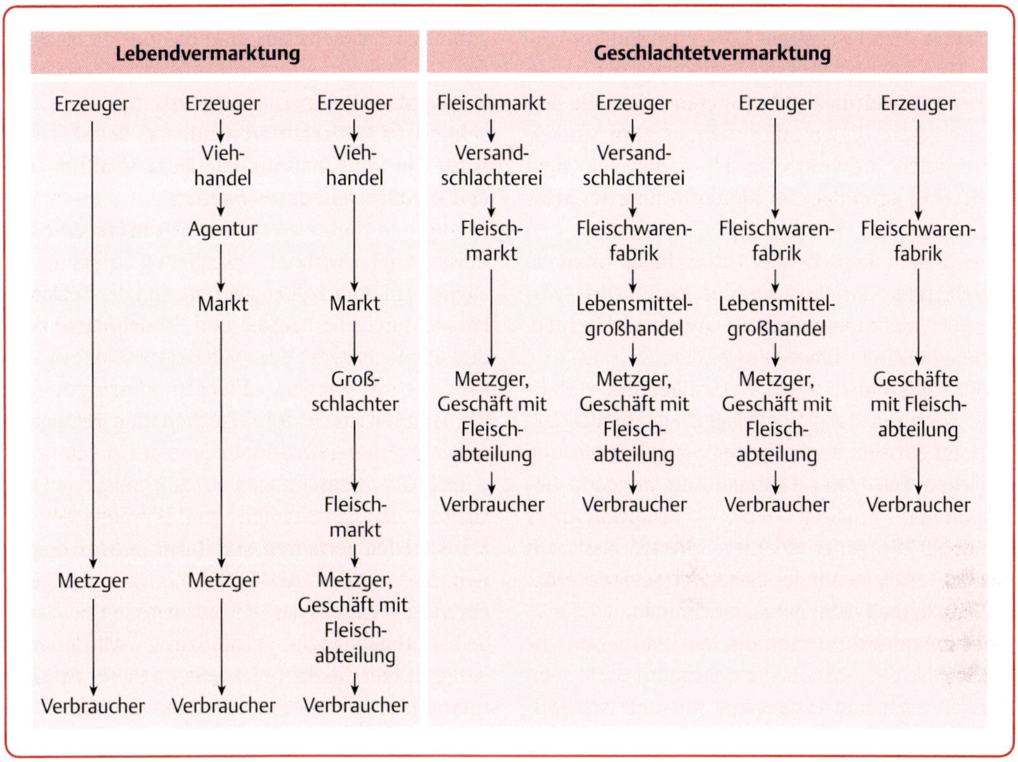

▸ **Abb. 9.27** Absatzwege und Stufen in der Schweinevermarktung.

3. Die Schlachtungen werden zunehmend von den Verbraucherzentren in die Erzeugungsgebiete verlegt. Der Transport der Schlachthälften durch Lastwagen mit Kühleinrichtungen in die Ballungszentren ist billiger und risikoärmer als die Beförderung von lebenden Schweinen.
4. Große Discounter steigen vermehrt in den Frischfleischmarkt ein und übernehmen dort die Preisführerschaft.

Handelsklassen bei Schweinen Grundlage der Handelklassenverordnung für die Einstufung ist der Muskelfleischanteil, der mithilfe objektiver Verfahren ermittelt wird (▸ **Tab. 9.46**).

▸ **Tab. 9.46** Handelsklassen und Kategorien für Schweineschlachtkörper.

Klasse	Muskelfleischanteil
S	60 % und mehr
E	55–60 % und mehr
U	50–55 %
R	45–50 %
O	40–45 %
P	unter 40 %
Kategorie	
M	Schlachtkörper von Sauen
V	Eber und Altschneider

Apparative Klassifizierung Nach der bereits erwähnten Verordnung der handelsklassenrechtlichen Vorschriften sind alle Betriebe zur Klassifizierung verpflichtet, die Schweineschlachtkörper nach einer gesetzlichen Handelsklasse zum Verkauf vorrätig halten, anbieten, feilhalten, liefern, verkaufen oder sonst in den Verkehr bringen.

In der Bundesrepublik Deutschland wurden zunächst als Übergangslösung die beiden Klassifizierungsgeräte (**FOM** = **F**at-**O**-**M**eater und **SKG** =

Schlachtkörper-**K**lassifizierungs-**G**erät) und ein einfaches Handverfahren (**ZP** = **Z**wei-**P**unkte-Verfahren) zugelassen. Auf der Suche nach der besten Messstelle fand man jedoch heraus, dass die Seitenspeckdicke die engste Beziehung zum Muskelfleischanteil aufweist. Sie ist daher seit dem 01.01.1991 Grundlage für die Ermittlung des Muskelfleischanteils. Dieser wird entweder mit den zugelassenen **Sonden-** oder **Ultraschallgeräten** ermittelt und Betriebe, die durchschnittlich wöchentlich nicht mehr als 200 Schweine schlachten, dürfen das **ZP-Verfahren** anwenden.

Wie funktionieren die verschiedenen Verfahren? Die Ermittlung des Magerfleischanteils beruht auf der sehr engen, gegenläufigen Beziehung zwischen Fett- und Fleischdicken an ganz bestimmten Punkten des Schlachtkörpers (► **Abb. 9.28**). Aufgrund dieser Werte lässt sich mithilfe entsprechender Schätzformeln der Magerfleischanteil recht genau bestimmen.

Sondengeräte erfassen die Messwerte optisch-elektronisch, wobei das ausgesandte Licht von Muskelfleisch und Fettgewebe mit unterschiedlicher Intensität reflektiert wird.

Ultraschallgeräte senden Schallwellen einer bestimmten Frequenz aus, und das Gerät errechnet aus der unterschiedlichen Laufzeit der Schallwellen die Maße für Speck- und Muskeldicke.

Mit dem **ZP-Verfahren** werden an der Schlachthälfte ein Speckmaß und ein Fleischmaß im Lendenbereich ermittelt (► **Abb. 9.29**).

Aufgrund dieser Werte wird dann der Muskelfleischanteil berechnet. Anschließend muss unverzüglich ein Protokoll angefertigt und der Schlachtkörper durch die Angabe der Handelsklasse oder des Prozentsatzes des Muskelfleischanteils gekennzeichnet werden. Außerdem muss spätestens 45 Minuten nach dem Stechen der Schweineschlachtkörper gewogen sein.

Trotz aller Bemühungen um eine objektive Feststellung des Fleischanteils gab es immer wieder Kritik an den Verfahren. Von daher ist es zu begrüßen, dass mit dem **AUTOFOM** ein Ultraschallgerät entwickelt wurde, das vollautomatisch und damit bedienerunabhängig klassifiziert. Mittlerweile gibt es schon die dritte Generation dieser Apparaturen. Hierbei werden die Tiere im laufenden Schlachtprozess nach dem Brühen – aus der Kratzmaschine kommend – auf dem Rücken durch eine

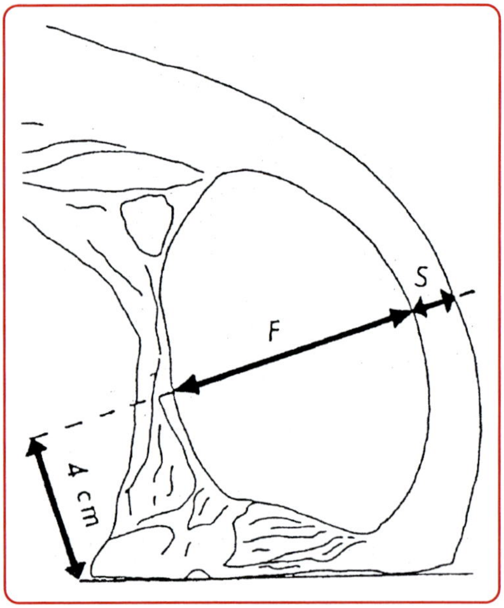

► **Abb. 9.28** Messlinie im Kotelettquerschnitt.

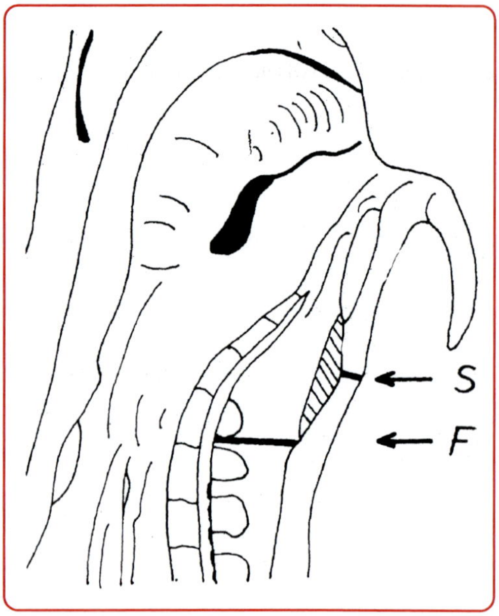

► **Abb. 9.29** Messstellen zur Ermittlung des Muskelfleischanteils beim ZP-Verfahren.

Wanne gezogen, in der halbmondförmig 16 Ultraschallköpfe angebracht sind. Hiermit werden 3000 Messwerte am Tier vollautomatisch erhoben, die zur Berechnung des Muskelfleischanteils verwendet werden. Darüber hinaus werden auch die Gewichte der wertvollen Teilstücke Lachs, Schinken schier, Schulter schier und Bauch sowie der Fleischanteil des Bauches erfasst und es lassen sich auch die Speck- und Fleischmaße des Rückens ermitteln. Dieses Verfahren wird heute bei fast allen großen Schlachtbetrieben angewandt und die Daten zur Abrechnung der Schlachtkörper eingesetzt.

Abrechnungsmodi für geschlachtete Schweine

Wie bei der Vermarktung von Schlachtrindern bzw. Rindfleisch (S. 458) sind auch beim Schwein die Preise der **Marktnotierung nicht identisch mit dem Nettopreis,** der dem Mäster überwiesen wird. Transportlohn, Erfassungskosten, Provision und Versicherung gehen immer zu Lasten des Mästers und müssen bei der innerbetrieblichen Kalkulation abgezogen werden, während die Mehrwertsteuer zu addieren ist.

Bei der Abrechnung nach Muskelfleischanteil (MFA) wird die Bezahlung nach sogenannten Masken vorgenommen. Die klassische Messung des MFA mittels FOM-Gerät gibt es heute kaum mehr. Die großen Schlachthöfe bieten die Abrechnung über MFA zwar an, aber die Werte dazu werden auch über das AUTOFOM-Verfahren ermittelt. Der Unterschied zwischen den Masken von klassischem FOM und AUTOFOM-MFA liegt in der Ermittlung des Basispreises. Dieser wird heute bei der klassischen Messung nach FOM bei 57 % MFA angesetzt, bei den Werten aus dem AUTOFOM-Gerät bei 59 %. Die in ▶ **Tab. 9.47** beispielhaft dargestellte Maske eines nordrhein-westfälischen Schlachtunternehmens (nach AUTOFOM-MFA) zeigt, dass neben dem Basispreis der Magerfleischanteil und die Schlachtgewichte den Auszahlungspreis bestimmen. Der Basispreis bezieht sich mittlerweile auf Tiere mit einem Muskelfleischanteil von 59 %.

Bei der Abrechnung nach dem AUTOFOM-Verfahren ist neben dem Schlachtgewicht die Ausprägung der Teilstücke Lachs, Schinken, Schulter und Bauch entscheidend. Nach der Umrechnung der Gewichte oder Qualität in Punkte werden diese summiert und mit dem Preis multipliziert

▶ **Tab. 9.47** Abrechnung von Schlachtschweinen auf Basis AUTOFOM-MFA.

Kriterium	Muskelfleischanteil	€/kg Schlachtgewicht
Zuschläge	• 59,0 – 60 % • bei Schinken schier > 18 kg	+ 0,02
	• 60,1 %–61,0 % • bei Schinken schier > 18 kg	+ 0,01
Basispreis	59 %	
Abschläge	47,0 %–55,9 %	–0,04
	56,0 %–57,9 %	–0,02
	58, 0 %–59,0 %	–0,01
	Schlachtgewicht	**€/kg Schlachtgewicht**
Abzüge für Übergewicht	105,1 kg – 107,0 kg	–0,01
	107,1 kg – 120,0 kg	–0,03
optimaler Gewichtsbereich	85,0 kg – 105,0 kg	
Abzüge für Untergewicht	50 kg – 79,9 kg	–0,03
	80,0 – 84,09 kg	–0,02
Beispiel: Basispreis 1,70 € / SG 95 kg / 60,5 % MFA MFA: + 0,02 + 0,005 = 0,025 €/kg Auszahlungspreis: (1,70 €/kg + 0,025 €/kg) × 95 kg = 163,88 €/Schwein		

(▶ **Tab. 9.48**). Allerdings gibt es zwischen den Schlachtunternehmen deutliche Unterschiede in den Abrechnungsmasken. So wird bei einem Unternehmen die Schulter mitbewertet, bei anderen nicht. Zudem werden die Masken je nach Marktlage von den Schlachtunternehmen häufiger geändert. So sollen die dargestellten Masken nur als Beispiel dienen.

Beispielrechnung:

- Schinken: 17,48 kg × 2,25 Punkte = 39,33 Punkte
- Lachs: 7,00 kg × 3,10 Punkte = 21,70 Punkte
- Schulter: 7,63 kg × 1,7 Punkte = 12,97 Punkte
- Bauch: 13,82 kg × 1,00 Punkte = 13,82 Punkte
- Gesamt: 87,82 Punkte × 1,70 (Basispreis) = 149,29 €.

▶ **Tab. 9.48** Punktbewertung der Vermarktung nach AUTOFOM.

Teilstück	Gewichtsspannen (kg)	Punktzahl (je kg)
Schinken (schier)	0 – 16,49	1,70
	16,50 – 16,99	2,10
	17,00 – 17,49	2,25
	17,50 – 20,50	2,30
	20,51 – 21,00	2,15
	> 21,00	1,80
Lachs	< 6,00	2,50
	6,00 – 7,80	3,10
	> 7,80	2,80
Schulter (schier)	alle Gewichte	1,70
Bauch-Magerfleisch	< 50, 00	1,00
	50,00 – 54,99	1,10
	55,00 – 63,00	1,30
	> 63,00	1,25
	< 12 kg Bauchgewicht	1,00
Gewichtsgrenzen, je kg	< 85,00	–1,00
	85,00 – 105,00	0,00
	> 105,00	–1,00

Unabhängig davon, ob die Schweine nach FOM oder AUTOFOM vermarktet werden, muss bei einem Preisvergleich zwischen verschiedenen Handelspartnern sehr genau gerechnet werden. Es sind auf jeden Fall auch die Vorkosten mit zu berücksichtigen. Zudem sind auch die Masken unterschiedlich bzw. werden immer wieder geändert. Wer die Möglichkeit hat, seine Tiere an einen Metzger zu liefern, sollte dies tun, denn der Mäster-Metzger-Direktverkehr ist ökonomisch immer noch interessant.

Markenfleisch- und Regionalprogramme Das Image des Schweinefleisches zu verbessern und den hohen Verbrauch zumindest zu sichern, ist das Ziel von QS und zahlreichen Markenfleischprogrammen (S. 20). Das Gemeinsame besteht darin, dass das Ausgangstiermaterial klar definiert ist und eine konsequente züchterische Betreuung durchgeführt wird, sodass Schlachtkörper mit entsprechendem Muskelfleischanteil und überdurchschnittlicher Fleischbeschaffenheit kontinuierlich angeboten werden können. Hierzu ist es notwendig, dass die verschiedenen Partner (Züchter, Ferkelerzeuger, Mäster, Schlachtbetriebe, Abnehmer) zusammenarbeiten und die vertraglichen Bedingungen einhalten. So ist der Landwirt verpflichtet, die Richtlinien zur Produktion wie z. B. das Einstellen von geeignetem Tiermaterial, die vorgeschriebene Haltung und Fütterung (z. B. Einsatz und Verbot bestimmter Futterkomponenten) und die tiermedizinische Betreuung zu beachten. Weiterhin muss er seine gesamten Mastschweine an die Erzeugergemeinschaft liefern. Erreichen die Schlachtkörper die geforderten Werte beim Magerfleischanteil, beim Schlachtgewicht und bei der Fleischbeschaffenheit, so wird ein Preiszuschlag bezahlt. Damit die gewünschte Fleischqualität erreicht werden kann, müssen auch die nicht im Einflussbereich des Tierhalters liegenden Faktoren wie z. B. der Transport, der Schlacht- und Zerlegevorgang vorschriftsmäßig durchgeführt werden

Neben diesen Markenfleischprogrammen sind – wie der Name auch ausdrückt – räumlich begrenzte sogenannte **Regionalprogramme** entstanden. Durch Skandale (z. B. Hormoneinsatz bei Mastkälbern, BSE) und Krankheitsausbrüche (z. B. Schweinepest) ist der Verbraucher zunehmend verunsichert worden. Dem Wunsch nach Transparenz in der Erzeugung entsprechen Regionalmarken mit dem Motto: „Aus der Region – für die Region“. Hierfür werden Forderungen gestellt, die über die der Markenfleischprogramme hinausgehen. Als Wesentliche sind hier aufzuführen, dass die Ferkel und überwiegend das Futter aus der Region stammen müssen und dass durch den Absatz im Nahbereich nur kurze Transportwege zurückzulegen sind. Auch bei der Verarbeitung und bei der Vermarktung müssen definierte Produktionsrichtlinien eingehalten werden.

Durch die Markenfleischprogramme und besonders durch die Regionalmarken soll das Vertrauen der Verbraucher gegenüber diesen landwirtschaftlichen Produkten ansteigen. Für den Erfolg dieser Marketingstrategien ist allerdings Voraussetzung, dass die Verbraucher bereit sein müssen, für diese Produkte einen höheren Preis zu bezahlen.

9.5.4 Die Wirtschaftlichkeit der Schweinemast

Die Wirtschaftlichkeit der Schweinemast hängt von den unterschiedlichen biologischen Leistungsdaten und ganz besonders von den erzielten Verkaufserlösen ab. Diese schwanken zwar in Abhängigkeit vom zyklischen Geschehen von Jahr zu Jahr, doch wenn man den Faktor Schweinezyklus dadurch ausschaltet, dass man nur Ergebnisse des gleichen Wirtschaftsjahres miteinander vergleicht, registriert man noch immer unerwartet hohe Unterschiede in der Wirtschaftlichkeit.

Die ▶ **Tab. 9.49** liefert einige Informationen über die unterschiedlichen Ergebnisse der 25 % besten und 25 % schlechtesten Betriebe am Beispiel des ausgewerteten Datenmaterials der Schweinespezialberatung Schleswig-Holstein (SSB 2016 [209]). Die Betriebe im oberen Viertel heben sich von denen im unteren bei folgenden Merkmalen ab:

Sie haben höhere tägliche Zunahmen, eine bessere Futterverwertung und geringere Futterkosten. Hinzu kommen noch die geringeren Mastverluste und die besseren Erlöse. In diesen Bereichen liegen für die schlechteren Betriebe die wichtigsten Ansatzpunkte, um in Zukunft bessere Ergebnissen zu erzielen. Die Hauptausgabeposten für die Mäster lassen sich leicht an der Deckungsbeitragsrechnung in ▶ **Tab. 9.49** ablesen.

Aus der ▶ **Tab. 9.49** kann abgeleitet werden, dass die Ferkel- und Futterkosten die mit Abstand wichtigsten Ausgabeposten für den Mäster sind. Unzweckmäßige Fütterung und Fehlplanungen im Ferkeleinkauf wirken sich besonders nachteilig auf den Betriebserfolg aus.

Fazit

Aus den Kalkulationen dieses Abschnitts ergeben sich – in Verbindung mit schon früher angestellten Überlegungen – folgende Empfehlungen:
Für den einzelnen Mäster wird es weiterhin nicht nur nützlich, sondern notwendig sein, sich nach den Wünschen seiner speziellen Abnehmer zu richten und sich, wenn er die Ferkel nicht selbst erzeugt, nach einem Lieferanten mit für ihn geeigneten Ferkeln umzusehen. Hierbei ist es wichtig, seinem Abnehmer ein Schwein anzubieten, das genau den Ansprüchen der angewandten Maske entspricht. Nur dann kann er den maximalen Preis erzielen. Gewichtsabweichungen nach unten wirken sich z. B. ganz gravierend aus. Auch auf Maskenveränderungen muss der Mäster schnell reagieren.

▶ **Tab. 9.49** Wirtschaftlichkeitsbetrachtungen für die Schweinemast in Betrieben der Schweinespezialberatung Schleswig-Holstein (nach SSB 2016 [209]).

Kennwert	Mittlere	Obere 25 %	Untere 25 %
	(n = 222 Betriebe)	(n = 56 Betriebe)	(n = 56 Betriebe)
Mastplätze/Betrieb	1550	1458	1356
Verkaufserlöse, €/kg SG	1,45	1,48	1,42
Anfangsgewicht, kg	30,7	31,3	31,0
Endgewicht, kg	121,0	121,4	120,4
Tageszunahmen, g	875	891	863
Futteraufw./kg Zuwachs, 1:	2,77	2,69	2,84
Futterkosten, €/kg Zuwachs	0,66	0,64	069
Verluste, %	3,12	2,40	3,75
Ferkelkosten/verk. Mastschwein €	57,79	56,91	60,08
DKfL[1], €/verk. Mastschwein	15,89	24,38	7,57

[1] Direktkostenfreie Leistung, Erklärung s. Kap. Betriebswirtschaftliche Überlegungen zur Milcherzeugung (S. 386).

9.6 Qualitätssicherung

Verfahren der Qualitätssicherung haben sich mittlerweile in allen Wirtschaftsbereichen etabliert. Auch in der Schweinehaltung kommt kein Betrieb mehr ohne die Kontrolle der eigenen Produktion aus. Die allermeisten haben sich daher dem Zertifizierungssystem der QS-GmbH angeschlossen. Laut Angaben der QS-GmbH sind ca. 31 000 Betriebe in Deutschland lieferberechtigt für das System. Aber auch ausländische Erzeuger (Juli 2017 = 14 500) unterwerfen sich immer mehr den Kontrollen der QS-GmbH, da sie nur dann lieferberechtigt für deutsche Betriebe sind. Dies betrifft nicht nur die Lieferung von Schlachtschweinen an deutsche Schlachtunternehmen, sondern auch die Lieferung z. B. von Ferkeln in deutsche Mastbetriebe. Die QS-GmbH hat es somit in wenigen Jahren geschafft, einen Großteil der am Wirtschaftssystem „Schwein" beteiligten Betriebe in einem Kontrollsystem zusammenzufassen. Das gilt sowohl für die Erzeugerbetriebe als auch für Vorlieferanten (wie Futtermittelunternehmen) sowie die weiterverarbeitende Industrie (wie Schlachtunternehmen, Fleischverarbeiter und Lebensmitteleinzelhandel).

Durch die Vergabe eines Prüfsiegels soll dem Verbraucher deutlich gemacht werden, dass das gekaufte Produkt von der Erzeugung bis zur Vermarktung den Richtlinien der QS-GmbH entspricht und so Vertrauen beim Kunden erzeugt wird. Dabei stützt sich QS auf ein dreistufiges Prüfsystem. Dies beinhaltet die Eigenkontrolle, die Betriebsaudits durch unabhängige Fachleute und zum Schluss die Systemüberprüfung.

Eigenkontrolle Zunächst ist jeder Schweinehalter auch von Seiten des Gesetzes verpflichtet, im Betrieb eine **Eigenkontrolle** der Produktion durchzuführen. Dies ist nicht nur eine lästige Pflicht, sondern gibt jedem Schweinehalter ein Instrument an die Hand, seine Produktion sicherer zu machen und letztendlich wirtschaftlicher zu arbeiten. QS verlangt die Abarbeitung einer Checkliste zur Eigenkontrolle mindestens einmal jährlich. Dem gegenüber bestehen aber auch gesetzliche Pflichten der täglichen Kontrolle z. B. der Gesundheitskontrolle der Tiere und deren Dokumentation. Grundlage aller Betriebskontrollen, seien es nun Eigen- oder Fremdkontrollen, ist die Betrachtung der kritischen Kontrollpunkte. Also Stellen im Produktionsprozess, an denen ein hohes Fehlerpotenzial besteht und das damit zu Produktionsproblemen führen kann. Im Folgenden sollen solche aufgeführt werden.

Grundlage allen Handelns auf dem Betrieb muss eine gediegene **Betriebsübersicht** darstellen. Darin enthalten sind nicht nur die Hardware, also die Stallübersicht mit Betriebseinheiten, sondern auch die Software, sprich die betriebsbestimmenden Leistungszahlen. Es kann keine Eigenkontrolle durchgeführt werden, wenn solche Zahlen nicht vorliegen. Im Sauenbereich sind dies in erster Linie die **Fruchtbarkeitszahlen**, die aus dem Sauenplaner regelmäßig entnommen und analysiert werden müssen. Daher gehört zu einer nachhaltigen Sauenhaltung unbedingt die Führung eines Sauenplaners. Im Bereich der Mast ist der Parameter Fleischleistung durch die Angaben des **Muskelfleischanteils** auf der Schlachthofabrechnung zumeist vorhanden. Fragt man nach dem **Zunahmeniveau der Herde**, oder gar nach dem Merkmal **Futterverwertung**, gibt es häufig sehr unbefriedigende Aussagen. Aber gerade hier können produktionsbedingte Schwierigkeiten schnell erkannt werden. Die Nutzung der Waage und die Aufstellung der Futtermengen sollten zur Routine im Schweinebetrieb gehören. Dies gilt auch für die regelmäßige Führung des **Bestandsregisters**.

Ein weiteres K.O.-Kriterium im QS-Katalog ist die **Tierkennzeichnung**. Dieser Parameter wird ebenfalls bei den staatlichen CC-Kontrollen überprüft. Das Einziehen der mit den entsprechenden, von der Viehverkehrsordnung geforderten Angaben bedruckten Ohrmarken nach dem Absetzen muss Standard sein, aber auch eine regelmäßige Kontrolle auf verlorene Ohrmarken kann dem Betrieb viel Geld sparen.

Auch beim **Futterzukauf** oder dem Einsatz von eigenen Futtermitteln sind Vorgaben zu beachten. Die QS-Regeln besagen eindeutig, dass für QS-Betriebe nur Futter aus QS-zertifizierten Betrieben zugekauft werden darf und dass nur Futtermittel eingesetzt werden dürfen, die auf der **Positivliste** stehen. Diese wird regelmäßig von der Normenkommission für Einzelfuttermittel bei der DLG überarbeitet und ergänzt. Auch die möglicherweise genutzte fahrbare Mahl- und Mischanlage muss den QS-Bestimmungen entsprechen und zertifiziert sein. Um Nachweispflichten nachzukommen, ist zu empfehlen, von allen zugekauften Futtermitteln Rückstellproben aufzubewahren. Aber auch die Untersuchung auf Inhaltsstoffe wird nicht nur regelmäßig gefordert, sondern ist zur nachhaltigen Produktion von Schweinen dringend erforderlich.

Gleiches gilt für die **Wasserversorgung**. Dabei ist auf die gesetzliche Vorgabe von maximal 12 Tieren pro Tränkeplatz zu achten. Was aber häufig nicht beachtet wird, ist die einwandfreie Funktion der Tränkenippel und deren Durchflussmenge (► **Tab. 9.25**).

Einen wichtigen Punkt nimmt auch die tägliche **Gesundheitskontrolle** ein. Wichtig ist es, diese entsprechend zu dokumentieren, was auch für die ggf. notwendigen Behandlungen gilt. Mindestens zweimal jährlich oder einmal pro Mastdurchgang ist ein intensiver Bestandsdurchgang mit dem betreuenden Hoftierarzt gefordert. Mit diesem muss übrigens auch ein Betreuungsvertrag abgeschlossen werden. Empfohlen wird auch die regelmäßige Einbeziehung des Tiergesundheitsdienstes.

Ein oftmals vernachlässigter Punkt ist auch die **Betriebshygiene**. Hierunter versteht man das Verkehrsmanagement und die Personalhygiene auf dem Hof. Dabei sind u. a. zu beachten:

- möglichst keine sich kreuzenden Verkehrswege auf dem Hof
- Errichten einer Seuchenschutzvorrichtung für Fahrzeuge, die auf den Hof fahren
- Errichten eines tiersicheren Außenzaunes
- Silobefüllung nur von außerhalb des Zaunes
- Kadaverlagerung außerhalb des Stallbereiches, damit die Entsorgungsfahrzeuge nicht in den Hofbereich fahren müssen
- Personalschleuse mit Duschmöglichkeiten
- hofeigene Kleidung für Besucher
- Führen eines Besuchertagebuches

Die Teilnahme an einem **Salmonellenmonitoring** ist für QS-Betriebe verpflichtend. Dazu müssen vierteljährlich nach einem Schlüssel Proben vom Fleischsaft beim Schlachtbetrieb gezogen werden. Je nach Häufigkeit von positiven Proben wird der Betrieb in eine von drei Kategorien eingestuft (Kat. 1 = < 20 % positiver Proben, Kat. 2 = 20 %–40 % positiver Proben, Kat. 3 = < 40 % positiver Proben). Für alle Betriebe, die sich in Kategorie 2 und 3 befinden, sollten spezielle Maßnahmen zur Salmonellenprophylaxe oder -bekämpfung im Betrieb stattfinden. Für Kategorie-3-Betriebe greifen Handelsbeschränkungen, die im schlimmsten Fall zur Nichtabnahme der Mastschweine führen können.

Im Rahmen der Salmonellenbekämpfung spielt die **Schadnagerbekämpfung** eine wichtige Rolle. Entsprechende Konzepte sollten betriebsindividuell vom geprüften Schadnagerbekämpfer erstellt werden. Wird die Rattenbekämpfung selbst durchgeführt, müssen beim Einsatz bestimmter Bekämpfungsmittel Sachkundenachweise vorhanden sein.

Wichtige Hinweise zur nachhaltigen Kontrolle gibt auch die **Schlachtauswertung**. Diese sollte nicht nur abgeheftet und maximal die erreichten Magerfleischprozente kontrolliert werden, sondern als Managementtool im Betrieb genutzt werden. Über mittlerweile angebotene Onlinetools können die Abrechnungen sehr zeitnah eingesehen und im Bedarfsfall gehandelt werden. Das betrifft nicht nur die Einbeziehung des Hoftierarztes bei Abweichungen in der Befunddarstellung von Leber und Lunge, sondern auch mögliche Abweichungen in den Schlachtgewichten. Zu hohe oder zu niedrige Schlachtgewichte kosten sehr viel Geld und können meist nur an der Schlachtabrechnung erkannt werden.

Zum Schluss sei noch einmal auf die steigende Bedeutung von Tierschutzindikatoren in der betrieblichen Kontrolle hingewiesen. Eine Erfassung und Dokumentation solcher Parameter werden immer häufiger von Tierschutzorganisationen und mittlerweile auch vom Lebensmitteleinzelhandel gefordert. Sie können als Eigenkontrolle, aber auch von unabhängigen Experten erfasst werden. Entsprechende Forschungsvorhaben laufen derzeit an. Folgende Parameter werden als sogenannte Tierschutzindikatoren diskutiert:

Mastschweine:

- Kotkonsistenz
- Atemwegsfunktion (Atemfrequenz, Atemtiefe)
- Lahmheiten
- Klauengesundheit
- Ohr- und Schwanznekrosen
- Ohr- und Schwanzverletzungen
- Hautirritationen
- Verschmutzung

Sauen:
- Lebensleistung, Remonte, Verlustrate
- Umrauscherquote
- Abortrate
- Körperkondition
- Saugferkelverluste
- Anomalien im Bewegungsapparat (Lahmheiten, Klauengesundheit)
- Hautirritationen

9.7 Übungsfragen

☑ Schweinerassen für die Vater- und Mutterseite

Frage

Welche Rassen eignen sich besonders auf der Vater-, welche auf der Mutterseite?

Antwort

- Vaterrassen: Pietrain, LB, Duroc, DE (Dreirassenkreuzung F_1-Sau)
- Mutterrassen: DL, DE, Leicoma, Hampshire

☑ Mastleistungsergebnisse

Frage

Die ► **Tab. 9.9** lädt zu einem Vergleich mit den Daten der ► **Tab. 9.4** ein. Weshalb sind die Unterschiede zwischen den Ergebnissen der Stationsprüfungen und der Ringe so groß?

Antwort

Die großen Unterschiede zwischen den **Mastleistungsergebnissen der Anstalten und der Praxisbetriebe** beruhen nicht nur darauf, dass sich die Praxis den von den Züchtern erreichten genetischen Fortschritt nicht rasch genug zunutze macht. Sondern zu den Unterschieden tragen auch die Umweltbedingungen bei, die von Praxisbetrieben nicht so günstig gestaltet werden können wie in den Stationen und außerdem sind die Mastabschnitte nicht deckungsgleich. Beim Leistungsvergleich ist weiterhin zu berücksichtigen, dass in den Anstalten alle kranken Schweine aus den Prüfungen ausscheiden, während die meisten Mäster auch wegen Krankheit in der Entwicklung zurückgebliebene Schweine behalten, die dann natürlich den Gruppendurchschnitt drücken.

☑ Brunststimulation

Frage

Welche Maßnahmen kann der Tierhalter zur Brunststimulation bei neu einzugliedernden Jungsauen durchführen?

Antwort

Die Brunst bei Jungsauen kann durch Buchtenwechsel alle 3 Wochen, stundenweise Eberkontakt mit sexuell aktivem Eber, Synchronisation, Dokumentation über Brunstprotokolle stimuliert werden.

☑ Besamungszeitpunkt

Frage

Wann sollte bei einer Sau, die mittwochs um 15.00 Uhr abgesetzt wird und bei der sonntags um 8.00 Uhr die Rausche eintritt, besamt werden?

Antwort

Besamung der Sau: KB 1 ca. Montag 8.00 Uhr, KB 2 ca. Montag 20.00 Uhr, KB 3 ca. Dienstag 8.00 Uhr

☑ Trächtigkeitsfeststellung

Frage

Welche Möglichkeiten der Trächtigkeitsfeststellung einer Sau hat der Landwirt und wann kann er sie anwenden?

Antwort

Die Trächtigkeit kann mit dem Ultraschallgerät (Piepston) frühestens nach 27 – 28 Tagen und mit dem bildgebender Ultraschallscanner ab dem 20. Trächtigkeitstag festgestellt werden.

☑ Fütterung Jungsau

Frage

Wie viel Futter benötigt die Jungsau im Eingliederungsabschnitt von 95 – 140 kg?

Antwort

Die Jungsau muss folgende Futtermengen aufnehmen:

- Abschnitt 1: 95 – 120 kg = 25 kg/0,7 = 35 Tage × 2,5 kg = 87,5 kg
- Abschnitt 2: 120 – 140 kg = 20 kg/0,7 = 29 Tage × 2,8 kg = 81,2 kg; gesamt: 168,7 kg

Futterbedarf Sau

Frage

Wie viel Futter müsste eine Sau mit 14 Ferkeln pro Tag in der Laktation fressen, um dem Bedarf zu entsprechen?

Antwort

Eine Sau mit 14 Ferkeln muss bei einem Bedarf von 95 MJ ME/Tag und einem Energiegehalt von 13,0 MJ ME je kg Futter etwas über 7,3 kg Futter pro Tag verzehren.

Abferkelplätze im Verhältnis zu Säugezeit

Frage

Wie viele Abferkelplätze müssten gebaut werden, wenn die 1000 Sauen aus ▶ **Tab. 9.26** nicht eine Säugezeit von 28, sondern nur von 21 Tagen hätten?

Antwort

Sauengruppen 1000/20 = 50, Abferkelstall 4 Abteile → 200 Abferkelplätze + Ammen und Reserve.

Betriebsergebnis in Abhängigkeit von verkauften Ferkeln

Frage

Inwieweit würde sich das Betriebsergebnis in ▶ **Tab. 9.31** verändern, wenn statt 24,7 Ferkel vom Betrieb im Durchschnitt 28,7 Ferkel pro Sau verkauft werden könnten?

Antwort

Deutlich höheren Erlösen aus dem Verkauf von 28,7 Ferkeln würden leicht höhere Kosten beim Ferkelfutter und Sauenfutter gegenüberstehen. Das Betriebsergebnis wäre deutlich höher.

CCM in der Flüssigfütterung

Frage

Zum Einsatz von CCM in der Flüssigfütterung wird folgende Frage aufgeworfen:
Wie viel Wasser müssen wir jeweils 100 kg der CCM-Ergänzungsfutter-Mischungen II und IV aus ▶ **Tab. 9.43** zugeben, wenn wir ein pumpfähiges Fließfutter mit rund 24 % TM verfüttern wollen?

Antwort

Gewichtszunahmen: 118–25 kg = 93 kg, Tageszunahme: 93 kg/115 Tage = 809 g/Tag Futterverwertung: 264 kg Futter für 93 kg Zunahmen = 2,83 kg Futter je kg Zunahme
Wenn die CCM-Ergänzungsfutter-Mischung II der ▶ **Tab. 9.43** „trocken" verfüttert wird, enthalten anfangs 2,2 kg Gemisch 1,6 kg TM, am Ende 3,7 kg Gemisch 2,5 kg TM. Strebt man eine Fließfuttermischung mit 24 % TM an, müssen – wie aus Spalte 5 der ▶ **Tab. 9.44** ersichtlich ist – anfangs 7,3 kg, am Ende 11,2 kg verfüttert werden. Wir müssen also anfangs 5,1 kg Wasser zugeben und das Fließfutter würde zu

$$\frac{5,1\ \text{kg} \times 100\%}{7,3\ \text{kg}} = \text{ca.}70\%$$

aus zugesetztem Wasser bestehen. Am Ende wären es 7,5 kg Wasser (= ca. 67 %). Im Durchschnitt der Mastperiode wird also eine Mischung aus 31,5 % CCM-Ergänzungsfutter und 68,5 % Wasser gebraucht.

$$\frac{68,5\ \text{kg} \times 100\%}{31,5\ \text{kg}} = \text{ca. } 217\ \text{kg Wasser}$$

Für 100 kg CCM-Ergänzungsfutter-Gemisch der Mischung IV aus der ▶ **Tab. 9.43** errechnet man nach der gleichen Art einen Wasserzusatz von 322 kg.

Deckungsbeitrag in Abhängigkeit von Futterverwertung

Frage

Wie verändert sich der in ▶ **Tab. 9.49** ermittelte Deckungsbeitrag, wenn sich die Futterverwertung um 0,1 verbessert? Um wie viel muss sich der Futtermittelpreis je dt verringern, um die gleiche DB-Erhöhung zu erreichen?

Antwort

Bei einer Verbesserung der Futterverwertung um 0,1 erhöht sich der DB um 1,60 €/MS; der gleiche Wert wird erst erreicht, wenn die Futterkosten um mehr als 60 Cent/dt geringer sind.

10 Geflügel: Haltung und Ernährung

Gerhard Bellof

10.1 Marktsituation für Geflügelprodukte

Die im Jahr 2015 in Deutschland erzielten Verkaufserlöse bei Eiern und Geflügel betragen 3,55 Mrd. € und machen etwa 9 % der Erlöse der tierischen Erzeugung aus. In ▸ **Tab. 10.1** sind die Ergebnisse der Geflügelzählungen in Deutschland für den Zeitraum 1999 bis 2013 dargestellt.

Die Entwicklung der Geflügelhalter und **Geflügelbestände** in Deutschland verlief unterschiedlich. Während die Zahl der Halter in allen Bereichen rückläufig war, hat sich die Zahl der **Legehennen** in jüngster Zeit wieder erhöht. Dies ist ein Spiegel des mittlerweile abgeschlossenen Umstellungsprozesses in der Legehennenhaltung, der mit dem Verbot der konventionellen Käfighaltung einherging. Die Zahl der Masthühner und Mastputen hat sich in den zurückliegenden Jahren weiter erhöht. Dies gilt auf sehr niedrigem Niveau auch für die Gänse. Die Entwicklung der Bestandszahlen bei Enten stagnierte dagegen.

Der Pro-Kopf-Verbrauch an Eiern ist in den Nachkriegsjahren ständig gestiegen und lag im Jahr 1980 in den alten Bundesländern bei 285 Eiern. Im anschließenden Zeitraum sank dieser Wert ständig und erreichte 2005 mit 205 Eiern seinen Tiefpunkt. In den Folgejahren stieg der Verbrauch wieder auf 235 Eier (entspricht 14,5 kg Eimasse)

▸ **Tab. 10.1** Ergebnisse der Geflügelzählungen[1] in Deutschland (Angaben in 1000 Stück; nach Geflügeljahrbuch, 2018 [87]; Statistisches Bundesamt 2009, 2016 [221]).

Kennwert	1999	2003	2007	2010	2013
Legehennenhalter	113	81	73	56	54
Legehennen ½ Jahr und älter	40 630	38 965	38 464	35 279	47 987
zur Aufzucht als Legehennen best. Küken und Junghennen unter ½ Jahr	17 695	16 217	16 940	11 303	15 641
Masthühnerhalter (einschl. Halter sonstiger Hähne)	12	11	9	4,5	4,5
Jungmasthühner insgesamt	49 334	64 611	59 221	67 531	97 146
Gänsehalter	7	7	6	4,7	4,6
Gänse	402	384	327	278	544
Entenhalter	10	9	8	6,2	5,7
Enten	1927	2626	2618	3164	2760
Putenhalter	3	3	3	1,9	1,9
Puten	8315	10 604	10 892	11 344	13 256

[1] Landwirtschaftszählung 2010/2013, Stichtag 1. März, vorher Mai. Ein Vergleich der Ergebnisse der Agrarstrukturerhebung 2013 zu vorherigen Viehzählungen ist nicht sinnvoll, da eine umfangreiche Berichtskreisrevision vorgenommen wurde.

im Jahr 2016 an. Damit liegt Deutschland über dem Mittelwert der EU (2016) von 12,6 kg Eimasse. Spitzenreiter in der EU ist Spanien mit 17,9 kg, am Ende liegt Portugal mit 8,9 kg. Den weltweit höchsten Pro-Kopf-Verbrauch verzeichnen Japan und China mit über 20 kg Eimasse.

Der Verbrauch an Eiern lag in Deutschland im Jahr 2016 bei 19,3 Mrd.; davon wurde ein Drittel eingeführt. Damit ist Deutschland innerhalb der EU der größte Importeur an Hühnereiern. Der größte Exporteur in der EU ist die Niederlande mit knapp 4 Mrd. Eiern. Der Selbstversorgungsgrad lag 2016 in der EU bei 104 %, wobei Deutschland mit 67 % das Schlusslicht bildet.

In Deutschland wird immer mehr **Geflügelfleisch** verbraucht. Der Pro-Kopf-Verbrauch hat 2016 mit 20,9 kg ein Rekordniveau erreicht. Damit konnte sich der Geflügelfleischverbrauch gegen den Trend – Stagnation des Gesamtfleischverbrauchs – entwickeln. Der Anteil des Geflügelfleischs am gesamten Fleischverbrauch liegt nun bei 24 %. Insbesondere der Verbrauch an Hähnchenfleisch entwickelte sich in den letzten fünf Jahren von 11,1 kg auf nun 12,8 kg außerordentlich positiv. Dagegen ist für Putenfleisch in dem genannten Zeitraum ein konstanter Verbrauch zu beobachten (6,1 kg). Für Entenfleisch zeigt sich – auf niedrigem Niveau – eine ähnliche Entwicklung wie für Hähnchenfleisch. Aktuell beträgt der Pro-Kopf-Verbrauch 1,0 kg. Der **Selbstversorgungsgrad bei Geflügelfleisch** liegt in Deutschland bei ca. 103 %. In der EU liegt der Pro-Kopf-Verbrauch an Geflügelfleisch bei 22,7 kg (2016). Länder mit traditionell hohem Verbrauch (mehr als 30 kg) sind innerhalb der EU: Ungarn, Portugal, Spanien und Irland.

10.2 Nutzungsrichtung, Typ und Rasse

Wie bei anderen Haustieren gibt es auch bei den Hühnern Zweinutzungsrassen: Von den roten Rhodeländern, Wyandotten, Sussex-Hühnern, New Hampshires und anderen sogenannten „schweren Legerassen“ wurde eine gute, mindestens befriedigende Eierleistung und gute Mastfähigkeit erwartet. Der Typ des Zweinutzungshuhnes konnte sich aber nicht durchsetzen, vor allem, weil die beiden Nutzungsarten durch eine negative Korrelation miteinander verbunden sind, sich also gegenseitig behindern. Heute haben die genannten Rassen nur noch eine gewisse Bedeutung als Ausgangsmaterial für die Produktion von Lege- und Masthybriden. Die Eiererzeuger bevorzugten dagegen einseitig auf die Eierleistung gezüchtete und vom Brutinstinkt weitgehend befreite Rassen, deren bekannteste Vertreter die **Weißen Leghorns** und die rebhuhnfarbigen Italiener sind oder waren. Der Anteil der **braunen Legehybriden** hat sich durch die entsprechende Nachfrage nach braunen Eiern in den letzten Jahren ständig erhöht. Die bis vor einigen Jahren zu beobachtenden Preisvorteile für die Erzeugung von braunschaligen Eiern sind nicht mehr gegeben. Die Verbraucher richten ihre Kaufentscheidung zunächst am Preis aus. Lediglich beim „Frühstücksei“ werden auch die dahinter stehenden Produktionsbedingungen beachtet.

Heute spielen die reinrassigen Hühner in der Eierproduktion eine ebenso untergeordnete Rolle wie in der Geflügelmast. In beiden Nutzungsrichtungen haben sich die Hybridhühner durchgesetzt (▶ **Abb. 10.1**), die von kapitalkräftigen Zuchtunternehmen als Markenartikel angeboten werden. Welche Rassen, Linien oder Stämme zur Kreuzung herangezogen werden, wird von den Zuchtbetrieben als Geschäftsgeheimnis gehütet und kann nur aufgrund der Körperform und der Befiederung erahnt werden. Es ist bekannt, dass beim Aufbau von Masthybriden die Rasse der Cornish, die sich auf ostasiatische Kampfhühner zurückführen lässt, stark beteiligt ist und bei den Legehybriden natürlich das Weiße Leghorn.

Bei der skizzierten Zucht von Hybridlegehennen werden die männlichen Tiere aufgrund ihrer geringen Masteignung nach dem Schlupf getötet. Diese Vorgehensweise wird insbesondere in der ökologischen Geflügelproduktion zunehmend hinterfragt und hat wieder zur Zucht von sogenannten Zweinutzungshühnern geführt. Hierbei sollen die männlichen Tiere eine ausreichende Mastleistung erreichen, die weiblichen Tiere sollen eine noch befriedigende Legeleistung erzielen, sodass insgesamt eine wirtschaftliche Geflügelhaltung möglich ist. In der ▶ **Tab. 10.2** werden die Produktionskenndaten von Zweinutzungshühnern denen

▶ **Abb. 10.1** Hybridlegehennen.
- **a** Weiß (LSL). (Werkfoto: Lohmann Tierzucht, Cuxhaven)
- **b** Braun (LSB). (Werkfoto: Lohmann Tierzucht, Cuxhaven)

▶ **Tab. 10.2** Produktionskenndaten für die Einnutzung im Vergleich zur Zweinutzung in der Geflügelhaltung und deren ökonomische Bewertung (nach Preisinger, 2018 [188]).

Kennwert	Einheit	Einnutzungshuhn (Lohmann Brown Classic)	Zweinutzungshuhn (schwere Herkünfte)
Eierproduktion (Henne)			
Eizahl (68 Wochen)	Stück	290	250
Futteraufnahme/Tag	g	120	140
Futterverbrauch/Ei inkl. Aufzucht	g	158	220
Futterkosten inkl. Aufzucht	€	16	19
Erlös/Henne (1,3 €/kg Eimasse)	€	24	21
Erlös minus Futterkosten	€	8	2
Fleischerzeugung (Hahn)			
Lebendgewicht (70. Tag)	kg	1,4	3,0
Futterverbrauch (bis 70. Tag)	kg	5,5	7,5
Futterverwertung	kg/kg	4,0	2,5
Futterkosten	€	2,2	3,0
Erlös	€/kg	0,7	1,0
Erlös je Tier	€	1,0	3,0
Überschuss über Futterkosten	€	−1,2	0,0

der Einnutzungsrichtung (Lohmann Brown Classic) gegenübergestellt. Zum Ausgleich der geringeren Legeleistung der Zweinutzungshenne gegenüber der Einnutzungshenne sind 2,5 Cent mehr Erlös je Ei von einem Zweinutzungshuhn notwendig. Aufgrund dieser ökonomischen Nachteile wird insbesondere in der konventionellen Zucht ein anderer Weg favorisiert: die Geschlechtserkennung im Brutei mit der NIR Raman Spektroskopie. Dieses Verfahren ist derzeit allerdings noch nicht praxisreif.

10.3 Eierproduktion

Der Markt verlangt eine gleichmäßige Versorgung mit frischen Eiern zu allen Jahreszeiten. So setzten sich Betriebssysteme mit mehreren Stalleinheiten durch, die einen möglichst gleichmäßigen Eieranfall während des ganzen Jahres gewährleisten: Beim Dreistallsystem beispielsweise, das also drei möglichst gleich große Ställe voraussetzt, werden diese abwechselnd in einem Abstand von ca. 4 Monaten geräumt und wieder neu besetzt (▶ **Abb. 10.2**). Zu diesem System gehört ein exakter Umtriebsplan, denn die Junghennen müssen rechtzeitig bestellt, die auszustallenden Legehennen nach Plan geschlachtet und der betreffende Stall vor dem Eintreffen der Junghennen ordnungsgemäß gereinigt und desinfiziert werden.

Damit der Umtriebsplan nicht zu stark von den individuellen Unterschieden der Hennen im **Durchhaltevermögen** und im Beginn der **Mauser** gestört wird, beschränkt man sich vielfach auf eine 15-monatige **Legeperiode**. Wenn bei niedrigen Suppenhennenpreisen, aber günstigen Eierpreisen (also vor allem bei Selbstvermarktern) die Hennen länger gehalten werden sollen, lässt sich die Mauser nicht umgehen. Es ist dann sinnvoller, den gesamten Stall vor Ablauf der ersten 12 Legemonate geschlossen die Federn wechseln zu lassen. Diese sogenannte **Zwangsmauser**, die nicht mehr durch Wasser-, Futter- und Lichtentzug eingeleitet werden darf, wird schonender durch reduzierte Tageslichtstunden in Verbindung mit einer reinen Getreidefütterung erreicht. Ob diese Methode wirklich die Produktionskosten senkt, muss jeder Betrieb nach den eigenen Preis-Kosten-Verhältnissen überprüfen, wobei der Eierausfall und die während der Mauser weiterlaufenden Futterkosten voll zu berücksichtigen sind.

Bei der Frage, wann Hennen geschlachtet werden sollen, kann man sich an folgende Faustregel halten: bei mittleren Eierpreisen, sobald die **Legeleistung** unter 50 % sinkt, bei niedrigen Eierpreisen schon unter einer Legeleistung von 60 % (**60 % Legeleistung** bedeutet, dass bei einem Stall mit 500 Hennen täglich 300 Eier anfallen).

Auf dem Höhepunkt der Legetätigkeit – wenn die Hennen 7 bis 8 Monate alt sind – erwartet man von ihnen eine Legeleistung von 80 bis 90 %. Die Gesamtleistung einer Legehenne hängt entscheidend davon ab, dass der Abfall der Legeleistung nach dem Eiergipfel sehr allmählich erfolgt und beispielsweise die Legeleistung einer 12 Monate alten Henne noch zwischen 70 und 80 % liegt. Bei der Bewertung der Eierleistung im 2. Legejahr ist noch zu berücksichtigen, dass ein rund 5 g schwereres Durchschnittsgewicht der Eier den Leistungsrückgang bei der Eierzahl bei Weitem nicht ausgleichen kann.

In jeder Herkunft gibt es eine mehr oder weniger große Schwankungsbreite in der Veranlagung der Tiere und damit einen bestimmten Anteil schlechter Leger. Deshalb lassen sich Futterkosten sparen, wenn nicht nur bei der Einstellung der Junghennen und am Ende des ersten Legejahres selektiert wird, sondern im Laufe der Legeperiode die Hennen ständig kontrolliert und die schlecht

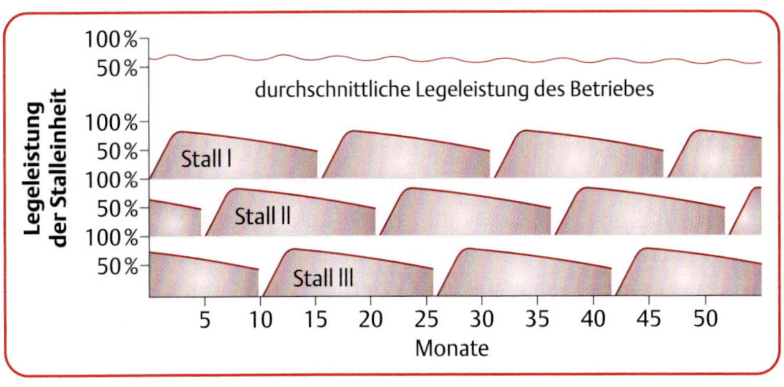

▶ **Abb. 10.2** Umtriebsplan und Legeleistung im Drei-Stall-System.

legenden sowie die kranken Hennen laufend ausgemerzt werden. In der Kleingruppenhaltung ist das Aussortieren einfacher als in der Bodenhaltung. Wenn die Eier jede Woche einmal 2 Tage lang in der Eierrinne liegen gelassen werden, fallen die Kleingruppen mit unbefriedigender Leistung auf, und die darin gehaltenen Hennen können überprüft werden.

Auszusortieren sind Hennen, die träge und teilnahmslos herumsitzen und die aus matten Augen mit verschwommener Puppillenabgrenzung blicken. Auch ein heruntergekommenes Körpergewicht und eine scharfkantige Brust sowie blasse Färbung von Kamm und Kehllappen weisen auf Krankheiten und abgesunkene Leistungen hin. Als wichtiger Hinweis für die Legetätigkeit gilt der Abstand zwischen den beiden Legebeinen, der mindestens drei Finger breit sein soll.

10.3.1 Haltung der Legehennen

Kein Betriebszweig der Tierproduktion stand wegen der Haltungsform in den letzten Jahrzehnten so in der Diskussion wie die Legehennenhaltung. Auf das Verbot der konventionellen **Käfighaltung** wurde bereits hingewiesen. Diese sollte in Deutschland durch die **Kleingruppenhaltung** ersetzt werden. Somit wird nachfolgend zwischen folgenden Haltungssystemen unterschieden: **Kleingruppen-, Bodenhaltung (Volierenhaltung)** und **Freilandhaltung**. Das Management von Legehennen in diesen Haltungssystemen erfordert gegenüber der herkömmlichen Käfighaltung mehr Sachkenntnis und Zeit für die Tierbetreuung.

Bei der Entwicklung der Haltungsformen ergibt sich für Deutschland zurzeit folgendes Bild: Die Zahl der Hennenplätze in der **Bodenhaltung** hat in den zurückliegenden Jahren stetig zugenommen, der Anteil beträgt nun (2015) 63,4 %. Bei der **Freilandhaltung** ist eine leichte Erhöhung auf 18,4 % zu verzeichnen. Die Kleingruppenhaltung liegt derzeit noch bei 8,5 %. In ökologischen Haltungsformen leben 9,9 % aller Hennen. In der EU wurden 2015 noch etwa 56 % der Hennen in ausgestalteten Käfigen gehalten. In der Bodenhaltung betrug der Anteil 26 %.

Kleingruppenhaltung

Die Kleingruppenhaltung stellt eine schrittweise entwickelte Haltungsform dar. Ausgangspunkt war der ausgestaltete Käfig, der die Vorgaben der EU-Richtlinie 1999/74/EG erfüllt. Der ausgestaltete Käfig bietet den Legehennen bereits differenzierte Funktionsbereiche an: Nest, **Einstreubereich** und **Sitzstangen**. Er ist zunächst für kleine Gruppen von 10 Hennen konzipiert worden. Nachteil dieser ausgestalteten Käfige ist die eingeschränkte Bewegungsmöglichkeit der Hennen und insbesondere die unzureichende Nutzung der Einstreubereiche und der Sitzstangen. In der Kleingruppenhaltung wurden daher die Gesamtfläche der Haltungseinheiten vergrößert und die Sitzstangen erhöht, um den Bewegungsraum der Legehennen zu vergrößern. Diese Weiterentwicklungen der **ausgestalteten Käfige** wurden vom Bundesrat aufgegriffen und mündeten in dem Entschluss des Bundesrates vom 7. April 2006 zur Zulassung der Kleingruppenhaltung.

Die Richtlinien zur Kleingruppenhaltung wurden in die Tierschutz-Nutztierhaltungsverordnung aufgenommen. Diese wurde jedoch vom Bundesverfassungsgericht aus formalen Gründen außer Kraft gesetzt. Die Bundesregierung ist aufgefordert, eine neue Regelung zu erarbeiten. Es ist jedoch nicht absehbar, wann und in welcher Form die Legehennenhaltung geregelt wird. Die bestehenden Anlagen können somit vorerst weiter betrieben werden. Sollten sich wesentliche Veränderungen ergeben, so werden die eingerichteten Haltungen für eine gewisse Übergangsfrist in ihrem Bestand geschützt sein.

Bodenhaltung

In Bodenhaltungssystemen werden Legehennen in Gruppen bis zu 6000 Tieren gehalten. Die Bodenfläche ist zu zwei Drittel perforiert und mit Gittern aus Kunststoff oder Holz ausgelegt. Zu dem unter den Gittern liegenden Bereich, in dem die Exkremente gesammelt werden (Kotgrube), haben die Hennen keinen Zugang. Der Stallboden – bzw. ein Teil davon – wird direkt eingestreut. Als Einstreumaterial werden Sägespäne, Hobelspäne, Strohhäcksel, Torf oder Sand eingesetzt. Die Bodenfläche zu beiden Seiten der Kotgrube dient als Scharrraum. Damit möglichst viele Exkremente in die Kotgrube gelangen, werden über ihr die Sitzstangen oder Lattenroste sowie die Futter- und Tränkeeinrichtungen untergebracht. Auch die Nester sind hier angeordnet. Zur besseren Ausnutzung des Stalles können auch A-Reuter (stufenförmige Anordnung der Sitzgelegenheit) auf der Kotgrube angebracht werden.

In älteren Anlagen findet man heute noch unter dem Kotkasten eine Güllelagerung. Neuere Anlagen werden mit Trockenkotverfahren ausgerüstet. Für die Höhe des Kotkastens ist entscheidend, ob die Exkremente während der gesamten Zeit im Stall gelagert werden oder ob der Mist regelmäßig durch Bänder oder Schrabber entfernt wird. Nur so ist ganzjährig ein akzeptables Stallklima mit geringer Ammoniakbelastung zu erreichen. Es gibt auch die Möglichkeit, den gesamten Stall mit Kunststoffrosten auszulegen und den **Kaltscharrraum** – auch als **Wintergarten** bezeichnet – in einen angrenzenden, überdachten und eingestreuten Außenbereich mit befestigtem Boden auszugliedern. Der Wintergarten kann auch als Übergang von der Stallhaltung in den Freiauslauf ausgestaltet werden.

Nester gibt es in Bodenhaltungssystemen als Einzel- oder Gruppennester. Die Nestböden sind mit Kunstrasen, Gummimatten und Einstreu ausgelegt. Häufig weisen die Nester einen schrägen Boden auf, von dem die Eier abrollen können (Abrollnester). Die Eiersammlung erfolgt hierbei automatisch über Eiersammelbänder. Um zu vermeiden, dass Hennen in den Nestern bleiben und diese verschmutzen, werden oft Auswurfnester eingesetzt, bei denen die Böden mechanisch nach vorne geklappt werden oder die Hennen über Einwegtüren ab einer bestimmten Tageszeit nur noch aus- aber nicht mehr eintreten können.

In der Bodenhaltung können die Tiere ihre arttypischen Verhaltensweisen ausüben. Doch sind bei dieser Haltungsform der Anteil an Schmutzeiern, der Keimbefall der Eier und der für die Hennen auch schmerzhafte Parasitenbefall und die Tierverluste höher als in der Käfighaltung. Zudem ist die Haltung arbeitsintensiver und teurer.

Bodenhaltung mit Volierengestellen Bei dieser Variante der Bodenhaltung wird zusätzlich die dritte Dimension des Stalles genutzt. Auf der Stallgrundfläche sind Einrichtungen mit 2 – 4 Bewegungsebenen (**Volierengestelle**) angebracht (▶ **Abb. 10.3**). Damit kein Kot auf die darunter gelegenen Ebenen fallen kann, befinden sich unter den Ebenen Kotbänder, mit denen der Kot regelmäßig aus dem Tierbereich transportiert wird. Die Sitzstangen befinden sich auf den Ebenen der Voliere, wobei es im Hinblick auf das Ruheverhalten der Hennen am günstigsten ist, wenn die Sitzstangen möglichst auf den oberen Ebenen untergebracht sind. Bei Bodenhaltungen mit Volierengestellen können prinzipiell 3 Varianten für die Unterbringung der Legenester unterschieden werden:

- Volierengestelle mit nicht integrierten Nestern
- Volierengestelle mit integrierten Nestern
- Portalsysteme

▶ **Abb. 10.3** Bodenhaltungsstall mit Volierengestellen. (Foto: Manfred Golze, Köllitsch)

Bei Volierengestellen mit nicht integrierten Nestern liegen die Nester außerhalb der Volierengestelle. Sie befinden sich entweder im Stallzentrum oder an den Seiten des Stalles. Vor den Nestern, die oft erhöht oder auch übereinander angeordnet sind, sollten Anflugstangen angebracht sein, damit die Hennen die Nester leichter erreichen können. Zwischen den Volierengestellen und den Nestern befindet sich der Einstreubereich, der oft auch unterhalb der Volierengestelle für die Hennen zugänglich ist.

Bei Volierengestellen mit integrierten Nestern befinden sich die Nester in den Volierengestellen. Oft wechseln sich auch Volierenreihen mit Nestern und solchen ohne Nester ab. Auch bei diesen Systemen können die Bereiche unterhalb der Volierengestelle eingestreut und für die Hennen zugänglich sein. Für diese Systeme ist kritisch anzumerken, dass der Nestbereich nicht mehr eindeutig vom restlichen Aktivitätsbereich innerhalb der Volierengestelle getrennt ist, sodass in der Hauptlegephase der Nestzugang für die legebereiten Hennen behindert ist.

Bei den Portalsystemen ist eine perforierte Ebene über dem gesamten oder einem Großteil der Stallgrundfläche angeordnet. Die weiteren Ebenen sind stufenförmig aufgebaut. Der Einstreubereich befindet sich unterhalb des Aufbaues und deckt meist die gesamte Stallgrundfläche ab. Der Volierenaufbau ist dabei so hoch, dass die Betreuer darunter entlang gehen können. Die Nester sind in den Volierenaufbau integriert. Je nach Modell können Betreuer auch auf dem Volierenaufbau gehen. Auch hier befindet sich unterhalb der Ebene(n) jeweils ein Kotband. In diesen Systemen ist der Einstreubereich sehr großzügig ausgelegt, was den Hennen ermöglicht, ihr Nahrungssuch- und Staubbadeverhalten auszuleben.

Freilandhaltung Bei der Freilandhaltung haben die Hennen Zugang zu einer am Stall gelegenen, freien Fläche. Nach der EU-Vermarktungsnorm für Eier ist den Hennen tagsüber uneingeschränkter Zugang zum **Auslauf** zu gewähren. Die Auslauffläche muss größtenteils bewachsen sein und jeder Henne muss bei permanentem Auslauf eine Fläche von mindestens 4 m^2 zur Verfügung stehen (EG 557/2007). Sofern bauliche oder rechtliche Gründe nicht dagegen sprechen, müssen stationäre Legehennenställe, die nach dem 4. August 2006 in Benutzung genommen werden, bei Freilandhaltung zusätzlich mit einem Kaltscharrraum ausgestattet sein (Tier Sch NutztV, § 13a Abs.7 Nr. 9). Diese Vorgabe wurde getroffen, weil sich Hennen oft nur im stallnahen Bereich des Auslaufes aufhalten. Damit besteht die Gefahr von punktuellen Nährstoffeinträgen in den Boden. Dem kann durch eine gute Strukturierung des Auslaufes mit Anpflanzungen oder künstlichen Elementen, die den Hennen auch in stallfernen Bereichen Schutz bieten, entgegengewirkt werden. Die EU-Richtlinie schreibt als Zutrittsöffnung zum Auslauf eine Gesamtbreite von 200 cm für 1000 Hennen vor, wobei die einzelnen Öffnungen mind. 35 cm hoch und 40 cm breit und über die gesamte Stalllänge verteilt sein müssen. Nach deutschem Recht müssen die Hennen schon während der Aufzucht an die spätere Haltungsform gewöhnt werden.

In neu zu errichtenden Ställen ist Tageslicht vorgeschrieben. Dabei ist die Lichteintrittsfläche auf 3 % der Stallgrundfläche festgelegt. Aus Gründen der Wärmedämmung sollte der Lichteinfall nicht durch Fenster erfolgen. Meist werden transparente Materialien im Dach oder an den Seitenwänden angebracht, durch die das Tageslicht einfällt. Die vorgeschriebene Lichtintensität und Tageslicht wirken sich nicht auf die Leistung der Tiere aus. Es ist aber davon auszugehen, dass unter Tageslichtbedingungen die Gefahr von Kannibalismus ansteigt. Um die vorgeschriebene Lichtintensität (20 Lux) und eine Mindesttageslänge von 14 Stunden zu gewährleiten, ist eine Zusatzbeleuchtung erforderlich.

Besonderheiten der ökologischen Legehennenhaltung

Nach der EG-Verordnung Nr. 1804/1999 über die **ökologische Legehennenhaltung** muss den Tieren eine traditionelle Auslaufhaltung angeboten werden. Hier ist bei Flächenrotation eine Außenfläche von 4 m^2 je Henne vorgeschrieben, sofern die Obergrenze des Stickstoffeintrages von 170 kg/ha und Jahr nicht überschritten wird. Dies bedeutet eine höchstzulässige Anzahl von 230 Tieren je Hektar. In einem Stall dürfen max. 3000 Hennen und dabei 6 Tiere pro m^2 Nettofläche gehalten werden. Die Sitzstangenbreite muss 18 cm betragen und für 8 Legehennen muss ein Nest oder im Fall eines gemeinsamen Nestes 120 cm²/Tier vorhanden sein. **Mobilställe**, die einen regelmäßigen Standortwechsel erlauben, stellen in der ökologischen Legehennenhaltung eine Alternative zu stationären Stallanlagen dar.

10.3.2 Fütterung der Legehennen

Grundlegende Aspekte

Besonderheiten bei der Verdauung und Nahrungsansprüche Das Huhn hat einen speziellen Verdauungstrakt zur Aufnahme, Zerkleinerung und Verdauung der aufgenommenen Nahrung. Das Huhn nimmt die Nahrung mit dem Schnabel auf. Hierbei wird diese in der Mundhöhle mit Speichel durchmischt, ohne dass eine Zerkleinerung stattfindet, da die Vögel kein Gebiss haben. Anschließend gelangt die Nahrung über die Speiseröhre in den **Kropf**, einer beutelförmigen Erweiterung der Speiseröhre. Der Kropf speichert das Futter zwischen, gleichzeitig kommt es zu einem Aufquellen. Die vorgequollene Nahrung wird durch Kontraktion der Kropfwand weiter in den Magen transportiert. Der Magen des Huhnes ist in 2 Abschnitte unterteilt:

- den Drüsenmagen
- den Muskelmagen

Das Sekret der Magendrüsen im ersten Abschnitt enthält die Enzyme Pepsin und Chymosin sowie Salzsäure, die ein saures Milieu erzeugen und den Verdauungsvorgang einleiten. Im sich anschließenden Muskelmagen wird die Nahrung durch mahlende Bewegungen zerkleinert. Die Zerkleinerung von Getreidekörnern und Kornbruchstücken wird durch aufgenommene Steinchen (Grit) unterstützt. Durch die Tätigkeit des Muskelmagens wird der zerkleinerte Nahrungsbrei schließlich in den Dünndarm (Zwölffingerdarm, Leerdarm, Hüftdarm) transportiert. Der Dickdarm des Huhnes besteht aus den paarigen Blinddärmen und dem Enddarm. Der Dünndarm ist wie bei den anderen Monogastriern der Hauptort der Verdauung und Resorption (Nährstoffaufnahme). Im Dickdarm erfolgt die Rückführung von Wasser und Salzen, was zur Eindickung des Darminhaltes führt. In den Blinddärmen wird die Zellulose mikrobiell abgebaut. Die Ausscheidung der Nahrungsreste geschieht über die **Kloake**, in die sowohl der Harnleiter als auch Ei- bzw. Samenleiter einmünden.

Für die Verdauungsleistung des Geflügels sind die Länge und das Fassungsvermögen des Verdauungstraktes bedeutsam. Die relative Länge des Magen-Darm-Traktes im Vergleich zur Länge des Tieres beträgt beim Geflügel nur 1:6–8 (Schwein [1:14], Wiederkäuer [1:20]). Das damit verbundene geringe Fassungsvermögen des Verdauungstraktes sowie eine relativ geringe Verweildauer der Futtermittel erfordern beim Geflügel den Einsatz hochverdaulicher, rohfaserarmer und wenig voluminöser Futtermittel.

Das **Hühnerei** als Zielprodukt weist einen hohen Eiweißgehalt mit großer biologischer Wertigkeit auf. Deshalb haben die Legehennen einen hohen Proteinbedarf bzw. Bedarf an essenziellen Aminosäuren (Arginin, Lysin, Histidin, Leucin, Isoleucin Valin, Methionin, Threonin, Tryptophan und Phenylalanin). Methionin stellt hierbei die erstbegrenzende Aminosäure dar. Außerdem benötigen sie für die Eischalenbildung viel Calcium, das heißt im Futter ein Ca : P-Verhältnis von 5 : 1. Der Bedarf an Energie (AME_N oder ME_G, vgl. Kap. Energiebewertung beim Geflügel (S. 216); nachfolgend wird vereinfacht ME angegeben) orientiert sich am Körpergewicht und an der Legeleistung in den Leistungsstadien. Die Futteraufnahme erfolgt beim Geflügel in erster Linie nach dem Energiegehalt der angebotenen Ration. Dabei stellen die Tiere ihre Futteraufnahmemenge auf ein Niveau ein, das zu einer identischen ME-Aufnahme führt. Dies eröffnet Spielräume für die Ausgestaltung der ME-Gehalte in Alleinfuttermischungen.

Leistungsstadien Je nach Aufzuchtintensität der **Junghennen** und der damit verbundenen Lebendmasse am Ende dieses Abschnittes beginnt die Legephase der Hennen in der 20. bis 22. Lebenswoche. Die Tiere erreichen ihre maximale Legeleistung in der 24./25. Lebenswoche (bis zu 90 %). Anschließend sinkt die Legeleistung bis zum Ende der Legeperiode (12.–14. Legemonat) auf 70–80 % ab. Parallel zum Anstieg in der Legeleistung der Hennen erhöht sich die tägliche Futteraufnahme von etwa 95–100 g auf 115–125 g (Legebeginn bis 12/14. Legemonat) und das Gewicht der gelegten Eier von etwa 50 g zum Legebeginn auf 65–70 g am Ende der Legeperiode. Zum Zeitpunkt des Legebeginns ist das Wachstum der Hennen noch nicht abgeschlossen; die Tiere nehmen bis zur 32. Lebenswoche noch an Lebendmasse zu.

Praktische Fütterung

Die optimale Versorgung der Legehenne mit Nährstoffen während der Legeperiode sowie die Zielstellung einer verminderten Nährstoffausscheidung erfordern eine Phasenfütterung. Von den Zuchtunternehmen werden je nach genetischer Herkunft unterschiedlich gestaltete Phasen empfohlen. Vor dem Hintergrund der neuen Düngegesetzgebung sind zur Minderung der N- und P-Ausscheidungen weitere Maßnahmen zu beachten:

- Kalkulation der Futtermischungen auf der Basis praecaecal verdaulicher Aminosäuren (pc verd. AS)
- Einsatz von freien Aminosäuren
- Einsatz von Phytase
- Rückführung der mineralischen Phosphor-Verbindungen (P-freies Mineralfutter)

Diese Maßnahmen sollten auch für die Mastgeflügelfütterung beachtet werden.

In der praktischen Legehennenfütterung wird zwischen der **Alleinfütterung** und der **kombinierten Fütterung** unterschieden.

Alleinfütterung In der ▸ Tab. 10.3 sind die Anforderungen an Alleinfuttermischungen, differenziert nach Phasen, dargestellt.

Die Futtermischungen der aufgeführten Phasen tragen dem sinkenden Bedarf an Nährstoffen (insbesondere Rohprotein) sowie dem steigenden Bedarf an Calcium mit fortschreitendem Alter der Hennen Rechnung. Beim Wechsel der Phasenfutter sollten wesentliche Änderungen in der Rohstoffzusammensetzung sowie deutliche Änderungen

▸ **Tab. 10.3** Empfehlungen zum Energie-, Rohprotein-, Aminosäuren- und Mineralstoffgehalt in Alleinfuttermischungen für Hennen (Bellof u. Weindl 2013 [21], nach Lohmann 2011 [154]).

Merkmal	Einheit	Phase I		Phase II		Phase III	
		19.–45. LW[1]		46.–65. LW		>65. LW	
Energie (ME)	MJ/kg	11,40		11,40		11,40	
Rohprotein	%	16,0–17,0		15,0–16,5		14,0–15,5	
Aminosäuren		**total[2]**	**pc verd.[3]**	**total**	**pc verd.**	**total**	**pc verd.**
Lysin	%	0,80	0,65	0,77	0,63	0,73	0,60
Methionin	%	0,40	0,33	0,38	0,31	0,36	0,30
Methionin + Cystin	%	0,73	0,60	0,70	0,57	0,66	0,54
Threonin	%	0,55	0,45	0,53	0,44	0,50	0,41
Tryptophan	%	0,17	0,14	0,16	0,13	0,15	0,12
Arginin	%	0,83	0,68	0,80	0,65	0,76	0,62
Valin	%	0,67	0,57	0,65	0,55	0,61	0,52
Isoleucin	%	0,63	0,52	0,61	0,50	0,58	0,47
Mineralstoffe							
Calcium	%	3,73		4,00		4,09	
verfügbarer Phosphor	%	0,55		0,52		0,50	
Magnesium	%	0,38		0,37		0,35	
Natrium	%	0,16		0,16		0,15	
Chlor	%	0,16		0,16		0,15	
Linolsäure	%	1,82		1,45		1,18	

[1] LW = Lebenswoche. [2] total = Brutto-Aminosäuren; [3] pc verd. = verdauliche Aminosäuren.

der Futterstruktur vermieden werden. Zunehmend Beachtung findet auch in der konventionellen Legehennenfütterung die Rohfaserversorgung. Zur Sicherung der Darmgesundheit sollten zwischen 4 % (P I) und 5 % (PII) Rohfaser in den Futtermischungen enthalten sein.

In der ▸ **Tab. 10.4** sind Beispiele für Alleinfuttermischungen für die Legehennenfütterung dargestellt. Hierbei werden sowohl Eigenmischungen für die konventionelle als auch für die ökologische Fütterung aufgezeigt. Das Mischungsbeispiel A verdeutlicht, wie der Rohfaseranteil mit Luzernegrünmehl gezielt angehoben werden kann, ohne

▸ **Tab. 10.4** Beispiele für **Alleinfuttermischungen für Legehennen** (Mischungen auf der Basis konventioneller [k] oder ökologischer [ö] Rohstoffe).

Rohstoff		**Konventionelle Fütterung**[1]			**Ökologische Fütterung**[1]	
		Phase I	**Phase I**	**Phase II**	**Phase I**	**Phase II**
		Mischung A	**Mischung B**	**Mischung C**	**Mischung D**	**Mischung E**
Sojabohnen (heim.) (k)	%	–	16,0	13,0	–	–
Sojaextraktionsschrot (HP) (k)	%	16,0	–	–	–	–
Erbsen (k)	%	–	12,0	12,0	-	-
Sojakuchen (ö)	%	–	–	–	15,0	12,0
Sonnenblumenkuchen, teilentschält (ö)	%	–	–	–	14,5	14,0
Luzernegrünmehl (k/ö)	%	4,0	–	–	6,0	7,2
Bierhefe (ö)	%	–	–	–	3,0	2,0
Weizen (k/ö)	%	35,0	33,0	35,0	52,0	55,0
Mais (k)	%	31,0	28,0	28,0	–	–
Pflanzenöl (k)	%	3,0	–	–	–	–
Calciumcarbonat	%	8,0	8,0	9,0	7,5	8,0
Mineralfutter (k[2]/ö)	%	3,0	3,0	3,0	2,0	1,8
Inhaltsstoffe						
ME	MJ/kg	11,4	11,6	11,4	10,1	10,0
Rohprotein	%	15,6	15,2	14,3	19,0	17,5
Lysin	%	0,81	0,81	0,78	0,81	0,76
Methionin	%	0,41	0,41	0,39	0,32	0,30
Calcium	%	3,83	3,78	4,16	3,53	3,68
Gesamt-Phosphor	%	0,54	0,57	0,55	0,57	0,54
verfügb. Phosphor	%	0,47	0,50	0,45	0,44	0,41

[1] Eigene Kalkulationen. [2] Mineralfutter (k) mit freien Aminosäuren (L-Lysin, DL-Methoinin) und Phytasezusatz.

den ME-Gehalt abzusenken. Für zwei Mischungsbeispiele der konventionellen Fütterung (B und C) wird der mögliche Austausch von Sojaextraktionsschrot durch heimische Eiweißträger aufgezeigt. Über den Einsatz freier Aminosäuren kann ein wirksamer Beitrag zur Absenkung der Rohproteingehalte in den Mischungen geleistet werden. Die dargestellten Öko-Mischungen (D und E) erfüllen die Vorgaben einer „100 %-Biofütterung". Diese soll zukünftig auch für die Geflügelfütterung verbindlich gelten. Der Methionin-Gehalt wirkt in solchen Mischungen als begrenzender Faktor (der Einsatz „synthetisch hergestellter" Aminosäuren ist nicht erlaubt). Eine Absenkung des ME-Gehaltes – unter Beachtung des Verhältnisses der essenziellen Aminosäuren zum ME-Gehalt (Methionin/ME) – kann aufgrund der erhöhten Futteraufnahme zu einem Einspareffekt an diesen begrenzenden Aminosäuren führen (▶ **Tab. 10.4**). Für die ökologische Legehennenfütterung ist zudem die Nährstofflieferung über die Auslaufhaltung zu beachten. Diese kann bei gutem „Weidemanagement" beachtlich sein.

In der konventionellen Fütterung beträgt der Jahresverbrauch weißer Legehennen 43–46 kg Alleinfutter, bei braunen Legehennen wegen des höheren Lebendgewichts 45–47 kg. Um der Futterverschwendung vorzubeugen, sollte man die Futtertröge nur zu einem Drittel des Fassungsvermögens füllen.

Kombinierte Fütterung Unter dem Begriff „**Kombinierte Fütterung**" werden alle Fütterungsstrategien zusammengefasst, die den Einsatz von Getreide und einem Ergänzungsfuttermittel vorsehen. Von den Mischfutterfirmen werden solche speziellen Futtermischungen („Ergänzer"), für sinnvolle Mischungsverhältnisse mit Getreide angeboten. Dieses Fütterungskonzept ist einfach und kostengünstig umzusetzen. Über eine Volumendosierung werden das grob geschrotete Getreide und der Ergänzer in den gewünschten Anteilen gemischt und in den Hennenstall gefördert.

Der **Wasserbedarf** je Henne beträgt 1/4 Liter pro Tag, an warmen Tagen bis 1/3 Liter, was vor allem bei der Verabreichung von Medikamenten über das Trinkwasser berücksichtigt werden muss.

10.3.3 Gewinnung von Qualitätseiern

Das **Innere des Eies** besteht zu 73 – 74 % aus Wasser, zu ca. 13 % aus Eiweiß und zu ca. 12 % aus Fett. Die Kohlenhydrate und Mineralstoffe bilden den Rest. Das Fett befindet sich ausschließlich im Dotter, während vom Eiweiß das Eiklar und das Eidotter etwa die gleiche Menge besitzen (▶ **Abb. 10.4**).

Zwei Eier decken ein Fünftel des täglichen Eiweißbedarfes des Menschen. Beim Eisen und bei den Vitaminen A und D steuern die beiden Eier sogar einen höheren Beitrag zum menschlichen Tagesbedarf bei. Die Wünsche des Verbrauchers an die Qualität des Eies sind wie folgt zu charakterisieren:

- Die **Frische des Eies** – das ist der wichtigste Wunsch – hängt vom Alter und von der Aufbewahrungstemperatur ab. Mit abnehmender Frische wird die Luftkammer größer. Ferner fließt beim Aufschlagen der Eier das Eiklar stärker auseinander, und der Eidotter wird flacher. Für den Erzeuger heißt die Devise: Eier mehrmals täglich einsammeln, bei 8 bis 10 °C lagern und rasch auf den Weg zum Endverbraucher bringen!
- **Saubere Eier** sind appetitlicher und schmecken besser. Vom Schmutz auf der Eischale werden Duftstoffe abgegeben und dringen durch die Poren in das Innere des Eies ein. Auf dem gleichen Wege wird der Geschmack auch beeinträchtigt durch minderwertiges Futter, schlechte Stallluft, dumpfige Einstreu, streng riechendes Verpackungsmaterial usw. Deshalb in der Bodenhaltung nur Abrollnester verwenden, eine ausreichende Zahl von Nestern im Nahbereich der Hennen aufstellen, die Nester sauber und trocken halten, reichlich einstreuen – bei allen Stallhaltungsformen die Eier oft einsammeln und in die gut belüftete Eikammer bringen sowie poröses Verpackungsmaterial verwenden! Eier nicht waschen, weil dadurch das Oberhäutchen zerstört wird und Krankheitskeime eindringen können.
- Die **Dotterfarbe** soll kräftig dunkelgelb sein. Sie ist abhängig vom Gehalt des Futters an Xantophyllen und anderen Farbstoffen, die mit dem Carotin chemisch verwandt sind und teilweise mit ihm zusammen vorkommen. Die wichtigsten Quellen für diese Farbstoffe sind Paprika, Luzernegrünmehl, Platamais, aber auch synthetisch hergestellte Carotinoide.

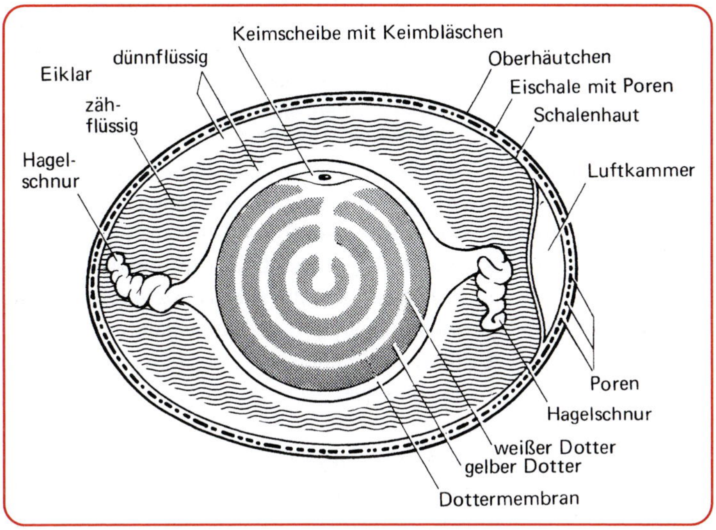

▶ **Abb. 10.4** Das Ei von innen.

- **Blutflecken** und andere Fremdeinflüsse in den Eiern sind unerwünscht, denn sie verderben den Appetit. Sie werden beim Durchleuchten erkannt (allerdings schwierig bei braunschaligen Eiern) und müssen aussortiert werden.
- Eine **feste Eischale** wird für das mechanisierte Einsammeln und Sortieren, für den Transport, für die Lagerung und für das Kochen gebraucht. Sie hängt ab von erblichen Faktoren, vom Futter, von der Stalltemperatur, vom Alter und von Krankheiten (z. B. infektiöse Bronchitis und Newcastle Disease). Deshalb Junghennen aus Herkünften mit guter Schalenfestigkeit verwenden, für die notwendige Zufuhr von Calcium und Vitamin D im Futter sorgen, Schutzimpfungen gegen die genannten beiden Krankheiten durchführen, kranke Tiere aussortieren, an heißen Sommertagen den Stall kühl halten, bei längerer Haltungsdauer eine Legepause (Zwangsmauser) einlegen, eierschonende Techniken beim Eiersammeln und Sortieren bevorzugen.

Leider nimmt der Anteil der **Bruch- und Knickeier** auch mit dem Eigewicht und mit der Legeleistung zu. Es zeigt sich hier wieder, dass man nicht oder nur schwer eine größere Zahl von erwünschten Merkmalen gleichzeitig auf züchterischem Wege verbessern kann und dass man sich unter Umständen bei manchen Teilleistungen mit dem erreichten Niveau begnügen muss – etwa beim Eigewicht.

Auf jeden Fall ist das Problem der Schalenfestigkeit noch nicht zufriedenstellend gelöst und bedarf weiterer Forschungen und Anstrengungen in der Praxis. Beeinflusst wird die Schalenstabilität durch Züchtung und Haltung, aber besonders abhängig ist sie von der Fütterung. Bei den braunschaligen Eiern ist die Bruchfestigkeit im Durchschnitt nicht besser als bei den weißschaligen.

EG-Vermarktungsnormen für Eier

Für landwirtschaftliche Produkte, wie z. B. Eier, wurden EU-einheitliche Qualitätsnormen und Handelsklassen eingeführt, um den gemeinschaftlichen Handel zu erleichtern und die Bevölkerung mit Produkten gleich bleibend hoher Qualität zu versorgen. Durch die seit Anfang 2008 geltende Verordnung über die einheitliche gemeinsame Marktorganisation (GMO) wurde der Versuch unternommen für die verschiedenen Erzeugnisse, die Vermarktungsnormen unterliegen, vergleichbare Sachverhalte identisch zu regeln. Die GMO gilt für den Bereich Eier seit dem 01.07.2008. Zeitgleich zu dieser neuen Ratsverordnung trat die Kommissionsverordnung 589/20082 mit den Durchführungsbestimmungen zur VO 1234/2007 hinsichtlich der Vermarktungsnormen für Eier in Kraft.

Eier mussten bisher innerhalb festgesetzter Fristen für jede Vermarktungsstufe vom Erzeuger ggf. über Sammelstellen an registrierte Packstellen geliefert werden. Spätestens am 6. Tag waren die Eier zu kennzeichnen, zu sortieren und zu verpacken. Die neue Regelung sieht nun eine Generalfrist von 10 Tagen nach dem Legen der Eier vor, innerhalb derer die Kennzeichnung, Sortierung nach Güte (Qualität) und Gewichtsklassen (▶ **Tab. 10.5**) sowie das Verpacken zu erfolgen hat. Am gesetzlich vorgeschriebenen Mindesthaltbarkeitsdatum von 28 Tagen nach dem Legetag hat sich nichts geändert.

Die EU-Normen unterscheiden nur noch 2 Güteklassen:

- Klasse A oder „frisch";
- Klasse B oder „Eier zweiter Qualität oder deklassiert".

Die **Kennzeichnung der Eier** dient in erster Linie der Sicherstellung der Rückverfolgbarkeit der Eier zurück bis in den Stall, in dem das einzelne Ei gelegt wurde. Um dies sicher zu stellen werden dem Grundsatz nach alle Eier mit dem zugehörigen **Erzeugercode** gekennzeichnet. Ausnahmen sind auf ein Mindestmaß begrenzt und an bestimmte Bedingungen geknüpft. Eier der Güteklasse A sind obligatorisch mit dem Erzeugercode zu kennzeichnen. In ▶ **Tab. 10.6** ist das Beispiel eines Erzeugercodes dargestellt.

Der Erzeugercode hat folgenden Aufbau:

1. Code für die Haltungsform (0 = Ökologische Erzeugung, 1 = Freilandhaltung, 2 = Bodenhaltung, 3 = Käfighaltung).
2. Ländercode (Herkunft): zwei Buchstaben für den EU-Mitgliedstaat, in dem das Ei produziert wurde (Beispiel: AT = Österreich, BE = Belgien, DE = Deutschland)
3. Bundesland: zwei Ziffern für das Bundesland (Beispiel: 01 = Schleswig-Holstein, 03 = Niedersachsen, 05 = Nordrhein-Westfalen)
4. Betriebsnummer
5. Stallnummer

Alle Betriebe, die mindestens 350 Legehennen halten, und Betriebe, die Eier mit **Kennzeichnungspflicht** vermarkten, müssen unter Vergabe des dargestellten Erzeugercodes registriert werden. Von der Kennzeichnungspflicht und damit von der Registrierungspflicht sind nur die Betriebe ausgenommen, die weniger als 350 Legehennen halten und ihre Eier ausschließlich ab Hof oder im Verkauf an der Tür direkt an den Endverbraucher abgeben. Erzeuger, die ihre Eier auf dem Wochenmarkt vermarkten wollen, unterliegen somit der Registrierungspflicht.

▶ **Tab. 10.5** Gewichtsklassen für Hühnereier (nach Geflügeljahrbuch 2010 [87]).

Gewichtsklasse		Gewichtsspannen (g)	Mindest-Nettogewicht (kg/100 Eier)
XL	sehr groß	>73	7,3
L	groß	63 – 73 g	6,4
M	mittel	53 – 63 g	5,4
S	klein	<53 g	4,5
Rechtsgrundlage: Verordnung (EG) Nr. 589/2008, Artikel 2.			

▶ **Tab. 10.6** Beispiel eines Erzeugercodes in Deutschland.

Haltungsform	EU-Mitgliedsstaat	Bundesland	Betriebsnummer	Stallnummer
z. B. Freiland	**z. B. Deutschland**	**z. B. Niedersachsen**	**Beispiel**	**Beispiel**
1	-DE-	03	1111	1

10.3.4 Wirtschaftlichkeit der Eiererzeugung

In der Eierproduktion entscheidet der letzte Cent über Erfolg oder Nichterfolg. Der Eiererzeuger muss deshalb alle für den Ertrags-Aufwands-Vergleich notwendigen Daten aufschreiben und sich am Ende jedes Wirtschaftsjahres oder jeder Legeperiode selbst Rechenschaft ablegen. Das ist besonders notwendig in den Gemischtbetrieben, um zu vermeiden, dass die möglichen Verluste aus der Hennenhaltung durch andere Betriebszweige ausgeglichen werden müssen. Weil die Hennenhaltung sehr wenig mit dem Gesamtbetrieb verzahnt ist und sich die benötigten Daten relativ leicht ermitteln lassen, kann die Wirtschaftlichkeit der Eierproduktion mit wenig Arbeits- und Rechenaufwand kontrolliert werden (▶ **Tab. 10.7**).

▶ **Tab. 10.7** Entwicklung der Wirtschaftlichkeit in der Legehennenhaltung (Baden-Württemberg 2007/08 und 2014/15, Betriebe überwiegend mit Direkt-Vermarktung; nach Geflügeljahrbuch 2010, 2018 [87]).

Kennzahlen	Einheit	2007/08	2014/15
Bestandgröße Legehennen/Betrieb	D-LH	3420	4723
Legeleistung	Eier/LH	295	293
Futterverbrauch	g/Tag	120	119
Futterverbrauch	g/Ei	150	149
Erlös	ct/Ei	13,77	17,05
Spezialkosten	ct/Ei	10,24	12,28
davon Futterkosten	ct/Ei	4,55	5,16
Kosten Junghenne	€/Tier	5,16	5,98
Erlös Schlachthenne	€/Tier	1,29	1,02
Verluste	%	11,9	12,2
Futterpreis	€/dt	30,41	34,46
Marktleistung	**€/LH**	**40,64**	**49,93**
Futterkosten	€/LH	13,41	15,02
Wertminderung	€/LH	3,64	4,75
Verzinsung des Tierkapitals	€/LH	0,13	0,17
Abschreibung Stall und Geräte	€/LH	6,58	6,77
Reparaturen	€/LH	0,16	0,26
Energie, Wasser	€/LH	1,24	1,32
Hygiene, GGD, TSK	€/LH	0,45	0,59
anteilige Kosten	€/LH	0,26	0,67
Sonstiges	€/LH	0,21	0,30
Löhne Fremd-AK	€/LH	0,86	1,30
Vermarktung	€/LH	3,28	4,65
Summe Kosten	€/LH	**30,22**	**35,78**
Arbeitseinkommen	€/LH	**10,42**	**14,14**
Arbeitseinkommen	Ct/Ei	3,53	4,79

AK = Arbeitskraft; D-LH = Durchschnittshenne; GGD = Geflügelgesundheitsdienst; LH = Legehenne; TSK = Tierseuchenkasse.

Bei den Erträgen interessieren die Zahlen der gelegten und der verkauften Eier. Die im eigenen Haushalt verbrauchten Eier dürfen nicht vergessen werden. Für den Leistungsvergleich zwischen verschiedenen Jahren des gleichen Betriebes oder zwischen verschiedenen Betrieben errechnet man die **Eierleistung** je **Anfangshenne** (Anzahl der insgesamt gelegten Eier geteilt durch die Anzahl der aufgestellten legereifen Junghennen). Dieser Leistungsmaßstab ist genauer als die **Eierleistung je Durchschnittshenne** (der amtlichen Statistik) oder die Legeleistung in Prozent, weil die Verluste an Hennen während der Legeperiode berücksichtigt werden, die sehr verschieden sein können.

Bei den Aufwendungen interessieren besonders die Futterkosten je Durchschnittshenne und je gelegtes Ei sowie die Wertminderungskosten. Als **Wertminderung** bezeichnet man den Unterschied zwischen den Junghennenkosten und dem Schlachterlös für die Suppenhenne.

Aus der Betrachtung der Kennzahlen der ▶ **Tab. 10.7** lassen sich folgende Schlüsse ziehen:

1. Die wichtigsten Kostenfaktoren sind mit 42 % der Erzeugungskosten das Futter und mit rund 19 % der Erzeugungskosten die Abschreibung. Einsparungen oder Verteuerungen bei diesen Kosten wirken sich am nachhaltigsten auf die Kostenstruktur aus.
2. Hohe Legeleistungen je Anfangshenne verringern den täglichen Futteraufwand und damit die Futterkosten je Ei. Deshalb sollten je Anfangshenne mindestens 280 Eier im 1. Legejahr bzw. 330 Eier innerhalb von 15 Legemonaten angestrebt werden.
3. Hohe Legeleistungen je Anfangshenne sind nur mit relativ niedrigen Tierverlusten während der ersten 12 Legemonate zu erzielen. Diese sollten möglichst nicht über 10 % liegen.
4. Innerhalb der letzten 7 Jahre entwickelten sich die Arbeitseinkommen positiv (+ 36 %).

10.4 Junggeflügelmast

10.4.1 Hähnchenmast

Wer sich mit der **Hähnchenmast** – auch als **Broilermast** bezeichnet – beschäftigt, sollte von vornherein keine Illusionen über die Gewinnmöglichkeiten dieses Betriebszweiges hegen. Nur im Nahbereich einer leistungsfähigen und kaufmännisch geschickt geleiteten Geflügelschlachterei und mit einer vollkommenen Produktionstechnik kann ein Landwirt hoffen, durch die vertraglich abgesicherte Hähnchenmast einen angemessenen Beitrag zum Familieneinkommen erwirtschaften zu können. Als Hauptbetriebszweig im einzelnen Familienbetrieb eignet sich die Broilermast selten. Hierfür lassen sich folgende Gründe angeben:

- Nur etwa die Hälfte des Gesamtarbeitsbedarfs entfällt auf die laufende, tägliche Versorgung, der Rest des Arbeitsaufwands konzentriert sich auf wenige Stunden (Einfangen der Tiere beim Ausstallen, Entmisten, Reinigen und Desinfizieren der Ställe.
- Die Hähnchenmast erfordert einen hohen Kapitalaufwand.

Produktionstechnik

Die **Mastküken** bzw. die Bruteier, aus denen die Mastküken stammen, werden nach Gewicht, aber auch – bei Durchführung der sogenannten **Roastermast** (s. u.) – nach Geschlecht sortiert. Die weiblichen „Brathähnchen" wachsen fast ebenso rasch wie die männlichen. Ihre Futterverwertung ist – bei niedrigem Endgewicht – nur um rund 5 % ungünstiger als die der echten Hähnchen.

Die Mastküken, die in der Regel von der Schlachterei zur Verfügung gestellt werden, sollen vital und frühreif sein, sich rasch und mit Rücksicht auf den Verkaufswert hell befiedern, fleißig fressen und die Nährstoffe vorzugsweise in der Brust- und Schenkelmuskulatur ansetzen (▶ **Abb. 10.5**). Mehr als 3 % Tierverluste einschließlich derjenigen auf dem Transport in die Schlachterei darf es nicht geben.

Die Produktionstechnik gleicht in vielen Beziehungen der Kükenaufzucht, nur mit dem wesentlichen Unterschied, dass die Masthybriden dreimal so rasch wachsen sollen wie die Legehybriden.

▶ **Tab. 10.8** Überblick Mastverfahren in der Hähnchenmast (nach KTBL 2008 [130]).

Merkmal	Einheit	Mastverfahren			
		Kurzmast	Splitting	Verlängerte Mast	Langmast[1]
Verkaufgewicht	g/Tier	1600	• 1600[2] • 1850 - 2400[2]	2200 - 2500	2200
Tageszunahmen	g/d	51	60	60	28 - 33
Mastdauer	d	30 - 50	30 - 41	39 - 43	50 - 77
Leerzeiten	d/a	12,5	12,7	13,4	4728
Mastdurchgänge	Stück/à	7,9	7,1	7,1	3,5 - 5,2
Futterverwertung	kg/kg	1,55 - 1,60	1,55 - 1,70	1,75	2,20 - 2,50
Tierverluste	%	3–5	3 - 5	3 - 5	2 - 4
Ausschlachtung	%	74	74	74	67 - 69
Besatzdichte	Tiere/m²	23	23	17	10

[1] Bei getrenntgeschlechtlichen Langmastverfahren werden Verkaufsgewichte von 2300 g/Tier bei weiblichen und 3300 g/Tier bei männlichen Tieren erreicht.
[2] 30 % des Bestandes werden im 1. Aufstallungstermin mit 1600 g ausgestallt. Die restlichen 70 % der Tiere werden am 2. Ausstallungstermin mit höheren Gewichten ausgestallt.

▶ **Abb. 10.5** Broiler der schnellwachsenden Herkunft Ross 308. (Werkfoto: Lohmann Tierzucht, Cuxhaven)

Nach der Länge der Mast (**Kurzmast** und **Splittingverfahren**), dem angestrebten Mastendgewicht (**gewichtsorientierte Mast**) oder nach der geschlechtsgetrennten Mast (**Roastermast**) erfolgt die Einteilung der verschiedenen Mastverfahren (▶ **Tab. 10.8**).

Von den verschiedenen Mastverfahren hat die vertraglich vereinbarte Kurzmast der „Brathähnchen" die größte Bedeutung. Um den Absatz an Hähnchenfleisch zu sichern bzw. zu steigern, werden die Tiere zunehmend nicht nur als ganze Schlachtkörper vermarktet, sondern es findet bei schwereren Hähnchen auch eine Zerlegung statt, da diese Tiere einen hohen Anteil an den fleischreichen Teilstücken Brust und Schenkel aufweisen.

Auch in der Broilermast sollten Phasenfuttermittel mit abgestuften Protein- und Mineralstoffgehalten eingesetzt werden, um die Umwelt relevanten Stickstoff- und Phosphorausscheidungen zu begrenzen. In der ▶ **Tab. 10.9** sind die Vorgaben für solche Alleinfuttermittel dargestellt. Die in der ▶ **Tab. 10.8** ausgewiesenen hohen Leistungen können nur mit nährstoffkonzentrierten Mastfuttermischungen realisiert werden. Neben einem mittleren bis hohen Energiegehalt müssen alle notwendigen Nähr- Mineral- und Wirkstoffe in darauf abgestimmter Menge enthalten sein (▶ **Tab. 10.9**). Die in ▶ **Tab. 10.9** ausgewiesenen Empfehlungen beziehen sich auf ME-reduzierte Alleinfuttermischungen (Reduktion: Starter –2,5 %; Mast und

▶ **Tab. 10.9** Empfehlungen zum Energie-, Rohprotein-, Aminosäuren- und Mineralstoffgehalt in Alleinfuttermischungen für Broiler schnellwachsender Herkünfte (nach Aviagen 2014 [14], verändert).

Merkmal	Einheit	Starter		Mast		Endmast	
		0.–10. LT[1]		11.–24. LT		>24 LT	
Energie (ME)	MJ/kg	12,2		12,3		12,7	
Rohprotein	%	22,5		20,5		18,5	
Aminosäuren		**total[2]**	**pc verd.[3]**	**total**	**pc verd.**	**total**	**pc verd.**
Lysin	%	1,40	1,25	1,23	1,09	1,10	0,98
Methionin	%	0,55	0,50	0,48	0,45	0,45	0,41
Methionin + Cystin	%	1,05	0,93	0,94	0,83	0,86	0,76
Threonin	%	0,95	0,84	0,84	0,73	0,74	0,66
Tryptophan	%	0,22	0,20	0,20	0,17	0,18	0,15
Arginin	%	1,48	1,34	1,30	1,17	1,16	1,05
Valin	%	1,07	0,94	0,95	0,83	0,86	0,74
Isoleucin	%	0,95	0,84	0,85	0,74	0,77	0,67
Leucin	%	1,54	1,37	1,35	1,21	1,21	1,07
Mineralstoffe		**min.**	**max.**	**min.**	**max.**	**min.**	**max.**
Calcium	%	0,94		0,83		0,75	
verfügbarer Phosphor	%	0,47		0,41		0,38	
Magnesium	%	0,05	0,49	0,05	0,48	0,05	0,48
Natrium	%	0,16	0,22	0,15	0,22	0,15	0,19
Chlor	%	0,16	0,22	0,15	0,22	0,15	0,22
Kalium	%	0,39	0,98	0,38	0,86	0,38	0,86
Linolsäure	%	1,22		1,14		0,95	

[1] LT = Lebenstag. [2] total = Brutto-Aminosäuren; [3] pc verd. = verdauliche Aminosäuren.

Endmast –5 %); vgl. Kap. Grundlegende Aspekte (S. 571) und Kap. Praktische Fütterung (S. 572).

Anfangs erhalten die Küken das Alleinfutter in einer Pelletgröße von 2 mm, ab der 3. Woche in 3-mm-Pellets. Die Hähnchenmast wird in der Bodenhaltung durchgeführt. Das Wärmeprogramm unterscheidet sich von dem des Legekükenstalles dadurch, dass zur Futtereinsparung ständig eine hohe Raumtemperatur gehalten werden muss. Diese sollte während der ersten Tage 33 – 35 °C betragen und dann schrittweise abgesenkt werden (zweite Woche 26 °C, in folgenden Wochen 24 °C bzw. 22 °C). Die Lichtquellen sollen während der ersten 9 Tage 3 Watt je m², bis zum 15. Tag noch 1,5 Watt je m² und anschließend bis Mastende nicht unter 1 Watt je m² ausstrahlen. Die Beleuchtung ist hierbei täglich ca. 20 Stunden eingeschaltet.

Die Besatzdichte sollte bei Mastende nicht mehr als 35 kg Lebendgewicht/m² betragen, sodass z. B. bei einem Mastendgewicht von 1400 g bzw. 1750 g 25 bzw. nur 20 Tiere je m² gehalten werden können.

Wirtschaftlichkeit

Damit die Hähnchenmast wirtschaftlich betrieben wird, stellt die Beherrschung der Produktionstechnik - hohe Tageszunahmen, eine gute Futterverwertung und möglichst geringe Verluste - eine entscheidende Voraussetzung dar. Neben dem Markterlös üben die Futterkosten einen hohen

► **Tab. 10.10** Ergebnisse der Betriebszweigauswertungen für die Broilermast in verschiedenen Regionen Deutschlands (nach Geflügeljahrbuch 2018 [87]).

Kennwert		**LWK Hannover**	**Baden-Württemberg**
		2016	**2016**
Erlös	€/Tier	2,38	2,40
variable Kosten	€/Tier	2,02	1,94
Deckungsbeitrag (DB)	€/Tier	0,36	0,46
Festkosten	€/Tier	0,18	0,18
Betriebseinkommen	€/Tier	0,18	0,28
Gewinn	€/Tier	0,15	0,25

Einfluss auf die Wirtschaftlichkeit in diesem Produktionsverfahren aus. Die ausgewiesenen Erlöse (Baden-Württemberg 2,40 € pro Tier (► **Tab. 10.10**) spiegeln die bereits dargestellte günstige Marktsituation für Hähnchenfleisch (S. 564) wider. Die auf der Basis des für die süddeutschen Betriebe erzielten durchschnittlichen Deckungsbeitrages (46 Ct/Tier) durchgeführten weitergehenden Kalkulationen ergeben folgendes Bild:

- Das Betriebseinkommen beträgt 28 Ct/Tier.
- Der „Gewinn" liegt bei 25 Ct/Tier. Bei 40 000 Tieren pro Stall und 7 Durchgängen pro Jahr ergibt sich ein Jahresgewinn von 70 000,- €.

10.4.2 Putenmast

In der **Putenmast** unterscheidet man zwischen **Kurz-**, und **Langmast** (► **Tab. 10.11**), wobei sich die lange Mastdauer in Deutschland mit einem Anteil von über 90 % durchgesetzt hat. Die Erzeugung und Vermarktung von „**Babyputen**" aus der Kurzmast hat in Deutschland nur eine geringe Bedeutung. Es dominiert die Mast schwerer Puten für die Zerlegung (Gewicht der Schlachttiere erreicht ca. 2/3 des Gewichts der erwachsenen Tiere). Hierfür sind Herkünfte wie die „B.U.T. 6" des Unternehmens Aviagen besonders geeignet.

Produktionstechnik

Das durch die Bildung von Geschlechtshormonen bedingte, zunehmende „Auseinanderwachsen" von männlichen und weiblichen Tieren erfordert eine geschlechtsgetrennte Mast, die sich an die meist gemeinsame Aufzucht anschließt. Aufzucht und Mast können sowohl räumlich getrennt als auch durchgängig in einem Gebäude durchgeführt werden. In der Regel erfolgt die Mast im Rein-Raus- Verfahren. Die Mast der Putenhennen endet 4 – 5 Wochen früher als die der Hähne, um eine zu starke Verfettung des Schlachtkörpers zu vermeiden (► **Tab. 10.11**). Die Fütterung passt sich mit einem ausgefeilten **6-Phasen-Programm** den veränderten Nährstoffansprüchen der schnell wachsenden Tiere an (► **Tab. 10.12**). So ist mit zunehmendem Alter in den einzelnen Phasen eine Erhöhung des ME-Gehaltes vorgesehen, während der Gehalt an Rohprotein und Aminosäuren verringert wird.

Aufzucht Die Küken benötigen in den ersten 5 Aufzuchtwochen viel Wärme. Die Raumtemperatur sollte in der ersten Woche 25 °C, danach 18–22 °C betragen, wobei unter der Wärmequelle zunächst 35–40 °C herrschen sollten; anschließend darf die Temperatur je Woche um 2–3 °C abgesenkt werden.

Traditionell erfolgt die Haltung der Küken in den ersten Lebenstagen in Aufzuchtringen. In einem Ring mit einem Durchmesser von 2,5–3 m können 8–10 Tage 250–300 Tiere gehalten werden. Neuere Versuche haben gezeigt, dass auf Kükenringe verzichtet werden kann. Es genügen überschaubare Unterteilungen des Stalles. Als Einstreu eignen sich Hobelspäne, Stroh oder Dinkelspelzen. Die **Einstreu** muss staubarm und frei von Pilzbefall sein. Die Besatzdichte beträgt 8–10 Tiere je m^2 in der Aufzuchtphase. Die Ventilatorleistung sollte 5–6 m^3 Luft je Stunde und kg Lebendgewicht be-

▶ **Tab. 10.11** Kennwerte von verschiedenen Verfahren in der Putenmast.

Merkmal	Einheit	Mastverfahren				
		Kurzmast[1]	Langmast konventionell[1]		Langmast ökologisch[2]	
			Hennen	Hähne	Hennen	Hähne
Besatzdichte (Aufzucht)	Tier/m²	9 – 10	9 – 10	9 – 10	10	10
Besatzdichte (Mast)	Tier/m²	7 – 8	≤ 5	≤ 2,8	≤ 2,2	≤ 1,3
Verkaufsgewicht	kg/Tier	3 – 6	8,5 – 10,5	18,0 – 21,5	9,5 – 11,0	15,5 – 20,0
Mastdauer	d	63 – 84	111 – 115	145 – 154	126	154
Mastdauer	Wochen	9 – 12	15 – 17	19 – 22	18	22
Leerzeiten	d	14	14	14	14	14
Mastdurchgänge/Jahr	Anzahl	saisonal	2,8	2,2	2,6	2,2
Tageszunahmen	g/d	65	89	138	80	130
Futterverbrauch	kg/Tier	8 – 17	28	60	34	64
Futterverwertung	kg/kg	2,7	2,7	2,7	3,1	3,2
Tierverluste (Betrieb/ Transport/Verworfen)	%	3	3 – 7	8 – 13	5	10
Ausschlachtung	%	79 – 80	83 – 84	83 – 84	79 – 80	80 – 81

[1] Die Kurzmast (Babyputenmast) hat in Deutschland nur eine geringe wirtschaftliche Bedeutung (nach KTBL 2008 [130]).
[2] Bei Haltung schnell wachsender Herkünfte (z. B. B.U.T. 6) beträgt das Mindestalter bei der Schlachtung 18 Wochen (nach Schmidt u. Bellof 2006 [200]).

tragen. Auch ein Beleuchtungsprogramm wird durchgeführt. Es werden die ersten 2–4 Tage 24 Stunden eine 75- bis 100-Watt-Lampe eingesetzt, danach erfolgt eine allmähliche Reduzierungder Beleuchtungsdauer auf 12–14 Stunden ab 12. Tag, wobei die Helligkeit von 120 Lux am Anfang auf ca. 10 Lux nach 2 Aufzuchtwochen zurückgenommen wird. Der Schnabel wird in der Brüterei mithilfe der Lasermethode gekürzt.

Eine Rundtränke reicht für 80–100 Tiere, wobei je Tier 1,3–1,6 cm zur Verfügung stehen sollte. Ein Rundtrog mit 45 cm Durchmesser kann für 35–80 Puten eingesetzt werden, wobei in der Aufzucht 4 cm je Pute benötigt werden.

Die Ansprüche der Jungtiere an die Rohprotein- und Aminosäurenausstattung sind in den ersten fünf Wochen besonders hoch (▶ **Tab. 10.12**). In der konventionellen Aufzucht werden neben hochwertigen Eiweißfuttermitteln (HP-Sojaextraktionsschrot) freie Aminosäuren eingesetzt. Für die ökologische Aufzucht stehen diese Komponenten nicht zur Verfügung. Deshalb muss auf hochwertige und sehr teure Rohstoffe wie Kartoffeleiweiß (überwiegend aus konventioneller Erzeugung) zurückgegriffen werden. Die Einhaltung einer 100 %-Biofütterung (S. 572) ist für diese Tierart somit problematisch.

Mast Die Mast kann in zugfreien Um- und Neubauten durchgeführt werden. Hierbei wird unterschieden zwischen herkömmlichen Ställen ohne Seitenlüftung und Gardinenställen mit Entlüftung im Dachfirst und mit Luftzutritt an den Stalllängsseiten, wobei die Regulierung durch Rollos oder Zuluftklappen erfolgt. In modern eingerichteten Ställen steuert ein Computer die Funktionen: Heizung, Lüftung, Beleuchtung und Futterzuteilung (▶ **Abb. 10.6**).

Besonders ist auf die Einstreu zu achten. Hier dürfen keine nassen Stellen oder Oberflächenkrus-

► **Tab. 10.12** Inhaltsstoff-Anforderungen an Alleinfuttermischungen für Mastputen (6-Phasen-Fütterung; Bellof u. Weindl 2013 [21]).

Merkmal	Einheit	Fütterungsphase					
		1	2	3	4	5	6
		1.–2. LW.	3.–5. LW.	6.–9. LW.	10.–13. LW.	14.–17. LW.	18.–21. LW.
Energie (ME)[1]	MJ/kg	11,2	11,4	11,8	12,2	12,4	12,6
Rohprotein	%	28,5	26,5	23,0	21,0	18,0	16,0
Methionin	%	0,60	0,54	0,50	0,48	0,44	0,40
Lysin	%	1,75	1,50	1,30	1,20	1,00	0,90
Lys/ME[1]	g/MJ	1,56	1,32	1,10	0,98	0,81	0,71
Met/ME[1]	g/MJ	0,54	0,47	0,42	0,39	0,35	0,32
Lys/Met	1:	0,34	0,36	0,38	0,40	0,44	0,44
Calcium[2]	g/kg	13,0	13,0	12,0	10,0	9,0	7,0
Phosphor [2,3]	g/kg	10,0	10,0	9,0	7,5	6,0	5,0

[1] nach Aviagen Turkeys (2009); [2] nach GfE-Empfehlungen (2004); [3] Nicht-Phytin-Phosphor.

► **Abb. 10.6** Putenmast in Bodenhaltung – mit Rohrfütterungsanlage. (Werkfoto: Big Dutchman)

ten entstehen, die zu den unerwünschten Brustblasen führen und auf jeden Fall vermieden werden müssen. Auch die Gefahr von Fußballengeschwüren (Pododermatitis) ist bei nasser bzw. harter Einstreu erhöht.

Die Phasen 3 und 4 stellen einen besonders schwierigen Wachstumsabschnitt dar. Das Wachstum der Tiere verläuft hier besonders intensiv. Dies gilt insbesondere für das Muskelwachstum. Es besteht die Gefahr, dass die Skelettbildung hinterherhinkt und somit die Beinstabilität leidet. Der sachgerechten Ausstattung der Futtermischungen mit Mineralstoffen (Gehalte, Verhältnisse, Verbindungen) und Vitaminen (Vit. D) kommt daher eine große Bedeutung zu. Zudem kann es sinnvoll sein, diese Mischungen mit Enzymen auszustatten, welche die Nicht-Stärke-Polysaccharide (NSP) spalten, um somit die Verdauung zu stabilisieren und dem o. g. Problem der feuchten Einstreu vorzubeugen.

Wirtschaftlichkeit

Wie in der Hähnchenmast, muss auch bei der Mast von Puten die Produktion optimal gestaltet werden, damit ein entsprechendes Einkommen erzielt werden kann. Neben der angepassten Fütterung ist auf Hygiene und Tiergesundheit besonderer Wert zu legen. Die Tierverluste sollten möglichst gering sein (► **Tab. 10.11**). In ► **Tab. 10.13** und

▸ **Tab. 10.13** Biologische Kennzahlen und Leistungen in der Langmast von Puten – Betriebszweigauswertung Putenproduktion (Arbeitskreis NRW; nach Geflügeljahrbuch 2018 [87]).

Merkmal		2011	2012	2013
Hähne				
Besatzdichte	Tier/m²	3,0	3,1	3,0
Alter	Tage	144	143	145
Gewicht	kg	21,0	21,5	21,4
Tageszunahmen	g	147	150	148
Verluste	%	11	11	10
Futterverwertung	kg/kg	2,69	2,76	2,74
Hennen				
Besatzdichte	Tier/m²	5,2	5,2	5,2
Alter	Tage	111	111	113
Gewicht	kg	10,7	10,8	10,9
Tageszunahmen	g	96	95	96
Verluste	%	4	4	4
Futterverwertung	kg/kg	2,49	2,52	2,53

▸ **Tab. 10.14** Entwicklung von Kosten und wirtschaftlichen Erfolgsgrößen in der Putenmast (Arbeitskreis NRW; nach Geflügeljahrbuch 2018 [87]).

Kennwert		2011	2012	2013
Futter	€/Tier	14,10	15,91	16,53
Küken	€/Tier	2,57	2,72	2,89
Direkte Kosten, gesamt	€/Tier	20,97	23,39	24,47
Erträge	€/Tier	24,76	27,02	28,18
Direktkostenfreie Leistung	€/Tier	3,79	3,63	3,71

▸ **Tab. 10.14** sind wichtige Kennzahlen, Kosten und Erfolgsgrößen für die Putenlangmast wiedergegeben. Die vorliegenden Betriebszweigauswertungen dokumentieren das hohe Leistungsniveau der Erzeugung. Der jahresbezogene Vergleich zeigt aber sehr deutlich, dass die Wirtschaftlichkeit entscheidend vom Erlös abhängt. So konnten aufgrund der nur mäßig gestiegenen Erlöse für die Schlachttiere im Jahr 2013 die Direktkostenfreien Leistungen gegenüber dem Jahr 2011 praktisch nicht gesteigert werden, da sich die Direkten Kosten in diesem Zeitraum überproportional erhöhten.

Landwirte sollten nur dann in die Putenmast einsteigen, wenn neben genügend Kapital und Fachwissen auch verlässliche Lieferanten und abgesicherte Mastverträge nachgewiesen werden können.

10.5
Übungsfragen

☑ Fütterung Legehennen – Methioningehalt

Frage

Welches Verhältnis an g Methionin/MJ ME weisen die in ► **Tab. 10.4** aufgeführten Futtermischungen jeweils auf?

Antwort

Verhältnis an g Methionin/MJ ME: A: 0,36; B: 0,35; C: 0,34; D: 0,32; E: 0,30.
Somit nähern sich die Unterschiede zwischen konventionellen und ökologischen Mischungen an.

☑ Futterverzehrsmengen Henne

Frage

Wie sind die Futterverzehrsmengen (g/Tier und Tag) für die ökokonformen Mischungen im Vergleich zu den konventionellen Alleinfuttermischungen einzuschätzen? Was bedeutet dies für die Futterverwertung und die Futterkosten je Ei?

Antwort

Futterverzehrsmengen (g/Tier und Tag): Die Tiere versuchen die geringeren ME-Gehalte durch eine erhöhte Futteraufnahme zu kompensieren. Es ist anzunehmen, dass sich die Futteraufnahme in der ökologischen Variante um ca. 10 % erhöht. Somit verschlechtert sich die Futterverwertung, die Futterkosten je Ei erhöhen sich.

☑ Vermarktungsnormen – Erzeugercode

Frage

Nach dem Verbot der Käfighaltung in Deutschland erhöht sich der Druck des Lebensmitteleinzelhandels (LEH) auf die Erzeuger. Der LEH verlangt ein qualitativ hochwertiges, preiswertes Ei, das gleichzeitig nicht ‚gesellschaftspolitisch umstritten' ist. In der Konsequenz haben einige Handelsunternehmen Eier mit dem Erzeugercode 3 (= Käfighaltung) ausgelistet. Eier aus ausgestalteten Käfigen und der Kleingruppenhaltung werden aber ebenfalls mit dem Erzeugercode 3 gekennzeichnet. Wie beurteilen Sie vor diesem Hintergrund die Chancen für dieses Haltungssystem?

Antwort

Eier mit dem Erzeugercode 3 (= Käfighaltung) aus ausgestalteten Käfigen und der Kleingruppenhaltung: Die verhaltene Nachfrage nach Eiern mit der Kennzeichnung „3" führt zu Preisabschlägen. Damit verschlechtert sich die Wirtschaftlichkeit für das Haltungssystem Kleingruppenhaltung. Gegenüber den konkurrierenden Systemen (Bodenhaltung) verschlechtert sich die Wettbewerbsfähigkeit.

☑ Wirtschaftlichkeit Eier-Direktvermarktung

Frage

Wie hoch war das „Arbeitseinkommen" aus dem Betriebszweig „Eier-Direktvermarktung" im Jahr 2014/15 für die in ► **Tab. 10.7** dargestellten Betriebe? Welchen Stellenwert nimmt der Betriebszweig folglich ein?

Antwort

„Arbeitseinkommen" aus dem Betriebszweig „Eier-Direktvermarktung": Das Arbeitseinkommen beträgt ca. 66 800,– €. Somit ist dieser Betriebszweig ökonomisch relevant.

Putenmast – Mast

Frage

Weshalb ist die geschlechtsgetrennte Mast in der Hähnchenmast (Kurzmast) nicht üblich, in der Putenmast (Langmast) dagegen ein „Muss“?

Antwort

Geschlechtsgetrennte Mast: Die Kurzmast der Broiler umfasst einen Zeitraum von max. 50 Tagen, die Langmast der Puten(-hennen) dagegen mind. 110 Tage (Hähne mind. 145 Tage); somit erreichen die Puten ein höhere physiologische Reife, die Geschlechtsunterschiede (Hormonstatus) bilden sich deutlicher heraus: höherer Fleischansatz bei männlichen Tieren, höherer Fettansatz bei weiblichen Tieren.

Putenmast – Futterverwertung

Frage

Weshalb weisen Putenhennen und -hähne, trotz unterschiedlicher Mastendgewichte, eine etwa gleich hohe Futterverwertung auf?

Antwort

Futterverwertung Putenhennen und -hähne: Hennen kommen deutlich früher zum Schlachten als Hähne (s. o.). Die jüngeren Hennen weisen somit noch ein günstiges Fleisch:Fett-Verhältnis auf (Fett mit höherem Energiegehalt; je mehr Fett im Schlachtkörper, desto schlechter die Futterverwertung).

11 Schafe und Ziegen: Zucht, Haltung und Ernährung

Gerhard Bellof

Die **Schafhaltung** in Deutschland leistet einen bedeutenden Beitrag zur **Landschaftspflege**. Für die Zukunftsfähigkeit der Schafhaltung wird entscheidend sein, ob es gelingt, neben der Honorierung der Leistungen der Schafhalter in der Landschaftspflege, auch die Vermarktung der hochwertigen Produkte aus der heimischen Schafhaltung zu sichern oder sogar zu verbessern. Als wichtigstes Produkt steht hierbei die Fleischerzeugung im Mittelpunkt. Die Erzeugung von **Lammfleisch** ist mit 95 % am Rohertrag der Schafhaltung beteiligt, die **Wolle** nur noch mit 3 % (2 % entfallen auf den Verkauf lebender Tiere). Es muss aber betont werden, dass ohne Zahlungen von Betriebsprämien und Ausgleichszulagen sowie der Honorierung von Gemeinwohlleistungen über die Agrarumweltprogramme eine wirtschaftliche Schafhaltung in Deutschland derzeit nicht möglich ist.

Schaf- und Ziegenmilch sowie die daraus hergestellten Produkte erfreuen sich in Deutschland einer zunehmenden Beliebtheit. Die speziellen Betriebszweige Milchschaf- bzw. Milchziegenhaltung eröffnen zunehmend interessante Einkommensperspektiven. Die Professionalisierung dieser Produktionsrichtungen führt zu größeren Herden und einer stärkeren Nutzung des Leistungspotenzials der Tiere auf der einen Seite. Andererseits muss sich die Produktionstechnik diesen veränderten Ansprüchen anpassen. Der Fütterung kommt hier eine besondere Bedeutung zu.

Die ▸ Tab. 11.1 zeigt die **Entwicklung der Schaf- und Ziegenhaltung** in Deutschland auf. Die Bestandszahlen für Schafe waren in den zurückliegenden 80 Jahren erheblichen Veränderungen unterworfen. Nach einem Anstieg bis auf 2,7 Mio. Schafe im Jahr 2002 hat sich der Gesamtbestand in jüngster Zeit wieder zurückentwickelt und liegt nun bei 1,6 Mio. Stück. Einhergehend mit dem deutlichen Rückgang der Bestände ist auch die Fleischerzeugung rückläufig. Auch der Pro-Kopf-Verbrauch von **Schaffleisch** ist wieder zurückgegangen und beträgt nunmehr lediglich 0,6 kg. Der Selbstversorgungsgrad für Lammfleisch in Deutschland liegt unter 50 %. Beim Verbrauch von Schaffleisch spielen in Deutschland die ca. 4,7 Mio. Bürger mit muslimischem Glauben eine besondere Rolle. Ihrem geschätzten Verzehr von 15–20 kg Schaffleisch je Kopf und Jahr stehen die deutschen Haushalte mit einem geringen Verzehr von 200–300 g Lammfleisch je Kopf gegenüber. Einen hohen Stellenwert nimmt die Schafhaltung zur Fleischproduktion in Spanien, Griechenland sowie auf den Britischen Inseln ein. Den höchsten Pro-Kopf-Verbrauch an Schaffleisch erzielen die Bürger Griechenlands mit 13 kg. In den südeuropäischen Ländern und in Rumänien spielt auch die Milchschafhaltung eine wichtige Rolle. Die größten Jahresmengen an Schafmilch werden in Griechenland und Spanien erzeugt. Dagegen nimmt sich die Schafmilcherzeugung in Deutschland mit jährlich 2125 t noch sehr bescheiden aus.

Zuverlässige Daten über die Entwicklung der Ziegenbestände in Deutschland liegen erst in jüngerer Zeit vor (▸ **Tab. 11.1**). Aktuell beträgt der gesamte Ziegenbestand ca. 100 000 Tiere, davon 35 000 Milchziegen. Das Hauptprodukt aus der deutschen Ziegenhaltung stellt die Ziegenmilch dar. Die Jahresproduktion liegt aktuell bei 24 000 t. Die größten Ziegenbestände in Europa finden sich aktuell in Griechenland und Spanien. Das Land mit der höchsten Jahresproduktion an Ziegenmilch ist aber Frankreich mit 475 000 t.

► **Tab. 11.1** Schaf- und Ziegenbestände, Schaffleischerzeugung und Pro-Kopf-Verbrauch sowie Schaf- und Ziegenmilcherzeugung in Deutschland und ausgewählten EU-Staaten.

Kennwert		**Deutschland[1]**					
		1935/38	**1965/68**	**1982**	**2002**	**2008**	**2015**
Schafe (gesamt in 1000)		189	812	1172	2722	2443	1580
Schaffleischerzeugung (in 1000 t)		18	20	20	44,2[2]	40,0[2]	21[2]
Verbrauch (kg/Kopf)		0,3	0,2	0,8	1,1[2]	1,1[2]	0,6[2]
Milchschafe (1000)		–	–	–	–	–	12,2[3]
Schafmilcherzeugung (t)		–	–	–	–	–	2125[3]
Milchziegen (1000)		–	–	–	–	–	35[3]
Ziegenmilcherzeugung (t)		–	–	–	–	–	24 000[3]
ausgewählte EU-Staaten[4] 2013[6], 2015[5]							
Kennwert	**VK**	**E**	**GR**	**RO**	**I**	**F**	**IR**
Schafe (gesamt in Mio.)	23,1	16,5	8,9	9,8	7,1	7,1	3,3
Erzeugung (in 1000 t)	300,3	116,5	54,9	9,2	33,6	80,7	58,4
Verbrauch (kg/Kopf)[6]	4,8	2,8	13,0	3,0	1,2	3,0	3,3
Milchschafe (1000)	–	6400	2463	7393	5142	1575	–
Schafmilcherzeugung (in 1000 t)	–	537,6	548,3	29,7	397,5	271,3	–
Ziegen (gesamt, in Mio.)	0,1	3,0	4,0	1,4	1,0	1,2	–
Erzeugung (in 1000 t)	0,3	9,2	21,9	0,1	1,8	6,2	–
Milchziegen (1000)	–	1059[7]	kA[8]	kA	kA	856[3]	–
Ziegenmilcherzeugung (in 1000 t)[7]	–	466,1	129,7	16,8	33,2	474,9	–

[1] Nach Statistisches Bundesamt 2009, 2016 [221].
[2] Schaf- und Ziegenfleisch.
[3] Systemanalyse der Schaf-und Ziegenmilchproduktion in Deutschland [228].
[4] VK = Vereinigtes Königreich, E = Spanien, GR = Griechenland, RO = Rumänien, I = Italien, F = Frankreich, IR = Irland.
[5] Nach EUROSTAT 2016 [79].
[6] FAOSTAT 2013 [81].
[7] Ministerio de agricultura y pesca, alimentación y medio ambiente de España 2010 [171].
[8] kA = keine Angabe.

11.1 Betriebsformen für die Schafhaltung

Die Schafhaltung ist in vielfältigen Organisationsformen anzutreffen. Als Hauptgruppen lassen sich die Koppelhaltung, die stationäre Hütehaltung und die Wanderschäferei unterscheiden.

Der Trend zur Intensivierung der Schafhaltung führte zu einer starken Ausweitung der **Koppelschafhaltung** auch außerhalb ihrer Ursprungsregionen in Schleswig-Holstein und Niedersachsen. Mehr als 50 % der Schafe in der Bundesrepublik Deutschland sind den **Koppelschafhaltungen** zuzurechnen. Die Koppelhaltung ist wie folgt zu charakterisieren:

- Die Schafe werden in eingezäunten Grünlandkoppeln gehalten.
- Die ständige Überwachung durch den Schäfer entfällt; Schäferhunde werden durch ausbruchsichere Zäune ersetzt.

▶ **Abb. 11.1** Schafherde bei Meiningen (Thüringen) – sinnvolle Graslandnutzung im Industriegebiet durch Hütehaltung von Schafen. (Foto: Wilhelm Pabst)

- Die Bestandsgröße kann an die verfügbare Futterfläche und/oder an Teilkapazitäten der sowieso vorhandenen Arbeitskräfte bzw. Familienangehörigen angepasst werden (Nebenerwerb).
- Die Gefahr der Verseuchung mit Parasiten, insbesondere mit Magen-Darm-Würmern, ist größer, weil die Schafe beim Umtriebssystem rascher auf die gleiche Futterfläche zurückkehren.

Auf **stationäre Hütehaltungen** entfallen etwa 40 % des Schafbestandes. Unter dem Sammelbegriff finden sich sowohl die Herden der selbstständigen Schäfer und der Gutsschäfereien als auch die *Deichschäfereien* und die Genossenschaftsschäfereien. Ortsgebundene selbstständige Schäfer halten ihre Schafe meist auf Pachtland. Die **Deichschäferei** hat wegen der Boden festigenden, die Mäuse vergraulenden und die Bestockung der Gräser fördernden Wirkungen besondere Bedeutung für den Küstenschutz an der Nordsee und an den Flussmündungen. Die auf den Deichen und im Deichvorland grasenden Schafe werden in der Regel nicht gehütet, sondern nur locker beaufsichtigt. Diese Haltungsform ist der Koppelschafhaltung in manchem ähnlich.

Die **Wanderschäferei** ist durch einen rückläufigen Trend gekennzeichnet, auch wenn sie noch etwa 10 % des Schafbestandes betrifft und südlich der Mainlinie vorherrscht. Die Wanderherden nutzen im Sommer Ödlandflächen und andere Hütungen in den gebirgigen Lagen, wechseln im Herbst zur Hackfruchtnachweide in die Ackerbaugebiete und überwintern in klimatisch begünstigten Regionen (Oberes Rheintal, Bodenseegebiet) unter Nutzung der dort gelegenen Grünlandflächen (▶ **Abb. 11.1**). Probleme für diese Haltungsform sind wachsender Verkehr, zu knappe Winterfutterversorgung, Zwistigkeiten mit den Eigentümern der Weideflächen, zu lange Mastzeiten, Nachwuchsmangel.

Seitdem in vielen Regionen des Bundesgebietes Brachflächen vorhanden sind, fallen der Wanderschäferei und den ortsgebundenen selbstständigen Schäfern neue Aufgaben in der **Landschaftspflege** und Erhaltung der Kulturlandschaft zu. Das Schaf ist wie kein anderes Haustier in der Lage, Brachflächen vor der Verbuschung zu bewahren und dadurch die Landschaft offen zu halten. Damit gebührt der Schafhaltung Vorrang vor allen anderen mechanischen oder chemischen Maßnahmen zur Landschaftspflege. Es erscheint gerechtfertigt, diese Leistung der Schafe durch spezielle Entgelte aus dem Steueraufkommen zu honorieren und damit die niedrigen Erlöse aus dem Fleischverkauf auszugleichen.

11.2 Leistungen und Leistungsprüfungen für Schafe

11.2.1 Wollleistung

Die **Domestikation** des Schafes ist eng mit der Nutzung der Wolle verbunden. Unter Wolle versteht man eine durch Mutation veränderte Form der Haare, diese wurde durch die Selektion des

Menschen gezielt in den Populationen verbreitet. In der deutschen Schafzucht hatte die Selektion auf Wollmenge und **Wollqualität** früher einen sehr hohen Stellenwert. Wollpreise, die zum Teil nicht mehr die Kosten für die Schur tragen, führen dazu, dass die Wolle in der Zuchtarbeit vernachlässigt wird. Gleichzeitig wendet sich das Interesse Schafrassen zu, die nur noch selten oder gar nicht geschoren werden müssen (z. B. Haarschafe).

Von den zahlreichen **Wolleigenschaften** gilt mit Rücksicht auf die Weiterverarbeitung die **Wollfeinheit**, das heißt die Dicke des einzelnen Wollhaares, als besonders wichtig. A-Wollhaare der australischen Merinoschafe mit einem Durchmesser von etwa 20 µm (Mikrometer, Tausendstel mm) gelten als fein, die EE-Wollen von Karakulschafen mit einem Durchmesser von 40 bis 45 µm als grob. Zwischen diesen Grenzen liegt die Wollfeinheit der deutschen Rassen.

Außer von der Rasse hängt die Wollfeinheit ab vom Alter, vom Geschlecht, von der Ernährung und anderen Umweltfaktoren, aber auch von der Körperregion des Tieres. Die Qualitätsmerkmale der Wolle, insbesondere Feinheit, Ausgeglichenheit und Farbe, werden bei den Herdbuchaufnahmen beurteilt und registriert.

Im Allgemeinen werden Schafe einmal jährlich geschoren (Vollschur), meistens im Frühjahr bei ansteigenden Temperaturen. Eine Schur im Herbst kann im Hinblick auf Belegdichte, Sauberkeit und Ablammhygiene während der Stallhaltung Vorteile bringen. Winterschur setzt geeignete Ställe und die Schafschur insgesamt die nötige Sachkenntnis voraus, damit den Schafen keine vermeidbaren Schmerzen zugefügt werden.

11.2.2 Fleischleistung

Lammfleisch ist das für die Wirtschaftlichkeit entscheidende Zielprodukt in der Schafhaltung. Die Erwartungen des Verbrauchers an die Qualität von Lammfleisch können (nach Süss et al. 2003 [227]) wie folgt formuliert werden:

- zartes, saftiges Fleisch
- wenig Fett
- wohlschmeckendes Aroma (artspezifischer Geschmack)
- Fleischfarbe hellrosa (Milchlamm) bzw. hellrot, keine starke Gelbfärbung des Fettes
- gesundheitsfördernde oder diätetische Wirkung
- keine Fleischqualitätsmängel, wie: dunkles trockenes Fleisch (DFD)
- kurze Zubereitungszeiten

Für Lammfleisch wurde der Einfluss von Rasse und Geschlecht auf die genannten Kriterien untersucht. Es zeigten sich deutliche Geschlechtsunterschiede für die Merkmale Zartheit und Aroma bzw. Geschmack und somit für den sensorischen Gesamteindruck. Das Fleisch von weiblichen Lämmern ist fettreicher und damit zarter und intensiver im Geschmack als das von männlichen Tieren. Auch zwischen den Rassen bestehen gewisse Unterschiede. So ist das Fleisch von Heidschnucken besonders zart, was wiederum mit der erhöhten Fetteinlagerung zu erklären ist. Es muss aber herausgestellt werden, dass sich eine geschmackliche Ausnahmestellung des Fleisches einzelner Rassen, wie sie teilweise für Landschafrassen (insbesondere Heidschnucken) behauptet wird, bei einheitlicher Fütterung nicht festzustellen ist.

Die **Fleischleistung** wurde in der Vergangenheit vor allem durch die Zuchtwahl nach dem Äußeren gefördert, wobei – allerdings bei den verschiedenen Rassen mit unterschiedlicher Dringlichkeit – auf einen breiten Rücken und gute Keulen geachtet wurde. Die Bewertung der äußeren Erscheinung ist auch gegenwärtig Bestandteil des Gesamtsystems der Leistungsprüfungen. Das Tierzuchtgesetz schreibt sie für Zuchtböcke vor. Auch die **Gewichtsfeststellungen** (früher der Mutterschafe, heute meist der Jährlinge und Böcke) und ihre Berücksichtigung in der Zucht wirkten sich auf die Fleischleistung aus.

Systematische **Fleischleistungsprüfungen** (S. 147) werden als Feld- und auch als Stationsprüfungen vorgenommen. Ihre Ergebnisse sind bei den Böcken Grundlage für die Zuchtwertschätzungen, deren Einzelheiten in der Verordnung über Leistungsprüfungen und Zuchtwertfeststellungen beim Schaf geregelt sind. Die **Feldprüfung** erstreckt sich auf die Abschätzung der Bemuskelung durch eine subjektive Bewertung von Keule, Rücken und Schulter sowie auf die Wiegung der Lämmer und Böcke zur Ermittlung der Absetz- und Auktionsgewichte. Vergleichbar zur Leistungsprüfung bei Schwein und Rind wird auch beim Schaf zunehmend die Ultraschallmessung

▸ **Tab. 11.2** Ergebnisse der Mast- und Schlachtleistungsprüfung in Brandenburg (Nachkommenprüfung), Durchschnittswerte der Jahre 2008 bis 2016 (Quelle: Tierzuchtreport 2016 [172]).

Merkmal		Merinofleischschaf	Merinolandschaf	Schwarzköpfiges Fleischschaf
Tageszunahmen im Prüfungsabschnitt	g/Tag	388	444	461
Futterverwertung (Energieverwertung)	MJ ME/kg	41,2	34,6	35,6
Rückenmuskelfläche	cm^2	17,3	17,1	16,2
Nierenfett	%	1,17	1,02	0,71

angewandt. Damit lassen sich die Dicke des Rückenmuskels und die Fettauflage auch am lebenden Tier relativ genau bestimmen.

Die **Stationsprüfung** wird nur noch in einigen Bundesländern durchgeführt. Hierbei dominiert die Nachkommenprüfung. Die Halbgeschwistergruppen bestehen aus mindestens acht männlichen Lämmern, die unter gleichen Haltungs- und Fütterungsbedingungen auf ihre Tageszunahme, ihre Futterverwertung (Futteraufwand je kg Zuwachs) und ihre Schlachtkörperqualität geprüft werden. Als Prüfungsabschnitt dient die Zeit von 20 – 42 kg Lebendgewicht.

Die **Schlachtkörperqualität** wird entweder am lebenden Tier subjektiv beurteilt (mindestens Keule, Rücken und Schulter) oder durch Ultraschall am Rückenmuskel gemessen. Zusätzlich erfolgt bei einem Teil der Tiere eine Schlachtkörperbewertung der Fleischfülle und Verfettung nach einem von der DLG entwickelten Schema mit neun Punkten je Merkmal (Keule, Rücken, Schulter, Oberflächen- und Nierenfett). Weitere bei der Schlachtung ermittelte Kriterien sind die Rückenlänge, die Fläche des Rückenmuskels zwischen der fünften und sechsten Rippe, die Schlachtausbeute, das Gewicht des Nieren- und Beckenhöhlenfettes und zusätzliche Schlachtkörpermaße. Ausgewählte Prüfergebnisse der Station Groß Kreutz (Brandenburg) sind in ▸ Tab. 11.2 dargestellt.

11.2.3 Zuchtleistung

Von allen Leistungen der Mutterschafe hat die **Zuchtleistung** die größte Auswirkung auf den wirtschaftlichen Erfolg. Bei niedrigen Erlösen und bei steigenden Löhnen müssen sich die **Mutterschafe** ihr Aufzucht- und Erhaltungsfutter durch eine möglichst große Zahl von vitalen, frohwüchsigen, mastfähigen Lämmern verdienen. Güste (unfruchtbar bleibende) Schafe müssen aussortiert und rasch verkauft werden. Deshalb sollte sich der Schafhalter besonders für das Verhältnis zwischen der Zahl der jährlich aufgezogenen Lämmer und der Anzahl der gehaltenen Mutterschafe interessieren.

Zur Feststellung der **Fruchtbarkeitsleistung** erfassen die Zuchtbetriebe die Zahl der gedeckten Schafe, der ablammenden Mutterschafe, der lebend und tot geborenen Lämmer und die Zahl der aufgezogenen, das heißt der am 42. Tag nach der Geburt noch lebenden Lämmer. Daraus lassen sich die nachfolgend dargestellten Leistungskennzahlen berechnen:

Produktivitätszahl (PDZ) =

$$\frac{\text{Zahl der aufgezogenen Lämmer}}{\text{Zahl der dem Bock zugeführten Mutterschafe}} \times 100$$

Fruchtbarkeitszahl (Ablammrate AR) =

$$\frac{\text{geborene Lämmer}}{\text{gedeckte Schafe}^{*}} \times 100$$

Befruchtungsziffer (BZ) =

$$\frac{\text{lammende Schafe}}{\text{gedeckte Schafe}^{*}} \times 100$$

* bzw. dem Bock zugeführte Mutterschafe

Ablammergebnis (AE) =

$$\frac{\text{geborene Lämmer}}{\text{gelammte Schafe}} \times 100$$

Aufzuchtergebnis (AUE) =

$$\frac{\text{aufgezogene Lämmer}}{\text{lammende Schafe}} \times 100$$

Aufzuchtziffer (AUZ) =

$$\frac{\text{aufgezogene Lämmer}}{\text{lebend geborene Lämmer}} \times 100$$

In einem gut geführten Betrieb sollte die Zahl der gedeckten Schafe mit der Zahl der dem Bock zugeführten Mutterschafe übereinstimmen. Schafe, die güst bleiben, also nicht gedeckt wurden oder nicht aufnahmen, belasten die Rentabilität der Schafhaltung.

Die ▶ **Tab. 11.3** informiert über die Zuchtleistungen ausgewählter Rassen. Das Netz an Leistungsprüfungen in der Schafzucht wird vervollständigt durch die **Milchleistungsprüfung** beim **Milchschaf**. Sie wird nach den international anerkannten Regeln von entsprechend ausgebildeten Mitarbeitern der Kontrollverbände durchgeführt. Für die Zuchtwertschätzung maßgeblich ist hier die durchschnittliche 150-Tagesleistung mit mittleren Ergebnissen von ca. 320 kg Milch, 5,5 % Fett und 5 % Eiweiß.

Maßnahmen zur Verbesserung der Fruchtbarkeit Ein Mutterschaf mit Zwillingen verursacht zwar – je nach Mastendgewicht der Lämmer und Kraftfutteranteil – um 15 – 30 % höhere Futterkosten als ein Mutterschaf mit einem Lamm. Aber es bringt dafür um 60 – 80 % höhere Einnahmen. Deshalb konzentriert sich ein Teil der Bemühungen, die Fruchtbarkeit zu verbessern, auf die **Vermehrung der Zwillingsträchtigkeit**. Diese hängt ab von der Rasse, vom Alter (5 – 6-jährige Mütter bringen mehr Zwillinge als die Jährlinge), vom Gesundheits- und Futterzustand der Mutterschafe, vom Zeitpunkt des Deckens und von anderen Umweltfaktoren. So sind Koppelschafe häufig fruchtbarer als Hüteschafe, weil unter den Bedingungen der Koppelhaltung das Herdenmanagement und die Fütterung zielgerichteter durchzuführen sind.

Durch eine Verbesserung der Haltungsbedingungen lässt sich häufig die Fruchtbarkeitsleistung steigern. Dazu können auch biotechnische Maßnahmen beitragen (z. B. Brunstsynchronisation).

Eine weitere Methode, die jährliche Aufzuchtleistung zu verbessern, kann darin bestehen, den Abstand zwischen den **Ablammzeiten** zu verringern, also die Mutterschafe dreimal in zwei Jahren ablammen zu lassen. Diese Methode erfordert neben einem guten Herdenmanagement und ausreichenden Erfahrungen des Schäfers ein frühzeitiges Absetzen der Lämmer und eine **asaisonale Brunst** der Muttern (z. B. Merinolandschafe). Die meisten Schafe werden durch die abnehmende Tageslänge im Spätsommer und Herbst zur Brunst angeregt und bringen die Lämmer – nach rund 150 Tagen – am Ende des Winters. Für welchen Weg der Verbesserung der Herdenfruchtbarkeit sich ein Schafhalter entscheidet, hängt also vom Futteranfall, von der Haltungsform, von der Mastform und von der Rasse ab.

Die Tatsache, dass es Rassen mit hoher Fruchtbarkeit gibt (das Ostfriesische Milchschaf, das Finnschaf, das Romanow-Schaf und die Booroola-Merinos), belegt, dass die Fruchtbarkeitsmerkmale genetisch fixiert sind (Heritabilität 0,1 – 0,2) und somit eine Zucht auf solche Merkmale möglich ist. Eine Variante besteht in der Einkreuzung der be-

▶ **Tab. 11.3** Zuchtleistungen ausgewählter Schafrassen im Kammergebiet Hannover (Jahr 2003 in %).

Rasse	Ablammergebnis	Aufzuchtergebnis
Schwarzk. Fleischschaf	154	146
Merino-Fleischschaf	199	185
Texelschaf	171	150
Suffolk	173	162
Milchschaf	204	192
Weiße hornlose Heidschnucke	128	115
Romanow	282	251

sonders fruchtbaren Rassen. In Betracht kommt dabei auch die Nutzung spezieller **Fruchtbarkeitsgene**. Diese in der Schafzucht seit einigen Jahren diskutierte Alternative stützt sich auf die in den achtziger Jahren des zwanzigsten Jahrhunderts entdeckten Fruchtbarkeitsgene, bei denen es sich um Einzel- oder sogenannte Hauptgene handelt, welche die Ovulationsrate positiv beeinflussen. Die Mehrzahl dieser sieben bis acht bisher bekannten Gene wird nach den *Mendel'schen* Regeln für intermediären Erbgang vererbt. Sie befinden sich auf unterschiedlichen Genorten und sind auch unterschiedlich wirksam. Die bekanntesten dieser Gene sind das FecB-Gen der Booroola-Merinos, das FecC-Gen der Cambridge-Schafe sowie das Inverdale-Gen der neuseeländischen Romneys. Durch den Einsatz reinerbiger Fruchtbarkeitsgenträger (oder ihres Spermas) können derartige Gene in bodenständige Rassen eingeführt und damit die Ablammergebnisse verbessert werden.

Nach ersten praktischen Erfahrungen eignet sich die Methode nur für einen kleinen Kreis besonders gut geführter Herden. Das liegt am Alles- oder Nichts-Charakter eines Teiles dieser Merkmale. Bei ihrer „Einkreuzung" käme es zu einem sprunghaften Anstieg der **Mehrlingsgeburten** und zu Ablammergebnissen von über 250 %. Daher gründet sich die Hoffnung der Praxis auf diejenigen der Hauptgene, die eine differenziertere Wirkung aufweisen, wie das Thoka-Gen des Island-Schafes und das schon erwähnte Inverdale-Gen.

11.3 Schafrassen in Deutschland

Die in Deutschland vorkommenden **Schafrassen** können in vier Rassengruppen unterteilt werden: **Merinoschafe**, **Fleischschafe**, **Milchschafe** und **Landschafe** (▶ Abb. 11.2).

11.3.1 Merinoschafe (Fleischwollrassen)

Das **Merino-Landschaf** (▶ Abb. 11.2; 1) ist in Süddeutschland die vorherrschende Rasse. Der Bestandsanteil im Bundesgebiet liegt bei 31 %. Lebendgewicht der Mutterschafe 75 – 95 kg. Erste Zuchtbenutzung meist mit 15 – 17 Monaten. Das Zuchtziel war ursprünglich an den Bedürfnissen der Wanderschäferei ausgerichtet. Heute werden gute Fleisch- und Fruchtbarkeitsleistungen erzielt. Die Merino-Landschafe zeigen ein asaisonales Brunstverhalten.

Das **Merino-Fleischschaf** (▶ Abb. 11.2; 2), mit 1 % am deutschen Schafbestand beteiligt, wird besonders im Raum Braunschweig gehalten. Lebendgewicht der Muttern 70 – 85 kg. Erste Zuchtbenutzung mit 12–18 Monaten. Mehrmaliges Ablammen und hohe Fleischleistung sind möglich. Die Rasse weist eine sehr feine Wolle auf (22 – 28 µm).

Das **Merino-Langwollschaf** (▶ Abb. 11.3), entstanden aus der Kreuzung von Merino-Landschaf und fleischbetonten Halbfeinwollrassen, wurde speziell für die Bedürfnisse der ehemaligen DDR gezüchtet. Vor der Wiedervereinigung war es dort mit mehr als einem Drittel am Schafbestand beteiligt. Die Rasse eignet sich besonders gut für ausgedehnten Weidegang, ist widerstandsfähig und bei guter Ernährung zu hohen Zucht-, Fleisch- und Wollleistungen befähigt. Die Mutterschafe wiegen zwischen 80 und 90 kg. Der Rasseanteil liegt bei etwa 3 %.

11.3.2 Fleischschafe

Das **Schwarzköpfige Fleischschaf** (▶ Abb. 11.2; 3) wird hauptsächlich in West- und Norddeutschland gehalten. Der Bestandsanteil liegt bei ca. 11 %. Das Lebendgewicht der Mutterschafe liegt bei 70 – 100 kg. Erste Zulassung der Zutreter (der weiblichen Nachwuchsschafe) mit 12 – 18 Monaten, teilweise schon mit 9 Monaten. Die bereits in vielen Herden erreichten Zuchtziele einer guten Fleischfülle und Fleischqualität müssen mit einer erhöhten Fruchtbarkeit verbunden werden. Die frohwüchsigen und frühreifen Lämmer erzielen eine günstige Futterverwertung.

Das **Weißköpfige Fleischschaf** (▶ Abb. 11.2; 4) ist frühreif und zeichnet sich außerdem durch eine gute Fleischleistung und hohe Fruchtbarkeit aus. Die erste Zuchtzulassung ist bereits mit 7 – 8 Monaten möglich. Die Mutterschafe erreichen eine Lebendmasse von 75 – 100 kg. Die Rasse hat einen Bestandsanteil von ca. 1 % und ist besonders für die Deichschäferei und die Koppelschafhaltung geeignet.

► **Abb. 11.2** Schafrassen. 1 Merino-Fleischschaf; 2 Merino-Landschaf; 3 Deutsches schwarzköpfiges Fleischschaf; 4 Weißköpfiges Fleischschaf; 5 Texelschaf; 6 Milchschaf; 7 Rhönschaf; 8 Bergschaf; 9 Heidschnucke; 10 Suffolkschaf.

Das **Texelschaf** (► Abb. 11.2; 5) stammt aus Holland und ähnelt dem Weißköpfigen Fleischschaf. Es ist mittelgroß bis groß, asaisonal brünstig, sehr widerstandsfähig und bestens für die Koppelhaltung geeignet. Die erste Zulassung ist bereits mit 7 Monaten möglich. Die Mastlämmer dieser Rasse zeichnen sich durch eine sehr hohe Fleischleistung aus (die Schlachtausbeute beträgt 48–52 % und liegtdamit gegenüber anderen Rassen um bis zu 5 %-Punkte höher). Der Bestandsanteil liegt bei etwa 3 %.

Das **Suffolkschaf** (► Abb. 11.2; 10) aus England ähnelt im Erscheinungsbild und in seinen Leistungen dem Schwarzköpfigen Fleischschaf. Der Bestand liegt bei etwa 3 %. Böcke dieser Rasse wer-

▶ **Abb. 11.3** Merino-Langwollschaf. (Foto: Landesverband Thüringer Schafzüchter e. V.)

den wie auch die der anderen Fleischschafrassen in Gebrauchskreuzungen eingesetzt.

11.3.3 Milchschafe

Das **Ostfriesische Milchschaf** (▶ Abb. 11.2; 6) ist das fruchtbarste unter den deutschen Schafen und streng saisonal. Es wird vor allem wegen seiner Milchleistung gehalten:

500 – 700 kg Milch jährlich mit rund 6 % Fett und 5 % Eiweiß (Höchstleistungen über 1000 kg Milch); Frühreife (erste Zuchtzulassung ab 7 Monaten). Das Milchschaf stammt aus Ostfriesland, findet sich aber mittlerweile über ganz Deutschland verstreut. Die Haltung erfolgt auf Koppeln oder im Stall.

11.3.4 Landschafe

Die **Landschafrassen** sind im Vergleich zu den vorher genannten Rassen an extensivere Haltungs- und Fütterungsbedingungen angepasst. Als Beispiele sind zu nennen: die **Rhönschafe** (▶ Abb. 11.2; 7) in dem Mittelgebirge gleichen Namens, das **Bentheimer Landschaf** im Emsland oder das **Coburger Fuchsschaf**.

Die **Bergschafe** (▶ Abb. 11.2; 8) im Alpenraum zeichnen sich durch asaisonalen Brunstzyklus und hohe Fruchtbarkeit aus. Somit sind sie als Mutterlinie für Kreuzungszuchtprogramme interessant.

Die **Heidschnucken** (▶ Abb. 11.2; 9) treten in drei Varianten auf (grau gehörnt, weiß gehörnt und weiß ungehörnt). Der Bestand liegt bei etwa 3 %. Die Mutterschafe sind nur 40 – 50 kg schwer und in den Futteransprüchen bescheidener als andere Rassen.

Alle Landschafrassen sind in ihren Beständen stark zurück gedrängt worden und gelten teilweise als gefährdet.

11.4 Fütterung und Haltung der Mutterschafe

11.4.1 Fütterung

Die sachgerechte Ernährung von Mutterschafen verfolgt das Ziel, eine hohe Fruchtbarkeits- und Aufzuchtleistung zu erreichen. Hierbei ist zu beachten:

- Die Fütterung erfolgt herdenbezogen.
- Die Fütterung ist nach verschiedenen Leistungsstadien zu differenzieren.
- Eine bedarfsgerechte Fütterung innerhalb der Herde ist nur möglich, wenn sich die Tiere im selben Leistungsstadium befinden.

In der Mutterschaffütterung sind die folgenden Leistungsstadien zu unterscheiden: Deckperiode, Tragezeit, Säugeperiode (Laktation) und Erholungsperiode (**Güstzeit**).

Die **Deckperiode** umfasst den Zeitraum 4 Wochen vor bis 4 Wochen nach Beginn der Decksaison (mind. 5 Wochen = Verlauf von 2 Brunstperioden). Ein Futterwechsel am Beginn der Deckperiode fördert das Auftreten der Brunst. Eine über dem Erhaltungsbedarf liegende Nährstoffversorgung soll in diesem Fütterungsabschnitt einen Anstieg der Körpergewichtsentwicklung bewirken. Weiterhin kann durch gezielte Energiezulagen eine Steigerung der **Ovulationsraten** erreicht werden (**Flushing-Effekt**).

Die **Tragezeit** wurde in Deutschland bislang in zwei Abschnitte untergliedert. Nach neueren Empfehlungen aus dem englischsprachigen Raum sollten für diese Zeitspanne drei Fütterungsabschnitte betrachtet werden.

Im **1. Drittel** der **Trächtigkeit** (die ersten 50 Tage) sollte die Fütterung von Mutterschafen mit optimaler Körperkondition auf der Höhe des Erhaltungsbedarfs liegen. Eine energetische Unterversorgung ist ebenso zu vermeiden wie eine Überversorgung. Untersuchungen haben gezeigt, dass hohe Tageszunahmen in den ersten 6 Wochen der Trächtigkeit (mehr als 300 g) zu einer Hemmung des Plazentawachstums und ihrer Funktion führen. Hiervon hängt das embryonale Überleben der Föten ab, da diese über die Plazenta ernährt werden. In diesem Zusammenhang muss auch auf die Rolle von Vitamin E und dem Spurenelement Selen auf das Plazentawachstum hingewiesen werden. Ein Mangel an diesen Stoffen kann ebenfalls die embryonale Überlebensrate vermindern.

Im **2. Drittel** der Trächtigkeit (vom 50. bis 100. Tag) sollte die Energieversorgung unter dem Niveau des Erhaltungsbedarfs liegen. Wie australische Untersuchungen belegen, fördert diese Strategie bei durchschnittlich konditionierten Schafen die Ausreifung der Plazenta und somit die späteren Geburtsgewichte der Lämmer. Bei Mutterschafen in schlechter Körperkondition wird aber genau das Gegenteil erreicht, das heißt die Lämmer weisen geringere Geburtsgewichte auf. Bei zu guter Versorgung der Schafe in diesem Zeitabschnitt der Trächtigkeit kann die Sterblichkeit in den ersten Stunden nach der Geburt erhöht sein, weil die Lämmer durch die Plazenta schlechter versorgt wurden. Als Ursache für die schlechte Entwicklung der Plazenta ist der niedrige Progesterongehalt (Trächtigkeitsschutzhormon) in Folge einer überreichlichen Nährstoffversorgung des Mutterschafes zu sehen.

Im **3. Drittel** der Trächtigkeit (vom 100.–150. Tag = hochtragende Zeit) sollte die Energieversorgung über dem Erhaltungsbedarf erfolgen. In diesem Trächtigkeitsabschnitt kommt einer ausreichenden Energieversorgung eine entscheidende Bedeutung zu. Versuchsergebnisse zeigen, dass durch eine ausreichende Energieversorgung der Mutterschafe am Ende der Tragezeit die Geburtsgewichte der Lämmer positiv beeinflusst werden. Allerdings sollten hierbei für die jeweilige Rasse optimale Geburtsgewichte angestrebt werden. Eine mangelhafte Nährstoffzufuhr in den letzten Trächtigkeitswochen kann zur sogenannten **Trächtigkeitstoxämie** führen. Dieses auch als **Zwillingslämmerkrankheit** bezeichnete Krankheitsbild ist auf einen akuten Glukosemangel zurückzuführen. Die Symptome sind denen der Acetonämie ähnlich. Eine Satt-Fütterung von stark unterkonditionierten Mutterschafen in dieser Zeitspanne ist abzulehnen, da das Muttertier die damit verbundenen Energieüberschüsse im mütterlichen Fettgewebe ansetzt und nicht in das des ungeborenen Lammes. In diesem Zusammenhang ist das sogenannte „Braune Fettgewebe" beim Lamm zu erwähnen. Diese Fettreserve ist für das Überleben des Lammes in den ersten Lebenstagen sehr wichtig, da es zunächst nur sehr wenig Milch und damit Energie aufnehmen kann. Aus den dargelegten Sachverhalten wird deutlich, dass Fütterungsfehler, die im 1. und 2. Drittel der Trächtigkeit begangen werden, im letzten Drittel nicht wieder ausgeglichen werden können. Auf die Proteinversorgung muss zum Ende der Trächtigkeit besonderes Augenmerk gelegt werden. Die schwefelhaltigen Aminosäuren sind hierbei die erstbegrenzenden Faktoren für das fötale Wachstum. Besonders Schafe, die Zwillinge oder Drillinge austragen, benötigen hohe Gehalte an pansenstabilem Protein, kurz UDP (S. 177), mit hohen Anteilen an schwefelhaltigen Aminosäuren (insbesondere Cystin). Untersuchungen haben gezeigt, dass eine Unterversorgung mit diesen Aminosäuren im 3. Trächtigkeitsabschnitt beim ungeborenen Lamm zur schlechteren Ausbildung der Wollfollikel führt. Diese Tiere weisen im späteren Erwachsenenalter eine schlechtere Wollausbildung auf.

Die **Säugeperiode** (Laktation) umfasst bei herkömmlicher Lämmeraufzucht eine Zeitspanne von 12 – 16 Wochen, bei Frühentwöhnung der Lämmer 6 – 8 Wochen. Die Milchleistung der Mutterschafe beträgt – rasseabhängig – 200 – 250 kg pro Tier und Laktation (das sind durchschnittlich 2,0 – 2,5 kg pro Tier und Tag). Sie wird außerdem durch die Zahl der Lämmer maßgeblich beeinflusst. So steigt bei Zwillingen die Tagesleistung um ca. 50 % an. Unter solchen Bedingungen ist der Nährstoffbedarf der Mutterschafe besonders im 1. Laktationsabschnitt (1.–4. Laktationswoche) deutlich erhöht. Ein Körpergewichtsverlust von 15 % im Laufe der Säugeperiode kann bei Schafen in guter Ausgangskondition aber durchaus akzeptiert werden.

Während der **Erholungsperiode** (nach dem Absetzen bis 4 Wochen vor dem Beginn der Deckperiode) sollen die während der Laktation angegriffenen Körperreserven wieder aufgebaut werden. Bei stark abgesäugten Schafen sollte die Energieversorgung über dem Erhaltungsbedarf liegen. Ansonsten reicht eine Fütterung auf dem Erhaltungsniveau aus.

Nachfolgend soll die bedarfsgerechte Versorgung von Mutterschafen an praktischen Beispielen aufgezeigt werden. Die in der ▶ **Tab. 11.4** ausgewiesene Futteraufnahme in den einzelnen Leistungsstadien bezieht sich auf ältere Erhebungen an Mutterschafen mit 60–80 kg Lebendmasse. In eigenen neueren Untersuchungen mit Mutterschafen der Rassen Merinolandschaf und Schwarzköpfiges Fleischschaf konnte in der hochtragenden Phase eine durchschnittliche tägliche Futteraufnahme von 2,5 kg Trockenmasse (bei einer durchschnittlichen Lebendmasse von 105 kg) ermittelt werden. Für die Laktation ergab sich für diese Tiere (95 kg LM) eine Futtertrockenmasseaufnahme von durchschnittlich 3,5 kg pro Tag. Diese Ergebnisse deuten darauf hin, dass durch die in den zurückliegenden Jahren erfolgte Zucht auf Großrahmigkeit das Futteraufnahmevermögen dieser Rassen erheblich angestiegen ist.

Die Richtwerte für die Fütterung von Mutterschafen sind in den ▶ **Tab. 11.4**, ▶ **Tab. 11.5** und ▶ **Tab. 11.6** dargestellt. Die dort aufgeführten Zahlen für die Rohprotein- und Energieversorgung beziehen sich auf die Empfehlungen der Gesellschaft für Ernährungsphysiologie (GfE 1996 [90]).

In der ▶ **Tab. 11.7** sind Rationsbeispiele für hochtragende Mutterschafe in der Winterfütterung (Stallfütterung) zusammengefasst. Hierbei wurde von Tieren mit einer Lebendmasse von 90 kg und Zwillingsträchtigkeit ausgegangen. Im oberen Teil der Tabelle sind zunächst Grobfutterrationen aufgeführt, die dann je nach Grobfutter-

▶ **Tab. 11.4** Tägliche Futteraufnahme (kg Trockenmasse pro Tier u. Tag) von Mutterschafen, differenziert nach Rassen (Lebendmassen) und Leistungsstadien (nach unterschiedlichen Literaturangaben, siehe Fußnoten).

Leistungsstadium	Kleinrahmige Rassen	Mittelrahmige Rassen		Großrahmige Rassen	
	(40–50 kg LM[2])	(60–80 kg LM[1])	(70 kg LM[2])	(90–110 kg LM[3])	(100 kg LM[2])
Leer(Güst)-zeit	0,8	1,3	1,2	2,0	1,5
Deckzeit	0,9	–	1,3	–	1,7
Tragezeit (1.–3. Monat) [4]	1,2 (1,1) [5]	1,3	1,7 (1,5) [5]	2,0	2,2 (1,9) [5]
Tragezeit (4.–5. Monat) [4]	1,3 (1,2) [5]	1,5	1,8 (1,8) [5]	2,5 (2,4) [5]	2,9 (2,3) [5]
Säugezeit (1. Monat) [4]	1,5 (1,2) [5]	1,4–2,3	2,0 (2,0) [5]	3,0 (2,6) [5]	2,5 (2,5) [5]
Säugezeit (2. Monat) [4]	1,6 (1,3) [5]	1,6–2,3	2,1 (1,8) [5]	3,4 (2,8) [5]	2,7 (2,2) [5]
Säugezeit (3. Monat) [4]	1,5 (1,2) [5]	1,4–1,6	2,0 (1,6) [5]	3,0 (2,6) [5]	2,5 (2,1) [5]

[4] Zwillinge; [5] Einling
(Quellen: [1] Kessler 2003 [122]; [2] NRC 2007 [182]; [3] Jahn 2008 [113], Brugger 2009 [25]).

▶ **Tab. 11.5** Empfehlungen zur täglichen Energie- (ME) und Rohproteinversorgung (RP) von hochtragenden Mutterschafen (nach DLG 1997 [54] und GfE 1996 [90]).

Leistungsstadium		Lebendmasse des Tieres									
		70 kg		80 kg		90 kg		100 kg		110 kg	
Föten	LM Geburt (kg)	ME	XP	ME	XP	ME	XP	ME	XP	ME	XP
		MJ	g	MJ	g	MJ	g	MJ	g	MJ	g
1	3	12,9	145	14,0	155	–	–	–	–	–	–
	5	14,6	145	15,7	155	16,8	165	17,9	175	19,0	180
2	3	15,4	180	16,5	190	17,6	200	18,7	210	19,8	220
	5	18,7	180	19,8	190	20,9	200	22,0	210	23,1	220

► **Tab. 11.6** Empfehlungen zur täglichen Energie- (ME) und Rohproteinversorgung (RP) von laktierenden Mutterschafen (nach DLG 1997 [54] und GfE 1996 [90]).

Leistungsstadium	Lebendmasse des Tieres							
	70 kg		80 kg		90 kg		100 kg	
	ME	XP	ME	XP	ME	XP	ME	XP
	MJ	g	MJ	g	MJ	g	MJ	g
Milchmenge (kg/Tag)								
1	18,4	220	19,5	230	20,6	240	21,7	250
2	26,4	360	27,5	370	28,6	380	29,7	390
3	34,4	500	35,5	510	36,6	520	37,7	530
(4)	42,4	640	43,5	650	44,6	660	45,7	670

► **Tab. 11.7** Rationsbeispiele für hochtragende Mutterschafe (90 kg LM, Zwillingsträchtigkeit, jeweils 4 kg Geburtsgewicht).

Futtermittel	Rationstyp (Tagesmengen in kg FM/Tier)		
	A	B	C
Stroh	–	0,4	–
Heu (1. Aufwuchs)	0,4	–	1,0
Grassilage (1. Aufwuchs)	1,7	–	2,0
Maissilage (35 % TS)	1,7	4,0	–
Rapsextraktionsschrot	–	0,2	–
Gerste	0,4	–	0,5
Futteraufnahme (kg TM/Tier u. Tag)	1,9	2,0	2,0
Rohfaserversorgung (% in d. TS)	22,0	22,8	24,9

typ entweder mit einem energie- oder eiweißreichen Kraftfutter ergänzt werden.

Mutterschafe, die Zwillingslämmer säugen, müssen sehr intensiv ernährt werden. Dies gilt insbesondere für die ersten vier Laktationswochen. Nur bei der unterstellten hohen Futteraufnahme (3,1 kg TM/Tag), ist eine annähernd bedarfsdeckende und wiederkäuergerechte Fütterung (unterstellt: mind. 17 % Rohfaser in der TS der Gesamtration) möglich. Die dargestellten Grobfutterrationen (► **Tab. 11.8**) müssen mit 1,6 – 1,8 kg Kraftfutter ergänzt werden, um die hohe angestrebte Leistung (3,0 kg Milch) zu erreichen. Mit zurückgehender Säugeleistung (ab der 5. Laktationswoche) kann die Fütterungsintensität wiederabgesenkt werden, das heißt die Kraftfuttermenge kann reduziert werden (der Milcherzeugungswert von 1 kg Kraftfuttermischung beträgt ca. 1,3 kg Milch).

In den Rationen, in denen keine oder wenig Kraftfuttermischung eingesetzt wird, muss die zusätzliche Mineralstoffversorgung beachtet werden (Anhaltswerte für die tägliche Mineralfutterversorgung: niedertragende Schafe: 10 g, hochtragende Schafe: 20 g, laktierende Schafe: 30 g). Hierbei sind spezielle Mineralfuttermischungen für Mutterschafe (wichtig: begrenzter Kupfergehalt) einzusetzen.

Eine tierindividuelle Kraftfutterzuteilung ist nur in kleinen Herden (Koppelschafhaltung) praktikabel. In größeren Mutterschafbeständen muss die Betreuung und Fütterung herdenbezogen erfolgen. Eine bedarfsgerechte Versorgung der Tiere ist nur dann möglich, wenn sich alle Tiere in der Herde im gleichen Reproduktionsstatus befinden. Somit gewinnt die Forderung nach einer zeitlich dicht gedrängten Decksaison eine besondere Bedeutung für die Fütterung. Eine Teilung der Herde während der Laktationsperiode nach Schafen mit Einlings- bzw. Mehrlingsgeburten ermöglicht eine weitergehende Differenzierung in der praktischen Fütterung.

▶ **Tab. 11.8** Rationsbeispiele für laktierende Mutterschafe (80 kg LM, Zwillingslämmer, 3 kg Milch/Tag).

Futtermittel	Rationstyp (Tagesmengen in kg FM/Tier)		
	A	B	C
Stroh	–	0,4	–
Heu (1. Aufwuchs)	0,4	–	0,2
Grassilage (1. Aufwuchs)	2,0	–	4,0
Maissilage (35 % TS)	2,0	4,0	–
Kraftfuttermischung (18,0 % Rohprot., 11,0 MJ ME/kg)	1,6	0,8	0,9
Ackerbohnen	–	0,8	–
Gerste	–	–	0,9
Futteraufnahme (kg TM/Tier u. Tag)	3,1	3,1	3,1
Rohfaserversorgung (% in d. TS)	18,0	17,7	17,4

Die **Wasserversorgung** kann aus einfachen Trögen, Plastikbehältern oder Selbsttränken erfolgen. Während des Weideganges sollte bei hohen Temperaturen und während Trockenperioden Wasser angeboten werden. Eine hohe tägliche Futteraufnahme der Mutterschafe setzt voraus, dass die Tiere jederzeit freien Zugang zu Wasser von einwandfreier Qualität haben. Nach Blechmann et al. (2017 [23]) nehmen hochtragende Mutterschafe der Rasse Schwarzköpfiges Fleischschaf (SKF) (120 kg LM) täglich etwa 5 l Wasser auf. Bei laktierenden SKF-Mutterschafen (110 kg LM) beträgt die tägliche Wasseraufnahme sogar 10 l. Dabei wurde eine durchschnittliche „theoretische" Tagesmilchleistung von 3 kg pro Mutterschaf ermittelt (Säugedauer 28 Tage, Zwillinge).

11.4.2 Haltung

Paarung Obwohl die künstliche Besamung auch beim Schaf erfolgreich ist – 1988 wurden in der ehemaligen DDR 63 % der in Herden gehaltenen Mutterschafe besamt –, bestimmt der Natursprung in der Schafhaltung das Paarungsgeschehen. Zwei bis drei Wochen vor der Bockzeit sollte für eine energiereiche Ernährung (junge Weide oder Zugabe von 250 g Kraftfutter) gesorgt werden, damit mehr befruchtungsfähige Eier aus dem Eierstock ausgestoßen und nach der Befruchtung vor dem Absterben bewahrt werden. Man nennt dies den **Flushing-Effekt** (flushing = auffüttern, aufheizen). Jungböcken sollten nicht mehr als 20, Altböcken höchstens 60 Mutterschafe zugeteilt werden. Die Deckböcke werden meist einzeln in eine Herde gestellt (Vorschrift in der Herdbuchzucht!). Bei größeren Gebrauchsherden können auch mehrere Böcke, wenn sie sich vertragen, gleichzeitig decken. Durch Farbplatten an der Brust des Bockes kann kontrolliert werden, welche Mutterschafe gedeckt worden sind.

Beim „Sprung aus der Hand" (gezielter Einsatz eines Bockes bei bestimmten Schafen) ist daran zu denken, dass die Eiabstoßung (Ovulation) in der Regel erst gegen Ende der äußeren, 24 – 30 Stunden dauernden Brunst erfolgt und dass – wie beim Schwein – ein zweimaliger Sprung sicherer ist. Wenn keine Befruchtung erfolgte, tritt die Brunst nach 14 – 21 Tagen (Durchschnitt 16 Tage) wieder auf.

Schafstall Die Ansprüche der Schafe an den Stall sind bescheidener als die der anderen landwirtschaftlichen Nutztiere. Gleichwohl müssen die Anforderungen an eine artgemäße Haltung erfüllt sein. Dazu zählen genügend Bewegungsraum, ein gutes Stallklima und genügend Licht. Man rechnet mit einem Stallflächenbedarf der tragenden Schafe von je 1 m² und der säugenden Schafe von 1,5 bis 1,8 m². Die Abtrennung der verschiedenen Gruppen von nicht mehr als 50 Tieren (Mutterschafe, Lämmer, Jährlinge, Böcke) erfolgt beim **Tieflaufstall** durch selbst angefertigte Hürden oder Heuraufen. Während der ersten Tage nach dem Ablammen sollten die Mütter mit ihren Lämmern in speziellen Ablammboxen gehalten werden. Geburtshilfe wird nur geleistet, wenn es notwendig ist (bei falschen Lagen). Besondere Aufmerksamkeit verdienen die Erstlinge, die manchmal Schwierigkeiten bei der Geburt haben oder ihre Lämmer nicht sofort annehmen.

Hygienemaßnahmen Eine gefürchtete Schafkrankheit ist die **Moderhinke**, eine Klauenentzündung, die durch Bakterien verursacht wird. Die befallenen Tiere lahmen, der Klauenspalt und seine Umgebung eitern, das Klauenhorn löst sich ab. Über den „Schafring", den Versammlungsplatz vor dem Stall, die Einstreu und über feuchte Weiden breitet sich die Krankheit im Bestand aus, wenn keine gründliche und rechtzeitige Behandlung erfolgt. Es wird empfohlen: restlose Entfernung von sich ablösendem Klauenhorn bei den erkrankten Tieren, Verbrennen dieser Klauenteile, Behandlung der beschnittenen Klauen mit Wundspray zur Förderung des Heilungsprozesses, Aufstallung der Tiere, Nachbehandlung nach einigen Tagen, gründliche Desinfektion der benutzten Bucht in Abständen von 2 Wochen. Als beste Vorbeuge gilt eine gewissenhafte, zweimal im Jahr durchgeführte Klauenpflege. Falls die Moderhinke zum Bestandsproblem wird, ist es ratsam, einen Fachtierarzt zur Erstellung eines umfassenden Sanierungsplanes heranzuziehen.

Gegen Räudemilben, Haarlinge, Schaflausfliege und Läuse helfen spezielle Durchlaufbäder mit Sprühmittel (einmal jährlich). Magen-Darm-Würmer sind so weit verbreitet und sind die häufigste Ursache von Erkrankungen beim Schaf, dass eine regelmäßige Entwurmungskur vor dem Weideaustrieb im Frühjahr und im Juli/August in vielen Herden zu den laufenden Hygienemaßnahmen gehört. Andere Innenparasiten werden im Bedarfsfall nach tierärztlicher Diagnose bekämpft.

11.5 Methoden der Lämmeraufzucht

Die herkömmliche Aufzuchtmethode – Absetzen nach 3 – 4 Monaten Säugezeit – wird vor allem in Betrieben mit einmaliger Ablammung (bedingt durch saisonales Brunstverhalten) und Weidelämmermast praktiziert. Winter- und Frühjahrslämmer entwickeln sich besser, wenn sie während der Aufzuchtphase mit Kraftfutter beigefüttert werden (Lämmerschlupf). Die Aufzucht mit Muttermilch ist die natürliche und meist auch kostengünstigste Lösung.

Die Frühentwöhnung – Absetzen im Alter von 4–6 Wochen – soll bei Rassen mit asaisonaler Brunst ein häufigeres Ablammen der Mutterschafe ermöglichen. Voraussetzung für den Erfolg dieser Methode ist eine frühzeitige und ausreichende Beifutteraufnahme der Lämmer. Sobald 250 – 300 g Kraftfutter täglich von den Lämmern aufgenommen werden und sie 15 – 20 kg schwer sind, ist das Absetzen innerhalb einer einwöchigen Übergangsperiode möglich.

Die **mutterlose Aufzucht** beginnt am zweiten Lebenstag, nachdem das Lamm seine Kolostralmilch von der Mutter, ersatzweise Kolostralmilch von Kühen, die eingefroren und später wieder aufgetaut werden kann, erhalten hat. Später gewöhnen sich Lämmer nur schwer an die Aufnahme von Milchaustauschertränke aus der Flasche bzw. aus den Gummizitzen der **Lämmerbar** oder Tränkautomaten (▶ **Abb. 11.4**). Auch bei dieser Methode

▶ **Abb. 11.4** Tränkautomat für die mutterlose Lämmeraufzucht. (Foto: Gerhard Quanz, Bad Hersfeld)

ist eine frühzeitige Kraftfutteraufnahme nötig. Das Verfahren eignet sich vor allem für die Aufzucht von Problemlämmern sowie die Milchschafhaltung.

11.6 Lämmermast

Die Empfehlungen zur täglichen Energie- und Rohproteinversorgung von Lämmern sind der ▸ **Tab. 11.9** zu entnehmen. In der Praxis sind sowohl intensivere („**Kraftfuttermast**") als auch extensivere („**Wirtschaftsmast**") Mastmethoden anzutreffen. Zur Erreichung der oben formulierten Zielgrößen für die Lammfleischerzeugung, sind intensive Mastmethoden zu favorisieren. Allerdings können manche Schafbetriebe auch Lämmer aus extensiver Mast an moslemische Verbraucher vermarkten.

11.6.1 Intensive Mastmethoden

Die intensive Mast schließt sich häufig an die Frühentwöhnung (ca. 6 Wochen Säugezeit) an. Die Tiere werden mit einem Alter von 4 – 5 Monaten und 40 – 50 kg Endgewicht geschlachtet. Dabei erreichen die Tiere in der Mastperiode Tageszunahmen von 350 – 400 g. Die Haltung erfolgt meist in eingestreuten Ställen. Die Mastlämmer erhalten hohe Tagesgaben an Kraftfutter, ergänzt durch Raufutter Heu oder Stroh). Die **Kraftfuttermischungen für Mastlämmer** sollten angepasste Eiweiß- und Energiegehalte aufweisen (16 % Rohprotein; 10,8 MJ ME/kg). In ▸ **Tab. 11.10** sind entsprechende Mischungsbeispiele aufgeführt.

Geeignete Energieträger sind Getreide sowie Melasseschnitzel. Als Eiweißkomponenten können Sojaextraktionsschrot, aber auch **heimische Eiweißfuttermittel** (z. B. Ackerbohnen, Erbsen, Sojakuchen, Rapskuchen und Rapsextraktionsschrot) eingesetzt werden. Es lassen sich somit Kraftfuttermischungen erstellen, die auch den Vorgaben regionaler Markenfleischprogramme bzw. den Richtlinien des ökologischen Landbaus entsprechen. Zur Vorbeugung gegen Harnsteine – Bocklämmer sind besonders gefährdet – sollte das Ca-P-Verhältnis im Kraftfutter nicht unter 2,5 : 1 liegen. Eine zusätzliche Verabreichung von 0,5 % Ammoniumchlorid im Kraftfutter beugt ebenfalls vor.

In der Praxis wird meist keine geschlechtsgetrennte Mast durchgeführt, obwohl bereits beim wachsenden Schaf ein ausgeprägter Geschlechtsunterschied bezüglich Mastleistung und Schlachtkörperqualität besteht. Männliche Lämmer weisen bei vergleichbarer Fütterungsintensität deutlich höhere Tageszunahmen auf als weibliche Tiere. Für Bocklämmer aus Rassen mit hoher Wachstumskapazität können ohne Gefahr der Verfettung Mastendgewichte bis zu 50 kg angestrebt werden, während für weibliche Tiere die Mast spätestens mit 40 kg beendet werden sollte.

Die Wachstumskurve von begrenzt mit Kraftfutter versorgten Tieren zeigt, dass diese auf ein höheres Endgewicht gemästet werden können (▸ **Abb. 11.5**). Lämmer, die auf sehr hoher Intensitätsstufe gemästet werden, weisen allerdings günstigere Schlachtkörperwerte auf (z. B. höhere Anteile wertvoller Teilstücke). Somit ist unter ökonomischen Gesichtspunkten eine hohe Fütterungsintensität in der Lämmermast von Vorteil.

▸ **Tab. 11.9** Empfehlungen zur täglichen Energie- (ME) und Rohproteinversorgung (RP) von Lämmern (nach DLG-Futterwerttabellen [54]).

Lebendmasse (kg)	Tageszunahmen (g)	ME (MJ)	Rohprotein (g)
15	200	7,6	110
	300	10,4	150
25	200	9,3	130
	300	12,3	170
	400	15,8	210
35	200	11,0	145
	300	14,1	195
	400	17,7	245
	500	21,0	295
45	200	12,5	155
	300	15,8	210
	400	19,1	265
55	100	11,1	140
	200	14,0	160

▶ **Tab. 11.10** Kraftfuttermischungen für Mastlämmer in der Intensivmast (Angaben in %).

Futtermittel	Mischung				
	I	II	III	IV	V
Sojaextraktionsschrot	17,0	10,0	–	–	–
Sojakuchen	–	–	–	14,0	–
Rapsextraktionsschrot	–	–	18,0	–	24,0
Rapskuchen	–	12,0	–	–	–
Ackerbohnen	–	–	10,0	11,0	–
Melasseschnitzel	15,0	10,0	10,0	11,5	10,0
Hafer	30,0	40,0	9,0	35,0	15,0
Gerste	20,0	25,0	30,0	25,0	33,0
Triticale	14,5	–	20,0	–	15,0
Mineralfutter [1]	2,0	1,5	1,0	2,0	1,0
Kohlensaurer Futterkalk/ Viehsalz	1,5	1,5	1,75/0,25	1,5	1,75/0,25

[1] Typ1, Gehaltswerte: 16 % Ca, 4 % P; Typ 2 (zu Rapsextraktionsschrot): 18 % Ca, 1 % P.

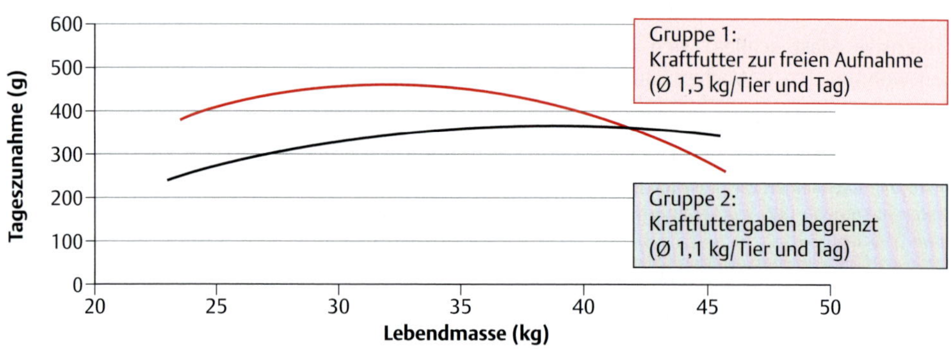

▶ **Abb. 11.5** Wachstumsverlauf von männlichen Mastlämmern (Merinolandschaf) bei unterschiedlicher Fütterungsintensität (Abb. basiert auf Daten aus [18]).

11.6.2 Extensive Mastmethoden

Extensive Mastmethoden schließen sich meist an die herkömmliche Säugezeit (12 – 16 Wochen) an. Die Tiere werden mit einem Alter von 6 – 7 Monaten und Endgewichten von 35 – 40 kg bei weiblichen Lämmern bzw. 45 – 50 kg bei Bocklämmern geschlachtet. In der Wirtschaftsmast wird der Einsatz von höheren Tagesmengen an wirtschaftseigenen Futtermitteln angestrebt. Der Kraftfuttereinsatz wird auf Tagesgaben von ca. 500 g pro Tier begrenzt. Somit können lediglich durchschnittliche Tageszunahmen von 200 – 300 g erreicht werden. In ▶ **Tab. 11.11** sind entsprechende Rationsbeispiele aufgeführt.

Die sogenannte **Weidelämmermast** kommt hauptsächlich für die Koppelschafhaltung, insbesondere für die zwischen Weihnachten und März geborenen Lämmer in Betracht. In einem Lebensalter von 6 – 7 Monaten, bei unbefriedigenden Futterverhältnissen auch 8 – 10 Monate, wer-

▸ **Tab. 11.11** Tagesrationen für Mastlämmer in der Wirtschaftsmast (35 kg LM, 250 g TZ).

Futtermittel	Rationstyp (Tagesmengen in kg FM/Tier)		
	A	B	C
Heu (1. Aufwuchs, Beginn Blüte)	–	0,4	0,2
Grassilage (1. Aufwuchs, Ähren- oder Rispenschieben)	2,5	–	1,0
Maissilage (35 % TS)	–	2,0	1,5
Rapsextraktionsschrot	–	0,2	0,2
Gerste	0,4	–	–
Mineralfutter (26 % Ca, 5 % P)	0,02	0,02	0,02
Futteraufnahme (kg TM/Tier u. Tag)	1,2	1,3	1,3

den Mastendgewichte von 45 – 60 kg erreicht. Dabei müssen die Lämmer noch während der Stallperiode an die Aufnahme von Beifutter gewöhnt werden, damit sie sich bei Weideauftrieb ihr Futter überwiegend oder ausschließlich selbst suchen können. Wenn die Lämmer bei Weideauftrieb noch nicht entwöhnt sind, sollte durch „Kriechgrasen“ (**creep-grazing**) im noch ungenutzten Grasaufwuchs vor den Müttern mithilfe eines Lämmerschlupfes eine Verbesserung des Nährstoffangebotes sichergestellt werden. Dadurch verringert sich auch die Gefahr, dass die Lämmer in der Koppel der Mütter Parasitenlarven aufnehmen. Phosphor- und natriumreiche, aber kupferfreie Lecksteine sollten beim Weidegang den Mineralstoffbedarf der Tiere ergänzen.

11.7 Fütterung der Zuchtlämmer

Die Gewichtsentwicklung hat einen dominierenden Einfluss auf die erste Zuchtbenutzung der weiblichen Schafe (**Zutreter**) wie auch der **Jungböcke**. Mit Unterschieden zwischen den Rassen tritt die Geschlechtsreife der weiblichen Tiere ein, wenn sie etwa 75 % des Reifegewichtes (100 kg) erreicht haben. Um dies im Alter von sieben Monaten – und damit die erste Ablammung mit 12 Monaten – zu realisieren, ist eine Lebenstagszunahme von 230 g erforderlich. Es ist möglich, die Tiere bis zu einem Gewicht von 40 kg (16-wöchige Säugezeit) intensiver aufzuziehen (ca. 325 g Tageszunahmen), ohne die Zuchttauglichkeit einzuschränken.

Vor der Zulassung zum Bock wird dann eine Weidephase eingeschaltet oder gutes Grobfutter mit etwas Kraftfutter gefüttert.

Nach der Belegung können die Tageszunahmen auf 150 g zurückgenommen werden. Somit erreichen die Jungschafe bis zum Zeitpunkt der Ablammung ein Gewicht von etwa 90 kg (einschließlich Föten und Nachgeburt; somit ca. 81 kg „Nettogewicht“).

Wenn **Zuchtböcke** großrahmiger Rassen im Alter von einem Jahr eine Lebendmasse von circa 100 kg aufweisen sollen, müssen sie vergleichsweise intensiv – mit Lebenstagszunahmen von etwa 260 g – aufgezogen werden. Eine noch höhere Aufzuchtintensität – die an das Niveau der Mast (> 300 g) heranreicht und in Zuchtbetrieben oft praktiziert wird – ist im Hinblick auf die Nutzungsdauer kritisch zu hinterfragen. Deckende Zuchtböcke werden in Anlehnung an die Bedarfswerte säugender Mutterschafe gefüttert. Dabei ist der Protein- und Mineralstoffversorgung mit Bezug auf die Fruchtbarkeit und Spermaqualität besondere Beachtung zu schenken.

11.8 Vermarktung von Produkten aus der Schafhaltung

Die **Vermarktung des Fleisches** erfolgt in Deutschland überwiegend (ca. 65 %) im **Direktabsatz** an den Endverbraucher. Die hierbei praktizierte Abrechnung nach weitgehend subjektiver Beurteilung führt zu wenig Markttransparenz und qualitätsbezogener Vermarktung. Für Schlachtungen in kommerziellen Schlachtbetrieben (nur etwa 35 %) regelt innerhalb der EU die **Verordnung** über **Handelsklassen** die Vermarktung von Schaffleisch. Hierbei werden zunächst zwei Kategorien festgelegt:

- Kategorie L: Schlachtkörper von unter 12 Monate alten Lämmern
- Kategorie S: Schlachtkörper anderer Schafe

Für die Schlachtkörper innerhalb einer Kategorie erfolgt die Einstufung in Handelsklassen nach **Fleischigkeitsklassen** (E = vorzüglich, U, R, O und P = gering). Zusätzlich kann eine Fleischigkeitsklasse „S" (erstklassig) eingeführt werden. Hiervon wird in Deutschland allerdings kein Gebrauch gemacht. Die Fettabdeckung am Schlachtkörper wird mithilfe von **Fettgewebsklassen** (1 = sehr gering bis 5 = sehr stark) bewertet.

Für Lämmer mit Schlachtgewichten unter 13 kg – wie sie überwiegend in Südeuropa erzeugt werden – wurde mit einer EU-Verordnung (EG Nr. 1249/2008) eine weitergehende Differenzierung vorgegeben:

- „Kategorie": A (Gewicht < 7 kg), B (Gewicht 7,1 – 10 kg), C (Gewicht 10,1 – 13 kg)
- „Fleischqualität": 1 (Farbe hellrosa oder rosa, Fettgewebsklasse 2 oder 3), 2 (andere Farbe oder andere Fettabdeckung)

Es ist hinzuzufügen, dass die Schlachtbetriebe überwiegend ungeteilte Schlachtkörper verkaufen. Die Zerlegung und somit die Vermarktung von **Teilstücken** gewinnt aber an Bedeutung.

Jährlich werden in Deutschland ca. 8000 t **Wolle** erzeugt. Die saisonal (Frühjahr und Herbst) anfallende Wolle wird seit dem weltweiten Verfall der Wollpreise und dem Zusammenbruch der deutschen Wollverwertung im Direktabsatz zwischen Schafhaltern und Händlern vermarktet. Es bleibt abzuwarten, inwieweit die derzeitige Misere auf den Wollmärkten durch Erschließung neuer Formen der Wollnutzung ausgeglichen werden kann. So lässt sich Wolle erfolgreich zu hochwertigen biologischen Dämmstoffen verarbeiten und im Hausbau einsetzen.

Ein weiteres Produkt der Schafhaltung kann die **Milch** sein. Wegen des hohen Gehaltes an Inhaltsstoffen (S. 605) ist die Käseausbeute bei **Schafmilch** gegenüber Kuh- oder Ziegenmilch erhöht. So genügen für 1 kg Käse 5,5 kg **Schafmilch** gegenüber 12 kg Kuh- oder Ziegenmilch. Die Verarbeitung und Vermarktung der Schafmilch erfolgt meist im Erzeugungsbetrieb per Direktvermarktung. Vereinzelt haben sich Käsereien etabliert, die **Schafkäse** herstellen und über den Handel vermarkten.

11.9 Wirtschaftlichkeit der Schafhaltung

Auf die langfristige Entwicklung von Preisen hat der Schafhalter wenig Einfluss. Er kann sich aber im Rahmen seiner betrieblichen Vorgaben an die bestehenden regionalen und saisonalen Preisunterschiede anpassen und damit die Wirtschaftlichkeit seiner Schafhaltung stark beeinflussen. Der Einzelbetrieb hat bei den tierischen Leistungen und den damit verbundenen Aufwendungen einen großen Spielraum. Die Tierart Schaf mit ihrer hohen Nutzungselastizität ermöglicht ein breites Spektrum an **Betriebsformen** und Bewirtschaftungsintensitäten. Dies soll an konkreten Beispielen verdeutlicht werden. In der ▸ **Tab. 11.12** sind für die wichtigsten drei Betriebsformen (S. 588) konkrete Betriebssituationen dargestellt. Hierbei sind folgende Unterstellungen (in Anlehnung an [131]) getroffen worden:

- Beispiel 1: **Wanderschafhaltung** mit ganzjähriger Freilandhaltung (400 Mutterschafe); **Landschaftspflege**, Lebendvermarktung der konventionell erzeugten Lämmer (Alter: 29 Wochen)
- Beispiel 2: **Stationäre Hütehaltung** mit Winterstall (400 Mutterschafe); konventionelle Erzeugung und Vermarktung (Schlachthof) von Schlachtlämmern (Alter: 15 Wochen)

- Beispiel 3: **Koppelschafhaltung** (60 Mutterschafe) mit ökologischer Erzeugung und Direktvermarktung von Lammfleisch (Alter der Lämmer: 25 Wochen).

Vom ersten zum dritten Betriebsbeispiel ist somit eine zunehmende Bewirtschaftungsintensität abgebildet. Wie die Kalkulationen in ▶ **Tab. 11.13** zeigen, steigen in dieser Reihenfolge die Direktkosten bzw. variablen Kosten an. Auch die Leistungen sind in dem Beispiel der Koppelschafhaltung am höchsten. Aufgrund der Prämienzahlung sowie der geringen variablen und fixen Kosten ergibt sich nur für die extensive Wanderschafhaltung eine knapp die Produktionskosten deckende Situation. Das Beispiel Stationäre Hütehaltung zeigt, dass der unterstellte Erlös nicht ausreicht, um eine positive Direktkostenfreie Leistung zu erzielen.

11.10 Milchziegenhaltung

11.10.1 Grundlegende Aspekte der Ziegenmilcherzeugung

Das Milchleistungspotenzial von Milchziegen im Vergleich zu Milchschafen lässt sich anhand der Angaben in ▶ **Tab. 11.14** abschätzen. Diese Daten beruhen auf Wirtschaftlichkeitsauswertungen in österreichischen Betrieben. Die durchschnittliche

▶ **Tab. 11.12** Ausgewählte Produktionsdaten der Schafhaltung – dargestellt an Beispielen für verschiedene Betriebsformen (Bezugsgröße: Mutterschaf mit anteiligen Lämmern pro Jahr; nach KTBL 2009 a, b [131]·[132]).

Kennwerte		**Beispiel 1: Wanderschafhaltung**	**Beispiel 2: Stationäre Hütehaltung**	**Beispiel 3: Koppelschafhaltung**
Mutterschafe				
Produktivitätszahl	%	84	99	105
abgesetzte/verkaufte Lämmer	Stück	1,06/0,87	1,17/0,96	1,24/1,09
Remontierungsrate (Zutreter/Mutterschaf)	Stück	0,19	0,21	0,15
Wolle	kg	1,8	4,0	4,0
Lämmer				
Tageszunahmen	g/Tag	150	400	200
Lebendendgewicht	kg	35	45	40
Schlachtausbeute	%	–	44	45

▶ **Tab. 11.13** Wirtschaftlichkeit der Schafhaltung – dargestellt an Beispielen für verschiedene Betriebsformen (Bezugsgröße: Mutterschaf mit anteiligen Lämmern pro Jahr; nach KTBL 2009 a, b [131]·[132]; verändert).

Leistungs-/Kostenart		**Beispiel 1: Wanderschafhaltung**	**Beispiel 2: Stationäre Hütehaltung**	**Beispiel 3: Koppelschafhaltung**
Leistungen				
Lämmer (Schlachtkörper)	€	76,3[1]	87,8[2]	199,7[3]
Altschaf	€	6,5	9,9	8,0
Wolle	€	0,4	4,0	4,0
Landschaftspflegeprämie	€	50,0	–	–
Summe Leistungen	**€**	**133,0**	**101,7**	**211,7**

▸ **Tab. 11.13** Fortsetzung

Leistungs-/Kostenart		Beispiel 1: Wanderschafhaltung	Beispiel 2: Stationäre Hütehaltung	Beispiel 3: Koppelschafhaltung
variable Kosten				
Bestandsergänzung	€	14,3	11,2	20,4
Bockhaltung	€	1,8	4,0	2,7
Grobfutter, Weide (gesamt)	€	–	40,7	41,4
Kraftfutter (Mutterschafe)	€	–	10,0	14,4
Mineralfutter	€	0,4	2,3	2,3
Kraftfutter (Lämmer)	€	–	11,5	3,0
Einstreu	€	–	5,1	5,4
Wasser, Strom	€	–	1,7	7,7
Tierarzt, Medikamente	€	7,0	7,6	7,0
Schur, Hundehaltung	€	3,6	4,6	2,0
Versicherungen, Beiträge	€	2,9	5,00	4,2
Zinsansatz (Anlage- u. Umlaufvermögen)	€	0,5	3,6	2,8
Summe Direktkosten	**€**	**30,5**	**107,3**	**113,3**
direktkostenfreie Leistung	**€**	**102,8**	**–5,6**	**98,4**
variable Maschinenkosten	€	–	0,2	0,6
Summe variable Kosten	**€**	**30,5**	**107,5**	**113,9**
fixe Kosten				
Arbeitskräfte[4]	€	98,4	120,8	109,8
Gebäude, Einrichtungen	€	0,3	61,3	47,4
Maschinen, Geräte	€	–	0,5	0,2
Summe fixe Kosten	**€**	**98,7**	**182,6**	**157,4**
Produktionskosten (variable u. fixe Kosten)	**€**	**129,2**	**290,1**	**271,3**

[1] 2,50 €/kg Lebendgewicht. [2] 4,60 €/kg Schlachtkörpergewicht. [3] 10,50 €/kg Schlachtkörpergewicht (zerlegt). [4] 15,- €/AKh.

▸ **Tab. 11.14** Vergleich der Milchleistung und Milchinhaltsstoffe zwischen Milchschaf und Milchziege (nach Ringdorfer 2011 [191]).

Kennwert	Einheit	Milchschaf	Milchziege
erzeugte Milchmenge (je Tier u. Jahr)	kg	404	607
verkaufte Milchmenge (je Tier u. Jahr)	kg	362	591
Proteingehalt (Molkerei)	%	4,65	3,16
Fettgehalt (Molkerei)	%	5,67	3,54
Milchpreis (Molkereimilch)	Cent/kg	118	67

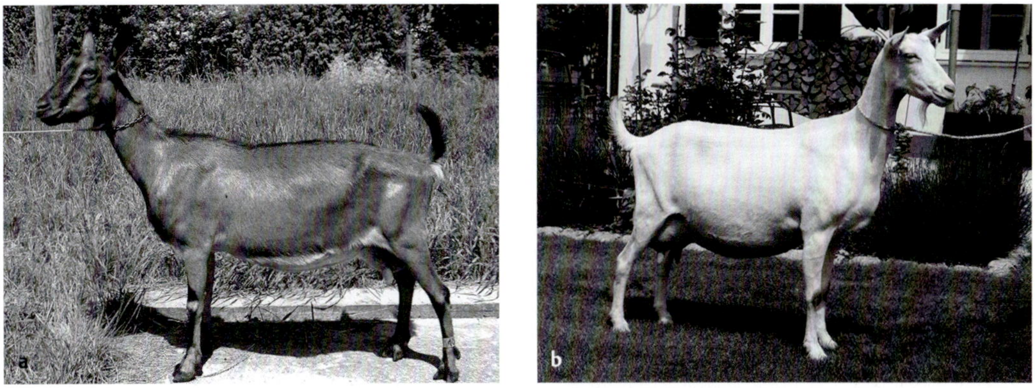

▶ **Abb. 11.6** Die beiden häufigsten in Deutschland gehaltenen Milchziegenrassen.
a Bunte Deutsche Edelziege. (Foto: Christian Mendel, Poing)
b Weiße Deutsche Edelziege. (Foto: Christian Mendel, Poing)

▶ **Tab. 11.15** Vergleich der Milchleistung und der Milchinhaltsstoffe zwischen Bunter Deutscher Edelziege und Weißer Deutscher Edelziege (Milchleistungsprüfung Bayern, jeweils Vollabschlüsse; nach LKV 2016 [153]).

Merkmal		Bunte Deutsche Edelziege (n = 1580)	Weiße Deutsche Edelziege (n = 749)
Milchmenge	kg	733	665
Protein	%	3,18	3,22
Fett	%	3,28	3,45

Milchmenge liegt bei der Milchziege etwa um ein Drittel über der des Milchschafes. Die Ziegenmilch weist gegenüber der Schafmilch deutlich niedrigere Protein- und Fettgehalte auf.

Die durchschnittliche Zusammensetzung von Ziegenmilch der beiden häufigsten in Deutschland gehaltenen Milchziegenrassen – Bunte Deutsche Edelziege und Weiße Deutsche Edelziege (▶ **Abb. 11.6**) – ist in der ▶ **Tab. 11.15** dargestellt. Die dort aufgeführten Inhaltsstoffe basieren auf Milchleistungsergebnissen aus bayerischen Betrieben (LKV 2016 [153]). Das ausgewiesene Leistungsniveau liegt in diesen Betrieben höher als in den oben genannten österreichischen Milchziegenbetrieben. Zwischen den Rassen sind gerichtete Unterschiede erkennbar. Bunte Deutsche Edelziegen weisen – gegenüber der Weißen Deutschen Edelziege – höhere Milchmengenleistungen, aber geringere Protein- und Fettgehalte in der Milch auf. Bei einer Laktationsdauer von ca. 240 Tagen ergibt sich eine durchschnittliche tägliche Milchleistung von 2,9 kg. In der Laktationsspitze kann die Tagesleistung auf bis zu 5 kg Milch ansteigen.

In Deutschland wird die Ziegenhaltung vorwiegend in zwei Betriebsformen durchgeführt:

- Ziegenmilcherzeugung und -verarbeitung mit Direktvermarktung oder
- Ziegenmilcherzeugung mit Molkereianlieferung

In der erstgenannten Betriebsform sind Herdengrößen zwischen 80–100 Milchziegen anzutreffen. Für die zweitgenannte Form sind 200–250 Milchziegen erforderlich, um eine ausreichendes Familieneinkommen im Haupterwerb zu sichern.

11.10.2 Besonderheiten der Ziegenernährung

Bei näherer Betrachtung bestehen zwischen Ziege, Schaf und Rind Unterschiede hinsichtlich der Futteraufnahme und des Verdauungsgeschehens. Bereits bei der Futterauswahl unterscheiden sich die kleinen Wiederkäuer vom Rind. So nehmen Ziegen – im Vergleich zu Rindern – bevorzugt Pflanzenteile mit höherer Nährstoffkonzentration auf. Diese nähstoffkonzentriertere Nahrung muss weniger intensiv gekaut und wiedergekaut werden. Gleichzeitig produzieren Ziegen mehr Speichel als Schafe oder Rinder. Diese beiden Besonderheiten führen zu einer kürzeren Verweildauer der Nahrung im Pansen-Hauben-Bereich. Die Schichtung der Futterbestandteile im Pansen hängt entscheidend von deren Zusammensetzung ab. Je weniger Faserbestandteile aufgenommen werden, desto geringer die Schichtung. Da die selektiv fressende Ziege weniger faserreiche Futterbestandteile aufnimmt als Schaf oder Rind, weist sie die geringste Schichtung auf.

Rinder, Schafe und Ziegen unterscheiden sich in der Kopfform und im Gebissaufbau. Während Rinder mit ihrem starren Flotzmaul beim Weidegang die überwiegend grashaltige Nahrung büschelweise mithilfe der Zunge aufnehmen, weisen Schafe und Ziegen eine hohe Feinbeweglichkeit der Lippen auf, was zu einer eher pflückenden Nahrungsaufnahme führt. Die bei Schaf und Ziege eher schmal und meißelförmig ausgebildeten Schneidezähne unterstützen diesen Pflückvorgang. Das gegenüber Rindern unterschiedlich gebaute Gebiss führt weiter dazu, dass die aufgenommene Nahrung von Ziegen und Schafen weniger intensiv wiedergekaut, sondern eher gequetscht bzw. entsaftet wird. Insbesondere die Ziege ist in der Lage, den so freigesetzten Pflanzensaft, der die löslichen Nährstoffe enthält, in Verbindung mit der größeren Speichelmenge direkt in den Labmagen abzuleiten. Der Labmagen der Ziege ist folglich – gegenüber dem des Rindes – vergleichsweise groß. Dies gilt auch für den hinteren Darmabschnitt. Dort findet eine ausgeprägte „Nachvergärung" statt. Auch die Wasserrückführung ist dort deutlich ausgeprägter als beim Rind. Dies lässt sich auch an der unterschiedlichen Form und Beschaffenheit des abgesetzten Kotes erkennen. Das Schaf nimmt bezüglich der beschriebenen anatomisch-physiologischen Zusammenhänge eine Mittelstellung zwischen Ziege und Rind ein.

11.10.3 Die praktische Fütterung der Milchziegen

Futteraufnahme von Milchziegen

Für laktierende Milchziegen wirken insbesondere die Lebendmasse (LM), das Laktationsstadium und damit die Höhe der täglichen Milchleistung sowie die Energiekonzentration der Ration als begrenzende Faktoren auf die tägliche Futteraufnahme. Nach schweizerischen Empfehlungen (Arrigo 2013 [12]) kann die tägliche Futteraufnahme laktierender Milchziegen mit nachfolgender Formel geschätzt werden:

$$\begin{aligned}&\text{Futteraufnahme (kg TM/Tag)}\\&= 0{,}9 + \text{kg LM}/100 + 0{,}27\\&\quad\times \text{kg energiekorrigierte Milch}\end{aligned}$$

Für eine Milchziege mit 65 kg LM und einer Tagesleistung von 5 kg Milch (energiekorrigiert) ergibt sich somit eine tägliche Futteraufnahme von 2,9 kg TM.

In der ▸ **Tab. 11.16** ist für relevante Lebendmassebereiche und Leistungsstadien die mögliche täg-

▸ **Tab. 11.16** Tägliche Futteraufnahme (kg Trockenmasse pro Tier u. Tag) von laktierenden Milchziegen, differenziert nach Laktationsstadium und Lebendmasse (NRC 2007 [182]).

Laktationsstadium	Lebendmasse				
	55 kg *(kg Milch/Tag)*	**60 kg** *(kg Milch/Tag)*	**65 kg** *(kg Milch/Tag)*	**70 kg** *(kg Milch/Tag)*	**75 kg** *(kg Milch/Tag)*
1. Laktationsdrittel (ca. 80 Tage)	2,8 (*4,7*)	3,1 (*5,1*)	3,6 (*5,3*)	4,1 (*5,6*)	4,3 (*5,8*)
2. Laktationsdrittel (ca. 80 Tage)	2,9 (*3,5*)	3,0 (*3,7*)	3,5 (*3,9*)	4,1 (*4,0*)	4,3 (*4,2*)
3. Laktationsdrittel (ca. 80 Tage)	2,6 (*2,1*)	2,8 (*2,2*)	2,9 (*2,3*)	3,1 (*2,4*)	3,3 (*2,5*)

liche Futteraufnahme von laktierenden Milchziegen nach Angaben des NRC (2007 [182]) ausgewiesen. Hierbei werden die Laktationsstadien in drei gleich lange Abschnitte von jeweils etwa 80 Tagen unterteilt. Diese Werte liegen über den vergleichbaren schweizerischen Angaben. So ist für das oben dargestellte Beispiel (65 kg LM, 5 kg Milch) nach NRC (2007 [182]) eine tägliche Futteraufnahme von etwa 3,5 kg TM möglich (▶ **Tab. 11.16**). In den nachfolgend dargestellten Rationsbeispielen wird mit Futteraufnahmen kalkuliert, die zwischen diesen Werten liegen.

Richtwerte zur Energie-, Protein- und Mineralstoffversorgung von Milchziegen

Für die Milchziegenfütterung können – wie unter Kap. Energiestufen (S. 207) erläutert – die Nettoenergie-Laktation (NEL), aber auch die Umsetzbare Energie (ME_W) als Maßstab für die Energieversorgung herangezogen werden. In der ▶ **Tab. 11.17** werden die Richtwerte für die Energieversorgung von laktierenden Milchziegen sowohl auf der Basis ME_W als auch NEL angegeben. Die Angaben für die Proteinversorgung beziehen sich auf die Kenngröße nutzbares Protein (nXP). Empfehlungen zur täglichen Energie- und Proteinversorgung von Milchziegen für die niedertragende und hochtragende Zeit sind in ▶ **Tab. 11.18** dargestellt.

▶ **Tab. 11.17** Richtwerte für die Energie- und Proteinversorgung von laktierenden Milchziegen (Beispiel: Tagesbedarf für Milchziege mit 65 kg LM; nach GfE 2003 [95]).

Leistungsstadium		ME	NEL	nutzbares XP (nXP)
		MJ	MJ	g
Erhaltungsbedarf (65 kg LM)		10,3	6,3	123
Leistungsbedarf (1 kg Milch)[1]		4,6	2,9	53
laktierend und Stallfütterung				
mit ...	2 kg Milch	19,5	12,1	229
	3 kg Milch	24,1	15,0	282
	4 kg Milch	28,7	17,9	335
	5 kg Milch	33,3	20,8	388

[1] unterstellt: 3,2 % Eiweiß; 3,4 % Fett.

▶ **Tab. 11.18** Empfehlungen zur täglichen Energie- und Proteinversorgung von Milchziegen für die niedertragende und hochtragende Zeit unter den Bedingungen der Stallhaltung (nach GfE 2003 [95]).

Lebendmasse (kg)	Leistungsstadium	ME (MJ)	NEL (MJ)	nXP (g)
55	niedertragend[1]	9,1	5,5	84
	hochtragend[2]	12,3	7,4	113
60	niedertragend	9,7	5,9	89
	hochtragend	13	7,9	120
65	niedertragend	10,3	6,3	95
	hochtragend	13,8	8,4	127
70	niedertragend	10,9	6,7	100
	hochtragend	14,6	9,0	134
75	niedertragend	11,5	7,1	106
	hochtragend	15,3	9,4	141

[1] bis einschließlich 4. Monat; [2] 5. Trächtigkeitsmonat; Zwillingsträchtigkeit, unterstellt: 3,5 kg Geburtsgewicht pro Kitz.

Rationsgestaltung für Milchziegen

Hochtragende Milchziegen Milchziegen mit Zwillingsträchtigkeit bedürfen insbesondere im letzten Trächtigkeitsmonat einer intensiven Fütterung. Als Faustregel für diesen Leistungsabschnitt kann gelten: Energie- und Proteinversorgung für Erhaltung und eine theoretische Tagesleistung von 2 kg Milch. Hierbei muss aber bedacht werden, dass am Ende der Tragezeit durch die stark wachsenden Föten das Pansenvolumen eingeschränkt wird. Damit sinkt die Futteraufnahmekapazität. Somit muss die Energiekonzentration in den Tagesrationen auf dem Niveau hochlaktierender Ziegen liegen. Beispiele für solche Tagesrationen sind in ▸ **Tab. 11.19** angegeben. Die dort aufgeführten Futtermittel werden auch in den Rationen für die nachfolgende Laktation verwendet (▸ **Tab. 11.20**). Diese Vorgehensweise sollte grundsätzlich beach-

▸ **Tab. 11.19** Rationsbeispiele für hochtragende Milchziegen (Zwillingsträchtigkeit, Stallfütterung mit Futterkonservaten).

Futtermittel	Rationstypen (Tagesmengen in kg/Ziege)	
	Jungziege (60 kg LM [1])	Altziege (75 kg LM)
Heu (1. Aufwuchs., Blüte)	0,2	0,4
Grassilage (1. Aufw., Ähren-/Rispenschieben)	2,0	3,0
Maissilage (Ende Teigreife)	1,5	1,5
Kraftfuttermischung (18/3 [2])	0,35	–
Wintergerste	–	0,1
Mineralfuttermischung	–	0,01
Futteraufnahme (kg TM)	1,7	2,0
Rohfaserversorgung (% in der TS der Gesamtration)	20,0	22,0
Energiekonzentration (MJ NEL/kg TM)	6,6	6,4

[1] Gewicht vor der Lammung; [2] 18/3 = 18 % Rohprotein und Energiestufe 3 (6,7 MJ NEL bzw. 10,8 MJ ME/kg Kraftfutter).

▸ **Tab. 11.20** Rationsbeispiele für laktierende Milchziegen (mit 65 kg LM und 5 kg, 4 kg bzw. 3 kg Milch/Tag, Stallfütterung (A bis C) oder Weidegang (D)).

Futtermittel	Rationstypen (Tagesmengen in kg/Ziege)			
	A	B	C	D
	5 kg	3 kg	5 kg/3 kg	4 kg
Heu (1. Aufwuchs, Blüte)	0,4	0,4	0,6	0,3
Gras (1. Aufw., Ähren-/Rispenschieben)	–	–	–	10,0
Grassilage (1. Aufw., Ähren-/Rispenschieben)	4,5	4,5	5,0	–
Maissilage (Ende Teigreife)	3,0	1,5	–	–
Kraftfuttermischung (18/3 [1])	0,25	–	0,15/–	–
Wintergerste	–	–	0,85/0,15	0,7
Mineralfuttermischung	0,01	0,01	0,01/0,01	0,01
Futteraufnahme (kg TM)	3,2	2,5	3,2/2,4	2,7
Rohfaserversorgung (% in der TS der Gesamtration)	22,0	23,0	19,0/23,0	20,0
Energiekonzentration (MJ NEL/kg TM)	6,5	6,3	6,7/6,3	6,7

[1] 18/3 = 18 % Rohprotein und Energiestufe 3 (6,7 MJ NEL bzw. 10,8 MJ ME/kg Kraftfutter).

tet werden, um einen möglichst gleitenden Übergang zur Laktation herzustellen.

Laktierende Milchziegen In der ▶ **Tab. 11.20** sind Rationsbeispiele für die Fütterung laktierender Milchziegen dargestellt. Die Tagesrationen mit Futterkonservaten (Stallfütterung) sind für eine tägliche Milchleistung von 5 kg ausgelegt, wie sie im 1. Laktationsabschnitt – Lammung im Spätwinter – denkbar sind. Mit den zur Verfügung stehenden hochwertigen Grobfuttermitteln können hohe Futteraufnahmen realisiert werden. Insbesondere der Einsatz von Maissilage mit hohem Energiegehalt kann hierzu beitragen. Steht diese nicht oder nur in geringem Umfang zur Verfügung, sind zusätzliche Kraftfuttergaben erforderlich, um die hohe Leistung weitgehend zu „erfüttern" (Ration C). Die erforderliche Energiekonzentration solcher Rationen (Zielleistung 5 kg Milch pro Tag) muss mindestens 6,5 MJ NEL/kg TM betragen. Der Abbau von Körpersubstanz sollte möglichst gering gehalten werden. Hochleistende Milchziegen benötigen eine gezielte Mineralstoffversorgung. Die Rationsbeispiele in der ▶ **Tab. 11.20** verdeutlichen diese Aussage. Für diese Rationsbeispiele musste eine zusätzliche Mineralfuttermischung berücksichtigt werden. Hierbei wurde unterstellt, dass die Leistungskraftfuttermischung mineralisch ergänzt ist. Die dargestellten Zusammenhänge verdeutlichen, dass für eine gezielte Fütterung der laktierenden Milchziegen umfassende und exakte Rationsberechnungen unerlässlich sind. Untersuchungen von Arrigo (2013 [12]) mit einer Heu-Kraftfutter-Ration an laktierenden Milchziegen zeigen, dass die tolerierbaren Futterreste in der Größenordnung von 10–20 % liegen können. Darüber hinausgehende Futtergaben beeinflussen die Milchleistung der Ziegen nicht. Sie zeigen zwar tendenziell eine höhere Futteraufnahme und die Selektionsneigung geht zurück. Dabei lassen die Tiere aber Futterreste mit beachtlichen Nährstoffgehalten zurück.

Unter den Bedingungen des Weidegangs kann die für die Stallfütterung unterstellte sehr hohe Futteraufnahme nicht erreicht werden. Hier sollten als maximale tägliche Futteraufnahme 2,9 kg Trockenmasse (TM) unterstellt werden. Die mit solchen Rationen maximal zu „erfütternde" Leistung liegt unter den genannten Bedingungen bei 4 kg Milch (▶ **Tab. 11.20**, Ration D). Der Proteinüberschuss aus dem Grünfutter muss mit eiweißarmen Futtermitteln wie Getreide (Gerste) oder zuckerarmen Trockenschnitzeln ausgeglichen werden. Bezogen auf die Tagesration sollte die ruminale Stickstoffbilanz (RNB) einen Wert von + 5 g nicht überschreiten. Der Energiegehalt ist in älterem Gras bzw. Gras aus dem 2. Aufwuchs meist erniedrigt. Daher ist mit überständigem Gras als alleinigem Grobfutter keine hohe Milchleistung möglich. Nur mit hohem Kraftfuttereinsatz lässt sich die Zielleistung von 4 kg Milch erfüttern. Um auch unter diesen Bedingungen hohe Milchleistungen und stabile Eiweißgehalte zu realisieren, müssen gezielt energiereiche Grobfuttermittel beigefüttert werden. Hierbei bieten sich insbesondere Pressschnitzelsilage oder Maissilage an.

Fütterungstechnik In der Milchkuhfütterung wird zunehmend mit gemischten Rationen aus Grob- und Kraftfutter gearbeitet. Diese können als aufgewertete Mischrationen (aMR), Teilmengen der Tageskraftfuttermengen werden in die Grobfutterration eingemischt, vorgelegt werden. Ziel dieser Fütterungstechnik ist es, eine gleichförmige Futteraufnahme – ohne Selektion von Kraft- oder Grobfutter – zu erreichen. Diese Fütterungstechnik kann auch für die Milchziegenfütterung angewendet werden. Da die Ziege – wie beschrieben – zu einer ausgeprägten Futterselektion neigt, sind an die Mischgenauigkeit besonders hohe Ansprüche zu stellen. In eigenen Untersuchungen konnte festgestellt werden, dass Milchziegen eine aMR, bestehend aus den Komponenten Heu, Grassilage, Maissilage, Biertreber, Maiskolbenschrot, Eiweißkonzentrat und Ausgleichskraftfuttermischung, einer ausgeprägten Selektion unterzogen. So wiesen die analysierten Futterreste im Vergleich zur vorgelegten aMR höhere Rohfasergehalte und niedrigere Gehalte an stickstofffreien Extraktstoffen (NfE (Stärke)) auf. Dies kann als Beleg dafür gelten, dass faserreiche Futterbestandteile zurückgelassen und Kraftfuttermittel bevorzugt aufgenommen wurden. Eine nach Alter differenzierte Auswertung (Jungziegen: 1. Laktation, Altziegen: 2 und mehr Laktationen), zeigte außerdem, dass die Jungziegen stärker als die Altziegen die beschriebene Selektion vornahmen. Gleichzeitig wiesen die Jungziegen erwartungsgemäß eine niedrigere Futteraufnahme auf (1,75 kg zu 2,0 kg TM pro Tier und Tag).

Auch bei dem Einsatz einer aMR wird den Milchziegen das Leistungskraftfutter als „Lockfutter“ im Melkstand vorgelegt.

11.10.4 Aufzucht und Mast von Ziegen

Kitz- und Jungziegenaufzucht

Ziegen werden hauptsächlich für die Milcherzeugung genutzt. Die vorherrschenden Ziegenrassen bringen jährlich überwiegend Zwillinge zur Welt. Nur ein geringer Teil der weiblichen Ziegenlämmer wird für die Remontierung benötigt. Die nicht zur Remontierung benötigten weiblichen und männlichen Jungtiere – also die große Mehrzahl – können somit zur Fleischnutzung verwendet werden.

Die Aufzucht verfolgt – ähnlich wie in der Milchschafhaltung – das Ziel, die für die Nachzucht vorgesehenen Tiere möglichst optimal auf die spätere Nutzung als Milch gebendes Tier vorzubereiten. Angestrebt wird für die meisten intensiven Milchziegenrassen in Mitteleuropa ein Erstlammalter von 12 Monaten. Bei einem Geburtsgewicht von 4 kg und einer Lebendmasse zum Zeitpunkt der ersten Lammung von 50 kg (Gewicht nach der Lammung) sind durchschnittliche Tageszunahmen von ca. 150 g anzustreben.

In der Kitzaufzucht der Milchziegenbetriebe werden überwiegend mutterlose Aufzuchtverfahren angewandt, da das Zielprodukt Milch vermarktet werden soll. Es ist darauf zu achten, dass die neugeborenen Lämmer in den ersten 24 Stunden die Kolostralmilch der Mutter aufnehmen können. Da die Biestmilch in den ersten fünf Tagen aufgrund ihrer Zusammensetzung nicht verkehrsfähig ist bzw. nicht verarbeitet werden kann, sollte diese Milch vertränkt werden.

Mast von Ziegenkitzen

In Milchziegenherden mit Zwillingsgeburten wird die Mehrzahl der jährlich anfallenden Lämmer nicht für die Bestandsergänzung benötigt. Diese Tiere können zur Mast herangezogen werden. Fleisch von Zicklein oder jungen Mastziegen wird von deutschen Verbrauchern allerdings kaum nachgefragt. So betrug 2012 der Pro-Kopf-Verbrauch in Deutschland lediglich 8 g. Aus dem schleppenden Absatz im Handel resultiert ein niedriger Erlös für den Erzeuger. Dies erschwert die Kostendeckung. Somit stellt die wirtschaftliche Erzeugung von Kitzfleisch ein schwieriges Unterfangen dar. Die geringe Masteignung der Milchziegenrassen, verbunden mit einer ungünstigen Futterverwertung, ist ein zusätzliches Hindernis. Einige Milchziegenbetriebe mit großen Herden und Milchverkauf an die Molkerei versuchen, das Problem mit zwei unterschiedlichen Strategien zu lösen:

- Verkauf der nicht für die Remontierung vorzusehenden Kitze innerhalb der ersten Lebenswochen an spezialisierte Mastbetriebe (insbesondere Frankreich) oder wenige Tage nach der Geburt an Schlachtbetriebe (Verarbeitung zu Tiernahrung) oder
- Durchmelken der Milchziegen für 2–3 Jahre. Untersuchungen haben gezeigt, dass sich die Tagesleistung solcher Ziegen auf ein Niveau von 2–3 kg Milch einpendelt.

Für kleinere Betriebe: Mit Weiterverarbeitung und Direktvermarktung der Milchprodukte kann eine Kitzfleischvermarktung an die Endkunden leichter erfolgen. Bei Konzentration auf das „Ostergeschäft“ kann die natürliche Saisonalität der heimischen Milchziegenrassen zudem sinnvoll genutzt werden. Hier ist das Produktionsziel die Erzeugung von „Milchzickleinfleisch“ über die „Milchmast“. Mit der Milchmast sollten die Tiere innerhalb von 7–8 Wochen auf ein Endgewicht von circa 15 kg gebracht werden. Somit werden Schlachtkörpergewichte von etwa 7 kg erzeugt. Es sind Tageszunahmen von mindestens 200 g anzustreben. Dies erfordert eine intensive Fütterung auf der Basis von Milch bzw. Milchaustauschertränke.

11.11
Übungsfragen

Produktivitätszahl

Frage

Warum nimmt die Bedeutung der Leistungskennzahlen in der Reihenfolge Ablammergebnis – Fruchtbarkeitszahl – Produktivitätszahl zu?

Antwort

Die Produktivitätszahl umfasst die gesamte Aufzuchtperiode. Somit steht ein marktfähiges Produkt zur Verfügung (direkter Einfluss auf die Wirtschaftlichkeit).

Mindesterlös für Schlachtlämmer

Frage

Welcher Mindesterlös für Schlachtlämmer (€/kg Schlachtkörpergewicht) müsste im Betriebsbeispiel 2 (► **Tab. 11.13**) erzielt werden, damit

- die direktkostfreie Leistung zunächst positiv,
- die sachbezogenen Produktionskosten (variable u. fixe Kosten [ohne Arbeitskosten]) gedeckt werden?

Antwort

- Der Mindesterlös für Schlachtlämmer müsste 4,90 €/kg Schlachtkörpergewicht betragen.
- Bei 8,20 €/kg Schlachtgewicht werden die sachbezogenen Produktionskosten (variable u. fixe Kosten [ohne Arbeitskosten]) gedeckt.

Wirtschaftlichkeit Schafhaltung

Frage

Wie hoch ist in den Betriebsbeispielen 1 und 3 (► **Tab. 11.13**) die tatsächliche Verwertung der eingesetzten Arbeitskraftstunde (AKh)?

Antwort

Die tatsächliche Verwertung der eingesetzten Arbeitskraftstunde (AKh) beträgt im Beispiel 1 15,60 € und im Beispiel 3 6,90 €.

Milchziegenfütterung

Frage

Welche Einflussgrößen bestimmen hauptsächlich die Futteraufnahme (kg TM/Tier und Tag) von laktierenden Milchziegen?

Antwort

Einflussgrößen: Lebendmasse und tägliche Milchmenge.

Teil 4
Anhang

12 Verwendete und weiterführende Literatur

[1] Adam F, Schulte M, Waldeyer HG. Vier Herkünfte im Warentest. Wochenblatt 2016; 20: 29–34

[2] ADR Arbeitsgemeinschaft Deutscher Rinderzüchter e. V. Jahresbericht. Rinderproduktion in der Bundesrepublik Deutschland 1990. ADR 1991

[3] ADR Arbeitsgemeinschaft Deutscher Rinderzüchter e. V. Jahresbericht. Rinderproduktion in der Bundesrepublik Deutschland 1993. ADR 1994

[4] ADR Arbeitsgemeinschaft Deutscher Rinderzüchter e. V. Jahresbericht. Rinderproduktion in der Bundesrepublik Deutschland 1997. ADR 1998

[5] ADR Arbeitsgemeinschaft Deutscher Rinderzüchter e. V. Jahresbericht. Rinderproduktion in der Bundesrepublik Deutschland 2000. ADR 2001

[6] ADR Arbeitsgemeinschaft Deutscher Rinderzüchter e. V. Jahresbericht. Rinderproduktion in der Bundesrepublik Deutschland 2008. ADR 2009

[7] ADR Arbeitsgemeinschaft Deutscher Rinderzüchter e. V. Jahresbericht. Rinderproduktion in der Bundesrepublik Deutschland 2016. ADR 2017

[8] AID. Schaf- und Ziegenrassen. Bonn: Auswertungs- und Informationsdienst für Ernährung, Landwirtschaft und Forsten; 2007

[9] AMI. Agrarmarkt Informations-Gesellschaft mbH. Milcherzeugerpreise. Bonn; 2017

[10] Anzeigepflichtige Tierseuchen. www.bmel.de/DE/Tier/Tiergesundheit/Tierseuchen/_texte/AnzeigepflichtigeTierseuchen.html

[11] Arbel R, Bigun Y, Ezra E, Sturman H, Hojman D. The Effect of Extended Calving Intervals in High Lactating Cowson Milk Production and Profitability. J Dairy Sci 2001; 84: 600–608

[12] Arrigo Y. Mit den Fütterungsempfehlungen für Ziegen Futterverschwendung vermeiden. Forum 2013; 10: 11–14

[13] Automatisch Melken in modernen Milchviehställen. KTBL-Schrift 430; 2005

[14] Aviagen. ROSS 308 BROILER: Nutrition Specifications. 2014; en.aviagen.com/assets/Tech_Center/Ross_Broiler/Ross308BroilerNutritionSpecs2014-EN.pdf, download 30.11.17

[15] Barbella G, Novak A, Schmidt J et al. Influence of changing the casein/whey protein ratio on the feeding value of calf milk replacers. Milchwissenschaft 1988; 43: 551 – 554

[16] Bau Briefe Landwirtschaft. Energieeinsatz in der Tierhaltung, Münster: Landwirtschaftsverlag; 2009

[17] Bau Briefe Landwirtschaft. Milchviehhaltung: Bauen-Technik-Management. Heft 51. Münster: Landwirtschaftsverlag; 2012

[18] Bellof G. Zur Mast- und Schlachtleistung von Bocklämmern der Rasse Merinolandschaf in Abhängigkeit von der Fütterungsintensität. Züchtungskunde 2003; 75: 274 – 283.

[19] Bellof G. Leistungsgerechte Fütterung von Schafen bei angepasstem Kraftfuttereinsatz. Tagungsband zur 5. Fachtagung für Schafhaltung am 6.12.08. 1 – 5. Gumpenstein (Österreich); 2008

[20] Bellof G. Weidemilch als Functional Food – eine erfolgreiche Marketingstrategie?. Landwirtschaft ohne Pflug 2014; Sonderheft „Grünland und Futterbau": 97–101

[21] Bellof G, Weindl P. Der Futtermittelreport – Strategien zum verminderten Einsatz von aus Übersee importierten Sojaerzeugnissen in der Geflügelfütterung in Deutschland. Berlin: WWF Deutschland; 2013

[22] BLE, 2013. Verordnung (EU) Nr. 1308/2013 des Europäischen Parlaments und des Rates vom 17. Dezember 2013 über eine gemeinsame Marktorganisation für landwirtschaftliche Erzeugnisse und zur Aufhebung der Verordnungen (EWG) Nr. 922/72, (EWG) Nr. 234/79, (EG) Nr. 1037/2001 und (EG) Nr. 1234/2007

[23] Blechmann M, Burau C, Gerlach K, Pries M, Ravenschlag T, Südekum K.-H. Untersuchungen zur Futteraufnahme tragender und säugender Mutterschafe. VDLUFA-Kongress 14.09.2017, Freising, Tagungsband; 2017

[24] Brade W, Flachowsky G, Schrader L, Hrsg. Legehuhnzucht und Eiererzeugung – Empfehlungen für die Praxis. Braunschweig: Landbauforschung 2009; Sonderheft 322

[25] Brugger D. Leistungsgerechte Fütterung der Mutterschafe unter den Bedingungen der Stallhaltung. Unveröffentlichter Versuchsbericht; 2009

[26] Bund Ökologischer Lebensmittelwirtschaft; www.boelw.de/themen/bio-recht/oekoverordnung0/

[27] Bundesministerium der Justiz und für Verbraucherschutz. Verordnung über Anforderungen an die Hygiene beim Herstellen, Behandeln und Inverkehrbringen von bestimmten Lebensmitteln tierischen Ursprungs

[28] Bundesministerium für Ernährung, Landwirtschaft und Verbraucherschutz (BMELV). Orientierungswerte für die Beurteilung der Gehalte an Deoxynivalenol und Zearalenon in Futtermitteln im Rahmen des § 3 des Futtermittelgesetzes. Bonn: BMELV; 2000

[29] Bundesministerium für Ernährung und Landwirtschaft (BLE). Verordnung (EG) Nr. 853/2004 des Europäischen Parlaments und des Rates vom 29. April 2004 mit spezifischen Hygienevorschriften für Lebensmittel tierischen Ursprungs

[30] Bundesministerium für Ernährung, Landwirtschaft und Verbraucherschutz (BMELV). Futtermittelhygieneverordnung (EG) Nr. 183/2005

[31] Bundesministerium für Ernährung, Landwirtschaft und Verbraucherschutz (BMELV). Tiergenetische Ressourcen in Deutschland – Nationales Fachprogramm zur Erhaltung und nachhaltigen Nutzung tiergenetischer Ressourcen. Bonn: BMELV; 2008

[32] Bundesministerium für Ernährung, Landwirtschaft und Verbraucherschutz (BMELV). Statistisches Jahrbuch über Ernährung, Landwirtschaft und Forsten der Bundesrepublik Deutschland 2009. Bremerhaven Wirtschaftsverlag NW GmbH; 2009

[33] Bundesministerium für Ernährung und Landwirtschaft (BMEL), Statistisches Bundesamt. Ergebnisse der Landwirtschaftszählung 2010 sowie der Agrarstrukturerhebung 2003, 2007, 2013 und 2016.

[34] Bundesministerium für Ernährung und Landwirtschaft (BMEL). Deutschland wie es isst – Ernährungsreport 2018. www.bmel.de/DE/Ernaehrung/_Texte/Ernaehrungsreport2018.html

[35] Bundesministerium für Ernährung, Landwirtschaft (BMEL). Tierschutz-Nutztier-Haltungsverordnung.

[36] Bundesverband Deutscher Fleischrinderzüchter und -halter e. V. (BDF). Statistik 2016. Mitgliedsbetriebe und Rasseverteilung 2016. 2017. www.bdf-web.de/jahresberichte/statistik-2016.html

[37] Bundesverband Rind und Schwein. Leistungszahlen deutscher Schweineproduktion. Persönliche Mitteilungen; 2017

[38] Damme K, Hildebrand RA. Geflügelhaltung 2002. Stuttgart: Ulmer; 2002

[39] Das geltende Futtermittelrecht: Grüne Broschüre 2010. 21. Aufl. Rheinbach: Allround Media Service

[40] Dawson DP, Morrill JL, Reddy PG et al. Soy protein concentrate and heated soy flours as protein sources in milk replacer for preruminant calves. J Dairy Sci 1988; 71: 1301 – 1309

[41] Degussa-Evonik. Standardisierte ileale Verdaulichkeit von Aminosäuren für Schweine. Hanau: Degussa AG Feed Additives; 2017; Amino Dat 5.0

[42] Derenbach J, Langholz HJ, Schmidt FW, Kim JW. Kolostralmilchaufnahme neugeborener Kälber in der Mutterkuhhaltung I. Verhaltensstudien zum Zeitpunkt und zum Umfang der ersten Milchaufnahme. Z Tierzüchtung Züchtungsbiol 1983; 100: 175 – 186

[43] Deutsche Geflügelwirtschaft und Schweineproduktion. Stuttgart: Eugen Ulmer

[44] Deutsche Schafzucht. Stuttgart: Eugen Ulmer

[45] Deutscher Bauernverband: Situationsbericht 2010 – Trends und Fakten zur Landwirtschaft. Berlin: Deutscher Bauernverband; 2010

[46] Deutscher Holstein Verband e. V. (DHV). Tierbeurteilungsbogen Deutsche Holsteins. Adenauerallee 174, 53113 Bonn. Stand Oktober 2017. www.holstein-dhv.de/seiteninhalte/downloads.html. 31.07.2017

[47] Deutscher Verband Tiernahrung (DVT). Mischfutter-Tabellarium. Bonn: DTV; 2009

[48] Deutscher Verband Tiernahrung (DVT). Mischfutter-Tabellarium. Bonn: DTV; 2017

[49] DLG, Hrsg. Die neue Betriebszweigabrechnung. Band 197. Frankfurt/M.: DLG-Verlag; 2004

[50] DLG. Praxishandbuch Futterkonservierung. Frankfurt/M: DLG-Verlag; 2006

[51] DLG. DLG-Gütezeichen für Siliermittel. www.dlg.org/siliermittel.html

[52] DLG. 55 Antworten zur Automatischen Futtervorlage beim Rind. Frankfurt/M: DLG-Verlag; 2012

[53] DLG-Fütterungsempfehlungen. Empfehlungen zur Fütterung von Mutterkühen und deren Nachzucht. www.dlg.org, September 2009

[54] DLG-Futterwerttabellen. „Kleiner Helfer für die Berechnung von Futterrationen für Wiederkäuer und Schweine"; Datenbank Futtermittel der DLG, datenbank.futtermittel.net

[55] DLG-Futterwerttabellen. Schweine. Frankfurt/M: DLG-Verlag; 2014

[56] DLG-Information 2/1998. Futter- und Fütterungshygiene im landwirtschaftlichen Betrieb. Frankfurt/M: DLG-Verlag; 1998

[57] DLG-Information 1/1999. Schweinefütterung auf Basis des verdaulichen Phosphors. Frankfurt/M: DLG-Verlag; 1999

[58] DLG-Information 2/2001. Struktur- und Kohlenhydratversorgung der Milchkuh. Frankfurt/M: DLG-Verlag; 2001

[59] DLG-Information 1/2004. Grobfutterbewertung – DLG-Schlüssel zur Bewertung von Grünfutter, Silage und Heu mithilfe der Sinnenprüfung. Frankfurt/M: DLG-Verlag; 2004

[60] DLG-Information 1/2006. Schätzung der Futteraufnahme bei der Milchkuh. Frankfurt/M: DLG-Verlag; 2006

[61] DLG-Information 1/2008: Empfehlungen zur Sauen- und Ferkelfütterung. Frankfurt: DLG-Verlag; 2008

[62] DLG-Information 1/2010: Empfehlungen zur Mastschweinefütterung. Frankfurt: DLG-Verlag; 2010

[63] DLG-Leitfaden zur nachvollziehbaren Umsetzung stark N/P-reduzierter Fütterungsverfahren beim Schwein. Frankfurt/M: DLG-Verlag; 2016

[64] DLG-Merkblatt 408. Gruppenbildung von Sauen. Frankfurt/M: DLG-Verlag; 2015

[65] DLG-Merkblatt 385. Fütterungsmaßnahmen zur Förderung des Tierwohls beim Schwein. Frankfurt/M: DLG-Verlag; 2012

[66] DLG-Merkblatt 370. Management großer Würfe. Frankfurt/M: DLG-Verlag; 2012

[67] DLG-Merkblatt 360. Futtervorlage bei Mastschweinen. Frankfurt/M: DLG-Verlag; 2012

[68] DLG-Merkblatt 361. Fütterungsanlagen für Schweine – Mischen und Transportieren (im Druck). Frankfurt/M: DLG-Verlag; 2011

[69] DLG-Merkblatt 358. Fütterungstechnik in der Ferkelaufzucht. Frankfurt/M: DLG-Verlag; 2010

[70] DLG-Merkblatt. Fütterungstechnik für Mastschweine. Frankfurt/M: DLG-Verlag; 2010

[71] DLG-Merkblatt 359. Fütterungstechnik für Sauen. Frankfurt/M: DLG-Verlag; 2010

[72] DLG-Merkblatt 290. Mineralfutter für Milchkühe gezielt einsetzen. Frankfurt/M: DLG-Verlag

[73] DLG-Merkblatt 310. Trocken- und Nassfütterungsanlagen für Schweine. Frankfurt/M: DLG-Verlag; 2010

[74] DLG-Merkblatt 351. Tränketechnik für Schweine. Frankfurt/M: DLG-Verlag; 2008

[75] DLG-Merkblatt 398. Automatische Fütterungssysteme für Rinder: Technik – Leistung – Planungshinweise. Frankfurt/M: DLG-Verlag; 2014

[76] DLG. Praxishandbuch Futterkonservierung. Frankfurt/M: DLG-Verlag

[77] dlz Agrarmagazin. München: Deutscher Landwirtschaftsverlag

[78] Elite, Magazin für Milcherzeuger. Münster: Landwirtschaftsverlag GmbH

[79] EUROSTAT 2009, 2016. epp.eurostat.ec.europa.eu/portal/page/portal/statistics/search_database; download 3.5.2010, 30.11.17

[80] Evans AC. Characteristics of ovarian follicle development in domestic animals. Reprod Domest Anim 2003; 38(4): 240–6

[81] FAOSTAT 2013. fao.org/faostat/en/#home; download 30.11.17

[82] Flachowsky G, Löhnert HJ, Daenicke R. Besonderheiten der Fütterung beim präruminanten Aufzuchtkalb. Proc Soc Nutr Physiol 2000; 9: 157 – 159

[83] Fleischrinder-Journal. Münster: Landwirtschaftsverlag GmbH

[84] Fleischwirtschaft. Frankfurt/M.: Deutscher Fachverlag

[85] Friedrich-Loeffler-Institut (FLI). https://www.fli.de/

[86] Futtermittelverordnung (FMVO) in der Fassung der Bekanntmachung vom 24. Mai 2007 (BGBl. I S. 770), zuletzt geändert durch Artikel 4 des Gesetzes vom 29. Juni 2009 (BGBl. I S. 1659)

[87] Geflügeljahrbuch. Jahrbuch des Zentralverbandes der deutschen Geflügelwirtschaft e. V. und seiner Mitgliedsverbände. Stuttgart: Ulmer; 2010, 2018

[88] Genossenschaft zur Förderung der Schweinehaltung e.G. (GFS). Eberdatenbank.

[89] GfE. Energie- und Nährstoffbedarf landwirtschaftlicher Nutztiere, Nr. 6 Mastrinder. Frankfurt/M.: DLG-Verlag; 1995

[90] GfE, Ausschuss für Bedarfsnormen der Gesellschaft für Ernährungsphysiologie. Energie-Bedarf von Schafen. Proc Soc Nutr Physiol 1996; 5: 149–152

[91] GfE. Ausschuss für Bedarfsnormen der Gesellschaft für Ernährungsphysiologie. Empfehlungen zur Energieversorgung von Aufzuchtkälbern und Aufzuchtrindern. Proc Soc Nutr Physiol 1997; 6: 201 – 215

[92] GfE. Ausschuss für Bedarfsnormen der Gesellschaft für Ernährungsphysiologie. Empfehlungen zur Proteinversorgung von Aufzuchtkälbern. Proc Soc Nutr Physiol 1999a; 8: 155 – 164

[93] GfE. Ausschuss für Bedarfsnormen der Gesellschaft für Ernährungsphysiologie. Empfehlungen zur Energie- und Nährstoffversorgung der Legehennen und Masthühner (Broiler). Frankfurt/M.: DLG-Verlag; 1999b

[94] GfE. Ausschuss für Bedarfsnormen der Gesellschaft für Ernährungsphysiologie. Energie- und Nährstoffbedarf landwirtschaftlicher Nutztiere Nr. 8: Empfehlungen zur Energie- und Nährstoffversorgung der Milchkühe und Aufzuchtrinder. Frankfurt/M.: DLG-Verlag; 2001

[95] GfE. Ausschuss für Bedarfsnormen der Gesellschaft für Ernährungsphysiologie: Empfehlungen zur Energie- und Nährstoffversorgung der Ziegen. Frankfurt/M.: DLG-Verlag; 2003

[96] GfE. Ausschuss für Bedarfsnormen der Gesellschaft für Ernährungsphysiologie. Empfehlungen zur Energie- und Nährstoffversorgung von Schweinen. Frankfurt/M: DLG-Verlag; 2006

[97] GfE. Ausschuss für Bedarfsnormen der Gesellschaft für Ernährungsphysiologie. Neue Gleichungen zur Schätzung der Umsetzbaren Energie für Wiederkäuer von Gras- und Maisprodukten. Proceedings of the Society of Nutrition Physiology 2008; 17: 191 - 198

[98] GfE. Ausschuss für Bedarfsnormen der Gesellschaft für Ernährungsphysiologie. Schätzung der Umsetzbaren Energie von Mischfuttermitteln für Schweine, Proceedings of the Society of Nutrition Physiology 2008; 17: 199 - 204

[99] GfE. Ausschuss für Bedarfsnormen der Gesellschaft für Ernährungsphysiologie. Neue Gleichungen zur Schätzung der Umsetzbaren Energie von Mischfuttermitteln für Rinder. Proceedings of the Society of Nutrition Physiology 2009; 18: 143 - 146

[100] Golze M. Sicherung hoher Fruchtbarkeit bei der Mutterkuhhaltung. Rinderzucht Berlin-Brandenburg 1995; 2: 28 - 29

[101] Golze M et al. Extensive Rinderhaltung. München, Wien: BLV; 1997

[102] Goodsell DS. Wie Zellen funktionieren. 2. Aufl. Heidelberg: Spektrum Akademischer Verlag; 2010

[103] Grunert E, Berthold M. Fertilitätsstörungen beim weiblichen Rind. 3. Aufl. Berlin: Parey; 1999

[104] Hildebrandt G. Konstitution, Rigor mortis und Fleischqualität beim Schlachtschwein. Fleischwirtschaft 1974; 54: 926 - 931

[105] Harms J, Wendl G. Automatische Melksysteme – Trends, Entwicklungen, Umsetzung. 39. Viehwirtschaftliche Fachtagung 2012, 67–74

[106] Hoffmann M. Immunität füttern. dlz primus Rind 2007; 5: 32–35

[107] Hofmann W. Rinderkrankheiten. Band 1: Innere und chirurgische Erkrankungen. Stuttgart: Ulmer; 2006

[108] Holzeder S. Kompoststall – eine Alternative stellt sich vor. In: Tagungsband zur Bautagung, Raumberg-Gumpenstein 2011, S. 5–6. Irdning: LFZ Raumberg-Gumpenstein

[109] Holzeder S. Komfort zum Wohlfühlen. Elite 2012; 3: 54–59

[110] Hoy S, Gauly M, Krieter J. Nutztierhaltung und Hygiene. Stuttgart: Ulmer; 2006

[111] Hoy S. Nutztierethologie. Stuttgart: Ulmer; 2009

[112] Jänicke H. Pflanzenbauliche Maßnahmen zur Beeinflussung der Gärqualität. In: DLG, Praxishandbuch Futterkonservierung. Frankfurt/M: DLG-Verlag; 2006

[113] Jahn R. Untersuchungen zum Futteraufnahmeverhalten von Mutterschafen der Rasse Merinolandschaf [Diplomarbeit]. Fachhochschule Weihenstephan; 2008

[114] Jeroch H, Flachowsky G, Weißbach T. Futtermittelkunde. Stuttgart: Enke; 1993

[115] Jeroch H, Drochner W, Simon O. Ernährung landwirtschaftlicher Nutztiere. 2. überarb. Aufl. Stuttgart: Ulmer; 2008

[116] Jungbluth T, Büscher W, Krause M. Technik Tierhaltung. Stuttgart: Ulmer; 2005

[117] Kamphues J, Coenen M, Iben C, Kienzle E, Pallauf J, Simon O, Wanner M, Zentek J. Supplemente zu Vorlesungen und Übungen in der Tierernährung. 11. überarbeit. Aufl. Hannover: Schaper; 2009

[118] Karlson P, Doenecke D, Koolman J. Kurzes Lehrbuch der Biochemie für Mediziner und Naturwissenschaftler. 14. Aufl., Stuttgart: Thieme; 2005

[119] Karlson P, Doenecke D, Koolman J et al. Karlsons Biochemie und Pathobiochemie. 15. Aufl., Stuttgart: Thieme; 2005

[120] Kaske M. Persönliche Mitteilung. 2014

[121] Kaufmann W. Influence of the composition of the ration and the feeding frequency on pH-regulation in the rumen and on feed intake in ruminants. Livest Prod Sci 1976; 3: 103 - 114

[122] Kessler J. Mutterschafe gezielt füttern. RAP aktuell 2003; 10: 1–4

[123] Khorasani GR, Ozimek L, Sauer WC et al. Substitution of milk protein with isolated soy protein in calf milk replacers. J Anim Sci 1989; 67: 1634 - 1641

[124] Kim JW, Schmidt FW, Lanholz HJ, Derenbach J. Kolostralmilchaufnahme neugeborener Kälber in der Mutterkuhhaltung, II. Entwicklung des Immunglobulingehalts im Blutserum der Kälber, Z. Tierzüchtung Züchtungsbiol 1983; 100: 187–195

[125] Kirchgeßner M, Roth FX, Schwarz FJ, Stangl GI. Tierernährung. 12. neuüberarb. Aufl. Frankfurt/M.: DLG; 2008

[126] Knutzen G, Scholz H, Fischer, B, Wähner M. Einflussfaktoren auf die Qualität der Kolostralmilch von Milchkühen der Rasse Holstein Friesian, Vortragstagung der DGfZ und GfT am 15./16.09.2010 in Kiel

[127] Krömker V. Kurzes Lehrbuch Milchkunde und Milchhygiene. Stuttgart: Parey; 2006

[128] Kruif A de, Mansfeld R, Hoedemaker M. Tierärztliche Bestandsbetreuung beim Milchrind. Stuttgart: Enke; 1998

[129] KTBL, Hrsg. Nationaler Bewertungsrahmen Tierhaltungsverfahren. Methode zur Bewertung von Tierhaltungsanlagen hinsichtlich Umweltwirkungen und Tiergerechtheit. Darmstadt; 2006

[130] KTBL, Hrsg. Betriebsplanung Landwirtschaft 2008/09. Daten für die Betriebsplanung in der Landwirtschaft. 21. Aufl. Darmstadt; 2008

[131] KTBL, Hrsg. Fleischschafhaltung. Produktionsverfahren planen und kalkulieren. Darmstadt; 2009a

[132] KTBL, Hrsg. Faustzahlen für die Landwirtschaft. 14. Aufl. Darmstadt; 2009b

[133] KTBL, Hrsg. Ganzjährige Freilandhaltung von Mutterkühen – tier- und standortgerecht. Schrift 481. Darmstadt: Kuratorium für Technik und Bauwesen in der Landwirtschaft e. V.; 2010

[134] KTBL, Hrsg. Automatische Melksysteme: Verfahren – Kosten – Bewertung. Darmstadt; 2013

[135] KTBL, Hrsg. Tierschutzindikatoren. Leitfaden für die Praxis Schwein. Darmstadt; 2016

[136] KTBL-Datensammlung. Betriebsplanung Landwirtschaft 2016/17. Darmstadt; 2016

[137] KTBL-Heft 112. Beschäftigungsmöglichkeiten für Schweine. Darmstadt; 2016

[138] Kunz HJ. Versuchsbericht Tierhaltung 1990. Lehr- und Versuchsanstalt Futterkamp, Landwirtschaftskammer Schleswig-Holstein; 1990

[139] Kunz HJ. Wie viel Energie benötigen die Kälber in der Milchphase? Landpost 2008; 6: 42 – 44

[140] Kvidera SK, Horst EA, Abuajamieh M, Mayorga EJ, Sanz Fernandez MV, Baumgard LH. Glucose requirements of an activated immunesystem in lactating Holstein cows. J Dairy Sci 2016; 100: 1–15

[141] Landwirtschaftskammer NRW. Düsser Warentest 2008; www.landwirtschaftskammer.de/duesse/tierhaltung/schweine/versuche/mastschweine/2007–2008-vt91-vt92-warentest-mast.htm

[142] Landwirtschaftskammer NRW. Futterwerttabelle Rinderfütterung. Fachbereich 71, Tierproduktion. Ausgabe 2015

[143] Landwirtschaftskammer NRW. Rechenmeister. Münster; 2016

[144] Landwirtschaftsverlag GmbH. Schweinezucht und Schweinemast. Münster

[145] LfL. Futterberechnung für Schweine. 16. Aufl. 2008

[146] LfL. Agrarmärkte 2017. www.lfl.bayern.de/iem/agrarmarkt/171 066/index.php

[147] LfL. Futterberechnung für Schweine. 21. Aufl. LfL; 2014

[148] LfL. Jahresbericht 2016 über Leistungsprüfungen und Zuchtwertschätzung beim Schwein in Bayern. LfL; 2017

[149] LfL. Fleisch- und Geflügelwirtschaft in Bayern 2016. LfL; 2017

[150] LKV. Leistungs- und Qualitätsprüfung in der Rinderzucht in Bayern 2008. München: Landeskuratorium der Erzeugerringe für tierische Veredelung in Bayern e. V.; 2008

[151] LKV, Landeskuratorium der Erzeugerringe für tierische Veredelung in Bayern e. V. Milchleistungsprüfung (MLP) bei Ziegen. 2016. www.lkv.bayern.de/mlp/milchleistungspruefungziegen.html; download 30.11.17

[152] LKV Schleswig-Holstein. Die Leistungsergebnisse des Prüfjahres 2009. Landeskontrollverband Schleswig-Holstein e. V., Kiel; 2009

[153] LKV Schleswig-Holstein. Jahresbericht 2016.

[154] Lohmann Tierzucht GmbH, Hg. Management-Guide Legehennen – Lohmann Brown-Classic. Cuxhaven; 2011

[155] Lucy MC, Liu J, Boyd CK et al. Ovarian follicular growth in sows. Reprod Suppl. 2001; 58: 31–45

[156] Lüke M, Pottgüter R, Grashorn M. DLG-Merkblatt 343 – Legehennenhaltung. Frankfurt/M.: DLG; 2007

[157] Mahlkow-Nerge K. Daten Fütterungsversuch Futterkamp 2008, unveröffentlicht

[158] Mahlkow-Nerge K, Huuck S. Welchen Einfluss haben unterschiedliche Energieträger im Kraftfutter auf die Leistung von Milchkühen. Forum angewandte Forschung in der Rinder- und Schweinefütterung. Fulda, 12. u. 13.04.2016

[159] Mahlkow-Nerge K, Schweigmann M. Erfolgreich füttern: Neues Gerät zur Wiederkaumessung im Einsatz. Erste Ergebnisse zum Wiederkauverhalten von Milchkühen. Landpost 17.1.2009; 32 – 35

[160] Management der Klauengesundheit. Aid-Heft 1541/ 2008

[161] Max-Plank-Gesellschaft. Kleine Moleküle kommen groß raus – Wissenschaftliches Glanzlicht des Jahres 2002. Presseinformation B6/2003 (10) vom 31. 01. 2003

[162] Mayer C, Thio T, Schulze Westerath H, Ossent P, Gygax L, Wechsler B, Friedli K. Vergleich von Betonspaltenböden, gummimodifizierten Spaltenböden und Buchten mit Einstreu in der Bullenmast unter dem Gesichtspunkt der Tiergerechtheit. Bundesforschungsanstalt für Landwirtschaft, Sonderheft 303; 2007

[163] Mayr C, Weindl P, Metwally A, Zeller F, Bellof G. Bewertung des Aufwuchses von der Kurzrasenweide („Kurzgras") mit der *in situ*-Technik und dem Cornell Net Carbohydrate and Protein System. VDLUFA-Kongress; 2012

[164] Meijering A, Hogeveen H, de Koning CJ. Automatic Milking. Wageningen (Niederlande): Wageningen Academic Publishers; 2004

[165] Meldepflichtige Tierkrankheiten. www.bmel.de/DE/Tier/Tiergesundheit/Tierseuchen/_texte/MeldepflichtigeTierseuchen.html

[166] Mertens DR. Creating a system for meeting the fiber requirements of dairy cows. J Dairy Sci 1997; 80: 1463–1481

[167] Mertens DR. Physically effective NDF and its use in dairy rations explored. Feedstuffs, 10. April 2000

[168] Methling W, Unshelm J. Umwelt- und tiergerechte Haltung von Nutz-, Heim- und Begleittieren. Stuttgart: Parey; 2001

[169] Milchpraxis. Bonn: DLG Agro Food Medien GmbH

[170] Milchrind. Münster: Landwirtschaftsverlag GmbH

[171] Ministerio de agricultura y pesca, alimentación y medio ambiente de España; 2010. www.mapama.gob.es/es/agricultura/estadisticas/Estadisticas-chopo.aspx; download 30.11.17

[172] Tierzuchtreport (Brandenburg) 2016, Kapitel 6: Schaf- und Ziegenzucht. Hrsg.: Landesamt für Ländliche Entwicklung, Landwirtschaft und Flurneuordnung (LELF) www.lelf.brandenburg.de/cms/detail.php/bb1.c.238765.de; download 31.8.2018)

[173] Mitteilungen des Ausschusses für Bedarfsnormen der Gesellschaft für Ernährungsphysiologie. Empfehlungen zur Energieversorgung von Aufzuchtkälbern und Aufzuchtrindern. Proc Soc Nutr Physiol 1997; 6

[174] Mitteilungen des Ausschusses für Bedarfsnormen der Gesellschaft für Ernährungsphysiologie. Empfehlungen zur Proteinversorgung von Aufzuchtkälbern. Proc Soc Nutr Physiol 1999; 8

[175] Mosenthin R, Jezierny D, Eklund M. Untersuchungen zur Bestimmung der standardisierten praecaecalen Verdaulichlichkeiten von Protein und Aminosäuren aus Körnerleguminosen beim Schwein. UFOP-Schriftenreihe, Berlin; 2009

[176] Müller J. Betriebswirtschaftliche Richtwerte Systemferkelproduktion und Ferkelaufzucht. Thüringer Landesanstalt für Landwirtschaft; 2014

[177] Neue Landwirtschaft. Berlin: Deutscher Landwirtschaftsverlag

[178] Nickel R, Schummer A, Seiferle E. Lehrbuch der Anatomie der Haustiere. Bd. I: Bewegungsapparat. Hrsg. von Frewein J, Wille K, Wilkens H. Berlin: Parey; 2003

[179] Nickel R, Schummer A, Seiferle E. Lehrbuch der Anatomie der Haustiere.Bd. II: Eingeweide. Hrsg. von Frewein J, Gasse H, Leiser R et al. Berlin: Parey; 2004

[180] Noblet J. Energy Evaluation of Feeds for Pigs: Consequences on Diet Formulation and Environment Protection. Lohmann Information 2006; 41: 40–50

[181] Normenkommission für Einzelfuttermittel im Zentralausschuss der Deutschen Landwirtschaft: Positivliste für Einzelfuttermittel, Version 8, 2010, aktuelle Ausgabe im Internet über www.futtermittel.net abrufbar

[182] NRC, National Research Council. Nutrient requirements of small ruminants: sheep, goats, cervids and New World camelids. Washington: National academies press; 2007

[183] Ofner-Schröck E. Abschlussbericht Kompoststall Rind. Höhere Bundeslehr- und Forschungsanstalt Raumberg-Gumpenstein; 2013

[184] OHG. Runduminformation zum Bullen Boss: Abstammung, Nachzuchtbewertung und Zuchtwerte. Osnabrück: Osnabrücker Herdbuch eG; 2017

[185] OIE, OIE-gelistete Tierkrankheiten. www.oie.int/en/animal-health-in-the-world/animal-diseases/

[186] Peter G. Erzeugeranteile leicht gesunken – Anteilsberechnung 2016. Thünen-Institut für Marktanalyse; 2018. www.thuenen.de/de/ma/

[187] Pfeiffer J, Stucke T, Freitag M. Effekte unterschiedlicher Auftauverfahren von Kuhkolostrum auf die Funktionsfähigkeit von kolostralem Immunglobulin G. Züchtungskunde 2010; 82(4): 272–281

[188] Preisinger R. Struktur der Legehennenzucht weltweit. In: Geflügeljahrbuch. Jahrbuch des Zentralverbandes der deutschen Geflügelwirtschaft e. V. Stuttgart: Ulmer; 2018

[189] QM-Milch e. V. Bundeseinheitlicher Standard zur Milcherzeugung, Version 2.0. 2016

[190] Radewahn P, Czekala A. Futtermittelrechtliche Vorschriften 2008. Clenze: Agrimedia; 2008

[191] Ringdorfer F. Wirtschaftlichkeit der Schaf- und Ziegenmilcherzeugung. Forschungsbericht der LFZ Raumberg-Gumpenstein/Austria; 2011. www.raumberg-gumpenstein.at/cm4/de/forschung/publikationen; download 30.11.17

[192] Roitt IM, Brostoff J, Male DK. Immunology. 6. Ed. London: Mosby, Times Mirror International Publishers Ltd.; 2001

[193] Rudlof G. Milchaustauscher – was steckt dahinter? Handbuch der tierischen Veredlung 95. Osnabrück: Kamlage; 1995: 364 – 368

[194] Rudolphi B. Verbesserung der Gesundheit, Nutzungsdauer und Lebensleistung von Milchkühen durch Einbeziehung zusätzlicher funktionaler Merkmale in die Selektion. Forschungsbericht 2/26 der Landesforschungsanstalt für Landwirtschaft und Fischerei Mecklenburg-Vorpommern; 2012

[195] Rüsse IM, Sinowatz R. Lehrbuch der Embryologie der Haustiere. Berlin – Hamburg: Parey; 1998

[196] Schaper E, Schroeder S. Anzeigepflichtige Tierseuchen. Bonn: Bundesanstalt für Landwirtschaft und Ernährung; 2016

[197] Schiwy P. Kommentar zum Tierschutzgesetz, Stand 01. März 2016; Rehm; § 3 Nr. 9

[198] Schiwy P. Kommentar zum Tierschutzgesetz Stand 01. März 2016; Rehm; § 4 Kommentar III

[199] Schlolaut W, Wachendörfer G. Handbuch Schafhaltung. Frankfurt/M.: DLG; 1992

[200] Schmidt E, Bellof G. Einsatz ökologisch erzeugter Proteinträger in der Putenmast. Abschlussbericht zum BÖL-Projekt 03OE541; 2006; www.orgprints.org/10902

[201] Schnitzer U. Bewegungsstudien an Milchkühen für die Bauplanung von Liegeboxen. Verhaltensforschung beim Rind. Frankfurt/M: KTBL; 1971

[202] Schnorr B, Kressin M. Embryologie der Haustiere, 5. Auflage. Stuttgart: Enke Verlag in MVS Medizinverlage Stuttgart; 2006

[203] Schnurrbusch U, Hühn U. Fortpflanzungssteuerung beim weiblichen Schwein. Jena: Gustav Fischer; 1994

[204] Schulz K. Erlöse reichten nicht. SUS 2017; 1: 48–49

[205] Schumacher A, Boldt E, Gropp J M. Neue Entwicklungen bei Milchaustauschfutter für Kälber – Proteinquellen. Übers. Tierernährg. 1996; 24: 14 – 23

[206] Schwarz FJ, Kirchgeßner M. Mastleistung von Jungbullen, Ochsen und Färsen der Rasse Fleckvieh, Züchtungskunde1990; 62: 384 – 396

[207] Schweinekrankheiten. Graz: Leopold Stocker; 2008

[208] Schweineproduktion (jährliche Ausgabe). Bonn: Zentralverband der deutschen Schweineproduktion e. V. (ZDS)

[209] Schweinespezialberatung Schleßwig-Holstein: Schweinereport 2016, www.ssbsh.de

[210] Schweinezucht und Schweinemast. Münster: Landwirtschaftsverlag GmbH

[211] Siegwart R, Wechsler B, Gygax L. Erhöhung des Flächenangebots für Mastmunis. FAT-Berichte Nr. 652; 2006

[212] Sjaastad Ö, Hove K, Sand O. Physiology of Domestic Animals. Oslo: Scandinavian Veterinary Press; 2003

[213] Smidt D, Huth FW, v. Schutzbar W. Ergebnisse mehrjähriger Aufzeichnungen über Geburtsverlauf und Kälberverluste in vier Versuchsbetrieben, Tierzüchter 1977; 29: 248 – 252

[214] Soede NM, Langendijk P, Kemp B. Reproductive cycles in pigs. Animal Reproduction Science 2011; 124: 251–258

[215] Spiekers H, Nussbaum H, Potthast V. Erfolgreiche Milchviehfütterung. Frankfurt/M.: DLG; 2009

[216] Ständige Impfkommission Veterinärmedizin. Impfempfehlung BTV. 2016. www.openagrar.de/servlets/MCRFileNodeServlet/Document_derivate_00014 011/Impfempfehlung_BTV_2016–02–02.pdf

[217] Stampa F, Brunotte-Schütte G. Handbuch Mastitis. Kamlage; 2006

[218] Statista. https://de.statista.com/statistik/daten/studie/151 851/umfrage/verkaufserloese-der-deutschen-landwirtschaft-seit-2008

[219] Statista 2017. Pro-Kopf-Konsum von Getreide in Deutschland in den Jahren 1950/51 bis 2015/2016

[220] Statista 2017. Pro-Kopf-Konsum von Butter, Käse in Deutschland in den Jahren 1950 bis 2016

[221] Statistisches Bundesamt Deutschland. Statistisches Jahrbuch für die Bundesrepublik Deutschland. Wiesbaden; 2009, 2016

[222] Statistisches Bundesamt. Viehbestand und tierische Erzeugung. Fachserie 3, Reihe 4.1. Mai 2017

[223] Steiner T, Bellof G. Einsatz von unterschiedlich wärmebehandelten Sojakuchen in der ökologischen Hähnchenmast.10. Zürich: Wissenschaftstagung Ökologischer Landbau; 11.-13.2.2009, ETH Zürich, Tagungsband; 2009

[224] Steingass H, Zebeli Q. Strukturberwertung von Rationen für Milchkühe. 35. Viehwirtschaftliche Fachtagung, LFZ Raumberg-Gumpenstein; 2008

[225] Steinwidder A, Gruber L, Guggenberger T, Gasteiner J, Schauer A, Maierhofer G, Häusler J. Einfluss des Protein/Energieverhältnisses auf die Mast- und Schlachtleistung von Fleckviehstieren. Forum angewandte Forschung 06./07.04.2005, Fulda

[226] Strittmatter K. Schafzucht. Stuttgart: Ulmer; 2003

[227] Süß R, Altmann M. Fleisch- und Fettqualität von Lämmern verschiedener Herkünfte. Internationale Fachtagung für Schafhaltung, Innsbruck, Tagungsband, Hrsg.: BAL Gumpenstein (Österreich); 2003

[228] Systemanalyse der Schaf-und Ziegenmilchproduktion in Deutschland. 2017. http://orgprints.org/31288/1/31288–12NA110-bioland-fischinger-2017-systemanalyse-schaf-ziege.pdf

[229] Svennersten-Sjauna K. Efficient milking. Tumba (Schweden): De Laval International AB; 2001

[230] Thiele H. Persönliche Mitteilung, 05.10.2017

[231] Tiergesundheitsgesetz. www.gesetze-im-internet.de/tiergesg/

[232] Tierreport der Landwirtschaftskammer Schleswig-Holstein, 2008/2009. Rendsburg: Landwirtschaftskammer Schleswig-Holstein; 2009

[233] Tierreport der Landwirtschaftskammer Schleswig-Holstein, 2015/2016. Rendsburg: Landwirtschaftskammer Schleswig-Holstein; 2016

[234] Tierschutzgesetz in der Fassung der Bekanntmachung vom 18. Mai 2006 (BGBl. I S. 1206, 1313) zuletzt geändert durch Art. 3 Gesetz vom 28. Juli 2014 (BGBl. I S. 1308)

[235] Top agrar. Münster: Landwirtschaftsverlag

[236] Ude J, Koch M. Die Zelle. Atlas der Ultrastruktur. 3. Aufl., Heidelberg: Spektrum Akademischer Verlag; 2002

[237] UFOP-Praxisinformation. Rapsextraktionsschrot in der Sauen- und Ferkelfütterung. Berlin: 2014

[238] UFOP-Praxisinformation. Rapsextraktionsschrot in der Schweinemast. Berlin: 2016

[239] UFOP-Praxisinformation. Ackerbohnen, Futtererbsen und Blaue Lupinen in der Schweinefütterung. Berlin: 2016

[240] Verordnung über gesetzliche Handelsklassen und Kategorien für Rinderschlachtkörper (Rinderschlachtkörper-Handelsklassenverordnung – RindHKlV) Anlage (zu § 1)

[241] vit. Beschreibung der Zuchtwertschätzung für Milchleistungsmerkmale, Zellzahl, Exterieurmerkmale, Nutzungsdauer und Zuchtleistungsmerkmale. 2017. www.vit.de/fileadmin/user_upload/vit-fuersrind/zuchtwertschaetzung/milchrinder-zws-online/Zws_Bes_deu.pdf. 31.07.2017

[242] von Engelhardt W, Hrsg. Physiologie der Haustiere. 3. Aufl., Stuttgart: Enke; 2009

[243] Weber M, Preissinger W, Bellof G. Ackerbohnen, Futtererbsen und Blaue Süßlupinen in der Schweinefütterung. UFOP-Praxisinformation 1. Auflage: UFOP, Berlin; 2016

[244] Weber S. Persönliche Mitteilung. LMS Agrarberatung Mecklenburg-Vorpommern; 2017

[245] Weber S. Das Blatt. Informationsdienst der LMS Agrarberatung/Lufa Rostock; 2017

[246] Weddige U. Ehemaliger Bauberater Landwirtschaftskammer Schleswig-Holstein, persönliche Mitteilung 06.05.2010

[247] Weißbach F, Schmidt L, Kuhla S. Vereinfachtes Verfahren zur Berechnung der NEL aus der umsetzbaren Energie. Proc. Soc. Nutr. Physiol. 1996; 5: 117

[248] Wendt K, Bostedt H, Mielke H, Fuchs HW. Euter- und Gesäugekrankheiten. Jena: Gustav Fischer; 1994

[249] Wikipedia. Epigenetik. http://de.wikipedia.org.; 2010

[250] WPSA. The Prediction of Apparent Metabolizable Energy Values for Poultry in Compound Feeds. World's Poult Sci 1984; 40: 181–182

[251] ZDF. Gen an Gen aus – Die Epigenetik auf der Spur der Gensteuerung. Abenteuer Wissen vom 21.05.2008; ZDF.de

[252] ZDS. Schweineproduktion in Deutschland 2007. Ausgabe 2008. Zentralverband der Deutschen Schweineproduktion e. V.; 2008

[253] ZDS. Schweineproduktion in Deutschland 2008. Ausgabe 2009. Zentralverband der Deutschen Schweineproduktion e. V.; 2009

[254] ZDS. Schweineproduktion in Deutschland 2009. Ausgabe 2010. Zentralverband der Deutschen Schweineproduktion e. V.; 2010

[255] ZDS. Persönliche Mitteilung Dr. Mäurer, 2017

[256] Zietschmann O, Krölling O, Hrsg. Lehrbuch der Entwicklungsgeschichte; 2. Aufl., Berlin und Hamburg: Verlag Paul Parey; 1955

[257] Zimmer in Voigtländer G, Jacob H, Hrsg. Grünlandwirtschaft und Futterbau, Stuttgart: Eugen Ulmer; 1987, S. 391

[258] ZMB. Zentrale Milchmarkt Berichterstattung. Jahresrückblick 2016: Milchmarkt 2016 mit starken Schwankungen.

[259] ZMP. Zentrale Markt- und Preisberichtsstelle für Erzeugnisse der Land-, Forst- und Ernährungswirtschaft GmbH i. L. Bonn; bis 30.04. 2009

[260] Züchtungskunde. Stuttgart: Ulmer

Sachverzeichnis

C

D

E

G

H

I

J

K

L

M

N

T

U

V